环境保护技术工作文件汇编（二）

污染治理工程技术规范

（上册）

环境保护部科技标准司　编

中国环境出版社·北京

图书在版编目（CIP）数据

环境保护技术工作文件汇编. 2，污染治理工程技术规范：全2册/环境保护部科技标准司编. —北京：中国环境出版社，2014.2
ISBN 978-7-5111-1600-0

Ⅰ. ①环… Ⅱ. ①环… Ⅲ. ①环境保护—技术评估—文件—汇编—中国②环境工程—技术规范—文件—汇编—中国 Ⅳ. ①X-012

中国版本图书馆CIP数据核字（2013）第247532号

出 版 人 王新程
责任编辑 丁莞歆
责任校对 唐丽虹
封面设计 宋 瑞

出版发行 中国环境出版社
（100062 北京市东城区广渠门内大街16号）
网　　址：http://www.cesp.com.cn
电子邮箱：bjgl@cesp.com.cn
联系电话：010-67112765（编辑管理部）
010-67175507（科技标准图书出版中心）
发行热线：010-67125803 010-67113405（传真）
印装质量热线：010-67113404

印　　刷 北京中科印刷有限公司
经　　销 各地新华书店
版　　次 2014年2月第1版
印　　次 2014年2月第1次印刷
开　　本 889×1194 1/16
印　　张 69
字　　数 1990千字
定　　价 248.00元

《环境保护技术工作文件汇编》

编 委 会

为生态文明建设提供强有力的环保技术保障

（代序）

党的十八大报告中提出，必须更加自觉地把全面协调可持续作为深入贯彻落实科学发展观的基本要求，全面落实经济建设、政治建设、文化建设、社会建设、生态文明建设五位一体总体布局，促进现代化建设各方面相协调，促进生产关系与生产力、上层建筑与经济基础相协调，不断开拓生产发展、生活富裕、生态良好的文明发展道路。同时，报告从优化国土空间开发格局、全面促进资源节约、加大自然生态系统和环境保护力度、加强生态文明制度建设等方面对生态文明建设进行了全面部署。为做好污染防治和排放技术法规制定实施工作，围绕改善环境质量状况、防范环境风险、优化产业结构、削减污染物排放量等重点工作的需要，环保部初步建立了环保技术工作体系。当前，环保技术工作体系以污染治理技术为核心，以公益性技术激励研发机制和商业性技术市场化评价机制为主体，涉及技术的研发、评价以及示范、推广、应用、产业化等工作内容。

在人类社会的发展演化过程中，技术是一个相伴始终、无所不在、不可或缺的重要因素。技术来源于各种实践活动，为人类提供了适应世界、认识世界和改造世界的手段，尤其是工具制造技术极大地促进了人的进化和社会的进步，并为科学的产生和发展奠定了基础。技术泛指各种工艺、程序、技艺和方法。在现代社会，技术因素已渗透到生产生活的方方面面，各种传统技术和现代技术广泛应用于各行各业，而新技术仍在源源不断地涌现；与此同时，社会对技术的依赖程度日益提高，技术应用对社会的影响越来越大。然而，“成也萧何，败也萧何”，技术在给人类带来了数不胜数福利的同时，也造成了许多挥之不去的麻烦。生态破坏、物种减少、气候变暖、资源枯竭、环境污染等问题都与技术应用密切相关，正像猎枪的发明加速了很多物种的灭绝、农药的滥用使餐桌变得不太安全、塑料的使用造成了“白色污染”。显然，因噎废食和饮鸩止渴都不是对待技术应用负面影响的良策，“解铃还须系铃人”，理性的办法是运用技术手段予以应对和解决。

环境污染是经济发展的副产物，在现有的经济技术条件下，尚无法完全杜绝排污，而对各种排污行为加以限制和管控就成为现实的选择。通过立法限制和规范排污已成为世界各国的通行做法，一般是采用制定国家法律或技术法规的形式给排污行为立规矩。我国《环境保护法》、《大气污染防治法》、《水污染防治法》等法律规定了禁止排污的各类情形，同时对制定和实施排放标准相关事项做出了规定。按照法律规定，排放标准要根据经济、技术条件制定，因而污染治理技术与排放标准的制定和实施就有了密不可分的关联，两者相互依存、相辅相成、互为因果。国务院环境保护行政主管部门、省级人民政府是法定的国家和地方污染物排放标准制定主体，因此政府在环境保护技术方面的需求主要来自履行技术立法职责的需要，即制定排放标准工作的需要。只有具备了相应的技术条件，才有可能按照法律规定对排放标准的经济、技术可行性进行分析和论证，才有可能在准确核定标准实施成本效益的基础上，对实施方案作出正确决策，保证标准的实施效果。另一方面，排放标准实施将释放新的技术和产业市场需求，这将使相关支持技术得到广泛应用，从而带动技术装备制造产业的发展。总之，排放标准应以技术为基础，技术应用则以排放标准实施为保障，没有可行技术依托的排放标准是可望而不可即的海市蜃楼，而没有制定排放标准需求引领的污染治理技术研发活动，由于目标不确定只能在黑暗中摸索，使研发投资蕴含重大风险。

目前，我国尚未建立较为完善的服务于排放技术法规制定工作需要的治污先导技术研发储备制度，零星分散进行的技术研发活动随机性大、目的性弱、超前性低，而在排放标准发布之后才研发的技术，往往会成为“马后炮”、“雨后伞”。超前性和引领性是环保技术工作的灵魂，在工作中将“脚踏实地”与“仰望星空”有机结合起来，才能够提高技术工作对实现国家环保战略目标的支持力度。

2013 年 11 月，党的十八届三中全会审议通过了《中共中央关于全面深化改革若干重大问题的决定》，为全面深化改革指明了前进方向，吹响了新的历史起点上改革的“集结号”。在深化政府机构改革和职能转变、使市场在资源配置中发挥决定性作用和更好发挥政府作用、建设服务型政府的大背景下，环保技术工作也面临着如何处理好政府与市场的关系、如何发挥和产业技术市场配置资源作用、如何落实各类排污主体技术研发责任等问题。《决定》要求，建立和完善严格监管所有污染物排放的环境保护管理制度，这是我国首次提出对排污行为进行全面而严格监管的政策措施，对于环保工作意义重大，预示着我国排放标准中的污染物限值将会更加严格、标准监控污染物名单将会变得更长；《决定》还要求，完善政府对基础性、战略性、前沿性的科学和技术研究的支持机制。治污先导技术的公益属性，决定了其必然处于市场失灵的范围，研发活动只有依靠财政资金的长期、持续支持才能进行。贯彻落实《决定》，对技术工作提出了新的、更高的要求：一是对于已经列入国家和地方排放标准的污染物，要研发具有更高排放控制水平的治污技术；二是在对各类污染源实际排放污染物进行全面定性定量分析的基础上，研发针对“漏网”污染物的治污技术；三是按照排放法规技术立法事权，建立国家和地方治污先导技术研发储备制度，提前公布技术需求。

我国已成为世界第二大经济体和名副其实的世界工厂，人口众多、产业门类齐全、市场规模庞大，目前有 200 多种工农业产品产量居世界第一位；同时，由于产业技术水平和能源利用效率总体偏低，使能源消耗量和排污量居高不下，对环境质量造成了巨大的压力。治理污染、改善环境质量状况任重而道远，环保技术工作与建设生态文明的要求相比还有相当大的差距。要解决排放标准实施不力问题，在完善立法执法工作的同时，应加强环保技术工作，未雨绸缪，提前安排治污技术研发工作，改变临渴掘井式的技术研发应用方式。“不谋万世者，不足谋一时；不谋全局者，不足谋一域”，环保技术工作虽然是非常具体而细微的工作，但在国家环境保护工作中却发挥着不可替代的基础性作用。今后，环保技术工作将继续探索与我国基本国情和技术立法体制相适应的发展路径，研究客观规律，理顺工作机制，提高工作体系的协调性、完整性和适用性。

环境保护技术工作文件是工作体系的组成部分，其作用主要是向社会展示排放技术法规制定部门的技术工作需求与技术研发意图，对技术工作发挥预告、展望、引领和导向作用。为使各有关方面全面了解技术工作文件内容，给环保技术工作者提供方便，我司与中国环境出版社联合开展了《环境保护技术工作文件汇编》的出版工作，2013 年版的汇编包括历年来由原国家环保局、原国家环保总局和环保部发布的各类现行技术文件；今后汇编将按年度出版。

环保部科技标准司

2013 年 11 月

总目录索引

（一）污染防治技术政策与技术指南

第一篇　污染防治技术政策

第二篇　污染防治技术指南

（二）污染治理工程技术规范

23. 氧化沟活性污泥法污水处理工程技术规范（HJ 578—2010）
24. 膜分离法污水处理工程技术规范（HJ 579—2010）
25. 含油污水处理工程技术规范（HJ 580—2010）
26. 大气污染治理工程技术导则（HJ 2000—2010）
27. 火电厂烟气脱硫工程技术规范　氨法（HJ 2001—2010）
28. 电镀废水治理工程技术规范（HJ 2002—2010）
29. 制革及毛皮加工废水治理工程技术规范（HJ 2003—2010）
30. 屠宰与肉类加工废水治理工程技术规范（HJ 2004—2010）
31. 人工湿地污水处理工程技术规范（HJ 2005—2010）
32. 污水混凝与絮凝处理工程技术规范（HJ 2006—2010）
33. 污水气浮处理工程技术规范（HJ 2007—2010）
34. 污水过滤处理工程技术规范（HJ 2008—2010）
35. 生物接触氧化法污水处理工程技术规范（HJ 2009—2011）
36. 膜生物法污水处理工程技术规范（HJ 2010—2011）
37. 制浆造纸废水治理工程技术规范（HJ 2011—2012）
38. 垃圾焚烧袋式除尘工程技术规范（HJ 2012—2012）
39. 升流式厌氧污泥床反应器污水处理工程技术规范（HJ 2013—2012）
40. 生物滤池法污水处理工程技术规范（HJ 2014—2012）
41. 水污染治理工程技术导则（HJ 2015—2012）
42. 环境工程　名词术语（HJ 2016—2012）
43. 铬渣干法解毒处理处置工程技术规范（HJ 2017—2012）
44. 制糖废水治理工程技术规范（HJ 2018—2012）
45. 钢铁工业废水治理及回用工程技术规范（HJ 2019—2012）
46. 袋式除尘工程通用技术规范（HJ 2020—2012）
47. 内循环好氧生物流化床污水处理工程技术规范（HJ 2021—2012）
48. 焦化废水治理工程技术规范（HJ 2022—2012）
49. 厌氧颗粒污泥膨胀床反应器废水处理工程技术规范（HJ 2023—2012）
50. 完全混合式厌氧反应池废水处理工程技术规范（HJ 2024—2012）
51. 吸附法工业有机废气治理工程技术规范（HJ 2026—2013）
52. 催化燃烧法工业有机废气治理工程技术规范（HJ 2027—2013）
53. 医院污水处理工程技术规范（HJ 2029—2013）
54. 味精工业废水治理工程技术规范（HJ 2030—2013）

（三）环境标志产品技术要求

1. 环境标志产品技术要求　轻型汽车（HJ/T 182—2005 代替 HBC 8—2001）
2. 环境标志产品技术要求　水性涂料（HJ/T 201—2005 代替 HBC12—2002）
3. 环境标志产品技术要求　一次性餐饮具（HJ/T 202—2005 代替 HBC 1—2001）
4. 环境标志产品技术要求　飞碟靶（HJ/T 203—2005 代替 HBC 9－2001）
5. 环境标志产品技术要求　包装用纤维干燥剂（HJ/T 204—2005 代替 HBC 7—2001）

（四）环境保护产品技术要求与生态工业园区标准

第一篇　环境保护产品技术要求

23. 环境保护产品技术要求　刮泥机（HJ/T 265—2006 代替 HCRJ 056—1999）
24. 环境保护产品技术要求　吸泥机（HJ/T 266—2006 代替 HCRJ 055—1999）
25. 环境保护产品技术要求　电凝聚处理设备（HJ/T 267—2006 代替 HCRJ 059—1999）
26. 环境保护产品技术要求　中和装置（HJ/T 268—2006 代替 HCRJ 060—1999）
27. 环境保护产品技术要求　自动清洗网式过滤器（HJ/T 269—2006 代替 HCRJ 061—1999）
28. 环境保护产品技术要求　反渗透水处理装置（HJ/T 270—2006 代替 HCRJ 065—1999）
29. 环境保护产品技术要求　超滤装置（HJ/T 271—2006 代替 HCRJ 066—1999）
30. 环境保护产品技术要求　化学法二氧化氯消毒剂发生器（HJ/T 272—2006 代替 HCRJ 067—1999）
31. 环境保护产品技术要求　旋转式滗水器（HJ/T 277—2006 代替 HBC 26—2004）
32. 环境保护产品技术要求　单级高速曝气离心鼓风机（HJ/T 278—2006 代替 HBC 28—2004）
33. 环境保护产品技术要求　推流式潜水搅拌机（HJ/T 279—2006 代替 HBC 29—2004）
34. 环境保护产品技术要求　转盘曝气装置（HJ/T 280—2006 代替 HCRJ 050—1999）
35. 环境保护产品技术要求　散流式曝气器（HJ/T 281—2006 代替 HCRJ 051—1999）
36. 环境保护产品技术要求　浅池气浮装置（HJ/T 282—2006 代替 HCRJ 052—1999）
37. 环境保护产品技术要求　厢式压滤机和板框压滤机（HJ/T 283—2006 代替 HCRJ 054—1999）
38. 环境保护产品技术要求　袋式除尘器用电磁脉冲阀（HJ/T 284—2006 代替 HCRJ 043—1999）
39. 环境保护产品技术要求　工业粉尘湿式除尘装置（HJ/T 285—2006 代替 HCRJ 039—1999）
40. 环境保护产品技术要求　工业锅炉多管旋风除尘器（HJ/T 286—2006 代替 HCRJ 001—1996）
41. 环境保护产品技术要求　中小型燃油、燃气锅炉（HJ/T 287—2006 代替 HBC 31—2004）
42. 环境保护产品技术要求　湿式烟气脱硫除尘装置（HJ/T 288—2006 代替 HCRJ 012—1998）
43. 环境保护产品技术要求　花岗石类湿式烟气脱硫除尘装置
（HJ/T 319—2006 代替 HCRJ 040—1999）
44. 环境保护产品技术要求　电除尘器高压整流电源（HJ/T 320—2006 代替 HCRJ 011—1998）
45. 环境保护产品技术要求　电除尘器低压控制电源（HJ/T 321—2006 代替 HBC 35—2004）
46. 环境保护产品技术要求　电除尘器（HJ/T 322—2006 代替 HCRJ 002—1996）
47. 环境保护产品技术要求　电除雾器（HJ/T 323—2006 代替 HCRJ 045—1999）
48. 环境保护产品技术要求　袋式除尘器用滤料（HJ/T 324—2006 代替 HCRJ 042—1999）
49. 环境保护产品技术要求　袋式除尘器　滤袋框架（HJ/T 325—2006 代替 HCRJ 016—1998）
50. 环境保护产品技术要求　袋式除尘器用覆膜滤料（HJ/T 326—2006 代替 HBC 030—2004）
51. 环境保护产品技术要求　袋式除尘器　滤袋（HJ/T 327—2006 代替 HCRJ 015—1998）
52. 环境保护产品技术要求　脉冲喷吹类袋式除尘器（HJ/T 328—2006 代替 HCRJ 013—1998）
53. 环境保护产品技术要求　回转反吹类袋式除尘器（HJ/T 329—2006 代替 HCRJ 014—1998）
54. 环境保护产品技术要求　分室反吹类袋式除尘器（HJ/T 330—2006 代替 HCRJ 041—1999）
55. 环境保护产品技术要求　汽油车用催化转化器（HJ/T 331—2006 代替 HCRJ 007—1999）
56. 环境保护产品技术要求　电渗析装置（HJ/T 334—2006 代替 HCRJ 030—1998）
57. 环境保护产品技术要求　污泥浓缩带式脱水一体机（HJ/T 335—2006 代替 HBC 27—2004）
58. 环境保护产品技术要求　潜水排污泵（HJ/T 336—2006 代替 HCRJ 033—1998）
59. 环境保护产品技术要求　生物接触氧化成套装置（HJ/T 337—2006 代替 HCRJ/T 010—1999）
60. 环境保护产品技术要求　超声波明渠污水流量计（HJ/T 15—2007 代替 HJ/T 15—1996）
61. 环境保护产品技术要求　超声波管道流量计（HJ/T 366—2007 代替 HCRJ 057—1999）
62. 环境保护产品技术要求　电磁管道流量计（HJ/T 367—2007 代替 HBC 34—2004）
63. 环境保护产品技术要求　标定总悬浮颗粒物采样器用的孔口流量计技术要求及检测方法

（HJ/T 368—2007 代替 HBC 4—2001）
64．环境保护产品技术要求 水处理用加药装置（HJ/T 369—2007 代替 HCRJ 068—1999）
65．总悬浮颗粒物采样器技术要求及检测方法（HJ/T 374—2007 代替 HBC 3—2001）
66．环境空气采样器技术要求及检测方法（HJ/T 375—2007 代替 HBC 2—2001）
67．24 小时恒温自动连续环境空气采样器技术要求及检测方法
（HJ/T 376—2007 代替 HBC 5—2001）
68．环境保护产品技术要求 化学需氧量（COD_{Cr}）水质在线自动监测仪
（HJ/T 377—2007 代替 HBC 6—2001）
69．污染治理设施运行记录仪技术要求及检测方法（HJ/T 378—2007 代替 HCRJ039—1998）
70．环境保护产品技术要求 隔声门（HJ/T 379—2007 代替 HCRJ 019—1998）
71．环境保护产品技术要求 橡胶隔振器（HJ/T 380—2007 代替 HCRJ 071—1999）
72．环境保护产品技术要求 阻尼弹簧隔振器（HJ/T 381—2007 代替 HCRJ 069—1999）
73．环境保护产品技术要求 高压气体排放小孔消声器（HJ/T 382—2007 代替 HCRJ 073—-1999）
74．环境保护产品技术要求 汽车发动机排气消声器（HJ/T 383—2007 代替 HCRJ 072—-1999）
75．环境保护产品技术要求 一般用途低噪声轴流通风机（HJ/T 384—2007 代替 HCRJ 020—1998）
76．环境保护产品技术要求 低噪声型冷却塔（HJ/T 385—2007 代替 HCRJ 018—-1998）
77．环境保护产品技术要求 工业废气吸附净化装置（HJ/T 386—2007 代替 HCRJ 037—1998）
78．环境保护产品技术要求 工业废气吸收净化装置（HJ/T 387—2007 代替 HCRJ 036—1998）
79．环境保护产品技术要求 湿法漆雾过滤净化装置（HJ/T 388—2007 代替 HCRJ 017—1998）
80．环境保护产品技术要求 工业有机废气催化净化装置（HJ/T 389—2007 代替 HCRJ 038—1998）
81．环境保护产品技术要求 汽油车燃油蒸发污染物控制系统（装置）
（HJ/T 390—2007 代替 HBC 32—2004）
82．环境保护产品技术要求 可曲挠橡胶接头（HJ/T 391—2007 代替 HCRJ070—1999）
83．环境保护产品技术要求 摩托车排气催化转化器（HJ/T 392—2007 代替 HCRJ046—1999）
84．环境保护产品技术要求 柴油车排气后处理装置（HJ 451—2008）
85．环境保护产品技术要求制订技术导则（HJ 2521—2012）
86．环境保护产品技术要求 紫外线消毒装置（HJ 2522—2012）
87．环境保护产品技术要求 通风消声器（HJ 2523—2012 代替 HJ/T 16—1996）
88．环境保护产品技术要求 单螺杆泵（HJ 2524—2012）
89．环境保护产品技术要求 薄层色谱法车用汽油中清净剂快速测定仪（HJ 2525—2012）
90．环境保护产品技术要求 便携式饮食油烟检测仪（HJ 2526—2012）
91．环境保护产品技术要求 膜生物反应器（HJ 2527—2012）
92．环境保护产品技术要求 中空纤维膜生物反应器组器（HJ 2528—2012）
93．环境保护产品技术要求 电袋复合除尘器（HJ 2529—2012）

第二篇 生态工业园区标准

1．综合类生态工业园区标准（HJ 274—2009）
2．静脉产业类生态工业园区标准 （试行）（HJ/T 275—2006）
3．行业类生态工业园区标准 （试行）（HJ/T 273—2006）
4．生态工业园区建设规划编制指南（HJ/T 409—2007）

目 录

上 册

下 册

国家环境保护总局

公告

2005年 第20号

为贯彻《中华人民共和国环境保护法》，防治环境污染，保障人体健康，现批准《危险废物集中焚烧处置工程建设技术规范》等两项环境保护行业标准，并予以发布。

标准编号、名称如下：

HJ/T 176—2005 危险废物集中焚烧处置工程建设技术规范

HJ/T 177—2005 医疗废物集中焚烧处置工程技术规范

此两项标准均为推荐性标准，由中国环境科学出版社出版，自标准发布之日起实施。

标准信息可在国家环境保护总局网站（www.sepa.gov.cn）和中国环境标准网站（www.es.org.cn）查询。

特此公告。

2005年5月24日

HJ

中华人民共和国环境保护行业标准

HJ/T 176—2005

危险废物集中焚烧处置工程建设技术规范

Technical specifications for centralized incineration facility construction on hazardous waste

2005-05-24 发布　　2005-05-24 实施

国家环境保护总局　发布

前　言

为贯彻《中华人民共和国环境保护法》和《中华人民共和国固体废物污染环境防治法》，规范危险废物集中焚烧处置工程建设，防治危险废物焚烧对环境的污染，保护环境，保障人体健康，制订本技术规范。

本技术规范由国家环境保护总局科技标准司提出。

本技术规范由沈阳环境科学研究院负责起草，武汉安全环保研究院和中国环境科学研究院参与完成。

本标准国家环境保护总局 2005 年 5 月 24 日发布，自发布之日起实施。

本技术规范由国家环境保护总局负责解释。

危险废物集中焚烧处置工程建设技术规范

1. 总 则

1.1 为贯彻《中华人民共和国固体废物污染环境防治法》《危险废物焚烧污染控制标准》（GB 18484—2001）和国家其他危险废物领域有关法规，实现危险废物处置的资源化、减量化和无害化目标，规范危险废物焚烧处置工程规划、设计、施工及验收和运行管理，制订本技术规范。

1.2 本技术规范适用于以焚烧方法集中处置危险废物的新建、改建和扩建工程及企业自建的危险废物焚烧处置工程。特殊危险废物（多氯联苯、爆炸性、放射性废物等）专用焚烧处置工程可参照本技术规范的有关规定；对于统筹考虑焚烧危险废物和医疗废物的焚烧处置工程，应同时满足本技术规范和《医疗废物集中焚烧处置工程建设技术规范》的有关规定，相对应指标技术要求不同的，按从严的要求执行。

1.3 危险废物集中焚烧处置工程建设规模的确定和技术路线的选择，应根据城市社会经济发展水平、城市总体规划、环境保护专业规划以及焚烧技术的适用性等合理确定。工程的选址要进行环境影响评价。

1.4 危险废物集中焚烧处置工程建设应采用成熟可靠的技术、工艺和设备，并做到运行稳定、维修方便、经济合理、管理科学、保护环境、安全卫生。

1.5 对有利用价值的危险废物应优先考虑回收利用，使其资源化；对不宜回收利用但可焚烧的危险废物可采取焚烧处理。

1.6 危险废物焚烧以危险废物无害化、减量化为基本原则和主要目标，危险废物焚烧产生的热能可采取适当形式利用。

1.7 危险废物集中焚烧处置工程建设除应遵守本技术规范外，还必须符合国家现行有关标准规定。

2. 编制依据

下列标准和文件所含的条文，通过本技术规范引用构成本规范的条文。

（1）《中华人民共和国环境保护法》（1989 年）

（2）《中华人民共和国固体废物污染环境防治法》（2005 年）

（3）《危险废物转移联单管理办法》（1999 年）

（4）《危险废物经营许可证管理办法》（2004 年）

（5）《危险废物污染防治技术政策》（2001 年）

（6）《国家危险废物名录》（1998 年）

（7）《危险废物焚烧污染控制标准》（GB 18484—2001）

（8）《危险废物贮存污染控制标准》（GB 18597—2001）

（9）《危险废物安全填埋污染控制标准》（GB 18598—2001）

（10）《危险废物鉴别标准》（GB 5085.1～3—1996）

（11）《污水综合排放标准》（GB 8978—1996）

（12）《环境保护图形标志　固体废物贮存（处置）场》（GB 15562.2—1995）

（13）《地表水环境质量标准》（GB 3838—2002）
（14）《环境空气质量标准》（GB 3095—1996）
（15）《城市区域环境噪声标准》（GB 3096—1993）
（16）《工业企业厂界噪声标准》（GB 12348—1990）
（17）《工业企业噪声控制设计规范》（GBJ 87—1985）
（18）《汽车加油加气站设计与施工规范》（GB 50156—2002）
（19）《城镇燃气设计规范》（GB 50028—1998）
（20）《锅炉房设计规范》（GB 50041—1992）
（21）《建筑设计防火规范》（GBJ 16 —2001）
（22）《建筑灭火器配置设计规范》（GBJ 140—1997）
（23）《建筑内部装修设计防火规范》（GB 50222—2001）
（24）《采暖通风与空气调节设计规范》（GBJ 19—2001）
（25）《工业企业设计卫生标准》（TJ 36—1979）
（26）《生产过程安全卫生要求总则》（GB 12801—1991）
当上述标准和文件被修订时，应使用其最新版本。

3. 术 语

3.1 危险废物

指列入国家危险废物名录或者根据国家规定的危险废物鉴别标准和鉴别方法判定的具有危险特性的废物。

3.2 焚烧

指焚化燃烧危险废物使之分解并无害化的过程。

3.3 焚烧炉

指焚烧危险废物的主体装置。

3.4 集中处置设施

指统筹规划建设并服务于一定区域的危险废物处置设施。

3.5 危险废物处理设施

指危险废物集中焚烧处置厂内的焚烧主车间、危险废物贮存车间以及烟囱。

3.6 热灼减率

指焚烧残渣经灼热减少的质量占原焚烧残渣质量的百分数。计算方法如下：

$$P=(A-B)/A\times100\%$$

式中：P——热灼减率，%；

A——干燥后原始焚烧残渣在室温下的质量，g；

B——焚烧残渣经600℃（±25℃）3 h 灼热后冷却至室温的质量，g。

3.7 烟气停留时间

指燃烧所产生的烟气从最后的空气喷射口或燃烧器出口到换热面（如余热锅炉换热器）或烟道冷风引射口之间的停留时间。

3.8 焚烧炉温度

指焚烧炉燃烧室操作温度。

3.9 燃烧效率（CE）

指烟道排出气体中二氧化碳浓度与二氧化碳和一氧化碳浓度之和的百分比，用如下公式表示：

$$CE=[CO_2]/([CO_2]+[CO])\times 100\%$$

式中：$[CO_2]$和$[CO]$——分别为燃烧后排气中CO_2和CO的浓度。

3.10 二噁英类

多氯代二苯并-对-二噁英和多氯代二苯并呋喃的总称。

3.11 标准状态

指温度在 273.16 K，压力在 101.325 kPa 时的气体状态。本标准规定的各项污染物的排放限值均指在标准状态下以 11% O_2（干空气）作为换算基准换算后的浓度。

4．焚烧厂总体设计

4.1 建设规模

4.1.1 危险废物焚烧厂建设规模应根据焚烧厂服务范围内的危险废物可焚烧量、分布情况、发展规划以及变化趋势等因素综合考虑确定。

4.1.2 危险废物焚烧处置工程建设内容应包括：进厂危险废物接收系统、分析鉴别系统、贮存与输送系统、焚烧系统、热能利用系统、烟气净化系统、残渣处理系统、自动化控制系统、在线监测系统、电气系统，以及燃料供应、压缩空气供应、供配电、给排水、污水处理、消防、通讯、暖通空调、机械维修、车辆冲洗等设施。

4.2 厂址选择

4.2.1 厂址选择应符合城市总体发展规划和环境保护专业规划，符合当地的大气污染防治、水资源保护和自然生态保护要求，并应通过环境影响和环境风险评价。

4.2.2 厂址选择应综合考虑危险废物焚烧厂的服务区域、交通、土地利用现状、基础设施状况、运输距离及公众意见等因素。

4.2.3 厂址条件应符合下列要求：

（1）不允许建设在《地表水环境质量标准》（GB 3838—2002）中规定的地表水环境质量 I 类、II 类功能区和《环境空气质量标准》（GB 3095—1996）中规定的环境空气质量一类功能区，即自然保护区、风景名胜区、人口密集的居住区、商业区、文化区和其他需要特殊保护的地区。

（2）焚烧厂内危险废物处理设施距离主要居民区以及学校、医院等公共设施的距离应不小于 800 m。

（3）应具备满足工程建设要求的工程地质条件和水文地质条件。不应建在受洪水、潮水或内涝威胁的地区；受条件限制，必须建在上述地区时，应具备抵御 100 年一遇洪水的防洪、排涝措施。

（4）厂址选择时，应充分考虑焚烧产生的炉渣及飞灰的处理与处置，并宜靠近危险废物安全填埋场。

（5）应有可靠的电力供应。

（6）应有可靠的供水水源和污水处理及排放系统。

4.3 总图设计

4.3.1 焚烧厂的总图设计应根据厂址所在地区的自然条件，结合生产、运输、环境保护、职业卫生与劳动安全、职工生活，以及电力、通讯、热力、给排水、污水处理、防洪和排涝等设施，经多方案综合比较后确定。

4.3.2 焚烧厂人流和物流的出入口设置应符合城市交通有关要求，实现人流和物流分离，方便危险废物运输车进出。

4.3.3 焚烧厂生产附属设施和生活服务设施等辅助设施应根据社会化服务原则统筹考虑，避免重复建设。

4.3.4 焚烧厂周围应设置围墙或其他防护栅栏，防止家畜和无关人员进入。

4.3.5 焚烧厂内作业区周围应设置集水池，并且能够收集 25 年一遇暴雨的降水量。

4.4 总平面布置

4.4.1 焚烧厂应以焚烧厂房为主体进行布置，其他各项设施应按危险废物处理流程合理安排。

4.4.2 危险废物物流的出入口以及接收、贮存、转运和处置场所等主要设施应与焚烧厂的办公和生活服务设施隔离建设。

4.4.3 使用燃料油点火或助燃的焚烧厂采用的燃油系统应符合国家《汽车加油加气站设计与施工规范》（GB 50156—2002）中的有关规定。

4.4.4 使用城镇燃气点火或助燃的焚烧厂采用的燃气系统应符合国家《城镇燃气设计规范》（GB 50028—1998）中的有关规定。

4.4.5 地磅房应设在焚烧厂出入口处，与厂界的距离应大于一辆最长车的长度且宜为直通式，并应具备良好的通视条件。

4.4.6 焚烧厂的洗车设施宜位于厂出口附近。

4.5 厂区道路

4.5.1 焚烧厂厂内道路应根据工厂规模、运输要求、管线布置要求等合理确定，厂区道路的设置应满足交通运输、消防及各种管线的铺设要求。道路的荷载等级应根据交通情况确定。

4.5.2 焚烧厂区主要道路的行车路面宽度不宜小于 6 m，车行道宜设环形道路。焚烧厂房外应设消防道路，道路的宽度不应小于 3.5 m。路面宜采用水泥混凝土或沥青混凝土，道路的荷载等级应符合国家《厂矿道路设计规范》（GBJ 22—1987）中的有关规定。

4.5.3 临时停车场可设在厂区物流出口或入口附近。

5．危险废物接收、分析鉴别与贮存

5.1 接收

5.1.1 焚烧厂应设进厂危险废物计量设施。

5.1.2 地磅的规格应按运输车最大满载重量的1.7倍设置。

5.2 分析鉴别

5.2.1 焚烧厂应设置化验室，并配备危险废物特性鉴别及污水、烟气和灰渣等常规指标监测和分析的仪器设备。

5.2.2 化验室所用仪器的规格、数量及化验室的面积应根据焚烧厂的运行参数和规模等条件确定。

5.2.3 危险废物特性分析鉴别应包括下列内容：

（1）物理性质：物理组成、容重、尺寸；

（2）工业分析：固定碳、灰分、挥发分、水分、灰熔点、低位热值；

（3）元素分析和有害物质含量；

（4）特性鉴别（腐蚀性、浸出毒性、急性毒性、易燃易爆性）；

（5）反应性；

（6）相容性。

5.2.4 危险废物采样和特性分析应符合《工业固体废物采样制样技术规范》（HJ/T 20—1998）和《危险废物鉴别标准》（GB 5085.1～3—1996）中的有关规定。

5.2.5 对鉴别后的危险废物应进行分类。

5.3 贮存

5.3.1 危险废物贮存容器应符合下列要求：

（1）应使用符合国家标准的容器盛装危险废物；

（2）贮存容器必须具有耐腐蚀、耐压、密封和不与所贮存的废物发生反应等特性，贮存容器应保证完好无损并具有明显标志；

（3）液体危险废物可注入开孔直径不超过 70 mm 并有放气孔的桶中。

5.3.2 经鉴别后的危险废物应分类贮存于专用贮存设施内，危险废物贮存设施应满足以下要求：

（1）危险废物贮存场所必须有符合《环境保护图形标志　固体废物贮存（处置）场》（GB 15562.2—1995）的专用标志；

（2）不相容的危险废物必须分开存放，并设有隔离间隔断；

（3）应建有堵截泄漏的裙角，地面与裙角要用兼顾防渗的材料建造，建筑材料必须与危险废物相容；

（4）必须有泄漏液体收集装置及气体导出口和气体净化装置；

（5）应有安全照明和观察窗口，并应设有应急防护设施；

（6）应有隔离设施、报警装置和防风、防晒、防雨设施以及消防设施；

（7）墙面、棚面应防吸附，用于存放装载液体、半固体危险废物容器的地方，必须有耐腐蚀的硬化地面，且表面无裂隙；

（8）库房应设置备用通风系统和电视监视装置；

（9）贮存库容量的设计应考虑工艺运行要求并应满足设备大修（一般以 15 d 为宜）和废物配伍焚烧的要求；

（10）贮存剧毒危险废物的场所必须有专人 24 小时看管。

5.3.3 危险废物输送设备应根据焚烧厂的规模和危险废物的物理特性进行选择。

5.3.4 贮存和卸载区应设置必备的消防设施。

6．危险废物焚烧处置系统

6.1 一般要求

6.1.1 危险废物焚烧处置系统应包括预处理及进料系统、焚烧炉、热能利用系统、烟气净化系统、残渣处理系统、自动控制和在线监测系统及其他辅助装置。

6.1.2 危险废物在焚烧处置前应对其进行前处理或特殊处理，达到进炉要求，以利于危险废物在炉内充分燃烧。

6.1.3 对于处理氟、氯等元素含量较高的危险废物，应考虑耐火材料及设备的防腐问题。对于用来处理含氟较高或含氯大于 5%的危险废物焚烧系统，不得采用余热锅炉降温，其尾气净化必须选择湿法净化方式。

6.1.4 整个焚烧系统运行过程中应处于负压状态，避免有害气体逸出。

6.1.5 危险废物焚烧厂设计服务期限不应低于 20 年。

6.2 预处理及进料系统

6.2.1 危险废物入炉前需根据其成分、热值等参数进行搭配，以保障焚烧炉稳定运行，降低焚烧残渣的热灼减率。

6.2.2 危险废物的搭配应注意相互间的相容性，避免不相容的危险废物混合后产生不良后果。

6.2.3 危险废物入炉前应酌情进行破碎和搅拌处理，使废物混合均匀以利于焚烧炉稳定、安全、高效运行。对于含水率高的废物（如污泥、废液）可适当进行脱水处理，以降低能耗。

6.2.4 在设计危险废物混合或加工系统时，应考虑焚烧废物的性质、破碎方式、液体废物的混合及供料的抽吸和管道系统的布置。

6.2.5 危险废物输送、进料装置应符合下列要求：

（1）采用自动进料装置，进料口应配置保持气密性的装置，以保证炉内焚烧工况的稳定；

（2）进料时应防止废物堵塞，保持进料畅通；

（3）进料系统应处于负压状态，防止有害气体逸出；

（4）输送液体废物时应充分考虑废液的腐蚀性及废液中的固体颗粒物堵塞喷嘴问题。

6.3 焚烧炉

6.3.1 危险废物焚烧可根据危险废物种类和特征选用不同炉型。

6.3.2 危险废物焚烧炉的选择应符合下列要求：

（1）焚烧炉的设计应保证其使用寿命不低于 10 年；

（2）焚烧炉所采用耐火材料的技术性能应满足焚烧炉燃烧气氛的要求，质量应满足相应的技术标准，能够承受焚烧炉工作状态的交变热应力；

（3）应有适当的冗余处理能力，废物进料量应可调节；

（4）焚烧炉应设置防爆门或其他防爆设施；燃烧室后应设置紧急排放烟囱，并设置联动装置使其只能在事故或紧急状态时才可启动；

（5）必须配备自动控制和监测系统，在线显示运行工况和尾气排放参数，并能够自动反馈，对有关主要工艺参数进行自动调节；

（6）确保焚烧炉出口烟气中氧气含量达到 6%～10%（干烟气）；

（7）应设置二次燃烧室，并保证烟气在二次燃烧室 1 100℃以上停留时间大于 2 s；

（8）炉渣热灼减率应小于 5%；

（9）正常运行条件下，焚烧炉内应处于负压燃烧状态；

（10）焚烧控制条件应满足国家《危险废物焚烧污染控制标准》（GB 18484—2001）中的有关规定。

6.3.3 燃烧空气设施的能力应能满足炉内燃烧物完全燃烧的配风要求；可采用空气加热装置；风机台数应根据焚烧炉设置要求确定；风机的最大风量应为最大计算风量的110%～120%；风量调节宜采用连续方式。

6.3.4 启动点火及辅助燃烧设施的能力应能满足点火启动和停炉要求，并能在危险废物热值较低时助燃。

6.3.5 辅助燃料燃烧器应有良好燃烧效率，其辅助燃料应根据当地燃料来源确定。

6.3.6 采用油燃料时，储油罐总有效容积应根据全厂使用情况和运输情况综合确定；供油泵的设置应考虑一备一用；供油、回油管道应单独设置，并应在供、回油管道上设有计量装置和残油放尽装置；采用重油燃料时，应设置过滤装置和蒸汽吹扫装置。

6.4 热能利用系统

6.4.1 焚烧厂宜考虑对其产生的热能以适当形式加以利用。

6.4.2 危险废物焚烧热能利用方式应根据焚烧厂的规模、危险废物种类和特性、用热条件及经济性综合比较后确定。

6.4.3 利用危险废物焚烧热能的锅炉，应充分考虑烟气对锅炉的高温和低温腐蚀问题。

6.4.4 危险废物焚烧的热能利用应避开 200～500℃温度区间。

6.4.5 利用危险废物焚烧热能生产饱和蒸汽或热水时，热力系统中的设备与技术条件应符合国家《锅炉房设计规范》（GB 50041—1992）中有关规定。

6.5 烟气净化系统

6.5.1 烟气净化技术的选择应充分考虑危险废物特性、组分和焚烧污染物产生量的变化及其物理、化学性质的影响，并应注意组合技术间的相互关联作用。

6.5.2 烟气净化系统可根据不同的废物类型及其组分含量选择采用湿法烟气净化、半干法烟气净化以及干法烟气净化三种方式。

（1）湿法净化工艺：包括骤冷洗涤器和吸收塔（填料塔、筛板塔）等单元，应符合下列要求：

① 必须配备废水处理设施去除重金属和有机物等有害物质；

② 为了防止风机带水，应采取降低烟气水含量的措施后再经烟囱排放。

（2）半干法净化工艺：包括半干式洗气塔、活性炭喷射、布袋除尘器等处理单元，应符合下列要求：

① 反应器内的烟气停留时间应满足烟气与中和剂充分反应的要求；

② 反应器出口的烟气温度应在 130℃以上，保证在后续管路和设备中的烟气不结露。

（3）干法净化工艺：包括干式洗气塔或干粉投加装置、布袋除尘器等处理单元，应符合下列要求：

① 反应器内的烟气停留时间应满足烟气与药剂进行充分反应的要求；

② 应考虑收集下来的飞灰、反应物以及未反应物的循环处理问题；

③ 反应器出口的烟气温度应在 130℃以上，保证在后续管路和设备中的烟气不结露。

6.5.3 烟气净化装置应有可靠的防腐蚀、防磨损和防止飞灰阻塞的措施。

6.5.4 酸性污染物包括氯化氢、氟化氢和硫氧化物等，应采用适宜的碱性物质作为中和剂，在反应器内进行中和反应。

6.5.5 除尘设备的选择应根据下列因素确定：

（1）烟气特性：温度、流量和飞灰粒度分布；

（2）除尘器的适用范围和分级效率；

（3）除尘器同其他净化设备的协同作用或反向作用的影响；

（4）维持除尘器内的温度高于烟气露点温度 30℃以上。

6.5.6 烟气净化系统的除尘设备应优先选用袋式除尘器。若选择湿式除尘装置，必须配备完整的废水处理设施。

6.5.7 袋式除尘器应注意滤袋和袋笼材质的选择。

6.5.8 危险废物焚烧过程应采取如下二噁英控制措施：

（1）危险废物应完全焚烧，并严格控制燃烧室烟气的温度、停留时间和流动工况；

（2）焚烧废物产生的高温烟气应采取急冷处理，使烟气温度在 1.0 s 内降到 200℃以下，减少烟气在 200～500℃温区的滞留时间；

（3）在中和反应器和袋式除尘器之间可喷入活性炭或多孔性吸附剂，也可在布袋除尘器后设置活性炭或多孔性吸附剂吸收塔（床）。

6.5.9 活性炭或多孔性吸附剂及相关设备应具有兼顾去除重金属的功能。

6.5.10 对于含氮量较高的危险废物必须考虑氮氧化物的去除措施。应优先考虑通过焚烧过程控制，抑制氮氧化物的产生；焚烧烟气中氮氧化物的净化方法，宜采用选择性非催化还原法。

6.5.11 引风机应采用变频调速装置。

6.5.12 经净化后的烟气排放和烟囱高度设置应符合《危险废物焚烧污染控制标准》（GB 18484—2001）要求。

6.6 残渣处理系统

6.6.1 焚烧炉渣应进行特性鉴别，经鉴别后属于危险废物，应按照危险废物进行安全处置，不属于危险废物的按一般废物进行处置。产生的炉渣由处置厂进行特性鉴别分析至少1次/d，并保留渣样。由环境管理部门委托监测部门进行抽查鉴别分析1次/月。焚烧飞灰、吸附二噁英和其他有害成分的活性炭等残余物应按照危险废物进行处置，应送危险废物填埋场进行安全填埋处置。

6.6.2 残渣处理系统应包括炉渣处理系统、飞灰处理系统。炉渣处理系统应包括除渣冷却、输送、贮存、碎渣等设施。飞灰处理系统应包括飞灰收集、输送、贮存等设施。

6.6.3 炉渣与飞灰的生成量应根据废物物理成分、炉渣热灼减率及焚烧量核定。

6.6.4 残渣处理技术选择与规模确定，应根据炉渣与飞灰的产生量、特性及当地自然条件、运输条件等，经过技术经济比较后确定。

6.6.5 残渣处理系统应有稳定可靠的机械性能和易维护的特点。

6.6.6 炉渣处理装置的选择应符合下列要求：

（1）与焚烧炉衔接的除渣机应有可靠的机械性能和保证炉内密封的措施；

（2）炉渣输送设备应有足够宽度。

6.6.7 炉渣和飞灰处理系统各装置应保持密闭状态。

6.6.8 烟气净化系统采用湿法烟气净化方式时，应采取有效的脱水措施。采用半干法方式时，飞灰处理系统应采取机械除灰或气力除灰方式，气力除灰系统应采取防止空气进入与防止灰分结块的措施。

6.6.9 飞灰收集应采用避免飞灰散落的密封容器。收集飞灰用的贮灰罐容量宜按飞灰额定产生量确定。贮灰罐应设有料位指示、除尘和防止灰分板结的设施，并宜在排灰口附近设置增湿设施。

6.7 自动化控制及在线监测系统

6.7.1 焚烧厂的自动化控制系统必须适用、可靠，应根据危险废物焚烧设施的特点进行设计，并应满足设施安全、经济运行和防止对环境二次污染的要求。

6.7.2 焚烧厂的自动化系统应采用成熟的控制技术和可靠性高、性能价格比适宜的设备和元件。设计中采用的新产品、新技术应在相关领域有成功运行的经验。

6.7.3 危险废物集中焚烧处置应有较高的自动化水平，能在中央控制室通过分散控制系统实现对危险废物焚烧线、热能利用及辅助系统的集中监视和分散控制。

6.7.4 自动控制的主要内容应根据焚烧厂的规模和各工艺系统的设置情况确定。一般可包括：进料系统控制、焚烧系统控制、热能利用系统控制和烟气净化系统控制等。

6.7.5 对不影响整体控制系统的辅助装置，可设就地控制柜，必要时可设就地控制室，但重要信息应送至中央控制室。

6.7.6 对贮存库房、物料传输过程以及焚烧线的重要环节，应设置现场工业电视监视系统。

6.7.7 对重要参数的报警和显示，可设光字牌报警器和数字显示仪。

6.7.8 应设置独立于分散控制系统的紧急停车系统。

6.7.9 危险废物焚烧厂的检测应包括下列内容：

（1）主体设备和工艺系统在各种工况下安全、经济运行的参数；

（2）辅机的运行状态；

（3）电动、气动和液动阀门的启闭状态及调节阀的开度；

（4）仪表和控制用电源、气动源、液动源及其他必要条件供给状态和运行参数；

（5）必需的环境参数。

6.7.10 计算机监视系统的全部测量数据、数据处理结果和设施运行状态，应能在显示器上显示。

6.7.11 应对焚烧烟气中的烟尘、硫氧化物、氮氧化物、氯化氢等污染因子，以及氧、一氧化碳、二氧化碳、一燃室和二燃室温度等工艺指标实行在线监测，并与当地环保部门联网。烟气黑度、氟化氢、重金属及其化合物应每季度至少采样监测1次。二噁英采样检测频次不少于1次/a。

6.7.12 热工报警应包括下列内容：

（1）工艺系统主要工况参数偏离正常运行范围；

（2）电源、气源发生故障；
（3）热工监控系统故障；
（4）主要辅机设备故障。

6.7.13 计算机监视系统功能范围内的全部报警项目应能在显示器上显示并打印输出。

7．公用工程

7.1 电气系统

7.1.1 焚烧厂用电负荷应为AC 380V/220V，负荷等级为二级，并应设置备用电源。

7.1.2 高压配电装置、继电保护和安全自动装置、过电压保护和接地的技术规范应分别符合国家《3～110 kV高压配电装置设计规范》（GB 50062—1992）、《交流电气装置的过电压保护和绝缘配合》（DL/T 620）和《交流电气装置接地》（DL/T 621）中的有关规定。

7.1.3 照明设计应符合国家《工业企业照明设计标准》（GB 50034—1992）中的有关规定。

7.2 给水、排水和消防

7.2.1 给水

7.2.1.1 焚烧厂应有可靠的供水水源和完善的供水设施。生活用水、锅炉用水及其他生产用水应符合国家现行有关标准要求。

7.2.1.2 厂区给水管网宜采用生活、消防联合供水系统。

7.2.1.3 各种设备冷却水和其他生产废水，鼓励对其经过处理后再重复利用。

7.2.2 排水

7.2.2.1 焚烧厂区排水应采用雨污分流制。

7.2.2.2 雨水量设计重现期应符合国家现行标准《室外排水设计规范》（GBJ 14—1997）中的有关规定。

7.2.2.3 焚烧厂的生产废水、生活污水经处理后宜优先考虑循环再利用，废水排放应满足《污水综合排放标准》（GB 8978—1996）要求。

7.2.2.4 经收集池收集的贮存及作业区的初期雨水必须经过有效处理，达到国家《污水综合排放标准》（GB 8978—1996）后排放。

7.2.3 消防

7.2.3.1 焚烧厂消防设施的设置必须满足厂区消防要求，消防设施应符合国家现行的防火规范要求。

7.2.3.2 焚烧厂房的生产类别应属于丁类，焚烧车间、变压器室、储备仓库、燃油库应按一级耐火等级设计，其他建（构）筑物的耐火等级应不低于二级。

7.2.3.3 焚烧炉采用轻柴油燃料启动点火及辅助燃烧时，油箱间、油泵间应为丙类生产厂房，建筑耐火等级应不低于二级。厂房内的上述房间应设置防火墙与其他房间隔开。

7.2.3.4 焚烧炉采用气体燃料启动点火及辅助燃料时，燃气调压间应属于甲类生产厂房，其建筑耐火等级应不低于二级，并应符合国家《城镇燃气设计规范》（GB 50028—1998）中的有关规定。

7.2.3.5 焚烧厂房应设置室内消火栓给水系统，并应符合国家《建筑设计防火规范》（GBJ 16—2001）中的有关规定。

7.2.3.6 危险废物贮存设施应设有火情监测和灭火设施。

7.2.3.7 消防器材的设置应符合国家《建筑灭火器配制设计规范》（GBJ 140 —1997）中的有关规定，并定期检查、验核消防器材效用并及时更换。

7.2.3.8 焚烧厂房的防火分区面积划分应符合国家《建筑设计防火规范》（GBJ 16 —2001）中的有关规定。

7.2.3.9 焚烧厂房内部的装修设计应符合国家《建筑内部装修设计防火规范》（GB 50222—2001）中的有关规定。

7.3 采暖通风与空调

7.3.1 焚烧厂各建筑物冬、夏季负荷计算的室外计算参数应符合国家《采暖通风与空气调节设计规范》（GBJ 19—2001）中的有关规定。

7.3.2 焚烧厂房的采暖热负荷，宜按维持室内温度5℃计算，不应计算设备散热量。

7.3.3 建筑物的采暖设计应符合国家《采暖通风与空气调节设计规范》（GBJ 19—2001）中的有关规定。

7.3.4 建筑物的采暖设备宜选用易清扫并具有防腐性能的散热器。

7.3.5 建筑物的通风设计应符合国家《小型火力发电厂设计规范》（GB 50049—1994）中的有关规定。

7.3.6 建筑物的空调设计应符合国家《采暖通风与空气调节设计规范》（GBJ 19—2001）中的有关规定。

7.3.7 当其他建筑物机械通风不能满足工艺对室内温度、湿度要求时应设空调装置。

7.4 建筑与结构

7.4.1 焚烧厂区建筑的造型应简洁、新颖，并与周围环境相协调。厂房平面布置和空间布局应满足工艺设备布置要求，同时应考虑今后生产发展和技术改造的可能性。

7.4.2 厂房平面设计应组织好人流和物流线路，避免交叉；操作人员巡视检查路线应避免重复。

7.4.3 厂房的围护结构应满足基本热工性能和使用要求。

7.4.4 厂房建筑、防腐、采光和消防等设计应符合现行国家相关标准规定。

7.4.5 焚烧厂房宜采用自然通风，窗户设置应避免排风短路并有利于组织自然风。

7.4.6 严寒地区的建筑结构应采取防冻措施。

7.4.7 焚烧厂房可根据不同地区气候条件的差异采用不同的结构形式。

7.4.8 贮存间应考虑密封、防腐和地面防渗并与焚烧厂房主体结构分开。

7.4.9 焚烧厂的建设结构设计应符合现行国家相关标准中的有关规定。

7.5 其他辅助设施

7.5.1 焚烧厂应设置机修间，机修间应具有全厂设备日常维护、保养与小修任务，并具有设施产生突发性故障时应急能力。设备的大、中修宜通过社会化协作解决。

7.5.2 机修间应配备必需的金工设备、机械工具、搬运设备、备用品和消耗品。

7.5.3 金属、非金属材料以及备品备件库应与燃料库、化学品库房分开设置。

7.5.4 厂区不应设变压器检修间，但应为变压器就地或附近检修提供必要条件。

7.5.5 电气试验室设计应满足电测量仪表、继电器、二次接线和继电保护回路调试以及电测量仪表、继电器等机件修理要求。

7.5.6 自动化试验室不应布置在振动大、多灰尘、高噪声、潮湿和强磁场干扰的地方。其设备配置应满足工作仪表维修与调试的需要。

7.5.7 锅炉房、配电室的设计和建设应符合国家相关标准。

7.5.8 焚烧厂通讯设施应保证各生产岗位之间通讯联系和对外通讯的需要。

8．环境保护与劳动卫生

8.1 一般规定

8.1.1 危险废物焚烧过程中产生的烟气、残渣、恶臭、废水、噪声及其他污染物的防治与排放应贯彻执行国家现行的环境保护法规和标准。

8.1.2 焚烧厂建设应认真贯彻执行《中华人民共和国职业病防治法》，符合国家职业卫生标准。

8.1.3 制定危险废物焚烧厂污染物治理措施前应落实污染源的特性和产生量。

8.2 环境保护

8.2.1 烟气中污染物的种类分类如表 8.2.1 所示。

表 8.2.1 烟气中污染物的种类分类

类别	污染物名称	符号
尘	颗粒物	PM
酸性气体	氯化氢	HCl
	硫氧化物	SO_x
	氮氧化物	NO_x
	氟化氢	HF
	一氧化碳	CO
重金属	汞及其化合物	Hg 和 Hg^{2+}
	铅及其化合物	Pb 和 Pb^{2+}
	镉及其化合物	Cd 和 Cd^{2+}
	其他重金属及其化合物	包括 Cu、Mg、Zn、Cr 等和非金属 As 及其化合物
有机类	二噁英	PCDDs（Dioxin）
	呋喃	PCDFs（Furan）
	多氯联苯	PCBs
	多环芳烃、氯苯和氯酚等其他有机碳	TOC

8.2.2 应对焚烧工艺过程进行严格控制，抑制烟气中各种污染物的产生。对烟气必须采取综合处理措施，其烟气排放应符合国家《危险废物焚烧污染控制标准》（GB 18484—2001）中的有关规定。

8.2.3 焚烧厂的废水经过处理后应优先回用。回用水质应符合国家《生活杂用水水质标准》（CJ 25.1—1989）。当废水需直接排入水体时，其水质应符合国家《污水综合排放标准》（GB 8978—1996）对应的最高允许排放浓度标准值。

8.2.4 残渣处理必须采取有效地防止二次污染的措施。

8.2.5 焚烧厂的噪声应符合国家《城市区域环境噪声标准》（GB 3096—1993）和《工业企业厂界噪声标准》（GB 12348—1990），对建筑物内设施直接噪声源控制应符合国家《工业企业噪声控制设计规范》（GBJ 87—1985）中的有关规定。

8.2.6 焚烧厂噪声控制应优先采取噪声源控制措施。厂区内各类地点的噪声控制宜采取以隔音为主，辅以消声、隔振、吸音综合治理措施。

8.2.7 焚烧厂恶臭污染物控制与防治应符合国家《恶臭污染物排放标准》（GB 14554—1993）中的有关规定。

8.2.8 焚烧线运行期间应采取有效控制和治理恶臭物质的措施。焚烧线停止运行期间应采取相应措施防止恶臭扩散到周围环境中。

8.2.9 焚烧厂的污染物排放、采样、环境监测和分析应遵照并符合《危险废物贮存污染控制标准》（GB 18597—2001）和《危险废物焚烧污染控制标准》（GB 18484—2001）中的有关规定。

8.3 职业卫生与劳动安全

8.3.1 焚烧厂的职业卫生应符合国家《工业企业设计卫生标准》（TJ 36—1979）、《生产过程安全卫生要求总则》（GB 12801—1991）和《关于生产性建设工程项目职业安全监察的暂行规定》中的有关规定。

8.3.2 焚烧车间、变压器室、储备仓库、燃油库按一级耐火等级设计，其他建（构）筑物的耐火等级不低于二级。消防器材的设置应符合国家《建筑灭火器配制设计规范》（GBJ 140—1997）中的有关规定，并定期检查、验核消防器材效用，及时更换。

8.3.3 焚烧厂的受压容器应按《压力容器设计规定》设计和检验，焚烧炉、余热锅炉等高温设备和管道均应设置保温绝热层。

8.3.4 所有正常不带电的电气设备的金属外壳均应采取接地或接零保护，厂区钢结构、排气管、排风管和铁栏杆等金属物应采用等电位连接。

8.3.5 主要通道处应设置安全应急灯。

8.3.6 各种机械设备裸露的传动部分或运动部分应设置防护罩，不能设置防护罩的应设置防护栏杆，周围应保持一定的操作活动空间，以免发生机械伤害事故。

8.3.7 各生产构筑物应设有便于行走的操作平台、走道板、安全护栏和扶手，栏杆高度和强度应符合国家有关劳动安全卫生规定。

8.3.8 在设备安装和检修时应有相应的保护设施。

8.3.9 存放易燃待处理物料的仓库应独立设置，不同物化性质的物料应分区存放。

8.3.10 储备仓库中储备易燃易爆物料的小间内的电气设备、灯具应采用防爆设备。

8.3.11 废物贮存和焚烧部分处理设备等应采取密闭措施，减少灰尘和臭气外逸。

8.3.12 所有产生作业粉尘、有毒有害物质的建筑物内应安装通风设备，并保持通风除尘、除臭设备设施完好。

8.3.13 在所有存在安全事故隐患的场所应设置明显的安全标志，其标志设置应符合国家《安全色》（GB 2893—1982）和《安全标志》（GB 2894—1996）中的有关规定。

8.3.14 焚烧厂应采取相应的避雷、防爆措施，其设计应符合国家《建筑物防雷设计规范》（GB 50057—2000）和《生产设备安全卫生设计总则》（GB 5083—1985）中的有关规定。

8.3.15 焚烧厂建设应采用有利于职业病防治和保护劳动者健康的措施。

8.3.16 职业病防护设备和防护用品应确保处于正常工作状态，不得擅自拆除或停止使用。

8.3.17 厂内应设置必要的更衣、沐浴、厕所等生活卫生设施。

9．工程施工及验收

9.1 建筑、安装工程应符合施工设计文件和设备技术文件要求。

9.2 施工安装使用的建筑材料和有关器件应符合国家有关标准和设计要求，并取得供货商的合格证明文件，严禁使用不合格产品。

9.3 工程的施工及验收应符合国家相关的标准和规范要求。

9.4 设备安装工程施工及验收应按我国现行的有关标准执行。对国外引进专用设备应按供货商提供的设备技术规范、合同规定及商检文件执行，并应符合我国现行国家或行业工程施工及验收标准要求。

9.5 焚烧线及其全部辅助系统与设备、设施试运行合格并具备运行条件时应及时组织工程验收。

9.6 工程验收应依据：主管部门的批准文件、批准的设计文件及设计变更文件、设备供货合同及合同附件、设备技术说明书和技术文件、专项设备施工验收规范、环境监测部门的监测报告及其他文件。

9.7 竣工验收应具备下列条件：

（1）按照批准的设计文件要求完成生产性建设工程和公用辅助设施建设并具备运行条件。未按期完成建设任务，但不影响焚烧厂运行的少量土建工程、设备、仪器等，在落实具体解决方案和完成期限后，可办理竣工验收手续。

（2）焚烧线、烟气净化及配套热能利用设施已安装完毕并带负荷试运行合格。废物处理量、炉渣热灼减率、炉膛温度、焚烧炉热效率、生产蒸汽参数、烟气污染物排放指标、设备噪声级、原消耗指标均达到有关设计标准。引进的设备、技术、按合同规定完成负荷调试、设备考核。

（3）焚烧工艺装备、工器具、原辅材料、配套件、协作条件及其他生产准备工作已适应运行要求。

（4）具备独立运行和使用条件的单项工程，可进行单项工程验收。

9.8 工程竣工验收前严禁焚烧线投入使用。

10．运营管理基本要求

10.1 运营管理总则

10.1.1 为实现危险废物集中焚烧处置厂科学管理、规范作业和安全生产，有效防止二次污染，达到危险废物无害化处置的目的，制定本运营管理要求。

10.1.2 本运营管理要求是对危险废物集中焚烧处置工程建设在焚烧厂运营管理方面的基本要求。

10.1.3 本运营管理要求适用于危险废物集中焚烧处置厂的运行、维护及安全管理。

10.1.4 焚烧厂的运行、维护及安全管理除应执行本要求外，还应符合国家现行有关标准规定。

10.2 运营条件

10.2.1 危险废物运营单位必须按照《危险废物经营许可证管理办法》获得许可证后方可运营；未取得危险废物经营许可证的单位不得从事有关危险废物集中处置活动。

10.2.2 必须具有经过培训的技术人员、管理人员和相应数量的操作人员。

10.2.3 具有完备的保障危险废物安全处理、处置的规章制度。

10.2.4 具有保证焚烧厂正常运行的周转资金和辅助原料。

10.2.5 具有负责危险废物处置效果检测、评价工作的机构和人员。

10.3 机构设置与劳动定员

10.3.1 焚烧厂运营机构设置应以精干高效、提高劳动生产率和有利于生产经营为原则，做到分工合理、职责分明。

10.3.2 焚烧厂工作制度宜采用四班工作制。

10.3.3 焚烧厂劳动定员可分为生产人员、辅助生产人员和管理人员。焚烧厂劳动定员应按照定岗定量的原则，根据项目的工艺特点、技术水平、自动控制水平、投资体制、当地社会化服务水平和经济管理的要求合理确定。

10.4 人员培训

10.4.1 焚烧厂应对操作人员、技术人员及管理人员进行相关法律法规和专业技术、安全防护、紧急处理等理论知识和操作技能培训。

10.4.2 培训内容应包括以下几个方面：

（1）一般要求

①熟悉有关危险废物管理的法律和规章制度；

②了解危险废物危险性方面的知识；

③明确危险废物安全卫生处理和环境保护的重要意义；

④熟悉危险废物的分类和包装标识；

⑤熟悉危险废物焚烧厂运作的工艺流程；

⑥掌握劳动安全防护设施、设备使用的知识和个人卫生措施；

⑦熟悉处理泄漏和其他事故的应急操作程序。

（2）危险废物焚烧处置操作人员和技术人员的培训还应包括：

①危险废物接收、搬运、贮存和上料的具体操作和灰渣处理的安全操作；

②处置设备的正常运行，包括设备的启动和关闭；

③控制、报警和指示系统的运行和检查，以及必要时的纠正操作；

④最佳的运行温度、压力、燃烧空气量，以及保持设备良好运行的条件；

⑤危险废物焚烧处置产生的排放物应达到的技术要求；

⑥设备运行故障的检查和排除；

⑦事故或紧急情况下人工操作和事故处理；

⑧设备日常和定期维护；

⑨设备运行及维护记录，以及泄漏事故和其他事件的记录及报告；

⑩技术人员应掌握危险废物焚烧处置的相关理论知识和处置设备的基本工作原理。

10.5 危险废物接收

10.5.1 危险废物接收应认真执行危险废物转移联单制度。

10.5.2 焚烧厂有责任协助运输单位对危险废物包装发生破裂、泄漏或其他事故进行处理。

10.5.3 危险废物现场交接时应认真核对危险废物的数量、种类、标志等，并确认与危险废物转移联单是否相符。

10.5.4 焚烧厂应对接收的废物及时登记。

10.6 交接班及运行登记制度

10.6.1 为保证焚烧厂生产活动安全有序进行，必须建立严格的交接班制度，内容包括：

（1）生产设施、设备、工具及生产辅助材料的交接；

（2）危险废物的交接；

（3）运行记录的交接；

（4）上下班交接人员应在现场进行实物交接；

（5）运行记录交接前，交接班人员应共同巡视现场；

（6）交接班程序未能顺利完成时，应及时向生产管理负责人报告；

（7）交接班人员应对实物及运行记录核实确定后签字确认。

10.6.2 焚烧厂应当详细记载每日收集、贮存、利用或处置危险废物的类别、数量、危险废物的最终去向、有无事故或其他异常情况等，并按照危险废物转移联单的有关规定，保管需存档的转移联单。危险废物经营活动记录档案和危险废物经营活动情况报告与转移联单同期保存。

10.6.3 当地环保行政主管部门和其他有关管理部门应依据这些准确信息建立数据库，为管理和处置危险废物提供可靠的依据。

10.6.4 焚烧厂生产设施运行状况、设施维护和危险废物焚烧处置生产活动等记录的主要内容包括：

（1）危险废物转移联单记录；

（2）危险废物接收登记记录；

（3）危险废物进厂运输车车牌号、来源、重量、进场时间、离场时间等记录；

（4）生产设施运行工艺控制参数记录；

（5）危险废物焚烧灰渣处理处置情况记录；

（6）生产设施维修情况记录；

（7）环境监测数据的记录；

（8）生产事故及处置情况记录。

10.7 安全生产和劳动保护

10.7.1 一般规定

10.7.1.1 焚烧厂在设计、施工和生产过程中，必须高度重视安全卫生问题，采取有效措施和各种预防手段，严格执行以下规范和标准：

（1）《中华人民共和国劳动法》

（2）《建设项目（工程）劳动安全监察规定》（劳动部第 3 号令）

（3）《建设项目（工程）职业安全卫生设施和技术措施验收办法》（劳安字[1992]1 号）

（4）《生产过程安全卫生要求总则》（GB 12801—1991）

（5）《生产设备安全卫生设计总则》（GB 5083—1999）
（6）《建筑设计防火规范》（GBJ 16—2001）
（7）《建筑灭火器配置设计规范》（GBJ 140—1997）
（8）《建筑内部装修设计防火规范》（GB 50222—2001）
（9）《爆炸和火灾危险环境电力装置设计规范》（GB 50058—1992）
（10）《爆炸危险场所电气安全规定》（劳人护[1987]36 号）
（11）《爆炸危险场所安全规定》（劳动部 1995）
（12）《建筑物防雷设计规范》（GB 50057—2000）
（13）《工业企业设计卫生标准》（GBZ 1—2002）
（14）《电气设备安全设计导则》（GB 4064—1983）
（15）《安全色》（GB 2893—1982）
（16）《安全标志》（GB 2894—1996）
（17）《企业职工劳动安全卫生教育管理规定》（劳部发[1995]405 号）
（18）《劳动防护用品配备标准（试行）》（国经贸安全[2002]89 号）

当上述标准和文件被修订时，应使用其最新版本。

10.7.1.2 建设单位必须在焚烧厂建成运行的同时，保证安全和卫生设施同时投入使用，并制定相应的操作规程。

10.7.2 安全生产

10.7.2.1 焚烧厂生产过程安全管理应符合国家《生产过程安全卫生要求总则》（GB 12801—1991）中的有关规定。

10.7.2.2 各工种、岗位应根据工艺特征和具体要求制定相应的安全操作规程并严格执行。

10.7.2.3 各岗位操作人员和维修人员必须定期进行岗位培训并持证上岗。

10.7.2.4 严禁非本岗位操作管理人员擅自启、闭本岗位设备，管理人员不允许违章指挥。

10.7.2.5 操作人员应按电工规程进行电器启、闭。

10.7.2.6 风机工作时，操作人员不得贴近联轴器等旋转部件。

10.7.2.7 建立并严格执行定期和经常的安全检查制度，及时消除事故隐患，严禁违章指挥和违章操作。

10.7.2.8 应对事故隐患或发生的事故进行调查并采取改进措施。重大事故及时向有关部门报告。

10.7.2.9 凡从事特种设备的安装、维修人员，必须经劳动部门专门培训并取得特种设备安装、维修人员操作证后才能上岗。

10.7.2.10 厂内及车间内运输管理，应符合《工业企业厂内运输安全规程》（GB 4387—1994）中的有关规定。

10.7.3 劳动保护

10.7.3.1 废物贮存和焚烧部分处理设备等应尽量密闭，以减少灰尘和臭气外逸。

10.7.3.2 尽可能采用噪声小的设备，对于噪声较大的设备，应采用减震消音措施，使噪声符合国家规定标准要求。

10.7.3.3 接触有毒有害物质的员工应配备防毒面具、耐油或耐酸手套、防酸碱工作服。

10.7.3.4 焚烧炉、余热锅炉、除尘系统等高温操作间应配置降温设施。

10.7.3.5 检修人员进入焚烧炉检修前应先对炉内强制输送新鲜空气并测定炉内含氧量，待含氧量大于19%后方可进入。检修人员在炉内检修时须佩戴防毒面具，同时炉外应有人监护。

10.7.3.6 进入高噪声区域人员必须佩戴性能良好的防噪声护耳器。

10.7.3.7 进行有毒、有害物品操作时必须穿戴相应种类专用防护用品，禁止混用；严格遵守操作规程，用毕后物归原处，发现破损及时更换。

10.7.3.8 有毒、有害岗位操作完毕，要将防护用品按要求清洁、收管，不得随意丢弃，不得转借他人；做好个人安全卫生（洗手、漱口及必要的沐浴）。

10.7.3.9 禁止携带或穿戴使用过的防护用品离开工作区。报废的防护用品应交专人处理，不得自行处置。

10.7.3.10 应配足配齐各作业岗位所需的个人防护用品，并对个人防护用品的购置、发放、回收、报废进行登记。防护用品要由专人管理，并定期检查、更换和处理。

10.7.3.11 工作区及其他设施应符合国家有关劳动保护的规定，各种设施及防护用品（如防毒面具）要由专人维护保养，保证其完好、有效。

10.7.3.12 对所有从事生产作业的人员应定期进行体检并建立健康档案卡。

10.7.3.13 应定期对车间内的有毒有害气体进行检测，若发生超标，应分析原因并采取相应的措施。

10.7.3.14 应定期对职工进行职业卫生的教育，加强防范措施。

10.8 检测、评价及评估制度

10.8.1 定期对危险废物处置效果进行检测和评价，必要时应采取改进措施。

10.8.2 应定期对危险废物处置厂的设施、设备运行及安全状况进行检测和评估，消除安全隐患。

10.8.3 应定期对危险废物处置程序及人员操作进行安全评估，必要时采取有效的改进措施。

10.9 危险废物焚烧处置厂应急预案

危险废物焚烧处置厂应建立应急预案，应急预案内容至少应包括以下内容：

（1）危险废物贮存过程中发生事故时的应急预案；

（2）危险废物运送过程中发生事故时的应急预案；

（3）焚烧设施、设备发生故障、事故时的应急预案。

附　录

本技术规范用词说明

1. 为方便在执行本技术规范条文时区别对待，对于要求严格程度不同的用词说明如下：

（1）表示很严格，非这样做不可的：

正面词采用“必须”；反面词采用“严禁”。

（2）表示严格，在正常情况下均应这样做的：

正面词采用“应”；反面词采用“不应”或“不得”。

（3）表示允许稍有选择，在条件许可时首先这样做的：

正面词采用“宜”；反面词采用“不宜”。

表示有选择，在一定条件下可以这样做的，采用“可”。

2. 条文中指明应按其他有关标准执行的写法为：“应……执行”“应按……执行”或“应符合……中的有关规定（或要求）”。

HJ

中华人民共和国环境保护行业标准

HJ/T 177—2005

医疗废物集中焚烧处置工程建设技术规范

Technical specifications for centralized incineration facility construction on medical waste

2005-05-24 发布　　2005-05-24 实施

国家环境保护总局　发布

前　言

为贯彻《中华人民共和国环境保护法》、《中华人民共和国固体废物污染环境防治法》和《医疗废物管理条例》，规范医疗废物集中焚烧处置工程建设，防治医疗废物焚烧对环境的污染，保护环境，保障人体健康，制订医疗废物集中焚烧处置工程建设技术规范（以下简称“本技术规范”）。

本技术规范由国家环境保护总局科技标准司提出。

本技术规范由武汉安全环保研究院负责起草，沈阳环境科学研究院和中国环境科学研究院参与完成。

本标准国家环境保护总局 2005 年 5 月 24 日发布，自发布之日起实施。

本技术规范由国家环境保护总局负责解释。

医疗废物集中焚烧处置工程建设技术规范

1. 总 则

1.1 为贯彻《中华人民共和国固体废物污染环境防治法》《中华人民共和国传染病防治法》《医疗废物管理条例》和其他国家有关医疗废物领域的法规，加强医疗废物的安全管理，防止疾病传播，保障人体健康，实现医疗废物无害化处置目标，规范医疗废物集中焚烧处置工程的规划、设计、施工、验收和运行管理，制订本技术规范。

1.2 本技术规范适用于以集中焚烧方法处理医疗废物的新建、改建和扩建工程。对于统筹考虑焚烧医疗废物和其他危险废物的焚烧处置工程，应同时满足《危险废物集中焚烧处置工程建设技术规范》和本技术规范规定，相对应指标技术要求不同的，按从严的要求执行。

1.3 医疗废物集中焚烧处置工程规模的确定和技术路线的选择，应根据服务区域医疗废物的产生量和成分特点、社会经济发展水平、全国危险废物和医疗废物处置设施建设规划和城市总体规划、医疗废物收运体系特点、焚烧技术的适用性等合理确定。

1.4 医疗废物集中焚烧处置工程项目的建设，宜近、远期结合，统筹规划，以近期为主。建设规模、布局和选址应进行技术经济论证，环境影响评价和环境风险评价，进行综合比选。

1.5 医疗废物集中焚烧处置工程建设，应采用成熟可靠的技术、工艺和设备，做到运行稳定、维修方便、经济合理、管理科学、保护环境、安全卫生。医疗废物焚烧可考虑焚烧热能利用，但不宜以热能回收、废物资源化利用为目标。

1.6 医疗废物集中焚烧处置工程项目的建设，应坚持专业化协作和社会化服务的原则，合理确定配套工程项目，提高运营管理水平，降低运营成本。

1.7 采用焚烧技术处理医疗废物的工程建设，除应遵守本规范外，还应符合国家现行的有关强制性标准的规定。

2. 编制依据

下列标准和文件所含的条文，通过本技术规范引用而构成本规范的条文。

（1）《中华人民共和国环境保护法》（1989 年）

（2）《中华人民共和国固体废物污染环境防治法》（2005 年）

（3）《中华人民共和国传染病防治法》（1989 年）

（4）《医疗废物管理条例》（国务院令 第 380 号）

（5）《危险废物经营许可证管理办法》（2004 年）

（6）《全国危险废物和医疗废物处置设施建设规划》

（7）《国家危险废物名录》（1998 年）

（8）《医疗废物分类目录》（卫医发[2003]287 号）

（9）《医疗废物集中处置技术要求（试行）》（环发[2003]206 号）

（10）《医疗废物焚烧炉技术要求（试行）》（GB 19128—2003）

（11）《医疗废物转运车技术规范（试行）》（GB 19217—2003）

（12）《危险废物焚烧污染控制标准》（GB 18484—2001）

（13）《危险废物贮存污染控制标准》（GB 18597—2001）

（14）《危险废物填埋污染控制标准》（GB 18598—2001）

（15）《污水综合排放标准》（GB 8978—1996）

（16）《危险废物鉴别标准》（GB 5085—1996）

（17）《环境空气质量标准》（GB 3095—1996）

（18）《地表水环境质量标准》（GB 3838—2002）

（19）《危险废物转移联单管理办法》（1999 年）

当以上标准和文件被修订时，应使用其最新版本。

3．术语

3.1 医疗废物

指各类医疗卫生机构在医疗、预防、保健、教学、科研以及其他相关活动中产生的具有直接或间接感染性、毒性以及其他危害性的废物。具体分类名录依照《国家危险废物名录》、国务院卫生行政主管部门和环境保护行政主管部门共同制定的《医疗废物分类目录》执行。

3.2 包装袋

用于盛装除损伤性废物之外的医疗废物的初级包装，并符合一定防渗和撕裂强度性能要求的软质口袋。

3.3 周转箱（桶）

盛装经密封包装的医疗废物的专用硬质容器。用于医疗废物运输车运输医疗废物，使经包装的医疗废物不直接和车辆厢体接触或直接暴露于外环境，或在发生包装袋破损时起到防止废物污染车厢和外环境的作用。

3.4 焚烧

指焚化燃烧医疗废物使之分解并无害化的过程。

3.5 焚烧炉

指焚烧医疗废物的主体装置。

3.6 焚烧残余物

指焚烧医疗废物后排出的燃烧残渣、飞灰和经尾气净化装置产生的固态物质。

3.7 热灼减率

指焚烧残渣经灼热减少的质量占原焚烧残渣质量的百分数。其计算方法如下：

$$P=(A-B)/A\times 100\%$$

式中：P——热灼减率，%；

A——干燥后原始焚烧残渣在室温下的质量，g；

B——焚烧残渣经600℃（±25℃）3h灼热后冷却至室温的质量，g。

3.8 烟气停留时间

指燃烧所产生的烟气处于高温段（≥850℃）的持续时间。即从最后的助燃空气喷射口到二次燃烧室出口之间的停留时间。

3.9 焚烧炉温度

指焚烧炉燃烧室操作温度。

3.10 燃烧效率（CE）

指烟道排出气体中二氧化碳浓度与二氧化碳和一氧化碳浓度之和的百分比。用以下公式表示：

$$CE=[CO_2]/（[CO_2]+[CO]）\times 100\%$$

式中：$[CO_2]$和$[CO]$——分别为燃烧后排气中CO_2 和CO 的浓度。

3.11 二噁英类

多氯代二苯并-对-二噁英和多氯代二苯并呋喃的总称。

3.12 二噁英毒性当量（TEQ）

二噁英毒性当量因子（TEF）是二噁英毒性同类物与2,3,7,8-四氯代二苯并-对-二噁英对Ah 受体的亲和性能之比。二噁英毒性当量可以通过下式计算：

$$TEQ=\sum（\text{二噁英毒性同类物浓度}\times TEF）$$

3.13 标准状态

指温度在 273.15 K，压力在 101.325 kPa 时的气体状态。本标准规定的各项污染物的排放限值，均指在标准状态下以 11% O_2（干烟气）作为换算基准换算后的浓度。

3.14 暂时贮存

指医疗废物产生单位和处置单位将运达的医疗废物存放于本单位内符合特定要求的专门场所或设施内的过程。

3.15 处置

指医疗废物处置单位按照规定的技术措施和要求，对医疗废物进行安全无害和减量处理的过程。

4．医疗废物产生量、特性分析及焚烧处置适用范围

4.1 医疗废物产生量

4.1.1 医疗废物产生量应按实际重量统计与核定。

4.1.2 医疗废物产生量的计算及预测

4.1.2.1 医疗机构产生的医疗废物总量包括固定病床的医疗废物产生量和门诊医疗废物产生量。

（1）病床的医疗废物产生量计算及预测可按以下计算方法：

病床的医疗废物产生量（kg/d）=床位医疗废物产生系数[kg/（床·d）]×床位数（床）×床位使用率（%）

（2）门诊医疗废物产生量计算及预测可按以下计算方法：

门诊医疗废物产生量（kg/d）=门诊医疗废物产生系数[kg/（人次·d）]×门诊人数（人次）

（3）无床位的小型门诊的医疗废物可按就业医务人员数量和单位医务人员医疗废物产生系数计算和预测：

门诊医疗废物产生量（kg/月）=单位医务人员医疗废物产生系数[kg/（人·月）]×医务人员数（人）

4.1.2.2 其他产生源医疗废物的产生量根据各地情况合理估算。

4.2 医疗废物特性分析

4.2.1 医疗废物特性分析应包括下列内容：

4.2.1.1 医疗废物物理性质：容重、尺寸等。

4.2.1.2 工业分析：固定碳、挥发分、水分、低位热值、灰熔点等。

4.2.2 医疗废物组成调查及采样应具有代表性，特性分析结果应具有合理性。

4.2.3 医疗废物采样制样，可参照《工业固体废物采样制样技术规范》（HJ/T 20—1998）中的有关规定，同时应考虑医疗废物的产生特点、危险特性和物化特性。

4.2.4 医疗废物元素分析，可采用经典法或仪器法测定，也可通过废物组成调查结果进行推算。医疗废物元素分析包括：碳（C）、氢（H）、氧（O）、氮（N）、硫（S）、氯（Cl）、汞（Hg）、铅（Pb）。

4.3 医疗废物焚烧处置适用范围

4.3.1 医疗废物焚烧厂接收并处置经分类收集的医疗废物，手术或尸检后能辨认的人体组织、器官及死胎宜送火葬场焚烧处理。

4.3.2 不宜在医疗废物焚烧炉（不包括统筹考虑焚烧医疗废物和其他危险废物的焚烧炉）焚烧处置的医疗废物包括放射性废弃物、高压容器、废弃的细胞毒性药品、剧毒物品、易燃易爆物品、重金属（如铅、镉、汞等）含量高的医疗废物等。

5．医疗废物焚烧厂总体设计

5.1 焚烧厂建设规模

5.1.1 焚烧厂的建设规模，应根据焚烧厂服务区域医疗废物产生量、成分特点以及变化趋势等因素综合考虑确定，并应根据处理规模合理确定生产线数量和单台处理能力。医疗废物集中焚烧厂的建设，应考虑焚烧处置能力的冗余和建冷藏贮存设施。

5.1.2 焚烧厂建设项目构成、建设规模应尽可能满足全年接收并妥善处理服务区域产生的医疗废物。

5.2 焚烧厂项目构成

5.2.1 焚烧厂建设项目由焚烧厂主体工程与设备、配套工程、生产管理与生活服务设施构成。

5.2.2 焚烧厂主体工程与设备主要包括：

（1）受料及供料系统：包括医疗废物计量、卸料、暂时贮存、输送等设施；

（2）焚烧系统：包括医疗废物进料、焚烧、燃烧空气、辅助燃烧等设施；

（3）余热利用系统：包括空气预热器、技术允许条件下可考虑余热锅炉、供热等设施；

（4）烟气净化系统：包括有害气体去除、除尘及排放等设施；

（5）灰渣处理系统：包括炉渣处理系统和飞灰处理系统；

（6）仪表与自动化控制系统；

（7）应急处理、安全防爆系统。

5.2.3 配套工程主要包括：总图运输、供配电、给排水、污水处理、消防、通讯、暖通空调、机械维修、监测化验、计量、清洗、消毒等设施。

5.2.4 生产管理与生活服务设施主要包括：办公用房、食堂、浴室、值班宿舍等设施。

5.3 厂址选择

5.3.1 厂址选择应符合全国危险废物和医疗废物处置设施建设规划及当地城乡总体发展规划，符合当地大气污染防治、水资源保护、自然保护的要求，并应通过环境影响评价和环境风险评价的认定。

5.3.2 厂址选择应符合《危险废物焚烧污染控制标准》（GB 18484—2001）和《医疗废物集中处置技术规范（试行）》中的选址要求。

5.3.3 厂址选择还应符合以下条件：

（1）厂址应满足工程建设的工程地质条件和水文地质条件，不应选在发震断层、滑坡、泥石流、沼泽、流砂及采矿隐落区等地区；

（2）选址应综合考虑交通、运输距离、土地利用现状、基础设施状况等因素，宜进行公众调查；

（3）厂址不应受洪水、潮水或内涝的威胁，必须建在该地区时，应有可靠的防洪、排涝措施；

（4）厂址选择应同时考虑炉渣、飞灰处理与处置的场所；

（5）厂址附近应有满足生产、生活的供水水源和污水排放条件；
（6）厂址附近应保障电力供应。

5.4 总图设计

5.4.1 医疗废物焚烧厂的总图设计，应根据厂址所在地区的自然条件，结合生产、运输、环境保护、职业卫生与劳动安全、职工生活，以及电力、通讯、热力、给水、排水、污水处理、防洪、排涝等设施，经多方案综合比较后确定。

5.4.2 医疗废物焚烧厂的附属生产设施、生活服务设施等辅助设施，应根据社会化服务原则统筹考虑，避免重复建设。

5.4.3 医疗废物焚烧厂人流和物流的出、入口应分开设置，并应方便医疗废物运输车的进出。

5.4.4 焚烧厂应设置高度不低于2.5 m的围墙，防止家畜和无关人员进入。

5.5 总平面布置

5.5.1 医疗废物焚烧厂应以焚烧系统为主体进行布置，其他各项设施应按医疗废物焚烧处理流程合理安排，以确保相关设备联系良好，充分发挥功能，保证设施安全运行。

5.5.2 医疗废物物流出入口、接收、贮存和转运设施、清洗消毒设施、处置场所等主要设施应与办公、生活服务设施隔离，分开建设。隔离措施包括墙体隔离或空间隔离方式。

5.5.3 医疗废物焚烧厂的洗车设施，宜位于焚烧厂出口附近处。医疗废物运输车车厢内部清洗消毒的设施应与医疗废物转运工具、生产工具的清洗消毒设施合并建设。

5.5.4 使用燃料油点火或助燃的医疗废物焚烧厂，采用的燃油系统应符合现行国家标准《汽车加油加气站设计与施工规范》（GB 50156—2002）中的有关规定。

5.5.5 使用城镇燃气点火或助燃的医疗废物焚烧厂，采用的燃气系统应符合现行国家标准《城镇燃气设计规范》（GB 50028—1998）中的有关规定。

5.6 厂区道路

5.6.1 医疗废物焚烧厂区道路的设置，应满足交通运输、消防、绿化及各种管线的敷设要求。

5.6.2 医疗废物焚烧厂的道路需能到达主要构筑物和建筑物。车行道宜布置成环状，以便回车。

5.6.3 医疗废物焚烧厂区主要道路的行车路面宽度不宜小于6.0 m。医疗废物焚烧厂房外应设消防道路，道路的宽度不应小于3.5 m，人行道一般取1.5～2.0 m。路面宜采用水泥混凝土或沥青混凝土，道路的荷载等级应符合现行国家标准《厂矿道路设计规范》（GBJ 22—1987）的有关规定。

5.6.4 临时停车场可设在厂区物流出口或入口附近处。

5.7 绿化

5.7.1 医疗废物焚烧厂的绿化布置，应符合总图设计要求，合理安排绿化用地。

5.7.2 厂区绿化应结合当地的自然条件，选择适宜的植物。

6. 医疗废物接收、贮存、输送与设施设备清洗消毒

6.1 一般规定

6.1.1 医疗废物接收、贮存与输送系统包括：计量设施、卸料设施、卸料场地、暂时贮存库和贮存冷库、医疗废物厂内转运设施和其他设施。

6.1.2 医疗废物贮存禁止采用坑式垃圾池。

6.1.3 输送系统不应采用抓斗起重机。

6.2 医疗废物接收

6.2.1 卸料场地应满足医疗废物运输车顺畅作业的要求。

6.2.2 医疗废物焚烧厂应设置计量系统。计量系统应具有称重、记录、传输、打印与数据处理功能。

6.3 医疗废物贮存与输送

6.3.1 医疗废物卸料场地、暂时贮存库、贮存冷库等设施的设计、运行、安全防护等须符合《危险废物贮存污染控制标准》（GB 18597—2001）的有关要求。

6.3.2 医疗废物集中处置厂应配备医疗废物冷藏贮存设施。

6.3.3 贮存冷库可与暂时贮存库合并建设，贮存冷库未启动制冷设备时，可用作暂时贮存库。

6.3.4 医疗废物卸料和贮存设施属感染区，应有隔离设施、报警装置和防风、防晒、防雨设施，按照《环境保护图形标识　固体废物贮存（处置）场》（GB 15562.2—1995）的有关规定设置警示标志。

6.3.5 贮存设施应合理组织气流分布，尽量使操作人员处于洁净空气区。

6.3.6 贮存设施地面和1.0 m高的墙裙须进行防渗处理，地面应具有良好的排水性能，易于清洁和消毒，产生的废水应采用暗沟、管直接排入污水收集消毒处理设施；贮存设施采用全封闭、微负压设计，贮存设施内换出的空气宜进入医疗废物焚烧炉内焚烧处理，并应设置事故排风扇。

6.3.7 贮存设施内要有安全照明设施和观察窗口。

6.3.8 医疗废物贮存设施的设计应方便废弃物处理人员、转运装置的操作和进出。

6.3.9 医疗废物卸料及贮存设施应采取防渗漏、防鼠、防鸟、防蚊蝇、防蟑螂、防盗等措施。

6.3.10 医疗废物搬运应使用专用工具，尽可能采取机械作业，减少人工对其直接操作；如果采用人工搬运，应避免废物容器直接接触身体。

6.3.11 医疗废物焚烧厂接收的医疗废物应尽可能当天焚烧处理。若处置厂对医疗废物进行贮存，贮存温度≥5℃时，贮存不得超过24 h；在5℃以下冷藏，不得超过72 h。

6.3.12 医疗废物贮存设施还应有清洁所需的水源，易获得的清洁设备、防护衣及收集散落废物的包装袋或容器。

6.4 清洗消毒

6.4.1 医疗废物处置厂必须设置医疗废物运输车辆、转运工具、周转箱（桶）的清洗消毒场所和污水收集处理设施。

6.4.2 医疗废物运输车辆应至少两天清洗一次（北方冬季、缺水地区可适当减少清洗次数）；当车厢内壁或（和）外表面被污染后，应立刻进行清洗；运输车辆每次运输完毕后，必须对车厢内壁进行消毒。禁止在社会车辆清洗场所清洗医疗废物运输车辆。

6.4.3 转运工具、周转箱（桶）等每使用周转一次，应进行清洗消毒。应在焚烧厂清洗消毒设施内进行。

6.4.4 医疗废物贮存设施应每天消毒一次；贮存设施内的医疗废物每次清运之后，应及时清洗和消毒。

6.4.5 清洗污水应收集并排入污水消毒处理设施，禁止任意向环境排放清洗污水。

6.4.6 清洗消毒作业还应具有良好的通风条件，采取机械强制通风。

6.4.7 已进行清洗消毒处理的工具、设备、周转箱（桶）等应与未经处理的工具、设备、周转箱（桶）等分开存放。

6.4.8 清洗消毒处理后的工具、设备、周转箱（桶）等晾干后方可再次投入使用。

7．医疗废物焚烧处置

7.1 一般规定

7.1.1 医疗废物焚烧处置系统应包括医疗废物进料系统、医疗废物焚烧系统、燃烧空气系统、辅助燃烧装置、热能利用系统、烟气净化系统、残渣处理系统及其他辅助系统。

7.1.2 处理规模 8 t/d（含 8 t/d）以上的医疗废物焚烧厂设计服务期限不应低于 15 年，处理规模 8 t/d

以下的医疗废物焚烧厂设计服务期限不应低于 10 年。

7.2 焚烧炉进料系统

医疗废物焚烧炉的进料系统由输送设备、进料口及故障排除/监视设备组成，应符合下列要求：

（1）进料系统应安全、简洁实用、具有可靠的机械性能、故障率低、易维护，能实现自动进料；

（2）进料方式应与焚烧工艺相匹配；

（3）进料应保证焚烧炉内燃烧工况的稳定；

（4）进料装置的进料口应配置保持气密性的装置，可采用双闸门密闭连锁控制；

（5）推料器应能根据燃烧要求向炉内供料，并配置可调节供应量的计量装置实现定量投料；

（6）应保持进料通畅，防止废物搭桥堵塞；

（7）进料口的尺寸应与规定的包装袋和利器盒的尺寸相配套，保证医疗废物包装袋和利器盒顺利进入焚烧炉，医疗废物包装袋入炉前应保持完好；

（8）进料系统应处于负压状态，防止有害气体逸出；

（9）有条件的可设置废物料位监测装置；

（10）必要时进料管宜采取冷却措施；

（11）进料系统宜考虑在线消毒设计，以防止细菌生长；设备宜采用不锈钢，方便消毒作业。

7.3 医疗废物焚烧炉

7.3.1 应根据医疗废物特性和焚烧厂处理规模选择合适的焚烧炉炉型，严禁选用不能达到污染物排放标准的焚烧装置。应选择技术成熟、自动化水平高、运行稳定的焚烧炉，严禁采用单燃烧室焚烧炉、没有自控系统和尾气处理系统的焚烧装置。

7.3.2 医疗废物焚烧炉的选择，应符合下列要求：

（1）焚烧炉结构由一燃室和二燃室组成，一燃室是燃烧或热解作用，二燃室是实现完全燃烧；

（2）焚烧炉炉床设计应防止液体或未充分燃烧的废物溢漏，保证未充分燃烧的医疗废物不通过炉床遗漏进炉渣，并能使空气沿炉床底部均匀分配。供风孔应采取免清孔设计，避免因积灰或结垢而堵塞；

（3）焚烧控制条件应符合《危险废物焚烧污染控制标准》（GB 18484—2001）、《医疗废物管理条例》（国务院第 380 号令）和《医疗废物焚烧炉技术要求（试行）》（GB 19128—2003）等相关规定；

（4）应有适当的超负荷处理能力，废物进料量应可调节；

（5）正常运行期间，焚烧炉内应处于微负压燃烧状态；

（6）控制二次燃烧室烟气温度≥850℃，烟气停留时间≥2.0 s；

（7）设备的燃烧效率应≥99.9%，焚烧残渣的热灼减率＜5%；

（8）焚烧炉出口烟气中的氧含量应控制在 6%～10%（干气）；

（9）焚烧炉可以由一个中心控制台进行操作、监控和管理，包括连续显示操作参数和条件（如温度、压力、含氧量、空气量、燃料量等），并能实现反馈控制；

（10）应可实现对热解和燃烧过程的控制，防止燃烧不完全或炉体烧塌；

（11）焚烧炉二燃室应设紧急排放烟囱；热解焚烧炉一燃室应设防爆门或其他防爆排压设计/装置；

（12）焚烧炉的内衬层应具备耐火、防腐和防热负荷冲击功能。

7.3.3 燃烧空气系统、辅助燃烧装置

7.3.3.1 焚烧炉的燃烧空气系统一般由一次风机、二次风机及其他辅助系统组成。可采用一、二次空气加热装置，一、二次风机台数应根据焚烧炉设置要求确定。风量调节宜采用连续调节方式。

7.3.3.2 燃烧空气系统应保证管道系统气密性；管道之间的连接应密封；空气加热器后的管道及管件应保温，并应考虑热膨胀的影响。

7.3.3.3 医疗废物焚烧炉装置的辅助燃料燃烧器采用固定方式，燃烧器应具有良好的燃料分配质量和合理配风的性能。

7.3.3.4 燃烧器的辅助燃料应根据工艺要求和燃料来源等确定。

7.3.3.5 采用油燃料助燃时，储油罐总有效容积，应根据全厂使用情况和运输情况综合确定，但不应小于焚燃炉冷启动点火用油量的 1.5～2.0 倍。

7.3.3.6 供油泵的设置，不宜少于 2 台，且应有 1 台备用。

7.3.3.7 供油、回油管道应单独设置，并应在供、回油管道上设有计量装置和残油放尽装置。

7.3.3.8 采用重油燃料时，应在系统中设置过滤装置，蒸汽吹扫装置。

7.4 热能利用系统

7.4.1 焚烧医疗废物产生的热能可以适当形式加以有效利用。

7.4.2 医疗废物焚烧热能利用方式应根据焚烧厂的规模、医疗废物焚烧特点、用热条件及经济性综合比较确定。

7.4.3 利用医疗废物热能的锅炉，应充分考虑烟气高温和低温腐蚀。

7.4.4 利用医疗废物热能生产饱和蒸汽或热水时，热力系统中的设备与技术条件，应符合现行国家标准《锅炉房设计规范》（GB 50041—1992）的有关规定。

7.4.5 焚烧医疗废物的热能利用应避开 200～500℃温度区间。

7.5 烟气净化系统

7.5.1 一般规定

7.5.1.1 烟气净化技术的选择，应充分考虑医疗废物特性和焚烧污染物产生量的变化及其物理、化学性质的影响，并应注意组合技术间的相互关联作用。

7.5.1.2 烟气净化装置应有可靠的防腐蚀、防磨损和防止飞灰阻塞的措施。

7.5.1.3 烟气净化系统设计的旁路和焚烧系统紧急排放口仅供停电或其他事故状态时应急使用。

7.5.2 酸性污染物去除

7.5.2.1 酸性污染物包括氯化氢、氟化氢和硫氧化物等，应采用适宜的碱性物质作为中和剂，在反应器内进行中和反应。

7.5.2.2 酸性污染物的去除可采用湿法、半干法、干法或多种脱酸工艺的组合。宜优先采用半干法烟气净化方式。半干法脱酸工艺包括：喷中和剂浆液、喷中和剂溶液、烟气加湿后再喷入中和剂干粉等方式。湿法脱酸工艺包括：采用填料塔、喷淋塔、筛板塔、文丘里洗涤器等方式。干法净化工艺包括：干式洗气塔或干粉投加装置、布袋除尘器等处理单元。

7.5.2.3 半干法烟气净化工艺应符合下列要求：

（1）反应器的高度应能满足必要的反应时间；

（2）其反应器出口的烟气温度应保证在后续管路和设备中的烟气不结露；

（3）雾化器的雾化细度应保证反应器内中和剂的含水量完全蒸发。

7.5.2.4 湿法净化工艺应符合下列要求：

（1）必须配备废水处理设施去除重金属和有机物等有害物质；

（2）为了防止风机带水，应采取降低烟气水含量的措施后再经烟囱排放。

7.5.2.5 干法净化工艺应符合下列要求：

（1）反应器内的烟气停留时间应满足烟气与药剂进行充分反应的要求；

（2）应考虑收集下来的飞灰、反应物以及未反应物的循环处理问题；

（3）反应器出口的烟气温度应在 130℃以上，保证在后续管路和设备中的烟气不结露。

7.5.2.6 中和剂采用氧化钙或氢氧化钙时，其有效物质含量不宜低于80%，且质量稳定。

7.5.2.7 可能产生废水的脱酸工艺，必须配备废水处理系统。

7.5.3 除尘

7.5.3.1 烟气净化系统的末端设备应优先选用袋式除尘器，袋式除尘器必须采取保温措施，并应设置除尘器旁路。为防止结露和粉尘板结，袋式除尘器宜设置热风循环系统或其他加热方式。维持除尘器内温度高于烟气露点温度20～30℃。袋式除尘器应考虑滤袋材质的使用温度、力学性能、耐酸碱腐蚀和耐水解能力、阻燃性等性能特点，袋笼材质应考虑使用温度、防酸碱腐蚀等性能特点。

7.5.3.2 禁止采用静电除尘器，不应单独使用机械除尘设备。

7.5.3.3 湿式除尘设备，必须配备完整的废水处理设施。

7.5.4 二噁英类、重金属和氮氧化物去除

7.5.4.1 医疗废物焚烧过程应采取下列二噁英控制措施：

（1）医疗废物应完全焚烧，并严格控制燃烧室烟气的温度、停留时间与湍流工况；

（2）废物燃烧产生的高温烟气应采取快速冷却措施，控制烟气在200～500℃温度区间的停留时间小于1 s，快速冷却措施可与脱酸或除尘工艺相结合；

（3）可在中和反应器和袋式除尘器之间的烟道喷入活性炭或多孔性吸附剂，亦可在袋式除尘器后设置活性炭或多孔性吸附剂床体；

（4）活性炭喷射装置应与布袋除尘器同时有效运行。

7.5.4.2 活性炭或多孔性吸附剂及相关设备，应选用兼顾去除重金属功能的设备。

7.5.4.3 应优先考虑通过医疗废物焚烧过程的燃烧控制，抑制氮氧化物有害气体成分的产生。

7.5.5 烟气净化系统设计

7.5.5.1 引风机计算风量应包括下列内容：

（1）在医疗废物焚烧运行中，过剩空气条件下的湿烟气量；

（2）控制烟温用的补充空气量；

（3）炉内喷水降温时蒸发汽量；

（4）烟气净化系统投入药剂或增湿引起的烟气量的附加量；

（5）引风机前漏入系统的空气量。

7.5.5.2 引风机应采用变频调速装置。

7.5.5.3 烟囱设置应符合国家现行标准《危险废物焚烧污染控制标准》（GB 18484—2001）的有关规定。

7.5.5.4 烟气管道应采取吸收热膨胀及防腐、保温措施，并保持管道的气密性；烟气管道易积灰部位，应有清除积灰的措施。

7.5.5.5 烟气净化系统采用半干法方式时，飞灰处理系统应采取机械除灰或气力除灰方式；采用湿法烟气净化方式时，应采取有效的脱水措施。

7.5.5.6 飞灰收集应采用避免飞灰散落的密封设备，并应采取防止灰分板结的措施，排灰口附近宜设置增湿设施。

7.5.5.7 飞灰贮存装置宜采取保温、加热措施。

7.5.5.8 飞灰处理系统宜采用中央控制室控制方式，并可实现就地控制。

7.6 残渣处理系统

7.6.1 残渣处理系统包括炉渣处理系统和飞灰处理系统。炉渣处理系统应包括除渣、冷却、输送、贮存等设施。飞灰处理系统应包括飞灰收集、输送、贮存等设施。

7.6.2 焚烧产生的炉渣可送指定生活垃圾卫生填埋场填埋处置；焚烧飞灰、吸附二噁英和其他有害成分的活性炭等残余物应按照危险废物进行处置，应送危险废物填埋场进行安全填埋处置。

7.6.3 残渣处理系统应具有稳定可靠的机械性能、易维护的特点。

7.6.4 残渣处理系统必须保持密闭状态。

7.6.5 焚烧厂的残渣处理系统应具有较高的机械化、自动化水平。

7.7 自动化控制系统

7.7.1 一般规定

7.7.1.1 焚烧厂的自动化控制，必须适用、可靠。应满足设施安全、经济运行和防止对环境二次污染的要求。

7.7.1.2 焚烧厂的自动化系统，应采用成熟的控制技术和高可靠性、性能价格比适宜的设备和元件。

7.7.2 自动化水平

7.7.2.1 医疗废物焚烧厂的自动化控制系统，包括进料控制系统、焚烧控制系统、烟气净化控制系统、辅助工程控制系统和其他必要的控制系统。

7.7.2.2 医疗废物焚烧处理应具有较高的自动化水平，应能在少量就地仪表和巡回检查配合下，在中央控制室通过计算机监控系统实现对医疗废物焚烧系统、烟气净化系统、热能利用及辅助系统的集中监视和控制。主要设备控制均设计算机自动控制和就地控制两种形式。

7.7.2.3 对不影响整体控制系统的辅助装置，可设就地控制柜，必要时可设就地控制室，但重要信息应送至中央控制室。

7.7.2.4 焚烧线的重要环节，应设置现场工业电视监视系统。

7.7.2.5 对重要参数的报警和显示，除计算机监控外，还可设声光报警器和数字显示仪。

7.7.2.6 应设置独立于计算机控制系统的紧急停车系统。

7.7.3 检测与报警

7.7.3.1 医疗废物焚烧厂的检测，应包括：主体设备和工艺系统在各种工况下运行的参数，辅机的运行状态，必需的环境参数。

7.7.3.2 计算机监视系统的全部测量数据、数据处理结果和设施运行状态，应能在显示器上显示，并具有数据存储和打印功能。

7.7.3.3 焚烧炉排气筒应按《固体污染源排气中颗粒物测定与气态污染物采样方法》(GB/T 16157—1996)的要求，设置永久采样孔，并安装用于采样和测量的设施。

7.7.3.4 焚烧厂应对焚烧烟气中的烟尘、硫氧化物、氮氧化物、氯化氢等污染因子，以及氧、一氧化碳、二氧化碳、一燃室和二燃室温度等工艺指标实行在线监测，并与当地环保部门联网。烟气黑度、氟化氢、氯化氢、重金属及其化合物应每季度至少采样监测 1 次。二噁英采样检测频次不少于 1 次/a。

7.7.3.5 燃气调压间或液化气瓶组间应设置可燃气体检测报警装置。

7.7.3.6 重要检测信号应选用双重化的输入接口。

7.7.3.7 必要时，各工艺系统设备可设置就地显示仪表，但不应使用对人体有危害的仪表。

7.7.3.8 控制室内不应引入油、水、汽的一次仪表。

7.7.3.9 热工报警应包括下列内容：

（1）工艺系统主要工况参数偏离正常运行范围；

（2）保护和主要的连锁项目；

（3）电源、气源发生故障；

（4）热工监控系统故障；

（5）主要辅机设备故障。

7.7.3.10 重要工艺参数报警信号源，应直接引自一次仪表。

7.7.3.11 计算机监视系统功能范围内的全部报警项目应能在显示器上显示并打印输出。

7.7.3.12 当采用常规仪表报警时，其信号不应取自动控制系统。报警器应具有声光报警功能。

8．配套工程

8.1 电气系统

8.1.1 焚烧厂供电方式应根据用电要求，与当地电力部门协商确定。

8.1.2 焚烧厂主要用电负荷为AC 380V/220V，负荷等级为二级，应有备用电源。

8.1.3 焚烧厂应设交流不间断电源系统给厂内需要不间断供电的设备供电。

8.1.4 焚烧厂应设直流配电装置及不间断电源系统供仪表、计算机监控及控制系统的应急电源。

8.1.5 照明设计应符合现行国家标准《工业企业照明设计》（GB 50034—1992）的有关规定。

8.1.6 正常照明与事故照明应采用分开的供电系统，并宜采用下列供电方式：

（1）事故照明宜由蓄电池组供电。

（2）焚烧厂房的主要出入口、通道、楼梯间以及远离焚烧厂房的工作场所的事故照明，宜采用自带蓄电池的应急灯。

（3）厂房内安装高度低于 2.2 m 的照明灯具，宜采用 24 V 电压供电。

（4）手提灯电压不应大于 24 V，在狭窄地点和接触良好金属接地面上工作时，手提灯电压不应大于 12 V。

8.1.7 焚烧厂房及辅助厂房的电缆敷设，应采取有效的阻燃、防火封堵措施。

8.1.8 焚烧厂应设置通讯设备，保证厂区岗位之间和厂内外联系畅通。

8.2 给水、排水和消防

8.2.1 给水

8.2.1.1 厂区室外和室内给水管网宜采用生活、消防联合供水系统。

8.2.1.2 各种设备冷却水和其他生产废水，宜经过处理后再重复利用。

8.2.2 排水

8.2.2.1 焚烧厂区排水应采用雨污分流制。

8.2.2.2 雨水量设计重现期应符合现行国家标准《室外排水设计规范》（GBJ 14—1997）的有关规定。

8.2.2.3 焚烧厂清洗、消毒产生的废水按医疗机构产生污水处理。并按照现行国家标准《污水综合排放标准》（GB 8978—1996）的有关规定执行，产生的污泥属危险废物，可进行焚烧处理。

8.2.2.4 焚烧厂的非医疗废水应经过处理后回用。回用水质应符合国家现行标准《生活杂用水水质标准》（CJ 25.1—1989）的有关规定。当废水直接排入水体时，其排放应符合现行国家标准《污水综合排放标准》（GB 8978—1996）的有关规定。

8.2.3 消防

8.2.3.1 医疗废物焚烧厂房的生产类别应属于丁类，建筑耐火等级不应低于二级。贮存库的生产类别应属于丙类，建筑耐火等级不应低于二级。

8.2.3.2 焚烧炉采用轻柴油燃料辅助燃烧时，日用油箱间、油泵间应为丙类生产厂房，建筑耐火等级不应低于二级。布置在厂房内的上述房间，应设置防火墙与其他房间隔开。

8.2.3.3 焚烧炉采用气体燃料辅助燃烧时，燃气调压间应属于甲类生产厂房，其建筑耐火等级不应低于二级，并应符合现行国家标准《城镇燃气设计规范》（GB 50028—1998）的有关规定。

8.2.3.4 焚烧厂房应设置室内消火栓给水系统，并应符合现行国家标准《建筑设计防火规范》（GBJ 16—2001）的有关规定。

8.2.3.5 焚烧厂房的安全疏散，应符合现行国家标准《建筑设计防火规范》（GBJ 16—2001）的有关规定。

8.2.3.6 焚烧厂房内部的装修设计，应符合现行国家标准《建筑内部装修设计防火规范》（GB 50222—

2001）的有关规定。

8.3 采暖通风与空调

8.3.1 焚烧厂建筑物冬、夏季负荷计算的室外计算参数，应符合现行国家标准《采暖通风与空气调节设计规范》（GBJ 19—2001）的有关规定。

8.3.2 建筑物的采暖设计应符合现行国家标准《采暖通风与空气调节设计规范》（GBJ 19—2001）的有关规定。

8.3.3 建筑物的采暖设备宜选用易清扫并具有防腐性能的散热器。

8.3.4 贮存间宜设置事故排风装置。

8.3.5 建筑物的空调设计应符合现行国家标准《采暖通风与空气调节设计规范》（GBJ 19—2001）的有关规定。

8.3.6 中央控制室宜设置空调装置。

8.3.7 当建筑物的机械通风不能满足工艺对室内温度、湿度要求时，该建筑应设空调装置。

8.4 建筑与结构

8.4.1 焚烧厂主要生产设备宜布置在有屋盖的车间内。卸料、贮存、转运、输送和上料系统必须设置在有屋盖的车间内。

8.4.2 医疗废物焚烧处置厂的暂时贮存库房、清洗消毒间应采用全封闭、微负压设计，并保证新风量30 m^3/（人·h）。室内换出的空气宜进入医疗废物焚烧炉内焚烧处理。

8.4.3 焚烧厂区建筑的造型应简洁、新颖，并与周围环境相协调。厂房的平面布置和空间布局应满足工艺设备布置要求，同时应考虑今后生产发展和技术改造的可能性。生产区与生产管理及生活服务区之间应有隔离设施。

8.4.4 厂房平面设计，应组织好人流和物流线路，避免交叉。

8.4.5 厂房的围护结构应满足基本热工性能和使用的要求。

8.4.6 焚烧厂房楼（地）面的设计，除满足工艺的使用要求外，应符合现行国家标准《建筑地面设计规范》（GB 50037—1996）的有关规定。对腐蚀介质易侵蚀的部位，应根据现行国家标准《工业建筑防腐蚀设计规范》（GB 50046—1995），采取相应的防腐蚀措施。贮存设施墙面应方便进行清洗消毒，中控室地面应采取防静电措施。

8.4.7 厂房采光设计应符合现行国家标准《工业企业采光设计标准》（GB 50033—2001）的有关规定。

8.4.8 焚烧厂房宜采用自然通风，窗户设置应避免排风短路，并有利于组织自然通风。

8.4.9 严寒地区的建筑结构应采取防冻措施。

8.4.10 大面积屋盖系统宜采用钢结构，并应符合现行国家标准《屋面工程技术规范》（GB 50207—2002）的有关规定。屋顶承重结构的结构层及保温（隔热）层，应采用非燃烧体材料；设保温层的屋面，应有防止结露与水汽渗透的措施，并应符合现行国家标准《建筑设计防火规范》（GBJ 16—2001）的有关规定。

8.4.11 中央控制室和其他必需的控制室应设吊顶。

8.4.12 医疗废物卸料、贮存设施应进行防渗处理，按现行国家标准《危险废物贮存污染控制标准》（GB 18597—2001）的有关规定执行。

8.4.13 进行结构设计，应满足《建筑结构可靠度设计统一标准》（GB 50068—2001）的有关规定，并应符合国家现行的有关强制性规范规定。

8.4.14 厂区内应进行地质勘察，以确定地质情况。地质勘察应符合《岩土工程勘察规范》（GB 50021—2001）的有关规定。

8.4.15 楼（地）面活荷载取值应根据设备安装、检修、使用的要求确定，同时应满足现行国家标准《建筑结构荷载规范》（GB 50009 —2001）的有关规定。

8.4.16 焚烧厂的结构构件，应根据承载能力极限状态及正常使用极限状态的要求，按使用工况分别进行承载能力及稳定、疲劳、变形、抗裂及裂缝宽度计算和验算；处于地震地区的结构，还应进行结构构件抗震的承载能力计算。同时应满足《混凝土结构设计规范》（GB 50010—2002）、《砌体结构设计规范》（GB 50003—2001）、《钢结构设计规范》（GBJ 17—1988）、《建筑抗震设计规范》（GB 50011—2001）的有关规定。

8.4.17 地基基础的设计，应按现行国家标准《建筑地基基础设计规范》（GB 50007—2002）的有关规定进行地基承载力和变形计算，必要时尚应进行稳定性计算。当地下水埋藏较浅，建（构）筑物存在上浮问题时，尚应进行抗浮验算。

8.5 其他辅助设施

8.5.1 医疗废物焚烧厂应定期对医疗废物热值、各类油品、残渣、焚烧炉的汽水、污水、医疗废物物理成分、补给水全分析等项目进行化验和分析，化验和分析可通过协作解决。有条件的应设置化验室，化验分析项目、所用仪器的规格、数量及化验室的面积，应根据焚烧厂的运行参数、规模等条件确定。

8.5.2 焚烧厂应具有全厂设备日常维护、保养与小修任务及工厂设施突发性故障时的应急处理功能。设备的大、中修宜通过社会化协作解决。

8.5.3 焚烧厂应配备必需的机械工具、搬运设备和备用品、消耗品。

8.5.4 金属、非金属材料库以及备品备件，应与油料、燃料库、化学品库房分开设置。

9．环境保护与安全卫生

9.1 一般规定

9.1.1 医疗废物焚烧过程中产生的烟气、残渣、恶臭、废水、噪声及其他污染物的防治与排放，应贯彻执行国家现行的环境保护法规和标准的有关规定。

9.1.2 焚烧厂建设应贯彻执行《中华人民共和国职业病防治法》，应符合国家职业卫生标准的工作环境和条件。

9.1.3 制定医疗废物焚烧厂污染物治理措施前应落实污染源的特性和产生量。

9.2 环境保护

9.2.1 烟气污染物的种类应按表 9.2.1 分类。

表 9.2.1 烟气中污染物分类

类别	污染物名称	符号
尘	颗粒物	PM
酸性气体	氯化氢	HCl
	硫氧化物	SO_x
	氮氧化物	NO_x
	氟化氢	HF
	一氧化碳	CO
重金属	汞及其化合物	Hg 和 Hg^{2+}
	铅及其化合物	Pb 和 Pb^{2+}
	镉及其化合物	Cd 和 Cd^{2+}
	其他重金属及其化合物	包括 Cu、Mg、Zn、Cr 等和非金属 As 及其化合物
有机类	二噁英	PCDDs（Dioxin）
	呋喃	PCDFs（Furan）
	多氯联苯	PCBs
	多环芳香烃、氯苯和氯酚等其他有机碳	TOC

9.2.2 对焚烧工艺过程应进行严格控制，抑制烟气中各种污染物的产生。对烟气必须采取综合处理

措施，并应符合现行国家标准《危险废物焚烧污染控制标准》（GB 18484—2001）的有关规定。

9.2.3 焚烧厂的生活废水、生产废水和清洗消毒产生的废水应经过处理后排放，排放应分别符合现行国家标准《污水综合排放标准》（GB 8978—1996）的有关要求。

9.2.4 残渣处理必须采取有效的防止二次污染的措施。

9.2.5 焚烧厂更换的滤袋、废弃的防护用品等属于危险废物，应进行焚烧处置。

9.2.6 医疗废物焚烧厂的噪声治理应符合现行国家标准《城市区域环境噪声标准》（GB 3096—1993）和《工业企业厂界噪声标准》（GB 12348—1990）的有关规定。对建筑物直达声源的噪声控制，应符合现行国家标准《工业企业噪声控制设计规范》（GBJ 87—1985）的有关规定。

9.2.7 医疗废物焚烧厂的噪声治理，首先应对噪声源采取必要的控制措施。厂区内各类地点的噪声宜采取以隔声为主，辅以消声、隔振、吸声的综合治理措施。

9.3 职业卫生与劳动安全

9.3.1 焚烧厂的劳动卫生，应符合现行国家标准《工业企业设计卫生标准》（TJ 36—2002）的有关规定。

9.3.2 焚烧厂建设应采用有利于职业病防治和保护劳动者健康的措施。应在相关设备的醒目位置设置警示标志，并应有可靠的防护措施。

9.3.3 职业病防护设备、防护用品应确保处于正常工作状态，不得擅自拆除或停止使用。

9.3.4 焚烧厂建设应有职业病危害与控制效果可行性评价。

9.3.5 焚烧厂应采取劳动安全措施。

9.3.5.1 基本的职业健康和安全措施包括以下几个方面：

（1）应对工作人员进行必要的培训；

（2）应提供工作人员所需的防护服。

9.3.5.2 所使用防护用品的类型应依据所涉及的医疗废物的危险度而定，但是对收集和处理医疗废物的所有人员都应达到如下要求：

（1）头盔，有或无面罩，依据所进行的操作而定；

（2）口罩，依操作而定；

（3）护目镜（安全风镜），依操作而定；

（4）工作裤（工作服），必需；

（5）护腿和（或）工业用靴，必需；

（6）一次性手套（一般工作人员用）或耐受力强的手套（废弃物处理工人用），必需。

9.3.5.3 应提供方便工作人员使用的洗涤设施（有热水和肥皂）。

10. 工程施工及验收

10.1 建筑、安装工程应符合施工设计文件、设备技术文件的要求。

10.2 对工程的变更应取得设计单位的设计变更文件后再进行施工。

10.3 医疗废物集中焚烧厂的建设对工程质量监督管理应符合国家现行标准《建设工程质量管理条例》的有关规定，项目的竣工验收应按《建设项目（工程）竣工验收办法》执行。

10.4 医疗废物焚烧厂的竣工验收，应有卫生及环境保护专业技术部门参加。

10.5 医疗废物集中焚烧处置工程应按相关专业现行的工程验收规范和本技术规范的有关规定进行验收。对国外引进的专用设备，应按供货商提供的设备技术规范、合同规定及商检文件执行，并应符合我国现行的国家或行业工程施工及验收标准的有关要求。

（1）医疗废物焚烧炉的性能、质量要求及检验方法应符合现行国家标准《医疗废物焚烧炉技术要求》的有关规定；

（2）焚烧厂采用的输送、起重、泵类、风机、压缩机等通用设备应符合现行国家标准《机械设备安装工程施工及验收通用规范》（GB 50231—1998）及相应各类设备安装工程施工及验收标准的有关规定；

（3）袋式除尘器的安装与验收应符合现行国家标准《袋式除尘器安装技术规范与验收规范》（JB/T 8471—1996）的有关规定；

（4）建筑给排水、采暖及卫生设备的安装与验收应符合现行国家标准《建筑给排水及采暖工程施工质量验收规范》（GB 50242—2002）的有关规定；

（5）通风与空调设备的安装与验收应符合现行国家标准《通风与空调工程施工质量验收规范》（GB 50243—2002）的有关规定；

（6）管道工程、绝热工程应分别符合现行国家标准《工业设备及管道绝热工程施工及验收规范》（GBJ 126—1989）的有关规定；

（7）仪表与自动化控制装置按供货商提供的安装、调试、验收规定执行，并应符合现行国家标准的有关规定；

（8）电气装置应符合国家现行有关电气装置安装工程施工及验收标准的相关规定。

10.6 焚烧线及其全部辅助系统与设备、设施试运行合格，具备运行条件时，应及时组织工程验收。

10.7 工程竣工验收前，严禁焚烧线投入使用。

11．运营管理基本要求

11.1 运营管理总则

11.1.1 为实现医疗废物集中焚烧处置科学管理、规范作业、保证安全运行，提高生产效率、降低运行成本、有效防止二次污染，达到医疗废物无害化处置的目的，制定本运营管理要求。

11.1.2 本要求适用于医疗废物集中焚烧处置厂的运行、维护及安全管理。

11.1.3 医疗废物集中焚烧处置厂的运行、维护及安全管理除应执行本要求外，尚应符合国家现行有关强制性标准的规定。

11.2 焚烧处置厂运营条件

11.2.1 医疗废物处置运营单位必须按照《危险废物经营许可证管理办法》获得许可证后方可运营；未取得医疗废物经营许可证的单位不得从事有关医疗废物集中处置活动。

11.2.2 医疗废物处置设施建设应符合本技术规范。

11.2.3 必须具有经过培训的技术人员、管理人员和相应数量的操作人员。

11.2.4 具有完备的保障医疗废物安全处理处置的规章制度。

11.2.5 具有保障医疗废物集中焚烧处置厂正常运行的周转资金和辅助原料。

11.3 机构设置与劳动定岗、定员

11.3.1 焚烧厂运营机构的设置应以精简高效、安全生产、提高劳动生产率为原则，做到分工合理、职责分明。

11.3.2 焚烧厂劳动定员可分为生产人员、辅助生产人员和管理人员。管理人员应包括技术人员和安全管理人员。

11.3.3 焚烧厂医疗废物接收、转运、贮存、焚烧处置、清洗消毒等岗位应按生产和使用有毒物品的生产场所工作性质确定。

11.3.4 焚烧厂的劳动定员应按定岗定量的原则合理确定。

11.4 人员培训

11.4.1 医疗废物集中焚烧厂应对操作人员、技术人员及管理人员进行相关法律法规、专业技术、安

全防护、紧急处理等理论知识和操作技能的培训，主要包括：

（1）对焚烧处置厂所有工作人员的培训最低要求应包括以下内容：

①熟悉有关医疗废物管理的法律和规章制度；

②了解医疗废物危险性方面的知识；

③明确医疗废物安全卫生处理和环境保护的重要意义；

④熟悉医疗废物的分类和包装标志；

⑤熟悉医疗废物焚烧厂运作的工艺流程；

⑥掌握劳动安全防护设施、设备的使用知识和个人卫生措施；

⑦熟悉处理泄漏和其他事故的应急操作程序。

（2）医疗废物焚烧处置操作人员和技术人员的培训还应包括：

①医疗废物接收、转运、贮存和上料的具体操作，以及灰渣处理的安全操作；

②处置设备的正常运行，包括设备的启动和关闭；

③控制、报警和指示系统的运行和检查，以及必要时的纠正操作；

④最佳的运行温度、压力、燃烧空气量，以及保持设备良好运行的条件；

⑤医疗废物焚烧处置产生的排放物应达到的技术规范；

⑥设备运行故障的检查和排除；

⑦事故或紧急情况下人工操作和事故处理；

⑧设备日常和定期维护；

⑨设备运行及维护记录，以及泄漏事故和其他事件的记录及报告。

（3）技术人员应掌握医疗废物焚烧处理的相关理论知识和处理设备的基本工作原理。

11.5 医疗废物接收交接制度

11.5.1 医疗废物交接按照《医疗废物集中处置技术规范（试行）》的有关规定执行，采用《医疗废物运送登记卡》和《危险废物转移联单》（医疗废物专用）进行记录和管理。

11.5.2 医疗废物接收交接分为医疗废物现场交接和《医疗废物运送登记卡》的交接。

11.5.3 医疗废物应现场交接，核对其数量、种类、标志与《医疗废物运送登记卡》是否相符，及包装是否密封。

11.5.4 若现场实物与《医疗废物运送登记卡》不相符，应及时向焚烧厂负责人汇报并通知医疗废物委托人进行核实。

11.5.5 若发现医疗废物包装袋破裂、泄漏或其他事故时，焚烧处置厂应协助运输单位进行处理。

11.5.6 交接双方必须根据交接情况认真填写《医疗废物运送登记卡》，并签字确认。

11.5.7 根据危险废物转移联单制度妥善保存《医疗废物运送登记卡》，并定期向主管部门报送。

11.5.8 焚烧厂应对接收的医疗废物及时登记，并将进厂医疗废物的数量、重量等有关信息输入计算机管理系统。

11.6 焚烧厂运行记录制度

医疗废物集中焚烧厂应建立生产设施运行状况、设施维护和医疗废物焚烧处置生产活动等的登记制度，主要记录内容包括：

（1）《医疗废物运送登记卡》和《危险废物转移联单》（医疗废物专用）的记录和妥善保存；

（2）医疗废物接收登记；

（3）医疗废物进场运输车车牌号、来源、重量、进场日期及时间、离场时间等进行登记。

（4）清洗消毒操作的登记；

（5）生产设施运行工艺控制参数记录；

（6）医疗废物焚烧灰渣处理处置情况的记录；

（7）生产设施维修情况的记录；

（8）环境监测数据的记录；

（9）生产事故及处置情况的记录；

（10）定期检测、评价及评估情况的记录。

11.7 交接班制度

为保证医疗废物集中焚烧处置厂生产活动安全有序进行，必须建立严格的交接班制度，内容包括：

（1）生产设施、设备、工具及生产辅助材料的交接；

（2）医疗废物的交接；

（3）运行记录的交接；

（4）上下班交接人员应在现场进行实物交接；

（5）运行记录交接前，交接班人员应共同巡视现场；

（6）交接班程序未能顺利完成时，应及时向生产管理负责人报告；

（7）交接班人员对实物及运行记录核实确定后，应签字确认。

11.8 劳动保护和安全生产

11.8.1 一般规定

11.8.1.1 焚烧厂在设计、施工和生产过程中，必须高度重视安全卫生问题，采取有效的应对措施和各种预防手段，严格执行以下规范和标准：

（1）《中华人民共和国劳动法》（1995 年）

（2）《建设项目（工程）劳动安全卫生监察规定》（劳动部第 3 号令）

（3）《建设项目（工程）职业安全卫生设施和技术措施验收办法》（劳安字[1992]1 号）

（4）《生产过程安全卫生要求总则》（GB 12801—1991）

（5）《生产设备安全卫生设计总则》（GB 5083—1999）

（6）《建筑设计防火规范》（GBJ 16—2001）

（7）《建筑物防雷设计规范》（GB 50057—1994）

（8）《工业企业设计卫生标准》（GBZ 1—2002）

（9）《电气设备安全设计导则》（GB 4064—1983）

（10）《安全色》（GB 2893—2001）

（11）《安全标志》（GB 2894—1996）

（12）《企业职工劳动安全卫生教育管理规定》（劳部发[1995]405 号）

（13）《劳动防护用品配备标准（试行）》（国经贸安全[2000]189 号）

当上述标准和文件被修订时，应使用其最新版本。

11.8.1.2 建设单位必须在焚烧厂建成运行的同时，保证安全和卫生设施同时投入使用，并制定相应的操作规程。

11.8.2 劳动保护

11.8.2.1 加强员工的安全防护意识和消毒意识，定期对员工进行健康检查。

11.8.2.2 操作人员必须佩戴必要的劳保用品，做好安全防范工作。

11.8.2.3 应提供工作人员防护的设备和衣服，员工上班必须穿工作服，下班后及时更换。工作服应勤洗勤换并定期消毒。

11.8.2.4 工作人员所需防护设备和衣服的购置、发放、回收和报废均应进行登记。报废的防护设备应交由专人处理，不得自行处置。

11.8.2.5 在指定的、有标志的明显位置应配备必要的防护救生用品及药品。防护救生用品和药品要有专人管理，并及时检查和更换。

11.8.2.6 应建立有效的职业健康程序，包括预防免疫、暴露后的预防处理和医疗监护。
11.8.2.7 应定期做好空气和污水的检测工作。
11.8.2.8 应做好防虫、防鼠工作，消灭蚊蝇滋生地。
11.8.2.9 应提供方便工作人员使用的洗涤设施（有热水和肥皂）。
11.8.3 安全生产
11.8.3.1 焚烧厂生产过程中安全卫生管理应符合现行国家标准《生产过程安全卫生要求总则》（GB 12801—1991）的有关规定。各岗位应根据工艺特征和具体要求，制定本岗位安全操作规程。
11.8.3.2 操作人员必须严格执行本岗位安全操作规程。
11.8.3.3 各岗位操作人员和维修人员必须经过岗前培训，经考核合格后持证上岗；并应定期进行教育培训。
11.8.3.4 严禁非本岗位操作人员擅自启、闭本岗位设备。
11.8.3.5 操作人员启、闭电器开关时，应按电工规程进行。
11.8.3.6 检修电器控制柜时，必须先通知变、配电站断掉该系统电源，并验明无电后，方可作业。
11.8.3.7 高温设备、设备高温部位和高温环境下进行操作，应有防止烫伤的措施。
11.8.3.8 检修人员进入焚烧炉检修前应先对炉内强制输送新鲜空气并测定炉内含氧量，待含氧量大于 19%后方可进入。检修人员在炉内检修时需佩戴防毒面具，同时炉外应有人监护。
11.8.3.9 风机工作时，操作人员不得贴近联轴器等旋转部件。
11.8.3.10 厂内及生产区内运输管理，应符合《工业企业厂内运输安全规程》（GB 4387—1994）的有关规定。
11.8.3.11 在主要通道处均应设置安全应急灯。
11.8.3.12 建立并严格执行定期和经常的安全检查制度，及时消除事故隐患，严禁违章操作和违章指挥。
11.8.3.13 医疗废物焚烧处置厂应对危害和事故隐患进行识别，采取事故预防措施，编制应急预案并定期进行演练。应急预案内容应包括化学事故应急救援预案、感染性事故应急预案、医疗废物泄漏应急预案等安全事故应急预案，以及设施设备能力不能保证医疗废物正常处置时的应急预案。

11.9 定期检测、评价及评估制度

11.9.1 定期对医疗废物处置效果进行检测和评价，必要时应采取改进措施。
11.9.2 定期对环境污染防治和卫生效果进行检测和评价，对结果整理存档，每半年向地方环保和卫生行政主管部门报告一次。
11.9.3 定期对医疗废物处置厂的设施、设备运行及安全状况进行检测和评估，消除安全隐患。
11.9.4 定期对废物处理程序及人员操作进行安全评估，必要时采取有效的改进措施。

附　录

本技术规范用词说明

1. 为方便在执行本技术规范条文时区别对待，对于要求严格程度不同的用词说明如下：

（1）表示很严格，非这样做不可的：

正面词采用“必须”；反面词采用“严禁”。

（2）表示严格，在正常情况下均应这样做的：

正面词采用“应”；反面词采用“不应”或“不得”。

（3）表示允许稍有选择，在条件许可时首先这样做的：

正面词采用“宜”；反面词采用“不宜”。

表示有选择，在一定条件下可以这样做的，采用“可”。

2. 条文中指明应按其他有关标准执行的写法为：“应按……执行”或“应符合……的规定（或要求）”。

国家环境保护总局

公告

2005年　第27号

为贯彻《中华人民共和国大气污染防治法》，防治环境污染，现批准《火电厂烟气脱硫工程技术规范　烟气循环流化床法》等两项标准为环境保护行业标准，并予以发布。

标准名称、编号及实施时间如下：

1．火电厂烟气脱硫工程技术规范　烟气循环流化床法（HJ/T 178—2005，自2005年10月1日起实施）

2．火电厂烟气脱硫工程技术规范　石灰石/石灰—石膏法（HJ/T 179—2005，自2005年10月1日起实施）

以上标准为推荐性标准，由中国环境科学出版社出版，可在国家环境保护总局网站（www.sepa.gov.cn）和中国环境标准网站（www.es.org.cn）上查询。

特此公告。

2005年6月24日

HJ

中华人民共和国环境保护行业标准

HJ/T 178—2005

火电厂烟气脱硫工程技术规范
烟气循环流化床法

Flue gas circulation fluidized bed desulfurization project technical specification of thermal power plant

2005-06-24 发布　　　　2005-10-01 实施

国家环境保护总局　发布

前　言

为贯彻执行《中华人民共和国环境保护法》、《中华人民共和国大气污染防治法》、《建设项目环境保护管理条例》和《火电厂大气污染物排放标准》，规范火电厂烟气脱硫工程建设，控制火电厂二氧化硫排放，改善环境质量，保障人体健康，促进火电厂可持续发展和烟气脱硫行业技术进步，制定本标准。

本标准适用于火力发电厂烟气脱硫工程的规划、设计、评审、采购、施工及安装、调试、验收和运行管理。工业炉窑采用烟气循环流化床法脱硫工艺时，可参照执行。

本标准由国家环境保护总局科技标准司提出。

本标准为首次发布。

本标准由中国环境保护产业协会组织起草，并委托中国环境保护产业协会锅炉炉窑脱硫除尘委员会具体承担起草协调工作。

本标准由武汉凯迪电力股份有限公司、清华同方环境有限责任公司、上海龙净环保科技工程公司、北京市环境保护科学研究院、北京市劳动保护科学研究所、北京国电龙源环保工程有限公司、江苏苏源环保工程股份有限公司、山东山大能源公司、国电环境保护研究所等单位负责起草。

本标准国家环境保护总局 2005 年 6 月 24 日批准，自 2005 年 10 月 1 日起实施。

本标准由国家环境保护总局解释。

火电厂烟气脱硫工程技术规范
烟气循环流化床法

1. 总 则

1.1 适用范围

本规范适用于新建、扩建和改建容量为 65～1 025 t/h（机组容量为 15～300 MW）燃煤、燃气、燃油火电厂锅炉或供热锅炉采用烟气循环流化床法工艺烟气脱硫工程的规划、设计、评审、采购、施工及安装、调试、验收和运行管理。

1.2 实施原则

1.2.1 烟气脱硫工程的建设，应按国家的基本建设程序进行。设计文件应按规定的内容和深度完成报批和批准手续。

1.2.2 新建、改建、扩建火电厂或供热锅炉的烟气脱硫工程应和主体工程同时设计、同时施工、同时投产使用。

1.2.3 烟气脱硫工程主体设备的设计使用寿命应不低于 30 年，系统的可用率不低于 95%。脱硫效率不低于 85%。已建机组的脱硫主体设备设计使用寿命不低于机组剩余寿命。

1.2.4 烟气脱硫工程建设，除应符合本规范外，还应符合国家有关工程质量、安全、卫生、消防等方面的强制性标准条文的规定。

2. 规范性引用文件

下列文件中的条款通过本标准的引用成为本标准的条款。凡是注日期的引用文件，其随后所有的修改单（不包括勘误的内容）或修订版均不适用于本标准，然而，鼓励根据本标准达成协议的各方研究是否可使用这些文件的最新版本。凡是不注日期的引用文件，其最新版本适用于本标准。

GB 12348　工业企业厂界噪声标准
GB 12801　生产过程安全卫生要求总则
GB 13223　火电厂大气污染物排放标准
GB 18599　一般工业固体废物贮存、处置场污染控制标准
GB 50009　建筑结构荷载规范
GB 50011　建筑抗震设计规范
GB/T 50033　建筑采光设计标准
GB 50040　动力机器基础设计规范
GB 50191　构筑物抗震设计规范
GB 50217　电力工程电缆设计规范
GB 50222　建筑内部装修设计防火规范
GB 50229　火力发电厂与变电所设计防火规范
GB 50243　通风与空调工程施工质量验收规范

GB 50260 电力设施抗震设计规范
GBJ 11 建筑抗震设计规范
CHJ 16 建筑设计防火规范
CBJ 22 厂矿道路设计规范
GBJ 87 工业企业噪声控制设计规范
GBJ 140 建筑灭火器配置设计规范
GBZ 1 工业企业设计卫生标准
DLGJ 56 火力发电厂和变电所照明设计技术规范
DL/T 621 交流电气装置的接地
DL 5000 火力发电厂设计技术规程
DL 5009.1 电力建设安全工作规程（火力发电厂部分）
DL/T 5035 火力发电厂采暖通风与空气调节设计技术规程
DL/T 5041 火力发电厂厂内通信设计技术规定
DL/T 5044 火灾自动报警系统设计规范
DL 5053 火力发电厂劳动安全与工业卫生设计规程
DL/T 5120 小型电力工程直流系统设计规程
DL/T 5136 火力发电厂、变电所二次接线设计技术规程
DL/T 5153 火力发电厂厂用电设计技术规定
DL/T 5175 火力发电厂热工控制系统设计技术规定
NDGJ 16 火力发电厂热工自动化设计技术规定
HJ/T 75 火电厂烟气排放连续监测技术规范
HJ/T 76 固定污染源排放烟气连续检测系统技术要求及检测方法
《建设项目（工程）竣工验收办法》（国家计委 1990 年）
《建设项目环境保护竣工验收管理办法》（国家环境保护总局 2001 年）

3. 术 语

3.1 脱硫岛

指脱硫装置及为脱硫服务的建（构）筑物。

3.2 吸收剂

指脱硫工艺中用于吸收二氧化硫（SO_2）等有害物质的反应剂。烟气循环流化床脱硫工艺使用的吸收剂为消石灰[$Ca(OH)_2$]或生石灰（CaO）。

3.3 一级除尘器

指布置在脱硫塔进口，用以除去锅炉出口烟气中飞灰的除尘器。

3.4 二级除尘器

指布置在脱硫塔出口，用以除去脱硫塔出口烟气中脱硫灰的除尘器。

3.5 分离器

指布置在脱硫塔出口，二级除尘器前，用以分离烟气中的脱硫灰的分离装置。

3.6 生石灰消化装置

指将生石灰（CaO）与适量的水反应，生成消石灰[$Ca(OH)_2$]或者生成消石灰浆液的装置。

3.7 脱硫塔

指脱硫工艺中脱除 SO_2 等有害物质的反应装置。

3.8 脱硫副产物

指脱硫工艺中吸收剂与烟气中 SO_2 反应后生成的物质。

3.9 近绝热饱和温度

指脱硫塔出口烟温与烟气的绝热饱和温度之差，单位：℃。

3.10 装置可用率

指脱硫装置每年正常运行时间与发电机组每年总运行时间的百分比。按公式 3-1 计算：

$$可用率=\frac{A-B}{A}\times 100\% \qquad 3\text{-}1$$

式中：A——发电机组每年的总运行时间，h；

B——脱硫装置每年因脱硫系统故障导致的停运时间，h。

3.11 脱硫效率

指由脱硫装置脱除的 SO_2 量与未经脱硫前烟气中所含 SO_2 量的百分比，按公式 3-2 计算：

$$脱硫效率=\frac{c_1-c_2}{c_1}\times 100\% \qquad 3\text{-}2$$

式中：c_1——脱硫前烟气中 SO_2 的折算浓度（过剩空气系数燃煤取 1.4，燃油、燃气取 1.2），mg/m^3；

c_2——脱硫后烟气中 SO_2 的折算浓度（过剩空气系数燃煤取 1.4，燃油、燃气取 1.2），mg/m^3。

4．总体设计

4.1 脱硫装置工艺参数的确定

4.1.1 脱硫装置工艺参数应根据锅炉容量和调峰要求、燃料品质、二氧化硫控制规划和环境影响评价要求的脱硫效率、吸收剂的供应、水源情况、脱硫副产物和飞灰的综合利用、废渣排放、厂址场地布置等因素，经全面分析优化后确定。

4.1.2 新建脱硫装置的烟气设计参数宜采用锅炉最大连续工况（BMCR）、燃用设计燃料时的烟气参数，校核值宜采用锅炉经济运行工况（ECR）燃用最大含硫量燃料时的烟气参数。已建电厂加装烟气脱硫装置时，其设计工况和校核工况宜根据脱硫装置入口处实测烟气参数确定，并充分考虑燃料的变化趋势。

4.1.3 烟气中其他污染物成分[如氯化氢（HCl）、氟化氢（HF）]的设计数据宜依据燃料分析数据计算确定。

4.1.4 脱硫装置入口烟气中的 SO_2 质量流量可根据公式 4-1 估算：

$$M（SO_2）=2\times K\times B_g\times\left(1-\frac{q_4}{100}\right)\frac{S_{ar}}{100} \qquad 4\text{-}1$$

式中：$M（SO_2）$——脱硫装置入口烟气中的 SO_2 质量流量，t/h；

K——燃料燃烧中硫的转化率（煤粉炉一般取 0.9）；

B_g——锅炉 BMCR 负荷时的燃煤量，t/h；

q_4——锅炉机械未完全燃烧的热损失，%；

S_{ar}——燃料的收到基硫分，%。

4.1.5 烟气脱硫装置的最低稳定工作负荷应与锅炉最低稳燃负荷工况相一致。

4.2 总图设计

4.2.1 一般规定

4.2.1.1 火电厂烟气脱硫装置的总体设计，应与火电厂的总体设计相协调，包括总平面布置、竖向布置、管线综合布置、绿化规划等。并应符合下列要求：

（1）工艺流程合理，烟道短捷；

（2）交通运输方便；

（3）处理好脱硫装置与电厂设施、生产与生活、生产与施工之间的关系；

（4）与电厂总体规划相协调；

（5）方便施工，有利于维护检修；

（6）合理利用地形、地质条件；

（7）充分利用厂内公用设施；

（8）节约用地，工程量小，运行费用低；

（9）符合环境保护、劳动安全和职业卫生要求。

4.2.1.2 技改工程应避免拆迁在运行机组的生产建、构筑物和地下管线。当不能避免时，应采取合理的过渡措施。

4.2.1.3 脱硫吸收剂卸料及贮存场所宜布置在常年主导风向的下风侧。

4.2.2 总平面布置

4.2.2.1 脱硫装置宜布置在烟囱附近，吸收剂可在厂内就地制备或由厂外运输进厂，吸收剂制备设施、生石灰粉仓、消石灰仓宜在脱硫塔附近集中布置。

4.2.2.2 脱硫控制室宜与除灰空压机室、除尘配电室等合并布置在脱硫装置附近，也可结合工艺流程和场地条件设独立的脱硫控制室。

4.2.2.3 脱硫装置与火电厂各建、构筑物之间的最小间距，应按DL 5000中5.2.3的规定执行。

4.2.2.4 脱硫装置的竖向布置，应结合电厂主体工程的规划，并符合下列要求：

（1）脱硫岛应不受洪水危害，室外设计标高应高于设计高水位0.5 m；

（2）各建、构筑物、道路等的标高和布置，应便于维修、扩建、排水畅通，满足生产使用的方便；

（3）新建电厂，脱硫场地的平整及土石方平衡应由主体工程统一考虑。技改工程，脱硫场地应力求土石方自身平衡。场地平整坡度视地形、地质条件确定，一般为0.5%～2.0%，困难地段不小于0.3%，但最大坡度不宜大于3.0%。

4.2.2.5 建筑物室内、外地坪高差及特殊场地标高应符合下列要求：

（1）有车辆出入的建筑物室内、外地坪高差，一般为0.15～0.30 m；

（2）无车辆出入的室内、外高差可大于0.30 m；

（3）易燃、可燃、易爆、腐蚀性液体贮存区地坪宜低于周围道路标高。

4.2.2.6 当开挖工程量较大时，可采用阶梯布置方式，但台阶高差不宜超过5 m，并设台阶间的连接踏步。挡土墙高度3 m及以上时，墙顶应设安全护栏。同一套脱硫装置宜布置在同一台阶场地上。卸腐蚀性液体的场地宜设在较低处，且地坪应做防腐蚀处理。

4.2.2.7 脱硫场地的排水方式宜与主体工程相统一。

4.2.2.8 物料装卸场地需要洒水冲洗时，宜在场地低处设截水沟，或采用其他方式集中排水。

4.2.2.9 架空管道在跨越道路时应保持4.5～5.0 m的净空，有大件运输要求或在检修期间有大型起吊设施通过的道路应根据需要确定。在跨越铁路时，一般管线应保持离轨面5.5 m的净空，当为易燃或可燃液体、气体管道时，应保持6.0 m的净空。当采用电力机车牵引时，与铁路轨顶应保持6.55 m的净空距离。

4.2.3 交通运输

4.2.3.1 脱硫岛内道路的设计，应符合GB J22的要求。

4.2.3.2 脱硫岛内道路的设计，应与电厂主体工程的道路设计协调一致。

4.2.3.3 脱硫岛内道路的设计，应保证脱硫岛的物料运输便捷，消防通道畅通，检修方便，并满足场地排水的要求。

4.2.3.4 吸收剂宜采用具有自卸能力的密封罐车运输，当由水路运输时应防止吸收剂进水。脱硫副产品宜采用机械输送或气力输送，外运至灰渣场或客户时，宜采用自卸密封车运输。

4.2.3.5 脱硫岛内及与电厂的各建、构筑物之间，应根据生产、生活、消防和检修的需要设置行车道路、消防车通道和人行道。

脱硫岛与电厂干道相连的道路宽度，应根据电厂总平面规划来确定。

脱硫吸收剂及副产品的运输道路宽度不小于6.0 m，转弯半径不小于9.0 m。物料装卸区域停车位道路纵坡宜为平坡，困难时坡度不宜大于1.5%，并应设足够的汽车会车、回转场地，按行车路面要求进行硬化处理。

脱硫岛内一般行车路面宽度不宜小于4 m，困难情况下也可采用不小于3.5 m，转弯半径不小于7.0 m。

通往建筑物出入口处的人行引道的宽度宜与门宽相适应。

4.2.3.6 脱硫岛道路的结构形式应与电厂道路相一致，脱硫岛内装置密集区域宜采用混凝土块铺砌等硬化方式处理，以便于检修及清扫。

4.2.3.7 进厂吸收剂应设有计量装置和取样化验装置，也可与电厂主体工程共用。

4.2.4 绿化布置

脱硫岛的绿化布置应与电厂主体工程的绿化规划协调一致。

5. 脱硫工艺系统

5.1 工艺流程

5.1.1 烟气循环流化床主要由吸收剂制备系统、二氧化硫吸收系统、除尘系统、吸收剂再循环系统、自控和在线监测系统等组成。其典型工艺流程见图5-1所示。

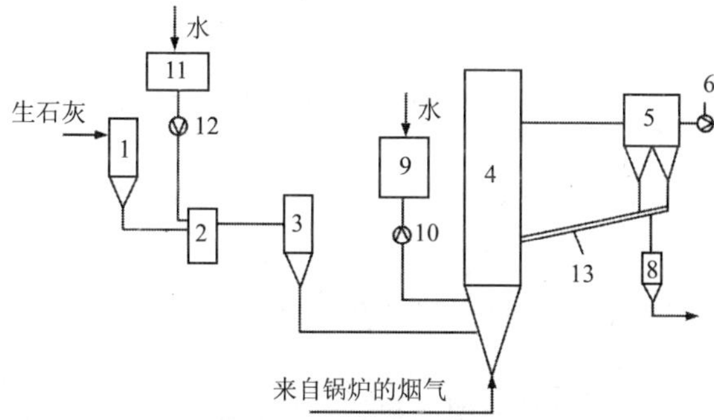

图 5-1 火电厂烟气循环流化床法脱硫工艺流程图

1.生石灰仓；2. 生石灰干消化装置；3. 消石灰仓；4. 脱硫反应器；5. 分离器或除尘器

6.引风机；7. 烟囱；8. 残渣仓；9.工艺水箱；10. 工艺水泵；11. 消化装置水箱

12. 消化水泵；13. 吸收剂再循环回送装置

烟气经过一级除尘器后进入脱硫塔主体，吸收剂可以是干粉状，同时以少量水作为增湿水分别进入脱硫反应塔中（也可以将吸收剂与水混合制成浆液，再喷入脱硫反应塔中），烟气与加入的吸收剂及再循环灰充分混合、反应，脱除烟气中酸性气体，烟气由脱硫塔上部出口排出，经过分离器、二级除尘器除尘（也可以兼作分离器）后，固体颗粒被分离，大部分送入塔内进行再循环，烟气继续经过引风机，通过烟囱排入大气。

5.2 脱硫主要工艺系统

5.2.1 吸收剂制备系统

5.2.1.1 吸收剂可选用生石灰或消石灰。吸收剂的确定应根据吸收剂的来源、运输条件、一次性投资及运行费用等进行技术经济比较后确定。

5.2.1.2 吸收剂的制备方式，可采用下列方案中的任一种：

（1）由市场直接购买粒度符合要求的粉状成品消石灰；

（2）由市场购买一定粒度要求的生石灰粉，现场消化成消石灰粉（或制成消石灰浆）；

（3）由市场购买一定粒度要求的块状生石灰，经破碎、消化后制成消石灰浆液。

5.2.1.3 生石灰的品质要求：生石灰粉细度宜在 2 mm 以下，加适量水后 4 min 内温度可升高到 60℃，纯度：CaO 含量≥80%。

5.2.1.4 生石灰仓和消石灰仓（罐）的有效容积应根据石灰供应和运输情况确定。生石灰仓的有效贮粉量宜满足锅炉最大连续出力时 2～4 d 的消耗量；消石灰仓的有效贮粉量宜满足锅炉最大连续出力时 1～2 d 消耗量。

5.2.1.5 生石灰仓、消石灰仓应密封，内表面应平整光滑不积粉。

5.2.1.6 生石灰仓、消石灰仓相邻两壁间交线与水平面的夹角大于 60°，而且壁面与水平面的交角大于 65°，相邻壁交角的内侧应做成圆弧形。

5.2.1.7 生石灰仓、消石灰仓内壁锥斗部宜设气化板，以避免下料系统的堵塞。

5.2.1.8 生石灰仓、消石灰仓顶部应有放气管。气管通大气时应设置除尘装置，以使排出的气体符合污染物排放标准的要求。

5.2.1.9 生石灰仓、消石灰仓应防止受潮，对金属仓外壁要采取保温措施。

5.2.1.10 消化装置的出力按锅炉 BMCR 工况时，石灰消耗量的 150%设计。

5.2.1.11 石灰的消化水泵可采用 2 台全容量水泵，其中一台备用。每台水泵容量按消化系统满负荷时消耗水量的 1.5～2.0 倍选用。水泵压力按喷嘴要求最大压力与所选泵容量相应管道阻力之和，备用系数取 1.1。

5.2.2 烟气系统

5.2.2.1 引风机装设位置在二级除尘器之后。引风机的风量按二级除尘器出口风量加 10%裕量，另加 10℃的温度裕量。

增压风机的基本风压为锅炉本体烟气侧阻力，与炉后脱硫系统阻力及烟道、烟囱排烟阻力之和。风机压头裕量不低于 20%。

5.2.2.2 在用发电机组增设脱硫装置时，脱硫增压风机宜装在二级除尘器之后。每套脱硫装置可设一台增压风机。

5.2.2.3 在用电厂建设脱硫装置，且烟气从原引风机之后引出时，脱硫风机的基本风压为脱硫系统的阻力，及由于排烟温度降低造成烟囱接口处压力变化值之和。脱硫增压风机的压头裕量不低于 20%。

5.2.2.4 大容量增压风机宜用静叶可调轴流风机或高效离心风机。经比较经济技术合理时，可采用动叶可调轴流风机。

5.2.2.5 新建发电机组建设脱硫设施或已运行机组增设脱硫设施，不宜设置烟气旁路。如确需设置的，应保证脱硫装置进出口和旁路挡板门具有良好的操作和密封性能。

5.2.2.6 脱硫系统装置漏风率应控制在6%以下。

5.2.3 二氧化硫吸收系统

5.2.3.1 脱硫塔的数量应根据锅炉容量、脱硫塔的容量和可靠性等确定。

5.2.3.2 脱硫塔的容量宜按相对应的锅炉设计燃料 BMCR 工况下烟气量设计。烟气温度按锅炉设计燃料 BMCR 工况时，脱硫塔进口烟温加 10℃的温度裕量。

5.2.3.3 吸收系统设计时，脱硫塔阻力宜在 2 500 Pa 以下，脱硫塔出口烟温应高出绝热饱和温度 15 ℃以上。

5.2.3.4 脱硫塔内粉尘浓度宜按标准状态下 800～1 000 g/m^3 设计。当粉尘浓度较高时，应设分离器，分离器也可以和二级除尘器本体合为一体。二级除尘器可选用静电除尘器或布袋除尘器。

5.2.3.5 每座脱硫塔宜设置 2 台全容量供水泵，其中一台备用。宜按锅炉 BMCR 工况下，脱硫塔耗水量的 1.5～2.0 倍选取。水泵压力按喷嘴要求的最大压力与所选泵容量相应管道系统阻力之和，备用系数取 1.1。

5.2.4 设备布置

5.2.4.1 脱硫岛设备布置应满足脱硫生产工艺流程的要求，并做到设备布局和空间利用合理，管线连接短捷、整齐，岛内设施紧凑、恰当，方便运行和检修。

5.2.4.2 设备布置宜按一级除尘器、脱硫塔、二级除尘器、引风机的顺序排列。

5.2.4.3 当风机和水泵露天布置时，电动机宜采用全封闭形式。

5.2.4.4 引风机露天布置时，电动机宜采用全封闭形式。

5.2.4.5 阀门、挡板及其执行机构的布置应便于操作和维修，必要时可设置操作维护平台。

5.2.4.6 生石灰消化装置可露天布置，但在多雨地区或严寒地区，应采用局部封闭或全封闭。

5.2.5 脱硫灰（脱硫副产物）处理系统

5.2.5.1 脱硫灰处理系统的选择，应根据脱硫灰的排量、脱硫灰的化学、物理特性，以及发电厂与贮灰场的距离、高差、地形、地质和气象等条件，通过技术经济比较确定。

脱硫灰处理系统的设计应为脱硫灰的综合利用创造条件。脱硫灰处理系统应采用干式输送方式。

5.2.5.2 脱硫灰的输送可选用负压气力输送系统、正压气力输送系统等集中系统。

5.2.5.3 脱硫灰输送系统宜采用连续运行方式，设计出力应根据系统脱硫灰的排量、系统型式、运行方式等确定，并留有足够的裕量，同时应设置必要的紧急事故处理设施。

5.2.5.4 脱硫灰输送系统的设计出力应有不小于该系统燃用设计煤种时排出的脱硫灰100%的裕度。

5.2.5.5 脱硫灰库的设置和总容量宜按下列要求确定：

（1）脱硫灰库宜与电厂粉煤灰库集中布置，分开贮存；

（2）当作为中转或缓冲库时，宜满足贮存8 h排出的脱硫灰量；

（3）当作为贮存库时，应满足贮存24 h排出的脱硫灰量。

5.2.5.6 脱硫灰库卸灰设施的配置应满足下列要求：

（1）当装卸干灰时，应设置能防止干灰飞扬的装车（船）设施；

（2）当外运调湿灰时，应设干灰调湿装置；

（3）灰库流化系统应设专用流化风机，1～3台风机经常运行时，可设1台备用。流化空气应为热空气。在系统中应设专用空气加热器，加热器应靠灰库布置。加热器后的空气管道应保温。

5.2.5.7 气力输送系统中的直管段宜采用碳钢管；气力输送系统中的弯管段、输送介质速度较高、磨损严重的管段应采用耐磨管。

6．脱硫主要辅助系统

6.1 电气系统

6.1.1 供电系统

6.1.1.1 脱硫装置高、低压厂用电电压等级应与发电厂主厂房厂用电电压等级一致。

6.1.1.2 脱硫装置厂用电系统中性点接地方式应与发电厂主厂房厂用电中性点接地方式一致。

6.1.1.3 脱硫工作电源的引接

（1）脱硫高压工作电源可设脱硫高压变压器从发电机出口引接，也可直接从高压厂用工作母线引接。

（2）脱硫装置与发电厂主体工程同期建设时，脱硫高压工作电源宜由高压厂用工作母线引接，当技术经济比较合理时，也可增设高压变压器。

（3）脱硫装置为预留时，宜采用高压厂用工作变压器预留容量的方式。

（4）已建电厂加装烟气脱硫装置时，如果高压厂用工作变压器有足够备用容量，且原有高压厂用开关设备的短路动热稳定值及电动机启动的电压水平均满足要求时，脱硫高压工作电源应从高压厂用工作母线引接，否则应设脱硫高压变压器。

（5）脱硫低压工作电源应单设脱硫低压工作变压器供电。

6.1.1.4 脱硫高压负荷可设脱硫高压母线段供电，也可直接接于高压厂用工作母线段。当设脱硫高压母线段时，每炉宜设1段，并设置备用电源。每台炉宜设1段脱硫低压母线。

6.1.1.5 脱硫高压备用电源宜由发电厂启动/备用变压器低压侧引接。当脱硫高压工作电源由高压厂用工作母线引接时，其备用电源也可由另一高压厂用工作母线引接。

6.1.1.6 除满足上述要求外，其余均应符合 DL/T 5153 中的有关规定。

6.1.2 照明和检修系统

照明要求应符合 DLGJ 56。

6.1.3 电缆敷设

电缆敷设应符合 GB 50217。

6.1.4 防雷和接地

防雷和接地应符合 DL/T 621。

6.1.5 控制保护及自动装置

控制保护及自动装置应符合 DL/T 5153 和 DL/T 5136 中的有关规定。

6.1.6 直流系统

6.1.6.1 新建电厂同期建设烟气脱硫装置时，脱硫装置直流负荷宜由机组直流系统供电。当脱硫装置布置离主厂房较远时，也可设置脱硫直流系统。

6.1.6.2 脱硫装置为预留时，机组直流系统不考虑脱硫负荷。

6.1.6.3 已建电厂加装烟气脱硫装置时，宜装设脱硫直流系统向脱硫装置直流负荷供电。

6.1.6.4 直流系统的设置应符合 DL/T 5120 的规定。

6.1.7 交流保安电源和交流不停电电源（UPS）

6.1.7.1 120 MW 及以上机组配套的脱硫装置宜设单独的交流保安母线段。当主厂房交流保安电源的容量足够时，脱硫交流保安母线段宜由主厂房交流保安电源供电，否则宜由单独设置的能快速启动的柴油发电机供电。其他要求应符合 DL/T 5153 中的有关规定。

6.1.7.2 新建电厂同期建设烟气脱硫装置时，脱硫装置交流不停电负荷宜由机组 UPS 系统供电。当脱硫装置布置离主厂房较远时，也可单独设置 UPS。

6.1.7.3 脱硫装置为预留时，机组 UPS 系统不考虑向脱硫负荷供电。

6.1.7.4 已建电厂加装烟气脱硫装置时，宜单独设置 UPS 向脱硫装置不停电负荷供电。

6.1.7.5 UPS 宜采用静态逆变装置。其他要求应符合 DL/T 5136 中的有关规定。

6.1.8 二次线

6.1.8.1 脱硫电气系统宜在脱硫控制室控制，并纳入分散控制系统。

6.1.8.2 脱硫电气系统控制水平应与工艺专业协调一致，宜纳入分散控制系统控制，也可采用强电控制。

6.1.8.3 接于发电机出口的脱硫高压变压器的保护。

（1）新建电厂同期建设烟气脱硫装置时，应将脱硫高压变压器的保护纳入发动机变压器组保护装置。

（2）脱硫装置为预留时，发动机变压器组差动保护应留有脱硫高压变压器的分支的接口。

（3）已建电厂加装烟气脱硫装置时，脱硫高压变压器的分支应接入原有发动机变压器组差动保护。

（4）脱硫高压变压器保护应符合 DL/T 5153 中的规定。

6.1.8.4 其他二次线要求应符合 DL/T 5136 和 DL/T 5153 的规定。

6.1.9 火灾探测及报警系统

6.1.9.1 火灾探测及报警系统的设备选型宜与主厂房一致，其火灾报警控制屏宜布置在脱硫控制室。

6.1.9.2 脱硫除尘岛的火灾探测及报警系统宜与全厂火灾探测及报警系统实现通信。

6.1.9.3 其他要求应符合 GB 50229。

6.1.10 通信系统

6.1.10.1 脱硫岛内应设置生产行政通信和调度通信系统，应利用电厂的程控交换机，在脱硫岛宜单独设置每个通信系统的总配线箱。

6.1.10.2 其他要求应符合 DL/T 5041。

6.2 热工自动化

6.2.1 脱硫热控系统在启、停、运行及事故处理情况下均应不影响电厂主机组的正常运行。

6.2.2 热工自动化水平

6.2.2.1 脱硫系统应实现脱硫工艺系统及其辅助系统的自动化运行。

6.2.2.2 脱硫系统应采用集中控制，在控制室实现脱硫工艺系统及其辅助系统的启停，运行工况监视和调整，停机和事故处理。

6.2.2.3 烟气脱硫可采用分散控制系统（DCS）或可编程控制器系统（PLC），其功能包括数据采集和处理（DAS）、模拟量控制（MCS）、顺序控制（SCS）及连锁保护。

6.2.2.4 随辅机设备本体成套提供及装设的检测仪表和执行装置，应满足脱硫装置运行和热控自动化的功能与接口要求。

6.2.3 控制方式及控制室

6.2.3.1 脱硫系统的控制应采用集中控制方式，宜将脱硫系统和除尘、除灰渣系统的控制集中在同一个控制室内。一般两炉设一个烟气脱硫控制室；当规划容量明确时，也可采用 4 台炉合设一个烟气脱硫控制室。已建电厂增建脱硫系统应因地制宜，设独立控制室或与除灰控制室合并。具备条件时，可以将脱硫装置的控制纳入机组单元控制室。

6.2.3.2 脱硫系统应在控制室内以操作员站显示屏和键盘作为监视控制中心，不设置常规仪表。

6.2.3.3 对不影响整体控制系统的辅助装置，可设就地控制设备。对就地巡检需要监视和操作的场所，可设就地监视和操作手段，但重要信息应送至控制室。就地操作手段用于故障或事故时的紧急操作。

6.2.4 热工检测

6.2.4.1 烟气脱硫热工检测包括：

（1）脱硫工艺系统在各种工况下安全、经济运行的参数；

（2）辅机的运行状态；

（3）电动和气动阀门的开闭状态以及调节阀的开度；

（4）仪表和控制用电源、气源及其他必要条件的供给状态和运行参数；

（5）脱硫变压器、脱硫电源系统及电气系统和设备的参数与状态检测；

（6）必需的环境参数。

6.2.4.2 烟气分析仪宜按脱硫系统运行监控需要独立设置，装设在脱硫系统的进/出口烟道上。

6.2.4.3 用于环境监测的烟气连续监测系统应装设在烟囱上，并提供通讯接口，向环境保护部门定时传输数据和图表。

6.2.5 热工保护

6.2.5.1 烟气脱硫热工保护应纳入脱硫控制系统，并由脱硫控制系统软逻辑实现。

6.2.5.2 热工保护系统的设计应有防止误动和拒动的措施，保护系统电源中断和恢复不会误发动作指令。

6.2.5.3 热工保护系统应遵守独立性原则：

（1）重要的保护系统的一次元件应单独设置；

（2）重要的保护系统应有独立的 I/O 通道，并有电隔离措施；

（3）冗余的 I/O 信号应通过不同的 I/O 模件引入。

6.2.5.4 保护用控制器应采取冗余措施。

6.2.5.5 热工保护系统输出的操作指令应优先于其他任何指令。

6.2.5.6 脱硫系统保护动作原因应设事故顺序记录和事故追忆功能。

6.2.6 热工顺序控制及连锁

6.2.6.1 顺序控制的功能应满足脱硫系统的启动、停止及正常运行工况的控制要求，并能实现脱硫系统在事故和异常工况下的控制操作，保证脱硫系统设备安全。

6.2.6.2 顺序控制应能完成以下功能：

（1）实现脱硫系统的顺序启停；

（2）实现辅机与其相关阀门、挡板的顺序控制、控制操作及试验操作；

（3）实现辅机与其相关的冷却系统、润滑系统、密封系统的连锁控制；

（4）在发生局部设备故障跳闸时，连锁启动备用设备。

6.2.6.3 辅助装置的就地控制设备应能实现辅助装置相关设备的顺序控制功能，并设有与烟气脱硫控制系统的接口，实现脱硫系统的顺序启停。

6.2.7 热工模拟量控制

6.2.7.1 脱硫系统应有较完善的热工模拟量控制系统，以满足锅炉在不同负荷阶段中脱硫系统安全经济运行的需要，还应考虑在装置事故及异常工况下与相应的连锁保护协调控制的措施。

6.2.7.2 模拟量控制系统应能在脱硫系统投入时全程进行循环硫化床床压、脱硫系统出口 SO_2 含量、脱硫塔烟温、除尘器料位的控制。各控制回路控制方式间的切换，应设切换逻辑，并能双向无扰动地切换。

6.2.7.3 重要热工模拟量控制项目的变送器应双重（或三重）化设置（烟气分析仪除外）。

6.2.8 热工报警

6.2.8.1 热工报警由烟气脱硫控制系统实现。热工报警应包括下列内容：

（1）工艺系统主要热工参数和电气参数偏离正常运行范围；

（2）热工保护动作及主要辅机故障；

（3）热工监控系统故障；

（4）热工电源、气源故障；

（5）辅助系统故障；

（6）主要电气设备故障。

6.2.8.2 烟气脱硫控制系统的所有模拟量输入、数字量输入、模拟量输出、数字量输出和中间变量的计算值，都可作为报警源。

6.2.8.3 脱硫系统功能范围内的全部报警项目应能在操作员站显示屏上显示和在打印机上打印。在烟气脱硫启停过程中应抑制虚假报警信号。

6.2.9 分散控制系统

6.2.9.1 脱硫系统的控制系统选型应坚持成熟、可靠的原则，具有数据采集与处理、自动控制、保护、连锁等功能。

6.2.9.2 当脱硫系统具有两个及以上单元时，宜设置公用系统控制系统网络，经过通讯接口分别与两个（及以上）单元控制系统相连。公用系统应能在两套（及以上）控制系统中进行监视和控制，并应确保任何时候仅有一套控制系统能发出有效操作指令。

6.2.9.3 烟气脱硫控制系统应设置与机组 DCS 进行信号交换的硬接线和通讯接口，以使脱硫系统能与机组协调运行。

6.2.9.4 在电厂装设 MIS 或 SIS 系统时，烟气脱硫控制系统应设置与 MIS 或 SIS 的通讯接口。当与 MIS 或 SIS 系统通信时应考虑设置安全可靠的保护隔离措施。

6.2.10 热工电源和气源

6.2.10.1 热工控制柜（盘）进线电源的电压等级不得超过220 V，进入控制装置柜（盘）的交、直流电源除停电一段时间不影响安全外，应各有两路，互为备用。工作电源故障需及时切换至另一路电源，应设故障报警和自动切换装置。

6.2.10.2 烟气脱硫控制系统及保护装置应设互为备用的两路电源，一路采用交流不停电电源，一路来自脱硫工作段电源。

6.2.10.3 脱硫系统交流不停电电源在机组交流不停电电源容量允许下可以引自机组，也可单独设置。交流不停电电源原则上由电气统一考虑。

6.2.10.4 每组热工交流动力电源配电箱应有两路输入电源，分别接自脱硫厂用低压母线的不同段。

6.2.10.5 采用气动执行机构时，气源品质和压力应符合有关国家标准，满足气动执行机构的需要。

6.3 建筑及结构

6.3.1 一般规定

6.3.1.1 本规定是根据国家现行有关规范并结合火力发电厂烟气脱硫工程（烟气循环流化床法）特点制定的。凡本规范未涉及的部分，应符合国家现行的有关标准的规定。

6.3.1.2 火力发电厂烟气脱硫工程（烟气循环流化床法）的土建设计应全面贯彻安全、适用、经济、美观的方针。

6.3.2 建筑

6.3.2.1 火力发电厂烟气脱硫工程的建筑设计应该根据生产流程、功能要求、自然条件、火电厂主体工程、建筑材料和建筑技术等因素，并结合工艺设计做好建筑物的平面布置、空间组合、建筑造型、色彩处理以及维护结构的选择；配合工艺解决建筑物内部交通、防火、防爆、防水、防腐蚀、防噪声、防尘、防小动物、抗震、隔振、保温、隔热、日照、采光、自然通风和生活设施等问题。在进行造型、外观和内部处理时，应把建筑物和工艺设备在色彩上作为一个统一的整体考虑，并注意将构筑物与火电厂主体工程的协调。

6.3.2.2 火力发电厂烟气脱硫建筑有条件时应积极采用多层建筑和联合建筑，防火设计应符合 GB 50229 及国家其他有关防火标准和规范的要求。

6.3.2.3 建筑物宜优先考虑天然采光，建筑物室内天然采光照度应符合 GB/T 50033 的要求。采光口不宜过大，其布置应考虑不受设备遮挡的影响，侧窗设计应考虑建筑节能和便于清洁，避免设置大面积玻璃窗。

6.3.2.4 脱硫建筑宜采用自然通风，墙上和楼层上的通风孔应合理布置，避免气流短路和倒流，并应减少气流死角。

6.3.2.5 建筑物的室内外墙面应根据使用和外观需要进行适当处理。

地面和楼面材料除工艺要求外，宜采用耐磨、易清洗的材料。

室内装修防火要求应符合 GB 50222 的规定。

有腐蚀性物质的房间，其内表面（包括室内外排放沟道的内表面）应防腐蚀。

6.3.3 结构

6.3.3.1 结构设计应在承载力、稳定、变形和耐久性等方面满足生产使用要求，同时尚应考虑施工条件。对于混凝土结构必要时应验算结构的抗裂度和裂缝宽度。当有动力荷载时，应做动力验算。

6.3.3.2 火力发电厂烟气脱硫工程的建（构）筑物结构设计应根据使用过程中在结构上可能同时出现的荷载，按承载能力极限状态和正常使用极限状态分别进行荷载（效应）组合，并应取各自的最不利的效应组合进行设计。

一般荷载的分项系数，可变荷载的组合值系数、频遇值系数、准永久值系数，荷载组合，除下列规定外，均按 GB 50009 执行。

设备、管道、生石灰仓、消石灰仓等可变荷载，其荷载分项系数取 1.3。建、构筑物的屋面、楼（地）面在生产使用、检修、施工安装时，由设备、管道、材料堆放、运输工具等重物所引起的荷载，以及所有设备、管道支吊架等作用于土建结构上的荷载均应由工艺专业提供。

当工艺专业提供全部设备（管道）荷载时，楼面活荷载可按 2.0 kN/m^2取值。

当工艺专业提供主要设备及管道荷载时，楼面活荷载可按表6-1采用。

表 6-1　屋面、楼（地面）活荷载属

项次	类别	标准值/（kN/m^2）	组合值系数 Ψc	准永久值系数 Ψq
1	配电装置楼面	6.0	1.0	0.8
2	控制室楼面	4.0	1.0	0.7
3	电缆夹层	4.0	1.0	0.7
4	楼梯（考虑设备运输时）	4.0	0.7	0.5
5	设备、管道层楼面	由工艺提供，或参照电厂相应楼层采用	1.0	0.7
6	屋面活荷载（不上人屋面，无设备、管道等）	0.7	0.7	0
7	屋面活荷载（有设备、管道等）	由工艺提供，或参照电厂相应屋面采用	1.0	0.7
8	生石灰仓、消石灰仓等中的填料自重	填料比重由工艺提供	1.0	1.0

6.3.3.3 火力发电厂烟气脱硫工程的建（构）筑物抗震设防应按 GBJ 11、GB 50191 和 GB 50260 执行。

火力发电厂烟气脱硫工程的土建建（构）筑物应按 GBJ 11 中丙类建筑进行抗震设防。

计算地震作用时，建、构筑物的重力荷载代表值应取结构、设备、构配件重力荷载标准值和各可变荷载组合值之和。各可变荷载的组合值系数应按表6-2采用。

表 6-2　组合值系数

载荷种类	组合值系数
一般设备载荷	10
按等效荷载计算的楼面活荷载	0.7
屋面活荷载（一般不上人，无设备、管道等）	0
屋面活荷载（有设备、管道）	0.7
生石灰、消石灰仓等中的填料自重	0.8

6.3.3.4 火力发电厂烟气脱硫工程的建（构）筑物可采用钢筋混凝土结构。200 MW及以上机组的除

尘器（包括一级除尘器、二级除尘器）、脱硫塔支架和生石灰仓、消石灰仓及其支架宜采用钢结构。

6.3.3.5 地基与基础的设计，应根据工程地质资料、结合火力发电厂烟气脱硫工程（烟气循环流化床法）的各建（构）筑物的使用要求，充分吸取地区建筑经验，综合考虑结构类型、材料供应等因素，采用安全、经济、合理的地基基础形式。

地基除作承载力计算外，必要时应对地基变形和稳定作验算。当天然地基的承载力、变形或稳定不满足设计要求时，应采用人工地基。

除尘器（包括一级除尘器、二级除尘器）、脱硫塔支架上应设置沉降观测点。

6.4 采暖通风与空气调节

6.4.1 一般规定

采暖通风与空气调节系统的设计施工中应符合 DL/T 5035 和 GB 50243 及国家有关现行标准。

6.4.2 采暖通风

6.4.2.1 脱硫岛区域建筑物的采暖应与其他建筑物一致。当厂区设有集中采暖系统时，采暖热源宜由厂区采暖系统提供。

6.4.2.2 对位于非集中供暖地区且无集中供暖系统的电厂，脱硫岛区域建筑物的采暖可以采用热泵型空调器、电热器等方式作为供暖热源。

6.4.2.3 脱硫岛电控楼冬季供暖室内计算温度按表6-3选用。

表 6-3 脱硫岛区域建筑物冬季供暖室内计算温度

项次	供暖房间名称	供暖室内计算温度/℃
1	脱硫控制室	18
2	脱硫配电室	18
3	工程师站	18
4	电子设备间	18（或按工艺要求）

6.4.2.4 脱硫岛主控制室下层的电缆层不必设供暖设备。对于冬季室外通风计算温度低于或等于－10℃的地区，脱硫岛主控制室的底层主要出入外门宜设置热风幕。

6.4.2.5 散热器供暖系统和热风供暖系统，两个系统的管道应分开设置。

6.4.3 空气调节

6.4.3.1 脱硫岛控制室、工程师站室及电子设备间应该设置空气调节装置。

6.4.3.2 在寒冷地区，通风系统的进、排风口宜考虑防寒措施。

6.4.3.3 通风系统的进风口宜设在清洁干燥处，电缆夹层不应作为通风系统的吸风地点。在风沙较大地区，通风系统应考虑防风沙措施。在粉尘较大地区，通风系统应考虑防尘措施。

6.4.3.4 脱硫岛用配电装置室发生火灾时，应能自动切断通风机的电源。

6.5 消防系统

6.5.1 脱硫岛的消防设计应贯彻“预防为主、防消结合”的方针，防止或减少火灾危害，保障人身和财产安全。

6.5.2 脱硫岛应有完整的消防给水系统，还应按消防对象的具体情况设置火灾自动报警装置和专用灭火装置，并应合理配置灭火器。

6.6 烟气排放在线连续监测系统（CEMS）

6.6.1 设置目的

6.6.1.1 实时监视、调整脱硫运行参数，确保脱硫装置正常运行。

6.6.1.2 向当地环保部门提供火电厂烟气污染物排放数据。

6.6.2 设置位置及数量

6.6.2.1 用于为烟气脱硫装置实现闭环控制和性能考核提供数据的 CEMS，其检测点分别设在烟气脱硫装置进口和出口。其中进出口检测项目至少应包括烟尘、SO_2、O_2，并与烟气脱硫装置的控制系统联网。

6.6.2.2 用于环保部门监测电厂烟气污染物排放指标的CEMS，其监测点应设置在烟囱上或烟囱入口。检测项目应至少包括烟尘、SO_2、NO_x、温度、O_2、流量。

6.6.2.3 当烟气脱硫装置出口的 CEMS 与环保监测的 CEMS 合并使用时，应首先取得当地环保部门的同意，在确保满足环保部门要求的前提下，还应满足脱硫装置在各种运行条件下提供的数据能符合烟气脱硫装置控制系统的要求。

6.6.3 用于环保监测的 CEMS 应符合 HJ/T 75 和 HJ/T 76 的要求。其监测探头应安装在烟气脱硫装置净烟气烟道和旁路烟道的汇流点的下游，并预留环保部门实施远程监测的接口。

7．环境保护与安全卫生

7.1 一般规定

7.1.1 在脱硫工程建设、运行过程中产生烟气、废水、废渣、噪声及其他污染物排放，应贯彻执行国家现行的环境保护法规和标准的有关规定。

7.1.2 脱硫工程在设计、建设和运行过程中，应高度重视劳动安全和工业卫生，采取各种防治措施，保护人身的安全和健康。

7.1.3 脱硫工程的安全管理应符合 GB 12801 中的有关规定。

7.1.4 脱硫工程的可行性研究阶段应有环境保护、劳动安全和工业卫生的论证内容。在初步设计阶段，应提出深度符合要求的环境保护、劳动安全和工业卫生专篇。

7.1.5 建设单位在脱硫工程建成运行的同时，安全和卫生设施应同时建成运行，并制订相应的操作规程。

7.2 环境保护

7.2.1 脱硫装置的设计、建设，应以 GB 13223 为依据，烟气污染物排放应符合该标准的要求。

7.2.2 脱硫岛的设计、建设，应采取有效的隔声、消声、绿化等降低噪声的措施，噪声和振动控制的设计应符合 GBJ 87 和 GB 50040 的规定，厂界噪声应达到 GB 12348 的要求。

7.2.3 脱硫灰处置宜优先综合利用，加工成建材产品。暂无综合利用条件，采取贮存、堆放措施时，贮存场、贮存间等的建设和使用应符合 GB 18599 的规定。

7.3 劳动安全

7.3.1 脱硫工程的建设应遵守 DL 5009.1 和 DL 5053 及其他有关规定。

7.3.2 脱硫工程的防火、防爆设计应符合 GBJ 16、GB 50222 和 GB 50229 等有关规范的规定。

7.3.3 脱硫岛应备有防尘面罩、洗眼液等防护用品。

7.3.4 建立并严格执行经常性的和定期的安全检查制度，及时消除事故隐患，防止事故发生。

7.4 职业卫生

7.4.1 脱硫岛室内防尘、防噪声与振动、防电磁辐射、防暑与防寒等职业卫生要求应符合 GBZ 1 的规定。

7.4.2 生石灰、消石灰及脱硫副产物的贮运，应采用密闭性较好的设备，并应有防止漏粉、漏灰及飞扬的措施。在易发生粉尘飞扬或洒落的区域设置必要的除尘设备或清扫措施。

7.4.3 制粉系统等可能产生粉尘污染的装置，宜采用全负压密闭系统，尽量实现机械化和自动化操作，减少人工直接操作，并采取适当通风措施。

7.4.4 应尽可能采用噪声低的设备，对于噪声较高的设备，应采取减震消声措施，尽量将噪声源和操作人员隔开。工艺允许远距离控制的，可设置隔声操作（控制）室。

8．工程施工与验收

8.1 工程施工

8.1.1 脱硫工程设计、施工单位应具有国家相应工程设计、施工的资质。

8.1.2 脱硫工程的施工应符合国家和行业施工程序及管理文件的要求。

8.1.3 脱硫工程应按设计文件进行建设，对工程的变更应取得设计单位的设计变更文件后再进行施工。

8.1.4 脱硫工程施工中使用的设备、材料、器件等应符合相关的国家标准，并应取得供货商的产品合格证后方可使用。

8.1.5 施工单位除遵守相关的施工技术规范以外，还应遵守国家有关部门颁布的劳动安全及卫生、消防等国家强制性标准。

8.2 工程验收

8.2.1 竣工验收

8.2.1.1 脱硫工程验收应按《建设项目（工程）竣工验收办法》、相应专业现行验收规范和本规范的有关规定进行组织。工程竣工验收前，严禁投入生产性使用。

8.2.1.2 脱硫工程验收应依据：主管部门的批准文件、批准的设计文件和设计变更文件、工程合同、设备供货合同和合同附件、设备技术说明书和技术文件、专项设备施工验收规范及其他文件。

8.2.1.3 脱硫工程中选用国外引进的设备、材料、器件应按供货商提供的技术规范、合同规定及商检文件执行，并应符合我国现行的国家或行业标准的有关要求。

8.2.1.4 工程安装、施工完成后应进行调试前的启动验收，启动验收合格和对在线仪表进行校验后方可进行分项调试和整体调试。

8.2.1.5 通过脱硫装置整体调试，各系统运转正常，技术指标达到设计和合同要求后，应进行启动试运行。

8.2.1.6 对整体启动试运行中出现的问题应及时消除。在整体启动试运行连续试运 168 h，技术指标达到设计和合同要求后，建设单位向有审批权的环境保护行政主管部门提出生产试运行申请。经批准后，方可进行生产试运行。

8.2.2 环境保护验收

8.2.2.1 脱硫工程竣工环境保护验收按《建设项目竣工环境保护验收管理办法》的规定进行。一般应在自生产试运行之日起的 3 个月内，向有审批权的环境保护行政主管部门申请该脱硫工程的竣工环境保护验收。对生产试运行 3 个月仍不具备环境保护验收条件的，可申请延期验收，但生产试运行期限最长不超过一年。

8.2.2.2 脱硫工程竣工环境保护验收除应满足《建设项目竣工环境保护验收管理办法》规定的条件外，在生产试运行期间还应对脱硫装置进行性能试验，性能试验报告应作为环境保护验收的重要内容。

8.2.2.3 脱硫装置性能试验包括：功能试验、技术性能试验、设备和材料试验。其中，技术性能试验至少应包括以下项目：

（1）脱硫效率和除尘效率；

（2）吸收剂利用率与钙硫比；

（3）烟气排放温度和系统压力降；

（4）水量消耗；

（5）电能消耗；

（6）吸收剂活性与纯度；

（7）脱硫副产物组成等。

8.2.2.4 脱硫工程竣工环境保护验收的主要技术依据包括：

（1）项目环境影响报告书审批文件；

（2）各类污染物环境监测报告；

（3）批准的设计文件和设计变更文件；

（4）脱硫性能试验报告；

（5）试运行期间烟气连续监测报告；

（6）完整的启动试运行、生产试运行记录等。

8.2.2.5 经竣工环境保护验收合格后，脱硫装置方可正式投入使用运行。

9．运行与维护

9.1 一般规定

9.1.1 脱硫装置的运行、维护及安全管理除应执行本规范外，还应符合国家现行有关强制性标准的规定。

9.1.2 未经当地环境保护行政主管部门批准，不得停止运行脱硫装置。由于紧急事故造成脱硫装置停止运行时，应立即报告当地环境保护行政主管部门。

9.1.3 脱硫装置的运行应达到以下技术指标：装置的可用率大于95%，各项污染物应达标排放。

9.1.4 脱硫装置运行应在满足设计工况的条件下进行，并根据工艺要求，定期对各类设备、电气、自控仪表及建（构）筑物进行检查维护，确保装置稳定可靠地运行。

9.1.5 脱硫装置使用燃料的含硫量不得在超过设计燃料含硫量的条件下长期运行。

9.1.6 脱硫装置在正常运行条件下，各项污染物排放应满足 7.2 的规定。

9.1.7 电厂应建立与脱硫装置运行维护相关的各项管理制度，以及运行、操作和维护规程；建立脱硫装置、主要设备运行状况的台账制度。

9.2 人员与运行管理

9.2.1 根据电厂管理模式特点，对脱硫装置的运行管理可成为独立的脱硫车间或其他管理方式。

9.2.2 脱硫装置的运行人员宜单独配置。当电厂需要整体管理时，也可以与机组合并配置运行人员。但电厂至少应设置 1 名专职的脱硫技术管理人员。

9.2.3 电厂应对脱硫装置的管理和运行人员进行定期培训，使管理和运行人员系统掌握脱硫设备及其他附属设施正常运行的具体操作和应急情况的处理措施。运行操作人员上岗前还应进行至少以下内容的专业培训：

（1）启动前的检查和启动要求的条件；

（2）处置设备的正常运行，包括设备的启动和关闭；

（3）控制、报警和指示系统的运行和检查，以及必要时的纠正操作；

（4）最佳的运行温度、压力、脱硫效率的控制和调节，以及保持设备良好运行的条件；

（5）设备运行故障的发现、检查和排除；

（6）事故或紧急状态下人工操作和事故处理；

（7）设备日常和定期维护；

（8）设备运行及维护记录，以及其他事件的记录和报告等。

9.2.4 电厂应建立脱硫系统运行状况、设施维护和生产活动等的记录制度，主要记录内容包括：

（1）系统启动、停止时间；

（2）吸收剂进厂质量分析数据，进厂数量，进厂时间；

（3）系统运行工艺控制参数记录，至少应包括：脱硫装置出、入口烟气温度、烟气流量、烟气压力、吸收塔压差、用水量等；

（4）主要设备的运行和维修情况的记录，包括对批准设置旁路烟道的、旁路挡板门的开启与关闭时间的记录；

（5）烟气连续监测数据、脱硫副产物处置情况的记录；

（6）生产事故及处置情况的记录；

（7）定期检测、评价及评估情况的记录等。

9.2.5 运行人员应按照电厂规定坚持做好交接班制度和巡视制度，保证脱硫装置的正常运行。

9.3 维护保养

9.3.1 脱硫装置的维护保养应纳入全厂的维护保养计划中。

9.3.2 电厂应根据脱硫装置技术负责方提供的系统、设备等资料制定详细的维护保养规定。

9.3.3 维修人员应根据维护保养规定定期检查、更换或维修必要的部件。

9.3.4 维修人员应做好维护保养记录。

HJ

中华人民共和国环境保护行业标准

HJ/T 179—2005

火电厂烟气脱硫工程技术规范
石灰石/石灰－石膏法

Flue gas limestone/limegypsum desulfurization project technical specification of thermal power plant

2005-06-24 发布　　　　2005-10-01 实施

国家环境保护总局　发布

前　言

为贯彻执行《中华人民共和国环境保护法》、《中华人民共和国大气污染防治法》、《建设项目环境保护管理条例》和《火电厂大气污染物排放标准》，规范火电厂烟气脱硫工程建设，控制火电厂二氧化硫排放，改善环境质量，保障人体健康，促进火电厂可持续发展和烟气脱硫行业技术进步，制定本标准。

本标准适用于火电厂烟气脱硫工程的规划、设计、评审、采购、施工及安装、调试、验收和运行管理。工业炉窑采用石灰石/石灰－石膏湿法脱硫工艺时，可参照执行。

本标准由国家环境保护总局科技标准司提出。

本标准为首次发布。

本标准由中国环境保护产业协会组织起草，并委托中国环境保护产业协会锅炉炉窑脱硫除尘委员会具体承担起草协调工作。

本标准由北京国电龙源环保工程有限公司、江苏苏源环保工程股份有限公司、北京市环境保护科学研究院、北京市劳动保护科学研究所、武汉凯迪电力股份有限公司、清华同方环境有限责任公司、国电环境保护研究所、上海龙净环保科技工程公司等单位负责起草。

本标准国家环境保护总局 2005 年 6 月 24 日批准，自 2005 年 10 月 1 日起实施。

本标准由国家环境保护总局负责解释。

火电厂烟气脱硫工程技术规范
石灰石/石灰－石膏法

1．总 则

1.1 适用范围

本规范适用于新建、扩建和改建容量为 400 t/h（机组容量为 100 MW）及以上燃煤、燃气、燃油火电厂锅炉或供热锅炉同期建设或已建锅炉加装的石灰石/石灰－石膏法烟气脱硫工程的规划、设计、评审、采购、施工及安装、调试、验收和运行管理。

对于 400 t/h 以下锅炉，当几台锅炉烟气合并处理，或其他工业炉窑，采用石灰石/石灰－石膏湿法脱硫技术时参照执行。

1.2 实施原则

1.2.1 烟气脱硫工程的建设，应按国家的基本建设程序进行。设计文件应按规定的内容和深度完成报批和批准手续。

1.2.2 新建、改建、扩建火电厂或供热锅炉的烟气脱硫装置应和主体工程同时设计、同时施工、同时投产使用。

1.2.3 烟气脱硫装置的脱硫效率一般应不小于 95%，主体设备设计使用寿命不低于 30 年，装置的可用率应保证在 95%以上。

1.2.4 烟气脱硫工程建设，除应符合本规范外，还应符合《火力发电厂烟气脱硫设计技术规程》（DL/T 5196）及国家有关工程质量、安全、卫生、消防等方面的强制性标准条文的规定。

2．规范性引用文件

下列文件中的条款通过本标准的引用成为本标准的条款。凡是注日期的引用文件，其随后所有的修改单（不包括勘误的内容）或修订版均不适用于本标准，然而，鼓励根据本标准达成协议的各方研究是否可使用这些文件的最新版本。凡是不注日期的引用文件，其最新版本适用于本标准。

GB 8978　污水综合排放标准

GB 12348　工业企业厂界噪声标准

GB 12801　生产过程安全卫生要求总则

GB 13223　火电厂大气污染物排放标准

GB 18599　一般工业固体废物贮存、处置场污染控制标准

GB/T 50033　建筑采光设计标准

GB 50040　动力机器基础设计规范

GB 50222　建筑内部装修设计防火规范

GB 50229　火力发电厂与变电所设计防火规范

GB 50243　通风与空调工程施工质量验收规范

GBJ 16　建筑设计防火规范

GBJ 22　厂矿道路设计规范
GBJ 87　工业企业噪声控制设计规范
GBJ 140　建筑灭火器配置设计规范
GBZ 1　工业企业设计卫生标准
HJ/T 75　火电厂烟气排放连续监测技术规范
HJ/T 76　固定污染源排放烟气连续监测系统技术要求及监测方法
DL 5009.1　电力建设安全工作规程（火力发电厂部分）
DL/T 5029　火力发电厂建筑装修设计标准
DL/T 5035　火力发电厂采暖通风与空气调节设计技术规程
DL 5053　火力发电厂劳动安全与工业卫生设计规程
DL/T 5120　小型电力工程直流系统设计规程
DL/T 5136　火力发电厂、变电所二次接线设计技术规程
DL/T 5153　火力发电厂厂用电设计技术规定
DL/T 5196　火力发电厂烟气脱硫设计技术规程
《建设项目（工程）竣工验收办法》(国家计委　1990 年）
《建设项目环境保护竣工验收管理办法》(国家环境保护总局　2001 年）

3．术 语

3.1 脱硫岛

指脱硫装置及为脱硫服务的建（构）筑物。

3.2 吸收剂

指脱硫工艺中用于脱除二氧化硫（SO_2）等有害物质的反应剂。石灰石/石灰－石膏法脱硫工艺使用的吸收剂为石灰石（$CaCO_3$）或石灰（CaO）。

3.3 吸收塔

指脱硫工艺中脱除 SO_2 等有害物质的反应装置。

3.4 副产物

指脱硫工艺中吸收剂与烟气中 SO_2 等反应后生成的物质。

3.5 废水

指脱硫工艺中产生的含有重金属、杂质和酸的污水。

3.6 装置可用率

指脱硫装置每年正常运行时间与发电机组每年总运行时间的百分比，按公式 3-1 计算：

$$可用率=\frac{A-B}{A}\times 100\% \qquad 3\text{-}1$$

式中：A——发电机组每年的总运行时间，h；

B——脱硫装置每年因脱硫系统故障导致的停运时间，h。

3.7 脱硫效率

指由脱硫装置脱除的 SO_2 量与未经脱硫前烟气中所含 SO_2 量的百分比，按公式 3-2 计算：

$$脱硫效率=\frac{c_1-c_2}{c_1}\times 100\% \qquad 3\text{-}2$$

式中：c_1——脱硫前烟气中 SO_2 的折算浓度（过剩空气系数燃煤取 1.4，燃油、燃气取 1.2)，mg/m^3；

c_2——脱硫后烟气中 SO_2 的折算浓度（过剩空气系数燃煤取 1.4，燃油、燃气取 1.2)，mg/m^3。

3.8 增压风机

为克服脱硫装置产生的烟气阻力新增加的风机。

3.9 烟气换热器

为调节脱硫前后的烟气温度设置的换热装置（GGH）。

4．总体设计

4.1 脱硫装置工艺参数的确定

4.1.1 脱硫装置工艺参数应根据锅炉容量和调峰要求、燃料品质、二氧化硫控制规划和环境影响评价要求的脱硫效率、吸收剂的供应、水源情况、脱硫副产物和飞灰的综合利用、废渣排放、厂址场地布置等因素，经全面分析优化后确定。

4.1.2 新建脱硫装置的烟气设计参数宜采用锅炉最大连续工况（BMCR）、燃用设计燃料时的烟气参数，校核值宜采用锅炉经济运行工况（ECR）燃用最大含硫量燃料时的烟气参数。已建电厂加装烟气脱硫装置时，其设计工况和校核工况宜根据脱硫装置入口处实测烟气参数确定，并充分考虑燃料的变化趋势。

4.1.3 烟气中其他污染物成分[如氯化氢（HCl）、氟化氢（HF）]的设计数据宜依据燃料分析数据计算确定。

4.1.4 脱硫装置入口烟气中的 SO_2 质量流量可根据公式 3-3 估算：

$$M（SO_2）=2\times K\times B_g\times\left(1-\frac{q_4}{100}\right)\frac{S_{ar}}{100} \qquad 3\text{-}3$$

式中：M（SO_2）——脱硫装置入口烟气中的 SO_2 质量流量，t/h；

K——燃料燃烧中硫的转化率（煤粉炉一般取 0.9）；

B_g——锅炉最大连续工况负荷时的燃煤量，t/h；

q_4——锅炉机械未完全燃烧的热损失，%；

S_{ar}——燃料的收到基硫分，%。

4.2 总图设计

4.2.1 一般规定

4.2.1.1 脱硫装置的总体设计应符合下列要求：

（1）工艺流程合理，烟道短捷；

（2）交通运输便捷；

（3）方便施工，有利于维护检修；

（4）合理利用地形、地质条件；

（5）充分利用厂内公用设施；

（6）节约用地，工程量小，运行费用低；

（7）符合环境保护、劳动安全和工业卫生要求。

4.2.1.2 技改工程应避免拆迁运行机组的生产建（构）筑物和地下管线。当不能避免时，应采取合理的过渡措施。

4.2.1.3 吸收剂卸料及贮存场所宜布置在对环境影响较小的区域。

4.2.2 总平面布置

4.2.2.1 吸收塔宜布置在烟囱附近，浆液循环泵应紧邻吸收塔布置。吸收剂制备及脱硫副产品处理场地宜在吸收塔附近集中布置，或结合工艺流程和场地条件因地制宜布置。

4.2.2.2 脱硫装置与主体工程不能同步建设而需要预留脱硫场地时，宜预留在紧邻锅炉引风机后部烟道及烟囱的外侧区域。场地大小应根据将来可能采用的脱硫工艺方案确定。在预留场地上不应布置不便拆迁的设施。

4.2.2.3 事故浆池或事故浆液箱的位置应考虑多套装置共用的方便。

4.2.2.4 脱硫废水处理间宜紧邻石膏脱水车间布置，并有利于废水处理达标后与主体工程统一复用或排放。紧邻废水处理间的卸酸、卸碱场地应选择在避开人流的偏僻地带。

4.2.2.5 石膏仓或石膏贮存间宜与石膏脱水车间紧邻布置，并应设顺畅的运输通道。石膏仓下面的净空高度应确保拟采用的石膏运输车辆能够通畅。

4.2.2.6 脱硫场地的标高应不受洪水危害。脱硫装置若在主厂房区环形道路内，防洪标准与主厂房区相同；若在主厂房区环形道路外，防洪标准与其他场地相同。

4.2.2.7 脱硫装置主要设施宜与锅炉尾部烟道及烟囱零米高程相同，并与其他相邻区域的场地高程相协调，有利于交通联系、场地排水和减少土石方工程量。

4.2.2.8 新建电厂，脱硫场地的平整及土石方平衡应由主体工程统一考虑。技改工程，脱硫场地应力求土石方自身平衡。场地平整坡度视地形、地质条件确定，一般为 0.5%～2.0%；困难地段不小于 0.3%，但最大坡度不宜大于 3.0%。

4.2.2.9 建筑物室内、外地坪高差应符合下列要求：

（1）有车辆出入的建筑物室内、外地坪高差，一般为 0.15～0.30 m；

（2）无车辆出入的室内、外高差可大于 0.30 m；

（3）易燃、可燃、易爆、腐蚀性液体贮存区地坪宜低于周围道路标高。

4.2.2.10 当开挖工程量较大时，可采用阶梯布置方式，但台阶高差不宜超过 5 m，并设台阶间的连接踏步。挡土墙高度 3 m 及以上时，墙顶应设安全护栏。同一套脱硫装置宜布置在同一台阶场地上。卸腐蚀性液体的场地宜设在较低处，且地坪应做防腐蚀处理。

4.2.2.11 脱硫场地的排水方式应与主体工程相统一。

4.2.3 交通运输

4.2.3.1 脱硫岛内道路的设计，应保证脱硫岛的物料运输便捷，消防通道畅通，检修方便，并满足场地排水的要求，符合 GBJ 22 的要求。

4.2.3.2 吸收剂运输应考虑防潮、防洒落和防扬尘等措施。

4.2.3.3 脱硫岛内的道路应与厂内道路形成路网，并根据生产、生活、消防和检修的需要设置行车道路、消防车通道和人行道。

4.2.3.4 物料装卸区域停车位路段纵坡宜为平坡，当布置困难时，坡度不宜大于 1.5%，应设足够的汽车会车、回转场地，并按行车路面要求进行硬化处理。

4.2.3.5 脱硫岛内装置密集区域的道路宜采用混凝土块铺砌等硬化方式处理，以便于检修及清扫。

4.2.3.6 进厂吸收剂应设有计量装置和取样装置，也可与电厂主体工程共用。

5．脱硫工艺系统

5.1 工艺流程

石灰石/石灰－石膏法烟气脱硫装置应由吸收剂制备系统、烟气吸收及氧化系统、脱硫副产物处置系统、脱硫废水处理系统、烟气系统、自控和在线监测系统等组成。其典型的石灰石/石灰－石膏法烟气脱硫工艺流程如图 5-1 所示。

锅炉烟气经进口挡板门进入脱硫增压风机，通过烟气换热器后进入吸收塔，洗涤脱硫后的烟气经除雾器除去带出的小液滴，再通过烟气换热器从烟囱排放。脱硫副产物经过旋流器、真空皮带脱水机脱水成为脱水石膏。

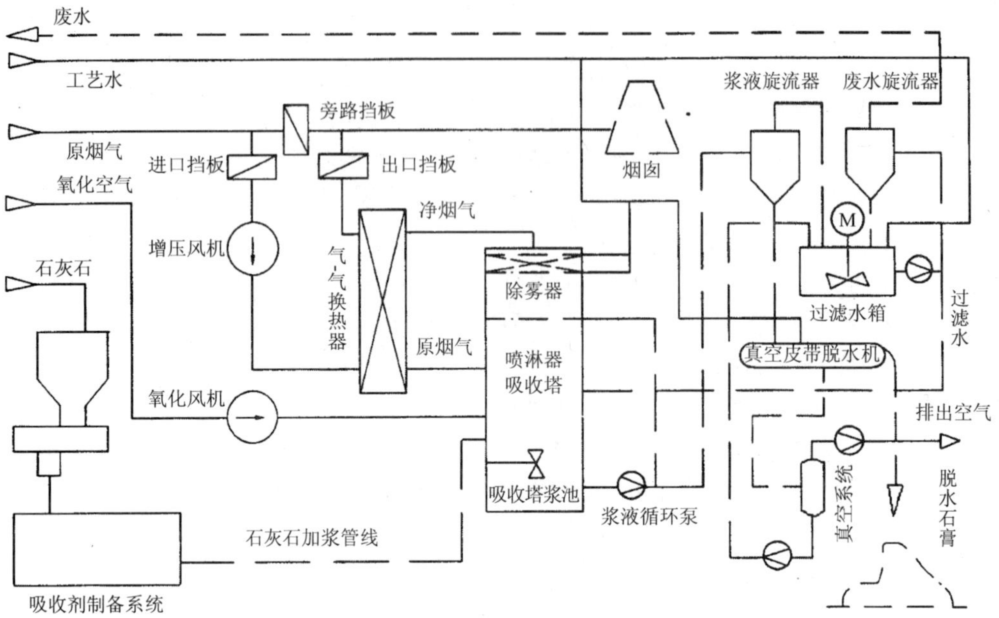

图 5-1 典型石灰石/石灰—石膏法脱硫工艺流程图

5.2 一般规定

5.2.1 吸收剂的选择

5.2.1.1 在资源落实的条件下，优先选用石灰石作为吸收剂。为保证脱硫石膏的综合利用及减少废水排放量，用于脱硫的石灰石中 $CaCO_3$ 的含量宜高于 90%。石灰石粉的细度应根据石灰石的特性和脱硫系统与石灰石粉磨制系统综合优化确定。对于燃烧中低含硫量燃料煤质的锅炉，石灰石粉的细度应保证 250 目 90%过筛率；当燃烧中高含硫量煤质时，石灰石粉的细度宜保证 325 目 90%过筛率。

5.2.1.2 当厂址附近有可靠优质的生石灰粉供应来源时，可以采用生石灰粉作为吸收剂。生石灰的纯度应高于 85%。

5.2.1.3 对采用石灰石作为吸收剂的系统，可采用下列任一种吸收剂制备方案：

（1）由市场直接购买粒度符合要求的粉状成品，加水搅拌制成石灰石浆液；

（2）由市场购买一定粒度要求的块状石灰石，经石灰石湿式球磨机磨制成石灰石浆液；

（3）由市场购买块状石灰石，经石灰石干式磨机磨制成石灰石粉，加水搅拌制成石灰石浆液。

5.2.2 吸收系统

吸收塔的数量应根据锅炉容量、吸收塔的容量和脱硫系统可靠性要求等确定。300 MW 及以上机组宜一炉配一塔。200 MW 及以下机组宜两炉配一塔。

5.2.3 脱硫副产物

脱硫副产物为脱硫石膏，脱硫石膏应进行脱水处理，鼓励综合利用；若暂无综合利用条件时，应经脱水后输送至贮存场。脱硫石膏应与灰渣分别堆放，留有进一步综合利用的可能性。

5.2.4 脱硫废水

脱硫装置废水处理方式应结合全厂水务管理、电厂除灰方式及排放条件等综合因素确定。

5.2.5 烟气换热器

现有机组在安装脱硫装置时应配置烟气换热器。新建、扩建、改建火电厂建设项目，在建设脱硫装置时，宜设置烟气换热器，若考虑不设置烟气换热器，应通过建设项目环境影响报告书审查批准。

5.2.6 烟气监测系统

脱硫装置应设置烟气排放连续监测系统。

5.2.7 设备、材料选择

脱硫装置相关设备、材料的选择和配置应优先考虑脱硫装置长期运行的可靠性。

5.3 脱硫装置主工艺系统

5.3.1 吸收剂制备

5.3.1.1 吸收剂浆液制备系统宜按公用系统设置，可按两套或多套脱硫装置合用一套设置，但吸收剂浆液制备系统一般应不少于两套。当电厂只有一台机组时，可只设一套吸收剂浆液制备系统。

5.3.1.2 采用石灰石块进厂方式，当厂内设置破碎装置时，宜采用不大于 100 mm 的石灰石块。当厂内不设置破碎装置时，宜采用不大于 20 mm 的石灰石块。

5.3.1.3 吸收剂制备系统的出力应按设计工况下石灰石消耗量的 150%选择，且不小于 100%校核工况下的石灰石消耗量。

5.3.1.4 湿式球磨机浆液制备系统的石灰石浆液箱容量宜不小于设计工况下 6～10 h 的石灰石浆液消耗量，干式磨机浆液制备系统的石灰石浆液箱容量宜不小于设计工况下 2 h 的石灰石浆液消耗量。

5.3.1.5 每座吸收塔应设置两台石灰石供浆泵，一台运行，一台备用。

5.3.1.6 石灰石仓或石灰石粉仓的容量应根据市场运输情况和运输条件确定，一般不小于设计工况下 3 d 的石灰石耗量。

5.3.1.7 吸收剂的制备贮运系统应有控制二次扬尘污染的措施。

5.3.1.8 浆液管道设计时应充分考虑工作介质对管道系统的腐蚀与磨损，一般应选用衬胶、衬塑管道或玻璃钢管道。管道内介质流速的选择既要考虑避免浆液沉淀，同时又要考虑管道的磨损和压力损失尽可能小。

5.3.1.9 浆液管道上的阀门宜选用蝶阀，尽量少采用调节阀。阀门的通流直径宜与管道一致。

5.3.1.10 浆液管道上应有排空和停运自动冲洗的措施。

5.3.2 烟气系统

5.3.2.1 脱硫增压风机宜装设在脱硫装置进口处。

5.3.2.2 脱硫增压风机及参数应按下列要求考虑：

（1）吸收塔的脱硫增压风机宜选用轴流式风机，当机组容量为 300 MW 及以下容量时，也可采用高效离心风机；

（2）当机组容量为 300 MW 及以下时，宜设置一台脱硫增压风机；

（3）当多台机组合用一座吸收塔时，应根据技术经济比较后确定风机数量；

（4）对于 600～700 MW 机组，根据技术经济比较，可以设置一台增压风机，也可设置两台增压风机。当设置一台增压风机时应采用动叶可调轴流式风机；

（5）对于 800～1 000 MW 机组，宜设置两台动叶可调轴流式风机；

（6）增压风机的风量应为锅炉满负荷工况下的烟气量的 110%；增压风机的压头应为脱硫装置在锅炉满负荷工况下并考虑 10℃温度裕量下阻力的 120%。

5.3.2.3 烟气系统应装设烟气换热器。在设计工况下，经烟气换热器后的烟气温度应不低于 80 ℃。当采用回转式换热器时，其漏风率不大于 1%。

5.3.2.4 烟气换热器的受热面均应采取防腐、防磨、防堵塞、防玷污等措施，与脱硫后的烟气接触的壳体也应采取必要的防腐措施。

5.3.2.5 新建发电机组建设脱硫设施或已运行机组增设脱硫设施，不宜设置烟气旁路。如确需设置的，应保证脱硫装置进出口和旁路挡板门具有良好的操作和密封性能。

5.3.2.6 对于设有烟气换热器的脱硫装置，应从烟气换热器原烟道侧入口弯头处至烟囱的烟道采取防腐措施，防腐材料可采用鳞片树脂或衬胶。经环境影响报告书审批批准不装设烟气换热器的脱硫装置，应从距离吸收塔入口至少 5 m 处开始采取防腐措施。

5.3.2.7 防腐烟道的结构设计应满足相应的防腐要求，并保证烟道的振动和变形在允许范围内，避免造成防腐层脱落。

5.3.2.8 烟气换热器下部烟道应装设疏水系统。

5.3.2.9 脱硫装置原烟气设计温度应采用锅炉最大连续工况（BMCR）下燃用设计燃料时的空预器出口烟气温度并留有一定的裕量。对于新建机组，应保证运行温度超过设计温度 50 ℃，叠加后的温度不超过 180 ℃的条件下的长期运行。烟气换热器下游的原烟气烟道和净烟气烟道设计温度应至少考虑 30 ℃超温。

5.3.3 吸收及氧化系统

5.3.3.1 吸收塔均应装设除雾器，在正常运行工况下除雾器出口烟气中的雾滴浓度应不大于 75 mg/m^3。除雾器应设置水冲洗装置。

5.3.3.2 循环浆液泵入口应装设滤网等防止固体物吸入的措施。当采用喷淋吸收塔时，吸收塔浆液循环泵宜按单元制设置，每台循环泵对应一层喷嘴。

5.3.3.3 氧化风机宜采用罗茨风机，也可采用离心风机。当氧化风机计算容量小于 6 000 m^3/h 时，每座吸收塔应设置两台全容量或每两座吸收塔设置三台 50%容量的氧化风机；当氧化风机计算容量大于 6 000 m^3/h 时，宜采用每座吸收塔配三台 50%容量的氧化风机。其中，一台氧化风机备用。

5.3.3.4 脱硫装置应设置事故浆池或事故浆液箱。当全厂采用相同的脱硫工艺系统时，宜合用一套。事故浆池的容量应根据技术论证运行可行性后确定。当设有石膏浆液抛弃系统时，事故浆池的容量也可按照不小于 500 m^3 设置。

5.3.3.5 浆液箱罐应有防腐措施并装设防沉积装置。

5.3.3.6 吸收塔外应设置供检修维护的平台和扶梯，平台设计荷载不应小于 4 000 N/m^2，平台宽度不小于 1.2 m，塔内不应设置固定式的检修平台。

5.3.3.7 装在吸收塔内的除雾器应考虑检修维护措施，除雾器支撑梁的设计荷载应不小于 1 000 N/m^2。

5.3.3.8 吸收塔内与喷嘴相连的浆液管道应考虑检修维护措施，每根管道的顶部应有屋脊性支撑结构以便检修时在喷淋管上部铺设临时平台，强度设计应考虑不小于 500 N/m^2 的检修荷载。

5.3.3.9 吸收塔宜采用钢结构，内部结构应根据烟气流动和防磨、防腐技术要求进行设计，吸收塔内壁采用衬胶或衬树脂鳞片或衬高镍合金板。在吸收塔底板和浆液可能冲刷的位置，应采取防冲刷措施。

5.3.4 脱硫副产物处理系统

5.3.4.1 脱硫工艺设计应为脱硫副产物的综合利用创造条件。

5.3.4.2 石膏脱水系统宜按公用系统设置，可按两套或多套脱硫装置合用一套设置，但石膏脱水系统一般应不少于两套。当电厂只有一台机组时，可只设一套石膏脱水系统。

5.3.4.3 石膏脱水系统的出力应按设计工况下石膏产量的 150%选择，且不小于 100%校核工况下的石膏产量。

5.3.4.4 脱水后的石膏可在石膏仓内堆放，也可堆放在石膏库内。石膏仓或库的容量，应不小于 24 h 石膏的产生量，石膏仓应采取防腐措施和防堵措施。在寒冷地区，石膏仓应采取防冻措施。

5.3.4.5 浆液管道的要求按照 5.3.1.8、5.3.1.9 及 5.3.1.10 执行。

5.3.5 废水处理系统

5.3.5.1 脱硫废水排放处理系统可以单独设置，也可经预处理去除重金属、氯离子等后排入电厂废水处理系统进行处理，但不得直接混入电厂废水稀释排放。

5.3.5.2 脱硫废水的处理措施及工艺选择，应符合项目环境影响报告书审批意见的要求。

5.3.5.3 脱硫废水中的重金属、悬浮物和氯离子可采用中和、化学沉淀、混凝、离子交换等工艺去除。对废水含盐量有特殊要求的，应采取降低含盐量的工艺措施。

5.3.5.4 脱硫废水处理系统应采取防腐措施，适应处理介质的特殊要求。

5.3.5.5 处理后的废水，可按照全厂废水管理的统一规划进行回用或排放，处理后排放的废水水质应达到 GB 8978 和建厂所在地区的地方排放标准要求。

6．脱硫装置辅助系统

6.1 电气系统

6.1.1 供电系统

6.1.1.1 脱硫装置高压、低压厂用电电压等级应与发电厂主体工程一致。

6.1.1.2 脱硫装置厂用电系统中性点接地方式应与发电厂主体工程一致。

6.1.1.3 脱硫工作电源的引接

（1）脱硫高压工作电源可设脱硫高压变压器，从发电机出口引接，也可直接从高压厂用工作母线引接。

（2）脱硫装置与发电厂主体工程同期建设时，脱硫高压工作电源宜由高压厂用工作母线引接，当技术经济比较合理时，也可设脱硫高压变压器。

（3）脱硫装置为预留时，宜采用高压厂用工作变压器预留容量的方式。

（4）已建电厂加装烟气脱硫装置时，如果高压厂用工作变压器有足够备用容量，且原有高压厂用开关设备的短路动热稳定值及电动机启动的电压水平均满足要求时，脱硫高压工作电源应从高压厂用工作母线引接，否则应设脱硫高压变压器。

（5）脱硫低压工作电源应单设脱硫低压工作变压器供电。

6.1.1.4 脱硫高压负荷可设脱硫高压母线段供电，也可直接接于高压厂用工作母线段。当设脱硫高压母线段时，每炉宜设 1 段，并设置备用电源。每台炉宜设 1 段脱硫低压母线。

6.1.1.5 脱硫高压备用电源宜由发电厂启动/备用变压器低压侧引接。当脱硫高压工作电源由高压厂用工作母线引接时，其备用电源也可由另一高压厂用工作母线引接。

6.1.1.6 除满足上述要求外，其余均应符合 DL/T 5153 中的有关规定。

6.1.2 直流系统

6.1.2.1 新建电厂同期建设烟气脱硫装置时，脱硫装置直流负荷宜由机组直流系统供电。当脱硫装置布置离主厂房较远时，也可设置脱硫直流系统。

6.1.2.2 脱硫装置为预留时，机组直流系统不考虑脱硫负荷。

6.1.2.3 已建电厂加装烟气脱硫装置时，宜装设脱硫直流系统向脱硫装置直流负荷供电。

6.1.2.4 直流系统的设置应符合 DL/T 5120 的规定。

6.1.3 交流保安电源和交流不停电电源（UPS）

6.1.3.1 200 MW 及以上机组配套的脱硫装置宜设单独的交流保安母线段。当主厂房交流保安电源的容量足够时，脱硫交流保安母线段宜由主厂房交流保安电源供电，否则可由单独设置的能快速启动的柴油发电机供电。其他要求应符合 DL/T 5153 中的有关规定。

6.1.3.2 新建电厂同期建设烟气脱硫装置时，脱硫装置交流不停电负荷宜由机组 UPS 系统供电。当脱硫装置布置离主厂房较远时，也可单独设置 UPS。

6.1.3.3 脱硫装置为预留时，机组 UPS 系统不考虑向脱硫负荷供电。

6.1.3.4 已建电厂加装烟气脱硫装置时，宜单独设置 UPS 向脱硫装置不停电负荷供电。

6.1.3.5 UPS 宜采用静态逆变装置。其他要求应符合 DL/T 5136 中的有关规定。

6.1.4 二次线

6.1.4.1 脱硫电气系统宜在脱硫控制室控制，并纳入分散控制系统。

6.1.4.2 脱硫电气系统控制水平应与工艺专业协调一致，宜纳入分散控制系统控制，也可采用强电控制。

6.1.4.3 接于发电机出口的脱硫高压变压器的保护

（1）新建电厂同期建设烟气脱硫装置时，应将脱硫高压变压器的保护纳入发电机和发电机变压器组保护装置。

（2）脱硫装置为预留时，发电机和发电机变压器组差动保护应留有脱硫高压变压器的分支的接口。

（3）已建电厂加装烟气脱硫装置时，脱硫高压变压器的分支应接入原有发电机和发电机变压器组差动保护。

（4）脱硫高压变压器保护应符合 DL/T 5153 中的规定。

6.1.4.4 其他二次线要求应符合 DL/T 5136 和 DL/T 5153 的规定。

6.2 热工自动化系统

6.2.1 热工自动化水平

6.2.1.1 脱硫装置应采用集中监控，实现脱硫装置启动；正常运行工况的监视和调整，停机和事故处理。

6.2.1.2 脱硫装置宜采用分散控制系统（DCS），其功能包括数据采集和处理（DAS）、模拟量控制（MCS）、顺序控制（SCS）及连锁保护、脱硫厂用电源系统监控等。

6.2.1.3 脱硫装置在启、停、运行及事故处理情况下均应不影响机组正常运行。

6.2.2 控制室

6.2.2.1 控制室的设置，一般宜两台炉设置一个脱硫集中控制室，也可采用四台炉设置一个脱硫集中控制室。具备条件时，可以将脱硫装置的控制纳入机组单元控制室。已建电厂增设的脱硫装置宜设置独立控制室。

6.2.2.2 距离脱硫控制室较远的辅助车间，如吸收剂制备、废水处理等，可设就地控制室，但应尽可能达到无人值班。

6.2.3 热工检测及控制

6.2.3.1 脱硫装置应有完善的热工模拟量控制、顺序控制、连锁、保护、报警功能。各项功能应尽可能在 DCS 系统中统一实现。

6.2.3.2 保护系统指令应具有最高优先级；事件记录功能应能进行保护动作原因分析。

6.2.3.3 重要热工测量项目仪表应双重或三重化冗余设置。

6.2.3.4 脱硫岛可设必要的工业电视监视系统。

6.2.4 脱硫装置控制系统可根据全厂整体控制方案，与机组控制系统或全厂辅控系统统筹考虑。

6.3 建筑及结构

6.3.1 建筑

6.3.1.1 一般规定

（1）脱硫岛建筑设计应根据生产流程、功能要求、自然条件、建筑材料和建筑技术等因素，结合工艺设计，合理组织平面布置和空间组合，注意建筑群体的效果及与周围环境的协调。

（2）脱硫岛的建（构）筑物的防火设计应符合 GB 50229 及国家其他有关防火标准和规范的要求。

（3）脱硫岛的建筑物室内噪声控制设计标准应符合 GBJ 87 的规定。

（4）脱硫岛的建筑设计除执行本规定外，应符合国家和行业的现行有关设计标准的规定。

6.3.1.2 采光和自然通风

（1）脱硫岛的建筑物宜优先考虑天然采光，建筑物室内天然采光照度应符合 GB 50033 的要求。

（2）一般建筑物宜采用自然通风，墙上和楼层上的通风孔应合理布置，避免气流短路和倒流，并应减少气流死角。

6.3.1.3 室内外装修

（1）建筑物的室内外墙面应根据使用和外观需要进行适当处理，地面和楼面材料除工艺要求外，宜采用耐磨、易清洁的材料。

（2）脱硫建筑物各车间室内装修标准应按 DL/T 5029 中同类性质的车间装修标准执行。

6.3.2 结构

6.3.2.1 火力发电厂脱硫工程土建结构的设计除应符合本标准的规定外，尚应符合现行国家规范及行业标准的要求。

6.3.2.2 屋面、楼（地）面在生产使用、检修、施工安装时，由设备、管道、材料堆放、运输工具等重物引起的荷载，以及所有设备、管道支架作用于土建结构上的荷载，均应由工艺设计专业提供。其楼（屋）面活荷载的标准值及其组合值、频遇值和准永久值系数应按表 6-1 的规定采用。

表 6-1 建筑物楼（屋）面均布活荷载标准值及组合值、频遇值和准永久值系数

项次	类　别	标准值/(kN/m^2)	组合值系数 Ψ_c	频遇值系数 Ψ_f	准永久值系数 Ψq
1	配电装置楼面	6.0	0.9	0.8	0.8
2	控制室楼面	4.0	0.8	0.8	0.8
3	电缆夹层	4.0	0.7	0.7	0.7
4	制浆楼楼面	4.0	0.8	0.7	0.7
5	石膏脱水间	4.0	0.8	0.7	0.7
6	石灰石仓顶输送层	4.0	0.7	0.7	0.7
7	作为设备通道的混凝土楼梯	3.5	0.7	0.5	0.5

6.3.2.3 作用在结构上的设备荷载和管道荷载（包括设备及管道的自重，设备、管道及容器中的填充物重）应按活荷载考虑。其荷载组合值、频遇值和准永久值系数均取 1.0。其荷载分项系数取 1.3。

6.3.2.4 脱硫建、构筑物抗震设防类别按丙类考虑，地震作用和抗震措施均应符合本地区抗震设防烈度的要求。

6.3.2.5 计算地震作用时，建、构筑物的重力荷载代表值应取恒载标准值和各可变荷载组合值之和。各可变荷载的组合值系数应按表 6-2 采用。

表 6-2 计算重力荷载代表值时采用的组合值系数

可变荷载的种类		组合值系数
一般设备荷载（如管道、设备支架等）		1.0
楼面活荷载	按等效均布荷载计算时	0.7
	按实际情况考虑时	1.0
屋面活荷载		0
石灰石仓、石膏仓中的填料自重		0.8～0.9

6.4 暖通及消防系统

6.4.1 一般规定

6.4.1.1 脱硫岛内应有采暖通风与空气调节系统，并应符合 DL/T 5035 和 GB 50243 及国家有关现行标准。

6.4.1.2 脱硫岛应有完整的消防给水系统，还应按消防对象的具体情况设置火灾自动报警装置和专用灭火装置。脱硫岛建（构）物及各工艺系统消防设计应符合 GB 50229 及 GBJ 16 等规范的要求。

6.4.2 采暖通风

6.4.2.1 脱硫岛区域建筑物的采暖应与其他建筑物一致。当厂区设有集中采暖系统时，采暖热源宜由厂区采暖系统提供。

6.4.2.2 脱硫岛区域建筑物的采暖应选用不易积尘的散热器供暖，当散热器布置上有困难时，可设置暖风机。

6.4.2.3 脱硫岛内冬季采暖室内计算温度按表 6-3 采用。

表 6-3 冬季采暖室内计算温度

房间名称	采暖室内计算温度/℃	房间名称	采暖室内计算温度/℃
石膏脱水机房	16	石灰石破碎间	10
输送皮带机房	10	石灰石卸料间地下	16
球磨机房	10	石灰石卸料间地上	10
真空泵房	10	石灰石制备间	10
GGH 设备间	16	GGH 支架间	10

6.4.2.4 脱硫岛内控制室和电子设备间应设置空气调节装置。室内设计参数应根据设备要求确定。

6.4.2.5 在寒冷地区，通风系统的进、排风口宜考虑防寒措施。

6.4.2.6 通风系统的进风口宜设在清洁干燥处，电缆夹层不应作为通风系统的吸风地点。在风沙较大地区，通风系统应考虑防风沙措施。在粉尘较大地区，通风系统应考虑防尘措施。

6.4.3 消防系统

6.4.3.1 脱硫岛消防水源宜由电厂主消防管网供给。消防水系统的设置应覆盖所有室外、室内建构筑物和相关设备。

6.4.3.2 室内消防栓的布置，应保证有两支水枪的充实水柱同时到达室内任何部位。脱硫岛建筑物室内消火栓的间距不应超过 50 m。

6.4.3.3 室外消火栓应根据需要沿道路设置，并宜靠近路口，在建筑物外不应大于 120 m，室外消火栓的保护半径不应大于 150 m，若电厂主消防系统在脱硫岛附近设有室外消火栓，可考虑利用其保护范围，相应减少脱硫岛室外消火栓的数量。

6.4.3.4 在脱硫岛区域内，主要包括电子设备间、控制室、除尘器层、电缆夹层、电力设备附近等处按照 GBJ 140 规定配置一定数量的移动式灭火器。

6.5 烟气排放连续监测系统（CEMS）

6.5.1 设置目的

6.5.1.1 实时监视、调整脱硫运行参数，确保脱硫装置正常运行。

6.5.1.2 向当地环保部门提供火电厂烟气污染物排放数据。

6.5.2 设置位置及数量

6.5.2.1 用于为烟气脱硫装置实现闭环控制和性能考核提供数据的 CEMS，其检测点分别设在烟气脱硫装置进口和出口。其中进出口检测项目至少应包括烟尘、SO_2、O_2，并与烟气脱硫装置的控制系统联网。

6.5.2.2 用于环保部门监测电厂烟气污染物排放指标的 CEMS，其监测点应设置在烟囱上或烟囱入口。检测项目应至少包括烟尘、SO_2、NO_x、温度、O_2、流量。

6.5.2.3 当烟气脱硫装置出口的 CEMS 与环保监测的 CEMS 合并使用时，应首先取得当地环保部门的同意，在确保满足环保部门要求的前提下，还应满足脱硫装置在各种运行条件下提供的数据能符合烟气脱硫装置控制系统的要求。

6.5.3 用于环保监测的 CEMS 应符合 HJ/T 75 和 HJ/T 76 的要求。其监测探头应安装在烟气脱硫装置净烟气烟道和旁路烟道的汇流点的下游，并预留环保部门实施远程监测的接口。

7. 材料

7.1 一般规定

7.1.1 材料的选择应本着经济、适用，满足脱硫装置特定工艺要求，选择具有较长使用寿命的材料。

7.1.2 通用材料应在火电厂常用的材料中选取。

7.1.3 对于接触腐蚀性介质的部位，应择优选取金属或非金属材料。

7.2 金属材料

7.2.1 金属材料宜以碳钢材料为主。对金属材料表面可能接触腐蚀性介质的区域，应根据脱硫工艺不同部位的实际情况，衬以抗腐蚀性和耐磨损性强的非金属材料。

7.2.2 当以金属材料作为承压部件，所衬非金属材料作为防腐部件时，应充分考虑非金属材料与金属材料之间的黏结强度。同时，承压部件的自身设计应确保非金属材料能够长期稳定地附着在承压部件上。

7.2.3 对于接触腐蚀性介质的某些部位，如果采用碳钢衬以非金属材料难以达到工程实际应用要求，应根据介质的腐蚀性和磨损性，采用以镍基材料为主的不锈钢。当经过充分论证后，部分区域也可采用具有抗腐蚀性的低合金钢。其适用介质条件见表 7-1。

表 7-1 镍基不锈钢适用介质条件

序号	材料成分	适用介质	备注
1	铁-镍-铬合金	净烟气、低温原烟气	
2	铁-镍-铬合金 铁-钼-镍-铬合金	pH 为 3～6，氯离子质量浓度≤60 000 mg/L 的浆液	两者使用条件有差异，实际选用时应注意

7.3 非金属材料

7.3.1 非金属材料主要可选用玻璃鳞片树脂、玻璃钢、塑料、橡胶、陶瓷类产品用于防腐蚀和磨损，其适宜的使用部位见表 7-2。

表 7-2 主要非金属材料及使用部位

序号	材料名称	材料主要成分	使用部位
1	玻璃鳞片树脂	玻璃鳞片 乙烯基酯树脂 酚醛树脂 呋喃树脂 环氧树脂	净烟气、低温原烟气段、吸收塔、浆液箱罐等内衬；石膏仓内表面涂料
2	玻璃钢	玻璃鳞片、玻璃纤维 乙烯基酯树脂 酚醛树脂	吸收塔喷淋层、浆液管道、箱罐
3	塑料	聚丙烯等	管道、除雾器
4	橡胶	氯化丁基橡胶 氯丁橡胶 丁苯橡胶	吸收塔、浆液箱罐、浆液管道、水力旋流器等内衬；真空脱水机、输送皮带
5	陶瓷	碳化硅	浆液喷嘴

7.3.2 玻璃鳞片树脂主要性能见表 7-3。

表 7-3 玻璃鳞片树脂主要性能表

序号	项　目	单　位	乙烯基酯树脂	酚醛乙烯基酯树脂
1	拉伸强度	MPa	＞25	＞25
2	延伸率	%	＞0.5	＞0.5
3	巴氏硬度		＞35	＞35
4	黏结强度	N/mm	＞10	＞10
5	使用温度	℃	＜100	＜160
6	水汽渗透率	g·cm/（24h·m^2·Pa）	＜0.000 038	＜0.000 038

7.3.3 丁基橡胶主要性能见表 7-4。

表 7-4 丁基橡胶主要性能表

序号	项　目	单　位	性　能
1	拉伸强度	MPa	＞2.5
2	延伸率	%	＜300
3	邵氏硬度		＞50
4	黏结强度	N/mm	＞30
5	使用温度	℃	＜90

8．环境保护与安全卫生

8.1 一般规定

8.1.1 在脱硫装置建设、运行过程中产生烟气、废水、废渣、噪声及其他污染物的防治与排放，应贯彻执行国家现行的环境保护法规和标准的有关规定。

8.1.2 脱硫岛在设计、建设和运行过程中，应高度重视劳动安全和工业卫生，采取各种防治措施，保护人身的安全和健康。

8.1.3 脱硫岛的安全管理应符合 GB 12801 中的有关规定。

8.1.4 脱硫岛可行性研究阶段应有环境保护、劳动安全和工业卫生的论证内容。在初步设计阶段，应提出深度符合要求的环境保护、劳动安全和工业卫生专篇。

8.1.5 建设单位在脱硫岛建成运行的同时，安全和卫生设施应同时建成运行，并制订相应的操作规程。

8.2 环境保护

8.2.1 脱硫装置的设计、建设，应以 GB 13223 为依据，经过脱硫装置处理后的烟气排放应符合该标准要求。

8.2.2 脱硫废水经处理后的排放应达到 GB 8978 和建厂所在地的地方排放标准的相应要求。

8.2.3 脱硫岛的设计、建设，应采取有效的隔声、消声、绿化等降低噪声的措施，噪声和振动控制的设计应符合 GBJ 87 和 GB 50040 的规定，各厂界噪声应达到 GB 12348 的要求。

8.2.4 脱硫石膏处置宜优先综合利用，加工成建材产品。暂无综合利用条件，采取贮存、堆放措施时，贮存场、石膏筒仓、石膏贮存间等的建设和使用应符合 GB 18599 的规定。

8.3 劳动安全

8.3.1 脱硫岛的建设应遵守 DL 5009.1 和 DL 5053 及其他有关规定。

8.3.2 脱硫岛的防火、防爆设计应符合 GBJ 16、GB 50222 和 GB 50229 等有关规范的规定。
8.3.3 建立并严格执行经常性的和定期的安全检查制度，及时消除事故隐患，防止事故发生。

8.4 职业卫生

8.4.1 脱硫岛室内防尘、防噪声与振动、防电磁辐射、防暑与防寒等职业卫生要求应符合 GBZ 1 的规定。
8.4.2 在易发生粉尘飞扬或洒落的区域设置必要的除尘设备或清扫措施。
8.4.3 制粉系统等可能产生粉尘污染的装置，宜采用全负压密闭系统，尽量实现机械化和自动化操作，减少人工直接操作，并采取适当通风措施。
8.4.4 应尽可能采用噪声低的设备，对于噪声较高的设备，应采取减震消声措施，尽量将噪声源和操作人员隔开。工艺允许远距离控制的，可设置隔声操作（控制）室。

9．工程施工与验收

9.1 工程施工

9.1.1 脱硫工程设计、施工单位应具有国家相应的工程设计、施工资质。
9.1.2 脱硫工程的施工应符合国家和行业施工程序及管理文件的要求。
9.1.3 脱硫工程应按设计文件进行建设，对工程的变更应取得设计单位的设计变更文件后再进行施工。
9.1.4 脱硫工程施工中使用的设备、材料、器件等应符合相关的国家标准，并应取得供货商的产品合格证后方可使用。
9.1.5 施工单位除遵守相关的施工技术规范以外，还应遵守国家有关部门颁布的劳动安全及卫生、消防等国家强制性标准。

9.2 工程验收

9.2.1 竣工验收

9.2.1.1 脱硫工程验收应按《建设项目（工程）竣工验收办法》、相应专业现行验收规范和本规范的有关规定进行组织。工程竣工验收前，严禁投入生产性使用。
9.2.1.2 脱硫工程验收应依据：主管部门的批准文件、批准的设计文件和设计变更文件、工程合同、设备供货合同和合同附件、设备技术说明书和技术文件、专项设备施工验收规范及其他文件。
9.2.1.3 脱硫工程中选用国外引进的设备、材料、器件应按供货商提供的技术规范、合同规定及商检文件执行，并应符合我国现行国家或行业标准的有关要求。
9.2.1.4 工程安装、施工完成后应进行调试前的启动验收，启动验收合格和对在线仪表进行校验后方可进行分项调试和整体调试。
9.2.1.5 通过脱硫装置整体调试，各系统运转正常，技术指标达到设计和合同要求后，应进行启动试运行。
9.2.1.6 对整体启动试运行中出现的问题应及时消除。在整体启动试运行连续试运 168 h，技术指标达到设计和合同要求后，建设单位向有审批权的环境保护行政主管部门提出生产试运行申请。经批准后，方可进行生产试运行。

9.2.2 环境保护验收

9.2.2.1 脱硫装置竣工环境保护验收按《建设项目竣工环境保护验收管理办法》的规定进行。一般应在自生产试运行之日起的 3 个月内，向有审批权的环境保护行政主管部门申请该脱硫装置的竣工环境保护验收。对生产试运行 3 个月仍不具备环境保护验收条件的，可申请延期验收，但生产试运行期限最长不超过一年。
9.2.2.2 脱硫装置竣工环境保护验收除应满足《建设项目竣工环境保护验收管理办法》规定的条件外，在生产试运行期间还应对脱硫装置进行性能试验，性能试验报告应作为环境保护验收的重要内容。

9.2.2.3 脱硫装置性能试验包括：功能试验、技术性能试验、设备试验和材料试验。其中，技术性能试验至少应包括以下项目：

（1）脱硫效率；

（2）吸收剂利用率与钙硫比；

（3）烟气排放温度与系统压力降；

（4）水量消耗和液气比；

（5）电能消耗；

（6）吸收剂活性与纯度；

（7）脱硫副产物含湿量和氧化率等。

9.2.2.4 脱硫装置竣工环境保护验收的主要技术依据包括：

（1）项目环境影响报告书审批文件；

（2）各类污染物环境监测报告；

（3）批准的设计文件和设计变更文件；

（4）脱硫性能试验报告；

（5）试运行期间烟气连续监测报告；

（6）完整的启动试运（验）、试运行记录等。

9.2.2.5 经竣工环境保护验收合格后，脱硫装置方可正式投入使用运行。

10．运行与维护

10.1 一般规定

10.1.1 脱硫装置的运行、维护及安全管理除应执行本规范外，还应符合国家现行有关强制性标准的规定。

10.1.2 未经当地环境保护行政主管部门批准，不得停止运行脱硫装置。由于紧急事故造成脱硫装置停止运行时，应立即报告当地环境保护行政主管部门。

10.1.3 脱硫装置的运行应达到以下技术指标：装置的可用率大于 95%，各项污染物达标排放。

10.1.4 脱硫装置运行应在满足设计工况的条件下进行，并根据工艺要求，定期对各类设备、电气、自控仪表及建（构）筑物进行检查维护，确保装置稳定可靠地运行。

10.1.5 脱硫装置不得在超过设计负荷 120%的条件下长期运行。

10.1.6 脱硫装置在正常运行条件下，各项污染物排放应满足 8.2 的规定。

10.1.7 电厂应建立健全与脱硫装置运行维护相关的各项管理制度，以及运行、操作和维护规程；建立脱硫装置、主要设备运行状况的台账制度。

10.2 人员与运行管理

10.2.1 根据电厂管理模式特点，对脱硫装置的运行管理既可成为独立的脱硫车间也可纳入锅炉或除灰车间的管理范畴。

10.2.2 脱硫装置的运行人员宜单独配置。当电厂需要整体管理时，也可以与机组合并配置运行人员。但电厂至少应设置 1 名专职的脱硫技术管理人员。

10.2.3 电厂应对脱硫装置的管理和运行人员进行定期培训，使管理和运行人员系统掌握脱硫设备及其他附属设施正常运行的具体操作和应急情况的处理措施。运行操作人员，上岗前还应进行以下内容的专业培训：

（1）启动前的检查和启动要求的条件；

（2）处置设备的正常运行，包括设备的启动和关闭；

（3）控制、报警和指示系统的运行和检查，以及必要时的纠正操作；

（4）最佳的运行温度、压力、脱硫效率的控制和调节，以及保持设备良好运行的条件；

（5）设备运行故障的发现、检查和排除；

（6）事故或紧急状态下人工操作和事故处理；

（7）设备日常和定期维护；

（8）设备运行及维护记录，以及其他事件的记录和报告。

10.2.4 电厂应建立脱硫系统运行状况、设施维护和生产活动等的记录制度，主要记录内容包括：

（1）系统启动、停止时间；

（2）吸收剂进厂质量分析数据，进厂数量，进厂时间；

（3）系统运行工艺控制参数记录，至少应包括：脱硫装置出、入口烟气温度、烟气流量、烟气压力、吸收塔差压、用水量等；

（4）主要设备的运行和维修情况的记录，包括对批准设置旁路烟道的，旁路挡板门的开启与关闭时间的记录；

（5）烟气连续监测数据、污水排放、脱硫附产物处置情况的记录；

（6）生产事故及处置情况的记录；

（7）定期检测、评价及评估情况的记录等。

10.2.5 运行人员应按照电厂规定坚持做好交接班制度和巡视制度，特别是对于石灰石卸料和石膏装车过程的监督与配合，防止和纠正装卸过程中产生扬尘或洒落对环境造成的污染。

10.3 维护保养

10.3.1 脱硫装置的维护保养应纳入全厂的维护保养计划中。

10.3.2 电厂应根据脱硫装置技术负责方提供的系统、设备等资料制定详细的维护保养规定。

10.3.3 维修人员应根据维护保养规定定期检查、更换或维修必要的部件。

10.3.4 维修人员应做好维护保养记录。

国家环境保护总局

公告

2008年 第5号

关于修改《火电厂烟气脱硫工程技术规范 烟气循环流化床法》（HJ/T 178—2005）等两项国家环境保护标准的公告

为贯彻《中华人民共和国大气污染防治法》，规范火电厂烟气脱硫工程建设，我局决定对《火电厂烟气脱硫工程技术规范 烟气循环流化床法》（HJ/T 178—2005）和《火电厂烟气脱硫工程技术规范 石灰石/石灰—石膏法》（HJ/T 179—2005）等两项国家环境保护标准进行修改。现发布标准修改方案，自发布之日起实施。

特此公告。

附件：1.《火电厂烟气脱硫工程技术规范 烟气循环流化床法》（HJ/T 178—2005）修改方案

2.《火电厂烟气脱硫工程技术规范 石灰石/石灰—石膏法》（HJ/T 179—2005）修改方案

二〇〇八年一月十七日

附件一：

《火电厂烟气脱硫工程技术规范 烟气循环流化床法》（HJ/T 178—2005）修改方案

5.2.2.5 与 5.2.2.6 合并，修改为：5.2.2.5 新建发电机组建设脱硫设施或已运行机组增设脱硫设施，不宜设置烟气旁路。如确需设置的，应保证脱硫装置进出口和旁路挡板门具有良好的操作和密封性能。

5.2.2.7 条编号修改为 5.2.2.6。

附件二：

《火电厂烟气脱硫工程技术规范 石灰石/石灰—石膏法》（HJ/T 179—2005）修改方案

5.3.2.5 修改为：新建发电机组建设脱硫设施或已运行机组增设脱硫设施，不宜设置烟气旁路。如确需设置的，应保证脱硫装置进出口和旁路挡板门具有良好的操作和密封性能。

国家环境保护总局

公告

2006年　第7号

为贯彻《中华人民共和国环境保护法》和《中华人民共和国固体废物污染环境防治法》，保护环境，保障人体健康，规范医疗废物集中处理技术的应用，现批准《医疗废物化学消毒集中处理工程技术规范（试行）》等两项标准为国家环境保护行业标准，并予发布。

标准名称、编号如下：

一、医疗废物化学消毒集中处理工程技术规范（试行）（HJ/T 228—2006）

二、医疗废物微波消毒集中处理工程技术规范（试行）（HJ/T 229—2006）

以上标准为指导性标准，自2006年3月15日起实施，由中国环境科学出版社出版，标准内容可在国家环境保护总局网站（www.sepa.gov.cn）查询。

特此公告。

2006年2月8日

HJ

中华人民共和国环境保护行业标准

HJ/T 228—2006

医疗废物化学消毒集中处理工程技术规范（试行）

Technical specifications for chemical disinfection centralized treatment engineering on medical waste（On trial）

2006-02-08 发布　　　　2006-03-15 实施

国家环境保护总局　发布

前 言

为贯彻《中华人民共和国环境保护法》和《中华人民共和国固体废物污染环境防治法》，规范医疗废物化学消毒处理技术的应用行为、工程建设以及设施运行管理，防止医疗废物化学消毒处理对环境的污染，保护环境，保障人体健康，制定本标准。

本标准由国家环境保护总局科技标准司提出。

本标准起草单位：沈阳环境科学研究院、国家环境保护危险废物处置工程技术中心。

本标准国家环境保护总局 2006 年 2 月 8 日批准。

本标准自 2006 年 3 月 15 日起实施。

本标准由国家环境保护总局解释。

本标准为首次发布。

医疗废物化学消毒集中处理工程技术规范（试行）

1. 总 则

1.1 为贯彻《中华人民共和国固体废物污染环境防治法》、《中华人民共和国传染病防治法》、《医疗废物管理条例》和其他国家有关医疗废物领域的法规，加强医疗废物的安全管理，保护环境，防止疾病传播，保障人体健康，实现医疗废物无害化、减量化处理目标，规范医疗废物化学消毒处理技术的实际应用、指导医疗废物化学消毒处理工程的规划、设计、施工、验收和运行管理，制定本标准。

1.2 本标准适用于化学消毒处理技术集中处理医疗废物的新建、改建和扩建工程，以及化学消毒处理厂建设后的运行管理。

1.3 化学消毒处理技术适用范围

1.3.1 化学消毒处理技术适用于处理《医疗废物分类目录》中的感染性废物、损伤性废物和病理性废物（人体器官和传染性的动物尸体等除外）。

1.3.2 医疗废物化学消毒处理技术不适用于处理《医疗废物分类目录》中的药物性废物和化学性废物。

1.3.3 不能采用化学消毒处理技术处理的医疗废物，必须采用其他方法进行管理和处置，禁止将没有消毒的医疗废物混入生活垃圾或其他废物中进行填埋。

1.4 医疗废物化学消毒处理工程规模的确定和详细技术路线的选择，应根据服务区域医疗废物的产生量和成分特点、社会经济发展水平、全国危险废物和医疗废物处置设施建设规划和城市总体规划、医疗废物收运体系特点、技术的适用性等合理确定。

1.5 医疗废物化学消毒工程项目的建设，宜近、远期结合，统筹规划，以近期为主。建设规模、布局和选址应在充分的技术经济论证，环境影响评价和环境风险评价的基础上进行综合比选后确定。

1.6 医疗废物化学消毒处置工程建设，应采用成熟可靠的技术、工艺和设备，做到运行稳定、维修方便、经济合理、管理科学、保护环境、安全卫生。

1.7 医疗废物化学消毒处置工程项目的建设，应坚持专业化协作和社会化服务的原则，坚持集中处理的原则，合理确定配套工程项目，提高运营管理水平，降低运营成本。

1.8 采用医疗废物化学消毒处理工程的建设除应遵守本标准外，还应符合国家现行的有关强制实施的标准要求。

1.9 建成的医疗废物化学消毒处置工程项目必须由设施所在地设区的市级人民政府环境保护行政主管部门审批，经获许可证后方可运营。

2. 规范性引用文件

下列文件中的条款通过本标准的引用而成为本标准的条款。凡是不注日期的引用文件，其最新版本适用于本标准。

GB 5085　危险废物鉴别标准

GB 8978　污水综合排放标准
GB 14554　恶臭污染物排放标准
GB 18466　医疗机构水污染物排放标准
GB 18597　危险废物贮存污染控制标准
GB 18598　危险废物安全填埋污染控制标准
GB 19217　医疗废物转运车技术要求（试行）
国家危险废物名录（环发[1998]089 号）
危险废物转移联单管理办法（国家环境保护总局令第 5 号）
消毒管理办法（卫生部令第 27 号）
医疗废物专用包装物、容器标准和警示标识规定（环发[2003]188 号）
医疗废物集中处置技术规范（试行）（环发[2003]206 号）
全国危险废物和医疗废物处理设施建设规划（环发[2004]16 号）
医疗废物分类目录（卫医发[2003]287 号）
医疗机构医疗废物管理办法（卫生部令第 36 号）
消毒技术规范（卫法监发[2002]282 号）

3. 术 语

3.1 医疗废物　medical waste

指各类医疗卫生机构在医疗、预防、保健、教学、科研以及其他相关活动中产生的具有直接或间接感染性、毒性以及其他危害性的废物。医疗卫生机构收治的传染病人和疑似病人产生的生活垃圾也按照医疗废物进行管理和处理。具体分类名录依照《国家危险废物名录》、国务院卫生行政主管部门和环境保护行政主管部门共同制定的《医疗废物分类目录》执行。

3.2 包装袋　package

指用于盛装除损伤性废物之外的医疗废物的初级包装，并符合一定防渗和撕裂强度性能要求的软质口袋。

3.3 周转箱（桶）　transportation tank

指盛装经密封包装的医疗废物的专用硬质容器。用于医疗废物运输车运输医疗废物，使经包装的医疗废物不直接和车辆厢体接触或直接暴露于外环境，或在发生包装袋破损时起到防止废物污染车厢和外环境的作用。

3.4 利器盒　sharps container

指具有符合规定要求的强度、颜色、标识、尺寸，满足医疗废物中锐利器盛装要求的专用硬质密封容器。

3.5 暂时贮存　temporary store

指医疗废物处理单位将运达的医疗废物存放于本单位内符合特定要求的专门场所或设施内的过程。

3.6 处理　treatment

指通过改变医疗废物的生物特性和组成从而达到消除其潜在的传染危害性的过程，包括各类方法、技术和工艺。

3.7 处置　dispose

指按照规定的技术措施和要求，对经处理后的医疗废物进行安全无害和减量处理的过程。

3.8 消毒　disinfection

指杀灭或消除医疗废物上的病原微生物，使其达到无害化处理。

3.9 化学消毒 chemical disinfection

指利用化学消毒剂杀灭病原微生物的消毒方法。

3.10 化学消毒剂 chemical disinfectants

指用于杀灭医疗废物上的微生物使其达到效果要求的化学药剂。

3.11 消毒效率 efficiency of disinfection

指在消毒处理过程中，以百分数表示的细菌数量减少的值。

3.12 杀灭对数值 treatment efficiency

当微生物数量以对数表示时，消毒前后微生物减少数量的对数值。

3.13 作用时间 disinfecting time

指医疗废物在一定条件下经历消毒处理过程所需的时间。

3.14 残液 residual liquor

指消毒过程中形成的消毒水冷凝液及医疗废物中渗出的液体。

3.15 生物指示剂 biological indicator

指将适当的载体染以一定量的特定微生物，用以评价消毒效果的制品。

3.16 正常使用条件 normal condition

指根据厂家的对设备运行的要求，产品说明书中所规定的使用条件。

3.17 抽样测试 sample testing

指定期或不定期的随机采集经消毒处理的样本，检测其是否达到消毒要求。

3.18 标准状态 standard state

指温度在 0℃，压力在 101.325kPa 时的气体状态。

4. 医疗废物产生量计算

4.1 医疗废物产生量应按实际重量统计与核定。

4.2 医疗废物产生量的计算及预测

（1）医疗机构产生的医疗废物总量包括固定病床的医疗废物产生量和门诊医疗废物产生量。

① 病床的医疗废物产生量计算及预测可按以下方法计算：

病床的医疗废物产生量（kg/d）=床位医疗废物产生率[kg/（床·d）]×床位数（床）×床位使用率（%）

② 门诊医疗废物产生量计算及预测可按以下方法计算：

门诊医疗废物产生量（kg/d）=门诊医疗废物产生率（kg/人次）×门诊人数（人次/d）

③ 无床位的小型门诊的医疗废物可按就业医务人员数量和单位医务人员医疗废物产生率计算和预测：

门诊医疗废物产生量（kg/月）=单位医务人员医疗废物产生率（kg/人次）×医务人员数（人次/月）

（2）其他产生源医疗废物的产生量根据各地情况合理估算。

5. 医疗废物化学消毒处理厂总体设计

5.1 建设规模

5.1.1 化学消毒处理厂的建设规模应根据化学消毒处理厂服务区域内医疗废物产生量、成分特点及变化趋势等因素综合考虑确定，建设规模宜在 10 t/d 以下，并应考虑处理能力的冗余。

5.1.2 化学消毒处理厂建设规模应尽可能满足全年接收并妥善处理服务区域产生的适宜化学消毒处理的医疗废物。

5.2 项目构成

5.2.1 化学消毒处理厂建设项目由化学消毒处理厂主体工程与设备、配套工程、生产管理与生活服务设施构成。

5.2.2 化学消毒处理厂主体工程与设备主要包括：

（1）受料及供料系统：包括医疗废物受料计量、卸料、暂时贮存、输送等设施。

（2）化学消毒处理系统：包括医疗废物化学消毒单元、破碎单元、药剂供给单元、废气及废水处理单元和自动化控制单元等。

5.2.3 配套工程主要包括：总图运输、供配电、给排水、污水处理、消防、通讯、热力、暖通空调、机械维修、监测化验、计量、器具清洗、消毒等，也包括场外配套设施，如厂外路、水、电等。

5.2.4 生产管理与生活服务设施主要包括：办公用房、食堂、浴室、值班宿舍等设施。

5.3 厂址选择

5.3.1 厂址选择应符合《全国危险废物和医疗废物处置设施建设规划》及当地城乡总体发展规划，符合当地大气污染防治、水资源保护、水污染防治、自然环境保护的要求，并应通过环境影响评价和环境风险评价。

5.3.2 化学消毒处理厂不宜选在居民区、学校、医院等公共设施、水源保护区等附近建设，应设置相应的防护距离，防护距离的确定应根据场址条件、处理技术工艺等，结合环境影响评价和环境风险评价结果，并根据专家论证意见确定。

5.3.3 厂址选择还应符合以下条件：

（1）厂址应满足工程建设的工程地质条件、水文地质条件和气象条件，不宜选在地震断层、滑坡、泥石流、沼泽、流砂、采矿陷落区以及居民区、学校、医院等公共设施以及生态环境保护区等主导风向的上风向地区。

（2）选址应综合考虑交通、运输距离、土地利用现状、基础设施状况等因素，应进行公众调查。

（3）厂址不应受洪水、潮水或内涝的威胁，必须建在该地区时，应有可靠的防洪、排涝措施，厂区应达到百年一遇的防洪要求。

（4）厂址选择应同时考虑残渣的处置以及与当地生活垃圾处理场的距离。

（5）厂址附近应有满足生产、生活的供水水源和污水排放条件。

（6）厂址附近应保障电力供应。

5.4 总图设计

5.4.1 化学消毒处理厂的总图设计，应根据厂址所在地区的自然条件，结合生产、运输、环境保护、职业卫生与劳动安全、职工生活，以及电力、通讯、热力、给水、排水、污水处理、防洪、排涝等设施，经多方案综合比较后确定。

5.4.2 化学消毒处理厂的设计和建设，应考虑防止发生事故时或厂区内被污染的雨水造成土壤地下水或地表水污染的措施；设计并建设必要设施，收集和贮存化学消毒处理厂内因医疗废物溢出、泄漏或发生火灾灭火时产生的污水，或被污染的雨水；污水贮存设施容量应确保污水排放前能得到处理。

5.4.3 化学消毒处理厂的附属生产设施、生活服务设施等辅助设施，应根据社会化服务原则统筹考虑，避免重复建设。

5.4.4 化学消毒处理应分为清洁区、微污染区和污染区，处理厂人流和物流的出、入口宜分开设置，并应方便医疗废物运输车的进出。

5.4.5 化学消毒处理厂应设置高度不低于 2.5 m 的围墙、防止家畜和无关人员进入。

5.4.6 总图设计还应满足 5.5、5.6、5.7 的要求。

5.5 总平面布置

5.5.1 化学消毒处理厂应以化学消毒处理系统为主体进行布置，其他各项设施应按医疗废物处理流程合理安排，以确保相关设备联系良好，充分发挥功能，保证设施安全运行。

5.5.2 医疗废物物流出入口、接收、贮存和转运设施、清洗消毒设施、处置场所等主要设施应与办公、生活服务设施隔离，分开建设。隔离措施包括墙体隔离或空间隔离。

5.5.3 化学消毒处理厂的车辆消毒设施宜位于卸料设施附近处，以便于对卸料后的车辆进行及时消毒，防止有传染性物质扩散，并与医疗废物转运工具、生产工具的消毒设施合并建设。

5.5.4 应对与消毒剂发生接触的车辆等金属物品定期用清水进行清洗，以免发生设备车辆腐蚀问题。

5.6 厂区道路

5.6.1 化学消毒处理厂区道路的设置，应满足交通运输、消防、绿化及各种管线的敷设要求。

5.6.2 化学消毒处理厂的道路需能到达主要构筑物和建筑物。车行道宜布置成环状，以便回车。

5.6.3 化学消毒处理厂区主要道路的行车路面宽度不宜小于 6.0 m。化学消毒处理厂房外应设消防道路，道路的宽度不应小于 3.5 m，人行道一般取 1.5～2.0 m。路面宜采用水泥混凝土或沥青混凝土，道路的荷载等级应符合《厂矿道路设计规范》（GBJ 22）的有关规定。

5.6.4 临时停车场可设在厂区物流出口或入口附近处。

5.7 绿化

5.7.1 化学消毒处理厂的绿化布置应符合总图设计要求，合理安排绿化用地。

5.7.2 厂区绿化应结合当地的自然条件，选择适宜的植物。

6．医疗废物收集、贮存、输送及清洗消毒系统

6.1 一般规定

6.1.1 医疗废物接收、贮存与输送系统包括：计量设施、卸料设施、卸料场地、暂时贮存库和贮存冷库、化学消毒处理厂内转运设施和其他设施。

6.1.2 医疗废物贮存禁止采用坑式垃圾池。

6.1.3 医疗废物输送系统不应采用抓斗起重机。

6.1.4 应采用专用封闭式冷藏运输车，将塑料桶及纸箱按照危险废物运输的特殊要求，运送到化学消毒处理厂。

6.1.5 感染性废物随包装封闭进入处理装置同时处理，非感染性医疗废物的塑料包装桶及运输车经清洗消毒后循环使用，产生的清洗消毒废水进行集中无害化处理。

6.2 分类包装和收集

6.2.1 医疗废物收集时应按照《医疗废物分类目录》中的分类标准和《医疗卫生机构医疗废物管理办法》中的要求分类收集，医疗废物运输单位和处置单位有权拒绝接纳不符合分类要求的医疗废物。

6.2.2 医疗废物包装袋、利器盒与周转箱的标准、技术性能、规格等应符合《医疗废物专用包装物、容器标准和警示标识规定》。

6.2.3 感染性医疗废物应采用一次性塑料袋或纸箱（用于干性废物）密封收集保存。

6.2.4 采用化学消毒处理技术的地区，医疗废物的包装袋还应当符合以下要求：

（1）包装袋分为黄色和红色两种，黄色袋盛装感染性废物及病理性废物，适用于化学消毒处理。红色袋盛装药物性和化学性废物，不适用于化学消毒处理，收集时红色袋应单独收集。

（2）包装袋上应有医疗废物的中文标识，标识内容应包括：医疗废物产生单位、产生日期、废物类别、警示标识等。

（3）包装袋在正常使用时应能够防止破损，并不与盛装设备材质发生化学反应。

6.3 接收

6.3.1 卸料场地应满足医疗废物运输车顺畅作业的要求。

6.3.2 化学消毒处理厂应设置计量系统。计量系统应具有称重、记录、传输、打印与数据处理功能。

6.4 贮存与输送

6.4.1 医疗废物卸料场地、暂时贮存库、冷藏库等设施的设计、运行、安全防护等应满足《危险废物贮存污染控制标准》和《医疗卫生机构医疗废物管理办法》的有关要求。

6.4.2 化学消毒处理厂必须设冷藏库，冷藏库的温度应在 3～7℃之间，冷藏库可与暂时贮存库合并建设，冷藏库未启动制冷设备时，可用作暂时贮存库。

6.4.3 化学消毒处理厂接收的医疗废物应尽可能当天处理。若处理厂对医疗废物进行贮存，贮存温度≥5℃时，贮存不得超过 24 h；在 5℃以下冷藏，不得超过 72 h。

6.4.4 医疗废物卸料和贮存设施属感染区，应配备隔离设施、报警装置和防风、防晒、防雨设施，并按照《环境保护图形标识——固体废物贮存（处理）场》（GB 15562.2）的有关规定设置警示标志。

6.4.5 贮存设施应合理组织气流分布，尽量使操作人员处于清洁区。

6.4.6 贮存设施应采用全封闭、微负压设计，并应设置事故排风系统或设施。

6.4.7 贮存设施地面和墙裙应进行防渗处理，地面应具有良好的排水性能，产生的废水可采用暗沟、管直接排入污水收集消毒处理设施。

6.4.8 贮存设施内应设置有安全照明设施和观察窗口。

6.4.9 医疗废物贮存设施的设计应方便医疗废物的装卸和转运工具的正常进出。

6.4.10 医疗废物卸料及贮存设施应采取防渗漏、防鼠、防鸟、防蚊蝇、防蟑螂、防盗等措施。

6.4.11 医疗废物搬运应使用专用工具，尽可能采取机械作业，减少人工对其直接操作；如果采用人工搬运，应使用专用转运工具搬运，避免废物和容器直接接触人员的身体。医疗废物的转运车应符合《医疗废物转运车技术要求》（试行）规定。

6.5 清洗消毒

6.5.1 化学消毒处理厂必须设置医疗废物运输车辆、转运工具、周转箱（桶）的清洗消毒场所和废水收集处理设施。

6.5.2 医疗废物运输车辆应在每次使用后进行清洗消毒。禁止在社会车辆清洗场所清洗医疗废物运输车辆。

6.5.3 转运工具和周转箱（桶）等均应进行清洗消毒并晾干后方能再次使用，并在清洗消毒设施内进行。

6.5.4 医疗废物贮存设施应每天消毒一次；贮存设施内的医疗废物每次清运之后，应及时清洗和消毒。

6.5.5 清洗废水应收集并排入废水消毒处理设施，处理后达到医院废水排放标准，禁止任意向环境排放清洗废水。

6.5.6 清洗消毒作业还应具有良好的通风条件，可采取机械强制通风。

6.5.7 已进行清洗消毒处理的工具、设备、周转箱（桶）等应与未经处理的工具、设备、周转箱（桶）等分开存放。清洗消毒处理后的工具、设备、周转箱（桶）等晾干后方可再次投入使用。

7．医疗废物化学消毒处理系统

7.1 一般规定

7.1.1 医疗废物化学消毒处置系统应包括进料单元、破碎单元、药剂供给单元、化学消毒处理单元、出料单元、自动控制单元、废气处理单元、废液处理单元及其它辅助设备。

7.1.2 医疗废物化学消毒处置系统应实现消毒处理、破碎、干燥（压缩）设备一体化，避免医疗废物由系统的入口进入到出口出料之间存在人工接触的可能性。

7.1.3 工艺流程可选用先破碎后消毒或者破碎与消毒同时进行两种方式，对干法处理宜采取破碎与消毒同时进行的方式，对湿法宜选用先破碎后消毒处理的方式。

7.1.4 化学消毒处理技术的消毒效果应能达到：

（1）对繁殖体细菌、真菌、亲脂性/亲水性病毒、寄生虫和分枝杆菌的杀灭对数值≥6；

（2）对枯草杆菌黑色变种芽孢（*B.subtilis* ATCC 9372）的杀灭对数值≥4。

7.1.5 化学消毒处置系统设计服务期限不应低于 10 年。

7.2 进料单元

7.2.1 进料设备应与后续处理工艺相匹配。

7.2.2 采用化学消毒处理和破碎同时进行的处理设备，应保证其进料容器在完成进料后得到相应的消毒处理，禁止采用没有经过消毒处理的进料容器盛装经过消毒处理的废物。

7.2.3 采用先破碎后消毒处理工艺的设备，进料设备的进料口要保持气密性，应配备抽气设备以维持进料设备和破碎设备在负压下运行，以防止破碎时含菌粉尘从进料口逸出。

7.2.4 进料设备应采用自动进料设备，避免操作人员与医疗废物盛装袋直接接触。

7.3 破碎单元

7.3.1 破碎单元应当能够同时破碎硬质物料和软质物料，破碎单元应能达到对医疗废物毁形处理的要求，确保破碎颗粒粒径不大于 5 cm。一级破碎如不能达到以上粒径要求，应设置二级破碎设施。

7.3.2 破碎单元位于化学消毒处理单元之前的，应保证破碎单元在密闭和负压状态下运行，并保证其内部空气得到消毒处理后排放。同时应保证在人工检修前必须得到充分的消毒处理。

7.3.3 破碎单元的选择，应当遵循安全、可靠、耐用、便于维修、减少二次污染的原则。

7.4 药剂供应单元

7.4.1 化学消毒可以分为干式化学消毒法和湿式化学消毒法两种，化学消毒药剂可采用石灰粉、次氯酸钠、次氯酸钙、二氧化氯等，但必须保障本标准所提出的消毒效果，确保在消毒过程中实现传染性病菌杀灭或失活。优先选用石灰粉等干式化学消毒药剂。

7.4.2 药剂供给必须保证药剂有效浓度和相应的接触反应时间，以及药剂的投加量，禁止采用超过有效期的化学消毒剂。针对不同药剂应符合如下要求：

（1）石灰粉。所采用的石灰粉纯度宜为 88%～95%，接触反应时间应大于 120 min，药剂投加量（石灰粉/医疗废物）应大于 0.075 kg/kg，反应控制的强碱性环境 pH 值应在 11.0～12.5 范围内。

（2）次氯酸钠。所采用的消毒剂质量浓度宜为 8～10 g/L 有效氯，接触反应时间应大于 60 min，药剂投加量（次氯酸钠消毒液/医疗废物）。应大于 0.05 kg/kg。

（3）次氯酸钙。所采用消毒剂浓度宜为 8～10 g/L 有效氯，接触反应时间应大于 60 min，药剂投加量（次氯酸钙消毒液/医疗废物）。应大于 0.05 kg/kg。

（4）二氧化氯。所采用消毒剂质量浓度宜为 4～6 g/L，接触反应时间应大于 50 min，药剂投加量（二氧化氯消毒液/医疗废物）应大于 0.04 kg/kg。

7.4.3 化学消毒药剂的贮存应确保环境安全，以免对操作人员和环境带来危害。

7.5 化学消毒处理单元

7.5.1 化学消毒处理单元应满足如下要求：

（1）进料容器材质应具有耐热、耐腐蚀、耐磨、耐震的特点，能够适应医疗废物的具体特点。

（2）化学消毒处理设备应具有构造简单、拆卸方便，便于操作和维护的特点。

（3）应确保医疗废物与化学消毒药剂充分的接触时间和混合程度，确保药剂浓度、温度以及水分等满足工艺要求，确保消毒功效。

（4）消毒处理设备应有防止人为干扰措施，以免医疗废物消毒处理未完毕前人为停止运转。

7.5.2 化学消毒处理设备制造商应提供详细的设备说明手册，内容包括：设备的型号、操作程序、化学消毒剂名称、化学消毒剂浓度、处理时间、处理条件（温度、pH、加药量、压力等）、投加物组成、投加量及投加速率等。

7.5.3 化学消毒处理设备应具备干燥功能，对采用湿法处理产生的残渣进行后续干燥处理，避免在残渣贮存、运输过程中发生泄漏，对环境造成不良影响。

7.6 出料单元

7.6.1 出料单元应设置安全连锁装置，在没有达到设定的处理条件并得到总控制台的指令前，不会打开。

7.6.2 在消毒处理完成后，达到消毒要求的医疗废物残渣必须通过自动输送装置直接卸入废物接收容器中，严禁人工手动卸料。

7.6.3 消毒后的废物必须放入标有“已消毒医疗废物”的聚乙烯包装袋中，包装袋上必须标注处理日期。

7.7 自动控制单元

7.7.1 自动控制单元应能实现废物处理的温度、时间、消毒剂浓度等工艺参数的自动控制，以及物料供给、设施启停、废物破碎、废物消毒与干燥，废气、废水处理等过程的自动控制。

7.7.2 自动控制单元应能够实时显示当前运行所处的状态，包括消毒时间、干燥时间，并实时跟踪反馈消毒器的内部温度、pH 等参数。

7.7.3 自动控制单元应能读取并存储所监测的消毒时间、干燥时间、内部温度、pH 等工艺参数，并应能确保防止非法篡改、删除数据。所存储的电子数据至少应保存五年以备环保部门检查。

7.7.4 自动控制单元应具有故障自我检测功能，实现超温、断电、断水、断气以及误操作等异常情况下必要的紧急停车，并且能够实现操作未完成时消毒单元舱门闭锁功能。

7.7.5 自动控制单元应设置权限，对处理时间、温度等参数的修改进行限制，禁止将处理参数降低到标准规定的数值以下对医疗废物进行消毒处理。

7.7.6 自动控制单元应具备自动记录和打印功能，能够自动记录和打印操作员号、处理工艺参数以及设施运行过程中的其他主要参数。

7.7.7 自动控制单元应具备在设备出现异常条件下的自动报警功能，并能够实现报警后适（延）时联锁停车功能。

7.7.8 自动控制单元应具备远程监控功能，并实现主要工况参数与当地环保部门联网显示。

7.8 废气处理单元

7.8.1 化学消毒处理过程中产生的废气主要来自于破碎过程中产生的扬尘、挥发性有机物以及其他有害成分。

7.8.2 化学消毒过程应在封闭的系统中操作，或者是消毒系统处于负压状态，并使排出的气体通过废气净化装置净化后达标排放。

7.8.3 废气净化装置应具有杀菌、消毒功能，确保有效去除废气中的微生物、挥发性有机物（VOC）、重金属等污染物，并根据实际需求设置除臭装置。

7.8.4 废气净化装置过滤器的过滤尺寸不应大于 0.2μm，耐温不低于 140℃。过滤器应设置进出气阀、压力表和排水阀，设计流量应与处理规模相适应，过滤效率应在 99.999%以上。

7.8.5 废气净化装置的过滤材料因使用寿命或其他原因不能使用时应按未处理医疗废物进行处置。

7.9 废水处理单元

7.9.1 化学消毒处理过程中的废水主要来自医疗废物盛装容器清洗消毒废水，以及湿式化学消毒药剂和医疗废物中残留的液体。

7.9.2 废水处理可采用多种切实可行的处理技术，污染物排放指标必须达到《医疗机构水污染物排放标准》要求。

8. 配套工程

8.1 电气系统

8.1.1 医疗废物化学消毒处理厂供电方式应根据用电要求，与当地电力部门协商确定。

8.1.2 化学消毒处理厂主要用电负荷为 AC 380/220V，负荷等级为三级，应有备用电源。

8.1.3 化学消毒处理厂应设直流配电装置及不间断电源系统供仪表、计算机监控及控制系统的应急电源。

8.1.4 照明设计应符合《建筑照明设计标准》（GB 50034）中的有关规定。正常照明与事故照明应采用分开的供电系统，并宜采用下列供电方式：

（1）事故照明宜由蓄电池组供电。

（2）化学消毒处理厂房的主要出入口、通道、楼梯间以及远离医疗废物化学消毒厂房的工作场所的事故照明，宜采用自带蓄电池应急灯。

（3）厂房内安装高度低于 2.2 m 的照明灯具，宜采用 24 V 电压供电。

（4）手提灯电压不应大于 24 V，在狭窄地点和接触良好金属接地面上工作时，手提灯电压不应大于 12 V。

8.1.5 化学消毒处理厂房及辅助厂房的电缆敷设，应采取有效的阻燃、防火封堵措施。

8.1.6 化学消毒处理厂应设置通讯设备，保证厂区岗位之间和厂内外联系畅通。

8.2 给水、排水和消防

8.2.1 给水

8.2.1.1 厂区室外和室内给水管网宜采用生产、生活、消防联合供水系统。

8.2.2 排水

8.2.2.1 化学消毒处理厂区排水应采用雨污分流制。

8.2.2.2 雨水量设计重现期应符合《室外排水设计规范》（GBJ 14）中的有关规定。

8.2.2.3 化学消毒处理厂的生活废水排放应符合《污水综合排放标准》，清洗、消毒产生的废水和厂区初期雨水等应收集处理后排放，并符合《医疗机构水污染物排放标准》要求。

8.2.3 消防

8.2.3.1 化学消毒处理厂房的生产类别应属于丁类，建筑耐火等级不应低于二级。贮存库的生产类别应属于丙类，建筑耐火等级不应低于二级。

8.2.3.2 化学消毒处理厂房应设置室内消火栓给水系统，并应符合《建筑设计防火规范》（GBJ 16）中的有关规定。

8.2.3.3 医疗废物化学消毒厂房的安全疏散，应符合《建筑设计防火规范》（GBJ 16）中的有关规定。

8.2.3.4 医疗废物化学消毒厂房内部的装修设计，应符合《建筑内部装修设计防火规范》（GB 50222）中的有关规定。

8.3 采暖通风与空调

8.3.1 建筑物的采暖通风和空调设计应符合《采暖通风与空气调节设计规范》（GBJ 19）中的有关规定。

8.3.2 医疗废物化学消毒厂房宜采用机械强制通风，以保持良好的通风环境。

8.3.3 化学消毒处理车间以及贮存间排出的空气应进行消毒处理后排放，并宜设置事故排风装置，以便提供充足的通风条件。

8.4 建筑与结构

8.4.1 化学消毒处理厂主要生产设备应布置在封闭的车间内。卸料、贮存、转运、输送和上料系统必须设置在有屋盖的车间内。

8.4.2 化学消毒处理厂的暂时贮存库应采取微负压设计，并保证新风量 30 m^3/（人 • h）。

8.4.3 化学消毒处理厂区建筑的造型应简洁、实用，并与周围环境相协调。厂房的平面布置和空间布局应满足工艺设备布置要求，同时应考虑今后生产发展和技术改造的可能性。生产区与生产管理及生活服务区之间应有隔离设施。

8.4.4 厂房平面设计应组织好人流和物流线路，避免交叉。

8.4.5 化学消毒处理厂房楼（地）面的设计，除满足工艺使用要求外，还应符合《建筑地面设计规范》（GB 50037）中的有关规定。贮存设施墙面应方便进行清洗消毒，控制室地面应采取防静电措施。

8.4.6 厂房采光设计应符合《工业企业采光设计标准》（GB 50033）中的有关规定。

8.4.7 严寒地区的建筑结构应采取防冻措施。

8.4.8 大面积屋盖系统宜采用钢结构，并应符合《屋面工程技术规范》（GB 50207）中的有关规定。屋顶承重结构的结构层及保温（隔热）层应采用非燃烧体材料；设保温层的屋面应有防止结露与水汽渗透的措施，并应符合《建筑设计防火规范》（GBJ 16）中的有关规定。

8.4.9 医疗废物卸料、贮存设施应进行地面防渗处理，并符合《危险废物贮存污染控制标准》（GB 18597）中的有关规定。

8.4.10 厂房结构设计应满足《建筑结构可靠度设计统一标准》（GB 50068）中的有关规定，并应符合其他国家现行的有关规范要求。

8.4.11 厂区内应进行地质勘察，地质勘察应符合《岩土工程勘察规范》（GB 50021）中的有关规定。

8.4.12 楼（地）面活荷载取值应根据设备安装、检修和使用要求等确定，同时应满足《建筑结构荷载规范》（GB 50009）中的有关规定。

8.4.13 医疗废物化学消毒处理厂的结构构件，应根据承载能力极限状态及正常使用极限状态要求，按使用工况分别进行承载能力及稳定、疲劳、变形、抗裂及裂缝宽度计算和验算；处于地震地区的结构，还应进行结构构件抗震的承载能力计算。同时应满足《混凝土结构设计规范》（GB 50010）、《砌体结构设计规范》（GB 50003）、《钢结构设计规范》（GBJ 17）、《建筑抗震设计规范》（GB 50011）中的有关规定。

8.4.14 地基基础的设计应按《建筑地基基础设计规范》（GB 50007）和《湿陷性黄土地区建筑规范》（GBJ 25）的有关规定进行地基承载力和变形计算，必要时还应进行稳定性计算。

8.5 其他辅助设施

8.5.1 化学消毒处理厂应具有全厂设备日常维护、保养与小修任务及工厂设施突发性故障时的应急处理功能。设备的大、中修宜通过社会化协作解决。

8.5.2 化学消毒处理厂应配备必需的机械工具、搬运设备和备用品、消耗品。

8.5.3 化学消毒处理厂应配备突发事故应急所必需的设备、物品和药品。

9. 环境保护与安全卫生

9.1 一般规定

9.1.1 医疗废物化学消毒过程中产生的废气、废水、噪声等的防治与排放，应贯彻执行国家现行的环境保护法规和标准等。

9.1.2 化学消毒处理厂建设应贯彻执行《中华人民共和国职业病防治法》，应符合国家职业卫生标准的工作环境和条件。

9.1.3 制定化学消毒处理厂污染物治理措施前应落实污染源的特性和产生量。

9.1.4 设备提供商及生产商应对设施运行涉及的所有环节，包括运行参数控制、监测仪器仪表的操作，设备故障排除及应急、职业安全防护等方面提供全方位的业务培训，并保证相应售后服务要求。

9.2 环境保护

9.2.1 医疗废物进场后应在规定时间内尽快处理，减少存放时间，避免恶臭产生。

9.2.2 废物的贮存、卸料、进料、破碎和消毒应采用负压操作，控制恶臭和带菌气体扩散。抽出的气体应通过高效空气净化器及除臭装置处理后排放，并应符合《恶臭污染物排放标准》要求。

9.2.3 化学消毒处理厂清洗、消毒产生的废水及废液，以及化学消毒处理厂内初期雨水必须按医疗机构产生废水进行处理，并应符合《医疗机构水污染物排放标准》要求。

9.2.4 主要噪声设备，如破碎机、泵、风机等应采取基础减震和消声及隔声措施，厂界噪声应符合《工业企业厂界噪声标准》（GB 12348—90）要求。

9.2.5 医疗废物化学消毒处理的最终产物是较为干燥的无害医疗废物，可送生活垃圾处理厂处理，具体方式可根据当地生活垃圾的处置方式而定，禁止再利用。

9.2.6 废气处理过程中采用的过滤材料应定期更换，并按照未经消毒处理的医疗废物进行处理。

9.2.7 化学消毒处理厂更换的直接与医疗废物接触的备品备件、废弃的防护用品等应按未处理的医疗废物进行处理。

9.3 职业卫生与劳动安全

9.3.1 化学消毒处理厂的劳动卫生应符合《工业企业设计卫生标准》（GBZ 1）和《工作场所有害因素职业接触限值》（GBZ 2）中的有关规定。

9.3.2 化学消毒处理厂建设应采用有利于职业病防治和保护劳动者健康的措施。应在相关设备的醒目位置设置警示标识，并应有可靠的防护措施。

9.3.3 职业病防护设备、防护用品应确保处于正常工作状态，不得擅自拆除或停止使用。

9.3.4 化学消毒处理厂建设应有职业病危害与控制效果可行性评价。

9.3.5 化学消毒处理厂应采取必要的职业健康和劳动安全措施，主要内容应包括：

（1）应对工作人员进行必要的培训；

（2）应提供工作人员所需的防护用品；

（3）应提供工作人员所使用的防护用品的清洁消毒设施。

9.3.6 所使用防护用品的类型应根据所涉及的医疗废物的危险程度而定，但对医疗废物收集和处理人员应达到如下要求：

（1）头盔，有或无面罩，依操作而定；

（2）口罩，必需；

（3）护目镜，依操作而定；

（4）工作裤（工作服），必需；

（5）护腿和工业用靴，必需；

（6）一次性手套（一般工作人员用）或耐受力强的手套（医疗废物处理工人用），必需；

（7）耳罩，依操作而定。

9.3.7 应按感染区、过渡区、安全区设置工作人员更衣、洗涤和洗浴设施，并提供工作人员所使用的防护用品的清洗消毒设施。

9.3.8 应提供当设备发生故障停机时维修工人可以安全地进入设备内部进行维修的安全保障措施。

9.3.9 应制定严密的应急和突发事件处理计划，其内容至少应包括：

（1）处理技术设备出现问题（如化学消毒剂浓度不够，处理参数不符合规定要求等）时的应急计划；

（2）机械故障（如破碎设备堵塞等）时的应急计划；

（3）在处理过程中设备突然停机的应急计划；

（4）在发生医疗废物或化学药剂散落、泄漏时的应急计划。

10．医疗废物化学消毒处理技术管理要求

10.1 化学消毒处理技术和产品要求

10.1.1 医疗废物化学消毒处理技术和产品应通过技术验证或环保产品认证。

10.1.2 医疗废物化学消毒处理技术验证或产品认证应通过规定的管理和测试程序。

10.1.3 测试工作应由具备相应检测资格的检测机构承担，并应符合相应的测试标准及规范要求。

10.2 测试标准及方法

10.2.1 测试应采取本标准所提出的微生物指示剂进行测试。

10.2.2 测试过程应严格执行国家关于化学消毒处理效果检测的测试标准及规范，确保检测结果的权威性和真实性。

11．工程施工及验收

11.1 建筑、安装工程应符合施工设计文件、设备技术文件的要求。

11.2 对工程的变更应取得设计单位的设计变更文件后再进行施工。

11.3 医疗废物化学消毒处理厂的建设对工程质量监督管理应符合《建设工程质量管理条例》的有关规定，项目的竣工验收应按《建设项目（工程）竣工验收办法》执行。

11.4 医疗废物化学消毒处理厂的竣工验收应有环境保护及卫生专业技术部门参加。

11.5 医疗废物化学消毒处理工程应按本标准和现行相关专业工程验收有关规定进行验收。对国外引进的专用设备，应按供货商提供的设备技术规范、合同规定及商检文件执行，并应符合我国现行的国家或行业工程施工及验收标准要求。

11.6 工程竣工验收前，严禁化学消毒处理设备投入使用。

12．运行管理

12.1 一般规定

12.1.1 适用于医疗废物化学消毒处理厂的运行、维护及安全管理。

12.1.2 医疗废物化学消毒处理厂的运行、维护及安全管理，除应执行本标准外，还应符合国家现行有关标准要求。

12.2 化学消毒处理厂运行条件

12.2.1 化学消毒处理厂必须获得由设施所在地设区的市级人民政府环境保护行政主管部门审批颁发的经营许可证；未取得经营许可证的单位，不得从事有关医疗废物集中处理活动。

12.2.2 必须具有经过培训的技术人员、管理人员和相应数量的操作人员。

12.2.3 具有完备的保障医疗废物安全处理处置的规章制度。

12.2.4 具有保障医疗废物集中化学消毒处理厂正常运行的周转资金和辅助原料。

12.3 机构设置与劳动定岗、定员

12.3.1 化学消毒处理厂医疗废物接收、转运、贮存、化学消毒、清洗消毒等岗位应按生产和使用有毒物品的生产场所工作性质确定。

12.3.2 化学消毒处理厂劳动定员可分为生产人员、辅助生产人员和管理人员。管理人员应包括技术人员和安全管理人员。劳动定员应按定岗定量的原则合理确定。

12.4 人员培训

医疗废物化学消毒处理厂应对操作人员、技术人员及管理人员进行相关法律法规、专业技术、安全防护、应急处理等理论知识和操作技能培训，主要包括：

12.4.1 对医疗废物化学消毒处理厂所有工作人员的培训最低应满足如下要求：

（1）熟悉有关医疗废物管理的法律和规章制度；

（2）了解医疗废物危险性方面的知识；

（3）明确医疗废物安全卫生处理和环境保护的重要意义；

（4）熟悉医疗废物的分类和包装标识；

（5）熟悉医疗废物化学消毒的工艺流程及处理方法；

（6）掌握职业安全教育和个人保护装置的使用，明确劳动安全防护设施、设备的使用知识和个人卫生措施；

（7）熟悉处理泄漏和其他事故的应急操作程序。

12.4.2 对医疗废物化学消毒处理操作人员和技术人员除了要满足上述要求外，其培训还应满足如下要求：

（1）医疗废物接收、转运、贮存和上料的具体操作，以及医疗废物处理的安全操作程序及标准；

（2）最佳的运行温度以及保持设备良好运行的条件；控制、报警和指示系统的运行和检查以及必要时的纠正操作；

（3）识别医疗废物化学消毒处理设备所不能处理的废物种类；

（4）医疗废物化学消毒处理产生的排放物应达到的技术要求；

（5）处理设备的正常运行，包括设备的启动和关闭；

（6）设备运行故障的检查和排除程序及方法；

（7）事故或紧急情况下人工操作和事故处理程序；

（8）设备日常和定期维护及检查程序；

（9）设备运行和维护记录，以及泄漏事故和其他事件的记录及报告。

12.4.3 技术人员还应掌握医疗废物化学消毒知识和处理设备的基本工作原理。

12.5 医疗废物交接制度

12.5.1 医疗废物交接按照《医疗废物集中处置技术规范》（试行）的有关规定执行，采用《医疗废物运送登记卡》和《危险废物转移联单》（医疗废物专用）进行记录和管理。

12.5.2 医疗废物交接分为医疗废物现场交接和《医疗废物运送登记卡》的交接。

12.5.3 医疗废物应现场交接，核对其数量、种类、标识与《医疗废物运送登记卡》是否相符及包装是否密封。

12.5.4 若现场实物与《医疗废物运送登记卡》不相符，应及时向化学消毒处理厂负责人汇报并通知医疗废物委托人进行核实。

12.5.5 若发现医疗废物包装袋破裂、泄漏或其他事故时，化学消毒处理厂应协助运输单位进行处理。

12.5.6 交接双方必须根据交接情况认真填写《医疗废物运送登记卡》，并签字确认。

12.5.7 根据危险废物转移联单制度妥善保存《医疗废物运送登记卡》，并定期向主管部门报送。

12.5.8 化学消毒处理厂应对接收的医疗废物及时登记，并将进厂医疗废物的数量等有关信息输入计算机管理系统。

12.6 化学消毒处理厂运行记录制度

医疗废物化学消毒集中处理厂应建立生产设施运行状况、设施维护和医疗废物化学消毒处理生产活动等的登记制度，主要记录内容包括：

（1）《医疗废物运送登记卡》和《危险废物转移联单》（医疗废物专用）的记录和妥善保存；

（2）医疗废物接收登记；

（3）医疗废物进场运输车车牌号、来源、重量、进场日期及时间、离场时间等进行登记；

（4）清洗消毒操作登记；

（5）生产设施运行工艺控制参数记录；

（6）医疗废物正常处理情况记录；

（7）生产设施维修情况记录；

（8）环境监测数据记录；

（9）生产事故及处理情况记录；

（10）定期检测、评价及评估情况记录。

12.7 交接班制度

为保证医疗废物集中处理处置厂生产活动安全有序进行，必须建立严格的交接班制度，内容包括：

（1）生产设施、设备、工具及生产辅助材料交接；

（2）医疗废物交接；

（3）运行记录交接；

（4）上下班交接人员应在现场进行实物交接；

（5）运行记录交接前，交接班人员应共同巡视现场；

（6）交接班程序未能顺利完成时，应及时向生产管理负责人报告；

（7）交接班人员对实物及运行记录核实确定后，应签字确认。

12.8 劳动保护和安全生产

12.8.1 一般规定

化学消毒处理厂在设计、施工和生产过程中，必须高度重视安全卫生问题，采取有效的应对措施和各种预防手段，严格执行以下法规和标准：

（1）《中华人民共和国劳动法》

（2）《中华人民共和国职业病防治法》

（3）《建设项目（工程）劳动安全卫生监察规定》（劳动部令第 3 号）

（4）《建设项目（工程）职业安全卫生设施和技术措施验收办法》（劳安字[1992]1 号）

（5）《生产过程安全卫生要求总则》（GB 12801）

（6）《生产设备安全卫生设计总则》（GB 5083）

（7）《建筑设计防火规范》（GBJ 16）

（8）《建筑物防雷设计规范》（GB 50057）

（9）《工业企业设计卫生标准》（GBZ 1）

（10）《工业场所有害因素职业接触限值》（GBZ 2）

（11）《电气设备安全设计导则》（GB 4064）

（12）《安全色》（GB 2893）

（13）《安全标志》（GB 2894）

（14）《企业职工劳动安全卫生教育管理规定》（劳部发[1995]405 号）

（15）《劳动防护用品配备标准（试行）》（国经贸安全[2000]189 号）

（16）《呼吸防护用品的选择、使用与维护》（GB/T 18664）

12.8.2 劳动保护

（1）加强员工的安全防护意识和消毒意识，定期对员工进行健康检查。

（2）操作人员必须佩戴必要的劳保用品，做好安全防范工作。

（3）工作人员所需防护设备和衣服的购置、发放、回收和报废均应进行登记。报废的防护设备应交由专人处理，不得自行处置。

（4）应提供工作人员防护的设备和衣服，满足化学消毒处理所需要的防护性能要求。员工上班必须穿工作服，下班后及时更换。工作服应勤洗勤换并定期消毒。

（5）在指定的、有标志的明显位置应配备必要的防护救生用品及药品。防护救生用品和药品要有专人管理，并及时检查和更换。

（6）应建立有效的职业健康程序，包括预防免疫、暴露后的预防处理和医疗监护等。

（7）应定期做好废气和废水的检测工作。

（8）应做好防虫、防鼠工作，消灭蚊蝇滋生地。

（9）应提供方便工作人员使用的洗涤设施（有热水和洗涤用品）。

（10）设备供应商应具有足够的技术和维修人员，以便能够提供及时的服务。

（11）应安装紧急冲洗水管、花洒、洗眼站和紧急救护包，防止化学物品的意外泄漏。工人需穿戴防化学的护目镜、手套和围裙和其它个人的防护用品。

（12）应提供听力保护装置。

12.8.3 安全生产

（1）化学消毒处理厂生产过程中安全卫生管理应符合《生产过程安全卫生要求总则》（GB 12801）中的有关规定。各岗位应根据工艺特征和具体要求，制定本岗位安全操作规程。

（2）操作人员必须严格执行本岗位安全操作规程，并定期对设备进行技术参数调试、检修及保养。

（3）各岗位操作人员和维修人员必须经过岗前培训，经考核合格后持证上岗，并应定期进行教育培训。

（4）严禁非本岗位操作人员擅自启、闭本岗位设备。

（5）操作人员启、闭电器开关时，应按电工规程进行。

（6）检修电器控制柜时，必须先通知变、配电站断掉该系统电源，并验明无电后方可作业。

（7）厂内及生产区内运输管理应符合《工业企业厂内运输安全规程》（GB 4387）中的有关规定。

（8）在主要通道处均应设置安全应急灯。

12.9 检测、评价及评估制度

12.9.1 设备在安装及检修后必须经国家环境保护总局认可的检测单位，采用生物学方法对处理后残渣进行消毒效果检测合格后方可运行，严禁在未经检测或检验不合格的情况下进行医疗废物化学消毒处理。在运行过程中，应采用同样的方法对消毒效果进行检测，并不定期进行抽样测试，检测频率至少为 2 次/a。医疗废物处理的监督管理工作应由设区市级以上环境保护行政管理部门负责。

12.9.2 医疗废物化学消毒处理效果生物指示剂检测指标可采用枯草杆菌黑色变种芽孢（*B.subtilis* ATCC 9372）作为代表性菌种。

12.9.3 因设备故障造成处理设施停车、检测结果不合格或者评价结果不合格时，必须对医疗废物残渣进行重新消毒处理。

12.9.4 禁止将检测结果不合格的残渣送入生活垃圾填埋场填埋或采用其他方式处理。

12.9.5 应根据化学消毒处理设施工况运行记录及生物检测结果定期对化学消毒处理厂的环境污染防治和消毒效果进行检测和评价，对结果整理存档，并每半年向地方环境保护主管部门报告一次。

12.9.6 应定期对化学消毒处理厂的设施、设备运行及安全状况进行检测和评估，确保其正常的处理效果，消除安全隐患。

12.9.7 应定期对化学消毒处理厂周围的环境空气、地下水、地表水和土壤环境质量等进行监测，确保厂界周围环境质量满足国家相应标准要求。

HJ

中华人民共和国环境保护行业标准

HJ/T 229—2006

医疗废物微波消毒集中处理工程技术规范（试行）

Technical specifications for microwave disinfection centralized treatment engineering on medical waste（On Trial）

2006-02-08 发布　　2006-03-15 实施

国家环境保护总局　发布

前 言

为贯彻《中华人民共和国环境保护法》和《中华人民共和国固体废物污染环境防治法》，规范医疗废物微波消毒处理技术的应用行为、工程建设以及设施运行管理，防止医疗废物微波消毒处理对环境的污染，保护环境，保障人体健康，制定本标准。

本标准由国家环境保护总局科技标准司提出。

本标准起草单位：沈阳环境科学研究院、国家环境保护危险废物处置工程技术中心。

本标准国家环境保护总局 2006 年 2 月 8 日批准。

本标准自 2006 年 3 月 15 日起实施。

本标准由国家环境保护总局解释。

本标准为首次发布。

医疗废物微波消毒集中处理工程技术规范（试行）

1．总 则

1.1 为贯彻《中华人民共和国固体废物污染环境防治法》、《中华人民共和国传染病防治法》、《医疗废物管理条例》和其他国家有关医疗废物领域的法规，加强医疗废物的安全管理，防止疾病传播，保障人体健康，实现医疗废物无害化、减量化的处理目标，规范医疗废物微波消毒处理技术的实际应用，指导医疗废物微波消毒处理工程的规划、设计、施工、验收和运行管理，制定本标准。
1.2 本标准适用于微波消毒处理技术集中处理医疗废物的新建、改建和扩建工程，以及微波消毒处理厂建设后的运行管理。
1.3 微波消毒处理技术适用范围
1.3.1 医疗废物微波消毒技术适用于处理《医疗废物分类目录》中的感染性废物、损伤性废物、病理性废物（人体器官和传染性的动物尸体等除外）。
1.3.2 医疗废物微波消毒技术不适用于处理《医疗废物分类目录》中的药物性废物、化学性废物。
1.3.3 不能采用微波消毒处理技术处理的医疗废物，必须采用其他方法进行管理和处置，禁止将没有消毒的医疗废物混入生活垃圾或其他废物中进行填埋。
1.4 医疗废物微波消毒处理工程规模的确定和详细技术路线的选择，应根据服务区域医疗废物的产生量和成分特点、社会经济发展水平、全国危险废物和医疗废物处理设施建设规划和城市总体规划、医疗废物收运体系特点、技术的适用性等合理确定。
1.5 医疗废物微波消毒处理工程项目的建设，宜近、远期结合，统筹规划，以近期为主。建设规模、布局和选址应进行技术经济论证、环境影响评价和环境风险评价，进行综合比选后确定。
1.6 医疗废物微波消毒处理工程建设，应采用成熟可靠的技术、工艺和设备，做到运行稳定、维修方便、经济合理、管理科学、保护环境、安全卫生。
1.7 医疗废物微波消毒处理工程项目的建设，应坚持专业化协作和社会化服务的原则，合理确定配套工程项目，提高运行管理水平，降低运行成本。
1.8 采用医疗废物微波消毒处理工程的建设除应遵守本标准外，还应符合国家现行的有关强制实施的标准要求。
1.9 医疗废物微波消毒处理厂必须由设施所在地设区的市级人民政府环境保护行政主管部门申请危险废物经营许可证，获许可证后方可运行。

2．规范性引用文件

下列文件中的条款通过本标准的引用而成为本规范的条款。凡是不注日期的引用文件，其最新版本适用于本标准。

GB 5085 危险废物鉴别标准
GB 8978 污水综合排放标准
GB 14554 恶臭污染物排放标准
GB 18466 医疗机构水污染物排放标准

GB 18597　危险废物贮存污染控制标准

GB 18598　危险废物填埋污染控制标准

GB19217　医疗废物转运车技术要求（试行）

国家危险废物名录（环发[1998]089 号）

危险废物转移联单管理办法（国家环境保护总局令第 5 号）

消毒管理办法（卫生部令第 27 号）

医疗废物专用包装物、容器标准和警示标识规定（环发[2003]188 号）

医疗废物集中处置技术规范（试行）（环发[2003]206 号）

全国危险废物和医疗废物处理设施建设规划（环发[2004]16 号）

医疗废物分类目录（卫医发[2003]287 号）

医疗卫生机构医疗废物管理办法（卫生部令第 36 号）

消毒技术规范（卫法监发[2002]282 号）

3．术 语

3.1 医疗废物 medical waste

指各类医疗卫生机构在医疗、预防、保健、教学、科研以及其他相关活动中产生的具有直接或间接感染性、毒性以及其他危害性的废物。医疗卫生机构收治的传染病人和疑似病人产生的生活垃圾也按照医疗废物进行管理和处理。具体分类名录依照《国家危险废物名录》、国务院卫生行政主管部门和环境保护行政主管部门共同制定的《医疗废物分类目录》执行。

3.2 包装袋 package

指用于盛装除损伤性废物之外的医疗废物的初级包装，并符合一定防渗和撕裂强度性能要求的软质口袋。

3.3 周转箱（桶）transportation tank

指盛装经密封包装的医疗废物的专用硬质容器。用于医疗废物运输车运输医疗废物，使经包装的医疗废物不直接和车辆厢体接触或直接暴露于外环境，或在发生包装袋破损时起到防止废物污染车厢和外环境的作用。

3.4 利器盒 sharps container

指具有符合规定要求的强度、颜色、标识、尺寸，满足医疗废物中锐利器盛装要求的专用硬质密封容器。

3.5 暂时贮存 temporary store

指医疗废物处理单位将运达的医疗废物存放于本单位内符合特定要求的专门场所或设施内的过程。

3.6 处理 treatment

指通过改变医疗废物的生物特性和组成从而达到消除其潜在的传染危害性的过程，包括各类方法、技术和工艺。

3.7 处置 dispose

指按照规定的技术措施和要求，对经处理后的医疗废物进行安全无害和减量处理的过程。

3.8 消毒 disinfection

指利用物理或者化学的方法杀灭或清除传播媒介上的病原微生物，达到无害化的目的。

3.9 微波消毒 microwave disinfection

指利用微波杀灭病原微生物，达到无害化处理目的。

3.10 消毒效率 efficiency of disinfection

指在消毒处理过程中，以百分数表示的细菌数量减少的值。

3.11 消毒温度 disinfection temperature

指消毒室达到消毒目的所需的稳定温度。

3.12 杀灭对数值 treatment efficiency

指当微生物数量以对数表示时，消毒前后微生物减少数量的对数值。

3.13 作用时间 disinfecting time

指在医疗废物及其污染物品在消毒所需的稳定温度下停留的时间。

3.14 抽样测试 sample testing

指根据特殊设计对一种或几种技术样本进行的随机抽样测试，目的是证明样本符合相应标准要求。

3.15 残液 residual liquor

指消毒过程中形成的消毒冷凝液及医疗废物中渗出的液体。

3.16 生物指示剂 biological indicator

指将适当的载体染以一定量的特定微生物，用以评价消毒效果的制品。

3.17 正常使用条件 normal condition

指根据厂家对设备运行的要求，产品说明书中所规定的使用条件。

3.18 标准状态 standard state

指温度在 0℃，压力在 101.325 kPa 时的气体状态。

4. 医疗废物产生量计算

4.1 医疗废物产生量应按实际重量统计与核定。

4.2 医疗废物产生量的计算及预测

（1）医疗机构产生的医疗废物总量包括固定病床的医疗废物产生量和门诊医疗废物产生量。

① 病床的医疗废物产生量计算及预测可按以下方法计算：

病床的医疗废物产生量（kg/d）=床位医疗废物产生率[kg/（床·d）]×床位数（床）×床位使用率（%）

② 门诊医疗废物产生量计算及预测可按以下方法计算：

门诊医疗废物产生量（kg/d）=门诊医疗废物产生率（kg/人次）×门诊人数（人次/d）

③ 无床位的小型门诊的医疗废物可按就业医务人员数量和单位医务人员医疗废物产生率计算和预测：

门诊医疗废物产生量（kg/月）=单位医务人员医疗废物产生率（kg/人次）×医务人员数（人次/月）

（2）其他产生源医疗废物的产生量根据各地情况合理估算。

5. 医疗废物微波消毒处理厂总体设计

5.1 建设规模

5.1.1 微波消毒处理厂的建设规模应根据服务区域内适宜微波处理的医疗废物产生量、成分特点及变化趋势等因素综合考虑确定，建设规模宜为 10 t/d 以下，并应考虑处理能力的冗余。

5.1.2 微波消毒处理厂建设规模应尽可能满足全年接收并妥善处理服务区域产生的适宜微波处理的医疗废物。

5.2 项目构成

5.2.1 微波消毒处理厂建设项目由微波消毒处理厂主体工程与设备、配套工程、生产管理与生活服务设施构成。

5.2.2 微波消毒处理厂主体工程与设备主要包括：

（1）受料及供料系统：包括医疗废物受料计量、卸料、暂时贮存、输送等设施。

（2）微波消毒处理系统：包括医疗废物微波进料单元、破碎单元、微波消毒处理单元、出料单元、自动化控制单元、废气处理单元和废水处理单元等。

5.2.3 配套工程主要包括：总图运输、厂外路、供配电、给排水、消防、通讯、热力、暖通空调、机械维修、监测化验、计量、器具清洗、消毒等，也包括场外配套设施，如场外路、水、电等。

5.2.4 生产管理与生活服务设施主要包括：办公用房、食堂、浴室、值班宿舍等设施。

5.3 厂址选择

5.3.1 厂址选择应符合《全国危险废物和医疗废物处置设施建设规划》及当地城乡总体发展规划，符合当地大气污染防治、水污染的防治、水资源保护、自然环境保护等要求，并应通过环境影响评价和环境风险评价。

5.3.2 微波消毒处理厂的建设不宜选在居民区、学校、医院等公共设施、水源保护区等附近，应设置相应的防护距离，防护距离的确定应根据厂址条件、处理技术工艺等，结合环境影响评价和环境风险评价结果，并根据专家论证意见确定。

5.3.3 厂址选择还应符合以下条件：

（1）厂址应满足工程建设的工程地质条件、水文地质条件和气象条件，不应选在地震断层、滑坡、泥石流、沼泽、流砂、采矿隐落区。不宜选在居民区、学校、医院等公益设施以及生态环境保护区等主导风向的上风向地区。

（2）选址应综合考虑交通、运输距离、土地利用现状、基础设施状况等因素，应进行公众调查。

（3）厂址不应受洪水、潮水或内涝的威胁，必须建在该地区时，应有可靠的防洪、排涝措施，厂区应达到百年一遇的防洪要求。

（4）厂址选择应同时考虑残渣的处理以及与当地生活垃圾处理场的距离。

（5）厂址附近应有满足生产、生活的供水水源和污水排放条件。

（6）厂址附近应保障电力供应。

5.4 总图设计

5.4.1 微波消毒处理厂的总图设计，应根据厂址所在地区的自然条件，结合生产、运输、环境保护、职业卫生与劳动安全、职工生活，以及电力、通讯、热力、给水、排水、防洪、排涝等设施，经多方案综合比较后确定。

5.4.2 微波消毒处理厂的设计和建设，应考虑防止发生事故时厂区内被污染的雨水造成土壤、地下水和地表水污染的措施；设计并建设必要设施，收集和贮存厂内因医疗废物溢出、泄漏、发生火灾灭火时产生的污水，或被污染的雨水；污水贮存设施容量应确保污水排放前能得到处理。

5.4.3 微波消毒处理厂的附属生产设施、生活服务设施等辅助设施，应根据社会化服务原则统筹考虑，避免重复建设。

5.4.4 微波消毒处理厂应分为清洁区、半（微）污染区和污染区，划出微波辐射区，厂人流和物流的出、入口宜分开设置，并应方便医疗废物运输车的进出。

5.4.5 微波消毒处理厂应设置高度不低于 2.5 m 的围墙、防止家畜和无关人员进入。

5.4.6 总图设计还应满足 5.5、5.6、5.7 的要求。

5.5 总平面布置

5.5.1 微波消毒处理厂应以微波消毒处理系统为主体进行布置，其他各项设施应按医疗废物处理流程合理安排，以确保相关设备联系良好，充分发挥功能，保证设施安全运行。

5.5.2 医疗废物物流出入口、接收、贮存和转运设施、周转箱的清洗消毒设施、处理场所等主要设施应与办公、生活服务设施隔离，分开建设。隔离措施包括墙体隔离和空间隔离。

5.5.3 微波消毒处理厂的车辆消毒设施宜位于出料单元附近，并应与医疗废物转运工具、生产工具的清洗消毒设施合并建设，以便对卸料后的车辆进行及时消毒，防止有传染性物质扩散。车辆消毒在达到作用时间后应用水清洗，以避免车辆等金属物品被残留的消毒剂腐蚀。

5.6 厂区道路

5.6.1 微波消毒处理厂区道路的设置，应满足交通运输、消防、绿化及各种管线的铺设要求。

5.6.2 微波消毒处理厂的道路需能到达主要构筑物和建筑物。车行道宜布置成环状，以便回车。

5.6.3 微波消毒处理厂区主要道路的行车路面宽度不宜小于 6.0 m。微波消毒处理厂房外应设消防道路，道路的宽度不应小于 3.5 m，人行道一般取 1.5～2.0 m。路面宜采用水泥混凝土或沥青混凝土，道路的荷载等级应符合《厂矿道路设计规范》（GBJ 22）的有关规定。

5.6.4 临时停车场可设在厂区物流出口或入口附近处。

5.7 绿化

5.7.1 微波消毒处理厂的绿化布置，应符合总图设计要求，以节约土地为原则合理安排绿化用地。

5.7.2 厂区绿化应结合当地的自然条件，选择适宜的植物。

6．医疗废物收集、贮存、输送及设施清洗消毒

6.1 一般规定

6.1.1 医疗废物接收、贮存与输送系统包括：计量设施、卸料设施、卸料场地、暂时贮存库（贮存冷库）、厂内转运设施和其他设施。

6.1.2 应建设医疗废物接收、贮存、输送及设施清洗消毒设备。禁止采用坑式垃圾池贮存医疗废物。

6.1.3 医疗废物的收集、贮存、运输者应向设区的市级环境保护主管部门申请危险废物经营许可证，获得相应资质后才可进行收集、贮存、运输活动。

6.1.4 应用规定的医疗废物标志清晰的标记容器。

6.1.5 微波消毒处理厂接收的医疗废物应尽可能当天处理。若处理厂对医疗废物进行贮存，贮存温度≥5℃时，贮存不得超过 24 h；在 5℃以下冷藏，不得超过 72 h。

6.1.6 输送系统不应采用抓斗起重机。

6.1.7 应采用专用封闭式冷藏运输车，将盛装医疗废物的塑料箱（桶）按照医疗废物运输的特殊要求运送到微波处理厂。

6.2 分类包装和收集

6.2.1 医疗废物应按照《医疗废物分类目录》中的分类标准和《医疗卫生机构医疗废物管理办法》中的要求进行分类和收集，医疗废物运输单位和处置单位有权拒绝接纳不符合分类要求的医疗废物。

6.2.2 医疗废物包装袋、利器盒与周转箱的标准、技术性能、规格等应符合《医疗废物专用包装物、容器标准和警示标识规定》。

6.2.3 采用微波消毒处理技术的地区，医疗废物的包装袋除应符合 6.2.2 要求外，还应符合以下要求：

（1）包装袋分为黄色和红色两种：黄色袋盛装感染性、病理性废物；红色袋盛装药物类和化学性废物。黄色袋适于微波消毒处理，红色袋禁止微波消毒处理。

（2）包装袋上应有医疗废物的中文标识，标识内容应包括：医疗废物产生单位、产生日期、废物类别、警示标识等。

（3）包装袋在正常使用时应能够防止破损，并不与周转箱材质发生化学反应。

6.3 接收

6.3.1 卸料场地应满足医疗废物运输车顺畅作业的要求。

6.3.2 微波消毒处理厂应设置计量系统，计量系统应具备称重、记录、传输、打印与数据处理功能。

6.3.3 医疗废物入场前，应经过专门的检测设施检测是否含有放射性废物，放射性废物禁止进入微波处理厂。

6.4 贮存与输送

6.4.1 医疗废物卸料场地、暂时贮存库、冷藏库等设施的设计、运行、安全防护等应满足《危险废物贮存污染控制标准》和《医疗卫生机构医疗废物管理办法》的有关要求。

6.4.2 微波消毒处理厂必须设冷库，冷藏库的温度要求为3～7℃，冷藏库可与暂时贮存库合并建设，冷藏库未启动制冷设备时，可用作暂时贮存库。

6.4.3 医疗废物卸料和贮存设施属感染区，应配备隔离设施、报警装置和防风、防晒、防雨设施，并按照《环境保护图形标识——固体废物贮存（处理）场》（GB 15562.2）的有关规定设置警示标志。

6.4.4 贮存设施应合理组织气流分布，尽量使操作人员处于清洁区。

6.4.5 贮存设施应采用全封闭、微负压设计，并应设置事故排风系统或设施。

6.4.6 贮存设施地面和墙裙应进行防渗处理，地面应具有良好的排水性能，产生的废水可采用暗沟、管直接排入污水收集消毒处理设施。

6.4.7 贮存设施内应设置有安全照明设施和观察窗口。

6.4.8 医疗废物贮存设施的设计应方便医疗废物的装卸和转运工具的正常进出。

6.4.9 医疗废物卸料及贮存设施应采取防渗漏、防鼠、防鸟、防蚊蝇、防蟑螂、防盗等措施。

6.4.10 医疗废物应使用专用转运工具搬运，避免废物和容器直接接触人员的身体。医疗废物转运车应符合《医疗废物转运车技术要求》（试行）的规定。

6.5 清洗消毒

6.5.1 微波消毒处理厂应设置医疗废物运输车辆、转运工具、周转箱（桶）的清洗消毒场所和污水收集处理设施。消毒方法应符合《消毒技术规范》规定。

6.5.2 医疗废物运输车辆应在每次使用后进行清洗消毒。当车厢内壁或外表面被污染及运输车辆每次运输完毕后，必须对车厢内壁和外表面进行清洗消毒。禁止在社会车辆清洗场所清洗医疗废物运输车辆。

6.5.3 转运工具、周转箱（桶）等每使用周转一次，应在清洗消毒设施内进行清洗消毒。

6.5.4 医疗废物贮存设施应每天消毒一次；贮存设施内的医疗废物清运后应及时进行清洗消毒。

6.5.5 清洗消毒作业区应具有良好的通风条件，可采取机械强制通风。

6.5.6 已进行清洗消毒处理和未经清洗消毒处理的工具、设备、周转箱（桶）等应分开存放。清洗消毒处理后的工具、设备、周转箱（桶）等晾干后方可再次投入使用。

7．医疗废物微波消毒处理系统

7.1 一般规定

7.1.1 微波消毒处理系统应包括进料单元、破碎单元、微波消毒处理单元、卸料单元、自动化控制单元、废气处理单元、废水处理单元。

7.1.2 微波消毒处理系统应采用破碎、进料、消毒、出渣一体化设备。

7.1.3 微波消毒处理系统必须对废水和废气进行规范化处理，并达标排放。

7.1.4 可根据处理厂与填埋场的距离等实际情况确定是否设置残渣压缩处理单元。

7.1.5 微波消毒处理设备周围必须设置足够数量的微波检测仪，并设报警装置，避免微波照射对操作人员的急性伤害。

7.1.6 微波消毒处理的消毒效果应能达到：

（1）对繁殖体细菌、真菌、亲脂性/亲水性病毒、寄生虫和分枝杆菌的杀灭对数值≥6；

（2）对枯草杆菌黑色变种芽孢（*B. Subtilis* ATCC 9372）的杀灭对数值≥4。

7.1.7 微波消毒处理系统服务期不应低于 10 年。

7.2 进料单元

7.2.1 应采取机械化和自动化设备，避免人工进料。

7.2.2 应保持进料通畅，防止废物搭桥堵塞。

7.2.3 进料方式应与消毒工艺相匹配，应采用微波消毒处理和破碎一体化的处理设备。

7.2.4 进料口的尺寸应与规定的包装物尺寸相匹配，保证医疗废物及包装物完好进入单元内。

7.2.5 进料口要保持气密性，应配备抽气设备以维持进料设备和破碎设备在负压下运行，以防止破碎时含菌粉尘从进料口逸出。

7.2.6 应保证进料容器在完成进料后得到相应的消毒处理，以防对操作人员健康造成影响。

7.2.7 禁止采用没有经过消毒处理的进料容器盛装经过消毒处理的废物。

7.3 破碎单元

7.3.1 医疗废物必须经过破碎，严禁经消毒处理后非法回收。

7.3.2 破碎设备的选择，应当遵循可靠、耐用、便于维修、确保无二次污染的原则。

7.3.3 破碎设备应能够同时破碎硬质物料和软质物料，最终破碎颗粒粒径不大于 5 cm。一级破碎如不能达到以上粒径要求，应设置二级破碎设施。

7.3.4 破碎单元应具有消毒功能，必须在每次设备检修之前对破碎设备消毒。

7.3.5 破碎单元应保持密闭及负压状态，破碎过程产生的废气必须经过净化处理后方可排放。

7.4 微波消毒处理单元

7.4.1 微波消毒处理单元应包括反应室、微波发生源、搅拌器、喷雾装置、出料装置等。

7.4.2 医疗废物的微波处理应包括以下 6 个步骤：

（1）将废物装入进料设备，传送至破碎单元；

（2）开启破碎设备，将废物粉碎成碎片；

（3）将破碎后的废物转移至已配备微波发生器的反应室，注入蒸汽，充分搅拌；

（4）开启微波发生源，对废物进行照射，完成消毒过程。同时对整个处理过程产生的废气、废液（几乎没有）进行收集、处理；

（5）将废物送至专用容器内进行压缩（若微波处理厂与最终处置场所距离较近，可省略此步骤）；

（6）将压缩后的废物送去最终处置（填埋、焚烧等）。

7.4.3 在选择具体工艺时，可以选择先加湿、搅拌，后破碎；也可以选择先破碎，后加湿、搅拌。

7.4.4 反应室中应根据医疗废物微波消毒处理厂的处理规模及每个微波发生源的功率安装足够的微波发生源，确保输出功率满足微波处理要求。

7.4.5 微波消毒处理单元应配备处理过程中防止反应室舱门开启设施。

7.4.6 搅拌器设置在反应室内时，搅拌器的材质选择应保证微波照射时不发生爆炸、打火，并有足够的强度。宜选择有足够强度的绝缘体类微波良介质，如陶瓷或不含氯的塑料制品等。

7.4.7 应根据不同工艺流程设置清洁水喷雾装置，含湿率应满足微波处理最佳要求。出料装置应为自动出料装置，禁止人工操作。

7.4.8 微波消毒频率应采用（915±25）MHz 或（2 450±50）MHz。（915±25）MHz 采法可能比较好。

7.4.9 微波消毒处理的温度应≥95℃，作用时间≥45 min。若加压，应使微波处理的物料温度<170℃，以避免医疗废物中的塑料等含氯化合物发生分解造成的二次污染。必须确保消毒效果满足本标准所

提出的消毒效果要求。

7.5 出料单元

7.5.1 出料装置应设置安全连锁装置，在没有达到设定的处理条件并得到总控制台的指令前，不会打开。

7.5.2 在消毒处理完成后，达到消毒要求的医疗废物残渣必须通过自动输送装置直接卸入废物接收容器中，严禁人工手动卸料。

7.5.3 消毒后的废物必须放入标有“已消毒医疗废物”的聚乙烯包装袋中，包装袋上必须标注处理日期。

7.6 自动控制单元

7.6.1 自动控制单元应能实现废物供给设施自动启停。应能实现破碎、干燥、废气和废水处理等工艺过程以及微波输出功率、温度、时间、含湿率等工况的自动控制。

7.6.2 自动控制单元应能够实时显示当前运行所处的状态，并能读取、存储微波输出功率、消毒时间、干燥时间、物料温度、湿度、压力、烧失率、电磁辐射漏失率等工艺参数；并应确保防止非法篡改、删除数据。所存储电子数据至少应保存五年，以备环保部门检查。

7.6.3 自动控制单元应设置权限，对微波输出功率、处理时间、温度、压力等参数的修改进行限制，禁止将处理参数降低到标准规定的参数以下实施医疗废物消毒处理。

7.6.4 自动控制单元应具备安全互锁功能，确保进料室在与外界隔绝之前粉碎窗口不能打开。确保进料口关闭情况下，消毒室所有操作参数达到设定值才能将出料舱门打开。

7.6.5 自动控制单元应具备自动记录和打印功能，能够自动记录和打印操作员号、处理工艺参数以及设施运行过程中的其他主要参数。

7.6.6 自动控制单元应当具有自我检测功能，异常情况下（微波泄漏、主要设备工艺参数和正常值偏离、电源气源等主要辅助装置故障等）紧急停车，并能实现操作未完成时消毒单元舱门闭锁功能。

7.6.7 自动控制单元应具备在设备出现异常条件下的自动报警功能，并能实现报警后适（延）时连锁停车功能。

7.6.8 自动控制单元应具备远程监控功能，并实现相应的工况参数与当地环保部门联网显示。

7.7 废气处理单元

7.7.1 微波消毒过程应在封闭的系统中操作，或者是消毒系统处于负压状态。微波处理过程中产生的气体和贮存间产生的气体，必须经过处理后方可排放，排放应符合《恶臭污染物排放标准》的有关要求。

7.7.2 废气处理装置必须能够有效去除废气中的颗粒物、微生物、挥发性有机物（VOC）、重金属等污染物，并能够消除处理过程中产生的恶臭。应设有尾气过滤器、活性炭吸附装置，依据具体情况可考虑增设 VOC 化学氧化装置。可考虑在灭菌工艺过程中喷入药剂进行除臭处理，也可根据实际设置脱臭装置。

7.7.3 尾气过滤器的过滤尺度不得大于 0.2 μm，耐温不低于 140℃。过滤器应设进出气阀、压力仪表和排水阀，设计流量应当与处理规模相适应，过滤效率在 99.999%以上。

7.7.4 废气净化装置的过滤材料因使用寿命或其他原因不能使用时应按未处理医疗废物进行处置。

7.8 废水处理单元

7.8.1 微波消毒处理过程中的废水主要来自医疗废物盛装容器清洗消毒废水、洗车废水、初期雨水以及极少量微波消毒处理过程排出的废液。

7.8.2 可采用多种切实可行的废水处理技术，污染物排放指标必须达到《医疗机构水污染物排放标准》要求。

8. 配套工程

8.1 电气系统

8.1.1 医疗废物微波消毒处理厂供电方式应根据用电要求，与当地电力部门协商确定。

8.1.2 微波消毒处理厂主要用电负荷为 AC380/220 V，负荷等级为三级。

8.1.3 微波消毒处理厂应设直流配电装置及不间断电源系统供仪表、计算机监控及控制系统的应急电源。

8.1.4 照明设计应符合《建筑照明设计标准》（GB 50034）中的有关规定。

8.1.5 正常照明与事故照明应采用分开的供电系统，并宜采用下列供电方式：

（1）事故照明宜由蓄电池组供电。

（2）微波消毒处理厂房的主要出入口、通道、楼梯间以及远离厂房的工作场所的事故照明，宜采用自带蓄电池的应急灯。

（3）厂房内安装高度低于 2.2 m 的照明灯具，宜采用 24 V 电压供电。

（4）手提灯电压不应大于 24 V，在狭窄地点和接触良好金属接地面上工作时，手提灯电压不应大于 12 V。

8.1.6 微波消毒处理厂房及辅助厂房的电缆铺设，应采取有效的阻燃、防火封堵措施。

8.1.7 微波消毒处理厂应设置通讯设备，保证厂区岗位之间和厂内外联系畅通。

8.2 给水、排水和消防

8.2.1 厂区室外和室内给水管网宜采用生活、消防联合供水系统。

8.2.2 排水系统

（1）厂区排水应采用雨污分流制。

（2）雨水量设计重现期应符合《室外排水设计规范》（GBJ 14）规定。

（3）微波消毒处理厂的生活污水排放应符合《污水综合排放标准》（GB 8978），清洗、消毒产生的废水和厂区初期雨水应收集处理后排放，并符合《医疗机构水污染物排放标准》（GB 18466）要求。

8.2.3 消防

（1）微波消毒处理厂房的生产类别应属于丁类，建筑耐火等级不应低于二级。贮存库的生产类别应属于丙类，建筑耐火等级不应低于二级。

（2）处理厂房应设置室内消火栓给水系统，并应符合《建筑设计防火规范》（GBJ 16）的有关规定。

（3）医疗废物微波消毒厂房的安全疏散，应符合《建筑设计防火规范》（GBJ 16）的有关规定。

（4）医疗废物微波消毒厂房内部的装修设计，应符合《建筑内部装修设计防火规范》（GB 50222）的有关规定。

8.3 采暖通风与空调

8.3.1 建筑物的采暖通风与空调设计应符合《采暖通风与空气调节设计规范》（GBJ 19）的有关规定。

8.3.2 医疗废物微波消毒厂房，宜采用机械强制通风，以保持良好的通风环境。

8.3.3 微波消毒处理车间以及贮存间排出的空气应进行消毒处理后排放，宜设置事故排风装置，以保持良好的通风条件。

8.4 建筑与结构

8.4.1 微波消毒处理厂主要生产设备宜布置在封闭的车间内。卸料、贮存、转运、输送和上料系统必须设置在封闭的车间内。

8.4.2 微波消毒处理厂的暂时贮存库房采用微负压设计，并保证新风量 30 m^3/（人·h）。

8.4.3 微波消毒处理厂区建筑的造型应简洁、实用，并与周围环境相协调。厂房的平面布置和空间布局应满足工艺设备布置要求，同时应考虑今后生产发展和技术改造的可能性。生产区与生产管理及生活服务区之间应有隔离设施。

8.4.4 厂房平面设计，应组织好人流和物流线路，避免交叉。

8.4.5 厂房楼（地）面的设计，除满足工艺的使用要求外，还应符合《建筑地面设计规范》（GB 50037）的有关规定。贮存设施墙面应方便进行清洗消毒，中控室地面应采取防静电措施。

8.4.6 厂房采光设计应符合《工业企业采光设计标准》（GB 50033）的有关规定。

8.4.7 严寒地区的建筑结构应采取防冻措施。

8.4.8 大面积屋盖系统宜采用钢结构，并应符合《屋面工程技术规范》（GB 50207）的有关规定。屋顶承重结构的结构层及保温（隔热）层，应采用非燃烧体材料；设保温层的屋面，应有防止结露与水汽渗透的措施，并应符合《建筑设计防火规范》（GBJ 16）的有关规定。

8.4.9 进行结构设计，应满足《建筑结构可靠度设计统一标准》（GB 50068）的有关规定，并应符合国家现行的有关强制性规范规定。

8.4.10 厂区内应进行地质勘察，以确定地质情况。地质勘察应符合《岩土工程勘察规范》（GB 50021）的有关规定。

8.4.11 楼（地）面荷载取值应根据设备安装、检修、使用的要求确定，同时应满足《建筑结构荷载规范》（GB 50009）的有关规定。

8.4.12 医疗废物微波消毒厂的结构构件，应根据承载能力极限状态及正常使用极限状态的要求，按使用工况分别进行承载能力及稳定、疲劳、变形、抗裂及裂缝宽度计算和验算；处于地震地区的结构，还应进行结构构件抗震的承载能力计算。同时应满足《混凝土结构设计规范》（GB 50010）、《砌体结构设计规范》（GB 50003）、《钢结构设计规范》（GBJ 17）、《建筑抗震设计规范》（GB 50011）的有关规定。

8.4.13 地基基础的设计，应按《建筑地基基础设计规范》（GB 50007）、《湿陷性黄土地区建筑规范》（GBJ 25）的有关规定进行地基承载力和变形计算，必要时尚应进行稳定性计算。

8.5 其他辅助设施

8.5.1 微波消毒处理厂应具有全厂设备日常维护、保养与小修任务及工厂设施突发性故障时的应急处理功能。设备的大、中修宜通过社会化协作解决。

8.5.2 微波消毒处理厂应配备必需的机械工具、搬运设备和备用品、消耗品。

8.5.3 微波消毒处理厂应配备突发事故应急所必需的设备、物品和药品。

9．环境保护与安全卫生

9.1 一般规定

9.1.1 医疗废物微波消毒过程中产生的废渣、废水、废气、噪声等的防治与排放，应贯彻执行国家现行的环境保护法规和标准的有关规定。

9.1.2 处理厂建设应贯彻执行《中华人民共和国环境保护法》、《中华人民共和国职业病防治法》，应符合国家电磁辐射环境保护管理标准和要求以及国家职业卫生标准的工作环境和条件。

9.1.3 制定处理厂污染物治理措施前应落实污染源的特性和产生量。

9.1.4 设备提供商及生产商应对所有过程控制和过程监测仪器仪表、参数控制和辅助监测的仪器仪表的操作、记录、设备故障及应急、各项参数的设定和调整要求、设备运行所具有的潜在职业安全和健康风险等方面提供全方位的业务培训，并保证相应售后服务要求。

9.2 环境保护

9.2.1 医疗废物微波处理厂的建设与运行，必须贯彻执行《电磁辐射防护规定》（GB 8702）的有关规定和要求。

9.2.2 医疗废物进场后应在规定时间内及时处理，减少存放时间，避免恶臭产生；若不能及时处理的应冷藏储存；废物的贮存、卸料、进料和破碎采用负压操作控制恶臭和带菌气体扩散，抽出的气体应通过处理，达到《恶臭污染物排放标准》要求。

9.2.3 医疗废物微波消毒处理厂的生活废水、生产废水、清洗消毒产生的废水和厂区雨水等应收集处理后排放，排放应符合《医疗机构水污染物排放标准》的有关要求。

9.2.4 对于产生噪声的主要设备如：破碎装置、泵、风机等，要采取基础减震和加装消声器等消声措施，厂界噪声应符合《工业企业厂界噪声标准》（GB 12348）。

9.2.5 医疗废物微波消毒处理的最终产物是较为干燥的无害医疗废物，可送生活垃圾处理厂处理，具体方式可根据当地生活垃圾的处置方式而定，禁止再利用。

9.2.6 废气处理过程中采用的过滤材料应定期更换，并按照未经消毒处理的医疗废物进行处理。

9.2.7 处理厂更换的直接与医疗废物接触的备品备件、废弃的防护用品等应按未处理的医疗废物进行处理。

9.3 职业卫生与劳动安全

9.3.1 微波消毒处理厂的劳动卫生，应符合《工业企业设计卫生标准》（GBZ 1）和《工作场所有害因素职业接触限值》（GBZ 2）的有关规定。

9.3.2 微波消毒处理厂建设应采用有利于职业病防治和保护劳动者健康的措施。应在相关设备的醒目位置设置警示标识，并应有可靠的防护措施。

9.3.3 职业病防护设备、防护用品应确保处于正常工作状态，不得擅自拆除或停止使用。

9.3.4 处理厂建设应有职业病危害与控制效果可行性评价。

9.3.5 处理厂应对工作人员进行必要的培训。

9.3.6 应按感染区、过渡区、安全区设置工作人员更衣、洗涤和洗浴设施，并提供工作人员所使用的防护用品的清洁消毒设施。

9.3.7 所使用的防护用品的类型应根据所涉及的医疗废物的危险程度而定，对医疗废物收集和处理人员应达到如下要求：

（1）头盔，有或无面罩，依据所进行的操作而定；

（2）口罩，必需；

（3）护目镜，依操作而定；

（4）工作裤（工作服），必需；

（5）护腿和/或工业用靴，必需；

（6）一次性手套（一般工作人员用）或耐受力强的手套（废弃物处理工人用），必需。

9.3.8 应采用反射性和吸收性的材料，在微波处理设施周围设置屏蔽阻挡微波扩散。并设置具有自动报警功能的即时监测装置，防止微波泄漏对操作人员造成人身伤害。

9.3.9 严禁工作人员进入屏蔽内操作，应用中央控制台远距离控制微波处理设施的开启。

9.3.10 若有突发故障，需要工作人员进入屏蔽内应急作业时，应穿用金属丝织成的屏蔽防护服、帽、手套等，并佩戴涂有二氧化铅层的防护眼镜。

9.3.11 应提供方便工作人员使用的洗涤设施。

9.3.12 应提供当设备发生故障停机时维修工人可以安全地进入设备内部进行维修的安全保障措施。

9.3.13 应制定严密的应急和突发事件处理计划，其内容至少应包括：

（1）处理设备出现机械故障（如破碎设备堵塞、处理过程中设备突然停止等）时的应急计划；

（2）医疗废物泄漏后的应急计划；

（3）发生微波泄漏时的应急计划；

（4）医疗废物消毒效果不符合标准要求时的应急计划。

10．医疗废物微波消毒处理技术管理要求

10.1 微波消毒处理技术和产品要求

10.1.1 医疗废物微波处理技术和产品应通过技术验证或环保产品认证。

10.1.2 医疗废物微波处理技术验证或产品认证应通过规定的管理和测试程序。

10.1.3 测试工作应由具备相应检测资格的测试机构承担，并应符合相应的测试标准及方法要求。

10.2 测试的标准和方法

10.2.1 测试过程应采取本标准所提出的微生物指示剂进行测试。

10.2.2 测试过程应严格执行国家关于微波消毒处理效果的测试标准及规范要求，确保检测结果的权威性和真实性。

11．工程的施工和验收

11.1 建筑、安装工程应符合施工设计文件、设备技术文件的要求。

11.2 对工程的变更应取得设计单位的设计变更文件后再进行施工。

11.3 医疗废物微波消毒处理厂的建设对工程质量监督管理应符合《建设工程质量管理条例》的有关规定，项目的竣工验收应按《建设项目（工程）竣工验收办法》和《建设项目环境保护设施竣工验收管理办法》执行。

11.4 医疗废物处理厂的竣工验收，应有环境保护及卫生专业技术部门参加。

11.5 医疗废物微波消毒处理应按本标准和现行相关专业工程验收有关规定进行验收。对国外引进的专用设备，应按供货商提供的设备技术规范、合同规定及商检文件执行，并应符合我国现行的国家或行业工程施工及验收标准要求。

11.6 工程竣工验收前，严禁微波消毒处理设备投入使用。

12．运行管理

12.1 一般规定

12.1.1 适用于医疗废物微波消毒处理厂的运行、维护及安全管理。

12.1.2 医疗废物微波消毒处理厂的运行、维护及安全管理，除应执行本要求外，还应符合国家现行有关标准要求。

12.2 运行条件

12.2.1 医疗废物微波消毒处理厂必须具有设区的市级人民政府环境保护行政主管部门颁发的经营许可证；未取得经营许可证的单位，不得从事有关医疗废物集中处理活动。

12.2.2 必须具有经过培训的技术人员、管理人员和相应数量的操作人员。

12.2.3 具有完备的保障医疗废物安全处理的规章制度。

12.2.4 具有保障医疗废物微波消毒处理厂正常运行的周转资金和辅助原料。

12.3 机构设置与劳动定岗、定员

12.3.1 劳动定员可分为生产人员、辅助生产人员和管理人员。管理人员应包括技术人员和安全管理人员。

12.3.2 处理厂医疗废物接收、转运、贮存、微波消毒、清洗消毒等岗位应按生产和使用有毒物品的生产场所工作性质确定。

12.3.3 劳动定员应按定岗定量的原则合理确定。

12.4 人员培训

医疗废物微波消毒处理厂应对操作人员、技术人员及管理人员进行相关法律法规、专业技术、安全防护、紧急处理等理论知识和操作技能的培训，主要包括：

12.4.1 对医疗废物微波消毒处理厂所有工作人员的培训最低要求应满足以下内容：

（1）熟悉有关医疗废物管理的法律和规章制度；

（2）了解医疗废物危险性方面的知识；

（3）明确医疗废物安全卫生处理和环境保护的重要意义；

（4）熟悉医疗废物的分类和包装标识；

（5）熟悉医疗废物微波消毒的工艺流程；

（6）掌握劳动安全防护设施、设备的使用知识和个人卫生措施；

（7）熟悉处理泄漏和其他事故的应急操作程序。

12.4.2 医疗废物微波消毒操作人员和技术人员的培训还应包括：

（1）医疗废物接收、转运、贮存和上料的具体操作，以及医疗废物处理的安全操作规程；

（2）识别医疗废物微波消毒处理设备所不能处理的废物种类；

（3）工作人员在生产时的自我安全保护（如何进行防辐射措施）；

（4）处理设备的正常运行，包括设备的启动和关闭；

（5）控制、报警和指示系统的运行和检查，以及必要时的纠正操作；

（6）最佳的运行温度、压力，以及保持设备良好运行的条件；

（7）设备运行故障的检查和排除程序及方法；

（8）事故或紧急情况下人工操作和事故处理；

（9）设备日常和定期维护及检查程序；

（10）设备运行及维护记录，以及泄漏事故和其他事件的记录及报告。

12.4.3 技术人员应掌握医疗废物微波消毒知识和处理设备的基本工作原理。

12.5 医疗废物交接制度

12.5.1 医疗废物交接按照《医疗废物集中处置技术规范》（试行）的有关规定执行，采用《医疗废物运送登记卡》和《危险废物转移联单》（医疗废物专用）进行记录和管理。

12.5.2 医疗废物交接分为医疗废物现场交接和《医疗废物运送登记卡》的交接。

12.5.3 医疗废物应现场交接，核对其数量、种类、标识与《医疗废物运送登记卡》是否相符，及包装是否密封。

12.5.4 若现场实物与《医疗废物运送登记卡》不相符，应及时向处理单位负责人汇报并通知医疗废物委托人进行核实。

12.5.5 若发现医疗废物包装袋破裂、泄漏或其他事故时，处理单位应协助运输单位进行处理。

12.5.6 交接双方必须根据交接情况认真填写《医疗废物运送登记卡》，并签字确认。

12.5.7 根据危险废物转移联单制度妥善保存《医疗废物运送登记卡》，并定期向主管部门报送。

12.5.8 处理单位应对接收的医疗废物及时登记，并将进厂医疗废物的数量、重量等有关信息输入计算机管理系统。

12.6 微波消毒处理厂运行记录制度

医疗废物微波消毒集中处理厂应建立生产设施运行状况、设施维护和微波消毒生产活动等的登记制度，主要记录内容包括：

（1）《医疗废物运送登记卡》和《危险废物转移联单》（医疗废物专用）的记录和妥善保存；

（2）医疗废物接收登记；

（3）医疗废物进场运输车车牌号、来源、重量、进场日期及时间、离场时间等进行登记；

（4）清洗消毒操作登记；

（5）生产设施运行工艺控制参数记录；

（6）医疗废物正常处理情况记录；

（7）生产设施维修情况记录；

（8）环境监测数据记录；

（9）生产事故及处理情况记录；

（10）定期检测、评价及评估情况记录。

12.7 交接班制度

为保证医疗废物微波消毒处理厂生产活动安全有序进行，必须建立严格的交接班制度，内容包括：

（1）生产设施、设备、工具及生产辅助材料的交接；

（2）医疗废物的交接；

（3）运行记录的交接；

（4）上下班交接人员应在现场进行实物交接；

（5）运行记录交接前，交接班人员应共同巡视现场；

（6）交接班程序未能顺利完成时，应及时向生产管理负责人报告；

（7）交接班人员对实物及运行记录核实确定后，应签字确认。

12.8 劳动保护和安全生产

12.8.1 一般规定

处理厂在设计、施工和生产过程中，必须高度重视安全卫生问题，采取有效的应对措施和各种预防手段，严格执行以下法规和标准：

（1）《中华人民共和国劳动法》

（2）《中华人民共和国职业病防治法》

（3）《建设项目（工程）劳动安全卫生监察规定》（劳动部令第 3 号）

（4）《建设项目（工程）职业安全卫生设施和技术措施验收办法》（劳安字[1992]1 号）

（5）《生产过程安全卫生要求总则》（GB 12801）

（6）《生产设备安全卫生设计总则》（GB 5083）

（7）《建筑设计防火规范》（GBJ 16）

（8）《建筑物防雷设计规范》（GB 50057）

（9）《工业企业设计卫生标准》（GBZ 1）

（10）《工作场所有害因素职业接触限值》（GBZ 2）

（11）《电气设备安全设计导则》（GB 4064）

（12）《安全色》（GB 2893）

（13）《安全标志》（GB 2894）

（14）《企业职工劳动安全卫生教育管理规定》（劳部发[1995]405 号）

（15）《劳动防护用品配备标准（试行）》（国经贸安全[2000]189 号）

（16）《呼吸防护用品的选择、使用与维护》（GB/T 18664）

12.8.2 劳动保护

（1）加强员工的安全防护意识和消毒意识，定期对员工进行健康检查。

（2）操作人员必须佩戴必要的劳保用品，做好安全防范工作。

（3）工作人员所需防护设备和衣服的购置、发放、回收和报废均应进行登记。报废的防护设备应交由专人处理，不得自行处理。

（4）应提供工作人员防护的设备和衣服，员工上班必须穿工作服，下班后及时更换。工作服应勤洗勤换并定期消毒。

（5）在指定的、有标志的明显位置应配备必要的防护救生用品及药品。防护救生用品和药品要有专人管理，并及时检查和更换。

（6）应建立有效的职业健康程序，包括预防免疫、暴露后的预防处理和医疗监护等。

（7）应定期做好空气和废水的检测工作。

（8）应做好防虫、防鼠工作，消灭蚊蝇滋生地。

（9）应提供方便工作人员使用的洗涤设施（有热水和肥皂）。

（10）设备供应商应具有足够的技术和维修人员，以便能够提供及时的服务。

（11）应安装紧急冲洗水管、花洒、洗眼站和紧急救护包。

（12）工作人员佩戴的个人防护用品应能防止化学物质的侵害以及所处理的医疗废物因穿刺或溅射导致污染病毒和细菌对工作人员的暴露。

（13）应提供听力保护装置。

12.8.3 安全生产

（1）微波消毒处理厂生产过程中安全卫生管理应符合《生产过程安全卫生要求总则》（GB 12801）的有关规定。各岗位应根据工艺特征和具体要求，制定本岗位安全操作规程。

（2）操作人员必须严格执行本岗位安全操作规程。

（3）各岗位操作人员和维修人员必须经过岗前培训，经考核合格后持证上岗；并应定期进行教育培训。

（4）严禁非本岗位操作人员擅自启、闭本岗位设备。

（5）操作人员启、闭电器开关时，应按电工规程进行。

（6）检修电器控制柜时，必须先通知变、配电站断掉该系统电源，并验明无电后，方可作业。

（7）在对微波消毒设备操作时，应有防止电磁波辐射的安全措施。

（8）厂内及生产区内运输管理，应符合《工业企业厂内运输安全规程》（GB 4387）的有关规定。

（9）在主要通道处均应设置安全应急灯。

12.9 检测、评价及评估制度

12.9.1 设备在安装及检修后必须经国家环境保护总局认可的检测单位，采用生物学方法对处理后残渣进行消毒效果检测合格后方可运行，严禁在未经检测或检验不合格的情况下进行医疗废物微波消毒处理。在运行过程中，应采用同样的方法对消毒效果进行检测并不定期进行抽样测试，检测频率至少为 2 次/年。医疗废物处理的监督管理工作应由设区的市级以上环境保护行政主管部门负责。

12.9.2 医疗废物微波消毒处理效果生物指示剂检测指标可采用枯草杆菌黑色变种芽孢（B.Subtilis ATCC 9372）作为代表性菌种。

12.9.3 因设备故障造成处理设施停车或检测结果不合格时，必须对医疗废物残渣进行重新消毒处理。

12.9.4 禁止将监测结果不合格的残渣送入生活垃圾填埋场填埋或采用其他方式处理。

12.9.5 应根据微波消毒处理设备运行工况记录以及生物检测结果定期对微波消毒处理厂的环境污染防治和卫生消毒效果进行检测和评价，对结果整理存档，并每半年向地方环境保护主管部门报告一次。

12.9.6 应定期对微波消毒处理厂的设施、设备运行及安全状况进行检测和评估，消除安全隐患。

12.9.7 应对微波消毒处理厂周围的环境空气、地下水、地表水和土壤环境质量等至少半年检测一次，确保厂界周围环境质量满足国家相应标准要求。并将检测、评价结果存入处理厂档案。

国家环境保护总局

公告

2006年　第27号

为贯彻《中华人民共和国环境保护法》和《中华人民共和国固体废物污染环境防治法》，保护环境，保障人体健康，规范医疗废物集中处理技术的应用，现批准《医疗废物高温蒸汽集中处理工程技术规范（试行）》为国家环境保护行业标准，并予发布。

标准名称、编号如下：

医疗废物高温蒸汽集中处理工程技术规范（试行）（HJ/T 276—2006）

该标准为指导性标准，自2006年8月1日起实施，由中国环境科学出版社出版，标准内容可在国家环境保护总局网站（www.sepa.gov.cn）查询。

特此公告。

2006年6月14日

HJ

中华人民共和国环境保护行业标准

HJ/T 276—2006

医疗废物高温蒸汽集中处理工程技术规范（试行）

Technical specifications for steam-based centralized treatment engineering on medical waste（On trial）

2006-06-14 发布　　　　2006-08-01 实施

国家环境保护总局　发布

前　言

为贯彻《中华人民共和国环境保护法》、《中华人民共和国固体废物污染环境防治法》和《医疗废物管理条例》，规范医疗废物高温蒸汽集中处理工程建设及处理设施的运行管理，制定本标准。

本标准由国家环境保护总局科技标准司提出。

本标准起草单位：国家环境保护总局环境规划院。

本标准由国家环境保护总局 2006 年 6 月 14 日批准。

本标准自 2006 年 8 月 1 日起实施。

本标准由国家环境保护总局解释。

本标准为首次发布。

医疗废物高温蒸汽集中处理工程技术规范（试行）

1. 总 则

1.1 为贯彻《中华人民共和国固体废物污染环境防治法》、《中华人民共和国传染病防治法》、《医疗废物管理条例》和其他国家有关医疗废物领域的法律法规，加强医疗废物的安全管理，防止疾病传播，保障人体健康，实现医疗废物无害化处理目标，规范医疗废物高温蒸汽处理技术的应用、指导医疗废物高温蒸汽集中处理工程的规划、设计、施工和运行管理，制定本标准。

1.2 本标准作为医疗废物非焚烧处理技术路线的标准之一，是对我国目前以焚烧技术路线为主的医疗废物集中处理相关技术标准的补充和完善。

1.3 本标准规定了高温蒸汽处理技术集中处理医疗废物的技术要求，适用于以高温蒸汽处理方法集中处理医疗废物的新建、改建和扩建工程。不具备集中处理医疗废物条件的地区，如采用高温蒸汽处理技术自行就地处理医疗废物，其医疗废物高温蒸汽处理可参照本标准执行。

1.4 适用范围

1.4.1 高温蒸汽处理技术适用于处理《医疗废物分类目录》中的感染性废物和损伤性废物。

1.4.2 高温蒸汽处理技术不适用于处理《医疗废物分类目录》中的病理性废物、药物性废物、化学性废物，不适用于处理汞和挥发性有机物含量较高的医疗废物，不适用于可重复使用的医疗器械的消毒或灭菌。对于不适宜采用高温蒸汽处理技术处理的医疗废物应加强监管，严格按照相关的国家规定、标准要求进行管理和处置。

1.5 医疗废物高温蒸汽集中处理工程建设，宜统筹规划，近、远期结合，以近期为主。布局和选址应进行技术经济论证、环境影响评价和环境风险评价，并进行综合比选。

1.6 医疗废物高温蒸汽集中处理工程建设，应采用成熟可靠的技术、工艺和设备，做到运行稳定、维修方便、经济合理、管理科学、保护环境、安全卫生。

1.7 医疗废物高温蒸汽集中处理工程的建设，除应遵守本标准外，还应符合国家现行的有关强制性标准的要求。

2. 规范性引用文件

下列文件中的条款通过本标准的引用而成为本标准的条款。凡是不注日期的引用文件，其最新版本适用于本标准。

GB 16297	大气污染物综合排放标准
GB 14554	恶臭污染物排放标准
GB 8978	污水综合排放标准
GB 18466	医疗机构水污染物排放标准
GB 18278	医疗保健产品灭菌确认和常规控制要求工业湿热灭菌
GB 15981	消毒与灭菌效果的评价方法与标准
GB 18597	危险废物贮存污染控制标准
HJ/T 177	医疗废物集中焚烧处置工程建设技术规范

医疗废物管理条例（国务院令第 380 号）
国家危险废物名录（环发[1998]89 号）
医疗废物分类目录（卫生部和国家环保总局发布 2003 年第 287 号）
全国危险废物和医疗废物处置设施建设规划（环发[2004]16 号）
医疗废物专用包装物、容器标准和警示标识规定（环发[2003]188 号）
医疗废物集中处置技术规范（试行）（环发[2003]206 号）
医疗卫生机构医疗废物管理办法（卫生部令[2003]36 号）
危险废物转移联单管理办法（国家环境保护总局令第 5 号）

3．术语和定义

下列术语和定义适用于本标准。

3.1 医疗废物 medical waste

指各类医疗卫生机构在医疗、预防、保健、教学、科研以及其他相关活动中产生的具有直接或间接感染性、毒性以及其他危害性的废物。具体分类名录依照《国家危险废物名录》、国务院卫生行政主管部门和环境保护行政主管部门共同制定的《医疗废物分类目录》执行。

3.2 高温蒸汽 steam

本标准规定高温蒸汽为温度不低于 100℃的水蒸气。

3.3 处理 treatment

指通过改变医疗废物的生物特性和组成从而达到消除其潜在生物危害性的过程。

3.4 高温蒸汽处理 steam treatment

指利用高温蒸汽对医疗废物中所含的病原微生物进行灭活的湿热处理过程。

3.5 处置 disposal

指按照规定的技术措施和要求，对医疗废物进行安全无害和减量处理的过程。

3.6 最终处置 final disposal

指经高温蒸汽处理后的医疗废物进行卫生填埋或焚烧的过程。

3.7 杀菌室 steam treatment chamber

杀菌室是指高温蒸汽处理设备中医疗废物在其内部进行蒸汽处理的腔体。

3.8 处理温度 treatment temperature

指医疗废物高温蒸汽处理设备为达到规定的生物灭活程度而设定的杀菌室内稳定、有效的温度限值。

3.9 处理时间 treatment time

指杀菌室内升温达到指定处理温度后，医疗废物在杀菌室内的持续停留时间，不包括升温时间和干燥时间。

3.10 杀灭对数值 killing log value

当微生物数量以对数表示时，蒸汽处理前后微生物减少的对数值。

3.11 预真空 pre-vacuum

在医疗废物高温蒸汽处理设备对医疗废物进行蒸汽处理前利用抽真空装置将杀菌室一次抽至某一负压值的抽真空过程。

3.12 脉动真空 fractionated-vacuum

在医疗废物高温蒸汽处理设备对医疗废物进行蒸汽处理前利用抽真空装置将杀菌室抽至某一负压值，再充入高温蒸汽至某一正压值，该过程进行两次以上为脉动真空。

3.13 下排气 gravity exhaust

指利用重力置换原理，向杀菌室内通入高温蒸汽，迫使杀菌室内的空气从蒸汽处理设备的下排气孔排出的过程。

3.14 废气 waste gas

指在医疗废物高温蒸汽处理过程中从杀菌室内抽（排）出的气体、贮存设施排出的气体以及破碎等环节产生的气体。

3.15 废液 waste liquid

指医疗废物高温蒸汽处理过程中处理设备内腔中产生的冷凝液、医疗废物的渗滤液及废气处理过程中产生的冷凝液。

3.16 B-D 试验 Bowie-Dick type test

指利用专用测试图检测高温蒸汽处理设备的空气排出性能，通过测试图表面指示剂颜色的变化情况来判断抽真空系统是否正常工作的一种测试。

4. 总体设计

4.1 建设规模

4.1.1 医疗废物高温蒸汽集中处理规模适宜在 10 t/d 以下。

4.1.2 服务区域内的医疗废物产生量应按医疗废物类别以实际重量进行统计与核定。服务区域内的医疗废物产生量计算及预测可参照《医疗废物集中焚烧处置工程建设技术规范》（HJ/T 177）中提供的计算方法进行。

4.1.3 处理厂建设规模应根据处理厂服务区域医疗废物产生量、成分特点、变化趋势、医疗废物收运体系、高温蒸汽处理技术的适用性、《全国危险废物和医疗废物处置设施建设规划》以及城市总体规划等因素综合考虑确定，不应将不适宜采用高温蒸汽处理技术处理的医疗废物的量考虑在内。处理厂设计服务年限不应低于 10 年。

4.1.4 处理厂每天正常运行时间不应少于 16 h，高温蒸汽处理设备能力应根据处理厂运行时间和处理规模合理确定。处理厂原则上仅宜配备单台处理设备。处理设备规格应以杀菌室容积（m^3）来表示，并尽可能标准化和规格化。

4.2 厂址选择

4.2.1 处理厂的选址应符合国家及当地有关规划的要求，应符合当地环境保护的要求，并应通过环境影响评价和环境风险评价认定。

4.2.2 医疗废物高温蒸汽集中处理厂不宜在居民区、学校、医院等人口密集区域以及水源保护区附近建设。应设置一定的防护距离，防护距离应根据场址条件、处理技术工艺、污染物排放等，结合环境影响评价和环境风险评价结果，并根据专家论证意见确定。

4.2.3 厂址选择还应符合以下条件：

（1）厂址应满足工程建设的工程地质条件、水文地质条件和气象条件，不应选址在地震断层、滑坡、泥石流、沼泽、流砂、采矿隐落等地区。

（2）选址应综合考虑交通、运输距离、土地利用现状、基础设施状况等因素，宜进行公众调查。

（3）厂址不应受洪水、潮水或内涝的威胁。必须建在该地区时，应有可靠的防洪、排涝措施。

（4）厂址选择应同时考虑残渣的处置以及与当地生活垃圾处理设施的距离。

（5）厂址附近应有满足生产、生活的供水水源、污水排放、电力供应等条件。

4.3 项目构成

4.3.1 医疗废物高温蒸汽集中处理工程项目一般由处理厂主体工程、配套工程、生产管理与生活服务设施构成。

4.3.2 医疗废物高温蒸汽集中处理厂主体工程主要包括：

（1）接受贮存系统：一般由医疗废物计量、卸料、暂时贮存、厂内输送等设施构成。

（2）高温蒸汽处理系统：一般由进料单元、蒸汽处理单元、破碎单元、压缩单元、废气处理单元、废液处理单元、自动控制单元、蒸汽供给单元及其它辅助单元等构成。

4.3.3 配套工程主要包括：总图运输、供配电、给排水、厂区污水处理、消防、通讯、暖通空调、机械维修、监测化验、车辆器具清洗和消毒等设施。

4.3.4 生产管理与生活服务设施一般包括办公用房、食堂、浴室、值班宿舍等设施。

4.3.5 医疗废物高温蒸汽集中处理工程项目的建设，应坚持专业化协作和社会化服务的原则，合理确定配套工程和服务设施，提高运行管理水平，降低运行成本。

4.4 基本要求

4.4.1 医疗废物高温蒸汽处理工艺推行集中处理，处理过程要确保医疗废物蒸汽处理效果、废水和废气的有效处理以及环境安全。

4.4.2 医疗废物高温蒸汽处理工艺可以采用先蒸汽处理后破碎、先破碎后蒸汽处理或蒸汽处理与破碎同时进行三种工艺形式。宜优先采用先蒸汽处理后破碎或蒸汽处理与破碎同时进行两种工艺形式。

4.4.3 高温蒸汽处理设备应采用工作压力大于常压的压力型设备。

4.4.4 以嗜热性脂肪杆菌芽孢（Bacillus stearothermophilus spores ATCC 7953 或 SSI K31）作为指示菌种衡量医疗废物高温蒸汽处理设备的杀菌效果，要求微生物杀灭对数值大于 4 或微生物灭活效率大于 99.99%。

4.4.5 医疗废物高温蒸汽处理系统尽可能采取措施实现蒸汽处理、破碎、压缩等单元一体化，避免医疗废物由处理系统的入口进料到出口卸料之间操作过程中人工接触的可能性。不应采用没有自动控制单元、没有废气与废液处理单元的处理系统。

4.5 总图设计

4.5.1 处理厂的总图设计，应根据厂址所在地区的自然条件，结合生产、运输、环境保护、职业卫生与劳动安全、职工生活，以及电力、通讯、热力、给水、排水、污水处理、防洪、排涝等因素，经多方案综合比较后确定。

4.5.2 处理厂的设计和建设，应考虑发生事故或被污染的雨水等造成土壤、地下水或地表水污染的防范措施；应设置事故应急池，收集和贮存处理厂内因医疗废物溢出、泄漏或发生火灾灭火时产生的污水，以及被污染的雨水；事故应急池的设计容积应确保容纳预期产生的污水量。

4.5.3 处理厂的附属生产设施、生活服务设施等辅助设施，应根据社会化服务原则统筹考虑，避免重复建设。辅助车间尽可能与主厂房合并建设。

4.5.4 处理厂应按照净污分区、人员防护、单向流程、节约占地的原则进行设计。人流和物流的出、入口宜分开设置，并应方便医疗废物运输车的进出。

4.5.5 处理厂应设置高度不低于 2.5 米的围墙，防止家畜和无关人员进入。

4.6 总平面布置

4.6.1 厂区平面布置应满足生产工艺流程和方便生产、办公、生活的要求，应以高温蒸汽处理系统为主体进行布置，其他各项设施应按医疗废物处理流程合理安排，以确保相关设备联系良好，充分发挥功能，保证设施安全运行。

4.6.2 物流出入口、接收、贮存和转运设施、清洗消毒设施、处置场所等设施可考虑与生活服务设施隔离，分开建设。隔离措施包括墙体隔离或空间隔离。

4.6.3 处理厂的车辆消毒设施，宜位于卸料设施附近处，以便于对卸料后的车辆进行及时消毒，防止有传染性物质扩散，并与医疗废物转运工具、生产工具的消毒设施合并建设。

5．分类包装、收集运输、贮存输送

5.1 分类

5.1.1 医疗废物产生单位应按照《医疗废物管理条例》、《医疗卫生机构医疗废物管理办法》及其它相关规定对医疗废物进行管理。

5.1.2 医疗废物产生单位应严格按照《医疗废物分类目录》中的分类标准和本标准的相关规定对医疗废物进行分类收集，各类医疗废物不得混合收集。病理性废物、化学性废物以及药物性废物应单独收集。

5.2 包装

5.2.1 所选择的医疗废物周转箱、包装袋与利器盒的标准、技术性能、规格等应符合《医疗废物专用包装物、容器标准和警示标识规定》的要求。

5.2.2 周转箱上应有医疗废物的警示标识和中文标识，必要时可标注英文标识，标识内容可包括医疗废物产生单位、产生日期、类别及需要的特别说明等。

5.2.3 包装袋材质应具有一定的蒸汽通透性，不能影响蒸汽处理工艺的效果、功能和安全，且在高温蒸汽处理过程中不产生毒性物质。

5.2.4 医疗废物中的利器包装形式和规格应与后续进料、蒸汽处理、破碎等处理工艺环节相适应。

5.3 收集运输

5.3.1 医疗废物集中处理单位一般负责统一收集服务区域内各类医疗卫生机构所产生的医疗废物。

5.3.2 医疗废物集中处理单位运送医疗废物应符合《医疗废物集中处置技术规范（试行）》中的有关规定。

5.3.3 医疗废物集中处理单位应根据服务区域内医疗废物产生量的分布特征、服务区域交通条件等合理制定收集运输方案。

5.4 接收、贮存与厂内输送

5.4.1 医疗废物接收、贮存与厂内输送可参照《医疗废物集中处置技术规范（试行）》和《医疗废物集中焚烧处置工程建设技术规范》（HJ/T 177—2005）中的有关规定执行。

5.4.2 医疗废物接收、贮存与厂内输送还应满足下列要求：

（1）处理单位在接收医疗废物时，应检视包装物或者容器的标识、标签及封口是否符合要求以及是否对应相关转移联单制度，处理单位可拒绝接收不符合要求的医疗废物。

（2）贮存设施应采用全封闭、微负压设计，并应设置气体净化装置和事故排气系统，气体净化后方可排放。

（3）设计贮存设施能力时，应综合考虑医疗废物量、贮存时限、高温蒸汽处理设备检修期间及高温蒸汽处理设备处理效果待验证期间废物存放等因素。

（4）医疗废物厂内输送应使用防渗漏、防遗撒、无锐利边角、易于装卸和清洁的专用运送工具。每天运送工作结束后，应对运送工具及时进行清洁和消毒。

6．处理系统

6.1 进料单元

6.1.1 进料单元应与后续处理工艺单元相匹配。

6.1.2 医疗废物的进料应尽量采取机械化和自动化作业，减少人工对其直接操作。如进料采取人工作业，应尽可能采取措施避免进料容器（或进料车）与人体直接接触。

6.1.3 进料容器（或进料车）材质宜采用不锈钢或铝合金等耐腐蚀性材料，并应具有一定的强度。

进料容器（或进料车）应具有防止冷凝液浸泡医疗废物的措施。

6.1.4 如果进料容器（或进料车）兼作为蒸汽处理过程中杀菌室内盛装医疗废物的容器，其设计应便于处理过程中蒸汽均匀穿透和热传导，其材质和结构要能承受蒸汽处理过程中的温度和压力变化，其内壁应作防黏处理。容器中废物装填应松散适度，不宜过满和紧密，最大装载量不宜超过杀菌室容积的 70%，进料容器中的医疗废物顶部应与杀菌室内上壁留有适当距离。

6.1.5 禁止采用没有经过消毒处理的进料容器（或进料车）来盛装经过蒸汽处理后的医疗废物。

6.1.6 采用先破碎后蒸汽处理工艺的设备，进料单元的进料口要保持气密性，同时应配备抽气设备以维持进料单元和破碎单元在一定的负压下运行。

6.2 高温蒸汽处理单元

6.2.1 处理设备应耐久可靠，便于操作和维护。

6.2.2 医疗废物高温蒸汽处理设备杀菌室内部蒸汽喷口布局应尽可能保证杀菌室内温度场均匀。

6.2.3 处理设备应能在其额定电压的±10%范围内维持自身正常的工作状态。

6.2.4 设备内腔及门应采用耐腐蚀、同水和水蒸气接触能保证连续使用的材料，一般宜使用不锈钢材质。

6.2.5 设备设计、制造、监督检验、检测和使用应符合有关压力容器的安全标准要求和国家有关规定。

6.2.6 设备进料口和出料口可以分开设置；进料口和出料口的门应能够满足设备工作压力对密封性能的要求；应设置联锁装置，在门未锁紧时，高温蒸汽处理设备不能升温、升压，在蒸汽处理周期结束前，门不能被打开，在设备进料、出料和维护时应能正常处于开启状态。

6.2.7 抽真空度要求

6.2.7.1 破碎和蒸汽处理不同时进行的高温蒸汽处理设备抽真空度要求：

（1）该类压力型高温蒸汽处理设备主要指杀菌室内进行蒸汽处理时没有辅以机械装置搅拌、破碎医疗废物的一类设备，4.4.2 款中提到的先蒸汽处理后破碎工艺中的高温蒸汽处理设备通常为此类设备。

（2）此类压力型设备在开始对医疗废物进行蒸汽处理前，应进行预真空或脉动真空将杀菌室内的空气排出，优先使用脉动真空形式，禁止采用下排气式处理设备。

（3）预真空形式抽真空：杀菌室内抽真空度一般不宜低于 0.09 MPa；

脉动真空形式抽真空：杀菌室内抽真空度一般不宜低于 0.08 MPa，抽真空与充蒸汽的循环过程次数不应少于 3 次；或保证脉动真空结束后杀菌室内空气排出率不小于 98%。

（4）预真空或脉动真空型设备应有防止排气孔堵塞的措施和防止设备倒吸水、气的措施。

6.2.7.2 破碎和蒸汽处理同时进行的高温蒸汽处理设备抽真空度要求：

（1）该类压力型高温蒸汽处理设备主要指杀菌室内进行蒸汽处理的同时，辅以机械装置搅拌、破碎医疗废物的一类设备，4.4.2 款中提到的蒸汽处理和破碎同时进行工艺中的高温蒸汽处理设备通常为此类设备。

（2）在此类压力型设备开始对医疗废物进行蒸汽处理前，不强制要求进行预真空或脉动真空排出杀菌室内的空气，但应有相应措施确保杀菌室内的空气不影响蒸汽处理效果。

6.2.8 医疗废物蒸汽处理过程要求在杀菌室内处理温度不低于 134℃、压力不小于 220 kPa（表压）的条件下进行，相应处理时间不应少于 45 min。

6.2.9 设备必须安装安全阀，安全阀开启压力不应大于设备安全设计压力，并在达到设定压力时或在设备工作过程中出现故障时应能自动打开进行泄压。

6.2.10 设备管道各焊接处和接头的密闭性应能满足设备加压和抽真空的要求。

6.2.11 高温蒸汽处理设备应具有干燥功能，物料干燥后含水量不应大于总重的 20%。

6.2.12 处理设备外表面应采取隔热措施，操作人员可能接触的设备外表面，其表面温度不宜超过 40℃。对于输送超过 60℃的蒸汽或水的管道，以及输送冷却水的管道，都应做保温处理。

6.3 破碎单元

6.3.1 医疗废物高温蒸汽处理必须经过破碎，严禁只对医疗废物进行高温蒸汽处理，严防医疗废物高温蒸汽处理后回收利用的现象发生。

6.3.2 破碎设备应能够同时破碎硬质物料和软质物料，物料破碎后粒径不应大于 5 cm，如一级破碎不能满足要求，应设置二级破碎。

6.3.3 破碎单元位于高温蒸汽处理单元之前时，破碎应当在密闭与负压状态下进行，破碎单元内部气体必须得到净化处理后方可排放，同时应具有消毒措施，定期以及在每次检修之前对破碎单元进行安全消毒。消毒措施不应产生二次污染。

6.3.4 破碎设备的选择，应遵循可靠、耐用、维修方便安全、无二次污染的原则进行。

6.4 压缩单元

6.4.1 如果高温蒸汽集中处理厂距离当地生活垃圾处理厂较远，可考虑配备压缩单元。

6.4.2 医疗废物经高温蒸汽处理、破碎后进行压缩的比例应大于 2∶1。

6.5 废气处理单元

6.5.1 废气处理单元必须能够有效去除微生物、挥发性有机物（VOC）、重金属等污染物，并能够消除处理过程中产生的异味。

6.5.2 废气处理单元应能保证微生物、挥发性有机物（VOC）等污染物的去除率在 99.999%以上。

6.5.3 废气处理单元一般宜设尾气高效过滤、吸附装置等，依据具体情况可考虑增设 VOC 化学氧化装置和在高效过滤装置上游增设中效或低效过滤装置等。可考虑采用药剂去除蒸汽处理过程中的异味，也可根据实际设置脱臭装置。

6.5.4 尾气高效过滤装置应采用疏水性介孔材料，能够满足一定的耐温要求，过滤孔径不得大于 0.2 μm；过滤装置一般应设进出气阀、压力仪表和排水阀，设计流量应与处理规模相适应，过滤效率应在 99.999%以上。

6.5.5 应有技术措施防止过滤、吸附装置中微生物滋生和因湿失效；如过滤、吸附装置的处理效率不能满足要求，应及时进行校正或更换。

6.5.6 应保证废气处理单元管道及管道之间连接的气密性。

6.6 废液处理单元

6.6.1 高温蒸汽处理过程中处理设备内腔中产生的冷凝液，医疗废物的渗滤液及废气处理过程中产生的冷凝液，应首先收集进入废液处理单元作消毒处理，然后才能排入厂区污水处理设施进一步处理。

6.6.2 废液处理单元可采用加热处理方式对废液进行消毒，消毒温度不宜低于 125℃，相应消毒时间不宜少于 30 min。废液处理单元也可采用其他切实可行的消毒处理方式。

6.7 自动控制单元

6.7.1 高温蒸汽处理系统应尽可能实现全过程的自动控制，包括真空预热控制、升温加压、自启停、蒸汽处理、干燥、废液和废气处理控制、破碎、压缩控制等。

6.7.2 系统控制硬件应包括控制面板、传感器件和控制调节阀等部件。

6.7.3 杀菌室内的传感器件设置点位置应能保证所测量点的温度值和压力值能够满足最终实现预定处理效果的要求。传感器设置数量应能满足测试温度分布和保证高温蒸汽处理工艺有序性、均匀性及可重复性的要求。

6.7.4 自控单元应设有数据输出接口和通讯接口，实现参数输出和远程监控功能。

6.7.5 系统控制软件宜采用可编程控制方案实行自动控制，其功能应包括：

（1）测试空气排除效果和设备密封性能（只针对抽真空类型的设备）。

（2）实时显示当前运行所处的状态，包括所处阶段、处理温度、处理时间、杀菌室内压力、干燥时间。

（3）运行过程中的主要参数当前值的显示及打印功能。在运行过程中，实时跟踪反馈杀菌室内的温度、压力。处理过程结束后，应将整个处理过程的参数存储作为备份记录保存 5 年，自控系统应具有一定的独立性和可靠性，防止所存储的参数丢失、被随意修改和删除。

（4）自控系统除能实现蒸汽处理各阶段的自动操作外，还应具有人工操作模式实现蒸汽处理各个阶段的手动操作。在人工操作模式下，不得简化或回避任何处理环节。

（5）自控系统应具有故障自我检测功能，能够实现超温、超压、断电、断水、断汽以及误操作等异常情况下报警和紧急停车，并且能够实现操作未完成时高温蒸汽处理设备进料门（出料门）联锁功能。

6.7.6 控制软件应设置权限对处理时间、处理温度、压力等参数的修改进行限制，禁止将处理参数降低到标准规定的参数以下对医疗废物进行蒸汽处理。

6.7.7 自控单元在蒸汽处理过程中应能根据杀菌室内温度和压力的波动情况及时把处理温度控制在所预置温度的±1℃范围之内。

6.7.8 处理设备所配备的仪器仪表除满足相关专业标准的要求外，还应保证温度控制精度控制在±1℃、压力控制精度控制在±1.6%和时间控制精度控制在±1%。

6.7.9 处理设备所配备的仪器仪表每年至少进行一次检查校准，并进行相应的记录，记录结果应作为处理厂运行记录文件的一部分保存 5 年。

6.8 蒸汽供给单元

6.8.1 外接蒸汽：如果处理厂有外接蒸汽源，可以通过调压装置接入高温蒸汽处理系统。

6.8.2 蒸汽发生器：如果处理厂没有外接蒸汽源，需要配备相应的蒸汽发生系统，蒸汽发生系统的选择应本着投资少、运行费用低和与处理系统相匹配的原则进行。

6.8.3 蒸汽源均应符合如下要求：

（1）处理所需蒸汽源压力适宜为 0.3～0.6 MPa，蒸汽压要平稳，波动量不宜大于 10%。

（2）所提供的蒸汽应为饱和蒸汽，其所含的非可凝性气体不应超过 5%（V/V），过热不应超过 2℃。

（3）蒸汽供应量应能满足处理厂满负荷运行的需要。

（4）年供蒸汽保证率不宜低于 350 d。

（5）供产生蒸汽和直接冷却用的水，均不得含有浓度可削弱蒸汽处理效果、损坏高温蒸汽处理设备的杂质，其水质应符合国家有关规定。

6.8.4 蒸汽输送管路应有疏水装置，能有效排出管路内的冷凝水。

6.8.5 蒸汽供应系统应有压力调节装置，减少蒸汽压力扰动对高温蒸汽处理设备工作的影响。

7．配套工程

7.1 电气系统

7.1.1 处理厂供电方式应根据用电要求，与当地电力部门协商确定。

7.1.2 处理厂蒸汽处理设备用电负荷为 AC380/220 V，负荷等级为三级。

7.1.3 处理厂应设直流配电装置及不间断电源系统供仪表、计算机监控及控制系统的应急电源。

7.1.4 照明设计应符合《建筑照明设计标准》（GB 50034）中的有关规定。正常照明与事故照明应采用分开的供电系统，并宜采用下列供电方式：

（1）事故照明宜由蓄电池组供电。

（2）处理厂房的主要出入口、通道、楼梯间以及远离处理厂房的工作场所的事故照明，宜采用自带蓄电池应急灯。

（3）厂房内安装高度低于 2.2 m 的照明灯具，宜采用 24 V 电压供电。

（4）手提灯电压不应大于 24 V，在狭窄地点和接触良好金属接地面上工作时，手提灯电压不应大于 12 V。

7.1.5 处理厂房及辅助厂房的电缆敷设，应采取有效的阻燃、防火封堵措施。

7.1.6 处理厂应设置通讯设备，保证厂区岗位之间和厂内外联系畅通。

7.2 给水、排水和消防

7.2.1 给水

厂区室外和室内给水管网宜采用生产、生活、消防联合供水系统。

7.2.2 排水

（1）厂区排水应采用雨污分流制。

（2）雨水量设计重现期应符合国家《室外排水设计规范》（GBJ 14）中的有关规定。

（3）厂区清洗、消毒产生的废水、作业区初期雨水以及本标准第 6.6.1 款中经过消毒处理后的废液等应按医疗机构产生污水处理，并应符合《医疗机构水污染物排放标准》的要求。

（4）污水排放前应进行再次消毒，消毒剂应根据技术经济分析选用，消毒工艺设计除应符合《医疗机构水污染物排放标准》中的有关要求外还应符合其他有关规定。

（5）厂区生活污水及其他非医疗污水排放应符合《污水综合排放标准》的要求。

7.2.3 消防

（1）高温蒸汽处理厂房的生产类别应属于丁类，建筑耐火等级不应低于二级。贮存库的生产类别应属于丙类，建筑耐火等级不应低于二级。

（2）高温蒸汽处理厂房应设置室内消火栓给水系统，并应符合国家《建筑设计防火规范》（GBJ 16）中的有关规定。

（3）高温蒸汽处理厂房的安全疏散，应符合《建筑设计防火规范》（GBJ 16）中的有关规定。

（4）高温蒸汽处理厂房内部的装修设计，应符合《建筑内部装修设计防火规范》（GB 50222）中的有关规定。

7.3 采暖通风与空调

7.3.1 建筑物的采暖通风和空调设计应符合《采暖通风与空气调节设计规范》（GBJ 19）中的有关规定。

7.3.2 高温蒸汽处理厂房宜采用机械强制通风，以保持良好的通风环境。

7.3.3 处理车间以及贮存间排出的空气应进行适当处理后排放，并宜设置事故排气系统，以便提供充足的通风条件。

7.4 建筑与结构

7.4.1 处理厂主要生产设备应布置在封闭的车间内。卸料、贮存、转运、输送和上料系统必须设置在有屋盖的车间内。

7.4.2 处理厂的暂时贮存库应采取微负压设计，并保证新风量 30 m^3/（人·h）。

7.4.3 厂区建筑的造型应简洁、实用，并与周围环境相协调。厂房的平面布置和空间布局应满足工艺设备布置要求，同时宜考虑今后生产发展和技术改造的可能性。生产区与生活服务区之间应有隔离。

7.4.4 厂房平面设计应组织好人流和物流线路，避免交叉。

7.4.5 厂房楼（地）面的设计，除满足工艺使用要求外，还应符合《建筑地面设计规范》（GB 50037）中的有关规定。贮存设施墙面应方便进行清洗消毒，控制室地面应采取防静电措施。

7.4.6 厂房采光设计应符合国家《工业企业采光设计标准》（GB 50033）中的有关规定。

7.4.7 严寒地区的建筑结构应采取防冻措施。

7.4.8 大面积屋盖系统宜采用钢结构，并应符合《屋面工程技术规范》（GB 50207）中的有关规定。屋顶承重结构的结构层及保温（隔热）层应采用非燃烧体材料；设保温层的屋面应有防止结露与水汽渗透的措施，并应符合《建筑设计防火规范》（GBJ 16）中的有关规定。

7.4.9 医疗废物卸料、贮存设施应进行地面防渗处理，并符合《危险废物贮存污染控制标准》中的有关规定。

7.4.10 厂房结构设计应满足《建筑结构可靠度设计统一标准》（GB 50068）中的有关规定，并应符合其他国家现行的有关规范要求。

7.4.11 厂区应进行地质勘察，地质勘察应符合《岩土工程勘察规范》（GB 50021）中的有关规定。

7.4.12 楼（地）面活荷载取值应根据设备安装、检修和使用要求等确定，同时应满足《建筑结构荷载规范》（GB 50009）中的有关规定。

7.4.13 处理厂的结构构件，应根据承载能力极限状态及正常使用极限状态要求，按使用工况分别进行承载能力及稳定、疲劳、变形、抗裂及裂缝宽度计算和验算；处于地震地区的结构，还应进行结构构件抗震的承载能力计算。同时应满足《混凝土结构设计规范》（GB 50010）、《砌体结构设计规范》（GB 50003）、《钢结构设计规范》（GB J17）、《建筑抗震设计规范》（GB 50011）中的有关规定。

7.4.14 地基基础的设计应按国家《建筑地基基础设计规范》（GB 50007）和《湿陷性黄土地区建筑规范》（GBJ 25）的有关规定进行地基承载力和变形计算，必要时还应进行稳定性计算。

7.5 厂区道路

7.5.1 厂区道路的设置，应满足交通运输、消防、绿化及各种管线的敷设要求。

7.5.2 处理厂的道路应能到达主要构筑物和建筑物。车行道宜布置成环状，以便回车。

7.5.3 处理厂区主要道路的行车路面宽度不宜小于 6.0 m。主厂房外应设消防道路，道路的宽度不应小于 3.5 m，人行道一般取 1.5～2.0 m。路面宜采用水泥混凝土或沥青混凝土，道路的荷载等级应符合现行国家标准《厂矿道路设计规范》（GBJ 22）的有关规定。

7.5.4 临时停车场可设在厂区物流出口或入口附近处。

7.6 绿化

7.6.1 厂区的绿化布置应符合总图设计要求，合理安排绿化用地。污染区应尽可能减少绿化。

7.6.2 厂区绿化应结合当地的自然条件，选择适宜的植物。

7.7 清洗消毒

7.7.1 处理厂应设置清洗消毒设施用于医疗废物转运车、周转箱及其它医疗废物运送工具的清洗消毒。

7.7.2 清洗消毒可参照《医疗废物集中处置技术规范（试行）》和《医疗废物集中焚烧处置工程建设技术规范》中的有关规定执行。禁止在社会车辆清洗场所清洗医疗废物转运车。

7.7.3 清洗消毒工艺的设计应本着易于操作、经济合理的原则进行。应对与消毒剂发生接触后的车辆等金属物品用清水进行清洗，以免发生设备车辆腐蚀问题。

7.8 其他辅助设施

7.8.1 处理厂应具有全厂设备日常维护、保养与小修任务及工厂设施突发性故障时的应急处理功能。设备的大、中修宜通过社会化协作解决。

7.8.2 处理厂应配备必需的机械工具、搬运设备和备用品、消耗品。

7.8.3 处理厂应配备突发事故应急所必需的设备、物品和药品。

8．环境保护和安全防护

8.1 一般规定

8.1.1 医疗废物高温蒸汽处理过程中产生的废气、废水、噪声以及其他污染物的防治与排放，应贯彻执行国家现行的环境保护法规和标准的有关规定。

8.1.2 处理厂建设应贯彻执行《中华人民共和国职业病防治法》，应符合国家职业卫生标准的工作环境和条件。

8.1.3 制定处理厂污染物治理措施前应落实污染源的特性和产生量。

8.2 环境保护

8.2.1 医疗废物进场后应在规定时间内尽快处理，减少存放时间，避免恶臭产生。

8.2.2 医疗废物处理过程中从杀菌室内抽（排）出的气体、贮存设施排出的气体以及破碎等环节产生的气体，必须经过处理后方可排放，污染物监测和排放应符合《大气污染物综合排放标准》和《恶臭污染物排放标准》的有关要求。

8.2.3 处理厂清洗消毒废水、作业区初期雨水以及本标准第 6.6.1 款中经过消毒处理后的废液应进入处理厂污水处理设施处理后排放，污水排放应符合《医疗机构水污染物排放标准》的规定。污水处理设施的废气排放、污泥控制与处置应按《医疗机构水污染物排放标准》中的有关规定执行。

8.2.4 处理厂生活污水排放应符合《污水综合排放标准》的要求。

8.2.5 污水处理后符合相关标准的，可以进行循环利用。

8.2.6 对于主要噪声设备，应采取基础减震和消声及隔声措施，厂界噪声应符合《工业企业厂界噪声标准》（GB 12348—90）的要求。

8.2.7 废气处理单元中过滤、吸附装置的滤芯和吸附材料因使用寿命或其它原因而不能使用时，应作为危险废物进行安全处置。

8.2.8 医疗废物排放管理

（1）医疗废物经过高温蒸汽处理和破碎设备破碎毁形，并且处理效果满足本标准要求后，可作为一般的生活垃圾进行最终处置，具体处置方式应依据当地生活垃圾所采取的符合国家相关规定的处置方式而定，同时应加强与当地垃圾处理规划或环境卫生规划的统筹考虑，严禁回收利用。

（2）已安全处理的医疗废物如需在厂内暂存，宜采用容器盛装或包装袋包装后存放，容器或包装袋上应有“无危险”和“已检验”等标识，不得和未处理的医疗废物一起存放。

（3）已安全处理的医疗废物外运作最终处置时，不宜和其他废物混合运输，运输车辆的车箱应能防止运输过程中医疗废物撒落，运输车辆应配有工具以便及时清除意外撒落的医疗废物。

（4）如对处理后的医疗废物进行卫生填埋处置，当地的卫生填埋场宜划出专区用于医疗废物填埋。医疗废物填埋后其表面应铺有一层生活垃圾或其它覆盖材料，铺设厚度不宜少于 125 cm，尽可能避免人与填埋的医疗废物直接接触。

8.3 职业卫生与劳动安全

8.3.1 处理厂的劳动卫生应符合国家《工业企业设计卫生标准》（GBZ1）和《工作场所有害因素职业接触限值》（GBZ 2）中的有关规定。

8.3.2 处理厂建设应采用有利于职业病防治和保护劳动者健康的措施。应在相关设备的醒目位置设置警示标识，并应有可靠的防护措施。

8.3.3 职业病防护设备、防护用品应确保处于正常工作状态，不得擅自拆除或停止使用。

8.3.4 处理厂建设应进行职业病危害与控制效果可行性评价。

8.3.5 处理厂应采取必要的职业健康和劳动安全措施，主要内容应包括：

（1）应对工作人员进行必要的培训；

（2）应提供工作人员所需的防护用品；

（3）应提供工作人员所使用的防护用品的清洁消毒设施。

8.3.6 所使用防护用品的类型应根据所涉及的医疗废物的危险度而定，但对医疗废物收集和处理人员应达到如下要求：

（1）头盔，有或无面罩依据所进行的操作而定；

（2）口罩，必需；

（3）护目镜，依操作而定；

（4）工作裤（工作服），必需；

（5）护腿和工业用靴，必需；

（6）一次性手套（一般工作人员用）或耐受力强的手套（医疗废物处理工人用），必需；

（7）耳罩，依操作而定。

8.3.7 应按感染区、过渡区、清洁区设置工作人员更衣、洗涤和洗浴设施。

9．工程施工及验收

9.1 建筑、安装工程应符合施工设计文件、设备技术文件的要求。

9.2 对工程的变更应取得设计单位的设计变更文件后再进行施工。

9.3 处理厂建设的工程质量监督管理应符合国家现行《建设工程质量管理条例》的有关规定，项目的竣工验收应按《建设项目（工程）竣工验收办法》执行。

9.4 处理厂的竣工验收应有环境保护及卫生专业技术部门参加。

9.5 医疗废物高温蒸汽集中处理工程应按本标准和现行相关专业工程验收规范有关规定进行验收。对国外引进的专用设备，可参照供货商提供的设备技术规范、合同规定及商检文件执行，并应符合我国现行的国家或行业工程施工及验收标准要求。

9.6 工程竣工验收前，严禁处理厂投入运行。

10．运行管理

10.1 运行管理总则

10.1.1 本运行管理要求适用于医疗废物高温蒸汽集中处理厂运行、维护及安全管理。

10.1.2 医疗废物高温蒸汽集中处理厂的运行、维护及安全管理除应执行本要求外，还应符合国家现行有关标准规定。

10.2 运行条件

10.2.1 医疗废物高温蒸汽集中处理单位必须按照《危险废物经营许可证管理办法》获得许可证后方可运行；未取得经营许可证的单位不得从事有关医疗废物集中处置活动。

10.2.2 医疗废物高温蒸汽处理设施建设应符合本标准的要求。

10.2.3 制订完备的保障医疗废物收集、运输和安全处置的规章制度。

10.2.4 必须具有经过培训的技术人员、管理人员和相应数量的操作人员。

10.2.5 应具有负责医疗废物处理效果检测、评价的机构和人员。

10.3 劳动定员和运行班制

10.3.1 处理厂劳动定员可分为生产人员、辅助生产人员、技术人员和安全管理人员。处理厂的劳动定员应按定岗定量的原则合理确定。

10.3.2 处理设备可间歇运行，但运行时间应保证每天不少于16 h，处理厂全年运行天数不应少于330 d。

10.4 人员培训

10.4.1 基本要求

（1）熟悉医疗废物管理的法律、法规、规章和有关规范性文件的规定，以及处理厂内的规章制度和各项工作要求；

（2）了解医疗废物危险性和相应安全防护方面的知识；

（3）明确医疗废物高温蒸汽处理及其对环境保护的意义；

（4）熟悉医疗废物的分类和包装标识以及安全标识；

（5）熟悉医疗废物高温蒸汽处理厂运作的工艺流程；

（6）掌握劳动安全防护设施、设备使用的知识和个人职业卫生防护措施；

（7）熟悉处理紧急事故的措施或操作程序。

10.4.2 医疗废物高温蒸汽处理操作人员和技术人员的培训应包括

（1）医疗废物接受、厂内输送、贮存、进料、蒸汽处理、破碎、压缩以及运输车和转运箱清洗消毒等环节的具体操作；

（2）符合要求的处理温度、处理时间和压力；

（3）高温蒸汽处理设备抽真空性能和密闭性检测，蒸汽供应系统检测，处理效果的检测和判定，以及检测结果不合格情况下相应的应对措施；

（4）设备运行故障的排除。

10.4.3 技术人员还应掌握医疗废物高温蒸汽处理的相关理论知识和处理设备的工作原理

10.5 医疗废物接收交接制度

10.5.1 医疗废物交接按照《医疗废物集中处置技术规范（试行）》的有关规定执行，采用《医疗废物运送登记卡》和《危险废物转移联单》（医疗废物专用）进行记录和管理。

10.5.2 医疗废物交接分为医疗废物现场交接和《医疗废物运送登记卡》的交接。

10.5.3 医疗废物交接时，应核对其数量、种类、标识与《医疗废物运送登记卡》是否相符，包装是否密封。

10.5.4 若现场实物与《医疗废物运送登记卡》不相符，交接人员可拒绝接收，但应及时通知委托单位进行核实。

10.5.5 若发现医疗废物包装袋破裂、泄漏或其他事故时，相关人员应采取应急预案及时进行处理。

10.5.6 交接双方必须根据交接情况认真填写《医疗废物运送登记卡》，并签字确认。

10.5.7 根据危险废物转移联单制度妥善保存《医疗废物运送登记卡》，并定期报送主管部门。

10.5.8 医疗废物处理厂应每天统计接收医疗废物的数量或重量，并输入计算机信息管理系统。

10.6 处理厂运行记录制度

医疗废物高温蒸汽集中处理厂应建立处理设备运行状况、设施维护和医疗废物处理过程中的登记制度，并保存记录5年。记录内容主要包括：

（1）《医疗废物运送登记卡》和《危险废物转移联单》（医疗废物专用）；

（2）医疗废物接受登记，包括进场运输车车牌号、来源、重量、进场日期及时间、离场时间等进行记录；

（3）高温蒸汽处理设备运行参数记录，具体可包括：高温蒸汽处理设备号、日期、废物类别、预真空度、进入高温蒸汽处理设备时间、处理时间、排出高温蒸汽处理设备时间、处理温度、压力、干燥时间、操作员等；

（4）经蒸汽处理后的医疗废物排放管理记录，具体应包括排放地点、排放日期、排放量、操作人员等内容；

（5）清洗消毒操作记录；

（6）生产设备、设施维修记录；

（7）生产事故及处理情况记录；

（8）处理效果定期检测、评价及评估情况记录。

10.7 劳动保护和安全生产

10.7.1 一般规定

医疗废物高温蒸汽集中处理厂在设计、施工和生产过程中，应高度重视操作人员和环境的安全问题，采取有效的应对措施和各种预防手段，严格执行以下规范和标准，确保安全和卫生设施同时投入使用，并制定相应的操作规程：

（1）《中华人民共和国劳动法》

（2）《中华人民共和国职业病防治法》

（3）《建设项目（工程）劳动安全卫生监察规定》（劳动部令第 3 号）

（4）《建设项目（工程）职业安全卫生设施和技术措施验收办法》（劳安字[1992]1 号）

（5）《生产过程安全卫生要求总则》（GB 12801—1991）

（6）《生产设备安全卫生设计总则》（GB 5083—1985）

（7）《建筑设计防火规范》（GBJ 16—2001）

（8）《建筑物防雷设计规范》（GB 50057—1994）

（9）《工业企业设计卫生标准》（TJ 36—1979）

（10）《电气设备安全设计导则》（GB 4064—1983）

（11）《安全色》（GB 2893—1982）

（12）《安全标志》（GB 2894—1996）

（13）《企业职工劳动安全卫生教育管理规定》（劳部发[1995]405 号）

（14）《劳动防护用品配备标准（试行）》（国经贸安全[2000]189 号）

（15）《呼吸防护用品的选择、使用与维护》（GB/T 18664—2002）

当上述标准和文件被修订时，应使用其最新版本。

10.7.2 劳动保护

（1）加强员工的安全防护意识和消毒意识，定期对员工进行健康检查。

（2）操作人员必须佩戴必要的劳保用品，做好安全防范工作。

（3）应提供工作人员防护的设备和衣服，员工上班必须穿工作服，下班后及时更换。工作服应勤换勤洗并定期消毒。

（4）工作人员所需防护设备和服装的购置、发放、回收和报废均应进行登记。报废的防护设备应交由专人处理，不得自行处置。

（5）在指定的、有标志的明显位置应配备必要的防护救生用品及药品。防护救生用品和药品要有专人管理，并及时检查和更换。

（6）应建立有效的职业健康程序，包括预防免疫、暴露后的预防处理和医疗监护等。

（7）应定期做好废气和废水的监测工作。

（8）应做好防虫、防鼠以及防止蚊蝇滋生工作。

（9）应提供方便工作人员使用的洗涤设施（有热水和洗涤用品）。

10.7.3 安全生产

（1）处理厂生产过程中安全卫生管理应符合国家《生产过程安全卫生要求总则》（GB 12801）中的有关规定。各岗位应根据工艺特征和具体要求，制定本岗位安全操作规程。

（2）操作人员必须严格执行本岗位安全操作规程。

（3）各岗位操作人员和维修人员必须经过岗前培训，经考核合格后持证上岗，并应定期进行教育培训。

（4）严禁非本岗位操作人员擅自启、闭本岗位设备。

（5）操作人员启、闭电器开关时，应按电工规程进行。

（6）应有防止被设备高温部位和蒸汽系统烫伤的措施。

（7）检修电器控制柜时，必须先通知变、配电站断掉该系统电源，并验明无电后方可作业。

（8）厂内及生产区内运输管理应符合《工业企业厂内运输安全规程》（GB 4387—1994）中的有关

规定。

（9）在主要通道处均应设置安全应急灯。

10.7.4 处理厂应建立并严格执行定期和经常的安全检查制度，及时消除事故隐患，严禁违章操作和违章指挥。

10.7.5 处理厂应对危害和事故隐患进行识别，采取事故预防措施，建立应急预案并定期进行演练。应急预案应包括以下内容：

（1）医疗废物运输过程中发生大量溢出、散落、扩散时的应急预案；

（2）医疗废物在处理厂内暂存时发生病菌扩散事故的应急预案；

（3）清洗消毒设施、设备发生故障时的应急预案；

（4）设备大修或事故期间，所积存的医疗废物量超过处理厂贮存能力时的应急预案；

（5）服务区域发生疫情时，医疗废物处理单位的处理能力无法满足疫情期间医疗废物处理要求时的应急预案。

10.8 检测与评估

10.8.1 检测

10.8.1.1 处理设备使用前需经试运行和认定，应加强设备常规检测和维护，以使设备处于正常状态。

10.8.1.2 处理厂根据实际需要可配备常用的分析化验设备和检测仪器。

10.8.1.3 抽真空性能检测

（1）采用预真空或脉动真空的压力型设备在检修后以及每天第一次处理医疗废物前，需在空载情况下进行 B-D 试验，以检验处理设备空气排出性能。

（2）B-D 试验操作可参照 B-D 试验所使用测试用品的使用说明书执行。

（3）不应在 B-D 试验不合格的情况下进行医疗废物高温蒸汽处理操作。

10.8.1.4 真空密封检测

（1）采用预真空或脉动真空的压力型处理设备在被认为杀菌室有泄漏时或进行与杀菌室密封性能有关的维修后，需进行真空密封检测。

（2）真空密封检测应在杀菌室为空载和干燥的情况下进行，杀菌室和外界的温差不宜大于 20℃。在杀菌室达到最大真空度后，关闭所有阀门和抽真空设备，等待数分钟（一般为 5 分钟）后开始记录时间和真空度下降值，应保证连续测试时间不少于 10 分钟。

（3）若在 10 分钟内杀菌室真空度下降值不大于 1.3 kPa（10 mmHg），可判断真空密封检测合格；否则为真空密封检测不合格。

（4）若检测出杀菌室有泄漏，操作人员及时通知维修人员进行解决，不应在杀菌室有泄漏的情况下进行预真空或脉动真空。

10.8.1.5 处理效果检测

10.8.1.5.1 生物方法检测

（1）处理厂应委托具有相关专业能力的第三方机构对高温蒸汽处理设备处理效果做例行检测，检测频率为每半年不少于一次。

（2）处理厂应具备处理效果生物检测能力，根据高温蒸汽处理设备运行情况自行做不定期的生物检测，一般每周不少于一次；高温蒸汽处理设备检修之后，必须进行相应的处理效果生物检测。

（3）生物检测所用的生物指示剂应选择耐热的嗜热性脂肪杆菌芽孢，检测方法可参照国家关于高温蒸汽处理效果检测的测试标准中的有关规定执行，也可参照处理设备说明书中提供的检测方法执行。处理设备说明书中提供的检测方法要求低于国家相关测试标准要求或与国家相关测试标准相冲突时，应按照国家相关测试标准执行。

（4）进行处理效果生物检测时，应确保在高温蒸汽处理设备的正常工况条件下进行，同时应确保生物指示剂测试包（或测试容器）放置于杀菌室内蒸汽处理效果最难保证的空间位置，以真实反映处理效果。

（5）检测人员应记录检测周期内的处理温度、处理时间、压力、废物装载量、废物类型、生物指示剂测试包（或测试容器）类型、生物指示剂测试包（或测试容器）的装载方式、装载位置等与检测结果相关的内容以及整个检测程序。生物检测结果应与同批次的上述记录内容一同构成处理效果证明的依据，并存档以备环境保护部门检查，不得伪造记录数据和生物检测结果。

10.8.1.5.2 化学方法检测

（1）采用先蒸汽处理后破碎的工艺时，每批医疗废物处理都应采用化学检测方法对处理效果进行检测，可采用化学指示管（卡）检测方法或化学指示胶带检测法。

（2）化学检测方法可参照国家关于高温蒸汽处理效果检测的测试标准中的有关规定执行。

10.8.1.6 若通过上述方法判定处理效果不合格，应评估不合格的原因，及时解决存在的问题并进行记录存档。处理效果验证期间所处理的医疗废物均视为未处理，还需按照规定对其重新处理。

10.8.2 评估

处理厂应委托具备条件的第三方机构定期对医疗废物处理厂的设施、设备安全状况以及处理厂运行管理情况进行监测和评估，一般宜每 2 年做一次评估，评估报告应留存以备所在地环境保护部门检查。

中华人民共和国环境保护部

公　告

2008年　第20号

为贯彻《中华人民共和国大气污染防治法》，保护环境，保障人体健康，规范除尘工程建设，现批准《水泥工业除尘工程技术规范》等两项标准为国家环境保护标准，并予发布。

标准名称、编号如下：

一、水泥工业除尘工程技术规范（HJ 434—2008）

二、钢铁工业除尘工程技术规范（HJ 435—2008）

以上标准自2008年9月1日起实施，由中国环境科学出版社出版，标准内容可在环境保护部网站（bz.mep.gov.cn）查询。

特此公告。

2008年6月6日

HJ

中华人民共和国国家环境保护标准

HJ/T 434—2008

水泥工业除尘工程技术规范

Dust collection project technical specification of cement industry

2008-06-06 发布　　　　2008-09-01 实施

环境保护部 发布

前　言

为贯彻执行《中华人民共和国环境保护法》、《中华人民共和国大气污染防治法》和《水泥工业大气污染物排放标准》，规范水泥工业除尘工程建设，控制水泥生产中的粉尘（烟尘）排放，改善环境质量，促进水泥工业技术进步和可持续发展，制定本标准。

本标准规定了水泥工业除尘工程系统设计、设备制造和验收、工程设备的安装调试及使用中的维护保养、运行管理等内容。

本标准为首次发布。

本标准由环境保护部科技标准司组织制定。

本标准主要起草单位：中国建筑材料集团公司合肥水泥研究设计院、中国环境保护产业协会（袋式除尘委员会）、中国中材集团公司河南中材环保有限公司、武汉天澄环保科技股份有限公司、浙江洁华环保科技有限公司、中国中材集团公司天津水泥工业设计研究院、西安西矿环保科技有限公司。

本标准环境保护部 2008 年 6 月 6 日批准。

本标准自 2008 年 9 月 1 日起实施。

本标准由环境保护部解释。

水泥工业除尘工程技术规范

1. 适用范围

本标准规定了水泥工业除尘工程设计、施工、验收和运行的技术要求。

本标准适用于水泥工业新建、改建、扩建除尘工程从设计、施工到验收、运行的全过程管理和已建除尘工程的运行管理，可作为水泥工业建设项目环境影响评价、环境保护设施设计与施工、建设项目竣工环境保护验收及建成后运行与管理的技术依据。

2. 规范性引用文件

本标准内容引用了下列文件中的条款。凡是不注日期的引用文件，其有效版本适用于本标准。

GB 4915　水泥工业大气污染物排放标准
GB 8978　污水综合排放标准
GB 12348　工业企业厂界噪声标准
GB 15577　粉尘防爆安全规程
GB 50040　动力机器基础设计规范
GB 50051　烟囱设计规范
GB 50058　爆炸和火灾危险环境电力装置设计规范
GB 50193　二氧化碳灭火系统设计规范
GB 50231　机械设备安装工程施工及验收通用规范
GB 50236　现场设备、工业管道焊接工程施工及验收规范
GB 50254　电气装置安装工程低压电器施工及验收规范
GB 50255　电气装置安装工程电力变流设备施工及验收规范
GB 50256　电气装置安装工程起重机电气装置施工及验收规范
GB 50257　电气装置安装工程爆炸和火灾危险环境电气装置施工及验收规范
GB 50258　电气装置安装工程 1kV 及以下配线工程施工及验收规范
GB 50259　电气装置安装工程电气照明装置施工及验收规范
GB 50275　压缩机、风机、泵安装工程施工及验收规范
GB 50295　水泥工厂设计规范
GB/T 13306　标牌
GB/T 13931　电除尘器性能测试方法
GB/T 15605　粉尘爆炸泄压指南
GB/T 16157　固定污染源排气中颗粒物测定与气态污染物采样方法
GB/T 16845.1 除尘器　术语　第一部分：共性术语
GB/T 16845.2 除尘器　术语　第二部分：惯性式、过滤式、湿式除尘器术语
GB/T 16845.3 除尘器　术语　第三部分：电除尘器术语
GB/T 16911　水泥生产防尘技术规程

GBJ 16　　建筑设计防火规范
GBJ 87　　工业企业噪声控制设计规范
GBJ 126　　工业设备及管道绝热工程施工及验收规范
GBZ 1　　工业企业设计卫生标准
HJ/T 76　　固定污染源排放烟气连续监测系统技术要求及检验方法
HJ/T 212　　污染源在线自动监控（监测）系统数据传输标准
HJ/T 256　　建设项目竣工环境保护验收技术规范 水泥制造
HJ/T 284　　环境保护产品技术要求 袋式除尘器用电磁脉冲阀
HJ/T 320　　环境保护产品技术要求 电除尘器高压整流电源
HJ/T 321　　环境保护产品技术要求 电除尘器低压控制电源
HJ/T 322　　环境保护产品技术要求 电除尘器
HJ/T 324　　环境保护产品技术要求 袋式除尘器用滤料
HJ/T 325　　环境保护产品技术要求 袋式除尘器 滤袋框架
HJ/T 326　　环境保护产品技术要求 袋式除尘器用覆膜滤料
HJ/T 327　　环境保护产品技术要求 袋式除尘器 滤袋
HJ/T 328　　环境保护产品技术要求 脉冲喷吹类袋式除尘器
HJ/T 329　　环境保护产品技术要求 回转反吹袋式除尘器
HJ/T 330　　环境保护产品技术要求 分室反吹类袋式除尘器
JB/T 5910　　电除尘器
JB/T 5915　　袋式除尘器用时序式脉冲喷吹电控仪
JB/T 6407　　电除尘器调试、运行、维修安全技术规范
JB/T 8471　　袋式除尘器安装　技术要求与验收规范
JB/T 8536　　电除尘器机械安装技术条件
JB/T 9688　　电除尘用晶闸管控制高压电源
JB/T 10191　　袋式除尘器　安全要求　脉冲喷吹类袋式除尘器用分气箱
JB/T 10340　　袋式除尘器压差控制仪
JB/T 10341　　滤筒式除尘器
JC/T 358.1　　水泥工业用电除尘器型式与基本参数
JC/T 358.2　　水泥工业用电除尘器技术条件
JC/T 405　　水泥工业用增湿塔
JC/T 768　　玻璃纤维过滤布
JCJ 03　　水泥机械设备安装工程施工及验收规范
《建设项目竣工环境保护验收管理办法》（国家环境保护总局令 第 13 号）
《污染源自动监控管理办法》（国家环境保护总局令 第 28 号）

3．术语和定义

GB/T 16845.1、GB/T 16845.2 和 GB/T 16845.3 确立的以及下列术语和定义适用于本标准。

3.1 粉尘负荷

指运行条件下，单位面积的滤袋结构内部与滤袋表面附着的粉尘总质量，单位为 g/m^2。

3.2 粉尘比电阻（粉尘有效比电阻或表观比电阻）

指悬浮于含尘气体中的粉尘粒子荷电后被捕集在收尘极上呈堆积状态，在一定温度、湿度、气

体成分的情况下，单位面积的粉尘在单位厚度时所具有的电阻值，单位为Ω·cm。

3.3 单机袋式除尘器（除尘机组）

指排风机安装在除尘器本体上的袋式除尘器。

3.4 滤袋使用寿命

指袋式除尘器的一批滤袋从开始使用到该批次滤袋的 15%发生破损或拉伸强度低于初始强度 50%（以先出现的情况为准）所经历的时间。

3.5 通风设备

指在水泥工业生产过程中，因通入自然空气而产生含尘气体的设备。

3.6 热力设备

指在水泥工业生产过程中，因通入温度高于自然空气温度的热气体而产生含尘气体的设备，包括水泥窑及窑磨一体机、烘干机、烘干磨、煤磨及冷却机。

3.7 板电流密度

指电除尘器极板上单位收尘面积的电流值，单位为 mA/m^2。

4. 总体设计

4.1 一般规定

4.1.1 新建水泥企业应配套建设除尘工程，现有水泥企业配套建设的除尘工程，其设计文件应按规定的内容和深度完成报批和批准程序。

4.1.2 除尘工程应根据水泥生产工艺合理配套，除尘器出口颗粒物排放应符合 GB 4915 或所在地方排放标准规定的限值。

4.1.3 水泥工业除尘工程除应符合本标准规定外，还应符合国家现行有关工程质量、安全卫生、消防等方面的强制性标准的规定。

4.1.4 除尘工程应由具有相应设计资质的单位设计。厂址选择和工程设计应符合 GB/T16911 和 GB 50295 的规定，满足环境影响评价报告、审批文件及本标准规定的要求。

4.1.5 水泥企业应把除尘设施作为生产系统的一部分进行管理。

4.1.6 水泥生产各阶段应通过优化工艺设计、设备选型和运行操作等措施，减少含尘气体排出量，稳定排出含尘气体。

4.2 含尘气体的性质和气体量

4.2.1 含尘气体性质应根据测试或同类型生产设备（设施）所排含尘气体性质确定，性质包括：粉尘种类、含尘质量浓度、气体成分、温度、压力、含湿量、露点、粉尘的特征等，没有实际数据的情况下可参照附录 A 选取。

4.2.2 粉尘的特征包括粒径分布、密度、容重、休止角、磨损性、浸润性、光学特征、自燃性和爆炸性、黏性、比电阻等。

4.2.3 含尘气体量在运行中以工况状态表示，热力设备所排的气体量应根据水泥工艺设计的热平衡计算确定，监测或检测等以标准状态核算。气体量随设备和工艺条件的不同而不同，可参照同类工程或附录 B 选取。

4.3 除尘工艺流程

4.3.1 除尘工艺流程和参数应根据生产设备（设施）的类型、能力、生产方式，所排含尘气体的性质，粉尘种类、排放要求和环境影响评价的要求经全面优化后确定。

4.3.2 除尘系统在保证含尘气体被充分捕集的前提下，应根据含尘气体的性质、结合经济原则，选取一个污染源配置一台除尘设备的单独除尘方式或多个污染源配置一台除尘设备的集中除尘方式。

含不同性质粉尘的含尘气体宜单独除尘，集中除尘收集的粉尘应进入对生产影响最小的物料中。

4.3.3 新型干法水泥生产线烧成系统宜采用窑磨一体化生产工艺，含尘气体统一收集处理。

4.3.4 除尘系统应采取强制通风负压系统，宜采用一级除尘。

4.3.5 除尘系统包括集尘罩、风管、预处理设施、除尘器、排灰设备、锁风装置、排风机、烟气连续监测系统、排气筒、温度及压力检测元件、主风管阀门、电气及控制系统，以及压缩空气供给、一氧化碳检测等辅助系统，不同系统有所取舍。

4.3.6 处理含有易燃易爆粉尘（如煤粉）的含尘气体，必须选择具有泄爆功能的除尘器，除尘器的设计、制造必须符合有关防燃、防爆的规定。煤磨除尘系统应设置温度、一氧化碳体积分数等监测及自动灭火装置。

4.3.7 除尘系统不得设置旁路风管。生产工艺参数波动大的除尘系统应设置缓冲或预处理设施。

4.3.8 带式输送机转运处物料落差不能过人，溜角宜小于等于 50°。

4.3.9 布置在带式输送机上游的袋式除尘器排灰管应避免垂直下落，排料溜子要设置缓冲倾斜段。

4.3.10 水泥厂主要有组织、无组织排放点及推荐的除尘方式见表 1。

表 1 水泥厂主要有组织、无组织排放点及推荐的除尘方式

排放点		推荐的除尘方式
有组织排放	破碎	集尘罩+袋式除尘器
	烘干机	袋式除尘器
	煤磨	防爆袋式除尘器
	生料磨	脉冲袋式除尘器
	新型干法窑窑头	电除尘器、袋式除尘器
	新型干法窑窑尾+生料磨	袋式除尘器、电除尘器
	立窑	袋式除尘器
	水泥磨	脉冲袋式除尘器
无组织排放	库顶	脉冲单机袋式除尘器或气箱脉冲袋式除尘器
	库底卸料器	脉冲单机袋式除尘器或分别用集尘罩抽吸，集中用袋式除尘器处理
	散装车	集尘罩+袋式除尘器
	皮带机转运处	集尘罩抽吸后集中用袋式除尘器处理
	立窑卸料	可设抽风管送入立窑袋式除尘器入口
	包装机	集尘罩+袋式除尘器

4.4 除尘器

4.4.1 水泥工业除尘应采用袋式除尘器或电除尘器。

4.4.2 除尘器应尽可能布置在污染源附近。露天布置的除尘器应有防雨措施。煤粉除尘器距四周墙壁应大于 2m，4m 范围内不宜设置通行楼梯和电气箱（柜）。

4.4.3 除尘器的噪声控制应以 GB 12348 为依据，按 GBJ 87 的相应规定执行。

4.5 风管和集尘罩

4.5.1 除连接口外，风管宜采取圆形截面，尽量减少弯管，弯管半径取 $R=$（1.5～3）D（D 为风管直径或当量直径）。

4.5.2 风管内风速：倾斜管道宜取 12～16m/s（煤粉管道与水平面倾斜角度宜大于 70°），垂直管道宜取 8～12m/s，水平管道宜取 18～20m/s。

4.5.3 风管系统布置应防止管道积灰，不宜设置水平风管，必须设置时应尽可能短且便于清灰。易积灰的地方应设置清灰孔并采取防漏风措施。

4.5.4 处理热烟气时，风管与除尘器的进出气口法兰之间应安装膨胀节。

4.5.5 风管应根据使用工况进行相应的防腐处理。

4.5.6 风管系统的适宜部位可装设阀门。当排风机功率超过 45kW 时，阀门应能实现控制室调节。在煤磨除尘器进口主风管上应设置气动阀门。

4.5.7 采用法兰连接的风管应在法兰连接处采取密封措施。

4.5.8 除尘器进风管上应按照 GB/T16157 的规定设置永久采样孔，必要时设置测试平台。

4.5.9 集尘罩的设置应靠近尘源，使罩口迎着粉尘散发的方向。其结构形式应便于安装和拆卸操作。

4.5.10 从环境进入集尘罩的风量应适当，由尘源与集尘罩边缘缝隙吸入环境空气的流速应控制在 0.25～0.5m/s。

4.5.11 集尘罩抽气口不宜设在物料处于搅动状态的区域附近。对于粉状物料，抽气口截面风速 1m/s 左右为宜；对于块状物料，抽气口截面风速应不大于 3m/s。

4.5.12 在几个支风管向一个总风管汇合或总风管分为几个支风管时，必须进行阻力平衡计算，根据风量确定各风管的截面积，必要时可在支风管上加装阀门调整风量。支风管一般不宜超过 6 个。

4.5.13 电除尘器风管必须垂直于进出气口法兰，垂直段的长度不小于 3 倍的风管当量直径。如现场条件不能达到以上要求，则应在弯头内增加导流装置。对具有双进气口的电除尘器，除以上要求外，风管的设计还应保证两个进气口的烟气量分布均匀。风管的横断面积应近似等于电除尘器的进出气口法兰横断面积，如现场条件不能达到以上要求，应设置扩散器，扩散器的扩散角一般为 60°，最大不能超过 90°，对大于 60°的扩散器内部应设置扩散板。

4.6 排风机

4.6.1 排风机应符合国家或行业相应产品标准，其选型应满足所处理介质的要求。

4.6.2 排风机的风量宜为除尘器处理风量的 1.10～1.15 倍，压头取系统全阻力的 1.2 倍。

4.6.3 选择排风机配套电机时，应将轴功率除以风机效率、机械传动效率，乘以安全系数后，再圆整到现行电机规格。安全系数通常取 1.05～1.20。

4.7 排气筒

4.7.1 排气筒的高度应符合 GB 4915 的规定，排气筒设计应符合 GB 50051 的规定。

4.7.2 排气筒的出口直径宜根据气体出口流速确定，气体出口流速可取 10～16m/s。

4.7.3 排气筒应设置永久采样孔和采样测试平台。采样孔应符合 GB/T 16157 的规定。必要时应预留连续监测装置安装位置。

4.7.4 排气筒应做防腐处理。

4.8 温度及压力检测

4.8.1 热力设备除尘器的进气风管和煤磨除尘器灰斗上应设置温度检测，通风设备除尘系统可按生产工艺要求设置温度检测。

4.8.2 除尘系统运行压力检测应按生产工艺要求设置。

4.9 保温

4.9.1 对处理含尘气体可能结露的除尘器和风管应采取保温措施，内壁的最低温度高于露点温度 8～10℃；当按照平板稳定传热计算时，环境温度按照当地极端最低温度取值。通过温度较高含尘气体的风管也宜敷设保温层。

4.9.2 保温材料应紧贴设备壳体、固定牢固。保温层外应敷设保护板，保护板应固定，保护板与固定骨架之间应加隔热垫，固定方式应考虑除尘器壳体热胀冷缩的影响。

4.9.3 在压缩空气凝结水可能结冰的地区，其压缩空气管路及净化装置宜采取保温或伴热措施。

5．预处理

5.1 为确保窑头、窑尾除尘系统达标排放，应根据经济的原则设置预处理设施，使含尘气体的物理状态适应相应除尘器要求的使用条件。如选用袋式除尘器时，应将烟气温度降至滤料可承受的长期使用温度范围内；窑尾选用电除尘器时，应使粉尘比电阻小于 $10^{11}\Omega\cdot cm$。

5.2 预处理技术包括调整含尘气体物理状态的调质技术和余热利用技术，应优先采用烘干原料、燃料或余热发电的余热利用技术。

5.3 降温调质应优先采用喷水雾化增湿技术，也可根据实际情况选用强制风冷或掺冷风技术；为降低比电阻的调质技术应采用喷水雾化增湿技术。

5.4 窑头选用电除尘器时，如设备允许、可在篦冷机篦床上或合适位置进行喷水增湿，使烟气露点高于 25℃。

5.5 增湿塔应符合 JC/T 405 的规定。增湿塔内径可按式（1）和（2）确定：

$$D=\sqrt{\frac{4Q}{3\,600\pi v}}=\sqrt{\frac{Q}{2\,826v}} \tag{1}$$

$$H=t\times v+l \tag{2}$$

式中：D——增湿塔筒体内径，m；

Q——处理气体量，m^3/h；

v——增湿塔筒体内气流平均速度，m/s，一般取 1.5～3.0m/s（大型增湿塔取高值）；

H——增湿塔有效高度，m；

t——液滴蒸发时间，s，一般取 9～15s；

l——喷嘴喷雾射程，m。

6．袋式除尘器

6.1 一般规定

6.1.1 袋式除尘器应符合 HJ/T 328、HJ/T 329、HJ/T 330 的规定，滤筒式除尘器应符合 JB/T 10341 的规定。

6.1.2 袋式除尘器部件、滤料应符合 HJ/T 327、HJ/T 325、HJ/T 324、HJ/T 284、HJ/T 326 的规定。

6.1.3 袋式除尘器的技术文件应参照附录 C 标明的主要参数。因设备结构不同，可作相应增减。

6.1.4 袋式除尘器运行阻力宜小于 1 800Pa。

6.1.5 袋式除尘器本体漏风率根据其使用负压的大小确定，应小于表 2 的数值。

表 2 袋式除尘器本体漏风率

工作负压 P/Pa	$P\leq3\,000$	$3\,000<P\leq6\,000$	$P>6\,000$
漏风率 a/%	2.5	3.0	3.5

设备漏风率应按式（3）计算：

$$a=\frac{Q_c-Q_i}{Q_i}\times100\% \tag{3}$$

式中：a——漏风率，%；

Q_i——标准状态入口风量，m^3/h；

Q_c——标准状态出口风量，m^3/h。

漏风率测定应进行三次，取其算术平均值。

6.2 袋式除尘器结构

6.2.1 袋式除尘器的结构主要包括箱体、灰斗、滤袋、清灰机构、输灰及排灰装置、控制柜（箱）及煤磨袋式除尘器的防爆门等。

6.2.2 箱体应满足以下规定：

a）箱体的强度应能承受系统压力，设计承载压力应不小于系统产生的最大承载压力的 120%。煤磨除尘器的箱体设计应考虑承受煤粉爆炸压力（约 20 000Pa）；

b）箱体壁板应进行防腐处理，腐蚀裕度不小于 1mm；

c）反吹风除尘器的箱体隔板要考虑承受交变载荷的刚度，滤袋吊挂机构的预紧拉力应符合 JB/T 8471 的规定；

d）脉冲喷吹除尘器花板在加强后应能承受系统压力、滤袋自重及最大粉尘负荷，并在此基础上增加不小于 1 mm 的腐蚀裕度。根据机组规格大小，花板厚度至少应≥4 mm。

6.2.3 灰斗的强度应按不小于满负荷工况下承载能力的 150%设计，并能保证长期承受系统压力和满斗积灰的重力。灰斗的容积应考虑输灰设备检修期内的储灰量。除单机袋式除尘器外，灰斗应设置检修门。灰斗的夹角宜大于 60°，煤磨除尘器灰斗与水平面的夹角应大于 70°，对黏性较大的粉尘宜在灰斗设捅料和清堵装置，处理易结露含尘气体的袋式除尘器应设置加热器及振动器（或清堵设施）。

6.2.4 支柱（腿）的设计应牢固可靠，满足袋式除尘器的强度和刚度要求。考虑因素包括除尘器的设备重量（包括满斗灰重）、当地的最大风载荷、雪载荷、人员活动载荷和地震设防附加载荷。

6.2.5 高度大于 4m 的直爬梯应配备护栏，底层护栏距起始面约 2m。

6.2.6 滤袋框架除应符合 HJ/T 325 规定外，对于带文丘里管的袋式除尘器，其文丘里管应与框架组装在一起，文丘里管与滤袋框架两者接触断面的同心度公差不大于 1.0mm。

6.2.7 滤料应符合 HJ/T 324、HJ/T 326、JC/T 768 的规定。滤袋应符合 HJ/T 327 规定，还应适应含尘气体的性质，且在正常工况及操作下，滤袋使用寿命应大于 2 年。

6.2.8 排灰设备和卸灰装置应符合相应机电产品标准，满足最大卸灰量和锁风要求。

6.2.9 脉冲喷吹类袋式除尘器用分气箱和气包应符合 JB/T 10191 的规定。

6.2.10 反吹风机全压和流量应大于清灰所需压力和风量的 1.3 倍。

6.2.11 泄压装置应灵活可靠，以保证有效泄压，其规格和布置应符合 GB/T 15605 的规定。

6.2.12 反吹风气路系统应配备气动阀。为窑、磨等主机配套的反吹风袋式除尘器，每单元进气管路上应加装手动碟阀。

6.2.13 开启气动阀的压缩空气宜经过滤器、调压阀和给油器组成的气动三连体净化，脉冲清灰用压缩空气应经过滤器、调压阀组成的气源处理单元净化，压力分别保持在气缸或脉冲阀正常工作的范围内。

6.2.14 以压差控制清灰的测压装置应灵敏、可靠、准确。

6.2.15 电磁脉冲阀应符合 HJ/T 284 的规定。

6.3 袋式除尘器选型和计算

6.3.1 应根据所处理含尘气体和粉尘的性质及工艺条件，选择袋式除尘器的种类、确定过滤风速、计算总过滤面积，由总过滤面积确定除尘器的规格，总过滤面积按式（4）计算。

$$S=\frac{Q}{60v} \tag{4}$$

式中：Q——处理风量，m^3/h；

S——总过滤面积，m^2；

v——过滤风速，m/min。

采用离线清灰时，袋式除尘器的过滤速度通常以净过滤速度为准，此时可先按式（5）计算净过滤面积，再按式（6）计算总过滤面积。

$$S_{净}=\frac{Q}{60v_{净}} \tag{5}$$

$$S_{总}=S_{净}+S_{清} \tag{6}$$

式中：$S_{净}$——净过滤面积，m^2；

$v_{净}$——净过滤风速，m/min；

$S_{清}$——执行离线清灰单元的滤袋面积，m^2。

6.3.2 袋式除尘器的处理风量应按生产设备需处理气体量的 1.1 倍计算，若气体量波动较大时，应取气体量的最大值。

6.3.3 滤袋的过滤风速可根据袋式除尘器的种类、滤料种类、入口含尘浓度等工艺条件选择。入口含尘质量浓度高时取较低的风速，入口含尘质量浓度低时取较高的风速。脉冲喷吹袋式除尘器的过滤风速 1.0～1.5 m/min，当入口含尘质量浓度超过 500 g/m^3 时，净过滤风速应不超过 1.0 m/min；气箱脉冲袋式除尘器过滤风速 1.0～1.4 m/min；非覆膜玻纤滤料的反吹风袋式除尘器，净过滤风速宜不超过 0.5 m/min。

6.3.4 水泥工业主机（窑、磨、冷却机） 设备若选用多箱体离线清灰袋式除尘器，箱体数宜≥6。

6.3.5 处理高温、高湿、易燃、易爆含尘气体应分别选用具有耐高温、抗结露、抗静电性能的滤料；处理含尘质量浓度大于 500 g/m^3 含尘气体宜选用覆膜滤料。

6.4 电气及控制系统

6.4.1 袋式除尘器控制柜/箱应有单独的回路供电。

6.4.2 控制回路电源应由袋式除尘器控制柜/箱自身完成配电。

6.4.3 袋式除尘器控制柜/箱应具有手动/自动控制功能。自动控制分为中央控制/本机控制柜的控制选择，现场控制应具有“机旁优先”的功能。

6.4.4 引至中央控制系统的接口信号一般为无源接点或模拟量信号，信号类型要满足用户的要求。

6.4.5 袋式除尘器控制柜/箱的主控制器可采用单片机或 PLC 可编程序控制器，时间控制精度要达到 0.01s；时序式脉冲喷吹电控仪应符合 JB/T 5915 的规定，压差控制仪应符合 JB/T 10340 的规定。

6.4.6 控制内容除包括通常应具有的清、卸、输灰控制功能外，还应针对设备使用对象不同，具有温度上、下限报警及其处理对策，灰斗防结露、黏结控制，防煤粉燃、爆控制措施等。

6.4.7 自动控制应具有定时/定差压控制方式，以适应不同情况的需要。

6.4.8 控制器应具有方便修改控制参数的功能，以便实现最佳运行。

6.4.9 控制柜/箱的使用环境温度应满足使用说明书的要求。

6.4.10 用于高海拔地区的控制柜/箱，主要元、器件的选型必须高出常规一个等级。

6.4.11 用于高湿地区的控制柜/箱，必须选择耐湿、耐腐蚀的元器件。

7. 电除尘器

7.1 一般规定

7.1.1 电除尘器应符合 JC/T 358.1、JC/T 358.2、HJ/T 322、HJ/T 320、HJ/T 321 的规定，设计制造应

由具有国家相应设计制造资质的单位供货。

7.1.2 电除尘器的噪声控制应以 GB 12348 为依据，按 GBJ 87 的相应规定执行。

7.1.3 电除尘器的技术文件应参照附录 C 标明的主要参数。因设备种类不同，可作相应增减。

7.1.4 电除尘器可以是钢支架支撑，也可以是混凝土支撑。不论是钢支架支撑或混凝土支撑均须设置活动支撑。

7.1.5 电除尘器本体漏风率依照 JC/T 358.1 标准执行。

7.2 电除尘器的结构

7.2.1 电除尘器由机械和电气两大部分组成。机械部分主要包括气体分布板及振打装置，壳体（包括灰斗），收尘极、放电极及振打装置，排灰、锁风设备等；电气部分主要包括高压电源及控制系统和低压控制系统。

7.2.2 壳体的强度应能承受系统的压力，灰斗的强度和容积参照 6.2.3 的规定。

7.2.3 排灰、卸灰装置和泄压装置分别执行 6.2.8 和 6.2.11 的相关规定。

7.3 电除尘器的选型和计算

7.3.1 应根据所处理的烟气和粉尘的性质、烟气的工况气体量、工艺条件和用户的其他要求选取电除尘器的规格和结构。

7.3.2 应取最不利的工作状态作为除尘器选型的依据。

7.3.3 电场风速的选取：窑尾宜≤0.85 m/s，窑头宜≤0.9 m/s，煤磨宜≤0.8 m/s。

7.3.4 电除尘器总收尘面积按式（7）计算：

$$A=\frac{-Q\times \ln(1-\eta)}{\omega}\times 100 \tag{7}$$

式中：A ——总收尘面积，m^2；

Q ——工况烟气量，m^3/s；

η ——总除尘效率，%；

ω ——驱进速度，cm/s。

驱进速度的取值应考虑工艺参数和条件、工艺系统的设备和布置，并留有适当的余地。

7.3.5 根据确定的总收尘面积，确定除尘器横断面积、电场高度、长度和电场数等，窑尾和窑头电除尘器应≥4 电场。

7.3.6 新设计的电除尘器其电场高度与电场宽度的比值≤1.3；电场总长度与电场高度的比值≥1。

7.4 电源及控制系统

7.4.1 电除尘器高、低压电源及控制系统应符合 HJ/T 320 和 HJ/T 321 的规定。

7.4.2 高压电源分户外式和户内式。户外式布置应在高压整流变压器旁同时配置高压隔离开关柜，户内式布置应在变压器室内布置四点式高压隔离开关。

7.4.3 高压整流变压器与电场之间应配置阻尼电阻，电阻功率应大于实际功率的 3 倍以上，并有良好的通风散热空间。

7.4.4 高压电源的容量应按电源的二次工作电压和电流值的上限选取。通常情况下，二次工作电压宜为 55～72 kV，对于宽间距电除尘器和选用非尖端放电的电晕线时应取高值。二次工作电流以板电流密度为计算依据，常规电除尘器的板电流密度取 0.35～0.40 mA/m^2，放电性能好的电晕线取高值，放电性能差的电晕线取低值。

7.4.5 低压供电系统应具有控制振打及绝缘材料加热等功能。振打和停止时间应可调，调节范围应满足实际使用的需要。

8．工程配套设施

8.1 一般规定

8.1.1 除尘工程各配套设施和配套专业设计，应符合 GB 50295 的规定。

8.1.2 除尘工程工作电源的引接和操作室设置，应与相应水泥生产工程一致。

8.1.3 除尘工程的承重结构，应充分考虑积灰和输送设备故障而积存物料的荷载。

8.2 压缩空气供给

8.2.1 除尘工程用压缩空气应集中供给，供给系统包括压缩空气站和输送压缩空气管道。压缩空气站对除尘器的供气能力不小于除尘器耗气量的 1.2 倍。

8.2.2 压缩空气应经除油、除水等净化处理，达到除尘设备对压缩空气品质的要求。

8.2.3 用气点压缩空气应满足除尘器用气流量和压力的要求，波动范围不得超过许用范围。

8.2.4 储气罐到用气点的管线距离一般不超过 50 m，超过该距离时宜另设储气罐。用气量较多的点可单独设储气罐。对大型袋式除尘器供气，宜从压缩空气站设专用管道。

8.2.5 为每台除尘器输送压缩空气的管道上均应设置截止阀。

8.2.6 压缩空气管道内的气体流速≤20 m/s，压缩空气管线应短捷，管线应具有适当坡度，易于排出冷凝水。

8.3 一氧化碳监测装置及灭火装置

8.3.1 煤磨除尘系统及窑尾电除尘系统应设一氧化碳监测及报警装置。一氧化碳监测及报警装置应与主机设备联锁。

8.3.2 煤磨除尘系统应设灭火装置。灭火装置的设置应符合相应消防标准。使用二氧化碳灭火系统应符合 GB 50193 的规定。

8.3.3 煤磨除尘系统及窑尾电除尘系统过程检测与控制应符合 GB/T 50058 的规定。

8.3.4 灭火装置的安装应由有资格的安装单位进行施工，并由消防部门组织验收。

8.4 烟气排放连续监测系统（CEMS）

8.4.1 应按照《污染源自动监控管理办法》的规定安装烟气连续监测系统，并与当地环保部门联网。

8.4.2 连续监测系统的安装部位、数量和监测项目应符合 GB 4915 和地方环境保护管理部门的要求。

8.4.3 连续监测装置和数据传输系统应分别符合 HJ/T 76 和 HJ/T 212 的规定。

9．无组织排放防治

9.1 一般规定

9.1.1 无组织排放应符合 GB 4915 的要求。

9.1.2 应减少物料露天堆放，干物料应封闭储存；取消生产中间过程各种车辆运输；消除生产中物料的跑、冒、漏、撒。

9.1.3 对库底、配料、转运、包装等多发生无组织排放的地方，应把无组织排放转化成有组织排放进行治理。

9.2 分散扬尘点的治理

9.2.1 各物料储存库库顶应设排风口，并设置除尘器，杜绝含尘气体无组织外泄。

9.2.2 散装应采用带抽风口的散装卸料装置，物料装车与除尘同时进行，抽吸的气体除尘后排放。

9.2.3 物料卸出或转运应降低落差，出料倾角应适当，减少物料扬起，在落料点周围设置风罩抽风除尘。

10．环境保护与安全卫生

10.1 一般规定

10.1.1 在除尘工程建设、运行过程中产生的废水、固体废物、噪声及其他污染物的防治与排放，应贯彻并执行国家现行的环境保护法规等有关规定。

10.1.2 水泥生产各工序除尘收集的物料应全部在水泥生产中利用，不得抛弃和产生二次污染。

10.1.3 除尘工程在设计、建设和运行过程中，应高度重视劳动安全和工业卫生，采取相应措施，消除事故隐患，防止事故发生。

10.1.4 安全和卫生设施应与除尘工程同时建成运行，有污染和危害之处应悬挂标志。操作规程中应有劳动安全和工业卫生条款。

10.1.5 应对劳动者进行环境保护与安全卫生培训，提供所需的防护用品和洗涤设施，定期进行健康检查。

10.2 环境保护

10.2.1 除尘工程产生的废水宜与生产废水统一处理，循环使用，排放应达到 GB 8978 和建厂所在地地方排放标准的相应要求。

10.2.2 除尘工程的设计、建设，应采取有效的隔声、消声、绿化等降低噪声的措施，噪声和振动应符合 GBJ 87 和 GB 50040 的规定，厂界噪声应达到 GB 12348 的要求。

10.2.3 除尘工程在建设和运行中产生的固体废物应分类收集，无利用价值的滤袋等应在水泥窑中销毁，不得产生二次污染。

10.3 劳动安全

10.3.1 除尘工程在设计、安装、调试、运行以及维修过程中应始终贯彻安全的原则，遵守安全技术规程和相关设备安全性要求的规定。

10.3.2 除尘工程的防火、防爆设计应符合 GB 15577、GBJ 16、GB 50058 等的有关规定。

10.3.3 建立并严格执行经常性和定期的安全检查制度，制定除尘系统燃爆应急预案。

10.4 职业卫生

10.4.1 除尘工程职业卫生要求应符合 GBZ 1 的规定。

10.4.2 操作（控制）室和工作岗位应根据需要采取通风、调温和隔声等措施，防治职业病和保护劳动者健康。

11．施工与验收

11.1 一般规定

11.1.1 应按工程设计图纸、技术文件、设备图纸等组织除尘工程施工，工程的变更应取得设计单位的设计变更文件后再实施。

11.1.2 除尘工程施工单位，必须具有与该工程相应的资质等级。施工使用的材料、半成品、部件应符合国家现行标准和设计要求，并取得供货商的合格证书，严禁使用不合格产品。设备安装应符合 GB 50231、JCJ 03 的规定。

11.1.3 除尘工程建设单位应专门成立技术质量监督小组。参与设计会审，设备监制，施工质量检查；制定运行和维护规章制度，培训工人；组织、参与工程各阶段验收，进行空载试车和负载试车，建立设备安装及运行档案。

11.1.4 设备安装之前应对土建工程按安装要求进行验收，验收记录和结果应作为工程竣工验收资料之一。

11.2 除尘工程安装

11.2.1 除尘器本体及零部件的现场贮存、运输和吊装应符合产品技术文件的规定。

11.2.2 除尘工程安装包括：除尘器本体、高低压电源及其控制系统的安装，系统相关设备和装置的安装，风管和电、气、水管线的连接，除尘系统保温和防雨等。施工单位应制订安装技术方案。

11.2.3 袋式除尘器安装应符合 JB/T 8471 的规定，电除尘器的安装应符合 JB/T 8536 的规定。

11.2.4 滤袋安装应在全部设备安装完毕，并对含尘气体管道系统进行空载试运行后进行；滤袋装好后，不得在壳体内部和外部再实施焊接和气割等明火作业。

11.2.5 除尘器的泄压装置应确保泄压功能。气路系统要保证密封，气动元件动作应灵活、准确。各运动部件应安装牢固，运行可靠。

11.2.6 电除尘器的壳体四角必须分别进行可靠地接地，新安装电除尘器的接地电阻应≤2Ω。

11.2.7 除尘工程安装完成后，应彻底清除除尘器、含尘气体管道及压缩空气管路内部的杂物、关闭各检修门。

11.2.8 控制柜/箱的安装要求如下：

（1）控制柜/箱的安装应和水平面保持垂直，倾斜度小于 5%；

（2）避免强电、磁场及剧烈振动场合；

（3）控制柜/箱体必须可靠接地；

（4）室内安装应注意通风、散热，室外安装应有防尘、防雨、防晒等措施。

11.3 除尘系统调试

11.3.1 除尘系统调试分单机试车、与主机设备空载联合试运行和带料试运行三阶段。前一阶段试车合格后进行下一阶段试车。

11.3.2 单机试车应解决转向、润滑、温升、振动等问题，连续运行时间不低于 2h。单机试车时，应记录每个设备（装置）的试车过程。

11.3.3 除尘系统与主机设备空载联合试运行应在该系统设备全部通过单机试车后进行，要求如下：

a）试运行之前必须清理安装现场，清除系统内杂物，悬挂“警示牌”，做好安全防范；

b）各运动部件加注规定的润滑油（脂），转动灵活；

c）确认供电、供水、供气正常，仪表指示正确；

d）电除尘器应首先对所有绝缘材料加热，确认对其能进行温度控制；

e）电除尘器的升压试验应执行 JB/T 6407、JC/T 358.1、JC/T 358.2 标准及随机提供的安装说明书，只有当一个电场（或电源）升压正常并稳定后，才可以进行另一个电场（或电源）的升压试验，此时前一个电场不应关闭；全部电场升压完成后，应启动全部振打装置，在全部振打装置运行的情况下，电场的二次电压和电流应没有变化；电场升压过程记录表的格式可参照附录 D，并据升压记录绘制伏安特性曲线存档；

f）分别按手动和自动的方式依启动顺序启动各设备，检验系统设备的联锁关系；

g）主机设备空载联合试运行时间应为 4～8h。

11.3.4 袋式除尘器系统带料试运行应在主机设备空载联合试运行完成后进行，要求如下：

a）与除尘系统相关的水、电、气，物料输送及安全检测等配套设施已经启动且工作正常；

b）煤磨、窑尾袋式除尘器在带料投运前，应先撒入生料粉，使滤袋上附上生料层，并消除壳体内部的堆积平面；

c）在大于额定风量 80%条件下，连续试验时间在 72h 以上；

d）观察并记录各测量仪表的显示数据及各运动部件的运行状况，各项技术指标均应达到设计要求；

e）用于热力设备的袋式除尘器在带料试运行过程中，应设置不同的温度限值，验证自控系统的可靠性。

11.3.5 电除尘系统带料试运行应在主机设备空载联合试运行完成后进行，要求如下：

a）同 11.3.4 节 a）、c）、d）的要求；

b）投运前必须先经烟气加热，使壳体及内部构件的温度超过烟气露点温度 30℃以上或至少加热 8h 以后方可向电场供电；

c）电场供电后应逐点升压，直至能达到的最高工作电压和电流；

d）对于新安装的电除尘器，如工艺设备在运行初期进行燃油，燃油期间禁止向电场供电。

11.4 安装工程验收

11.4.1 安装工程验收在安装工程完毕后，由建设单位组织安装单位、供货商、工程设计单位结合系统调试对除尘系统逐项进行验收，对机械设备和控制设备的性能、安全性、可靠性等运行状态进行考核。

11.4.2 安装工程验收依据为：主管部门的批准文件、设计文件和设计变更文件、合同及其附件、设备技术文件等。验收程序和内容应分别符合 GB 50231、GB 50236、GB 50275、GB/T 13931、GBJ 126、HJ/T 76、JB/T 8471、JCJ 03、GB 50254～GB 50259、JB/T 8536、JB/T 9688、JC/T 358.1、JC/T 358.2 和安装文件的有关规定。

11.5 工程环境保护验收

11.5.1 与生产工程同步建设的除尘工程应与生产工程同时进行环境保护验收；现有生产设备配套或改造的除尘设施应单独进行环境保护验收。

11.5.2 除尘工程环境保护验收按《建设项目竣工环境保护验收管理办法》和 HJ/T 256 的规定执行。

11.5.3 除《建设项目竣工环境保护验收管理办法》和 HJ/T 256 的规定验收材料以外，申请单位还应提供工程质量验收报告和除尘系统性能试验报告，性能试验报告的主要参数应包括：

a）系统风量；

b）系统漏风率；

c）出口粉尘质量浓度；

d）系统阻力；

e）岗位粉尘质量浓度。

11.5.4 配套建设的烟气连续监测及数据传输系统，应与除尘工程同时进行环境保护验收。

12．运行与维护

12.1 一般规定

12.1.1 生产单位应设环境保护管理机构，配备技术人员及除尘系统检测仪器，制定除尘系统运行及维护的规章制度。

12.1.2 除尘设施的操作和维护均应责任到人。岗位工应通过培训考核上岗，熟悉本岗位运行及维护要求，具有熟练的操作技能，遵守劳动纪律，执行操作规程。

12.1.3 除尘系统应在生产系统启动之前启动，在生产系统停机之后停机。

12.1.4 岗位工人应填写运行记录，严格执行交接班工作制度。运行记录按天上报企业生产和环保管理部门，按月成册。所有除尘器均应有运行记录，一般通风设备用除尘器运行记录可随同车间主机设备一起编制，热力设备用除尘器、处理风量大于 100 000 m^3/h 的通风设备用除尘器运行记录宜单独编制。记录间隔可取 1～2h，表格格式可参照附录 E。

12.1.5 除尘工程中通用设备的备品备件按机械设备管理规程储备，专用备品备件如脉冲阀、滤袋、气动元件、绝缘材料、电极板及高低压电器元件等储备量为正常运行量的10%～15%。

12.1.6 应制定除尘系统中、大检修计划和应急预案。除尘系统检修时间应与工艺设备同步，每6个月对主机配套的除尘系统主要技术性能检查1次，对可能有问题的除尘系统随时检查，检修和检查结果应记录并存档。

12.2 袋式除尘系统运行

12.2.1 除尘系统开机前，应全面检查运行条件，符合要求后按开机程序启动。

12.2.2 除尘系统的运行控制应与生产系统的操作密切配合，选择自动控制状态；系统风量不得超过额定处理风量；生产工况变化时，应通过调节保证正常运行和达标排放。

12.2.3 除尘系统入口气体温度必须低于滤料使用温度的上限，且高于气体露点温度10℃以上；系统阻力保持在正常范围内。

12.2.4 存在燃爆危险的除尘系统应控制温度、压力和一氧化碳含量，经常检查泄压阀、检测装置、灭火装置等。一旦发生燃爆事故应立即启动应急预案，并逐级上报。

12.2.5 操作工每班至少应巡回检查一次各部件，保持设备和现场的整洁，及时发现隐患，妥善处理。

12.2.6 生产系统停机后，除尘器的清灰、排灰机构还应运行一段时间，且先停清灰，后停排灰。

12.2.7 冬季或高寒地区的袋式除尘器长时间停运后，启动时应采取加热措施，沿海等空气潮湿地方的水泥磨袋式除尘器负载运行启动前宜采用烟气加热，使除尘器内温度高于露点温度10℃以上。

12.2.8 在有冰冻季节的地区，除尘系统停机时冷却水和压缩空气的冷凝水应完全放掉。长期停车时还应取下滤袋，切断配电柜和控制柜电源。

12.3 电除尘系统运行

12.3.1 执行12.2.1、12.2.2、12.2.4～12.2.6的规定。

12.3.2 电除尘器投运前应提前4 h将全部的电加热装置送电加热；向电场供电之前应确认烟气中一氧化碳等可燃气体在安全范围内。

12.3.3 电除尘器运行过程中应控制一次电压、一次电流、二次电压、二次电流、振打周期等运行参数。

12.3.4 电除尘器停机时应先停止向电场供电，再切断主回路和控制回路的电源；如停机时间超过8h或要进行设备检修时，应按供货方提供的操作说明书的要求执行；如停机时间超过24h，在停止向电场供电的同时可切断电加热器电源。

12.4 除尘系统维护

12.4.1 除尘系统的维护包括正常运行时的检查、管路和设备清扫、疏通堵塞、定期加注或更换润滑油（脂）以及及时进行的小修、定期进行的中修和大修。维护范围包括工程配套设施。

12.4.2 除尘设备投入运行一周内应对各连接件进行紧固，对运动部件逐一检查。对袋式除尘器检查清灰机构和滤袋滤尘情况。对电除尘器检查振打装置、接地和电场内部情况，清扫高低压电控柜和绝缘材料。反吹风袋式除尘器使用1～2个月后，应对滤袋吊挂机构长度进行调整或更换。

12.4.3 中修宜半年进行一次，包括运转设备的换油及调整，重要配件的更换和修理，电气系统及测试设备的调整，接地极的检查和处理，电场内部、高低压电控柜和绝缘材料的清扫工作等。大修宜2～5年进行一次，除中修的内容外，还应包括各种仪器仪表的检定，滤袋或电极的更换，系统设备的改造和更换，系统加固、油漆和保温等。

12.4.4 设备检修时应做好安全防范，切断设备运行电源，在检修门、电控柜处挂“警示牌”，保管好安全联锁钥匙。人员进入电场内部或涉及高压部位的区域，除切断全部高压电源外，还应将隔离开关全部切换到接地位置。

12.4.5 除尘设备内部检修要求如下：

a）排净粉尘；

b）用新鲜空气置换出内部残留的气体，使设备内一氧化碳等有毒、有害气体质量浓度降至安全限度以下；

c）采取降温措施，使除尘器温度降至40℃以下；

d）进入内部的维修人员不得吸烟；

e）采取防止维修人员进入除尘器后检修门自动关闭的措施；

f）对于在线检修的袋式除尘器应切断该单元滤室，一旦出现不适，应立即停止作业；

g）电除尘器阴极要可靠接地，袋式除尘器要撤除相应滤袋，才能进行电焊、气割作业。

附录 A
（资料性附录）
水泥生产各设备含尘气体性质

水泥生产各设备排放的含尘气体性质见表 A.1。

表 A.1 水泥生产各设备含尘气体性质

<table>
<tr><th colspan="2">设备名称</th><th>含尘质量浓度/（g/m³）</th><th>气体温度/℃</th><th>水分体积比/%</th><th>露点/℃</th><th><20 μm 粉尘粒径/%</th><th>电阻率/Ω·cm</th></tr>
<tr><td colspan="2">湿法长窑</td><td>10～60</td><td>150～250</td><td>35～60</td><td>60～75</td><td>80</td><td>10^{10}～10^{11}</td></tr>
<tr><td colspan="2">立波尔窑</td><td>10～30</td><td>100～200</td><td>15～25</td><td>45～60</td><td>60</td><td>10^{10}～10^{11}</td></tr>
<tr><td colspan="2">干法长窑</td><td>10～80</td><td>400～500</td><td>6～8</td><td>35～40</td><td>70</td><td>10^{10}～10^{11}</td></tr>
<tr><td colspan="2">悬浮预热器窑</td><td>30～80</td><td>350～400</td><td>6～8</td><td>35～40</td><td>95</td><td>>10^{12}</td></tr>
<tr><td colspan="2">带过滤预热湿法窑</td><td>10～30</td><td>120～190</td><td>15～25</td><td>50～60</td><td>30</td><td></td></tr>
<tr><td colspan="2">立窑</td><td>5～15</td><td>50～190</td><td>8～20</td><td>40～55</td><td>60</td><td>10^{10}～10^{11}</td></tr>
<tr><td colspan="2">窑外分解窑</td><td>30～80</td><td>300～350</td><td>6～8</td><td>40～50</td><td>95</td><td>>10^{12}</td></tr>
<tr><td colspan="2">熟料篦式冷却机</td><td>2～30</td><td>150～300</td><td></td><td></td><td>1</td><td>10^{11}～10^{13}</td></tr>
<tr><td rowspan="3">回转烘干机</td><td>黏土</td><td>40～150</td><td rowspan="3">70～130</td><td rowspan="3">20～25</td><td rowspan="3">50～65</td><td>25</td><td></td></tr>
<tr><td>矿渣</td><td>10～70</td><td></td><td></td></tr>
<tr><td>煤</td><td>10～50</td><td>60</td><td></td></tr>
<tr><td rowspan="3">生料磨</td><td>中卸烘干磨</td><td>50～150</td><td rowspan="3">70～110</td><td rowspan="3">10</td><td rowspan="3">45</td><td rowspan="3">50</td><td rowspan="3"></td></tr>
<tr><td>风扫磨</td><td>300～500</td></tr>
<tr><td>立式磨</td><td>300～800</td></tr>
<tr><td colspan="2">O-Sepa 选粉机</td><td>800～1 200</td><td>70～100</td><td></td><td></td><td></td><td></td></tr>
<tr><td>水泥磨</td><td>机械排风磨</td><td>20～120</td><td>90～120</td><td></td><td></td><td>50</td><td></td></tr>
<tr><td rowspan="2">煤磨</td><td>钢球磨（风扫）</td><td rowspan="2">250～500</td><td rowspan="2">60～90</td><td rowspan="2">8～15</td><td rowspan="2">40～50</td><td rowspan="2"></td><td rowspan="2"></td></tr>
<tr><td>立式磨</td></tr>
<tr><td rowspan="3">破碎机</td><td>颚式</td><td>10～15</td><td></td><td></td><td></td><td></td><td></td></tr>
<tr><td>锤式</td><td>30～120</td><td></td><td></td><td></td><td></td><td></td></tr>
<tr><td>反击式</td><td>40～100</td><td></td><td></td><td></td><td></td><td></td></tr>
<tr><td colspan="2">包装机</td><td>20～30</td><td></td><td></td><td></td><td></td><td></td></tr>
<tr><td colspan="2">散装机</td><td>50～150</td><td>常温</td><td></td><td></td><td></td><td></td></tr>
<tr><td colspan="2">提升运输设备</td><td>20～50</td><td>常温</td><td></td><td></td><td></td><td></td></tr>
</table>

附录 B

（资料性附录）

水泥生产各设备含尘气体量

水泥生产各设备排放的含尘气体量见表 B.1。

表 B.1 水泥生产各设备含尘气体量

设备名称		排风量	备 注
湿法长窑		（2 800～4 500）G，m^3/h^*	G 为窑台时产量，t
立波尔窑		（3 000～5 000）G，m^3/h^*	G 为窑台时产量，t
干法长窑		（2 500～3 000）G，m^3/h^*	G 为窑台时产量，t
悬浮预热器窑		（2 000～2 800）G，m^3/h^*	G 为窑台时产量，t
带过滤预热湿法窑		（3 300～4 500）G，m^3/h^*	G 为窑台时产量，t
立窑		（2 000～3 500）G，m^3/h^*	G 为窑台时产量，t
窑外分解窑		（1 400～2 500）G，m^3/h^*	G 为窑台时产量，t
熟料篦式冷却机		（1 200～2 500）G，m^3/h^*	G 为篦式冷却机台时产量，t
回转烘干机		（1 000～4 000）G，m^3/h^*	G 为烘干机台时产量，t
生料磨	中卸烘干磨	（3 500～5 000）D^2，m^3/h^*	D 为磨机内径，m
	风扫磨	（2 000～3 000）G，m^3/h	G 为磨机台时产量，t
	立式磨	（2 000～3 000）G，m^3/h	G 为磨机台时产量，t
O-Sepa 选粉机		（900～1 500）G，m^3/h	G 为磨机台时产量，t
水泥磨	机械排风磨	（1 500～3 000）D^2，m^3/h	D 为磨机内径，m
	辊压机	（100～200）G，m^3/h	G 为磨机台时产量，t
煤磨	钢球磨（风扫）	（2 000～3 000）G，m^3/h	G 为磨机台时产量，t
	立式磨	（2 000～3 000）G，m^3/h	G 为磨机台时产量，t
破碎机	颚式	Q=7 200S+2 000，m^3/h	S 为破碎机额口面积，m^2
	锤式 反击式	Q=（16.8～21）dLn，m^3/h	d 为转子直径，m L 为转子长度，m n 为转子速度，r/min
	立轴	Q=5d^2n，m^3/h	d 为锤头旋转半径，m n 为转子速度，r/min
包装机		300G，m^3/h	G 为包装机台时产量，t
散装机		（20～25）G，m^3/h	G 为散装机台时产量，t
提升运输设备	空气斜槽	Q=（0.13～0.15）BL，m^3/h	B 为斜槽宽度，mm L 为斜槽长度，m
	斗式提升机	Q=1 800VS，m^3/h	V 为料斗运行速度，m/s S 为机壳截面积，m^2
	胶带输送机	Q=700B（v+h），m^3/h	B 为胶带宽度，m v 为胶带速度，m/s h 为物料落差，m
	螺旋输送机	Q=D+400，m^3/h	D 为螺旋直径，mm
注：* 指标准状态，温度为 273.15K，压力为 101 325 Pa。			

附录 C
（资料性附录）
袋式除尘器和电除尘器型号规格及基本参数

袋式除尘器型号规格及基本参数见表 C.1；电除尘器型号规格及基本参数见表 C.2。

表 C.1 袋式除尘器型号规格及基本参数

参数名称	单位	参数名称	单位
型号规格		换袋空间高度	mm
处理风量	m^3/h	压缩空气压力	MPa
过滤风速	m/min	压缩空气消耗量	m^3/min
净过滤风速	m/min	排灰设备型号/功率	kW
室数	个	锁风设备型号/功率	kW
每室滤袋数	条	入口气体温度	℃
滤袋规格（直径×长度）	mm× mm	总装机功率	kW
总过滤面积	m^2	滤袋材质	
粉尘入口含尘质量浓度（标准状态）	g/m^3	反吹风机型号/功率	kW
粉尘出口含尘质量浓度（标准状态）	mg/m^3	反吹风机风量/风压	m^3/h，Pa
运行阻力	Pa	壳体承受压力	≤Pa
脉冲阀规格		设备外形尺寸（长×宽×高）	m
每室脉冲阀数量	只	设备总质量	kg

表 C.2 电除尘器型号规格及基本参数

性能参数名称	单位	性能参数名称	单位
型号规格	见标准	室数	个
处理风量	m^3/h	横断面积	m^2
入口烟气温度	℃	电场数	个
入口烟气露点温度	℃	电场长度	m
入口烟气含尘质量浓度（标准状态）	g/m^3	电场高度	m
出口烟气含尘质量浓度（标准状态）	mg/m^3	电场宽度	m
电场内气流速度	m/s	同极间距	mm
烟气通过时间	s	收尘极形式	
有效驱进速度	cm/s	总收尘面积	m^2
比收尘面积	$m^2/(m^3/s)$	放电极形式	
操作压力	Pa	总放电极长度	m
运行阻力	Pa	整流设备的各项参数	
设计压力	Pa	设备总重	kg

注：随除尘器种类的不同，具体的除尘器可取上表中参数的若干项。

附录 D
（资料性附录）
电除尘器升压记录

电除尘器升压记录表格式见表 D.1。

表 D.1 电除尘器升压记录表

<table>
<tr><td colspan="4">尘源设备和名称：</td><td colspan="2">电除尘器规格：</td></tr>
<tr><td colspan="4">供货商：</td><td colspan="2">高压电源：　　A/kV，抽头位置：　kV</td></tr>
<tr><td colspan="6">测试时天气：晴、多云、阴、雨　温度：　湿度：　风力：</td></tr>
<tr><td colspan="4">室号：　　电场号：</td><td colspan="2">时　分——　时　分</td></tr>
<tr><td colspan="6">空载（负载）测试　　　第　次</td></tr>
<tr><td>序号</td><td>一次电压/V</td><td>一次电流/A</td><td>二次电压/kV</td><td>二次电流/mA</td><td>备　注</td></tr>
<tr><td>1</td><td></td><td></td><td></td><td></td><td></td></tr>
<tr><td>2</td><td></td><td></td><td></td><td></td><td></td></tr>
<tr><td>3</td><td></td><td></td><td></td><td></td><td></td></tr>
<tr><td>4</td><td></td><td></td><td></td><td></td><td></td></tr>
<tr><td>5</td><td></td><td></td><td></td><td></td><td></td></tr>
<tr><td>6</td><td></td><td></td><td></td><td></td><td></td></tr>
<tr><td>7</td><td></td><td></td><td></td><td></td><td></td></tr>
<tr><td>8</td><td></td><td></td><td></td><td></td><td></td></tr>
<tr><td>9</td><td></td><td></td><td></td><td></td><td></td></tr>
<tr><td>10</td><td></td><td></td><td></td><td></td><td></td></tr>
<tr><td>11</td><td></td><td></td><td></td><td></td><td></td></tr>
<tr><td>12</td><td></td><td></td><td></td><td></td><td></td></tr>
<tr><td>13</td><td></td><td></td><td></td><td></td><td></td></tr>
<tr><td>14</td><td></td><td></td><td></td><td></td><td></td></tr>
<tr><td>15</td><td></td><td></td><td></td><td></td><td></td></tr>
<tr><td>16</td><td></td><td></td><td></td><td></td><td></td></tr>
</table>

测试负责人：　　　　记录人：

注：在升压过程中如要观察电场内部的放电现象，观察人员只可在进、出气喇叭内或灰斗内进行观察，不可进入电场，观察人员应有两人以上，一人在本体外部保护。在升压过程中如发现电场内部有不正常放电问题，则应关闭全部高压电源，并将全部隔离开关接地放电后，检修人员才可进入电场进行检修。

附录 E
（资料性附录）
除尘器运行记录表

除尘器运行记录表格式见表 E.1。

表 E.1 除尘器运行记录表

车间名称： 除尘器名称： 除尘器编号：

设备型号			处理能力/（m^3/h）				日期	
时间								
温度/℃								
系统负压/Pa								
主阀门开度/%								
压缩空气压力/MPa								
一次电压/V								
一次电流/A								
二次电压/V								
二次电流/A								
出口排放情况（目测或连续监测）								
清灰设备情况								
卸灰设备情况								
输灰设备情况								
备注								

操作员： 交班班长： 接班班长：

注：袋式除尘器取消表中电压和电流行，电除尘器取消表中压缩空气行。

HJ

中华人民共和国国家环境保护标准

HJ/T 435—2008

钢铁工业除尘工程技术规范

Dedusting engineering technical specification of iron and steel industry

2008-06-06 发布　　2008-09-01 实施

环 境 保 护 部 发布

前　言

为贯彻《中华人民共和国环境保护法》、《中华人民共和国大气污染防治法》，规范钢铁工业除尘工程建设，防治钢铁工业含尘气体污染，改善环境质量，制定本标准。

本标准规定了钢铁工业主要生产工艺中烟（粉）尘的治理原则和措施，以及除尘工程设计、施工、验收和运行的技术要求。

本标准为首次发布。

本标准由环境保护部科技标准司组织制订。

本标准主要起草单位：中钢集团天澄环保科技股份有限公司、中国环境保护产业协会（电除尘委员会）、上海宝钢工程技术有限公司。

本标准环境保护部 2008 年 6 月 6 日批准。

本标准自 2008 年 9 月 1 日起实施。

本标准由环境保护部解释。

钢铁工业除尘工程技术规范

1．适用范围

本标准规定了钢铁工业主要生产工艺中烟（粉）尘的治理原则和措施，以及除尘工程设计、施工、验收和运行的技术要求。

本标准适用于钢铁工业新建、改建、扩建除尘工程从设计、施工到验收、运行的全过程管理和已建除尘工程的运行管理，可作为钢铁工业建设项目环境影响评价、环境保护设施设计与施工、建设项目竣工环境保护验收及建成后运行与管理的技术依据。

2．规范性引用文件

本标准内容引用了下列文件中的条款。凡是不注日期的引用文件，其有效版本适用于本标准。

GB 6222　工业企业煤气安全规程
GB/T 12138　袋式除尘器性能测试方法
GB 12348　工业企业厂界噪声标准
GB 13456　钢铁工业水污染物排放标准
GB 16297　大气污染物综合排放标准
GB 50016　建筑设计防火规范
GB 50019　采暖通风与空气调节设计规范
GB 50187　工业企业总平面设计规范
GB 50231　机械设备安装工程施工及验收通用规范
GB 50235　工业金属管道工程施工及验收规范
GB 50243　通风与空调工程施工质量验收规范
GB 50254　电气装置安装工程低压电器施工及验收规范
GB 50255　电气装置安装工程电力变流设备施工及验收规范
GB 50256　电气装置安装工程起重机电气装置施工及验收规范
GB 50257　电气装置安装工程爆炸和火灾危险环境电气装置施工及验收规范
GB 50258　电气装置安装工程 1kV 及以下配线工程施工及验收规范
GB 50259　电气装置安装工程电气照明装置施工及验收规范
GB 50275　压缩机、风机、泵安装工程施工及验收规范
GB 50414　钢铁冶金企业设计防火规范
GBJ 87　工业企业噪声控制设计规范
GBZ 1　工业企业设计卫生标准
GBZ 2　工作场所有害因素职业接触限值
GB/T 13931　电除尘器性能测试方法
GB/T 16157　固定污染源排气中颗粒物测定与气态污染物采样方法
AQ2002　炼铁安全规程

HJ/T 75　固定污染源烟气排放连续监测技术规范
HJ/T 76　固定污染源排放烟气连续监测系统技术要求及检测方法
HJ/T 212　污染源在线自动监控（监测）系统数据传输标准
HJ/T 320　环境保护产品技术要求　电除尘器高压整流电源
HJ/T 321　环境保护产品技术要求　电除尘器低压控制电源
HJ/T 322　环境保护产品技术要求　电除尘器
HJ/T 324　环境保护产品技术要求　袋式除尘器用滤料
HJ/T 325　环境保护产品技术要求　袋式除尘器滤袋框架
HJ/T 326　环境保护产品技术要求　袋式除尘器用覆膜滤料
HJ/T 327　环境保护产品技术要求　袋式除尘器滤袋
HJ/T 328　环境保护产品技术要求　脉冲喷吹类袋式除尘器
HJ/T 329　环境保护产品技术要求　回转反吹袋式除尘器
HJ/T 330　环境保护产品技术要求　分室反吹类袋式除尘器
JB/T 5908　电除尘器主要件抽样检验及包装运输储存规范
JB/T 5911　电除尘器焊接技术要求
JB/T 6407　电除尘器调试、运行、维修安全技术规范
JB/T 8471　袋式除尘器安装技术要求与验收规范
JB/T 8532　脉冲喷吹类袋式除尘器
JB/T 8536　电除尘器机械安装技术条件
JB/T 8690　工业通风机噪声限值
《转炉煤气净化回收技术规程》（冶金工业部，1988 年）
《建筑工程设计文件编制深度规定》（建质[2003]84 号）
《建设项目竣工环境保护验收管理办法》（国家环境保护总局令 第 13 号）

3. 术语和定义

下列术语和定义适用于本标准。

3.1 烟（粉）尘污染源

指产生烟（粉）尘的部位。

3.2 除尘系统

指治理烟（粉）尘污染的系统工程，由集尘罩、管道、除尘器、风机、排气筒以及系统辅助装置组成。

3.3 集尘罩

指捕集含尘气体或烟气的装置，可直接安装于烟（粉）尘污染源的上部、侧面或下面。

3.4 除尘器

指将颗粒物从含尘气体中分离出来的设备。

3.5 排气筒

指将经过除尘器净化后的气体排至大气的垂直管路。

3.6 卸、输灰系统

指将除尘器收集的粉尘输送至指定地点的成套装置。

3.7 高温烟气

指温度≥130℃的烟气。

3.8 冷却设备

指将高温烟气冷却至指定温度的设备。

3.9 标准状态

指含尘气体在温度为 273.15K，压力为 101 325Pa 的干气体状态。

4．总体设计

4.1 一般规定

4.1.1 新建、扩建、改建和技术改造配套的除尘工程应按国家的基本建设程序进行。

4.1.2 除尘工程应根据钢铁生产工艺合理配置，除尘系统排放应符合国家和地方钢铁工业大气污染物排放标准的规定。岗位粉尘质量浓度应符合 GBZ 2 规定的限值。

4.1.3 除尘工程应由具有国家相应设计资质的单位设计。设计文件应符合《建筑工程设计文件编制深度规定》、环境影响报告书、审批文件及本标准的要求。

4.1.4 除尘系统设计除应符合本标准的规定之外，还应遵守 GB 50019 及 GBZ 1 中有关除尘设计的相应规定。

4.1.5 除尘工程的总体布局应执行 GBZ 1 的规定，并符合下列要求：

a）工艺流程合理，除尘器应尽量靠近污染源布置，管道应尽量简短；

b）合理利用地形、地质条件；

c）充分利用厂区内现有公用设施及供配电系统；

d）交通便利、运输畅通，方便施工及运行维护。

4.1.6 除尘系统的场地标高、场地排水、防洪等均应符合 GB 50187 的规定。

4.1.7 除尘系统的装备水平应不低于生产工艺设备的装备水平。生产企业应把除尘设施作为生产系统的一部分进行管理。除尘系统应与对应的生产工艺设备同步运转。

4.1.8 对生产工况负荷变化较大的除尘系统，除尘风机宜采取调速等节能措施。

4.1.9 粉尘储存和运输应防止二次污染，鼓励综合利用。

4.2 烟（粉）尘污染源控制

4.2.1 各烟（粉）尘污染源应设置集尘罩。集尘罩的设置应考虑工艺特点、设备结构、安全生产要求、方便操作和维修等因素。

4.2.2 集尘罩不宜靠近敞开的孔洞（如操作孔、观察孔、出料口等），以免吸入大量空气或物料。

4.2.3 对产生烟（粉）尘的工艺设备，应首先考虑从工艺上采取密闭措施。集尘罩内应保持一定的负压，并避免吸入过多的生产物料，集尘罩的扩张角不宜大于 60°。

4.2.4 带式输送机受料点集尘罩与溜料槽相邻两边的距离不宜小于 500 mm。带式输送机导板密闭罩的净空高度不宜小于 400 mm。当溜料槽与带式输送机垂直交料时，宜在溜料槽前、后分别设置集尘罩。

4.2.5 除尘系统的风量、含尘质量浓度宜实测确定，或参照同类工程、设计手册确定。测定方法按 GB/T 16157 执行。

4.3 除尘管道

4.3.1 除尘管网的支管宜从主管的上部或侧面接入，连接三通的夹角宜为 15°～45°；丁字连接时宜采用导流措施（补角三通）。

4.3.2 除尘管道应采取防积灰措施，并考虑设置清灰设施和检查孔（门）。

4.3.3 除尘管道积灰荷载宜按管内积灰高度不低于管道直径 1/8（非亲水性粉尘）或 1/5（亲水性粉尘）的灰量估算，或按积灰面积不小于管道截面积 5%的灰量估算。

4.3.4 除尘管道内风速在常温条件下应取 14～25m/s。

4.3.5 除尘管道的壁厚应根据管内气体温度、管道刚度及粉尘磨啄性等因素综合确定，并考虑烟气温度、管道直径（或矩形管边长）、管道壁厚、管内压力、支架间距等因素决定是否设加强筋。壁厚取值可参照表 1。

表 1 除尘管道壁厚

序号	除尘管道直径 *D* 或矩形长边 *B*/mm	矩形管壁厚/mm	圆管壁厚/mm
1	*D*（*B*）≤400	3	3～4
2	400＜*D*（*B*） ≤1 500	4	4～6
3	1 500＜*D*（*B*）≤2 200	6	6～8
4	2 200＜*D*（*B*）≤3 000	6～8	6～8
5	3 000＜*D*（*B*）≤4 000	6～8	8～10
6	*D*（*B*）＞4 000	8	10～12

4.3.6 输送含尘质量浓度高、粉尘磨琢性强的含尘气体时，除尘管道中易受冲刷部位应采取防磨措施，宜加厚管壁或采用碳化硅、陶瓷复合管等管材。

4.3.7 高温管道或设于室外且距离除尘器较远的常温管道，宜设置补偿器，补偿器两端设支架。

4.3.8 除尘器进出口及风机进出口管道上宜设置柔性连接件，并设固定支架，隔离变形引起的推力。

4.3.9 除尘管道应设置测量孔和必要的操作平台。

4.3.10 输送相对湿度较大、易结露的含尘气体时，管道应采取保温措施。

4.3.11 除尘系统管网应进行阻力计算及阻力平衡计算，同一节点上两支管阻力差不应超过 10%，否则应改变管径或安装调节装置。

4.3.12 输送爆炸性气体或粉尘的管道应设泄爆装置，并可靠接地。

4.4 除尘器

4.4.1 选择除尘器应考虑如下因素：

a）烟（粉）尘的物理、化学性质，如：温度、密度、粒径、吸水性、比电阻、黏结性、含湿量、露点、含尘质量浓度、化学成分、腐蚀性、爆炸性等；

b）含尘气体流量、排放浓度及除尘效率；

c）除尘器的投资、金属耗量、占地面积及使用寿命；

d）除尘器运行费用（水、电、备品备件等）；

e）除尘器的运行维护要求及用户管理水平；

f）粉尘回收利用的价值及形式。

4.4.2 除尘系统宜采用负压式并优先选用干式电除尘器或袋式除尘器。

4.4.3 选择袋式除尘器时，应根据气体和粉尘的物化性质、清灰方式等因素确定过滤风速。

4.4.4 袋式除尘器应分别符合 HJ/T 328、HJ/T 329、HJ/T 330 的规定，滤袋应符合 HJ/T 327 的规定，滤袋框架应符合 HJ/T 325 的规定，滤料应符合 HJ/T 324 和 HJ/T 326 的规定。

4.4.5 选择电除尘器时，应根据气体和粉尘的物化性质，尤其是粉尘比电阻值，以及要求达到的除尘效率，确定电场风速及比表面积。

4.4.6 电除尘器应符合 HJ/T 322 的规定，供电电源应符合 HJ/T 320 和 HJ/T 321 的规定。

4.4.7 除尘器在系统中的布置以及所采取的防爆、防冻、降温等措施应符合 GB 50019 的有关规定。

4.4.8 在处理高温、高湿可能导致除尘器结露的含尘气体时，除尘器应采取保温措施，必要时增设伴热系统。

4.5 除尘系统卸灰、输灰装置

4.5.1 除尘器收集的粉尘回收利用应符合 GB 50019 的有关规定。

4.5.2 干式除尘器的灰斗及中间贮灰斗的卸灰口，宜设置插板阀、卸灰阀及伸缩节。

4.5.3 除尘器卸、输灰宜采用机械输送或气力输送，卸、输灰过程不应产生二次污染。

4.5.4 卸、输灰系统设备选型应以后一级设备能力高于前一级设备能力为原则。

4.5.5 除尘器收集的灰尘需外运时，应避免粉尘二次污染，宜采用粉尘加湿、卸灰口吸风或无尘装车装置等处理措施。在条件允许的情况下，宜选用真空吸引压送罐车。

4.6 除尘系统辅助设施

4.6.1 处理高温、高浓度含尘气体时，除尘器前宜设置预处理设施，预处理设施应简单、可靠、阻力损失低。

4.6.2 烟气降温应优先考虑余热回收。

4.6.3 袋式除尘器处理含炽热颗粒物的含尘气体时，在除尘器之前应设火花捕集器。

4.6.4 袋式除尘器清灰及除尘系统阀门驱动所需压缩空气应尽量取自生产厂区压缩空气管网。

4.6.5 袋式除尘器的压缩空气供应系统由除油、除水、净化装置和贮气罐、调压装置等组成。储气罐应尽量靠近用气点，调压装置应设在储气罐之后。

4.6.6 寒冷地区应防止压缩空气供应系统结冰，输气管网应保温，必要时应采取伴热措施。

4.6.7 处理煤气等易爆气体时应采用氮气作为除尘器的清灰介质。

4.7 风机及调速装置

4.7.1 除尘系统管网的计算风量、风压不能直接用于风机、电机选型，应按 GB 50019 的规定考虑漏风损失及电机轴功率安全系数附加等因素。

4.7.2 除尘系统的实际温度和当地大气压力与风机设计工况下的温度、大气压力有差别时，风机配用电机的所需功率应按下式计算：

$$P=\frac{B}{101\,325}\times\frac{273+t}{273+t_1}\times\frac{Q\times h}{1\,000\times 3\,600\times\eta_1\times\eta_2}\times K$$

式中：P——电机的所需功率，kW；

B——使用地点的大气压力，Pa；

t——风机设计工况下的温度，℃；

t_1——风机使用的实际温度，℃；

Q——选型风量（在设计风量上附加管道漏风量、除尘器漏风量），m^3/h；

h——选型风压（由除尘系统计算压力损失和附加值组成，附加值按 GB 50019 执行），Pa；

η_1——机械效率，取 0.98；

η_2——风机内效率；

K——电动机轴功率安全系数（通风机取 1.15，引风机取 1.3）。

4.7.3 除尘系统需多台风机并联工作时，应选取相同型号、相同性能的机组，其风量、风压应按 GB 50019 中有关规定确定。

4.7.4 周期性变负荷运行的除尘系统，风机应配置与工艺设备联锁控制的调速装置，并采取必要的措施，防止因管道内风速过低引起的水平管道内粉尘沉降。

4.7.5 除尘系统处理潮湿或含水蒸气的含尘气体，风机内壁可能出现凝结水时，应在风机底部采取排水措施。

4.8 排气筒（烟囱）

4.8.1 除尘系统的排气筒高度应按 GB 16297 的规定计算。

4.8.2 排气筒的出口直径应根据出口流速确定，流速宜取 15m/s 左右。

4.8.3 大型除尘系统排气筒应设置清灰孔，多雨地区应考虑排水设施。

4.9 除尘系统控制及检测

4.9.1 除尘系统控制及检测应包括系统的运行控制、参数检测、状态显示、工艺联锁等。

4.9.2 除尘系统应按照 GB 50019 中有关规定的要求，采用集中和就地两种控制方式，或者单独采用某一种控制方式。

4.9.3 除尘系统集中控制的设备，应设现场手动控制装置，并可通过远程自动/手动转换开关实现自动与就地手动控制的转换。

4.9.4 除尘系统运行控制应包括系统与除尘器的启停顺序、系统与生产工艺设备的联锁、运行参数的超限报警及自动保护等功能。

4.9.5 与生产工艺紧密相关的除尘系统，宜在生产工艺控制室及除尘系统控制室分别设置操作系统，并随时显示其工作状态。除尘系统控制室应尽量靠近除尘器。

4.9.6 除尘系统的运行检测、显示及报警项目宜包括以下内容：

a）除尘器进、出口风量、静压、温度、湿度、除尘器出口粉尘质量浓度；

b）高温烟气降温设备进口和出口的介质流量、压力、温度，烟气流量、温度、静压；

c）风机轴承温度，电机轴承温度、定子温度、振幅、转速；

d）除尘系统用于循环系统及冷却介质的流量、温度、压力；

e）大型电机电流；

f）电除尘器各电场一、二次电流和电压。

4.9.7 除尘工程应按照国家钢铁工业大气污染物排放标准的要求设置连续监测系统，并与当地环保部门联网。连续监测装置和数据传输系统应分别符合 HJ/T 76 和 HJ/T 212 的规定，安装、运行和维护应符合 HJ/T 75 的规定。

4.9.8 电除尘器和袋式除尘器的性能检测应按 GB/T 13931 和 GB 12138 的规定进行。

4.10 环境保护与安全卫生

4.10.1 除尘工程在建设过程中产生的废水、废渣、噪声及其他污染物的防治与排放，应执行国家和地方现行环境保护法规和标准的规定。

4.10.2 湿式除尘系统的废水处理后宜回用，排放废水应达到 GB 13456 和地方排放标准的要求。

4.10.3 除尘工程噪声和振动控制的设计应符合 GBJ 87 的规定，厂界噪声应符合 GB 12348 的规定。风机噪声应达到 JB/T 8690 的要求。当噪声超过规定时，应在风机出口设置消声器或在风机壳体加装隔声设施。必要时，应对电机采取隔声措施。

4.10.4 除尘系统在设计、施工、运行过程中应按照国家有关规定，采取各种防护措施保护人身安全和健康。

4.10.5 除尘工程的防火防爆设计应符合 GB 6222、GB 50016、GB 50019、GB 50414 等的规定。

4.10.6 除尘工程室内噪声与振动控制等职业卫生要求应符合 GBZ 1 的规定。

5. 烟（粉）尘污染源及除尘技术措施

5.1 原料场

5.1.1 翻车机、移动式卸料机除尘

5.1.1.1 翻车机进料工序中翻车机室及给料机和带式输送机应采取除尘措施。

5.1.1.2 翻车机室的翻车部位尽可能密封，两侧在相应位置分层设置吸风口。有条件时，火车进出口应设自动控制门。

5.1.1.3 给料机及带式输送机应采取密封措施，并设集尘罩。

5.1.1.4 翻车机进料工序应设独立的除尘系统，宜选用袋式除尘器。

5.1.1.5 移动式卸料机上宜设车载式除尘器。

5.1.2 破碎筛分除尘

5.1.2.1 对原矿、块矿以及石灰石、白云石、原煤的破碎筛分等工位，应在破碎机或粉碎机的进、出料口、振动筛上部以及带式输送机转运点等部位设密闭装置或集尘罩，转运点受料处宜设双层密闭罩。

5.1.2.2 原料和燃料应分设除尘系统。原料宜采用干式除尘系统，选用袋式除尘或电除尘器。

5.1.2.3 煤一次破碎除尘系统应采取防爆措施。除尘器选用袋式除尘器，滤料应具有防静电功能；系统和设备应静电接地，并设泄爆装置。灰斗宜采取保温或伴热措施。

5.1.3 混匀配料槽除尘

5.1.3.1 混匀配料槽的槽上卸料车和槽下定量给料工位应采取除尘措施。

5.1.3.2 槽上卸料车产生的粉尘可采用移动风口通风槽或车载式除尘器，或设大容积密闭罩。对槽下定量卸料装置产生的粉尘宜设双层密闭罩。

5.1.3.3 对混匀配料槽扬尘，宜设独立的干式除尘系统，采用袋式除尘或电除尘器。

5.1.4 料场、转运点及卸料槽除尘

5.1.4.1 原料、辅助原料及燃料等料场的大面积污染源宜采取喷水抑尘措施，必要时添加适量的表面固化剂。料场场界宜设防尘网或建室内料场。

5.1.4.2 当料场所在位置室外风速较大时，应在边界设置局部防尘网。

5.1.4.3 带式输送机转运点应采取密闭和除尘措施。

5.1.4.4 汽车卸料槽宜整体密闭并设除尘系统，整体密闭罩的设置应充分考虑便于卸料操作并尽可能减少漏风。

5.2 焦化

5.2.1 备煤除尘

5.2.1.1 煤的破、粉碎机室及全部转运点应采取除尘措施。

5.2.1.2 破、粉碎机进、出料口处应设置密闭罩。

5.2.1.3 备煤除尘系统的设置执行本标准 5.1.2.3。

5.2.1.4 备煤除尘系统收集的粉尘应回送到配煤工位。

5.2.2 焦炉装煤、出焦除尘

5.2.2.1 焦炉装煤、出焦除尘系统宜采用除尘地面站。

5.2.2.2 焦炉装煤除尘设计应考虑的烟气特性：

a）主要成分为煤尘、荒煤气、焦油烟；

b）含有苯可溶物和苯并芘；

c）含尘质量浓度、温度等。

5.2.2.3 焦炉出焦除尘设计应考虑的烟气特性：

a）主要成分为焦粉；

b）含少量焦油烟、苯可溶物和苯并芘；

c）含尘质量浓度、温度等。

5.2.2.4 焦炉装煤、出焦除尘系统应采用袋式除尘器，并采取阻火、冷却及防爆等安全措施。

5.2.2.5 焦炉装煤除尘系统的滤袋应采取预喷涂措施，预喷涂与清灰操作应联动控制。

5.2.3 干熄焦除尘

5.2.3.1 干熄炉顶的装入装置、预存室事故放散口、预存室压力自动调节放散口和干熄炉底的排出装置、运焦带式输送机受料点等产尘点应设置集尘罩。

5.2.3.2 干熄焦除尘设计应考虑的烟气特性：

a）烟气中主要含焦粉；

b）循环气体含一氧化碳、二氧化碳、氢气、氮气、水蒸气、甲烷及微量的硫化物和氯化物等；

c）含尘质量浓度。

5.2.3.3 干熄焦除尘宜采用袋式除尘，并设阻火、防爆装置。选用常温滤料时，烟气进入除尘器之前应冷却至 120℃以下。

5.2.3.4 排焦口集尘罩排出的气体中焦粉质量浓度大于 30g/m^3（标准状态）时，不应与干熄炉顶的装入装置及预存室事故放散口排出的带火星含尘气体混合。

5.2.4 运焦除尘

5.2.4.1 湿法熄焦的筛焦楼、贮焦槽及全部转运站，均应采取除尘措施。当选用湿法除尘时，污水应排入焦化废水处理设施。

5.2.4.2 干法熄焦的筛焦楼、贮焦槽及全部转运点应采用袋式除尘系统，并采取防爆措施。

5.3 烧结

5.3.1 原料及配料除尘

5.3.1.1 原料接受、原料贮存、燃料和熔剂的破碎筛分、配料等工位应采取除尘措施。

5.3.1.2 给矿机卸料点、矿槽放料点、燃料和熔剂的破碎筛分设备、带式输送机转运点宜采取密闭和除尘措施，选用袋式除尘器或电除尘器。在工艺允许的情况下，可采取喷雾抑尘辅助措施。

5.3.1.3 冷、热返矿转运扬尘点宜视总图位置并入配料、机尾或整粒除尘系统。

5.3.1.4 燃料系统宜独立设置袋式除尘器。

5.3.1.5 熔剂系统宜独立设置袋式除尘器或电除尘器。采用袋式除尘器时，宜选用易清灰的滤料。

5.3.2 混合料除尘

5.3.2.1 混合料工序中，一次混合机、二次混合机和混合料矿槽及转运点应采取排气、除尘措施。

5.3.2.2 采用热返矿配料时，宜在带式输送机两端或中部设密闭罩和自然排气管，在圆筒混合机两端和混合料槽顶部设自然排气管。当混合机排气含尘质量浓度超过排放标准时，应设集尘罩，并对除尘管道采取保温措施。收集的含尘气体宜并入烧结机尾或配料除尘系统。

5.3.2.3 不采用热返矿配料时，应密闭尘源，并设置除尘器。

5.3.2.4 混合料工位若独立设置袋式除尘器，宜选用耐湿性滤料或塑烧板过滤元件。

5.3.3 烧结机头除尘

5.3.3.1 烧结机头除尘系统设计应考虑的烟气特性有：烟气温度、含尘质量浓度、含湿量等。

5.3.3.2 烧结机头除尘系统应采用电除尘器。电除尘器入口应设冷风阀及温控装置，壳体应保温，电场流速宜≤1.1m/s。

5.3.3.3 烟气脱硫系统若采用半干法工艺，宜配套袋式除尘器。

5.3.4 烧结机尾除尘

5.3.4.1 机尾热矿卸料、破碎、筛分、输送等工位应采取除尘措施。

5.3.4.2 烧结机尾除尘系统设计应考虑的烟气特性有：烟气温度、含尘质量浓度、含湿量等。

5.3.4.3 烧结机尾应设大容积密闭罩，并将密闭罩延伸到真空箱总长的 1/3～1/2 部位。

5.3.4.4 烧结机尾除尘系统宜选用袋式除尘器或电除尘器。

5.3.4.5 除尘器收集的粉尘宜返回配料室，或送往附近的粉尘处理室统一处理回收。烧结工艺允许时，宜加湿后直接送入一次混合机回收。

5.3.5 冷却机除尘

5.3.5.1 应按照烧结矿冷却方式选择冷却机除尘措施。

5.3.5.2 机上冷却宜在尾部卸料处设大容积密闭罩，收集的含尘气体进入烧结机尾除尘系统。

5.3.5.3 鼓风冷却的环冷机和带冷机应选用多管旋风除尘器，净化后的烟气送烧结点火炉用做煤气助燃；抽风冷却的环冷机和带冷机应在受料点、卸料点设密闭罩，捕集的含尘气流进入机尾除尘系统。

5.3.6 整粒及成品矿槽除尘

5.3.6.1 固定筛、破碎机、振动筛、带式输送机转运点、成品矿槽顶部移动受料点和底部卸料点等工位应采取密闭和除尘措施。

5.3.6.2 成品矿槽顶部移动卸矿车卸料工位可采用移动风口通风槽或车载式除尘器。

5.3.6.3 整粒及成品矿槽除尘系统应采用袋式除尘器或电除尘器。

5.4 球团

5.4.1 磨碎及干燥脱水除尘

5.4.1.1 球团原料制备的干法磨碎机或湿法磨碎机均应设置除尘系统。

5.4.1.2 磨碎及干燥脱水除尘系统设计应考虑的含尘气体特性：

a）粉尘成分为铁矿石、膨润土、橄榄石、白云石或石灰石；

b）排气含湿量。

5.4.1.3 除尘系统宜采用袋式除尘器或电除尘器，对于含湿量高的含尘气体也可采用塑烧板除尘器。系统应采取保温等防结露措施。

5.4.1.4 除尘器收集的粉尘应返回原料系统利用。

5.4.2 球团烧结烟气除尘

5.4.2.1 球团烧结的带式烧结机、链篦机回转窑，以及烧结各段产生的废气应循环用于预热、干燥及燃烧。

5.4.2.2 带式烧结机除尘系统应采用袋式除尘器或电除尘器，链篦机回转窑除尘系统宜采用电除尘器。系统应采取保温等防结露措施。

5.4.3 成品系统除尘

5.4.3.1 球团成品筛分、贮运过程中产生的粉尘应采用电除尘或袋式除尘系统。

5.4.3.2 除尘器收集的粉尘应返回原料系统，用做造球原料。

5.5 炼铁

5.5.1 高炉煤气净化

5.5.1.1 高炉煤气净化系统宜采用袋式除尘系统和余压发电装置。

5.5.1.2 袋式除尘系统应设煤气温度控制装置。

5.5.1.3 袋式除尘器应采用氮气脉冲喷吹清灰，滤袋材质宜选用芳纶针刺毡或芳纶－玻纤复合针刺毡。

5.5.1.4 袋式除尘器设计应考虑高炉煤气高温、高压、易燃易爆以及与生产关系密切等因素，在箱体结构、密封性、防爆性以及灰斗和卸灰装置等方面应适应上述特殊要求。

5.5.2 高炉贮矿槽除尘

5.5.2.1 槽上移动卸料车、槽下振动给料器、振动筛、称量斗、带式输送机受料点和转运点等工位应采取除尘措施。

5.5.2.2 槽上移动卸料车可采用移动风口通风槽、车载式除尘器。槽上贮仓宜采用仓顶抽风方式。

5.5.2.3 槽下振动给料器、振动筛、称量斗、带式输送机转运点等工位应采取密闭措施，带式输送机受料点宜设双层密闭罩。

5.5.2.4 贮矿槽工序宜设计集中式除尘系统，采用袋式除尘器或电除尘器，收集的粉尘送烧结回用。

5.5.3 高炉出铁场除尘

5.5.3.1 出铁口、铁沟、渣沟、撇渣器、摆动流嘴或铁水罐等工位应采取除尘措施，必要时设置二次除尘系统。

5.5.3.2 高炉出铁场除尘系统设计应考虑的因素：

a）高炉出铁方式和周期；

b）烟尘颗粒细、阵发浓度高、污染面大，并随生产工艺周期变化。

5.5.3.3 出铁口宜采用侧吸加顶吸的烟尘捕集方式，铁沟和渣沟宜加盖抽风。

5.5.3.4 撇渣器宜设可拆卸式密闭罩。

5.5.3.5 摆动流嘴宜采用顶吸或侧吸的烟尘捕集方式。铁水罐宜采用顶吸的烟尘捕集方式。

5.5.4 炉顶装料除尘

5.5.4.1 炉顶装料产尘点应采取密闭措施，并设抽风点。

5.5.4.2 炉顶装料除尘宜采用袋式除尘器。

5.5.5 铸铁机除尘

5.5.5.1 铸铁机的翻罐浇注工位应采取除尘措施，铁水流槽上部宜设容积式集尘罩。

5.5.5.2 铸铁机除尘系统宜采用袋式除尘器。

5.5.6 煤磨收尘

5.5.6.1 煤磨尾气的流量应根据磨机产量及原煤的可磨系数等因素确定。

5.5.6.2 煤磨收尘系统设计应考虑烟气温度、煤粉质量浓度等特性。

5.5.6.3 煤磨收尘系统宜采用脉冲袋式除尘器，除尘器过滤速度宜低于 0.8m/min。

5.5.6.4 收尘系统应选用防静电滤料，并采用静电接地、含氧量监控、温度监控、氮气喷吹保护等防火、防爆安全措施。

5.6 炼钢

5.6.1 电弧炉除尘

5.6.1.1 电弧炉除尘系统设计应考虑炉型、原料配比、冶炼工况、冶炼周期等因素。

5.6.1.2 电弧炉的炉气量根据装料量、原料配比、脱碳速度、供电功率、吹氧强度等多种因素确定。

5.6.1.3 电弧炉炉内排烟量应按最不利的氧化期工况设计。氧化期烟气含尘质量浓度 20～30g/m^3（标准状态），烟气温度 1 200～1 600℃。

5.6.1.4 电弧炉排烟方式应根据电弧炉型式、规格、工艺条件以及排放要求确定。生产高合金钢的小型电弧炉宜采用炉盖罩或炉体密封罩排烟方式；20t 以上的电弧炉，宜采用导流罩与屋顶罩相结合的排烟方式；30t 以上的电弧炉宜在炉内排烟的基础上，采用屋顶罩排烟；60t 以上的电弧炉可增设电弧炉密闭罩。

5.6.1.5 电弧炉一次烟气冷却可采用水冷烟道、风冷器、余热锅炉等的组合。

5.6.1.6 电弧炉除尘系统应采用袋式除尘器。

5.6.2 铁水预处理除尘

5.6.2.1 混铁车（铁水罐）倒渣，铁水脱硫、脱硅、脱磷等工位均应采取除尘措施。

5.6.2.2 混铁车倒渣间应保持负压，倒渣间顶部应设屋顶集尘罩，倒渣间进出口处装活动封挡门。

5.6.2.3 铁水脱硫、脱磷工位宜整体密闭或在铁水罐上方设围挡。铁水罐上方应设集尘罩。

5.6.2.4 铁水脱硅的烟气捕集应采用顶部水冷密排管集尘罩。

5.6.2.5 铁水倒罐站应采用全封闭排烟，将混铁车（铁水罐）与受铁罐全部封闭在倒罐坑内，由倒罐坑顶部集尘罩排烟。

5.6.2.6 铁水扒渣工位应在铁水罐上方设集尘罩。在不影响扒渣操作前提下，集尘罩应略大于铁水罐烟柱横断面。

5.6.2.7 铁水预处理除尘系统宜采用袋式除尘器。

5.6.3 混铁炉除尘

5.6.3.1 混铁炉兑铁水和出铁水时均应采取除尘措施。

5.6.3.2 顶部兑铁的混铁炉宜设吹吸式气幕罩、导流式屋顶罩。侧面兑铁的混铁炉，宜将混铁炉兑铁槽和兑铁口整体密闭，在密闭罩顶部两侧设排烟口。混铁炉倒铁水工位宜设容积式密闭罩（铁水罐脱钩平台移动受铁水）或吹吸式气幕罩（铁水罐不脱钩吊车移动受铁水）。

5.6.3.3 混铁炉兑铁水和出铁水排风管路上应设切换阀门，并与生产工艺联锁控制。

5.6.4 转炉除尘

5.6.4.1 转炉除尘设计应考虑最大铁水装入量、冶炼周期、冶炼工况、吹氧强度、脱碳速度等因素。

5.6.4.2 转炉煤气（一次烟气）宜采用未燃法予以净化回收，设计时应充分考虑系统的安全和防爆措施。

5.6.4.3 转炉煤气（一次烟气）净化可采用湿法或干法工艺。新建和改建项目宜采用干法工艺。

5.6.4.4 转炉二次烟气除尘系统应对转炉采取密闭措施，设炉前集尘罩和炉后集尘罩，炉前集尘罩上沿悬挂活动帘。在炉后操作平台下设挡烟导流板。

5.6.4.5 转炉二次烟气除尘系统中炉前集尘罩和炉后集尘罩抽风点宜用阀门转换。

5.6.4.6 转炉二次除尘宜设独立除尘系统，采用袋式除尘器。

5.6.4.7 转炉一次烟气、二次烟气及铁水预处理各工序产生的烟尘，通过独立排烟系统处理尚不能完全满足环保要求时，宜增设屋顶排烟装置。

5.6.5 钢包精炼炉除尘

5.6.5.1 钢包精炼炉应配炉盖罩和排烟弯管，采用移动式滑套与固定排烟管连接，排烟量宜用滑套或阀门调节。

5.6.5.2 精炼炉排烟点宜与上料系统抽风点合设一个除尘系统。

5.6.5.3 若精炼炉工艺操作产生火星，且炉体至袋式除尘器的排烟管道较短时，除尘器之前应设置火花捕集器。

5.6.6 氩氧脱碳炉除尘

5.6.6.1 氩氧脱碳炉炉气（一次烟气）应采用燃烧法处理，燃烧烟气经冷却后与二次烟气合设一套袋式除尘系统。冷却设备可采用汽化冷却烟道、水冷烟道、风冷器等的组合。

5.6.6.2 氩氧脱碳炉排烟方式可采用炉口烟罩排烟、屋顶罩排烟和密闭罩排烟等，应根据炉型、工艺布置选用和组合。

5.7 轧钢

5.7.1 火焰清理机除尘

5.7.1.1 对火焰清理机产生的烟气应加以控制，除尘设计应考虑含尘质量浓度、烟气含湿量、粉尘中三氧化二铁含量、粉尘粒径等特性。

5.7.1.2 在火焰清理机的坯模通过部位设可拆卸式活动烟罩，排烟管道需保温，并考虑冷凝水排除措施。

5.7.1.3 火焰清理机除尘宜采用塑烧板除尘器、湿式电除尘器，并考虑防结露和防冻措施。

5.7.2 热轧精轧机除尘

5.7.2.1 对精轧机轧制过程中产生的烟气应加以控制，除尘设计应考虑含尘质量浓度、粉尘中氧化亚铁和三氧化二铁的含量、烟气含湿量、含油率、粉尘粒径等特性。

5.7.2.2 在 F4～F7 机架处应设集尘罩，集尘罩固定在机架牌坊上。

5.7.2.3 排烟管道设计时应考虑冷凝水排除措施。

5.7.2.4 精轧除尘系统宜采用塑烧板除尘器，并考虑防结露和防冻措施。

5.7.3 冷轧除尘

5.7.3.1 对干式平整机、拉矫机、焊机等产生的烟尘以及冷轧机、湿式平整机、酸洗槽、碱洗槽、电镀槽等产生的油雾、酸雾、碱雾应加以控制。

5.7.3.2 干式平整机、拉矫机、焊机应设局部密闭集尘罩，除尘系统宜采用袋式除尘器。

5.7.3.3 冷轧机和湿式平整机产生的乳化液油雾应设排雾系统，采用油雾净化装置。

5.7.3.4 带钢清洗、酸洗、碱洗、电镀及后处理段的酸雾和碱雾应设排风系统，采用除雾洗涤装置。

5.7.3.5 抛丸机、修磨机应设局部密闭集尘罩，除尘系统采用袋式除尘器。

5.8 铁合金

5.8.1 矿热电弧炉除尘

5.8.1.1 矿热电弧炉烟气应冷却和净化，宜采用袋式除尘器。对封闭型电弧炉炉气宜采用干式煤气净化回收系统。冷却设备可采用空气自然冷却器、机力冷却器、余热锅炉等。

5.8.1.2 矿热电弧炉出铁口烟尘应采取控制措施，宜在出铁口溜槽铁水罐上方设集尘罩。

5.8.1.3 矿热电弧炉除尘设计应考虑烟气温度高，烟尘粒径小、密度小、黏性大等特性。

5.8.1.4 硅铁电弧炉烟气除尘系统收集的硅粉应回收利用。

5.8.2 钨铁电弧炉除尘

5.8.2.1 钨铁电弧炉宜设炉顶罩，并加强密封。

5.8.2.2 钨铁电弧炉除尘系统应采用袋式除尘器，收集的粉尘应回收利用。

5.8.3 钼铁熔炼炉除尘

5.8.3.1 钼铁熔炼炉宜采用回转集尘罩捕集烟尘。

5.8.3.2 钼铁熔炼炉除尘系统宜采用袋式除尘器，收集的粉尘应回收利用。

6．除尘工程的施工、安装及验收

6.1 一般规定

6.1.1 除尘工程应按施工设计图纸、技术文件、设备图纸等组织施工，工程的变更应取得设计单位的设计变更文件后再实施。

6.1.2 除尘工程施工单位必须具有与该工程相应的资质等级。施工使用的材料、半成品、部件应符合国家现行标准和设计要求，并取得供货商的合格证书，严禁使用不合格产品。设备安装应符合 GB 50231 的规定。

6.1.3 除尘工程建设单位应专门成立技术质量监督小组。参与设计会审，设备监制，施工质量检查；制定运行和维护规章制度，培训工人；组织、参与工程各阶段验收，进行空载试车和负载试车，建立设备安装及运行档案。

6.1.4 设备安装之前应对土建工程按安装要求进行验收，验收记录和结果应作为工程竣工验收资料之一。

6.2 除尘工程安装

6.2.1 除尘器本体及零部件的现场贮存、运输和吊装应符合产品技术文件的规定。

6.2.2 除尘工程安装包括：除尘器本体、高低压电源及其控制系统的安装，系统相关设备和装置的安装，风管和电、气、水管线的连接；除尘系统保温、防腐和防雨等。施工单位应制定安装技术方案。

6.2.3 袋式除尘器安装应符合 JB/T 8471 的规定，电除尘器的安装应符合 JB/T 8536 的规定。

6.2.4 袋式除尘器滤袋安装应放在全部安装工作的最后，滤袋装好后，不得在壳体内部和外部再实施焊接和气割等明火作业。

6.2.5 电除尘器的壳体四角应分别进行可靠的接地，新建电除尘器的接地电阻应≤2Ω。

6.2.6 除尘器的泄压装置应确保泄压功能。气路系统要保证密封，气动元件动作应灵活、准确。各运动部件应安装牢固，运行可靠。

6.2.7 除尘工程安装完成后，应彻底清除除尘器、含尘气体管道及压缩空气管路内部的杂物、关闭各检修门。

6.2.8 控制柜（箱）的安装要求如下：

a）控制柜（箱）的安装应和水平面保持垂直，倾斜度＜5%；

b）避免强电、磁场及剧烈振动场合；

c）控制柜（箱）体必须可靠接地；

d）室内安装应注意通风、散热，室外安装应有防尘、防雨、防晒等措施。

6.3 除尘系统调试

6.3.1 除尘系统调试分单机试车、与工艺设备空载联合试运行和带料试运行三阶段。前一阶段试车合格后进行下一阶段试车。

6.3.2 单机试车应解决转向、润滑、温升、振动等问题，连续运行时间不低于 2h。单机试车时，应记录每个设备（装置）的试车过程。

6.3.3 除尘系统与工艺设备空载联合试运行应在该系统设备全部通过单机试车后进行，要求如下：

a）试运行之前必须清理安装现场，清除系统内杂物，悬挂“警示牌”，做好安全防范。

b）各运动部件加注规定的润滑油（脂），转动灵活。

c）确认供电、供水、供气正常，仪表指示正确。

d）电除尘器应首先对所有绝缘材料加热，确认对其能进行温度控制。

e）电除尘器的升压试验应执行 JB 6407 标准及随机提供的安装说明书，只有当一个电场（或电源）升压正常并稳定后，才可以进行另一个电场（或电源）的升压试验，此时前一个电场不应关闭；全部电场升压完成后，应启动全部振打装置，在全部振打装置运行的情况下，电场的二次电压和电流应没有变化；电场升压过程记录表的格式可参照附录 A，并据升压记录绘制伏安特性曲线存档。

f）分别按手动和自动的方式依启动顺序启动各设备，检验系统设备的联锁关系。

g）工艺设备空载联合试运行时间应为 4～8h。

6.3.4 袋式除尘器系统带料试运行应在工艺设备空载联合试运行完成后进行，要求如下：

a）与除尘系统相关的水、电、气，物料输送及安全检测等配套设施已经启动且工作正常；

b）在大于额定风量 80%条件下，连续试验时间在 72h 以上；

c）观察并记录各测量仪表的显示数据及各运动部件的运行状况，各项技术指标均应达到设计要求；

d）用于高温烟气的袋式除尘器在带料试运行过程中，应设置不同的温度限值，验证自控系统的可靠性；

e）焦炉装煤车袋式除尘器在负载运行前，应先启动预喷涂系统，使滤袋附上粉料层，并消除壳体内部的堆积平面。

6.3.5 电除尘系统带料试运行应在工艺设备空载联合试运行完成后进行，要求如下：

a）同 6.3.4 条 a）～c）的要求；

b）投运前必须先经烟气加热，使壳体及内部构件的温度超过烟气露点温度 30℃以上或至少加热 8h 以后方可向电场供电；

c）电场供电后应逐点升压，直至能达到的最高工作电压和电流。

6.3.6 湿式除尘系统带料试运行应在工艺设备空载联合试运行完成后进行，要求如下：

a）按 6.3.4 条 a）～c）执行；

b）排水系统管路及设备畅通无阻，运行正常。

6.3.7 煤气净化系统带料试运行执行 GB 6222、《转炉煤气净化回收技术规程》及《炼铁安全规程》

的规定。

6.4 安装工程验收

6.4.1 安装工程验收在安装工程完毕后，由建设单位组织安装单位、供货商、工程设计单位结合系统调试对除尘系统逐项进行验收，对机械设备和控制设备的性能、安全性、可靠性等运行状态进行考核。

6.4.2 安装工程验收依据为：主管部门的批准文件、设计文件和设计变更文件、合同及其附件、设备技术文件等。验收程序和内容应分别符合 GB 6222、GB/T 12138、GB 50231、GB 50235、GB 50243、GB 50254～GB 50259、GB 50275、GB/T 13931、JB/T 5908、JB/T 5911、JB/T 6407、JB/T 8471、JB/T 8532、JB/T 8536 及 HJ/T 76 和安装文件的有关规定。

6.5 工程环境保护验收

6.5.1 与生产工程同步建设的除尘工程应与生产工程同时进行环境保护验收；现有生产设备配套或改造的除尘设施应单独进行环境保护验收。

6.5.2 除尘工程环境保护验收按《建设项目竣工环境保护验收管理办法》的规定执行。

6.5.3 除《建设项目竣工环境保护验收管理办法》规定的验收材料以外，申请单位还应提供工程质量验收报告和除尘系统性能试验报告，性能试验报告的主要参数应包括：

a）系统风量；

b）系统漏风率；

c）粉尘排放质量浓度；

d）系统阻力；

e）岗位粉尘质量浓度。

6.5.4 配套建设的烟气连续监测及数据传输系统，应与除尘工程同时进行环境保护验收。

7. 除尘系统运行与维护

7.1 一般规定

7.1.1 生产单位应设环境保护管理机构，配备技术人员及除尘系统检测仪器，制定除尘系统运行及维护的规章制度。

7.1.2 除尘设施的操作和维护均应责任到人。岗位工应通过培训考核上岗，熟悉本岗位运行及维护要求，具有熟练的操作技能，遵守劳动纪律，执行操作规程。

7.1.3 除尘系统应在生产系统启动之前启动，在生产系统停机之后停机。

7.1.4 岗位工人应填写运行记录，严格执行交接班工作制度。运行记录按天上报企业生产和环保管理部门，按月成册。所有除尘器均应有运行记录，一般通风设备用除尘器运行记录可随同车间工艺设备一起编制，高温烟气系统的除尘器、处理风量大于 100 000 m^3/h 的大型除尘系统的除尘器运行记录宜单独编制，记录间隔可取 1～2h。除尘器运行记录可参照附录 B。

7.1.5 除尘工程中通用设备的备品备件按机械设备管理规程储备，专用备品备件如脉冲阀、滤袋、气动元件、绝缘材料、电极板及高低压电器元件等储备量为正常运行量的 10%～15%。

7.1.6 应制定除尘系统中、大检修计划和应急预案。除尘系统检修时间应与工艺设备同步，每 6 个月对工艺配套的除尘系统主要技术性能检查一次，对可能有问题的除尘系统随时检查，检修和检查结果应记录并存档。

7.2 袋式除尘系统运行

7.2.1 除尘系统开机前，应全面检查运行条件，符合要求后按开机程序启动。

7.2.2 除尘系统的运行控制应与生产系统的操作密切配合，选择自动控制状态；系统风量不得超过额定处理风量；生产工况变化时，应通过调节保证正常运行和达标排放。

7.2.3 除尘系统入口气体温度必须低于滤料使用温度的上限，且高于气体露点温度 10℃以上；系统阻力保持在正常范围内。

7.2.4 存在燃爆危险的除尘系统应控制温度、压力和一氧化碳含量，经常检查泄压阀、检测装置、灭火装置等。一旦发生燃爆事故应立即启动应急预案，并逐级上报。

7.2.5 操作工每班至少应巡回检查一次各部件，保持设备和现场的整洁，及时发现隐患，妥善处理。

7.2.6 生产系统停机后，除尘器的清灰、排灰机构还应运行一段时间，且先停清灰，后停排灰。

7.2.7 冬季或高寒地区的袋式除尘器长时间停运后，启动时应采取加热措施，沿海等空气潮湿地方的袋式除尘器负载运行启动前宜采用烟气加热，使除尘器内温度高于露点温度 10℃以上。

7.2.8 在有冰冻季节的地区，除尘系统停机时冷却水和压缩空气的冷凝水应完全放掉。长期停车时还应取下滤袋，切断配电柜和控制柜电源。

7.3 电除尘系统运行

7.3.1 执行 7.2.1、7.2.2、7.2.4～7.2.6 条的规定。

7.3.2 电除尘器投运前应提前 4h 将全部的电加热装置送电加热；向电场供电之前应确认烟气中一氧化碳等可燃气体在安全范围内。

7.3.3 电除尘器运行过程中应控制一次电压、一次电流、二次电压、二次电流、振打周期等运行参数。

7.3.4 电除尘器停机时应先停止向电场供电，再切断主回路和控制回路的电源；如停机时间超过 8h 或要进行设备检修时，应按供货方提供的操作说明书的要求执行；如停机时间超过 24h，在停止向电场供电的同时可切断电加热器电源。

7.4 湿式除尘系统运行

7.4.1 执行 7.2.1、7.2.2、7.2.5 条的规定。

7.4.2 除尘器应在工艺设备停机后停止运行。除尘器停机后，其供水、排水系统还应运行一段时间，清洗除尘器、排水管道及排水设备内的沉淀。有冰冻季节的地方，除尘系统停车时，排水系统设备及管道中的冲洗水应完全放掉。

7.4.3 湿式除尘系统单独设置的沉淀池应定期清除并妥善处理沉淀物。

7.4.4 煤气净化系统运行执行 GB 6222、《转炉煤气净化回收技术规程》及《炼铁安全规程》的规定。

7.5 除尘系统维护

7.5.1 除尘系统的维护包括正常运行时的检查、管路和设备清扫、疏通堵塞、定期加注或更换润滑油（脂）以及及时进行的小修、定期进行的中修和大修。维护范围包括工程配套设施。

7.5.2 除尘设备投入运行一周内应对各连接件进行紧固，对运动部件逐一检查。对袋式除尘器检查清灰机构和滤袋滤尘情况，发现滤袋破损应及时更换。对电除尘器检查振打装置、接地和电场内部情况，清扫高低压电控柜和绝缘材料。反吹风袋式除尘器使用 1～2 个月后，应对滤袋吊挂机构长度进行调整或更换。对湿式除尘器应定期冲洗、清除淤泥。检查冬季防冻保温措施及净化腐蚀性气体设备防腐蚀措施的完好程度，发现破损应及时处理。

7.5.3 中修宜半年进行一次，包括运转设备的换油及调整，重要配件的更换和修理，电气系统及测试设备的调整，接地极的检查和处理，电场内部、高低压电控柜和绝缘材料的清扫工作等。大修宜 2～5 年进行一次，除中修的内容外，还应包括各种仪器仪表的检定，滤袋或电极的更换，系统设备的改造和更换，系统加固、油漆和保温等。

7.5.4 设备检修时应做好安全防范，切断设备运行电源，在检修门、电控柜处挂“警示牌”，保管好安全联锁钥匙。人员进入电场内部或涉及到高压部位的区域，除切断全部高压电源外，还应将隔离开关全部切换到接地位置。

7.5.5 除尘设备内部检修要求如下：

a）排净粉尘；

b）用新鲜空气置换出内部残留的气体，使设备内一氧化碳等有毒、有害气体浓度降至安全限度以下；

c）采取降温措施，使除尘器温度降至 40℃以下；

d）进入内部的维修人员不得吸烟；

e）采取防止维修人员进入除尘器后检修门自动关闭的措施；

f）对于在线检修的袋式除尘器应切断该单元滤室，一旦出现不适，应立即停止作业；

g）电除尘器阴极要可靠接地，袋式除尘器要拆除相应滤袋，才能进行电焊、气割作业。

7.5.6 煤气净化系统设备和管道的维护及检修应执行 GB 6222、《转炉煤气净化回收技术规程》、《炼铁安全规程》及本标准的有关规定。

附录 A
（资料性附录）
电除尘器升压记录

电除尘器升压记录表格式见表 A.1。

表 A.1 电除尘器升压记录表

<table>
<tr><td colspan="4">尘源设备和名称：</td><td colspan="2">电除尘器规格：</td></tr>
<tr><td colspan="4">供货商：</td><td colspan="2">高压电源： A/kV，抽头位置： kV</td></tr>
<tr><td colspan="6">测试时天气：晴、多云、阴、雨 温度： 湿度： 风力：</td></tr>
<tr><td colspan="4">室号： 电场号：</td><td colspan="2">时 分 —— 时 分</td></tr>
<tr><td colspan="6">空载（负载）测试 第 次</td></tr>
<tr><td>序号</td><td>一次电压/V</td><td>一次电流/A</td><td>二次电压/kV</td><td>二次电流/mA</td><td>备 注</td></tr>
<tr><td>1</td><td></td><td></td><td></td><td></td><td></td></tr>
<tr><td>2</td><td></td><td></td><td></td><td></td><td></td></tr>
<tr><td>3</td><td></td><td></td><td></td><td></td><td></td></tr>
<tr><td>4</td><td></td><td></td><td></td><td></td><td></td></tr>
<tr><td>5</td><td></td><td></td><td></td><td></td><td></td></tr>
<tr><td>6</td><td></td><td></td><td></td><td></td><td></td></tr>
<tr><td>7</td><td></td><td></td><td></td><td></td><td></td></tr>
<tr><td>8</td><td></td><td></td><td></td><td></td><td></td></tr>
<tr><td>9</td><td></td><td></td><td></td><td></td><td></td></tr>
<tr><td>10</td><td></td><td></td><td></td><td></td><td></td></tr>
<tr><td>11</td><td></td><td></td><td></td><td></td><td></td></tr>
<tr><td>12</td><td></td><td></td><td></td><td></td><td></td></tr>
</table>

测试负责人： 记录人：

注：在升压过程中如要观察电场内部的放电现象，观察人员只可在进、出口喇叭管内或灰斗内进行观察，不可进入电场，观察人员应有两人以上，一人在本体外部保护。在升压过程中如发现电场内部有不正常放电问题，则应关闭全部高压电源，并将全部隔离开关接地放电后，检修人员才可进入电场进行检修。

附录 B
（资料性附录）
除尘器运行记录表

除尘器运行记录表格式见表 B.1。

表 B.1 除尘器运行记录表

车间名称： 除尘器名称： 除尘器编号：

检测项目	除尘器入口		除尘器出口		时间		日期	
系统风量/（m^3/h）								
系统负压/Pa								
温度/℃								
风机阀门开度/%								
压缩空气压力/MPa								
一次电压/V								
一次电流/A								
二次电压/V								
二次电流/A								
含尘质量浓度								
清灰设备情况								
卸灰设备情况								
输灰设备情况								
备注								

操作员： 交班班长： 接班班长：

注：袋式除尘器取消表中电压和电流行，电除尘器取消表中压缩空气行。

中华人民共和国环境保护部

公告

2009年　第8号

为贯彻《中华人民共和国大气污染防治法》，改善环境质量，保障人体健康，规范工业锅炉及炉窑烟气脱硫工程建设，现批准《工业锅炉及炉窑湿法烟气脱硫工程技术规范》为国家环境保护标准，并予发布。

标准名称、编号如下：

工业锅炉及炉窑湿法烟气脱硫工程技术规范（HJ 462—2009）

该标准自2009年6月1日起实施，由中国环境科学出版社出版，标准内容可在环境保护部网站（www.mep.gov.cn）查询。

特此公告。

2009年3月6日

HJ

中华人民共和国国家环境保护标准

HJ/T 462—2009

工业锅炉及炉窑湿法烟气脱硫工程技术规范

Wet flue gas desulfurization project technical specification of industrial boiler and furnace

2009-03-06 发布　　　　2009-06-01 实施

环境保护部 发布

前　言

为贯彻《中华人民共和国环境保护法》和《中华人民共和国大气污染防治法》，执行国家《锅炉大气污染物排放标准》、《工业炉窑大气污染物排放标准》，防治工业锅炉及炉窑大气污染，改善环境质量，制定本标准。

本标准对工业锅炉及炉窑湿法烟气脱硫工程的术语和定义、总体设计、脱硫工艺系统、材料和设备选择、施工与验收、运行与维护提出了技术要求。

本标准为首次发布。

本标准由环境保护部科技标准司组织制订。

本标准主要起草单位：浙江天蓝脱硫除尘有限公司、中国环境保护产业协会、北京市环境保护科学研究院、浙江大学环境工程研究所、杭州天蓝环保设备有限公司、北京西山新干线脱硫有限公司、六合天融（北京）集团公司、北京利德衡环保工程有限公司。

本标准环境保护部 2009 年 3 月 6 日批准。

本标准自 2009 年 6 月 1 日起实施。

本标准由环境保护部解释。

工业锅炉及炉窑湿法烟气脱硫工程技术规范

1．适用范围

本标准对工业锅炉及炉窑湿法烟气脱硫工程的术语和定义、总体设计、脱硫工艺系统、材料和设备选择、施工与验收、运行与维护提出了技术要求。

本标准适用于采用石灰法、钠钙双碱法、氧化镁法、石灰石法工艺，配用在蒸发量≥20 t/h（14 MW）的燃煤工业锅炉或蒸发量＜400 t/h 的燃煤热电锅炉以及相当烟气量炉窑的新建、改建和扩建湿法烟气脱硫工程，可作为环境影响评价、设计、施工、环境保护验收及建成后运行与管理的技术依据。燃油、燃气工业锅炉的湿法烟气脱硫工程参照本标准执行。

2．规范性引用文件

本标准内容引用了下列文件中的条款。凡是不注日期的引用文件，其有效版本适用于本标准。

GB 8978　污水综合排放标准
GB 9078　工业炉窑大气污染物排放标准
GB 12348　工业企业厂界环境噪声排放标准
GB 13223　火电厂大气污染物排放标准
GB 13271　锅炉大气污染物排放标准
GB 18599　一般工业固体废物贮存、处置场污染控制标准
GB 50016　建筑设计防火规范
GB 50040　动力机器基础设计规范
GB 50212　建筑防腐蚀工程施工及验收规范
GB 50222　建筑内部装修设计防火规范
GBJ 87　工业企业噪声控制设计规范
GB/T 16157　固定污染源排气中颗粒物测定与气态污染物采样方法
HG 23012　厂区设备内作业安全规程
HJ/T 75　固定污染源烟气排放连续监测技术规范（试行）
HJ/T 76　固定污染源烟气排放连续监测系统技术要求及检测方法（试行）
HJ/T 179　火电厂烟气脱硫工程技术规范　石灰石/石灰—石膏法
《建设工程质量管理条例》（中华人民共和国国务院令　第 279 号）
《建设项目（工程）竣工验收办法》（国家计委文件　计建设[1990]1215 号）
《建设项目环境保护竣工验收管理办法》（国家环境保护总局令　第 13 号）
《污染源自动监控管理办法》（国家环境保护总局令　第 28 号）

3．术语和定义

下列术语和定义适用于本标准

3.1 脱硫装置

指脱硫塔以及配套的各类辅助设备、仪表、管路、建（构）筑物等的总称。

3.2 脱硫塔

指脱硫工艺中脱除 SO_2 等有害物质的反应装置。

3.3 脱硫剂

指脱硫工艺中用于脱除二氧化硫（SO_2）等有害物质的各类反应剂。脱硫剂包括石灰（主要成分为 CaO）、消石灰［主要成分为 $Ca(OH)_2$］、石灰石（主要成分为 $CaCO_3$）、氧化镁、氢氧化镁、烧碱、纯碱，以及电石渣、白泥等碱性废渣。

3.4 脱硫渣

指脱硫工艺中脱硫剂与 SO_2 等有害物质反应后生成的副产物、未反应的脱硫剂以及被脱硫系统捕集下来的烟尘等的混合物。

3.5 脱硫效率

指烟气通过脱硫装置脱除的 SO_2 的量与脱硫前烟气中所含 SO_2 量的比值，按公式（1）计算：

$$\text{脱硫效率}=\frac{\rho_1\times Q_1-\rho_2\times Q_2}{\rho_1\times Q_1}\times100\% \tag{1}$$

式中：ρ_1——脱硫前烟气中 SO_2 质量浓度，mg/m^3；

Q_1——脱硫前烟气流量，m^3/h；

ρ_2——脱硫后烟气中 SO_2 质量浓度，mg/m^3；

Q_2——脱硫后烟气流量，m^3/h。

3.6 装置可用率

指脱硫装置每年总运行时间与工业锅炉及炉窑每年总运行时间的百分比，按公式（2）计算：

$$\text{可用率}=\frac{B}{A}\times100\% \tag{2}$$

式中：A——工业锅炉及炉窑每年的总运行时间，h；

B——脱硫装置每年的总运行时间，h。

3.7 液气比

指脱硫装置处理单位体积烟气所需脱硫循环液的体积，即脱硫液循环体积流量与吸收塔入口工况烟气的体积流量的比值，单位为 L/m^3。

3.8 脱硫塔阻力

脱硫塔入口与出口烟气的全压差，单位为 Pa。

3.9 钙（镁）硫比

指脱硫剂的消耗量与脱硫装置脱除 SO_2 量的摩尔比值，单位为 mol/mol。

4. 总体设计

4.1 一般规定

4.1.1 新建、改建和扩建工业锅炉及炉窑时，烟气脱硫装置应与主体工程同时设计、同时施工、同时投产使用。

4.1.2 脱硫塔宜布置在锅炉/炉窑引风机之后，即脱硫塔宜采用正压操作。

4.1.3 燃煤烟气应先进行除尘，并使烟气含尘量小于 400 mg/m^3（273k，101.325kPa）。当脱硫渣需资源化利用时，进入脱硫塔的烟气含尘量不宜大于 100 mg/m^3（273k，101.325kPa）。

4.1.4 烟气脱硫装置设计寿命应与工业锅炉及炉窑的剩余寿命相适应，一般不宜小于 20 年。

4.1.5 烟气脱硫装置的设计脱硫效率应满足相应的排放标准和总量控制的要求；装置的设计可用率不宜小于 98%。

4.1.6 脱硫装置界区内应设置废液收集系统。

4.1.7 脱硫装置的设计，应采取有效的隔声、消声、绿化等降低噪声的措施。噪声和振动控制的设计应符合 GBJ 87 和 GB 50040 的规定，厂界噪声应达到 GB 12348 的要求。

4.1.8 脱硫剂的储运、制备系统应有控制扬尘污染的措施。

4.1.9 脱硫渣暂不具备资源化利用条件的，在采取储存、堆放措施时，储存场、中转库等的建设和使用应符合 GB 18599 的规定。

4.1.10 脱硫装置的防火、防爆设计应符合 GB 50016、GB 50222 等有关标准的规定。

4.1.11 烟气脱硫工程设计、建设和运行中的职业卫生应按 HJ/T 179 的相关规定执行。

4.1.12 烟气脱硫工程设计、建设、运行过程中，除应符合本标准外，还应符合 GB 8978、GB 18599、GB 13223、GB 13271、GB 9078 等国家现行的环境保护法规和标准以及国家有关工程质量、安全等方面强制性标准的规定。

4.2 脱硫装置工艺参数的确定

4.2.1 脱硫装置工艺参数应根据工业锅炉及炉窑容量和负荷变化、燃料品质和变化趋势以及环境影响评价要求，经全面分析优化后确定。

4.2.2 新建燃煤锅炉的烟气脱硫装置入口烟气中的 SO_2 量可根据公式（3）估算：

$$M_{SO_2} = 2\times K\times B_g\times\left(1-\frac{q_4}{100}\right)\frac{S_{ar}}{100} \qquad (3)$$

式中：M_{SO_2}——脱硫装置入口烟气中的 SO_2 质量流量，kg/h；

K——燃料燃烧中硫的转化率（循环流化床锅炉在未加固硫剂时取 0.75～0.80，层燃炉取 0.80～0.85，煤粉炉取 0.90）；

B_g——锅炉额定负荷时的燃煤量，kg/h；

q_4——锅炉机械未完全燃烧的热损失，%；

S_{ar}——燃料的收到基硫分，%。

4.2.3 脱硫装置的设计脱硫效率不宜小于 90%。对于 65 t/h 以下工业锅炉脱硫装置在满足排放标准和总量控制要求的前提下，设计脱硫效率可适当降低，但不宜小于 80%。

4.2.4 脱硫装置的主要技术指标应符合表 1 的要求。

表 1 脱硫装置主要技术指标

序号	脱硫效率	脱硫方法	液气比/（L/m³）	钙（镁）硫比	循环液 pH 值
1	＞90%	石灰法	＞5	＜1.10	5.0～7.0
2		氧化镁	＞2	＜1.05	5.0～7.0
3		石灰石法	＞10	＜1.05	5.0～6.0
4		双碱法	＞2	＜1.10	5.0～8.0

4.3 总图设计

4.3.1 脱硫工程应优先选用占地面积小、流程简洁的工艺。总图设计应符合 HJ/T 179 的相关要求。

4.3.2 脱硫剂制备系统与脱硫塔相距较远时，宜在各脱硫塔附近设置脱硫剂中间罐。

4.3.3 采用粉状脱硫剂时，物料装卸区的设置应考虑风向。采用碱性废渣如电石渣、白泥等作脱硫剂时，脱硫剂制备系统优先考虑布置在便于物料运输的地方。

5．脱硫工艺系统

5.1 一般规定

5.1.1 脱硫装置一般由脱硫剂制备与输送系统、吸收系统、脱硫渣处理系统、烟气系统、自控和在线监测系统等组成。

5.1.2 工业锅炉及炉窑湿法烟气脱硫参考工艺流程有石灰法工艺流程（图 1）、钠钙双碱法工艺流程（图 2）、氧化镁法工艺流程（图 3）、石灰石法工艺流程（图 4）等。

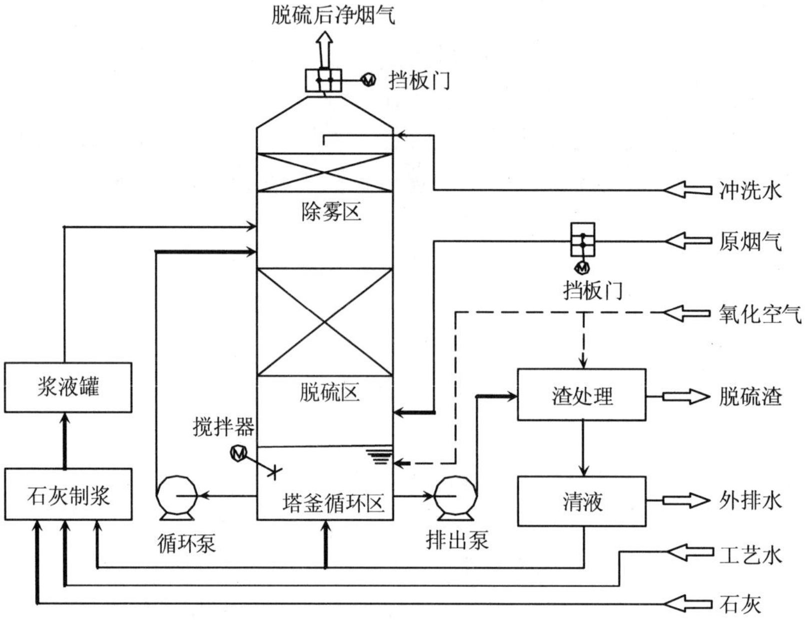

图 1 石灰法工艺流程

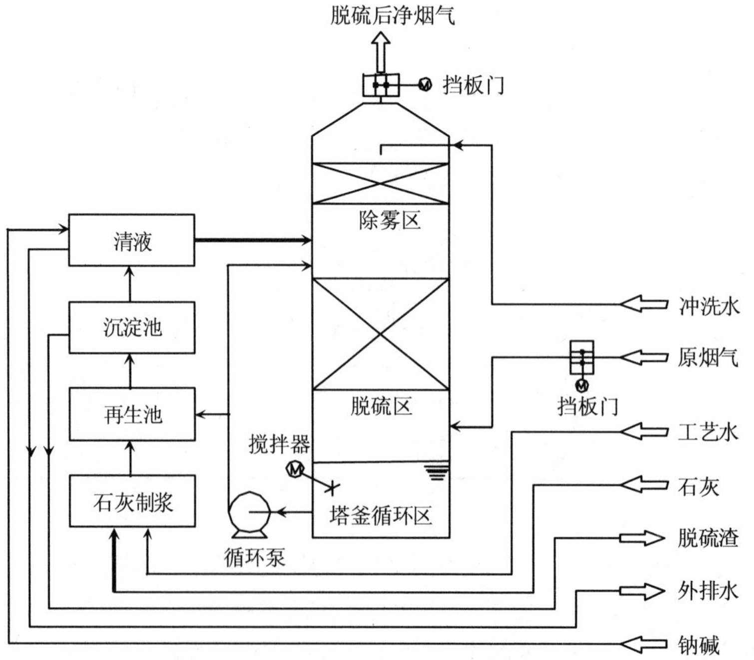

图 2 钠钙双碱法工艺流程

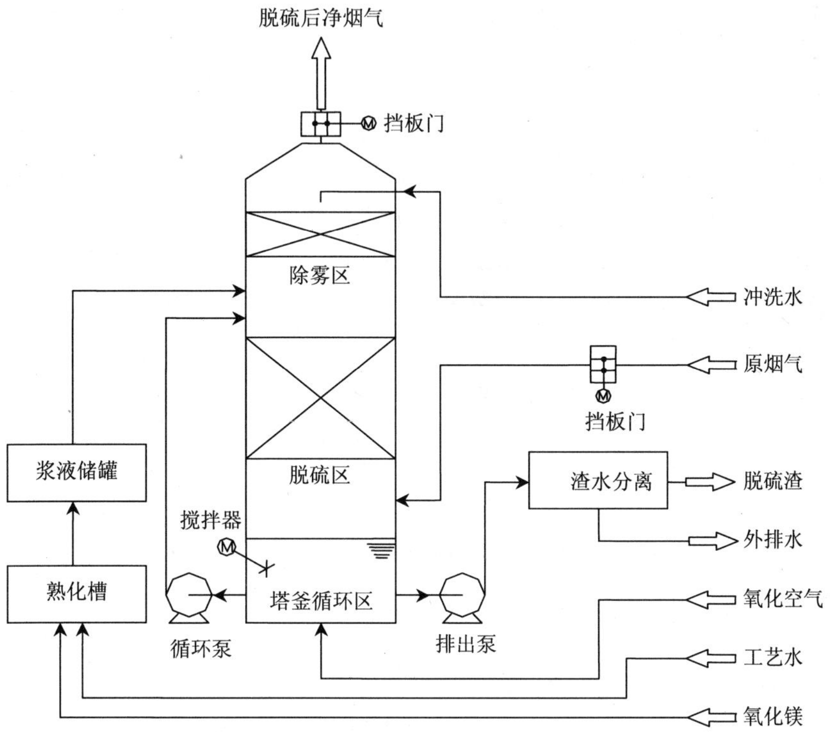

图3　氧化镁法工艺流程

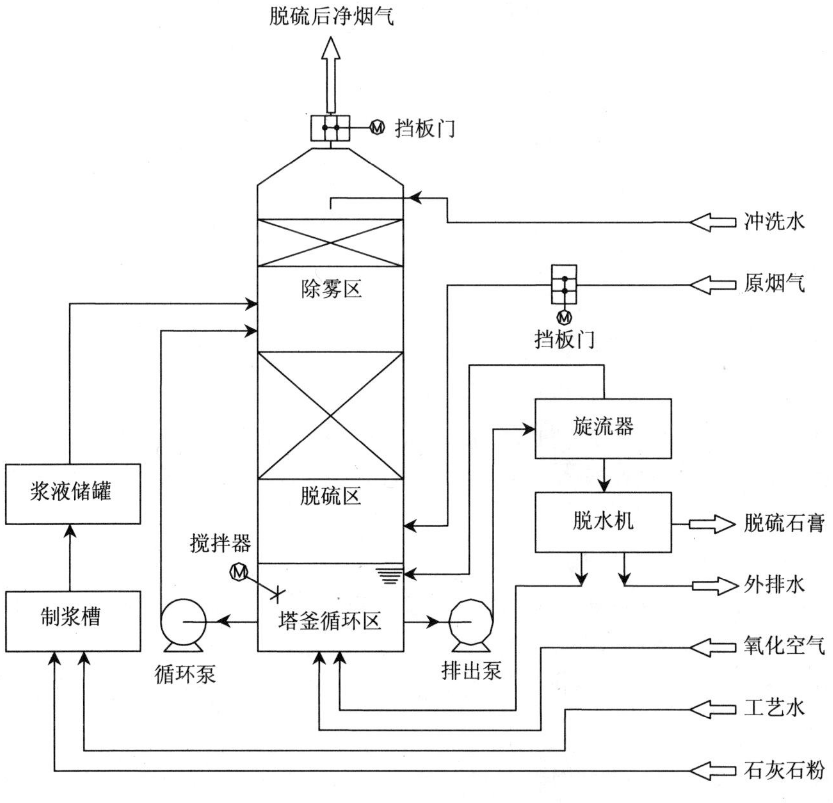

图4　石灰石法工艺流程

5.2 脱硫剂的选择、浆液制备与输送系统

5.2.1 脱硫剂的选择

5.2.1.1 脱硫剂的选择应充分考虑当地可用的各种脱硫剂资源、运输条件，并结合脱硫渣的利用与处置情况、技术经济指标，经综合比选后确定。

5.2.1.2 当厂址附近有可靠的新鲜电石渣可利用时，宜优先选用电石渣作为脱硫剂，电石渣中氢氧化钙［$Ca(OH)_2$］含量宜大于 75%（干基），酸不溶物宜小于 5%（干基）。

5.2.1.3 选用石灰作为脱硫剂时，石灰中氧化钙（CaO）含量宜大于 75%，酸不溶物宜小于 5%（干基）；选用消石灰粉做脱硫剂时，消石灰粉中氢氧化钙［$Ca(OH)_2$］含量宜大于 90%（干基），酸不溶物宜小于 3%（干基）。

5.2.1.4 选用氧化镁作脱硫剂时，氧化镁（MgO）含量宜大于 85%，酸不溶物宜小于 3%（干基）。

5.2.1.5 选用石灰石粉作为脱硫剂时，石灰石粉中碳酸钙（$CaCO_3$）的含量宜大于 90%，石灰石粉的细度应保证 250 目 90%过筛率。

5.2.2 脱硫剂浆液的制备

5.2.2.1 脱硫剂浆液制备系统应设置脱硫剂的计量装置，脱硫剂浆液的浓度应控制在工艺允许的范围内，脱硫剂浆液的浓度与消耗量宜纳入自动控制系统。

5.2.2.2 石灰或氧化镁作为脱硫剂时，浆液细度应至少保证 200 目 90%的过筛率，否则应设置预处理系统。当采用电石渣等碱性废渣作脱硫剂时，应设置脱硫剂预处理系统。

5.2.2.3 脱硫剂浆液制备系统宜设为公用系统，宜按两套或多套脱硫装置合用一套浆液制备系统设置。

5.2.2.4 脱硫剂浆液制备系统的出力应按设计工况下脱硫剂消耗量的 150%设计，脱硫剂浆液储罐的容量宜不小于设计工况下 2 h 的浆液消耗量。

5.2.2.5 脱硫剂用量大于 3 t/d 时，宜采用自动加料系统。

5.2.2.6 脱硫剂的储存宜采取必要的措施防止脱硫剂吸潮、变质与板结。

5.2.3 脱硫剂输送

5.2.3.1 粉状脱硫剂的装卸宜采用气力输送或提升机等密闭装卸方式，粉料仓的设计容积应不少于 2 d 的脱硫剂消耗量。

5.2.3.2 每台脱硫塔宜设置两台脱硫剂浆液供应泵，一台运行，一台备用。脱硫剂浆液供应量的控制宜通过变频调速等办法来实现，并纳入自动控制系统。

5.2.3.3 浆液管道设计时应根据介质特性，选择合适的材质与流速。

5.2.3.4 浆液管道上的开关阀门宜选用蝶阀。

5.2.3.5 浆液管道上应有排空和停运后的冲洗设施。

5.2.3.6 浆液罐/池应根据介质的特性采取可靠的防腐措施，防腐材料可按 6.1 的要求选取。

5.2.3.7 所有浆液罐/池均应装设防沉积装置，如加装桨叶式搅拌器、气力/水力搅拌装置等。

5.3 吸收系统

5.3.1 每台工业锅炉及炉窑宜配置一台脱硫塔。

5.3.2 进入脱硫塔前的烟气温度超过 150℃时宜设置必要的烟气降温系统，进入脱硫塔前的烟气温度偶尔超过 150℃时宜设计应急降温设施。

5.3.3 脱硫后烟气应经除雾器脱水后才能进入烟囱，除雾器出口烟气中雾滴的设计质量浓度宜小于 75 mg/m^3。

5.3.4 除雾器宜设置在脱硫塔内，装在塔内的除雾器应设置清洗装置。除雾器的型式与安装位置应充分考虑检修维护方便。

5.3.5 循环泵入口宜装设滤网。

5.3.6 脱硫塔外应设置供检修维护的平台和扶梯，平台设计荷载不得小于 4 000 N/m^2，塔体及烟道应设置足够的人孔或检修孔。

5.3.7 脱硫塔及其内部结构应考虑防磨、防腐、防冲刷。

5.4 脱硫渣处理系统

5.4.1 当采用钙基化合物脱硫剂时，脱硫渣应氧化，并考虑副产物的综合利用。

5.4.2 当采用镁基化合物脱硫剂时，应考虑亚硫酸镁、亚硫酸氢镁或硫酸镁的回收利用，脱硫产物不回收时，外排脱硫液应充分氧化。

5.4.3 脱硫渣处理系统宜按公用系统设置。

5.4.4 脱硫渣处理系统的处理能力应大于系统最大脱硫渣量的 150%。

5.5 烟气系统

5.5.1 热态烟气量≤140 000 m^3/h（相当于蒸发量 65 t/h 锅炉烟气量）的工业锅炉及炉窑烟气脱硫工程不得设置烟气旁路。

5.5.2 热态烟气量＞140 000 m^3/h（相当于蒸发量＞65 t/h 锅炉烟气量）的工业锅炉及炉窑烟气脱硫工程，不宜设置烟气旁路。如确需设置烟气旁路，应保证脱硫装置进、出口和旁路烟道上的挡板门具有良好的操作和密封性能，旁路挡板门的开启时间应能满足脱硫装置故障不影响锅炉/炉窑安全运行的要求。

5.5.3 所有烟道均应进行保温。

5.5.4 与脱硫后的低温湿烟气接触的烟道和烟囱均应采取必要的防腐措施，并设疏水装置。

5.5.5 脱硫装置入口烟道要充分考虑烟气在此处的温度和湿度变化而可能造成的腐蚀。

5.5.6 脱硫装置入口和出口烟道上应按 GB/T 16157、HJ/T 75、HJ/T 76 的要求设置检测孔点，并建立永久检测采样工作平台。

5.5.7 烟道系统的设计应尽可能降低烟气的阻力，避免出现急弯，必要时设置导流板，烟道上应设置足够数量的膨胀节（伸缩节）。

5.6 自控和在线监测系统

5.6.1 脱硫装置应配备自动控制系统，具有完善的模拟量控制、顺序控制、联锁、保护、报警等功能，设集中和现场两种操作方式。

5.6.2 自控系统应对脱硫装置的脱硫剂浓度、脱硫液 pH 值、液位、系统阻力、烟气温度、循环泵电流、物料消耗等主要参数进行监控。

5.6.3 关键工艺控制参数，如脱硫剂的浓度、脱硫液的 pH 值、液位等应进行自动调节与控制。多套脱硫装置宜合用一套控制系统进行集中控制。

5.6.4 脱硫装置应按照《污染源自动监控管理办法》的规定安装烟气连续监测系统，并与当地环保部门联网。连续监测系统的技术要求、安装部位、监测方法、数据传输等应符合 HJ/T 75 和 HJ/T 76 的规定。

5.7 外排水系统

5.7.1 脱硫装置的浆液、清液以及冷却水等应循环利用。

5.7.2 少量外排液应经氧化、沉淀、分离等处理，并按照国家有关规定排放。

5.8 供电系统

5.8.1 新建锅炉/炉窑脱硫装置的供电系统应与锅炉/炉窑同步设计、建设。

5.8.2 已有锅炉/炉窑新建或改建脱硫装置时应充分利用已有供电系统的余量。已有的电力负荷余量不足时可按 HJ/T 179 的相关要求重新设计独立的脱硫供电系统。

5.8.3 脱硫配电室应靠近脱硫装置用电负荷中心布置，宜设置独立的电度表。

6. 材料、设备选择

6.1 材料选择

6.1.1 金属材料的选择参照 HJ/T 179 的相关要求执行。

6.1.2 用于防腐蚀和防磨损的非金属材料性能应符合 HJ/T 179 的规定，其适宜的使用部位见表 2。对含氟较高的烟气，防腐材料中不得含有玻璃成分。

表 2 主要非金属材料及使用部位

序号	材料名称	材料主要成分	使用部位
1	玻璃鳞片树脂	玻璃鳞片 乙烯基酯树脂 酚醛树脂 环氧树脂	脱硫后净烟气、低温原烟气段、脱硫塔、脱硫浆液箱罐等内衬
2	花岗岩	二氧化硅	脱硫塔塔体、副塔、烟道、文丘里 沉淀池、浆液池、滤液池内衬
3	塑料	聚丙烯、聚乙烯、聚氨酯、聚氯乙烯等	脱硫液管道、除雾器、泵叶轮、泵体内衬
4	玻璃钢	玻璃纤维 乙烯基酯树脂 酚醛树脂	脱硫塔喷淋层、管道、箱罐 脱硫塔出口烟道 脱硫塔塔体
5	陶瓷	碳化硅、氮化硅	脱硫喷嘴、冷却降温喷嘴
6	橡胶	氯化丁基橡胶 氯丁橡胶 丁苯橡胶	脱硫塔、管道、箱罐、水力旋流器等的内衬 真空皮带机、输送皮带

6.2 设备选择

6.2.1 脱硫装置各设备的选择和配置应考虑脱硫装置长期可靠运行的要求。

6.2.2 常用的流体输送设备宜设置备用，浆液循环泵可按多用一备设置，涉及浆液的备用泵其进出管路也宜设置备用。

6.2.3 出渣设备宜设置备用。多套脱硫装置合用一套渣处理系统时，渣处理系统中的主设备宜配置 2 台设计能力均为总处理能力 75%以上的相同设备。

6.2.4 当选用压滤机作脱水设备时应充分考虑其间歇运行的特点，设置不小于 4 h 容量的缓冲池/罐。

6.2.5 循环泵的过流部件应能耐固体杂质（颗粒）磨损、耐酸腐蚀、耐高氯离子腐蚀。

7. 施工与验收

7.1 施工

7.1.1 工程施工应符合 HJ/T 179 的相关规定。

7.1.2 防腐内衬的施工应严格按照 GB 50212 相关的施工规范执行。

7.2 验收

7.2.1 脱硫装置的工程验收应依据设计文件和设计变更文件、工程合同、设备供货合同和合同附件、技术规范书等文件。

7.2.2 应对脱硫装置各部件和附属设备进行必要的检查与单独试运转试验，并及时解决试验中发现的问题。

7.2.3 脱硫装置热态调试结束后应进行 72 h 连续试运行验收测试。

7.2.4 环境保护验收应按《建设项目竣工环境保护验收管理办法》的规定进行。验收时，除《建设项目竣工环境保护验收管理办法》规定的验收材料以外，申请单位还应提供工程质量验收报告和脱硫装置性能试验报告，性能试验报告的主要参数应包括：

1）脱硫效率；

2）水消耗量；

3）系统压力降；

4）脱硫剂消耗指标；

5）电能消耗。

8. 运行与维护

8.1 一般规定

8.1.1 脱硫装置运行单位应设立环境保护管理机构，配备足够的操作、维护、检修人员及脱硫装置检测仪器，制定脱硫装置运行及维护的规章制度。

8.1.2 岗位员工应熟悉脱硫工艺和设施的运行及维护要求，具有熟练的操作技能，遵守劳动纪律，执行操作规程，通过培训考核上岗。

8.1.3 岗位员工应填写运行记录，做好脱硫剂的领用与验收、脱硫渣的清运工作，严格执行巡回检查制度和交接班制度。

8.1.4 应制订脱硫剂的采购计划，制订脱硫装置中、大检修计划和应急预案。

8.2 运行

8.2.1 脱硫装置投运前，应全面检查运行条件，符合要求后才能按开车程序依次启动脱硫装置各系统。

8.2.2 脱硫装置投运后应尽快切换到自动控制状态；锅炉/炉窑工况变化时，应通过调节保证正常运行和达标排放。

8.2.3 脱硫塔入口烟气温度应低于设计温度。

8.2.4 运行过程中应认真观察各运行参数变化情况，重点保证循环液 pH 值和烟气系统的阻力在指标范围内运行。

8.2.5 检查脱硫剂与脱硫渣的库存量应定期检查，及时补加脱硫剂，清运脱硫渣，确保物料进出平衡。

8.2.6 定期进行仪器、仪表的校验。对重要控制指标如脱硫液的 pH 值、浓度、密度、脱硫剂成分等应每天进行手工检测分析并与仪表显示值进行比对。

8.2.7 当环境温度低于冰点温度时，系统停机时要做好保温防冻工作。

8.2.8 浆液输送管道停用时，应及时排空并清洗。

8.2.9 系统停车时间较长时，宜采取有效措施避免脱硫剂的板结与失效，清空脱硫剂储仓/储罐内的物料。

8.3 维护保养

8.3.1 脱硫装置的维护保养应纳入全厂的维护保养计划中，并制定脱硫装置详细的维护保养规程。

8.3.2 运行管理人员和维护人员应熟悉维护保养规定。

8.3.3 维修人员应根据维护保养规程定期检查、更换或维修必要的部件，做好维护保养记录。

8.3.4 维护保养包括正常运行时的检查、管路和设备清扫、疏通堵塞、定期加注或更换润滑油（脂）、小修、中修和大修。

8.3.5 对于取暖锅炉等间隙运行的脱硫系统应重视其停运期间的保养。

8.3.6 设备检修时应做好安全防范，切断设备电源，在检修门、电控柜处挂“警示牌”。人员需进入脱硫塔及箱罐内时，应执行 HG 23012 的要求。

中华人民共和国环境保护部

公　告

2009年　第33号

为贯彻《中华人民共和国水污染防治法》，保护环境，保障人体健康，规范污染治理工程建设工作，现批准《纺织染整工业废水治理工程技术规范》为国家环境保护标准，并予发布。

标准名称、编号如下：

纺织染整工业废水治理工程技术规范（HJ 471—2009）

以上标准自2009年9月1日起实施，由中国环境科学出版社出版，标准内容可在环境保护部网站（bz.mep.gov.cn）查询。

特此公告。

2009年6月23日

HJ

中华人民共和国国家环境保护标准

HJ/T 471—2009

纺织染整工业废水治理工程技术规范

Waste water treatment project technical specification for dyeing and finishing of textile industry

2009-06-24 发布　　　　2009-09-01 实施

环 境 保 护 部 发 布

前 言

为贯彻《中华人民共和国环境保护法》和《中华人民共和国水污染防治法》，执行 GB 4287，规范纺织染整工业废水治理工程设施建设和运行，改善环境质量，制定本标准。

本标准对纺织染整工业废水治理工程设计、施工、验收和运行管理提出了技术要求。

本标准为首次发布。

本标准由环境保护部科技标准司组织制订。

本标准主要起草单位：中国环境保护产业协会（水污染治理委员会）、东华大学、中国印染行业协会（环境保护技术专业委员会）。

本标准环境保护部 2009 年 6 月 24 日批准。

本标准自 2009 年 9 月 1 日起实施。

本标准由环境保护部解释。

纺织染整工业废水治理工程技术规范

1．适用范围

本标准对纺织染整工业废水治理工程设计、施工、验收和运行管理提出了技术要求。

本标准适用于纺织染整工业企业的新建、改建和扩建废水治理工程的设计、设备采购、施工及安装、调试、验收和运行管理，可作为环境影响评价、设计、施工、环境保护验收及建成后运行与管理的技术依据。

2．规范性引用文件

本标准内容引用了下列文件中的条款。凡是不注日期的引用文件，其有效版本适用于本标准。

GB 3096　声环境质量标准
GB 4287　纺织染整工业水污染物排放标准
GB 12348　工业企业厂界环境噪声排放标准
GB 14554　恶臭污染物排放标准
GB 18599　一般工业固体废物贮存、处置场污染控制标准
GB 50009　建筑结构荷载规范
GB 50014　室外排水设计规范
GB 50016　建筑设计防火规范
GB 50052　供配电系统设计规范
GB 50054　低压配电设计规范
GB 50191　构筑物抗震设计规范
GB 50194　建设工程施工现场供用电安全规范
GB 50303　建筑电气工程施工质量验收规范
GB 50335　污水再生利用工程设计规范
GB 50336　建筑中水设计规范
GBJ 22　厂矿道路设计规范
GBJ 87　工业企业噪声控制设计规范
GB/T 18920　城市污水再生利用　城市杂用水水质
CJ 25.1　生活杂用水水质标准
FZ/T 01002　印染企业综合能耗计算导则
HJ/T 212　污染源在线自动监控（监测）系统数据传输标准
HJ/T 242　环境保护产品技术要求　污泥脱水用带式压榨过滤机
HJ/T 245　环境保护产品技术要求　悬挂式填料
HJ/T 246　环境保护产品技术要求　悬浮填料
HJ/T 247　环境保护产品技术要求　竖轴式机械表面曝气装置
HJ/T 250　环境保护产品技术要求　旋转式细格栅

HJ/T 251　环境保护产品技术要求　罗茨鼓风机
HJ/T 252　环境保护产品技术要求　中、微孔曝气器
HJ/T 259　环境保护产品技术要求　转刷曝气装置
HJ/T 260　环境保护产品技术要求　鼓风式潜水曝气机
HJ/T 262　环境保护产品技术要求　格栅除污机
HJ/T 263　环境保护产品技术要求　射流曝气器
HJ/T 278　环境保护产品技术要求　单级高速曝气离心鼓风机
HJ/T 280　环境保护产品技术要求　转盘曝气装置
HJ/T 281　环境保护产品技术要求　散流式曝气器
HJ/T 283　环境保护产品技术要求　厢式压滤机和板框压滤机
HJ/T 335　环境保护产品技术要求　污泥浓缩带式脱水一体机
HJ/T 336　环境保护产品技术要求　潜水排污泵
HJ/T 353　环境保护产品技术要求　水污染源在线监测系统安装技术规范（试行）
HJ/T 354　环境保护产品技术要求　水污染源在线监测系统验收技术规范（试行）
HJ/T 355　环境保护产品技术要求　水污染源在线监测系统运行与考核技术规范（试行）
HJ/T 369　环境保护产品技术要求　水处理用加药装置
《建设项目（工程）竣工验收办法》（计建设[1990]1215 号）
《建设项目环境保护竣工验收管理办法》（国家环境保护总局令　第 13 号）
《污染源自动监控管理办法》（国家环境保护总局令　第 28 号）
《印染行业清洁生产评价指标体系》（发改委 2006 年　第 87 号公告）

3．术语和定义

下列术语和定义适用于本标准。

3.1 天然纤维　natural fiber

指棉、麻、丝、毛等自然生长产生的非人工制造纤维。

3.2 化学纤维　chemical fiber

指以天然的或合成的高分子化合物为原料，经化学方法处理加工制成的纤维。依据原料来源的不同分为合成纤维和人造纤维。

3.3 合成纤维　synthetic fiber

指用合成的高分子化合物制成的纤维，包括涤纶、腈纶、氨纶、锦纶、维纶、丙纶等。

3.4 人造纤维　rayon

指用天然的高分子化合物制成的纤维，包括黏胶（利用棉短绒和木质纤维加工而成）、醋酸纤维、牛奶纤维、大豆纤维、竹纤维等。

3.5 染整　dyeing and finishing

指对以天然纤维、化学纤维以及天然纤维和化学纤维按不同比例混纺为原料的纺织材料（纤维、纱、线和织物）进行的以化学处理为主的染色和整理过程，又称印染。典型的染整过程一般包括前处理、印染和后整理三道工序。

3.6 前处理　pre-treatment of dyeing and finishing

指去除纺织品上的天然杂质，以及浆料、助剂和其他沾污物，以提高纺织品的润滑性、白度、光泽和尺寸稳定性，利于进一步加工的工序。

3.7 煮练　degumming

指用化学方法去除棉布上的天然杂质，精练提纯纤维素的过程。

3.8 退浆 desizing

指去除织物上的浆料，以利于染整后续加工的工艺过程。

3.9 丝光　mercerizing

指棉纱线、织物在一定张力下，经冷而浓的烧碱溶液处理，获得蚕丝样光泽和较高吸附能力的加工过程。

3.10 碱减量　alkali decrement

指将涤纶纤维织物置于 80～90℃、8%左右的碱液中，使其表面单体不规则地部分溶出，以改善织物透气性和手感的处理工艺。

3.11 麻脱胶　degumming of flax

从麻纤维及其制品中去除果胶、半纤维素和木质素的工艺过程，是麻类初步加工的主要工序。

3.12 洗毛 wool scouring

用物理化学方法除去羊毛上的油脂、羊汗、沙土等杂质的过程，是原毛初步加工的主要工序。

3.13 缫丝 reeling

将若干根茧丝从煮熟茧的茧层上离解、合并，抱合成符合一定质量要求的生丝的过程。

3.14 染色　dyeing

指对纤维和纤维制品施加色彩的过程。

3.15 印花　printing

指把循环性花纹图案施于织物、纱片、纤维网或纤维条的方法，又称局部染色。

3.16 整理　finishing

指除前处理、染色、印花以外，使坯布转变为商品形态的加工处理，俗称后整理。如：改善纺织品外观质量、手感和服用性能的末道加工处理。

3.17 染整废水　dyeing and finishing waste water

指纺织材料（纤维、纱、线和织物）在染整过程中所产生的废水，又称印染废水。

3.18 染整废水回用　reclamation of dyeing and finishing waste water

指以染整废水为原水，经收集、处理，实现再利用的过程。

4．废水的水量与水质

4.1 废水水量

4.1.1 以纤维产量估算时，应根据纤维特点、织物阔幅、厚度进行。不同织物、不同生产工艺单位产量产生的废水水量参见表 1。

表 1　不同织物的废水量

产品名称	机织棉及棉混纺织物/（m^3/100 m）	针织棉及棉混纺织物/（m^3/t）	毛纺织物/（m^3/t）	丝绸织物/（m^3/t）
废水量	2.5～3.5	150～200	200～350	250～350
注 1：织物标幅 91.4 cm。				
注 2：不同阔幅、厚度产品采用吨纤维产生量计算染整废水量时，可参照《印染行业清洁生产评价指标体系》的有关规定，《染整企业综合能耗计算导则》（FZ/T 01002—1991）附录 B，根据织物阔幅和厚度进行折算。				

4.1.2 以全厂用水量估算时，废水量宜取全厂用水量的 85%。

4.2 废水水质

4.2.1 机织棉及棉混纺织物染整废水水质可参考表 2。

表 2 机织棉及棉混纺织物染整废水水质

产品种类	pH 值	色度/倍	五日生化需氧量/（mg/L）	化学需氧量/（mg/L）	悬浮物/（mg/L）
纯棉染色、印花产品	9～10	200～500	300～500	1 000～2 500	200～400
棉混纺染色、印花产品	8.5～10	200～500	300～500	1 200～2 500	200～400
纯棉漂染产品	10～11	150～250	150～300	400～1 000	200～300
棉混纺漂染产品	9～11	125～250	200～300	700～1 000	100～300

4.2.2 针织棉及棉混纺织物染整废水水质可参考表 3。

表 3 针织棉及棉混纺织物染整废水水质

产品种类	pH 值	色度/倍	五日生化需氧量/（mg/L）	化学需氧量/（mg/L）	悬浮物/（mg/L）
纯棉衣衫	9～10.5	100～500	200～350	500～850	150～300
涤棉衣衫	7.5～10.5	100～500	200～450	500～1 000	150～300
棉为主，少量腈纶	9～11	100～400	150～300	400～850	150～300
弹力袜	6～7.5	100～200	100～200	400～700	100～300

4.2.3 毛纺织染整废水水质可参考表 4。

表 4 毛染整废水水质

废水类型	pH 值	色度/倍	五日生化需氧量/（mg/L）	化学需氧量/（mg/L）	悬浮物/（mg/L）
洗毛	9～10	—	6 000～12 000	15 000～30 000	8 000～12 000
炭化后中和	5～6	—	80～150	300～400	1 250～4 800
毛粗纺染色	6～7	100～200	150～300	450～850	200～500
毛精纺染色	6～7	50～80	60～180	250～400	80～300
绒线染色	6～7	100～200	50～100	200～350	100～300

4.2.4 单纯缫丝企业水质可参考表 5。当缫丝废水和丝绸染整废水混合处理时，其水质按混合比例确定。

表 5 缫丝废水水质

废水类型	pH 值	五日生化需氧量/（mg/L）	化学需氧量/（mg/L）	悬浮物/（mg/L）	氨氮/（mg/L）	水温/℃
煮茧	9	700～1 000	1 500～2 000	150～300	6～27	80
缫丝	7～8.5	70～80	150～200	80～110	—	40

4.2.5 丝绸染整废水水质可参考表 6。

表 6　丝绸染整废水水质

废水类型	pH 值	色度/倍	五日生化需氧量/（mg/L）	化学需氧量/（mg/L）	悬浮物/（mg/L）
真丝绸染色	7.5～8	100～200	200～300	500～800	100～150
真丝绸印花	6～7.5	50～250	150～250	400～600	100～150
混纺丝绸印花	6.5～7.5	200～500	100～200	500～700	100～150
混纺染丝	7～8.5	300～400	90～140	500～650	100～150
真丝绸精炼	7.5～8	—	200～300	500～800	100～180

4.2.6 绢纺精炼废水水质可参考表 7。

表 7　绢纺精炼废水水质

废水类型	pH 值	五日生化需氧量/（mg/L）	化学需氧量/（mg/L）	氨氮/（mg/L）	悬浮物/（mg/L）
高质量浓度废水	9～11	2 400～3 000	4 000～5 000	—	—
低质量浓度废水	7～8	150～300	400～700	15～20	600～800

4.2.7 麻或麻混纺织物染整废水水质可参考表 2 和表 3，麻脱胶废水水质可参考表 8。当脱胶废水和麻染整废水混合处理时，其水质按混合比例确定。

表 8　麻脱胶废水水质

工序	煮练	浸酸	水洗	拷麻、漂白、酸洗、水洗
化学需氧量/（mg/L）	11 000～14 000	4 000～5 000	800～2 000	＜100

4.2.8 化学纤维染整废水水质可参考表 9。

表 9　化学纤维染整废水水质

废水类型	pH 值	色度/倍	五日生化需氧量/（mg/L）	化学需氧量/（mg/L）	悬浮物/（mg/L）	总氮/（mg/L）
涤纶（含碱减量）	10～13	100～200	350～750	1 200～2 500	100～300	—
涤纶	8～10	100～200	100～150	500～800	50～100	—
腈纶	5～6	—	240～260	1 000～1 200	—	140～160

4.2.9 蜡染废水水质可参考表 10。

表 10　蜡染废水水质

水质指标	pH 值	五日生化需氧量/（mg/L）	化学需氧量/（mg/L）	悬浮物/（mg/L）	氨氮/（mg/L）
数值	7～9	100～300	500～1 500	100～200	100～150
注：废水经一般生化处理（无脱氮工艺）后，由于尿素分解，氨氮可以升高到 200～300 mg/L。					

4.2.10 染整废水氮、磷含量很低，处理工艺中一般不考虑脱氮除磷。蜡染和部分使用尿素的工艺废水含氮量较高，应采用脱氮工艺或加强生化污泥回流比；个别采用磷酸钠为助剂的工艺，则宜清浊分流，在浓废水中加氢氧化钙溶液沉淀磷酸钙。

4.2.11 好氧生物处理以五日生化需氧量值进行设计计算，化学需氧量值作参考；除丝绸废水外，一般 B/C 值为 0.2 左右，且水解酸化部分使部分难降解有机物转化为可生化降解的五日生化需氧量，设计时应予以考虑。

5．总体设计

5.1 一般规定

5.1.1 染整废水处理应符合《印染行业废水污染防治技术政策》和其他有关规定。企业应优先采用清洁生产技术，提高资源、能源利用率，减少污染物的产生和排放。

5.1.2 染整废水治理工程建设，除应符合本标准规定外，还应遵守国家基本建设程序以及国家、纺织行业有关强制性标准的规定。

5.1.3 染整废水治理工程的排放水质、水量应符合 GB 4287 和环境影响评价审批文件要求。

5.1.4 染整废水治理工程建设、运行过程中应采取防治二次污染的措施，恶臭和固体废物的处理处置应分别符合 GB 14554 和 GB 18599 的规定。

5.1.5 处理厂（站）的噪声排放应符合 GB 3096 和 GB 12348 的规定，对建筑物内部设施噪声源控制应符合 GBJ 87 中的有关规定。

5.1.6 鼓励多个企业染整废水集中治理，或企业预处理后排入城镇污水处理厂集中处理。

5.1.7 鼓励染整废水经处理后实现资源化，提高回用率。

5.1.8 对含碱质量浓度 40～50 g/L 的丝光废液，应设置碱回收装置，实现再回用；含碱质量浓度 10 g/L 左右的丝光废液应在生产过程中套用，套用后的废水宜采用低流量连续进水方式进入调节池，以保证水质稳定。

5.2 设计规模

5.2.1 染整废水处理厂（站）设计规模，应根据不同织物、不同生产工艺及产量进行确定。

5.2.2 染整废水的水质、水量应以实测数据为准，没有实测数据的应参照同类企业资料或参考本标准第 4 章确定。

5.3 总平面布置

5.3.1 处理厂（站）总体布置应根据各构筑物的功能和处理流程要求，结合地形、地质条件等因素，经技术经济比较后确定，并应便于施工、维护和管理。

5.3.2 各处理单元平面布置应力求紧凑、合理，满足施工、设备安装、各类管线连接简捷、维修管理方便的要求。

5.3.3 设计中应合理布置超越管线和维修放空设施。

5.3.4 处理单元的竖向设计应充分利用原有地形和高差，尽可能做到土方平衡、重力排放、降低能耗的要求。

5.3.5 处理厂（站）可根据需要，设置存放材料、药剂、污泥、废渣等的场所，不得露天堆放，污泥和废渣存放场应进行防渗处理。

5.3.6 当处理厂（站）分期建设时，处理厂（站）占地面积应按总体处理规模预留场地，并进行总体布置。管网和地下构筑物宜一次建成。

5.3.7 处理厂（站）应设置生产辅助建筑物，并满足处理工艺和日常管理需要，其面积应根据处理厂（站）规模、处理工艺、管理体制等结合实际情况确定。

5.3.8 集中处理厂（站）是否设置围墙视具体需要确定，围墙高度不宜小于 2 m。

5.3.9 集中处理厂（站）大门尺寸应满足最大设备进出需要，并设废渣、化学药品外运侧门。

6. 废水处理工艺设计

6.1 工艺选择原则

6.1.1 在工艺设计前，应对废水的水质、水量及变化规律进行全面调查，并进行必要的分析试验。

6.1.2 染整废水处理应采用生物处理为主、物化处理为辅的综合处理工艺。

6.1.3 工艺路线的选择应根据废水的水质特征、处理后水的去向、排放标准，并进行技术经济比较后确定。

6.1.4 应考虑当地的自然条件选择工艺。环境温度低的北方地区，不宜采用生物滤池或生物转盘等生物膜技术；地下水位高、地质条件差的场所，一般不宜选用构筑物深度较大、施工难度较高的工艺。

6.2 各类染整废水的处理工艺

6.2.1 棉及棉混纺染整废水可选用以下处理工艺。

（1）混合废水处理工艺：格栅—pH 调整—调节池—水解酸化—好氧生物处理—物化处理。

（2）废水分质处理工艺：煮练、退浆等高浓度废水经厌氧或水解酸化后再与其他废水混合处理；碱减量的废碱液经碱回收再利用后再与其他废水混合处理。

6.2.2 毛染整废水宜采用的处理工艺为：格栅—调节池—水解酸化—好氧生物处理。

洗毛废水应先回收羊毛脂再采用厌氧生物处理＋好氧生物处理，然后混入染整废水合并处理或进入城镇污水处理厂。

6.2.3 丝绸染整废水宜采用的处理工艺为：格栅—调节池—水解酸化—好氧生物处理。

绢纺精炼废水宜采用的处理工艺为：格栅—凉水池（可回收热量）—调节池—厌氧生物处理—好氧生物处理。

缫丝废水应先回收丝胶等有价值物质再进行处理，处理工艺：格栅、栅网—调节池—好氧生物处理—沉淀或气浮。

6.2.4 麻染整废水处理根据生物脱胶废水、化学脱胶废水、洗麻废水的水质水量以及与染整废水混合后的实际水质，宜采用的处理工艺为：格栅—沉沙池—pH 调整—厌氧生物处理—水解酸化—好氧生物处理—物化处理—生物滤池。

若麻脱胶废水比例较高，则应单独进行厌氧生物处理或者物化处理后再与染整废水混合处理。

6.2.5 涤纶为主的化纤染整废水可选用以下处理工艺：

（1）对含碱减量的涤纶染整废水：格栅—pH 调整—调节池—物化处理—好氧生物处理。其中，碱减量废水应先收对苯二甲酸再混入染整废水。

（2）对涤纶染色废水：格栅—pH 调整—调节池—好氧生物处理—物化处理。

6.2.6 蜡染工艺过程中应减少尿素用量。由于废水中污染物浓度较高，且含氮量也较高，通常采用水解酸化＋具有脱氮功能的兼氧、好氧生物处理工艺，具体参数应通过试验确定。

6.2.7 采用磷酸盐助剂时，工艺过程中产生的废水应单独进行化学除磷，如进行氢氧化钙（石灰水）沉淀等。

6.2.8 当要求执行特别排放限值时，应进行深度处理。

6.3 主体处理单元技术要求

6.3.1 格栅、格网

6.3.1.1 格栅栅距应按最大小时废水量设计，粗、细格栅至少各一道。

6.3.1.2 处理废水量较大时，宜采用具有自动清洗功能的机械格栅。

6.3.1.3 机械格栅应有便于维修时起吊的设施、出渣平台和栏杆。

6.3.1.4 棉毛短绒、纤维、纤维凝絮物较多时，应采用具有清洗功能的滤网设备。
6.3.1.5 废水中纤维物很多时，应在车间排水口就地去除。
6.3.1.6 处理含细粉和短纤维的牛仔服染整、水洗废水时，应先通过沉沙池和滤网设备进行沉沙和过滤处理。
6.3.2 调节池
6.3.2.1 调节池的有效容积宜按平均小时流量的 6～12 h 水量设计。
6.3.2.2 调节池宜设计为敞开式，若为封闭式应有通排风设施。
6.3.2.3 调节池内应设置水力混合或动力搅拌装置。
6.3.2.4 当调节池采用空气搅拌时，每 100 m^3 有效池容的气量宜按 1.0～1.5 m^3/min 设计；当采用射流搅拌时，功率应不小于 10 W/m^3；当采用液下（潜水）搅拌器时，设计流速宜采用 0.15～0.35 m/s。
6.3.2.5 调节池应设排空集水坑，池底应有坡向集水坑的坡度。
6.3.3 pH 调整
6.3.3.1 当废水 pH 值小于 6 或大于 9 时应采取 pH 调整措施。
6.3.3.2 pH 调整池宜分成粗调和微调两部分，每部分停留时间宜按 20～30 min 设计，可采用水力搅拌、机械搅拌或空气搅拌，以满足后续生物处理的要求。
6.3.3.3 pH 调整池应在出口处安装 pH 计。
6.3.4 厌氧生物处理
6.3.4.1 对生物降解性良好的高浓度洗毛废水、绢丝精炼废水、麻纺脱胶废水等应采用厌氧生物处理，去除废水中 70%～90%的污染负荷，减轻后续好氧生物处理的负担。
6.3.4.2 厌氧生物处理通常可选用升流式厌氧污泥床（UASB）或厌氧生物滤池（AF），有关参数应通过试验确定。
6.3.4.3 厌氧生物处理产生的沼气应妥善收集，经脱硫等净化过程后用于锅炉燃烧或其他用途，防止沼气排放对环境的污染。
6.3.5 水解酸化
6.3.5.1 水解酸化容积负荷（COD_{Cr}）宜按 0.7～1.5 kg/（m^3·d）设计。根据主要污染物浓度和成分确定水解酸化容积负荷时，停留时间应根据难降解污染物性质和浓度确定，对于牛仔水洗废水，停留时间不小于 6 h；对于丝绸、毛、针织废水，停留时间不小于 8 h；对于较高浓度的棉及涤纶染色废水，停留时间不小于 12 h。
6.3.5.2 水解酸化池有效水深一般不小于 4 m，温度控制在 20～30℃，内设布水和泥水混合设备，防止污泥沉淀。
6.3.6 好氧生物处理
6.3.6.1 根据处理水量可选用活性污泥法和生物膜法。
6.3.6.2 采用活性污泥法计算有效池容时，污泥负荷（BOD_5/MLSS）宜按 0.10～0.25 kg/（kg·d）设计；采用生物接触氧化法计算有效池容时，容积负荷（BOD_5/填料）宜按 0.4～0.8 kg/（m^3·d）设计，并按废水停留时间进行校核。
6.3.6.3 需氧量应按照水解酸化出水的五日生化需氧量计算，并按照气水比 15∶1～30∶1 校核。
6.3.6.4 污泥回流比一般为 60%～100%，保证生化池中污泥质量浓度为 2～4 g/L。
6.3.7 二沉池

二沉池宜按表面负荷 0.7 m^3/（m^2·h）、上升流速 0.20～0.25 m/s、停留时间不小于 4 h 设计。
6.3.8 物化处理
6.3.8.1 混凝剂和助凝剂的选择和加药量应参照同类已建工程的运行情况确定。
6.3.8.2 废水中难生物降解物质或不溶性悬浮物质（染料、助剂等）含量较高时，应根据实验和经济评估，在生物处理之前进行化学投药等物化处理以改善水质，但应满足后续生物处理的入水要求。
6.3.8.3 当末端治理工艺采用化学投药时，宜选用铝盐类混凝剂。

6.4 深度处理

6.4.1 当采用 6.2 中规定的工艺后仍不能满足排放标准要求时，应进行深度处理。
6.4.2 深度处理应根据废水水质、排放标准要求，将常规处理单元和深度处理单元合理选择、统筹考虑。
6.4.3 当排放要求化学需氧量为 60～80 mg/L 时，深度处理工艺一般可采用化学投药法、生物接触氧化法、曝气生物滤池法、生物活性炭法等。
6.4.4 深度处理应根据水质、水量进行技术经济比较选择后选择 2～3 种单元技术组合，其技术参数应通过小试、中试确定。
6.4.5 中试宜选择两种以上工况，规模一般为常规处理水量的 3%～5%。中试应至少稳定运行三个月以上，才能确定工程的技术参数。

6.5 污泥处理单元技术要求

6.5.1 污泥产生量可根据工艺条件计算也可参照同类企业确定。其中，生化污泥产生量应根据有机物浓度、污泥产率系数计算，物化污泥量根据废水质量浓度、悬浮物、药品投加量、有机物的去除率等进行计算。
6.5.2 当缺乏资料时，常规情况可按以下数据进行污泥量估算：

（1）采用活性污泥法时，产泥量（DS/BOD_5）可按 0.5～0.7 kg/kg 设计，并按产泥量为废水处理量的 1.5%～2.0%校核。污泥含水率为 99.3%～99.4%。

（2）采用生物接触氧化法时，产泥量（DS/BOD_5）可按 0.3～0.5 kg/kg 设计，并按产泥量为废水处理量的 1.0%～2.0%校核。污泥含水率为 99.3%～99.4%。

（3）混凝沉淀处理在生物处理之后时，产泥量可按废水处理量的 3%～5%设计；混凝沉淀处理在生物处理之前时，产泥量可按废水处理量的 4%～6%设计。污泥含水率为 99.6%～99.7%。

（4）采用混凝气浮时，产泥量可按废水处理量的 1%～2%设计。污泥含水率为 98%～99%。

6.5.3 采用重力式污泥浓缩池时，污泥浓缩时间宜按 16～24 h 设计，浓缩后污泥含水率应不大于 98%。
6.5.4 污泥脱水前应进行污泥加药调理。药剂种类应根据污泥性质和干污泥的处理方式选用，投加量通过实验或参照同类型污泥脱水的数据确定。
6.5.5 污泥脱水机类型应根据污泥性质、污泥产量、脱水要求等，经技术经济比较后确定。脱水污泥含水率宜小于 80%。
6.5.6 应设置脱水污泥堆场。污泥堆场的大小按污泥产量、运输条件等确定。污泥堆场地面和四周应有防渗、防漏、防雨水等措施。
6.5.7 列入《国家危险废物名录》的污泥应按危险废物有关规定处置；其他污泥应按 GB 18599 的规定，根据当地条件，因地制宜妥善处置。

6.6 事故池

6.6.1 处理厂（站）内应设置事故池。
6.6.2 因操作失误、非正常工况、停电等事故造成废水排放数量和浓度异常时，应排入事故池。
6.6.3 事故池容积应大于一个生产周期的废水量，或大于 4 h 排放的废水量。

7．废水回用工艺设计

7.1 设计要求

7.1.1 鼓励采用逆流漂洗工艺，回用部分生产用水。

7.1.2 在废水处理工艺设计时，宜采用清浊分流，将轻污染废水作为回用水原水。经处理达到排放标准的染整废水也可作为回用水原水。

7.1.3 回用水原水水质，应通过调研、取样分析测试或参照同类型工厂予以确定。若缺乏资料，可参照表 11。

表 11 回用水原水水质表

原水类型	pH 值	色度/倍	五日生化需氧量/（mg/L）	化学需氧量/（mg/L）	悬浮物/（mg/L）
轻污染废水	6～10	40～80	30～40	150～300	60～100
达标排放的染整废水	6～9	40	25	100	70

7.1.4 根据回用水质要求，回用水处理工艺可选用活性炭吸附、离子交换、微滤、陶瓷膜、超滤、反渗透和膜生物反应器等深度处理单元及其组合。

7.1.5 回用水系统工艺设计可参照 GB 50335 和 GB 50336 的相关规定。

7.2 回用水用途和水质要求

7.2.1 回用水的回用应以本厂为主，厂外区域为辅。

7.2.2 回用水用作厂区冲洗地面、冲厕、冲洗车辆、绿化、建筑施工等时，其水质应符合 GB/T 18920、CJ 25.1 的规定。

7.2.3 回用水用于工艺用水时，可以直接使用，也可以掺一定比例新鲜水使用，使用前应先进行实验，保证色牢度等质量指标满足要求时，才能正式回用。

7.2.4 回用水用作漂洗生产用水时，其水质应符合漂洗生产用水水质要求。生产企业无特殊要求时，可参照表 12 确定水质。

表 12 漂洗用回用水水质

序号	项目	数值	序号	项目	数值
1	色度（稀释倍数）	25	6	透明度/cm	≥30
2	总硬度（以 $CaCO_3$ 计）/（mg/L）	450	7	悬浮物/（mg/L）	≤30
3	pH 值	6.0～9.0	8	化学需氧量/（mg/L）	≤50
4	铁/（mg/L）	0.2～0.3	9	电导率/（μS/cm）	≤1 500
5	锰/（mg/L）	≤0.2			

7.2.5 回用水用作染色生产用水时，其水质应符合染色生产用水水质要求。生产企业无特殊要求时，可参照表 13 确定水质。

表 13 染色用水水质

序号	项目	数值	序号	项目	数值
1	色度（稀释倍数）	≤10	5	锰/（mg/L）	≤0.1
2	总硬度（以 $CaCO_3$ 计）/（mg/L）	（见注）	6	透明度/（cm）	≥30
3	pH 值	6.5～8.5	7	悬浮物/（mg/L）	≤10
4	铁/（mg/L）	≤0.1			

注：1. 原水硬度小于 150 mg/L 可全部用于生产。
2. 原水硬度在 150～325 mg/L，大部分可用于生产，但溶解性染料应使用小于或等于 17.5 mg/L 的软水，皂洗和碱液用水硬度最高为 150 mg/L。
3. 喷射冷凝器冷却水一般采用总硬度小于或等于 17.5 mg/L 的软水。

7.2.6 回用水不宜用于退浆、煮练、染色和漂洗等工序的最后一道漂洗。

7.2.7 回用水同时作多种用途时，其水质应按最高水质标准确定。个别水量较小、水质要求更高的用水，宜单独进行深度处理，以达到用水要求。

8．机械设备选型

8.1 风机

8.1.1 风机的供风量和风压应考虑如下因素确定：

（1）废水五日生化需氧量；

（2）当废水水温较高时应进行温度系数修正；

（3）空气密度和含氧量应根据当地大气压进行修正；

（4）当废水中还原性物质较多且曝气时间较长时，应考虑附加需氧量；

（5）采用罗茨风机时，应根据气态方程式计算风量影响系数，一般可按罗茨风机进口风量的 80% 考虑；

（6）采用微孔曝气设备等，应考虑产品性能中氧利用系数，一般取低值；

（7）风压应根据风机特性、风管损失、空气扩散装置的阻力、曝气水深（指扩散装置至液面距离）等计算确定；

（8）当采用离心风机时应考虑室外气温与标准温度（20℃）引起离心风机风压损失（一般每升高 1℃，风压损失 200 Pa），离心风机工作点不得接近风机的喘振区，宜设风量调节装置；由于风机风量分级的限制，选用风机额定风量不得小于经修正后供氧量的 95%。

8.1.2 选用风机时，应选用符合国家或行业标准规定的产品，具体要求如下：

（1）单级高速曝气离心鼓风机应符合 HJ/T 278 的规定；

（2）罗茨鼓风机应符合 HJ/T 251 的规定。

8.1.3 应至少设置 1 台备用风机。

8.2 曝气设备

8.2.1 应选用氧利用系数高、混合效果好、质量可靠、阻力损失小、容易安装维修的产品。

8.2.2 应选用符合国家或行业标准规定的产品，具体要求如下：

（1）机械表面曝气机应符合 HJ/T 47 的规定；

（2）中、微孔曝气器应符合 HJ/T 252 的规定；

（3）转刷曝气装置应符合 HJ/T 259 的规定；

（4）鼓风式潜水曝气机应符合 HJ/T 260 的规定；

（5）射流曝气器应符合 HJ/T 263 的规定；

（6）转盘曝气装置应符合 HJ/T 280 的规定；

（7）散流式曝气器应符合 HJ/T 281 的规定。

8.3 格栅

8.3.1 旋转式细格栅应符合 HJ/T 250 的规定。

8.3.2 格栅除污机应符合 HJ/T 262 的规定。

8.4 脱水机

8.4.1 污泥脱水用厢式压滤机和板框压滤机应符合 HJ/T 283 的规定。

8.4.2 污泥脱水用带式压榨过滤机应符合 HJ/T 242 的规定。

8.4.3 污泥浓缩带式脱水一体机应符合 HJ/T 335 的规定。

8.5 加药设备

加药设备应符合 HJ/T 369 的规定。

8.6 泵

潜水排污泵应符合 HJ/T 336 的规定。

8.7 填料

悬挂式填料应符合 HJ/T 245 的规定，悬浮填料应符合 HJ/T 246 的规定。

8.8 其他设备、材料

其他机械、设备、材料应符合国家或行业标准的规定。

9．配套工程

9.1 检测和控制

9.1.1 废水处理厂（站）应根据工艺的要求设置 pH 计、溶解氧仪、流量计等检测装置，并根据需要在控制室增加显示装置。

9.1.2 新建纺织染整企业废水处理厂（站）应按照《污染源自动监控管理办法》的规定安装水质在线监测系统，并与监控中心联网。现有纺织染整企业废水处理厂（站）安装水质在线监测系统的要求由省级环境保护行政主管部门规定。监测参数应至少包括水量、pH 值、化学需氧量。

9.2 构筑物

9.2.1 主要处理构筑物及主要设备应不少于两组，并将总负荷分配到各组。

9.2.2 处理构筑物应符合 GB 50014、GB 50009、GB 50191 的有关规定，并采取防腐蚀、防渗漏措施，确保处理效果，安全耐用，操作方便，有利于操作人员的劳动保护。

9.2.3 废水处理构筑物应设排空设施，排出的水应流入调节池重新处理。

9.2.4 废水处理厂（站）应设规范化排污口。

9.3 电气

9.3.1 独立处理厂（站）供电宜按二级负荷设计，染整厂内处理厂（站）供电等级，应与生产车间相等。

9.3.2 低压配电设计应符合 GB 50054 的规定。

9.3.3 供配电系统应符合 GB 50052 的规定。

9.3.4 建设工程施工现场供用电安全应符合 GB 50194 的规定。

9.4 空调与暖通

9.4.1 地下构筑物应有通风设施。

9.4.2 在寒冷地区，处理构筑物应有防冻措施。当采暖时，处理构筑物室内温度可按 5℃设计；加药间、检验室和值班室等的室内温度可按 15℃设计。

9.5 给排水与消防

9.5.1 废水处理厂（站）排水一般宜采用重力流排放；当潮汛、暴雨可能使排水口标高低于地表水水位时，应设防潮闸和排水泵站。

9.5.2 给水管与处理装置衔接时应采取防止污染给水系统的措施。

9.5.3 废水处理厂（站）消防设计应符合 GB 50016 的有关规定，易燃易爆的车间或场所应按消防部门要求设置消防器材。

9.6 道路与绿化

9.6.1 废水处理厂（站）内道路应符合 GBJ 22 的有关规定。

9.6.2 废水处理厂（站）绿化面积，大型独立厂（站）绿化面积不宜小于厂（站）总占地面积的 30%，染整工厂内的处理厂（站），可根据实际情况确定。

10. 安全与职业卫生

10.1 处理构筑物周边应设置防护栏杆、走道板防滑梯等安全措施，栏杆高度和强度应符合国家有关劳动安全卫生规定，高架处理构筑物还应设置避雷设施。
10.2 存放有害物质的构筑物应有良好的通风设施和阻隔防护设施。
10.3 地下构筑物应有清理、维修工作时的安全防护措施。
10.4 所有电气设备的金属外壳均应采取接地或接零保护，钢结构、排气管、排风管和铁栏杆等金属物应采用等电位联接。
10.5 主要通道处应设置安全应急灯。
10.6 各种机械设备裸露的传动部分或运动部分应设置防护罩或防护栏杆，并保持周围有一定的操作活动空间，以免发生机械伤害事故。
10.7 处理厂（站）内应有必要的安全、报警等装置。
10.8 处理厂（站）应为职工配备必要的劳动安全卫生设施和劳动防护用品，各种设施及防护用品应由专人维护保养，保证其完好、有效；各岗位操作人员上岗时必须穿戴相应的劳保用品。

11. 工程施工与验收

11.1 工程施工

11.1.1 染整废水处理工程设计、施工单位应具有国家相应工程设计、施工资质。
11.1.2 染整废水处理工程设施施工应符合国家和行业施工程序及管理文件的要求。
11.1.3 染整废水处理工程应按设计进行建设，对工程的变更应取得设计单位的设计变更文件后再进行施工。
11.1.4 染整废水处理工程施工中所使用的设备、材料、器件等应符合相关的国家标准，并取得供货商的产品合格证后方可以使用。
11.1.5 水污染源在线监测系统的安装应符合 HJ/T 353 的规定。
11.1.6 染整废水处理工程施工单位除应遵守相关的技术规范外，还应遵守国家有关部门颁布的劳动安全及卫生、消防等国家强制性标准。

11.2 工程竣工验收

11.2.1 染整废水处理工程验收应按《建设项目（工程）竣工验收办法》、相应专项验收规范和本标准的有关规定进行组织。工程竣工验收前，不得投入生产性使用。
11.2.2 建筑电气工程施工质量验收应符合 GB 50303 的规定。
11.2.3 染整废水处理工程验收应依据：主管部门的批准文件、经批准的设计文件和设计变更文件、工程合同、设备供货合同和合同附件、设备技术文件和技术说明书，专项设备施工验收及其他文件。
11.2.4 各设备、构筑物、建筑物单体按国家或行业的有关标准（规范）验收后，应进行清水联通启动验收和整体调试。
11.2.5 试运行应在系统通过整体调试、各环节运转正常、技术指标达到设计和合同要求后启动。

11.3 环境保护验收

11.3.1 染整废水处理工程环境保护验收应按《建设项目环境保护竣工验收管理办法》的规定进行。
11.3.2 染整废水处理工程环境保护验收除应满足《建设项目环境保护竣工验收管理办法》规定的条件外，在生产试运行期还应对废水处理工程进行性能试验。性能试验报告应作为环境保护验收的重要内容。

11.3.3 废水处理工程性能试验项目至少应包括：

——各构筑物的渗水试验；

——电能消耗；

——氧转移系数；

——单个风机供气量和全部风机同时启动的情况和供气量；

——最大运行水量；

——污泥产生量和脱水效率等。

11.3.4 水污染源在线监测系统的验收应按 HJ/T 354 的规定进行。

11.3.5 染整废水处理工程环境保护验收的主要技术文件应包括：

——项目环境影响评价报告书审批文件；

——批准的设计文件和设计变更文件；

——废水处理工程性能试验报告；

——具有资质的环境监测部门出具的废水处理验收监测报告；

——试运行期连续监测报告（一般不少于 1 个月）；

——完整的启动试运行、生产试运行记录等；

——废水处理设施运行管理制度、岗位操作规程等。

11.3.6 环境保护竣工验收合格后，废水处理工程方可正式投入使用。

12. 运行与维护

12.1 一般规定

12.1.1 未经当地环境保护行政主管部门批准，废水处理设施不得停止运行。由于紧急事故造成设施停止运行时，应立即报告当地环境保护行政主管部门。

12.1.2 废水处理厂（站）应按规定配备运行维护专业人员和设备。

12.1.3 废水处理厂（站）由第三方运营时，运营方应具有运营资质。

12.1.4 废水处理厂（站）应建立健全规章制度、岗位操作规程和质量管理等文件。

12.2 人员与运行管理

12.2.1 运行管理应实施质量控制，保证废水处理厂（站）正常运行及运行质量。

12.2.2 运行人员应定期进行岗位培训，持证上岗。

12.2.3 各岗位人员应严格按照操作规程作业，如实填写运行记录，并妥善保存。

12.2.4 电气设备的运行与操作须执行供电管理部门的安全操作规程。

12.2.5 风机工作时，操作人员不得贴近联轴器等旋转部件。

12.2.6 严禁非本岗位人员擅自启、闭本岗位设备，管理人员不得违章指挥。

12.2.7 废水处理厂（站）的运行应达到以下技术指标：运行率 100%（以实际天数计），达标率大于 95%（以运行天数和主要水质指标计），设备的综合完好率大于 90%。

12.2.8 废水处理厂（站）设备的日常维护、保养应纳入正常的设备维护管理工作，根据工艺要求，定期对构筑物、设备、电气及自控仪表进行检查维护，确保处理设施稳定运行。

12.2.9 调节池内的沉积物应 1～2 年清理一次。

12.3 水质管理

12.3.1 废水处理厂（站）运行过程应定期采样分析，常规指标包括：化学需氧量、五日生化需氧量、悬浮物、pH 值、镜检、色度等。

12.3.2 水污染源在线监测系统的运行和数据传输应执行 HJ/T 355 和 HJ/T 212 的规定。

12.3.3 已安装在线监测系统的，也应定期进行取样，进行人工监测，比对监测数据。

12.3.4 生产周期内每间隔 4 h 采一次样，每日采样次数不少于 3 次，可分别分析或混合分析，其中化学需氧量、悬浮物、pH 值、镜检、色度等每日至少分析 1 次，五日生化需氧量 1 周至少分析 1 次。

12.3.5 应在废水处理设施排放口和根据处理工艺选取的控制点进行水质取样。

12.3.6 回用水质量监测，除常规指标外，还应增加透明度、铁、锰、总硬度、电导率等指标。

12.3.7 作为冷源的地下水使用后不得直接排放，应按规定进行处理。

12.4 应急措施

12.4.1 根据废水处理厂（站）生产及周围环境实际情况，考虑各种可能的突发性事故，做好应急预案，配备人力、设备、通讯等资源，预留应急处置的条件。

12.4.2 废水处理厂（站）发生异常情况或重大事故时，应及时分析解决，并按规定向有关部门报告。

中华人民共和国环境保护部

公 告

2009年 第45号

为贯彻《中华人民共和国环境保护法》，规范环境工程技术分类与命名，促进环境工程技术发展，现批准《环境工程技术分类与命名》为国家环境保护标准，并予发布。

标准名称、编号如下：

环境工程技术分类与命名（HJ 496—2009）

以上标准自2009年12月1日起实施，由中国环境科学出版社出版，标准内容可在环境保护部网站（bz.mep.gov.cn）查询。

特此公告。

2009年9月9日

HJ

中华人民共和国国家环境保护标准

HJ 496—2009

环境工程技术分类与命名

Classification and nomenclature for environmental engineering technology

2009-09-09 发布　　2009-12-01 实施

环　境　保　护　部 发布

前　言

为贯彻《中华人民共和国环境保护法》，规范环境工程技术分类与命名，制定本标准。

本标准规定了环境工程技术（不含核环境工程技术）的分类与命名方法。

本标准为首次发布。

本标准由环境保护部科技标准司组织制订。

本标准主要起草单位：中国环境保护产业协会（固体废物处理利用委员会）、北京国环清华环境工程设计研究院有限公司。

本标准环境保护部 2009 年 9 月 9 日批准。

本标准自 2009 年 12 月 1 日起实施。

本标准由环境保护部解释。

环境工程技术分类与命名

1. 适用范围

本标准规定了环境工程技术（不含核环境工程技术）的分类与命名。

本标准适用于对环境工程技术及工艺单元的分类与命名。

2. 规范性引用文件

本标准内容引用了下列文件中的条款。凡是不注明日期的引用文件，其有效版本适用于本标准。

GB/T 7027—2002 信息分类和编码的基本原则与方法

3. 术语和定义

下列术语和定义适用于本标准。

3.1 环境工程技术 environmental engineering technology

保护自然环境和自然资源、防治环境污染、修复生态环境、改善生活环境和城镇环境质量的工程技术和工艺单元。通常可分为水污染控制工程技术、大气污染控制工程技术、固体废物污染控制工程技术、物理污染控制工程技术和生态修复工程技术等。

3.2 线分类法 method of linear classification

是将分类对象（即被划分的事物或概念）按所选定的若干个属性或特征逐次地分成相应的若干个层级的类目，并排成一个有层次的，逐渐展开的分类体系。

[GB/T 7027—2002 第 6.2.1 条]

4. 分类

4.1 本标准采用线分类法。

4.2 本标准按照环境工程技术的治理对象、原理、功能、工艺过程、工艺特征与工作方式等属性进行分类。

4.3 本标准原则上取一个主要属性对环境工程技术进行分类，对某些工程技术也可用两个或两个以上属性进行分类。

4.4 本标准将环境工程技术分为大类、中类、小类和子类四个层次，各层次的分类方法如下，其他说明详见本标准中 6 的规定：

4.4.1 第一层为大类，按环境工程技术的治理对象划分，分为水污染控制工程技术、大气污染控制工程技术、固体废物污染控制工程技术、物理污染控制工程技术和生态修复工程技术；

4.4.2 第二层为中类，水污染控制工程技术和生态修复工程技术主要按环境工程技术的原理划分，大气污染控制工程技术和物理污染控制工程技术按环境工程技术的治理对象划分，固体废物污染控制工程技术按环境工程技术的工艺过程划分；

4.4.3 第三层为小类，按环境工程技术的原理、功能、方式划分；

4.4.4 第四层为子类，按环境工程技术的工艺特征、工作方式、技术原理等属性划分。

4.5 对于部分工艺简单、较新或实际应用较少的技术仅划分到小类，根据该技术的发展可适时补充和增加子类。

5．命名

5.1 环境工程技术的命名力求科学、准确、合理，并顾及国内外已被公认的惯用名称。

5.2 环境工程技术的命名应能表示工程技术的功能或主要特点，由基本名称和主要特征两部分或某一部分组成，基本名称表明工程技术的功能，主要特征表明工程技术的原理和特点。

示例 1：澄清

基本名称——澄清，表明工程技术的功能。

仅包含基本名称部分内容。

示例 2：好氧堆肥

主要特征——好氧堆肥，表明工程技术的原理。

仅包含主要特征部分内容。

示例 3：回转反吹袋式除尘

基本名称——除尘，表明工程技术的功能；

主要特征——回转反吹袋式，表明工程技术的特点。

包括基本名称和主要特征两部分内容。

示例 4：阻性消声

基本名称——消声，表明工程技术的功能；

主要特征——阻性，表明工程技术的特点。

包括基本名称和主要特征两部分内容。

6．分类表

6.1 本标准中的分类表是开放体系，可在各层增补相应的内容，为新环境工程技术留有充分的位置。

6.2 新增补的环境工程技术应排列在该工程技术所属类目之后，确保对原排列不产生影响。

6.3 在本标准分类表中设“其他”为收容类目。

6.4 水污染控制工程技术分类与命名应符合表 1 的规定。其中，中类主要按环境工程技术的原理划分，并考虑到剩余污泥处理环节通常在污水处理厂（站）完成，中类收容了剩余污泥处理技术。

6.5 大气污染控制工程技术分类与命名应符合表 2 的规定。其中，中类按照环境工程技术的治理对象划分。

6.6 固体废物污染控制工程技术分类与命名应符合表 3 的规定。其中，中类主要按环境工程技术的工艺过程划分。固体废物资源化技术的小类按照资源化的方式进行划分。

表1　水污染控制工程技术分类表

大类	中类	小类	子类
水污染控制工程技术	物理法污水处理技术	均质调节	水力搅拌
			机械搅拌
			其他
		格栅（网）	
		沉砂	平流式沉砂
			竖流式沉砂
			曝气沉砂
			旋流沉砂
			其他
		沉淀	平流式沉淀
			竖流式沉淀
			辐流式沉淀
			斜管（板）沉淀
			涡流式沉淀
			其他
	物理法污水处理技术	澄清	机械循环澄清
			水力循环澄清
			脉冲澄清
			悬浮澄清
			其他
		离心分离	
		过滤	介质过滤
			其他
		隔油与除油	
		蒸发（干燥）	
		磁分离	
		其他物理处理技术	
	化学法污水处理技术	中和处理	
		氧化与还原	化学氧化还原
			光氧化还原
			电化学氧化还原
			其他
		化学沉淀	
		混凝	
		消毒	臭氧消毒
			化学药剂消毒
			紫外线消毒
			其他
		其他化学处理技术	

大类	中类	小类	子类
水污染控制工程技术	物理化学法污水处理技术	离子交换	固定床离子交换
			混合床离子交换
			其他
		气浮	散气气浮
			压力溶气气浮
			电解气浮
			真空气浮
			其他
		膜分离	微滤
			超滤
			纳滤
			反渗透
			电渗析
			其他
		吸附	
		萃取	
		汽提	
		吹脱	
		其他物理化学处理技术	
	生物法污水处理技术	好氧活性污泥法	传统活性污泥法
			氧化沟法
			序批式活性污泥法
			吸附生物降解活性污泥法
			深井活性污泥法
			厌氧/缺氧/好氧活性污泥法
			其他
		好氧生物膜法	传统生物滤池
			曝气生物滤池
			生物接触氧化
			生物转盘
			生物流化床
			其他
		厌氧污泥法	传统厌氧消化
			升流式厌氧污泥床
			厌氧膨胀污泥床
			厌氧流化床
			水解酸化
			折流式厌氧处理
			其他
		厌氧生物膜法	厌氧生物滤池
			厌氧生物转盘
			其他
		其他生物处理技术	膜生物反应器

大类	中类	小类	子类
水污染控制工程技术	污水自然净化技术	塘处理	好氧稳定塘
			兼性稳定塘
			厌氧稳定塘
			曝气塘
			其他
		土地处理	慢速渗滤
			快速渗滤
			地表漫流
			地下渗滤
			人工湿地
			其他
		其他自然净化技术	
	剩余污泥处理技术	污泥调理	
		污泥浓缩	
		污泥稳定	生物稳定
			药剂稳定
			其他
		污泥脱水	
		污泥干化	自然干化
			热干化
			其他
		污泥消毒	
		其他污泥处理技术	

表 2　大气污染控制工程技术分类表

大类	中类	小类	子类
大气污染控制工程技术	除尘技术	袋式除尘	机械振动袋式除尘
			回转反吹袋式除尘
			脉冲喷吹袋式除尘
			气箱脉冲袋式除尘
			其他
		旋风除尘	多筒旋风除尘
			多管旋风除尘
			其他
		静电除尘	板式静电除尘
			管式静电除尘
			静电湿式除尘
			其他
		湿式除尘	文丘里湿式除尘
			水膜湿式除尘
			泡沫湿式除尘
			其他
		复合式除尘	电袋式除尘
			其他
		其他除尘技术	

大类	中类	小类	子类
大气污染控制工程技术	除雾技术	惯性除雾	折板式除雾
			旋流除雾
			其他
		过滤式除雾	网式除雾
			填料除雾
			其他
		静电除雾	管式静电除雾
			板式静电除雾
			其他
		其他除雾技术	
	气态污染物净化技术	吸收	表面吸收
			鼓泡式吸收
			喷淋式吸收
			其他
		吸附	固定床吸附
			移动床吸附
			流化床吸附
			其他
		催化转化	催化氧化
			催化还原
			催化分解
			其他
	气态污染物净化技术	冷凝	直接冷凝
			间接冷凝
			其他
		燃烧净化	直接燃烧
			热力燃烧
			催化燃烧
			其他
		生物法净化	生物过滤净化
			生物吸收净化
			其他
		膜分离	中空纤维膜气体分离
			平板型膜气体分离
			其他
		其他气态污染物净化技术	

表 3 固体废物污染控制工程技术分类表

大类	中类	小类	子类
固体废物污染控制工程技术	固体废物收运技术	收集、运输	
		转运	
		其他收运	
	固体废物的预处理技术	压实	
		破碎	
		分选	筛分
			重力分选
			浮选
			磁力分选
			静电分选
			光电分选
			涡电流分选
			其他
		其他预处理技术	
	固体废物固化和稳定化技术	固化	水泥固化
			石灰固化
			其他
		化学稳定化	
		其他固化和稳定化技术	
	固体废物热处理技术	焚烧	固定床焚烧
			流化床焚烧
			回转式焚烧
			移动床焚烧
			其他
		热解	
		气化	
		熔融	
		其他热处理技术	
	固体废物生物处理技术	好氧堆肥	动态堆肥
			静态堆肥
			其他
		厌氧发酵	湿式消化
			干式消化
			半干式消化
			其他
		其他生物处理技术	

大类	中类	小类	子类
固体废物污染控制工程技术	固体废物填埋技术	卫生填埋	厌氧卫生填埋
			准好氧卫生填埋
			好氧卫生填埋
			其他
		安全填埋	
		防渗	天然防渗
			人工防渗
			其他
		渗滤液处理	渗滤液收集
			渗滤液回灌
			渗滤液生物处理
			渗滤液物理处理
			渗滤液物理化学处理
			其他
		填埋气体处理	填埋气体收集
			填埋气体火炬焚烧
			其他
		其他填埋技术	
	固体废物资源化技术	直接回收利用	
		电子废物回收利用	机械拆解法
			机械物理法
			化学法
			热处理分离法
			其他
		废电池回收利用	冶金法
			真空蒸馏分离法
			固相电解还原法
			溶剂萃取法
			其他
		废塑料回收利用	熔融法
			热裂解法
			分选法
			其他
	固体废物资源化技术	废橡胶回收利用	机械粉碎法
			微波法
			超声波法
			化学药剂法
			生物法
			热分解法
			其他
		污泥资源化	污泥土地利用
			污泥堆肥
			其他
		能源回收利用技术	焚烧热能利用
			填埋气体能源回收
			污泥厌氧发酵产气能源回收
			其他
		其他资源化技术	

6.7 物理污染控制工程技术分类与命名应符合表 4 的规定。其中，中类按照环境工程技术的治理对象划分。

表 4　物理污染控制工程技术分类表

大类	中类	小类	子类
物理污染控制工程技术	噪声污染控制技术	吸声	多孔材料吸声结构
			穿孔板共振吸声
			微穿孔板吸声
			薄板吸声
			薄膜吸声
			其他
		隔声	隔声罩隔声
			隔声室隔声
			隔声帘幕隔声
			隔声屏隔声
			其他
		消声	阻性消声
			抗性消声
			阻抗复合消声
			微穿孔板消声
			小孔喷注消声
			节流减压消声
			其他
		其他噪声控制技术	
	振动污染控制技术	隔振	金属弹簧隔振
			橡胶隔振
			软木隔振
			空气弹簧隔振
			弹性吊架支架
			管道软连接隔振
			其他
	振动污染控制技术	减振	阻尼减振
			其他
		其他振动控制技术	
	电磁辐射污染控制技术	屏蔽	电磁屏蔽
			静电屏蔽
			磁屏蔽
			其他屏蔽
		接地	静电接地
			工频接地
			射频接地
			其他接地
		滤波	
		其他电磁辐射控制技术	

6.8 生态修复工程技术分类与命名应符合表 5 的规定。其中，中类按照环境工程技术的原理划分。

表 5 生态修复工程技术分类表

大类	中类	小类	子类
生态修复工程技术	微生物生态修复技术	原位微生物修复	生物通风
			生物淋洗
			生物耕作
			空气/生物注射修复
			微生物菌剂强化
			酶制剂强化
			其他
		异位微生物修复	生物预制床
			生物堆腐
			生物泥浆反应
			其他
		其他生物修复	
	物理生态修复技术	物理分离	水动力分离
			脱水分离
			重力分离
			浮选分离
			磁分离
			其他
		物理稳定修复	原位稳定修复
			异位稳定修复
			其他
		热力学修复	高温热修复
			低温热修复
			电磁波热修复
			其他
		热解吸浸提	原位热解吸浸提
			异位热解吸浸提
			其他
		其他物理修复技术	
	化学生态修复技术	化学淋洗修复	原位化学淋洗修复
			异位化学淋洗修复
			其他
		化学浸提修复	
		活性栅修复	
		化学固定修复	
		化学氧化还原修复	
		电动力学修复	
		其他化学修复技术	
	植物生态修复技术	植物富集修复	
		植物挥发修复	
		植物稳定修复	
		植物与微生物联合修复	
		其他植物修复技术	

中华人民共和国环境保护部

公　告

2009年　第50号

为贯彻《中华人民共和国环境保护法》、《中华人民共和国水污染防治法》和《中华人民共和国大气污染防治法》，规范畜禽养殖业污染治理工程建设与运行，现批准《畜禽养殖业污染治理工程技术规范》为国家环境保护标准，并予发布。

标准名称、编号如下：

畜禽养殖业污染治理工程技术规范（HJ 497—2009）

以上标准自2009年12月1日起实施，由中国环境科学出版社出版，标准内容可在环境保护部网站（bz.mep.gov.cn）查询。

特此公告。

2009年9月28日

HJ

中华人民共和国国家环境保护标准

HJ 497—2009

畜禽养殖业污染治理工程技术规范

Technical specifications for pollution treatment projects of livestock and poultry farms

2009-09-30 发布　　2009-12-01 实施

环　境　保　护　部　发布

前 言

为贯彻《中华人民共和国环境保护法》、《中华人民共和国水污染防治法》和《中华人民共和国大气污染防治法》，规范畜禽养殖业污染治理工程建设与运行，治理畜禽养殖业废弃物及恶臭污染，改善环境质量，制定本标准。

本标准以我国当前的污染物排放标准和污染控制技术为基础，规定了畜禽养殖业污染治理工程设计、施工、验收和运行维护的技术要求。

本标准为首次发布。

本标准由环境保护部科技标准司组织制订。

本标准主要起草单位：中国环境保护产业协会（水污染治理委员会）、天津市环境保护科学研究院、北京市环境保护科学研究院、浙江省沼气太阳能科学研究所。

本标准环境保护部 2009 年 9 月 30 日批准。

本标准自 2009 年 12 月 1 日起实施。

本标准由环境保护部解释。

畜禽养殖业污染治理工程技术规范

1．适用范围

本标准规定了集约化畜禽养殖场（区）污染治理工程设计、施工、验收和运行维护的技术要求。

本标准适用于集约化畜禽养殖场（区）的新建、改建和扩建污染治理工程从设计、施工到验收、运行的全过程管理和已建污染治理工程的运行管理，可作为环境影响评价、设计、施工、环境保护验收及建成后运行与管理的技术依据。

2．规范性引用文件

本标准内容引用了下列文件中的条款。凡是不注日期的引用文件，其有效版本适用本标准。

GB 5084　农田灌溉水质标准
GB 7959　粪便无害化卫生标准
GB 8958　缺氧危险作业安全规程
GB 18596—2001　畜禽养殖业污染物排放标准
GB 18877　有机—无机复混肥料
GB 50014—2006　室外排水设计规范
GB 50046　工业建筑防腐蚀设计规范
GB 50052　供配电系统设计规范
GB 50054　低压配电设计规范
GB 50069　给水排水工程构筑物结构设计规范
GB 50334　城市污水处理厂工程质量验收规范
GB/T 18883　室内空气质量标准
GBJ 16　建筑设计防火规范
GBZ 1　工业企业设计卫生标准
CJ/T 3059　城市生活垃圾堆肥处理厂技术评价指标
CJJ 60—1994　城市污水处理厂运行、维护及其安全技术规程
CJJ 64—1995　城市粪便处理厂（场）设计规范
CJJ/T 30　城市粪便处理厂运行、维护及其安全技术规程
CJJ/T 54　污水稳定塘设计规范
CJJ/T 86　城市生活垃圾堆肥处理厂运行、维护及其安全技术规程
DB11/T 272—2005　生活垃圾堆肥厂运行管理规范
HJ/T 81—2001　畜禽养殖业污染防治技术规范
HJ/T 353　水污染源在线监测系统安装技术规范（试行）
HJ/T 354　水污染源在线监测系统验收技术规范（试行）
HJ/T 355　水污染源在线监测系统运行与考核技术规范（试行）
NY 525　有机肥料

NY/T 1167　　　畜禽场环境质量及卫生控制规范
NY/T 1168—2006　畜禽粪便无害化处理技术规范
NY/T 1222—2006　规模化畜禽养殖场沼气工程设计规范
NY/T 1220.3　　沼气工程技术规范　第 3 部分：施工与验收
NY/T 1221—2006　规模化畜禽养殖场沼气工程运行、维护及其安全技术规程
《高致病性禽流感疫情处置技术规范》（试行）（农政发[2004]1 号）
《建设项目（工程）竣工验收办法》（计建设[1990]1215 号）
《建设项目竣工环境保护验收管理办法》（国家环境保护总局令　第 13 号）

3 术语与定义

下列术语和定义适用于本标准。

3.1 集约化畜禽养殖场　Intensive livestock and poultry farms

指在较小的场地内，投入较多的生产资料和劳动，采用新的工艺与技术措施，进行精心管理的畜禽养殖场。

本标准指存栏数为 300 头以上的养猪场、50 头以上的奶牛场、100 头以上的肉牛场、4 000 羽以上的养鸡场、2 000 羽以上的养鸭场或养鹅场。

3.2 集约化畜禽养殖区　Intensive livestock and poultry park（含集约化养殖小区）

指距居民区一定距离，经过行政区划确定的多个畜禽养殖个体生产集中的区域。

3.3 畜禽粪污　Fecal residue and waste water

指畜禽养殖场产生的废水和固体粪便的总称。

3.4 畜禽养殖废水 Waste water

指由畜禽养殖场产生的尿液、全部粪便或残余粪便及饲料残渣、冲洗水及工人生活、生产过程中产生的废水的总称，其中冲洗水占大部分。

3.5 干清粪工艺 Dry collection

指畜禽排放的粪便一经产生便通过机械或人工收集、清除，尿液、残余粪便及冲洗水则从排污道排出的清粪方式。

3.6 水冲粪工艺 Manure cleaning by rinsing

指畜禽排放的粪、尿和污水混合进入粪沟，每天数次放水冲洗，粪水顺粪沟流入粪便主干沟后排出的清粪工艺。

3.7 水泡粪工艺 Manure cleaning by water submerging

指在畜禽舍内的排粪沟中注入一定量的水，将粪、尿、冲洗和饲养管理用水一并排放至漏缝地板下的粪沟中，贮存一定时间（一般为 1～2 个月）、待粪沟填满后，打开出口闸门，沟中的粪水顺粪沟流入粪便主干沟后排出的清粪工艺。

3.8 堆肥 Composting

指将畜禽粪便等有机固体废物集中堆放并在微生物作用下使有机物发生生物降解，形成一种类似腐殖质土壤的物质过程。

3.9 好氧堆肥 Aerobic composting

指在充分供氧的条件下，主要利用好氧微生物对废物进行堆肥的方法。

3.10 腐熟度 Maturity

指堆肥过程中的有机质经过矿化、腐殖化过程最后达到稳定的程度，是反映堆肥化过程中稳定化程度的指标。

3.11 恶臭污染物 Odor pollutants

指一切刺激嗅觉器官，引起人们不愉快及损害生活环境的气体物质。

3.12 无害化处理 Non-hazardous treatment

指利用高温、好氧或厌氧等工艺杀灭畜禽粪污中病原菌、寄生虫和杂草种子的过程。

4．污染物与污染负荷

4.1 畜禽养殖废水处理工程的设计水量应根据养殖场实际产生的废水水量确定，没有实测数据的宜参考 GB 18596—2001 第 3.1.2 条的畜禽养殖业最高允许排水量设计，也可参考相似工程或参考当地类似养殖场废水产生量确定。

4.2 畜禽养殖废水处理工程的设计进水水质应根据养殖场实际的排放废水水质确定，没有实测数据的宜根据相似工程经验或参考当地类似养殖场废水水质确定，无参考数据的可参照附录 A 确定。

4.3 畜禽养殖固体粪便的设计处理量应根据养殖场实际产生量确定，没有实测数据的宜根据相似工程经验或参考当地类似养殖场粪便产生量确定，也可参考附录 A 确定。

5．总体设计

5.1 一般规定

5.1.1 畜禽养殖场环境质量及卫生控制应符合 NY/T 1167 的有关要求。

5.1.2 畜禽养殖业污染治理工程的设计单位应具有国家相应的设计资质。

5.1.3 畜禽养殖业污染治理工程的设计除应遵守本标准外，还应符合国家现行的有关强制性标准的规定。

5.1.4 畜禽养殖业污染治理应从源头控制，严格执行雨污分离，通过优化饲料配方、提高饲养技术、管理水平、改善畜舍结构和通风供暖工艺、改进清粪工艺等措施减少养殖场环境污染。

5.1.5 畜禽养殖业污染治理应按照资源化、减量化、无害化的原则，以综合利用为出发点，提高资源化利用率。

5.1.6 畜禽粪污资源化时应经无害化处理后方可还田利用，无害化处理应满足下列要求：

a）液态畜禽粪污宜采用厌氧工艺进行无害化处理；沼液、沼渣不得作为同等动物的饲料，不得在动物之间进行循环。

b）固体畜禽粪便宜采用好氧堆肥技术进行无害化处理。

c）无害化处理后的卫生学指标应符合 GB 7959 的有关规定。

5.1.7 经无害化处理后进行还田综合利用的，粪肥用量不能超过作物当年生长所需的养分量。在确定粪肥的最佳施用量时，应对土壤肥力和粪肥肥效进行测试评价，并符合当地环境容量的要求。同时应有一倍以上的土地用于轮作施肥，不得长期施肥于同一土地。

5.1.8 没有充足土地消纳利用固体粪便的养殖场，应建立集中处理处置畜禽粪便的有机肥厂或处理（处置）设施。生产商品化有机肥和复混肥的应分别满足 NY 525 和 GB 18877 的有关规定。

5.1.9 畜禽养殖废水不得排入敏感水域和有特殊功能的水域，排放去向应符合国家和地方的有关规定。排放水质应满足 GB 18596—2001 或有关地方污染物排放标准的规定；处理后用于农田灌溉的，出水水质应满足 GB 5084 的规定。

5.1.10 畜禽养殖业污染治理工程的建设应符合当地总体规划，与当地客观实际相结合，正确处理集中与分散、处理与利用、近期与远期的关系。

5.1.11 畜禽养殖业污染治理工程的电气设计应符合 GB 50052、GB 50054 的规定。

5.1.12 畜禽养殖业污染治理工程宜采用自动化控制系统，自动化控制系统应适用、可靠，并满足设施安全、经济运行要求。
5.1.13 畜禽养殖业污染治理工程应采取防治二次污染的措施，废水、废气、废渣、噪声及其他污染物的排放应符合相应的国家或地方排放标准。
5.1.14 集约化畜禽养殖场（区）污染治理工程应按照有关规定安装水质在线监测系统。

5.2 项目构成

5.2.1 畜禽养殖业污染治理工程的设计对象主要包括主体处理构筑物与设备、配套工程以及运行管理服务设施。
5.2.2 主体处理构筑物与设备包括废水处理系统、固体粪便处理系统及恶臭处理系统等；处理后废水直接向环境排放的，应按国家有关规定设置规范化排污口。
5.2.3 配套工程包括总图运输、供配电、给排水、消防、通讯、暖通、监测化验等。
5.2.4 运行管理服务设施包括办公用房、库房等。

5.3 选址要求

5.3.1 畜禽养殖业污染治理工程应与养殖场生产区、居民区等建筑保持一定的卫生防护距离，设置在畜禽养殖场的生产区、生活区主导风向的下风向或侧风向处。
5.3.2 畜禽养殖业污染治理工程的位置应有利于排放、资源化利用和运输，并留有扩建的余地，方便施工、运行和维护。
5.3.3 畜禽养殖业污染治理工程选址的其他要求参照 CJJ 64—1995 第 2 章、GB 50014—2006 第 5 章的有关规定执行。

5.4 总平面布置

平面布置应以污水处理系统、固体粪便处理系统、恶臭集中处理系统为主体，其他各项设施应按粪污处理流程合理安排，确保相关设备充分发挥功能，保证设施运行稳定、维修方便、经济合理、安全卫生。

5.5 绿化

宜种植高大常绿的乔木，并设置能吸收臭气、有净化空气作用的绿化隔离带，以减少臭气对环境的影响。

6. 工艺选择

6.1 粪污收集与贮存

6.1.1 粪污收集
6.1.1.1 新建、改建、扩建的畜禽养殖场宜采用干清粪工艺。现有采用水冲粪、水泡粪清粪工艺的养殖场，应逐步改为干清粪工艺。
6.1.1.2 畜禽粪污应日产日清。
6.1.1.3 畜禽养殖场应建立排水系统，并实行雨污分流。
6.1.2 粪污贮存
6.1.2.1 粪污无害化处理后用于还田利用的，畜禽粪污处理厂（站）应设置专门的贮存池。
6.1.2.2 贮存池的位置选择应满足 HJ/T 81—2001 第 5.2 条的规定。
6.1.2.3 贮存池的总有效容积应根据贮存期确定。种养结合的养殖场，贮存池的贮存期不得低于当地农作物生产用肥的最大间隔时间和冬季封冻期或雨季最长降雨期，一般不得小于 30 d 的排放总量。
6.1.2.4 贮存池的结构应符合 GB 50069 的有关规定，具有防渗漏功能，不得污染地下水。
6.1.2.5 对易侵蚀的部位，应按照 GB 50046 的规定采取相应的防腐蚀措施。

6.1.2.6 贮存池应配备防止降雨（水）进入的措施。

6.1.2.7 贮存池宜配置排污泵。

6.2 粪污处理基本工艺模式

6.2.1 工艺选择原则

6.2.1.1 选用粪污处理工艺时，应根据养殖场的养殖种类、养殖规模、粪污收集方式、当地的自然地理环境条件以及排水去向等因素确定工艺路线及处理目标，并应充分考虑畜禽养殖废水的特殊性，在实现综合利用或达标排放的情况下，优先选择低运行成本的处理工艺；应慎重选用物化处理工艺。

6.2.1.2 养殖规模在存栏（以猪计）2 000 头及以下的应尽可能采用 6.2.2 模式Ⅰ或 6.2.3 模式Ⅱ处理工艺；存栏（以猪计）10 000 头及以上的，宜采用 6.2.4 模式Ⅲ处理工艺。

6.2.1.3 采用模式Ⅰ或模式Ⅱ处理工艺的，养殖场应位于非环境敏感区，周围的环境容量大，远离城市，有能源需求，周边有足够土地能够消纳全部的沼液、沼渣。

6.2.1.4 干清粪工艺的养殖场，不宜采用模式Ⅰ处理工艺，固体粪便宜采用好氧堆肥等技术单独进行无害化处理。

6.2.1.5 当采用干清粪工艺时，清粪比例宜控制在 70%。

6.2.2 模式Ⅰ

6.2.2.1 模式Ⅰ的基本工艺流程见图 1。

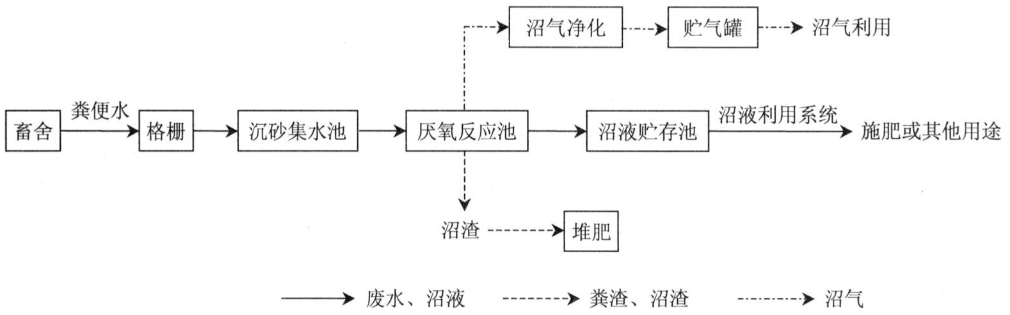

图 1 模式Ⅰ工艺基本流程

6.2.2.2 模式Ⅰ工艺以能源利用与综合利用为主要目的，适用于当地有较大的能源需求，沼气能完全利用，同时周边有足够土地消纳沼液、沼渣，并有一倍以上的土地轮作面积，使整个养殖场（区）的畜禽排泄物在小区域范围内全部达到循环利用的情况。

6.2.2.3 粪尿连同废水一同进入厌氧反应器；未采用干清粪工艺的，应严格控制冲洗用水，提高废水浓度，减少废水总量。

6.2.3 模式Ⅱ

6.2.3.1 模式Ⅱ工艺基本流程见图 2。

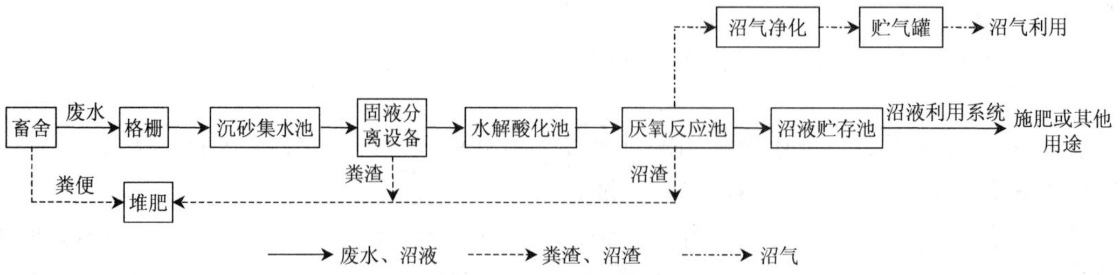

图 2 模式Ⅱ工艺基本流程

6.2.3.2 模式Ⅱ工艺适用于能源需求不大，主要以进行污染物无害化处理、降低有机物浓度、减少沼液和沼渣消纳所需配套的土地面积为目的，且养殖场周围具有足够土地面积全部消纳低浓度沼液，并且有一定的土地轮作面积的情况。

6.2.3.3 废水进入厌氧反应器之前应先进行固液（干湿）分离，然后再对固体粪渣和废水分别进行处理。

6.2.4 模式Ⅲ

6.2.4.1 模式Ⅲ工艺基本流程见图 3。

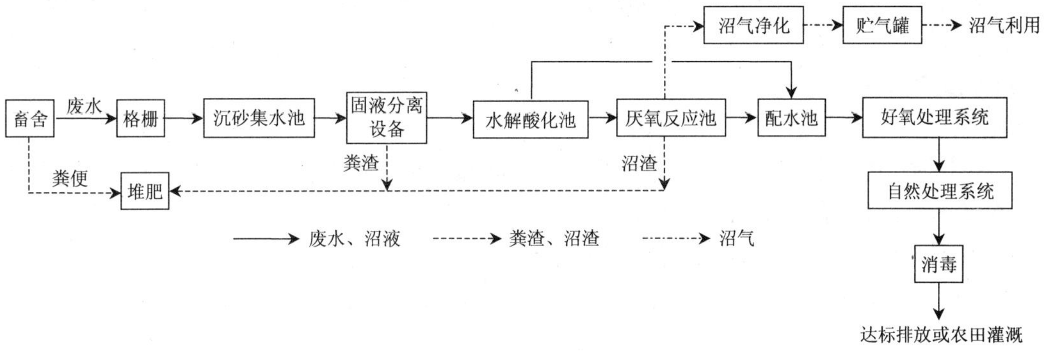

图 3 模式Ⅲ工艺基本流程

6.2.4.2 能源需求不高且沼液和沼渣无法进行土地消纳，废水必须经处理后达标排放或回用的，应采用模式Ⅲ处理工艺。

6.2.4.3 废水进入厌氧反应器之前应先进行固液（干湿）分离，然后再对固体粪渣和废水分别进行处理。

7. 废水处理

7.1 预处理

7.1.1 一般规定

7.1.1.1 畜禽养殖场废水处理前应强化预处理，预处理包括格栅、沉砂池、固液分离系统、水解酸化池等。

7.1.1.2 采用模式Ⅰ工艺处理养牛场粪污时，预处理应设有粪草分离、切割和混合装置。

7.1.1.3 处理养鸡场粪污前，应先清除鸡粪中的羽毛。

7.1.2 格栅

7.1.2.1 废水进入集水池前应设置格栅。

7.1.2.2 当污水量较大时，宜采用机械格栅，栅渣应及时运至粪便堆肥场或其他无害化场所进行处理。

7.1.2.3 格栅的技术要求按 GB 50014—2006 的有关规定执行。

7.1.3 沉砂池

7.1.3.1 处理养鸡场或散放式奶牛场废水时应强化沉砂池设置；其他养殖废水处理可使设置的集水池具有一定的沉砂功能，不单独设置沉砂池。

7.1.3.2 沉砂池的设计参照 CJJ 64—1995 第 3.3 条的有关规定。

7.1.4 集水池

7.1.4.1 厌氧处理系统前应设置集水池。

7.1.4.2 集水池的容量不宜小于最大日排放量的 50%。

7.1.4.3 集水池的设置应方便去除浮渣和沉渣。

7.1.4.4 处理食草类动物粪污时，应增加集水池容积，使其具有化粪的功能。

7.1.5 固液分离

7.1.5.1 固液分离设备可选用水力筛网、螺旋挤压分离机等，应根据处理水量、水质、场地、经济情况等条件综合考虑选用，并考虑废渣的贮存、运输等情况。

7.1.5.2 当采用螺旋挤压分离机时，宜在排污收集后 3 h 内进行污水的固液分离。

7.1.6 水解酸化池

7.1.6.1 进水经固液分离后、进厌氧处理系统前，根据工艺要求宜设置水解酸化池。

7.1.6.2 水解酸化池容积应根据工艺要求确定。进水经固液分离的，水力停留时间（HRT）宜为 12～24 h。

7.2 厌氧生物处理

7.2.1 一般规定

7.2.1.1 厌氧生物处理单元通常由厌氧反应器、沼气收集与处置系统（净化系统、贮气罐、输配气管和使用系统等）、沼液和沼渣处置系统组成。

7.2.1.2 厌氧反应器的类型和设计应根据粪污种类和工艺路线确定。

7.2.1.3 厌氧反应器容积宜根据水力停留时间（HRT）确定，计算见式（1）：

$$V = Q \times \mathrm{HRT} \tag{1}$$

式中：V——厌氧反应器的有效容积，m^3；

Q——设计流量，m^3/d；

HRT——水力停留时间，d。

7.2.1.4 当温度条件不能满足工艺要求时，厌氧反应器宜按下列要求设置加热保温措施：

a）宜采用池（罐）外保温措施；

b）宜采用蒸汽直接加热，蒸汽通入点宜设在集水池（或计量池）内，也可采用厌氧反应器外热交换或池内热交换。

7.2.1.5 厌氧反应器设计还应符合下列规定：

a）厌氧反应器、沼气净化利用系统的防火设计应符合 GBJ 16 中的有关规定；

b）厌氧反应器应设有防止超正、负压的安全装置及措施，安全装置的安全范围应满足工艺设计的压力及池体安全的要求；

c）厌氧反应器应达到水密性与气密性的要求，应采用不透气、不透水的材料建造，内壁及管路应进行防腐；

d）厌氧反应器应设有取样口、测温点；

e）应根据工艺需要配置适用的测定气量、气压、温度、pH 值、粪水量等的计量设备和仪表；

f）厌氧反应器应设有检修孔、排泥管等。

7.2.2 进水不经固液分离（粪尿全进）的厌氧生物处理

7.2.2.1 厌氧反应器宜选用全混合厌氧反应器（CSTR）、升流式固体反应器（USR）和推流式反应器（PFR）。

7.2.2.2 宜采用中温（35℃左右）或近中温消化，有其他热源利用的可采用高温（55℃左右）消化。

7.2.2.3 中温条件下，当总固体含量 w（TS）＜3%时，厌氧反应器的水力停留时间（HRT）不宜小于 5 d；总固体含量 w（TS）≥3%时，不宜小于 8 d。

7.2.2.4 宜采用一级厌氧消化，根据不同工艺，也可选用二级厌氧消化。

7.2.2.5 不同厌氧反应器的设计宜满足下列要求：

a）全混合厌氧反应器（CSTR）：

1）平面形状宜采用圆形；

2）应设置搅拌系统；

3）搅拌可采用连续方式，也可采用间歇方式。

b）升流式固体反应器（USR）：

1）宜采用立式圆柱形，有效高度 6～12 m；

2）应选用合理的布水方式，以保证液体均匀上升，避免短路、勾流。

c）推流式厌氧反应器（PFR）宜采用半地下或地上建筑。

7.2.3 进水经固液分离的厌氧生物处理

7.2.3.1 厌氧反应器宜采用升流式厌氧污泥床（UASB），也可采用复合厌氧反应器（UBF）、厌氧过滤器（AF）、折流式厌氧反应器（ABR）等。

7.2.3.2 宜采用常温发酵，但温度不宜低于 20℃。

7.2.3.3 厌氧反应器的水力停留时间（HRT）不宜小于 5 d。

7.2.3.4 采用升流式厌氧污泥床（UASB）时，设计应符合下列规定：

a）应根据经济性和场地情况考虑确定反应器的平面形状，宜采用圆形或矩形池。

b）应综合考虑运行、经济等情况确定反应器的高度，不宜超过 10 m，反应器有效高度（深度）宜为 7～9 m。

c）宜设 2 个以上厌氧罐体，单体体积不宜超过 2 000 m^3；当处理量较大时，宜采用多个单体反应器并联运行。

d）进水系统的设计应确保布水均匀，避免出现短路等现象。

e）三相分离器的设计应确保水、气、泥三相有效分离，出水含泥量少。

7.2.4 沼气净化、贮存及利用

7.2.4.1 厌氧处理产生的沼气须完全利用，不得直接向环境排放。经净化处理后通过输配气系统可用于居民生活用气、锅炉燃烧、沼气发电等。

7.2.4.2 沼气的净化、贮存按照 NY/T 1222—2006 第 8.5 条、第 8.6 条的有关规定执行。

7.2.5 沼液、沼渣处置与利用

7.2.5.1 沼渣应及时运至粪便堆肥场或其他无害化场所，进行妥善处理。

7.2.5.2 沼液可作为农田、大棚蔬菜田、苗木基地、茶园等的有机肥，宜放置 2～3 d 后再利用。

7.2.5.3 采用模式Ⅰ和模式Ⅱ处理工艺的，沼渣、沼液应全部进行资源化利用，不得直接向环境排放。

7.3 好氧生物处理

7.3.1 好氧反应单元前宜设置配水池，使厌氧出水与水解酸化池的一部分污水进行混合调配，确保好氧工艺进水的生化需氧量与化学需氧量的比值ω（BOD_5/COD）≥0.3。

7.3.2 宜采用具有脱氮功能的好氧处理工艺，如具有脱氮功能的序批式活性污泥法（SBR）、氧化沟法、缺氧/好氧（A/O）等生物处理工艺。

7.3.3 除氨氮时，完全硝化要求进水的总碱度（以 $CaCO_3$ 计）/氨氮的比值宜≥7.14；脱总氮时，进水的碳氮比（BOD_5/TN）宜＞4，总碱度（以 $CaCO_3$ 计）/氨氮的比值宜≥3.6。

7.3.4 好氧池的污泥负荷（BOD_5/MLVSS）宜为 0.05～0.1 kg/（kg·d），混合液挥发性悬浮固体浓度（MLVSS）宜为 2.0～4.0 g/L，其他有关设计、配套设施和设备参考 GB 50014—2006 及相应的工艺类工程技术规范的规定。

7.4 自然处理

7.4.1 一般规定

7.4.1.1 根据可供利用的土地资源面积和适宜的场地条件，在通过环境影响评价和技术经济比较后，可选用适宜的自然处理工艺。

7.4.1.2 自然处理工艺宜作为厌氧、好氧两级生物处理后出水的后续处理单元。

7.4.1.3 宜采用的自然处理工艺有人工湿地、土地处理和稳定塘技术。

7.4.2 人工湿地

7.4.2.1 适用于有地表径流和废弃土地，常年气温适宜的地区。

7.4.2.2 应优化湿地结构设计，慎重选用潜流式或垂直流人工湿地，选用时进水 SS 宜控制为小于 500 mg/L。

7.4.2.3 人工湿地系统应根据污水性质及当地气候、地理实际状况，选择适宜的水生植物。

7.4.2.4 表面流湿地水力负荷宜为 2.4～5.8 cm/d；潜流湿地水力负荷宜为 3.3～8.2 cm/d；垂直流人工湿地水力负荷宜为 3.4～6.7 cm/d。设置填料时，可适当提高水力负荷。

7.4.2.5 冬季保温措施可采用覆盖秸秆、芦苇等植物。

7.4.3 土地处理

7.4.3.1 采用土地处理应采取有效措施，防止污染地下水。

7.4.3.2 土地处理的水力负荷应根据试验资料确定。无试验资料时，可按下列范围取值：慢速渗滤系统水力负荷 0.5～5.0 m/a，地下水最浅深度不宜小于 1.5 m；快速渗滤系统水力负荷 5～120 m/a，淹水期与干化期比值应小于 1；地表漫流系统年水力负荷 3～20 m/a。

7.4.3.3 土地处理设计时，应根据应用场地的土质条件进行土壤颗粒组成、土壤有机质含量调整等。

7.4.4 稳定塘

7.4.4.1 适用于有湖、塘、洼地可供利用且气候适宜、日照良好的地区。蒸发量大于降雨量地区使用时，应有活水来源，确保运行效果。

7.4.4.2 稳定塘宜采用常规处理塘，如兼性塘、好氧塘、水生植物塘等。

7.4.4.3 塘址的土地渗透系数（K）大于 0.2 m/d 时，应采取防渗处理。

7.4.4.4 稳定塘系统设计可参考 CJJ/T 54 的有关规定执行。

7.5 消毒

7.5.1 畜禽养殖废水经处理后向水体排放或回用的，应进行消毒处理。

7.5.2 宜采用紫外线、臭氧、双氧水等非氯化的消毒处理措施，并不得产生二次污染。

8．固体粪便处理

8.1 一般规定

8.1.1 畜禽固体粪便宜采用好氧堆肥技术进行无害化处理。

8.1.2 不具备堆肥条件的养殖场，可根据畜禽养殖场地理位置、养殖种类、养殖规模及经济情况，选用其他方法对固体粪便进行资源回收利用，但不得对环境造成二次污染。

8.1.3 未采用干清粪的养殖场，堆肥前应先将粪水进行固液分离，分离出的粪渣进入堆肥场，液体进入废水处理系统。

8.1.4 堆肥场地的设计应满足下列规定：

a）堆肥场地一般应由粪便贮存池、堆肥场地以及成品堆肥存放场地等组成；

b）采用间歇式堆肥处理时，粪便贮存池的有效体积应按至少能容纳 6 个月粪便产生量计算；

c）场内应建立收集堆肥渗滤液的贮存池；

d）应考虑防渗漏措施，不得对地下水造成污染；

e）应配置防雨淋设施和雨水排水系统。

8.2 好氧堆肥

8.2.1 畜禽粪便的好氧堆肥通常由预处理、发酵、后处理、贮存等工序组成。

8.2.2 预处理和后处理过程中分选出的玻璃、金属、石头等杂物应进行妥善处理。

8.2.3 畜禽粪便经预处理调整水分和碳氮比（C/N），并应符合下列要求：

a）堆肥粪便的起始含水率应为40%～60%；

b）碳氮比（C/N）应为20∶1～30∶1，可通过添加植物秸秆、稻壳等物料进行调节，必要时需添加菌剂和酶制剂；

c）堆肥粪便的pH值应控制在6.5～8.5。

8.2.4 好氧发酵过程应符合下列要求：

a）发酵过程温度宜控制在55～65℃，且持续时间不得少于5 d，最高温度不宜高于75℃；

b）堆肥时间应根据碳氮比（C/N）、湿度、天气条件、堆肥工艺类型及废物和添加剂种类确定；

c）堆肥物料各测试点的氧气浓度不宜低于10%；

d）可适时采用翻堆方式自然通风或设有其他机械通风装置换气，调节堆肥物料的氧气浓度和温度。

8.2.5 发酵结束时，应符合下列要求：

a）碳氮比（C/N）不大于20∶1；

b）含水率为20%～35%；

c）堆肥应符合GB 7959中关于无害化卫生要求的规定；

d）耗氧速率趋于稳定；

e）腐熟度应大于等于Ⅳ级。

8.2.6 发酵完毕后应进行后处理，确保堆肥制品质量合格。后处理通常由再干燥、破碎、造粒、过筛、包装至成品等工序组成，可根据实际需要确定。

8.2.7 堆肥制品应符合下列要求：

a）堆肥产品存放时，含水率应不高于30%，袋装堆肥含水率应不高于20%；

b）堆肥产品的含盐量应在1%～2%；

c）成品堆肥外观应为茶褐色或黑褐色、无恶臭、质地松散，具有泥土气味。

8.2.8 堆肥场宜设有至少能容纳6个月堆肥产量的贮存设施。

9．病死畜禽尸体处理与处置

9.1 病死畜禽尸体应及时处理，不得随意丢弃，不得出售或作为饲料再利用。畜禽尸体的处理与处置应符合HJ/T 81—2001第9章的规定。

9.2 因高致病性禽流感疫情导致禽类死亡，死禽尸体的处理与处置应符合《高致病性禽流感疫情处置技术规范》（试行）的规定。

10．恶臭控制

10.1 一般规定

10.1.1 畜禽养殖场的恶臭治理范围应包括养殖场区和粪污处理厂（站）。

10.1.2 养殖场区应通过控制饲养密度、加强舍内通风、采用节水型饮水器、及时清粪、绿化等措施抑制或减少臭气的产生。

10.1.3 粪污处理各工艺单元宜设计为密闭形式，减少恶臭对周围环境的污染。

10.1.4 密闭化的粪污处理厂（站）宜建恶臭集中处理设施，各工艺过程中产生的臭气集中收集处理后排放，排气筒高度不得低于15m。

10.1.5 在集中式粪污处理厂的卸粪接口及固液分离设备等位置宜喷淋生化除臭剂。

10.1.6 畜禽养殖场恶臭污染物的排放浓度应符合 GB 18596—2001 的规定。

10.2 物理除臭

可采用向粪便或舍内投（铺）放吸附剂减少臭气的散发，宜采用的吸附剂有沸石、锯末、膨润土以及秸秆、泥炭等含纤维素和木质素较多的材料。

10.3 化学除臭

可向养殖场区和粪污处理厂（站）投加或喷洒化学除臭剂消除或减少臭气的产生。宜采用的化学氧化剂有高锰酸钾、重铬酸钾、双氧水、次氯酸钠、臭氧等。

10.4 生物除臭

宜采用的生物除臭措施有生物过滤法和生物洗涤法等。

11．劳动安全与职业卫生

11.1 养殖业污染治理工程设计、施工和运行过程中应高度重视安全卫生问题，严格执行国家及地方有关的规定，采取有效的应对措施和预防手段。

11.2 应制定火警、易燃、爆炸、自然灾害等意外事件的应急预警预案；生产作业区应配备消防器材；厂区各明显位置应配有禁烟、防火和限速等标志。

11.3 具有有害气体、易燃气体、异味、粉尘和环境潮湿的场所应通风。

11.4 应设置劳动安全设施，按照有关规定设置水处理构筑物的防护栏杆、防滑梯和救生圈等，并为职工配备必要的劳动防护用品。

12．施工与验收

12.1 工程施工

12.1.1 畜禽养殖业污染治理工程的施工单位应具有国家相应的工程施工资质。

12.1.2 建筑、安装工程应符合施工设计文件、设备技术文件的要求，对工程的变更应取得设计单位变更文件后再进行施工。

12.1.3 畜禽养殖废水处理工程的施工应参照 NY/T 1220.3 的有关规定执行。

12.1.4 按照环境管理要求需要安装在线监测系统的，应符合 HJ/T 353 的规定。

12.2 工程验收

12.2.1 畜禽养殖业污染治理工程的竣工验收应执行《建设项目（工程）竣工验收办法》。

12.2.2 畜禽养殖业污染治理工程的环境保护验收应执行《建设项目竣工环境保护验收管理办法》。

12.2.3 除《建设项目竣工环境保护验收管理办法》规定的验收材料以外，申请单位还应提供污染治理工程的系统性能试验报告，性能试验报告的主要内容应包括：

1）各组构筑物按设计满负荷运行时，各构筑物高程布置是否有问题；

2）计算并测试各构筑物的工艺参数；

3）沉砂池的沉砂量，沉砂含水率；

4）固液分离设备的出渣量及粪渣含水率；

5）水解酸化池的进出水水质、排泥量及排泥次数；

6）厌氧反应单元的进出水水质、反应器内碱度和污泥性状、污泥浓度；

7）采用模式Ⅲ工艺的，好氧处理系统的进出水水质、污泥性状、污泥浓度；

8）采用模式Ⅰ、模式Ⅱ工艺的，沼液、沼渣的无害化卫生学指标；采用模式Ⅲ工艺的，整个废水处理系统的进、出水水量和水质；

9）固体粪便的堆肥检测；

10）粪污处理厂（站）的技术经济指标，包括人工费、电费、药剂费等。

12.2.4 除本标准第 7 章的规定外，畜禽养殖废水治理工程的验收还应参照 GB 50334 的有关规定。

12.2.5 除本标准第 8 章的规定外，畜禽固体粪便堆肥处理厂的验收还应执行 CJ/T 3059 的有关规定。

12.2.6 畜禽养殖场污染治理工程在线监测系统的验收应按 HJ/T 354 的规定执行。

13．运行与维护

13.1 一般规定

13.1.1 畜禽养殖业污染治理设施的运行管理除应符合本标准外，还应符合国家现行法律法规及标准的规定。

13.1.2 集中式处理厂（站），进厂车辆应符合国家有关规定，进厂粪污应按设计工艺要求处理，不得有直排、直卸、撒漏情况发生。

13.1.3 粪污处理厂（站）内应保持环境整洁，无粪便遗撒、污水横流等脏乱现象；夏季厂（站）内应采取灭蝇措施，并设置蝇类密度监测点。

13.1.4 粪污处理厂（站）应具备事故应急处理能力。发现异常情况时，应采取相应解决措施并及时上报有关主管部门。

13.1.5 粪污处理厂（站）应制定全面的运行管理、维护保养制度和安全操作规程，并建立明确的岗位责任制，各类设施、设备应按照设计的工艺要求使用。

13.1.6 运行管理人员上岗前均应进行相关法律法规和专业技术、安全防护、紧急处理等理论知识和操作技能培训，熟悉粪污处理工艺和设施、设备的运行要求与技术指标，做到持证上岗。

13.1.7 畜禽养殖业污染处理设施的稳定运行达标率应为 100%，设备的综合完好率应大于 90%。

13.1.8 处理设施启动前应做好全面检查和准备工作，确认无误后方可开机运行。

13.1.9 各种设施、设备应保持整洁，避免水、泥、气泄漏；处理设施的管道应定期清理，保持通畅。

13.1.10 雨天或冰雪天气，操作人员在构筑物上巡视或操作时，应注意防滑及高空坠落，防止造成人身伤害。

13.1.11 维修人员应按设备使用要求定期检查和更换安全和消防等防护设施、设备。

13.1.12 压力容器、设备重点部件的检修，应由安全劳动部门认可的维修单位负责。

13.1.13 建、构筑物的避雷、防爆装置的维修应符合气象和消防部门的规定，并申报有关部门定期测试。

13.1.14 粪污处理厂（站）运行检测项目的采样点和采样频率应符合国家环境监测技术规范的要求。

13.1.15 安装有水污染源在线监测系统的废水处理厂，在线监测参数应至少包括水量、pH 值、氨氮、化学需氧量。在线监测系统的运行与维护应符合 HJ/T 355 的有关规定。

13.2 废水处理系统

13.2.1 集水池

13.2.1.1 应定期对调节池及其管道进行冲刷清洗，避免外排管道堵塞、粪便积存及漂浮物结痂现象发生。

13.2.1.2 操作人员应定期对集水池巡回检查、及时捞清浮渣。

13.2.1.3 清捞出的浮渣不得露天长期存放，应运至其他场所进行无害化处理。

13.2.1.4 根据正常运转情况应定期进行排泥。

13.2.2 固液分离系统

13.2.2.1 固液分离设备带负荷运行前，应进行试车。

13.2.2.2 开机后应经常观察固液分离设备运转情况是否正常，并根据污水水质、分离后污水水量及时调节进入固液分离机的污水流量。

13.2.2.3 应根据固液分离机分离出的固形物的含水率，按工艺要求调节设备运行参数。

13.2.2.4 分离出的固体粪渣宜及时送往堆肥场处理，或送往其他场所进行无害化处理，不得在场内积存。

13.2.3 厌氧生物处理单元

13.2.3.1 厌氧反应器进水应按具体工艺设计要求进行，避免进水有机负荷过高或过低、温度骤升或骤降等情况发生。

13.2.3.2 宜每日监测厌氧反应器内液体的 pH 值、温度及内部沼气压力、产气量和沼气成分等指标，并根据监测数据及时调整厌氧反应器运行工况或采取相应措施。各项目的检测方法应符合国家有关规定。

13.2.3.3 应保证厌氧反应器内料液的 pH 值维持在 6.8～7.6。

13.2.3.4 厌氧反应器沼气中的甲烷（CH_4）含量应为 50%～80%。

13.2.3.5 厌氧反应器宜维持稳定的消化温度。采用热交换器加热的，应每日测量反应器温度变化情况。

13.2.3.6 厌氧反应器溢流管应保持畅通，并保持厌氧反应器的水封高度，冬季应每日检查。环境温度低于 0℃时，应防止水封结冰。

13.2.3.7 需进行搅拌的厌氧反应器在出水排放前 30 min 应停止搅拌。

13.2.3.8 污泥（沼渣）的排出应符合下述规定：

a）厌氧反应器的污泥（沼渣）应按设计要求定期排出。排出量可用污泥界面仪控制或经验判断，以不影响厌氧正常发酵为准；

b）处理养鸡场或散养奶牛场粪污时，应增加排放频次。

13.2.3.9 停运与再启动应符合下列规定：

a）厌氧反应器停运期较长时，应定期进行搅拌；

b）停运期间应使出水口及导气管等保持开放；

c）厌氧反应器再启动时，应先恢复运行温度，并根据运行状态逐步提高进水负荷。

13.2.3.10 厌氧反应器需停运放空清理和维修时，应符合下列规定：

a）应打开人孔与顶盖，采取强制通风措施 24 h 后，采用活体小动物（鸡、狗等）进行有害气体检测无误后维修人员在有安全保护下方可进入，池外必须有人进行安全保护防止意外发生，一次进入维修时间一般不超过 2 h。

b）对大型、特大型构筑物进行排空和检修时，进入前 30 min 应经安全分析检验，符合 GBZ 1 和 GB 8958 的要求后，方可允许人员进入设备内作业；若在设备内作业时间较长，应每隔 2 h 分析一次，如发现超标，立即停止作业，撤出人员。

13.2.3.11 对产生、输送、贮存沼气的设施应做好安全防护，并应符合下列规定：

a）不得沼气泄漏或空气进入厌氧反应器及沼气贮气、配气系统；

b）不得违章明火作业；

c）贮气柜蓄水池的水不得随意排放，以防罐内产生负压损坏罐体。

13.2.3.12 沼气贮气柜和沼气净化装置的运行管理参照 NY/T 1221—2006 第 13 章、第 14 章的有关规定执行。对沼气柜巡视、操作时，不得穿带铁钉的鞋或高跟鞋。

13.2.4 好氧生物处理单元

除应满足 CJJ 60—1994 第 7 章的有关规定外，还应满足相应的好氧工艺工程技术规范的要求。

13.2.5 其他

格栅、泵房、沉砂池等其他设施的运行管理可参照 CJJ 60 及 CJJ/T 30 的有关规定执行。

13.3 固体粪便堆肥

13.3.1 一般规定

13.3.1.1 堆肥场的运行管理除应满足本标准的要求外，还应参照 CJJ/T 86 的有关规定执行。

13.3.1.2 应根据工艺技术要求及畜禽粪便的实际条件，适时调整、控制发酵各阶段主要技术参数。

13.3.1.3 堆肥布料时应保证物料均匀，防止出现物料层厚度不等、含水率不均等情况。

13.3.1.4 应特别注意观测发酵过程中气味的变化，当有腐烂气味时应通过调整供氧量或含水量等方式及时进行调解。

13.3.2 发酵过程

13.3.2.1 应适时通过污水回喷，或添加物料，或通风散热等措施调节堆肥物料水分含量。

13.3.2.2 发酵过程中应对氧气浓度进行跟踪测定，及时调整通风量。

13.3.2.3 发酵过程中应定期测试堆层温度的变化情况，测温点应根据升温变化规律分层、分区设置。

13.3.2.4 发酵腐熟阶段应适时控制堆高、通风及翻堆作业，以满足物料进一步发酵的适宜条件。

13.3.2.5 发酵腐熟阶段不得再次向物料中添加污泥、粪便等新鲜可堆肥原料。

13.3.3 堆肥检测

13.3.3.1 堆肥过程中各工艺参数的变化应以日为单位进行跟踪检测，内容包括含水率的变化、碳氮比（C/N）的变化、堆层温度的变化、堆层氧浓度和耗氧速率变化。

13.3.3.2 堆肥检测方法可参照附录 B 和附录 C 执行。

13.3.3.3 堆肥制品的质量应每季度抽样检测 1～2 次。

13.4 臭气控制系统

13.4.1 臭气收集系统、除臭系统应保持良好的工作状态。

13.4.2 室内臭气浓度应符合 GB/T 18883 的规定，适合操作人员长期在岗工作。

13.4.3 采用物理化学除臭系统时应符合下列规定：

a）吸收塔内的吸附剂应定期再生；

b）在使用化学除臭剂过程中不得对设备造成腐蚀。

13.4.4 采用生物除臭系统时应定期投加微生物和营养物质。

附录 A
（资料性附录）
畜禽养殖废水水质和粪污产生量

A.1 集约化养殖场采用的清粪工艺主要有水冲粪、水泡粪和干清粪三种方式，养鸡场、养牛场一般以干清粪为主。

A.2 畜禽养殖场废水中的污染物浓度因畜种、饲养管理水平、气候、季节等情况会有很大差异，不同统计资料提供的数值不尽相同，缺少资料时可参考表 A.1。

表 A.1 畜禽养殖场废水中的污染物质量浓度和 pH 值　　单位：mg/L（pH 值除外）

养殖种类	清粪方式	COD_{Cr}	NH_3-N	TN	TP	pH 值
猪	水冲粪	1.56×10^4～4.68×10^4 平均 21 600	1.27×10^2～1.78×10^3 平均 590	1.41×10^2～1.97×10^3 平均 805	3.21×10～2.93×10^2 平均 127	6.3～7.5
	干清粪	2.51×10^3～2.77×10^3 平均 2 640	2.34×10^2～2.88×10^3 平均 261	3.17×10^2～4.23×10^2 平均 370	3.47×10～5.24×10 平均 43.5	
肉牛	干清粪	8.87×10^2	2.21×10	4.11×10	5.33	7.1～7.5
奶牛	干清粪	9.18×10^2～1.05×10^3 平均 983	4.16×10～6.04×10 平均 51	5.74×10～7.82×10 平均 67.8	1.63×10～2.04×10 平均 18.6	
蛋鸡	水冲粪	2.74×10^3～1.05×10^4 平均 6 060	7.0×10～6.01×10^2 平均 261	9.75×10～7.48×10^2 平均 342	1.32×10～5.94×10 平均 31.4	6.5～8.5
鸭	干清粪	2.7×10	1.85	4.70	1.39×10^{-1}	7.39

A.3 畜禽粪污的排泄量因畜种、饲养管理水平、气候、季节等情况会有很大差异，不同统计资料提供的数值不尽相同，缺少实际数据情况下可参考表 A.2。

表 A.2 不同畜禽粪污日排泄量

项目	单位	牛	猪	鸡	鸭
粪	kg/（只·d）	20.0	2.0	0.12	0.13
	kg/（只·a）	7 300.0	398.0	25.2	27.3
尿	kg/（只·d）	10.0	3.3	—	—
	kg/（只·a）	3 650.0	656.7	—	—
饲养周期	d	365	199	210	210

附录B
（规范性附录）
堆肥检测方法

B.1 堆肥原料和堆肥制品的采样

采样应用多点采样，再用四分法，即将样品混合堆成圆锥。按“十”字形将圆锥切成四份，取对角线的两份，为一次缩分，再将两份样品混合堆成圆锥，按“十”字形切成四份，取角线的两份，依此类推重复4～5次，缩分后的最终样品不得少于100kg。

B.2 堆肥原料含水率的测定

将最后一次缩分的试样分成三份（约500 g），分别称重、记录，装入搪瓷方盘铺平，放入烘箱，在 105℃±5℃的温度下，使水分蒸发。样品在烘箱内应干燥至恒重，使两次称重差值不超过试样重量的0.4%。求三个试样的含水率平均数，得出堆肥原料的平均含水率。

$$含水率（\%）=\frac{干燥前质量（g）-干燥后质量（g）}{干燥前质量（g）}\times 100\%$$

B.3 堆肥制品无害化卫生指标的测定

应符合GB 7959的规定。

B.4 堆肥发酵过程中堆层温度的测定

B.4.1 测定仪器可用金属套筒温度计或其他类型测温传感装置。
B.4.2 测定点分布应均匀，有代表性。高度应分上、中、下三层，上层和下层测试点均应设在离堆层表面或底部0.6～1.0 m处：每个层次水平面测试点布置按发酵设施的几何形状，可分中心部位和边缘部位设置，边缘部位距边缘宜为0.5 m。
B.4.3 在发酵周期内，应每天2～3次测试堆层各测试点温度变化，记录并绘制温度曲线，直至发酵终止。

B.5 堆肥发酵过程中堆层氧体积分数和耗氧速率的测定

B.5.1 测定仪器可用气体氧测定仪。
B.5.2 测定点的位置和数目应与堆层温度测定点相一致。
B.5.3 可用金属空管插入需测定的位置，抽取堆层中的气体，直接输入气体氧测定仪，仪表上显示氧体积分数值（%）即代表堆层该位点的氧体积分数。
B.5.4 耗氧速率可通过不同时间堆层氧体积分数的下降来求得。具体步骤为：测定前应先向堆层通风，在堆层氧体积分数达到最高值时（O_2 体积分数 20%左右），记录该测定值。然后停止通风，间隔一定时间测氧体积分数下降值，记录每次测试时间；以时间为横标，氧体积分数为纵标，绘制曲线（同一测试点氧体积分数的下降开始很快，呈直线下降，然后曲线趋平，渐近于稳定值）。取氧体积分数下降呈直线状的两次测试值，按下式计算，得到工程上适用的耗氧速率。

$$d_o = \frac{\varphi_o^i - \varphi_o^e}{t}$$

式中：d_o——耗氧速率，L/min；

φ_o^i——起始氧体积分数，%；

φ_o^e——最终氧体积分数，%；

t——两测试值相隔的时间，min。

附录 C
（规范性附录）
腐熟度检测方法

取 1～2 kg 堆肥成品，首先用 10 mm 筛进行筛分，将堆肥粒径控制在 10 mm 以下，调节堆肥含水率（质量比）为发酵时最适宜含水率（质量比），通常为 50%～55%，然后置于设有温度计的保温瓶中，将保温瓶在常温下（20℃）放置 7～10 d，每天在固定时间通过温度计读取堆肥温度一次并记录，连续测 7～10 d，取测得的最高温度进行腐熟度判定，判定方法如下：20～30℃为Ⅴ级，30～40℃为Ⅳ级，40～50℃为Ⅲ级，50～60℃为Ⅱ级，60～70℃为Ⅰ级。堆肥产品质量（由优至劣）Ⅴ级＞Ⅳ级＞Ⅲ级＞Ⅱ级＞Ⅰ级。

中华人民共和国环境保护部

公 告

2009年 第73号

为贯彻《中华人民共和国环境保护法》、《中华人民共和国固体废物污染环境防治法》和《危险废物经营许可证管理办法》，加强对危险废物及医疗废物集中焚烧处置设施运行过程的监督管理，现批准《危险废物集中焚烧处置设施运行监督管理技术规范（试行）》等两项标准为国家环境保护标准，并予发布。

标准名称、编号如下：

一、危险废物集中焚烧处置设施运行监督管理技术规范（试行）（HJ 515—2009）

二、医疗废物集中焚烧处置设施运行监督管理技术规范（试行）（HJ 516—2009）

以上标准自2010年3月1日起实施，由中国环境科学出版社出版，标准内容可在环境保护部网站（bz.mep.gov.cn）查询。

特此公告。

2009年12月29日

HJ

中华人民共和国国家环境保护标准

HJ 515—2009

危险废物集中焚烧处置设施运行监督管理技术规范（试行）

Technical specifications for the supervision and management to the operation of centralized incineration disposal facilities for hazardous waste

（On trial）

2009-12-29 发布　　2010-03-01 实施

环　境　保　护　部　发布

前 言

为贯彻《中华人民共和国环境保护法》、《中华人民共和国固体废物污染环境防治法》和《危险废物经营许可证管理办法》，加强对危险废物集中焚烧处置设施运行过程的监督管理，制定本标准。

本标准规定了危险废物集中焚烧处置设施运行的监督管理程序、要求、内容以及监督管理方法等。

本标准附录 A 为规范性附录。

本标准由环境保护部科技标准司组织制订。

本标准主要起草单位：沈阳环境科学研究院、中国科学院高能物理研究所、环境保护部环境保护对外合作中心、国家环境保护危险废物处置工程技术中心。

本标准环境保护部 2009 年 12 月 29 日批准。

本标准自 2010 年 3 月 1 日起实施。

本标准由环境保护部解释。

危险废物集中焚烧处置设施运行监督管理技术规范（试行）

1．适用范围

本标准规定了危险废物集中焚烧处置设施运行的监督管理程序、要求、内容及监督管理方法等。

本标准适用于对经营性危险废物集中焚烧处置设施运行的监督管理，其他危险废物焚烧处置设施运行期间的监督管理可参照本标准执行。

2．规范性引用文件

本标准内容引用了下列文件中的条款。凡是不注日期的引用文件，其有效版本适用于本标准。

GB 3095	环境空气质量标准
GB 3096	声环境质量标准
GB 3838	地表水环境质量标准
GB 4387	工业企业厂内铁路、道路运输安全规程
GB 5085.1～3	危险废物鉴别标准
GB 8978	污水综合排放标准
GB 12348	工业企业厂界环境噪声排放标准
GB 15562.1	环境保护图形标志　排放口（源）
GB 15562.2	环境保护图形标志　固体废物贮存（处置）场
GB 15618	土壤环境质量标准
GB 18484	危险废物焚烧污染控制标准
GB 18597	危险废物贮存污染控制标准
GB 18598	危险废物填埋污染控制标准
GB 50041	锅炉房设计规范
GB/T 16157	固定污染源排放气中颗粒物测定与气态污染物采样方法
HJ/T 20	工业固体废物采样制样技术规范
HJ/T 176	危险废物集中焚烧处置工程建设技术规范

《危险废物经营许可证管理办法》（中华人民共和国国务院令　第 408 号）

《国家危险废物名录》（环境保护部、国家发展和改革委员会令　第 1 号）

《危险废物转移联单管理办法》（国家环境保护总局令　第 5 号）

《危险废物经营单位编制应急预案指南》（国家环境保护总局　2007 年第 48 号公告）

3．术语和定义

下列术语和定义适用于本标准。

3.1 危险废物

指列入《国家危险废物名录》或者根据国家规定的危险废物鉴别标准和鉴别方法认定的具有腐蚀性、毒性、易燃性、反应性和感染性等一种或一种以上危险特性，以及不排除具有以上危险特性的固体废物。

3.2 集中焚烧处置设施

指统筹规划建设并服务于一定区域，采用焚烧方法处置危险废物的设施。

3.3 监督管理

指对危险废物焚烧处置设施运行过程中的监督管理，是地方环境保护行政主管部门为了保护和改善环境，对危险废物设施运行进行监督检查和指导等活动的总称。

3.4 经营性危险废物集中焚烧处置单位

指符合《危险废物经营许可证管理办法》管理范围，从事危险废物集中焚烧处置经营活动的单位。

4. 监督管理的程序和要求

4.1 县级以上人民政府环境保护行政主管部门和其他危险废物污染环境防治工作的监督管理部门，有权依据各自的职责对管辖范围内的危险废物集中焚烧处置设施进行监督检查。

4.2 危险废物集中焚烧处置单位应积极配合环境保护行政主管部门和其他危险废物污染环境防治工作监督管理部门的监督管理活动，根据相应的监督管理要求，如实反映情况，提供必要的资料，不得隐瞒、谎报、拒绝、阻挠或延误。

4.3 地方环境保护行政主管部门可通过书面检查、现场核查以及远程监控等方式实施对危险废物集中焚烧处置设施运行的监督管理。

4.4 监督管理包括准备、检查、监测、综合分析、意见反馈、整改和复查七个阶段。地方环境保护行政主管部门可根据工作开展实际和需要，修改调整监督管理的程序并确定相应的实施计划。

1）准备阶段应包括材料收集和监督管理实施计划编制两部分内容。材料收集内容包括经营许可证、机构设置、人员配置、制度化建设、设施建设和运行情况、污染物总体排放情况、与委托单位签订的经营合同情况等；实施计划应在材料收集的基础上编制，明确监管对象、监管内容、程序、方法以及人员安全防护措施等。

2）检查阶段应根据实施计划对焚烧的主体设施、各项辅助设施运行和管理情况进行现场核查，审阅相关记录、台账，对发现的问题应进行核实确认。

3）监测阶段应根据实施计划要求，对设施运行过程中污染物排放情况（废气、废水、废渣、噪声等）进行监测，保证监测质量，保存监测记录。

4）综合分析阶段应在检查、监测工作的基础上，全面分析、评价危险废物焚烧处置单位的总体情况，形成监督检查结论，对存在的各项问题要逐一列明；需要进行整改的，应提出书面整改内容和整改限期；有违反《中华人民共和国固体废物污染环境防治法》、《危险废物经营许可证管理办法》等法律、法规行为的，提出相应的处罚意见。

5）意见反馈阶段应将监督检查结论、整改通知、处罚通知等按照规定的程序送达危险废物集中焚烧处置单位。

6）整改阶段应督促危险废物集中焚烧处置单位根据监督检查结果和整改措施进行整改并提交整改报告。

7）监督管理复查阶段应对危险废物集中焚烧处置单位的整改情况进行复查，仍不符合要求的，应根据《中华人民共和国固体废物污染环境防治法》和《危险废物经营许可证管理办法》对危险废物集中焚烧处置单位进行处罚，如警告、限期整改、罚款、暂扣或吊销经营许可证等。

4.5 监督管理人员在进行现场检查时应遵守以下要求：

1）监督管理人员在检查过程中应宣传并认真执行国家环境保护的方针、政策和有关的法律、法规和标准。

2）监督管理人员在进行现场检查时，应有两名以上具有相应行政执法权的人员同时参加，携带并出示相关证件。

3）监督管理人员在进行现场检查时，可采取询问笔录、现场监测、采集样品、拍照摄像、查阅或者复制有关资料等检查手段，并妥善保管有关资料。

4）监督管理人员在进行现场检查时应严格执行安全制度，并为被检查单位保守技术业务秘密。

5）监督管理人员应对检查情况进行客观、规范的记录，并请被检查单位的代表予以确认。检查人员与被检查单位对检查记录的内容有分歧的部分如不能即时解决，应做好记录。

5．监督管理的内容和方法

5.1 监督管理的总体内容

地方环境保护行政主管部门监督管理的内容应包括基本运行条件、焚烧处置设施运行过程、污染防治设施配置及运行效果以及安全生产和劳动保护措施等。地方环境保护行政主管部门可根据实际情况确定监督管理的具体内容，原则上危险废物集中焚烧处置单位基本运行条件检查、焚烧处置设施以及配套设施等硬件配置的监督检查仅在初次监督检查时进行。

5.2 基本运行条件的监督管理

5.2.1 危险废物集中焚烧处置单位的机构设置、人员配置符合相关政策、法律法规及标准情况。

5.2.2 危险废物经营许可证的申领和换证情况。

5.2.3 危险废物焚烧处置技术、工艺及工程验收情况。

5.2.4 危险废物集中焚烧处置单位各项规章制度情况，制度至少应包括：设施运行和管理记录制度、交接班记录制度、危险废物接收管理制度、危险废物分析制度、内部监督管理制度、设施运行操作规程、化验室（实验室）特征污染物检测方案和实施细则、处置设施运行中意外事故应急预案、安全生产及劳动保护管理制度、人员培训制度以及环境监测制度等。

5.2.5 危险废物集中焚烧处置单位事故应急预案情况。应急预案应根据《危险废物经营单位编制应急预案指南》以及地方其他有关规定编写和报批。

5.3 危险废物焚烧处置设施运行的监督管理

5.3.1 危险废物焚烧处置设施运行的监督管理，其内容应至少包括：危险废物的接收、危险废物的分析鉴别、危险废物的厂内贮存和预处理、危险废物焚烧处置设施运行等。

5.3.2 危险废物接收应包括危险废物进场专用通道及标志、危险废物预检验、危险废物转移联单制度执行以及危险废物卸载情况等。

5.3.3 危险废物分析鉴别应包括分析鉴别的基础条件、危险废物的鉴别内容、危险废物特性鉴别后的登记管理、特性鉴别数据的保存、采样和分析以及危险废物的分类管理情况等。

5.3.4 危险废物贮存设施应包括危险废物贮存容器以及危险废物贮存设施情况。

5.3.5 危险废物焚烧处置系统应包括焚烧处置设施配置以及焚烧处置过程操作情况。

5.3.6 危险废物处置附属设施应包括预处理及进料系统、热能利用系统、烟气净化系统、炉渣及飞灰处理系统、自动化控制及在线监测系统，监督管理内容应包括系统配置和操作情况等。

5.4 污染防治设施配置及处理效果的监督管理

5.4.1 焚烧处置设施的性能指标和大气污染物排放控制指标应符合 GB 18484 要求，厂区周边环境空气质量，各项指标应符合 GB 3095 要求。

5.4.2 危险废物焚烧处置过程产生的底渣、飞灰、焚烧过程废气处理产生废活性炭、滤饼等属于危险废物，应送符合 GB 18598 要求的危险废物填埋场进行安全填埋处置。

5.4.3 危险废物集中焚烧处置单位废水排放应符合 GB 8978 要求。

5.4.4 危险废物集中焚烧处置单位噪声排放应符合 GB 12348 要求。

5.5 安全生产和劳动保护的监督管理

5.5.1 危险废物集中焚烧处置单位在安全生产方面应执行 HJ/T 176 以及国家其他关于安全生产的有关规定。

5.5.2 危险废物集中焚烧处置单位在劳动保护方面应执行 HJ/T 176 以及国家其他关于劳动保护的有关规定。

5.6 监测管理要求

5.6.1 环境监测应包括焚烧设施污染物排放监测和危险废物集中焚烧处置单位周边环境监测两部分。污染物排放监测应根据有关标准对烟气、飞灰、炉渣、工艺污水及噪声进行监测。环境监测应根据危险废物集中焚烧处置单位污染物排放情况对周边环境空气、地下水、地表水、土壤以及环境噪声进行监测。

5.6.2 对于由地方环境保护行政主管部门实施的监督性监测活动，由地方环境保护行政主管部门委托有环境监测资质的监测机构进行。危险废物集中焚烧处置单位实施的内部监测，应按国家标准规定的方法和频次，对处置设施运行情况进行监测，危险废物集中焚烧处置单位也可委托有监测资质的单位代为监测。危险废物集中焚烧处置单位应严格执行国家有关监督性监测管理规定配合监测工作，监测取样、检验方法，均应遵循国家有关标准要求。

5.6.3 地方环境保护行政主管部门应要求危险废物集中焚烧处置单位制订集中焚烧处置设施运行内部监测计划，定期对危险废物焚烧处置排放进行监测。当出现监测的某项目指标不合格时，应对设施进行全面检查，找出原因及时解决，确保集中焚烧处置设施在排放达标的条件下运行。

5.6.4 地方环境保护行政主管部门应按照国家有关规定，督促危险废物集中焚烧处置单位建立运行参数和污染物排放的监测记录制度，监测记录应包括：

1）记录每一批次危险废物焚烧的种类和重量。

2）连续监测二燃室烟气二次燃烧段前后的温度。

3）应对集中焚烧处置设施排放的烟尘、CO、SO_2、NO_x 实施连续自动监测，并定期辅以采样监测；对于目前尚无法采用自动连续装置监测的烟气黑度、HF、HCl、重金属及其化合物，应按 GB 18484 的监测管理要求进行监测，以上各项指标每季度至少采样监测 1 次。

4）按照 GB 18484 规定，至少每 6 个月监测一次焚烧残渣的热灼减率。

5）对废气排放中的二噁英，应按 GB 18484 监测管理要求，每年至少采样监测 1 次。

6）每年至少对周边环境空气及土壤中二噁英、重金属进行 1 次监测，以了解建设项目对周边环境空气及土壤的污染情况。

7）记录危险废物最终残余物处置情况，包括焚烧残渣与飞灰的数量、处置方式和接收单位。

5.6.5 为确保监测工作的开展，对排污口规范化问题提出如下要求：

1）污染物排放口应按照 GB 15562.1—2 的规定，设置对应的环境保护图形标志牌。

2）新建集中式危险废物焚烧厂焚烧炉排气筒周围半径 200 m 内有建筑物时，排气筒高度应高出最高建筑物 5 m 以上。

3）对有几个排气源的焚烧厂应集中到一个排气筒排放或采用多筒集合式排放。

4）焚烧炉排气筒应按 GB/T 16157 的要求，留有规范的、便于测量流量、流速的测流段和采样位置，设置永久性采样孔，并安装用于采样和测量的辅助设施。

5.6.6 监督性监测应在工况稳定、生产负荷达到设计的 75%以上（含 75%）、处置设施运行正常的情况下进行。监测期间应监控各生产环节的主要原材料的消耗量、成品量，并按设计的主要原料、辅料用量和成品产生量核算生产负荷。若生产负荷小于 75%，应停止监测。

5.6.7 危险废物处置单位应定期报告上述监测数据。监测数据保存期为 3 年以上。

5.7 监督检查方法

结合以上监督检查内容，相应的监督管理的内容及方法见附录 A。

6．监督实施

6.1 地方环境保护行政主管部门根据本标准所提出的内容和要求，结合地方危险废物集中焚烧处置设施的实际，制订具体的监督管理实施方案，推进危险废物集中焚烧处置设施监督管理规范化、制度化。

6.2 地方环境保护行政部门根据本标准所提出的关于设施运行的各方面监督管理要求和危险废物经营许可证档案管理制度的基本要求，建立起规范的危险废物集中焚烧处置设施运行监督档案管理制度，将监督检查情况和处理结果及时归档，并指导企业建立相应的监督管理程序和方法，确保危险废物集中焚烧处置设施安全运转。

6.3 地方环境保护行政主管部门可根据《中华人民共和国固体废物污染环境防治法》和《危险废物经营许可证管理办法》等有关法律法规，对危险废物集中焚烧处置单位在危险废物处置过程中的违法行为进行处罚。

附录 A
（规范性附录）
危险废物焚烧处置设施运行监督管理的内容及方法

A.1 基本运行条件监督管理*

审查项目	审查要点	检查指标及依据	监督检查方法
A.1.1 危险废物处置技术、工艺及工程验收情况	（1）危险废物预处理及焚烧处置技术和工艺适应性说明	危险废物预处理以及焚烧处置技术和工艺的适应性说明，主要设备的名称、规格型号、设计能力、数量、其他技术参数；所能焚烧处置废物的名称、类别、形态和危险特性（HJ/T 176）	检查环境影响报告、工程设计文件或其他证明材料；必要时，现场核查
	（2）系统配置情况	检查系统配置的完整性，应包括预处理及进料系统、焚烧炉、热能利用系统、烟气净化系统、残渣处理系统、自动控制和在线监测系统及其他辅助装置（HJ/T 176）	
		检查系统配置的安全性，整个焚烧系统运行过程中应处于负压状态，避免有害气体逸出（HJ/T 176）	
		检查危险废物处理要求，对于处理氟、氯等元素含量较高的危险废物，是否考虑了耐火材料及设备的防腐问题；对于用来处理含氟较高或含氯大于 5%的危险废物焚烧系统，不得采用余热锅炉降温，其尾气净化必须选择湿法净化方式（HJ/T 176）	
	（3）主要附属设施情况	工具、中转和临时存放设施、设备以及贮存设施、设备情况（国务院令　第 408 号）	
	（4）工程设计及验收情况	项目工程设计及验收有关资料（国务院令　第 408 号）	检查工程设计及验收材料
A.1.2 危险废物经营许可证申领和使用情况	（1）处置单位的处置合同业务范围情况	检查危险废物集中焚烧处置单位的处置合同业务范围是否与经营许可证所规定的经营范围一致（国务院令　第 408 号）	检查危险废物经营许可证、处置合同等材料；必要时，现场核查
	（2）危险废物经营许可证变更情况	检查危险废物集中焚烧处置单位是否按照规定的申请程序，在发生危险废物经营方式改变，增加处置危险废物类别，新建或者改建、扩建原有危险废物经营设施或者经营危险废物超过原批准年经营规模 20%以上的设施重新申领了危险废物经营许可证（国务院令　第 408 号）	
	（3）焚烧处置计划情况	检查焚烧处置计划是否翔实、明确，焚烧处置计划应分为年度和月份计划	检查危险废物焚烧处置记录等材料
	（4）经营许可证检查情况	检查危险废物经营许可证例行检查情况（国务院令　第 408 号）	检查危险废物经营许可证的有关材料

审查项目	审查要点	检查指标及依据	监督检查方法
A.1.3 危险废物集中焚烧处置单位的机构设置、人员配置情况	（1）人员总体配备情况	是否配备了相应的生产人员、辅助生产人员和管理人员（国务院令 第408号）	检查单位机构组成及人员职责分工以及个人档案材料等
	（2）专业技术人员配备情况	是否配备了 3 名以上环境工程专业或者相关专业中级以上职称，并有3年以上固体废物污染治理经历的技术人员（国务院令 第408号）	
	（3）人员培训情况	生产和管理人员是否经过国家及内部组织的专业岗位培训并获得国家劳动保障部门或国家环境保护行政主管部门颁发的职业技能培训等级证书，并符合工作需要（HJ/T 176）	
A.1.4 集中焚烧处置单位规章制度情况	（1）设施运行和管理记录制度情况	（1）危险废物转移联单记录；（2）危险废物接收登记记录；（3）危险废物进厂运输车车牌号、来源、重量、进场时间、离场时间等记录；（4）生产设施运行工艺控制参数记录；（5）危险废物焚烧灰渣处理处置情况记录；（6）设备更新情况记录；（7）生产设施维修情况记录；（8）环境监测数据的记录；（9）生产事故及处置情况记录（HJ/T 176）	检查各项制度以及运行记录档案材料
	（2）交接班制度情况	（1）交接班制度的实施记录完整、规范；（2）上述提到的设施运行和管理记录制度在交接班制度中予以落实（HJ/T 176）	
	（3）其他制度情况	（1）危险废物接收管理制度；（2）危险废物分析制度；（3）内部监督管理制度；（4）设施运行操作规程；（5）设施运行过程中污染控制对策和措施；（6）化验室（实验室）特征污染物检测方案和实施细则；（7）设施日常运行记录台账、监测台账和设备更新、检修台账；（8）安全生产及劳动保护管理制度；（9）人员培训制度；（10）环境监测制度（HJ/T 176）	
A.1.5 事故应急预案制定情况	（1）危险废物贮存过程中发生事故时的应急预案	（1）应急预案编制的全面性、规范性和可操作性；（2）应急预案获得环保部门审批情况；（3）实施应急预案的基础条件情况；（4）应急预案执行情况（HJ/T 176）	检查应急预案文本、应急预案审批及应急预案执行情况
	（2）危险废物运送过程中发生事故时的应急预案	（1）应急预案编制的全面性、规范性和可操作性；（2）应急预案获得环保部门审批情况；（3）实施应急预案的基础条件情况；（4）应急预案执行情况（HJ/T 176）	
	（3）焚烧设施发生故障或事故时的应急预案	（1）应急预案编制的全面性、规范性和可操作性；（2）应急预案获得环保部门审批情况；（3）实施应急预案的基础条件情况；（4）应急预案执行情况（HJ/T 176）	
	（4）设施设备能力不能保证危险废物正常处置时的应急预案	（1）应急预案编制的全面性、规范性和可操作性；（2）应急预案获得环保部门审批情况；（3）实施应急预案的基础条件情况；（4）应急预案执行情况（HJ/T 176）	

* 基本条件检查作为地方环境保护行政主管部门进行监督管理的基本依据，原则上应在初次监督检查时进行，是为考虑到工作的连贯性而进行的检查。

A.2 处置设施运行过程监督管理——接收、分析鉴别、贮存设施

审查项目	审查要点	检查指标及依据	监督检查方法
A.2.1 危险废物接收系统	（1）危险废物转移联单制度执行情况	集中焚烧处置单位是否按照《危险废物转移联单》有关规定办理接收废物有关手续（《危险废物转移联单管理办法》）	检查转移联单档案、废物进场记录等，必要时进行现场检查
	（2）危险废物预检验情况	危险废物进厂前是否接受必要的预检验（HJ/T 176）	
	(3)废物进场专用通道及标志情况	（1）集中焚烧处置单位内是否设置废物进厂专用通道；（2）是否设有醒目的警示标志和路线指示（HJ/T 176）	
	(4)废物卸载情况	办理完接收手续的危险废物是否在卸车区卸载废物（HJ/T 176）	
A.2.2 危险废物分析鉴别系统	（1）分析鉴别基础条件	危险废物特性鉴别与灰渣监测和分析的仪器设备（HJ/T 176）	检查分析鉴别仪器设备材料，并现场核查
		污水常规指标监测和分析的仪器设备（HJ/T 176）	
		化验室所用仪器的规格、数量及化验室的面积（HJ/T 176）	
	（2）危险废物鉴别内容的全面性和代表性	（1）内容包括：物理性质：物理组成、容重、尺寸；（2）工业分析：固定碳、灰分、挥发分、水分、灰熔点、低位热值；（3）元素分析和有害物质含量；（4）特性鉴别（腐蚀性、浸出毒性、急性毒性、易燃易爆性）；（5）反应性；（6）相容性（HJ/T 176）	检查危险废物鉴别记录资料，并现场核查
	（3）废物特性鉴别后的登记管理情况	（1）每一批次废物经特性分析鉴别后得到的数据信息是否进行详细的登记；（2）是否将登记的数据信息与分类分区贮存的废物建立起一一对应的废物特性数据信息库（HJ/T 176）	检查危险废物鉴别登记有关材料，并现场核查
	（4）特性鉴别数据保存情况	废物分析鉴别数据库是否有必要的备份，并及时以光盘、文本等形式保存副本（HJ/T 176）	检查危险废物鉴别数据档案材料，并现场核查
	（5）采样和分析的规范性	（1）危险废物采样是否符合 HJ/T 20；（2）危险废物特性分析是否符合 GB 5085.1～3（HJ/T 176）	检查危险废物采样和特性分析有关材料，并现场核查
	（6）废物分类管理情况	对鉴别后的危险废物是否进行了分类（HJ/T 176）	检查危险废物分类有关材料，并现场核查
A.2.3 危险废物贮存系统	（1）危险废物贮存容器情况	应使用符合国家标准的容器盛装危险废物（GB 18597）	现场检查
		贮存容器必须具有耐腐蚀、耐压、密封、不与所贮存的废物发生反应等特性（GB 18597）	
		贮存容器应保证完好无损并具有明显标志（GB 18597）	
	（2）危险废物贮存设施情况	危险废物贮存场所是否有符合 GB 15562.2 的专用标志（GB 18597）	
		不相容的危险废物是否分开存放，并设有隔离间隔断（GB 18597）	
		是否建有堵截泄漏的裙角，地面与裙角采用了兼顾防渗的材料建造，建筑材料与危险废物相容（GB 18597）	
		是否配置了泄漏液体收集装置及气体导出口和气体净化装置（GB 18597）	现场检查
		是否配置了安全照明和观察窗口，并设有应急防护设施（GB 18597）	
		是否配置了隔离设施、报警装置和防风、防晒、防雨设施以及消防设施（GB 18597）	
		墙面、棚面是否具有防吸附功能，用于存放装载液体、半固体危险废物容器的地方是否配有耐腐蚀的硬化地面且表面无裂隙（GB 18597）	
		库房是否设置了备用通风系统和电视监视装置（GB 18597）	
		贮存库容量的设计是否考虑工艺运行要求并应满足设备大修（一般以 15 d 为宜）和废物配伍焚烧的要求（GB 18597）	
		贮存剧毒危险废物的场所是否实现了专人 24 h 看管（GB 18597）	

A.3 处置设施运行过程监督管理——焚烧处置设施

审查项目	审查要点	检查指标及依据	监督检查方法
危险废物焚烧处置系统	（1）焚烧处置设施配置情况	是否设置二次燃烧室，并保证烟气在二次燃烧室 1 100℃以上停留时间大于 2 s（HJ/T 176）	检查设计文件，并现场核查
		燃烧室后是否设置紧急排放烟囱，并设置联动装置使其只能在事故或紧急状态时才可启动（HJ/T 176）	
		焚烧炉是否设置防爆门或其他防爆设施（HJ/T 176）	
		是否配备自动控制和监测系统，在线显示运行工况和尾气排放参数，并能够自动反馈，对有关主要工艺参数进行自动调节（HJ/T 176）	
		正常运行条件下，焚烧炉内是否处于负压燃烧状态（HJ/T 176）	
		焚烧炉是否装置紧急进料切断系统（HJ/T 176）	
		投入焚烧炉的废物是否有重量计量装置并实现连续记录（HJ/T 176）	
	（2）焚烧处置过程操作情况	危险废物的焚烧系统运行是否按工艺流程、运行操作规程和安全操作规程进行（HJ/T 176）	检查设计文件、各项操作规程材料，并现场检查
		危险废物进入焚烧系统的输送方式是否避免了操作人员与废物直接接触（HJ/T 176）	
		危险废物焚烧处置操作人员是否按规程操作，操作人员是否掌握处置计划、操作规程、焚烧系统工艺流程、管线及设备的功能和位置，以及紧急应变情况（HJ/T 176）	
		焚烧系统没有达到工况参数或烟气处理系统没有启动或没有正常运行时，是否严禁向焚烧炉投入废物（HJ/T 176）	
		焚烧炉运行过程中是否保证系统处于负压状态，避免有害气体逸出（HJ/T 176）	

A.4 处置设施运行过程监督管理——配套处置设施

审查项目	审查要点	检查指标及依据	监督检查方法
A.4.1 预处理及进料系统	（1）检查危险废物预处理系统	危险废物入炉前是否根据其成分、热值等参数进行搭配，以保障焚烧炉稳定运行，降低焚烧残渣的热灼减率（HJ/T 176）	现场检查
		废物的搭配是否注意相互间的相容性，避免不相容的危险废物混合后产生不良后果（HJ/T 176）	
		危险废物入炉前是否酌情进行破碎和搅拌处理，使废物混合均匀以利于焚烧炉稳定、安全、高效运行，对于含水率高的废物（如污泥、废液）是否采取了适当脱水处理措施，以降低能耗（HJ/T 176）	
		在设计危险废物混合或加工系统时，是否考虑焚烧废物的性质、破碎方式、液体废物的混合及供料的抽吸和管道系统的布置（HJ/T 176）	
	（2）检查危险废物输送、进料装置	采用自动进料装置，进料口是否配制保持气密性的装置，以保证炉内焚烧工况的稳定（HJ/T 176）	检查设计文件，并现场核查
		进料时是否采取了防止废物堵塞措施，以保持进料畅通（HJ/T 176）	
		进料系统是否处于负压状态，以防止有害气体逸出（HJ/T 176）	
		输送液体废物时是否考虑废液的腐蚀性及废液中的固体颗粒物堵塞喷嘴问题（HJ/T 176）	
A.4.2 热能利用系统	检查热能利用系统配置及操作情况	焚烧处置单位在确保环保达标排放的情况下，是否考虑对其产生的热能以适当形式加以利用（HJ/T 176）	检查设计文件，并现场核查
		利用危险废物焚烧热能的锅炉，是否充分考虑烟气对锅炉的高温和低温腐蚀问题（HJ/T 176）	
		危险废物焚烧的热能利用是否避开 200～500℃区间（HJ/T 176）	
		利用危险废物热能生产饱和蒸汽或热水时，热力系统中的设备	

审查项目	审查要点	检查指标及依据	监督检查方法
		与技术条件，是否符合 GB 50041 的有关规定（HJ/T 176）	
A.4.3 烟气净化系统	（1）检查湿法净化工艺骤冷洗涤器和吸收塔等单元配置情况	（1）是否配备废水处理设施去除重金属和有机物等有害物质；（2）为防止风机带水，是否采取了降低烟气水含量的措施后再经烟囱排放的措施（HJ/T 176）	检查设计文件，并现场核查
	（2）检查半干法净化工艺洗气塔、活性炭喷射、布袋除尘器等处理单元配置情况	（1）反应器内的烟气停留时间是否满足烟气与中和剂充分反应的要求；（2）反应器出口的烟气温度是否在 130℃以上，保证在后续管路和设备中的烟气不结露（HJ/T 176）	检查设计文件，并现场核查
	（3）检查干法净化工艺：包括干式洗气塔或干粉投加装置、布袋除尘器等处理单元配置情况	（1）反应器内的烟气停留时间是否满足烟气与药剂进行充分反应的要求；（2）是否考虑收集下来的飞灰、反应物以及未反应物的循环处理问题；（3）反应器出口的烟气温度是否在 130℃以上，保证在后续管路和设备中的烟气不结露（HJ/T 176）	
	（4）检查烟气净化系统配置情况	烟气净化系统的除尘设备是否优先选用袋式除尘器（HJ/T 176）	
		若选择湿式除尘装置，是否配备完整的废水处理设施（HJ/T 176）	检查设计文件，并现场核查
		烟气净化装置是否有可靠的防腐蚀、防磨损和防止飞灰阻塞的措施（HJ/T 176）	
		酸性污染物包括 HCl、HF 和硫氧化物等，是否采用适宜的碱性物质作为中和剂在反应器内进行中和反应（HJ/T 176）	
		在中和反应器和袋式除尘器之间是否采取了喷入活性炭或多孔性吸附剂，或者在布袋除尘器后设置活性炭或多孔性吸附剂吸收塔（床）措施（HJ/T 176）	
		对于含氮量较高的危险废物是否考虑氮氧化物的去除措施；是否优先考虑通过焚烧过程控制，抑制氮氧化物的产生；焚烧烟气中氮氧化物的净化方法，是否采用选择性非催化还原法（HJ/T 176）	
		引风机是否采用变频调速装置（HJ/T 176）	
	（5）检查烟气净化系统操作情况	是否严格控制燃烧室烟气的温度、停留时间和流动工况（HJ/T 176）	
		焚烧废物产生的高温烟气是否采取急冷处理，使烟气温度在 1.0 s 内降到 200℃以下，减少烟气在 200～500℃的滞留时间（HJ/T 176）	
		检查吸附二噁英的活性炭使用数量以及布袋除尘器的更换情况等是否在设计需求的使用数量范围内	
A.4.4 炉渣及飞灰处理系统	（1）检查炉渣处理系统配置情况	炉渣处理系统是否包括除渣冷却、输送、贮存、碎渣等设施（HJ/T 176）	检查设计文件，并现场核查
		炉渣处理系统是否保持密闭状态（HJ/T 176）	
		与焚烧炉衔接的除渣机是否有可靠的机械性能和保证炉内密封的措施（HJ/T 176）	
	（2）检查飞灰处理系统配置情况	飞灰处理系统是否包括飞灰收集、输送、贮存等设施，保持密闭状态，并配置避免飞灰散落的密封容器（HJ/T 176）	
		烟气净化系统采用半干法方式时，飞灰处理系统是否采取了机械除灰或气力除灰方式，气力除灰系统是否采取了防止空气进入与防止灰分结块的措施（HJ/T 176）	
		采用湿法烟气净化方式时，飞灰处理系统是否采取了有效的脱水措施（HJ/T 176）	
		贮灰罐是否设有料位指示、除尘和防止灰分板结的设施，并在排灰口附近设置增湿设施（HJ/T 176）	

审查项目	审查要点	检查指标及依据	监督检查方法
A.4.5 自动化控制及在线监测系统	（1）检查自动控制系统	危险废物集中焚烧处置是否具备较高的自动化水平，能在中央控制室通过分散控制系统实现对危险废物焚烧线、热能利用及辅助系统的集中监视和分散控制（HJ/T 176）	检查设计文件，并现场核查
		燃烧室后是否设置紧急排放烟囱，并设置联动装置使其只能在事故或紧急状态时才可启动（HJ/T 176）	
		对不影响整体控制系统的辅助装置，设就地控制室的，其重要信息是否送至中央控制室（HJ/T 176）	
		对重要参数的报警和显示，是否设光字牌报警器和数字显示仪（HJ/T 176）	
		是否设置独立于分散控制系统的紧急停车系统（HJ/T 176）	
	（2）检查在线监测系统	对贮存库房、物料传输过程以及焚烧线的重要环节，是否设置现场工业电视监视系统（HJ/T 176）	检查设计文件，操作规程材料，并现场核查
		在线自动监测系统是否对焚烧烟气中处理后的烟尘、硫氧化物、氮氧化物、HCl 等污染因子实施在线监测，并按要求存入档案并上报地方环境保护行政主管部门（HJ/T 176）	
		危险废物集中焚烧处置单位的在线自动监测系统是否对氧、CO、CO_2、一燃室和二燃室温度等重要工艺指标实行在线监测（HJ/T 176）	
		对前面提到的污染控制参数以及工艺指标是否按要求与地方环境保护行政主管部门联网显示，并显示正常（HJ/T 176）	
		系统启动运行时，在线监测装置是否能够同时启动，进行监测、记录并根据需要打印输出（HJ/T 176）	
		焚烧处置过程中的工艺参数，如温度、停留时间等是否显示正常值（HJ/T 176）	

A.5 安全生产和劳动保护的监督管理

审查项目	审查要点	检查指标及依据	监督检查方法
A.5.1 安全生产要求	检查焚烧厂安全生产情况	各工种、岗位是否根据工艺特征和具体要求制定了相应的安全操作规程并严格执行（HJ/T 176）	检查有关安全生产材料，并现场核查
		各岗位操作人员和维修人员是否定期进行岗位培训并持证上岗（HJ/T 176）	
		是否严禁了非本岗位操作管理人员擅自启、闭本岗位设备，严禁了管理人员违章指挥（HJ/T 176）	
		操作人员是否按电工规程进行电器启、闭（HJ/T 176）	
		风机工作时，是否严禁了操作人员贴近联轴器等旋转部件（HJ/T 176）	
		是否建立并严格执行定期和经常的安全检查制度，及时消除事故隐患，严禁违章指挥和违章操作（HJ/T 176）	
		是否对事故隐患或发生的事故进行了调查并采取改进措施，重大事故是否做到了及时向有关部门报告（HJ/T 176）	

审查项目	审查要点	检查指标及依据	监督检查方法
A.5.1 安全生产要求	检查焚烧厂安全生产情况	凡从事特种设备的安装、维修人员，是否参加了劳动部门专门培训，并取得特种设备安装、维修人员操作证后上岗（HJ/T 176）	检查有关安全生产材料，并现场核查
		厂内及车间内运输管理，是否符合 GB 4387 的有关规定（HJ/T 176）	
		工作区及其他设施是否符合国家有关劳动保护的规定，各种设施及防护用品（如防毒面具）是否由专人维护保养，保证其完好、有效（HJ/T 176）	
		对所有从事生产作业的人员是否进行了定期体检并建立健康档案卡（HJ/T 176）	
		是否定期对车间内的有毒有害气体进行检测，并做到在发生超标的情况下采取相应措施（HJ/T 176）	
		是否做到定期对职工进行职业卫生的教育，加强防范措施（HJ/T 176）	
A.5.2 劳动保护要求	检查焚烧厂劳动保护情况	废物贮存和焚烧部分处理设备等是否做到了尽量密闭，以减少灰尘和臭气外逸（HJ/T 176）	检查各项与劳动保护有关材料，并现场检查
		是否尽可能采用了噪声小的设备；对于噪声较大的设备，是否采取了减振消音措施，使噪声符合国家规定标准要求（HJ/T 176）	
		接触有毒有害物质的员工是否配备了防毒面具、耐油或耐酸手套、防酸碱工作服（HJ/T 176）	
		焚烧炉、余热锅炉、除尘系统等高温操作间是否配置了降温设施（HJ/T 176）	
		检修人员进入焚烧炉检修前是否先对炉内强制输送新鲜空气并测定炉内含氧量，待含氧量大于 19%后方可进入。检修人员在炉内检修时是否做到了佩戴防毒面具，同时炉外有人监护（HJ/T 176）	
		进入高噪声区域人员是否佩戴了性能良好的防噪声护耳器（HJ/T 176）	
		进行有毒、有害物品操作时是否穿戴了相应种类专用防护用品，禁止混用；并严格遵守操作规程，用毕后物归原处，发现破损及时更换（HJ/T 176）	检查各项与劳动保护有关材料，并现场检查
		有毒、有害岗位操作完毕，是否将防护用品按要求清洁、收管，并做到不随意丢弃，不转借他人；是否对个人安全卫生（洗手、漱口及必要的沐浴）提出了明确的要求（HJ/T 176）	
		是否做到了禁止携带或穿戴使用过的防护用品离开工作区。报废的防护用品是否交专人处理（HJ/T 176）	
		是否配足配齐各作业岗位所需的个人防护用品，并对个人防护用品的购置、发放、回收、报废进行登记。防护用品是否做到由专人管理，并定期检查、更换和处理（HJ/T 176）	

A.6 污染防治设施配置及处理要求*

审查项目	审查要点	审查指标要求			监督检查方法
A.6.1 大气污染物控制排放及周边环境空气质量要求（GB 18484）	不同焚烧容量时的最高允许排放质量浓度限值/（mg/m^3）	≤300（kg/h）	300～2 500（kg/h）	≥2 500（kg/h）	进行试烧，检查监测报告
	1*烟气黑度	林格曼 1 级			
	2*烟尘	100	80	65	
	3*一氧化碳（CO）	100	80	80	
	4*二氧化硫（SO_2）	400	300	200	
	5*氟化氢（HF）	9.0	7.0	5.0	
	6*氯化氢（HCl）	100	70	60	
	7*氮氧化物（以 NO_2 计）	500			
	8*汞及其化合物（以 Hg 计）	0.1			
	9*镉及其化合物（以 Cd 计）	0.1			
	10*砷，镍及其化合物（以 As+Ni 计）	1.0			
	11*铅及其化合物（以 Pb 计）	1.0			
	12*铬，锡，锑，铜，锰及其化合物	4.0			
	13*二噁英类（TEQ）	0.5 ng/m^3			
	焚烧厂周围环境空气质量	GB 3095			检查监测报告
A.6.2 焚烧处理性能要求（GB 18484）	（1）焚毁去除率	危险废物≥99.99%；多氯联苯≥99.999 9%；医疗临床废物≥99.99%			检查监测报告
	（2）焚烧残渣热灼减率	危险废物、多氯联苯、医疗临床废物＜5%			
	（3）焚烧炉出口烟气中的氧气含量	应为 6%～10%（干气）			
A.6.3 炉渣及飞灰处理要求（GB 18484、HJ/T 176）	（1）炉渣处理要求	（1）炉渣应进行特性鉴别，经鉴别后属于危险废物，应按照危险废物进行安全处置，不属于危险废物的按一般废物进行处置。（2）炉渣由处置厂进行特性鉴别分析至少 1 次/d，并保留渣样。由环境管理部门委托监测部门进行抽查鉴别分析 1 次/月			检查记录材料，并现场检查
	（2）飞灰处理要求	焚烧飞灰、吸附二噁英和其他有害成分的活性炭等残余物应按照危险废物进行处置，应送危险废物填埋场进行安全填埋处置			
A.6.4 废水排放及周边环境质量要求	污水排放要求	污水综合排放标准（GB 8978）			检查监测报告，并现场考核查
	地表水环境质量要求	GB 3838			检查监测报告
A.6.5 土壤环境质量	周边土壤环境质量要求	GB 15618			检查监测报告
A.6.6 噪声排放及周边环境质量要求	噪声排放要求	危险废物焚烧厂界执行 GB 12348			检查监测报告，并现场核查
	周边噪声环境质量要求	环境噪声执行 GB 3096			检查监测报告

* 污染防治设施配置及处理要求在相关标准修订时应采用最新版本所确定的标准限值和管理要求。

A.7 环境监测要求

审查项目	审查要点	检查指标及依据	监督检查方法
A.7.1 排污口规范化	（1）焚烧炉排气筒情况	(1)新建集中式危险废物焚烧厂焚烧炉排气筒周围半径200 m内有建筑物时，排气筒高度必须高出最高建筑物5 m以上；（2）对有几个排气源的焚烧厂应集中到一个排气筒排放或采用多筒集合式排放；（3）焚烧炉排气筒应设置永久采样孔，并安装用于采样和测量的设施（GB/T 16157、GB 18484）	检查设计文件，并现场核查
	（2）废水排污口情况	有规范的、便于测量流量、流速的测流段和采样点（相关监测技术规范）	
	（3）污染物排放口标志牌情况	污染物排放口必须实行规范化整治，按照GB 15562.1～2的规定，设置与之相适应的环境保护图形标志牌（HJ/T 176）	
A.7.2 环境监测总体要求	（1）焚烧设施污染物排放监测	炉渣、飞灰、处理后排放的工艺污水、焚烧系统排烟及环境噪声进行检验监测。监测工作必须符合国家相应的监测标准和方法要求（HJ/T 176）	检查监测报告，并现场核查
	（2）处置单位周边环境监测	对周边环境空气、地下水、地表水、土壤以及环境噪声进行监测。监测工作必须符合国家相应的监测标准和方法要求（HJ/T 176）	
	（3）监测频率管理要求	危险废物集中焚烧处置单位应按国家标准规定的方法和频次，对处置设施情况进行监测，不具备监测条件的可委托有监测资质的单位代为监测（相关监测技术规范）	
	（4）监测条件要求	(1)监测数据必须在工况稳定、生产负荷达到设计的75%以上（含75%）、危险废物集中焚烧处置设施运行正常的情况下才有效；（2）监测期间监控各生产环节的主要原材料的消耗量、成品量，并按设计的主要原、辅料用量及成品产生量核算生产负荷。若生产负荷小于75%，应停止监测；（3）具体内容应符合国家相应监测技术标准要求（相关监测技术规范）	
	（5）监测取样和检验方法要求	（1）监测取样、检验的方法，均应遵循国家有关标准要求； （2）监测的数据应纳入档案并上报当地环境管理部门（相关监测技术规范）	
	（6）监测内容要求	记录每一批次危险废物焚烧的种类的重量（相关监测技术规范）	
		二燃室烟气温度：连续监测二燃室烟气二次燃烧段前后温度。烟气停留时间：通过监测烟气排放速率和审查焚烧设计文件、检验产品结构尺寸确定（相关监测技术规范）	
		排气中的二噁英应每年至少采样监测1次（HJ/T 176）	
		周边环境空气及土壤中的二噁英及重金属污染物监测应每年采样监测一次（HJ/T 176）	
		至少每6个月监测一次焚烧残渣的热灼减率（GB 18484）	
		排气中CO、烟尘、SO_2、NO_x连续自动监测，对于目前尚无法采用自动连续装置监测的烟气黑度、HF、HCl、重金属及其化合物，应每季度至少采样监测1次（GB 18484）	
		记录危险废物最终残余物处置情况，包括焚烧残渣与飞灰的数量、处置方式和接收单位（HJ/T 176）	
		废物处置单位应定期报告上述运行参数、处置效果的监测数据。监测数据保存期为3年（HJ/T 176）	
A.7.3 运行期监测要求	（1）运行单位自行监测要求	（1）运行期间应制订处置单位内部监测计划，定期对危险废物焚烧处置排放进行监测；（2）当出现监测的某项目指标不合格时，应将有关设备系统停机，进行排查，找出原因及时解决。解决后根据情况进行检验监测，确保系统在排放达标的条件下运行（HJ/T 176）	检查监测报告，并现场核查
	（2）运行单位监督性监测要求	运行期间应根据地方环保要求，定期开展环境监测工作（HJ/T 176）	

HJ

中华人民共和国国家环境保护标准

HJ 516—2009

医疗废物集中焚烧处置设施运行监督管理技术规范（试行）

Technical specifications for the supervision and management to the operation of incineration disposal facilities for medical waste（On trial）

2009-12-29 发布　　2010-03-01 实施

环　境　保　护　部　发布

前　言

为贯彻《中华人民共和国环境保护法》、《中华人民共和国固体废物污染环境防治法》、《危险废物经营许可证管理办法》和《医疗废物管理条例》，加强对医疗废物集中焚烧处置设施运行过程的监督管理，确保医疗废物集中焚烧处置设施的规范化运行，制定本标准。

本标准规定了医疗废物集中焚烧处置设施运行的监督管理内容、程序、要求以及监督检查方法等。

本标准附录 A 为规范性附录。

本标准由环境保护部科技标准司组织制订。

本标准主要起草单位：沈阳环境科学研究院、中国科学院高能物理研究所、环境保护部环境保护对外合作中心、国家环境保护危险废物处置工程技术中心。

本标准环境保护部 2009 年 12 月 29 日批准。

本标准自 2010 年 3 月 1 日起实施。

本标准由环境保护部解释。

医疗废物集中焚烧处置设施运行监督管理技术规范（试行）

1．适用范围

1.1 本标准规定了医疗废物集中焚烧处置设施运行的监督管理的程序、要求、内容以及监督管理方法等。

1.2 本标准适用于经营性医疗废物集中焚烧处置设施运行的监督管理，其他医疗废物焚烧处置设施运行期间的监督管理可参照本标准执行。

2．规范性引用文件

GB 3095　环境空气质量标准
GB 3096　声环境质量标准
本标准内容引用了下列文件中的条款。凡是不注日期的引用文件，其有效版本适用于本标准。
GB 4387　工业企业厂内铁路、道路运输安全规程
GB 8978　污水综合排放标准
GB 12348　工业企业厂界环境噪声排放标准
GB 15562.1　环境保护图形标志　排放口（源）
GB 15562.2　环境保护图形标志　固体废物贮存（处置）场
GB 18484　危险废物焚烧污染控制标准
GB 18597　危险废物贮存污染控制标准
GB 18598　危险废物填埋污染控制标准
GB 19217　医疗废物转运车技术要求（试行）
GB/T 16157　固定污染源排放气中颗粒物测定与气态污染物采样方法
HJ 421　医疗废物专用包装袋、容器和警示标志标准
HJ/T 20　工业固体废物采样制样技术规范
HJ/T 177　医疗废物集中焚烧处置工程技术规范
《医疗废物管理条例》（中华人民共和国国务院令 第 380 号）
《危险废物经营许可证管理办法》（中华人民共和国国务院令 第 408 号）
《医疗废物管理行政处罚办法》（原国家环境保护总局令 第 21 号）
《危险废物经营单位编制应急预案指南》（国家环境保护总局　2007 年第 48 号公告）
《医疗废物分类目录》（卫生部、国家环保总局 卫医发[2003]287 号）
《医疗废物集中处置技术规范（试行）》（国家环境保护总局 环发[2003]206 号）

3. 术语定义

下列术语和定义适用于本标准。

3.1 医疗废物

指各类医疗卫生机构在医疗、预防、保健、教学、科研以及其他相关活动中产生的具有直接或间接感染性、毒性以及其他危害性的废物。具体分类名录依照《医疗废物分类目录》执行。

3.2 集中焚烧处置设施

指统筹规划建设并服务于一定区域，采用焚烧方法处置医疗废物的设施。

3.3 监督管理

指对医疗废物焚烧处置设施运行过程中的监督管理，是地方环境保护行政主管部门为了保护和改善环境，对医疗废物设施运行进行监督检查和指导等活动的总称。

3.4 经营性医疗废物集中焚烧处置单位

指符合《危险废物经营许可证管理办法》管理范围，从事医疗废物集中焚烧处置经营活动的单位。

4. 监督管理的程序和要求

4.1 县级以上人民政府环境保护行政主管部门和其他医疗废物污染环境防治工作的监督管理部门，有权依据各自的职责对管辖范围内的医疗废物集中焚烧处置设施进行监督检查。

4.2 医疗废物集中焚烧处置单位应积极配合环境保护行政主管部门和其他医疗废物污染环境防治工作监督管理部门的监督管理活动，根据相应的监督管理要求，如实反映情况，提供必要的资料，不得隐瞒、谎报、拒绝、阻挠或延误。

4.3 地方环境保护行政主管部门可通过书面检查、现场核查以及远程监控等方式实施对医疗废物集中焚烧处置设施运行的监督管理。

4.4 监督管理包括准备、检查、监测、综合分析、意见反馈、整改和复查七个阶段。地方环境保护行政主管部门可根据工作开展实际和需要，修改调整监督管理的程序并确定相应的实施计划。

1）准备阶段应包括材料收集和监督管理实施计划编制两部分内容。材料收集内容包括经营许可证、机构设置、人员配置、制度化建设、设施建设和运行情况、污染物总体排放情况、与委托单位签订的经营合同情况等；实施计划应在材料收集的基础上编制，明确监管对象、监管内容、程序、方法以及人员安全防护措施等。

2）检查阶段应根据实施计划对焚烧的主体设施、各项辅助设施运行和管理情况进行现场核查，审阅相关记录、台账，对发现的问题应进行核实确认。

3）监测阶段应根据实施计划要求，对设施运行过程中污染物排放情况（废气、废水、废渣、噪声等）进行监测，保证监测质量，保存监测记录。

4）综合分析阶段应在检查、监测工作的基础上，全面分析、评价医疗废物集中焚烧处置单位的总体情况，形成监督检查结论，对存在的各项问题要逐一列明；需要进行整改的，应提出书面整改内容和整改限期；有违反《中华人民共和国固体废物污染环境防治法》、《危险废物经营许可证管理办法》等法律、法规行为的，应提出相应的处罚意见。

5）意见反馈阶段应将监督检查结论、整改通知、处罚通知等按照规定的程序送达医疗废物集中焚烧处置单位。

6）整改阶段应督促医疗废物集中焚烧处置单位根据监督检查结果和整改措施进行整改并提交整改报告。

7）复查阶段应对医疗废物集中焚烧处置单位的整改情况进行复查，仍不符合要求的，应根据《中华人民共和国固体废物污染环境防治法》、《危险废物经营许可证管理办法》、《医疗废物管理条例》、《医疗废物管理行政处罚办法》对医疗废物集中焚烧处置单位进行处罚，如警告、限期整改、罚款、暂扣或吊销经营许可证等。

4.5 监督管理人员在进行现场检查时应遵守以下要求：

1）监督管理人员在检查过程中应宣传并认真执行国家环境保护的方针、政策和有关的法律、法规和标准。

2）监督管理人员在进行现场检查时，必须有两名以上具有相应行政执法权的人员同时参加，携带并出示相关证件。

3）监督管理人员在进行现场检查时，可采取询问笔录、现场监测、采集样品、拍照摄像、查阅或者复制有关资料等检查手段，并妥善保管有关资料。

4）监督管理人员在进行现场检查时应严格执行安全制度，并为被检查单位保守技术业务秘密。

5）监督管理人员应对检查情况进行客观、规范的记录，并应请被检查单位的代表予以确认。检查人员与被检查单位对检查记录的内容有分歧的部分如不能即时解决应做好记录。

5．监督管理的内容和方法

5.1 监督管理的总体内容

地方环境保护行政主管部门监督管理的内容应包括基本运行条件、焚烧处置设施运行过程、污染防治设施配置及运行效果以及安全生产和劳动保护措施等。地方环境保护行政主管部门可根据实际情况确定监督管理的具体内容，原则上医疗废物集中焚烧处置单位基本运行条件检查、焚烧处置设施以及配套设施等硬件配置的监督检查仅在初次监督检查时进行。

5.2 基本运行条件的监督管理

5.2.1 医疗废物集中焚烧处置单位的机构设置、人员配置符合相关政策、法律法规及标准情况。

5.2.2 医疗废物经营许可证的申领和使用情况。

5.2.3 医疗废物焚烧处置技术、工艺及工程验收情况。

5.2.4 医疗废物集中焚烧处置单位各项规章制度情况。制度至少应包括：设施运行和管理记录制度、交接班记录制度、医疗废物接收管理制度、内部监督管理制度、设施运行操作规程、化验室（实验室）特征污染物检测方案和实施细则、处置设施运行中意外事故应急预案、安全生产及劳动保护管理制度、人员培训制度以及环境监测制度等。

5.2.5 医疗废物集中焚烧处置单位事故应急预案情况。应急预案应根据《危险废物经营单位编制应急预案指南》以及地方其他有关规定编写和报批。

5.3 医疗废物焚烧集中处置设施运行的监督管理

5.3.1 对医疗废物焚烧集中处置设施运行监督管理，其内容至少包括：医疗废物的接收、医疗废物的运送、医疗废物的暂存和清洗消毒处理、医疗废物焚烧处置设施运行等。

5.3.2 医疗废物接收应包括医疗废物进场专用通道及标志、医疗废物转移联单制度执行以及医疗废物卸载情况等。

5.3.3 医疗废物贮存设施应包括医疗废物贮存容器以及医疗废物贮存设施情况。

5.3.4 医疗废物清洗消毒设施应包括医疗废物清洗消毒设施以及医疗废物清洗操作情况。

5.3.5 医疗废物集中焚烧处置系统应包括焚烧处置设施配置以及焚烧处置过程操作情况。

5.3.6 医疗废物处置配套设施应包括预处理及进料系统、热能利用系统、烟气净化系统、炉渣及飞灰处理系统、自动化控制及在线监测系统，监督管理内容应包括系统配置和操作情况等。

5.4 污染防治设施配置及处理要求

5.4.1 检查大气污染物控制排放及焚烧处理性能指标应符合 GB 18484 要求，检查周边环境空气质量，各项指标应符合 GB 3095 要求。

5.4.2 医疗废物焚烧处置过程产生的飞灰，以及焚烧过程废气处理产生的废活性炭、滤饼等属于危险废物，应送符合 GB 18598 要求的危险废物填埋场进行安全填埋处置。

5.4.3 医疗废物集中焚烧处置单位废水排放应符合 GB 8978 要求。

5.4.4 医疗废物集中焚烧处置单位噪声排放应符合 GB 12348 要求。

5.5 安全生产和劳动保护的监督管理

5.5.1 医疗废物集中焚烧处置单位在安全生产方面应执行 HJ/T 177 以及国家关于安全生产的其他有关规定。

5.5.2 医疗废物集中焚烧处置单位在劳动保护方面应执行 HJ/T 177 以及国家关于劳动保护的其他有关规定。

5.6 监测要求

5.6.1 环境监测应包括焚烧设施污染物排放监测和医疗废物集中焚烧处置单位周边环境监测两部分。污染物排放监测应根据有关标准对炉渣、飞灰、经处理后排放的工艺污水、焚烧系统排烟及环境噪声进行检验监测。环境监测应根据医疗废物集中焚烧处置单位污染物排放情况对周边环境空气、地下水、地表水、土壤以及环境噪声进行监测。

5.6.2 对于由地方环境保护行政主管部门实施的监督性监测活动，由地方环境保护行政主管部门委托有环境监测资质的监测机构进行。对于医疗废物集中焚烧处置单位实施的内部例行性监测，应按国家标准规定的方法和频次，对处置设施运行情况进行监测，医疗废物集中焚烧处置单位也可委托有监测资质的单位代为监测。医疗废物集中焚烧处置单位应严格执行国家有关监督性监测管理规定配合监测工作，监测取样、检验方法，均应遵循国家有关标准要求。

5.6.3 地方环境保护行政主管部门应要求医疗废物集中焚烧处置单位在设施运行期间制订处置设施运行内部监测计划，定期对医疗废物焚烧处置过程污染物排放进行监测。当出现监测的某项目指标不合格时，应对设施进行全面检查，找出原因及时解决，确保系统在排放达标的条件下运行。

5.6.4 地方环境保护行政主管部门应按照国家有关规定，督促医疗废物集中焚烧处置单位建立运行参数和污染物排放的监测记录制度，监测记录应包括：

1）记录每一批次医疗废物焚烧的种类和重量。

2）连续监测二燃室烟气二次燃烧段前后的温度。

3）应对集中焚烧处置设施排放的烟尘、CO、SO_2、NO_x 实施连续自动监测，并定期辅以采样监测。对于目前尚无法采用自动连续装置监测的烟气黑度、HF、HCl、重金属及其化合物，应按 GB 18484 的监测管理要求进行监测，以上各项指标每季度至少采样监测 1 次。

4）按照 GB 18484 规定，至少每 6 个月监测一次焚烧残渣的热灼减率。

5）对废气排放中的二噁英，应按 GB 18484 监测管理要求，每年至少采样监测一次。

6）每年至少对周边环境空气及土壤中二噁英、重金属进行 1 次监测，以了解建设项目对周边环境空气及土壤的污染情况。

7）记录医疗废物处置最终残余物情况，包括焚烧残渣与飞灰的数量、处置方式和接收单位。

5.6.5 为确保监测工作的开展，对排污口规范化问题提出如下要求：

1）污染物排放口必须按照 GB 15562.1—2 的规定，设置相应的环境保护图形标志牌。

2）新建集中式医疗废物焚烧厂的焚烧炉排气筒周围半径 200 m 内有建筑物时，排气筒高度必须高出最高建筑物 5 m 以上。

3）对有一个以上排气源的焚烧厂，焚烧废气应集中到一个排气筒排放或采用多筒集合式排放。

4）焚烧炉排气筒应按 GB/T 16157 的要求，留有规范的、便于测量流量、流速的测流段和采样位置，设置永久性采样孔，并安装用于采样和测量的辅助设施。

5.6.6 监督性监测应在工况稳定、生产负荷达到设计的 75%以上（含 75%）、处置设施运行正常的情况下进行。监测期间应监控各生产环节的主要原材料的消耗量、成品量，并按设计的主要原料、辅料用量及成品产生量核算生产负荷。若生产负荷小于 75%，应停止监测。

5.6.7 医疗废物处置单位应定期报告上述监测数据。监测数据保存期为 10 年以上。

5.7 监督检查方法

结合以上监督管理内容，相应的监督检查内容及方法见附录 A。

6．监督实施

6.1 地方环境保护行政主管部门根据本标准所提出的内容和要求，结合地方医疗废物集中焚烧处置设施的实际，制订具体的监督管理实施方案，推进医疗废物集中焚烧处置设施监督管理规范化、制度化。

6.2 地方环境保护行政部门根据本标准所提出的关于设施运行的各方面监督管理要求和医疗废物经营许可证档案管理制度的基本要求，建立起规范的医疗废物集中焚烧处置设施运行监督档案管理制度，将监督检查情况和处理结果及时归档，并指导企业建立相应的监督管理程序和方法，确保医疗废物集中焚烧处置设施安全运转。

6.3 地方环境保护行政主管部门可根据《中华人民共和国固体废物污染环境防治法》、《危险废物经营许可证管理办法》、《医疗废物管理条例》等有关法律法规，对医疗废物集中焚烧处置单位在医疗废物处置过程中的违法行为进行处罚。

附录 A
（规范性附录）
医疗废物集中焚烧处置设施运行监督检查内容及方法

A.1 基本运行条件监督检查*

审查项目	审查要点	检查指标及依据	监督检查方法
A.1.1 检查医疗废物处置技术、工艺及工程验收情况	（1）医疗废物焚烧处置技术和工艺的适应性说明	医疗废物焚烧处置技术和工艺的适应性说明，主要设备的名称、规格型号、设计能力、数量、其他技术参数；所能处置废物的名称、类别、形态和危险特性（HJ/T 177）	核查环境影响报告、工程设计文件或其他证明材料；必要时，现场核查
	（2）系统配置情况	检查系统配置的完整性，应包括进料系统、焚烧炉、热能利用系统、烟气净化系统、自动控制和在线监测系统及其他辅助装置（HJ/T 177）	
		检查系统配置的安全性，整个焚烧系统运行过程中应处于负压状态，避免有害气体逸出（HJ/T 177）	
	（3）主要附属设施情况	工具、中转和临时存放设施、设备以及贮存、清洗消毒设施、设备情况（国务院令 第 408 号）	核查环境影响报告、工程设计文件或其他证明材料；必要时，现场核对
	（4）工程设计及验收情况	项目工程设计及验收有关资料（国务院令 第 408 号）	核查工程设计及验收材料
A.1.2 检查医疗废物经营许可证申领和使用情况	（1）医疗废物集中焚烧处置单位的处置合同业务范围情况	检查医疗废物集中焚烧处置单位的处置合同业务范围是否与经营许可证所规定的经营范围一致（国务院令 第 408 号）	核查医疗废物经营许可证、处置合同等材料；必要时，现场核对
	（2）医疗废物经营许可证变更情况	检查医疗废物集中焚烧处置单位是否按照规定的申请程序，在发生医疗废物经营方式改变，增加处置医疗废物类别，新建或者改建、扩建原有医疗废物经营设施或者经营医疗废物超过原批准年经营规模 20%以上的设施时重新申领了经营许可证（国务院令 第 408 号）	
	（3）焚烧处置计划情况	检查焚烧处置计划是否翔实、确定，焚烧处置计划分为年度和月份计划（国务院令 第 408 号）	核查医疗废物焚烧处置记录等材料
	（4）经营许可证例行检查情况	检查医疗废物经营许可证例行检查情况（国务院令 第 408 号）	检查医疗废物经营许可证有关材料
A.1.3 检查医疗废物集中焚烧处置单位的人员配置情况	（1）人员总体配备情况	是否配备了相应的生产人员、辅助生产人员和管理人员（国务院令 第 408 号）	检查单位机构组成及人员职责分工以及个人档案材料等
	（2）专业技术人员配备情况	是否配备了 3 名以上环境工程专业或者相关专业中级以上职称，并有 3 年以上固体废物污染治理经历的技术人员（国务院令 第 408 号）	
	（3）人员培训情况	生产和管理人员是否经过国家及内部组织的专业岗位培训并获得国家劳动保障部门或环境保护部门颁发的职业技能培训等级证书，并符合工作需要（HJ/T 177）	

审查项目	审查要点	检查指标及依据	监督检查方法
A.1.4 检查医疗废物集中焚烧处置单位规章制度情况	（1）设施运行和管理记录制度情况	（1）危险废物转移联单（医疗废物专用）记录；（2）医疗废物接收登记记录；（3）医疗废物进厂运输车车牌号、来源、重量、进场时间、离场时间等记录；（4）生产设施运行工艺控制参数记录；（5）设备更新情况记录；（6）生产设施维修情况记录；（7）环境监测数据的记录；（8）生产事故及处置情况记录（HJ/T 177）	检查各项制度以及运行记录档案材料
	（2）交接班制度情况	（1）交接班制度的实施记录完整、规范；（2）上述提到的设施运行和管理记录制度在交接班制度中予以落实	
	（3）其他制度情况	（1）医疗废物接收管理制度；（2）内部监督管理制度；（3）设施运行操作规程；（4）设施运行过程中污染控制对策和措施；（5）设施日常运行记录台账、监测台账和设备更新、检修台账；（6）安全生产及劳动保护管理制度；（7）人员培训制度；（8）环境监测制度（HJ/T 177）	
A.1.5 事故应急预案制定情况	（1）医疗废物贮存过程中发生事故时的应急预案	（1）应急预案编制的全面性、规范性和可操作性；（2）应急预案获得环保部门审批情况；（3）实施应急预案的基础条件情况；（4）应急预案执行情况（HJ/T 177）	核查应急预案文本、应急预案审批及应急预案执行情况
	（2）医疗废物运送过程中发生事故时的应急预案	（1）应急预案编制的全面性、规范性和可操作性；（2）应急预案获得环保部门审批情况；（3）实施应急预案的基础条件情况；（4）应急预案执行情况（HJ/T 177）	
	（3）焚烧设施发生故障或事故时的应急预案	（1）应急预案编制的全面性、规范性和可操作性；（2）应急预案获得环保部门审批情况；（3）实施应急预案的基础条件情况；（4）应急预案执行情况（HJ/T 177）	
	（4）设施设备能力不能保证医疗废物正常处置时的应急预案	（1）应急预案编制的全面性、规范性和可操作性；（2）应急预案获得环保部门审批情况；（3）实施应急预案的基础条件情况；（4）应急预案执行情况（HJ/T 177）	

* 基本条件检查作为地方环境保护行政主管部门进行监督管理的基本依据，原则上应在初次监督检查时进行，是为考虑到工作的连贯性而进行的检查。

A.2 处置设施运行过程监督检查——接收、清洗消毒、贮存设施

审查项目	审查要点	检查指标及依据	监督检查方法
A.2.1 检查医疗废物接收情况	（1）危险废物转移联单（医疗废物专用）制度执行情况	医疗废物集中焚烧处置单位是否按照《危险废物转移联单》（医疗废物专用）有关规定办理接收废物有关手续（国家环境保护总局令 第5号）	检查转移联单档案、废物进场记录等，必要时进行现场检查
	（2）废物进场专用通道及标志情况	（1）医疗废物集中焚烧处置单位内是否设置废物进厂专用通道；（2）是否设有醒目的警示标志和路线指示（HJ/T 177）	
	（3）废物卸载情况	办理完接收手续的医疗废物是否在卸车区卸载废物（HJ/T 177）	

审查项目	审查要点	检查指标及依据	监督检查方法
A.2.2 检查医疗废物贮存情况	（1）医疗废物贮存容器情况	是否使用符合国家标准的容器盛装医疗废物（GB 18597）	检查贮存设施资料，并现场核查
		贮存容器是否具有耐腐蚀、耐压、密封和不与所贮存的废物发生反应等特性（GB 18597）	
		贮存容器是否保证完好无损并具有明显标志（GB 18597）	
	（2）医疗废物贮存设施情况	医疗废物贮存场所是否有符合 GB 15562.2 的专用标志（GB 18597）	
		是否建有堵截泄漏的裙角，地面与裙角是否采用了兼顾防渗的材料建造，建筑材料是否与医疗废物相容（GB 18597）	
		是否配置了泄漏液体收集装置及气体导出口和气体净化装置（GB 18597）	
		是否配置了安全照明和观察窗口，并设有应急防护设施（GB 18597）	
		是否配置了隔离设施、报警装置和防风、防晒、防雨设施以及消防设施	
		墙面、棚面是否具有防吸附功能，用于存放装载液体、半固体医疗废物容器的地方是否配有耐腐蚀的硬化地面且表面无裂隙（GB 18597）	
		库房是否设置了备用通风系统和电视监视装置（GB 18597）	
A.2.3 检查医疗废物清洗消毒情况	（1）医疗废物清洗消毒设施	医疗废物运输车辆、转运工具、周转箱（桶）的清洗消毒场所和污水收集处理设施的配置情况（HJ/T 177）	检查有关资料，并现场核查
	（2）医疗废物清洗消毒操作	医疗废物运输车辆是否至少每两天清洗一次（北方冬季、缺水地区可适当减少清洗次数）；当车厢内壁或（和）外表面被污染后，是否立刻进行清洗；运输车辆每次运输完毕后，是否对车厢内壁进行消毒。是否禁止在社会车辆清洗场所清洗医疗废物运输车辆（HJ/T 177）	
		转运工具、周转箱（桶）等每使用周转一次，是否进行清洗消毒。是否在焚烧厂清洗消毒设施内进行（HJ/T 177）	
		医疗废物贮存设施是否每天消毒一次；贮存设施内的医疗废物每次清运之后，是否及时清洗和消毒（HJ/T 177）	
		清洗污水是否收集并排入污水消毒处理设施，是否禁止任意向环境排放清洗污水（HJ/T 177）	
		清洗消毒作业是否具有良好的通风条件，采取机械强制通风（HJ/T 177）	
		已进行清洗消毒处理的工具、设备、周转箱（桶）等是否与未经处理的工具、设备、周转箱（桶）等分开存放（HJ/T 177）	

A.3 处置设施运行过程检查——焚烧处置设施

审查项目	审查要点	检查指标及依据	监督检查方法
检查医疗废物焚烧处置设施配置及运行管理情况	（1）焚烧处置设施配置情况	燃烧室后是否设置紧急排放烟囱，并设置联动装置使其只能在事故或紧急状态时才可启动（HJ/T 177）	检查设计文件，并现场核查
		焚烧炉是否设置防爆门或其他防爆设施（HJ/T 177）	
		是否配备自动控制和监测系统，在线显示运行工况和尾气排放参数，并能够自动反馈，对有关主要工艺参数进行自动调节（HJ/T 177）	
		正常运行条件下，焚烧炉内是否处于负压燃烧状态（HJ/T 177）	
		焚烧炉是否装置紧急进料切断系统（HJ/T 177）	
		投入焚烧炉的废物是否有重量计量装置并实现连续记录（HJ/T 177）	
	（2）焚烧处置过程操作情况	医疗废物的焚烧系统运行是否按工艺流程、运行操作规程和安全操作规程进行（HJ/T 177）	检查设计文件、各项操作规程材料，并现场检查
		医疗废物进入焚烧系统的输送方式是否避免了操作人员与废物直接接触（HJ/T 177）	
		医疗废物焚烧处置操作人员是否按操作规程操作，操作人员是否掌握处置计划、操作规程、焚烧系统工艺流程、管线及设备的功能和位置，以及紧急应变情况（HJ/T 177）	
		焚烧系统没有达到工况参数或烟气处理系统没有启动或没有正常运行时，是否严禁向焚烧炉投入废物（HJ/T 177）	
		焚烧炉运行过程中是否保证系统处于负压状态，避免有害气体逸出（HJ/T 177）	

A.4 处置设施运行过程监督检查——配套处置设施

审查项目	审查要点	检查指标及依据	审查方法
A.4.1 进料系统	检查医疗废物输送、进料装置	采用自动进料装置，进料口是否配制保持气密性的装置，以保证炉内焚烧工况的稳定（HJ/T 177）	现场核查
		进料时是否采取了防止废物堵塞措施，以保持进料畅通（HJ/T 177）	
		进料系统是否处于负压状态，以防止有害气体逸出（HJ/T 177）	
A.4.2 热能利用系统	检查热能利用系统配置及操作情况	焚烧处置单位在确保环保达标排放的情况下，是否考虑对其产生的热能以适当形式加以利用（HJ/T 177）	检查设计文件，并现场核查
		利用医疗废物焚烧热能的锅炉，是否充分考虑烟气对锅炉的高温和低温腐蚀问题（HJ/T 177）	
		医疗废物焚烧的热能利用是否避开200～500℃温度区间（HJ/T 177）	
A.4.3 烟气净化系统	（1）检查湿法净化工艺骤冷洗涤器和吸收塔（填料塔、筛板塔）等单元配置情况	（1）是否配备废水处理设施去除重金属和有机物等有害物质；（2）为防止风机带水，是否采取了降低烟气水含量的措施后再经烟囱排放的措施（HJ/T 177）	检查设计文件，并现场核查
	（2）检查半干法净化工艺洗气塔、活性炭喷射、布袋除尘器等处理单元配置情况	（1）反应器内的烟气停留时间是否满足烟气与中和剂充分反应的要求；（2）反应器出口的烟气温度是否在130℃以上，保证在后续管路和设备中的烟气不结露（HJ/T 177）	

审查项目	审查要点	检查指标及依据	审查方法
A.4.3 烟气净化系统	（3）检查干法净化工艺：包括干式洗气塔或干粉投加装置、布袋除尘器等单元配置情况	（1）反应器内的烟气停留时间是否满足烟气与药剂进行充分反应的要求；（2）是否考虑收集下来的飞灰、反应物以及未反应物的循环处理问题；（3）反应器出口的烟气温度是否在 130℃以上，保证在后续管路和设备中的烟气不结露（HJ/T 177）	检查设计文件，并现场核查
	（4）检查烟气净化系统配置情况	烟气净化系统的除尘设备是否优先选用袋式除尘器（HJ/T 177）	
		若选择湿式除尘装置，是否配备完整的废水处理设施（HJ/T 177）	
		烟气净化装置是否有可靠的防腐蚀、防磨损和防止飞灰阻塞的措施（HJ/T 177）	
		酸性污染物包括 HCl、HF 和硫氧化物等，是否采用适宜的碱性物质作为中和剂在反应器内进行中和反应（HJ/T 177）	
		检查吸附二噁英的活性炭使用数量以及布袋除尘器的更换情况等是否在设计需求的使用数量范围内	
		引风机是否采用变频调速装置（HJ/T 177）	
	（5）检查烟气净化系统操作情况	是否严格控制燃烧室烟气的温度、停留时间和流动工况（HJ/T 177）	
		焚烧废物产生的高温烟气是否采取急冷处理，使烟气温度在 1.0 s 内降到 200℃以下，减少烟气在 200～500℃温区的滞留时间（HJ/T 177）	
		在中和反应器和袋式除尘器之间是否采取了喷入活性炭或多孔性吸附剂，或者在布袋除尘器后设置活性炭或多孔性吸附剂吸收塔（床）措施（HJ/T 177）	
A.4.4 炉渣及飞灰处理系统	（1）检查炉渣处理系统配置情况	炉渣处理系统是否包括除渣冷却、输送、贮存、碎渣等设施（HJ/T 177）	检查设计文件，并现场核查
		炉渣处理系统是否保持密闭状态（HJ/T 177）	
		与焚烧炉衔接的除渣机是否有可靠的机械性能和保证炉内密封的措施（HJ/T 177）	
		炉渣输送设备是否有足够宽度（HJ/T 177）	
	（2）检查飞灰处理系统配置情况	飞灰处理系统是否包括飞灰收集、输送、贮存等设施，保持密闭状态，并配置避免飞灰散落的密封容器（HJ/T 177）	
		烟气净化系统采用半干法方式时，飞灰处理系统是否采取了机械除灰或气力除灰方式，气力除灰系统是否采取了防止空气进入与防止灰分结块的措施（HJ/T 177）	
		采用湿法烟气净化方式时，飞灰处理系统是否采取了有效的脱水措施（HJ/T 177）	
		贮灰罐是否设有料位指示、除尘和防止灰分板结的设施，并在排灰口附近设置增湿设施（HJ/T 177）	
A.4.5 自动化控制及在线监测系统	（1）检查自动控制系统	医疗废物集中焚烧处置是否具备较高的自动化水平，能在中央控制室通过分散控制系统实现对医疗废物焚烧线、热能利用及辅助系统的集中监视和分散控制（HJ/T 177）	检查设计文件，并现场核查
		燃烧室后是否设置紧急排放烟囱，并设置联动装置使其只能在事故或紧急状态时才可启动（HJ/T 177）	
		对不影响整体控制系统的辅助装置，设就地控制室的，其重要信息是否送至中央控制室（HJ/T 177）	
		对重要参数的报警和显示，是否设光字牌报警器和数字显示仪（HJ/T 177）	
		是否设置独立于分散控制系统的紧急停车系统（HJ/T 177）	

审查项目	审查要点	检查指标及依据	审查方法
A.4.5 自动化控制及在线监测系统	（2）检查在线监测系统	对贮存库房、物料传输过程以及焚烧线的重要环节，是否设置现场工业电视监视系统（HJ/T 177）	检查设计文件，操作规程材料，并现场核查
		在线自动监测系统是否对焚烧烟气中处理后的烟尘、硫氧化物、NO_x、HCl 等污染因子实施在线监测，并按要求存入档案并上报地方环境保护行政主管部门（HJ/T 177）	
		医疗废物集中焚烧处置单位的在线自动监测系统是否对氧、CO、CO_2、一燃室和二燃室温度等重要工艺指标实行在线监测（HJ/T 177）	
		对前面提到的污染控制参数以及工艺指标是否按要求与地方环境保护部门联网显示，并显示正常（HJ/T 177）	
		系统启动运行时，在线监测装置是否能够同时启动，进行监测、记录并根据需要打印输出（HJ/T 177）	
		焚烧处置过程中的工艺参数，如温度、停留时间等是否显示正常值（HJ/T 177）	

A.5 安全生产和劳动保护监督检查

审查项目	审查要点	检查指标及依据	审查方法
A.5.1 安全生产要求	检查焚烧厂安全生产情况	各工种、岗位是否根据工艺特征和具体要求制定了相应的安全操作规程并严格执行（HJ/T 177）	检查有关安全生产材料，并现场核查
		各岗位操作人员和维修人员是否定期进行岗位培训并持证上岗（HJ/T 177）	
		是否严禁了非本岗位操作管理人员擅自启、闭本岗位设备，严禁了管理人员违章指挥（HJ/T 177）	
		操作人员是否按电工规程进行电器启、闭（HJ/T 177）	
		风机工作时，是否严禁了操作人员贴近联轴器等旋转部件（HJ/T 177）	
		是否建立并严格执行定期和经常的安全检查制度，及时消除事故隐患，严禁违章指挥和违章操作（HJ/T 177）	
		是否对事故隐患或发生的事故进行调查并采取改进措施，重大事故做到了及时向有关部门报告（HJ/T 177）	
		凡从事特种设备的安装、维修人员，是否参加了劳动部门专门培训，并取得特种设备安装、维修人员操作证后上岗（HJ/T 177）	
		厂内及车间内运输管理，是否符合 GB 4387 的有关规定（HJ/T 177）	
		工作区及其他设施是否符合国家有关劳动保护的规定，各种设施及防护用品（如防毒面具）是否由专人维护保养，保证其完好、有效（HJ/T 177）	
		对所有从事生产作业的人员是否进行了定期体检并建立健康档案卡（HJ/T 177）	
		是否定期对车间内的有毒有害气体进行检测，并做到在发生超标的情况下采取相应措施（HJ/T 177）	
		是否做到定期对职工进行职业卫生的教育，加强防范措施（HJ/T 177）	

审查项目	审查要点	检查指标及依据	审查方法
A.5.2 劳动保护要求	检查焚烧厂劳动保护情况	废物贮存和焚烧部分处理设备等是否做到了尽量密闭，以减少灰尘和臭气外逸（HJ/T 177）	检查各项与劳动保护有关材料，并现场检查
		是否尽可能采用了噪声小的设备，对于噪声较大的设备，是否采取了减振消音措施，使噪声符合国家规定标准要求（HJ/T 177）	
		接触有毒有害物质的员工是否配备了防毒面具、耐油或耐酸手套、防酸碱工作服（HJ/T 177）	
		焚烧炉、余热锅炉、除尘系统等高温操作间是否配置了降温设施（HJ/T 177）	
		检修人员进入焚烧炉检修前是否先对炉内强制输送新鲜空气并测定炉内含氧量，待含氧量大于 19%后方才进入。检修人员在炉内检修时是否做到了佩戴防毒面具，同时炉外有人监护（HJ/T 177）	
		进入高噪声区域人员是否佩戴了性能良好的防噪声护耳器（HJ/T 177）	
		进行有毒、有害物品操作时是否穿戴了相应种类专用防护用品，禁止混用；并严格遵守操作规程，用毕后物归原处，发现破损及时更换（HJ/T 177）	
		有毒、有害岗位操作完毕，是否将防护用品按要求清洁、收管，并做到不随意丢弃，不转借他人；并对个人安全卫生（洗手、漱口及必要的沐浴）提出了明确的要求（HJ/T 177）	
		是否做到了禁止携带或穿戴使用过的防护用品离开工作区。报废的防护用品是否交专人处理（HJ/T 177）	
		是否配足配齐各作业岗位所需的个人防护用品，并对个人防护用品的购置、发放、回收、报废进行登记。防护用品是否做到由专人管理，并定期检查、更换和处理（HJ/T 177）	

A.6 污染防治设施配置及处理要求*

审查项目	审查要点	审查指标要求			审查方法
A.6.1 检查大气污染物控制排放及周边环境空气质量要求（GB 18484）	不同焚烧容量时的最高允许排放质量浓度限值/（mg/m^3）	≤300（kg/h）	300～2 500（kg/h）	≥2 500（kg/h）	进行试烧，检查监测报告
	1*烟气黑度	林格曼 1 级			
	2*烟尘	100	80	65	
	3*一氧化碳（CO）	100	80	80	
	4*二氧化硫（SO_2）	400	300	200	
	5*HF	9.0	7.0	5.0	
	6*HCl	100	70	60	
	7*氮氧化物（以 NO_2 计）	500			
	8*汞及其化合物（以 Hg 计）	0.1			
	9 二噁英类（TEQ）	0.5 ng/m^3			
	焚烧厂周围环境空气质量	GB 3095			检查监测报告
A.6.2 焚烧处理性能要求（GB 18484）	（1）焚毁去除率	医疗临床废物≥99.99%			检查监测报告
	（2）焚烧残渣热灼减率	医疗临床废物＜5%			
	（3）焚烧炉出口烟气中的氧气含量	应为 6%～10%			
A.6.3 飞灰处理要求（GB 18484、HJ/T 177）		焚烧飞灰、吸附二噁英和其他有害成分的活性炭等残余物应按照危险废物进行处置，应送危险废物填埋场进行安全填埋处置			
A.6.4 废水排放及周边环境质量要求	污水排放要求	GB 8978			检查监测报告，并现场考核查
	地表水环境质量要求	GB 3838			检查监测报告
A.6.5 土壤环境质量	周边土壤环境质量要求	GB 15618			检查监测报告
A.6.6 噪声排放及周边环境质量要求	噪声排放要求	医疗废物焚烧厂执行 GB 12348（GB 18484）			检查监测报告，并现场核查
	周边噪声环境质量要求	环境噪声执行 GB 3096			检查监测报告

* 污染防治设施配置及处理要求在相关标准修订时应采用最新版本所确定的标准限值和管理要求。

A.7 环境监测要求

审查项目	审查要点	检查指标及依据	审查方法
A.7.1 排污口规范化	（1）焚烧炉排气筒情况	（1）新建集中式医疗废物焚烧厂焚烧炉排气筒周围半径 200 m 内有建筑物时，排气筒高度必须高出最高建筑物 5 m 以上 （2）对有几个排气源的焚烧厂应集中到一个排气筒排放或采用多筒集合式排放 （3）焚烧炉排气筒应设置永久采样孔，并安装用于采样和测量的设施（GB/T 16157）	检查设计文件，并现场核查
	（2）废水排污口情况	有规范的、便于测量流量、流速的测流段和采样点	
	（3）污染物排放口标志牌情况	污染物排放口必须实行规范化整治，按照 GB 15562.1—2 的规定，设置与之相适应的环境保护图形标志牌	
A.7.2 环境监测总体要求	（1）焚烧设施污染物排放监测	对焚烧系统排烟、处理后将排放的工艺污水、飞灰、炉渣及环境噪声进行检验监测。监测工作必须符合国家相应的监测标准和方法要求（HJ/T 177）	检查监测报告，并现场核查
	（2）处置单位周边环境监测	对周边环境空气、地下水、地表水、土壤以及环境噪声进行监测。监测工作必须符合国家相应的监测标准和方法要求（HJ/T 177）	
	（3）监测频率管理要求	医疗废物集中焚烧处置单位应按国家标准规定的方法和频次，对处置设施情况进行监测，不具备监测条件的可委托有监测资质的单位代为监测（相关监测技术规范）	
	（4）监测条件要求	（1）监测数据必须在工况稳定、生产负荷达到设计的 75%以上（含 75%）、处置设施运行正常 （2）监测期间监控各生产环节的主要原材料的消耗量、成品量，并按设计的主要原、辅料用量及成品产生量核算生产负荷。若生产负荷小于 75%，应停止监测 （3）具体内容应符合国家相应监测技术标准要求（相关监测技术规范）	
	（5）监测取样和检验方法要求	（1）监测取样、检验的方法，均应遵循国家有关标准要求 （2）监测的数据应纳入档案并上报当地环境管理部门（相关监测技术规范）	
	（6）监测内容要求	记录每一批次医疗废物焚烧种类的重量（HJ/T 177）	
		二燃室烟气温度：连续监测二燃室烟气二次燃烧段前后温度。烟气停留时间：通过监测烟气排放速率和审查焚烧设计文件、检验产品结构尺寸确定（相关监测技术规范）	
		至少每 6 个月监测一次焚烧残渣的热灼减率（GB 18484）	
		排气中的二噁英应每年至少采样监测一次（HJ/T 177）	
		周边环境空气及土壤中的二噁英及重金属污染物监测应每年采样监测一次（HJ/T 177）	
		排气中 CO、烟尘、SO_2、NO_x 连续自动监测，对于目前尚无法采用自动连续装置监测的烟气黑度、HF、重金属及其化合物，应按《危险废物焚烧污染控制标准》（GB 18484）的监测管理要求，每季度至少采样监测 1 次（GB 18484）	
		医疗废物处置单位应定期报告上述运行参数、处置效果的监测数据。监测数据保存期为 3 年（HJ/T 177）	
A.7.3 运行期监测要求	运行期监测要求	（1）运行期间应制订处置设施运行监测计划，定期对医疗废物焚烧处置过程污染物排放进行监测（HJ/T 177） （2）当出现监测的某项目指标不合格时，应将有关设备系统停机，进行排查，找出原因及时解决。解决后根据情况进行检验监测，确保系统在排放达标的条件下运行（HJ/T 177）	检查监测报告，并现场核查

中华人民共和国环境保护部

公　告

2010年　第22号

为贯彻《中华人民共和国环境保护法》，规范环境工程技术规范制订工作，现批准《环境工程技术规范制订技术导则》为国家环境保护标准，并予发布。

标准名称、编号如下：

环境工程技术规范制订技术导则（HJ 526—2010）

该标准自2010年5月1日起实施，由中国环境科学出版社出版，标准内容可在环境保护部网站（bz.mep.gov.cn）查询。

特此公告。

2010年2月22日

HJ

中华人民共和国国家环境保护标准

HJ 526—2010

环境工程技术规范制订技术导则

Technical guidelines for drafting environmental engineering technical specifications

2010-02-22 发布　　2010-05-01 实施

环　境　保　护　部　发布

前　言

为贯彻执行《中华人民共和国环境保护法》，规范环境工程技术规范的制订工作，确保环境工程技术规范的科学性、严谨性和可操作性，推动我国环境保护工程技术的不断发展，制定本标准。

本标准规定了环境工程技术规范的分类、制订工作程序、编制原则、一般构成和编写要求等内容。

本标准为首次发布。

本标准由环境保护部科技标准司组织制订。

本标准主要起草单位：中国环境保护产业协会。

本标准环境保护部 2010 年 2 月 22 日批准。

本标准自 2010 年 5 月 1 日起实施。

本标准由环境保护部解释。

环境工程技术规范制订技术导则

1．适用范围

本标准规定了环境工程技术规范的分类、制订工作程序、编制原则、一般构成和编写要求等内容。

本标准适用于环境工程技术规范的制订。

2．规范性引用文件

本标准内容引用了下列文件中的条款。凡是不注日期的引用文件，其有效版本适用于本标准。

GB/T 1.1　标准化工作导则第 1 部分：标准的结构和编写规则

GB/T 1.2　标准化工作导则第 2 部分：标准中规范性技术要素内容的确定方法

HJ 565　环境保护标准编制出版技术指南

HJ/T 416—2007　环境信息术语

《建设项目竣工环境保护验收管理办法》（国家环境保护总局令第 13 号）

《国家环境保护标准制修订工作管理办法》（国家环境保护总局公告 2006 年第 41 号）

《国家环境技术管理体系建设规划》（国家环境保护总局文件　环发[2007]150 号）

3．术语和定义

3.1 环境工程

指为保护自然环境和自然资源、防治环境污染、修复生态环境、改善生活环境和城市环境质量的建设项目以及工程设施。

[HJ/T 416—2007]

3.2 环境工程技术规范

指国家环境保护行政主管部门为规范各类环境工程的设计、施工、设备安装调试、验收、运行维护等过程而制订的国家环境保护标准。本标准中指《国家环境技术管理体系建设规划》中确立的四类环境工程技术规范。

4．分类

4.1 《国家环境技术管理体系建设规划》将环境工程技术规范分为通用技术规范、污染治理工艺技术规范、重点污染源治理工程技术规范和污染治理设施运行技术规范。

4.2 通用技术规范指规定各类环境工程建设和运行中基本或共性技术要求的规范，包括通用工程技术规范和通用基础规范。其中，通用工程技术规范指按水、气、固体、噪声等污染要素制订的、规定同一类环境工程建设和运行中共性技术要求的规范，简称通用类规范。如《大气污染治理工程技术导则》、《水污染治理工程技术导则》。

4.3 污染治理工艺技术规范指以相同工艺技术原理或方法为基础，适合于不同行业的同一污染要素治理的技术规范，简称工艺类规范。如《污水活性污泥法处理工程技术规范——氧化沟法》、《污水厌氧生物处理工程技术规范——升流式厌氧污泥床法》。

4.4 重点污染源治理工程技术规范指以某一重点污染源治理为对象，适合于该类污染源所有污染物或特定污染物治理工程的技术规范，简称污染源类规范。如《畜禽养殖业污染治理工程技术规范》、《钢铁工业除尘工程技术规范》。

4.5 污染治理设施运行技术规范指以提高污染治理设施运行、维护和管理水平，保证其连续、稳定达到污染物排放标准为目的而制订的技术规范，简称运行类规范。如《污水生物处理设施运行管理技术规范》、《危险废物集中焚烧处置设施运行监督管理技术规范（试行）》。

5．环境工程技术规范制订工作程序

5.1 工作程序应符合《国家环境保护标准制修订工作管理办法》的规定，具体程序参见附录A。

5.2 环境工程技术规范名称应与下达的计划任务书中确定的名称相一致，确需改变或调整的，应事先征得任务下达部门的同意，并在编制说明中详细说明变更理由。

5.3 环境工程技术规范的制订分为准备阶段、起草阶段、征求意见阶段和审查发布阶段。

5.4 准备阶段的制订工作应符合下列要求：

a）应通过对国家和地方相关法律法规、政策（产业政策、技术政策）、现行标准（排放标准、行业规范），相关的污染源和污染治理工艺，污染治理工程建设运行情况的调研，确定标准的适用范围，形成开题报告（参见附录B）和编制大纲；

b）工艺类规范应重点明确该工艺与其他工艺的界限以及变形工艺的取舍；

c）污染源类规范应明确适用的行业范围、污染源种类和推荐的主导工艺。

5.5 起草阶段的制订工作应符合下列要求：

a）应按工程对象、规模、工艺对污染治理工程进行调研，确定工程建设各阶段中保证质量的关键点，并通过分析汇总调研数据，必要时还应进行试验，提出各关键点的技术要求，形成征求意见稿和编制说明；

b）应全面检索相关的标准和规范，以及适用的结构、电气、自控、消防等行业规范，以便在适当的位置引用。

5.6 征求意见阶段应汇总所有回复意见，按照《国家环境保护标准制修订工作管理办法》的要求编制国家环境保护标准征求意见情况汇总处理表，并对回复意见进行研究、讨论，形成送审稿和编制说明。

5.7 审查发布阶段应召开审议会，并按照审议意见修改送审稿，形成报批稿、编制说明和报批说明。

5.8 针对制订工作中各阶段发现的关键点、难点以及有争议的问题，应向相关专家进行咨询或组织专题研讨会，妥善解决编制过程中遇到的问题。

6．环境工程技术规范编制原则

6.1 应符合国家相关法律、规章及技术法规、国家强制性标准的规定。

6.2 应与相关的污染防治技术政策、最佳可行技术导则、其他环境保护标准及其他行业标准相协调。

6.3 应满足 GB/T 1.1、GB/T 1.2、HJ 565 以及国家环境保护行政主管部门对环境保护标准格式、内容的规定。

6.4 技术内容的编制应符合下列原则：

a）以工程实践为基础。应通过分析总结同类工程的实践经验和存在问题，确定规范中推荐的工艺路线、技术参数等内容；

b）以达标排放为基本要求。规范中推荐的工艺路线和技术参数应至少能够保证处理后达到排放标准中一般排放限值的要求；

c）以成熟技术为主体。规范中应推荐经工程实践证明能够连续运行、稳定达标、技术经济合理的工艺路线，不推荐落后、淘汰的工艺技术；

d）突出环境工程特色、兼顾与其他行业标准相协调。规范应重点规定工艺路线选择、工艺设计要求等具有环境工程特色的部分，电气、采暖通风等辅助工程的设计以及施工、验收等内容的编写宜优先引用相关专业标准，并补充环境工程的特殊规定。

7．环境工程技术规范的一般构成和编写要求

7.1 一般构成

7.1.1 各类环境工程技术规范中各要素名称、编排顺序和编写要求见表 1。

表 1　各类工程技术规范中要素的编排

序号	要素名称	规范类型	要素类型	编写要求
1	封面	全部	必备要素	7.2.2
2	目次	全部	必备要素	7.2.2
3	前言	全部	必备要素	7.2.2
4	适用范围	全部	必备要素	7.2.3
5	规范性引用文件	全部	可选要素	7.2.4
6	术语和定义	全部	可选要素	7.2.5
7	污染物与污染负荷	通用类规范	可选要素	7.2.6
		工艺类规范	必备要素	
		污染源类规范	必备要素	
		运行类规范	可选要素	
8	总体要求	通用类规范	必备要素	7.2.7
		工艺类规范	必备要素	
		污染源类规范	必备要素	
		运行类规范	可选要素	
9	工艺设计	通用类规范	必备要素	7.2.8
		工艺类规范	必备要素	
		污染源类规范	必备要素	
		运行类规范	可选要素	
10	主要工艺设备和材料	通用类规范	必备要素	7.2.9
		工艺类规范	必备要素	
		污染源类规范	必备要素	
		运行类规范	可选要素	
11	检测与过程控制	通用类规范	必备要素	7.2.10
		工艺类规范	必备要素	
		污染源类规范	必备要素	
		运行类规范	可选要素	
12	主要辅助工程	通用类规范	必备要素	7.2.11
		工艺类规范	必备要素	
		污染源类规范	必备要素	

序号	要素名称	规范类型	要素类型	编写要求
		运行类规范	可选要素	
13	劳动安全与职业卫生	通用类规范	必备要素	7.2.12
		工艺类规范	可选要素	
		污染源类规范	必备要素	
		运行类规范	可选要素	
14	施工与验收	通用类规范	必备要素	7.2.13
		工艺类规范	必备要素	
		污染源类规范	必备要素	
		运行类规范	可选要素	
15	运行与维护	通用类规范	必备要素	7.2.14
		工艺类规范	必备要素	
		污染源类规范	必备要素	
		运行类规范	必备要素	
16	附录	全部	可选要素	7.2.15

7.1.2 表 1 中所列要素的编排，可根据具体规范编制工作的需要进行调整，如果需要其他要素，也可以在适当的位置上添加。

7.1.3 要素分为必备要素和可选要素，必备要素宜在规范中的适当位置设一章，可选要素则可根据需要进行取舍。

7.2 编写要求

7.2.1 一般要求

7.2.1.1 环境工程技术规范的内容应根据环境工程所采取工艺的特点或所处理污染物的特征以及规范的类别来选择，内容力求完整、准确适用、易于理解、便于实施。

7.2.1.2 通用类规范的编写应体现通用性，以该类工程从设计到运行的基础、通用技术要求为主；主要包括工程设计原则，主要工艺的适用范围、基本设置、关键技术要求和特有设备，常见污染物的组合工艺、辅助工程，以及施工验收和运行维护中的通用技术要求。

7.2.1.3 工艺类规范的编写应以工艺设计为重点，包括设计方法、设计公式、参数范围，工艺对设备、材料、辅助工程的要求，以及该工艺在施工、验收、运行与维护过程中的特殊规定。对于变形工艺，仅需规定与主导工艺不一致的技术要求，并根据工程应用情况，既可以在规范正文中规定也可以在附录中给出。

7.2.1.4 污染源类规范的编写应首先分析由于原料种类、生产工艺、排污方式不同而产生的不同污染物和污染负荷，并针对这些不同的污染物和污染负荷，以达标排放为原则，推荐成熟稳定、技术经济合理的治理工艺，规定每个工艺单元的关键参数取值和主要设备（材料）选型、性能要求，以及辅助工程设计、施工验收和运行维护的技术要求。

7.2.2 封面、目次和前言

应符合《国家环境保护标准制修订工作管理办法》附件十二和 GB/T 1.1、HJ 565 的规定。

7.2.3 适用范围

7.2.3.1 应分段简要说明规范规定的主要内容和适用范围，适用范围包括规范适用的具体行业、对象、规模、污染要素等，必要时可明确规范不适用的范围。

7.2.3.2 文字应简洁，以便作为内容摘要供检索或信息传递。

示例：

本标准规定了采用石灰法、钠钙双碱法、氧化镁法、石灰石法工艺，配用在工业锅炉/炉窑上的湿法烟气脱硫工程的设计、施工、安装、调试、验收和运行维护等技术要求。

本标准适用于蒸发量≥××t/h 的燃煤工业锅炉，或蒸发量<××t/h 的燃煤热电锅炉以及相当烟气量炉窑的湿法烟气脱硫工程，可作为环境影响评价、环境保护设施设计与施工、建设项目竣工环境保护验收及建成后运行与管理的技术依据。燃油、燃气工业锅炉的湿法烟气脱硫工程参照本标准执行。

7.2.4 规范性引用文件

7.2.4.1 应列出规范条文中引用的标准、文件，未在规范条文中明确引用的，不应列入本要素中。

7.2.4.2 引导词应符合《国家环境保护标准制修订工作管理办法》附件十二的要求。

7.2.4.3 引用标准的排序和是否加注发布时间应执行 GB/T 1.1 和 HJ 565 的相关规定。

7.2.5 术语和定义

7.2.5.1 应给出为理解规范内容所必需的术语和定义，术语的选择和定义方法执行 GB/T 1.1 的相关规定。

7.2.5.2 术语的选择应遵循必要性原则。只有当不对其进行定义就可能会引起误解，无法正确理解规范内容时，才对其定义。对众所周知的术语不定义。

7.2.5.3 定义应避免重复和矛盾。在现行国家或行业标准中已经明确定义的术语，宜直接引用，不必重复定义。

7.2.6 污染物与污染负荷

7.2.6.1 对于工艺类规范，应规定工艺适用的污染物浓度范围、处理效率等，并推荐污染物浓度超过工艺适用条件时采取的技术措施和处理工艺。

示例：

×.1 序批式活性污泥法污水处理工艺适用于中小型城镇污水处理工程。同时也适用于工业废水中有机污染物的好氧生物处理工序，可作为工业废水处理工艺流程的组成部分。

×.2 序批式活性污泥法污水处理工艺中好氧生物处理构筑物进水水质为……当有工业废水进入时，应考虑有害物质对微生物活性的影响。

×.3 污水处理有除氨氮要求时，进水总碱度/氨氮的比值宜……不满足上述条件时应补充碱度。

×.4 污水处理有脱总氮要求时，反硝化要求进水的易降解碳源 BOD_5/总氮值宜……总碱度/氨氮值宜……不满足上述条件时应补充碳源或碱度。

×.5 SBR 污泥法污水处理工艺的污染物去除率应满足表×的要求。

表× SBR 污泥法污水处理工艺的污染物去除率设计值

污水类别	主体工艺	污染物去除率/%		
		悬浮物（SS）	五日生化需氧量（BOD_5）	化学耗氧量（COD_{Cr}）
城镇污水	预处理+SBR 活性污泥反应器	…	…	…
…				

×.6 SBR 污泥法污水处理工艺出水直接排放时，应符合国家或地方排放标准的要求；排入下一级处理系统时，应满足下一级处理系统的进水要求。

7.2.6.2 对于污染源类规范，应给出污染源在典型生产活动中产生的污染物和污染负荷（包括各种主要污染物名称、浓度范围、单位产品产生量或产量估算公式），供设计参考；此外，还应规定设计负荷和设计余量的确定方法。

示例：

×.1 废水水量

×.1.1 以纤维产量估算时，应根据纤维特点、织物阔幅、厚度进行。不同织物、不同生产工艺单位产量产生的废水水量参见表×。

表× 不同织物的废水量

产品名称	机织棉及棉混纺织物/（m^3/100 m）	针织棉及棉混纺织物/（m^3/t）	毛纺织物/（m^3/t）	丝绸织物/（m^3/t）
废水量	…	…	…	…

×.1.2 以全厂用水量估算时，废水量宜取全厂用水量的……

×.2 废水水质

×.2.1 单纯缫丝企业水质可参考表×，当缫丝废水和丝绸染整废水混合处理时，其水质按混合比例确定。

表× 缫丝废水水质

废水类型	化学需氧量/（mg/L）	五日生化需氧量/（mg/L）	悬浮物/（mg/L）	pH 值	氨氮/（mg/L）	水温/℃
煮茧	…	…	…	…	…	…
…						

×.2.2 机织棉及棉混纺织物染整废水水质设计可参考……

……

×.3 设计水量和设计水质

×.3.1 设计水量和设计水质应根据批准的环境影响评价文件，并考虑一定的设计余量确定。

×.3.2 设计余量应取污染负荷原数值的××%～××%。

7.2.6.3 污染源在典型生产活动中产生的各种主要污染物、浓度范围等内容的确定应建立在对该行业广泛调研、综合分析的基础上。污染物指标的选择应与国家污染物排放标准相符。

7.2.6.4 设计负荷的确定应以批准的环境影响评价文件为依据，设计余量的确定应根据工程实例调研数据、结合设计经验分析得出。

7.2.7 总体要求

7.2.7.1 通常包括一般规定、建设规模、工程构成、场址选择、总平面布置等内容。

7.2.7.2 一般规定应规定下列内容：

a）环境工程建设应遵循的一般原则，如“三同时”制度、清洁生产、循环经济、节能节水等；

b）环境工程工艺配置与企业生产系统的适应性；

c）环境工程分期建设和与企业总体规划的关系；

d）环境工程建设和运行过程中的环境保护要求；

e）污染源在线监测系统的设置要求。

7.2.7.3 建设规模应规定规模确定方法，并给出应执行的建设标准等相关标准和规范。国家或行业标准对规模已有明确规定的，宜直接引用。

7.2.7.4 工程构成应明确环境工程的设计对象，明确规定主体处理构筑物与设备、辅助工程和配套设施的范围。国家或行业标准对项目构成已有明确规定的，宜直接引用。

示例：

×.1 酿造废水处理厂（站）的工程项目主要包括：废水处理构（建）筑物与设备、辅助工程和配套设施等。

×.2 废水处理构（建）筑物与设备包括：前处理、预处理、厌氧处理、好氧处理、废水回用、沼气利用、污泥处理、恶臭处理、排放等系统。

×.3 辅助工程包括：厂（站）区道路、围墙、绿地工程，独立的供电工程和供排水工程等；专用的化验室、控制室、仓库、修理车间等工程。

×.4 配套设施包括：办公室、休息室、浴室、食堂、卫生间等生活设施。

×.5 废水处理厂（站）应按照国家和地方的有关规定设置规范化排污口。

7.2.7.5 场址选择应明确选址时应满足的管理要求和技术条件，以及需要考虑的因素（包括满足城市总体规划要求、对周围区域和下游的影响、对排放和运输的影响、对分期建设的影响、对地质条件的要求等）。国家或行业标准对场址选择已有明确规定的，宜直接引用。

7.2.7.6 总平面布置应规定布置时应遵循的原则和应考虑的因素，提出关键构筑物、设施和设备的相对位置以及主要管线的布置要求。

7.2.8 工艺设计

7.2.8.1 通常包括一般规定、工艺路线选择、工艺设计要求、二次污染控制措施、突发事故应急措施等内容。

7.2.8.2 一般规定应规定工艺设计的通用性和原则性要求。

示例：

×.1 SBR 工艺设计应兼有时间上的理想推流式反应器和空间上的完全混合式反应器的特点。

×.2 SBR 工艺设计应具有静置沉淀功能，保障良好的泥水分离效果。

×.3 SBR 工艺设计宜优先选用普通 SBR 或循环式活性污泥（CASS）工艺。

×.4 SBR 工艺的反应池应设置固定式事故排水装置，可设在滗水结束时的水位处。

×.5 SBR 工艺的反应池应采用有防止浮渣流出设施的滗水器。

×.6 SBR 工艺宜按两组或多组系列布置，并宜采取措施确保进水均匀。

7.2.8.3 在工艺路线选择中，对于变形工艺较多的工艺类规范，应规定变形工艺的选择原则；对于工艺单一的工艺类规范，应给出完整的工艺流程图。

7.2.8.4 在工艺路线选择中，污染源类规范应规定下列内容：

a）选择工艺路线时考虑的因素和采用的方法：考虑的因素至少包括污染物特性和处理量、自然地理条件、污染物去向、工艺成熟度、可靠性和可得性等，采用的方法主要是技术经济评价，必要时可在附录中给出有关技术路线（工艺）选择的范例；

b）以达标排放为原则，针对不同污染物和污染负荷，推荐经工程实践证明能够连续运行、稳定达标、技术经济合理的工艺路线，并给出工艺流程图。工艺流程图应包括二次污染处理处置工艺单元。

示例：

×.1 选用粪污处理工艺时，应根据养殖场的养殖种类、养殖规模、粪污收集方式、当地的自然地理环境条件以及排水去向等因素确定工艺路线及处理目标，并应充分考虑畜禽养殖废水的特殊性，在实现达标排放或综合利用的情况下，优先选择低运行成本的处理工艺；应慎重选用物化处理工艺。

×.2 养殖规模在存栏（以猪计）×××头及以下的应尽可能采用综合利用模式，存栏（以猪计）××××头及以上的应有适应的环保达标处理设施，以防突发环保事故的发生。

×.3 采用达标排放模式时，废水进入厌氧反应器之前应先进行固液（干湿）分离，然后再对固体粪渣和废水分别进行处理，基本工艺流程见图×。

……

图× 达标排放工艺基本流程

×.4 采用综合利用模式时……

……

7.2.8.5 工艺路线选择中推荐的工艺应符合下列要求：

a）优先考虑最佳可行技术导则中确立的最佳可行技术，不得推荐工程中尚未成功应用的技术；

b）推荐的工艺路线一般应在两种及以上，并规定每种工艺路线的特点和适用范围，存在政策限制或技术不成熟等原因时，也可推荐一种工艺路线。

7.2.8.6 工艺设计要求宜根据流程图，按照工艺单元的先后顺序，对每一个工艺单元提出技术要求。工艺单元技术要求的编写应符合下列要求：

a）对于工艺类规范，每个工艺单元的技术要求应包括设计方法、设计公式、参数范围等；

b）对于污染源类规范，每个工艺单元的技术要求应包括设计方法、设计公式、关键参数取值、主要设备和材料配置等，如果该单元采用的工艺在工艺类规范或其他标准中已有规定，设计方法和设计公式部分宜直接引用，但应规定关键参数取值以及该工艺应用于此污染源的特殊要求；

c）工艺参数的确定应把保证处理工艺连续稳定达标运行作为基本原则，一般应通过调查同类典型工程案例并进行综合评价分析后确定，也可采用已得到公认的经验参数；

d)对工艺参数设计计算有成熟并得到公认的计算方法的，宜在给出经验参数的同时给出计算（估算）方法。必要时，应同时规定修正系数；

e）关键工艺参数应规定设计余量，或对设计余量的确定方法作出规定。

示例：

×.1 厌氧生物处理单元通常由厌氧反应器、沼气收集与处置系统（净化系统、贮气罐、输配气管等）、沼液、沼渣处置系统组成。

×.2 厌氧反应器容积宜根据水力停留时间（HRT）确定，计算方法如下：

……

×.3 厌氧反应器宜采用升流式厌氧污泥床（UASB），也可经技术经济比较后采用复合厌氧反应器（UBF）、厌氧过滤器（AF）、折流式厌氧反应器（ABR）等。

×.4 厌氧反应器设计应符合下列规定：

a）厌氧反应器、沼气净化利用系统的防火设计应符合GB××××中的有关规定；

b）厌氧反应器应达到水密性与气密性的要求，应采用不透气、不透水的材料建造，内壁及管路应进行内防腐；

c）厌氧反应器应设有取样口、测温点和排空设施；

……

×.5 升流式厌氧污泥床（UASB）的设计还应符合下列规定：

a）反应器高度应综合考虑运行、经济等情况确定，不宜超过××m，反应器有效高度（深度）宜为××m；

b）宜设两个以上厌氧罐体，单体体积不宜超过××m^3；当处理量较大时，宜采用多个单体反应器并联运行；

……

×.6 宜采用常温发酵，但温度不低于××℃。当总固体含量（TS%）<××时，厌氧反应器的水力停留时间（HRT）宜为……当总固体含量（TS%）≥××时……

×.7 厌氧处理产生的沼气应进行综合利用，经净化处理后通过输配气系统可用于居民生活用气、锅炉燃烧、沼气发电等。沼气的净化、贮存按照NY/T××××第××条的有关规定执行。

×.8 沼液应……沼渣应……

7.2.8.7 二次污染物控制措施应说明环境工程产生的废水、废气、废渣、噪声等二次污染物的性质、数量和控制措施，并规定应执行的污染物排放标准。

7.2.8.8 突发事故应急措施应规定为处理生产事故、污染物负荷突变等突发情况设计的构筑物、设施等。

7.2.9 主要工艺设备和材料

7.2.9.1 应针对不同的工艺特点，规定主要设备的选型原则，必要时给出选型计算方法。

7.2.9.2 应规定主要设备和关键材料的性能要求，如设备功率、防腐蚀性、防磨损性、使用寿命等。对于已颁布产品标准的设备和材料，对其性能要求可直接引用适用的产品标准；对于非标设备，还应规定主要的加工要求。

7.2.9.3 应以可靠性为前提、兼顾经济性，对影响设施建成后稳定运行的设备和材料提出备用要求。

示例：

×.1 氧化沟应根据污水特性、去除效率及运行条件等计算标准状态下污水需氧量，再根据曝气设备的充氧能力、动力效率选择满足充氧要求的曝气设备。

×.2 曝气设备应兼有供氧、推流、混合等功能，可选用竖轴式机械表面曝气、转刷曝气器……等。

×.3 竖轴式机械表面曝气装置、转盘曝气器……应分别符合 HJ/T ×××、HJ/T ×××……的相关规定。

×.4 竖轴式机械表面曝气机可按需氧量的××%备用，并有不少于×台采用变频调速控制。转刷和转盘曝气机宜备用×台。鼓风机房应设置备用鼓风机，工作鼓风机台数在×台以下时，应设×台备用鼓风机；工作鼓风机台数在×台或×台以上时，应设×台备用鼓风机。备用鼓风机应按设计配置的最大机组考虑。

7.2.10 检测与过程控制

7.2.10.1 应根据工艺要求规定检测参数、检测点位和所需仪器。

示例：

×.1 大型和特大型酿造废水治理设施应设标准化验室，中、小型的酿造废水治理设施可在废水处理车间内附属设置化验室或化验台。

×.2 化验室或化验台应按照检测项目配备相应的检测仪器。

×.3 厌氧处理单元宜检测废水进口和出口的 pH 值、五日生化需氧量（BOD_5）……以及反应器内的碱度和污泥性状、污泥浓度等指标。

×.4 好氧处理单元宜检测……

7.2.10.2 应规定环境工程的自动控制水平和方式，以及控制系统的功能和最低配置，针对控制关键点和主要设备，还应提出具体的自动控制要求。

示例：

×.1 脱硫装置应配备自动控制系统，具有完善的模拟量控制、顺序控制、连锁、保护、报警等功能，设集中和现场两种操作方式。

×.2 自控系统应对脱硫装置的脱硫剂浓度、脱硫液 pH 值、液位、系统阻力、烟气温度、循环泵电流、物料消耗等主要参数进行监控。

×.3 关键工艺控制参数，如脱硫剂的浓度、脱硫液的 pH 值、液位等应进行自动调节与控制。多套脱硫装置宜合用一套控制系统进行集中控制。

7.2.11 主要辅助工程

通常包括电气系统、建筑与结构、采暖通风与空调、厂区道路与绿化等内容，宜以引用国家和行业现行规范为主。但对于有特殊要求的，应做出明确规定。

7.2.12 劳动安全与职业卫生

7.2.12.1 应规定环境工程在设计过程中贯彻的劳动安全与职业卫生原则，并列出应遵守的相关国家强制性标准。

7.2.12.2 应针对存在危险（例如，爆炸、火灾或中毒）的工艺单元，提出具体的防护措施。

7.2.13 施工与验收

7.2.13.1 通常包括施工、工程验收和环境保护验收三部分内容。

7.2.13.2 施工应规定环境工程特有建（构）筑物的施工要求，以及主要设备、材料和在线监测仪器的安装部位、安装要求，对需要调试的大型设备，还应规定调试要求。混凝土结构工程、电气工程等专业工程的施工要求应尽量引用现行国家和行业标准。

7.2.13.3 工程验收应规定环境工程特有建（构）筑物、装置、设备的验收技术要求。混凝土结构工程、电气工程等专业工程的验收要求应尽量引用现行国家和行业标准。

7.2.13.4 环境保护验收应规定下列内容：

a）应规定进行环境保护验收前，结合试运行进行环境保护设施性能试验，并规定性能试验的参数和方法；

b）应根据工程特点，提出除《建设项目竣工环境保护验收管理办法》规定的验收资料之外的与环境保护设施质量、性能密切相关的工程技术资料，作为验收的补充资料。

7.2.14 运行与维护

7.2.14.1 应规定建立环境保护设施运行与维护的相关制度。如运行记录制度、定期检测和检修制度、上岗培训制度、应急预案等，并对各项制度提出基本的技术要求。

7.2.14.2 应规定将环境保护设施作为生产系统的组成部分进行管理，并提出可靠性、可用率等性能要求。

7.2.14.3 宜规定运行记录的主要项目。必要时，可在附录中给出记录表格的范例。

7.2.14.4 应规定运行检测项目、各检测项目的采样点和采样频率，以及检测记录的保存要求。

7.2.14.5 应规定检修周期和检修内容，并对最有可能出现故障的设备和装置提出具体的维护措施。

7.2.14.6 应规定正常工况下，环境工程设施运行调整的措施和方案。

7.2.14.7 应根据处理处置工艺路线特点和污染物特性，规定生产事故、污染物负荷突变等突发情况的调节措施。

7.2.15 附录

7.2.15.1 分为规范性附录和资料性附录，规范性附录的内容是构成标准整体的不可分割的组成部分，资料性附录仅限于提供一些附加信息。

7.2.15.2 附录的编写应符合《国家环境保护标准制修订工作管理办法》和 GB/T 1.1、HJ 565 的相关规定。

8．编制说明的一般构成和编写要求

8.1 一般构成

8.1.1 征求意见稿编制说明应包括任务来源、标准制订必要性、主要工作过程、国内外相关标准研究、同类工程现状调研、主要技术内容及说明、标准实施的环境效益及经济技术分析、标准实施建议，各部分的编写应符合本标准 8.2 的规定。

8.1.2 送审稿编制说明应在征求意见稿编制说明的基础上修改形成，其内容除包括征求意见稿编制说明的内容外，还应增加征求意见处理情况说明。征求意见处理情况说明的编写应符合本标准 8.2.9 的规定。

8.1.3 报批稿编制说明应在送审稿编制说明的基础上修改形成，其内容除包括送审稿编制说明的内容外，还应增加技术审查工作情况说明。技术审查工作情况说明的编写应符合本标准 8.2.10 的规定。

8.1.4 各稿编制说明也可根据规范的特点，补充相应的内容。

8.2 编写要求

8.2.1 任务来源

应列出环境保护部下达计划的年度、名称、项目编号和下达文件号，以及所有标准编制单位的全称。

8.2.2 标准制订必要性

应通过对我国同类污染情况、治理现状、环境管理要求等内容的分析，说明规范编制的目的和意义。

8.2.3 主要工作过程

应介绍标准各阶段稿件的编制过程，以及编制组开展的相关调查、研究工作以及标准开题、研讨、审议等会议情况等。

8.2.4 国内外相关标准研究

应研究国内外相关标准的制修订情况，并介绍其主要技术内容。

8.2.5 同类工程现状调研

8.2.5.1 应说明对同类工程的资料调研和现场调研情况，并根据规范的编制需要分析调研数据。

8.2.5.2 调研内容应根据规范内容确定。对于工艺类规范，应调研该工艺在国内外的使用现状及效果，包括该工艺应用的污染源、规模、处理效果、设计参数取值范围、运行情况等；对于污染源类规范，应调研同类污染源所采用的不同处理工艺（组合）的使用现状及效果，包括该污染源治理采用的各种工艺及其比例、治理效果、工艺流程、关键参数取值等，并给出相应的分析评估。

8.2.6 主要技术内容及说明

8.2.6.1 应说明规范中主要技术内容的确定依据。对于工艺类规范，应给出推荐设计方法的设计实例。对于污染源类规范，应列出推荐工艺的工程实例建设、运行情况及技术经济评价。

8.2.6.2 对于包含定性或定量工艺参数的条文，应详细说明其工艺参数的选择原因和参数值的确定依据，包括调研和试验的数据以及数据分析、计算、汇总、取值的全部资料。

8.2.7 标准实施的环境效益及经济技术分析

8.2.7.1 应说明规范实施可达到的污染治理效果或可达到的排放限值。

8.2.7.2 应测算按照规范进行工程建设、运行时，典型规模的投资、运行费用。

8.2.8 标准实施建议

8.2.8.1 应提出标准实施需配套的管理措施、实施方案建议。

8.2.8.2 应提出标准下一步修订建议。

8.2.8.3 应提出与本标准实施相关的科研项目建议。

8.2.9 征求意见处理情况说明

8.2.9.1 应说明征求意见情况和意见处理情况，并附国家环境保护标准征求意见情况汇总处理表。

8.2.9.2 编制国家环境保护标准征求意见情况汇总处理表时，所有征求意见单位，不论是否提出修改意见，均应按照环保部征求意见文件上的顺序在表中适当位置进行汇总。

8.2.9.3 国家环境保护标准征求意见情况汇总处理表中对于采纳的意见应列出修改后条款在送审稿中的位置，对于部分采纳和未采纳的意见应详细说明理由。

8.2.10 技术审查工作情况说明

8.2.10.1 应说明标准技术审查（审议会）工作的情况，并附技术审查（审议会）纪要。

8.2.10.2 应说明技术审查（审议会）提出建议的协调处理情况。

附录 A
（资料性附录）
环境工程技术规范制订工作程序框图

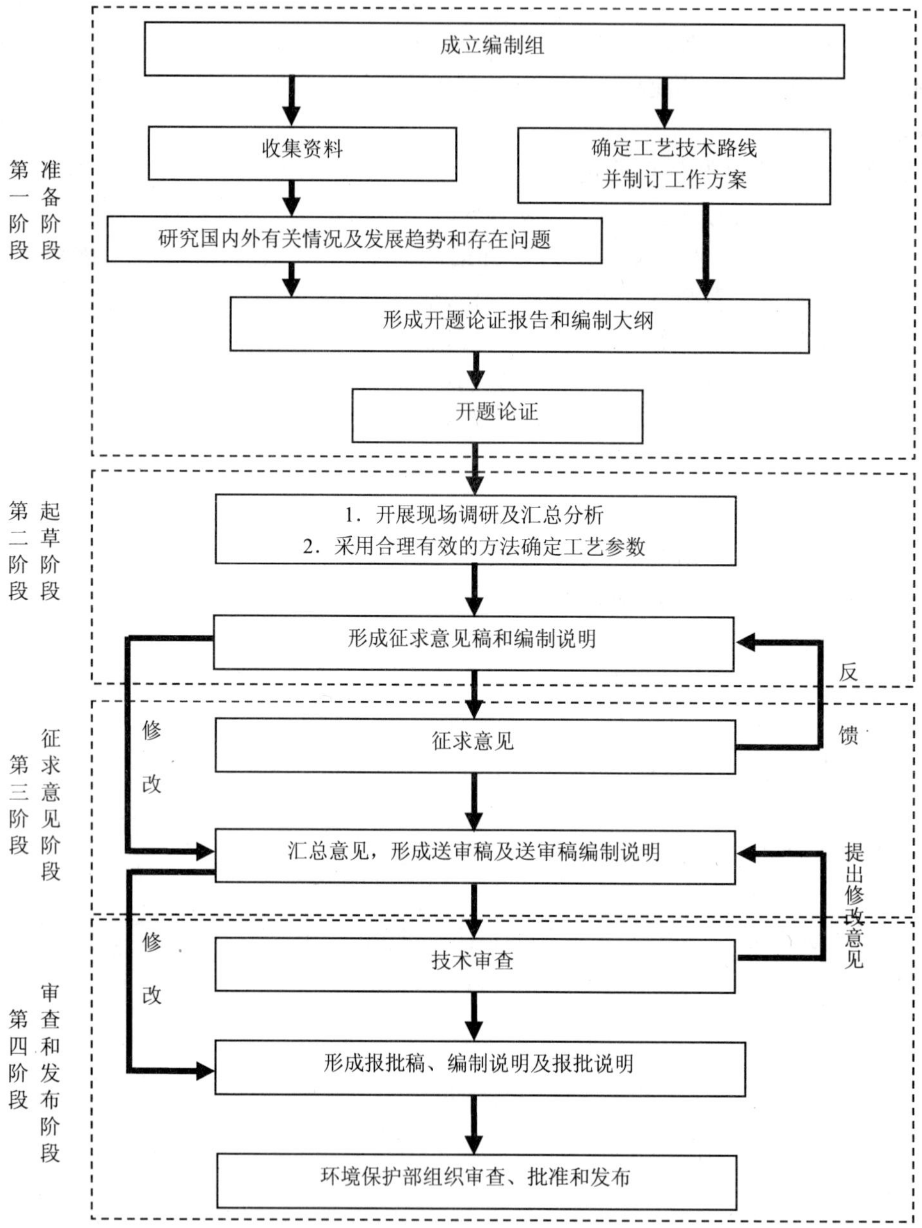

附录 B
（资料性附录）
环境工程技术规范开题报告提纲

B.1 任务来源

应列出环境保护部下达计划的年度、名称、项目编号和下达计划文件及其文号，以及所有标准编制单位的全称。

B.2 编制目的、意义

通过对我国同类污染情况、治理现状、排放要求、环境管理等内容的分析，说明规范编制的目的和意义。

B.3 国内外有关情况和发展趋势

阐述相关环境技术工艺领域的国内外现状和发展趋势，以及相关的生产污染治理工程水平。

B.4 编制拟采用的原则、方法和技术依据

拟采用的原则主要包括科学性、完整性、统一性、协调性等，编制方法应以调研为基础，技术依据主要是国家相关法律法规、标准和成熟的科研技术成果和工程实践经验。

B.5 规范的适用范围

根据国内外有关情况的调研，明确本规范的适用范围，划定边界条件。

B.6 拟开展的主要工作

阐述具体的工作内容并提供相关材料，资料调研、书面调研、现场调研、必要的实验测试等的详细安排。

B.7 拟提交的成果

包括征求意见稿及其编制说明、送审稿及其编制说明、报批稿及其编制说明等文件。

B.8 编制组的工作基础与分工

阐述编制组主要组成单位的相关工作基础和任务分工。

B.9 经费安排和时间进度

列出工作经费预算和编制组人员名单。给出标准制订大致程序和征求意见稿、送审稿、报批稿的完成时间。

中华人民共和国环境保护部

公　告

2010 年　第 14 号

为贯彻《中华人民共和国环境保护法》、《中华人民共和国大气污染防治法》和《中华人民共和国水污染防治法》，规范污染治理工程建设与运行，现批准《火电厂烟气脱硝工程技术规范　选择性催化还原法》等三项标准为国家环境保护标准，并予发布。

标准名称、编号如下：

一、火电厂烟气脱硝工程技术规范　选择性催化还原法（HJ 562—2010）；

二、火电厂烟气脱硝工程技术规范　选择性非催化还原法（HJ 563—2010）；

三、生活垃圾填埋场渗滤液处理工程技术规范（试行）（HJ 564—2010）。

以上标准自 2010 年 4 月 1 日起实施，由中国环境科学出版社出版，标准内容可在环境保护部网站（bz.mep.gov.cn）查询。

特此公告。

2010 年 2 月 3 日

HJ

中华人民共和国国家环境保护标准

HJ 562—2010

火电厂烟气脱硝工程技术规范 选择性催化还原法

Engineering technical specification of flue gas selective catalytic reduction denitration for thermal power plant

2010-02-03 发布　　2010-04-01 实施

环　境　保　护　部　发布

前　言

为贯彻执行《中华人民共和国环境保护法》、《中华人民共和国大气污染防治法》和《火电厂大气污染物排放标准》，规范火电厂烟气脱硝工程建设，改善大气环境质量，制定本标准。

本标准规定了火电厂选择性催化还原法烟气脱硝工程的设计、施工、验收、运行和维护等技术要求。

本标准由环境保护部科技标准司组织制订。

本标准为首次发布。

本标准主要起草单位：中国环境保护产业协会、东南大学、北京市环境保护科学研究院、西安热工研究院有限公司、国网电力技术公司、北京博奇电力科技有限公司、北京国电龙源环保工程有限公司、清华同方环境有限责任公司、浙江天地环保工程有限公司。

本标准环境保护部 2010 年 2 月 3 日批准。

本标准自 2010 年 4 月 1 日起实施。

本标准由环境保护部解释。

火电厂烟气脱硝工程技术规范
选择性催化还原法

1．适用范围

本标准规定了火电厂选择性催化还原法烟气脱硝工程的设计、施工、验收、运行和维护等应遵循的技术要求，可作为环境影响评价、工程设计与施工、项目竣工环境保护验收及建成后运行与管理的技术依据。

本标准适用于机组容量为 200 MW 及以上火电厂燃煤、燃气、燃油锅炉同期建设或已建锅炉的烟气脱硝工程。机组容量 200 MW 以下的燃煤、燃气、燃油锅炉及其他工业锅炉、炉窑，同期建设或已建锅炉的烟气脱硝工程时，可参照执行。

2．规范性引用文件

本标准内容引用了下列文件中的条款。凡是不注日期的引用文件，其有效版本适用于本标准。

GB 150　钢制压力容器
GB 536　液体无水氨
GB 2440　尿素
GB 12348　工业企业厂界噪声排放标准
GB 12801　生产过程安全卫生要求总则
GB 14554　恶臭污染物排放标准
GB 18218　危险化学品重大危险源辨识
GB 50016　建筑设计防火规范
GB 50040　动力机器基础设计规范
GB 50160　石油化工企业设计防火规范
GB 50222　建筑内部装修设计防火规范
GB 50229　火力发电厂与变电站设计防火规范
GB 50351　储罐区防火堤设计规范
GBJ 87　工业企业噪声控制设计规范
GB/T 16157　固定污染源排气中颗粒物测定与气态污染物采样方法
GB/T 20801　压力管道规范 工业管道
GB/T 21509　燃煤烟气脱硝技术装备
GBZ 1　工业企业设计卫生标准
DL 5009.1　电力建设安全工作规程（火力发电厂部分）
DL 5053　火力发电厂劳动安全和工业卫生设计规程
DL/T 5032　火力发电厂总图运输设计技术规程
DL/T 5121　火力发电厂烟风煤粉管道设计技术规程

DL/T 5136　火力发电厂、变电所二次接线设计技术规程
DL/T 5153　火力发电厂厂用电设计技术规定
HJ/T 75　固定污染源烟气排放连续监测技术规范（试行）
HJ/T 76　固定污染源烟气排放连续监测系统技术要求及检测方法
HG/T 20649　化工企业总图运输设计规范
SH 3007　石油化工储运系统罐区设计规范
《危险化学品安全管理条例》（中华人民共和国国务院令　第 344 号）
《危险化学品生产储存建设项目安全审查办法》（国家安全生产监督管理局、国家煤矿安全监察局令　第 17 号）
《建设项目（工程）竣工验收办法》（计建设[1990]　1215 号）
《建设项目竣工环境保护验收管理办法》（国家环境保护总局令　第 13 号）

3．术语和定义

GB/T 21509 确立的以及下列术语和定义适用于本标准。

3.1 脱硝岛 denitrification island

包含为脱硝服务的建（构）筑物及控制系统在内的整套系统。

3.2 脱硝系统 denitrification system

采用物理或化学的方法脱除烟气中氮氧化物（NO_x）的系统，本标准中指选择性催化还原法脱硝系统。

3.3 选择性催化还原法 selective catalytic reduction（SCR）

利用还原剂在催化剂作用下有选择性地与烟气中的 NO_x 发生化学反应，生成氮气和水的方法。

3.4 还原剂 reductant

脱硝系统中用于与 NO_x 发生还原反应的物质及原料。

3.5 喷氨格栅 ammonia injection grid

将还原剂均匀喷入烟气中的装置。

3.6 静态混合器 static mixer

实现还原剂与烟气均匀混合的装置。

3.7 氨逃逸质量浓度 ammonia slip

SCR 反应器出口烟气中氨的质量与烟气体积（101.325 kPa、0℃，干基，过量空气系数 1.4）之比，一般用 mg/m^3 表示。

3.8 系统可用率 system availability

脱硝系统每年正常运行时间与锅炉每年总运行时间的百分比。按式（1）计算：

$$可用率=\frac{A-B}{A}\times100\% \tag{1}$$

式中：A——锅炉每年总运行时间，h；

B——脱硝系统每年总停运时间，h。

3.9 锅炉最大连续工况 boiler maximum continuous rating

锅炉最大连续蒸发量下的工况，简称 BMCR 工况。

3.10 锅炉经济运行工况 boiler economic continuous rating

锅炉经济蒸发量下的工况，对应于汽轮机机组热耗保证工况，简称 BECR 工况。

4．污染物与污染负荷

4.1 新建锅炉加装脱硝系统时，设计工况宜采用 BMCR 工况下的烟气量、NO_x 和烟尘浓度为设计值时的烟气参数；校核工况宜采用 BECR 工况下烟气量、NO_x 和烟尘浓度为最大值时的烟气参数。
4.2 已建锅炉加装脱硝系统时，其设计工况和校核工况宜根据脱硝系统入口处实测烟气参数确定，并考虑燃料的变化趋势。
4.3 烟气参数应按 GB/T 16157 进行测试。

5．总体要求

5.1 一般规定
5.1.1 脱硝岛的总体设计包括总平面布置、竖向布置、管线综合布置、绿化规划等，应与火电厂的总体设计相协调，并满足下列要求：

a）工艺流程合理，烟道短捷，满足防火、防爆、防毒的要求；
b）交通运输方便；
c）处理好脱硝系统与电厂设施、生产与生活、生产与施工之间的关系；
d）方便施工，有利于维护检修；
e）充分利用厂内公用设施；
f）节约用地，工程量小，运行费用低。

5.1.2 应装设符合 HJ/T 76 要求的烟气排放连续监测系统，并按照 HJ/T 75 的要求进行连续监测。
5.2 工程构成
5.2.1 工程主要包括还原剂系统、催化反应系统、公用系统和辅助系统。
5.2.2 还原剂系统包括还原剂储存、制备、供应等设备。
5.2.3 催化反应系统包括烟道、氨的喷射及混合装置、稀释空气装置、反应器、催化剂等。
5.2.4 公用系统包括蒸汽系统、废水排放系统、压缩空气系统等。
5.2.5 辅助系统包括电气系统、热工自动化系统、采暖及空气调节系统、烟气排放连续监测系统等。
5.3 总平面布置
5.3.1 一般规定
5.3.1.1 总平面布置应遵循的原则包括：设备运行稳定、管理维修方便、经济合理、安全卫生等。
5.3.1.2 总平面布置应考虑的因素包括：脱硝岛的平面竖向布置、污染物处理处置工艺单元的构筑物安排、综合管线的布置等。
5.3.1.3 架空管线、直埋管线与岛外沟道相接时，应在设计分界线处标明位置、标高、管径或沟道断面尺寸、坡度、坡向管沟名称、引向何处等。有汽车通过的架空管道净空高度为 5.0 m，室内管道支架梁底部通道处净空高度不低于 2.2 m。
5.3.2 还原剂区
5.3.2.1 还原剂区可布置于厂区内，也可布置于厂区外。新建电厂还原剂储存应纳入厂区总平面布置统筹规划，并宜考虑机组再扩建时的条件。还原剂区与其他建（构）筑物的距离应符合 GB 50160 的规定。
5.3.2.2 改、扩建电厂场地布置困难时，还原剂储存设施可布置在厂外，但选址要求应符合 DL/T 5032 及 HG/T 20649 中的有关规定。
5.3.2.3 采用液氨作为还原剂时，还原剂区应单独设置围栏，设明显警示标记，并应考虑疏散距离。
5.3.2.4 还原剂区地坪宜低于周围道路标高。

5.3.2.5 液氨储罐区宜设环形消防道路，场地困难时，可设尽头式道路，但应设回转场地，并符合 GB 50229 的规定。

5.3.2.6 还原剂区的设备宜室外布置，液氨储罐应设置防止阳光直射的遮阳棚，遮阳棚的结构应避免形成可集聚气体的死角。

5.3.2.7 还原剂区内场地应设水冲洗装置，在低处设截水沟集中排至废水坑。

5.3.2.8 还原剂区内电气柜小室电缆进线沟应进行隔离处理，防止泄漏的氨气进入电气柜小室。

5.3.2.9 当采用尿素作为还原剂时，绝热分解室或水解反应器可布置在还原剂区或就近布置在反应器区。

5.3.3 反应器区

5.3.3.1 反应器宜布置在省煤器与空气预热器之间，并靠近锅炉本体。

5.3.3.2 对新建或扩建机组，反应器宜垂直布置在空气预热器上方。

6．工艺设计

6.1 一般规定

6.1.1 脱硝系统应与锅炉负荷变化相匹配。

6.1.2 脱硝系统不得设置反应器旁路。

6.1.3 在催化剂最大装入量情况下的设计脱硝效率不得低于 80%。

6.1.4 氨逃逸质量浓度宜小于 2.5 mg/m^3。

6.1.5 SO_2/SO_3 转化率应不大于 1%。

6.1.6 系统可用率应不小于 98%，使用寿命和大修期应与发电机组相匹配。

6.1.7 脱硝系统应能在锅炉最低稳燃负荷和 BMCR 之间的任何工况之间持续安全运行，当锅炉最低稳燃负荷工况下烟气温度不能达到催化剂最低运行温度时，应从省煤器上游引部分高温烟气直接进入反应器以提高烟气温度。

6.1.8 脱硝系统的烟气压降宜小于 1 400 Pa，系统漏风率宜小于 0.4%。

6.2 脱硝系统流程

脱硝系统一般由还原剂系统、催化反应系统、公用系统、辅助系统等组成，流程见图 1。

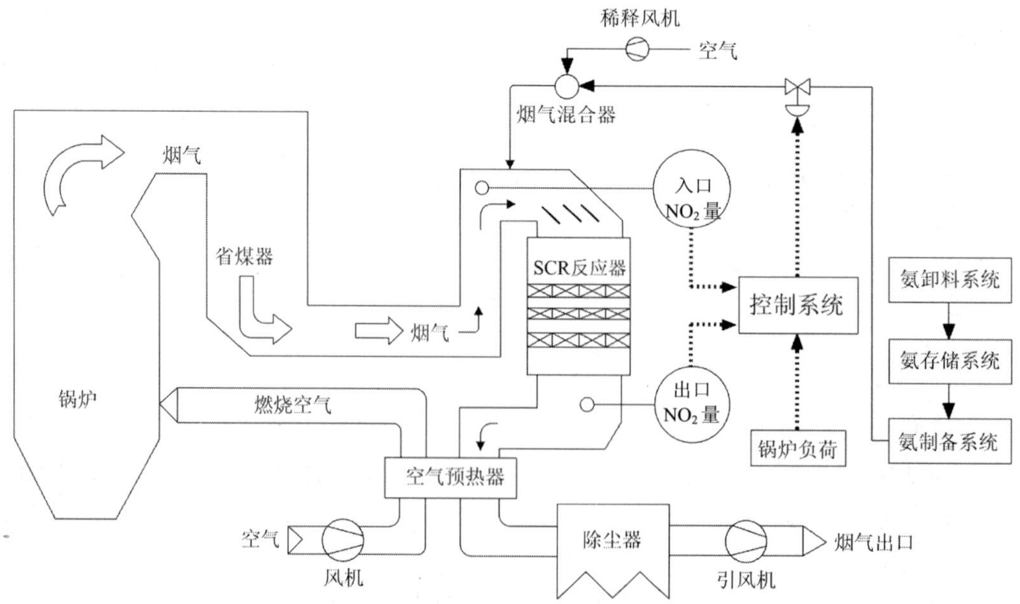

图 1 典型火电厂烟气 SCR 脱硝系统流程图

6.3 还原剂系统

6.3.1 一般规定

还原剂主要有液氨、尿素和氨水，其选择应按照项目环境影响评价文件、安全影响评价文件的批复确定。还原剂区内的压力容器的设计应符合 GB 150 的规定。

6.3.2 液氨还原剂

6.3.2.1 液氨应符合 GB 536 的要求。

6.3.2.2 液氨运输工具宜采用专用密封槽车。

6.3.2.3 液氨卸料可通过氨压缩机进行，在与槽车接口处宜设置与排放系统相连的管道，用于卸氨前后排出管道中的空气。

6.3.2.4 液氨槽车卸料应采用万向充装管道系统。

6.3.2.5 液氨储存和制备装置应符合 GB 536、GB 18218、《危险化学品安全管理条例》和《危险化学品生产储存建设项目安全审查办法》的有关规定。

6.3.2.6 在地上、半地下储罐或储罐组，应按 GB 50351 设置非燃烧、耐腐蚀材料的防火堤。

6.3.2.7 还原剂区应安装相应的气体泄漏检测报警装置、防雷防静电装置、相应的消防设施、储罐安全附件、急救设施设备和泄漏应急处理设备等。

6.3.2.8 液氨储罐容量宜按照全厂脱硝系统设计工况下连续运行 3～5 d（每天按 24 h 计）所需要的氨气用量来设计。

6.3.2.9 液氨储罐应布置在还原剂区边缘的一侧，并应在明火或者散发火花地点的全年最小频率风向的上风侧，其装卸站应靠近道路（或铁路）。

6.3.2.10 氨气制备和储存装置（液氨蒸发器）的出力应按设计工况下氨气消耗量的 120%设计。

6.3.2.11 还原剂区应有控制氨气二次污染的措施。

6.3.2.12 氨储存设备及运输管道上应有氮气输入管道。

6.3.2.13 还原剂区的设备宜采用气动执行机构。

6.3.3 尿素还原剂

6.3.3.1 尿素应符合 GB 2440 的要求。

6.3.3.2 尿素制氨系统有水解和热解两种方式，两种工艺的典型系统流程参见附录 A。

6.3.3.3 尿素制氨系统应能连续、稳定地供应脱硝运行所需要的氨气流量，并满足负荷波动对氨供应量调整的响应要求。

6.3.3.4 尿素颗粒储仓的容量宜按全厂脱硝系统设计工况下连续运行 3～5 d（每天按 24 h 计）所需要的氨气用量来设计。

6.3.3.5 由尿素颗粒储仓到尿素溶解罐的输送管路应设有关断装置和避免堵料的措施。

6.3.3.6 尿素溶解罐宜布置在室内，各设备间的连接管道应保温。

6.3.3.7 所有与尿素溶液接触的设备等材料宜采用不锈钢材质。

6.3.3.8 当采用尿素水解工艺制备氨气时，尿素水解反应器的出力宜按脱硝系统设计工况下氨气消耗量的 120%设计。

6.3.3.9 当采用热解工艺制备氨气时，每套反应器应设置 1 台绝热分解室，分解室进出口气体分配管道宜设置调节风门，分解室和计量分配装置应靠近反应器布置。

6.3.3.10 所有设备应采取冬天防冻、夏天防晒措施。

6.3.4 氨水还原剂

6.3.4.1 采用氨水作为还原剂时，宜采用质量分数为 20%～25%的氨水溶液。

6.3.4.2 氨水运输工具宜采用专用密封槽车。

6.3.4.3 氨水的卸料宜采用卸载泵。

6.3.4.4 所有与氨水溶液接触的设备、管道和其他部件宜采用不锈钢制造。

6.3.4.5 氨和空气的混合气体的温度应高于水冷凝温度。

6.3.5 管道

6.3.5.1 氨输送用管道应符合 GB/T 20801 的有关规定，所有可能与氨接触的管道、管件、阀门等部件均应严格禁铜。液氨管道上应设置安全阀，其设计应符合 SH 3007 的有关规定。

6.3.5.2 所有与尿素溶液的接触泵和输送管道等材料宜采用不锈钢材质。

6.3.5.3 所有管道应充分考虑冬季防寒、防冻的措施，防止各输液管道冰冻。

6.4 反应器系统

6.4.1 反应器和烟道

6.4.1.1 反应器本体为全钢焊接结构，宜采用与锅炉本体相同的封闭方式，其外壁应保温。露天布置时，保温层应采取防雨设施。

6.4.1.2 反应器和烟道的设计压力应符合 DL/T 5121 的规定，反应器和烟道设计温度按锅炉 BMCR 工况下燃用设计或校核煤质的最高工作温度取值。

6.4.1.3 反应器内催化剂迎面平均烟气流速的设计应满足催化剂的性能要求，一般取 4～6 m/s。

6.4.1.4 反应器平面尺寸应根据烟气流速确定，并根据催化剂模块大小及布置方式进行调整。反应器有效高度应根据模块高度、模块层数、层间净高、吹灰装置、烟气整流格栅、催化剂备用层高度等情况综合考虑决定。

6.4.1.5 反应器入口段应设导流板，出口应设收缩段，其倾斜角度应能避免该处积灰。

6.4.1.6 在反应器侧壁对应催化剂部位应设置催化剂装载门和人孔。

6.4.1.7 反应器内催化剂的支架应可兼作催化剂安装时的滑行导轨，并与安装或更换催化剂模块的专用工具相匹配。

6.4.1.8 反应器本体可采用整体悬挂方式或支撑方式。如采用支撑方式，则应充分考虑反应器本体内部结构的温差应力、支架热胀引起的对承重钢架的水平推力等影响。

6.4.1.9 反应器区应设检修起吊装置，起吊高度应满足炉后地坪至反应器最上层催化剂进口的起吊要求，起吊重量按催化剂模块重量确定。

6.4.1.10 反应器本体外周应设平台作为人行通道，平台可采用格栅或花纹钢板两种形式；采用格栅平台时活载荷取 2 kN/m^2，采用花纹钢板时，应视情况考虑雪载荷和飞灰沉积载荷；如催化剂在平台上移动，应考虑催化剂重量。

6.4.2 催化剂

6.4.2.1 催化剂选型前应收集附录 B 中规定的参数。

6.4.2.2 反应器内承装的催化剂可选择蜂窝式、板式、波纹式或其他形式。催化剂形式、催化剂中各活性成分含量以及催化剂用量一般应根据具体烟气工况、灰质特性和脱硝效率确定。

6.4.2.3 催化剂应制成模块，各层模块应规格统一、具有互换性，且应采用钢结构框架，并便于运输、安装和起吊。

6.4.2.4 催化剂模块应设计有效防止烟气短路的密封，密封的寿命不低于催化剂的寿命。

6.4.2.5 每一层催化剂均应设置可拆卸的催化剂测试元件。

6.4.2.6 失效催化剂可采用再生或无害化处理，处理方式参见附录 C。

6.4.3 稀释系统

6.4.3.1 稀释空气量应按设计和校核工况中的较大耗氨量、稀释后混合气体中氨气的体积浓度不高于 5%进行设计。

6.4.3.2 稀释空气可由一次送风机的出口或空气预热器出口一次风引出，也可通过设计专用稀释风机提供。

6.4.3.3 当采用稀释风机时，稀释风机按两台 100%容量（一用一备）或三台 50%（两用一备）设置。稀释风机流量应在设计计算基础上考虑 10%裕量，压头应在管路阻力计算基础上考虑 20%裕量。

6.4.3.4 稀释风道内介质流速按 8～15 m/s 设计，在喷氨点下游宜装设静态混合器或采用其他增强混合的方式。

6.4.3.5 氨气入口管道上宜设置阻火器。

6.4.4 混合气体喷射系统

6.4.4.1 混合气体喷射系统可采用喷氨格栅或静态混合器。

6.4.4.2 混合气体一般以分区方式喷入烟气，每个区域系统应具有均匀稳定的流量特性，并具有独立的流量控制和测量手段。

6.4.4.3 混合气体喷射系统及反应器的设计应通过数值模拟和物模试验进行验证。

6.4.4.4 混合气体喷射系统主管道上的流量调节阀材料应满足设计条件。

6.4.4.5 喷氨格栅应设计防止被固体灰分堵塞的措施和防磨措施。

6.4.4.6 最低喷氨温度应根据烟气条件确定，并不低于催化剂要求的最低运行温度。

6.4.5 吹灰及除灰

6.4.5.1 在反应器入口宜设置灰斗，灰斗可与省煤器灰斗合并考虑。

6.4.5.2 反应器内部吹灰方式可采用蒸汽吹灰或声波吹灰等方式。

6.4.5.3 应根据反应器出口烟道布置情况、烟气中飞灰浓度、煤粉细度等因素，判断反应器出口烟道是否可能积灰，如可能积灰，则应设置除灰系统，并与锅炉的主除灰方式一致。

6.4.6 空气预热器

6.4.6.1 空气预热器应考虑防腐，对回转式空气预热器中低温段换热元件应采用防腐蚀的涂搪瓷处理，对新建机组预留脱硝装置，应考虑低温段换热元件的改造空间和载荷。

6.4.6.2 当稀释空气由一次风系统提供时，对新建锅炉，应将所需的稀释空气量计入一次风量内；对已建锅炉，则应核算空气预热器一次风量，如不足则应增设稀释风机。

6.4.6.3 当采用回转式空气预热器时，吹灰应采用蒸汽及高压水双介质吹灰器。蒸汽吹灰系统作在线吹灰用时，汽源压力 1.0 MPa，温度 350℃左右；高压水吹灰系统作低负荷或离线冲洗用时，可采用小流量高扬程的吹灰水泵。

6.4.7 引风机

对新建锅炉，引风机选型时应考虑反应器及新增烟道的烟气阻力；对已建锅炉，应根据运行参数核算引风机压头裕量，必要时应对引风机进行更换或改造。

6.4.8 锅炉

对新建锅炉，设计应充分考虑加设脱硝后增加的阻力，并应预留接口和基础载荷；对改造锅炉，应对脱硝传递的载荷进行锅炉钢构架的核算。

6.5 公用系统

6.5.1 蒸汽系统

6.5.1.1 蒸汽主要用于液氨蒸发器的加热和蒸汽吹灰等。

6.5.1.2 蒸汽宜取自电厂的厂用蒸汽系统。

6.5.1.3 蒸汽耗量宜综合考虑蒸发器还原剂加热、反应器蒸汽吹灰以及必要的热损失等确定额定耗量。

6.5.2 废水系统

在卸氨后的设备及管道清理、事故或长期停机状态下，氨储罐及管道中的氨气应排放至氨气吸收槽，用水稀释后排入厂区内废水处理系统集中处理。

6.5.3 压缩空气系统

6.5.3.1 检修用压缩空气应满足下列要求：

a）含尘粒径＜1 μm；

b）含尘量＜1 mg/m^3；

c）含油量＜1 mg/m^3；

d）水压力露点≤–20℃（0.7 MPa）。

6.5.3.2 仪用压缩空气应满足下列要求：

a）含尘粒径＜1 μm；

b）含尘量＜1 mg/m^3；

c）含油量＜1 mg/m^3；

d）水压力露点≤–20℃（0.7 MPa）。

6.6 二次污染控制措施

6.6.1 脱硝工程设计应考虑二次污染的控制措施，废水及其他污染物的防治，应执行国家及地方现行环境保护法规和标准的有关规定。

6.6.2 脱硝系统应采取控制氨气泄漏的措施，厂界氨气的浓度应符合 GB 14554 的要求。

6.6.3 脱硝岛应采取有效的隔声、消声、绿化等降低噪声的措施，噪声和振动控制的设计应符合 GBJ 87 和 GB 50040 的规定，厂界噪声应符合 GB 12348 的要求。

6.7 突发事故应急措施

6.7.1 液氨储存与供应区域应设置完善的消防系统、洗眼器及防毒面罩等。

6.7.2 氨站应设防晒及喷淋措施，喷淋设施应考虑工程所在地冬季气温因素。

7. 主要工艺设备和材料

7.1 主要工艺设备的选择和性能要求见本标准第 6 章；主要材料应与燃煤锅炉常用材料一致，材料的选择应满足脱硝系统的工艺要求。

7.2 对于接触腐蚀性介质的部位，应采用防腐材料或做防腐处理。

7.3 当承压部件为金属材料并内衬非金属防腐材料时，应保证非金属材料与金属材料之间的黏结强度，且承压部件的自身设计应确保非金属材料能够长期稳定地黏结在基材上。

7.4 金属材料宜以碳钢材料为主。对金属材料表面可能接触腐蚀性介质的区域，应根据脱硝工艺不同部位的实际情况，衬抗腐蚀性和磨损性强的非金属材料。

7.5 脱硝系统主要设备用材的选定可参考表 1。

表 1 脱硝系统主要设备用材的选定

编号	名称	内部介质	压力条件	温度条件	注意事项	使用部位	用材
1	反应器	烟气	反应器设计压力——大气压	环境温度——反应器设计温度	—	脱硝反应器及其附属部材、烟道	一般构造用轧钢钢材
2	氨气管道	氨气、氨和空气混合气体	0.6～2.5 MPa	环境温度大约600℃	防漏；耐压强度	氨气注入管及氨和空气混合气体管道	压力管道用碳素钢钢管、热轧不锈钢钢板及钢带
3	一般管道	空气	0.2 MPa	环境温度		稀释风机进出口烟道、氨气稀释空气管道	碳素钢钢管
4	压力管道	蒸汽	2 MPa	大约 350℃	耐压强度	蒸汽管道	碳素钢钢管
5	支撑构造物	空气	—	环境温度	—	支撑钢架、平台等	一般构造用轧钢钢材、一般构造用碳素钢钢管
6	催化剂模块外壳	烟气	—	环境温度——反应器设计温度	—	反应器内	一般构造用轧钢钢材、一般构造用碳素钢钢管

8．检测与过程控制

8.1 热工自动化

8.1.1 脱硝系统应集中监控，实现脱硝系统启动、正常运行工况的监视和调整、停机和事故处理。

8.1.2 脱硝系统在启、停、运行及事故处理情况下均不得影响机组正常运行。

8.1.3 脱硝系统宜采用分散控制系统（DCS）或可编程逻辑控制器（PLC），其功能包括数据采集和处理（DAS）、模拟量控制（MCS）、顺序控制（SCS）及联锁保护、厂用电源系统监控等。

8.2 热工检测及自动调节系统

8.2.1 反应器入口烟气连续检测装置至少应包含以下测量项目：烟气流量、NO_x浓度（以NO_2计）、烟气含氧量。

8.2.2 反应器出口烟气连续检测装置至少应包含以下测量项目：NO_x浓度（以NO_2计）、烟气含氧量、氨逃逸质量浓度。

8.2.3 应设置满足正常运行、监视、调节、保护及经济运算的各类远传和就地仪表。

8.2.4 还原剂区宜设置工业电视监视探头，并纳入全厂工业电视监视系统。

8.3 热工保护、报警及联锁

8.3.1 保护系统指令应具有最高优先级，事件记录功能应能进行保护动作原因分析。

8.3.2 重要热工测量项目仪表应双重或三重化冗余设置。

8.3.3 当采用液氨作为还原剂时，还原剂区控制和监测设备应采用防腐防爆选型，并严格禁铜。

8.4 控制系统

8.4.1 脱硝系统与机组同步建设时，宜将脱硝反应区的控制纳入机组单元控制系统，不再单独设置脱硝控制室。

8.4.2 已建锅炉增设脱硝系统时，可两台炉合用一个脱硝控制室。如条件具备，宜将脱硝反应区的控制纳入已经建成的机组单元控制系统，以达到与机组统一监视或控制。

8.4.3 脱硝还原剂区宜单独设置控制室，采用与机组单元控制系统或辅控 PLC 相同的硬件设备或纳入机组单元控制系统或辅控 PLC。重要的联锁或监视信号应通过硬接线或光缆通信方式与脱硝反应区控制系统或机组单元控制系统进行交换。脱硝还原剂区的卸氨系统可设置就地控制盘，便于现场操作。

9．辅助系统

9.1 电气系统

9.1.1 供电系统

9.1.1.1 脱硝系统低压厂用电电压等级应与厂内主体工程一致。

9.1.1.2 脱硝系统厂用电系统中性点接地方式应与厂内主体工程一致。

9.1.1.3 反应器区工作电源宜并入单元机组锅炉马达控制中心（MCC）段，不单独设低压脱硝变压器及脱硝 MCC。还原剂区宜单独设 MCC，其电源宜引自厂区公用电源系统，采用双电源进线。

9.1.1.4 除满足上述要求外，其余均应符合 DL/T 5153 中的有关规定。

9.1.2 直流系统

9.1.2.1 脱硝系统控制电源宜采用交流电源控制，当直流电源引接方便时，也可以考虑采用直流电源。

9.1.2.2 新建锅炉同期建设脱硝系统时，脱硝系统直流负荷宜由机组直流系统供电。当脱硝系统布置离主厂房较远时，也可设置脱硝直流系统。

9.1.2.3 已建锅炉加装脱硝系统时，可由机组直流系统向脱硝系统直流负荷供电，当机组直流系统容量不能满足脱硝系统要求时，可装设独立直流系统向脱硝系统直流负荷供电。

9.1.3 交流保安电源和不间断电源（UPS）

9.1.3.1 新建锅炉同期建设脱硝系统时，脱硝系统交流不停电负荷宜由机组不间断电源（UPS）供电。当脱硝系统布置离主厂房较远时，也可单独设置 UPS。

9.1.3.2 已建锅炉加装脱硝系统时，宜单独设置 UPS 向脱硝系统不停电负荷供电。

9.1.3.3 UPS 宜采用静态逆变装置，其他要求应符合 DL/T 5136 中的有关规定。

9.1.4 二次线

9.1.4.1 脱硝电气系统二次控制宜设置在机组单元控制室，如设置有独立的脱硝控制室，也可以在脱硝控制室控制。

9.1.4.2 脱硝电气系统控制水平应与全厂电气系统的控制水平协调一致。

9.1.4.3 其他二次线要求应符合 DL/T 5136 和 DL/T 5153 的规定。

9.2 建筑及结构

9.2.1 反应器支撑框架结构根据现场条件可采用混凝土或钢结构形式。

9.2.2 还原剂区的设备及容器直接安装于地面，大型储罐的操作平台采用钢结构，平台面及扶梯踏步宜使用格栅结构。

9.3 采暖及空气调节

9.3.1 采暖

9.3.1.1 还原剂区小型控制室采暖区可纳入全厂集中供暖系统，过渡区及非采暖区可安装普通空调。

9.3.1.2 脱硝岛区域建筑物的采暖应与其他建筑物一致。当厂区设有集中采暖系统时，采暖热源宜由厂区采暖系统提供。

9.3.1.3 脱硝岛区域建筑物的采暖应选用不易积尘的散热器供暖，当散热器布置上有困难时，可设置暖风机。

9.3.2 空气调节

9.3.2.1 脱硝岛内控制室和电子设备间应设置空气调节装置，室内设计参数应根据设备要求确定。

9.3.2.2 在寒冷地区，通风系统的进、排风口宜考虑防寒措施。

9.3.2.3 通风系统的进风口宜设在清洁干燥处，电缆夹层不得作为通风系统的吸风地点。在风沙较大地区，通风系统应考虑防风沙措施；在粉尘较大地区，通风系统应考虑防尘措施。

9.4 消防系统

9.4.1 还原剂区消防应符合 GB 50160 及 GB 50229 的要求。

9.4.2 对新建电厂，还原剂区消防系统应纳入电厂消防系统，其消防用水均由电厂的消防水系统提供。对设置于厂区外的还原剂区，可设置独立的消防系统，其报警信号除送就地控制室外，还应送电厂集控室火灾报警监视盘。

9.4.3 控制室内应设置报警信号显示屏。

10．劳动安全与职业卫生

10.1 脱硝岛设计应遵守劳动安全和职业卫生的有关规定，采取各种防治措施，保护人身的安全和健康，并应遵守 DL 5009.1 和 DL 5053 及其他有关强制性标准的规定。

10.2 应根据《危险化学品安全管理条例》配备应急救援人员和必要应急救援器材、设备。

10.3 脱硝岛的防火、防爆设计应符合 GB 50016、GB 50222 和 GB 50229 等有关标准的规定。

10.4 脱硝岛室内防泄漏、防噪声与振动、防电磁辐射、防暑与防寒等要求应符合 GBZ 1 的规定。

10.5 在易发生液氨或者氨气泄漏的区域应设置必要的检测设备和水喷雾系统。

10.6 应尽可能采用噪声低的设备，对于噪声较高的设备，应采取减振消声措施，尽量将噪声源和操作人员隔开。工艺允许远距离控制的，可设置隔声操作（控制）室。

11．施工与验收

11.1 施工

11.1.1 脱硝工程的施工应符合国家和行业施工程序及管理文件的要求。

11.1.2 脱硝工程应按设计文件进行施工，对工程的变更应取得设计单位的设计变更文件后再进行施工。

11.1.3 脱硝工程施工中使用的设备、材料、器件等应符合相关的国家标准，并应取得供货商的产品合格证后方可使用。

11.1.4 施工单位应遵守国家有关部门颁布的劳动安全及卫生、消防等国家强制性标准及相关的施工技术规范。

11.2 验收

11.2.1 工程验收

11.2.1.1 脱硝工程验收应按《建设项目（工程）竣工验收办法》、相应专业现行验收规范和本标准的有关规定进行。工程竣工验收前，严禁投入生产性使用。

11.2.1.2 脱硝工程中选用国外引进的设备、材料、器件应具有供货商提供的技术规范、合同规定及商检文件，并应符合我国现行国家或行业标准的有关要求。

11.2.1.3 工程安装、施工完成后应进行调试前的启动验收，启动验收合格和对在线仪表进行校验后方可进行分项调试和整体调试。

11.2.1.4 通过脱硝系统整体调试，各系统运转正常，技术指标达到设计和合同要求后，方可进行启动试运行。

11.2.2 竣工环境保护验收

11.2.2.1 脱硝工程竣工环境保护验收应按《建设项目竣工环境保护验收管理办法》的规定进行。

11.2.2.2 脱硝工程在生产试运行期间还应对脱硝系统进行性能试验，性能试验报告可作为竣工环境保护验收的技术支持文件。

11.2.2.3 脱硝系统性能试验包括：功能试验、技术性能试验、设备试验和材料试验。其中，技术性能试验至少应包括以下项目：

a）脱硝效率；

b）氨逃逸质量浓度；

c）烟气系统压力降；

d）烟气系统温降；

e）耗电量；

f）SO_2/SO_3 转化率；

g）系统漏风率。

11.2.2.4 脱硝系统技术性能试验应在系统（包括催化剂）设计条件下进行测试，如果在设计条件允许的偏差范围内，相关试验应根据系统（包括催化剂）供方提供的性能修正曲线加以修正，修正曲线至少包括 SO_2/SO_3 转化率与烟气温度的关系、SO_2/SO_3 转化率与烟气流量的关系、脱硝效率（氨耗量）与入口 NO_x 浓度的关系等，修正曲线示例参见附录 D。

12. 运行与维护

12.1 一般规定

12.1.1 脱硝系统的运行、维护及安全管理除应执行本规范外，还应符合国家现行有关强制性标准的规定。

12.1.2 未经当地环境保护行政主管部门批准，不得停止运行脱硝系统。由于紧急事故或故障造成脱硝系统停止运行时，应立即报告当地环境保护行政主管部门。

12.1.3 脱硝系统应根据工艺要求定期对各类设备、电气、自控仪表及建（构）筑物进行检查维护，确保装置稳定可靠地运行。

12.1.4 应建立健全与脱硝系统运行维护相关的各项管理制度，以及运行、操作和维护规程；建立脱硝系统、主要设备运行状况的记录制度。

12.1.5 劳动安全和职业卫生设施应与脱硝系统同时建成运行，脱硝系统的安全管理应符合 GB 12801 中的有关规定。

12.1.6 采用液氨作为还原剂时，应根据《危险化学品安全管理条例》的规定建立本单位事故应急救援预案，配备应急救援人员和必要应急救援器材、设备，并定期组织演练。

12.2 人员与运行管理

12.2.1 脱硝系统的运行管理既可成为独立的脱硝车间也可纳入锅炉或除灰车间的管理范畴。

12.2.2 脱硝系统的运行人员宜单独配置。当需要整体管理时，也可以与机组合并配置运行人员，但至少应设置 1 名专职的脱硝技术管理人员。

12.2.3 应对脱硝系统的管理和运行人员进行定期培训，使管理和运行人员系统掌握脱硝设备及其他附属设施正常运行的具体操作和应急情况的处理措施。运行操作人员，上岗前还应进行以下内容的专业培训：

a）启动前的检查和启动要求的条件；

b）设备的正常运行，包括设备的启动和关闭；

c）控制、报警和指示系统的运行和检查，必要时的纠正操作；

d）最佳的运行温度、压力、脱硝效率的控制和调节，保持设备良好运行的条件；

e）设备运行故障的发现、检查和排除；

f）事故或紧急状态下时的操作和事故处理；

g）设备日常和定期维护；

h）设备运行及维护记录，以及其他事件的报告的编写。

12.2.4 脱硝系统运行状况、设施维护和生产活动的内容包括：

a）系统启动、停止时间；

b）还原剂进厂质量分析数据，进厂数量，进厂时间；

c）系统运行工艺控制参数记录，至少应包括：还原剂区各设备的压力、温度、氨的泄漏值，烟气参数、催化剂层间压降、NO_x 浓度、催化剂参数等，可参见附录 E；

d）主要设备的运行和维修情况的记录；

e）烟气排放连续监测数据、失效催化剂处置情况的记录；

f）生产事故及处置情况的记录；

g）定期检测、评价及评估情况的记录等。

12.2.5 运行人员应按照规定坚持做好交接班制度和巡视制度，特别是对于液氨卸车、储存、蒸发过程的监督与配合，防止和纠正装卸过程中产生泄漏对环境造成的污染。

12.3 维护保养

12.3.1 脱硝系统的维护保养应纳入全厂的维护保养计划中，检修时间间隔宜与锅炉同步进行。

12.3.2 应根据脱硝系统技术负责方提供的系统、设备等资料制定详细的维护保养规定。

12.3.3 维修人员应根据维护保养规定定期检查、更换或维修必要的部件。

12.3.4 维修人员应做好维护保养记录。

附录 A
（资料性附录）
尿素制氨系统典型系统流程

A.1 采用尿素作为还原剂的制氨系统有水解和热解两种方式：

a）尿素水解制氨系统包括：尿素颗粒储仓、尿素计量罐、尿素溶解罐、尿素溶液泵、尿素溶液储罐、供液泵、水解反应器、缓冲罐、蒸汽加热器及疏水回收装置等；

b）尿素热解制氨系统包括：尿素颗粒储仓、尿素计量罐、尿素溶解罐、尿素溶液泵、尿素溶液储罐、供液泵、热解器、缓冲罐、加热器等。

A.2 尿素水解制氨气的典型系统流程包括：

a）运送至现场的颗粒尿素送入尿素颗粒储仓，经尿素计量罐加入尿素溶解罐中的工艺冷凝水（或按比例补充的新鲜除盐水）中充分溶解，以配制一定浓度的尿素溶液。溶解罐中工艺冷凝水（或除盐水）通过蒸汽加热维持在 40℃左右，溶解罐设置有搅拌器。溶解罐中的尿素溶液通过尿素溶液泵送入尿素溶液储罐中；

b）供给泵将尿素溶液储罐中的尿素溶液送入水解反应器；

c）尿素溶液在水解反应器中通过蒸汽加热后产生水解，转化为氨气和二氧化碳，水解后的残留液体尽可能回收至系统设备中重复利用，以减少系统热损失。水解反应器的设计应保证溶液有足够的停留时间，加热蒸汽一般由汽机抽汽作为汽源；

d）尿素水解后生成的氨气/二氧化碳进入缓冲罐，再由缓冲罐送至氨和空气混合器中与稀释空气混合后供应至锅炉 SCR 氨喷射系统，氨气供应管道加装电动流量调节阀门，以控制氨气供应量。

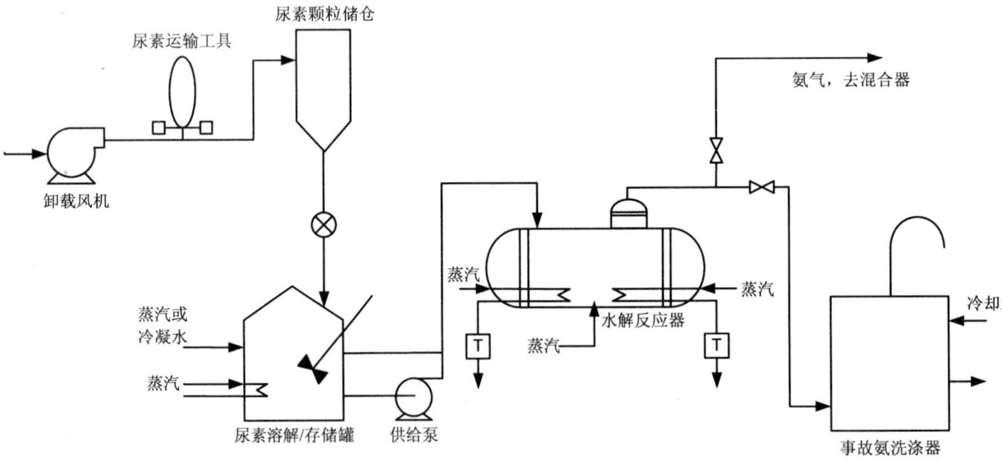

图 A.1 典型尿素水解制氨气系统流程图

A.3 尿素热解制氨气的典型系统流程包括：

a）尿素粉末储存于储仓，由螺旋给料机输送到溶解罐里，用除盐水将固体尿素溶解成 40%～50%（质量分数）的尿素溶液，通过尿素溶液给料泵输送到尿素溶液储罐；

b）尿素溶液经由供液泵、计量与分配装置、雾化喷嘴等进入绝热分解室，稀释空气经燃料加热后也进入分解室，雾化后的尿素液滴在绝热分解室内分解；

c）经稀释风降温后的分解产物温度为260～350℃，经由氨喷射系统进入SCR反应器。

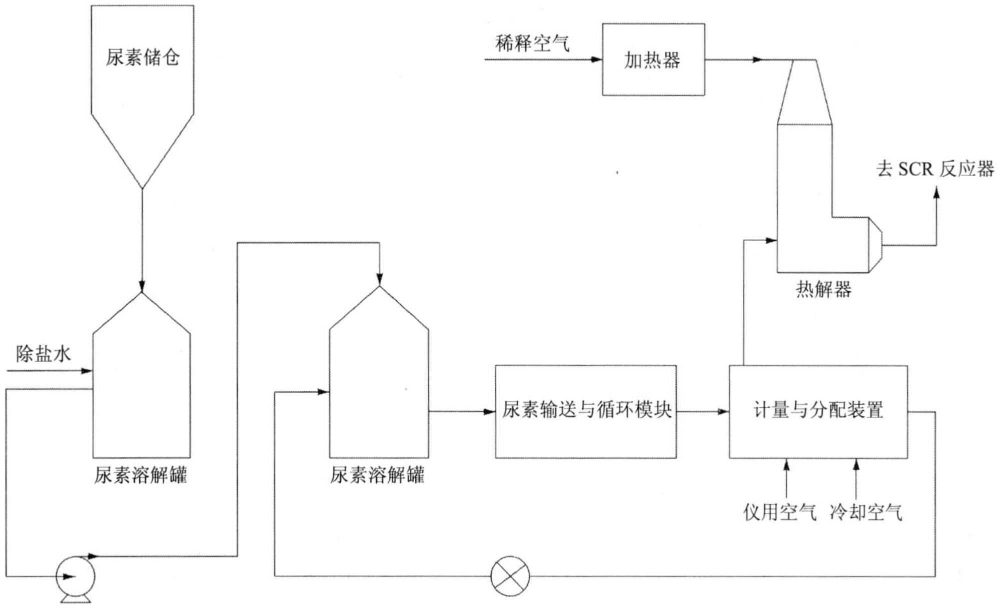

图A.2　典型尿素热解制氨气系统流程图

附录 B
（资料性附录）
催化剂设计选型的基础数据

B.1 煤种的工业分析和元素分析

B.1.1 煤种的其他常量和微量元素分析，包括：

a）Na 含量，%；

b）K 含量，%；

c）As 含量，%；

d）Cl 含量，%；

e）F 含量，%。

B.1.2 飞灰粒径分布。

B.1.3 飞灰的矿物质成分分析，包括：

a）SiO_2 含量，%；

b）Al_2O_3 含量，%；

c）Fe_2O_3 含量，%；

d）CaO 含量，%；

e）游离 CaO 含量，%；

f）MgO 含量，%；

g）TiO_2 含量，%；

h）MnO 含量，%；

i）V_2O_5 含量，%；

j）Na_2O 含量，%；

k）K_2O 含量，%；

l）P_2O_5 含量，%；

m）SO_3 含量，%；

n）烧失量，%；

o）未燃尽碳含量，%。

B.1.4 烟气体积流量（101.325 kPa、0℃，湿基或干基），单位为 m^3/h。

B.1.5 烟气温度范围，单位为℃。

B.1.6 烟气中飞灰含量（101.325 kPa、0℃，干基，过剩空气系数 1.4），单位为 g/m^3 或 mg/m^3。

B.1.7 烟气组分分析，包括：

a）H_2O 含量（101.325 kPa、0℃），%；

b）O_2 含量（101.325 kPa、0℃，干基），%；

c）CO_2 含量（101.325 kPa、0℃，干基），%；

d）N_2 含量（101.325 kPa、0℃，干基），%；

e）NO_x 含量（101.325 kPa、0℃，干基，过剩空气系数 1.4），mg/m^3；

f）SO_2 含量（101.325 kPa、0℃，干基，过剩空气系数 1.4），mg/m^3；

g）SO_3 含量（101.325 kPa、0℃，干基，过剩空气系数 1.4），mg/m^3；

h）HCl 含量（101.325 kPa、0℃，干基，过剩空气系数 1.4），mg/m^3；

i）HF 含量（101.325 kPa、0℃，干基，过剩空气系数 1.4），mg/m^3；

j）CO 含量（101.325 kPa、0℃，干基，过剩空气系数 1.4），mg/m^3。

B.2 催化剂设计的其他数据

在 SCR 烟气脱硝工程项目前期，还应尽量提供有助于催化剂设计的相关数据，如主体工程每年在各种负荷工况下的预计运行时间等。如果项目中应用到多种燃料，催化剂设计选型的技术数据还应包括各种燃料所适用的比例。

附录 C
（资料性附录）
失效催化剂的处理方式

C.1 催化剂再生

C.1.1 催化剂的再生是将失活催化剂通过浸泡洗涤、添加活性组分以及烘干的程序使催化剂恢复大部分活性。催化剂再生的方法可分为在线清理法和振动法。

a）在线清理法是指在 SCR 反应塔内进行清灰，清除硫酸氢氨等比较容易清除的物质。这种方法简便易行，费用较低，但仅适合于失活不严重的情况，只能恢复很少的催化剂活性。

b）振动法是把催化剂模块从 SCR 反应塔中拆除，放进专用的振动设备中，可以清除大部分堵塞物，如硫酸氢氨、其他可溶性物质以及爆米花灰等。在振动设备中采用专用的化学清洗剂，从而产生废水，废水成分和空预器清洗水相似，可以排入电厂废水处理系统。

C.1.2 再生方案的确定宜根据工期、现场场地、再生费用、再生和新买催化剂的技术经济比较进行综合评估后确定。

C.2 催化剂无害化处理

C.2.1 催化剂的主要成分是 TiO_2、V_2O_5、WO_3、MoO_3 等，其中 TiO_2 属于无毒物质，V_2O_5 为微毒物质，属于吸入有害；MoO_3 也为微毒物质，长期吸入或者吞服有严重危害，对眼睛和呼吸系统有刺激。因此，在催化剂使用和废弃处理过程中，如果措施得当，不会造成危害。

C.2.2 在正常情况下，SCR 催化剂性状稳定，不会发生分解。在催化剂处理过程中，要防止粉末的产生和浸水；在接触催化剂时，要戴手套；在催化剂粉碎过程中，要戴口罩。在正常情况下，催化剂性状稳定，不会发生分解。迄今为止尚未发现由于催化剂产生伤害的报告。

C.2.3 虽然催化剂自身属于微毒物质，但是在其使用过程中烟气中的重金属可能在催化剂内聚集，这种情况下，使用后失效的 SCR 催化剂应作为危险物品来处理。

C.2.4 对于蜂窝式 SCR 催化剂，一般的处理方式是把催化剂压碎后进行填埋。填埋按照微毒化学物质的处理要求，在填埋坑底部铺设塑料薄膜。板式催化剂除了采用压碎填埋的方式外，由于催化剂内含有不锈钢基材，并且催化剂活性物质中有 Ti、Mo、V 等金属物质，因此可以送至金属冶炼厂进行回用，见图 C.1。

C.2.5 催化剂废弃处理的第三种方式是将催化剂压碎后装入混凝土容器内然后填埋。该处理方式由于其成本相对较高，因此一般情况下不采用。只有在燃煤中重金属含量较多，在脱硝装置的运行过程中聚集在催化剂内，并且达到了一定的浓度，或者在某些特殊地区有明确的要求的情况下，才采用该方式处理。

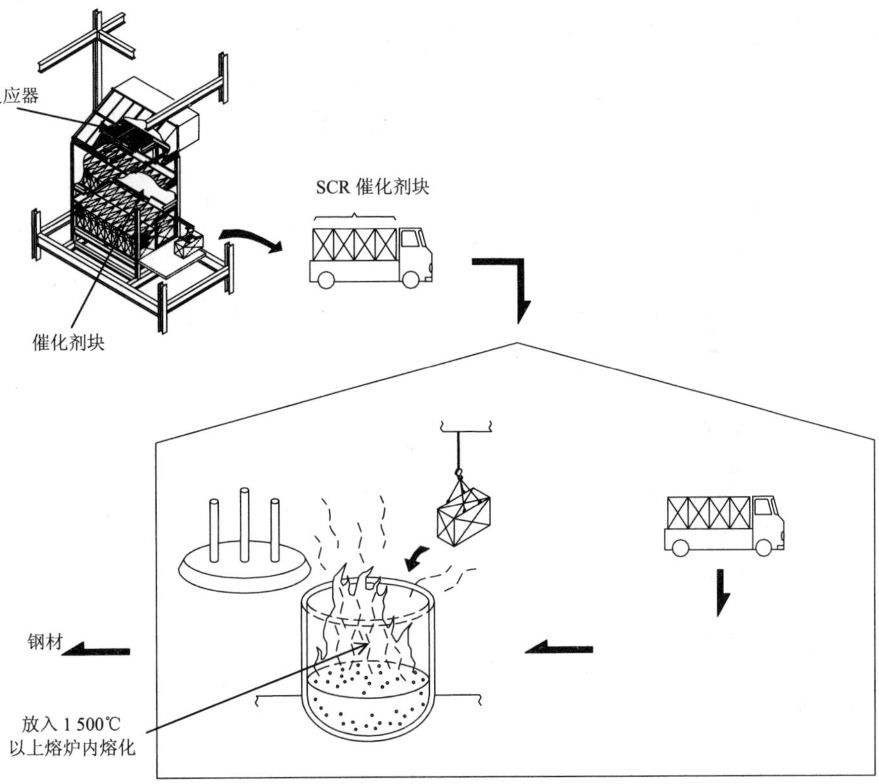

图 C.1 催化剂无害化处理过程

附录 D
（资料性附录）
性能修正曲线示例

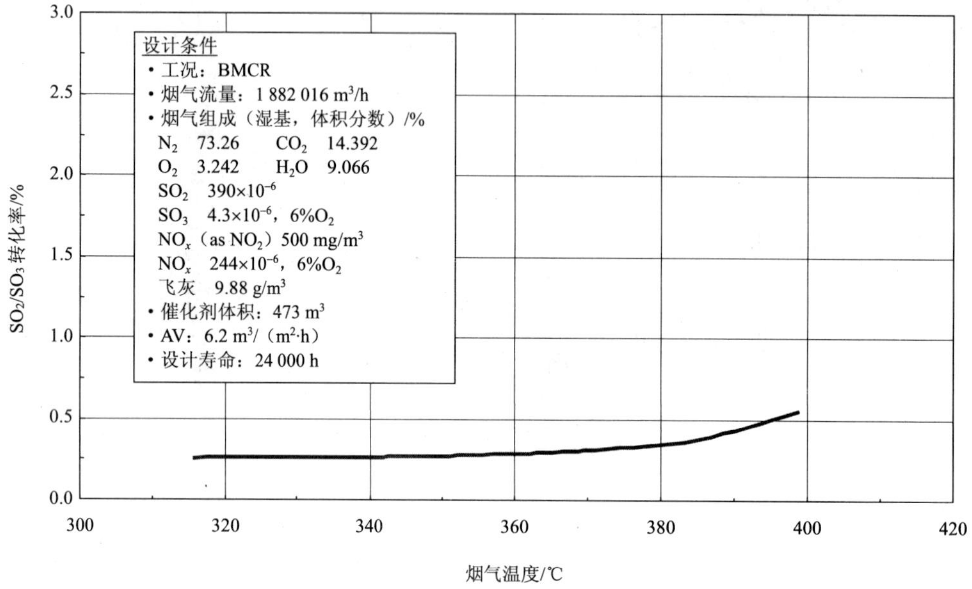

图 D.1 SO_2/SO_3 转化率与烟气温度的关系

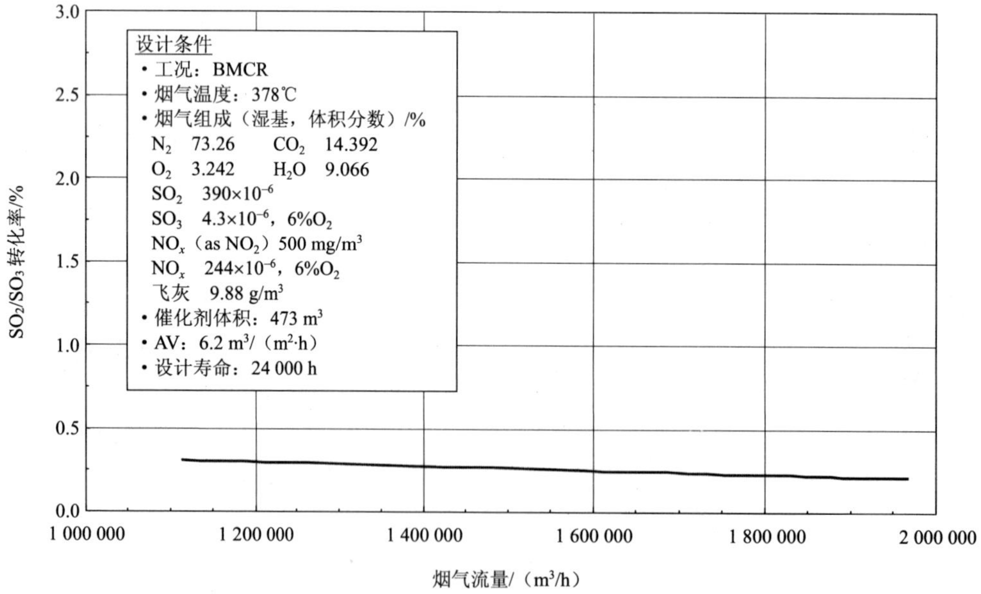

图 D.2 SO_2/SO_3 转化率与烟气流量的关系

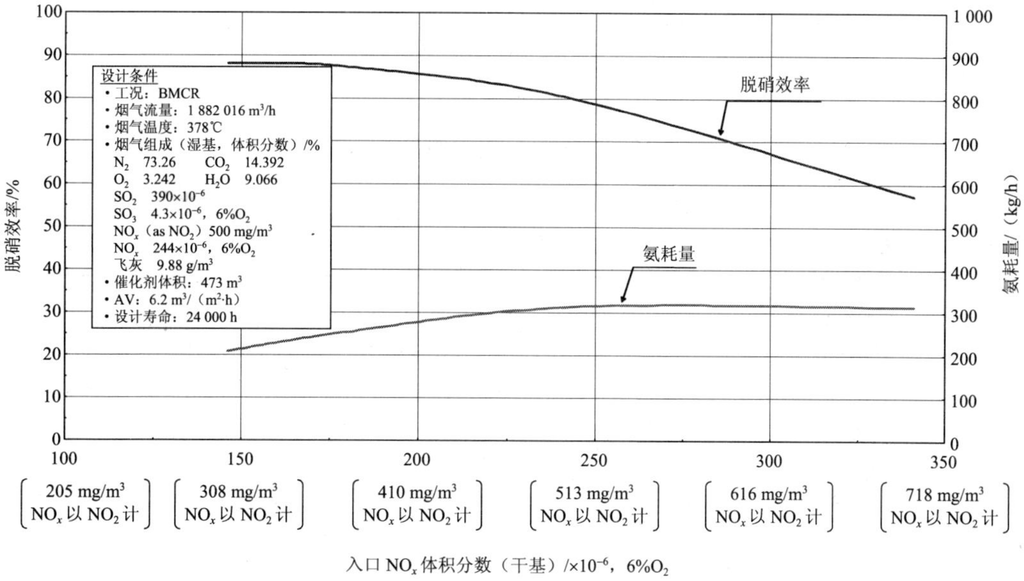

图 D.3 脱硝效率（氨耗量）与入口 NO_x 浓度的关系

附录 E
（资料性附录）
脱硝系统参数检测表

SCR 脱硝系统编号：

项目			备注
时间			
NO_x 脱除效率/%			
烟气参数	流量/（m^3/h）		
	温度/℃		
	湿度/%		
	烟尘质量浓度/（mg/m^3）		
	O_2 体积分数/%		
	CO 质量浓度/（mg/m^3）		
	……		
催化剂层间压降/Pa	第一层		
	第二层		
	第三层		
	……		
NO_x 质量浓度/（mg/m^3）	反应器入口处		
	第一、二催化剂层之间		
	第二、三催化剂层之间		
	……		
	反应器出口处		
催化剂参数	活性变化		
	积灰情况		积灰区域分布、程度以及积灰特点如爆米花灰等
	磨蚀情况		
	微观结构变化		孔径分布、孔容和比表面积等变化情况
	……		
注 1：催化剂参数应定期检测（每 2 个月监测一次），其中积灰情况较为特殊，可根据机组运行情况，结合锅炉大修停炉等时期进行分析。 注 2：以上数据均为实测工况数据。			

负责人：　　　　　　　　　　日期：

HJ

中华人民共和国国家环境保护标准

HJ 563—2010

火电厂烟气脱硝工程技术规范
选择性非催化还原法

Engineering technical specification of flue gas selective non-catalytic reduction denitration for thermal power plant

2010-02-03 发布 2010-04-01 实施

环 境 保 护 部 发布

前 言

为贯彻执行《中华人民共和国环境保护法》、《中华人民共和国大气污染防治法》和《火电厂大气污染物排放标准》，规范火电厂烟气脱硝工程建设，改善大气环境质量，制定本标准。

本标准规定了火电厂选择性非催化还原法烟气脱硝工程的设计、施工、验收、运行和维护等技术要求。

本标准由环境保护部科技标准司组织制订。

本标准为首次发布。

本标准主要起草单位：中国环境保护产业协会、西安热工研究院有限公司、北京市环境保护科学研究院、东南大学、国网电力技术公司、北京博奇电力科技有限公司、北京国电龙源环保工程有限公司、清华同方环境有限责任公司、浙江天地环保工程有限公司。

本标准环境保护部 2010 年 2 月 3 日批准。

本标准自 2010 年 4 月 1 日起实施。

本标准由环境保护部解释。

火电厂烟气脱硝工程技术规范
选择性非催化还原法

1．适用范围

本标准规定了火电厂选择性非催化还原法烟气脱硝工程的设计、施工、验收、运行和维护等应遵循的技术要求，可作为环境影响评价、工程设计与施工、建设项目竣工环境保护验收及建成后运行与管理的技术依据。

本标准适用于火电厂（热电联产）燃煤、燃气、燃油锅炉同期建设或已建锅炉的烟气脱硝工程。供热锅炉和其他工业锅炉、炉窑，同期建设或已建锅炉的烟气脱硝工程可参照执行。

2．规范性引用文件

本标准内容引用了下列文件中的条款。凡是不注日期的引用文件，其有效版本适用于本标准。

GB 536	液体无水氨
GB 12348	工业企业厂界环境噪声排放标准
GB 12801	生产过程安全卫生要求总则
GB 14554	恶臭污染物排放标准
GB 18218	危险化学品重大危险源辨识
GB 50016	建筑设计防火规范
GB 50040	动力机器基础设计规范
GB 50160	石油化工企业设计防火规范
GB 50222	建筑内部装修设计防火规范
GB 50229	火力发电厂与变电站设计防火规范
GB 50243	通风与空调工程施工质量验收规范
GB 50351	储罐区防火堤设计规范
GB/T 16157	固定污染源排气中颗粒物测定与气态污染物采样方法
GB/T 21509	燃煤烟气脱硝技术装备
GB/T 50033	建筑采光设计标准
GBJ 87	工业企业噪声控制设计规范
GBJ 140	建筑灭火器配置设计规范
GBZ 1	工业企业设计卫生标准
DL 5009.1	电力建设安全工作规程（火力发电厂部分）
DL 5053	火力发电厂劳动安全和工业卫生设计规程
DL/T 5029	火力发电厂建筑装修设计标准
DL/T 5035	火力发电厂采暖通风与空气调节设计技术规程

DL/T 5120　小型电力工程直流系统设计规程
DL/T 5136　火力发电厂、变电所二次接线设计技术规程
DL/T 5153　火力发电厂厂用电设计技术规定
HJ/T 75　固定污染源烟气排放连续监测技术规范（试行）
HJ/T 76　固定污染源排放烟气连续监测系统技术要求及检测方法

《危险化学品安全管理条例》（中华人民共和国国务院令 第 344 号）

《危险化学品生产储存建设项目安全审查办法》（国家安全生产监督管理局、国家煤矿安全监察局令 第 17 号）

《建设项目（工程）竣工验收办法》（计建设[1990]1215 号）

《建设项目竣工环境保护验收管理办法》（国家环境保护总局令 第 13 号）

3．术语和定义

GB/T 21509 确立的以及下列术语和定义适用于本标准。

3.1 选择性非催化还原法 selective non-catalytic reduction（SNCR）

利用还原剂在不需要催化剂的情况下有选择性地与烟气中的氮氧化物（NO_x）发生化学反应，生成氮气和水的方法。

3.2 脱硝系统 denitrification system

采用物理或化学的方法脱除烟气中氮氧化物（NO_x）的系统，本标准中指选择性非催化还原法脱硝系统。

3.3 还原剂 reductant

脱硝系统中用于与 NO_x 发生还原反应的物质及原料。

3.4 氨逃逸质量浓度 ammonia slip

脱硝系统运行时空气预热器入口烟气中氨的质量与烟气体积（101.325 kPa、0℃，干基，过量空气系数 1.4）之比，一般用 mg/m^3 表示。

3.5 系统可用率 system availability

脱硝系统每年正常运行时间与锅炉每年总运行时间的百分比。按式（1）计算：

$$可用率 = \frac{A-B}{A} \times 100\% \qquad (1)$$

式中：A——锅炉每年总运行时间，h；

B——脱硝系统每年总停运时间，h。

3.6 锅炉最大连续工况 boiler maximum continuous rating

锅炉与汽轮机组设计流量相匹配的最大连续输出热功率时的工况，简称 BMCR 工况。

3.7 锅炉经济运行工况 boiler economic continuous rating

锅炉经济蒸发量下的工况，对应于汽轮机机组热耗保证工况，简称 BECR 工况。

4．污染物与污染负荷

4.1 脱硝系统设计前应收集附录 A 中规定的原始参数。

4.2 新建锅炉加装脱硝系统的烟气设计参数宜采用 BMCR 工况、NO_x 和烟尘浓度为设计值时的烟气参数；校核值宜采用 BECR 工况下烟气量、NO_x 和烟尘浓度为最大值时的烟气参数。

4.3 已建锅炉加装脱硝系统时，其设计工况和校核工况宜根据实测烟气参数确定，并考虑燃料的变

化趋势。

4.4 烟气参数应按 GB/T 16157 进行测试。

5．总体要求

5.1 一般规定

5.1.1 SNCR 法适用于脱硝效率要求不高于 40%的机组。

5.1.2 脱硝工程的设计应由具备相应资质的单位承担，设计文件应按规定的内容和深度完成报批和批准手续，并符合国家有关强制性法规、标准的规定。

5.1.3 脱硝工程总体设计应符合下列要求：

a）工艺流程合理；

b）还原剂使用便捷；

c）方便施工，有利于维护检修；

d）充分利用厂内公用设施；

e）节约用地，工程量小，运行费用低。

5.1.4 应装设符合 HJ/T 76 要求的烟气排放连续监测系统，并按照 HJ/T 75 的要求进行连续监测。

5.2 工程构成

5.2.1 SNCR 脱硝工程主要包括还原剂的储存与制备、输送、计量分配及喷射。

5.2.2 还原剂的储存与制备包括尿素储仓或液氨（氨水）储罐，以及尿素溶解、稀释或液氨蒸发、氨气缓冲等设备。

5.2.3 还原剂的输送包括蒸汽管道、水管道、还原剂管道及输送泵等。

5.2.4 还原剂的计量分配包括还原剂、雾化介质和稀释水的压力、温度计量设备，以及流量的分配设备等。

5.2.5 还原剂的喷射包括喷射枪及电动推进装置等。

5.3 总平面布置

5.3.1 总平面布置应符合 GB 50016、GB 50222 和 GB 50229 等防火、防爆有关规范的规定。

5.3.2 总平面布置应遵循设备运行稳定、管理维修方便、经济合理、安全卫生的原则，并应与电厂总体布置相协调。

5.3.3 架空管线、直埋管线与沟道相接时，应在设计分界线处标明位置、标高、管径或沟道断面尺寸、坡度、坡向管沟名称、引向何处等。

5.3.4 平台扶梯及检修起吊设施的布置应尽量利用锅炉已有的设施。

5.3.5 管道及附件的布置应满足脱硝施工及运行维护的要求，避免与其他设施发生碰撞。

5.3.6 尿素溶解和储存设备应就近布置在锅炉附近的空地上。

5.3.7 尿素溶液稀释设备尽可能紧靠锅炉布置，一般以地脚螺栓的形式固定在紧邻锅炉的 0 m 标高的空地上。

5.3.8 计量分配设备应就近布置在喷射系统附近锅炉平台上，以焊接或螺栓的形式固定。

5.3.9 若采用液氨还原剂，氨区宜布置在地势较低的地带；还原剂区应单独设置围栏，设立明显警示标记，并应考虑疏散距离。

5.3.10 液氨储罐区宜设环形消防道路，场地困难时，可设尽头式道路，但应设回转场地，并符合 GB 50229 的规定。

5.3.11 液氨储罐应设置防止阳光直射的遮阳棚，遮阳棚的结构应避免形成可集聚气体的死角。

5.3.12 在地上、半地下储氨罐或储氨罐组，应按 GB 50351 设置非燃烧、耐腐蚀材料的防火堤。

6．工艺设计

6.1 一般规定

6.1.1 脱硝系统氨逃逸质量浓度应控制在 8 mg/m^3 以下。

6.1.2 脱硝系统对锅炉效率的影响应小于 0.5%。

6.1.3 脱硝系统应能在锅炉最低稳燃负荷工况和 BMCR 工况之间的任何负荷持续安全运行。

6.1.4 脱硝系统负荷响应能力应满足锅炉负荷变化率要求。

6.1.5 脱硝系统应不对锅炉运行产生干扰，也不增加烟气阻力。

6.1.6 还原剂储存系统可几台机组共用，其他系统按单元机组设计。

6.1.7 脱硝系统设计和制造应符合安全可靠、连续有效运行的要求，服务年限应在 30 年以上，整个寿命期内系统可用率应不小于 98%。

6.2 还原剂选择

6.2.1 脱硝工艺中常用的还原剂主要有尿素、液氨和氨水。

6.2.2 火电厂烟气脱硝系统一般采用尿素为还原剂，系统主要由尿素溶液储存与制备、尿素溶液输送、尿素溶液计量分配以及尿素溶液喷射等设备组成。

6.2.3 以液氨和氨水为还原剂的脱硝系统一般适用于中小型锅炉，其工艺要求参见附录 B。

6.3 尿素溶液储存和制备系统

6.3.1 宜将尿素制备成质量浓度为 50%的尿素溶液储存。

6.3.2 尿素溶液的总储存容量宜按照不小于所对应的脱硝系统在 BMCR 工况下 5 d（每天按 24 h 计）的总消耗量来设计。

6.3.3 尿素溶解设备宜布置在室内，尿素溶液储存设备宜布置在室外。设备间距应满足施工、操作和维护的要求，结合电厂所在地域条件考虑尿素溶液管道的保温。

6.3.4 尿素筒仓应至少设置一个，应设计成锥形底立式碳钢罐，并设置热风流化装置和振动下料装置，以防止固体尿素吸潮、架桥及结块堵塞。

6.3.5 尿素溶解罐应至少设置一座，采用不锈钢制造。

6.3.6 尿素溶解罐应设有人孔、尿素或尿素溶液入口、尿素溶液出口、通风孔、搅拌器口、液位表、温度表口和排放口等。

6.3.7 尿素溶解罐和尿素溶液储罐之间应设置输送泵，输送泵可采用离心泵。

6.3.8 尿素溶液储罐应设两座，并设伴热装置。

6.3.9 尿素溶液储罐宜采用玻璃钢（FRP）或不低于 304 不锈钢制造。

6.3.10 尿素溶液储罐的开口应有人孔、尿素溶液进出口、通风孔、液位表、温度表口和排放口。

6.3.11 尿素溶液储罐外壁应设有梯子、平台、栏杆和液面计支架。

6.3.12 在喷入锅炉前，尿素溶液应与稀释水混合稀释，稀释后的质量浓度不得大于 10%。

6.3.13 稀释混合器宜采用静态混合器。

6.3.14 稀释用水宜采用除盐水。

6.3.15 每台锅炉宜配置一套稀释系统。

6.3.16 尿素溶液稀释系统应设置过滤器。

6.3.17 每台锅炉应设计两台稀释水泵，一台运行，一台备用。流量设计裕量应不小于 10%，压头设计裕量应不小于 20%。

6.4 尿素溶液输送系统

6.4.1 多台锅炉可共用一套尿素溶液输送系统。

6.4.2 尿素溶液输送泵宜采用多级离心泵。
6.4.3 每套输送系统应设计两台输送泵，一台运行，一台备用。
6.4.4 输送系统应设置加热器。加热器的功率应能满足补偿尿素溶液输送途中热量损失的需要。
6.4.5 尿素溶液输送系统应设置过滤器。

6.5 尿素溶液计量分配系统

6.5.1 每台锅炉宜配置一套计量分配系统。
6.5.2 计量分配系统应设置空气过滤器。

6.6 尿素溶液喷射系统

6.6.1 尿素 SNCR 是在锅炉炉膛高温区域（850～1 250℃）喷入尿素溶液。
6.6.2 喷射系统应尽量考虑利用现有锅炉平台进行安装和维修。
6.6.3 多喷嘴喷射器应有足够的冷却保护措施以使其能承受反应温度窗口区域的最高温度，而不产生任何损坏。
6.6.4 多喷嘴喷射器应有伸缩结构，当喷射器不使用、冷却水流量不足、冷却水温度高或雾化空气流量不足时，可自动将其从锅炉中抽出以保护喷射器不受损坏。
6.6.5 每台锅炉应设置一套炉膛温度监测仪。
6.6.6 宜结合常用煤种及运行工况进行 SNCR 计算流体力学和化学动力学模型试验，以确定最优温度区域和最佳还原剂喷射模式。

6.7 二次污染控制措施

6.7.1 脱硝系统设计过程中应考虑二次污染的控制措施，废气、废水、噪声及其他污染物的防治与排放，应执行国家及地方现行环境保护法规和标准的有关规定。
6.7.2 脱硝系统应采取控制氨气泄漏的措施，厂界氨气的浓度应符合 GB 14554 的要求。
6.7.3 单独采用 SNCR 法时，应严格控制脱硝系统产生的氨逃逸，当 SNCR 法和 SCR 法联合使用时，应采取控制氨逃逸和 SO_2/SO_3 转化率的措施。
6.7.4 脱硝系统应采取有效的隔声、消声、绿化等降低噪声的措施，噪声和振动控制的设计应符合 GBJ 87 和 GB 50040 的规定，厂界噪声应符合 GB 12348 的要求。

6.8 突发事故应急措施

若采用液氨作为还原剂，液氨储存与供应区域设置完善的消防系统、洗眼器及防毒面罩等。氨站还应设防雨、防晒及喷淋措施，喷淋设施要考虑工程所在地冬季气温因素。

7. 主要工艺设备和材料

7.1 尿素 SNCR 工艺的主要设备有：尿素溶解罐、尿素溶液循环泵、尿素溶液储罐、供料泵、稀释水泵、背压控制阀、计量分配装置、尿素溶液喷射器等，设备性能和要求见本标准第 6 章。
7.2 材料应根据经济、适用的原则选择，满足脱硝系统的工艺要求。
7.3 通用材料应与燃煤锅炉常用材料的选择一致。
7.4 对于接触腐蚀性介质的部位，应择优选取耐腐蚀金属或非金属材料。
7.5 金属材料宜以碳钢材料为主。对金属材料表面可能接触腐蚀性介质的区域，应根据脱硝系统不同部位的实际情况，衬抗腐蚀性和磨损性强的非金属材料。
7.6 当承压部件为金属材料并内衬非金属防腐材料时，应考虑非金属材料与金属材料之间的黏结强度，且承压部件的自身设计应确保非金属材料能够长期稳定地黏结在基材上。
7.7 防腐蚀和磨损的非金属材料主要选用玻璃鳞片树脂、玻璃钢、塑料、橡胶、陶瓷等。

8．检测和过程控制

8.1 烟气连续检测系统

出口烟气连续检测装置至少应包含以下测量项目：烟气流量、NO_x浓度（以NO_2计）、烟气含氧量。

8.2 热工自动化及控制系统

8.2.1 脱硝系统与机组同步建设时，宜将脱硝系统的控制纳入机组单元控制系统，不再单独设置脱硝控制室。

8.2.2 已建锅炉增设脱硝系统时，两台炉可设置一个独立的脱硝控制室，宜采用分散控制系统（DCS）或可编程逻辑控制器（PLC）。当条件具备时，宜将脱硝系统控制室与机炉集控室合并，或将脱硝系统的控制纳入已经建成的机组单元控制系统，以达到与机炉统一监视或控制。

8.2.3 控制子系统包括：还原剂流量控制系统、喷射控制系统、冷却水控制系统、空气和空气净化控制系统、温度监测系统等。

8.2.4 热控系统应能在无就地人员配合的情况下，通过远程控制实现还原剂的输送、计量、喷枪系统等启停及调节和事故处理。

8.2.5 热控系统与管理信息系统（MIS）进行通信时，应采用经国家有关部门认证的专用、可靠的安全隔离措施。

9．辅助系统

9.1 电气系统

9.1.1 供电系统

9.1.1.1 脱硝系统低压厂用电电压等级应与厂内主体工程一致。

9.1.1.2 脱硝系统厂用电系统中性点接地方式应与厂内主体工程一致。

9.1.1.3 脱硝系统反应器区工作电源宜并入单元机组锅炉马达控制中心（MCC）段，不单独设低压脱硝变压器及脱硝 MCC。还原剂区工作宜单独设 MCC，其电源宜引自厂区公用电源系统，采用双电源进线。

9.1.1.4 除满足上述要求外，还应符合 DL/T 5153 中的有关规定。

9.1.2 直流系统

9.1.2.1 脱硝系统控制电源宜采用交流电源控制，当直流电源引接方便时，也可以考虑采用直流电源。

9.1.2.2 直流系统的设置应符合 DL/T 5120 的规定。

9.1.3 交流保安电源和交流不停电电源（UPS）

9.1.3.1 脱硝系统宜根据系统的自身情况确定是否使用交流保安电源及设置交流保安段。

9.1.3.2 其他要求应符合 DL/T 5136 中的有关规定。

9.1.4 二次线

9.1.4.1 脱硝电气系统宜在程控室控制，控制水平与工艺专业协调一致。

9.1.4.2 其他二次线要求应符合 DL/T 5136 和 DL/T 5153 的规定。

9.2 建筑及结构

9.2.1 建筑

9.2.1.1 脱硝系统的建筑设计除执行本标准外，还应符合国家和行业现行有关标准的规定。

9.2.1.2 脱硝系统建筑设计应根据生产流程、功能要求、自然条件等因素，结合工艺设计，合理组织平面布置和空间组合，注意建筑群体的效果及与周围环境的协调。

9.2.1.3 脱硝系统的建筑物室内噪声控制设计标准应符合 GBJ 87 的规定。

9.2.1.4 脱硝系统的建筑物采光和自然通风宜优先考虑天然采光，建筑物室内天然采光照度应符合 GB/T 50033 的要求。

9.2.1.5 脱硝系统建筑物各车间室内装修标准应按 DL/T 5029 中同类性质的车间装修标准执行。

9.2.2 结构

9.2.2.1 脱硝系统工程土建结构的设计除执行本标准外，还应符合国家和行业现行有关标准的规定。

9.2.2.2 屋面、楼（地）面在生产使用、检修、施工安装时，由设备、管道、材料堆放、运输工具等重物引起的荷载，以及所有设备、管道支架作用于土建结构上的荷载，均应由工艺设计专业提供。

9.2.2.3 脱硝系统建、构筑物抗震设防类别按丙类考虑，地震作用和抗震措施均应符合本地区抗震设防烈度的要求。

9.3 暖通及消防系统

9.3.1 一般规定

9.3.1.1 脱硝系统内应有采暖通风与空气调节系统，并符合 DL/T 5035、GB 50243 及国家有关现行标准的规定。

9.3.1.2 脱硝系统应有完整的消防给水系统，还应按消防对象的具体情况设置火灾自动报警装置和专用灭火装置。系统消防设计应符合 GB 50229 及 GB 50160 等标准的要求。

9.3.2 采暖通风

9.3.2.1 脱硝系统建筑物的采暖应与其他建筑物一致。当厂区设有集中采暖系统时，采暖热源宜由厂区采暖系统提供。

9.3.2.2 脱硝内控制室和电子设备间应设置空气调节装置。室内设计参数应根据设备要求确定。

9.3.2.3 在寒冷地区，通风系统的进、排风口宜考虑防寒措施。

9.3.2.4 通风系统的进风口宜设在清洁干燥处，电缆夹层不得作为通风系统的吸风地点。在风沙较大地区，通风系统应考虑防风沙措施。在粉尘较大地区，通风系统应考虑防尘措施。

9.3.3 消防系统

9.3.3.1 脱硝系统消防水源宜由厂内主消防管网供给。消防水系统的设置应覆盖所有室外、室内建构筑物和相关设备。

9.3.3.2 室内消防栓的布置，应保证有两支水枪的充实水柱同时到达室内任何部位。

9.3.3.3 室外消火栓应根据需要沿道路设置，并宜靠近路口；若厂内主消防系统在脱硝附近设有室外消火栓，可考虑利用其保护范围，相应减少脱外消火栓的数量。

9.3.3.4 电子设备间、控制室、水喷雾系统、电缆夹层、电力设备等处应按照 GBJ 140 规定配置一定数量的移动式灭火器。

9.3.3.5 消防系统应满足 GB 50222 及 GB 50229 的规定。

10．劳动安全与职业卫生

10.1 脱硝系统设计应遵守劳动安全和职业卫生的有关规定，采取各种防治措施，保护人身的安全和健康，并应遵守 DL 5009.1 和 DL 5053 及其他有关强制性标准的规定。

10.2 若采用液氨作为还原剂，氨的储存和氨气制备应符合 GB 536、《危险化学品安全管理条例》、《危险化学品生产储存建设项目安全审查办法》和 GB 18218 的有关规定，在易发生液氨或者氨气泄漏的区域设置必要的检测设备和水喷雾系统。

10.3 脱硝工程的防火、防爆设计应符合 GB 50016、GB 50222 和 GB 50229 等有关标准的规定。

10.4 防泄漏、防噪声与振动、防电磁辐射、防暑与防寒等职业卫生要求应符合 GBZ 1 的规定。

10.5 应尽可能采用噪声低的设备，对于噪声较高的设备，应采取减震消声措施，并尽量将噪声源和操作人员隔开。

11．施工与验收

11.1 施工

11.1.1 脱硝工程的施工应符合国家和行业施工程序及管理文件的要求。

11.1.2 脱硝工程应按设计文件进行施工，对工程的变更应取得设计单位的设计变更文件后再进行施工。

11.1.3 脱硝工程施工中使用的设备、材料、器件等应符合相关的国家标准，并应在供货商取得产品合格证后方可使用。

11.1.4 施工单位应遵守国家有关部门颁布的劳动安全及卫生、消防等国家强制性标准及相关的施工技术规范。

11.1.5 稀释系统、计量系统、分配系统等，设计、施工时应充分考虑冬季防寒、防冻的措施，防止各输液管道冰冻。

11.2 验收

11.2.1 竣工验收

11.2.1.1 脱硝工程验收应按《建设项目（工程）竣工验收办法》、相应专业现行验收规范和本标准的有关规定进行组织。工程竣工验收前，严禁投入生产性使用。

11.2.1.2 脱硝工程中选用国外引进的设备、材料、器件应具有供货商提供的技术规范、合同规定及商检文件执行，并应符合我国现行国家或行业标准的有关要求。

11.2.1.3 工程安装、施工完成后应进行调试前的启动验收，启动验收合格和对在线仪表进行校验后方可进行调试。

11.2.1.4 通过脱硝系统整体调试，各系统运转正常，技术指标达到设计和合同要求后，方可进行启动试运行。

11.2.2 竣工环境保护验收

11.2.2.1 脱硝工程竣工环境保护验收按《建设项目竣工环境保护验收管理办法》的规定进行。

11.2.2.2 脱硝工程在生产试运行期间还应对脱硝系统进行性能试验，性能试验报告可作为竣工环境保护验收的技术支持文件。

11.2.2.3 脱硝系统性能试验包括：功能试验、技术性能试验、设备和材料试验，各试验要求如下：

a）功能试验：在脱硝系统设备运转之前，应先进行启动运行试验，应确认装置的可靠性；

b）技术性能试验参数应包括：脱硝效率，氨逃逸质量浓度，还原剂消耗量，NH_3/NO_x 比，脱硝系统电、水、压缩空气、蒸汽等消耗量，控制系统的负荷跟踪能力及噪音；

c）设备试验和材料试验：确认在锅炉额定负荷下以及在实际运行负荷下的性能（根据需要）。

12．运行与维护

12.1 一般规定

12.1.1 脱硝系统的运行、维护及安全管理除应执行本标准外，还应符合国家现行有关强制性标准的规定。

12.1.2 未经当地环境保护行政主管部门批准，不得停止运行脱硝系统。由于紧急事故及故障造成脱硝系统停止运行时，应立即报告当地环境保护行政主管部门。

12.1.3 脱硝系统应根据工艺要求定期对各类设备、电气、自控仪表及建（构）筑物进行检查维护，确保装置稳定可靠地运行。

12.1.4 脱硝系统在正常运行条件下，各项污染物排放应满足国家或地方排放标准的规定。

12.1.5 应建立健全与脱硝系统运行维护相关的各项管理制度，以及运行、操作和维护规程；建立脱硝系统、主要设备运行状况的记录制度。

12.1.6 劳动安全和职业卫生设施应与脱硝系统同时建成运行，脱硝系统的安全管理应符合 GB 12801 中的有关规定。

12.1.7 若采用液氨作为还原剂，应根据《危险化学品安全管理条例》的规定建立本单位事故应急救援预案，配备应急救援人员和必要应急救援器材、设备，并定期组织演练。

12.2 人员与运行管理

12.2.1 脱硝系统的运行管理既可成为独立的脱硝车间也可纳入锅炉或除灰车间的管理范畴。

12.2.2 脱硝系统的运行人员宜单独配置。当需要整体管理时，也可以与机组合并配置运行人员。但至少应设置 1 名专职的脱硝技术管理人员。

12.2.3 应对脱硝系统的管理和运行人员进行定期培训，使管理和运行人员系统掌握脱硝设备及其他附属设施正常运行的具体操作和应急情况的处理措施。运行操作人员，上岗前还应进行以下内容的专业培训：

a）启动前的检查和启动要求的条件；

b）脱硝设备的正常运行，包括设备的启动和关闭；

c）控制、报警和指示系统的运行和检查，以及必要时的纠正操作；

d）最佳的运行温度、压力、脱硝效率的控制和调节，以及保持设备良好运行的条件；

e）设备运行故障的发现、检查和排除；

f）事故或紧急状态下操作和事故处理；

g）设备日常和定期维护；

h）设备运行及维护记录，以及其他事件的报告的编写。

12.2.4 脱硝系统运行状况、设施维护和生产活动等的内容包括：

a）系统启动、停止时间；

b）还原剂进厂质量分析数据，进厂数量，进厂时间；

c）系统运行工艺控制参数记录，至少应包括：氨区各设备的压力、温度、氨的泄漏值，脱硝反应区烟气温度、烟气流量、烟气压力、湿度、NO_x和氧气浓度，出口NH_3浓度等；

d）主要设备的运行和维修情况的记录；

e）烟气连续监测数据的记录；

f）生产事故及处置情况的记录；

g）定期检测、评价及评估情况的记录等。

12.2.5 运行人员应按照规定坚持做好交接班制度和巡视制度，特别是采用液氨作为还原剂时，应对液氨卸车储存和液氨蒸发过程进行监督与配合，防止和纠正装卸过程中产生泄漏对环境造成的污染。

12.2.6 在设备冲洗和清扫过程中如果产生废水，应收集在脱硝系统排水坑内，不得将废水直接排放。

12.3 维护保养

12.3.1 脱硝系统的维护保养应纳入全厂的维护保养计划中，检修时间间隔宜与锅炉同步进行。

12.3.2 应根据脱硝系统技术提供方提供的系统、设备等资料制定详细的维护保养规定。

12.3.3 维修人员应根据维护保养规定定期检查、更换或维修必要的部件。

12.3.4 维修人员应做好维护保养记录。

附录 A
（资料性附录）
SNCR 工艺设计所需的原始参数

参数名称	备注
烟气体积流量	（101.325 kPa、0℃，湿基/干基）
烟气温度范围	
锅炉相关图纸	
热量输入及其变化情况	
水、电、蒸汽等消耗品的介质参数	
炉膛出口过剩空气系数	
负荷变化范围	
炉内温度和温度断面	
飞灰粒径分布	
可允许的用于反应剂喷射空间	
煤种的工业分析	
煤的元素分析	
烟气组分全分析（包括 NO_x、SO_2、SO_3 等）	

附录 B
（资料性附录）
SNCR 烟气脱硝工艺布置及典型流程

以尿素为还原剂的 SNCR 装置在工程中有较多的应用，因此，以尿素做还原剂为例介绍 SNCR 工艺系统，如图 B.1 所示：

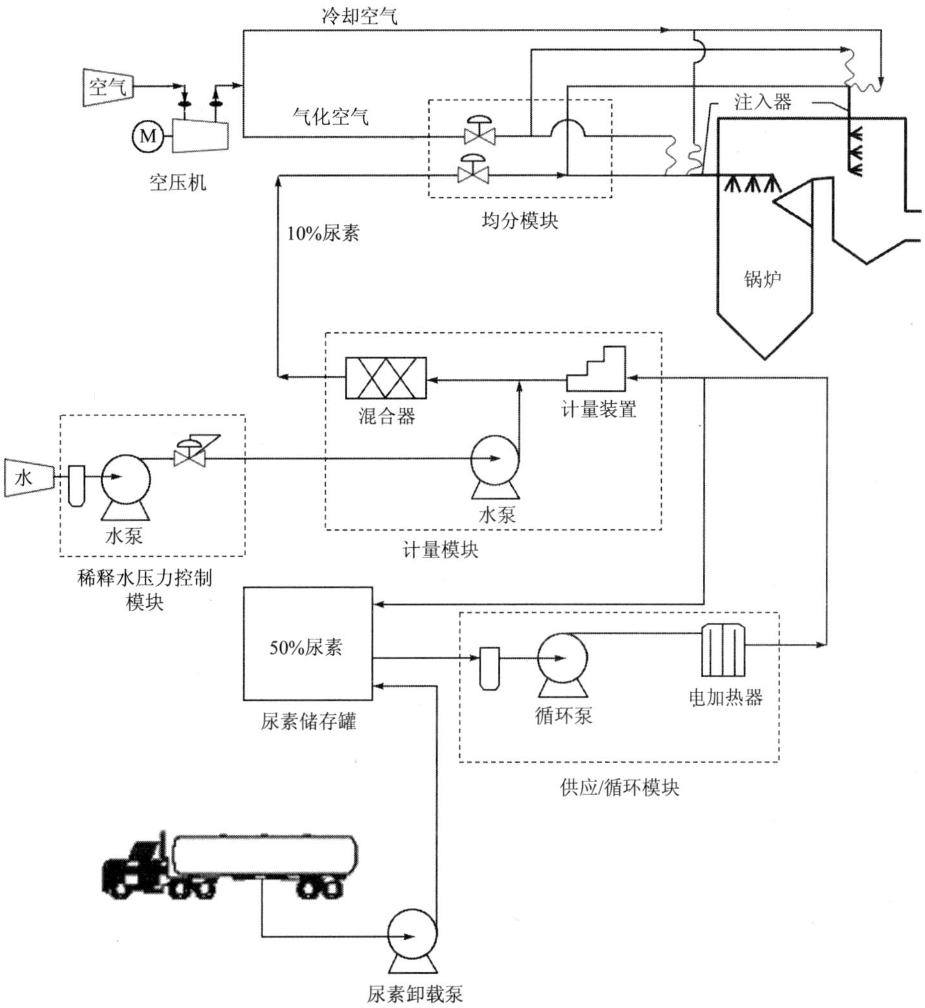

图 B.1　尿素 SNCR 系统工艺

SNCR 系统主要设备都模块化进行设计，主要有尿素溶液储存与制备系统，尿素溶液稀释模块，尿素溶液传输模块，尿素溶液计量模块以及尿素溶液喷射系统组成，如图 B.2 所示。

作为还原剂的固体尿素，被溶解制备成质量浓度为 50%的尿素溶液，尿素溶液经尿素溶液输送泵输送至计量分配模块之前，与稀释水模块输送过来的水混合，尿素溶液被稀释为 10%的尿素溶液，然后在喷入炉膛之前，再经过计量分配装置的精确计量分配至每个喷枪，然后经喷枪喷入炉膛，进行脱氮反应。

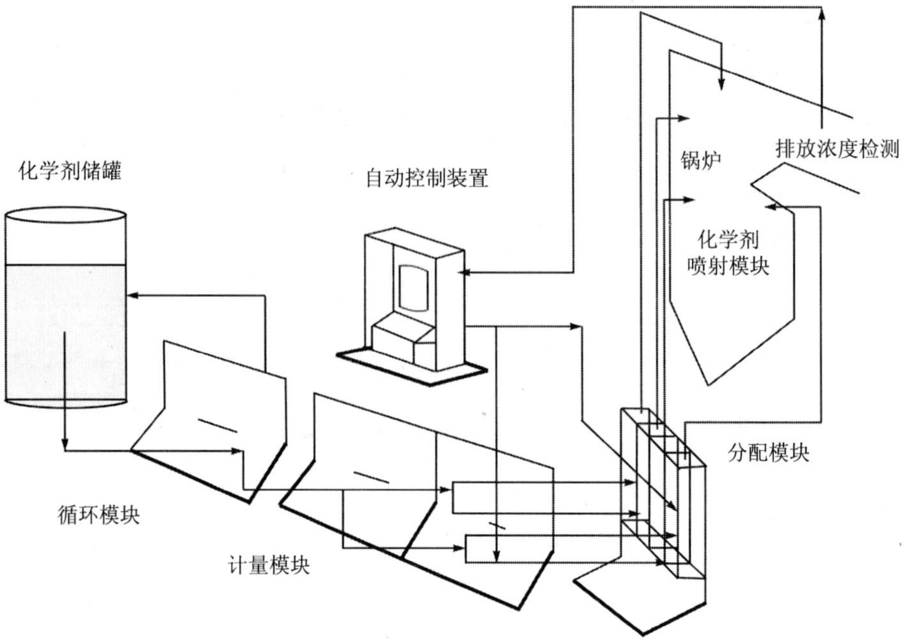

图 B.2　模块的供给系统

附录 C
（资料性附录）
液氨 SNCR 工艺及氨水 SNCR 工艺

C.1 液氨 SNCR

C.1.1 一般规定

液氨 SNCR 工艺和尿素 SNCR 工艺相似，不同点主要表现在还原剂储存和制备、还原剂喷射和主要设备，除此之外均执行本标准正文的规定。

C.1.2 液氨储存和氨气制备

C.1.2.1 液氨的储罐和氨站的设计应满足国家对此类危险品罐区的有关规定。

C.1.2.2 液氨容器除按一般压力容器规范和标准设计制造外，要特别注意选用合适的材料。

C.1.2.3 氨的供应量能满足锅炉不同负荷的要求，调节方便灵活，可靠。

C.1.2.4 存氨罐与其他设备、厂房等要有一定的安全防火防爆距离，并在适当位置设置室外消火栓，设有防雷、防静电接地装置。

C.1.2.5 氨存储、供应系统相关管道、阀门、法兰、仪表、泵等设备选择时，应满足抗腐蚀要求，采用防爆、防腐型户外电气装置。

C.1.2.6 氨液泄漏处及氨罐区域应装有氨气泄漏检测报警系统。

C.1.2.7 系统的卸料压缩机、储氨罐、氨气蒸发槽、氨气缓冲槽及氨输送管道等都应备有氮气吹扫系统，防止泄漏氨气和空气混合发生爆炸。

C.1.2.8 氨存储和供应系统应配有良好的控制系统。

C.1.2.9 氨气系统紧急排放的氨气排入氨气稀释槽中，经水吸收排入废水池，再经由废水泵送至废水处理厂处理。

C.1.2.10 在地上、半地下储罐或储罐组，应设置非燃烧、耐腐蚀的材料防火堤。

C.1.2.11 氨区应安装相应的气体浓度检测报警装置，防雷防静电装置，相应的消防设施等，储罐安全附件、急救设施设备和泄漏应急处理设备。

C.1.3 氨喷射系统

C.1.3.1 应根据炉膛截面、高度等几何尺寸进行氨（氨水）喷射系统的设计，使进入炉膛的氨能与烟气达到充分均匀混合。

C.1.3.2 喷射系统的设计应充分考虑其处于炉膛高温、高灰的区域，所选材料应为耐磨、抗高温及防腐特性。

C.1.3.3 喷射系统应避免堵塞，具有清扫功能。

C.1.4 主要设备

C.1.4.1 卸料压缩机

设计两套卸料压缩机，一运一备。卸料压缩机抽取液氨储罐中的氨气，经压缩后将槽车的液氨推挤入液氨储罐中。在选择压缩机排气量时，要考虑液氨储罐内液氨的饱和气压，液氨卸车流量，液氨管道阻力及卸氨时气候温度等参数。

C.1.4.2 液氨储罐

C.1.4.2.1 液氨储罐采用卧式，并符合危险品压力容器的规定。一运一备，满足 5 d（每天按 24 h 计）还原剂用量的容量，设计温度、压力满足工作温度及压力，材质采用 16MnR。

C.1.4.2.2 储罐上应安装有流量阀、逆止阀、紧急关断阀和安全阀等，并装有温度计、压力表、液位计、高液位报警仪和相应的变送器等。储罐应有防太阳辐射措施，四周安装有工业水喷淋管线及喷嘴，当储罐本体温度过高时，自动启动淋水装置降温。储罐排风孔经密闭系统通到稀释槽，对氨气进行吸收以降低氨气味的发散。

C.1.4.3 液氨供应泵

液氨进入蒸发槽，可以使用压差和液氨自身的重力势能实现，也可以采用液氨泵来供应。如选择液氨泵应选择专门输送液氨的泵，氨泵应采用一运一备。

C.1.4.4 液氨蒸发槽

液氨蒸发槽采用卧式，设计温度及压力能满足工作要求，壳体采用 16MnR 材质，盘管采用 1Cr18Ni9Ti 材质。蒸发能力应按照锅炉在 BMCR 工况下 2×100%容量设计。

C.1.4.5 氨气泄漏检测器

液氨储存及供应系统周边应设有氨气检测器，以检测氨气的泄漏，并显示大气中氨的浓度。当检测器测得大气中氨浓度过高时，在机组控制室发出警报，提醒操作人员采取必要的措施，以防止氨气泄漏的异常情况发生。氨气泄漏检测器的数量及其布置位置合适，并将氨泄漏及火灾报警和消防控制系统纳入全厂消防报警系统。

C.2 氨水 SNCR

C.2.1 氨水 SNCR 还原剂使用质量分数为 20%左右的氨水。

C.2.2 氨水 SNCR 工艺其他部分与尿素 SNCR 基本相同，可执行本标准正文的规定。

HJ

中华人民共和国国家环境保护标准

HJ 564—2010

生活垃圾填埋场渗滤液处理工程技术规范（试行）

Leachate treatment project technical specification of municipal solid waste landfill

2010-02-03 发布　　　　2010-04-01 实施

环境保护部　发布

前　言

为贯彻《中华人民共和国固体废物污染环境防治法》和《中华人民共和国水污染防治法》，防治垃圾渗滤液对环境的污染，改善环境质量，保障人体健康，制定本标准。

本标准规定了生活垃圾填埋场渗滤液污染治理工程设计、施工、验收以及运行管理等的技术要求。

本标准为首次发布。

本标准由环境保护部科技标准司组织制订。

本标准主要起草单位：中国环境保护产业协会（城市生活垃圾处理委员会）、城市建设研究院、中国环境科学研究院（固体废物污染控制技术研究所）、北京东方同华科技有限公司、维尔利环境工程（常州）有限公司、北京天地人环保科技有限公司、西门子（天津）水技术工程有限公司、北京国环莱茵环境工程技术有限公司。

本标准环境保护部 2010 年 2 月 3 日批准。

本标准自 2010 年 4 月 1 日起实施。

本标准由环境保护部解释。

生活垃圾填埋场渗滤液处理工程技术规范（试行）

1．适用范围

本标准规定了生活垃圾填埋场渗滤液处理工程的总体要求、工艺设计、检测控制、施工验收、运行维护等的技术要求。

本标准适用于生活垃圾填埋场垃圾渗滤液处理工程，可作为环境影响评价、工程咨询、设计施工、环境保护验收及建成后运行与管理的技术依据。

2．规范性引用文件

本标准内容引用了下列文件中的条款。凡是不注日期的引用文件，其有效版本适用于本标准。

GB 12348　工业企业厂界环境噪声排放标准
GB 14554　恶臭污染物排放标准
GB 16297　大气污染物综合排放标准
GB 16889　生活垃圾填埋场污染控制标准
GB 50007　建筑地基基础设计规范
GB 50009　建筑结构荷载规范
GB 50010　混凝土结构设计规范
GB 50011　建筑抗震设计规范
GB 50013　室外给水设计规范
GB 50014　室外排水设计规范
GB 50015　建筑给水排水设计规范
GB 50016　建筑设计防火规范
GB 50019　采暖通风与空气调节设计规范
GB/T 50033　建筑采光设计标准
GB 50034　建筑照明设计规范
GB 50037　建筑地面设计规范
GB 50052　供配电系统设计规范
GB 50053　10 kV 及以下变电所设计规范
GB 50054　低压配电设计规范
GB 50057　建筑物防雷设计规范
GB 50067　汽车库、修车库、停车场设计防火规范
GB 50069　给水排水工程构筑物结构设计规范
GB 50128　立式圆筒形焊接储罐施工及验收规范
GB 50140　建筑灭火器配置设计规范
GB 50187　工业企业总平面设计规范
GB 50189　公共建筑节能设计标准

GB 50191	构筑物抗震设计规范
GB 50334	城市污水处理厂工程质量验收规范
HGJ 229	工业设备、管道防腐蚀工程施工及验收规范
GB 50352	民用建筑设计通则
GBJ 22	厂矿道路设计规范
GBJ 93	工业自动化仪表工程施工及验收规范
GBZ 1	工业企业设计卫生标准
CECS 138	给水排水工程钢筋混凝土水池结构设计规程
CJJ 17	生活垃圾卫生填埋技术规范
JGJ 67	办公建筑设计规范
HG 20508	控制室设计规定
HG 20509	仪表供电设计规定
HG 20511	信号报警、安全连锁系统设计规定
HG/T 20573	分散型控制系统工程设计规定
JTG D40	公路水泥混凝土路面设计规范
JTG D50	公路沥青路面设计规范
TJ 36	工业企业设计卫生标准

《建设项目竣工环境保护验收管理办法》（国家环境保护总局令第 13 号）

《污染源自动监控管理办法》（国家环境保护总局令第 28 号）

3．术语和定义

GB/T 20103—2006 中确立的和下列术语和定义适用于本标准。

3.1 渗滤液 leachate

垃圾在堆放和填埋过程中由于压实、发酵等物理、生物、化学作用，同时在降水和其他外部来水的渗流作用下产生的含有机或无机成分的液体。

3.2 调节池 holding tank of leachate

在渗滤液处理设施前设置的具有均化水质、调蓄水量或兼有渗滤液预处理功能的构筑物。

3.3 微滤 microfiltration filter（MF）

以压力为驱动力，分离 0.01 μm 至数微米的微粒的过程。

[GB/T 20103—2006，定义 5.2.2]

3.4 超滤 ultrafiltration filter（UF）

以压力为驱动力，分离分子量范围为几百至几百万的溶质和微粒的过程。

[BG/T 20103—2006，定义 5.2.1]

3.5 纳滤 nanofiltration（NF）

以压力为驱动力，用于脱除多价离子、部分一价离子和分子量 200～1 000 的有机物的膜分离过程。

[GB/T 20103—2006，定义 4.2.3]

3.6 反渗透 reverse osmosis（RO）

在高于渗透压差的压力作用下，溶剂（如水）通过半透膜进入膜的低压侧，而溶液中的其他组分（如盐）被阻挡在膜的高压侧并随浓溶液排出，从而达到有效分离的过程。

[GB/T 20103—2006，定义 4.2.2]

3.7 膜组件 membrane module

由膜元件、壳体、内联接件、端板和密封圈等组成的实用器件。

[GB/T 20103—2006，定义 2.2.3]

3.8 膜生物反应器 biomass membrane bioreactor（MBR）

以膜为载体，把生物反应（作用）和分离相结合，能改变反应进程和提高反应效率的设备或系统。

[GB/T 20103—2006，定义 6.3.3]

4. 总体要求

4.1 一般规定

4.1.1 生活垃圾填埋场渗滤液处理厂（站）[以下简称“渗滤液处理厂（站）”] 的设计和建设，除应遵守本技术规范外，还应符合国家现行的相关强制性标准的规定。

4.1.2 应根据生活垃圾填埋场的建设规模、填埋容量、填埋年限、填埋作业方式、占地面积、自然地理情况和气象等条件确定渗滤液处理厂（站）的处理规模和处理工艺。

4.1.3 在填埋区与渗滤液处理设施间必须设置渗滤液调节池。

4.1.4 处理技术方案的选择应保证出水符合环境影响评价报告书批复文件的要求，并应达到 GB 16889 和有关地方排放标准的规定。

4.1.5 生活垃圾填埋场渗滤液处理系统的主要设备应有备用，并具有防腐性能。

4.1.6 渗滤液处理厂（站）应按照《污染源自动监控管理办法》的规定，安装污染物排放连续监测设备。

4.2 项目构成

4.2.1 渗滤液处理厂（站）主要包括主体处理构筑物与设备、配套工程。

4.2.2 生活垃圾填埋场渗滤液主体处理构筑物与设备包括预处理系统、生物处理系统、深度处理系统、污泥及浓缩液处理系统等；处理后废水应按国家和地方有关规定设置规范化排污口统一排放。

4.2.3 配套工程主要包括厂内建（构）筑物、供配电、采暖通风、给排水、消防、道路、绿化、通讯、运行管理设施、检测与控制等。

4.3 总体布置

4.3.1 渗滤液处理厂（站）总体布置应在满足国家现行防火、卫生、安全等方面的技术规范基础上，综合考虑地形、地貌、周围环境、工艺流程、构筑物及各项设施相互间的平面和空间关系，使各项设施整体协调统一。

4.3.2 工程附属的生产与生活服务等辅助设施，应与填埋场主体工程统筹考虑，避免重复建设。

4.3.3 总平面布置应充分考虑渗滤液收集与外排，符合排水通畅、降低能耗、平衡土方的要求，并符合 GB 50187 的要求。

4.3.4 渗滤液处理厂（站）宜单独设置在垃圾填埋场管理区的下风向，并满足施工、设备安装、各类管线连接简捷、维修管理方便等要求。

4.3.5 渗滤液处理厂（站）应以生产区为核心，其他各功能区应按渗滤液处理流程合理安排，主要恶臭产生源（调节池、曝气设施、厌氧反应设施、污泥脱水设施等）宜集中布置。

4.3.6 渗滤液处理厂（站）内应有必要的通道，有明显的车辆行驶方向标志，并符合消防通道要求。

4.3.7 渗滤液处理厂（站）区围墙及挡土墙的设置应按照场地的实际情况确定，并应符合 GB 50187 的规定。

4.4 配套工程

4.4.1 渗滤液处理厂（站）建筑工程设计应符合 GB 50037、GB 50352、TJ 36、JGJ 67 的规定。

4.4.2 渗滤液处理厂（站）结构工程设计应符合 GB 50007、GB 50009、GB 50010、GB 50011、GB 50069、

GB 50191、CECS 138 的规定。

4.4.3 渗滤液处理厂（站）供电方式应与垃圾填埋场主体工程相协调。

4.4.4 渗滤液处理厂（站）电气工程设计的内容包括用电设备配电及控制、电缆配置及敷设、设备及构筑物的防雷与接地系统、厂（站）辅助工程道路照明等。用电设备一般为低压 AC380/220V，负荷等级宜为二级。

4.4.5 渗滤液处理厂（站）电气工程设计应符合 GB 50034、GB 50037、GB 50052、GB 50053、GB 50054、GB 50057 的规定。

4.4.6 渗滤液处理厂（站）采暖通风工程设计应符合 GB 50019、GB 50189、GB 14554、GBZ 1、GB/T 50033 的规定。

4.4.7 渗滤液处理厂（站）给排水及消防工程设计应符合 GB 50013、GB 50014、GB 50015、GB 50016、GB 50067、GB 50140 的规定。

4.4.8 渗滤液处理厂（站）道路工程设计应符合 GBJ 22、JTG D40、JTG D50 的规定。

4.5 劳动安全与职业卫生

渗滤液处理厂（站）的劳动卫生应符合 GBZ 1 的规定。

5．水量和水质

5.1 水量

5.1.1 计算生活垃圾填埋场渗滤液产生量时应充分考虑当地降雨量、蒸发量、地面水损失、其他外部来水渗入、垃圾的特性、雨污分流措施、表面覆盖和渗滤液导排设施状况等因素。

5.1.2 生活垃圾填埋场渗滤液处理规模宜按垃圾填埋场平均日渗滤液产生量计算，并应与调节池容积计算相匹配。

5.1.3 渗滤液产生量的计算宜采用经验公式法（浸出系数法），计算公式如下：

$$Q=\frac{I\times(C_1A_1+C_2A_2+C_3A_3)}{1\,000}$$

式中：Q——渗滤液产生量，m^3/d；

I——多年平均日降雨量，mm/d；

A_1——作业单元汇水面积，m^2；

C_1——作业单元渗出系数，一般宜取 0.5～0.8；

A_2——中间覆盖单元汇水面积，m^2；

C_2——中间覆盖单元渗出系数，宜取（0.4～0.6）C_1；

A_3——终场覆盖单元汇水面积，m^2；

C_3——终场覆盖单元渗出系数，一般取 0.1～0.2。

注：I 的计算，数据充足时，宜按 20 年的数据计取；数据不足 20 年时，按现有全部年数据计取。

5.2 水质

5.2.1 根据生活垃圾填埋场的垃圾填埋年限及渗滤液的化学需氧量和氨氮浓度，生活垃圾填埋场渗滤液可分为初期渗滤液、中后期渗滤液和封场后渗滤液。

5.2.2 生活垃圾填埋场渗滤液水质的确定，宜以实测数据为基准，并考虑未来水质变化趋势。在无法取得实测数据时，宜参考表 1 及同类地区同类型填埋场实测数据合理选取。

表 1　国内生活垃圾填埋场（调节池）渗滤液典型水质

项目＼类别	初期渗滤液	中后期渗滤液	封场后渗滤液
五日生化需氧量/（mg/L）	4 000～20 000	2 000～4 000	300～2 000
化学需氧量/（mg/L）	10 000～30 000	5 000～10 000	1 000～5 000
氨氮/（mg/L）	200～2 000	500～3 000	1 000～3 000
悬浮固体/（mg/L）	500～2 000	200～1 500	200～1 000
pH 值	5～8	6～8	6～9

6．工艺设计

6.1 工艺选择原则

6.1.1 选择处理工艺之前，应了解填埋场的使用年限、填埋作业方式、当地经济条件等影响水质的因素。

6.1.2 选择渗滤液处理工艺时，应以稳定连续达标排放为前提，综合考虑垃圾填埋场的填埋年限和渗滤液的水质、水量以及处理工艺的经济性、合理性、可操作性，经技术、经济比选后确定。

6.2 调节池

6.2.1 调节池容积应与填埋工艺、停留时间、渗滤液产生量及配套污水处理设施规模等相匹配，并符合 CJJ 17 的有关规定。

6.2.2 调节池应有相应的防渗措施。

6.2.3 调节池属于厂区恶臭污染源之一，应加盖密封，并采取臭气处理措施。

6.3 工艺流程

6.3.1 生活垃圾填埋场渗滤液处理工艺可分为预处理、生物处理和深度处理三种。应根据渗滤液的进水水质、水量及排放要求综合选取适宜的工艺组合方式，推荐选用“预处理＋生物处理＋深度处理”组合工艺（工艺流程图见图 1），也可采用如下工艺组合：

a）预处理+深度处理

b）生物处理+深度处理

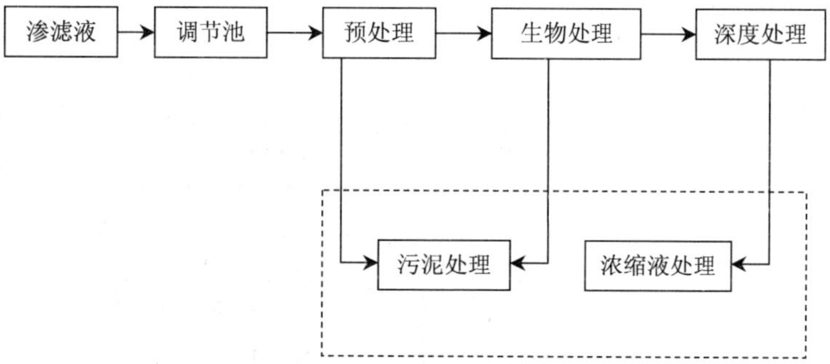

图 1　常规工艺流程图

6.3.2 预处理工艺可采用生物法、物理法和化学法，目的主要是去除氨氮或无机杂质，或改善渗滤液的可生化性。

6.3.3 生物处理工艺可采用厌氧生物处理法和好氧生物处理法，处理对象主要是渗滤液中的有机污染物和氮、磷等。

6.3.4 深度处理工艺可采用纳滤、反渗透、吸附过滤等方法，处理对象主要是渗滤液中的悬浮物、溶解物和胶体等。深度处理宜以纳滤和反渗透为主，并根据处理要求合理选择。

6.3.5 当渗滤液处理工艺过程中产生污泥时，应对污泥进行适当处理。纳滤和反渗透产生的浓缩液应进行处理，可采用蒸发、焚烧等方法。

6.3.6 各处理工艺中处理方法的选择应综合考虑进水水质、水量、处理效率、排放标准、技术可靠性及经济合理性等因素后确定。

6.4 工艺参数

6.4.1 预处理工艺参数

6.4.1.1 选择水解酸化技术作为预处理工艺时：

a）水力停留时间宜为 2.5～5.0 h；

b）pH 值宜为 6.5～7.5。

6.4.1.2 采用混凝技术作为预处理工艺时，应根据渗滤液混凝沉淀的工艺情况、实验结果和药剂的质量等因素综合确定药剂的种类、投加量和投加方式。常用的药剂有硫酸铝、聚合氯化铝、硫酸亚铁、三氯化铁和聚丙烯酰胺（PAM）等。

6.4.2 厌氧生物处理工艺参数

6.4.2.1 厌氧生物处理工艺可采用升流式厌氧污泥床法（UASB）及其变形、改良工艺。

6.4.2.2 采用升流式厌氧污泥床法时：

a）常温范围宜为 20～30℃，中温范围宜为 30～38℃；

b）容积负荷（COD）宜为 5～15 kg/（m^3 • d）；

c）pH 值宜为 6.5～7.8；

d）应设置生物气体利用或安全燃烧装置。

6.4.3 好氧生物处理工艺参数

6.4.3.1 好氧生物处理工艺可采用活性污泥法或生物膜法。活性污泥法宜选择膜生物反应器法、氧化沟活性污泥法和纯氧曝气法等。生物膜法宜选择接触氧化法、生物转盘法。

6.4.3.2 采用膜生物反应器时：

a）膜生物反应器分为内置式和外置式两种，内置式宜选用板式微滤膜组件、板式超滤膜组件、中空纤维微滤膜组件或中空纤维超滤膜组件，外置膜宜选用管式超滤膜组件；

b）温度宜为 20～35℃；

c）进水化学需氧量宜为 1 000～20 000 mg/L；

d）设计运行参数见表 2。

表 2 膜生物反应器的工艺参数

项目	内置式膜生物反应器	外置式膜生物反应器
污泥浓度（MLSS）/（mg/L）	8 000～10 000	10 000～15 000
五日生化需氧量（BOD_5）污泥负荷（MLSS）/[kg/（kg • d）]	0.08～0.30	0.20～0.60
硝态氮（NO_3-N）污泥负荷（MLSS）/[kg/（kg • d）]	0.05～0.25	0.05～0.30
剩余污泥产泥系数（MLSS/COD）/（kg/kg）	0.10～0.30	0.10～0.30

6.4.3.3 采用氧化沟时：

a）氧化沟进水化学需氧量宜为 2 000～5 000 mg/L；

b）污泥负荷（BOD_5/MLSS）宜为 0.05～0.20 kg/kg；

c）混合液污泥浓度宜为 3 000～5 500 mg/L；

d）污泥龄宜为 15～30 d；

e）氧化沟池深宜为 3.50～5.00 m。

6.4.3.4 采用纯氧曝气法时：

a）氧气浓度不宜低于 90%；

b）溶解氧宜为 10～20 mg/L；

c）混合液污泥浓度宜为 10 000～20 000 mg/L；

d）进水化学需氧量宜为 1 000～6 000 mg/L；

e）水力停留时间宜为 12～24 h。

6.4.3.5 好氧生物处理工艺后接沉淀池时：

a）沉淀时间宜为 1.50～2.50 h；

b）表面水力负荷不宜大于 0.8 m^3/（m^2 • h）；

c）出水堰最大负荷不宜大于 1.7 L/（s • m）。

6.4.4 深度处理工艺参数

6.4.4.1 纳滤

6.4.4.1.1 进水指标

a）悬浮物不宜大于 100 mg/L；

b）进水电导率（20℃）不宜大于 40 000 μS/cm。

6.4.4.1.2 工艺参数

a）温度宜为 8～30℃；

b）pH 值宜为 5.0～7.0；

c）纳滤膜通量宜为 15～20 L/（m^2 • h）；

d）水回收率不得低于 80%。

6.4.4.2 反渗透

6.4.4.2.1 进水指标

a）悬浮物不宜大于 50 mg/L；

b）进水电导率（20℃）不宜大于 25 000 μS/cm。

6.4.4.2.2 工艺参数

a）温度宜为 8～30℃；

b）pH 值宜为 5.0～7.0；

c）反渗透膜通量宜为 10～15 L/（m^2 • h）；

d）水回收率不得低于 70%。

6.4.4.3 吸附过滤

应根据前段处理出水水质、排放要求、吸附剂来源等多种因素综合选择吸附剂种类，宜优先选择活性炭作为吸附剂。当选用粒状活性炭吸附处理工艺时，宜进行静态选炭及炭柱动态试验，确定用炭量、接触时间、水力负荷与再生周期等。

6.4.5 污泥及浓缩液处理

6.4.5.1 渗滤液处理中产生的污泥宜与城市污水处理厂污泥一并处理，当进入垃圾填埋场填埋处理或单独处理时，含水率不宜大于 80%。

6.4.5.2 纳滤和反渗透工艺产生的浓缩液宜单独处理，可采用焚烧、蒸发或其他适宜的处理方式。

6.4.6 二次污染控制

6.4.6.1 主要恶臭污染源（调节池、厌氧反应设施、曝气设施、污泥脱水设施等）宜采取密闭、局部隔离及负压抽吸等措施，经集中处理后排放，处理后气体的排放应执行 GB 14554 和 GB 16297。
6.4.6.2 应按各生产环节噪声的产生原因，分别采取有效的控制措施。厂界噪声应符合 GB 12348 的要求，作业车间噪声应符合 GBZ 1 的要求。
6.4.6.3 渗滤液处理工程曝气过程中产生的泡沫，宜采用喷淋水或消泡剂等方式抑制。

7. 检测与控制

7.1 渗滤液处理厂（站）试运行期间应进行水质检测，检测的参数应至少包括：

a）各处理单元中 pH 值、温度、溶解氧（好氧工艺）；

b）各单元进、出水主要污染物（悬浮物、化学需氧量、五日生化需氧量、氨氮、总氮、总磷）的浓度；

c）进、出水中总汞、总砷、总镉、总铅、总铬、六价铬等重金属的浓度和粪大肠菌群数；

d）纳滤和反渗透工艺进水、产水、浓缩液的电导率或含盐量，以及浊度；

e）纳滤和反渗透工艺各单元膜组件前后压力及压降。

7.2 渗滤液处理厂（站）应建立水质、水量监测制度，水量包括渗滤液产生量和处理量。水质监测指标至少包括各处理单元的进出水指标：色度、悬浮物、化学需氧量、五日生化需氧量、氨氮、总氮、总磷等主要污染物浓度以及进出水的总汞、总砷、总镉、总铅、总铬、六价铬等重金属浓度和粪大肠菌群数。
7.3 渗滤液处理厂（站）宜采用集中管理监视、分散控制的自动控制系统；采用成套设备时，设备本身控制宜与系统控制相结合。自动控制系统设计应符合 HG 20508、HG 20511、HG/T 20573、GBJ 93、HG 20509 的规定。
7.4 渗滤液处理厂（站）下列各处应配备针对相关气体浓度的检测仪表和报警装置。

a）调节池、厌氧反应设施：甲烷、硫化氢

b）曝气设施：氨

8. 施工与验收

8.1 工程施工

8.1.1 生活垃圾填埋场渗滤液处理工程的设计、施工单位应具有国家相应的工程设计、施工资质。
8.1.2 建筑、安装工程应符合施工设计文件、设备技术文件的要求，对工程的变更应取得设计单位变更文件后再进行施工。
8.1.3 施工中使用的设备、材料、部件等应符合相关的国家标准和行业标准，并取得供货商的产品合格证明。
8.1.4 处理构筑物采用钢制设备的，其加工、制造应执行 GB 50128 的相关规定，钢制设备防腐宜执行 HGJ 229 的相关规定，并应适合渗滤液的特点。

8.2 工程验收

8.2.1 生活垃圾填埋场渗滤液处理工程竣工验收应执行《建设项目（工程）竣工验收办法》。
8.2.2 生活垃圾填埋场渗滤液处理工程竣工验收具体要求宜参照 GB 50334 执行。

8.3 竣工环境保护验收

8.3.1 渗滤液处理厂（站）的竣工环境保护验收按《建设项目竣工环境保护验收管理办法》的规定进行。
8.3.2 渗滤液处理厂（站）的竣工环境保护验收除应满足《建设项目竣工环境保护验收管理办法》

规定的条件外，在试运行期间还应进行性能试验，性能试验报告可作为环境保护验收的内容。

8.3.3 渗滤液处理厂（站）性能试验包括：

a）按照设计流量全流程通过所有构筑物，确认各构筑物高程布置是否合理；

b）测试并计算各构筑物及主体设备的工艺参数；

c）进、出水水质化验，包括 pH 值、温度、悬浮物、化学需氧量、五日生化需氧量、氨氮、总氮、总磷、总汞、总砷、总镉、总铅、总铬、六价铬、粪大肠菌群数；

d）纳滤和反渗透产水率、浓缩液的电导率或含盐量；

e）渗滤液处理厂（站）内有毒、有害气体的测定；

f）统计全厂（站）进出水量、用电量和主体设备用电量；

g）计算全厂（站）技术经济指标：COD 去除总量、COD 去除电耗（kW • h/kg）、污水处理运行成本（元/t）。

9．运行与维护

9.1 运行

9.1.1 渗滤液处理系统应纳入垃圾填埋场的生产管理中，配备专业管理人员和技术人员。

9.1.2 应具有工艺操作说明书以及设备使用、维护说明书，各岗位人员应严格执行操作规程，如实填写运行记录，并妥善保存。

9.1.3 运行人员应定期进行岗位培训，熟悉生活垃圾渗滤液处理工艺流程、各处理单元的处理要求，并根据水质条件变化适时调整运行参数，达到相应的操作要求和处理目标。

9.1.4 生物处理应根据水质条件及实测数据反馈生物处理效果，并根据需要调整运行参数。

9.1.5 深度处理工序应采用可靠的预处理措施，确保进水条件符合纳滤和反渗透要求。

9.1.6 纳滤和反渗透运行参数主要包括：距上次清洗后运转的时间，设备投入运行总时间；多介质过滤器、保安过滤器与每一段膜组件前后的压降；各段膜组件进水、产水与浓水压力；各段膜组件进水与产水流量；各段膜组件进水、产水与浓缩液的电导率或含盐量；进水、产水和浓缩液的 pH 值；进水淤泥密度指数值。在运行过程中，应根据需要及时调整相关操作参数。

9.1.7 根据水质变化，纳滤和反渗透应采取 pH 值调节、投加阻垢剂等化学品、合理控制运行参数等必要措施，以有效避免膜组件的结垢及污染。

9.2 维护

9.2.1 渗滤液处理系统应制定大、中检修计划和主要设备维护和保养规程，及时更换损坏设备及部件，提高设备的完好率。

9.2.2 操作人员及维修人员应严格执行设备的维修和保养规程，进行定期的维护和检修。

9.3 应急处理措施

9.3.1 应建立渗滤液处理厂（站）易发事故点和面的档案及事故发生的分布图，制定相应的应急处理措施，配套相应的设备和设施。

9.3.2 应加强渗滤液处理厂（站）管理机制和应急能力的建设，并定期组织应急培训和学习。

9.3.3 应配备危险气体（甲烷、硫化氢）和危险化学品的控制与防护措施。

中华人民共和国环境保护部

公 告

2010年 第73号

为贯彻《中华人民共和国环境保护法》和《中华人民共和国水污染防治法》，规范污染治理工程建设与运行，现批准《酿造工业废水治理工程技术规范》等6项标准为国家环境保护标准，并予发布。

标准名称、编号如下：

一、酿造工业废水治理工程技术规范（HJ 575—2010）

二、厌氧—缺氧—好氧活性污泥法污水处理工程技术规范（HJ 576—2010）

三、序批式活性污泥法污水处理工程技术规范（HJ 577—2010）

四、氧化沟活性污泥法污水处理工程技术规范（HJ 578—2010）

五、膜分离法污水处理工程技术规范（HJ 579—2010）

六、含油污水处理工程技术规范（HJ 580—2010）

以上标准自2011年1月1日起实施，由中国环境科学出版社出版，标准内容可在环境保护部网站（ba.mep.gov.cn）查询。

特此公告。

2010年10月12日

HJ

中华人民共和国国家环境保护标准

HJ 575—2010

酿造工业废水治理工程技术规范

Technical specifications for brewing industry wastewater treatment

2010-10-12 发布　　2011-01-01 实施

环　境　保　护　部　发布

前　言

为贯彻《中华人民共和国环境保护法》和《中华人民共和国水污染防治法》，防止酿造工业废水污染，规范酿造工业废水治理工程设施建设和运行管理，防止环境污染，保护环境和人体健康，制定本标准。

本标准规定了酿造工业废水治理工程的技术要求。

本标准由环境保护部科技标准司组织制订。

本标准起草单位：中国环境保护产业协会（水污染治理委员会）、天津市环境保护科学研究院、北京市环境保护科学研究院。

本标准环境保护部 2010 年 10 月 12 日批准。

本标准自 2011 年 1 月 1 日起实施。

本标准由环境保护部解释。

酿造工业废水治理工程技术规范

1．适用范围

本标准规定了酿造工业废水治理工程的污染负荷、总体要求、工艺设计、设计参数与技术要求、工艺设备与材料、检测与过程控制、构筑物及辅助工程、劳动安全与职业卫生、施工与验收、运行与维护等技术要求。

本标准适用于酿造工业废水治理工程建设全过程的环境管理，可作为项目环境影响评价，工程的可行性研究、设计、施工、竣工、环境保护验收以及设施建成后运行等环境管理的技术依据。

2．规范性引用文件

本标准内容引用了下列文件中的条款。凡是不注日期的引用文件，其有效版本适用本标准。

GB 3836.1～17　爆炸性气体环境用电气设备
GB 8978　污水综合排放标准
GB 12348　工业企业厂界噪声标准
GB/T 12801　生产过程安全卫生要求总则
HJ 493—2009　水质采样 样品的保存和管理技术规定
GB 14554　恶臭污染物排放标准
GB 50011　建筑抗震设计规范
GB 50014　室外排水设计规范
GB 50015　建筑给水排水设计规范
GB 50016　建筑设计防火规范
GB 50040　动力机器基础设计规范
GB 50046　工业建筑防腐蚀设计规范
GB 50052　供配电系统设计规范
GB 50053　10 kV 及以下变电所设计规范
GB 50054　低压配电设计规范
GB 50057　建筑物防雷设计规范
GB 50069　给水排水工程构筑物结构设计规范
GB 50194　建设工程施工现场供用电安全规范
GB 50222　建筑内部装修设计防火规范
GB/T 18883　室内空气质量标准
GB/T 18920　城市污水再生利用 城市杂用水水质
GBJ 19　工业企业采暖通风及空气调节设计规范
GBJ 22　厂矿道路设计规范
GBJ 87　工业企业厂界噪声控制设计规范
GBZ 1　工业企业设计卫生标准

CJJ 31—89　城镇污水处理厂附属建筑和附属设备设计标准
CJJ 60　污水处理厂运行、维护及其安全技术规程
HJ/T 91　地表水和污水监测技术规范
HJ/T 242　环境保护产品技术要求 污泥脱水用带式压榨过滤机
HJ/T 245　环境保护产品技术要求 悬挂式填料
HJ/T 246　环境保护产品技术要求 悬浮填料
HJ/T 247　环境保护产品技术要求 竖轴式机械表面曝气装置
HJ/T 250　环境保护产品技术要求 旋转式细格栅
HJ/T 251　环境保护产品技术要求 罗茨鼓风机
HJ/T 252　环境保护产品技术要求 中、微孔曝气器
HJ/T 259　环境保护产品技术要求 转刷曝气装置
HJ/T 260　环境保护产品技术要求 鼓风式潜水曝气机
HJ/T 262　环境保护产品技术要求 格栅除污机
HJ/T 263　环境保护产品技术要求 射流曝气器
HJ/T 277　环境保护产品技术要求 旋转式滗水器
HJ/T 278　环境保护产品技术要求 单级高速曝气离心鼓风机
HJ/T 279　环境保护产品技术要求 推流式潜水搅拌机
HJ/T 280　环境保护产品技术要求 转盘曝气装置
HJ/T 281　环境保护产品技术要求 散流式曝气器
HJ/T 283　环境保护产品技术要求 厢式压滤机和板框压滤机
HJ/T 335　环境保护产品技术要求 污泥浓缩带式脱水一体机
HJ/T 336　环境保护产品技术要求 潜水排污泵
HJ/T 369　环境保护产品技术要求 水处理用加药装置
NY/T 1220.1　沼气工程技术规范 第 1 部分：工艺设计
NY/T 1220.2　沼气工程技术规范 第 2 部分：供气设计
《建设项目（工程）竣工验收办法》（国家计委 计建设[1990]215 号）
《建设项目环境保护竣工验收管理办法》（国家环境保护总局令 第 13 号）

3．术语和定义

3.1 酿造 brewing

指利用微生物或酶的发酵作用将农产品原料制成风味食品饮料的过程。

3.2 酿造工业 brewing industry

指食品工业中从事啤酒、白酒、黄酒、葡萄酒、酒精等酒类和醋、酱、酱油等调味品制造的工业行业。

3.3 酿造废水 brewing wastewater

指酿造工业排放的生产废水，以及固体、半固体废弃物和废液等综合利用时产生的废渣水。

酿造过程中特定生产工艺的某一生产工序排放的尚未与其他废水混合的废水称为酿造工艺废水（brewing process wastewater）。

酿造产品生产过程中排放的各类废水的混合废水称为酿造综合废水（brewing compre-hensive wastewater）。

酿造废水根据酿造产品的不同，可分为啤酒废水、白酒废水、黄酒废水、葡萄酒废水、酒精废

水等，以及制醋废水、制酱废水和制酱油废水等。

3.4 洗涤废水 washing wastewater

指清洗酿造产品包装瓶、糖化锅、发酵罐等容器及管路时产生的废水。

3.5 锅底水 bottom pot water

指白酒生产中蒸酒工序产生的蒸煮锅底残液。

4．污染负荷

4.1 废水收集

4.1.1 酿造废水应遵循“清污分流，浓淡分家”的原则，根据污染物浓度进行分类收集。

4.1.2 酿造废水可参照表 1 的规定进行收集。

表 1 酿造废水分类收集要求

产品种类	需单独收集并进行回收处理或预处理的高浓度工艺废水	可混合收集并进行集中处理的中低浓度工艺废水
啤酒	麦糟滤液，废酵母滤液，容器管路一次洗涤废水	浸麦、容器管路洗涤废水、冷却等废水
白酒	锅底水、黄水、一次洗锅水	原料浸泡废水，容器管路洗涤废水、冷凝水
黄酒	米浆水（包括浸米水）、一次冲米水、酒糟滤液、洗带糟坛水等	洗滤布水、过滤水、淘米水、杀菌水、容器管路洗涤废水
葡萄酒	糟渣滤液、蒸馏残液，一次洗罐水	容器管路洗涤废水等
酒精	废醪液、酒精糟滤液、一次洗罐水	原料浸泡水、酒精糟蒸馏水、酒精蒸馏及 DDGS 蒸发冷凝水、容器管路洗涤废水等
酱油等	发酵滤液，一次洗罐水	原料浸泡水，洗罐和包装容器管路洗涤废水

注：高浓度工艺废水也包括酒糟渣液经固液分离综合利用后排出的滤液。综合利用或预处理后，其处理出水可混入综合废水。

4.2 污染负荷

4.2.1 确定酿造废水的污染负荷应符合以下规定：

（1）各个生产工序排放的各种工艺废水应逐一进行废水排放量测量和水质取样化验；

（2）在工厂废水排放总口对综合废水排放总量和废水水质进行实际测量和取样化验；

（3）根据实际测量和检测取得的数据，分别计算各个生产工序的污染负荷和工厂排放总口的污染总负荷。

4.2.2 酿造废水也可根据生产实际进行物料平衡和水平衡测试确定污染负荷。

4.2.3 酿造废水排放量测量和水质取样化验应符合 HJ/T 91 的要求。

4.2.4 新建的酿造废水治理工程，可类比现有同等生产规模和相同生产工艺酿造工厂的排放数据确定酿造废水污染负荷。

4.2.5 在无法取得污染数据时，可参照表 2 中的数据取值。

4.3 水量和水质的设计参数确定

4.3.1 设计水量和进水水质等设计参数应根据污染负荷的加权统计数据确定，或类比同等同类工厂确定。

4.3.2 酿造综合废水治理设施的出水水质，应根据当地人民政府环境保护行政主管部门的环境管理要求和处理出水排放去向，选择适用的排放标准，如：GB 8978、相关地方排放标准和酿造行业污染排放标准等，并符合标准的规定。

表 2 各类酿造废水的污染负荷

产品种类	废水种类	单位产品废水产生量/（m^3/t）	废水中各类污染物的质量浓度						备注
			pH 值	COD/（mg/L）	BOD_5/（mg/L）	NH_3-N/（mg/L）	TN/（mg/L）	TP/（mg/L）	
啤酒	高浓度废水	0.2～0.6	4.0～5.0	20 000～40 000	9 000～26 000	—	280～385	5～7	
	综合废水	4～12	5.0～6.0	1 500～2 500	900～1 500	90～170	125～250	5～8	
白酒	高浓度废水	3～6	3.5～4.5	10 000～100 000	6 000～70 000	—	230～1 000	160～700	
	综合废水	48～63	4.0～6.0	4 300～6 500	2 500～4 000	30～45	80～150	20～120	
黄酒	高浓度废水	0.2～0.8	3.5～7.0	9 000～60 000	8 000～40 000	—	—	—	
	综合废水	4～14	5.0～7.5	1 500～5 000	1 000～3 500	30～35	—	—	
葡萄酒	高浓度废水	0.2～0.4	6.0～6.5	3 000～5 000	2 000～3 500	—	—	—	白兰地与其他果酒
	综合废水	4～10	6.5～7.5	1 700～2 200	1 000～1 500	10～25	—	—	
酒精	高浓度废水	7～12	3.0～4.5	70 000～150 000	30 000～65 000	80～250	1 000～10 000	—	糖蜜为原料
	高浓度废水	2～5	3.5～5.0	30 000～65 000	20 000～40 000	—	2 800～3 200	200～500	玉米与薯类为原料
	综合废水	18～35	5.0～7.0	14 000～28 500	8 000～17 000	20～36	—	—	
酱油、酱、醋	高浓度废水	0.3～1.0	6.0～7.5	3 000～6 000	1 400～2 500	—	300～1 500	60～350	盐 1%～5% 色度 80～300
	综合废水	1.8～2.8	7.0～8.0	250～550	120～300	—	30～150	15～30	

注 1：高浓度废水指表 1 列举的各类高浓度工艺废水的混合废水。

注 2：综合废水指表 1 列举的各类中、低浓度工艺废水的混合废水，以及高浓度工艺废水经厌氧预处理后排出的消化液和生产厂家自身排放的生活污水等。

注 3：本表中的污染物负荷数据是根据《第一次全国污染源普查工业污染源排污系数手册》和酿造工业污染物排放实际情况综合评估给出，仅供在工程设计前无法取得实际测试数据时参考。

4.3.3 本标准的技术基础支持酿造废水污染治理设施的处理出水满足 GB 8978 一级（B）标准规定的各项水质限值。当排放要求严于 GB 8978 的规定时，可调整废水处理工艺流程、增加处理单元。

4.3.4 设计水量、设计水质的取值宜在污染负荷原数值上增加设计裕量。处理出水的各项水质指标的运行控制值宜低于相应排放标准限值的 10%～20%。

5. 总体要求

5.1 一般规定

5.1.1 酿造废水治理工程设计除应遵守本标准外，还应符合国家现行的有关标准和技术规范的规定。

5.1.2 酿造生产工序排放的酒糟、废酵母、废硅藻土等固体物和废渣水严禁直接混入综合废水处理设施，应另行进行综合利用或减量化与无害化处理处置。

5.2 项目构成

5.2.1 酿造废水处理厂（站）的工程项目主要由废水处理构（建）筑物与设备、辅助工程和配套设施等构成。

5.2.2 废水处理构（建）筑物与设备包括：前处理、厌氧处理、好氧处理、沼气处置与利用、污泥处理、恶臭处理、排放与监测、废水回用等单元。

5.2.3 辅助工程和配套设施包括：厂（站）区道路、围墙、绿地工程，独立的供电工程和供排水工程等；专用的化验室、控制室、仓库、修理车间等工程和办公室、休息室、浴室、食堂、卫生间等生活设施。

5.2.4 废水处理厂（站）应按照国家和地方的有关规定设置规范化排污口。

5.3 建设规模

5.3.1 酿造废水治理工程的建设规模以处理设施每日处理的综合废水量（m^3/d）计。

5.3.2 酿造废水治理工程的建设规模按以下规则分类：

——小型酿造废水治理工程的日处理能力＜1 000 m^3/d；

——中型酿造废水治理工程的日处理能力 1 000～3 000 m^3/d；

——大型酿造废水治理工程的日处理能力 3 000～10 000 m^3/d；

——特大型酿造废水治理工程的日处理能力≥10 000 m^3/d。

5.3.3 应根据建设规模确定酿造废水治理工程的建设要求，并符合表 3 的规定。

表 3 酿造废水治理工程建设要求

酿造废水治理工程建设规模	废水治理工程主体构（建）筑物与设备	废水治理工程一般构（建）筑物与设备	厂站辅助工程	厂站配套设施
小型	按规范设计建设	根据需要选择	—	—
中型	按规范设计建设	根据需要选择	—	—
大型	按规范设计建设	按规范设计建设	根据需要选择	—
特大型	按规范设计建设	按规范设计建设	按规范设计建设	根据需要选择

注 1：本表中的“规范”指本标准、CJJ 31—89 和 GB 50014。

注 2：“一般构（建）筑物与设备”指废水处理构（建）筑物与设备中生物处理以外的构（建）筑物。

5.4 厂（站）选址和总平面布置

5.4.1 大型和特大型新建酿造废水治理工程选址应符合 GB 50014 中的相关规定。

5.4.2 工程的平面布置应布局合理、节约用地；高程设计应降低水头损失，减少提升次数。

5.4.3 工程宜按双系列布置，构筑物及设备之间应留有一定空间。

5.4.4 废水处理厂（站）周围可根据场地条件进行适当的绿化或设置隔离带。

5.4.5 沼气利用等需要防火防爆的设施应设置在相对独立的区域，并考虑一定的防护距离。

6．工艺设计

6.1 酿造废水污染治理技术路线

6.1.1 依靠先进的管理技术、实用的治理技术和资源综合利用技术，实现全过程控制。

（1）贯彻全过程控制，从源头削减污染负荷，控制污染物的产生并减少排放；

（2）优先采用处理效率高、节省建设投资的处理工艺，追求运行费用、能耗、物耗最小化；

（3）保证酿造废水治理设施稳定达标、可靠、安全运行，且易于操作和维护；

（4）保证处理工艺流程完整，不减少处理单元、简化工程设计、缺省污染治理工程，工程设计应按照当地环境保护管理要求设置在线监测系统；

（5）重视防治二次污染，工程设计应考虑生产事故等非正常工况的污染防治应急措施。

6.1.2 实行清洁生产，加强生产工艺的用水管理和排放管理，减少废水产生量和排放量。

（1）加强对冷却水和冲洗水等低浓度工艺废水的循环利用和工艺套用；

（2）冲洗罐、釜、槽、坛、瓶等设备、容器和管路时，应采用“少量、多次”的冲洗方法或逆流漂洗方法；

（3）浓度高的酸性废液和碱性废液应单独收集并处置，不得形成冲击性排放；

（4）尽可能利用酸性工艺废水与碱性工艺废水之间的酸碱度实现废水的自然中和，并使混合后形成的综合废水的pH值符合系统进水要求。

6.1.3 采取削减有机污染负荷的工艺废水单独收集、处理措施，控制综合废水处理系统的进水水质。

（1）含有大量固体物质（糟渣、酵母）的固态、半固态污染物应单独收集并回收处理；

（2）浓度较高且具有资源回收价值的工艺废水应单独收集并优先进行回收处理；

（3）浓度较高、但没有资源回收价值且超出综合废水集中处理系统进水要求的工艺废水应分别收集，在混入综合废水之前应进行污染负荷削减的处理；

（4）回收处理产生的尾水如污染物浓度仍较高，宜经过预处理后再混入综合废水进行集中处理；

（5）符合综合废水集中处理系统进水要求的工艺废水，应直接混入综合废水进行集中处理；

（6）酸性、碱性洗水应优先用于综合废水的 pH 调整，或经过中和处理后混入综合废水进行集中处理；

（7）数量少、非间歇排放，或不易分别收集的高浓度工艺废水（如啤酒行业的麦糟滤液、废酵母滤液、一次洗涤水等），在不影响综合废水处理系统进水水质要求的前提下，宜直接混入综合废水集中处理。

6.1.4 酿造废水总体上应采取“资源回收—厌氧生物处理—生物脱氮除磷处理—回用或排放”的分散与集中相结合的综合治理技术路线，其各部分的技术选用原则如下：

（1）资源回收一般采用固液分离、干燥等处理技术；

（2）厌氧生物处理宜采用两级厌氧处理技术，其中，一级厌氧发酵处理针对高浓度有机废水和废渣水，二级厌氧消化处理针对酿造综合废水；

（3）生物脱氮除磷处理一般采用“厌氧+缺氧+好氧+二沉/过滤”的污水活性污泥处理技术；

（4）废水回用的深度处理宜采用凝聚、过滤、膜分离等物化处理技术；

（5）污染负荷较低的啤酒等行业的酿造综合废水，宜采用一级厌氧生物处理；当两级厌氧生物处理不能满足酿造综合废水的处理要求时，应组合不同厌氧处理技术形成“多级厌氧”的厌氧组合工艺；

（6）资源回收产生的滤液、生物处理产生的剩余污泥、厌氧处理产生的沼气、沼液和沼渣，均应妥善处置和利用。

6.2 酿造废水污染治理工艺流程组合

6.2.1 各类酿造制品产生的工艺废水的水质差异较大，应结合生产实际，根据废水水质、污染性质和污染物浓度，决定资源回收的需要，选择厌氧生物处理的级数，优化酿造综合废水污染治理工艺流程和适宜的废水处理单元技术。

6.2.2 酿造废水污染治理工艺流程组合总框架图

针对某一特定酿造废水进行工艺设计时，应依据图1进行有取舍的专门设计。

6.3 废水的资源回收与循环利用

6.3.1 固形物回收

固形物回收处理工艺流程见图2。

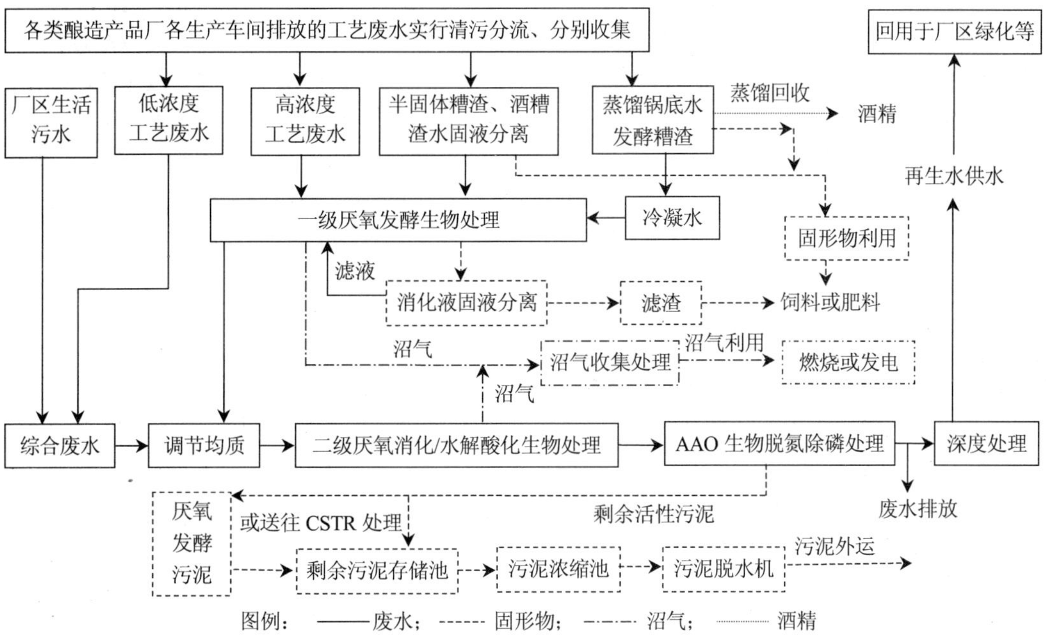

图 1　酿造废水治理工艺流程组合总框架图

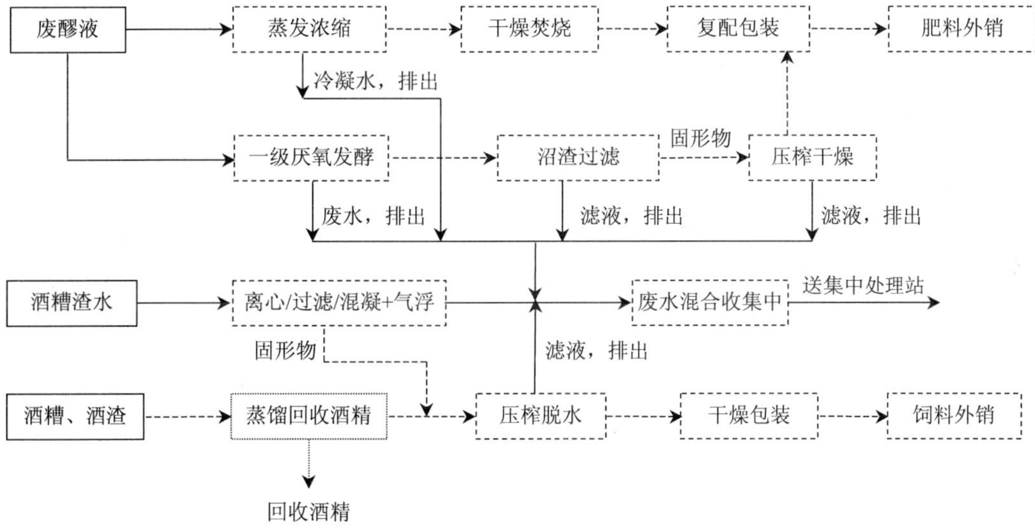

图 2　固形物回收处理工艺流程图

（1）各类酒糟、葡萄酒渣和白酒锅底水等宜采用“蒸馏”工艺优先回收酒精；

（2）啤酒废水应回收麦糟和酵母，酵母废水和麦糟液应采取“离心”或“压榨”或“过滤”等固液分离方法回收酵母和麦糟并干燥制成饲料；

（3）采用固态发酵的白酒和酒精行业应回收固体酒糟，应采用“压榨+干燥”等工艺制高蛋白饲料；

（4）半固态发酵工艺产生的酒糟渣水，可采用“过滤+离心/压榨+干燥”工艺制高蛋白饲料；

（5）液态发酵工艺产生的废醪液，尤其是以糖蜜为原料的酒精废醪液，宜采用“蒸发/浓缩+干燥/焚烧”工艺制有机肥或无机肥；

（6）悬浮物浓度较高的工艺废水（如一次洗水），宜采用“混凝+气浮/沉淀”工艺进行固液分离，固形物经干燥，可回收利用制作饲料；

（7）葡萄渣皮、酒泥等经发酵可回收利用制成肥料；

（8）各类酒糟、酒糟渣水如不适宜回收饲料、肥料，可采取厌氧发酵技术集中回收沼气能源，沼气可替代酿造工厂燃煤的动力消耗；

（9）回收固形物产生的压榨滤液应送往一级厌氧反应器进行处理，湿酒糟等含水固形物可以采用厌氧生物处理产生的沼气进行烘干；

（10）冷凝水可以根据其污染物（COD）浓度，或按工艺废水单独处理，或混入综合废水进行集中处理。

6.3.2 废水循环利用

适宜循环利用的低浓度工艺废水的 COD 一般不超过 100 mg/L。此类废水的循环利用途径和方法如下（图 3）：

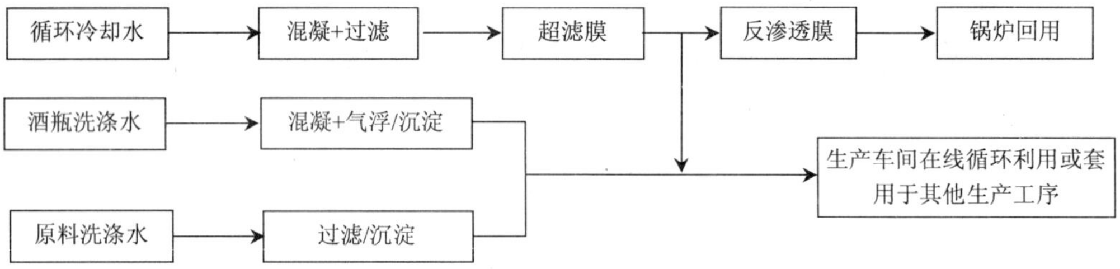

图 3 低浓度工艺废水循环利用工艺流程图

（1）冷却水宜采用“混凝+过滤+膜分离（除盐）”工艺进行循环处理，加强循环利用，提高浓缩倍数，减少新鲜水补充量和废水排放量；

（2）酒瓶洗涤废水宜通过采用“混凝+气浮/沉淀”或“过滤+膜分离”工艺的在线处理，实现闭路循环；

（3）原料洗涤废水宜采用“过滤/沉淀”工艺实现循环利用或套用于其他生产工序。

6.3.3 污染物浓度较高的原料浸泡水、容器冲洗的一次洗水和蒸发、蒸馏的冷凝水不宜于循环利用，应混入综合废水进行集中处理。

6.3.4 酿造行业各类高浓度工艺废水选用回收处理技术和循环利用技术时，应进行处理工艺试验和技术经济比较。

6.4 高浓度工艺废水的一级厌氧发酵处理

6.4.1 一般规定

6.4.1.1 污染物浓度超过综合废水集中处理系统进水要求的各类高浓度工艺废水和回收固形物产生的各种滤液（酒糟压榨清液或废醪液的滤液），应单独收集并进行削减污染负荷的一级厌氧发酵处理，符合综合废水处理系统的进水要求后方可混入综合废水。

6.4.1.2 对计划混入综合废水的各股工艺废水应测算其 COD 总量，根据其对综合废水进水水质和处理出水稳定达标可能造成的潜在影响，确定其污染负荷削减程度，或确定其是否需要采取一级厌氧发酵处理措施以削减污染负荷。

6.4.1.3 一级厌氧发酵处理应优先采用完全混合式厌氧发酵反应器（CSTR），也可以采用其他厌氧生物处理技术；厌氧生物处理宜根据污水悬浮物的浓度、自然气候条件和污水特性，以及与后续综合废水处理使用的相关厌氧工艺的匹配性，确定适宜的厌氧反应器。

6.4.1.4 当厌氧生物处理对进水悬浮固体（SS）浓度有要求时，宜采用物化处理工艺进行预处理；混凝剂和助凝剂的选择和加药量应通过试验筛选和确定，同时应考虑药剂对厌氧处理和综合废水集中处理系统中微生物的影响。

6.4.2 一级厌氧发酵处理

6.4.2.1 作为一级厌氧发酵处理，可供选择的厌氧反应器包括：完全混合式厌氧反应器（CSTR）、升流式厌氧污泥床（UASB）、厌氧颗粒污泥膨胀床（EGSB）、气提式内循环厌氧反应器（IC）等技术。

6.4.2.2 薯类酒精和糖蜜酒精的废醪液、黄酒的浸米水和洗米水、白酒的锅底水和黄水、葡萄酒渣水，以及上述酒类生产设备的一次洗水和酒糟等固形物回收的压榨滤液等高浓度有机物、高浓度悬浮物的工艺废水，应优先选用“完全混合式厌氧反应器（CSTR）”。

6.4.2.3 玉米、小麦酒精，啤酒、酱、酱油、醋等行业的高浓度工艺废水，可以选用厌氧颗粒污泥膨胀床（EGSB）等类型的厌氧反应器，或者选用“混凝+气浮/沉淀+厌氧”的“物化+生化”的组合处理技术。

6.4.3 高浓度工艺废水一级厌氧发酵处理工艺流程如图 4 所示。

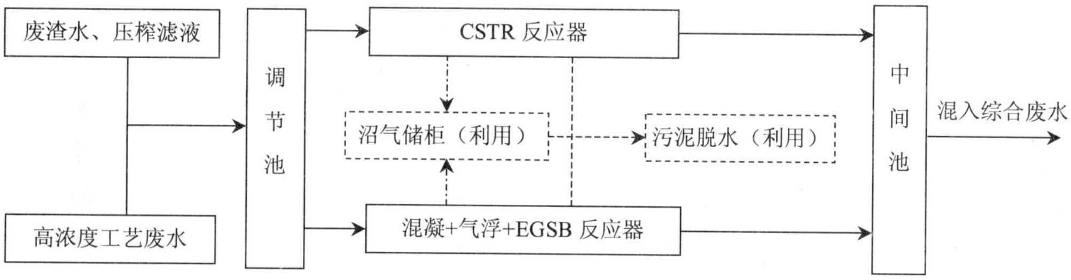

图 4 高浓度工艺废水一级厌氧发酵处理工艺流程图

6.4.4 各类高浓度工艺废水进入一级厌氧发酵处理系统前，应对进水水质进行必要的调整，使水温、pH、SS、SO_4^{2-}等指标满足厌氧生化反应的要求。

6.4.5 一级厌氧处理出水的 COD 应符合酿造综合废水集中处理系统中二级厌氧处理的进水要求。

6.4.6 一级厌氧处理的设计参数应根据废水处理工艺试验确定，应考虑与后续集中处理的衔接。

6.5 综合废水的集中处理

6.5.1 酿造综合废水集中处理应根据进水水质和排放要求，采用“前处理+厌氧消化处理+生物脱氮除磷处理+污泥处理”的单元组合工艺流程。

6.5.2 前处理

6.5.2.1 前处理包括中和、匀质（调节）、拦污、混凝、气浮/沉淀等处理单元。其中，匀质（调节）处理单元是必选的前处理单元技术，其他前处理单元技术的取舍应根据综合废水的水质特性和设施建设要求确定。

6.5.2.2 酿造废水的 pH 调节应尽可能依靠各类工艺废水与酸、碱废水混合后的自然中和，混合后废水的 pH 值如仍不符合进水要求，可以利用废碱液进行中和。

6.5.2.3 前处理工艺流程图如图 5 所示。

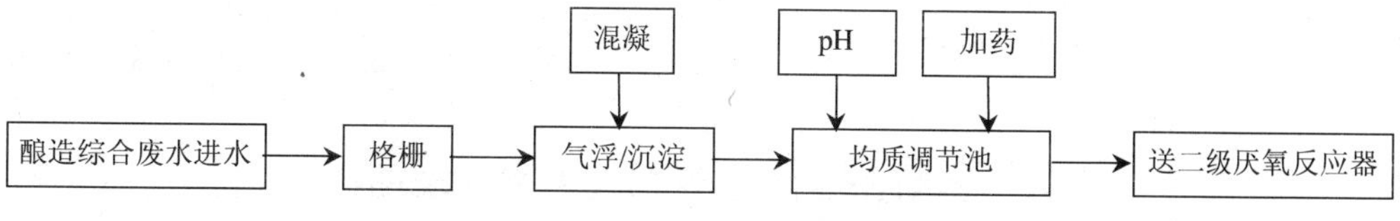

图 5 综合废水前处理系统工艺流程图

6.5.3 二级厌氧消化处理

6.5.3.1 相对于高浓度工艺废水厌氧预处理，酿造综合废水处理的厌氧系统是二级厌氧消化处理。

6.5.3.2 “二级厌氧消化处理”适用于处理高浓度工艺废水的一级厌氧处理出水，也适于直接处理啤酒、葡萄酒、酱、酱油、醋等酿造制品的酿造综合废水。

6.5.3.3 采用“二级厌氧消化处理”工艺应根据系统的进水水质选择适宜的厌氧反应器。

6.5.3.4 二级厌氧消化处理工艺流程如图 6 所示。

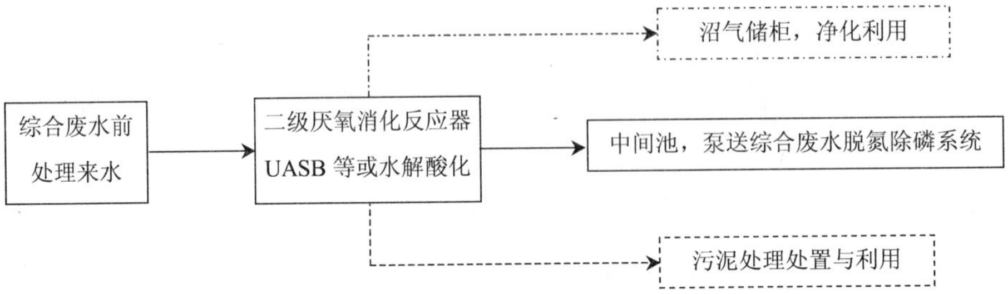

图 6　二级厌氧消化处理系统工艺流程图

6.5.4 生物脱氮除磷处理

6.5.4.1 酿造综合废水的生物脱氮除磷处理系统包括：厌氧段（除磷时）、缺氧段（脱氮时）、好氧曝气反应池、二沉池等，宜根据有机碳、氮、磷等污染物去除要求，选择相关处理单元技术。

6.5.4.2 可选用缺氧/好氧法（A/O）、厌氧/缺氧/好氧法（A/A/O）、序批式活性污泥法（SBR）、氧化沟法、膜生物反应器法（MBR）等活性污泥法污水处理技术，也可选用接触氧化法、曝气生物滤池法（BAF）和好氧流化床法等生物膜法污水处理技术。

6.5.4.3 综合废水的污染负荷超过系统进水要求时，应通过调节厌氧处理效率、增加厌氧或好氧的级数等措施削减污染物；废水性质（B/C、C/N 等）不符合进水要求时，应采取技术措施调整或者增加化学法高级氧化处理单元。

6.5.4.4 综合废水中含有较高的氮、磷污染物时，应选用具有较高脱氮除磷功能的兼氧工艺：

（1）脱氮处理时，可采用“缺氧/好氧”工艺；

（2）需要进行除磷脱氮处理时，应采用“厌氧/缺氧/好氧”工艺，也可根据废水水质情况采用化学除磷方法。

6.5.4.5 中型以上规模处理设施的二沉池宜采用辐流式，小规模的二沉池宜采用竖流式沉淀池。

6.5.4.6 生物脱氮除磷处理工艺流程如图 7 所示。

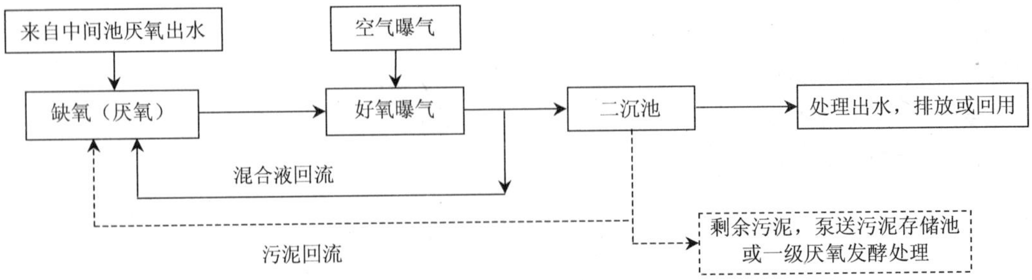

图 7　综合废水生物脱氮除磷处理系统工艺流程图

6.6 深度处理

6.6.1 一般规定

6.6.1.1 酿造综合废水需要回用时，应根据回用途径在综合废水二级生化处理出水的基础上进行深度处理。

6.6.1.2 当地人民政府环境保护行政主管部门对酿造废水排放有更高要求时[达到一级（A）标准]，也可通过废水的深度处理提高出水水质。

6.6.1.3 深度处理工艺技术的选用，应进行处理工艺试验，并进行技术经济比较后确定。

6.6.1.4 深度处理出水宜优先选择作为厂区绿地浇灌和景观用水等回用途径，也可回用于冲洗水、原料洗涤水和浸泡水等水质要求不高的酿造产品生产工艺。

6.6.1.5 应根据回用途径确定相应的回用水水质标准，但最低用水要求不得低于 GB/T 18920 的规定。

6.6.2 工艺组合

6.6.2.1 深度处理可采用完全物化工艺，如“混凝+沉淀”，或“混凝+气浮+吸附”，或“高级氧化”，或“膜分离”工艺；也可采用“生化+物化”的单元组合工艺，如“膜生物反应器（MBR）”或“曝气生物滤池（BAF）+过滤”等。

6.6.2.2 对水质要求不高的生产工艺用水或绿化用水等一般性回用处理可选择混凝沉淀、混凝气浮和高效过滤等单元技术或单元技术组合流程。

6.6.2.3 涉及酿造工艺控制用水的回用水处理应采用吸附处理、高级氧化处理、膜分离处理等单元技术或单元技术组合流程。

6.7 污泥处理

6.7.1 酿造综合废水的污泥处理包括污泥浓缩、污泥脱水、污泥处置等处理单元。

6.7.2 污泥浓缩宜采用浓缩池工艺，也可以采用机械浓缩工艺。

6.7.3 污泥脱水可根据污泥产生量选用离心机、板框压滤机或带式压榨过滤机。

6.7.4 污泥的处置途径：

（1）一级厌氧采用完全混合厌氧反应器（CSTR）的情况下，好氧污泥经浓缩后可以送往完全混合厌氧反应器（CSTR）进行厌氧消化处理；

（2）脱水的厌氧消化污泥堆肥烘干后可以作为肥料利用；

（3）脱水污泥无利用途径时应送往指定的垃圾填埋场进行填埋处置；

（4）洗瓶废水沉淀产生的化学污泥脱水处理后宜送往动力锅炉与煤混烧处置。

6.8 沼气利用

6.8.1 厌氧处理的沼气利用系统包括：沼气贮存柜、沼气净化器、沼气燃烧/换热器等。大型沼气利用系统应包括沼气锅炉、沼气发电机等。

6.8.2 大型和特大型规模的酿造废水治理设施，其厌氧产生的沼气宜进行发电利用，达到一定发电规模时应鼓励沼气电并入电网。替代和补偿酿造工业生产及废水治理设施的自用电力时，宜遵循“以沼定电”、“尽产尽用”的原则。

6.8.3 中、小型规模的酿造废水治理设施应结合生产实际情况进行沼气利用，如用于厌氧换热的热源、回收固形物的干燥，或作为补充燃料供给动力锅炉直接燃烧，或设置火炬以排空燃烧，不得将沼气以直排方式排放。

6.8.4 宜根据沼气利用途径，对沼气进行脱硫和脱水的净化处理。脱硫宜采用装填脱硫剂的脱硫塔净化法或生物脱硫法。

6.9 二次污染防治

6.9.1 恶臭治理

6.9.1.1 格栅间、调节池、水解酸化池、生物处理池、污泥储池、污泥脱水处理间等位置应设置臭气收集装置，并进行除臭处理。

6.9.1.2 大型和特大型酿造废水处理厂（站）的构筑物宜采取密闭收集措施。

6.9.1.3 除臭工艺宜采用物理、化学和生物法相结合的组合技术，常用的除臭工艺包括：吸附、臭氧氧化或光催化氧化、碱吸收、生物吸附或生物过滤等。

6.9.1.4 废水处理设施的恶臭气体排放浓度应符合 GB 14554 的规定。

6.9.1.5 酿造工厂排放的各类废渣应堆放在密闭车间，并设置废气收集、处理装置。可采取喷洒化学药剂、生物制剂的方法进行除臭。

6.9.2 噪声和振动防治

6.9.2.1 应采取隔声、消声、绿化等降低噪声的措施，厂界噪声应达到 GB 12348 的规定。

6.9.2.2 设备间、鼓风机房的噪声和振动控制的设计应符合 GB 50040 和 GBJ 87 的规定。

6.9.2.3 设备间应具有良好的隔声和消声设计，选用性能良好的声学材料进行防护。

6.9.2.4 机械设备的安装应考虑隔振、隔声、消声等噪声和振动控制措施，特大噪声发生源，如鼓风机和水泵等应专门配置消声装置。

6.10 事故与应急处理

6.10.1 酿造废水处理设施应单独设置事故池。调节池不得作为事故池使用。发生事故时，应将废水输送到事故池储存。

6.10.2 发生事故时，可采取如下应急处理技术：

（1）采取向事故池曝气的方式进行空气氧化处理；

（2）投加混凝药剂进行凝聚分离处理；

（3）投加特效工程生物菌剂进行生物氧化处理等。

6.10.3 生产恢复正常或废水处理设施排除故障后，可将事故池存放的废水均量输送到综合废水处理系统进行达标排放的处理。不得从事故池直接向厂外排放废水。

6.10.4 酿造工厂停产维修期间，如废水处理设施也相应停运，应采用事故池收集处理设施停运维修期间企业所排放的生活污水和其他废水。

7．工程设计参数与技术要求

7.1 前处理

7.1.1 格栅

7.1.1.1 调节池前应分别设置粗、细格栅，或水力筛、旋转筛网。粗、细格栅的栅条间隙宜分别为 3.0～10.0 mm 和 0.5～3.0 mm。

7.1.1.2 格栅渠的设计应符合 GB 50014 中第 6.3 节的规定。

7.1.1.3 中、小型规模的酿造综合废水治理设施的格栅渠可与调节池合并设计。

7.1.2 调节池

7.1.2.1 酿造综合废水治理设施应设置调节池，应具备均质、均量、防止沉淀、调节 pH、补加碱度等功能。

7.1.2.2 调节池的水力停留时间（HRT）宜为 6～12 h，中、小型规模的综合废水治理设施设置的调节池的有效容积不宜低于日排水量的 50%。

7.1.2.3 调节池宜采用预曝气或机械搅拌方式实现水质均质功能，曝气量宜为 0.6～0.9 m^3/（m^3·h），或控制气水比为 7∶1～10∶1。机械搅拌功率宜根据水质波动程度采用 4～8 W/m^3。

7.1.2.4 调节池可视水质情况和处理工艺需要，在出水端设置去除浮渣和清除杂物的处理装置，并安装补碱药剂等自动投加设备。

7.1.2.5 调节池中废水的 pH 应控制在 6.5～7.8。应设置在线 pH 自动检测仪和中和剂的自动投加装置。

7.1.3 进水悬浮物高时，应另设置“混凝+沉淀/气浮”处理单元，并增设自动投药装置。混凝剂选择与药剂投加量由工艺试验确定。混凝搅拌池的水力停留时间≥0.5 h，沉降/气浮的水力停留时间≥1.0 h。混凝单元的 COD 去除率宜控制在 20%～50%，SS 去除率≥95%。

7.1.4 当综合废水中 SO_4^{2-}超过 4 500 mg/L 时，宜对废水进行脱硫处理。

7.2 厌氧生物处理

7.2.1 厌氧反应器的进水应符合以下条件：

7.2.1.1 一级厌氧反应器：

（1）工艺废水的 COD＜100 000 mg/L、悬浮物（SS）＜50 000 mg/L 时，宜选用完全混合式厌氧发酵反应器（CSTR）；

（2）工艺废水的 COD＜30 000 mg/L、悬浮物（SS）＜500 mg/L 时，宜选用厌氧颗粒污泥膨胀床反应器（EGSB）。

7.2.1.2 二级厌氧反应器：

（1）综合废水的 COD＜3 000 mg/L、悬浮物（SS）＜500 mg/L 时，宜选用升流式厌氧污泥床反应器（UASB）；

（2）综合废水的 COD＜1 000 mg/L 时，宜选用水解酸化厌氧反应器。

7.2.2 厌氧生物处理单元的污染物（COD）去除率应符合如下规定：

7.2.2.1 高浓度工艺废水的 COD 去除率

（1）一级厌氧处理选用 CSTR 时，COD 去除率应＞80%；

（2）一级厌氧处理选用 EGSB 时，COD 去除率应＞85%。

7.2.2.2 综合废水的 COD 去除率

（1）二级厌氧处理选用 UASB 时，COD 去除率应＞90%；

（2）二级厌氧处理选用水解酸化工艺时，COD 去除率应＞35%。

7.2.3 应根据工艺试验结果确定各类厌氧反应器的设计、运行参数。当缺少试验资料时可参考表 4 的数据进行工程设计。

表 4 厌氧反应器的设计、运行参数

厌氧工艺方法	容积负荷（COD）/[kg/（m^3•d）]	反应温度/℃	污泥产率（MLSS/COD）/（kg/kg）	沼气产率（COD）/（m^3/kg）	有效水深/m	上升流速/（m/h）
一级厌氧处理（CSTR）	6～10	55±2	—	0.45～0.55	—	—
一级厌氧处理（EGSB）	15～40	55±2	0.05～0.10	0.35～0.45	14～18	5～15
二级厌氧处理（UASB）	5～7	35±2	0.05～0.10	0.35～0.45	4～8	0.5～1.0
二级厌氧处理（水解）	2.3～4.5	25±2	—	—	4～6	1.5～3.0

7.2.4 厌氧反应器后宜设置缓冲池，水力停留时间（HRT）宜为 1.0～1.5 h。

7.2.5 厌氧反应器的设计应符合相应的工程技术规范。厌氧反应器可采用钢筋混凝土结构或钢结构，钢结构需要采取保温措施。厌氧反应器应根据设计进水流量，设置 2 个或 2 个以上的反应器。单体厌氧反应器的容积不宜大于 2 000 m^3。

7.2.6 采用厌氧颗粒污泥膨胀床反应器（EGSB）和升流式厌氧污泥床反应器（UASB）时，如进水悬浮物（SS）浓度过高，应增设“混凝+气浮/沉淀”的预处理单元。

7.2.7 采用水解酸化厌氧反应器应从底部进水，布水系统应保证布水均匀。应在底部设置潜水搅拌器，以防止污泥沉降。潜水搅拌器的机械搅拌功率宜采用 2～4 W/m^3。

7.2.8 完全混合式厌氧消化反应器（CSTR）的高径比宜为（1.5～2）∶1；宜采用连续搅拌，搅拌功率宜为 0.001～0.005 W/m^3。反应器处理高浓度酿造废水时，其水力停留时间（HRT）宜按 4～10 d 设计，或污泥浓度宜按 4～10 g/L 控制。

7.3 生物脱氮除磷处理

7.3.1 生物脱氮除磷处理系统的进水应符合以下要求：

（1）系统进水化学需氧量（COD）宜≤1 000 mg/L；

（2）水温宜为 12～37℃、pH 宜为 6.5～9.5、营养组合比（碳∶氮∶磷）宜为 100∶5∶1；

（3）污水中五日生化需氧量（BOD_5）与化学需氧量（COD）之比（B/C）宜＞0.3；

（4）去除氨氮时，进水总碱度（以 $CaCO_3$ 计）与氨氮（NH_3-N）的比值宜＞7.14；

（5）去除总氮时，五日生化需氧量（BOD_5）与总凯氏氮（TN）之比（C/N）宜＞4，总碱度（以 $CaCO_3$ 计）与氨氮（NH_3-N）的比值宜＞3.6；

（6）去除总磷时，五日生化需氧量（BOD_5）与总磷（TP）之比（C/P）宜＞17；

（7）好氧池（区）的剩余碱度宜＞70 mg/L。

7.3.2 生物脱氮除磷处理系统的污染物去除率应符合以下要求：

（1）生物脱氮除磷处理系统的 COD 去除率应＞90%；

（2）BOD_5 去除率应＞95%；

（3）氨氮（NH_3-N）去除率应＞80%；

（4）总磷（TP）去除率应＞80%。

7.3.3 应根据工艺试验结果确定各类设计、运行参数，其工程设计应符合相应的工程技术规范要求和 GB 50014 中的规定。当缺少试验资料时可参考表 5 的数据设计。

表 5 好氧反应器的设计、运行参数

工艺方法	污泥负荷（BOD_5/MLVSS）/[kg/（kg·d）]	需氧量（O_2/BOD_5）/（kg/kg）	污泥浓度（MLSS）/（kg/m^3）	污泥产率系数（VSS/BOD_5）（kg/kg）	有效水深/m	总水力停留时间/h
厌氧、缺氧、好氧活性污泥法	0.05～0.20	1.1～2.0	2.0～4.0	0.4～0.8	4～6	A：1～3 O：7～15
序批式活性污泥法（SBR）	0.05～0.10	1.5～2.0	2.0～4.0	0.3～0.6	4～6	20～30
氧化沟活性污泥法	0.05～0.15	1.1～2.0	2.0～6.0	0.2～0.6	4～8	A：1～3 O：9～23
膜生物反应器法（MBR）	0.10～0.40	1.5～2.0	6.0～12.0 10～40（外置）	0.47～1.0	4～6	4～12
接触氧化法*	0.6～1.0 [kg/（m^3·d）]	1.2～1.4	0.5～4.0	0.35～0.40	3～5	8～20

注：*接触氧化法污泥负荷为每天单位体积填料的 BOD_5 的量。

7.3.4 采用生物膜法的接触氧化工艺时，其技术要求如下：

（1）应选用性能优良的高效生物膜填料，固定生物膜填料的钢架应选用 314 不锈钢材质；

（2）应采取底部进水的方式，并设置布水器使废水均匀进入反应池，废水上升流速宜为 0.5～1.0 m/h；

（3）好氧池应保持足够的充氧曝气，溶解氧（DO）应大于 2.0 mg/L，气水比宜控制在 5∶1～20∶1。

7.3.5 酿造综合废水进水水质不符合 7.3.1 的各项要求时，应采取相应的水质改善措施进行调整，如进行补碱，或增加水解酸化处理单元对大分子物质进行生物降解，或采用高级氧化技术予以化学分解。

7.3.6 脱氮时，混合液的回流比宜为 100%～400%；除磷时，污泥的回流比宜为 50%～100%。

7.4 污泥处理

7.4.1 污泥处理工程设计应符合 GB 50014 的相关规定。

7.4.2 生化污泥产生量应根据有机物浓度、污泥产率系数进行计算；当缺乏资料时，可参考表 5 的数值。物化污泥量应根据废水浓度、悬浮物、药品投加量、有机物的去除率等进行计算。

7.4.3 脱水生化污泥的含水率应≤80%。脱水化学污泥的含水率应≤75%。

7.4.4 污泥浓缩脱水投加药剂的种类和投药量应根据试验确定，不宜过量投加。

7.4.5 污泥浓缩池的水力停留时间（HRT）应根据除磷的需要确定，一般宜为 2～4 h。

7.5 沼气利用

7.5.1 应根据厌氧反应器进水水质和沼气产率确定建设规模，其工程设计应符合 NY/T 1220.1 和 NY/T 1220.2 的规定。

7.5.2 沼气利用应设计隔离区，实行封闭管理，严格防火、防爆、防毒。

7.5.3 沼气利用系统应建设沼气储柜，储气柜的容积设计应根据不同的用途确定，沼气用于发电时储气柜的储存容量应满足 72 h 的沼气产生量，或符合有关标准的要求。

7.6 事故应急处理

7.6.1 事故池有效容积应大于发生事故时的最大废水产生量，或大于酿造工厂 24 h 的综合废水排放总量。

7.6.2 事故池应设置以备应急处理使用的表曝机、污水泵等设备。

7.6.3 事故池的池体超高宜为 700～1 000 mm。事故池应设置排泥设施和排泥泵。

8. 主要工艺设备和材料

8.1 选型要求

8.1.1 酿造综合废水治理设施的关键设备和材料包括：格栅除污机、水泵、污泥泵、鼓风机、曝气机械和曝气装置、潜水推流搅拌机、自动加药装置、污泥浓缩脱水机械、生物膜填料、滗水器等。

8.1.2 所有关键设备和材料均应从工程设计、招标采购、施工安装、运行维护、调试验收等环节给予严格控制，选择满足工艺要求、符合相应标准的产品。

8.1.3 格栅除污机应优先选用回转式或钢索式，栅间隙应符合设计规定，负载运转下不得产生卡阻。

8.1.4 水泵、污泥泵应选用节能型，泵效率应大于 80%。应根据工艺要求选用潜水泵或干式泵。潜水污水泵应优先选用首次无故障时间大于 12 000 h 的产品，机械密封应无渗漏。

8.1.5 鼓风机应优先选用低噪声、低能耗、高效率的产品，运转噪声应小于等于 83 dB（A），出口风压应稳定。

8.1.6 表面曝气机械的理论动力效率应大于 3.5 kg/（kW·h），鼓风式曝气器的理论动力效率应大于 4.5 kg/（kW·h）。在满足工艺要求的前提下应优先选用竖轴式表面曝气机和鼓风式射流曝气器。

8.1.7 潜水推流搅拌机应密封良好、无渗漏，运转时保持反应池底边流速≥0.3 m/s。

8.1.8 加药装置应实现自动化运行控制。自动加药装置的计量精度应不低于 1‰。

8.1.9 中小型规模的酿造废水治理设施宜选用浓缩池浓缩污泥、板框（厢）式压滤机脱水的污泥处理模式，大型和特大型酿造废水治理设施宜选用污泥浓缩一体机的机械处理模式。

8.1.10 生物膜填料应优先选用技术性能高、使用寿命长的产品。填料的比表面积应大于 1 500 m^2/m^3。

反应器的填料填充率应依据污泥容积负荷进行确定，宜控制在20%～70%。

8.1.11 滗水器应启闭灵活，旋转接头无渗漏，匀速升降，并具有阻挡浮渣的功能。

8.2 性能要求

8.2.1 旋转式细格栅应符合HJ/T 250的规定，格栅除污机应符合HJ/T 262的规定。

8.2.2 潜水排污泵应符合HJ/T 336的规定。潜水推流搅拌机应符合HJ/T 279的规定。

8.2.3 采用鼓风曝气系统时，单级高速曝气离心鼓风机应符合HJ/T 278的规定，罗茨鼓风机应符合HJ/T 251的规定；鼓风式潜水曝气机应符合HJ/T 260的规定，鼓风式中、微孔曝气器应符合HJ/T 252的规定，鼓风式射流曝气器应符合HJ/T 263的规定，鼓风式散流曝气器应符合HJ/T 281的规定。

8.2.4 采用表面曝气机械时，竖轴式机械表面曝气机应符合HJ/T 247的规定，横轴式转刷曝气机应符合HJ/T 259的规定，转盘曝气机应符合HJ/T 280的规定。

8.2.5 加药设备应符合HJ/T 369的规定。污泥脱水用厢式压滤机和板框压滤机应符合HJ/T 283的规定，带式压榨过滤机应符合HJ/T 242的规定，污泥浓缩带式脱水一体机应符合HJ/T 335的规定。

8.2.6 悬挂式填料应符合HJ/T 245的规定，悬浮填料应符合HJ/T 246的规定。

8.2.7 滗水器应符合HJ/T 277的规定。

8.2.8 水泵、污泥泵、鼓风机、表面曝气机、潜水推流搅拌机的首次无故障时间应大于等于10 000 h，使用寿命应大于等于10年；格栅除污机、污泥浓缩脱水机、滗水器的首次无故障时间应大于等于6 000 h，使用寿命应大于等于8年；曝气装置、生物膜填料、自动加药装置的首次无故障时间应大于等于4 000 h，使用寿命应大于等于5年。水质在线监测仪的测量与人工检测的偏差应不大于5%。

8.3 配置要求

8.3.1 格栅除污机、污泥浓缩脱水机械、表面曝气机、滗水器等设备应按双系列或多系列生产线分别配置。

8.3.2 加药设备应按加入药液的种类和处理系列分别配置。每台加药设备应保持专机专用，且应配置备用的药液计量泵。

8.3.3 水泵、污泥泵、鼓风机、潜水推流搅拌机应设置备用设备。

8.3.4 曝气装置、生物膜填料、自动加药装置应储备核心部件和易损部件。

9．检测与过程控制

9.1 检测

9.1.1 大型和特大型酿造废水治理设施应设标准化验室，中、小型的酿造废水治理设施可在废水处理车间内设置化验室或化验台。

9.1.2 化验室或化验台应按照检测项目配备相应的检测仪器和设备。

9.1.3 厌氧处理单元宜检测废水进、出口的pH（或挥发酸）、COD、BOD_5和沼气产生量，以及反应器内的碱度和污泥性状、污泥浓度等指标。

9.1.4 水解酸化处理单元宜检测废水进口的pH（或挥发酸）、COD和BOD_5，以及废水出口的NH_3-N、DO、污泥性状、污泥浓度等指标。

9.1.5 好氧处理单元宜检测废水进口的pH、COD、BOD_5、TP、DO、NH_3-N、TN，以及反应池内的污泥性状、污泥浓度等指标。

9.1.6 二沉池处理单元宜检测出水SS、COD、BOD_5、TP、NH_3-N、TN。

9.2 自动控制

9.2.1 酿造废水治理工程应根据工程的实际情况选用适合的自动控制方式。

9.2.2 应根据工程规模、工艺流程和运行管理要求确定控制要求和参数。
9.2.3 应采用集中管理、分散控制的自动化控制模式，设一套 PLC 控制器，必要时可下设现场 I/O 模块。
9.2.4 关键设备附近应设置独立的控制箱。同时保有“手动/自动”的运行控制切换功能。
9.2.5 现场检测仪表应具备防腐、防爆、抗渗漏、防结垢、自清洗等功能。
9.2.6 采用计算机控制管理系统时应符合 GB 50014 中的有关规定。

10．构筑物及辅助工程

10.1 污水处理厂（站）应采用单路供电加柴油发电机组的供电方式。柴油发电机组的容量应大于全厂（站）计算负荷的 50%。
10.2 低压配电设计应符合 GB 50054 的规定。
10.3 供配电系统应符合 GB 50052 的规定。
10.4 工程施工现场供用电安全应符合 GB 50194 的规定。
10.5 供电工程设计应符合 GB 50053 的规定。
10.6 防腐工程设计应符合 GB 50046 的规定。
10.7 防爆工程设计应符合 GB 50222 和 GB 3836 的规定。厌氧处理的沼气利用工程应列为重点防护，电气设备应符合 GB 3836 的规定。
10.8 抗震等级设计应符合 GB 50011 的规定。
10.9 防雷设计应符合 GB 50057 的规定。
10.10 构筑物结构设计应符合 GB 50069 的规定。
10.11 供水工程设计应符合 GB 50015 的规定。
10.12 排水工程设计应符合 GB 50014 的规定。
10.13 采暖通风工程设计应符合 GBJ 19 的规定。
10.14 厂区道路与绿化等工程设计应符合 GBJ 22 的规定。

11．劳动安全与职业卫生

11.1 劳动安全

11.1.1 酿造废水治理工程在建设和运行期间，应采取有效措施保护人身安全和身体健康。
11.1.2 安全管理应符合 GB 12801 中的有关规定。
11.1.3 应建立定期安全检查制度，及时消除事故隐患，防止事故发生。
11.1.4 劳动卫生与安全要求应符合 GBZ 1 的规定。
11.1.5 水处理构筑物应按照有关规定设置防护栏杆、防滑梯和救生圈等安全措施。
11.1.6 人员进入密闭的水处理构筑物检修时，应先进行不小于 1 h 的强制通风，经过仪器检测，确定符合安全条件时，人员方可进入。
11.1.7 机械设备的所有运转部位都应设置防护罩，检修时应断电，不得带电检修。
11.1.8 防火与消防工程设计应符合 GB 50016 的规定。

11.2 职业卫生

11.2.1 室内空气应保持清新。臭气浓度应符合 GB/T 18883 的规定。操作室空气环境应适合操作人员长期在岗工作。
11.2.2 应对直接接触污水的器具建立清洗和消毒的作业程序。

11.2.3 应向操作人员提供必要的劳动保护用品，以及浴室、更衣室等卫生设施。

11.2.4 应加强作业场所的职业卫生防护，做好隔声、减震和防暑、防毒等预防工作。

12．施工与验收

12.1 工程施工

12.1.1 酿造废水治理工程的施工应符合有关工程施工程序及管理文件的要求，执行国家相关强制性标准和技术规范。

12.1.2 酿造废水治理工程应按工程设计施工，工程变更应取得设计变更文件后再进行。

12.1.3 酿造废水治理工程施工中所使用的设备、材料、器件等应符合相关的国家和行业标准，在取得供应商的产品合格证后方可使用。关键设备还应向供应商索取产品出厂检验报告、型式检验报告和环保产品认证证书等技术文件。

12.1.4 应按照产品说明书进行设备安装，安装后应进行单机调试。

12.2 工程验收

12.2.1 酿造废水治理工程的竣工验收应按《建设项目（工程）竣工验收办法》的有关规定进行，竣工验收合格前不得投入生产性使用。

12.2.2 竣工验收应依据主管部门的批准文件、经批准的设计文件和设计变更文件、工程合同、设备供货合同和合同附件、设备技术文件和技术说明书及其他文件等进行。

12.2.3 竣工验收应分阶段进行，工程的设备安装、构筑物、建筑物等单项工程可随竣工随验收，工程全部竣工后应进行整体工程的竣工验收。

12.2.4 单项工程中的设备安装工程应在验收前进行单体设备调试和试运行；池体等构筑物建设工程的验收应事先进行注水试验；管道安装工程应在工程验收前先进行压力试验。

12.2.5 整体工程竣工验收前，应进行进清水联动试车和整体调试。联动试车应持续 48 h 以上，各系统应运转正常，自动化控制系统应符合运行实际控制要求，各项技术指标均应达到设计要求和合同要求。

12.2.6 酿造废水治理工程的单项工程验收和整体工程竣工验收的任一环节出现问题都应进行整改，直至全部合格。

12.2.7 整体工程竣工验收合格后，方可进行酿造废水处理试运行。

12.3 环境保护验收

12.3.1 酿造废水污染治理工程环境保护竣工验收应按《建设项目环境保护竣工验收管理办法》的规定进行。

12.3.2 环境保护竣工验收应提交以下技术文件：

（1）《建设项目环境保护竣工验收管理办法》规定的所有文件；

（2）酿造废水治理工程的性能评估报告；

（3）试运行期连续检测数据（一般不少于 1 个月）；

（4）完整的启动试运行、生产试运行操作记录。

12.3.3 通过系统调试运行和性能试验，对酿造废水污染治理工程进行性能评估。性能试验至少应包括：

（1）耗电量测试，分别测量各主要设备单体运行和设施系统运行的电能消耗；

（2）充氧效果试验，测试氧转移系数、氧利用率、充氧量等参数，分析供氧效果；

（3）风机运行试验，测试单台风机运行和全部风机联动运行的供气量、风压、噪声等参数，包括启动和运行时的参数；

（4）满负荷运行测试，向处理系统通入最大流量的废水，考察各工艺单元、构筑物和设备的运行工况；

（5）活性污泥测试，引种、培育并驯化活性污泥，调整各反应器的运行工况和运行参数，检测各项参数，观察反应池污泥性状，直至污泥运行正常；

（6）剩余污泥量测试，测定剩余污泥产生量和污泥脱水效率等工艺参数；

（7）水质检测，在工艺要求的各个重要部位，按照规定频次、指标和测试方法进行水质检测，分析污染物去除效果；

（8）物化处理性能测试，工艺流程有物化处理单元的应按有关规定测试其运行参数；

（9）出水指标达标的环境监测，处理出水符合达标验收要求。

13．运行与维护

13.1 一般规定

13.1.1 酿造废水处理设施的运行管理除应符合本标准的规定外，还应符合国家现行有关法律、法规和标准的规定。

13.1.2 酿造废水处理设施的运行管理宜参照 CJJ 60 和相应工程技术规范的有关规定执行。

13.1.3 运行管理人员应具有相应的职业教育背景，并经过技术培训合格后方可上岗操作。

13.1.4 应制定运行管理、维护保养制度和岗位操作规程，执行运行、维护记录。

13.1.5 各处理单元、设备应按照设计要求运行，发现设备存在运转异常情况应及时采取维护修理措施，必要时应更换受损的部件。

13.1.6 设备进行现场大修或出厂大修时应提前制定替代运行预案。

13.1.7 酿造废水治理设施的设备完好率应达到 100%。

13.2 水质检测

13.2.1 酿造废水处理设施应配备专职水质分析化验人员，且具有相应环境监测职业资格并定期接受技术培训。

13.2.2 取样、样品处理与保存和分析化验等应符合 HJ/T 91 和 HJ 493—2009 的规定。

13.2.3 酿造废水处理设施正常运行时，pH、COD、DO、SS、ORP 等常规监测项目的取样和分析化验应每班不少于一次；污泥浓度、NH_3-N、TP、TN 等监测项目的取样和分析化验应每天不少于一次；BOD_5 等项目的取样和分析化验应每周不少于一次。

13.2.4 调试、停车后重新启动和发生突发事故时应增加监测项目的分析化验频率。

13.2.5 检验仪器应按规定由计量检验机构定期进行检验和校准。

13.3 厌氧处理单元的运行管理

13.3.1 进水 pH 值应控制在 6.5～8.0。

13.3.2 应控制进水碱度，可根据检测数据及时调整系统负荷或采取其他相应措施。

13.3.3 进水温度较低时应采取适当的加热措施，进水温度应符合反应条件（中温发酵：35℃，高温发酵：55℃，允许温差±2℃）。

13.3.4 厌氧反应器溢流管应保持畅通，并保持足够的水封高度。冬季应采取防止水封结冰的措施，每班检查一次。

13.3.5 液面下 1.0 m 处 DO 应小于 0.1 mg/L。

13.3.6 污泥浓度应大于 20 g/L。

13.4 水解酸化池的运行管理

13.4.1 进水 pH 应控制在 6.5～7.5。

13.4.2 污泥界面应控制在液面下 0.5～1.5 m。

13.4.3 污泥床的高度应控制在 2.0～2.5 m。

13.4.4 液面下 0.5 m 处 DO 宜＜0.3 mg/L，污泥床底部的 DO 宜＜0.2 mg/L。

13.4.5 污泥不能达到规定的要求时应加大污泥回流量。

13.5 生物脱氮除磷处理单元的运行管理

13.5.1 脱氮除磷处理单元运行管理应符合相应的工程技术规范。

13.5.2 缺氧段应搅拌，保持液面下 0.5 m 处 DO＜0.3 mg/L，液面下 1.0 m 处 DO＜0.2 mg/L。

13.5.3 好氧段反应区内 DO 不宜＜2.5 mg/L。如溶解氧不足应增加曝气量，反应池底部的曝气器应保持完好，如有损坏应及时修复或更换。

13.5.4 对活性污泥应加强观察，污泥出现不正常现象应及时采取调整措施。

13.5.5 应根据总氮去除效果，在 100%～400%范围内调整混合液的回流比。

13.5.6 应加强水质检测，发现 C/N 比不符合运行要求时，应补加碳源营养物。

13.6 恶臭控制系统的运行管理

13.6.1 臭气收集系统、处理系统应保持密闭和足够的风压，保证正常工作。

13.6.2 生物膜滤床应维持适宜的湿度，保证生物菌适合的生存繁殖条件。

13.6.3 滤床排放口应设置检测仪表，当废气不符合排放要求时应调整运行工况和参数。

HJ

中华人民共和国国家环境保护标准

HJ 576—2010

厌氧—缺氧—好氧活性污泥法
污水处理工程技术规范

Technical specifications for Anaerobic-Anoxic-Oxic activated sludge process

2010-10-12 发布　　　　2011-01-01 实施

环 境 保 护 部 发布

前 言

为贯彻《中华人民共和国水污染防治法》，防治水污染，改善环境质量，规范厌氧缺氧好氧活性污泥法在污水处理工程中的应用，制定本标准。

本标准规定了采用厌氧—缺氧—好氧活性污泥法的污水处理工程工艺设计、电气、检测与控制、施工与验收、运行与维护的技术要求。

本标准的附录 A 为规范性附录。

本标准为首次发布。

本标准由环境保护部科技标准司组织制订。

本标准主要起草单位：中国环境保护产业协会（水污染治理委员会）、机科发展科技股份有限公司、北京城市排水集团有限责任公司、北京市市政工程设计研究总院。

本标准由环境保护部 2010 年 10 月 12 日批准。

本标准自 2011 年 1 月 1 日起实施。

本标准由环境保护部解释。

厌氧—缺氧—好氧活性污泥法污水处理工程技术规范

1．适用范围

本标准规定了采用厌氧—缺氧—好氧活性污泥法的污水处理工程工艺设计、电气、检测与控制、施工与验收、运行与维护的技术要求。

本标准适用于采用厌氧—缺氧—好氧活性污泥法的城镇污水和工业废水处理工程，可作为环境影响评价、设计、施工、验收及建成后运行与管理的技术依据。

2．规范性引用文件

本标准内容引用了下列文件中的条款。凡不注明日期的引用文件，其有效版本适用于本标准。

GB 3096 声环境质量标准
GB 12348 工业企业厂界环境噪声排放标准
GB 12523 建筑施工场界噪声限值
GB 12801 生产过程安全卫生要求总则
GB 18599 一般工业固体废物贮存、处置场污染控制标准
GB 18918 城镇污水处理厂污染物排放标准
GB 50014 室外排水设计规范
GB 50015 建筑给水排水设计规范
GB 50040 动力机器基础设计规范
GB 50053 10 kV 及以下变电所设计规范
GB 50187 工业企业总平面设计规范
GB 50204 混凝土结构工程施工质量验收规范
GB 50222 建筑内部装修设计防火规范
GB 50231 机械设备安装工程施工及验收通用规范
GB 50268 给水排水管道工程施工及验收规范
GB 50352 民用建筑设计通则
GBJ 16 建筑设计防火规范
GBJ 87 工业企业噪声控制设计规范
GB 50141 给水排水构筑物工程施工及验收规范
GBZ 1 工业企业设计卫生标准
GBZ 2 工作场所有害因素职业接触限值
CJ 3025 城市污水处理厂污水污泥排放标准
CJJ 60 城市污水处理厂运行、维护及其安全技术规程
CJ/T 51 城市污水水质检验方法标准
HJ/T 91 地表水和污水监测技术规范
HJ/T 242 环境保护产品技术要求 污泥脱水用带式压榨过滤机

HJ/T 251　　环境保护产品技术要求 罗茨鼓风机
HJ/T 252　　环境保护产品技术要求 中、微孔曝气器
HJ/T 278　　环境保护产品技术要求 单级高速曝气离心鼓风机
HJ/T 279　　环境保护产品技术要求 推流式潜水搅拌机
HJ/T 283　　环境保护产品技术要求 厢式压滤机和板框压滤机
HJ/T 335　　环境保护产品技术要求 污泥浓缩带式脱水一体机
HJ/T 353　　水污染源在线监测系统安装技术规范（试行）
HJ/T 354　　水污染源在线监测系统验收技术规范（试行）
HJ/T 355　　水污染源在线监测系统运行与考核技术规范（试行）
《建设项目竣工环境保护验收管理办法》（国家环境保护总局，2001）

3．术语和定义

下列术语和定义适用于本标准。

3.1 厌氧—缺氧—好氧活性污泥法 anaerobicanoxicoxic activated sludge process

指通过厌氧区、缺氧区和好氧区的各种组合以及不同的污泥回流方式来去除水中有机污染物和氮、磷等的活性污泥法污水处理方法，简称 AAO 法。主要变形有改良厌氧缺氧好氧活性污泥法、厌氧缺氧缺氧好氧活性污泥法、缺氧厌氧缺氧好氧活性污泥法等。

3.2 厌氧池（区） anaerobic zone

指非充氧池（区），溶解氧质量浓度一般小于 0.2 mg/L，主要功能是进行磷的释放。

3.3 缺氧池（区） anoxic zone

指非充氧池（区），溶解氧质量浓度一般为 0.2～0.5 mg/L，主要功能是进行反硝化脱氮。

3.4 好氧池（区） oxic zone

指充氧池（区），溶解氧质量浓度一般不小于 2 mg/L，主要功能是降解有机物、硝化氨氮和过量摄磷。

3.5 硝化 nitrification

指污水生物处理工艺中，硝化菌在好氧状态下将氨氮氧化成硝态氮的过程。

3.6 反硝化 denitrification

指污水生物处理工艺中，反硝化菌在缺氧状态下将硝态氮还原成氮气的过程。

3.7 生物除磷 biological phosphorus removal

指污泥中聚磷菌在厌氧条件下释放出磷，在好氧条件下摄取更多的磷，通过排放含磷量高的剩余污泥去除污水中磷的过程。

3.8 污泥停留时间 sludge retention time

指活性污泥在反应池（区）中的平均停留时间，也称作泥龄。

3.9 预处理 pretreatment

指进水水质能满足 AAO 的生化要求时，在 AAO 反应池前设置的常规处理措施。如格栅、沉砂池、初沉池、气浮池、隔油池、纤维及毛发捕集器等。

3.10 前处理 preprocessing

指进水水质不能满足 AAO 的生化要求时，根据调整水质的需要，在 AAO 反应池前设置的处理工艺。如水解酸化池、混凝沉淀池、中和池等。

3.11 标准状态 standard state

指大气压为 101 325 Pa、温度为 293.15 K 的状态。

4. 总体要求

4.1 AAO 宜用于大、中型城镇污水和工业废水处理工程。

4.2 AAO 污水处理厂（站）应遵守以下规定：

a）污水处理厂厂址选择和总体布置应符合 GB 50014 的有关规定。总图设计应符合 GB 50187 的有关规定。

b）污水处理厂（站）的防洪标准不应低于城镇防洪标准，且有良好的排水条件。

c）污水处理厂（站）区建筑物的防火设计应符合 GBJ 16 和 GB 50222 的规定。

d）污水处理厂（站）区堆放污泥、药品的贮存场应符合 GB 18599 的规定。

e）在污水处理厂（站）建设、运行过程中产生的废气、废水、废渣及其他污染物的治理与排放，应执行国家环境保护法规和标准的有关规定，防止二次污染。

f）污水处理厂（站）的设计、建设应采取有效的隔声、消声、绿化等降低噪声的措施，噪声和振动控制的设计应符合 GBJ 87 和 GB 50040 的规定，机房内、外的噪声应分别符合 GBZ 2 和 GB 3096 的规定，厂界噪声应符合 GB 12348 的规定。

g）污水处理厂（站）的设计、建设、运行过程中应重视职业卫生和劳动安全，严格执行 GBZ 1、GBZ 2 和 GB 12801 的规定。污水处理工程建成运行的同时，安全和卫生设施应同时建成运行，并制定相应的操作规程。

4.3 城镇污水处理厂应按照 GB 18918 的有关规定安装在线监测系统，其他污水处理工程应按照国家或当地的环境保护管理要求安装在线监测系统。在线监测系统的安装、验收和运行应符合 HJ/T 353、HJ/T 354 和 HJ/T 355 的有关规定。

5. 设计流量和设计水质

5.1 设计流量

5.1.1 城镇污水设计流量

5.1.1.1 城镇旱流污水设计流量应按式（1）计算。

$$Q_{dr} = Q_d + Q_m \tag{1}$$

式中：Q_{dr}——旱流污水设计流量，L/s；

Q_d——综合生活污水设计流量，L/s；

Q_m——工业废水设计流量，L/s。

5.1.1.2 城镇合流污水设计流量应按式（2）计算：

$$Q = Q_{dr} + Q_s \tag{2}$$

式中：Q——污水设计流量，L/s；

Q_{dr}——旱流污水设计流量，L/s；

Q_s——雨水设计流量，L/s。

5.1.1.3 综合生活污水设计流量为服务人口与相对应的综合生活污水定额之积。综合生活污水定额应根据当地的用水定额，结合建筑物内部给排水设施水平和排水系统普及程度等因素确定，可按当地相关用水定额的 80%～90%设计。

5.1.1.4 综合生活污水量总变化系数应根据当地实际综合生活污水量变化资料确定，没有测定资料时，可按 GB 50014 中相关规定取值，见表 1。

表 1 综合生活污水量总变化系数

平均日流量/（L/s）	5	15	40	70	100	200	500	≥1 000
总变化系数	2.3	2.0	1.8	1.7	1.6	1.5	1.4	1.3

5.1.1.5 排入市政管网的工业废水设计流量应根据城镇市政排水系统覆盖范围内工业污染源废水排放统计调查资料确定。

5.1.1.6 雨水设计流量参照 GB 50014 的有关规定。

5.1.1.7 在地下水位较高的地区，应考虑入渗地下水量，入渗地下水量宜根据实际测定资料确定。

5.1.2 工业废水设计流量

5.1.2.1 工业废水设计流量应按工厂或工业园区总排放口实际测定的废水流量设计。测试方法应符合 HJ/T 91 的规定。

5.1.2.2 工业废水流量变化应根据工艺特点进行实测。

5.1.2.3 不能取得实际测定数据时可参照国家现行工业用水量的有关规定折算确定，或根据同行业同规模同工艺现有工厂排水数据类比确定。

5.1.2.4 在有工业废水与生活污水合并处理时，工厂内或工业园区内的生活污水量、沐浴污水量的确定，应符合 GB 50015 的有关规定。

5.1.2.5 工业园区集中式污水处理厂设计流量的确定可参照城镇污水设计流量的确定方法。

5.1.3 不同构筑物的设计流量

5.1.3.1 提升泵房、格栅井、沉砂池宜按合流污水设计流量计算。

5.1.3.2 初沉池宜按旱流污水流量设计，并用合流污水设计流量校核，校核的沉淀时间不宜小于 30 min。

5.1.3.3 反应池宜按日平均污水流量设计；反应池前后的水泵、管道等输水设施应按最高日最高时污水流量设计。

5.2 设计水质

5.2.1 城镇污水的设计水质应根据实际测定的调查资料确定，其测定方法和数据处理方法应符合 HJ/T 91 的规定。无调查资料时，可按下列标准折算设计：

a）生活污水的五日生化需氧量按每人每天 25～50 g 计算；

b）生活污水的悬浮固体量按每人每天 40～65 g 计算；

c）生活污水的总氮量按每人每天 5～11 g 计算；

d）生活污水的总磷量按每人每天 0.7～1.4 g 计算。

5.2.2 工业废水的设计水质，应根据工业废水的实际测定数据确定，其测定方法和数据处理方法应符合 HJ/T 91 的规定。无实际测定数据时，可参照类似工厂的排放资料类比确定。

5.2.3 生物反应池的进水应符合下列条件：

a）水温宜为 12～35℃、pH 值宜为 6～9、BOD_5/COD_{Cr} 的值宜不小于 0.3；

b）有去除氨氮要求时，进水总碱度（以 $CaCO_3$ 计）/氨氮（NH_3-N）的值宜≥7.14，不满足时应补充碱度；

c）有脱总氮要求时，进水的 BOD_5/总氮（TN）的值宜≥4.0，总碱度（以 $CaCO_3$ 计）/NH_3-N 的值宜≥3.6，不满足时应补充碳源或碱度；

d）有除磷要求时，进水的 BOD_5/总磷（TP）的值宜≥17；

e）要求同时脱氮除磷时，宜同时满足 c）和 d）的要求。

5.3 污染物去除率

AAO 污染物去除率宜按照表 2 计算。

表 2 AAO 污染物去除率

污水类别	主体工艺	污染物去除率/%					
		化学耗氧量（COD_{Cr}）	五日生化需氧量（BOD_5）	悬浮物（SS）	氨氮（NH_3-N）	总氮（TN）	总磷（TP）
城镇污水	预（前）处理+AAO 反应池+二沉池	70～90	80～95	80～95	80～95	60～85	60～90
工业废水	预（前）处理+AAO 反应池+二沉池	70～90	70～90	70～90	80～90	60～80	60～90

6. 工艺设计

6.1 一般规定

6.1.1 出水直接排放时，应符合国家或地方排放标准要求；排入下一级处理单元时，应符合下一级处理单元的进水要求。

6.1.2 工艺设计在空间上宜具有明确的界限。

6.1.3 应根据进水水质特性和处理要求，选择适宜的工艺类型，在同等条件下，宜优先采用非变形 AAO 法。

6.1.4 进水水质、水量变化较大时，宜设置调节水质和水量的设施。

6.1.5 工艺设计应考虑具备可灵活调节的运行方式。

6.1.6 工艺设计应考虑水温的影响。

6.1.7 各处理构筑物的个（格）数不宜少于 2 个（格），并宜按并联设计。

6.1.8 进水泵房、格栅、沉砂池、初沉池和二沉池的设计应符合 GB 50014 中的有关规定。

6.2 预处理和前处理

6.2.1 进水系统前应设置格栅，城镇污水处理工程还应设置沉砂池。

6.2.2 生物反应池前宜设置初沉池。

6.2.3 当进水水质不符合 5.2.3 规定的条件或含有影响生化处理的物质时，应根据进水水质采取适当的前处理工艺。

6.3 厌氧好氧工艺设计

6.3.1 工艺流程

当以除磷为主时，应采用厌氧/好氧工艺，基本工艺流程如图 1 所示。

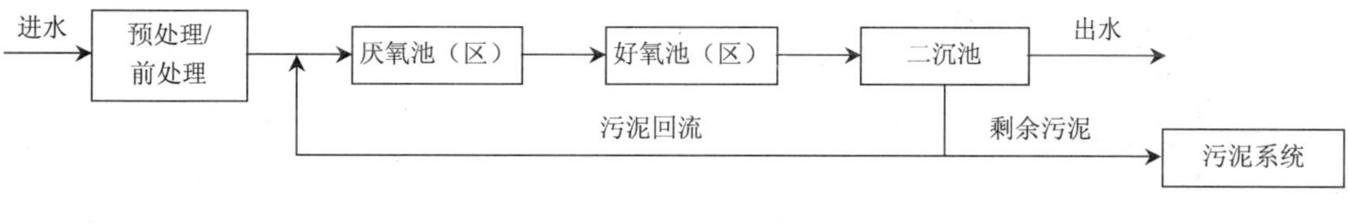

图 1 厌氧好氧工艺流程图

6.3.2 厌氧池（区）容积

厌氧池（区）的有效容积可按式（3）计算：

$$V_{p}=\frac{t_{p}Q}{24} \tag{3}$$

式中：V_p——厌氧池（区）容积，m^3；

t_p——厌氧池（区）水力停留时间，h；

Q——污水设计流量，m^3/d。

6.3.3 好氧池（区）容积

a）按污泥负荷计算：

$$V_{0}=\frac{Q(S_{0}-S_{e})}{1\,000L_{s}X} \tag{4}$$

$$X_{v}=y\cdot X \tag{5}$$

式中：V_0——好氧池（区）的容积，m^3；

Q——污水设计流量，m^3/d；

S_0——生物反应池进水五日生化需氧量，mg/L；

S_e——生物反应池出水五日生化需氧量，mg/L，当去除率大于90%时可不计；

X——生物反应池内混合液悬浮固体（MLSS）平均质量浓度，g/L；

X_v——生物反应池内混合液挥发性悬浮固体（MLVSS）平均质量浓度，g/L；

L_s——生物反应池的五日生化需氧量污泥负荷（BOD_5/MLSS），kg/（kg·d）；

y——单位体积混合液中，MLVSS 占 MLSS 的比例，g/g。

b）按污泥泥龄计算：

$$V_{0}=\frac{QY\theta_{c}(S_{0}-S_{e})}{1\,000X_{v}(1+K_{dT}\theta_{c})} \tag{6}$$

$$K_{dT}=K_{d20}\cdot(\theta_{T})^{T-20} \tag{7}$$

式中：V_0——好氧池（区）的容积，m^3；

Q——污水设计流量，m^3/d；

Y——污泥产率系数（VSS/BOD_5），kg/kg；

θ_c——设计污泥泥龄，d；

S_0——生物反应池进水五日生化需氧量，mg/L；

S_e——生物反应池出水五日生化需氧量，mg/L，当去除率大于90%时可不计；

X_v——生物反应池内混合液挥发性悬浮固体（MLVSS）平均质量浓度，g/L；

K_{dT}——T℃时的衰减系数，d^{-1}；

K_{d20}——20℃时的衰减系数，d^{-1}，宜取 0.04～0.075；

θ_T——水温系数，宜取 1.02～1.06；

T——设计水温，℃。

6.3.4 工艺参数

厌氧/好氧工艺处理城镇污水或水质类似城镇污水的工业废水时，主要设计参数宜按表 3 的规定取值。工业废水的水质与城镇污水水质相差较大时，设计参数应通过试验或参照类似工程确定。

表 3 厌氧好氧工艺主要设计参数

项目名称		符号	单位	参数值
反应池五日生化需氧量污泥负荷	BOD_5/MLVSS	L_s	kg/（kg·d）	0.30～0.60
	BOD_5/MLSS		kg/（kg·d）	0.20～0.40
反应池混合液悬浮固体（MLSS）平均质量浓度		X	g/L	2.0～4.0
反应池混合液挥发性悬浮固体（MLVSS）平均质量浓度		X_v	g/L	1.4～2.8
MLVSS 在 MLSS 中所占比例	设初沉池	y	g/g	0.65～0.75
	不设初沉池		g/g	0.5～0.65
设计污泥泥龄		θ_c	d	3～7
污泥产率系数（VSS/BOD_5）	设初沉池	Y	kg/kg	0.3～0.6
	不设初沉池		kg/kg	0.5～0.8
厌氧水力停留时间		t_p	h	1～2
好氧水力停留时间		t_0	h	3～6
总水力停留时间		HRT	h	4～8
污泥回流比		R	%	40～100
需氧量（O_2/BOD_5）		O_2	kg/kg	0.7～1.1
BOD_5 总处理率		η	%	80～95
TP 总处理率		η	%	75～90

6.4 缺氧好氧工艺设计

6.4.1 工艺流程

当以除氮为主时，应采用缺氧好氧工艺，基本工艺流程如图 2 所示。

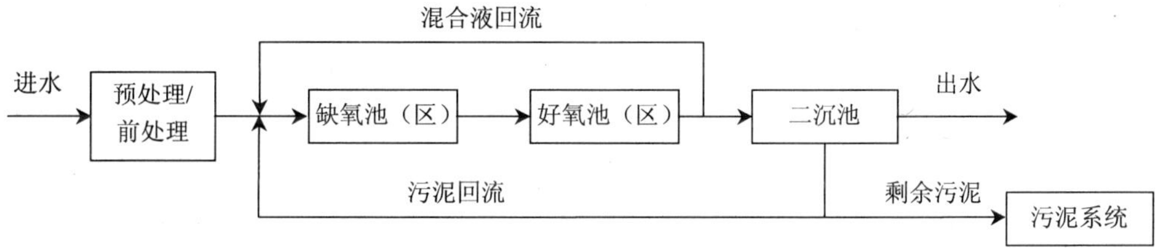

图 2 缺氧好氧工艺流程图

6.4.2 缺氧池（区）容积

缺氧池（区）有效容积可按式（8）计算：

$$V_n = \frac{0.001Q(N_k - N_{te}) - 0.12\Delta X_v}{K_{de(T)}X} \tag{8}$$

$$K_{de(T)} = K_{de(20)}1.08^{(T-20)} \tag{9}$$

$$\Delta X_v = yY_t\frac{Q(S_0 - S_e)}{1\,000} \tag{10}$$

式中：V_n——缺氧池（区）容积，m^3；

Q——污水设计流量，m^3/d；

N_k——生物反应池进水总凯氏氮质量浓度，mg/L；

N_{te}——生物反应池出水总氮质量浓度，mg/L；

ΔX_v—排出生物反应池系统的微生物量，kg/d；

$K_{de(T)}$——T℃时的脱氮速率（NO_3-N/MLSS），kg/（kg·d），宜根据试验资料确定，无试验资料时按式（9）计算；

X——生物反应池内混合液悬浮固体（MLSS）平均质量浓度，g/L；

$K_{de(20)}$——20℃时的脱氮速率（NO_3-N/MLSS），kg/（kg·d），宜取 0.03～0.06；

T——设计水温，℃；

y——单位体积混合液中，MLVSS 占 MLSS 的比例，g/g；

Y_t——污泥总产率系数（MLSS/BOD_5），kg/kg，宜根据试验资料确定，无试验资料时，系统有初沉池时取 0.3～0.5，无初沉池时取 0.6～1.0；

S_0——生物反应池进水五日生化需氧量浓度，mg/L；

S_e——生物反应池出水五日生化需氧量浓度，mg/L。

6.4.3 好氧池（区）容积

好氧池（区）容积可按式（11）计算：

$$V_0 = \frac{Q(S_0 - S_e)\theta_{c0} Y_t}{1\,000X} \tag{11}$$

$$\theta_{c0} = F\frac{1}{\mu} \tag{12}$$

$$\mu = 0.47\frac{N_a}{K_N + N_a}e^{0.098(T-15)} \tag{13}$$

式中：V_0——好氧池（区）容积，m^3；

Q——污水设计流量，m^3/d；

S_0——生物反应池进水五日生化需氧量质量浓度，mg/L；

S_e——生物反应池出水五日生化需氧量质量浓度，mg/L；

θ_{c0}——好氧池（区）设计污泥泥龄值，d；

Y_t——污泥总产率系数（MLSS/BOD_5），kg/kg，宜根据试验资料确定，无试验资料时，系统有初沉池时取 0.3～0.5，无初沉池时取 0.6～1.0；

X——生物反应池内混合液悬浮固体（MLSS）平均浓度，g/L；

F——安全系数，取 1.5～3.0；

μ——硝化菌生长速率，d^{-1}；

N_a——生物反应池中氨氮质量浓度，mg/L；

K_N——硝化作用中氮的半速率常数，mg/L，一般取 1.0；

T——设计水温，℃。

6.4.4 混合液回流量

混合液回流量可按式（14）计算：

$$Q_{Ri} = \frac{1\,000V_n K_{de(T)} X}{N_t - N_{ke}} - Q_R \tag{14}$$

式中：Q_{Ri}——混合液回流量，m^3/d；

V_n——缺氧池（区）容积，m^3；

$K_{de(T)}$——T℃时的脱氮速率（NO_3-N/MLSS），kg/（kg·d），宜根据试验资料确定，无试验资料时按式（9）计算；

X——生物反应池内混合液悬浮固体（MLSS）平均质量浓度，g/L；

N_t——生物反应池进水总氮质量浓度，mg/L；

N_{ke}——生物反应池出水总凯氏氮质量浓度，mg/L；

Q_R——回流污泥量，m^3/d。

6.4.5 工艺参数

缺氧好氧工艺处理城镇污水或水质类似城镇污水的工业废水时，主要设计参数宜按表 4 的规定取值。工业废水的水质与城镇污水水质相差较大时，设计参数应通过试验或参照类似工程确定。

表 4 缺氧好氧工艺设计参数

项目名称		符号	单位	参数值
反应池五日生化需氧量污泥负荷	BOD_5/MLVSS	L_s	kg/（kg·d）	0.07～0.21
	BOD_5/MLSS		kg/（kg·d）	0.05～0.15
反应池混合液悬浮固体（MLSS）平均质量浓度		X	kg/L	2.0～4.5
反应池混合液挥发性悬浮固体（MLVSS）平均质量浓度		X_v	kg/L	1.4～3.2
MLVSS 在 MLSS 中所占比例	设初沉池	y	g/g	0.65～0.75
	不设初沉池		g/g	0.5～0.65
设计污泥泥龄		θ_c	d	10～25
污泥产率系数（VSS/BOD_5）	设初沉池	Y	kg/kg	0.3～0.6
	不设初沉池		kg/kg	0.5～0.8
缺氧水力停留时间		t_n	h	2～4
好氧水力停留时间		t_0	h	8～12
总水力停留时间		HRT	h	10～16
污泥回流比		R	%	50～100
混合液回流比		R_i	%	100～400
需氧量（O_2/BOD_5）		O_2	kg/kg	1.1～2.0
BOD_5 总处理率		η	%	90～95
NH_3-N 总处理率		η	%	85～95
TN 总处理率		η	%	60～85

6.5 厌氧缺氧好氧工艺设计

6.5.1 需要同时脱氮除磷时，应采用厌氧缺氧好氧工艺，基本工艺流程如图 3 所示。

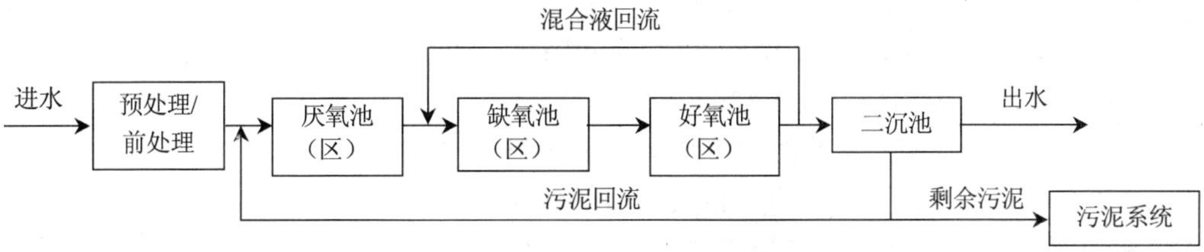

图 3 厌氧缺氧好氧工艺流程图

6.5.2 反应池的容积，宜按本标准第 6.3.2 条、第 6.4.2 条及第 6.4.3 条的规定计算。

6.5.3 厌氧缺氧好氧工艺处理城镇污水或水质类似城镇污水的工业废水时，主要设计参数宜按表 5 的规定取值。工业废水的水质与城镇污水水质相差较大时，设计参数应通过试验或参照类似工程确定。

表 5　厌氧缺氧好氧工艺主要设计参数

项目名称		符号	单位	参数值
反应池五日生化需氧量污泥负荷	BOD_5/MLVSS	L_s	kg/（kg·d）	0.07～0.21
	BOD_5/MLSS		kg/（kg·d）	0.05～0.15
反应池混合液悬浮固体（MLSS）平均质量浓度		X	kg/L	2.0～4.5
反应池混合液挥发性悬浮固体（MLVSS）平均质量浓度		X_v	kg/L	1.4～3.2
MLVSS 在 MLSS 中所占比例	设初沉池	y	g/g	0.65～0.7
	不设初沉池		g/g	0.5～0.65
设计污泥泥龄		θ_c	d	10～25
污泥产率系数（VSS/BOD_5）	设初沉池	Y	kg/kg	0.3～0.6
	不设初沉池		kg/kg	0.5～0.8
厌氧水力停留时间		t_p	h	1～2
缺氧水力停留时间		t_n	h	2～4
好氧水力停留时间		t_0	h	8～12
总水力停留时间		HRT	h	11～18
污泥回流比		R	%	40～100
混合液回流比		R_i	%	100～400
需氧量（O_2/BOD_5）		O_2	kg/kg	1.1～1.8
BOD_5 总处理率		η	%	85～95
NH_3-N 总处理率		η	%	80～90
TN 总处理率		η	%	55～80
TP 总处理率		η	%	60～80

6.6 曝气系统

6.6.1 需氧量的计算

a）好氧池（区）的污水需氧量，根据 BOD_5 去除率、氨氮的硝化及除氮等要求确定，并按式（15）计算：

$$O_2=0.001aQ(S_0-S_e)-c\Delta X_v+b[0.001Q(N_k-N_{ke})-0.12\Delta X_v]-0.62b[0.001Q(N_t-N_{ke}-N_{0e})-0.12\Delta X_v] \tag{15}$$

式中：O_2——设计污水需氧量（O_2），kg/d；

a——碳的氧当量，当含碳物质以 BOD_5 计时，取 1.47；

Q——污水设计流量，m^3/d；

S_0——生物反应池进水五日生化需氧量，mg/L；

S_e——生物反应池出水五日生化需氧量，mg/L；

c——细菌细胞的氧当量，取 1.42；

ΔX_v——排出生物反应池系统的微生物量（MLVSS），kg/d；

b——氧化每千克氨氮所需氧量，kg/kg，取 4.57；

N_k——生物反应池进水总凯氏氮质量浓度，mg/L；

N_{ke}——生物反应池出水总凯氏氮质量浓度，mg/L；

N_t——生物反应池进水总氮质量浓度，mg/L；

N_{0e}——生物反应池出水硝态氮质量浓度，mg/L。

b）选用曝气设备时，应根据不同设备的特征、位于水面下的深度、污水的氧总转移特性、当地的海拔高度以及预期生物反应池中的水温和溶解氧浓度等因素，将计算的污水需氧量按下列公式换算为标准状态下污水需氧量：

$$O_s = K_0 \cdot O_2 \tag{16}$$

其中：

$$K_0 = \frac{C_s}{\alpha(\beta C_{sm} - C_0) \times 1.024^{(T-20)}} \tag{17}$$

$$C_{sm} = C_{sw}\left(\frac{O_t}{42} + \frac{10 \times P_b}{2.068}\right) \tag{18}$$

$$O_t = \frac{21(1-E_A)}{79 + 21(1-E_A)} \times 100 \tag{19}$$

式中：O_s——标准状态下污水需氧量（O_2），kg/d；

K_0——需氧量修正系数，采用鼓风曝气装置时按式（17）、式（18）、式（19）计算；

O_2——设计污水需氧量（O_2），kg/d；

C_s——标准状态下清水中饱和溶解氧质量浓度，mg/L，取 9.17；

α——混合液中总传氧系数与清水中总传氧系数之比，一般取 0.8～0.85；

β——混合液的饱和溶解氧值与清水中的饱和溶解氧值之比，一般取 0.9～0.97；

C_{sw}——T℃、实际计算压力时，清水表面饱和溶解氧，mg/L；

C_0——混合液剩余溶解氧，mg/L，一般取 2；

T——设计水温，℃；

C_{sm}——T℃、实际计算压力时，曝气装置所在水下深处至池面的清水中平均溶解值，mg/L；

O_t——曝气池逸出气体中含氧，%；

P_b——曝气装置所处的绝对压力，MPa；

E_A——曝气设备氧的利用率，%。

c）采用鼓风曝气装置时，可按式（20）将标准状态下污水需氧量换算为标准状态下的供气量。

$$G_s = \frac{O_s}{0.28E_A} \tag{20}$$

式中：G_s——标准状态下的供气量，m^3/h；

O_s——标准状态下污水需氧量（O_2），kg/h；

E_A——曝气设备氧的利用率，%。

6.6.2 曝气方式的选择

6.6.2.1 曝气方式应结合供氧效率、能耗、维护检修、气温和水温等因素进行综合比较后确定。

6.6.2.2 大、中型污水处理厂宜选择鼓风式中、微孔水下曝气系统，小型污水处理厂可根据实际情况选择适当的曝气系统。

6.6.3 鼓风机与鼓风机房

6.6.3.1 应根据风量和风压选择鼓风机。大、中型污水处理厂宜选择单级高速离心鼓风机或多级低速离心鼓风机，小型污水处理厂和工业废水处理站可选择罗茨鼓风机。

6.6.3.2 单级高速离心鼓风机、罗茨鼓风机应分别符合 HJ/T 278 和 HJ/T 251 的规定。

6.6.3.3 鼓风机的备用应符合 GB 50014 的有关规定。

6.6.3.4 鼓风机及鼓风机房应采取隔音降噪措施，并符合 GB 12523 的规定。

6.6.4 曝气器

6.6.4.1 曝气器材质和形式的选择应考虑污水水质、工艺要求、操作维修等因素。

6.6.4.2 中、微孔曝气器的技术性能应符合 HJ/T 252 的规定。

6.6.4.3 好氧池（区）的曝气器应布置合理，不留有死角和空缺区域。

6.6.4.4 曝气器的数量应根据曝气池的供气量和单个曝气器的额定供气量及服务面积确定。

6.6.4.5 AAO 曝气池的供气主管道和供气支管道的配置应当合理，末梢支管连接曝气器组的供气压力应满足曝气器的工作压力。

6.7 搅拌系统

6.7.1 厌氧池（区）和缺氧池（区）宜采用机械搅拌，宜选用安装角度可调的搅拌器。

6.7.2 机械搅拌器的选择应考虑设备转速、桨叶尺寸和性能曲线等因素。

6.7.3 机械搅拌器布置的间距、位置，应根据试验确定或由供货厂方提供。

6.7.4 应根据反应池的池形选配搅拌器，搅拌器应符合 HJ/T 279 的规定。

6.7.5 搅拌器的轴向有效推动距离应大于反应池的池长，并且应考虑径向搅拌效果。

6.7.6 每个反应池内宜设置 2 台以上的搅拌器，反应池若分割成若干廊道，每条廊道至少应设置 1 台搅拌器。

6.8 加药系统

6.8.1 外加碳源

6.8.1.1 当进入反应池的 BOD_5/总凯氏氮（TKN）小于 4 时，宜在缺氧池（区）中投加碳源。

6.8.1.2 投加碳源量按式（21）计算：

$$BOD_5 = 2.86 \times \Delta N \times Q \qquad (21)$$

式中：BOD_5——投加的碳源对应的 BOD_5 量，g/d；

ΔN——硝态氮的脱除量，mg/L；

Q——污水设计流量，m^3/d。

6.8.1.3 碳源储存罐容量应为理论加药量的 7～14 d 投加量，投加系统不宜少于 2 套，应采用计量泵投加。

6.8.2 化学除磷

6.8.2.1 当出水总磷不能达到排放标准要求时，宜采用化学除磷作为辅助手段。

6.8.2.2 最佳药剂种类、投加量和投加点宜通过试验或参照类似工程确定。

6.8.2.3 化学药剂储存罐容量应为理论加药量的 4～7 d 投加量，加药系统不宜少于 2 套，应采用计量泵投加。

6.8.2.4 接触铝盐和铁盐等腐蚀性物质的设备和管道应采取防腐措施。

6.9 回流系统

6.9.1 回流设施应采用不易产生复氧的离心泵、混流泵、潜水泵等设备。

6.9.2 回流设施宜分别按生物处理工艺系统中的最大污泥回流比和最大混合液回流比设计。

6.9.3 回流设备不应少于 2 台，并应设计备用设备。

6.9.4 回流设备宜具有调节流量的功能。

6.10 消毒系统

消毒系统的设计应符合 GB 50014 的有关规定。

6.11 污泥系统

6.11.1 污泥量设计应考虑剩余污泥和化学除磷污泥。

6.11.2 剩余污泥量应按式（22）计算：

a）按污泥泥龄计算：

$$\Delta X=\frac{V\cdot X}{\theta_c} \tag{22}$$

式中：ΔX——剩余污泥量（SS），kg/d；

V——生物反应池的容积，m^3；

X——生物反应池内混合液悬浮固体（MLSS）平均质量浓度，g/L；

θ_c——设计污泥泥龄，d。

b）按污泥产率系数、衰减系数及不可生物降解和惰性悬浮物计算：

$$\Delta X=YQ(S_0-S_e)-K_dVX_v+fQ(SS_0-SS_e) \tag{23}$$

式中：ΔX——剩余污泥量（SS），kg/d；

Y——污泥产率系数（VSS/BOD_5），kg/kg；

Q——污水设计流量，m^3/d；

S_0——生物反应池进水五日生化需氧量，kg/m^3；

S_e——生物反应池出水五日生化需氧量，kg/m^3；

K_d——衰减系数，d^{-1}；

V——生物反应池的容积，m^3；

X_v——生物反应池内混合液挥发性悬浮固体（MLVSS）平均质量浓度，g/L；

f——SS 的污泥转换率（MLSS/SS），g/g，宜根据试验资料确定，无试验资料时可取 0.5～0.7；

SS_0——生物反应池进水悬浮物质量浓度，kg/m^3；

SS_e——生物反应池出水悬浮物质量浓度，kg/m^3。

6.11.3 化学除磷污泥量应根据药剂投加量计算。

6.11.4 污泥系统宜设置计量装置，可采用湿污泥计量和干污泥计量两种方式。

6.11.5 大型污水处理厂宜采用污泥消化方式实现污泥稳定，中小型污水处理厂（站）可采用延时曝气方式实现污泥稳定。

6.11.6 污泥处理和处置应符合 GB 50014 的规定，经处理后的污泥应符合 CJ 3025 的规定。

6.11.7 污泥脱水设备可选用厢式压滤机和板框压滤机、污泥脱水用带式压榨过滤机、污泥浓缩带式脱水一体机，所选用的设备应符合 HJ/T 283、HJ/T 242、HJ/T 335 的规定。

6.11.8 污泥脱水系统设计时宜考虑污泥处置的要求，并考虑脱水设备的备用。

7．检测与控制

7.1 一般规定

7.1.1 AAO 污水处理厂（站）运行应进行检测和控制，并配置相关的检测仪表和控制系统。

7.1.2 AAO 污水处理厂（站）应根据工程规模、工艺流程、运行管理要求确定检测和控制的内容。

7.1.3 自动化仪表和控制系统应保证 AAO 污水处理厂（站）的安全和可靠，方便运行管理。

7.1.4 计算机控制管理系统宜兼顾现有、新建和规划要求。

7.1.5 参与控制和管理的机电设备应设置工作和事故状态的检测装置。

7.2 过程检测

7.2.1 预处理单元宜设 pH 计、液位计、液位差计等，大型污水处理厂宜增设化学需氧量检测仪、悬浮物检测仪和流量计等。

7.2.2 宜设溶解氧检测仪和氧化还原电位检测仪等，大型污水处理厂宜增设污泥浓度计等。

7.2.3 宜设回流污泥流量计，并采用能满足污泥回流量调节要求的设备。

7.2.4 宜设剩余污泥宜设流量计，条件允许时可增设污泥浓度计，用于监测和统计污泥排出量。

7.2.5 总磷检测可采用实验室检测方式，除磷药剂根据检测设定值自动投加。

7.2.6 大型污水处理厂宜设总氮和总磷的在线监测仪，检测值用于指导工艺运行。

7.3 过程控制

7.3.1 AAO污水处理厂（站）应根据其处理规模，在满足工艺控制条件的基础上合理选择集散控制系统（DCS）或可编程控制器（PLC）自动控制系统。

7.3.2 采用成套设备时，成套设备自身的控制宜与AAO污水处理厂（站）设置的控制系统结合。

7.4 自动控制系统

7.4.1 自动控制系统应具有数据采集、处理、控制、管理和安全保护功能。

7.4.2 自动控制系统的设计应符合下列要求：

a）宜对控制系统的监测层、控制层和管理层做出合理配置；

b）应根据工程具体情况，经技术经济比较后选择网络结构和通信速率；

c）对操作系统和开发工具要从运行稳定、易于开发、操作界面方便等多方面综合考虑；

d）厂级中控室应就近设置电源箱，供电电源应为双回路，直流电源设备应安全可靠；

e）厂、站级控制室面积应视其使用功能设定，并应考虑今后的发展；

f）防雷和接地保护应符合国家现行标准的要求。

8．电气

8.1 供电系统

8.1.1 工艺装置的用电负荷应为二级负荷。

8.1.2 中央控制室的自控系统电源应配备在线式不间断供电电源设备。

8.1.3 接地系统宜采用三相五线制系统。

8.2 低压配电

变电所及低压配电室的变配电设备布置，应符合国家标准GB 50053的有关规定。

8.3 二次线

8.3.1 工艺装置区的电气设备宜在中央控制室集中监控与管理，并纳入自动控制系统。

8.3.2 电气系统的控制水平应与工艺水平相一致，宜纳入计算机控制系统，也可采用强电控制。

9．施工与验收

9.1 一般规定

9.1.1 工程施工单位应具有国家相应的工程施工资质；工程项目宜通过招投标确定施工单位和监理单位。

9.1.2 应按工程设计图纸、技术文件、设备图纸等组织工程施工，工程的变更应取得设计单位的设计变更文件后方可实施。

9.1.3 施工前，应进行施工组织设计或编制施工方案，明确施工质量负责人和施工安全负责人，经批准后方可实施。

9.1.4 施工过程中，应做好设备、材料、隐蔽工程和分项工程等中间环节的质量验收；隐蔽工程应经过中间验收合格后，方可进行下一道工序施工。

9.1.5 管道工程的施工和验收应符合GB 50268的规定；混凝土结构工程的施工和验收应符合GB 50204的规定；构筑物的施工和验收应符合GB 50141的规定。

9.1.6 施工使用的设备、材料、半成品、部件应符合国家现行标准和设计要求，并取得供货商的合格证书，不得使用不合格产品。设备安装应符合 GB 50231 的规定。

9.1.7 工程竣工验收后，建设单位应将有关设计、施工和验收的文件立卷归档。

9.2 施工

9.2.1 土建施工

9.2.1.1 在进行土建施工前应认真阅读设计图纸和设备安装对土建的要求，了解预留预埋件的准确位置和做法，对有高程要求的设备基础应严格控制在设备要求的误差范围内。

9.2.1.2 生物反应池宜采用钢筋混凝土结构，应按设计图纸及相关设计文件进行施工，土建施工应重点控制池体的抗浮处理、地基处理、池体抗渗处理，满足设备安装对土建施工的要求。

9.2.1.3 需要在软弱地基上施工、且构筑物荷载不大时，应采取适当的措施对地基进行处理，当地基下有软弱下卧层时，应考虑其沉降的影响，必要时可采用桩基。

9.2.1.4 模板、钢筋、混凝土分项工程应严格执行 GB 50204 的规定，并符合以下要求：

a）模板架设应有足够强度、刚度和稳定性，表面平整无缝隙，尺寸正确；

b）钢筋规格、数量准确，绑扎牢固并应满足搭接长度要求，无锈蚀；

c）混凝土配合比、施工缝预留、伸缩缝设置、设备基础预留孔及预埋螺栓位置均应符合规范和设计要求，冬季施工应注意防冻。

9.2.1.5 现浇钢筋混凝土水池施工允许偏差应符合表 6 有关规定。

表 6 现浇钢筋混凝土水池施工允许偏差

项次	项目		允许偏差/mm
1	轴线位置	底板	15
		池壁、柱、梁	8
2	高程	垫层、底板、池壁、柱、梁	±10
3	平面尺寸（混凝土底板和池体长、宽或直径）	$L≤20$ m	±20
		20 m$<L≤$50 m	±L/1 000
		50 m$<L≤$250 m	±50
4	截面尺寸	池壁、柱、梁、顶板	+10 −5
		洞、槽、沟净空	±10
5	垂直度	$H≤5$ m	8
		5 m$<H≤$20 m	1.5H/1 000
6	表面平整度（用 2 m 直尺检查）		10
7	中心位置	预埋件、预埋管	5
		预留洞	10

注：L 为底板和池体的长、宽或直径；H 为池壁、柱的高度。

9.2.1.6 处理构筑物应根据当地气温和环境条件，采取防冻措施。

9.2.1.7 处理构筑物应设置必要的防护栏杆，并采取适当的防滑措施，符合 GB 50352 的规定。

9.2.2 设备安装

9.2.2.1 设备基础应按照设计要求和图纸规定浇筑，混凝土标号和基面位置高程应符合说明书和技术文件规定。

9.2.2.2 混凝土基础应平整坚实，并有隔振措施。

9.2.2.3 预埋件水平度及平整度应符合 GB 50231 的规定。

9.2.2.4 地脚螺栓应按照原机出厂说明书的要求预埋，位置应准确，安装应稳固。

9.2.2.5 安装好的机械应严格符合外形尺寸的公称允许偏差，不允许超差。

9.2.2.6 机电设备安装后试车应满足下列要求：

a）启动时应按照标注箭头方向旋转，启动运转应平稳，运转中无振动和异常声响；

b）运转啮合与差动机构运转应按产品说明书的规定同步运行，没有阻塞和碰撞现象；

c）运转中各部件应保持动态所应有的间隙，无抖动晃摆现象；

d）试运转用手动或自动操作，设备全程完整动作 5 次以上，整体设备应运行灵活；

e）各限位开关运转中，动作及时，安全可靠；

f）电机运转中温升在正常值内；

g）各部轴承注加规定润滑油，应不漏、不发热，温升小于 60℃。

9.3 验收

9.3.1 工程验收

9.3.1.1 工程验收包括中间验收和竣工验收；中间验收应由施工单位会同建设单位、设计单位和质量监督部门共同进行；竣工验收应由建设单位组织施工、设计、管理、质量监督及有关单位联合进行。

9.3.1.2 中间验收包括验槽、验筋、主体验收、安装验收、联动试车。中间验收时应按相应的标准进行检验，并填写中间验收记录。

9.3.1.3 竣工验收应提供以下资料：

a）施工图及设计变更文件；

b）主要材料和制品的合格证或试验记录；

c）施工测量记录；

d）混凝土、砂浆、焊接及水密性、气密性等试验和检验记录；

e）施工记录；

f）中间验收记录；

g）工程质量检验评定记录；

h）工程质量事故处理记录。

9.3.1.4 竣工验收时应核实竣工验收资料，进行必要的复查和外观检查，并对下列项目做出鉴定，填写竣工验收鉴定书。竣工验收鉴定书应包括以下项目：

a）构筑物的位置、高程、坡度、平面尺寸、设备、管道及附件等安装的位置和数量；

b）结构强度、抗渗、抗冻等级；

c）构筑物的水密性；

d）外观，包括构筑物的裂缝、蜂窝、麻面、露筋、空鼓、缺边、掉角以及设备和外露的管道安装等是否影响工程质量。

9.3.1.5 生物池土建施工完成后应按照 GB 50141 的规定进行满水试验，地面以下渗水量应符合设计规定，最大不得超过 2 L/（m^2·d）。

9.3.1.6 泵房和风机房等都应按设计的最多开启台数进行 48 h 运转试验，测定水泵和污泥泵的流量和机组功率，有条件的应对其特性曲线进行检测。

9.3.1.7 鼓风曝气系统安装应平整牢固，曝气头无漏水现象，曝气管内无杂质，曝气量满足设计要求，曝气稳定均匀；曝气管应设有吹扫、排空装置。

9.3.1.8 闸门、闸阀不得有漏水现象。

9.3.1.9 排水管道应做闭水试验，上游充水管保持在管顶以上 2 m，外观检查应 24 h 无漏水现象。

9.3.1.10 空气管道应做气密性试验，24 h 压力降不超过允许值为合格。

9.3.1.11 进口设备除参照国内标准外，必要时应参照国外标准和其他相关标准进行验收。

9.3.1.12 仪表、化验设备应有计量部门的确认。

9.3.1.13 变电站高压配电系统应由供电局组织电检和验收。

9.3.2 环境保护验收

9.3.2.1 AAO 污水处理厂（站）验收前应进行调试和试运行，解决出现的问题，实现工艺设计目标，建立各设备和单元的操作规程，确定符合实际进水水量和水质的各项控制参数。

9.3.2.2 AAO 污水处理厂（站）在正式投入生产或使用之前，建设单位应向环境保护行政主管部门提出环境保护验收申请。

9.3.2.3 AAO 污水处理厂（站）竣工环境保护验收应按《建设项目竣工环境保护验收管理办法》的规定和环境影响评价报告的批复进行。

9.3.2.4 AAO 污水处理厂（站）验收前应结合试运行进行性能试验，性能试验报告可作为竣工环境保护验收的技术支持文件。性能试验内容包括：

a）各组建筑物都应按设计负荷，全流程通过所有构筑物；

b）测试并计算各构筑物的工艺参数；

c）测定全厂的格栅垃圾量、沉砂量和污泥量；

d）统计全厂进出水量、用电量和各单元用电量；

e）水质化验；

f）计算全厂技术经济指标，如 BOD_5 去除总量、BOD_5 去除单位能耗（kW·h/kg）、污水处理成本（元/kg）。

10．运行与维护

10.1 一般规定

10.1.1 AAO 污水处理设施的运行、维护及安全管理应参照 CJJ 60 执行。

10.1.2 污水处理厂（站）的运行管理应配备专业人员。

10.1.3 污水处理厂（站）在运行前应制定设备台账、运行记录、定期巡视、交接班、安全检查等管理制度，以及各岗位的工艺系统图、操作和维护规程等技术文件。

10.1.4 操作人员应熟悉本厂（站）处理工艺技术指标和设施设备的运行要求，经过技术培训和生产实践，并考试合格后方可上岗。

10.1.5 各岗位的工艺系统图、操作和维护规程等应示于明显部位，运行人员应按规程进行系统操作，并定期检查构筑物、设备、电气和仪表的运行情况。

10.1.6 工艺设施和主要设备应编入台账，定期对各类设备、电气、自控仪表及建（构）筑物进行检修维护，确保设施稳定可靠运行。

10.1.7 运行人员应遵守岗位职责，坚持做好交接班和巡视。

10.1.8 应定期检测进出水水质，并定期对检测仪器、仪表进行校验。

10.1.9 运行中应严格执行经常性的和定期的安全检查，及时消除事故隐患，防止事故发生。

10.1.10 各岗位人员在运行、巡视、交接班、检修等生产活动中，应做好相关记录。

10.2 水质检验

10.2.1 污水处理厂（站）应设水质化验室，配备检测人员和仪器。

10.2.2 水质化验室内部应建立健全水质分析质量保证体系。

10.2.3 化验检测人员应经培训后持证上岗，并应定期进行考核和抽检。

10.2.4 化验检测方法应符合 CJ/T 51 的规定。

10.3 运行控制

10.3.1 运行中应定期检测各池的溶解氧（DO）和氧化还原电位（ORP）。

10.3.2 应经常观察活性污泥生物相、上清液透明度、污泥颜色、状态、气味等，定时检测和计算反映污泥特性的有关参数。

10.3.3 应根据观察到的现象和检测数据，及时调整进水量、曝气量、污泥回流量、混合液回流量、剩余污泥排放量等，保证出水稳定达标。

10.3.4 剩余污泥排放量应根据污泥沉降比、混合液污泥浓度和泥龄及时调整。

10.3.5 曝气池发生污泥膨胀、污泥上浮等不正常现象时，应分析原因，并针对具体情况，采取适当措施，调整系统运行工况。

10.3.6 当曝气池水温低时，可采用提高污泥浓度、增加泥龄等方法，保证污水的处理效果。

10.3.7 曝气池产生泡沫和浮渣时，应根据泡沫和浮渣的颜色、数量等分析原因，采取相应措施。

10.3.8 当出水氨氮超标时应通过以下方式进行调节：

a）减少剩余污泥排放量，提高泥龄；

b）提高好氧段 DO；

c）系统碱度不够时适当补充碱度。

10.3.9 当出水总氮超标时应通过以下方式进行调节：

a）降低缺氧段 DO；

b）提高进水中 BOD_5/TN 的比值；

c）增大好氧混合液回流量。

10.3.10 当出水总磷超标时应通过以下方式进行调节：

a）降低厌氧段 DO；

b）提高进水中 BOD_5/TP；

c）增大剩余污泥排放量；

d）采取化学除磷措施。

10.4 维护保养

10.4.1 应将生物反应池的维护保养作为全厂（站）维护的重点。

10.4.2 应定期检查曝气设备曝气均匀性，曝气不均匀、风机阻力升高时，应对曝气管路进行清洗；风机阻力减小时，应注意观察曝气头损坏情况，影响工艺运行时应更换。

10.4.3 当采用微孔曝气时，应经常排放空气管路中的存水。

10.4.4 曝气池应定期放空清理，检查构筑物完好情况。

10.4.5 应按照设备说明书要求，对曝气池中的设备定期进行维护保养。

10.4.6 应定期检查搅拌设备的运行状况，当搅拌设备振动较大时应提出水面进行检查维修。

10.4.7 应定期对生物反应池中的 DO 测定仪、ORP 计、NH_3-N 测定仪、硝态氮测定仪、污泥浓度计、污泥界面仪等仪表进行校正和维修保养。

10.4.8 操作人员应严格执行设备操作规程，定时巡视设备运转是否正常，包括温升、响声、振动、电压、电流等，发现问题应尽快检查排除。

10.4.9 应保持设备各运转部位良好的润滑状态，及时添加润滑油、除锈；发现漏油、渗油情况，应及时解决。

10.4.10 运行中应防止由于潜水搅拌机叶轮损坏或堵塞、表面空气吸入形成涡流、不均匀水流等引起的振动。

10.4.11 应做好设备维修保养记录。

附录 A
（规范性附录）
AAO 法的主要变形及参数

A.1 改良厌氧缺氧好氧活性污泥法（UCT）

A.1.1 工艺流程

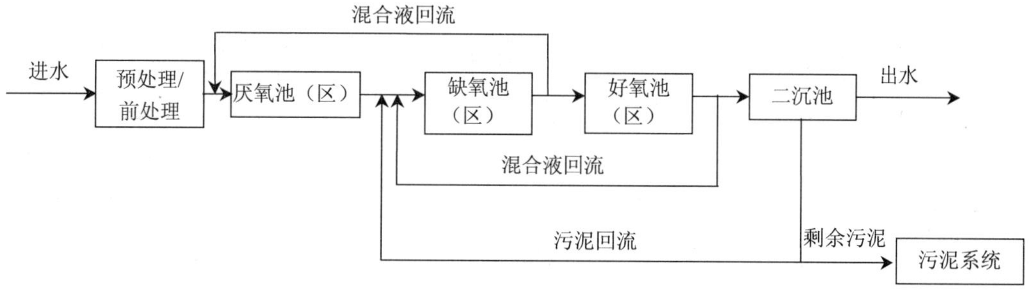

图 A.1 UCT 工艺流程图

A.1.2 工艺参数

A.1.2.1 污泥负荷（BOD_5/MLSS）：0.05～0.15 kg/（kg·d）。

A.1.2.2 污泥质量浓度：2 000～4 000 mg/L。

A.1.2.3 污泥泥龄：10～18 d。

A.1.2.4 污泥回流：40%～100%，好氧池（区）混合液回流：100%～400%，缺氧池（区）混合液回流：100%～200%。

A.1.2.5 厌氧池（区）水力停留时间：1～2 h，缺氧池（区）水力停留时间：2～3 h，好氧池（区）水力停留时间：6～14 h。

A.2 厌氧缺氧/缺氧好氧活性污泥法（MUCT）

A.2.1 工艺流程

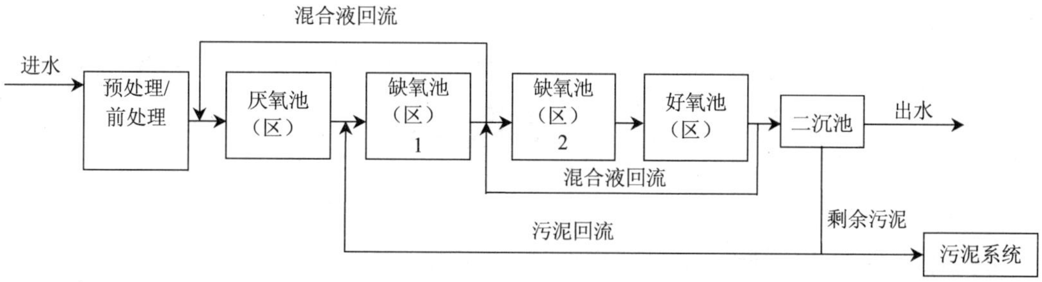

图 A.2 MUCT 工艺流程图

A.2.2 工艺参数

A.2.2.1 污泥负荷（BOD_5/MLSS）：0.05～0.2 kg/（kg·d）。

A.2.2.2 污泥质量浓度：2 000～4 500 mg/L。

A.2.2.3 污泥泥龄：10～16 d。

A.2.2.4 污泥回流：40%～100%，好氧池（区）混合液回流：200%～400%，缺氧池（区）混合液回流：100%～200%。

A.2.2.5 厌氧池（区）水力停留时间：1～2 h，缺氧池（区）1 水力停留时间：0.5～1 h，缺氧池（区）2 水力停留时间：1～2 h，好氧池（区）水力停留时间：6～14 h。

A.3 缺氧/厌氧缺氧好氧活性污泥法（JHB）

A.3.1 工艺流程

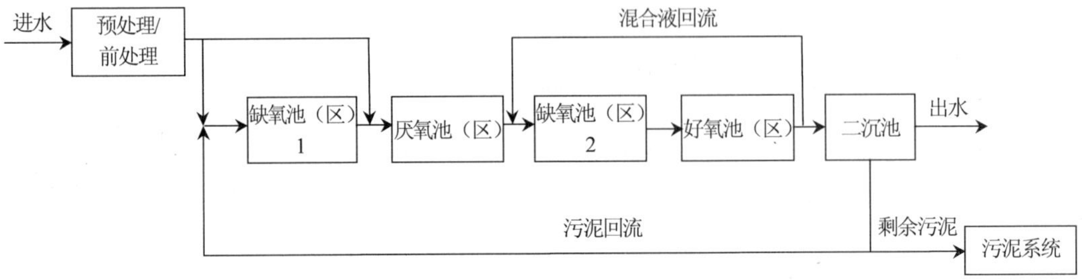

图 A.3　JHB 工艺流程图

A.3.2 工艺参数

A.3.2.1 污泥负荷（BOD_5/MLSS）：0.05～0.2 kg/（kg·d）。

A.3.2.2 污泥质量浓度：2 000～4 500 mg/L。

A.3.2.3 污泥泥龄：10～16 d。

A.3.2.4 污泥回流：40%～110%，好氧池（区）混合液回流：200%～400%。

A.3.2.5 进水分配比例：进缺氧池（区）10%～30%，进厌氧池（区）70%～90%。

A.3.2.6 缺氧池（区）1 水力停留时间：0.5～1 h，厌氧池（区）水力停留时间：1～2 h，缺氧池（区）2 水力停留时间：2～4 h，好氧池（区）水力停留时间：6～14 h。

A.4 缺氧/厌氧/好氧活性污泥法（RAAO）

A.4.1 工艺流程

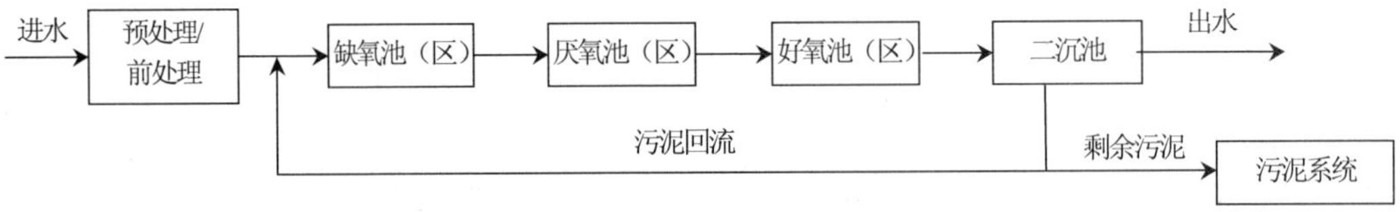

图 A.4　RAAO 工艺流程图

A.4.2 工艺参数

A.4.2.1 污泥负荷（BOD_5/MLSS）：0.05～0.15 kg/（kg·d）。

A.4.2.2 污泥质量浓度：2 000～5 000 mg/L。

A.4.2.3 好氧污泥泥龄：10～18 d。

A.4.2.4 污泥回流：40%～120%。

A.4.2.5 缺氧池（区）水力停留时间：2～4 h，厌氧池（区）水力停留时间：1～2 h，好氧池（区）水力停留时间：6～12 h。

A.5 多级缺氧好氧活性污泥法（MAO）

A.5.1 工艺流程

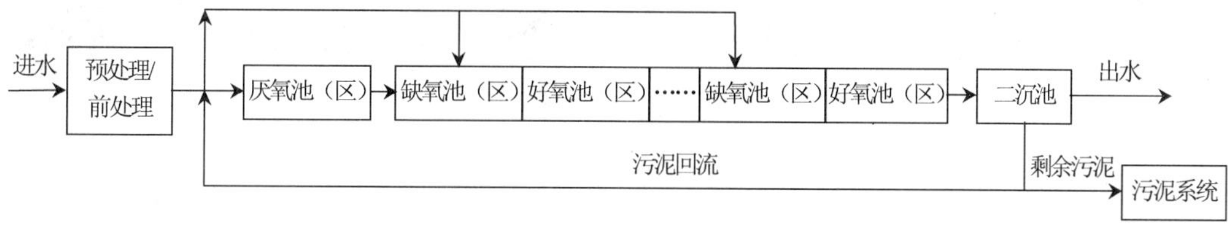

图 A.5　MAO 工艺流程图

A.5.2 工艺参数

A.5.2.1 污泥负荷（BOD_5/MLSS）：0.05～0.15 kg/（kg·d）。

A.5.2.2 污泥质量浓度：2 000～5 000 mg/L。

A.5.2.3 好氧污泥泥龄：10～18 d。

A.5.2.4 污泥回流：40%～100%。

A.5.2.5 进水分配比例：进厌氧池（区）30%～50%，进缺氧池（区）50%～70%。

A.5.2.6 厌氧池（区）水力停留时间：1～2 h，缺氧池（区）水力停留时间：2～4 h，好氧池（区）水力停留时间：6～12 h。

HJ

中华人民共和国国家环境保护标准

HJ 577—2010

序批式活性污泥法污水处理工程技术规范

Technical specifications for sequencing batch reactor activated sludge process

2010-10-12 发布　　　　2011-01-01 实施

环境保护部 发布

前　言

为贯彻《中华人民共和国水污染防治法》，防治水污染，改善环境质量，规范序批式活性污泥法在污水处理工程中的应用，制定本标准。

本标准规定了采用序批式活性污泥法的污水处理工程工艺设计、主要工艺设备、检测与控制、施工与验收、运行与维护的技术要求。

本标准的附录 A 为资料性附录。

本标准为首次发布。

本标准由环境保护部科技标准司组织制订。

本标准主要起草单位：中国环境保护产业协会（水污染治理委员会）、天津市环境保护科学研究院、安徽国祯环保节能科技股份有限公司。

本标准由环境保护部 2010 年 10 月 12 日批准。

本标准自 2011 年 1 月 1 日起实施。

本标准由环境保护部解释。

序批式活性污泥法污水处理工程技术规范

1. 适用范围

本标准规定了采用序批式活性污泥法的污水处理工程工艺设计、主要工艺设备、检测与控制、施工与验收、运行与维护的技术要求。

本标准适用于采用序批式活性污泥法的城镇污水和工业废水处理工程，可作为环境影响评价、设计、施工、环境保护验收及设施运行管理的技术依据。

2. 规范性引用文件

本标准内容引用了下列文件中的条款。凡是不注日期的引用文件，其有效版本适用于本标准。

GB 3096　声环境质量标准
GB 12348　工业企业厂界环境噪声排放标准
GB 12801　生产过程安全卫生要求总则
GB 18599　一般工业固体废物贮存、处置场污染控制标准
GB 18918　城镇污水处理厂污染物排放标准
GB 50014　室外排水设计规范
GB 50015　建筑给水排水设计规范
GB 50040　动力机器基础设计规范
GB 50053　10 kV 及以下变电所设计规范
GB 50187　工业企业总平面设计规范
GB 50204　混凝土结构工程施工质量验收规范
GB 50222　建筑内部装修设计防火规范
GB 50231　机械设备安装工程施工及验收通用规范
GB 50254　电气装置安装工程低压电器施工及验收规范
GB 50268　给水排水管道工程施工及验收规范
GB 50334　城市污水处理厂工程质量验收规范
GB 50352　民用建筑设计通则
GBJ 16　建筑设计防火规范
GBJ 87　工业企业噪声控制设计规范
GB 50141　给水排水构筑物工程施工及验收规范
GBZ 1　工业企业设计卫生标准
GBZ 2　工作场所化学有害因素职业接触限值
CJJ 60　城市污水处理厂运行、维护及其安全技术规程
HJ/T 91　地表水和污水监测技术规范
HJ/T 247　环境保护产品技术要求 竖轴式机械表面曝气装置
HJ/T 251　环境保护产品技术要求 罗茨鼓风机

HJ/T 252　环境保护产品技术要求 中、微孔曝气器
HJ/T 260　环境保护产品技术要求 鼓风式潜水曝气机
HJ/T 277　环境保护产品技术要求 旋转式滗水器
HJ/T 278　环境保护产品技术要求 单级高速曝气离心鼓风机
HJ/T 279　环境保护产品技术要求 推流式潜水搅拌机
HJ/T 353　水污染源在线监测系统安装技术规范（试行）
HJ/T 354　水污染源在线监测系统验收技术规范（试行）
HJ/T 355　水污染源在线监测系统运行与考核技术规范（试行）
《建设项目竣工环境保护验收管理办法》（国家环境保护总局，2001）

3．术语和定义

下列术语和定义适用于本标准。

3.1 序批式活性污泥法 sequencing batch reactor activated sludge process

指在同一反应池（器）中，按时间顺序由进水、曝气、沉淀、排水和待机五个基本工序组成的活性污泥污水处理方法，简称 SBR 法。其主要变形工艺包括循环式活性污泥工艺（CASS 或 CAST 工艺）、连续和间歇曝气工艺（DAT-IAT 工艺）、交替式内循环活性污泥工艺（AICS 工艺）等。

3.2 运行周期 treatment cycle

指一个反应池按顺序完成一次进水、曝气、沉淀、排水、待机工作程序的周期。一个运行周期所经历的时间称为周期时间。

3.3 进水工序 fill

指从反应池最低水位开始，充水至反应池最高水位停止的工序。进水工序可分为非限制曝气进水（进水同时曝气）和限制曝气进水（进水期不曝气）。一个运行周期内进水工序所经历的时间称为进水时间。

3.4 曝气工序 aeration/react

指对反应池中的污水进行曝气处理的工序。曝气工序可根据需要选择连续曝气或间歇曝气方式。一个运行周期内曝气所经历的时间称为曝气时间。

3.5 沉淀工序 settle

指反应池在停止曝气后进行静置沉淀，使泥水分离的工序。一个运行周期内沉淀工序所经历的时间称为沉淀时间。

3.6 排水工序 drawn

指将沉淀后的上清液撇除，至反应池最低水位的工序。一个运行周期内排水工序所经历的时间称为排水时间。

3.7 滗水 decanting

指在不扰动沉淀后的污泥层、挡住水面的浮渣不外溢的情况下，将上清液从水面撇除的操作。

3.8 待机时间 idle

指从一个周期停止排水到下一个周期开始进水所经历的时间。

3.9 反应时间 reaction time

指一个运行周期内进水工序和曝气工序中曝气停止所经历的时间。

3.10 生物选择区 biological selector

指设置在反应池的前端，使回流污泥和未被稀释的污水混合接触的预反应区。生物选择区的类型有好氧、缺氧和厌氧。

3.11 主反应区 main reaction zone

指 CASS 或 CAST 反应池内生物选择区以后的好氧反应区。

3.12 预处理 pretreatment

指进水水质能满足 SBR 工艺生化要求时，在 SBR 反应池前设置的处理措施。如格栅、沉砂池、初沉池、气浮池、隔油池、纤维及毛发捕集器等。

3.13 前处理 preprocessing

指进水水质不能满足 SBR 工艺生化要求时，根据调整水质的需要，在 SBR 反应池前设置的处理工艺。如水解酸化池、混凝沉淀池、中和池等。

3.14 标准状态 standard state

指大气压为 101 325 Pa、温度为 293.15 K 的状态。

4．总体要求

4.1 SBR 法宜用于中、小型城镇污水和工业废水处理工程。

4.2 应根据去除碳源污染物、脱氮、除磷、好氧污泥稳定等不同要求和外部环境条件，选择适宜的 SBR 法及其变形工艺。

4.3 应充分考虑冬季低温对 SBR 工艺去除碳源污染物、脱氮和除磷的影响，必要时可采取如下措施：降低负荷、减少排泥（增长泥龄）、调整厌氧及缺氧时段的水力停留时间、保温或增温等。

4.4 应根据可能发生的运行条件，设置不同的 SBR 工艺运行方案。

4.5 SBR 污水处理厂（站）应遵守以下规定：

a）污水处理厂厂址选择和总体布置应符合 GB 50014 的有关规定。总图设计应符合 GB 50187 的有关规定。

b）污水处理厂（站）的防洪标准不应低于城镇防洪标准，且有良好的排水条件。

c）污水处理厂（站）建筑物的防火设计应符合 GBJ 16 和 GB 50222 的规定。

d）污水处理厂（站）区堆放污泥、药品的贮存场应符合 GB 18599 的规定。

e）污水处理厂（站）建设、运行过程中产生的废气、废水、废渣及其他污染物的治理与排放，应执行国家环境保护法规和标准的有关规定，防止二次污染。

f）污水处理厂（站）的噪声和振动控制设计应符合 GBJ 87 和 GB 50040 的规定，机房内、外的噪声应分别符合 GBZ 2 和 GB 3096 的规定，厂界噪声应符合 GB 12348 的规定。

g）污水处理厂（站）的设计、建设、运行过程中应重视职业卫生和劳动安全，严格执行 GBZ 1、GBZ 2 和 GB 12801 的规定。污水处理工程建成运行的同时，安全和卫生设施应同时建成运行，并制定相应的操作规程。

4.6 城镇污水处理厂应按照 GB 18918 的相关规定安装在线监测系统，其他污水处理工程应按照国家或当地的环境保护管理要求安装在线监测系统。在线监测系统的安装、验收和运行应符合 HJ/T 353、HJ/T 354 和 HJ/T 355 的相关规定。

5．设计流量和设计水质

5.1 设计流量

5.1.1 城镇污水设计流量

5.1.1.1 城镇旱流污水设计流量应按下式计算。

$$Q_{dr} = Q_d + Q_m \tag{1}$$

式中：Q_{dr}——旱流污水设计流量，L/s；

Q_d——综合生活污水设计流量，L/s；

Q_m——工业废水设计流量，L/s。

5.1.1.2 城镇合流污水设计流量应按下式计算。

$$Q = Q_{dr} + Q_s \tag{2}$$

式中：Q——污水设计流量，L/s；

Q_{dr}——旱流污水设计流量，L/s；

Q_s——雨水设计流量，L/s。

5.1.1.3 综合生活污水设计流量为服务人口与相对应的综合生活污水定额之积。综合生活污水定额应根据当地的用水定额，结合建筑物内部给排水设施水平和排水系统普及程度等因素确定，可按当地相关用水定额的 80%～90%设计。

5.1.1.4 综合生活污水量总变化系数应根据当地实际综合生活污水量变化资料确定，没有测定资料时，可按 GB 50014 中的相关规定取值，见表 1。

表 1 综合生活污水量总变化系数

平均日流量/（L/s）	5	15	40	70	100	200	500	≥1 000
总变化系数	2.3	2.0	1.8	1.7	1.6	1.5	1.4	1.3

5.1.1.5 排入市政管网的工业废水设计流量应根据城镇市政排水系统覆盖范围内工业污染源废水排放统计调查资料确定。

5.1.1.6 雨水设计流量参照 GB 50014 的有关规定。

5.1.1.7 在地下水位较高的地区，应考虑入渗地下水量，入渗地下水量宜根据实际测定资料确定。

5.1.2 工业废水设计流量

5.1.2.1 工业废水设计流量应按工厂或工业园区总排放口实际测定的废水流量设计。测试方法应符合 HJ/T 91 的规定。

5.1.2.2 工业废水流量变化应根据工艺特点进行实测。

5.1.2.3 不能取得实际测定数据时可参照国家现行工业用水量的有关规定折算确定，或根据同行业同规模同工艺现有工厂排水数据类比确定。

5.1.2.4 在有工业废水与生活污水合并处理时，工厂内或工业园区内的生活污水量、沐浴污水量的确定，应符合 GB 50015 的有关规定。

5.1.2.5 工业园区集中式污水处理厂设计流量的确定可参照城镇污水设计流量的确定方法。

5.1.3 不同构筑物的设计流量

5.1.3.1 提升泵房、格栅井、沉砂池宜按合流污水设计流量计算。

5.1.3.2 初沉池宜按旱流污水流量设计，并用合流污水设计流量校核，校核的沉淀时间不宜小于 30 min。

5.1.3.3 反应池宜按日平均污水流量设计；反应池前后的水泵、管道等输水设施应按最高日最高时污水流量设计。

5.2 设计水质

5.2.1 城镇污水的设计水质应根据实际测定的调查资料确定，其测定方法和数据处理方法应符合 HJ/T 91 的规定。无调查资料时，可按下列标准折算设计：

a）生活污水的五日生化需氧量按每人每天 25～50 g 计算；

b）生活污水的悬浮固体量按每人每天 40～65 g 计算；

c）生活污水的总氮量按每人每天 5～11 g 计算；

d）生活污水的总磷量按每人每天 0.7～1.4 g 计算。

5.2.2 工业废水的设计水质，应根据工业废水的实际测定数据确定，其测定方法和数据处理方法应符合 HJ/T 91 的规定。无实际测定数据时，可参照类似工厂的排放资料类比确定。

5.2.3 SBR 进水应符合下列条件：

a）水温宜为 12～35℃、pH 值宜为 6～9、BOD_5/COD 的值宜不小于 0.3；

b）有去除氨氮要求时，进水总碱度（以 $CaCO_3$ 计）/氨氮（NH_3-N）的值宜不小于 7.14，不满足时应补充碱度；

c）有脱氮要求时，进水的 BOD_5/总氮（TN）的值宜不小于 4.0，总碱度（以 $CaCO_3$ 计）/氨氮的值宜不小于 3.6，不满足时应补充碳源或碱度；

d）有除磷要求时，进水的 BOD_5/总磷（TP）的值宜不小于 17；

e）要求同时脱氮除磷时，宜同时满足（3）和（4）的要求。

5.3 污染物去除率

SBR 污水处理工艺的污染物去除率按照表 2 计算。

表 2　SBR 污水处理工艺的污染物去除率设计值

污水类别	主体工艺	污染物去除率/%					
		悬浮物（SS）	五日生化需氧量（BOD_5）	化学耗氧量（COD）	氨氮 NH_3-N	总氮 TN	总磷 TP
城镇污水	初次沉淀*+SBR	70～90	80～95	80～90	85～95	60～85	50～85
工业废水	预处理+SBR	70～90	70～90	70～90	85～95	55～85	50～85

注：* 应根据水质、SBR 工艺类型等情况，决定是否设置初次沉淀池。

6．工艺设计

6.1 一般规定

6.1.1 SBR 工艺系统出水直接排放时，应符合国家或地方排放标准要求；排入下一级处理单元时，应符合下一级处理单元的进水要求。

6.1.2 应保证 SBR 反应池兼有时间上的理想推流和空间上的完全混合的特点。

6.1.3 应保证 SBR 反应池具有静置沉淀功能和良好的泥水分离效果。

6.1.4 应根据 SBR 工艺运行要求设置检测与控制系统，实现运行管理自动化。

6.1.5 SBR 反应池应设置固定式事故排水装置，可设在滗水结束时的水位处。

6.1.6 SBR 反应池排水应采用有防止浮渣流出设施的滗水器。

6.1.7 限制曝气进水的反应池，进水方式宜采用淹没式入流。

6.1.8 水质和（或）水量变化大的污水处理厂，宜设置调节水质和（或）水量的设施。

6.1.9 污水处理厂应设置对处理后出水消毒的设施。

6.1.10 进水泵房、格栅、沉砂池、初沉池和二沉池的设计应符合 GB 50014 中的有关规定。

6.2 预处理和前处理

6.2.1　SBR 污水处理工程进水应设格栅，城镇污水预处理还应设沉砂池。

6.2.2 根据水质和 SBR 工艺类型的需要，确定 SBR 污水处理工程是否设置初次沉淀池。设初沉池时可以不设超细格栅。

6.2.3 当进水水质不符合 5.2.3 规定的条件或含有影响生化处理的物质时，应根据进水水质采取适当的前处理工艺。

6.3 SBR 工艺设计

6.3.1 SBR 工艺的运行方式

SBR 工艺由进水、曝气、沉淀、排水、待机五个工序组成，基本运行方式分为限制曝气进水和非限制曝气进水两种，如图 1、图 2 所示。

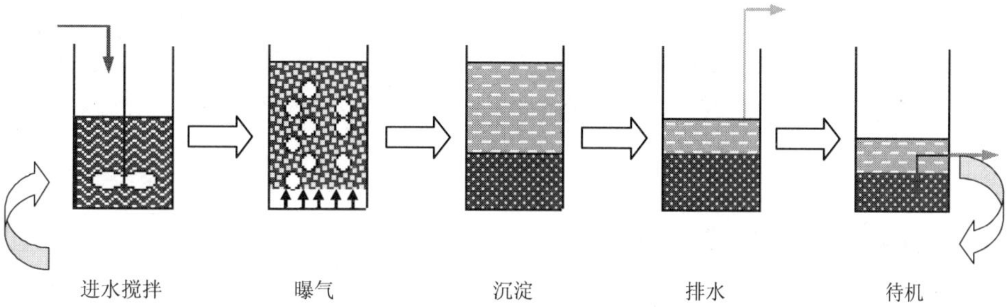

图 1 SBR 工艺运行方式——限制曝气进水

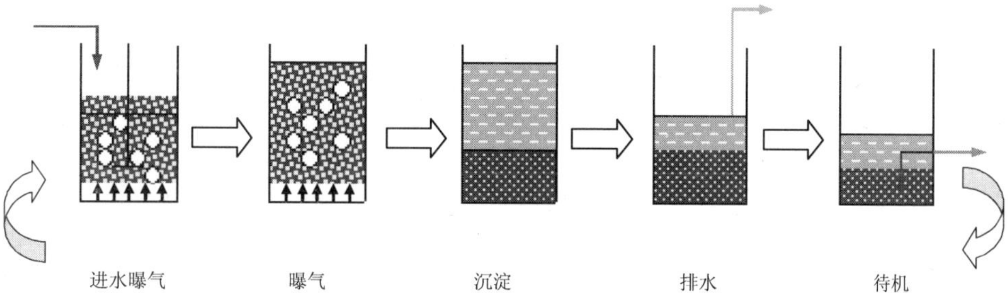

图 2 SBR 工艺运行方式——非限制曝气进水

6.3.2 反应池设计计算

6.3.2.1 反应池有效反应容积

SBR 反应池容积，可按下式计算。

$$V = \frac{24Q'S_0}{1\,000XL_s t_R} \tag{3}$$

式中：V——反应池有效容积，m^3；

Q'——每个周期进水量，m^3；

S_0——反应池进水五日生化需氧量，mg/L；

L_s——反应池的五日生化需氧量污泥负荷（BOD_5/MLSS），kg/（kg·d）；

X——反应池内混合液悬浮固体（MLSS）平均质量浓度，kg/m^3；

t_R——每个周期反应时间，h。

6.3.2.2 SBR 工艺各工序的时间，宜按下列规定计算。

a）进水时间，可按下式计算：

$$t_F = \frac{t}{n} \tag{4}$$

式中：t_F——每池每周期所需要的进水时间，h；

t——一个运行周期需要的时间，h；

n——每个系列反应池个数。

b）反应时间，可按下式计算：

$$t_R = \frac{24S_0m}{1\,000L_sX} \tag{5}$$

式中：m——充水比，可参照表 3～表 7 取值。

S_0——反应池进水五日生化需氧量，mg/L；

L_s——反应池的五日生化需氧量污泥负荷（BOD_5/MLSS），kg/（kg·d）；

X——反应池内混合液悬浮固体（MLSS）平均质量浓度，kg/m^3。

c）沉淀时间 t_s 宜为 1 h。

d）排水时间 t_D 宜为 1.0～1.5 h。

e）一个周期所需时间可按下式计算：

$$t = t_R + t_s + t_D + t_b \tag{6}$$

式中：t_b——闲置时间，h。

6.3.2.3 SBR 法的每天周期数宜为整数，如：2、3、4、5、6。

6.3.2.4 反应池水深宜为 4.0～6.0 m，当采用矩形池时，反应池长宽比宜为 1∶1～2∶1。

6.3.2.5 反应池设计超高一般取 0.5～1.0 m。

6.3.2 6 反应池的数量不宜少于 2 个，并且均为并联设计。

6.3.3 工艺参数的取值与计算

6.3.3.1 SBR 工艺处理城镇污水或水质类似城镇污水的工业废水去除有机污染物时，主要设计参数宜按表 3 的规定取值。工业废水的水质与城镇污水水质差异较大时，设计参数应通过试验或参照类似工程确定。

表 3 去除碳源污染物主要设计参数

项目名称		符号	单位	参数值
反应池五日生化需氧量污泥负荷	BOD_5/MLVSS	L_s	kg/（kg·d）	0.25～0.50
	BOD_5/MLSS		kg/（kg·d）	0.10～0.25
反应池混合液悬浮固体（MLSS）平均质量浓度		X	kg/m^3	3.0～5.0
反应池混合液挥发性悬浮固体（MLVSS）平均质量浓度		X_v	kg/m^3	1.5～3.0
污泥产率系数（VSS/BOD_5）	设初沉池	Y	kg/kg	0.3
	不设初沉池		kg/kg	0.6～1.0
总水力停留时间		HRT	h	8～20
需氧量（O_2/BOD_5）		O_2	kg/kg	1.1～1.8
活性污泥容积指数		SVI	ml/g	70～100
充水比		m		0.40～0.50
BOD_5 总处理率		η	%	80～95

6.3.3.2 SBR 工艺处理城镇污水或水质类似城镇污水的工业废水去除有机污染物时，主要设计参数宜按表 4 的规定取值。工业废水的水质与城镇污水水质差异较大时，设计参数应通过试验或参照类似工程确定。

表 4 去除氨氮污染物主要设计参数

项目名称		符号	单位	参数值
反应池五日生化需氧量污泥负荷	BOD_5/MLVSS	L_s	kg/（kg·d）	0.10～0.30
	BOD_5/MLSS		kg/（kg·d）	0.07～0.20
反应池混合液悬浮固体（MLSS）平均质量浓度		X	kg/m^3	3.0～5.0
污泥产率系数（VSS/BOD_5）	设初沉池	Y	kg/kg	0.4～0.8
	不设初沉池		kg/kg	0.6～1.0
总水力停留时间		HRT	h	10～29
需氧量（O_2/BOD_5）		O_2	kg/kg	1.1～2.0
活性污泥容积指数		SVI	ml/g	70～120
充水比		m		0.30～0.40
BOD_5 总处理率		η	%	90～95
NH_3-N 总处理率		η	%	85～95

6.3.3.3 SBR 工艺处理城镇污水或水质类似城镇污水的工业废水去除有机污染物时，主要设计参数宜按表 5 的规定取值。工业废水的水质与城镇污水水质差异较大时，设计参数应通过试验或参照类似工程确定。

表 5 生物脱氮主要设计参数

项目名称		符号	单位	参数值
反应池五日生化需氧量污泥负荷	BOD_5/MLVSS	L_s	kg/（kg·d）	0.06～0.20
	BOD_5/MLSS		kg/（kg·d）	0.04～0.13
反应池混合液悬浮固体（MLSS）平均质量浓度		X	kg/m^3	3.0～5.0
总氮负荷率（TN/MLSS）			kg/（kg·d）	≤0.05
污泥产率系数（VSS/BOD_5）	设初沉池	Y	kg/kg	0.3～0.6
	不设初沉池		kg/kg	0.5～0.8
缺氧水力停留时间占反应时间比例			%	20
好氧水力停留时间占反应时间比例			%	80
总水力停留时间		HRT	h	15～30
需氧量（O_2/BOD_5）		O_2	kg/kg	0.7～1.1
活性污泥容积指数		SVI	ml/g	70～140
充水比		m		0.30～0.35
BOD_5 总处理率		η	%	90～95
NH_3-N 总处理率		η	%	85～95
TN 总处理率		η	%	60～85

6.3.3.4 SBR 工艺处理城镇污水或水质类似城镇污水的工业废水去除有机污染物时，主要设计参数宜按表 6 的规定取值。工业废水的水质与城镇污水水质差异较大时，设计参数应通过试验或参照类似工程确定。

表 6 生物脱氮除磷主要设计参数

项目名称		符号	单位	参数值
反应池五日生化需氧量污泥负荷	BOD_5/MLVSS	L_s	kg/（kg·d）	0.15～0.25
	BOD_5/MLSS		kg/（kg·d）	0.07～0.15
反应池混合液悬浮固体（MLSS）平均质量浓度		X	kg/m^3	2.5～4.5
总氮负荷率（TN/MLSS）			kg/（kg·d）	≤0.06
污泥产率系数（VSS/BOD_5）	设初沉池	Y	kg/kg	0.3～0.6
	不设初沉池		kg/kg	0.5～0.8
厌氧水力停留时间占反应时间比例			%	5～10
缺氧水力停留时间占反应时间比例			%	10～15
好氧水力停留时间占反应时间比例			%	75～80
总水力停留时间		HRT	h	20～30
污泥回流比（仅适用于 CASS 或 CAST）		R	%	20～100
混合液回流比（仅适用于 CASS 或 CAST）		R_i	%	≥200
需氧量（O_2/BOD_5）		O_2	kg/kg	1.5～2.0
活性污泥容积指数		SVI	ml/g	70～140
充水比		m		0.30～0.35
BOD_5 总处理率		η	%	85～95
TP 总处理率		η	%	50～75
TN 总处理率		η	%	55～80

6.3.3.5 SBR 工艺处理城镇污水或水质类似城镇污水的工业废水去除有机污染物时，主要设计参数宜按表 7 的规定取值。工业废水的水质与城镇污水水质差异较大时，设计参数应通过试验或参照类似工程确定。

表 7 生物除磷主要设计参数

项目名称	符号	单位	参数值
反应池五日生化需氧量污泥负荷（BOD_5/MLSS）	L_s	kg/（kg·d）	0.4～0.7
反应池混合液悬浮固体（MLSS）平均质量浓度	X	kg/m^3	2.0～4.0
反应池污泥产率系数（VSS/BOD_5）	Y	kg/kg	0.4～0.8
厌氧水力停留时间占反应时间比例		%	25～33
好氧水力停留时间占反应时间比例		%	67～75
总水力停留时间	HRT	h	3～8
需氧量（O_2/BOD_5）	O_2	kg/kg	0.7～1.1
活性污泥容积指数	SVI	ml/g	70～140
充水比	m		0.30～0.40
污泥含磷率（TP/VSS）		kg/kg	0.03～0.07
污泥回流比（仅适用于 CASS 或 CAST）		%	40～100
TP 总处理率	η	%	75～85

6.3.4 供氧系统

6.3.4.1 供氧系统污水需氧量按下式计算。

$$
\begin{aligned}
O_2 = {} & 0.001aQ(S_0 - S_e) - c\Delta X_V + b[0.001Q(N_k - N_{ke}) - 0.12\Delta X_V] \\
& -0.62b[0.001Q(N_t - N_{ke} - N_{0e}) - 0.12\Delta X_V]
\end{aligned}
\tag{7}
$$

式中：O_2——污水需氧量，kg/d；

Q——污水设计流量，m^3/d；

S_0——反应池进水五日生化需氧量（BOD_5），mg/L；

S_e——反应池出水五日生化需氧量（BOD_5），mg/L；

ΔX_V——排出反应池系统的微生物量（MLVSS），kg/d；

N_k——反应池进水总凯氏氮质量浓度，mg/L；

N_{ke}——反应池出水总凯氏氮质量浓度，mg/L；

N_t——反应池进水总氮质量浓度，mg/L；

N_{0e}——反应池出水硝态氮质量浓度，mg/L；

a——碳的氧当量，当含碳物质以 BOD_5 计时，取 1.47；

b——氧化每千克氨氮所需氧量（kg/kg），取 4.57；

c——细菌细胞的氧当量，取 1.42。

6.3.4.2 标准状态下污水需氧量按下式计算。

$$O_S = K_0 \cdot O_2 \quad (8)$$

$$K_0 = \frac{C_S}{\alpha(\beta C_{SW} - C_0) \times 1.024^{(T-20)}} \quad (9)$$

式中：O_S——标准状态下污水需氧量，kg/d；

K_0——需氧量修正系数；

O_2——污水需氧量，kg/d；

C_S——标准状态下清水中饱和溶解氧浓度，mg/L，取 9.17；

α——混合液中总传氧系数与清水中总传氧系数之比，一般取 0.80～0.85；

β——混合液的饱和溶解氧值与清水中的饱和溶解氧值之比，一般取 0.90～0.97；

C_{SW}——T℃、实际压力时，清水饱和溶解氧浓度，mg/L；

C_0——混合液剩余溶解氧，mg/L，一般取 2；

T——设计水温，℃。

6.3.4.3 鼓风曝气时，可按下式将标准状态下污水需氧量，换算为标准状态下的供气量。

$$G_s = \frac{O_s}{0.28 E_A} \quad (10)$$

$$E_A = \frac{100}{21}\frac{(21 - O_t)}{(100 - O_t)} \quad (11)$$

式中：G_s——标准状态下的供气量，m^3/d；

O_s——标准状态下污水需氧量，kg/d；

E_A——曝气设备的氧利用率，%；

O_t——曝气后反应池水面逸出气体中氧的体积百分比，%。

6.3.5 加药系统

6.3.5.1 污水生物除磷不能达到要求时，可采用化学除磷。药剂种类、剂量和投加点宜通过试验或参照类似工程确定。

6.3.5.2 化学除磷时，对接触腐蚀性物质的设备和管道应采取防腐措施。

6.3.5.3 硝化碱度不足时，应设置加碱系统，硝化段 pH 值宜控制在 8.0～8.4。

6.3.6 污泥系统

6.3.6.1 污泥量设计应考虑剩余污泥和化学除磷污泥。

6.3.6.2 剩余污泥量的计算

按污泥产率系数、衰减系数及不可生物降解和惰性悬浮物计算。

$$\Delta X = YQ(S_0 - S_e) - K_d V X_V + fQ(SS_0 - SS_e) \quad (12)$$

式中：ΔX——剩余污泥量，kg/d；

Y——污泥产率系数，按表 3、表 4、表 5、表 6、表 7 选取；

Q——设计平均日污水量，m^3/d；

S_0——反应池进水五日生化需氧量，kg/m^3；

S_e——反应池出水五日生化需氧量，kg/m^3；

K_d——衰减系数，d^{-1}；

V——反应池的总容积，m^3；

X_V——反应池混合液挥发性悬浮固体（MLVSS）平均质量浓度，kg/m^3；

f——进水悬浮物的污泥转换率（MLSS/SS），kg/kg，宜根据试验资料确定，无试验资料时可取 0.5～0.7；

SS_0——反应池进水悬浮物质量浓度，kg/m^3；

SS_e——反应池出水悬浮物质量浓度，kg/m^3。

6.3.6.3 化学除磷污泥量应根据药剂投加量计算。

6.3.6.4 污泥处理和处置应符合 GB 50014 的规定。

6.4 SBR 法主要变形工艺设计

6.4.1 循环式活性污泥工艺（CASS 或 CAST）由进水/曝气、沉淀、滗水、闲置/排泥四个基本过程组成，CASS 或 CAST 工艺流程见图 3、图 4。

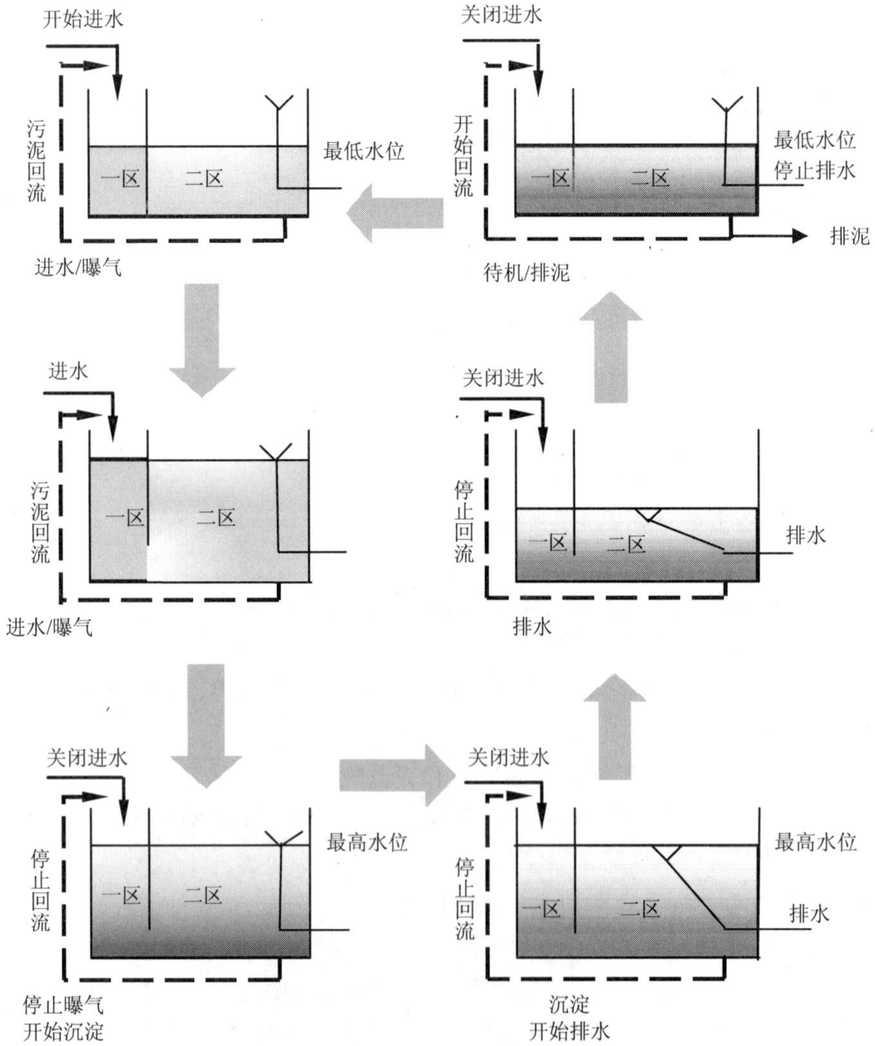

图 3 CASS 或 CAST 工艺流程（脱氮或除磷脱氮）

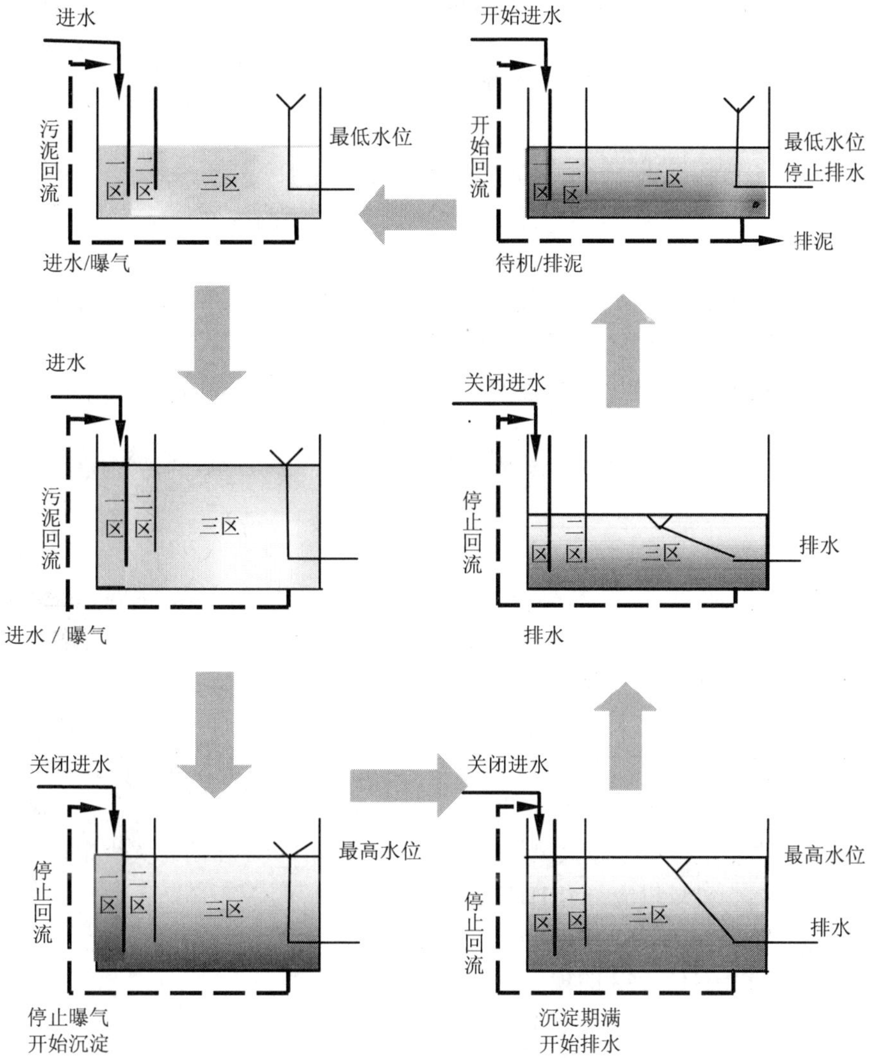

图 4　CASS 或 CAST 工艺流程（除磷脱氮）

6.4.2　CASS 或 CAST 仅要求脱氮时，反应池设计应符合下列规定：

a）反应池一般分为两个反应区，一区为缺氧生物选择区、二区为好氧区（见图 3）；

b）反应池缺氧区内的溶解氧小于 0.5 mg/L，进行反硝化反应；

c）反应池缺氧区的有效容积宜占反应池总有效容积的 20%；

d）反应池内好氧区混合液回流至缺氧区，回流比应根据试验确定，不宜小于 20%。

6.4.3　CASS 或 CAST 要求除磷脱氮时，反应池设计应符合下列规定：

a）反应池一般分为三个反应区，一区为厌氧生物选择区、二区为缺氧区、三区为好氧区（见图 4），反应池也可以分为两个反应区，一区为缺氧（或厌氧）生物选择区、二区为好氧区；

b）反应池缺氧区内的溶解氧小于 0.5 mg/L，进行反硝化反应，其有效容积宜占反应池总有效容积的 20%；

c）反应池厌氧生物选择区溶解氧为 0，嗜磷菌释放磷，其有效容积宜占反应池总有效容积的 5%～10%；

d）反应池内好氧区混合液回流至厌氧生物选择区，回流比应根据试验确定，不宜小于 20%。

6.4.4　CASS 或 CAST 工艺曝气系统的计算及设计参照本标准 6.3.4。

6.4.5 反应池内混合液回流系统设计时，应在反应池末端设置回流泵，将主反应区混合液回流至生物选择区。

6.4.6 一个系统内反应池的个数不宜少于 2 个。

7．主要工艺设备

7.1 排水设备

7.1.1 SBR 工艺反应池的排水设备宜采用滗水器，包括旋转式滗水器、虹吸式滗水器和无动力浮堰虹吸式滗水器等。滗水器性能应符合相应产品标准的规定，若采用旋转式滗水器应符合 HJ/T 277 的规定。

7.1.2 滗水器的堰口负荷宜为 20～35 L/（m·s），最大上清液滗除速率宜取 30 mm/min，滗水时间宜取 1.0 h。

7.1.3 滗水器应有浮渣阻挡装置和密封装置。滗水时不应扰动沉淀后的污泥层，同时挡住水面的浮渣不外溢。

7.2 曝气设备

7.2.1 SBR 工艺选用曝气设备时，应根据设备类型、位于水面下的深度、水温、在污水中氧总转移特性、当地的海拔高度以及生物反应池中溶解氧的预期浓度等因素，将计算的污水需氧量换算为标准状态下污水需氧量，并以此作为设备设计选型的依据。

7.2.2 曝气方式应根据工程规模大小及具体条件选择。恒水位曝气时，鼓风式微孔曝气系统宜选择多池共用鼓风机供气方式，或采用机械表面曝气。变水位曝气时，鼓风式微孔曝气系统宜采用反应池与鼓风机一对一供气方式，或采用潜水式曝气系统。

7.2.3 曝气设备和鼓风机的选择以及鼓风机房的设计参照 GB 50014 的有关规定执行。

7.2.4 单级高速曝气离心鼓风机应符合 HJ/T 278 的规定。

7.2.5 罗茨鼓风机应符合 HJ/T 251 的规定。

7.2.6 微孔曝气器应符合 HJ/T 252 的规定。

7.2.7 机械表面曝气装置应符合 HJ/T 247 的规定。

7.2.8 潜水曝气装置应符合 HJ/T 260 的规定。

7.3 混合搅拌设备

7.3.1 混合搅拌设备应根据好氧、厌氧等反应条件选用，混合搅拌功率宜采用 2～8 W/m^3。

7.3.2 厌氧和缺氧宜选用潜水式推流搅拌器，搅拌器性能应符合 HJ/T 279 的要求。

8．检测与控制

8.1 一般规定

8.1.1 SBR 污水处理工程应进行过程检测和控制，并配置相应的检测仪表和控制系统。

8.1.2 检测和控制内容应根据工程规模、工艺流程、运行管理要求确定。

8.1.3 自动化仪表和控制系统应保证 SBR 污水处理工程的安全性和可靠性，方便运行管理。

8.1.4 计算机控制管理系统宜兼顾现有、新建和规划的要求。

8.1.5 参与控制和管理的机电设备应设置工作和事故状态的检测装置。

8.2 过程检测

8.2.1 进水泵房、格栅、沉砂池宜设置 pH 计、液位计、液位差计、流量计、温度计等。

8.2.2 SBR 反应池内宜设置温度计、pH 计、溶解氧（DO）仪、氧化还原电位计、污泥浓度计、液位计等。

8.2.3 为保证污水处理厂（站）安全运行，按照下列要求设置监测仪表和报警装置：

a）进水泵房：宜设置硫化氢（H_2S）浓度监测仪表和报警装置；

b）污泥消化池：应设置甲烷（CH_4）、硫化氢（H_2S）浓度监测仪表和报警装置；

c）加氯间：应设置氯气（Cl_2）浓度监测仪和报警装置。

8.3 过程控制

8.3.1 SBR 污水处理工程的主要构筑物应按照液位变化自动控制运行。

8.3.2 10 万 m^3/d 规模以下的 SBR 污水处理工程的主要生产工艺单元宜采用自动控制系统。

8.3.3 10 万 m^3/d 规模以上的 SBR 污水处理工程宜采用集中监视、分散控制的自动控制系统。

8.3.4 采用成套设备时，设备本身控制宜与系统控制相结合。

8.4 计算机控制管理系统

8.4.1 计算机管理系统应有信息收集、处理、控制、管理和安全保护功能。

8.4.2 控制管理系统的控制层、监控层和管理层应合理配置。

8.4.3 污水处理工艺过程宜采用集中与分散控制模式，实现工艺过程自动控制、运行工况的监视和调整、停机和故障处理。

8.4.4 全厂的控制系统宜划分为若干个单元，采用可编程序控制（PLC），根据工艺参数自动监控各运行设备。

8.4.5 中央控制室计算机应与各单元 PLC 联网，实时显示运行工况、实时向 PLC 传送调整设备运行状态的指令、建立数据库并记录、储存运行参数、指标等资料。

8.4.6 中央控制室计算机应能设置所有运行参数，并可预先设置多套运行模式，根据实际水量、水质、水温等检测参数自动选择。

8.4.7 现场控制设备通过“手动/自动”选择开关进行切换，可由现场开关直接控制设备，同时应将现场控制模式作为最高优先级的控制模式以保证现场操作的安全。

9. 电气

9.1 供电系统

9.1.1 工艺装置的用电负荷应为二级负荷。

9.1.2 高、低压用电设备的电压等级应与其供电电网电压等级相一致。

9.1.3 中央控制室的仪表电源应配备在线式不间断供电电源设备。

9.1.4 接地系统宜采用三相五线制系统。

9.2 低压配电

变电所低压配电室的变配电设备布置，应符合国家标准 GB 50053 的规定。

9.3 二次线

9.3.1 工艺线上的电气设备宜在中央控制室集中监控管理，并纳入自动控制。

9.3.2 电气系统的控制水平应与工艺水平相一致，宜纳入计算机控制系统，也可采用强电控制。

10. 施工与验收

10.1 一般规定

10.1.1 工程施工单位应具有国家相应的工程施工资质；工程项目宜通过招投标确定施工单位和监理单位。

10.1.2 应按工程设计图纸、技术文件、设备说明书等组织工程施工，工程的变更应取得设计单位的设计变更文件后再实施。

10.1.3 施工使用的设备材料、半成品、部件应符合国家现行标准和设计要求，并取得供货商的合格证书，不得使用不合格产品。设备安装应符合 GB 50231 的规定。

10.1.4 施工前，应进行施工组织设计或编制施工方案，明确施工质量负责人和施工安全负责人，经批准后方可实施。

10.1.5 施工过程中，应做好设备、材料、隐蔽工程和分项工程等中间环节的质量验收。

10.1.6 管道工程施工和验收应符合 GB 50268 的规定；混凝土结构工程的施工和验收应符合 GB 50204 的规定；构筑物的施工和验收应符合 GB 50141 的规定。

10.1.7 工程竣工验收后，建设单位应将有关设计、施工和验收的文件立卷归档。

10.2 施工

10.2.1 土建施工

10.2.1.1 施工前应参照 GB 50141 做好施工准备，认真阅读设计图纸和设备安装对土建的要求，了解预留预埋件的准确位置和做法，对有高程要求的设备基础要严格控制在设备要求的误差范围内。

10.2.1.2 反应池宜采用钢筋混凝土结构，土建施工应重点控制池体的抗浮处理、地基处理、池体抗渗处理，满足设备安装对土建施工的要求。

10.2.1.3 按照设计要求采取适当的措施确保池体的抗浮稳定性。

10.2.1.4 需要在软弱地基上施工、且构筑物荷载不大时，应采取适当的措施对地基进行处理，当地基下有软弱下卧层时，应考虑其沉降的影响，必要时可采用桩基。

10.2.1.5 施工过程中应加强建筑材料和施工工艺的控制，杜绝出现裂缝和渗漏。出现渗漏处，应会同设计单位等有关方面确定处理方案，彻底解决问题。

10.2.1.6 模板、钢筋、混凝土分项工程应严格执行 GB 50204 的规定，并符合以下要求：

a）模板架设应有足够强度、刚度和稳定性，表面平整无缝隙，尺寸正确；

b）钢筋规格、数量准确，绑扎牢固应满足搭接长度要求，无锈蚀；

c）混凝土配合比、施工缝预留、伸缩缝设置、设备基础预留孔及预埋螺栓位置均应符合规范和设计要求，冬季施工应注意防冻。

10.2.1.7 现浇钢筋混凝土水池施工允许偏差应符合表 8 的规定。

表 8 现浇钢筋混凝土水池施工允许偏差

项次	项目		允许偏差/mm
1	轴线位置	底板	15
		池壁、柱、梁	8
2	高程	垫层、底板、池壁、柱、梁	±10
3	平面尺寸（混凝土底板和池体长、宽或直径）	L≤20 m	±20
		20 m<L≤50 m	±L/1 000
		50 m<L≤250 m	±50
4	截面尺寸	池壁、柱、梁、顶板	+10，−5
		洞、槽、沟净空	±10
5	垂直度	H≤5 m	8
		5 m<H≤20 m	1.5H/1 000
6	表面平整度（用 2 m 直尺检查）		10
7	中心位置	预埋件、预埋管	5
		预留洞	10
注：L 为底板和池体的长、宽或直径；H 为池壁、柱的高度。			

10.2.1.8 处理构筑物应根据当地气温和环境条件，采取防冻措施。

10.2.1.9 处理构筑物应设置必要的防护栏杆，并采取适当的防滑措施，符合 GB 50352 的规定。

10.2.1.10 其他建筑物施工应执行有关建筑工程测量与施工组织技术规范。

10.2.2 设备安装

10.2.2.1 设备安装前应检查下列文件：

a）设备安装说明、电路原理图和接线图；

b）设备使用说明书、运行和保养手册；

c）防护及油漆标准；

d）产品出厂合格证书、性能检测报告、材质证明书；

e）设备开箱验收记录。

10.2.2.2 设备基础应符合以下规定：

a）设备基础应按照设计要求和图纸规定浇筑，混凝土标号、基面位置高程应符合说明书和技术文件规定；

b）混凝土基础应平整坚实，并有隔振措施；

c）预埋件水平度及平整度应符合 GB 50231 的规定；

d）地脚螺栓应按照原机出厂说明书的要求预埋，位置应准确，安装应稳固。

10.2.2.3 安装好的机械应严格符合外形尺寸的公称允许偏差，不允许超差。

10.2.2.4 应按照产品技术文件要求进行设备安装和试运转，并做好设备试运转记录、中间交验记录、施工记录和监理检验记录。

10.2.2.5 机电设备安装后试车应满足下列要求：

a）启动时应按照标注箭头方向旋转，启动运转应平稳，运转中无振动和异常声响；

b）运转啮合与差动机构运转应按产品说明书的规定同步运行，没有阻塞、碰撞现象；

c）运转中各部件应保持动态所应有的间隙，无抖动晃摆现象；

d）试运转用手动或自动操作，设备全程完整动作五次以上，整体设备应运行灵活；

e）各限位开关运转中动作及时，安全可靠；

f）电机运转时温升在正常值内；

g）各部轴承加注规定润滑油脂，应不漏、不发热，温升小于 60℃。

10.2.2.6 滗水器安装应符合下列规定：

a）旋转式滗水器安装应保持机组运转平稳、灵活、不卡阻；

b）滗水器堰口的水平度应不大于 0.3/1 000，运转时不应倾斜；

c）滗水器排水支、干管应垂直，偏差应不大于±1 mm；

d）滗水器排气管上端开口应高于水面 200 mm，管内不应有堵塞现象；

e）滗水器排水立管螺栓应固定牢固；

f）滗水器的电气控制系统安装质量验收应符合 GB 50254 的规定。

10.2.2.7 其他设备及管道工程宜参照 GB 50334 的有关规定进行安装施工。

10.3 工程验收

10.3.1 工程验收参照 GB 50334 执行。

10.3.2 工程验收包括中间验收和竣工验收；中间验收应由施工单位会同建设单位、设计单位、质量监督部门共同进行；竣工验收应由建设单位组织施工、设计、管理、质量监督及有关单位联合进行。

10.3.3 构筑物各施工工序完工后均应经过中间验收；隐蔽工程应经过中间验收后，方可进入下一道工序。

10.3.4 中间验收包括验槽、验筋、主体验收、安装验收、联动试车。中间验收时，应按规定的质量标准进行检验，并填写中间验收记录。

10.3.5 滗水器安装完成后应按下列要求进行空转运行和充水试运行试验：

a）采用水平仪检测滗水器的水平程度，分别进行空转和充水试验，滗水器堰口应保持水平状态；

b）采用检查施工记录和尺量检查的方法，检测滗水器排水支、干管垂直偏差；

c）采用检查施工记录和尺量检查的方法检查排气管，保证滗水器排气管上端开口应高于水面 200 mm，管内不应有堵塞现象；

d）在滗水器空转和充水状态下运转，分别检查滗水器排水立管螺栓固定牢固程度，保持滗水器排水装置的稳固。

10.3.6 竣工验收应提供下列资料：

a）竣工图及设计变更文件；

b）主要材料和设备的合格证或试验记录；

c）施工测量记录；

d）混凝土、砂浆、焊接及水密性、气密性等试验、检验记录；

e）施工记录；

f）中间验收记录；

g）工程质量检验评定记录；

h）工程质量事故处理记录；

i）设备安装及联合试车记录；

j）工程试运行记录。

10.3.7 竣工验收时，应核实竣工验收资料，并应进行必要的复验和外观检查，对下列项目应作出鉴定，并填写竣工验收鉴定书。

a）构筑物的位置、数量，高程、坡度、平面尺寸的误差；

b）管道及其附件等安装的位置和数量；

c）结构强度、抗渗、抗冻的标号；

d）构筑物的水密性；

e）外观，包括构筑物有无裂缝、蜂窝、麻面、露筋、空鼓、缺边、掉角，以及设备、外露的管道等安装工程的质量；

f）其他。

10.4 环境保护验收

10.4.1 污水处理工程在正式投入使用之前，建设单位应向县级以上人民政府环境保护行政主管部门提出环境保护设施竣工验收申请。

10.4.2 污水处理工程竣工环境保护验收应按照《建设项目竣工环境保护验收管理办法》的规定进行。

10.4.3 水质在线监测系统的验收应符合 HJ/T 354 的规定。

10.4.4 SBR 污水处理厂（站）验收前应进行试运行，测定设施的工艺性能数据和经济指标数据，填写试运行记录作为验收资料之一，内容包括：

a）试运行应按照设计流量全流程通过所有构筑物，以考核各构筑物高程布置是否有问题；

b）测试并计算各构筑物的工艺参数；

c）测定沉砂池的沉砂量，含水率及灰分；

d）测定沉砂池进水、出水的 SS 值；

e）设有初次沉淀池时，测定沉淀池的污泥量、含水率及灰分；

f）测定 SBR 反应池活性污泥 MLSS 值；

g）测定 SBR 反应池活性污泥的 MLVSS/MLSS 比值；

h）测定剩余污泥量、含水率及灰分；

i）SBR 进出水水质化验项目包括：pH、SS、色度、COD、BOD_5、氨氮、总氮、总磷、细菌总数、大肠菌群、石油类、挥发酚、汞、镉、铅、砷、总铬（或六价铬）、氰化物；

j）污水处理厂（站）内有毒、有害气体的测定；

k）统计全厂进出水量、用电量和各分项用电量；

l）计算全厂技术经济指标：BOD_5 去除总量、BOD_5 去除电耗（kW·h/kg）、污水处理运行成本（元/kg）。

11．运行与维护

11.1 一般规定

11.1.1 污水处理厂（站）的运行、维护及安全生产参照 CJJ 60 执行。

11.1.2 污水处理厂（站）的运行管理应保证设施连续正常运行，污染物排放能达到国家和地方排放标准以及总量控制的要求。

11.1.3 污水处理厂（站）在运行前应制定工艺系统图、设施操作和维护规程，建立设备台账、运行记录、定期巡视、交接班、安全检查等管理制度。

11.1.4 污水处理厂（站）的工艺设施和主要设备应编入台账，定期对各类设备、电气、自控仪表及建（构）筑物进行维护、检修、检验，确保设施稳定可靠运行。

11.1.5 污水处理厂（站）的运行操作和管理人员应熟悉本厂处理工艺及技术指标和设施、设备的运行要求，经过技术培训和生产实践，并考试合格后方可上岗。

11.1.6 运行操作人员应按岗位操作规程进行系统操作，定期检查构筑物、设备、电器和仪表的运行情况。

11.1.7 运行操作人员应严格履行岗位职责，做好巡视和交接班。各岗位的运行操作人员在运行、巡视、交接班、检修等生产活动中应做好相关记录。

11.1.8 应定期检测运行控制指标和进、出水水质。

11.1.9 污水处理厂（站）在运行中应严格执行经常性的和定期的安全检查制度，及时消除事故隐患，防止事故发生。

11.2 运行

11.2.1 排水比（或充水比）调节

在设定运行周期不变的情况下，当实际运行进水流量发生变化时，可用调整排水比（或充水比）的方法保证各反应池的配水均匀。

11.2.2 运行周期调节

处理水量变化较大时，需按高峰期日处理水量、低谷期日处理水量、日均处理水量调整运行周期。

11.2.3 进水流量调节

一天中设施进水流量随时间变化较大时，可以调节进水流量，保证排水比（充水比）相对稳定、反应池处于良好运行状态。

11.2.4 排水调节

排水时要求水面匀速下降，下降速度宜小于或等于 30 mm/min。

11.2.5 滗水器管理

每班对滗水器巡视一次，发现故障及时处理。滗水器因故障停运时可临时用事故排水管排水。

11.2.6 曝气调节

11.2.6.1 鼓风曝气系统曝气开始时，应排放管路中的存水，并经常检查自动排水阀的可靠性。

11.2.6.2 曝气工序结束时，反应池主反应区溶解氧浓度不宜小于 2 mg/L。

11.2.7 污泥观察与调节

11.2.7.1 污水处理系统运行中，应经常观察活性污泥的颜色、状态、气味、生物相以及上清液的透明度，定时测试，发现问题应及时解决。

11.2.7.2 污水处理系统运行中，应经常观察沉淀工序结束时的污泥界面下降距离，污泥界面至最低水面距离不宜小于 500 mm。

11.2.7.3 反应池的排泥量可根据污泥沉降比、混合液污泥浓度、静置沉淀结束时（或排水结束时）的污泥层高确定。

11.3 维护

11.3.1 SBR 反应池的维护保养应作为全厂维护的重点。

11.3.2 操作人员应严格执行设备操作规程，定时巡视设备运转是否正常，包括温升、响声、振动、电压、电流等，发现问题应尽快检查排除。

11.3.3 各设备的转动部件应保持良好的润滑状态，及时添加润滑油、清除污垢；若发现漏油、渗油，应及时解决。

11.3.4 应定期检查滗水器排水的均匀性、灵活性、自动控制的可靠性，发现问题及时解决。

11.3.5 鼓风曝气系统曝气开始时应排放管路中的存水，并经常检查自动排水阀的可靠性。

11.3.6 SBR 反应池内微孔曝气器容易堵塞，应定时检查曝气器堵塞和损坏情况，及时更换破损的曝气器，保持曝气系统运行良好。

11.3.7 推流式潜水搅拌机无水工作时间不宜超过 3 min。

11.3.8 运行中应防止由于推流式潜水搅拌机叶轮损坏或堵塞、表面空气吸入形成涡流、不均匀水流等原因引起的振动。

11.3.9 定期检查、更换不合格的零部件和易损件。

附录 A
（资料性附录）
序批式活性污泥法的其他变形工艺

A.1 连续和间歇曝气工艺（DAT-IAT）

A.1.1 DAT-IAT 工艺

A.1.1.1 DAT-IAT 反应池由一个连续曝气池（DAT）和一个间歇曝气池（IAT）串联而成，工艺如图 A.1。

A.1.1.2 DAT 连续进水、连续曝气、连续出水，出水经配水导流墙流入 IAT。DAT 的溶解氧控制在 1.5～2.5 mg/L。

A.1.1.3 IAT 连续进水，曝气、沉淀、滗水三个阶段循环，一般采用 3 h 周期，每个阶段 1 h，在曝气、沉淀阶段进行混合液回流，回流比 1∶200～1∶400；曝气阶段可进行剩余污泥的排除。

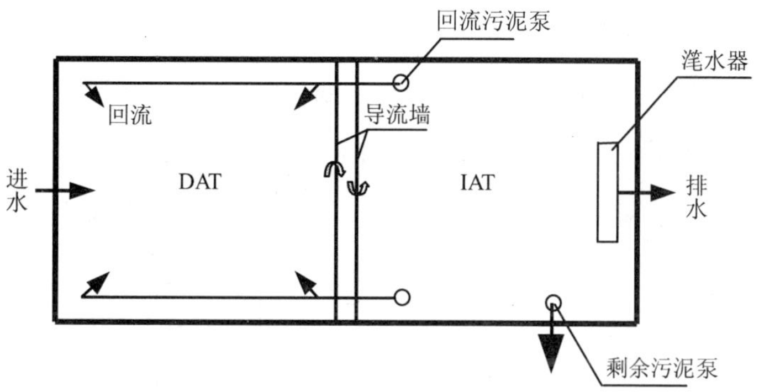

图 A.1 DAT-IAT 工艺流程

A.1.2 DAT-IAT 工艺设计

A.1.2.1 主要设计参数见表 A.1。

表 A.1 DAT-IAT 主要设计参数

项目	符号	单位		主要设计参数			
				去除含碳有机物	要求硝化	要求硝化、反硝化	污泥好氧稳定
反应池五日生化需氧量污泥负荷（BOD_5/MLVSS）	L_s	kg/（kg·d）		0.1[a)]	0.07～0.09	0.07	0.05
混合液悬浮固体（MLSS）浓度	X	kg/m^3	DAT	2.5～4.5	2.5～4.5	2.5～4.5	2.5～4.5
			IAT	3.5～5.5	3.5～5.5	3.5～5.5	3.5～5.5
			平均值	3.0～5.0[a)]	3.0～5.0	3.0～5.0	3.0～5.0
混合液回流比	R	%		100～400	100～400	400～600	100～400
污泥龄	θ_c	d		＞6～8	＞10	＞12	＞20
DAT/IAT 的容积比				1	＞1	＞1	＞1
充水比	m			0.17～0.33[a)]	0.17～0.33	0.17～0.33	0.17～0.33
IAT 周期时间	t	h		3	3	3	3
注：a）高负荷时 L_s 为 0.1～0.4 kg/（kg·d），MLSS 平均浓度为 1.5～2.0 kg/m^3，充水比 m 为 0.25～0.5。							

A.1.2.2 反应池容积的设计计算

按 BOD-SS 负荷计算反应池总容积。

$$V = \frac{QS_0}{eL_S X} \qquad \text{(A.1)}$$

式中：V——反应池总容积，m^3；

Q——反应池设计流量，m^3/d；

S_0——反应池进水 BOD_5 质量浓度，mg/L；

L_S——污泥负荷（BOD_5/MLVSS），kg/（kg·d）；

X——混合液挥发性悬浮固体浓度，mg/L；

e——SBR 曝气时间比，当 DAT 与 IAT 的容积为 1∶1 时，e=0.67。

A.1.2.3 曝气系统中，DAT 的供氧量占 60%～70%，IAT 占 30%～40%。

A.1.2.4 回流系统设计时，在 IAT 两侧距导流墙一定距离处设混合液回流泵，将混合液回流至 DAT 池与进水进行混合搅拌。

A.1.2.5 在设计计算排水装置时，应考虑排水时同时进水。

A.2 交替式内循环活性污泥法（AICS）

A.2.1 AICS 工艺流程

A.2.1.1 AICS 基本工艺由一个四格连通的反应池组成，如图 A.2 所示。各格反应池进水、曝气、沉淀和出水的工作按图中 A、B、C、D 四个程序进行。

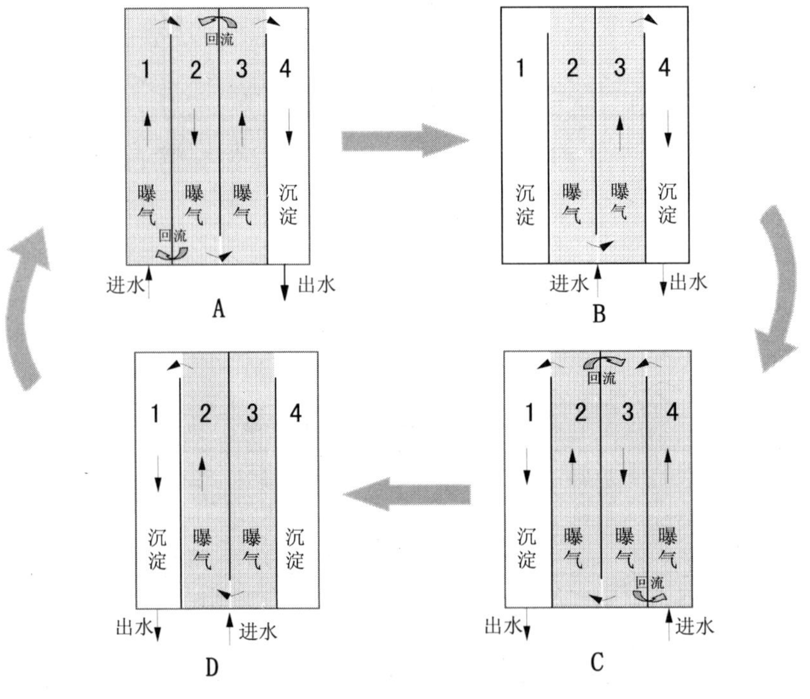

图 A.2 AICS 基本工艺流程

A.2.1.2 AICS 脱氮组合工艺在反应池进水端设置缺氧区，进行反硝化脱氮，如图 A.3 所示。

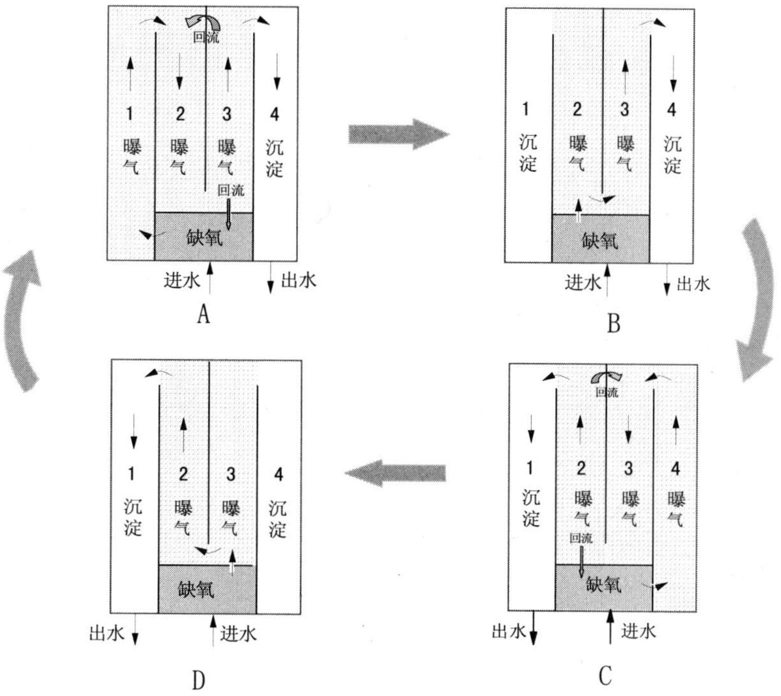

图 A.3　AICS 脱氮组合工艺流程

A.2.1.3　AICS 同步脱氮除磷组合工艺是污水先进入厌氧区释放磷，再进入缺氧区进行反硝化脱氮，然后流入好氧区，完成硝化、吸磷和去除有机物的过程，如图 A.4 所示。

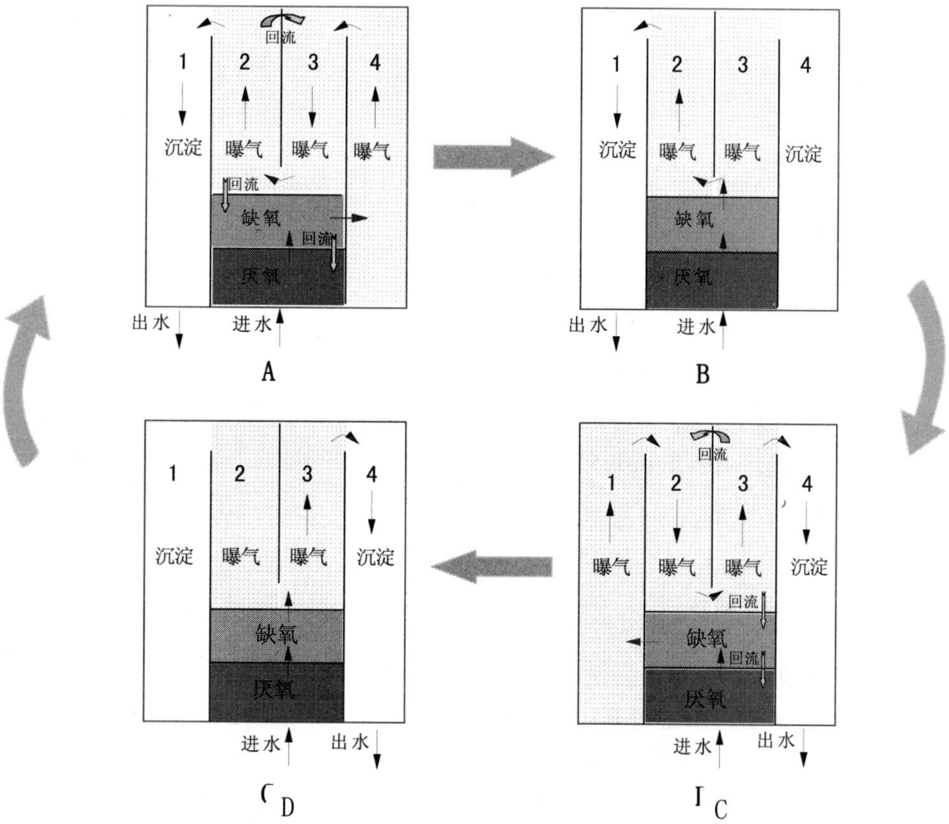

图 A.4　AICS 同步脱氮除磷组合工艺流程

A.2.2 AICS 工艺设计

A.2.2.1 池容利用率可按下式计算。

$$f_a = \frac{\sum_{i=1}^{2} V_{si} X_{si} t_{si} + \sum_{i=1}^{n-2} V_{mi} X_{mi} t_{mi}}{\sum_{i=1}^{2} V_{si} X_{si} t + \sum_{i=1}^{n-2} V_{mi} X_{mi} t} \tag{A.2}$$

式中：f_a——池容利用率；

X_{mi}——中间曝气池参与反应的平均污泥（MLVSS）质量浓度，g/L；

X_{si}——边池参与反应的平均污泥（MLVSS）质量浓度，g/L；

t_{si}——边池反应时间，h；

t_{mi}——中间曝气池反应时间，h；

t——SBR 反应池一个运行周期需要的时间，h；

V_{si}——边池的体积，m^3；

V_{mi}——中间曝气池的体积，m^3；

n——反应池个数。

A.2.2.2 以去除有机物为主的 AICS 工艺沉淀区的负荷宜在 1.5～2.5 m^3/（m^2·h）；硝化脱氮组合工艺和同步脱氮除磷工艺沉淀区的负荷宜在 1.0～2.0 m^3/（m^2·h）。

A.2.2.3 AICS 工艺的水头损失宜控制在 1.0 m 以下。

A.2.2.4 AICS 工艺宜采用微孔曝气的方式。

A.2.2.5 AICS 工艺的周期时间应根据污水水量、水质确定。通常采用 4 h、6 h 或 8 h。

A.2.2.6 污泥龄计算公式：

$$\theta_c = \frac{\sum_{i=1}^{2} V_{si} X_{si} + \sum_{i=1}^{n-2} V_{mi} X_{mi}}{\Delta X \cdot f_a} \tag{A.3}$$

式中：θ_c——污泥龄；

ΔX——剩余污泥量，kg/d；

f_a——池容利用率；

X_{si}——边池参与反应的平均污泥（MLVSS）质量浓度，g/L；

V_{si}——边池的体积，m^3；

V_{mi}——中间曝气池的体积，m^3；

X_{mi}——中间曝气池参与反应的平均污泥（MLVSS）质量浓度，g/L。

A.2.2.7 AICS 脱氮组合工艺设计

A.2.2.7.1 好氧区污泥负荷（BOD_5/MLVSS）0.10～0.15 kg/（kg·d）；污泥龄 13～25 d（作为设计校核参数，扣除污泥沉淀部分）。

A.2.2.7.2 缺氧区停留时间 1～2 h；反硝化速率（N/MLVSS）0.05～0.15 kg/（kg·d）；混合液回流比为 200%～300%。

A.2.2.7.3 沉淀区表面负荷 1.0～2.0 m^3/（m^2·h）。

A.2.2.8 AICS 同步脱氮除磷组合工艺设计

A.2.2.8.1 好氧区污泥负荷（BOD_5/MLVSS）0.10～0.15 kg/（kg·d）；污泥龄 12～18 d（作为设计校核参数，扣除污泥沉淀部分）。

A.2.2.8.2 缺氧区停留时间 1～2 h；反硝化速率（N/MLVSS）为 0.05～0.15 kg/（kg·d）。

A.2.2.8.3 厌氧区停留时间 1～1.5 h；来自缺氧区的混合液回流比 50%～100%。

HJ

中华人民共和国国家环境保护标准

HJ 578—2010

氧化沟活性污泥法污水处理工程技术规范

Technical specification for oxidation ditch activated sludge process

2010-10-12 发布　　　　2011-01-01 实施

环　境　保　护　部　发布

前　言

为贯彻《中华人民共和国水污染防治法》，防治水污染，改善环境质量，规范氧化沟活性污泥法在污水处理工程中的应用，制定本标准。

本标准规定了采用氧化沟活性污泥法的污水处理工程工艺设计、主要设备、检测和控制、电气、施工与验收、运行与维护的技术要求。

本标准的附录 A 为规范性附录，附录 B 为资料性附录。

本标准为首次发布。

本标准由环境保护部科技标准司组织制订。

本标准主要起草单位：中国环境保护产业协会（水污染治理委员会）、安徽国祯环保节能科技股份有限公司、湖南省建筑设计院、武汉市武控系统工程有限公司。

本标准由环境保护部 2010 年 10 月 12 日批准。

本标准自 2011 年 1 月 1 日起实施。

本标准由环境保护部解释。

氧化沟活性污泥法污水处理工程技术规范

1．适用范围

本标准规定了采用氧化沟活性污泥法的污水处理工程工艺设计、主要设备、检测和控制、电气、施工与验收、运行与维护的技术要求。

本标准适用于采用氧化沟活性污泥法的城镇污水和工业废水处理工程，可作为环境影响评价、设计、施工、验收及建成后运行与管理的技术依据。

2．规范性引用文件

本标准内容引用了下列文件中的条款。凡不注明日期的引用文件，其有效版本适用于本标准。

GB 3096	声环境质量标准
GB 12348	工业企业厂界环境噪声排放标准
GB 12801	生产过程安全卫生要求总则
GB 18599	一般工业固体废物贮存、处置场污染控制标准
GB 18918	城镇污水处理厂污染物排放标准
GB 50014	室外排水设计规范
GB 50015	建筑给水排水设计规范
GB 50016	建筑设计防火规范
GB 50040	动力机器基础设计规范
GB 50053	10 kV 及以下变电所设计规范
GB 50187	工业企业总平面设计规范
GB 50204	混凝土结构工程施工质量验收规范
GB 50222	建筑内部装修设计防火规范
GB 50231	机械设备安装工程施工及验收通用规范
GB 50268	给水排水管道工程施工及验收规范
GB 50352	民用建筑设计通则
GBJ 87	工业企业噪声控制设计规范
GB 50141	给水排水构筑物工程施工及验收规范
GBZ 1	工业企业设计卫生标准
GBZ 2	工作场所有害因素职业接触限值
CJ/T 51	城市污水水质检验方法标准
CJJ 60	城市污水处理厂运行、维护及其安全技术规程
HJ/T 91	地表水和污水监测技术规范
HJ/T 242	环境保护产品技术要求 污泥脱水用带式压榨过滤机
HJ/T 247	环境保护产品技术要求 竖轴式机械表面曝气装置
HJ/T 259	环境保护产品技术要求 转刷曝气装置

HJ/T 260　环境保护产品技术要求 鼓风式潜水曝气机
HJ/T 279　环境保护产品技术要求 推流式潜水搅拌机
HJ/T 280　环境保护产品技术要求 转盘曝气装置
HJ/T 283　环境保护产品技术要求 厢式压滤机和板框压滤机
HJ/T 335　环境保护产品技术要求 污泥浓缩带式脱水一体机
HJ/T 353　水污染源在线监测系统安装技术规范（试行）
HJ/T 354　水污染源在线监测系统验收技术规范（试行）
HJ/T 355　水污染源在线监测系统运行与考核技术规范（试行）
《建设项目竣工环境保护验收管理办法》（国家环保总局，2001 年）
《城市污水处理工程项目建设标准（修订）》（建设部、国家发改委，2001 年）

3．术语和定义

下列术语和定义适用于本标准。

3.1 氧化沟 oxidation ditch activated sludge process

指反应池呈封闭无终端循环流渠形布置，池内配置充氧和推动水流设备的活性污泥法污水处理方法。主要工艺包括单槽氧化沟、双槽氧化沟、三槽氧化沟、竖轴表曝机氧化沟和同心圆向心流氧化沟，变形工艺包括一体化氧化沟、微孔曝气氧化沟。

3.2 好氧区（池） oxic zone

指氧化沟的充氧区（池），溶解氧浓度一般不小于 2 mg/L，主要功能是降解有机物、硝化氨氮和过量摄磷。

3.3 缺氧区（池） anoxic zone

指氧化沟的非充氧区（池），溶解氧浓度一般为 0.2～0.5 mg/L，主要功能是进行反硝化脱氮。

3.4 厌氧区（池） anaerobic zone

指氧化沟的非充氧区（池），溶解氧浓度一般小于 0.2 mg/L，主要功能是进行磷的释放。

3.5 机械表面曝气装置 mechanical surface aerator

指利用设在曝气池水面的叶轮或转刷（盘）进行曝气的装置，包括竖轴式机械表面曝气装置、转盘表面曝气装置、转刷表面曝气装置等。

3.6 搅拌机 mixer

指螺旋桨叶片小于 1 m，转速为中高转速（一般大于 300 r/min），使介质搅拌均匀的装置。

3.7 推流器 flowmaker

指螺旋桨叶片大于 1 m，转速为低转速（一般小于 100 r/min），产生层面推流作用的装置。

3.8 预处理 pretreatment

指进水水质能满足氧化沟生化需要时，在氧化沟前设置的处理措施。如格栅、沉砂池等。

3.9 前处理 preprocessing

指进水水质不能满足氧化沟生化需要时，根据调整水质的需要，在氧化沟前设置的处理工艺。如初沉池、水解酸化池、气浮池、均化池、事故池等。

3.10 内回流门 internal reflux gate

指氧化沟系统某些沟型所特有的、可使混合液从好氧区（池）到缺氧区（池）实现无动力回流的廊道和设备。

3.11 标准状态 standard state

指大气压为 101 325 Pa、温度为 293.15 K 的状态。

4．总体要求

4.1 氧化沟宜用于《城市污水处理工程项目建设标准（修订）》中规定的Ⅱ～Ⅴ类的城市污水处理工程，以及有机负荷相当于此类城市污水的工业废水处理工程。

4.2 氧化沟污水处理厂（站）应遵守以下规定：

1）污水处理厂厂址选择和总体布置应符合 GB 50014 的相关规定。总图设计应符合 GB 50187 的规定。

2）污水处理厂（站）的防洪标准不应低于城镇防洪标准，且有良好的排水条件。

3）污水处理厂（站）建筑物的防火设计应符合 GB 50016 和 GB 50222 等规范的规定。

4）污水处理厂（站）堆放污泥、药品的贮存场应符合 GB 18599 的规定。

5）污水处理厂（站）建设、运行过程中产生的废气、废水、废渣及其他污染物的治理与排放，应贯彻执行国家现行的环境保护法规和标准的有关规定，防止二次污染。

6）污水处理厂（站）的设计、建设应采取有效的隔声、消声、绿化等降低噪声的措施，噪声和振动控制的设计应符合 GBJ 87 和 GB 50040 的规定，机房内、外的噪声应分别符合 GBZ 2 和 GB 3096 的规定，厂界环境噪声排放应符合 GB 12348 的规定。

7）污水处理厂（站）的设计、建设、运行过程中应重视职业卫生和劳动安全，严格执行 GBZ 1、GBZ 2 和 GB 12801 的规定。在氧化沟建成运行的同时，安全和卫生设施应同时建成运行，并制定相应的操作规程。

4.3 污水处理厂（站）应按照 GB 18918 的规定安装在线监测系统，其他污水处理工程应按照国家或当地的环境保护管理要求安装在线监测系统。在线监测系统的安装、验收和运行应符合 HJ/T 353、HJ/T 354 和 HJ/T 355 的规定。

5．设计流量和设计水质

5.1 设计流量

5.1.1 城镇污水设计流量

5.1.1.1 城镇旱流污水设计流量应按式（1）计算：

$$Q_{dr}=Q_d+Q_m \quad (1)$$

式中：Q_{dr}——旱流污水设计流量，L/s；

Q_d——综合生活污水设计流量，L/s；

Q_m——工业废水设计流量，L/s。

5.1.1.2 城镇合流污水设计流量应按式（2）计算：

$$Q=Q_{dr}+Q_s \quad (2)$$

式中：Q——污水设计流量，L/s；

Q_{dr}——旱流污水设计流量，L/s；

Q_s——雨水设计流量，L/s。

5.1.1.3 综合生活污水设计流量为服务人口与相对应的综合生活污水定额之积，综合生活污水定额应根据当地的用水定额，结合建筑内部给排水设施水平和排水系统普及程度等因素确定，可按当地相关用水定额的 80%～90%设计。

5.1.1.4 综合生活污水量总变化系数应根据当地综合生活污水实际变化量的测定资料确定，没有测定资料时，可按 GB 50014 中的相关规定取值，如表 1。

表 1 综合生活污水量总变化系数

平均日流量/（L/s）	5	15	40	70	100	200	500	≥1 000
总变化系数	2.3	2.0	1.8	1.7	1.6	1.5	1.4	1.3

5.1.1.5 排入市政管网的工业废水设计流量应根据城镇市政排水系统覆盖范围内工业污染源废水排放统计调查资料确定。

5.1.1.6 雨水设计流量参照 GB 50014 相关章节内容确定。

5.1.1.7 在地下水位较高的地区，应考虑入渗地下水量，入渗地下水量宜根据实际测定资料确定。

5.1.2 工业废水设计流量

5.1.2.1 工业废水设计流量应按工厂或工业园区总排放口实际测定的废水流量设计。测试方法应符合 HJ/T 91 的规定。

5.1.2.2 工业废水流量变化应根据工艺特点进行实测。

5.1.2.3 不能取得实际测定数据时可参照国家现行工业用水量的有关规定折算确定，或根据同行业同规模同工艺现有工厂排水数据类比确定。

5.1.2.4 有工业废水与生活污水合并处理时，工厂内或工业园区内的生活污水量、沐浴污水量的确定，应符合 GB 50015 的有关规定。

5.1.2.5 工业园区集中式污水处理厂设计流量的确定可参照城镇污水设计流量的确定方法。

5.1.3 不同构筑物的设计流量

5.1.3.1 提升泵房、格栅井、沉砂池宜按合流污水设计流量计算。

5.1.3.2 初沉池宜按旱流污水流量设计，并用合流污水设计流量校核，校核的沉淀时间不宜小于 30 min。

5.1.3.3 反应池和二沉池按旱流污水量计算，必要时考虑一定的合流水量。

5.1.3.4 反应池后的管道等输水设施应按最高日最高时污水流量设计。

5.2 设计水质

5.2.1 城镇污水的设计水质应根据实际测定的调查资料确定，其测定方法和数据处理方法应符合 HJ/T 91 的规定。无调查资料时，可按下列标准折算设计：

1）生活污水的五日生化需氧量（BOD_5）按每人每天 25～50 g 计算；

2）生活污水的悬浮固体量按每人每天 40～65 g 计算；

3）生活污水的总氮量按每人每天 5～11 g 计算；

4）生活污水的总磷量按每人每天 0.7～1.4 g 计算。

5.2.2 工业废水的设计水质，应根据进入污水处理厂的工业废水的实际测定数据确定，其测定方法和数据处理方法应符合 HJ/T 91 的规定。无实际测定数据时，可参照类似工厂的排放资料类比确定。

5.2.3 生物反应池的进水应符合下列条件：

1）水温宜为 12～35℃、pH 宜为 6.0～9.0、BOD_5/COD_{Cr} 值宜大于 0.3；

2）有去除氨氮要求时，进水总碱度（以 $CaCO_3$ 计）/氨氮（NH_3-N）的比值宜大于等于 7.14，不满足时应补充碱度；

3）有脱总氮要求时，进水的 BOD_5/总氮（TN）值宜大于等于 4.0，总碱度（以 $CaCO_3$ 计）/氨氮值宜大于等于 3.6，不满足时应补充碳源或碱度；

4）有除磷要求时，污水中的 BOD_5 与总磷（TP）之比宜大于等于 17；

5）要求同时除磷、脱氮时，宜同时满足 3）和 4）的要求。

5.3 污染物去除率

氧化沟的污染物去除率可按照表 2 计算。

表 2 氧化沟污染物去除率

污水类别	主体工艺	污染物去除率/%					
		悬浮物（SS）	五日生化需氧量（BOD_5）	化学耗氧量（COD_{Cr}）	TN	NH_3-N	TP
城镇污水	预（前）处理+氧化沟、二沉池	70～90	80～95	80～90	55～85	85～95	50～75
工业废水	预（前）处理+氧化沟、二沉池	70～90	70～90	70～90	45～85	70～95	40～75

注：根据水质、工艺流程等情况，可不设置初沉池，根据沟型需要可设置二沉池。

6．工艺设计

6.1 一般规定

6.1.1 出水直接排放时，应符合国家或地方排放标准要求；排入下一级处理单元时，应符合下一级处理单元的进水要求。

6.1.2 沟内流态应呈现整体混合、局部推流，进水量远低于池内循环混合液量，形成溶解氧（DO）梯度。

6.1.3 进水水质、水量变化较大时，宜设置调节水质、水量的设施。

6.1.4 沟内污泥浓度宜维持在 2 000～4 500 mg/L。

6.1.5 沟底最低流速不宜小于 0.3 m/s。

6.1.6 根据脱氮除磷要求，可设置单独的厌氧区（池）、缺氧区（池）。

6.1.7 工艺设计应考虑具备可灵活调节的运行方式。

6.1.8 工艺设计应考虑水温的影响。

6.1.9 氧化沟可按两组或多组系列布置，多组布置时宜设置进水配水井。

6.1.10 进水泵房、格栅、沉砂池、初沉池和二沉池的设计应符合 GB 50014 中的有关规定。

6.2 预处理和前处理

6.2.1 进水系统前应设置格栅，城镇污水处理工程应设置沉砂池。

6.2.2 悬浮物（SS）高于 BOD_5 设计值 1.5 倍时，生物反应池前宜设置初沉池。

6.2.3 当进水水质不符合 5.2.3 规定的条件或含有影响生化处理的物质时，应根据进水水质采取适当的前处理工艺。

6.3 工艺流程

6.3.1 氧化沟宜采用以下流程：

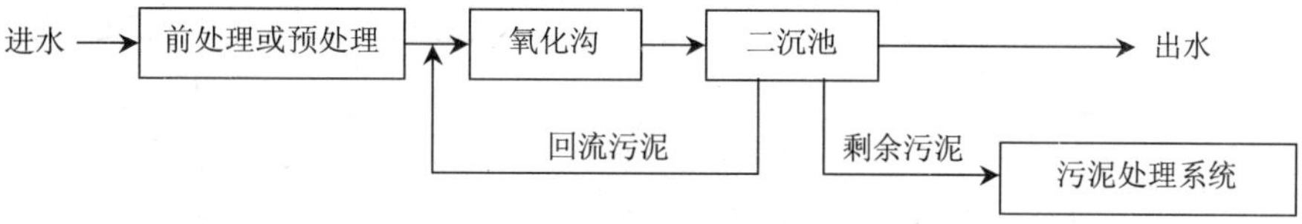

图 1 氧化沟工艺流程

6.3.2 可根据场地、水质、水量等因素采用不同的沟型，主要工艺类型详见附录 A，变形工艺详见附录 B。

6.3.3 单槽氧化沟、双槽氧化沟、竖轴表曝机氧化沟、同心圆向心流氧化沟、微孔曝气氧化沟宜单独设置二沉池；三槽氧化沟不宜设置单独的二沉池。二沉池的设计应符合 GB 50014 的规定。

6.4 池容计算和主要设计参数

6.4.1 去除碳源污染物

6.4.1.1 当以去除碳源污染物为主时，生物反应池的容积可按下式计算。

1）按污泥负荷计算：

$$V=\frac{24Q(S_o-S_e)}{1\,000L_sX} \tag{3}$$

2）按污泥泥龄计算：

$$V=\frac{24QY\theta_c(S_o-S_e)}{1\,000X_v(1+K_{dT}\theta_c)} \tag{4}$$

$$X_v=yX \tag{5}$$

$$K_{dT}=K_{d20}\cdot(\theta_T)^{T-20} \tag{6}$$

式中：V——生物反应池的容积，m^3；

S_o——生物反应池进水 BOD_5 质量浓度，mg/L；

S_e——生物反应池出水 BOD_5 质量浓度，mg/L，当去除率大于 90%时可不计；

Q——生物反应池的设计流量，m^3/h；

X——生物反应池内混合液悬浮固体（MLSS）平均质量浓度，g/L；

X_v——生物反应池内混合液挥发性悬浮固体（MLVSS）平均质量浓度，g/L；

L_s——生物反应池的 BOD_5 污泥负荷，kg/（kg·d）；

y——单位体积混合液中，MLVSS 占 MLSS 的比例，g/g；

Y——污泥产率系数（VSS/BOD_5），kg/kg；

θ_c——设计污泥泥龄，d；

K_{dT}——T℃时的衰减系数，d^{-1}；

K_{d20}——20℃时的衰减系数，d^{-1}，宜取 0.04～0.075；

T——设计温度，℃；

θ_T——温度系数，宜取 1.02～1.06。

6.4.1.2 氧化沟处理城镇污水或水质类似城镇污水的工业废水去除碳源污染物时，主要设计参数可按表 3 的规定取值。工业废水的水质与城镇污水水质差距较大时，设计参数应通过试验或参照类似工程确定。

表 3 去除碳源污染物主要设计参数

项目名称		符号	单位	参数值
反应池 BOD_5 污泥负荷	$BOD_5/MLVSS$	L_s	kg/（kg·d）	0.14～0.36
	$BOD_5/MLSS$		kg/（kg·d）	0.10～0.25

项目名称		符号	单位	参数值
反应池混合液悬浮固体（MLSS）平均质量浓度		X	kg/L	2.0～4.5
反应池混合液挥发性悬浮固体（MLVSS）平均质量浓度		X_V	kg/L	1.4～3.2
MLVSS 在 MLSS 中所占比例	设初沉池	y	g/g	0.7～0.8
	不设初沉池		g/g	0.5～0.7
BOD_5 容积负荷		L_v	kg/（m^3·d）	0.20～2.25
设计污泥泥龄（供参考）		θ_c	d	5～15
污泥产率系数（VSS/BOD_5）	设初沉池	Y	kg/kg	0.3～0.6
	不设初沉池		kg/kg	0.6～1.0
总水力停留时间		HRT	h	4～20
污泥回流比		R	%	50～100
需氧量（O_2/BOD_5）		O_2	kg/kg	1.1～1.8
BOD_5 总处理率		η	%	75～95

6.4.2 脱氮

6.4.2.1 当需要脱氮时，宜设置缺氧区（池）。

6.4.2.2 生物反应池的容积采用 6.4.1.1 规定的公式计算时，缺氧区（池）的水力停留时间宜为 1.0～4.0 h。

6.4.2.3 生物反应池的容积采用硝化、反硝化动力学计算时，应按下列规定计算。

1）缺氧区（池）容积可按下式计算：

$$V_n = \frac{0.001Q(N_k - N_{te}) - 0.12\Delta X_v}{K_{deT} X} \tag{7}$$

$$K_{deT} = K_{de20} 1.08^{(T-20)} \tag{8}$$

$$\Delta X_v = yY_t \frac{Q(S_o - S_e)}{1\,000} \tag{9}$$

式中：V_n——缺氧区（池）容积，m^3；

Q——生物反应池的设计流量，m^3/d；

X——生物反应池内混合液悬浮固体（MLSS）平均质量浓度，g/L；

N_k——生物反应池进水总凯氏氮质量浓度，mg/L；

N_{te}——生物反应池出水总氮质量浓度，mg/L；

ΔX_v——排出生物反应池系统的微生物量（MLVSS），kg/d；

K_{deT}——T℃时的脱氮速率（NO_3-N/MLSS），kg/（kg·d），宜根据试验资料确定，无试验资料时按式（8）计算；

K_{de20}——20℃时的脱氮速率（NO_3-N/MLSS），kg/（kg·d），取 0.03～0.06；

T——设计温度，℃；

Y_t——污泥总产率系数（$MLSS/BOD_5$），kg/kg；宜根据试验资料确定，无试验资料时，有初沉池时取 0.3，无初沉池时取 0.6～1.0；

y——单位体积混合液中，MLVSS 占 MLSS 的比例，g/g；

S_o——生物反应池出水 BOD_5 质量浓度，mg/L；

S_e——生物反应池出水 BOD_5 质量浓度，mg/L。

2）好氧区（池）容积可按下式计算：

$$V_O = \frac{Q(S_o - S_e)\theta_{co} Y_t}{1\ 000X} \tag{10}$$

$$\theta_{co} = F\frac{1}{\mu} \tag{11}$$

$$\mu = 0.47\frac{N_a}{K_N + N_a}e^{0.098(T-15)} \tag{12}$$

式中：V_o——好氧区（池）容积，m^3；

Q——生物反应池的设计流量，m^3/d；

S_o——生物反应池出水 BOD_5 质量浓度，mg/L；

S_e——生物反应池出水 BOD_5 质量浓度，mg/L；

θ_{co}——好氧区（池）设计污泥龄值，d；

Y_t——污泥总产率系数（$MLSS/BOD_5$），kg/kg；宜根据试验资料确定，无试验资料时，有初沉池时取 0.3，无初沉池时取 0.6～1.0；

X——生物反应池内混合液悬浮固体（MLSS）平均质量浓度，g/L；

F——安全系数，取 1.5～3.0；

μ——硝化菌生长速率，d^{-1}；

N_a——生物反应池中氨氮质量浓度，mg/L；

K_N——硝化作用中氮的半速率常数，mg/L，一般取 1.0；

T——设计温度，℃。

3）混合液回流量可按下式计算：

$$Q_{Ri} = \frac{1\ 000V_n K_{deT} X}{N_t - N_{ke}} - Q_R \tag{13}$$

式中：Q_{Ri}——混合液回流量，m^3/d，混合液回流比不宜大于 400%；

V_n——缺氧区（池）容积，m^3；

K_{deT}——T℃时的脱氮速率（NO_3-N/MLSS），kg/（kg·d），宜根据试验资料确定，无试验资料时按式（8）计算；

X——生物反应池内混合液悬浮固体（MLSS）平均质量浓度，g/L；

Q_R——回流污泥量，m^3/d；

N_{ke}——生物反应池出水总凯氏氮质量浓度，mg/L；

N_t——生物反应池进水总氮质量浓度，mg/L。

6.4.2.4 生物脱氮氧化沟处理城镇污水或水质类似城镇污水的工业废水时，主要设计参数可按表 4 的规定取值。工业废水的水质与城镇污水水质差距较大时，设计参数应通过试验或参照类似工程确定。

表 4 生物脱氮主要设计参数

项目名称		符号	单位	参数值
反应池 BOD_5 污泥负荷	BOD_5/MLVSS	L_s	kg/（kg·d）	0.07～0.21
	BOD_5/MLSS		kg/（kg·d）	0.05～0.15
反应池混合液悬浮固体（MLSS）平均质量浓度		X	kg/L	2.0～4.5
反应池混合液挥发性悬浮固体（MLVSS）平均质量浓度		X_V	kg/L	1.4～3.2
MLVSS 在 MLSS 中所占比例	设初沉池	y	g/g	0.65～0.75
	不设初沉池		g/g	0.5～0.65
BOD_5 容积负荷		L_v	kg/（m^3·d）	0.12～0.50
总氮负荷率（TN/MLSS）		L_{TN}	kg/（kg·d）	≤0.05
设计污泥泥龄（供参考）		θ_c	d	12～25
污泥产率系数（VSS/BOD_5）	设初沉池	Y	kg/kg	0.3～0.6
	不设初沉池		kg/kg	0.5～0.8
污泥回流比		R	%	50～100
缺氧水力停留时间		t_n	h	1～4
好氧水力停留时间		t_o	h	6～14
总水力停留时间		HRT	h	7～18
混合液回流比		R_i	%	100～400
需氧量（O_2/BOD_5）		O_2	kg/kg	1.1～2.0
BOD_5 总处理率		η	%	90～95
NH_3-N 总处理率		η	%	85～95
TN 总处理率		η	%	60～85

6.4.3 同时脱氮除磷

6.4.3.1 当同时脱氮除磷时，宜设置厌氧区（池）、缺氧区（池）。

6.4.3.2 生物反应池缺氧区（池）、好氧区（池）的容积，宜按本标准第 6.4.1 节、第 6.4.2 节的规定计算。厌氧区（池）的容积，可按下式计算。

$$V_p = \frac{t_p Q}{24} \tag{14}$$

式中：V_p——厌氧区（池）容积，m^3；

t_p——厌氧区（池）停留时间，h；

Q——设计污水流量，m^3/d。

6.4.3.3 生物脱氮除磷氧化沟处理城镇污水或水质类似城镇污水的工业废水时主要设计参数，可按表 5 的规定取值。工业废水的水质与城镇污水水质差距较大时，设计参数应通过试验或参照类似工程确定。

表 5　生物脱氮除磷主要设计参数

项目名称		符号	单位	参数值
反应池 BOD_5 污泥负荷	BOD_5/MLVSS	L_s	kg/（kg·d）	0.10～0.21
	BOD_5/MLSS		kg/（kg·d）	0.07～0.15
反应池混合液悬浮固体（MLSS）平均质量浓度		X	kg/L	2.0～4.5
反应池混合液挥发性悬浮固体（MLVSS）平均质量浓度		X_V	kg/L	1.4～3.2
MLVSS 在 MLSS 中所占比例	设初沉池	y	g/g	0.65～0.7
	不设初沉池		g/g	0.5～0.65
BOD_5 容积负荷		L_v	kg/（m^3·d）	0.20～0.7
总氮负荷率（TN/MLSS）		L_{TN}	kg/（kg·d）	≤0.06
设计污泥泥龄（供参考）		θ_c	d	12～25
污泥产率系数（VSS/BOD_5）	设初沉池	Y	kg/kg	0.3～0.6
	不设初沉池		kg/kg	0.5～0.8
厌氧水力停留时间		t_p	h	1～2
缺氧水力停留时间		t_n	h	1～4
好氧水力停留时间		t_o	h	6～12
总水力停留时间		HRT	h	8～18
污泥回流比		R	%	50～100
混合液回流比		R_i	%	100～400
需氧量（O_2/BOD_5）		O_2	kg/kg	1.1～1.8
BOD_5 总处理率		η	%	85～95
TP 总处理率		η	%	50～75
TN 总处理率		η	%	55～80

6.4.4 延时曝气氧化沟

延时曝气氧化沟处理城镇污水或水质类似城镇污水的工业废水时，主要设计参数可按表 6 的规定取值。工业废水的水质与城镇污水水质差距较大时，设计参数应通过试验或参照类似工程确定。

表 6　延时曝气氧化沟主要设计参数

项目名称		符号	单位	参数值
反应池 BOD_5 污泥负荷	BOD_5/MLVSS	L_s	kg/（kg·d）	0.04～0.11
	BOD_5/MLSS		kg/（kg·d）	0.03～0.08
反应池混合液悬浮固体（MLSS）平均质量浓度		X	kg/L	2.0～4.5
反应池混合液挥发性悬浮固体（MLVSS）平均质量浓度		X_V	kg/L	1.4～3.2
MLVSS 在 MLSS 中所占比例	设初沉池	y	g/g	0.65～0.7
	不设初沉池		g/g	0.5～0.65
BOD_5 容积负荷		L_v	kg/（m^3·d）	0.06～0.36
设计污泥泥龄（供参考）		θ_c	d	＞15
污泥产率系数（VSS/BOD_5）	设初沉池	Y	kg/kg	0.3～0.6
	不设初沉池		kg/kg	0.4～0.8
污泥回流比		R	%	75～150
混合液回流比		R_i	%	100～400
需氧量（O_2/BOD_5）		O_2	kg/kg	1.5～2.0
总水力停留时间		HRT	h	≥16
BOD_5 总处理效率		η	%	95

6.5 氧化沟沟型设计

6.5.1 氧化沟的直线长度不宜小于 12 m 或水面宽度的 2 倍（不包括同心圆向心流氧化沟）。氧化沟的宽度应根据场地要求、曝气设备种类和规格确定。

6.5.2 氧化沟的超高应根据曝气设备确定，当选用曝气转刷、曝气转盘时，超高宜为 0.5 m；当采用垂直轴表面曝气机时，在放置曝气机的弯道附近，超高宜为 0.6～0.8 m，其设备平台宜高出设计水面 1.0～1.7 m。

6.5.3 氧化沟内宜设置导流墙与挡流板。导流墙与挡流板的设置应符合以下规定：

1）导流墙宜设置成偏心导流墙，导流墙的圆心一般设在水流进弯道一侧。导流墙（一道）的设置参考数据见表 7。

表 7　导流墙（一道）的设置参考数据

转刷长度（直径 1 m）/m	氧化沟沟宽/m	导流墙偏心距/m	导流墙半径/m
3.0	4.15	0.35	2.25
4.5	5.56	0.50	3.00
6.0	7.15	0.65	3.75
7.5	8.65	0.60	4.50
9.0	10.15	0.95	5.25

2）导流墙的数量一般根据沟宽确定，沟宽小于 7.0 m 时，可只设一道导流墙，沟宽大于 7.0 m 时，宜设两道或多道导流墙，设两道导流墙时外侧渠道宽为沟宽的 1/2。

3）导流墙在下游方向宜延伸一个沟宽的长度。

4）导流墙宜高出设计水位 0.3 m。

5）曝气转刷上游和下游宜设置挡流板，挡流板宜设在水面下。上游挡流板高 1.0～2.0 m，垂直安装于曝气转刷上游 2～5 m 处。下游挡流板通常设置于曝气转刷下游 2.0～3.0 m 处，与水平成 60°角倾斜放置，顶部在水面下 150 mm，挡板下部宜超过 1.8 m 水深。

6）竖轴式机械表曝机设在氧化沟转弯处时，该转弯处不应设导流墙。

7）椭圆形氧化沟不宜设置挡流板。

6.6 需氧量计算

6.6.1 氧化沟好氧区（池）的污水需氧量，根据 BOD_5 去除率、氨氮的硝化及除氮等要求确定，宜按下式计算。

$$O_2=0.001aQ\left(S_o-S_e\right)-c\Delta X_v+b[0.001Q\left(N_k-N_{ke}\right)-0.12\Delta X_v] \\ -0.62b[0.001Q\left(N_t-N_{ke}-N_{oe}\right)-0.12\Delta X_v] \quad (15)$$

式中：O_2——设计污水需氧量，kg/d；

a——碳的氧当量，当含碳物质以 BOD_5 计时，取 1.47；

Q——生物反应池的设计流量，m^3/d；

S_o——生物反应池进水 BOD_5，mg/L；

S_e——生物反应池出水 BOD_5，mg/L；

ΔX_v——生物反应池排出系统的微生物量，kg/d；

b——常数，氧化每千克氨氮所需氧量，kg/kg，取 4.57；

N_k——生物反应池进水总凯氏氮质量浓度，mg/L；

N_{ke}——生物反应池出水总凯氏氮质量浓度，mg/L；

N_t——生物反应池进水总氮质量浓度，mg/L；

N_{oe}——生物反应池出水硝态氮质量浓度，mg/L。

6.6.2 去除碳源污染物时，每千克 BOD_5 的需氧量可取 0.7～1.2 kg。缺氧除氮时，每千克 BOD_5 的需氧量可取 1.1～1.8 kg。延时曝气时，每千克 BOD_5 的需氧量可取 1.5～2.0 kg。

6.6.3 标准状态下污水需氧量的计算

1）选用曝气装置和设备时，应根据不同的设备的特征、位于水面下的深度、水温、污水的氧总转移特性，当地的海拔高度以及预期生物反应池中溶解氧浓度等因素，将计算的污水需氧量换算为标准状态下污水需氧量，计算公式如下：

$$O_s=K_o \cdot O_2 \tag{16}$$

式中：O_s——标准状态下污水需氧量，kg/d；

K_o——需氧量修正系数；

O_2——污水需氧量，kg/d。

2）采用表曝机时的需氧量修正系数按式（17）计算，采用鼓风曝气装置时的需氧量修正系数按式（18）、（19）、（20）计算。

$$K_o=\frac{C_s}{\alpha(\beta C_{sw}-C_o)\times 1.024^{(T-20)}} \tag{17}$$

$$K_o=\frac{C_s}{\alpha(\beta C_{sm}-C_o)\times 1.024^{(T-20)}} \tag{18}$$

$$C_{sm}=C_{sw}\left(\frac{O_t}{42}+\frac{10\times P_b}{2.068}\right) \tag{19}$$

$$O_t=\frac{21(1-E_A)}{79+21(1-E_A)}\times 100 \tag{20}$$

式中：K_o——需氧修正系数；

C_s——标准条件下清水中饱和溶解氧质量浓度，mg/L，取 9.17；

α——混合液中总传氧系数与清水中总传氧系数之比，一般取 0.80～0.85；

β——混合液的饱和溶解氧值与清水中的饱和溶解氧值之比，一般取 0.90～0.97；

C_{sw}——T℃、实际计算压力时，清水表面饱和溶解氧，mg/L；

C_o——混合液剩余溶解氧，mg/L，一般取 2；

T——混合液温度，℃，一般取 5～30；

C_{sm}——T℃、实际计算压力时，曝气装置所在水下深处至池面的清水中平均溶解值，mg/L；

O_t——曝气池逸出气体中含氧，%；

P_b——曝气装置所处的绝对压力，MPa；

E_A——曝气设备氧的利用率，%。

6.6.4 采用鼓风曝气时，应按下列公式将标准状态下污水需氧量换算为标准状态下的供气量。

$$G_S=\frac{O_S}{0.28E_A} \tag{21}$$

式中：G_S——标准状态下的供气量，m^3/h；

O_S——标准状态下污水需氧量，kg/h；

E_A——曝气设备氧的利用率，%。

6.7 消毒系统

消毒系统的设计应符合 GB 50014 的规定。

6.8 化学除磷系统

6.8.1 当出水总磷不能达到排放标准要求时，宜采用化学除磷作为辅助手段。

6.8.2 最佳药剂种类、剂量和投加点宜通过试验确定。

6.8.3 化学除磷的药剂可采用铝盐、铁盐，也可采用石灰。用铝盐或铁盐作混凝剂时，宜投加离子型聚合电解质作为助凝剂。

6.8.4 采用铝盐或铁盐作混凝剂时，其投加混凝剂与污水中总磷的摩尔比宜为 1.5～3。

6.8.5 化学药剂储存罐容量应为理论加药量的 4～7 d 投加量，加药系统不宜少于 2 个，宜采用计量泵投加。

6.8.6 接触铝盐和铁盐等腐蚀性物质的设备和管道应采取防腐蚀措施。

6.9 回流系统

6.9.1 混合液回流可通过设置内回流设施使氧化沟好氧区（池）混合液回流至缺氧区（池）。

6.9.2 污泥回流设施可采用离心泵、混流泵、潜水泵、螺旋泵或空气提升器。当生物处理系统中带有厌氧区（池）、缺氧区（池）时，应选用不易复氧的污泥回流设施。

6.9.3 污泥回流设施宜分别按生物处理系统中的最大污泥回流比计算确定。

6.9.4 污泥回流设备应不少于 2 台，并设置备用设备，空气提升器可不设备用。

6.9.5 混合液回流和污泥回流设备宜有调节流量的措施。

6.10 污泥处理系统

6.10.1 污泥量设计应考虑剩余污泥和化学除磷污泥。

6.10.2 剩余污泥量可按下式计算。

1）按污泥泥龄计算：

$$\Delta X=\frac{V\cdot X}{\theta_c} \tag{22}$$

式中：ΔX——剩余污泥（SS）量，kg/d；

V——生物反应池的容积，m^3；

X——生物反应池内混合液悬浮固体（MLSS）平均质量浓度，g/L；

θ_c——污泥泥龄，d。

2）按污泥产率系数、衰减系数及不可生物降解和惰性悬浮物计算：

$$\Delta X=YQ(S_o-S_e)-K_dVX_v+fQ(\mathrm{SS_o}-\mathrm{SS_e}) \tag{23}$$

式中：ΔX——剩余污泥（SS）量，kg/d；

V——生物反应池的容积，m^3；

Q——设计平均日污水量，m^3/d；

S_o——生物反应池进水 BOD_5，kg/m^3；

S_e——生物反应池出水 BOD_5，kg/m^3；

K_d——衰减系数，d^{-1}；

Y——污泥产率系数（VSS/BOD_5），kg/kg；

X_v——生物反应池内混合液挥发性悬浮固体（MLSS）平均质量浓度，g/L；

f——SS 的污泥转换率（MLSS/SS），g/g；宜根据试验资料确定，无试验资料时可取 0.5～0.7；

SS_o——生物反应池进水悬浮物质量浓度，kg/m^3；

SS_e——生物反应池出水悬浮物质量浓度，kg/m^3。

6.10.3 化学除磷污泥量应根据药剂投加量计算。

6.10.4 污泥系统宜设置计量装置，可采用湿污泥计量和干污泥计量两种方式。

6.10.5 大型污水处理厂宜采用污泥消化等方式实现污泥稳定，中小型污水处理厂（站）可采用延时曝气方式实现污泥稳定。

6.10.6 污泥脱水系统设计时宜考虑污泥处置的要求。

6.10.7 污泥处理和处置应符合 GB 50014 的规定。

7. 主要设备

7.1 曝气设备

7.1.1 氧化沟应根据污水特性、去除效率及运行条件等计算标准状态下污水需氧量，再根据曝气设备的充氧能力、动力效率选择满足充氧要求的曝气设备。

7.1.2 曝气设备宜兼有供氧、推流、混合等功能，可选用竖轴式机械表面曝气、转刷曝气、转盘曝气、鼓风式潜水曝气等。

7.1.3 竖轴式机械表面曝气装置、转刷曝气器、转盘曝气器、鼓风式潜水曝气器应分别符合 HJ/T 247、HJ/T 259、HJ/T 280、HJ/T 260 的规定。

7.1.4 竖轴式机械表面曝气机可按不小于需氧量的 20%备用，并有不少于 1 台采用变频调速控制。转刷和转盘曝气机宜备用 1～2 台。鼓风机房应设置备用鼓风机，工作鼓风机台数在 4 台以下时，应设 1 台备用鼓风机；工作鼓风机台数在 4 台或 4 台以上时，应设 2 台备用鼓风机。备用鼓风机应按设计配置的最大机组考虑。

7.1.5 转刷应布置在进弯道前一定长度（氧化沟的沟宽加 1.6 m）的直线段上。出弯道时，转刷应位于弯道下游直线段 5.0 m 处。在直线段上的曝气转刷最小间距不宜小于 15 m。转刷的淹没深度一般为 0.15～0.30 m。转刷或转盘应在整个沟宽上满布，并有足够安装轴承的位置。曝气转碟也可安装在沟渠的弯道上；转盘的浸深一般为 0.40～0.55 m。

7.1.6 竖轴式机械表面曝气机应设在弯道处，安装时设备应向出水端偏移。叶轮升降行程为±100 mm，叶轮线速度采用 3.5～5 m/s。

7.1.7 曝气设备应易于维修，易于排除故障。

7.1.8 氧化沟宜有调节叶轮、转刷或转盘速度的控制设备。

7.2 进出水装置

7.2.1 氧化沟的进水和回流污泥进入点一般宜设在曝气器的下游。有脱氮要求时，进水和回流污泥宜设在氧化沟的缺氧区（池），与曝气设备保持一定的距离。氧化沟的出水点应设在进水点的另一侧，并与进水点和回流污泥进入点足够远，以避免短流。有除磷要求时，从二沉池引出的回流污泥可通至厌氧区（池）或缺氧区（池），并可根据运行情况调整污泥回流量。

7.2.2 氧化沟宜在进水管上设置闸板或闸阀。

7.2.3 氧化沟宜设置放空管和清液排放管。

7.2.4 氧化沟的出水口宜设置溢流堰。双沟式、三槽氧化沟应设可调溢流堰，并设自动控制，与进水阀门的自动启闭相互呼应。当作为沉淀池出水堰时，堰上水深不宜大于 50 mm。微孔曝气氧化沟可设固定溢流堰，其它氧化沟反应池出水宜采用可调溢流堰。

7.3 搅拌、推流装置

7.3.1 氧化沟应确保沟底不产生沉泥。池内介质距池底 0.3 m，水平平均流速宜控制在 0.25～0.30 m/s。

7.3.2 氧化沟选择的曝气设备不能满足推动和混合要求时，宜增设搅拌、推流装置。为使介质混合均匀宜设搅拌机，为使介质循环流动、产生层面推流作用宜设推流器。

7.3.3 搅拌机选型时应考虑池型，搅拌机设置的容积功率宜控制在 3～10 W/m^3。

7.3.4 推流器选型时的推力选择应考虑池型、导流墙设置、曝气机设置、曝气量等因素，推流器设置的容积功率宜控制在 1～3 W/m^3。

7.3.5 推流器的设置宜符合 HJ/T 279 的规定。

7.4 内回流门

竖轴表曝机氧化沟利用其流速将混合液回流至缺氧区（池）时，可设置内回流门。内回流门的设计应根据混合液回流量计算确定。

7.5 污泥脱水设备

污泥脱水设备可选用厢式压滤机和板框压滤机、污泥脱水用带式压榨过滤机、污泥浓缩带式脱水一体机等，所选用的设备应符合 HJ/T 283、HJ/T 242、HJ/T 335 的规定。

8．检测和控制

8.1 一般规定

8.1.1 氧化沟污水处理厂（站）运行应进行过程检测和控制，并配置相关的检测仪表和控制系统。

8.1.2 氧化沟污水处理厂（站）设计应根据工程规模、工艺流程、运行管理要求确定检测和控制的内容。

8.1.3 自动化仪表和控制系统应保证氧化沟污水处理厂（站）的安全和可靠，方便运行管理。

8.1.4 计算机控制管理系统宜兼顾现有、新建和规划要求。

8.1.5 根据沟型的需要，可采用时间程序自动控制方式，也可采用溶解氧和氧化还原电位控制方式。

8.1.6 参与控制和管理的机电设备应设置工作和事故状态的检测装置。

8.2 过程检测

8.2.1 预处理检测

8.2.1.1 预处理宜设酸碱度计、水位计、水位差计，大型污水处理厂宜增设化学需氧量检测仪、悬浮物检测仪、流量计。

8.2.1.2 pH 值应控制在 6.0～9.0。

8.2.1.3 水位计、水位差计用于水位监测控制。

8.2.1.4 化学需氧量、悬浮物、流量等检测数据宜参与后续工艺控制。

8.2.2 氧化沟检测

8.2.2.1 氧化沟宜设溶解氧检测仪和水位计，大型污水处理厂宜增设污泥浓度计。污泥浓度计宜设于好氧区（池）平稳段。

8.2.2.2 厌氧区（池）的溶解氧浓度应控制在 0.2 mg/L 以下，缺氧区（池）的溶解氧浓度应控制在 0.2～0.5 mg/L，好氧区（池）的浓度不宜小于 2.0 mg/L。

8.2.2.3 好氧区（池）污泥浓度宜根据处理要求控制在表 3、表 4、表 5 和表 6 的设计参数范围内，超过表中参数值时，宜加大排泥量。

8.2.3 回流污泥及剩余污泥检测

8.2.3.1 回流污泥宜设流量计，并采取能满足污泥回流量调节要求的措施。

8.2.3.2 剩余污泥宜设流量计，条件允许时可增设污泥浓度计，用于监测、统计污泥排出量。

8.2.4 加药系统检测

8.2.4.1 总磷监测可采用实验室检测方式，药剂根据检测设定值自动投加。

8.2.4.2 大型污水处理厂条件允许时可设总磷在线监测仪，检测值用于自动控制药剂投加系统。

8.3 过程控制

8.3.1 氧化沟污水处理厂（站）应根据其处理规模，在满足工艺控制条件的基础上合理选择配置集散控制系统（DCS）或可编程序控制（PLC）自动控制系统。

8.3.2 采用成套设备时，成套设备自身的控制宜与氧化沟污水处理厂（站）设置的控制系统结合。

8.4 自动控制系统

8.4.1 自动控制系统应具有信息收集、处理、控制、管理和安全保护功能。

8.4.2 自动控制系统的设计应符合下列要求：

1）宜对控制系统的监测层、控制层和管理层做出合理配置；

2）应根据工程具体情况，经技术经济比较后选择网络结构和通信速率；

3）对操作系统和开发工具要从运行稳定、易于开发、操作界面方便等多方面综合考虑；

4）根据企业需求和相关基础设施，宜对企业信息化系统做出功能设计；

5）厂（站）级中央控制室宜设专用配电箱，并由变配电系统引专用回路供电；

6）厂（站）级控制室面积应视其使用功能设定，并应考虑今后的发展；

7）防雷和接地保护应符合国家现行标准的要求。

9．电气

9.1 供电系统

9.1.1 工艺装置的用电负荷应为二级负荷。

9.1.2 高、低压用电设备的电压等级应与其供电系统的电压等级一致。

9.1.3 中央控制室主要设备应配备在线式不间断供电电源供电。

9.1.4 低压配电系统的接地型式宜采用 TN-S 系统。

9.2 低压配电

变电所及低压配电室的变配电设备布置，应符合国家标准 GB 50053 的规定。

9.3 二次线

9.3.1 电气设备宜在中心控制室控制，并纳入所选择的控制系统。

9.3.2 电气系统的控制水平应与工艺水平相一致，宜纳入计算机控制系统，也可采用强电控制。

10．施工与验收

10.1 一般规定

10.1.1 工程施工单位应具有国家相应的工程施工资质；工程项目宜通过招投标确定施工单位和监理单位。

10.1.2 应按工程设计图纸、技术文件、设备图纸等组织工程施工，工程的变更应取得设计单位的设计变更文件后再实施。

10.1.3 施工前，应进行施工组织设计或编制施工方案，明确施工质量负责人和施工安全负责人，经批准后方可实施。

10.1.4 施工过程中，应做好设备、材料、隐蔽工程和分项工程等中间环节的质量验收；隐蔽工程应经过中间验收合格后，方可进行下一道工序施工。

10.1.5 管道工程的施工和验收应符合 GB 50268 的规定；混凝土结构工程的施工和验收应符合 GB 50204 的规定；构筑物的施工和验收应符合 GB 50141 的规定。

10.1.6 施工使用的设备、材料、半成品、部件应符合国家现行标准和设计要求，并取得供货商的合格证书，不得使用不合格产品。设备安装应符合 GB 50231 的规定。

10.1.7 工程竣工验收后，建设单位应将有关设计、施工和验收的文件立卷归档。

10.2 施工

10.2.1 土建施工

10.2.1.1　在进行土建施工前应认真阅读设计图纸，了解结构型式、基础（或地基处理）方案、池体抗浮措施以及设备安装对土建的要求，土建施工应事先预留预埋，设备基础应严格控制在设备要求的误差范围内。

10.2.1.2　土建施工应重点控制池体的抗浮处理、地基处理、池体抗渗处理，满足设备安装对土建施工的要求。

10.2.1.3　对于软弱地基上的工程，需对地基进行处理时，应确保地基处理的可靠性，严防池体因不均匀沉降而导致开裂。

10.2.1.4　模板、钢筋、混凝土分项工程应严格执行 GB 50204 规定，并符合以下要求：

1）模板架设应有足够强度、刚度和稳定性，表面平整无缝隙，尺寸正确；

2）钢筋规格、数量准确，绑扎牢固应满足搭接长度要求，无锈蚀；

3）混凝土配合比、施工缝预留、伸缩缝设置、设备基础预留孔及预埋螺栓位置均应符合规范和设计要求，冬季施工应注意防冻。

10.2.1.5　现浇钢筋混凝土水池施工允许偏差应符合表 8 的规定。

表 8　现浇钢筋混凝土水池施工允许偏差

项次	项目		允许偏差/mm
1	轴线位置	底板	15
		池壁、柱、梁	8
2	高程	垫层、底板、池壁、柱、梁	±10
3	平面尺寸（混凝土底板和池体长、宽或直径）	L≤20 m	±20
		20 m<L≤50 m	±L/1 000
		50 m<L≤250 m	±50
4	截面尺寸	池壁、柱、梁、顶板	+10 −5
		洞、槽、沟净空	±10
5	垂直度	H≤ 5 m	8
		5 m<H≤20 m	1.5H/1 000
6	表面平整度（用 2 m 直尺检查）		10
7	中心位置	预埋件、预埋管	5
		预留洞	10
注：L 为底板和池体的长、宽或直径；H 为池壁、柱的高度。			

10.2.1.6　处理构筑物应根据当地气温和环境条件，采取防冻措施。

10.2.1.7　污水处理厂（站）构筑物应设置必要的防护栏杆并采取适当的防滑措施，应符合 GB 50352 的规定。

10.2.2　设备安装

10.2.2.1　设备基础应按照设计要求和图纸规定浇筑，混凝土强度等级、基面位置高程应符合说明书和技术文件规定。

10.2.2.2　混凝土基础应平整坚实，并有隔振措施。

10.2.2.3　预埋件水平度及平整度应符合 GB 50231 的规定。

10.2.2.4　地脚螺栓应按照原机出厂说明书的要求预埋，位置应准确，安装应稳固。

10.2.2.5　安装好的机械应严格符合外形尺寸的公称允许偏差，不允许超差。

10.2.2.6　机电设备安装后试车应满足下列要求：

1）启动时应按照标注箭头方向旋转，启动运转应平稳，运转中无振动和异常声响；

2）运转啮合与差动机构运转应按产品说明书的规定同步运行，没有阻塞、碰撞现象；

3）运转中各部件应保持动态所应有的间隙，无抖动晃摆现象；

4）试运转用手动或自动操作，设备全程完整动作5次以上，整体设备应运行灵活；

5）各限位开关运转中动作及时，安全可靠；

6）电机运转中温升在正常值内；

7）各部轴承注加规定润滑油，应不漏、不发热，温升小于60℃。

10.3 工程验收

10.3.1 工程验收包括中间验收和竣工验收；中间验收应由施工单位会同建设单位、设计单位、质量监督部门共同进行；竣工验收应由建设单位组织施工、设计、管理、质量监督及有关单位联合进行。

10.3.2 中间验收包括验槽、验筋、主体验收、安装验收、联动试车。中间验收时应按相应的标准进行检验，并填写中间验收记录。

10.3.3 竣工验收应至少提供以下资料：

1）施工图及设计变更文件；

2）主要材料和设备的合格证或试验记录；

3）施工测量记录；

4）混凝土、砂浆、焊接及水密性、气密性等试验、检验记录；

5）施工记录；

6）中间验收记录；

7）工程质量检验评定记录；

8）工程质量事故处理记录。

10.3.4 竣工验收时应核实竣工验收资料，进行必要的复查和外观检查，并对下列项目做出鉴定，填写竣工验收鉴定书。竣工验收鉴定书应包括以下项目：

1）构筑物的位置、高程、坡度、平面尺寸，设备、管道及附件等安装的位置和数量；

2）结构强度、抗渗、抗冻的等级；

3）构筑物的水密性；

4）外观，包括构筑物的裂缝、蜂窝、麻面、露筋、空鼓、缺边、掉角以及设备、外露的管道安装等是否影响工程质量。

10.3.5 构筑物土建施工完成后应按照GB 50141的规定进行满水试验，地面以下渗水量应符合设计规定，最大不得超过2 L/（m^2·d）。

10.3.6 泵房和风机房等都应按设计的最多开启台数进行48 h运转试验，测定水泵和污泥泵的流量和机组功率，有条件的应测定其特性曲线。

10.3.7 机械曝气设备应进行运行性能和机械性能的测试，叶轮或盘片的转速、浸没深度、充氧能力、动力效率满足设计要求，运转时间应达到72 h。

10.3.8 鼓风曝气系统安装应平整牢固，布置均匀，曝气头无漏水现象，曝气管内无杂质，曝气量满足设计要求，曝气稳定均匀。

10.3.9 导流板的安装强度应符合设计要求，不得有振动现象。

10.3.10 闸门、闸阀和溢流堰不得有漏水现象。

10.3.11 排水管道应做闭水试验，上游充水管保持在管顶以上2 m，外观检查应24 h无漏水现象。

10.3.12 空气管道应做气密性试验，24 h压力降不超过允许值为合格。

10.3.13 进口设备除参照国内标准外，必要时应参照国外标准和其他相关标准进行验收，调试时应有外商指定人员现场参加指导。

10.3.14 仪表、化验设备应有计量部门的确认。

10.3.15 变电站高压配电系统应由供电局组织电检、验收。

10.4 环境保护验收

10.4.1 氧化沟污水处理厂（站）应进行纳污养菌调试，在正式投入生产或使用之前，建设单位应向环境保护行政主管部门提出环境保护竣工验收申请。

10.4.2 氧化沟污水处理厂（站）竣工环境保护验收应按照《建设项目竣工环境保护验收管理办法》的规定和工程环境影响评价报告的批复进行。

10.4.3 氧化沟污水处理厂（站）验收前应结合试运行进行性能试验，性能试验报告可作为竣工环境保护验收的技术支持文件。性能试验内容包括：

1）各组建筑物都应按设计负荷，全流程通过所有构筑物；

2）测试并计算各构筑物的工艺参数；

3）统计全厂进出水量、用电量和各分项用电量；

4）水质化验；

5）计算全厂技术经济指标：BOD_5去除总量、BOD_5去除单耗（kW·h/kg）、污水处理成本（元/kg）。

11 运行与维护

11.1 一般规定

11.1.1 氧化沟工艺污水处理设施的运行、维护及安全管理应参照 CJJ 60 执行。

11.1.2 污水处理厂（站）的运行管理应配备专业人员和设备。

11.1.3 污水处理厂（站）在运行前应制定设备台账、运行记录、定期巡视、交接班、安全检查等管理制度，以及各岗位的工艺系统图、操作和维护规程等技术文件。

11.1.4 操作人员应熟悉本厂（站）处理工艺技术指标和设施、设备的运行要求；经过技术培训和生产实践，并考试合格后方可上岗。

11.1.5 各岗位的工艺系统图、操作和维护规程等应示于明显部位，运行人员应按规程进行系统操作，并定期检查设备检查构筑物、设备、电器和仪表的运行情况。

11.1.6 工艺设施和主要设备应编入台账，定期对各类设备、电气、自控仪表及建（构）筑物进行检修维护，确保设施稳定可靠运行。

11.1.7 运行人员应遵守岗位职责，坚持做好交接班和巡视。

11.1.8 应定期检测进出水水质，并对检测仪器、仪表进行校验。

11.1.9 运行中应严格执行经常性的和定期的安全检查，及时消除事故隐患，防止事故发生。

11.1.10 各岗位人员在运行、巡视、交接班、检修等生产活动中，应做好相关记录。

11.2 水质检验

11.2.1 污水处理厂（站）应设水质检验室，配备检验人员和仪器。

11.2.2 水质检验室内部应建立健全水质分析质量保证体系。

11.2.3 检验人员应经培训后持证上岗，并应定期进行考核和抽检。

11.2.4 检验方法应符合 CJ/T 51 的规定。

11.3 运行控制

11.3.1 应根据系统所需氧量和氧化沟供氧设备的性能，确定曝气设备运行的数量和时间。

11.3.2 运行过程中应定期检测各区（池）的溶解氧浓度和混合液悬浮固体浓度，当浓度值超出 8.2.2.2 和 8.2.2.3 规定的范围时，应及时调节曝气量。

11.3.3 机械曝气设备可通过调节曝气转刷、转碟、叶轮转速或淹没深度来调节供氧量；当采用射流曝气、微孔曝气等鼓风曝气系统时，可通过鼓风机加以调节。

11.3.4 有机负荷（F/M）宜根据处理要求控制在表 3、表 4、表 5 和表 6 的设计参数范围内，运行人员应结合本厂（站）的运行实践，选择最佳的 F/M。

11.3.5 应根据实际运行的进水水量和水质，调节系统的污泥回流比。

11.3.6 剩余污泥排放量应根据污泥沉降比、混合液污泥浓度和泥龄及时调整。

11.3.7 出水氨氮不能达到排放标准时，应通过以下方式进行调整：

1）减少剩余污泥排放量，提高好氧污泥龄；

2）提高好氧段溶解氧水平；

3）系统碱度不够时宜适当补充碱度。

11.3.8 出水总氮不能达到排放标准时，应通过以下方式进行调整：

1）使缺氧区（池）出水硝态氮小于 1 mg/L；

2）增大好氧混合液回流；

3）投加甲醛或食物酿造厂等排放的高浓度有机废水，维持污水的碳氮比，满足反硝化细菌对碳源的需要。

11.3.9 出水总磷不能达到排放标准时，应通过以下方式进行调整：

1）控制系统的溶解氧，好氧区（池）溶解氧应大于 2 mg/L，厌氧区（池）应小于 0.2 mg/L；

2）控制二沉池的泥层，一般为 1 m 左右；

3）增大剩余污泥的排放；

4）增加化学除磷设施。

11.4 污泥观察与调节

11.4.1 应经常观察活性污泥的颜色、状态、气味、生物相以及上清液的透明度。

11.4.2 定时测试、计算混合液悬浮固体浓度、混合液挥发性悬浮固体浓度、污泥沉降比、污泥指数、污泥龄等技术指标。

11.4.3 发现污泥有异常膨胀、上浮和产生泡沫等现象应及时查明原因，采取相应的技术措施，尽快恢复正常运行。

11.5 维护

11.5.1 应将生物反应池的维护保养作为全厂（站）维护的重点。

11.5.2 操作人员应严格执行设备操作规程，定时巡视设备运转是否正常，包括温升、响声、振动、电压、电流等，发现问题应尽快检查排除。

11.5.3 应保持设备各运转部位和可调堰门良好的润滑状态，及时添加润滑油、除锈；发现漏油、渗油情况，应及时解决。

11.5.4 应定期检查可调堰门溢流口、叶轮、转碟或转刷勾带污物情况，及时清理。

11.5.5 鼓风曝气系统曝气开始时应排放管路中的存水，并经常检查自动排水阀的可靠性。

11.5.6 应及时检查曝气器堵塞和损坏情况，保持曝气系统状态良好。

11.5.7 推流式潜水搅拌机无水工作时间不宜超过 3 min。

11.5.8 运行中应防止由于推流式潜水搅拌机叶轮损坏或堵塞、表面空气吸入形成涡流、不均匀水流等引起的振动。

11.5.9 定期检查及更换不合格的零部件和易损件，必要时更换叶轮、导流罩和提升机构。

11.5.10 经常检查可调堰门的螺杆、密封条、门框等有无变形、老化或损坏，堰门调节是否受影响。

附录A
（规范性附录）
氧化沟活性污泥法的主要工艺类型

A.1 单槽氧化沟系统

A.1.1 单槽氧化沟系统由一座氧化沟和独立的二沉池组成。沉淀污泥一部分通过回流污泥设施提升至氧化沟进水处与污水混合，剩余污泥通过剩余污泥设施提升至剩余污泥处理系统处理。典型工艺流程见图A.1。

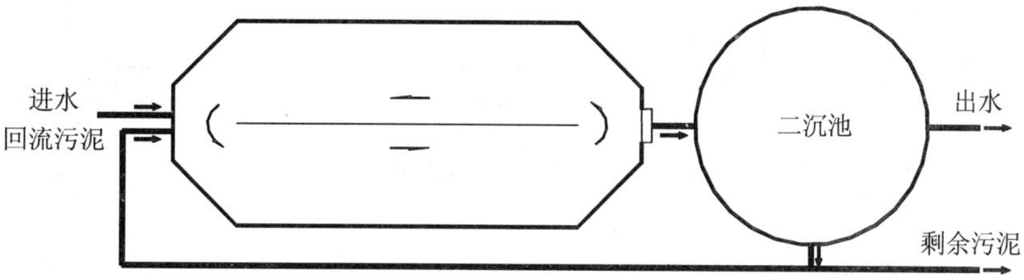

图A.1 单槽氧化沟工艺流程

A.1.2 单槽氧化沟系统适用于以去除碳源污染物为主，对脱氮、除磷要求不高和小规模污水处理系统。

A.2 双槽氧化沟系统

A.2.1 双槽氧化沟系统由厌氧池、两座串联的氧化沟和独立的二沉池组成。沉淀污泥一部分通过回流污泥设施提升至厌氧池进水处与污水混合，剩余污泥通过剩余污泥设施提升至剩余污泥处理系统处理。典型工艺流程见图A.2。

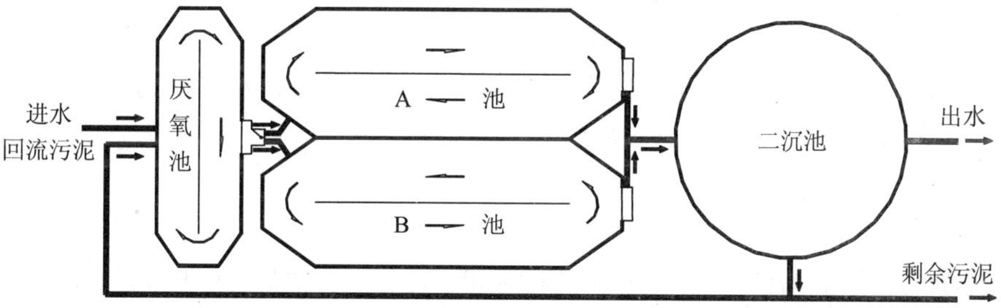

图A.2 双槽氧化沟工艺流程

A.2.2 双槽氧化沟系统可实现生物脱氮除磷，当除磷要求不高时，可不设厌氧池。

A.2.3 污水和回流污泥混合液进入氧化沟之前应设切换设备，氧化沟出水井处应设可调堰门。

A.2.4 双槽氧化沟一个周期的运行过程可分为三个阶段：

1）一阶段：A池进水、缺氧运行，B池好氧运行、出水；

2）二阶段：进水井切换进水，出水井延时切换出水堰门；

3）三阶段：B池进水、缺氧运行，A池好氧运行、出水。

A.3 三槽氧化沟系统

A.3.1 三槽氧化沟系统由厌氧池和三座串联的氧化沟组成。沉淀污泥一部分通过回流污泥设施提升至厌氧池进水处与污水混合，剩余污泥通过剩余污泥设施提升至剩余污泥处理系统处理。典型工艺流程见图 A.3。

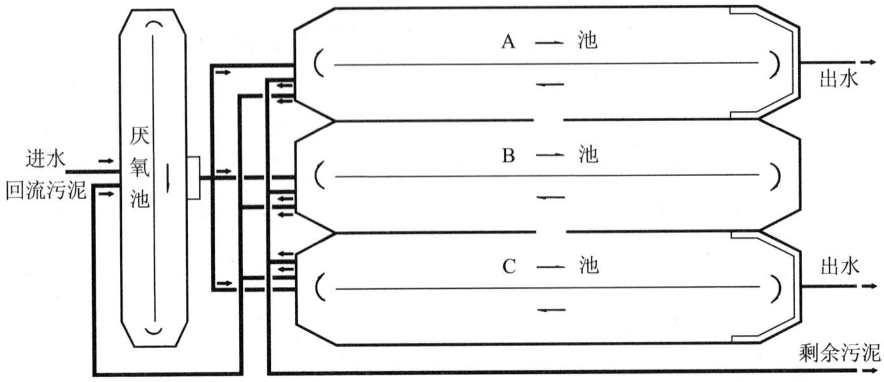

图 A.3　三槽氧化沟工艺流程

A.3.2　当系统不设厌氧池时，可不设污泥回流系统。

A.3.3　三槽氧化沟系统可实现生物脱氮除磷，当除磷要求不高时，可不设厌氧池和污泥回流系统。

A.3.4　污水或污水和回流污泥混合液进入氧化沟之前应设切换设备，A 池和 C 池出水处应设可调堰门。

A.3.5　三槽氧化沟一个周期的运行过程包括六阶段，每个周期可设为 8 h：

1）一阶段（1.5 h）：A 池进水、缺氧运行，B 池好氧运行，C 池沉淀出水；

2）二阶段（1.5 h）：A 池好氧运行，B 池进水、好氧运行，C 池沉淀出水；

3）三阶段（1.0 h）：A 池静沉，B 池进水、好氧运行，C 池沉淀出水；

4）四阶段（1.5 h）：A 池沉淀出水，B 池好氧运行，C 池进水、缺氧运行；

5）五阶段（1.5 h）：A 池沉淀出水，B 池进水、好氧运行，C 池好氧运行；

6）六阶段（1.0 h）：A 池沉淀出水，B 池进水、好氧运行，C 池静沉。

A.3.6　三槽氧化沟宜采用曝气转刷充氧。仅采用转盘的氧化沟工作水深宜为 3.0～3.5 m。

A.3.7　三槽氧化沟容积计算应考虑沉淀所需容积。

A.4　竖轴表曝机氧化沟系统

A.4.1　竖轴表曝机氧化沟系统由厌氧池、缺氧池和多沟串联的氧化沟（即好氧池）和独立的二沉池组成。好氧池混合液宜通过内回流门回流至缺氧池。沉淀污泥一部分通过回流污泥设施提升至厌氧池进水处与污水混合，剩余污泥通过剩余污泥设施提升至剩余污泥处理系统处理。典型工艺流程见图 A.4。

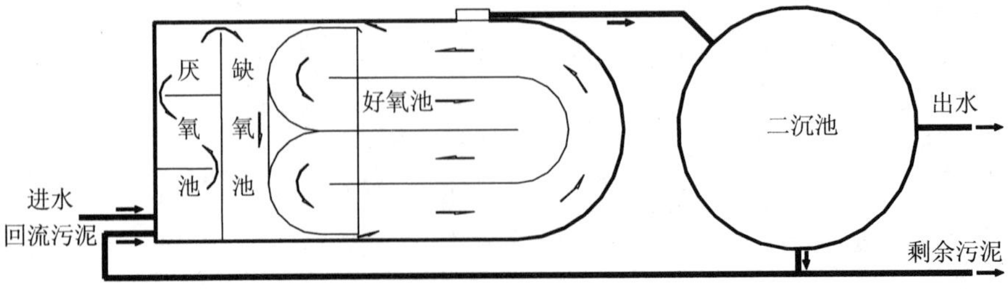

图 A.4　竖轴表曝机氧化沟工艺流程

A.4.2 竖轴表曝机氧化沟系统可实现生物脱氮除磷。

A.4.3 竖轴表曝机氧化沟系统可根据去除碳源污染物、脱氮、除磷等不同要求选择不同组合：

1）主要去除碳源污染物时可只设好氧池；

2）生物除磷时可采用厌氧池＋好氧池；

3）生物脱氮时可采用缺氧池＋好氧池。

A.4.4 竖轴表曝机氧化沟宜采用竖轴表曝机充氧。仅采用竖轴表曝机的氧化沟工作水深宜为3.5～5.0 m。

A.5 同心圆向心流氧化沟系统

A.5.1 同心圆向心流氧化沟系统由多个同心的圆形或椭圆形沟渠和独立的二沉池组成。污水和回流污泥先进入外沟渠，在与沟内混合液不断混合、循环的过程中，依次进入相邻的内沟渠，最后由中心沟渠排出。沉淀污泥一部分通过回流污泥设施提升至厌氧池进水处与污水混合，剩余污泥通过剩余污泥设施提升至剩余污泥处理系统处理。典型工艺流程见图 A.5。

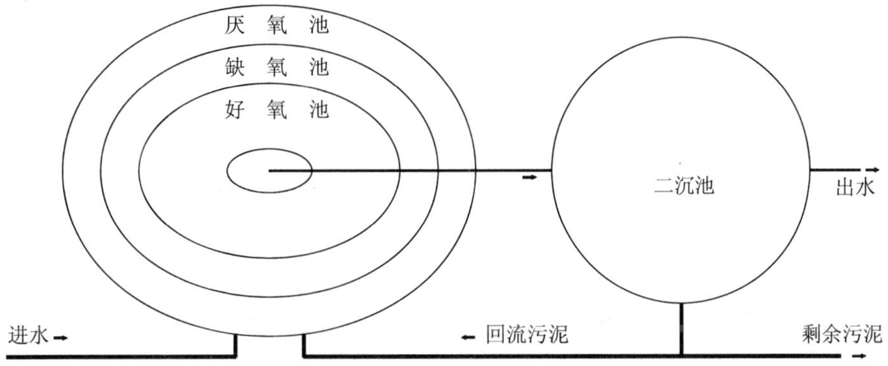

图 A.5 同心圆向心流氧化沟工艺流程

A.5.2 同心圆向心流氧化沟系统可实现生物脱氮除磷。

A.5.3 外沟宜设为厌氧状态，中沟宜设为缺氧状态，内沟宜设为好氧状态。

A.5.4 同心圆向心流氧化沟宜采用曝气转盘充氧。仅采用转盘的氧化沟工作水深不宜超过 4.0 m。

附录 B
（资料性附录）
氧化沟活性污泥法的其它变形工艺类型

B.1 一体化氧化沟

一体化氧化沟指将二沉池设置在氧化沟内，用于进行泥水分离，出水由上部排出，污泥则由沉淀区底部的排泥管直接排入氧化沟内。一体化氧化沟不设污泥回流系统。典型工艺流程见图 B.1。

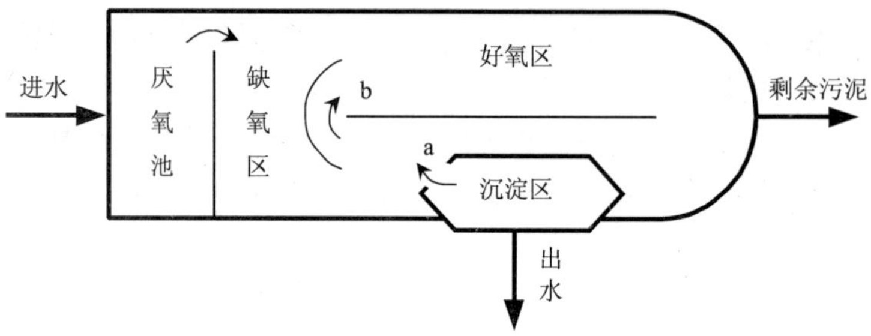

a. 无泵污泥自动回流；b. 水力内回流

图 B.1 一体化氧化沟工艺流程

B.2 微孔曝气氧化沟

微孔曝气氧化沟系统由采用微孔曝气的氧化沟和分建的沉淀池组成。氧化沟内采用水下推流的方式，水深宜为 6 m。供氧设备宜为鼓风机。典型工艺流程见图 B.2。

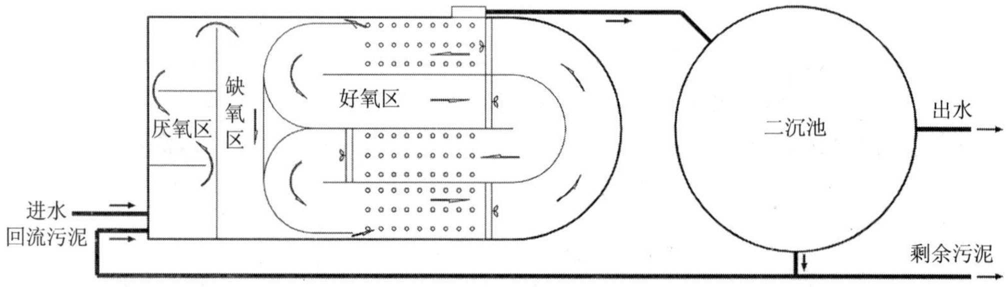

图 B.2 微孔曝气氧化沟工艺流程

HJ

中华人民共和国国家环境保护标准

HJ 579—2010

膜分离法污水处理工程技术规范

Technical specifications for membrane separation process in wastewater treatment

2010-10-12 发布　　　　2011-01-01 实施

环　境　保　护　部　发布

前 言

为贯彻《中华人民共和国环境保护法》和《中华人民共和国水污染防治法》，规范膜分离法污水处理工程建设与运行管理，防治环境污染，保护环境和人体健康，制定本标准。

本标准规定了膜分离法污水处理工程的设计参数、系统安装与调试、工程验收、运行管理以及预处理、后处理工艺的选择。

本标准的附录 A～附录 C 为资料性附录。

本标准由环境保护部科技标准司组织制订。

本标准主要起草单位：江西金达莱环保研发中心有限公司、华中科技大学、北京市环境保护科学研究院。

本标准环境保护部 2010 年 10 月 12 日批准。

本标准自 2011 年 1 月 1 日起实施。

本标准由环境保护部解释。

膜分离法污水处理工程技术规范

1．适用范围

本标准规定了膜分离法污水处理工程的设计参数、系统安装与调试、工程验收、运行管理，以及预处理、后处理工艺的选择。

本标准适用于以膜分离法进行污水处理及深度处理回用的工程，可作为环境影响评价、环境保护设施设计与施工、建设项目竣工环境保护验收及建成后运行与管理的技术依据。本标准所指膜分离法为：微滤、超滤、纳滤及反渗透膜分离技术。

本标准不适用于以膜生物反应器法和荷电膜进行污水处理及回用的膜分离工程。

2．规范性引用文件

本标准内容引用了下列文件中的条款。凡是不注日期的引用文件，其有效版本适用于本标准。

GB 50235　工业金属管道工程施工及验收规范
GB/T 985.1　气焊、焊条电弧焊、气体保护焊和高能束焊的推荐坡口
GB/T 1804　一般公差 未注公差的线性和角度尺寸的公差
GB/T 3797　电器控制设备
GB 5226.1　机械电气安全 机械电器设备 第 1 部分：通用技术条件
GB/T 19249　反渗透水处理设备
GB/T 20103　膜分离技术 术语
HJ/T 270　环境保护产品技术要求 反渗透水处理装置
JB/T 2932　水处理设备技术条件
HG 20520　玻璃钢/聚氯乙烯（FRP/PVC）复合管道设计规定
《建设项目竣工环境保护验收管理办法》（国家环境保护总局令 第 13 号）

3．术语和定义

《膜分离技术　术语》（GB/T 20103）规定的术语及下列术语和定义适用于本标准。

3.1 膜分离法 membrane separation

以压力为驱动力，以膜为过滤介质，实现溶剂与溶质分离的方法。

3.2 膜降解 membrane degradation

指膜被氧化或水解造成膜性能下降的过程。

3.3 膜堵塞 membrane fouling

指膜因有机污染物、微生物及其代谢产物的沉积造成膜性能下降的过程。

3.4 膜结垢 membrane scaling

指盐类的浓度超过其溶度积在膜面上的沉淀。

4．设计水质与膜单元适宜性

4.1 进水水质要求

4.1.1 在设计膜系统时，应符合进水要求，选择合适的膜元件。

4.1.2 内压式中空纤维微滤、超滤系统进水，水质要求可参考表 1。

表 1 内压式中空纤维微滤、超滤系统进水参考值

膜材质	参考值		
	浊度/NTU	SS/（mg/L）	矿物油含量/（mg/L）
聚偏氟乙烯（PVDF）	≤20	≤30	≤3
聚乙烯（PE）	<30	≤50	≤3
聚丙烯（PP）	≤20	≤50	≤5
聚丙烯腈（PAN）	≤30	（颗粒物粒径<5 μm）	不允许
聚氯乙烯（PVC）	<200	≤30	≤8
聚醚砜（PES）	<200	<150	≤30

进水水质超过表 1 参考值时，须增加预处理工艺。

4.1.3 外压式中空纤维微滤、超滤组件品种较少，进水要求可参考表 2。

表 2 外压式中空纤维微滤、超滤系统进水参考值

膜材质	参考值		
	浊度/NTU	SS/（mg/L）	矿物油含量/（mg/L）
聚偏氟乙烯（PVDF）	≤50	≤300	≤3
聚丙烯（PP）	≤30	≤100	≤5

4.1.4 设计卷式膜微滤、超滤系统进水时，可参照表 3 的规定。

表 3 纳滤、反渗透系统进水限值

膜材质	限值		
	浊度/NTU	SDI	余氯/（mg/L）
聚酰胺复合膜（PA）	≤1	≤5	≤0.1
醋酸纤维膜（CA/CTA）	≤1	≤5	≤0.5

4.1.5 纳滤、反渗透系统进水，应符合表 3 的规定。

在设计纳滤、反渗透膜分离系统时，应对进水水质进行分析，常规分析项目见附录 A。进水水质超过表 3 限值时，须增加预处理工艺。

4.2 膜单元适宜性

各种膜单元功能适宜性见表 4。

表 4　各种膜单元功能适宜性

膜单元种类	过滤精度/μm	截留分子量质量/U	功能	主要用途
微滤（MF）	0.1～10	＞100 000	去除悬浮颗粒、细菌、部分病毒及大尺度胶体	饮用水去浊，中水回用，纳滤或反渗透系统预处理
超滤（UF）	0.002～0.1	10 000～100 000	去除胶体、蛋白质、微生物和大分子有机物	饮用水净化，中水回用，纳滤或反渗透系统预处理
纳滤（NF）	0.001～0.003	200～1 000	去除多价离子、部分一价离子和分子量 200～1 000 Daltons 的有机物	脱除井水的硬度、色度及放射性镭，部分去除溶解性盐。工艺物料浓缩等
反渗透（RO）	0.000 4～0.000 6	＞100	去除溶解性盐及分子量大于 100Daltons 的有机物	海水及苦咸水淡化，锅炉给水、工业纯水制备，废水处理及特种分离等

5．预处理

5.1 一般规定

5.1.1 为防止膜降解和膜堵塞，须对进水中的悬浮固体、尖锐颗粒、微溶盐、微生物、氧化剂、有机物、油脂等污染物进行预处理。

5.1.2 预处理的深度应根据膜材料、膜组件的结构、原水水质、产水的质量要求及回收率确定。

5.1.3 进水温度范围：当 pH 2～10 时，运行温度 5～45℃；当 pH 值大于 10 时，运行温度应小于 35℃。

5.2 微滤、超滤系统的预处理

5.2.1 去除进水中悬浮颗粒物和胶体物，可采取混凝－沉淀－过滤工艺。可加入有利于提高膜通量，并与膜材料有兼容性的絮凝剂。

5.2.2 微滤、超滤系统之前宜安装细格栅及盘式过滤器。在内压式膜系统之前，盘式过滤器过滤精度应小于 100 μm；在外压式膜系统之前，盘式过滤器过滤精度应小于 300 μm。

5.2.3 当进水含矿物油超过表 1 数值或动植物油超过 50 mg/L 时，应增加除油工艺。

5.3 纳滤、反渗透系统的预处理

5.3.1 防止膜化学氧化损伤，可采用活性炭吸附或在进水中添加还原剂（如亚硫酸氢钠）去除余氯或其他氧化剂，控制余氯含量小于等于 0.1 mg/L。

5.3.2 预防铁、铝腐蚀物形成的胶体、黏泥和颗粒污堵，可采用以无烟煤和石英砂为过滤介质的双介质过滤器去除。

5.3.3 预防微生物污染，可对进水进行物理法或化学法杀菌消毒处理。

5.3.4 控制结垢，加酸可有效控制碳酸盐结垢；投加阻垢剂或强酸阳离子树脂软化，可有效控制硫酸盐结垢。

5.3.5 微滤或超滤能除去所有的悬浮物、胶体粒子及部分有机物，出水达到淤泥密度指数（SDI）≤3，浊度≤1 NTU，可有效预防胶体、颗粒物污染和堵塞膜组件。

6．膜分离法污水处理系统设计

6.1 一般规定

6.1.1 应依据原水水量、水质和产水要求、回收率等资料，选择膜分离法污水处理工艺。设计资料

调查表见附录 B。

6.1.2 采用接触过滤工艺处理低浊度污水时，投药点与过滤器入口应有 1.0 m 距离。

6.1.3 采用活性炭吸附工艺时，活性炭过滤器的进口处应投加杀菌剂。

6.1.4 还原剂和（或）阻垢剂，应投加在保安（过滤精度小于等于 5 μm）过滤器之前。保安过滤器须安装压力表。

6.1.5 为防止预处理加酸、加氯造成管道及设备的腐蚀，在纳滤、反渗透系统的低压侧，应采用 PVC 管材及连接件，在高压侧应采用不锈钢管材及连接件。

6.1.6 膜分离系统浓水，应处理后达标排放。

6.1.7 一级多段纳滤、反渗透系统压力容器排列比，宜为 2∶1 或 3∶2 或 4∶2∶1 或按比例增加。

6.2　微滤、超滤系统设计

6.2.1　工艺设计参数包括：

1）处理水量，m^3/d；

2）处理水质；

3）膜通量，$m^3/(m^2 \cdot d)$；

4）操作压力，MPa；

5）反洗周期，h；

6）每次反洗时间，min。

6.2.2　工艺流程：微滤、超滤系统的运行方式可分为间歇式和连续式；组件排列形式宜为一级一段，并联安装。推荐基本工艺流程如图 1。

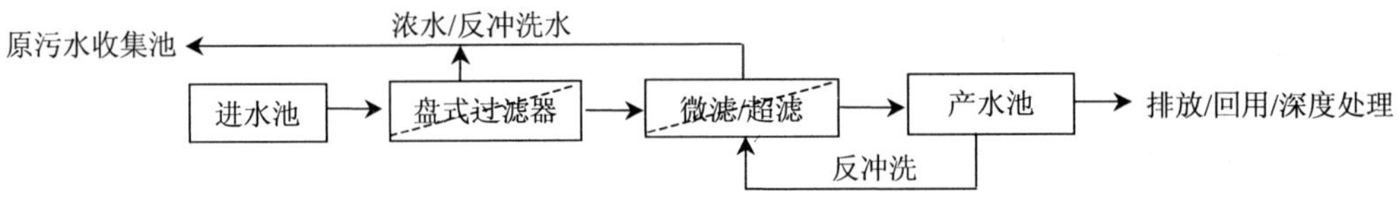

图 1　微滤、超滤系统基本工艺流程图

6.2.3　基本设计计算

6.2.3.1　产水量按式（1）计算：

$$q_s = C_m \times S_m \times q_o \tag{1}$$

式中：q_s——单支膜元件的稳定产水量，L/h；

q_o——单支膜元件的初始产水量，L/h；

C_m——组装系数，取值范围为 0.90～0.96；

S_m——稳定系数，取值范围为 0.6～0.8。

设计温度 25℃，实际温度的波动，可用式（2）修正产水量的计算：

$$q_{st} = q_s \times (1 + 0.021\,5)^{t-25} \tag{2}$$

6.2.3.2　膜组件数按式（3）计算：

$$n = \frac{Q}{q_s} \tag{3}$$

式中：Q——设计产水量，L/h。

6.2.3.3　浓缩液的浓度、体积可按式（4）计算：

$$\frac{\rho}{\rho_0}=\left(\frac{V_0}{V}\right)^R \tag{4}$$

式中：ρ——浓缩液的质量浓度，mg/L；

ρ_0——进料液的质量浓度，mg/L；

V——浓缩液的体积，L；

V_0——进料液的体积，L；

R——污染物去除率。

6.3 纳滤、反渗透系统设计

6.3.1 工艺流程

6.3.1.1 一级一段系统工艺流程：进水一次通过纳滤或反渗透系统即达到产水要求。有一级一段批处理式、一级一段连续式。推荐基本工艺流程如图 2、图 3。

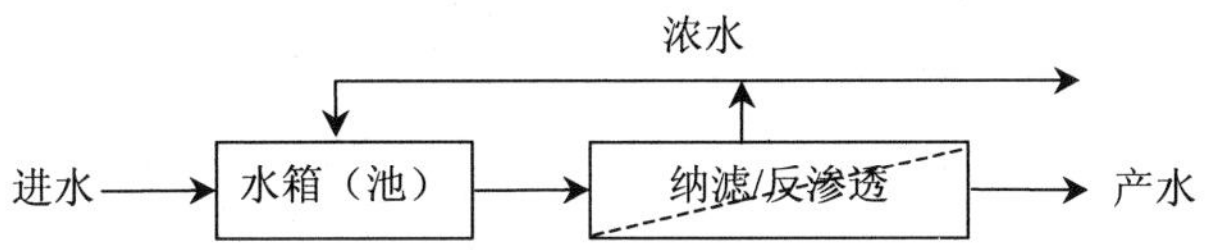

图 2 一级一段批处理式基本工艺流程图

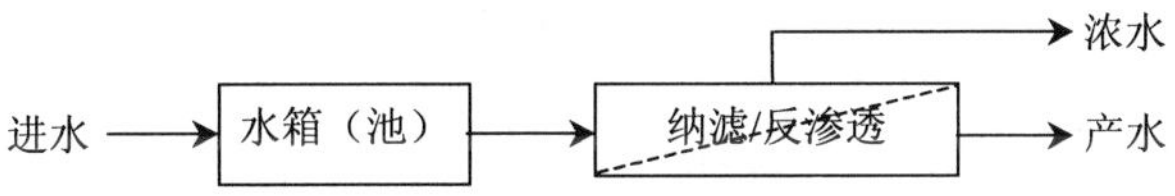

图 3 一级一段连续式基本工艺流程图

6.3.1.2 一级多段系统工艺流程：一次分离产水量达不到回收率要求时，可采用多段串联工艺，每段的有效横截面积递减，推荐基本工艺流程如图 4、图 5、图 6。

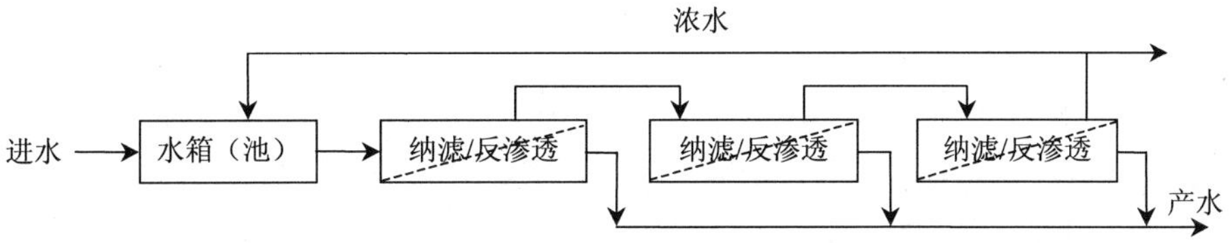

图 4 一级多段循环式系统基本工艺流程图

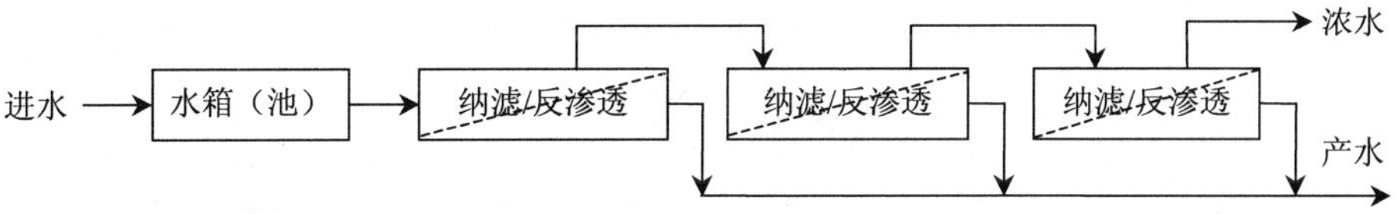

图 5 一级多段连续式系统基本工艺流程图

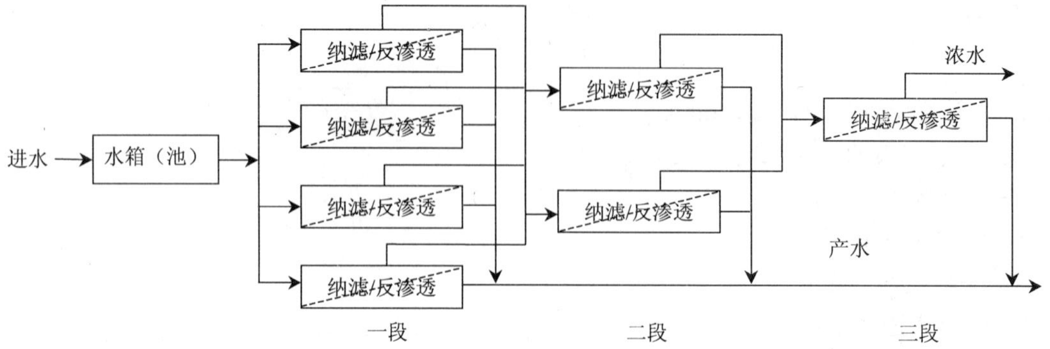

图 6 一级多段系统基本工艺流程图

6.3.1.3 多级系统工艺流程：当一级系统产水不能达到水质要求时，将一级系统的产水再送入另一个反渗透系统，继续分离直至得到合格产水。推荐基本工艺流程如图 7。

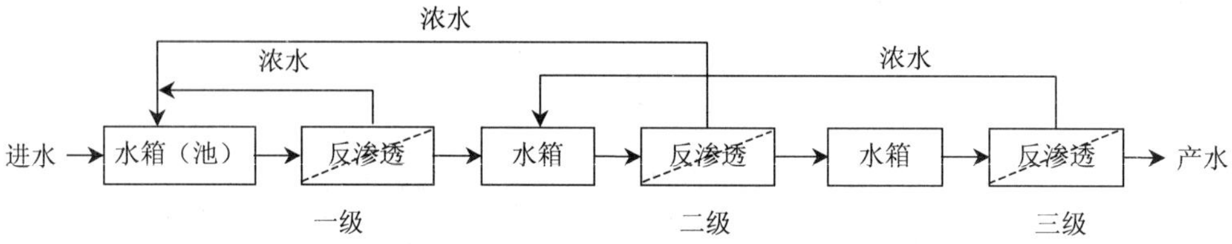

图 7 多级系统基本工艺流程图

膜组件的排列形式可分为串联式和并联式。

6.3.2 基本设计计算

6.3.2.1 单支膜元件产水量

设计温度 25℃时单支膜元件产水量，m^3/h。应按温度修正系数进行修正。也可以 25℃为设计温度，每升、降 1℃，产水量增加或减少 2.5%计算。

6.3.2.2 膜元件数量按式（5）计算：

$$N_e = \frac{Q_p}{q_{max} \times 0.8} \tag{5}$$

式中：Q_p——设计产水量，m^3/h；

q_{max}——膜元件最大产水量，m^3/h；

0.8——设计安全系数。

6.3.2.3 压力容器（膜壳）数量按式（6）计算：

$$N_v = \frac{N_e}{n} \tag{6}$$

式中：N_v——压力容器数；

N_e——设计元件数；

n——每个容器中的元件数。

6.3.3 管道设计

6.3.3.1 产水量大于等于 50 m^3/h 的纳滤、反渗透系统，进水干管设计流量应等于每只压力容器进水设计流量的总和。

6.3.3.2　产水支管和干管的流速宜小于等于 1.0 m/s。

6.3.3.3　各段产水宜直接输入产水箱。如各段产水管应并联到一根总管时，则应在每段产水支管上安装止回阀。

6.3.4　加药系统，应设置带有温度计的药液箱，将药剂配制成一定浓度的溶液。加药方式宜采用计量泵输送，也可使用安装在进水管道上的水射器投加。

6.3.5　自动控制系统和仪表

6.3.5.1　自控系统的监控项目应包括：

1）进水压力，MPa；

2）进水电导率，μS/cm；

3）产水流量，m^3/h；

4）产水电导率，μS/cm；

5）浓水流量，m^3/h；

6）浓水压力，MPa。

6.3.5.2　进水管应设置余氯监测器，并与还原剂加药装置联动运行。

6.3.5.3　高压泵进水口应设置低压保护开关；高压泵出水口应设置高压保护开关。

6.3.5.4　当加酸调节进水 pH 值时，应设置 pH 上、下限值切断开关；如进水设有升温措施，则应设置高温切断开关。

6.4　膜分离浓水的处理

6.4.1　浓水处理的技术要求

污水处理过程产生的膜分离浓水可并入污水生化处理系统；亦可与化学清洗废水、介质过滤器和活性炭过滤器反冲洗废水一并进行收集处理。

6.4.2　推荐浓水处理基本工艺流程如图 8。

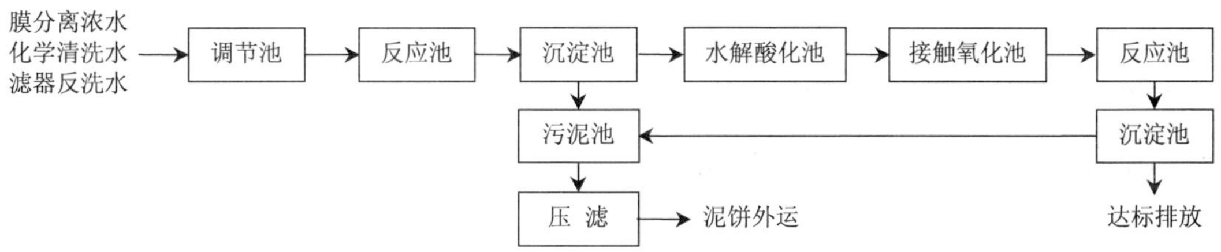

图 8　浓水处理基本工艺流程图

6.4.3　浓水处理排放应符合国家或地方污水排放标准的规定。

7　系统安装与调试

7.1　微滤、超滤系统安装与调试

7.1.1　微滤、超滤系统安装

应按照设计要求进行安装。

7.1.2　微滤、超滤系统调试

7.1.2.1　系统启动时，应开启浓水排放管阀门和产水管阀门，用自来水冲洗膜组件内的保护液，直到冲洗水无泡沫为止。

7.1.2.2　进水压力 0.1～0.4 MPa，工作温度为 15～35℃。

7.1.2.3 调试项目应包括：

1）进水压力，MPa；

2）进水流量，m^3/h；

3）产水流量，m^3/h；

4）浓水流量，m^3/h；

5）浓水压力，MPa。

7.1.2.4 系统每连续运行 30 min，应反冲洗一次，反冲洗时间宜为 30 s。

7.2 纳滤、反渗透膜系统安装与调试

7.2.1 纳滤、反渗透系统安装

7.2.1.1 设备主机架及水泵安装应符合 GB/T 19249 和 HJ/T 270 的规定。

7.2.1.2 管道安装应符合 GB 50235 和 HG 20520 的规定。

7.2.1.3 仪器、仪表安装应符合 GB/T 985.1 和 GB/T 1804 的规定。

7.2.1.4 压力容器两端，应留有不小于膜元件长度 1.2 倍的空间。设备应安装于室内。

7.2.1.5 电控柜安装应符合 GB/T 3797 的规定。

7.2.2 纳滤、反渗透系统调试

7.2.2.1 膜系统启动前，应彻底冲洗预处理设备和管道，清除杂质和污物。

7.2.2.2 膜系统进水管阀门和浓水管调节阀门须完全打开。用低压、低流量合格预处理出水赶走膜系统内空气，冲洗压力为 0.2～0.4 MPa，φ100 mm 压力容器冲洗流量为 0.6～3.0 m^3/h，φ200 mm 压力容器冲洗流量为 2.4～12.0 m^3/h。

7.2.2.3 内有保护液的膜元件低压冲洗时间应不少于 30 min，干膜元件低压冲洗时间应不少于 6 h。在冲洗过程中，检查渗漏点，立即紧固。

7.2.2.4 第一次启动高压泵，须将进水阀门调到接近全关状态，缓慢开大进水阀门，缓慢关小浓水排放管阀门，调节浓水流量和系统进水压力直至系统产水流量达到设计值。升压速率应低于每秒 0.07 MPa。

7.2.2.5 系统连续运行 24～48 h，记录运行参数作为系统性能基准数据。运行参数应包括：

1）进水压力，MPa；

2）进水流量，m^3/h；

3）进水电导率，μS/cm；

4）产水流量，m^3/h；

5）产水电导率，μS/cm；

6）浓水压力，MPa；

7）浓水流量，m^3/h；

8）系统回收率，%。

系统实际运行参数与系统设计参数比较。

7.2.2.6 上述调节在手动操作模式下进行，待运行稳定后将系统切换到自动控制运行模式。

7.2.2.7 系统运行第一周内，应定期检测系统性能，确保系统性能在运行初始阶段处于合适的范围内。

8 工程验收

8.1 一般规定

8.1.1 目测结构是否合理，各部件安装应符合设计图纸及 JB/T 2932 的要求。

8.1.2 油漆涂层应符合 GB 5226.1 的要求。

8.1.3 用水平仪（或尺）测量主机框架、压力容器、泵体及相应管线，应符合 GB/T 19249 和 HJ/T 270 的规定。

8.1.4 凡有自动控制装置的，应设有手动控制装置，应符合 GB/T 3797 的规定。

8.1.5 通风设备运行正常，应符合 JB/T 2932 的要求。

8.1.6 各报警装置齐全，运行灵敏、准确，应符合 GB/T 3797 的规定。

8.2 工程验收

8.2.1 预验收

8.2.1.1 工程竣工后，环保验收前进行预验收，由建设单位组织设计、施工单位，并报请当地环保部门联合进行。

8.2.1.2 预验收包括：按污水处理工程设计方案验收主体工程、设备及安装部位。应按相应的标准进行检验，并填写预验收记录。

8.2.1.3 预验收应复查并核实以下资料：

1）设计图纸及设计变更文件；

2）主要材料和制品的合格证或试验记录；

3）膜组件及仪器仪表检验记录；

4）机械构件焊接及检验记录；

5）设备安装记录；

6）膜分离系统调试记录和 48 h 运行记录。

8.2.2 环境保护验收

污水处理工程投入使用之前，建设单位应向环境保护行政主管部门提出环境保护设施竣工验收申请。

环境保护验收应按照《建设项目竣工环境保护验收管理办法》的规定进行。

9 运行管理

9.1 启动

9.1.1 检查进水水质是否符合要求。

9.1.2 在低压和低流速下排除系统内空气。

9.1.3 检查系统是否渗漏。

9.2 运行

9.2.1 调节浓水管调节阀门，缓慢增加进水压力直至产水流量达到设计值。

9.2.2 检查和试验所有在线监测仪器仪表，设定信号传输及报警。

9.2.3 系统稳定运行后，记录操作条件和性能参数。

9.3 停机

9.3.1 先降压后停机，当需要停机时，缓慢开大浓水管调节阀门，使系统压力下降至最低点再切断电源。

9.3.2 停机时，应对膜系统进行冲洗，用预处理水大流量低压冲洗整个系统 3～5 min。

9.3.3 膜分离系统停机后，其他辅助系统也应停机。

注：膜元件污染与化学清洗、膜元件保存方法，参见附录 C。

附录 A
（资料性附录）
原水分析表

检测单位：______________________ 分析人：__________

原水概况：______________________ 日　期：__________

电导率：______________ pH 值：__________ 水样温度：__________℃

组成分析（分析项目标注单位，如 mg/L，以 $CaCO_3$ 计等）：

铵离子（NH_4^+）__________ 钾离子（K^+）__________

钠离子（Na^+）__________ 镁离子（Mg^{2+}）__________

钙离子（Ca^{2+}）__________ 钡离子（Ba^{2+}）__________

锶离子（Sr^{2+}）__________ 总铁（Fe^{2+}/Fe^{3+}）__________

锰离子（Mn^{2+}）__________ 铝离子（Al^{3+}）__________

铜离子（Cu^{2+}）__________ 活性二氧化硅（SiO_2）__________

锌离子（Zn^{2+}）__________ 胶体二氧化硅（SiO_2）__________

总固体含量（TDS）__________ 生物耗氧量（BOD）__________

总有机碳（TOC）__________ 化学耗氧量（COD）__________

氨氮（NH_3-N）__________ 总磷（TP）__________

氯离子（Cl）__________

总碱度（甲基橙碱度）：

碳酸根碱度（酚酞碱度）：

总硬度：

浊度（NTU）：

污染指数（SDI_{15}）：

细菌/（个数/ml）：

备注（异味、颜色、生物活性等）：

注：当阴阳离子存在较大不平衡时，应重新分析测试。相差不大时，可添加钠离子或氯离子进行人工平衡。

附录 B
（资料性附录）
系统设计资料

用户名称：________________ 地址：________________

工程所在地：________________________________

联系人：____________ 电话：____________ 传真：____________

E-mail：________________________________

处理水量（m^3/d）：________________ 回用水量（m^3/d）：________________

原水特性：

□市政废水 □工业废水

水温情况：最低_____℃ 最高_____℃ 平均_____℃ 设计_____℃

预处理情况：

投加药剂：□絮凝剂 □杀菌剂

□还原剂 □阻垢剂

现有预处理：□无 □有 □SDI_{15}值（如有预处理）

现有预处理设备名称：________________________________

____

____

现 场 综 合 情 况：________________________________

____

系统用途：□电力行业 □石化行业 □冶金行业

□电子行业 □食品行业（纯净水） □医药行业

□锅炉给水（高、中、低） □废水处理及回用

后处理设备及流程：________________________________

系统运行方式：□24 h 连续 □8 h 连续 □24 h 断续 □8 h 断续

其他要求及说明：

附录 C
（资料性附录）
膜元件污染与化学清洗

C.1 微滤/超滤系统污染与清洗

C.1.1 系统进水压力超过初始压力 0.05 MPa 时，可采用等压大流量冲洗水冲洗，如无效，应进行化学清洗。

C.1.2 化学清洗剂的选择应根据污染物类型、污染程度、组件的构型和膜的物化性质等来确定。常用的化学清洗剂有：氢氧化钠、盐酸、1%～2%的柠檬酸溶液、加酶洗涤剂、双氧水水溶液、三聚磷酸钠、次氯酸钠溶液等。

C.1.3 杀菌消毒的常用药剂为：浓度 1%～2%的过氧化氢或 500～1 000 mg/L 的次氯酸钠水溶液，浸泡 30 min，循环 30 min，再冲洗 30 min。

C.2 纳滤/反渗透系统污染与清洗

C.2.1 出现下列情形之一时，应进行化学清洗：

1）产水量下降 10%；

2）压力降增加 15%；

3）透盐率增加 5%。

C.2.2 化学清洗剂的选择应根据污染物类型、污染程度和膜的物化性质等来确定。常用的化学清洗剂有：氢氧化钠、盐酸、1%～2%的柠檬酸溶液、Na-EDTA、加酶洗涤剂等。

C.2.3 化学清洗液的最佳温度：碱洗液 30℃，酸洗液 40℃。

C.2.4 复合清洗时，应采用先碱洗再酸洗的方法。常用的碱洗液为 0.1%（质量分数）NaOH（氢氧化钠）水溶液；常用的酸洗液为 0.2%（质量分数）HCl（盐酸）水溶液。

C.2.5 废清洗液和清洗废水排入膜分离浓水收集池处理，应符合 6.4 的规定。

C.3 膜元件的保存方法

C.3.1 短期存放（5～30 d）操作：

1）清洗膜元件，排除内部气体；

2）用 1%亚硫酸氢钠保护液冲洗膜元件，浓水出口处保护液浓度达标；

3）全部充满保护液后，关闭所有阀门，使保护液留在压力容器内；

4）每 5 天重复 2）、3）步骤。

C.3.2 长期存放操作：存放温度 27℃以下时，每月重复 2）、3）步骤一次；存放温度 27℃以上时，每 5 天重复 2）、3）步骤一次。

C.3.3 恢复使用时，应先用低流量进水冲洗 1 h，再用大流量进水（浓水管调节阀全开）冲洗 10 min。

HJ

中华人民共和国国家环境保护标准

HJ 580—2010

含油污水处理工程技术规范

Technical specification for oil-contained wastewater treating process

2010-10-12 发布　　　　2011-01-01 实施

环　境　保　护　部　发布

前　言

为贯彻《中华人民共和国环境保护法》和《中华人民共和国水污染防治法》，规范含油污水处理工程的建设与运行管理，防治环境污染，保护环境和人体健康，制定本标准。

本标准规定了含油污水处理工程中工艺设计、安全与环保、施工与验收的技术要求。

本标准的附录 A 为资料性附录。

本标准由环境保护部科技标准司组织制订。

本标准主要起草单位：江西金达莱环保研发中心有限公司、华中科技大学、北京市环境保护科学研究院。

本标准环境保护部 2010 年 10 月 12 日批准。

本标准自 2011 年 1 月 1 日起实施。

本标准由环境保护部解释。

含油污水处理工程技术规范

1．适用范围

本标准规定了含油污水处理工程的设计、施工、验收、运行及维护管理工作的基本要求。

本标准适用于以油污染为主的污水处理工程，可作为环境影响评价、环境保护设施设计与施工、建设项目竣工环境保护验收及建成后运行与管理的技术依据。

2．规范性引用文件

本标准内容引用了下列文件中的条款。凡是不注日期的引用文件，其有效版本适用于本标准。

GB 50014　室外排水设计规范

CJJ 60　污水处理运行维护及其安全技术规程

《建设项目（工程）竣工验收办法》（国家计委 计建设[1990]215 号）

《建设项目竣工环境保护验收管理办法》（国家环境保护总局令 第 13 号）

3．术语和定义

3.1 油脂 oil and grease

指乙醇或甘油（丙三醇）与脂肪酸的化合物，称为脂肪酸甘油酯。在常温下，液态脂肪酸甘油酯，称为油；固态脂肪酸甘油酯，称为脂。

3.2 含油污水 oil wastewater

指主要污染物为油的污水。

3.3 浮油 floating oil

指油珠粒径大于 100 μm，静置后能较快上浮，以连续相的油膜漂浮在水面。

3.4 分散油 dispersed oil

指油珠粒径为 10～100 μm，以微小油珠悬浮于污水中，不稳定，静置后易形成浮油。

3.5 乳化油 emulsified oil

指油珠粒径小于 10 μm，一般为 0.1～2 μm，形成稳定的乳化液。且油滴在污水中分散度愈大愈稳定。

3.6 溶解油 dissolved oil

指以分子状态或化学方式分散于污水中，形成稳定的均相体系，粒径一般小于 0.1 μm。

3.7 调节隔油池 water adjusting and oil separation tank

指用于调节水质、水量并配置有隔油功能的污水处理构筑物。

3.8 隔油池 oil separation tank

指专门用于隔除浮油的污水处理构筑物。

3.9 气浮 air floatation

指空气微气泡与油污颗粒结合，增大油污颗粒的浮力，使含油污水中的油污迅速分离的处理方法。

3.10 粗粒化 coalescence of oil water

指利用油水两相对聚结材料亲和力的不同，使微细油珠在聚结材料表面集聚成为较大颗粒或油膜，从而达到油水分离的过程。

3.11 一级除油处理 primary treatment of oil wastewater

指采用隔油池进行油水分离的处理阶段。

3.12 二级除油处理 secondary treatment of oil wastewater

指采用气浮、粗粒化、板结、过滤等方法或组合工艺进行油水分离的处理阶段。

4．设计水量及设计水质

4.1 设计水量

设计水量应按国家现行工业用水量的规定确定或按式（1）计算。

$$Q= K\times q\times S \quad (1)$$

式中：Q——每日产生的含油污水总水量，m^3/d；

q——单位产品污水产生量，m^3/件；

S——每日生产产品总数量，件；

K——变化系数，根据生产工艺或经验决定。

4.2 设计水质

4.2.1 金属加工工业、油脂化工等行业产生的含油污水，其污染物有油脂、表面活性剂及悬浮杂质。

4.2.2 屠宰及肉食品加工业和餐饮业产生的含油污水，含有可生化性较强的动植物油脂。

4.2.3 设计水质应根据调查资料确定，或参照类似工业水质确定。

5．总体设计

5.1 一般规定

5.1.1 对含油污水应进行单独除油处理，以保证城市污水处理系统或者后续污水处理工艺过程正常运行。

5.1.2 含油污水处理工程应根据不同行业含油污水的水质特点，选择适合的处理工艺，并根据污水排放去向和当地的环境保护要求，经技术经济比较后确定。

5.1.3 含油污水最终处理效果应满足国家或地方污水排放标准的要求。

5.1.4 含油污水处理深度分为一级除油处理和二级除油处理。一级除油处理出水含油量应控制在 30 mg/L 以下。

5.1.5 应根据工厂生产工艺，实现生产用水的循环利用，以减少污水处理水量。

5.1.6 含油污水处理工程检测及控制设备的设置应参照 GB 50014 的规定。同时，仪表的选型应根据污水中油类及悬浮物的含量、腐蚀性物质的特性和管道敷设条件等因素确定。

5.2 厂址选择

5.2.1 含油污水处理设施应设在工业区夏季主导风向下方；尽可能选在工业区下游地区。

5.2.2 应结合工业厂区总体规划，考虑远景发展，并应考虑交通运输、水电供应、水文地质等条件。应参照 GB 50014 中相关规定。

5.3 总体布置

含油污水处理工程总体布置应参照 GB 50014 中相关规定。

5.4 污水处理工艺流程

5.4.1 金属加工工业、油脂化工行业含油污水处理推荐工艺流程如图 1。

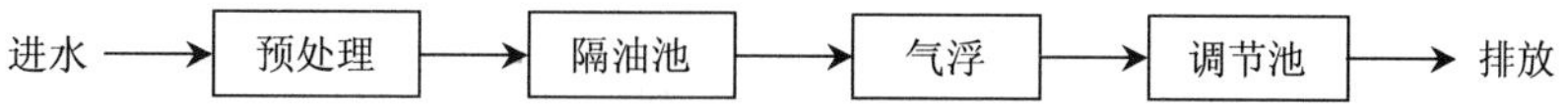

图 1 金属加工、轻工、油脂化工行业含油污水处理基本工艺流程图

5.4.2 屠宰、肉食品加工和餐饮业含油污水处理推荐工艺流程如图 2。

图 2 屠宰、肉食品加工和餐饮业含油污水处理基本工艺流程图

6．含油污水处理单元工艺设计

6.1 平流式隔油池

6.1.1 平流式隔油池宜用于去除粒径大于等于 150 μm 的油珠。

6.1.2 含油污水应该以基本无冲击状态进入隔油池进水配水间，进水配水间的前置构筑物出水水头应小于等于 0.2 m。

6.1.3 进水配水间应为垂直折流式，二室配置，二室隔墙下部 0.5 m 悬空。第一室下向流，第二室上向流。第二室与隔油段用配水墙间隔。

6.1.4 进水配水墙配水孔应设置于水面下 0.5 m，池底上 0.8 m 处。配水孔孔口流速应为 20～50 mm/s。

6.1.5 含油污水在隔油段的计算水平流速应为 2～5 mm/s。

6.1.6 单格池宽应小于等于 6 m，隔油段长宽比应不小于 4。

6.1.7 隔油段的有效水深应小于等于 2 m，池体超高应小于等于 0.4 m。

6.1.8 隔油段后应接出水间，出水间为单室配置。出水间与隔油段以出水配水墙间隔，以隔油段出水堰保持隔油段液面。隔油段之后接集水槽和出水管。

6.1.9 出水配水墙配水孔应设置于水面下 0.8 m，池底上 0.5 m 处。配水孔孔口流速应为 20～50 mm/s。

6.1.10 隔油段池底宜设刮油刮泥机，刮板移动速度应小于 2 m/min。

6.1.11 隔油段排泥管直径应大于 200 mm，管端可接压力水管用以冲洗排泥管。

6.1.12 污泥斗深度一般为 0.5 m，底宽宜大于 0.4 m，侧面倾角 45°～60°，且池底向污泥斗坡度为 0.01～0.02。

6.1.13 集油管宜为 Φ200～300 mm，当池宽在 4.5 m 以上时，集油管串联不应超过 4 根。

6.1.14 在寒冷地区，集油管及隔油池宜设置加热设施。隔油池附近应有蒸汽管道接头，以备需要时清理管道或灭火。

6.1.15 隔油池宜设非燃烧材料制成的盖板，并应设置蒸汽灭火设施。

6.2 斜板隔油池

6.2.1 斜板隔油池宜用于去除粒径大于 80 μm 的油珠。

6.2.2 含油污水应该以基本无冲击状态进入斜板隔油池进水配水区，进水配水区的前置构筑物出水水头应小于等于 0.2 m。

6.2.3 上浮段表面水力负荷宜为 0.6～0.8 m^3/（m^2·h）。

6.2.4 斜板净距离宜采用 40 mm，倾角应小于等于 45°，板间流速宜为 3～7 mm/s，板间水力条件为雷诺数 *Re* 小于 500；弗劳德数 *Fr* 大于 10。

雷诺数根据式（2）计算：

$$Re = \frac{V \cdot R}{\gamma} \tag{2}$$

弗劳德数根据式（3）计算：

$$Fr = \frac{V^2}{Rg} \tag{3}$$

式中：V——水平流速，m/s；

R——水力半径，m；

γ——水的运动黏度，m/s^2；

g——重力加速度，9.81 m^2/s。

6.2.5 池内应设浮油收集、斜板清洗和池底排泥等设施。

6.2.6 斜板材料应耐腐蚀、光洁度好、不沾油。

6.2.7 池内刮油泥速度宜小于等于 15 mm/s，板体间和池壁间应严密无缝隙，不渗漏。

6.2.8 排泥管直径应大于等于 200 mm，管端可接压力水管用以冲洗排泥管。

6.3 溶气气浮

6.3.1 溶气气浮除油宜用于含油量和表面活性物质低的含油污水，用来去除污水中比重接近于1的微细悬浮物和粒径大于 0.05 μm 油污。进水 pH 值 6.5～8.5，含油量小于 100 mg/L。

6.3.2 溶气气浮装置应由池体和溶气系统两部分组成。设计应符合下列要求：

6.3.2.1 溶气气浮法宜一间气浮池，配一个溶气罐。

6.3.2.2 溶气罐工作压力宜采用 0.3～0.5 MPa。

6.3.2.3 空气量以体积计，可按污水量 5%～10%计算，设计空气量应按照 25%过量考虑。

6.3.2.4 污水在溶气罐内停留时间应根据罐的型式确定，一般宜为 1～4 min，罐内应有促进气、水充分混合的措施。

6.3.2.5 采用部分回流的溶气罐宜选用动态式，并应有水位控制措施。

6.3.2.6 溶气释放器的选用应根据含油污水水质、处理流程和释放器性能确定。

6.3.3 加药反应

6.3.3.1 凝聚剂应在含油污水进入溶气反应段之前投加，并可适量投加助凝剂。

6.3.3.2 溶气反应段反应时间宜为 10～15 min。

6.3.3.3 投加药剂品种及数量应根据进水水质确定，不得造成二次污染。

6.3.3.4 药剂溶解池须防腐，应并联两间，交替使用。

6.3.4 气浮池

6.3.4.1 根据水量大小气浮池可采用矩形或圆形。

6.3.4.2 矩形气浮池每格池宽应小于等于 4.5 m，长宽比宜为 3～4。

6.3.4.3 矩形气浮池有效水深宜为 2.0～2.5 m，超高应大于等于 0.4 m。

6.3.4.4 污水在气浮池分离段停留时间宜小于等于 1 h。

6.3.4.5 污水在矩形气浮池内的水平流速宜小于等于 10 mm/s。

6.3.4.6 气浮池应配备液位自动控制装置，保障浮沫挡板的适宜位置。

6.3.4.7 气浮池端部应设置集沫槽和废油储槽。

6.3.4.8 气浮池顶部应设置刮泡沫机，刮泡沫机的移动速度宜为 1～5 m/min。
6.3.4.9 气浮池底部应设排泥管。
6.3.5 全溶气气浮和部分加压溶气气浮
6.3.5.1 推荐全溶气气浮和部分加压溶气气浮基本工艺流程如图 3。

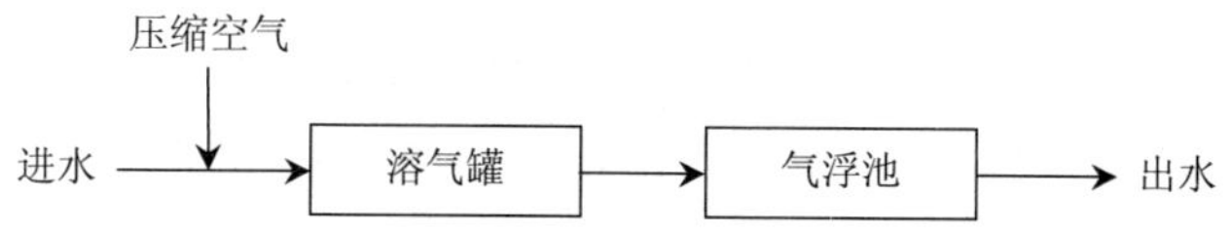

图 3　全溶气气浮和部分加压溶气气浮基本工艺流程图

6.3.5.2 投加药剂：药剂的品种和数量应根据进水水质经试验确定：聚合铝 25～35 mg/L；硫酸铝 60～80 mg/L；聚合铁 15～30 mg/L；有机高分子凝聚剂 1～10 mg/L。
6.3.5.3 混凝反应：宜采用管道混合器，可不设反应室。
6.3.6 部分回流溶气气浮
6.3.6.1 推荐部分回流溶气气浮基本工艺流程如图 4。

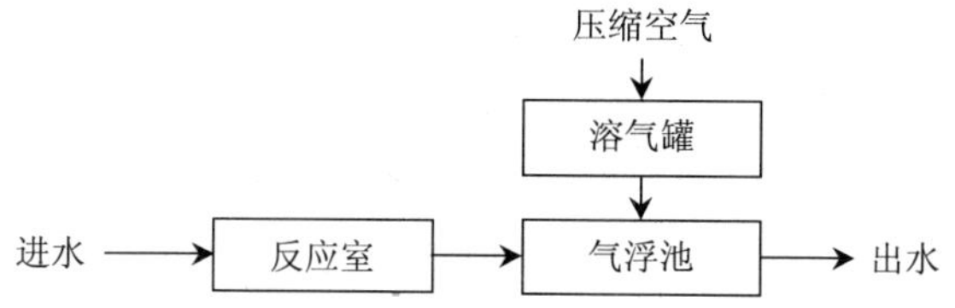

图 4　部分回流溶气气浮基本工艺流程图

6.3.6.2 回流比宜为进水的 25%～50%。但当水质较差，且水量不大时，可适当加大回流比。
6.3.6.3 投加药剂：药剂的品种和数量应根据进水水质经试验确定：聚合铝 15～25 mg/L；硫酸铝 40～60 mg/L；聚合铁 10～20 mg/L；有机高分子凝聚剂 1～8 mg/L。
6.3.6.4 混凝反应：管道混合，阻力损失小于等于 0.3 m；机械混合，搅拌桨叶速度宜为 0.5 m/s 左右，混合时间宜为 30 s。机械反应室（一级机械搅拌）、平流反应室、旋流反应室或涡流反应室水流线速度从 0.5～1.0 m/s 降至 0.3～0.5 m/s，反应时间 3～10 min。

6.4 粗粒化

6.4.1 粗粒化技术适用于预处理分散油和乳化油。粗粒化法可把水中 5～10 μm 的油珠完全分离，对 1～2 μm 的油珠有最佳的分离效果。
6.4.2 粗粒化聚结器通常设在重力除油工艺之前，它利用粗粒化材料的聚结性能，使细小的油粒在其表面聚结成较大油粒或油膜，使其更有利于重力法除油。
6.4.3 聚结材料宜采用相对密度大于 1、粒径 3～5 mm、亲油疏水性强、比表面积大、强度高且容易再生的材料；应根据可聚结性实验确定。
6.4.4 粗粒化除油装置组成：壳体、分离段、聚结床、多孔材料承托层。
6.4.5 聚结除油装置壳体可采用碳钢防腐。承压能力应通过工艺计算，一般可采用 0.6 MPa。
6.4.6 聚结床下应加承托垫层。承托材料一般采用卵石，其级配见表 1。

表 1 承托材料级配表

层次	粒径/mm	厚度/mm
下	16～32	100
中	8～16	100
上	4～8	100
总厚度 H		300

6.4.7 当采用聚结材料相对密度小于 1 时，须在上部设置不锈钢格栅及卵石层以防跑料。卵石粒径选用 16～32 mm，厚度一般为 0.3 m。

6.5 过滤

6.5.1 滤池

6.5.1.1 单池面积不宜超过 50 m^2。进水含油量宜小于 30 mg/L。

6.5.1.2 滤池高度根据滤层厚度、承托层高度、反冲洗滤料膨胀系数（40%～50%）以及超高等因素确定，高度一般在 3.5～4.5 m。

6.5.1.3 滤池底部宜设有排空管，管口处设栅罩；池底坡度约为 0.005，坡向排空管。

6.5.1.4 每间滤池均应安装水头损失计或水位尺、取样设备等。

6.5.1.5 滤池间数较少时，直径小于 400 mm 的阀门可采用手动阀门；但反冲洗阀门，宜采用电动或液动阀门。

6.5.1.6 滤池池壁与砂层接触处应拉毛，避免短流。

6.5.1.7 在配水系统干管末端，应安装排气管，当滤池面积小于 25 m^2 时，管径为 40 mm；当滤池面积为 25～100 m^2 时，管径为 50 mm。排气管伸出滤池，顶处应加截止阀。

6.5.1.8 各密封渠道上应有 1～2 个人孔。

6.5.1.9 滤池管廊内应有良好的防水、排水措施和适当的通风、照明等措施。

6.5.2 滤料

6.5.2.1 滤料宜选择亲水、疏油型材料，同时应具有一定的机械强度和抗蚀性能。

6.5.2.2 砂滤滤速宜取 8～10 m/h，反冲洗强度为 12～17 L/（$m^2 \cdot s$），反冲洗时间宜为 15 min。

6.5.3 轻质滤料

纤维类滤料滤速最高可取 25 m/h，反冲洗强度可小于 5 L/（$m^2 \cdot s$），反冲洗时间宜控制在 15～20 min。

6.6 混凝

6.6.1 混凝工艺在控制 pH 的条件下对乳化液具有良好的破乳效果，可保障良好的油水分离效果。

6.6.2 含油污水处理中常用混凝剂有无机混凝剂、有机混凝剂及复合混凝剂，应针对不同的水质选用合适的絮凝剂及助凝剂。

6.6.3 混合

6.6.3.1 药剂混合时间一般为 10～30 s，不宜强烈搅拌及长时间混合。

6.6.3.2 混合设备与后续处理设备中间管道不宜超过 120 m。

6.6.3.3 混合方式分为水力混合和机械混合。

6.6.4 反应

6.6.4.1 反应池型式的选择和絮凝时间的采用，应根据水质情况和相似条件下的运行经验或通过试验确定。

6.6.4.2 药剂在反应池内应有充分的反应时间，一般为 10～30 min，控制反应时的速度梯度 G，一般为 30～60 s^{-1}，GT 值为 10^4～10^5。

6.6.5 加药系统

6.6.5.1 药剂的投配方式宜采用液体投加方式。

6.6.5.2 加药系统应设置投药计量设备，以控制加药量，应尽可能采用自动投药系统。

6.6.5.3 自动投药方式应采用前馈式或后馈式单因子自控投药技术。自控系统由传感器、智能测控仪和执行机构（变频调速装置、投药泵等） 组成，它们构成单回路反馈控制系统。

6.6.5.4 用泵投加高分子聚合物药剂溶液时，应采用容积泵输送。

6.7 生物处理

6.7.1 当采用生物法处理时，应考虑油在水中的存在形态，含油的种类和性质等各种影响因素，经技术经济比较后选择适合的处理工艺。

6.7.2 含油污水经除油处理后，应根据再生水利用和出水排放对水质的要求进一步处理。

6.7.3 进入生化处理系统含油污水的油含量不得超过 30 mg/L。

6.7.4 用于处理以油污染为主的含油污水的活性污泥法、序批式活性污泥法、接触氧化法、膜生物法的主要工艺设计参数可参考相应的工程技术规范。

6.8 污泥浓缩

6.8.1 气浮浮渣的浓缩应根据含油污泥乳化程度，选择自然浓缩或加药浓缩。自然浓缩时间以 8～12 h 为宜。

6.8.2 生化污泥的浓缩可参照 GB 50014 的规定。

6.9 污泥处置

6.9.1 含油污泥应进行资源化、减量化、稳定化和无害化处理，逐步提高资源化水平。

6.9.2 干化场适用于气候较为干燥的地区，尤适用于沙漠地区含油污泥的处理。

6.9.3 含油量 5%～10%的污泥宜焚烧处理。焚烧温度 800～850℃。

6.9.4 含油量低的污泥可优先考虑采用固化法进行无害化处置。

6.9.5 含油污泥的处置应符合危险废物的有关规定。

7．劳动安全与职业卫生

7.1 消防

含油污水处理构筑物间距及现场消防设施应符合国家现行防火规范的规定。

7.2 安全

7.2.1 压力式装置、容器的安全措施应遵照相关规定及产品使用说明的要求。

7.2.2 加热器温度设定值为 45℃；电加热器热态绝缘电阻应不低于 0.5 MΩ。

7.3 卫生

7.3.1 含油污水处理构筑物、管渠、设备应有防腐蚀和防渗漏的措施。

7.3.2 处理设备应尽量选择封闭式，以避免影响周围环境。

7.3.3 妥善处置油水分离过程废弃的元件或材料，应避免对环境产生二次污染。

8．施工与验收

8.1 工程施工

8.1.1 工程施工前，应进行施工组织设计或编制施工方案，明确施工质量负责人和施工安全负责人，经批准后方可实施。

8.1.2 含油污水处理工程施工单位应具有国家相应的工程施工资质。

8.1.3 含油污水处理工程的设备安装应符合设计文件的规定。

8.1.4 工程变更应按照经批准的设计变更文件进行。

8.2 工程验收

8.2.1 含油污水处理工程验收应按照设计文件及《建设项目（工程）竣工验收办法》的规定和要求进行。

8.2.2 含油污水处理工程的环境保护验收应按照《建设项目竣工环境保护验收管理办法》执行。

9．运行维护管理

9.1 一般规定

9.1.1 含油污水处理工程的运行过程应制定详细的运行管理、维护保养制度和操作规程，各类设施、设备应按照设计的工艺要求使用。

9.1.2 含油污水处理工程的运行维护管理应符合 CJJ 60 的规定。

9.1.3 含油污水处理工程的运行、维护及其安全，除应符合本标准外，尚应符合国家现行有关标准的规定。

9.2 运行管理

9.2.1 运行管理人员及操作人员应经过严格培训，了解含油污水处理工艺、设备操作章程及各项设计指标。

9.2.2 各岗位应有工艺系统网络图、安全操作规程等，并应示于明显部位。

9.2.3 各岗位的操作人员应按时做好运行记录。数据应准确无误。当发现运行不正常时，应及时处理或上报主管部门。

9.2.4 应根据不同设备要求，定期进行检查，保证设备的正常运行。

9.3 安全操作

9.3.1 各岗位操作人员和维修人员应经过技术培训并考试合格后方可上岗。

9.3.2 电源电压大于或小于额定电压 5%时，不宜启动电机。

9.3.3 储油罐和集油池附近，应按消防部门的有关规定设置消防器材。

9.4 水质管理

9.4.1 含油污水处理厂污水、污泥处理正常运行检测的项目与周期应符合 CJJ 60 的规定。

9.4.2 已安装在线监测系统的，也应定期进行取样，进行人工监测，比对监测数据。

9.4.3 水质取样应在污水处理排放口和根据处理工艺控制点取样。

9.5 应急预案

9.5.1 应编制事故应急预案（包括环境风险突发事故应急预案）。

9.5.2 污水处理设施发生异常情况或重大事故时，应及时分析解决，并按应急预案中的规定向上级主管部门报告。

附录 A
（资料性附录）
聚结除油装置主要工艺参数及计算公式

A.1 装置直径

$$D=\sqrt{\frac{4Q_1}{\pi q}} \tag{A.1}$$

式中：D——装置直径，m；

Q_1——单罐设计水量，m^3；

q——负荷，$m^3/(h\cdot m^2)$，一般为 15～35 $m^3/(h\cdot m^2)$。

A.2 聚结材料体积

$$W=f\times h\frac{\pi D^2}{4} \tag{A.2}$$

式中：W——聚结材料体积，m^3；

h——聚结材料高度，m；

f——修正系数。

A.3 聚结材料高度

$$h=vt \tag{A.3}$$

式中：h——聚结材料高度，m；

v——聚结材料段流速，m/h；

t——接触时间，h。

A.4 聚结材料重量

$$G=W\cdot\rho \tag{A.4}$$

式中：G——聚结材料重量，kg；

ρ——聚结材料密度，kg/m^3。

中华人民共和国环境保护部

公　告

2010年　第94号

为贯彻《中华人民共和国环境保护法》，规范污染治理工程建设与运行，现批准《大气污染治理工程技术导则》等9项标准为国家环境保护标准，并予发布。

标准名称、编号如下：

一、大气污染治理工程技术导则（HJ 2000—2010）

二、火电厂烟气脱硫工程技术规范　氨法（HJ 2001—2010）

三、电镀废水治理工程技术规范（HJ 2002—2010）

四、制革及毛皮加工废水治理工程技术规范（HJ 2003—2010）

五、屠宰与肉类加工废水治理工程技术规范（HJ 2004—2010）

六、人工湿地污水处理工程技术规范（HJ 2005—2010）

七、污水混凝与絮凝处理工程技术规范（HJ 2006—2010）

八、污水气浮处理工程技术规范（HJ 2007—2010）

九、污水过滤处理工程技术规范（HJ 2008—2010）

以上标准自2011年3月1日起实施，由中国环境科学出版社出版，标准内容可在环境保护部网站（bz.mep.gov.cn）查询。

特此公告。

2010年12月17日

HJ

中华人民共和国国家环境保护标准

HJ 2000—2010

大气污染治理工程技术导则

Technical guidelines for air pollution control projects

2010-12-17 发布　　　　2011-03-01 实施

环　境　保　护　部　发布

前　言

为贯彻《中华人民共和国环境保护法》、《中华人民共和国清洁生产促进法》和《中华人民共和国大气污染防治法》，规范大气污染治理工程的建设和运行管理，防治环境污染，保护环境和人体健康，制定本标准。

本标准规定了大气污染治理工程的通用技术要求。

本标准为首次发布。

本标准由环境保护部科技标准司组织制订。

本标准主要起草单位：中国环境保护产业协会（电除尘委员会）、中钢集团天澄环保科技股份有限公司、武汉科技大学、大拇指环保科技集团（福建）有限公司、解放军防化研究院、中国新时代国际工程公司、武汉凯迪电力环保有限公司、西安建筑科技大学。

本标准环境保护部 2010 年 12 月 27 日批准。

本标准自 2011 年 3 月 1 日起实施。

本标准由环境保护部解释。

大气污染治理工程技术导则

1. 适用范围

本标准规定了大气污染治理工程在设计、施工、验收和运行维护中的通用技术要求。

本标准为环境工程技术规范体系中的通用技术规范。

对于已有相应的工艺技术规范或重点污染源技术规范的工程，应同时执行本标准和相应的工艺技术规范或重点污染源技术规范；对于没有工艺技术规范或重点污染源技术规范的工程，应执行本标准。

本标准可作为大气污染治理工程环境影响评价、设计、施工、验收及运行与管理的技术依据。

2. 规范性引用文件

本标准内容引用了下列文件中的条款。凡是不注日期的引用文件，其有效版本适用于本标准。

GB 150 钢制压力容器
GB 755 旋转电机 定额和性能
GB 3095 环境空气质量标准
GB 4387 工业企业厂内铁路、道路运输安全规程
GB 8978 污水综合排放标准
GB/T 6719 袋式除尘器技术要求
GB 12158 防止静电事故通用导则
GB 12348 工业企业厂界环境噪声排放标准
GB/T 13347 石油气体管道阻火器
GB 14554 恶臭污染物排放标准
GB 15577 粉尘防爆安全规程
GB 16297 大气污染物综合排放标准
GB 18218 危险化学品重大危险源辨识
GB 19517 国家电气设备安全技术规范
GB 20101 涂装作业安全规程 有机废气净化装置安全技术规定
GB 50003 砌体结构设计规范
GB 50007 建筑地基基础设计规范
GB 50009 建筑结构荷载规范
GB 50010 混凝土结构设计规范
GB 50011 建筑抗震设计规范
GB 50013 室外给水设计规范
GB 50014 室外排水设计规范
GB 50015 建筑给排水设计规范
GB 50016 建筑设计防火规范

GB 50017	钢结构设计规范
GB 50019	采暖通风与空气调节设计规范
GB 50040	动力机器基础设计规范
GB 50051	烟囱设计规范
GB 50057	建筑物防雷设计规范
GB 50058	爆炸和火灾危险环境电力装置设计规范
GB 50060—2008	3～110 kV 高压配电装置设计规范
GB 50116	火灾自动报警系统设计规范
GB 50140	建筑灭火器配置设计规范
GB 50160	石油化工企业设计防火规范
GB 50187	工业企业总平面设计规范
GB 50191	构筑物抗震设计规范
GB 50202	建筑地基基础工程施工质量验收规范
GB 50203	砌体工程施工质量验收规范
GB 50204	混凝土结构工程施工质量验收规范
GB 50205	钢结构工程施工质量验收标准规范
GB 50217	电力工程电缆设计规范
GB 50229	火力发电厂与变电站设计防火规范
GB 50231	机械设备安装工程施工及验收通用规范
GB 50236	现场设备、工业管道焊接工程施工及验收规范
GB 50254	电气装置安装工程低压电器施工及验收规范
GB 50255	电气装置安装工程电力变流设备施工及验收规范
GB 50256	电气装置安装工程起重机电气装置施工及验收规范
GB 50257	电气装置安装工程爆炸和火灾危险环境电气装置施工及验收规范
GB 50258	电气装置安装工程 1 kV 及以下配线工程施工及验收规范
GB 50259	电气装置安装工程电气照明装置施工及验收规范
GB 50275	压缩机、风机、泵安装工程施工及验收规范
GB 50300	建筑工程施工质量验收统一标准
GB 50336	建筑中水设计规范
GBJ 87	工业企业噪声控制设计规范
GBZ 1	工业企业设计卫生标准
GBZ 2.1	工作场所有害因素职业接触限值 第 1 部分：化学有害因素
GBZ 2.2	工作场所有害因素职业接触限值 第 2 部分：物理有害因素
GB/T 13466	交流电气传动风机（泵类、空气压缩机）系统经济运行通则
GB/T 13468	泵类系统电能平衡的测试与计算方法
GB/T 13469	离心泵、混流泵、轴流泵与旋涡泵系统经济运行
GB/T 13931	电除尘器 性能测试方法
GB/T 16157	固定污染源排气中颗粒物测定与气态污染物采样方法
GB/T 19839	工业燃油燃气燃烧器通用技术条件
GB/T 28001	职业健康安全管理体系 规范
GB/T 50102	工业循环水冷却设计规范
HJ 435	钢铁工业除尘工程技术规范

HJ 462	工业锅炉及炉窑湿法烟气脱硫工程技术规范
HJ 562	火电厂烟气脱硝工程技术规范 选择性非催化还原法
HJ 563	火电厂烟气脱硝工程技术规范 选择性催化还原法
HJ/T 75	固定污染源烟气排放连续监测技术规范
HJ/T 76	固定污染源排放烟气连续监测系统技术要求及检测方法
HJ/T 178	火电厂烟气脱硫工程技术规范 烟气循环流化床法
HJ/T 179	火电厂烟气脱硫工程技术规范 石灰石/石灰—石膏法
HJ/T 284	环境保护产品技术要求 袋式除尘器用电磁脉冲阀
HJ/T 288	环境保护产品技术要求 湿式烟气脱硫除尘装置
HJ/T 319	环境保护产品技术要求 花岗石类湿式烟气脱硫除尘装置
HJ/T 320	环境保护产品技术要求 电除尘器高压整流电源
HJ/T 321	环境保护产品技术要求 电除尘器低压控制电源
HJ/T 322	环境保护产品技术要求 电除尘器
HJ/T 324	环境保护产品技术要求 袋式除尘器用滤料
HJ/T 325	环境保护产品技术要求 袋式除尘器滤袋框架
HJ/T 326	环境保护产品技术要求 袋式除尘器用覆膜滤料
HJ/T 327	环境保护产品技术要求 袋式除尘器滤袋
HJ/T 328	环境保护产品技术要求 脉冲喷吹类袋式除尘器
HJ/T 329	环境保护产品技术要求 回转反吹袋式除尘器
HJ/T 330	环境保护产品技术要求 分室反吹类袋式除尘器
HJ/T 386	环境保护产品技术要求 工业废气吸附净化装置
HJ/T 387	环境保护产品技术要求 工业废气吸收净化装置
HJ/T 388	环境保护产品技术要求 工业有机废气催化净化装置
DLGJ 56	火力发电厂和变电所照明设计技术规定
DL/T 514	燃煤电厂电除尘器
DL/T 620	交流电气装置的过电压保护和绝缘配合
DL/T 657	火力发电厂模拟量控制系统验收测试规程
DL/T 658	火力发电厂开关量控制系统验收测试规程
DL/T 659	火力发电厂分散控制系统验收测试规程
DL/T 5041	火力发电厂厂内通信设计技术规定
DL/T 5044	电力工程直流系统设计技术规程
DL/T 5153	火力发电厂厂用电设计技术规定
DL/T 5136	火力发电厂变电所二次接线设计技术规程
DL/T 5137	电测量及电能计量装置设计技术规程
DL/T 5190.5	电力建设施工及验收技术规范 第 5 部分：热工自动化
DL/T 5403	火电厂烟气脱硫工程调整试运及质量验收评定规程
HGJ 32	橡胶衬里化工设备
HGJ 209	钢结构、管道涂装技术规程
HG/T 3797	玻璃鳞片衬里胶泥
HG/T 20649	化工企业总图运输设计规范
JB/T 6407	电除尘器调试、运行、维修安全技术规范
JB/T 8471	袋式除尘器安装技术要求与验收规范

JB/T 8536　电除尘器机械安装技术条件
JB/T 8690　工业通风机噪声限值
JB/T 10341　滤筒式除尘器
JGJ 79　建筑地基处理设计规范
SH 3063　石油化工企业可燃气体和有毒气体检测报警设计规范
YBJ 52　钢铁企业总图运输设计规范
YSJ 001　有色金属企业总图运输设计规范
《建设项目环境保护管理条例》（国务院令 第 253 号）
《危险化学品安全管理条例》（国务院令 第 344 号）
《建设项目竣工环境保护验收管理办法》（国家环境保护总局令 第 13 号）
《污染源自动监控管理办法》（国家环保局令 第 28 号）
《建设项目环境保护设计规定》（国家计委、国务院环保委员会 [1987] 002 号）
《压力容器安全技术监察规程》（国家质量技术监督局 [1999] 154 号）
《建设项目环境保护设施竣工验收监测技术要求》（国家环境保护总局 [2000] 38 号附件）
《建筑工程设计文件编制深度规定》（建质 [2003] 84 号）

3．术语和定义

3.1 除尘 dust removing

指治理烟（粉）尘污染的工艺，由集尘罩、管道、除尘器、风机、排气筒以及系统辅助装置组成。

3.2 除尘器 dust collector

指将颗粒物从含尘气体中分离出来的设备。

3.3 卸、输灰系统 dust handling system

指将除尘器收集的粉尘输送至指定地点的成套装置。

3.4 集气（尘）罩 dust/ash-collecting hood

指收集污染气体的装置，可直接安装于气体污染源的上部、侧部或下部。

3.5 烟气调质 flue gas conditioning

指通过化学或物理方法调整烟气（尘）物理化学性质的方法。

3.6 液气比 liquid-gas ratio

指吸收工艺中，处理单位体积废气所使用的吸收液体积，单位为 L/m^3。

3.7 变压吸附 pressure swing adsorption

指在一定温度下，采用较高压力（高压或常压）完成吸附，而采用较低的压力（常压或负压）完成脱附的操作方法。

3.8 变温吸附 temperature swing adsorption

指在常压下，利用吸附剂的平衡吸附量随温度升高而降低的特性，采用常温吸附、升温脱附的操作方法。

3.9 挥发性有机化合物 volatile organic compounds

指常温下饱和蒸气压大于 70 Pa、常压下沸点在 260℃以下的有机化合物，或在 20℃条件下蒸气压大于或等于 10 Pa 具有相应挥发性的全部有机化合物。

3.10 空速 space velocity

指催化转化法工艺中，单位体积的填料（催化剂）在单位时间内所处理的气体量。单位为 $m^3/(m^3{\cdot}h)$，可简化为时间 h^{-1}。

4 总体要求

4.1 大气污染治理工程应满足《建设项目环境保护管理条例》和《建设项目竣工环境保护验收管理办法》的要求。

4.2 大气污染治理工程应遵循综合治理、循环利用、达标排放和总量控制的原则。

4.3 大气污染治理工程应由具有国家相应设计资质的单位进行设计，设计深度应符合《建筑工程设计文件编制深度规定》的规定，满足环境影响报告书、审批文件及本技术规范的要求。

4.4 大气污染治理工程应采取各种有效措施，控制污染源有组织排放，减少污染气体的处理量。

4.5 大气污染治理过程中应减少二次污染。对产生的二次污染，应执行国家和地方环境保护法规和标准的有关规定，进行治理后达标排放，满足总量控制要求。二次污染的治理方案宜与企业生产中的相关处理工艺相结合，充分利用企业已有资源。

4.6 运输、装卸和贮存有毒有害气体或粉尘物质，应采取密闭措施或其他防护措施。在城市市区进行建设施工的工程，应按照当地环境保护的规定，采取防治扬尘防噪声污染的措施，对施工产生的废水、垃圾等进行处理处置。

4.7 大气污染控制工程的总图布置应符合《建设项目环境保护设计规定》的规定。净化系统、主体设备和辅助设施等的总图布置应符合 GBZ 1、GB 50016、GB 50187、GB 4387、YBJ 52、HG/T 20649、SDGJ 10、YSJ 001 和 JBJ 79 等国家及行业相关的防火、安全、卫生、交通运输和环保设计规范、规定和规程的要求。

4.8 大气污染控制工程不宜靠近、穿越人口密集的区域，布置于主导风向的下风侧。

4.9 净化系统的位置应靠近污染源集中的地方，充分利用地形条件，便于灰渣、浆、污水排放和净化后气体的排放。

4.10 净化系统的主体设备之间应留有足够的安装和检修空间。主体设备应按工艺流程紧凑、合理布置，主体设备周边应设有运输通道和消防通道，满足防火、安全、运行维护等设计规范的要求，并应保证起吊设施作业条件。主体设备布置应考虑强烈振动和噪声对周围环境的影响，厂界噪声应符合 GB 12348 的规定。

4.11 易燃易爆及其他化学危险品应按相关标准和规范分类布置，设定安全卫生防护距离。

4.12 大气污染治理工程应按照《污染源自动监控管理办法》的规定安装大气污染物排放连续监测装置，并与环保部门监控中心联网。连续监测装置应符合 HJ/T 76 的规定，运行和维护应符合 HJ/T 75 的规定，排放监测的样品采集方法应符合 GB/T 16157 的规定。

4.13 大气污染治理工程的控制水平应与生产工艺相适应。生产企业应把大气污染治理设施作为生产系统的一部分进行管理。

4.14 大气污染治理工程的设计、施工、验收和运行除符合本标准规定外，还应遵守国家现行的有关法律、法令、法规、标准和行业规范的规定。

5 污染气体的收集和输送

5.1 污染气体的收集

5.1.1 对产生逸散粉尘或有害气体的设备，宜采取密闭、隔离和负压操作措施。在确定密闭罩的吸气口位置、结构和风速时，应使罩口呈微负压状态，罩内负压均匀，防止粉尘或有害气体外逸，并避免物料被抽走。

5.1.2 污染气体应尽可能利用生产设备本身的集气系统进行收集，逸散的污染气体采用集气（尘）

罩收集。配置的集气（尘）罩应与生产工艺协调一致，尽量不影响工艺操作。在保证功能的前提下，集气（尘）罩应力求结构简单，造价低廉，便于安装和维护管理。

5.1.3 当不能或不便采用密闭罩时，可根据工艺操作要求和技术经济条件选择适宜的其他敞开式集气（尘）罩。集气（尘）罩应尽可能包围或靠近污染源，将污染物限制在较小空间内，减少吸气范围，便于捕集和控制污染物。

5.1.4 集气（尘）罩的吸气方向应尽可能与污染气流运动方向一致，利用污染气流的动能，避免或减弱集气（尘）罩周围紊流、横向气流等对抽吸气气流的干扰与影响。

5.1.5 吸气点的排风量应按防止粉尘或有害气体扩散到周围环境空间为原则确定。

5.2 污染气体的输送

5.2.1 集气（尘）罩收集的污染气体应通过管道输送至净化装置。管道布置应结合生产工艺，力求简单、紧凑、管线短、占地空间少。

5.2.2 管道布置宜明装，并沿墙或柱集中成行或列，平行敷设。管道与梁、柱、墙、设备及管道之间应按相关规范设计间隔距离，满足施工、运行、检修和热胀冷缩的要求。

5.2.3 管道宜垂直或倾斜敷设。倾斜敷设时，与水平面的倾角应大于 45°，管道敷设应便于放气、放水、疏水和防止积灰。

5.2.4 管道材料应根据输送介质的温度和性质确定，所选材料的类型和规格应符合相关设计规范和产品技术要求。

5.2.5 管道系统宜设计成负压，如必须正压时，其正压段不宜穿过房间室内，必须穿过房间时应采取措施防止介质泄漏事故发生。

5.2.6 含尘气体管道的气流应有足够的流速防止积尘，其流速应符合 GB 50019 的规定。对易产生积尘的管道，应设置清灰孔或采取清灰措施。

5.2.7 输送含尘浓度高、粉尘磨琢性强的含尘气体时，除尘管道中易受冲刷部位应采取防磨措施，可加厚管壁或采用碳化硅、陶瓷复合管等管材。

5.2.8 输送含湿度较大、易结露的污染气体时，管道必须采取保温措施，必要时宜增设加热装置。

5.2.9 输送高温气体的管道，应采取热补偿措施。

5.2.10 输送易燃易爆污染气体的管道，应采取防止静电的接地措施，且相邻管道法兰间应跨接接地导线。

5.2.11 管道的漏风量应根据管道长短及其气密程度，按系统风量的百分率计算。一般送、排风系统管道漏风率宜采用 3%～8%，除尘系统的漏风率宜采用 5%～10%。

5.2.12 通风、除尘管网应进行阻力平衡计算。一般系统并联管路压力损失的差额不应超过 15%，除尘系统的节点压力差额不应超过 10%，否则应调整管径或安装压力调节装置。

5.2.13 输送污染气体的管道应设置测试孔和必要的操作平台。

5.3 污染气体的排放

5.3.1 污染气体通过净化设备处理达标后由排气筒排入大气。

5.3.2 排气筒的高度应按 GB 16297 和行业、地方排放标准的规定计算出的排放速率确定，排气筒的最低高度应同时符合环境影响报告批复文件要求。

5.3.3 排气筒结构应符合 GB 50051 的规定。

5.3.4 应根据使用条件、功能要求、排气筒高度、材料供应及施工条件等因素，确定采用砖排气筒、钢筋混凝土排气筒或钢排气筒。

5.3.5 排气筒的出口直径应根据出口流速确定，流速宜取 15 m/s 左右。当采用钢管烟囱且高度较高时或烟气量较大时，可适当提高出口流速至 20～25 m/s。

5.3.6 应当根据批准的环境影响评价文件的要求在排气筒上建设、安装自动监控设备及其配套设施或预留连续监测装置安装位置。排气筒或烟道应按 GB/T 16157 设置永久性采样孔，必要时设置测试平台。

5.3.7 排放有腐蚀性的气体时，排气筒应采用防腐设计。

5.3.8 大型除尘系统排气筒底部应设置比烟道底部低 0.5～1.0 m 的积灰坑，并应设置清灰孔，多雨地区大型除尘系统排气筒应考虑排水设施。

5.3.9 非防雷保护范围的排气筒，应装设避雷设施。

5.3.10 对于可能影响航空器飞行安全的烟囱，应按 GB 50051 设置航空障碍灯和标志。

5.4 风机

5.4.1 风机应符合国家和行业相应产品标准，其选型应满足所处理介质的要求。输送有爆炸和易燃气体的应选防爆型风机。当离心通风机布置在非爆炸环境场所时，宜选择风机叶轮防爆而风机电机不防爆的防爆风机；输送煤粉的应选择煤粉风机；输送有腐蚀性气体的应选择防腐风机；在高温场合工作或输送高温气体的应选择高温风机；输送浓度较大的含尘气体应选用排尘风机等。

5.4.2 通风管网的计算风量、风压不能直接用于风机和电机选型，应按 GB 50019 及相应行业技术规范的规定考虑系统漏风、管网压力损失、电机轴功率和安全系数附加等因素。

5.4.3 风机选择应使工作点处在高效率区域，风机的最高效率不宜低于 85%，同时还应考虑风机工作的稳定性。

5.4.4 采用并联风机作业时，其风量和风压按 GB 50019 有关规定确定。

5.4.5 变负荷运行的净化治理系统中，风机宜配置与工艺设备连锁控制的变频调速装置。

5.4.6 风机电机应根据风机使用情况设置启动保护装置，并按照生产工艺要求和节能原则设置调节装置（液力耦合器以及变频调节器等）；对介质温度波动大的系统，采取保护措施，防止冷态运转时造成的电机过载。

6 典型工艺

6.1 除尘

6.1.1 一般规定

6.1.1.1 除尘工艺应根据生产工艺合理配置，控制和减少无组织排放，设备或除尘系统排放至大气的气体应符合 GB 16297 和行业、地方排放标准及总量控制的限值。岗位粉尘浓度应符合 GBZ 2.1、GBZ 2.2 的规定。

6.1.1.2 除尘工艺设计除应符合本标准的规定之外，还应遵守 GB 50019 及 GBZ 1 中有关除尘设计的相应规定。

6.1.1.3 对除尘器收集的粉尘或排出的污水，根据生产条件、除尘器类型、粉尘的回收价值、粉尘的特性和便于维护管理等因素，按照国家、行业、地方相关标准以及 GBZ 1 的要求，采取妥善的回收和处理措施。污水的排放应符合 GB 8978 的要求。

6.1.1.4 除尘器宜布置在除尘工艺的负压段上。当布置在正压段时，电除尘器应采用热风清扫，袋式除尘器应保证清灰压力大于系统操作压力，配套风机应考虑防磨措施。

6.1.1.5 除尘工艺的场地标高、场地排水和防洪等均应符合 GB 50187 的规定。

6.1.2 含尘气体的预处理

6.1.2.1 当含尘气体的浓度高于除尘器的允许浓度时，进入除尘器之前应设置预处理设施，预处理设施应简单、可靠、压力损失小。

6.1.2.2 当含尘气体温度高于除尘器和风机所容许的工作温度时，应采取冷却降温措施。烟气降温应优先考虑余热利用。

6.1.2.3 袋式除尘器处理含炽热颗粒物的含尘气体时，在除尘器之前应设有火花捕集器。

6.1.2.4 袋式除尘器进风口应设有气流分布装置或导流装置。

6.1.2.5 当粉尘比电阻过高或过低时，应优先选用袋式除尘器。由于条件所限必须采用电除尘器时，应对烟气进行调质处理或采取其他有效措施，满足电除尘器的使用条件。

6.1.3 除尘器

6.1.3.1 选择除尘器应主要考虑如下因素：

a）烟气及粉尘的物理、化学性质；

b）烟气流量、粉尘浓度和粉尘允许排放浓度；

c）除尘器的压力损失以及除尘效率；

d）粉尘回收、利用的价值及形式；

e）除尘器的投资以及运行费用；

f）除尘器占地面积以及设计使用寿命；

g）除尘器的运行维护要求。

6.1.3.2 除尘器主要有机械式除尘器、湿式除尘器、袋式除尘器和静电除尘器。

6.1.3.3 机械除尘器：包括重力沉降室、惯性除尘器和旋风除尘器等。机械除尘器宜用于处理密度较大、颗粒较粗的粉尘，在多级除尘工艺中作为高效除尘器的预除尘。

a）重力沉降室适用于捕集粒径大于 50 μm 的尘粒，惯性除尘器适用于捕集粒径 10 μm 以上的尘粒，旋风除尘器适用于捕集粒径 5 μm 以上的尘粒；

b）重力沉降室和惯性除尘器宜设置在除尘系统的转弯、变径和汇合等部位，通过重力和惯性去除粉尘；

c）旋风除尘器并联使用时，应采用同型号设备，合理设计连接风管，避免各除尘器之间产生串流现象，降低效率。旋风除尘器不宜串联使用，必须串联时，应采用不同性能的旋风除尘器，并将低效者设于前级。

6.1.3.4 湿式除尘器：包括喷淋塔、填料塔、筛板塔（又称泡沫洗涤器）、湿式水膜除尘器、自激式湿式除尘器和文氏管除尘器等。

a）湿式除尘器适用于捕集粒径 1 μm 以上的尘粒；

b）进入文丘里、喷淋塔等洗涤式除尘器的含尘质量浓度宜控制在 100 g/m^3 以下；

c）高湿烟气和亲水性粉尘的净化，可选择湿式除尘器，但应考虑冲洗和清理；

d）需同时除尘和净化有害气体时，可采用湿式除尘器，对腐蚀性气体，应采取防腐措施；

e）湿式除尘器不适用于疏水性粉尘、遇水后产生可燃或有爆炸危险、易结垢粉尘；

f）湿式除尘器有冻结可能时，应采取防冻措施；

g）湿式除尘器产生的含尘废水，应采取处理措施，达标排放。

6.1.3.5 袋式除尘器：包括机械振动袋式除尘器、逆气流反吹袋式除尘器和脉冲喷吹袋式除尘器等。

a）袋式除尘器属高效除尘设备，宜用于处理风量大、浓度范围广和波动较大的含尘气体；

b）烟气进入袋式除尘器时，应将烟气温度降至滤料可承受的长期使用温度范围内，且高于烟气露点温度 10℃以上，并应选用具有耐高温性能的滤料；

c）处理高湿气体应选用具有抗结露性能的滤料；

d）处理易燃、易爆含尘气体时，应选用具有抗静电性能的滤料，对外壳接地，设置防爆设施；

e）滤袋的过滤风速应根据粉尘性质、滤料种类和清灰方式等因素确定，入口含尘浓度高时取较低的风速，入口含尘浓度低时取较高的风速；

f）粉尘具有较高的回收价值或烟气排放标准很严格时，宜采用袋式除尘器，焚烧炉除尘装置应选用袋式除尘器；

g）袋式除尘器应符合 HJ/T 328、HJ/T 329、HJ/T 330 的规定，滤筒式除尘器应符合 JB/T 10341 的规定；

h）袋式除尘器部件、滤料应符合 HJ/T 284、HJ/T 324、HJ/T 325、HJ/T 326、HJ/T 327 的规定。

6.1.3.6 静电除尘器：包括板式静电除尘器和管式静电除尘器。

a）静电除尘器属高效除尘设备，宜用于处理大风量的高温烟气；

b）静电除尘器适用于捕集电阻率在 1×10^4～5×10^{10} Ω·cm 范围内的粉尘；

c）静电除尘器的电场风速及比集尘面积，应根据烟气、粉尘性质和要求达到的除尘效率确定；

d）对净化湿度大的气体或露点温度高的气体，应采取保温或加热措施，防治结露；

e）静电除尘器应符合 DL/T 514、HJ/T 322、HJ/T 320、HJ/T 321 的规定，应由具有国家相应设计制造资质的单位设计制造。

6.1.3.7 电袋复合除尘器是在一个箱体内安装电场区和滤袋区，有机结合静电除尘和过滤除尘两种机理的一种除尘器。

a）电袋复合除尘器适用于电除尘难以高效收集的高比阻、特殊煤种等烟尘的净化处理；

b）电袋复合除尘器适用于去除 0.1 μm 以上的尘粒；

c）电袋复合除尘器适用于对运行稳定性要求高和粉尘排放浓度要求严格的烟气净化。

6.1.4 卸灰、输灰

6.1.4.1 除尘器的卸灰装置应根据粉尘的状态（干或湿）、粉尘性质、卸灰制度（间歇或连续）、排灰量和除尘器排出口的压力等选择。

6.1.4.2 卸、输灰系统设备选型的原则应为：后一级处理能力高于前一级处理能力。

6.1.4.3 除尘器输灰装置宜采用螺旋输送机、埋刮板输送机和气力输送方式。应因地制宜，选择经济适宜的输灰方式。

6.1.4.4 当除尘器收集的灰尘含湿量大、灰尘成分易黏接时，不宜采用气力输灰方式，应采用机械输送方式。

6.1.4.5 干式除尘器的灰斗及中间贮灰斗的卸灰口，宜设置插板阀、卸灰阀和伸缩节。

6.1.4.6 对于处理过程中产生的粉尘应优先考虑回收利用。除尘器收集的灰尘外运时，应避免粉尘二次污染，宜采用粉尘加湿、卸灰口吸风或无尘装车装置等处理措施。在条件允许的情况下，宜选用真空吸引压送罐车。

6.1.5 配套设施

6.1.5.1 袋式除尘器清灰及除尘工艺阀门驱动所需压缩空气应尽量取自生产厂区压缩空气管网。

6.1.5.2 袋式除尘器的压缩空气供应系统由除油、除水、净化装置、贮气罐和调压装置等组成。贮气罐应尽量靠近用气点，调压装置应设在贮气罐之后。

6.1.5.3 寒冷地区应防止压缩空气供应系统结冰，输气管网应保温，必要时应采取伴热措施。压缩空气品质应保证达到在相应额定压力下压缩空气不出现结露现象。

6.1.5.4 高温、高湿烟气采用干式除尘器时，除尘器应整体保温，必要时应增设伴热系统及循环风加热系统。

6.1.5.5 处理煤气等易爆气体时应采用氮气等惰性气体作为袋式除尘器的清灰介质。

6.1.5.6 电除尘器高压电源分户外式和户内式。户外式布置应在高压整流变压器旁同时配置高压隔离开关柜，户内式布置应在变压器室内布置高压隔离开关。

6.1.5.7 电除尘器高压整流变压器与电场之间应配置阻尼电阻，电阻功率应大于实际功率的 3 倍以上，并应有良好的通风散热空间。

6.1.6 控制及检测

6.1.6.1 除尘工艺控制及检测应包括系统的运行控制、参数检测、状态显示和工艺联锁等。

6.1.6.2 除尘工艺应按照 GB 50019 中有关规定的要求，采用集中和就地两种控制方式，或者单独采用某一种控制方式。

6.1.6.3 除尘工艺集中控制的设备，应设现场手动控制装置，并可通过远程自动/手动转换开关实现自动与就地手动控制的转换。

6.1.6.4 除尘工艺运行控制应包括系统与除尘器的启停顺序、系统与生产工艺设备的联锁、运行参数的超限报警及自动保护等功能。

6.1.6.5 与生产工艺紧密相关的除尘工艺，宜在生产工艺控制室及除尘工艺控制室分别设置操作系统，并随时显示其工作状态。除尘工艺控制室应尽量靠近除尘器。

6.1.6.6 除尘工艺的运行检测、显示及报警项目宜包括以下内容：

a）除尘器进、出口介质流量、全压静压及压差、温度、湿度、粉尘浓度及要求的气体浓度；

b）高温烟气降温设备进、出口介质流量、全压静压及压差、温度、湿度；

c）风机轴承温度，电机轴承温度、转子、定子温度、振幅、转速；

d）除尘工艺配套的油循环系统及冷却介质的流量、温度、压力；

e）大型电机电流、电压；

f）电除尘器各电场一、二次电流和电压；

g）脉冲袋式除尘器的清灰气源压力和喷吹压力。

6.1.6.7 电除尘器和袋式除尘器的性能检测应按 GB/T 13931 和 GB/T 6719 的规定进行。

6.1.6.8 固定污染源有组织排放的样品采集应按 GB/T 16157 执行，监测项目应按 GB 16297 及相关行业排放标准确定。

6.2 气态污染物吸收

6.2.1 一般规定

6.2.1.1 吸收法净化气态污染物是利用气体混合物中各组分在一定液体中溶解度的不同而分离气体混合物的方法。主要适用于吸收效率和速率较高的有毒的有害气体的净化。

6.2.1.2 吸收系统应包括集气罩、废气预处理、吸收液（浆液）制备和供应系统、吸收装置、控制系统、副产物的处置与利用装置、风机、排气筒、管道等。

6.2.1.3 吸收工艺的选择应考虑：废气流量、浓度、温度、压力、组分、性质、吸收剂性质、再生、吸收装置特性以及经济性因素等。

6.2.1.4 高温气体应采取降温措施；对于含尘气体，需回收副产品时应进行预除尘。

6.2.1.5 吸收工艺的主体装置和管道系统，应根据处理介质的性质选择适宜的防腐材料和防腐措施，必要时应采取防冻、防火和防爆措施。

6.2.2 吸收装置

6.2.2.1 常用的吸收装置有填料塔、喷淋塔、板式塔、鼓泡塔、湍球塔和文丘里等。

6.2.2.2 吸收装置应具有较大的有效接触面积和处理效率，较高的界面更新强度，良好的传质条件，较小的阻力和较高的推动力。

6.2.2.3 吸收塔的选择：

a）填料塔宜用于小直径塔及不易吸收的气体，不宜用于气液相中含有较多固体悬浮物的场合；

b）板式宜用于大直径塔及容易吸收的气体；

c）喷淋塔宜用于反应吸收快、含有少量固体悬浮物、气体量大的吸收工艺；

d）鼓泡塔宜用于吸收反应较慢的气体。

6.2.2.4 吸收塔选型设计：

a）根据被吸收气体、吸收液、吸收塔型式和要求的吸收效率，应选择技术经济合理的空塔气速；

b）吸收塔的高度应能保证气液有足够的有效接触时间；

c）对于易吸收的气体宜取小的液气比，不易吸收的气体宜取较大的液气比，特别难吸收的气体或一些特殊场合，宜采用大的液气比；

d）吸收塔的气体出口处应设置除雾装置；

e）吸收塔的气体进口段应设气流分布装置；

f）吸收液喷淋效果应均匀，防止沟流和壁流现象的发生。

6.2.2.5 选择吸收剂时，应遵循以下原则：

a）对被吸收组分有较强的溶解能力和良好的选择性；

b）吸收剂的挥发度（蒸气压）低；

c）黏度低，化学稳定性好，腐蚀性小，无毒或低毒、难燃；

d）价廉易得，易于重复使用；

e）有利于被吸收组分的回收利用或处理。

6.2.2.6 吸收装置的设计应符合 HJ/T 387 的规定。

6.2.3 吸收液后处理

6.2.3.1 吸收液宜循环使用或经过进一步处理后循环使用，不能循环使用的应按照相关标准和规范处理处置，避免二次污染。

6.2.3.2 使用过的吸收液采用沉淀分离再生时，沉淀池的容积应满足沉淀分离的要求；采用化学置换再生时，应保证再生反应时间；采用蒸发结晶回收和蒸馏分离时，应采用节能工艺设计。

6.2.3.3 吸收液再生过程中产生的副产物应回收利用，产生的有毒有害产物应按照有关规定处理处置。

6.2.4 吸收装置配套设施

6.2.4.1 当气体温度高于吸收操作温度时，气体进入吸收装置前应进行冷却。

6.2.4.2 当需要降温的废气含有粉尘时，预除尘和冷却应同时进行。

6.2.4.3 吸收剂制备和供应系统应保证吸收剂的供给，设有富裕量，并设置计量装置。

6.2.4.4 对于较大型的吸收系统，应设置自动控制系统，采用可编程控制器（PLC）或集中分散控制系统（DCS）控制。

6.3 气态污染物吸附

6.3.1 一般规定

6.3.1.1 吸附法净化气态污染物是利用固体吸附剂对气体混合物中各组分吸附选择性的不同而分离气体混合物的方法，主要适用于低浓度有毒有害气体净化。

6.3.1.2 吸附工艺分为变温吸附和变压吸附，本标准中的吸附指变温吸附。

6.3.1.3 吸附系统包括集气罩、废气预处理、吸附装置、脱附（回收）系统、控制系统、副产物的处置与利用装置、风机、排气筒和管道等。

6.3.2 预处理

6.3.2.1 废气预处理应除去颗粒物、油雾、难脱附的气态污染物，并调节气体温度、湿度、浓度和压力等满足吸附工艺操作的要求。

6.3.2.2 进入吸附床的废气温度宜控制在 40℃以下。

6.3.2.3 进入吸附床的易燃、易爆气体浓度应调节至其爆炸极限下限的 50%以下。

6.3.2.4 颗粒物去除宜采用过滤及洗涤等方法，进入吸附装置的废气中颗粒物质量浓度应低于 5 mg/m^3。

6.3.3 吸附装置

6.3.3.1 常用的吸附设备有固定床、移动床和流化床。工业应用宜采用固定床。

6.3.3.2 吸附工艺的选择：

a）吸附工艺的规模和流程应依据污染气体的流量、温度、压力、组分、性质、进口浓度及排放浓度，污染物产生方式（连续或间歇、均匀或非均匀）和安全等因素进行综合选择；

b）吸附工艺的选择应同时考虑脱附工艺、吸附剂再生工艺、脱附后污染物的处理利用和经济性因素等各个环节；

c）污染物浓度过高时，可采用前级冷凝、吸收的多级处理方式，降低浓度，减缓吸附剂的过快饱和；

d）对连续排放的气体污染物，应采用连续式吸附流程，对间断排放的气体污染物，可采用间断式吸附流程；

e）整体工艺流程节能环保，投资少，运行费用低。

6.3.3.3 吸附设备的选型设计

a）设备性能结构应在最佳状态下运行，处理能力大、效率高、气流分布均匀，具有足够的气体流通面积和停留时间；

b）净化效率、吸附剂利用率、床层厚度之间存在一定的反比例关系，在满足排放标准的前提下，应遵循适当、节约和合理的原则进行选择；

c）吸附剂用量应根据吸附剂对吸附质的吸附量通过经验公式计算或实验确定；

d）对于连续排放且气量大的污染气体，优先选用流化床。

6.3.3.4 常用吸附剂包括：活性炭（包括活性炭纤维）、分子筛、活性氧化铝和硅胶等。选择吸附剂时，应遵循以下原则：

a）比表面积大，孔隙率高，吸附容量大；

b）吸附选择性强；

c）有足够的机械强度、热稳定性和化学稳定性；

d）易于再生和活化；

e）原料来源广泛，价廉易得。

6.3.3.5 吸附装置用于处理易燃、易爆气体时，应符合安全生产及事故防范的相关规定。除控制处理气体的浓度之外，在管道系统的适当位置，应安装符合 GB/T 13347 规定的阻火装置。接地电阻应小于 2 Ω。

6.3.3.6 选择固定床时，应设置气流的均匀分布装置。选择的气流速度、污染气体在床层内的停留时间应满足气体净化达标排放的要求，并最大限度地减小阻力，增大推动力。固定床吸附净化装置应符合 HJ/T 386 的规定。

6.3.3.7 固定床吸附器吸附层的风速应根据吸附剂的材质、结构和性能确定；采用颗粒状活性炭时，宜取 0.20～0.60 m/s；采用活性炭纤维毡时，宜取 0.10～0.15 m/s；采用蜂窝状吸附剂时，宜取 0.70～1.20 m/s。对于废气浓度特别低或有特殊要求的场合，风速可适当增加。

6.3.4 脱附和脱附产物处理

6.3.4.1 脱附操作可采用升温、降压、置换、吹扫和化学转化等脱附方式或几种方式的组合。

6.3.4.2 脱附系统主要包括脱附气源、换热器、脱附产物的分离与回收装置和管道等。

6.3.4.3 脱附气源可用热空气、热烟气和低压水蒸气。

6.3.4.4 当回收脱附产物时，换热器应保证脱附后气体应达到设计要求的冷却水平。

6.3.4.5 有机溶剂的脱附宜选用水蒸气和热空气，当回收的有机溶剂沸点较低时，冷凝水宜使用低温水；对不溶于水的有机溶剂冷凝后直接回收，对溶于水的有机溶剂应进一步分离回收。

6.3.4.6 采用活性炭做吸附剂时，脱附气的温度宜控制在 120℃以下。

6.3.5 控制要求

6.3.5.1 对于处理气量大于 1 000 m^3/h 的工艺应装设自动控制系统，采用可编程控制器 PLC 或分散控制系统 DCS 控制。

6.3.5.2 控制内容包括：风机和泵的运行控制、吸附和脱附的时间切换、吸附床层温度的显示和超温报警、冷却系统的起停等。

6.4 气态污染物催化燃烧

6.4.1 一般规定

6.4.1.1 催化燃烧法净化气态污染物是利用固体催化剂在较低温度下将废气中的污染物通过氧化作用转化为二氧化碳和水等化合物的方法。

6.4.1.2 催化燃烧系统应由气体收集装置、催化燃烧装置、管道、风机、排气筒和控制系统等组成。

6.4.1.3 催化燃烧装置宜用于由连续、稳定的生产工艺产生的固定源气态及气溶胶态有机化合物的净化。

6.4.2 预处理

6.4.2.1 进入反应器的废气应进行预处理，去除废气中的颗粒物和催化剂毒物，并调整废气中有机物的浓度和废气的温度湿度满足催化燃烧的要求。

6.4.2.2 颗粒物去除宜采用过滤及喷淋等方法，进入催化燃烧装置中的废气颗粒物质量浓度应低于 10 mg/m^3。

6.4.2.3 废气中催化剂毒物的去除宜采用喷淋及吸收等方法。

6.4.2.4 进入催化燃烧装置的废气温度应加热到催化剂的起燃温度。

6.4.2.5 催化燃烧装置的进气温度宜低于 400℃，否则应进行降温处理。

6.4.3 性能要求

6.4.3.1 经过催化燃烧净化后排放的废气应达到国家或地方排放标准，净化效率不应低于 95%。

6.4.3.2 选择换热器时应进行热平衡计算。当废气中有机物燃烧产生的热量不足以维持催化剂床层自持燃烧所需要的热量时，应在进入催化燃烧反应器前对废气进行加热升温到催化剂的起燃温度。

6.4.3.3 当废气中含有腐蚀性气体时，反应器内壁和换热器主体应选用防腐等级不低于 316 L 的不锈钢材料。

6.4.3.4 选择的催化剂使用温度宜为 200～700℃，并能承受 900℃短时间高温冲击，正常工况下使用寿命应大于 8 500 h。

6.4.3.5 催化剂床层的设计空速应考虑催化剂的种类、载体的型式、废气的组分等因素，宜大于 10 000/h，但不宜高于 40 000/h。

6.4.3.6 催化燃烧装置预热室的预热温度宜在 250～350℃，不宜超过 400℃。

6.4.4 控制要求

6.4.4.1 催化燃烧工艺应装设自动控制系统，采用 PLC 或 DCS 控制。

6.4.4.2 催化燃烧工艺的控制内容包括：风机、阀门的开启与关闭，加热室、热交换室、反应室的温度控制等。

6.4.4.3 加热室和反应室内部应设具有自动报警功能的多点温度检测装置，并与温度调节装置联锁。所用温度传感器应按相关的技术标准和规范进行标定后使用。

6.4.5 安全要求

6.4.5.1 催化燃烧装置的进、出口处宜设置废气浓度检测装置，定时或连续检测进、出口处的气体浓度。进入催化燃烧装置的有机废气浓度应控制在其爆炸极限下限的 25%以下。对于混合有机化合物，其控制浓度根据不同化合物的浓度比例和其爆炸下限值进行计算与校核。

6.4.5.2 催化床应设置防爆泄压装置，防爆泄压装置的设计、制造、运行和检验应符合《压力容器安全技术监察规程》的规定。

6.4.5.3 催化燃烧装置前应安装符合 GB/T 13347 规定的阻火器。

6.4.5.4 催化燃烧装置应整体保温，外表面温度不大于 60℃。

6.4.5.5 催化燃烧装置前应设置事故应急排空管，排空装置与冲稀阀、报警联动，用排空放散防止爆炸。

6.4.5.6 催化燃烧工艺应采用具有防爆功能的风机、电机和电控柜。

6.4.5.7 其他安全要求应符合 GB 20101 的规定。

6.4.5.8 催化燃烧工艺应远离油库、储油槽、溶剂存放地以及其他可以引起爆炸的化学品存放地，满足消防、安全、环保的安全保护距离要求，消防安全保护距离应该按相关的技术标准和规范进行核定。

6.5 气态污染物热力燃烧

6.5.1 一般规定

6.5.1.1 热力燃烧法（包括蓄热燃烧法）净化气态污染物是利用辅助燃料燃烧产生的热能、废气本身的燃烧热能、或者利用蓄热装置所贮存的反应热能，将废气加热到着火温度，进行氧化（燃烧）反应。

6.5.1.2 热力燃烧系统包括过滤器、燃烧器、点火设备、燃烧室、蓄热室、热交换器、风机、管道（包括燃料输送管道）、排气筒、自控装置及切换阀门、阻火防爆装置、安全联锁装置等。

6.5.1.3 热力燃烧工艺适用于处理连续、稳定生产工艺产生的有机废气。

6.5.1.4 热力燃烧工艺应保证足够的辅助燃料和电力供应。

6.5.2 预处理

6.5.2.1 进入燃烧室的废气应进行预处理，去除废气中的颗粒物（包括漆雾）。

6.5.2.2 颗粒物去除宜采用过滤及喷淋等方法，进入热力燃烧工艺中的颗粒物质量浓度应低于 50 mg/m^3。

6.5.2.3 当有机废气中含有低分子树脂、有机颗粒物、高沸点芳烃和溶剂油等，容易在管道输送过程中形成颗粒物时，应按物质的性质选择合适的喷淋吸收、吸附、静电和过滤等预处理措施。

6.5.2.4 在热力燃烧工艺的安全放散装置后、燃烧室和蓄热室前，应设置去除颗粒物的过滤器，并设压差计，当过滤器的压差超过设定最大压差时，应立即清理或更换过滤材料。

6.5.3 性能要求

6.5.3.1 有机废气经过热力燃烧净化后的排放应满足国家或地方排放标准的要求。

6.5.3.2 热力燃烧工艺宜在有机废气进入系统前和净化后的总汇集管段上按照 GB/T 16157 的要求设置采样口。

6.5.3.3 进入热力燃烧工艺的有机废气浓度应控制在其爆炸极限下限的 25%以下，对于混合有机化合物，其有机物浓度应根据不同有机化合物的浓度比例和其爆炸下限值进行计算与校核。

6.5.3.4 热力燃烧工艺的主要性能如表 1 所示：

表 1 主要性能指标

序号	项 目	单 位	一般取值范围	备 注
1	处理气体流量	m^3/h	按设计任务要求确定	根据工艺生产要求、环境标准和车间卫生标准确定
2	燃烧室与蓄热室工作温度	℃	720～810	根据有机废气性质，在保证达标排放的情况下，可适当降低
3	换热器出口温度	℃	≤400	应考虑余热的充分利用
4	噪声	dB（A）	≤85	—
5	燃烧与蓄热设备外壁温度	℃	≤60	炉门、检修门、防爆口、传感器安置部位等局部区域≤70℃
6	净化效率	%	≥95	—

6.5.3.5 热力燃烧工艺的设计，除了考虑系统正常稳定运行的工况参数外，还应考虑在各种事故状态下排放有机废气的组分、温度、压力、最大排放量及其持续时间、波动范围等控制参数和相应的防火、防爆和防毒等安全措施。

6.5.3.6 热力燃烧工艺的设计，应考虑：

a）燃烧与蓄热工艺流程对燃料平衡的要求；

b）工艺正常稳定运行、开停工、事故处理、维修吹扫、防爆和阻火过程等对燃烧室、蓄热室、燃烧器、风机、防爆口、阻火器和检测控制系统的要求。

6.5.3.7 热力燃烧净化工艺的隔热、保温层应采用阻燃材料。

6.5.4 控制要求

6.5.4.1 热力燃烧工艺的控制范围包括：废气预处理装置、燃烧室、蓄热室、管道与燃料输送系统、气流调节控制装置与阀门、辅助加热装置、热交换器、阻火器、防爆装置和自动消防设备等。

6.5.4.2 热力燃烧的控制系统应根据工艺要求对浓度、温度、压力和废气流量等工艺参数进行自动检测和控制。浓度、温度、流量和压力传感器应根据测量范围和灵敏度要求进行选择，并按相关的技术标准和规范对其进行标定后使用。

6.5.4.3 热力燃烧工艺的燃烧器和点火设备的气体进出口处、燃烧室和蓄热室内部应设具有自动报警功能的多点温度检测装置，并与温度调节装置连锁。

6.5.4.4 燃烧室和蓄热室内部的两个相邻温度测试点之间距离不宜大于 1 m，测试点与设备内壁之间距离不宜小于 60 cm。

6.5.4.5 自动控制系统采用 PLC 或 DCS 控制。

6.5.5 安全要求

6.5.5.1 热力燃烧工艺的燃烧室、蓄热室应设置温度检测及点火报警联锁装置，当温度过低或火焰熄灭时，立即发出报警信号，关闭有机废气进气阀门，启动安全放散装置。

6.5.5.2 热力燃烧工艺的燃烧室、蓄热室的进口应设置有机废气浓度检测和报警联锁装置，当气体浓度达到有机废气爆炸极限下限的 25%时，立即发出报警信号，启动安全放散装置。

6.5.5.3 热力燃烧工艺的燃烧器应设置燃烧安全保护装置。该装置应包括燃料输送管紧急切断阀、燃烧监视装置和相应的检测控制系统。

6.5.5.4 在过滤器后、热力燃烧室或蓄热室前，应设置阻火器。阻火器的阻火性能应符合 GB/T 13347 的规定。

6.5.5.5 热力燃烧工艺设置区域宜设置可燃气体报警器。凡使用可燃气体和有毒气体检测报警仪的场所，应配备必要的标定设备和标准气体。

6.5.5.6 热力燃烧工艺的管道和设备均应可靠接地，设置专用的静电接地体，并应符合 GB 12158 的规定。

6.5.5.7 热力燃烧工艺的燃烧室、蓄热室前的管道顶部应设置压力计、安全泄放装置（安全阀或爆破片装置）。安全泄放装置的设计、制造、运行和检验应符合《压力容器安全技术监察规程》的规定。

6.5.5.8 其他安全要求执行 GB 20101、GB/T 19839、SH 3063 和 SH/T 3113。

6.5.5.9 热力燃烧工艺应远离油库、储油槽、溶剂存放地和其他可以引起爆炸的化学品存放地。建设地点应满足消防、安全和环境保护的安全防护距离要求，且按相关的技术标准和规范进行核定。

7 主要气态污染物的处理技术

7.1 二氧化硫

7.1.1 二氧化硫治理工艺及选用原则

7.1.1.1 二氧化硫治理工艺划分为湿法、干法和半干法，常用工艺包括石灰石/石灰—石膏法、烟气循环流化床法、氨法、镁法、海水法、吸附法、炉内喷钙法、旋转喷雾法、有机胺法、氧化锌法和亚硫酸钠法等。

7.1.1.2 二氧化硫治理应执行国家或地方相关的技术政策和排放标准，满足总量控制的要求。

7.1.1.3 燃煤电厂烟气脱硫应符合以下规定：

a）采用石灰石/石灰—石膏法工艺时应符合 HJ/T 179 的规定；

b）采用烟气循环流化床工艺时应符合 HJ/T 178 的规定；

c）燃用高硫燃料的锅炉，当周围 80 km 内有可靠的氨源时，经过技术经济和安全比较后，宜使用氨法工艺，并对副产物进行深加工利用；

d）燃用低硫燃料的海边电厂，经过技术经济比较和海洋环保论证，可使用海水法脱硫或以海水为工艺水的钙法脱硫。

7.1.1.4 工业锅炉/炉窑应因地制宜、因物制宜、因炉制宜选择适宜的脱硫工艺，采用湿法脱硫工艺应符合 HJ/T 288、HJ/T 319 和 HJ 462 的规定。

7.1.1.5 钢铁行业根据烟气流量和二氧化硫体积分数，结合吸收剂的供应情况，宜选用半干法、氨法、石灰石/石灰—石膏法脱硫工艺。

7.1.1.6 有色冶金工业中硫化矿冶炼烟气中二氧化硫体积分数大于 3.5%时，应以生产硫酸为主。烟气制造硫酸后，其尾气二氧化硫体积分数仍不能达标时，应经脱硫或其他方法处理达标后排放。

7.1.2 技术要求

7.1.2.1 脱硫塔的结构型式、材质和防腐防磨措施应根据脱硫工艺的要求选择。塔体材质宜使用碳素钢、玻璃钢、水泥和非金属砌块等；防腐材料宜使用玻璃钢、橡胶、鳞片树脂和合金等。

7.1.2.2 强制氧化系统中宜使用氧化风机。根据氧化空气流量和所需压力，氧化风机可选用离心式、罗茨式、活塞式和螺杆式。

7.1.2.3 烟气脱硫工艺需要的动力宜由单独设置的增压风机提供，增压风机的流量裕度宜为 10%，温度裕度宜为 10℃，压力裕度为 20%，有一定的工况波动调节能力，与上游引风机有较好的协调性，并根据气体介质的露点温度决定是否需要采取保温及防腐措施。

7.1.2.4 氨法脱硫工艺的储氨区应布置在通风条件良好、厂区边缘安全地带；还应根据市场条件和厂内场地条件设置适当的硫酸铵包装及存放场地。设备和建构筑物应满足 GB 50160 和 GB 50058 的要求。

7.1.2.5 湿式脱硫工艺喷淋层宜采用碳钢双面衬胶或增强玻璃钢（FRP）材料防腐防磨。

7.1.2.6 为防止浆液沉淀，箱、罐和塔器等设备中应设置搅拌器。搅拌器的设计应进行水力模拟或计算，保证一定的搅拌强度，避免搅拌死区。搅拌器应工作平稳，桨叶和轴采取防腐防磨措施。

7.1.2.7 吸收液的雾化宜采用压力雾化或机械雾化，喷嘴材质宜采用合金、碳化硅和陶瓷等。

7.1.2.8 浆液泵的泵壳、叶轮、轴和密封材料等应耐腐蚀、耐磨损。

7.1.2.9 脱硫副产物的固液分离脱水装置宜采用蒸发式、过滤式、重力式和离心式。

7.1.2.10 干法/半干法脱硫工艺中吸收剂宜多次循环利用。吸收剂循环通常使用气力式或机械式循环槽。循环槽应有自动调节负荷装置，便于维护，可靠性高，能连续稳定运行。

7.1.2.11 脱硫装置的自动控制宜采用 DCS 控制系统，并与生产主体设备的控制系统有可靠的数据传送。

7.2 氮氧化物

7.2.1 氮氧化物控制措施及选用原则

7.2.1.1 控制燃烧产生的氮氧化物（NO_x）应优先采用低氮燃烧技术。当不能满足环保要求时，应增设选择性催化还原（SCR）、选择性非催化还原（SNCR）等烟气脱硝装置。

7.2.1.2 燃煤电厂燃用烟煤、褐煤时，宜采用低氮燃烧技术；燃用贫煤、无烟煤以及环境敏感地区不能达到环保要求时，应增设烟气脱硝系统。

7.2.1.3 采用 SCR 脱硝装置时，应优先采用高尘布置方案。

7.2.1.4 选择烟气脱硝方式时，应考虑对锅炉的影响。

7.2.2 技术要求

7.2.2.1 喷氨混合系统应考虑防腐、防堵和耐磨，并具有良好的热膨胀性、抗热变形性和抗振性。在喷氨混合系统上游和下游宜设置导流或整流装置。

7.2.2.2 脱硝反应器宜采用钢结构，设计抗爆压力应与主机相同，合理设计空速。SCR 反应器入口的烟气流速偏差、烟气流向偏差、烟气温度偏差以及 NH_3/NO_x 摩尔比偏差应控制在合适的范围内，氨的逃逸率应符合 HJ 562 和 HJ 563 的要求。

7.2.2.3 还原剂主要有液氨、氨水和尿素等，还原剂的选择应综合考虑储运和经济性。使用液氨或氨水作为还原剂时，应符合 GB 18218、GB 50058 和 GB 50160 的要求；采用尿素制氨时，可采用热解或水解法。

7.2.2.4 催化剂的选型宜与脱硝工艺和污染物气体特性相匹配。

7.2.2.5 反应器应至少设置一层催化剂备用层并一次建成，以满足不同生产阶段对 NO_x 排放的要求及催化剂更换要求。

7.2.2.6 再生的催化剂使用时，其转化率等性能应当达到新的催化剂的 90%以上。

7.2.2.7 脱硝装置设计时，应考虑催化剂失效后的再生或废弃处理措施。

7.2.2.8 工艺设计前，脱硝工艺宜进行数值模拟和物理模化试验，保证气流及还原剂进入催化剂时均匀分布。

7.2.2.9 设置脱硝装置时，应同步考虑主机下游部件的防腐蚀和防堵塞措施。

7.2.2.10 SCR 和 SNCR 工艺的总平面布置应符合 GB 50058 及 GB 50160 等防火、防爆有关规范的规定。

7.2.2.11 还原剂储运制备系统的布置应考虑主风向的影响。系统区域内应按照相关规范设有运输、消防和疏散通道。地上、半地下的储罐或储罐组应设置非燃烧、耐腐蚀材料的防火堤，系统周围应就地设置排水沟。区域内应设风向指示标，并安装摄像头。

7.2.2.12 还原剂储运和制备区域应有应急处理安全防范设施。

7.3 挥发性有机化合物（VOCs）

7.3.1 主要挥发性有机物

挥发性有机化合物废气主要包括低沸点的烃类、卤代烃类、醇类、酮类、醛类、醚类、酸类和胺类等。

应当重点控制在石油化工、制药、印刷、造纸、涂料装饰、表面防腐、交通运输、金属电镀和纺织等行业排放废气中的挥发性有机化合物。

7.3.2 挥发性有机化合物的基本处理技术

7.3.2.1 回收类方法：主要有吸附法、吸收法、冷凝法和膜分离法等。

7.3.2.2 消除类方法：主要有燃烧法、生物法、低温等离子体法和催化氧化法等。

7.3.3 挥发性有机物处理技术的选用原则

7.3.3.1 吸附法适用于低浓度挥发性有机化合物废气的有效分离与去除，是一种广泛应用的化工工艺单元，由于每单元吸附容量有限，宜与其他方法联合使用。

7.3.3.2 吸收法宜用于废气流量较大、浓度较高、温度较低和压力较高的挥发性有机化合物废气的处理。工艺流程简单，可用于喷漆、绝缘材料、粘接、金属清洗和化工等行业应用。

7.3.3.3 冷凝法宜用于高浓度的挥发性有机化合物废气回收和处理属高效处理工艺，宜作为降低废气有机负荷的前处理方法，与吸附法、燃烧法等其他方法联合使用，回收有价值的产品。

7.3.3.4 膜分离法宜用于较高浓度挥发性有机化合物废气的分离与回收，属高效处理工艺，选择时，应考虑预处理成本、膜元件造价、寿命、堵塞等因素。

7.3.3.5 燃烧法宜用于处理可燃、在高温下可分解和在目前技术条件下还不能回收的挥发性有机化合物废气，燃烧法应回收燃烧反应热量，提高经济效益。

7.3.3.6 生物法宜在常温、适用于处理低浓度、生物降解性好的各类挥发性有机化合物废气，对其他方法难处理的含硫、含氮、苯酚和氰等的废气可采用特定微生物氧化分解的生物法。

a）生物过滤法：宜用于处理气量大、浓度低和浓度波动较大的挥发性有机化合物废气，可实现对各类挥发性有机化合物的同步去除，工业应用较为广泛；

b）生物洗涤法：宜用于处理气量小、浓度高、水溶性较好和生物代谢速率较低的挥发性有机化合物废气；

c）生物滴滤法：宜用于处理气量大、浓度低，降解过程中产酸的挥发性有机化合物废气，不宜处理入口浓度高和气量波动大的废气。

7.3.3.7 低温等离子体法、催化氧化法和变压吸附法等工艺，宜用于气体流量大、浓度低的各类挥发性有机化合物废气处理。

7.3.4 技术要求

7.3.4.1 应依据达标排放要求，选择单一方法或联合方法处理挥发性有机化合物废气。

7.3.4.2 可以采用吸附剂浸渍法提高吸附剂的吸附容量和选择性，加强吸附法的处理效果，相关技术要求应符合 6.3 的要求。

7.3.4.3 采用吸收法应定期更换吸收剂，相关技术要求符合 6.2 的要求。

7.3.4.4 挥发性有机化合物废气体积分数在 0.5%以上时宜采用冷凝法处理，冷凝过程宜采用恒定温度下用增大压力的办法来实现，也可在恒定压力的条件下用降低温度的办法来实现。应根据实际净化要求和成本预算选择合适的工艺过程。

7.3.4.5 挥发性有机化合物废气体积分数在 0.1%以上时宜采用膜分离法处理，应采取防止膜堵塞的措施。气体分离膜材料应具有高的透气性、较高的机械强度及化学稳定性和良好的成膜加工性能。

7.3.4.6 采用燃烧法处理挥发性有机化合物废气时应重点避免二次污染。如废气中含有硫、氮和卤素等成分时，燃烧产物应按照相关标准处理处置，如采用催化燃烧后的催化剂。辅助燃烧的燃料，相关技术要求应符合 6.4、6.5 的要求。

7.3.4.7 挥发性有机化合物废气体积分数在 0.1%以下时宜采用生物法处理，含氯较多的挥发性有机化合物废气不宜采用生物降解。采用生物法处理时应监控各项工艺参数在要求的范围内，对于难氧化的恶臭物质应后续采取其他工艺去除，避免二次污染。

7.4 恶臭

7.4.1 恶臭气体的种类

7.4.1.1 含硫的化合物：如硫化氢、二氧化硫、硫醇、硫醚类等。

7.4.1.2 含氮的化合物：如胺、氨、酸胺、吲哚类等。

7.4.1.3 卤素及衍生物：如卤代烃等。

7.4.1.4 氧的有机物：如醇、酚、醛、酮、酸、酯等。

7.4.1.5 烃类：如烷、烯、炔烃以及芳香烃等。

7.4.2 恶臭气体的基本处理技术

7.4.2.1 物理学方法：主要有水洗法，物理吸附法，稀释法和掩蔽法。

7.4.2.2 化学方法：主要有药液吸收（氧化吸收、酸碱液吸收）法，化学吸附（离子交换树脂、碱性气体吸附剂和酸性气体吸附剂）法和燃烧（直接燃烧和催化氧化燃烧）法。

7.4.2.3 生物学方法：主要有生物过滤法，生物吸收法和生物滴滤法。

7.4.3 恶臭气体处理技术的选用原则

7.4.3.1 当难以用单一方法处理以达到恶臭气体排放标准时，宜采用联合脱臭法。

7.4.3.2 物理类的处理方法宜作为化学或生物处理的预处理，在达到排放标准要求的前提下也可作为唯一的处理工艺。

7.4.3.3 化学吸收类处理方法宜用于处理大气量、高、中浓度的恶臭气体。在处理大流量气体方面工艺成熟，净化效率相对不高，处理成本相对较低。

7.4.3.4 化学吸附类的处理方法宜用于处理低浓度、多组分的恶臭气体。属常用的脱臭方法之一，净化效果好，吸附剂的再生较困难，处理成本相对较高。

7.4.3.5 化学燃烧类的处理方法宜用于处理连续排气、高浓度的可燃性恶臭气体，净化效率高，处理费用高。

7.4.3.6 化学氧化类的处理方法宜用于处理高、中浓度的恶臭气体，净化效率高，处理费用高。

7.4.3.7 生物类处理方法宜用于气体浓度波动不大，浓度较低或复杂组分的恶臭气体处理，净化效率较高。

7.4.4 技术要求

7.4.4.1 采用化学吸收类处理方法时应重点控制二次污染，依据不同的恶臭气体组分选择合适的吸收剂，相关技术要求符合 6.2 的要求。

7.4.4.2 采用化学吸附类的处理方法应选择与恶臭气体组分相匹配的吸附剂，按照工艺要求，对温度和含尘量进行严格控制，相关技术要求应符合 6.3 的要求。

7.4.4.3 采用化学燃烧类的处理方法时应对机械设备采取防腐蚀措施，使恶臭气体与燃料气充分混合并完全燃烧，控制末端形成的二次污染。相关技术要求应符合 6.4、6.5 的要求。

7.4.4.4 采用化学氧化类的处理方法的应依据不同的恶臭气体组分选择合适的氧化媒介及工艺条件。

7.4.4.5 采用生物类处理方法时应依据实际恶臭气体性质筛选，驯化微生物，实时监测微生物代谢活动的各种信息。

7.4.4.6 在排放浓度满足排放标准时，可考虑采用稀释法和掩蔽法。

7.5 卤化物气体

7.5.1 主要卤化物

7.5.1.1 在大气污染治理方面，卤化物主要包括无机卤化物气体和有机卤化物气体。

7.5.1.2 有机卤化物（卤代烃类）气体属挥发性有机化合物为重点关注的气态污染物质。有机卤化物气体治理技术参照 7.3、7.4 的要求。

7.5.1.3 重点控制的无机卤化物废气包括：氟化氢、四氟化硅、氯气、溴气、溴化氢和氯化氢（盐酸酸雾）等。

7.5.1.4 重点控制在化工、橡胶、制药、水泥、化肥、印刷、造纸、玻璃和纺织等行业排放废气中的无机卤化物。

7.5.2 卤化物气体的基本处理技术

7.5.2.1 物理化学类方法：固相（干法）吸附法、液相（湿法）吸收法和化学氧化脱卤法；

7.5.2.2 生物学方法：生物过滤法，生物吸收法和生物滴滤法；

7.5.3 卤化物气体处理技术的选用原则

7.5.3.1 在对无机卤化物废气处理时应首先考虑其回收利用价值。如氯化氢气体可回收制盐酸，含氟废气能生产无机氟化物和白炭黑等。

7.5.3.2 吸收和吸附等物理化学方法在资源回收利用和卤化物深度处理上工艺技术相对成熟，优先使用物理化学类方法处理卤化物气体。

7.5.3.3 吸收法治理含氯或氯化氢（盐酸酸雾）废气时，宜采用碱液吸收法。

7.5.3.4 垃圾焚烧尾气中的含氯废气宜采用碱液或碳酸钠溶液吸收处理。

7.5.3.5 吸收法治理含氟废气，吸收剂宜采用水、碱液或硅酸钠。

a）对于低浓度氟化氢废气，宜采用石灰水洗涤；

b）用水吸收氟化氢时生成氢氟酸，同时有硅胶生成，应注意随时清理，防止系统堵塞。

7.5.3.6 电解铝行业治理含氟废气宜采用氧化铝粉吸附法。

7.5.4 技术要求

7.5.4.1 治理设备应特别考虑卤化物对金属的腐蚀特点，选择合适的防腐材料。

7.5.4.2 用水吸收含氟废气宜采用多级吸收，吸收装置宜采用文丘里洗涤器、喷射式洗涤器等，也可采用湍球塔、空塔等。

7.5.4.3 用吸收法处理含氯、氯化氢废气时宜采用湍球塔、喷淋塔或填料塔，设备材料宜采用聚氯乙烯、橡胶衬里或玻璃鳞片树脂衬里。用氢氧化钠作吸收剂时，应注意降温并保持较高的 pH 值。

7.5.4.4 采用氧化铝粉吸附法治理含氟废气的主要工艺要求如下：

a）输送床净化工艺：输送床（管道）内流速一般为 15～18 m/s，排出气体经除尘器净化达标后排空，吸附饱的氧化铝送往电解槽炼铝；

b）沸腾床（流化床）净化工艺：沸腾床层上氧化铝的静止高度可为 30～40 mm，床内气体流速约为 0.28 m/s，净化后的气流经除尘器净化达标后排空，吸附饱和的氧化铝送电解槽炼铝。

7.5.4.5 利用吸收工艺的相关技术要求应符合 6.2 的要求；利用吸附工艺的相关技术要求应符合 6.3 的要求。

7.6 重金属

7.6.1 主要重金属

大气中应重点控制的重金属污染物有：汞、铅、砷、镉、铬及其化合物。

7.6.2 重金属废气的基本处理技术

7.6.2.1 重金属废气的基本处理方法包括：过滤法，吸收法，吸附法，冷凝法和燃烧法。

7.6.2.2 考虑重金属不能被降解的特性，大气污染物中重金属的治理应重点关注：

a）物理形态：应从气态转化为液态或固态，达到重金属污染物从气相中脱离的目的；

b）化学形态：应控制重金属元素价态朝利于稳定化、固定化和降低生物毒性的方向进行，如在富含氯离子和氢离子的废气中，Cd（元素镉）易生成挥发性更强的 CdCl，不利于将废气中的镉去除，应控制反应体系中氯离子和氢离子的浓度；

c）二次污染：应按照相关标准要求处理重金属废气治理中使用过的洗脱剂，吸附剂和吸收液，避免二次污染。

7.6.2.3 应当重点控制在石油化工、金属冶炼、垃圾焚烧、电镀电解、电池、钢铁、涂料、表面防腐、机械制造和交通运输等行业排放废气中的重金属污染物。

7.6.3 汞及其化合物废气处理

7.6.3.1 汞及其化合物废气一般处理方法是：吸收法，吸附法，冷凝法和燃烧法。

7.6.3.2 冷凝法宜用于净化回收高浓度的汞蒸气，可采取常压和加压两种方式，常作为吸收法和吸附法净化汞蒸气的前处理。

7.6.3.3 针对不同的工业生产工艺，较为成熟的吸收法处理工艺有：

a）高锰酸钾溶液吸收法适用于处理仪表电器厂的含汞蒸气，循环吸收液宜为 0.3%～0.6% $KMnO_4$ 溶液，$KMnO_4$ 利用率较低，应考虑吸收液的及时补充；

b）次氯酸钠溶液吸收法适用于处理水银法氯碱厂含汞氢气，吸收液宜为 NaCl 与 NaClO 的混合水溶液，此吸收液来源广，但此工艺流程复杂，操作条件不易控制；

c）硫酸—软锰矿吸收法适用于处理炼汞尾气以及含汞蒸气，吸收液为硫酸—软锰矿的悬浊液；

d）氯化法处理汞蒸气：烟气进入脱汞塔，在塔内与喷淋的 $HgCl_2$ 溶液逆流洗涤，烟气中的汞蒸气被 $HgCl_2$ 溶液氧化生成 Hg_2Cl_2 沉淀，从而将汞去除。Hg_2Cl_2 沉淀剧毒，生产过程中需加强管理和操作。

7.6.3.4 充氯活性炭吸附法宜用于含汞废气处理。活性炭层需预先充氯，含汞蒸气需预除尘，汞与活性炭表面的 Cl_2 反应生成 $HgCl_2$，达到除汞目的。

7.6.3.5 燃烧法宜用于燃煤电厂含汞烟气的处理。采用循环流化床燃煤锅炉，燃烧过程中投加石灰石，烟气采用电除尘器或袋除尘器净化。

7.6.3.6 废气中重点控制的汞的化合物包括氯化汞和雷汞。

a）活性炭吸附法宜用于氯乙烯合成气中氯化汞的净化；

b）氨液吸收法宜用于氯化汞生产废气的净化；

c）消化吸附法宜用于雷汞的处理。

7.6.4 铅及其化合物废气处理

7.6.4.1 铅及其化合物废气宜用吸收法处理。

7.6.4.2 酸液吸收法适用于净化氧化铅和蓄电池生产中产生的含铅烟气，也可用于净化熔化铅时所产生的含铅烟气。宜采用二级净化工艺：第一级用袋滤器除去较大颗粒；第二级用化学吸收。吸收剂（醋酸）的腐蚀性强，应选用防腐蚀性能高的设备；

7.6.4.3 碱液吸收法适用于净化化铅锅、冶炼炉产生的含铅烟气。含铅烟气进入冲击式净化器进行除尘及吸收。吸收剂 NaOH 溶液腐蚀性强，应选用防腐蚀性能高的设备。

7.6.5 砷、镉、铬及其化合物废气处理

7.6.5.1 砷、镉、铬及其化合物废气通常采用吸收法和过滤法处理。

7.6.5.2 含砷烟气宜采用冷凝—除尘—石灰乳吸收法处理工艺。含砷烟气经冷却至 200℃以下，蒸汽状态的氧化砷迅速冷凝为微粒，经袋除尘器净化后，尾气进入喷雾塔，用石灰乳洗涤，净化后，尾气除雾，经引风机排空。含砷烟气亦可在塑料板（或管）制成的吸收器内装入强酸性饱和高锰酸钾溶液，进行多级串联鼓泡吸收。

7.6.5.3 镉、铬及其化合物废气宜采用袋式除尘器在风速小于 1 m/min 时过滤处理。烟气温度较高需要采取保温措施。

7.6.6 技术要求

利用吸收工艺的相关技术要求应符合 6.2 的要求；利用吸附工艺的相关技术要求应符合 6.3 的要求；利用燃烧工艺的相关技术要求应符合 6.4 和 6.5 的要求。

8 公用

8.1 室外给水设计应符合 GB 50013 的要求，室外排水设计应符合 GB 50014 的要求，建筑给水排水设计应符合 GB 50015 的要求，建筑中水设计应符合 GB 50336 的要求，工业循环水冷却设计应符合 GB/T 50102 的要求。

8.2 消防及火灾报警应符合 GB 50016、GB 50140 和 GB 50116 的要求。

8.3 建构筑物应符合 GB 50009、GB 50010、GB 50017、GB 50003、GB 50011、GB 50191、GB 50007 和 JGJ 79 的要求。

8.4 电气系统应符合 GB 50229、GB 50217、GB 50057、GB 50060、GB 50058、GB 50116、DL/T 5153、DL/T 5136、DL/T 620、DL/T 5137、DL/T 5041、DL/T 5044、DLGJ 56 和 SDJ 26 的要求。

8.5 热工自动化应符合 GB 50229、GB 50116、GB 50217、NDGJ 16、SDJ 26、DL/T 5190.5、DL/T 657、DL/T 658 和 DL/T 659 的规定。

8.6 泵的型式有离心泵、旋涡泵、混流泵、轴流泵、往复泵、转子泵等，泵的型式和材料应根据介质特性、现场安装条件、流量、扬程等选择。泵与管道、槽、塔连接时应在出入口部分加装伸缩节，以减小振动对管道及设备的影响，泵的运行应符合 GB/T 13466、GB/T 13468、GB/T 13469 的要求。

8.7 阀的型式有闸阀、截止阀、止回阀、调节阀、旋塞阀、碟阀、安全阀、疏水阀、底阀和球阀等，阀的型式和材料应根据介质特性、功能要求、流量和压力等选择。阀的安装应注意位置、体位和介质流向等。

8.8 电动机的结构型式及保护方式应满足使用场所的环境条件，各项参数选择应技术经济合理，有适当的备用余量，并符合 GB 755 及 GB 19517 的要求。

8.9 金属和非金属材料应符合 GB 150、HGJ 209、HG/T 3797 和 HGJ 32 的要求。

9 安全与职业卫生

9.1 一般规定

9.1.1 大气污染治理工程在设计、建设和运行过程中，应高度重视劳动安全和职业卫生，采取相应措施，消除事故隐患，防止事故发生。

9.1.2 安全和职业卫生设施应与污染治理工程同时设计、同时施工和同时投产使用。

9.1.3 应对劳动者进行劳动安全与职业卫生培训，提供所需的防护用品，定期进行健康检查。

9.1.4 污染治理工程的设计、建设，应采取有效的隔声、消声、绿化等降低噪声的措施，噪声和振动控制的设计应符合 GBJ 87 及 GB 50040 的要求，风机噪声应符合 JB/T 8690 的要求。室内噪声和振动应符合 GBZ 1 的要求。

9.2 安全

9.2.1 大气污染治理工程在设计、安装、调试、运行和维修过程中应始终贯彻“安全第一、预防为主”的原则，遵守安全技术规程和相关设备安全性要求的规定。

9.2.2 大气污染治理工程的防火、防爆设计应符合 GB 50016、GB 50058、GB 15577 的要求。

9.2.3 危险化学品的使用应符合《危险化学品安全管理条例》的要求。

9.2.4 建立并严格执行经常性和定期性的安全检查制度，制定安全事故应急预案。

9.2.5 可能突然放散大量有害气体或爆炸危险气体的建筑物，应设置事故通风装置。

9.2.6 输送和储存易燃、易爆物质的设备和管道应设置泄爆装置，并采取防静电接地措施，不得使用易积累静电的绝缘材料。

9.2.7 处理易燃易爆气体时，除控制处理气体的浓度、温度之外，在管道系统的适当位置，应安装符合相关规定的阻火装置。

9.2.8 电除尘器的壳体应可靠接地，接地电阻应不大于 2 Ω。

9.2.9 输送、处理高温气体的管道和设备应设置保温层或安全防护距离，防止烫伤。

9.2.10 外表面温度高于 60℃的管道和输送有爆炸危险物质的管道，其外表面之间及与建筑物之间应按规定设计安全距离。

9.3 职业卫生

9.3.1 职业卫生体系应符合 GB/T 28001 的要求。职业卫生设计应符合 GBZ 1、GBZ 2.1、GBZ 2.2 的要求。

9.3.2 操作（控制）室和工作岗位应采取采暖、通风、防尘和隔声等措施，防止职业病发生，保护劳动者健康。

10 工程施工与验收

10.1 一般规定

10.1.1 污染治理工程应按工程设计图纸、技术文件和设备安装图纸等要求组织施工。

10.1.2 污染治理工程施工单位，应具有与该工程相应的资质等级。

10.1.3 污染治理工程建设单位应成立专门的项目管理机构，参与设计会审、设备监制、施工质量检查，制定运行和维护规章制度；培训工人，组织、参与工程各阶段验收、调试和试运行；并建立设备安装及运行档案。

10.1.4 与生产工程同步建设的大气污染治理工程应与生产工程同时验收；现有生产设备配套或改造的治理设施应进行单独验收。

10.2 施工

10.2.1 大气污染治理工程施工和设备安装应符合相应的国家或行业规范。

10.2.2 施工单位应根据施工要求制定完善的施工组织设计。

10.2.3 施工使用的材料、半成品和部件应符合国家现行标准和设计要求，并取得供货商的合格证书，严禁使用不合格产品。

10.2.4 设备安装之前应对土建工程按安装要求进行验收，验收记录和结果应作为工程竣工验收资料之一。

10.2.5 对国外引进专用设备除应按供货商提供的设备技术规范、合同规定和商检文件执行外，还应符合我国现行国家或行业工程施工及验收标准要求。

10.2.6 袋式除尘器安装应符合 JB/T 8471 的要求；电除尘器的安装应符合 DL/T 514 的要求。

10.2.7 压缩机、风机和泵的安装应符合 GB 50275 的要求。

10.2.8 管道的安装应符合 GB 50236 的要求。

10.2.9 电除尘器的调试应符合 JB/T 6407 的要求。

10.2.10 固定床吸附净化装置安装应符合 HJ/T 386 的要求；工业废气吸收净化装置安装应符合 HJ/T 387 的要求；工业有机废气催化净化装置安装 HJ/T 388 的要求。

10.2.11 连续监测装置的安装应符合 HJ/T 76 的要求。

10.3 工程验收

10.3.1 土建工程验收应符合 GB 50300、GB 50202、GB 50203、GB 50204 和 GB 50205 及相关验收规范的要求。

10.3.2 安装工程验收应符合 GB 50231、GB 50236、GB 50275、GB/T 13931、HJ/T 76、JB/T 8471、GB 50254、GB 50255、GB 50256、GB 50257、GB 50258、GB 50259、JB/T 8536、JB/T 9688、DL/T 5403 和安装文件的有关要求。

10.3.3 工程完工后，施工单位向建设单位提交工程竣工验收申请。验收程序和内容按建设项目竣工验收程序执行。

10.3.4 工程竣工验收依据主管部门的批准文件、设计文件及设计变更文件、合同及其附件和设备技术文件等。

10.4 工程环境保护验收

10.4.1 竣工环境保护验收应符合《建设项目竣工环境保护验收管理办法》以及行业环境保护验收规范的要求。

10.4.2 建设单位应结合试运行组织具备相应资质的单位进行性能试验。性能试验报告和工程质量验收报告作为环境保护验收的技术依据。

10.4.3 验收监测应符合《建设项目环境保护设施竣工验收监测技术要求》的规定。

10.4.4 污染治理设施的自动连续监测及数据传输系统，应与治理工程同时进行环境保护验收。

11 运行维护

11.1 设备的运行和维护应符合设备说明书和相关技术规范的规定。

11.2 污染治理设施在正常运行工况下，处理效果应满足国家或地方排放标准。

11.3 污染治理设施投入运行后，未经当地环境保护行政主管部门批准，不得停止运行或拆除。

11.4 生产单位应设立环境保护管理部门，配备管理人员、技术人员和必要的设备，制定治理系统运行及维护的规章制度，主要设备的运行、维护和操作规程。

11.5 污染治理设施的操作和维护应责任到人。岗位工人应通过培训考核上岗，熟悉本岗位运行及维护要求，遵守劳动纪律，执行操作规程。

11.6 严格执行交接班工作制度，岗位工人应填写运行记录，运行记录定期上报企业生产和环保管理部门，并存档。

11.7 污染治理设施中的易损设备、配件和通用材料，应由生产单位按机械设备管理规程和工艺安全运行要求储备，保证治理设施的正常运行。

11.8 应制定污染治理系统大、中检修计划和应急预案。污染治理系统检修时间应与工艺设备同步，对治理系统和设备应进行随检和定检，检修和检查结果应记录并存档。

11.9 应及时发现和处理检测仪器的故障，并定期校准。

HJ

中华人民共和国国家环境保护标准

HJ 2001—2010

火电厂烟气脱硫工程技术规范 氨法

Technical specifications for ammoia flue gas desulfurization projects of thermal power plant

2010-12-17 发布 2011-03-01 实施

环 境 保 护 部 发布

前 言

为贯彻《中华人民共和国环境保护法》和《中华人民共和国大气污染防治法》，规范火电厂氨法烟气脱硫工程建设，改善环境质量，制定本标准。

本标准对火电厂氨法烟气脱硫工程的设计、施工、验收、运行和维护等提出了技术要求。

本标准为首次发布。

本标准的附录 A 为资料性附录。

本标准由环境保护部科技标准司组织制订。

本标准主要起草单位：中国环境保护产业协会、江苏新世纪江南环保有限公司、国电环境保护研究院、云南亚太环境工程设计研究有限公司。

本标准由环境保护部 2010 年 12 月 17 日批准。

本标准自 2011 年 3 月 1 日起实施。

本标准由环境保护部解释。

火电厂烟气脱硫工程技术规范 氨法

1．适用范围

本标准规定了火电厂氨法烟气脱硫工程的设计、施工、验收、运行和维护等技术要求。

本标准适用于 100 MW 及以上火电机组氨法烟气脱硫工程，可作为环境影响评价、工程咨询、设计、施工、环境保护验收及建成后运行与管理的技术依据。

100 MW 以下机组的火电机组、工业炉窑或工业锅炉的氨法烟气脱硫工程可参照执行。

2．规范性引用文件

本标准内容引用了下列文件中的条款。凡是未注明日期的引用文件，其有效版本适用于本标准。

GB 535　硫酸铵
GB 536　液体无水氨
GB 2440　尿素
GB 3559　农业用碳酸氢铵
GB/T 12801　生产过程安全卫生要求总则
GB 13223　火电厂大气污染物排放标准
GB 14679　空气质量 氨的测定 次氯酸钠—水杨酸分光光度法
GB 16297　大气污染物综合排放标准
GB 50009　建筑结构荷载规范
GB 50011　建筑抗震设计规范
GB 50016　建筑设计防火规范
GB 50019　采暖通风与空气调节设计规范
GB 50033　建筑采光设计标准
GB 50046　工业建筑防腐蚀设计规范
GB 50057　建筑物防雷设计规范
GB 50058　爆炸和火灾危险环境电力装置设计规范
GB 50116　火灾自动报警系统设计规范
GB 50160　石油化工企业设计防火规范
GB 50219　水喷雾灭火系统设计规范
GB 50222　建筑内部装修设计防火规范
GB 50229　火力发电厂与变电站设计防火规范
GB 50243　通风与空调工程施工质量验收规范
GB/T 4272　设备及管道绝热技术通则
GB/T 16157　固定污染源排气中颗粒物测定与气态污染物采样方法
GB/T 23349　肥料中砷、镉、铅、铬、汞生态指标
GBJ 87　工业企业噪声控制设计规范

GBZ 1　工业企业设计卫生标准
GBZ 2.1　工作场所有害因素职业接触限值 第1部分：化学有害因素
DL 5000　火力发电厂设计技术规程
DL 5053　火力发电厂劳动安全和工业卫生设计规程
DL/T 748.10　火力发电厂锅炉机组检修导则 第10部分：脱硫装置检修
DL/T 808　副产硫酸铵
DL/T 986　湿法烟气脱硫工艺性能检测技术规范
DL/T 5035　火力发电厂采暖通风与空气调节设计技术规程
DL/T 5153　火力发电厂厂用电设计技术规定
DL/T 5196　火力发电厂烟气脱硫设计技术规程
DL/T 5403　火电厂烟气脱硫工程调整试运及质量验收评定规程
HG 1—88　工业氨水
HJ 533　环境空气和废气 氨的测定 纳氏试剂分光光度法
HJ 562　火电厂烟气脱硝工程技术规范 选择性催化还原法
HJ/T 75　固定污染源烟气排放连续监测技术规范（试行）
HJ/T 76　固定污染源烟气排放连续监测系统技术要求及检测方法
HJ/T 179　火电厂烟气脱硫工程技术规范 石灰石/石灰—石膏法
HJ/T 255　建设项目竣工环境保护验收技术规范 火力发电厂

《危险化学品安全管理条例》（中华人民共和国国务院令 第344号）

《危险化学品生产储存建设项目安全审查办法》（国家安全生产监督管理局、国家煤矿安全监察局令 第17号）

《建设项目（工程）竣工验收办法》（计建设[1990]1215号）

《建设项目竣工环境保护验收管理办法》（国家环境保护总局令 第13号）

3．术语和定义

3.1 脱硫系统 desulfurization system

脱除烟气中二氧化硫（SO_2）的氨法烟气脱硫装置。

3.2 氨法烟气脱硫 ammonia flue gas desulfurization

以氨基物质作吸收剂，脱除烟气中的 SO_2 并回收副产物（如硫酸铵等）的湿式烟气脱硫工艺。简称氨法。

3.3 吸收剂 absorbent

脱硫系统中用于脱除 SO_2 等有害物质的反应剂。

3.4 副产物 by-product

吸收剂与烟气中 SO_2 等反应后生成的物质，以及对反应生成物质进一步加工形成的物质。

3.5 氨回收率 ammonia recovery rate

脱硫系统副产物中氨的量与用于脱硫的氨的量之比。以副产硫酸铵为例，按式（1）计算：

$$\text{氨回收率}=\frac{X\times Y+\sum_{i=1}^{n}(X_{i2}\times Y_{i2}-X_{i1}\times Y_{i1})}{X_1\times Y_1}\times 2M_1/M_2\times 100\% \tag{1}$$

式中：X——计算期（计算期宜为3 d以上）生产的硫酸铵产品的质量，kg；

Y——计算期生产的硫酸铵产品中平均硫酸铵质量分数，%；

X_1——计算期内投入吸收剂的总质量，kg；

Y_1——投入的吸收剂含氨的质量分数，%；

X_{i1}、X_{i2}——计算期期初、期末时系统中第 i 项设备中副产物总质量，kg；

Y_{i1}、Y_{i2}——计算期期初、期末时系统中第 i 项设备中副产物中氨及铵盐折算硫酸铵的质量分数，%；

n——脱硫系统中存有副产物的设备数；

M_1——氨的相对分子质量；

M_2——硫酸铵的相对分子质量。

3.6 增压风机 booster fan

为克服脱硫系统的烟气阻力增加的风机。

3.7 氧化风机 oxidation fan

提供氧气（空气）用于将脱硫生成的亚硫酸（氢）铵氧化成硫酸铵的设备。

3.8 氨逃逸质量浓度 ammonia slip

脱硫系统运行时，吸收塔出口单位烟气体积（101.325 kPa、0℃，干基，过剩空气系数 1.4）中氨的质量，一般用 mg/m^3 表示。

3.9 氧化率 oxidation rate

副产物中硫酸（氢）盐物质的量占亚硫酸（氢）盐及硫酸（氢）盐物质的量的总和的百分比，按式（2）计算：

$$氧化率=\frac{n_1}{n_1+n_2}\times 100\% \qquad (2)$$

式中：n_1——副产物中硫酸（氢）盐的物质的量，mol；

n_2——副产物中亚硫酸（氢）盐离子的物质的量，mol。

3.10 吸收塔内饱和结晶 saturation crystal in absorber

在吸收塔内，利用进口烟气的热量，使副产物溶液达到饱和并析出晶体的过程。简称塔内结晶。

3.11 吸收塔外蒸发结晶 evaporative crystal out of absorber

在吸收塔外，利用蒸汽等热源，将副产物溶液进行蒸发并析出晶体的过程。简称塔外结晶。

4 污染物与污染负荷

4.1 主要污染物与污染负荷

4.1.1 进入脱硫系统的烟气中 SO_2 含量按 HJ/T 179 的规定计算。

4.1.2 进入脱硫系统的烟气中烟尘含量应不影响副产物质量及装置正常运行。

4.2 烟气条件的确定

4.2.1 新建机组建设脱硫系统时，其设计工况宜采用锅炉最大连续工况（BMCR）、燃用设计燃料时的烟气参数。校核工况宜采用锅炉经济运行工况（ECR）、燃用最大含硫量燃料时的烟气参数。

4.2.2 现有机组建设氨法烟气脱硫系统时，其设计工况和校核工况宜根据脱硫系统入口处实测烟气参数结合设计参数确定，并充分考虑燃料的变化趋势。

4.2.3 烟气参数应按 GB/T 16157 测试。

4.3 SO_2 脱除效果

脱硫系统的 SO_2 排放浓度应符合国家或地方的相关标准，且满足排放总量的要求，脱硫效率按 HJ/T 179 进行计算。

5 总体要求

5.1 一般规定

5.1.1 脱硫系统应根据当地吸收剂来源、副产物市场、安全环境等条件进行技术经济比较后确定。

5.1.2 脱硫系统应根据企业的规划及实际情况选择与其生产条件相适应的工艺及设备，宜选择安全、环保、节能的工艺和设备。

5.1.3 脱硫系统所需水、电、气、汽等公用工程宜尽量利用电厂主体工程设施。

5.1.4 脱硫系统应设置有效的安全、消防、卫生设施，控制有害物质产生与扩散。

5.1.5 新建发电机组的吸收塔设计使用寿命应不小于 30 年，现有发电机组的吸收塔设计寿命不应低于发电机组寿命。

5.1.6 脱硫系统的设计脱硫效率应不小于 95%。

5.1.7 氨逃逸质量浓度应低于 10 mg/m^3。氨回收率应不小于 96.5%。

5.1.8 脱硫系统应装设符合 HJ/T 76 要求的烟气排放连续监测系统（CEMS），并按照 HJ/T 75 的要求进行连续监测。

5.1.9 烟囱的设计、建造及改造等应符合安全、环境影响环保评价的要求，并应注意考虑对脱硫系统的影响。已建电厂建设脱硫系统时，应对现有烟囱进行检测、分析后确定改造方案。

5.2 工程构成

5.2.1 氨法烟气脱硫工程的设计对象和范围应根据工程实际进行界定。设计对象一般包括系统的工艺、设备、土建、电气、控制、消防、暖通、给排水等；设计范围一般包括从锅炉引风机出口烟道到烟囱进口的所有工艺系统、公用系统和辅助系统等。

5.2.2 工艺系统包括烟气系统、吸收剂储存供给系统、吸收系统、副产物处理系统和事故排空系统等。

5.2.3 公用系统包括蒸汽系统、压缩空气系统、工艺水及循环冷却水系统等。

5.2.4 辅助系统包括电气系统、仪表及控制系统、土建、采暖通风及空调、给排水系统、消防等。

5.3 总平面布置

5.3.1 一般规定

5.3.1.1 总平面布置应符合 GB 50016、GB 50160 和 DL/T 5196 的规定。

5.3.1.2 副产物处理系统应结合工艺流程和场地条件因地制宜布置。一般可布置在与吸收循环系统相对独立的交通便利的区域，吸收循环系统与副产物处理系统间的物料可用管道输送。

5.3.1.3 副产物仓库应布置在交通顺畅的道路边，并便于自然通风。

5.3.2 交通运输

5.3.2.1 副产物处理系统及仓库之间宜设顺畅的运输通道。

5.3.2.2 当吸收剂为液氨时可以用槽罐车或管道输送，总图布置应符合 HJ 562 的相关规定。

5.3.3 管线布置

5.3.3.1 管线综合布置应根据总平面布置、管内介质、施工及维护检修等因素确定，在平面及空间上应与主体工程相协调。现有厂区的脱硫系统边界管道宜利用原有管廊敷设。

5.3.3.2 集中管廊布置时，含有腐蚀性介质管道宜布置在下层，公用工程管道、电缆桥架宜布置在上层。

5.3.3.3 管线的附属构筑物（如补偿器、检查井等）应相互交错布置，避免冲突。地上管线较多时，尽可能共架（共杆）布置。

5.3.3.4 在多层管廊上布置液氨管道时应与蒸汽管道、电缆等分层布置。单层管廊布置时，液氨管道与蒸汽管道、电缆的布置间距应符合安全、检修等规范。

5.3.3.5 液氨罐区的配管管架应为滑动结构。

5.3.3.6 电缆敷设设计应避免腐蚀性介质接触，宜架空或采取防腐措施埋地。

6 工艺设计

6.1 工艺路线

6.1.1 氨法烟气脱硫工艺

氨法烟气脱硫工艺主要分为吸收工艺和副产物处理工艺两部分。工艺流程示意图见图 1。详细典型的氨法烟气脱硫工艺流程参见附录 A。

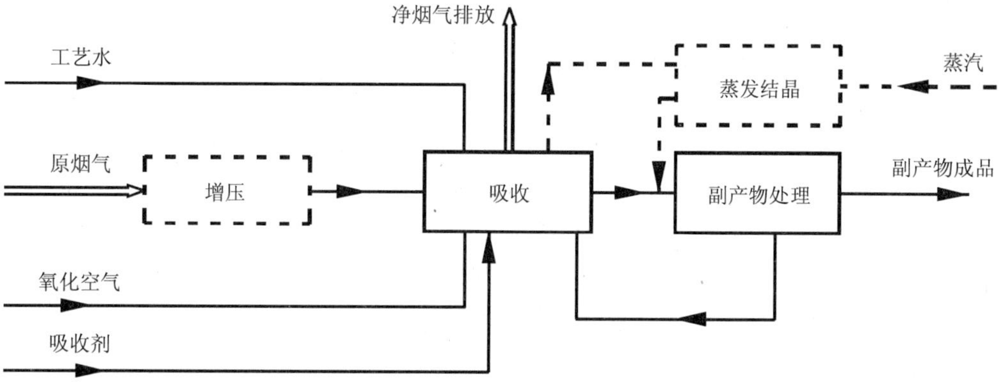

注：1. 蒸发结晶只在塔外蒸发结晶工艺中配置。

2. 锅炉引风机可以克服脱硫系统阻力时可不配置增压风机。

图 1 氨法烟气脱硫工艺流程示意图

6.1.2 吸收工艺（副产硫酸铵）

原烟气进入吸收塔，含氨的吸收液吸收烟气中的 SO_2，脱硫后的净烟气经除雾按要求排放。吸收液吸收烟气中的 SO_2 后在吸收塔的氧化池或独立的氧化设施中被氧化成硫酸铵，所形成的硫酸铵溶液（或浆液）送副产物处理系统。

6.1.3 副产物处理工艺（副产硫酸铵）

副产物（硫酸铵）处理工艺可分为塔内结晶和塔外结晶两种。结晶形成的浆液经固液分离、干燥、包装得成品硫酸铵。

6.2 吸收剂储存供给系统

6.2.1 吸收剂的选择与制备

6.2.1.1 吸收剂的质量宜符合表 1 的要求。

表 1 吸收剂质量要求

吸收剂	液氨	氨水[a]	碳铵	尿素
宜执行标准	GB 536 合格品 氨含量 99.6%	HG 1—88 农用品	GB 3559 合格品	GB 2440 农用合格品
[a] 可在脱硫系统水平衡允许范围内降低氨水浓度要求。				

6.2.1.2 吸收剂应根据来源情况及当地条件进行安全、经济、环保等综合评价后选择，并采取安全防护措施。

6.2.1.3 使用焦化、化工等副产氨或氨水等吸收剂进行脱硫时，应保证副产物质量及系统正常运行。

6.2.1.4 使用固体吸收剂脱硫时宜设置溶解设施将其配制成水溶液使用。

6.2.2 吸收剂的储存

6.2.2.1 吸收剂储量宜满足 3～7 d 用量，可根据输送距离远近及供应能力增减储量。

6.2.2.2 液氨通常用常温卧式罐或球罐储存，由专用槽车、管道运输。氨水为常压密封储存，用槽车或管道运输。碳铵和尿素通常为固体，宜散料或袋装。

6.2.2.3 液氨的储存应按 HJ 562 中的相关规定执行。

6.3 烟气系统

6.3.1 烟气系统应考虑脱硫系统建设后烟气压力降的变化，选择合适的烟气系统动力设备，所配动力设备的压力、风量等参数的选择及设备选型可参照 HJ/T 179 和 DL/T 5196 的要求。

6.3.2 需设置烟气再热器时，可选择气气换热、蒸汽加热等形式。

6.3.3 烟气系统宜参照 HJ/T 179 要求进行防腐。

6.4 吸收系统

6.4.1 一般规定

6.4.1.1 吸收系统应能满足技术性能要求，宜选用占地少、流程短、节能低耗的工艺及设备。

6.4.1.2 吸收系统应设置事故槽（池）。当全厂采用相同的脱硫工艺系统时，宜合用一套。事故槽（池）的容量宜不小于容积最大的吸收塔最低运行液位时的总容量。

6.4.1.3 浆液槽（池）应有防腐措施并设有防沉积或堵塞装置。

6.4.1.4 吸收液系统应减少尘、油及其他杂质进入，必要时宜配置相应的除杂质设施。

6.4.2 吸收塔

6.4.2.1 吸收塔的液气比应达到脱硫系统的要求，喷淋层不应少于 2 层。

6.4.2.2 应采用低压力降的吸收塔型式，吸收塔压力降应低于 1 500 Pa。

6.4.2.3 吸收塔的顶部或出口烟道上应设除雾器。在正常运行工况下，除雾器出口烟气中的雾滴质量浓度应不大于 75 mg/m^3。

6.4.2.4 吸收塔内部结构、液气比及喷淋层的设置应保证吸收液及烟气的充分接触，在保证脱硫效率的同时控制氨逃逸。

6.4.2.5 吸收塔塔外应设置供检修维护的平台和扶梯。

6.4.3 吸收液循环泵

6.4.3.1 吸收液循环泵宜根据工艺特点设置，至少设置两台。

6.4.3.2 吸收液循环泵及其他主要工艺泵应保证其可靠性，宜设备用。

6.4.4 氧化风机

宜根据工艺要求的风量及压头进行选型，至少有一台备用。

6.4.5 管道

6.4.5.1 含有结晶的浆液管道设计应符合 DL/T 5196 的要求。

6.4.5.2 管道内应避免浆液沉积，浆液管道上应设排空和冲洗的设施。

6.5 副产物处理系统

6.5.1 一般规定

6.5.1.1 应根据技术要求及市场条件选择副产物品种及质量等级，不得影响脱硫系统的主要技术性能。

6.5.1.2 副产物质量宜达到国家或行业标准要求，并定期评估杂质对副产物产品品质的影响，可根据用途确定检测指标及检测方法。

6.5.1.3 农用硫酸铵的氧化率应不小于 98.5%，重金属含量应满足 GB/T 23349 要求，其他指标宜达到 GB 535 农用合格品以上标准，不得低于 DL/T 808 指标的要求。

6.5.1.4　副产物车间应根据产品性质、加工用途进行设计和设备布置。

6.5.1.5　副产物处理系统应考虑原烟气含尘量对副产物品质的影响，必要时应设置除灰设备并考虑滤渣堆放和运输。

6.5.1.6　副产物处理系统产能及设备选型需适应脱硫系统负荷变化，产能应达到脱硫系统满负荷运行时的 150%。

6.5.2　副产物结晶

副产物结晶方案应通过经济技术比较确定，宜选用塔内结晶、多效蒸发结晶、蒸汽喷射泵等节能工艺和设备。

6.5.3　固液分离

6.5.3.1　固液分离流程宜包括分级分离、过滤脱水等工序。

6.5.3.2　固液分离设备的容量应满足晶体含量波动的要求，宜备用一台（套）设备或主件。

6.5.3.3　固液分离系统后的硫酸铵水分含量宜≤5%（质量比）。

6.5.4　干燥

6.5.4.1　干燥设备型式应根据物料产量、含水量、杂质含量等选择，并综合考虑能耗和占地面积等。干燥设备厂房面积和高度应能满足工艺布置和通风除尘的要求。

6.5.4.2　干燥设备的热源可采用锅炉热风或蒸汽等，不宜直接使用原烟气作干燥热源。

6.5.4.3　干燥后的管路、料仓宜密闭。干燥气排放应符合 GB 16297 的规定。

6.5.5　包装

6.5.5.1　副产物硫酸铵应按 GB 535、DL/T 808 的规定及用户要求进行包装和储存。其他副产物应参照相关国家或行业标准执行。

6.5.5.2　包装设备应选用扬尘少的称重及包装方式，并配置通风、收尘系统。

6.6　二次污染物控制措施

6.6.1　脱硫系统应防止工艺废水排放。

6.6.2　脱硫系统的设计、建设应采取有效的隔声、消声、绿化等降低噪声的措施，噪声和振动控制的设计应符合 GBJ 87、GBZ 1 等相应的规定。

6.6.3　厂区及厂界环境中 NH_3、SO_2、尘等污染物浓度应符合 GBZ 2.1 等规定的限值。

7　主要工艺设备和材料

7.1　材料选择

7.1.1　吸收塔塔体及内构件应选择合适的材质。塔体及塔内支撑件宜采用碳钢内衬玻璃鳞片涂料或衬胶、合金钢等，选用的吸收塔主材应有控制其质量与安全的措施。塔内其他构件宜采用玻璃钢、聚丙烯（PP）、合金钢及碳钢衬防腐材料。

7.1.2　吸收液用泵宜选用全合金或钢衬胶材质，浆液管道宜选用玻璃钢、钢衬塑或钢衬胶材质，固液分离设备与吸收接触部分宜选用合金钢、玻璃钢等材质。

7.2　设备选择

7.2.1　设备选型和配置应满足长期稳定运行的要求。

7.2.2　吸收塔的数量应根据锅炉容量、台数、吸收塔的容量、操作弹性、可靠性和布置条件等确定。

7.2.3　连续运转的关键设备宜至少在线备用一台（套），在线备用困难时至少库存一台（套）主机或备品、备件备用。

8 检测与过程控制

8.1 一般规定

8.1.1 检测与过程控制宜符合 DL/T 5196 的规定。

8.1.2 现场仪表应满足氨法烟气脱硫工作介质要求，严格禁铟。

8.1.3 新建机组同步建设脱硫系统时，宜将脱硫系统的控制纳入机组单元控制系统。

8.1.4 现有机组建设脱硫系统时，可设置独立的脱硫控制室。当条件具备时，可将脱硫系统控制室与主机（锅炉）集控室合并，或将脱硫系统的控制纳入已经建成的机组单元控制系统。

8.1.5 脱硫系统控制宜采用分散控制系统（DCS）或可编程逻辑控制器（PLC），其功能包括数据采集和处理、模拟量控制、顺序控制及联锁保护、脱硫厂用电源系统监控等。

8.1.6 副产物处理系统、烟气再热器、卸氨系统等可设置辅助专用就地控制设备。

8.2 热工自动化

8.2.1 数据采集和处理系统（DAS）采集处理的参数宜包括系统工况及工艺系统的运行参数、主要设备的运行状态、主要阀门的启闭状态及调节阀门的开度、主要的电气参数等。

8.2.2 模拟量控制系统（MCS）主要的调节项目宜包括槽（池）液位控制、吸收液的 pH 值控制、蒸发结晶温度控制、干燥温度的控制等。

8.2.3 顺序控制（SCS）功能组应包括烟气系统功能组、吸收系统功能组、公用工程系统功能组和副产物处理系统功能组等。

8.2.4 联锁保护由控制软件内部组态连接来实现，联锁保护的条件包括锅炉主燃料跳闸（MFT）、锅炉油枪投入、除尘器故障、进口温度异常、进口压力异常、出口压力异常、脱硫系统入口烟尘含量超标、风机故障及事故联锁等。应设置关键设备的本体联锁保护、箱罐液位联锁、管道设备冲洗联锁等。

8.3 主要工艺过程控制

8.3.1 应设置吸收塔的进口、出口的 SO_2 的检测装置，并据此计算并控制吸收剂的加入量，应设置吸收液 pH 值的检测装置以辅助控制吸收剂加入量。

8.3.2 宜设置包括槽（池）液位、吸收液的 pH 值、吸收液密度（浓度）、蒸发结晶温度、干燥温度等检测仪表，并据此进行工艺控制维持系统稳定运行。

8.3.3 吸收塔出口宜配备氨检测仪，烟气的氨逃逸浓度在线检测困难时应增加取样分析检测频率。

8.4 氨罐区检测

8.4.1 氨罐上应布置压力、温度和液位检测设备。氨罐区及相应的区域应设置氨泄漏检测报警仪。

8.4.2 氨罐区为Ⅱ类防爆区域，所有现场检测仪表防爆等级应不低于 ExdⅡBT4。

8.5 工业电视

宜设置与电厂主装置相统一的工业电视系统。

8.6 分析检测

8.6.1 应配备对进厂吸收剂、脱硫副产物等分析检测的手段。

8.6.2 烟气测试方法依据 GB 16297、GB 13223、GB/T 16157 进行。

8.6.3 环境中氨的检测宜按 GB 14679 或 HJ 533 执行。烟气中氨的检测宜用稀硝酸吸收烟气中的氨，参照 GB 14679 或 HJ 533 进行抽样并分析样品中 NH_4^+、SO_4^{2-}、Cl^-的量，然后计算得出烟气中氨的浓度。烟气中氨也可使用电化学传感器法、快速检测管法进行检测。

8.6.4 日常分析检测内容见表 2。

表2 日常分析检测内容

序号	类别	介质名称	分析项目指标	检测方案	检测频率
1	原料	吸收剂	有效成分含量、杂质	取样分析	1次/批
2	烟气	进、出口烟气	SO_2、NO_x、O_2、H_2O、尘	取样分析	1次/月
3	烟气	出口烟气	NH_3	取样分析	1次/月
4	中控	吸收液	硫酸铵、亚硫酸（氢）铵	取样分析	1次/d
5	中控	吸收液	pH值、密度	取样分析	2次/班
6	中控	产出液	pH值及含固量	取样分析	2次/班
7	产品	硫酸铵	含氮量、水分、游离酸	取样分析	1次/班
注：日常运行宜以在线检测仪表为依据，定期进行分析检测对在线检测仪表校正。					

8.7 火灾探测及报警系统

8.7.1 火灾探测及报警系统应符合GB 50229的规定，设备选型宜与主厂房一致，火灾报警控制屏宜布置在脱硫控制室。

8.7.2 脱硫区的火灾探测及报警系统宜与全厂火灾探测及报警系统实现通信。

9 辅助系统

9.1 电气系统

9.1.1 供电系统

9.1.1.1 供电设备及系统的设置应符合DL/T 5153及DL/T 5196。

9.1.1.2 液氨罐应采取二类防雷措施，并符合GB 50057的规定。

9.1.1.3 液氨罐防爆区域范围按GB 50058执行。

9.1.2 通信系统

脱硫系统应设置与电厂主厂房统一的生产行政通信及调度通信系统。

9.2 建筑与结构

9.2.1 建筑

9.2.1.1 一般规定

a）脱硫系统建筑设计应根据工艺流程、使用要求、自然条件、建筑地点等因素进行整体布局，同时应考虑与建筑周围环境的协调，满足功能要求。

b）建筑物的防火设计应符合GB 50016的要求。

c）建筑物的噪声设计应符合GBJ 87的规定。

d）建筑物的防腐设计应符合GB 50046的规定。

e）脱硫区域的建筑设计除执行本规定外，应符合国家和行业的现行有关设计标准的规定。

9.2.1.2 采光和照明

a）脱硫系统的建筑宜优先考虑天然采光，建筑物室内天然采照度应符合GB 50033的要求；

b）脱硫系统的建筑宜采用自然通风，墙上和楼层上的通风孔应合理布置，避免气流短路和倒流，并应减少气流死角。

9.2.1.3 室内外装修及防腐

a）建筑的室内外墙面应根据使用和外观需要进行处理，地面和楼面材料除工艺要求外，宜采用耐磨、易清洁的材料。

b）直接接触腐蚀性介质（如氨水、吸收液等）的设备基础、地面和楼面、沟渠应进行防腐。长期接触吸收液的地面和沟渠防腐可使用耐酸石板或砖（灰缝为树脂胶泥）、树脂稀胶泥或砂浆、沥青砂浆、聚合物水泥砂浆等，少量或偶尔接触的也可用水玻璃混凝土、耐酸石板或砖（灰缝为水玻璃胶泥或砂浆、沥青胶泥、聚合物水泥砂浆等）。

9.2.2 结构

9.2.2.1 土建结构的设计应符合现行国家规范及行业标准的要求。

9.2.2.2 作用在屋面、楼（地）上的设备荷载和管道荷载（包括设备及管道的自重，设备、管道及容器中的填充物重） 检修、施工安装时的载荷应按活荷载考虑，荷载取值应符合 GB 50009。

9.2.2.3 建筑物的抗震设计应符合 GB 50011 的要求。

9.3 暖通与给排水

9.3.1 一般规定

采暖通风与空气调节应符合 GB 50243、GB 50019、DL/T 5196 及 DL/T 5035 的规定。

9.3.2 采暖

9.3.2.1 脱硫系统的建筑物采暖宜与机组主厂区其他建筑物一致。当机组主厂区设有集中采暖系统时，采暖热源宜由主厂区采暖系统提供。

9.3.2.2 在集中采暖地区，值班室应设采暖设备。脱硫区域建筑物室内无人员活动或每名工人占用的建筑面积较大时（≥50 m^2），房间冬季采暖设计温度应不低于 5℃。在休息地点设采暖设施时，采暖室内设计温度应不低于 18℃。

9.3.2.3 室内采暖管道、支架及附件应做防腐处理，采暖管道保温材料应选用不燃材料。

9.3.2.4 副产物处理系统的建筑物采暖选用散热器应耐腐蚀，不易积尘，便于清扫。

9.3.3 通风

9.3.3.1 副产物处理系统的厂房、副产物仓库等建筑应尽量采用自然通风，自然通风达不到卫生和生产要求时，可采用机械通风或自然与机械的联合通风。

9.3.3.2 副产物处理系统的厂房等有可能逸出大量有害物质的场所，应设计事故通风设施，事故通风换气次数不小于 12 次/h。

9.3.3.3 通风系统的设备、管道及附件均应防腐，风管材料宜选用耐腐蚀的复合材料。

9.3.4 空气调节

脱硫区域配电间及其他建筑在夏季对室内温度有要求的房间，当室内外空气温差较大时，宜利用室外空气降低室内温度。当室内外空气温差较小时，宜采用直接蒸发式冷风机组降低室内温度。

9.3.5 给排水

9.3.5.1 给排水应符合 DL 5000 的规定。

9.3.5.2 给排水系统划分应与现有系统或拟建设项目的给排水系统一致。

9.3.5.3 脱硫系统应设置事故排水的应急措施，工艺废水应汇集回收。

9.3.6 保温

应根据气象条件及工艺要求进行管道及设备的保温设计，管道及设备的保温设计应符合 GB/T 4272 的要求。

9.4 消防

9.4.1 脱硫系统涉及的物料应按国家相关规定确定其危险类别。

9.4.2 消防设计应符合国家相关规定。新建电厂脱硫系统的消防站（队）宜由全厂统一设置；现有电厂加装脱硫系统时，尽量利用已有的消防设施、消防给水系统，在脱硫系统内布置消防给水管网及消防器材。

9.4.3 脱硫系统消防用水应从消防管网的主管接入，消防给水管道的公称直径应不小于 100 mm。室外消火栓的间距应不大于 120 m，其保护半径应不大于 150 m。

9.4.4 氨罐区消防给水量按 4 h、30 L/s 计算，并符合 GB 50016 的要求。

9.4.5 氨罐区的消火栓应设置在防火堤或防护墙外。距罐壁 15 m 范围内的消火栓，不应计算在该罐可使用的数量内。

9.4.6 氨罐区应设置消防通道，当储量达 1 500 m^3 时应设置环形车道。消防车道可利用交通道路，但要满足消防车道通行和停靠要求。

9.4.7 储存液氨的罐区应设置符合 GB 50219 规定的水喷雾灭火系统。

10 劳动安全与职业卫生

10.1 一般规定

10.1.1 脱硫系统的设计、制造、安装、使用和维修过程中应重视职业人员的安全与卫生防护。应遵守以下原则：

a）建设、运行中污染物的防治与排放应执行国家环境保护法规和标准的有关规定；

b）可行性研究阶段应有环境保护、劳动安全和工业卫生的论证内容。在初步设计阶段，应提出深度符合要求的环境保护、劳动安全和工业卫生专篇；

c）建设单位在脱硫系统建成运行的同时，安全和卫生设施应同时建成运行。

10.1.2 安全与卫生的设计应安全可靠、技术先进、经济合理、互相协调一致，宜达到本质安全化、符合人机工程学原则。

10.1.3 劳动安全和工业卫生设计应符合 DL 5053 及其他相关规定。安全管理应符合 GB 12801 的有关规定。

10.1.4 防火、防爆设计应符合 GB 50016、GB 50160、GB 50222 和 GB 50229 等标准的规定。

10.1.5 室内防尘、防噪声与振动、防电磁辐射、防暑与防寒等职业卫生要求应符合 GBZ 1 的规定。

10.1.6 建立并严格执行安全检查制度，及时消除事故隐患，防止事故发生。

10.1.7 应配备个人安全与卫生防护设施，包括防尘防毒防噪声等防护服、逃生器械、急救用品等防护用品。

10.1.8 采用液氨作为吸收剂时，应执行 GB/T 12801、《危险化学品安全管理条例》和《危险化学品生产储存建设项目安全审查办法》等标准条例的有关规定。

10.2 氨的安全卫生措施

10.2.1 氨罐区应进行全面监控，严密监视氨罐安全状态。建立氨罐区定期检查和危险源安全管理档案制度；对存在事故隐患和缺陷的危险源应及时整改，不能立即整改的，应采取切实可行的安全措施。

10.2.2 氨罐区应具有氨泄漏紧急处置措施，包括应在脱硫系统区域设置报警设施、喷淋系统及方向标和洗眼器。氨泄漏检测报警仪设置数量宜参照 GB 50116 配置。

10.2.3 液氨的装卸应采用万向充装管道系统。

10.2.4 氨罐和氨管道防火防爆措施：

a）应设置可靠的防火防爆措施和火灾报警系统，合理选择和配备消防设施；

b）贮罐和管线在安装投用前、检修前、检修后的投用前应使用氮、蒸汽等介质置换或保护，经检测合格后方可使用或检修；

c）在氨罐区敷设电缆时，应采取阻燃措施或采用阻燃电缆；

d）应有消除静电和防雷击等措施，设备、管线应接地；

10.2.5 氨罐区应标识安全标志、紧急疏散、急救通道等标识，应设置黄色区域警戒线、警示标识和中文警示说明。液氨管道应设置识别色、识别符号和安全标识。

10.2.6 氨罐和氨管道在调试、投运前应建立安全、卫生管理制度，落实安全、卫生管理措施。

11 施工与验收

11.1 施工

11.1.1 脱硫系统的工程总承包、设计、施工单位应具有相应的资质。

11.1.2 工程施工应符合国家和行业相应专项工程施工规范、施工程序及管理文件的要求。

11.1.3 储气罐、液氨罐、液氨管道等压力容器及其配套项目施工前应向特种设备主管部门办理相关手续，施工过程中接受其监督。

11.1.4 工程施工中采用的工程技术文件、承包合同文件对施工质量验收的要求不得低于国家相关专项工程规范的规定。

11.1.5 应具备下列条件方可进行工程施工：

a）设计施工图纸、有关技术文件及必要的安装使用说明书已齐全；

b）施工图纸经过会审；

c）经过技术交底和必要的技术培训等技术准备工作；

d）施工现场具备施工条件；

e）经审批的相关文件、手续等均已齐全。

11.1.6 工程施工应按设计文件、施工图纸和设备安装使用说明书的规定进行，工程变更应取得设计单位确认并出具设计变更文件后再进行施工。

11.1.7 工程施工所用的设备、材料、器件等应有产品合格证书、产品性能检测报告。主要材料应有进场复验报告。

11.1.8 工程施工除遵守相关的施工技术规范以外，还应遵守相关的劳动安全及卫生、消防等规定。

11.1.9 液氨罐、液氨管道及其配套件应由具有相应资质的单位进行设计、制造、安装、监理、检验。

11.2 竣工验收

11.2.1 竣工验收应按《建设项目（工程）竣工验收办法》、各专业验收规范和本规范有关规定组织。

11.2.2 储气罐、液氨罐、液氨管道等压力容器及其配套件应经特种设备主管部门验收。

11.2.3 竣工验收的依据应包括设计文件和设计变更文件、工程合同、设备供货合同和合同附件、设备技术文件、专项工程施工与验收规范、国家现行有关标准的规定及其他相关文件。

11.3 调试考核

11.3.1 脱硫系统的调试验收应按 DL/T 5403 执行，调试工作分为分部试运（包括设备和分系统试运）、整套启动试运（包括整套启动调试优化和满负荷试运）两个阶段。

11.3.2 按分系统试运、具备整套启动试运、带负荷调试、满负荷试运等阶段进行调试工作。调整试运质量的检验及评定，应按检验项目、分项、专业、阶段、整套试运等顺序依次进行，最后进行工程质量总评。

11.3.3 脱硫系统调整试运前，应在施工（含单机试运）质量检验评定合格，且有完整原始记录的基础上，进行质量检查及评定。

11.3.4 在脱硫系统调整试运中，调试人员应对各检验项目的质量进行全数检查，建设单位和试运验收组可视情况作全数检查或随机抽查。

11.3.5 对整体启动试运行中出现的问题应及时消除。在整体启动试运行及满负荷调试优化后，进行满负荷试运行考核，技术指标达到设计要求后，建设单位向有审批权的环境保护行政主管部门提出生产试运行申请。经批准后，方可进行生产试运行。

11.4 竣工环境保护验收

11.4.1 脱硫系统的工程竣工环保验收应符合 HJ/T 255 和《建设项目竣工环境保护验收管理办法》

规定的条件，在生产试运行期间应对工程进行性能试验，性能试验报告应作为环境保护验收的重要内容。

11.4.2 脱硫系统的性能试验宜参照 DL/T 986 进行，宜在脱硫设备整体试运行结束 2 个月后、6 个月内的适当时间进行。

11.4.3 脱硫系统的性能试验包括功能试验、技术性能试验、设备试验和材料试验。其中，技术性能试验至少应包括以下项目：

a）脱硫效率；

b）氨逃逸浓度；

c）脱硫系统压力降；

d）吸收剂、水、电等消耗量；

e）脱硫副产物产量及质量；

f）氨回收率；

g）合同约定的其他试验项目。

11.4.4 脱硫系统的工程竣工环境保护验收的主要技术依据应符合环境保护行政主管部门的要求。

12 运行与维护

12.1 一般规定

12.1.1 脱硫系统的运行、维护及安全管理除应符合本规范外，还应符合国家有关标准的规定。

12.1.2 脱硫系统运行应在满足设计工况的条件下进行，并根据工艺要求，定期对设备、电气、自控仪表及建（构）筑物进行检查维护，确保系统稳定可靠运行。

12.1.3 应建立脱硫系统运行维护的管理制度，包括运行、操作和维护规程；建立整个脱硫系统及主要设备运行状况的台账制度。

12.2 人员与运行管理

12.2.1 宜成立脱硫系统运行的专门管理部门，并配备相应的人员。

12.2.2 应对脱硫系统的管理和运行人员进行定期培训，使管理和运行人员系统掌握正常运行的操作和应急情况的处理措施。氨罐区操作人员应经主管部门培训考核合格后持证上岗。

12.2.3 运行操作人员上岗前应进行以下内容的专业培训：

a）启动前的检查和启动要求的条件；

b）处置设备的正常运行，包括设备的启动和关闭；

c）控制、报警和指示系统的运行和检查，以及必要时的纠正操作；

d）最佳的运行温度、压力、脱硫效率的控制和调节，以及保持设备良好运行的条件；

e）设备运行故障的发现、检查和排除；

f）事故或紧急状态下的操作和事故处理；

g）设备日常和定期维护；

h）设备运行及维护记录，以及其他事件的记录和报告。

12.2.4 应建立脱硫系统运行状况、设施维护和生产活动等记录制度，主要记录内容包括：

a）系统启动、停止时间；

b）吸收剂进厂质量分析数据、进厂数量和进厂时间；

c）系统运行工艺控制参数记录，至少应包括脱硫系统进出口 SO_2 含量、烟气温度、烟气流量、烟气压力、用水量和用氨量；

d）主要设备的运行和维修情况的记录；

e）烟气连续监测数据记录；

f）副产物处理系统运行情况的记录；

g）生产事故及处置情况的记录；

h）定期检测、评价及评估情况的记录等。

12.2.5 运行人员应按照规定做好交接班制度和巡检制度，液氨或氨水的装卸应加强监控。

12.3 维护

12.3.1 脱硫系统的维护保养应纳入全厂的维护保养计划中。脱硫系统检修宜按 DL/T 748.10 进行。

12.3.2 维护人员应根据规定定期检查、更换或维修设备及其部件。

12.3.3 维护人员应做好维护保养记录。

12.3.4 液氨罐及其配套件应定期由具有相应资质的单位检验。

附录 A
（资料性附录）
典型工艺流程

A.1　氨法烟气脱硫工艺流程分类

氨法烟气脱硫工艺流程按主要工序工艺及设备的差异分类如下：

a）按副产物的结晶方式分：塔内饱和结晶、塔外蒸发结晶等，其中塔外蒸发结晶又分为单效蒸发、二效蒸发等。

b）按塔型式分：复合塔型、双塔型等。

c）按脱硫系统的烟气动力源分：设置增压风机；不设增压风机；原引风机增容。

还可按吸收剂、副产物、氧化形式等进行分类。

脱硫系统的工艺流程通过以上分类可组合成多种工艺流程，以下只是其中两种典型流程。

A.2　典型的塔内饱和结晶——不设增压风机的氨法烟气脱硫工艺流程

流程说明：

a）锅炉引风机来的原烟气进入吸收塔，通过吸收液洗涤脱除 SO_2 后，烟气成为湿的净烟气，净烟气经除雾器除去雾滴后经净烟道进烟囱排放。

b）吸收液与烟气中 SO_2 反应后在吸收塔的氧化池被氧化风机来的空气氧化成硫酸铵。

c）吸收液在与原烟气接触过程中水被蒸发，在塔内吸收液喷淋过程中形成硫酸铵结晶。

d）含硫酸铵结晶的吸收液送副产物处理系统，经旋流器、离心机的固液分离产生湿硫酸铵，湿硫酸铵进干燥机干燥后成干硫酸铵，干硫酸铵经包装后得成品硫酸铵。

e）吸收液在循环的过程中根据脱硫需要从吸收剂储存系统的氨罐补充吸收剂。

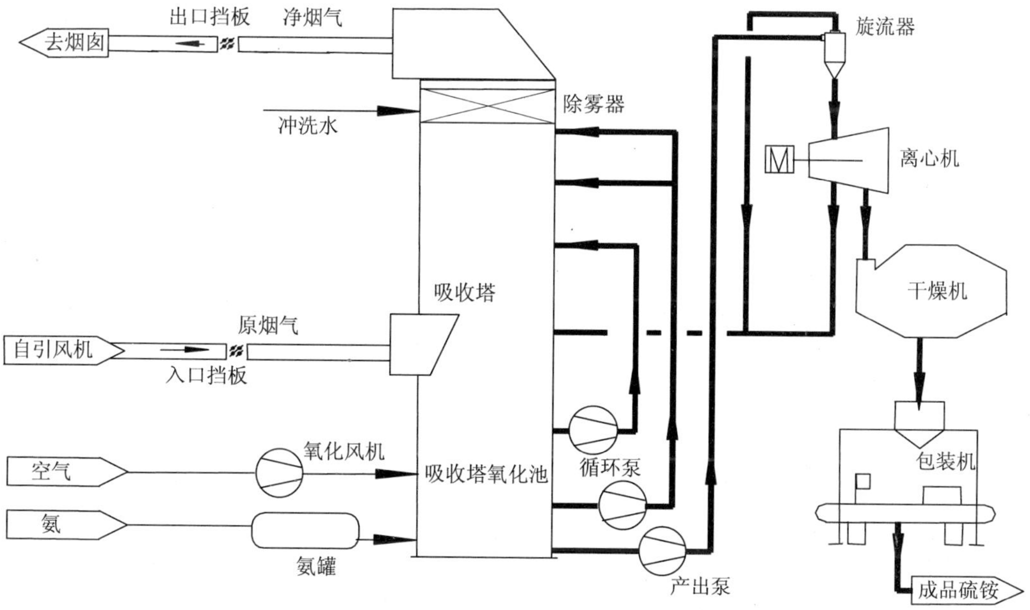

图 A.1　塔内饱和结晶——不设增压风机的氨法烟气脱硫工艺流程图

A.3 典型的塔外蒸发结晶（二效）——设置增压风机的氨法烟气脱硫工艺流程

流程说明：

a）锅炉引风机来的原烟气通过增压风机增压后进入吸收塔，通过吸收液洗涤脱除 SO_2 后烟气成为湿的净烟气，净烟气经吸收塔内的除雾器除去雾滴后通过塔顶设置的直排烟囱排放。

b）吸收液与烟气中 SO_2 反应后在吸收塔的氧化池被氧化风机来的空气氧化成硫酸铵。

c）硫酸铵溶液送副产物处理系统的二效蒸发结晶系统，将水分蒸发后形成硫酸铵结晶。

d）含硫酸铵结晶的浆液送旋流器、离心机进行固液分离产生湿的硫酸铵，湿的硫酸铵进干燥机干燥后形成干的硫酸铵，干的硫酸铵经包装后得成品硫酸铵。

e）吸收液在循环的过程中根据脱硫需要从吸收剂储存系统的氨罐补充吸收剂。

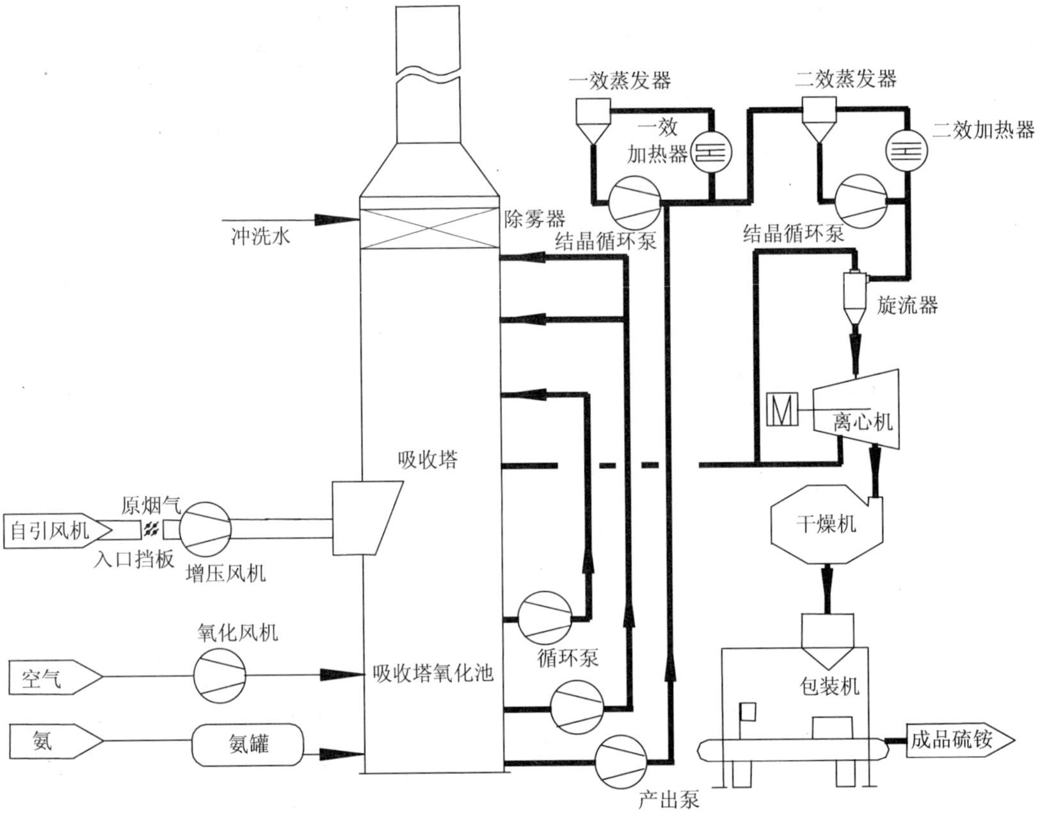

图 A.2 塔外蒸发结晶（二效）——设置增压风机的氨法烟气脱硫工艺流程图

HJ

中华人民共和国国家环境保护标准

HJ 2002—2010

电镀废水治理工程技术规范

Technical specifications for electroplating industry wastewater treatment

2010-12-17 发布　　　　2011-03-01 实施

环 境 保 护 部 发布

前　言

为贯彻执行《中华人民共和国环境保护法》、《中华人民共和国水污染防治法》、《中华人民共和国海洋污染防治法》、《建设项目环境保护管理条例》和《电镀污染物排放标准》，规范电镀废水治理工程建设与运行管理，防治环境污染，保护环境和人体健康，制定本标准。

本标准规定了电镀废水治理工程设计、施工、验收和运行的技术要求。

本标准为首次发布。

本标准的附录 A 为资料性附录。

本标准由环境保护部科技标准司组织制订。

本标准主要起草单位：北京中兵北方环境科技发展有限责任公司、中国兵器工业集团公司。

本标准环境保护部 2010 年 12 月 17 日批准。

本标准自 2011 年 3 月 1 日起实施。

本标准由环境保护部解释。

电镀废水治理工程技术规范

1．适用范围

本标准规定了电镀废水治理工程设计、施工、验收和运行的技术要求。

本标准适用于电镀废水治理工程的技术方案选择、工程设计、施工、验收、运行等的全过程管理和已建电镀废水治理工程的运行管理，可作为环境影响评价、环境保护设施设计与施工、建设项目竣工环境保护验收及建成后运行与管理的技术依据。

2．规范性引用文件

本标准内容引用了下列文件中的条款。凡是不注日期的引用文件，其有效版本适用于本标准。

GB 12348　工业企业厂界环境噪声排放标准
GB 15562.2　环境保护图形标志　固体废物贮存（处置）场
GB 18597　危险废物贮存污染控制标准
GB 21900　电镀污染物排放标准
GB 50009　建筑结构荷载规范
GB 50016　建筑设计防火规范
GB 50052　供配电系统设计规范
GB 50054　低压配电设计规范
GB 50141　给水排水构筑物施工及验收规范
GB 50191　构筑物抗震设计规范
GB 50194　工程施工现场供用电安全规范
GB 50204　混凝土结构工程施工质量验收规范
GB 50231　机械设备安装工程施工及验收通用规范
GB 50268　给水排水管道工程施工及验收规范
GB 50303　建筑电气工程施工质量验收规范
GBJ 13　室外给水设计规范
GBJ 22　厂矿道路设计规范
GBJ 87　工业企业噪声控制设计规范
GBJ 136　电镀废水治理设计规范
HJ/T 212　污染源在线自动监控（监测）系统数据传输标准
HJ/T 283　环境保护产品技术要求　厢式压滤机和板框压滤机
HJ/T 353　水污染源在线监测系统安装技术规范（试行）
HJ/T 355　废水在线监测系统的运行维护技术规范
HJ/T 18918　清洁生产标准　电镀行业
《建设项目（工程）竣工验收办法》（计建设[1990]1215 号）
《建设项目竣工环境保护验收管理办法》（国家环境保护总局令　第 13 号）

3. 术语和定义

3.1 电镀废水 wastewater of electroplating

指电镀生产过程中排放的各种废水，包括镀件酸洗废水、漂洗废水、钝化废水、刷洗地坪和极板的废水、由于操作或管理不善引起的“跑、冒、滴、漏”产生的废水，废水处理过程中自用水以及化验室排水等。

3.2 重金属废水 wastewater containing heavy metals

指电镀生产中排放的含有镉、铬、铅、镍、银、铜、锌等金属离子的废水。根据废水中所含重金属元素，又分别称为含镉废水、含铬废水、含铅废水、含镍废水、含银废水、含铜废水、含锌废水等。

3.3 电镀混合废水 mix-wastewater of electroplating

指电镀生产排放的不同镀种和不同污染物混合在一起的废水。包括经过预处理的含氰废水和含铬废水。

3.4 电镀污泥 electroplating sludge

指电镀废水治理过程中产生的化学污泥。

4 污染物和污染负荷

4.1 电镀废水分类

电镀废水一般按废水所含污染物类型或重金属离子的种类分类，如酸碱废水、含氰废水、含铬废水、含重金属废水等。当废水中含有一种以上污染物时（如氰化镀镉，既有氰化物又有镉），一般仍按其中一种污染物分类；当同一镀种有几种工艺方法时，也可按不同工艺再分成小类，如焦磷酸镀铜废水、硫酸铜镀铜废水等。将不同镀种和不同污染物混合在一起的废水统称为电镀混合废水。

4.2 主要污染物和浓度范围

电镀废水的主要污染物及其质量浓度范围可参考附录 A。

4.3 设计水量和设计水质

4.3.1 新建电镀废水处理工程的设计水量和设计水质应根据批准的环境影响评价文件，并考虑一定的设计余量确定。

设计水量水质也可采取实测数据，其中设计水量可按实测值的 110%～120%进行确定。没有实测条件的，可采用类比调查数据；无类比数据时，也可按电镀车间（生产线）总用水量的 85%～95%估算废水的处理量。无水质数据的，可参考表 1 给出的主要污染物浓度范围确定。

4.3.2 进入治理设施的废水进水浓度，应满足设计进水要求，达不到要求的应进行预处理。

4.3.3 废水处理后，需回用的应满足回用工序的用水水质要求。废水排放应符合 GB 21900 或地方排放标准规定，或满足环境影响评价审批文件要求。

5 总体要求

5.1 一般规定

5.1.1 电镀企业应推行清洁生产，提高清洗效率，减少废水产生量。有条件的企业，废水处理后应回用。

5.1.2 新建电镀企业（或生产线），其废水处理工程应与主体工程同时设计、同时施工、同时投入使用。

5.1.3 电镀废水治理工程的建设规模应根据废水设计水量确定；工艺配置应与企业生产系统相协调；分期建设的应满足企业总体规划的要求。

5.1.4 电镀废水应分类收集、分质处理。其中，规定在车间或生产设施排放口监控的污染物，应在车间或生产设施排放口收集和处理；规定在总排放口监控的污染物，应在废水总排放口收集和处理。含氰废水和含铬废水应单独收集与处理。电镀溶液过滤后产生的滤渣和报废的电镀溶液不得进入废水收集和处理设施。

5.1.5 电镀废水治理工程在建设和运行中，应采取消防、防噪、抗震等措施。处理设施、构（建）筑物等应根据其接触介质的性质，采取防腐、防漏、防渗等措施。

5.1.6 废水总排放口应安装在线监测系统，并符合 HJ/T 353、HJ/T 355 和 HJ/T 212 的要求。

5.1.7 电镀污泥属于危险废物，应按规定送交有资质的单位回收处理或处置。电镀污泥在企业内的临时贮存应符合 GB 18597 的规定。

5.1.8 电镀废水处理站应设置应急事故水池，应急事故水池的容积应能容纳 12～24 h 的废水量。

5.1.9 电镀废水处理工程建设项目，除应遵循本规范和环境影响评价审批文件要求外，还应符合国家基本建设程序以及国家有关标准、规范和规划的规定。

5.2 工程构成

5.2.1 电镀废水治理工程项目主要包括：废水处理构（建）筑物与设备，辅助工程和配套设施等。

5.2.2 废水处理构（建）筑物与设备包括：废水收集、调节、提升、预处理、处理、回用与排放、污泥浓缩与脱水和药剂配制、自动检测控制等。

5.2.3 辅助工程包括：厂（站）区道路、围墙、绿地工程；独立的供电工程和供排水工程、供压缩空气；专用的化验室、控制室、仓库、维修车间、污泥临时堆放场所等。

5.2.4 配套设施包括：办公室、休息室、浴室、卫生间等。

5.2.5 废水处理站应按照国家和地方的有关规定设置规范排污口。

5.3 工程选址与总体布置

5.3.1 废水处理工程选址应符合规划要求并具有良好的工程地质条件；宜靠近电镀生产车间，废水可自流进入废水处理站；便于施工、维护和管理；处理后的废水有良好的排放条件。

5.3.2 废水处理站平面布置应满足各处理单元的功能和处理流程要求，建（构）筑物及设施的间距应紧凑、合理，并满足施工、安装的要求；各类管线连接应简捷，避免相互干扰；通道设置宜方便维修管理及药剂和污泥运送。

5.3.3 废水处理站工艺设备宜按处理流程和废水性质分类布置，设备、装置排列整齐合理，便于操作和维修。寒冷地区，其室外管道和装置应保温。

5.3.4 废水处理所用的材料、药剂等不应露天堆放。应根据需要设置存放场所，废水处理站应设污泥临时堆放场地，采取相应的防腐、防渗、防雨淋等措施，并符合 GB 18597 的规定。

5.3.5 废水处理站应设地面冲洗水和设备渗漏水的收集系统，并排入废水调节池。

5.3.6 废水处理站的建筑造型应简洁美观，与周围环境相协调。废水处理站周围应绿化。

6 工艺设计

6.1 酸、碱废水

6.1.1 酸、碱废水的处理应首先利用酸、碱废水本身的自然中和或利用酸、碱废液、废渣等相互中和处理。

6.1.2 电镀预处理工序的酸、碱废水混合后，一般呈酸性，宜以中和酸为主。处理酸性废水，当没有碱性废物可利用时，可采用碱性药剂中和或过滤中和。当废水中含有多种金属离子时，宜采用药剂中和。

6.1.3 中和反应会产生大量沉渣，应通过沉淀予以去除。当沉渣量少时，可采用竖流式沉淀池和连续排渣；当沉渣量大，重力排泥困难时，可采用平流式沉淀池，沉渣用吸泥机排出。

6.1.4 酸、碱废水中和反应后所产生的干污泥量，宜通过试验确定。当无条件试验时，可按处理废水体积的 0.1%～0.25%估算。

6.2 含氰废水

6.2.1 一般规定

6.2.1.1 含氰废水应单独处理。在处理前，不得与其他废水混合。

6.2.1.2 废水中氰离子质量浓度小于 50 mg/L 时，宜采用碱性氯化法处理；废水中氰离子质量浓度大于 50 mg/L 时，宜采用电解处理技术。臭氧处理含氰废水，对进水氰离子质量浓度没有限制，但含有络合氰根离子的废水，不宜采用臭氧处理。

6.2.1.3 含氰废水处理应避免铁、镍离子混入。

6.2.1.4 含氰废水经过处理，游离氰达到控制要求后可进入混合废水处理系统，去除重金属离子。

6.2.1.5 处理过程可能产生少量 CNCl 气体，故应在密闭和通风条件下操作，并采取防护措施。收集的气体应经过处理后，通过排气筒排放。

6.2.2 碱性氯化处理技术

6.2.2.1 废水处理量较小、水质浓度变化不大的，宜采用间歇式一级氧化处理；废水处理量较大、水质浓度变化幅度较大，而且对排放水质要求较高的，宜采用连续式二级氧化处理。

6.2.2.2 含氯氧化剂宜选用次氯酸钠、二氧化氯、液氯等。选取氧化剂既要考虑经济性，也要注重安全性。

6.2.2.3 采用碱性氯化处理含氰废水时，宜采用图 1 所示的基本工艺流程：

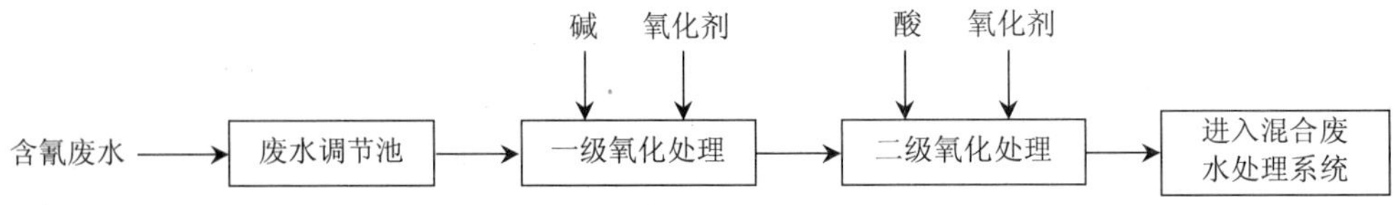

图 1 碱性氯化处理含氰废水基本工艺流程

6.2.2.4 采用碱性氯化处理含氰废水时，应满足以下技术条件和要求：

a）氧化剂的投入量应通过试验确定。当无条件试验时，其投入量宜按氰离子与活性氯的重量比计算确定。其重量比：当一级氧化处理时宜为 1∶3～1∶4；二级氧化处理时宜为 1∶7～1∶8。一级氧化和二级氧化所需氧化剂应分阶段投加，投加比为 1∶1；

b）pH 值控制和反应时间：一级氧化的 pH 值应控制在 10～11，反应时间宜为 10～15 min；二级氧化的 pH 值应控制在 6.5～7.0，反应时间宜为 10～15 min；

c）有效氯的投加量可采用氧化还原电位（ORP）自动控制。一级处理，ORP 达到 300 mV 时反应基本完成；二级处理，ORP 需达到 650 mV；

d）废水温度宜控制在 15～50℃。反应后废水中余氯量应在 2～5 mg/L 范围内。

6.2.3 臭氧氧化处理技术

6.2.3.1 臭氧氧化处理含氰废水时，宜采用图 2 所示的基本工艺流程：

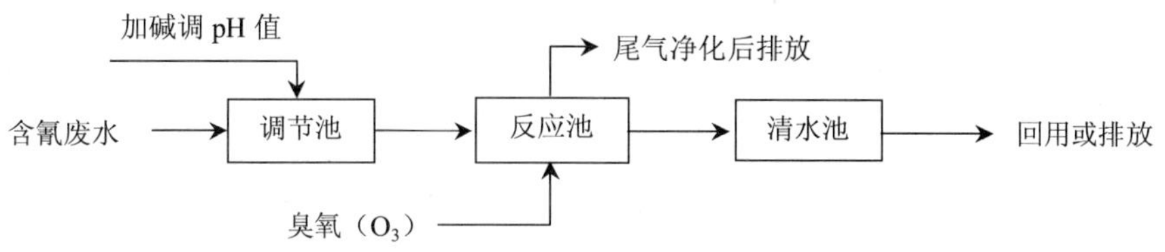

图 2　臭氧氧化处理含氰废水基本工艺流程

6.2.3.2　臭氧氧化处理含氰废水时，应满足以下技术条件和要求：

a）臭氧投量：一级氧化反应理论投量质量比为 $m(CN^-)$∶$m(O_3)$=1∶1.85；二级氧化反应理论投量质量比为 $m(CN^-)$∶$m(O_3)$=1∶4.61。实际投药比要比理论值大，应根据实验确定；

b）对游离氰根，去除率达 97%时，接触时间不宜少于 15 min；去除率达 99%时，接触时间不宜少于 20 min。反应池尾气应收集并经碱液吸收后排放；

c）pH 值应控制在 9～11；

d）如采用亚铜离子为催化剂，可缩短反应时间。

6.2.4　电解处理技术

6.2.4.1　电解处理含氰废水宜采用图 3 所示的基本工艺流程：

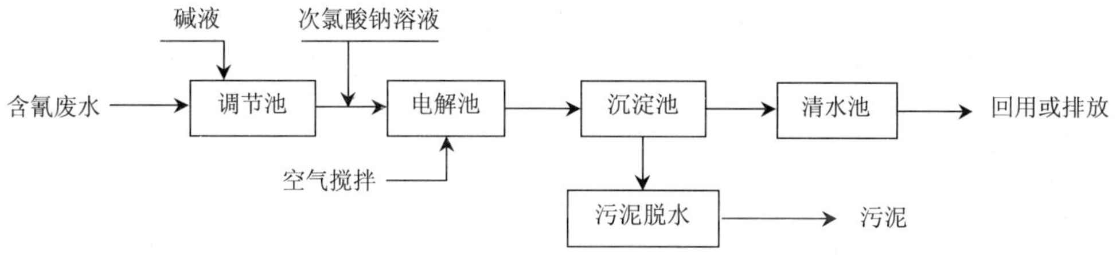

图 3　电解处理含氰废水基本工艺流程

6.2.4.2　采用电解处理含氰废水，宜满足以下技术条件和要求：

a）废水的 pH 值宜控制在 9～10，可用 NaOH 溶液进行调节；

b）NaCl 投加量可按氰浓度的 30～60 倍估算；

c）电解槽净极距宜采用 20～30 cm；

d）阳极电流密度宜控制在 0.3～0.5 A/dm^2，槽电压宜为 6～8.5V；

e）采用空气搅拌，用气量为 0.1～0.5 m^3/（$min \cdot m^3$），空气压力为（0.5～1.0）$\times 10^5$ Pa；

f）产生的沉淀物沉淀困难时，可投加混凝剂。

6.3　含铬废水

6.3.1　一般规定

6.3.1.1　含铬废水应单独收集处理，不得将其他废水混入。将六价铬还原为三价铬后，可与其他重金属废水混合处理。

6.3.1.2　沉淀污泥脱水后，应用塑料袋包装，防止因漏、滴或散落而污染环境。

6.3.1.3　用离子交换处理镀铬清洗废水，六价铬离子质量浓度不宜大于 200 mg/L；镀黑铬和镀含氟铬的清洗废水不宜采用离子交换处理。

6.3.2　亚硫酸盐还原处理技术

6.3.2.1　亚硫酸盐还原法处理含铬废水，宜采用图 4 所示的基本工艺流程：

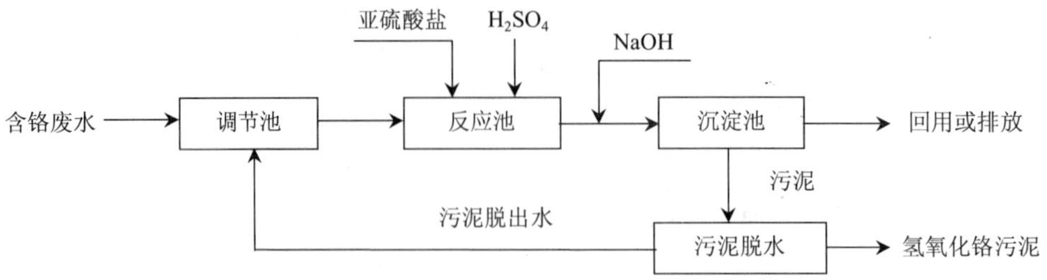

图 4　亚硫酸盐还原处理含铬废水基本工艺流程

6.3.2.2　亚硫酸盐还原法处理含铬废水，应满足以下技术条件和要求：

a）可采用间歇式及连续式处理。采用间歇处理时，调节池容积按平均每小时废水流量的 4～8 h 计算；采用连续式处理时，可适当减小调节池容量，并设置自动检测与投药装置；

b）亚硫酸盐宜选用亚硫酸氢钠、亚硫酸钠、焦亚硫酸钠等；

c）进水 pH 值宜控制在 2.5～3.0；ORP 宜控制在 230～270 mV；反应时间宜控制在 20～30 min；

d）亚硫酸盐的投加量应通过试验确定，亦可按表 1 给出的参考值选择；

表 1　亚硫酸盐与六价铬的投量比（质量比）

亚硫酸盐种类	理论值投量比	实际使用量
六价铬：亚硫酸氢钠	1：3	1：4～5
六价铬：亚硫酸钠	1：3.6	1：4～5
六价铬：焦亚硫酸钠	1：2.74	1：3.5～4

e）废水经还原反应后，宜加碱调废水 pH 值 7～8，使三价铬沉淀，反应时间应大于 20 min，反应后的沉淀时间宜为 1.0～1.5 h；

f）沉淀剂宜为氢氧化钠、氢氧化钙、碳酸钙等。通常根据价格、沉淀速率、污泥生成量、脱水效果和污泥是否回收进行选择。

6.3.2.3　亚硫酸盐还原的反应池应满足处理一次的周期时间。反应池内宜采用机械搅拌，不宜采用空气搅拌。反应池和沉淀池宜设于地面，同时加盖，并设通风装置。

6.3.3　硫酸亚铁—石灰处理技术

6.3.3.1　含铬废水采用硫酸亚铁—石灰处理时，基本工艺流程见图 4。其中还原剂采用硫酸亚铁，中和剂采用石灰。

6.3.3.2　采用硫酸亚铁—石灰处理含铬废水时，应满足以下技术条件和要求：

a）运行条件应符合表 2 的基本要求；

表 2　硫酸亚铁处理含铬废水的运行条件

六价铬质量浓度/（mg/L）	加药前调 pH 值	投药量（质量比）六价铬：硫酸亚铁	反应后调 pH 值	搅拌时间/min
＜25	2～3	1：（40～50）	7.5～8.5	搅拌混匀即可
25～50		1：（35～40）		5～10
50～100		1：（30～35）		10～20
＞100		1：30		20

b）连续处理时，反应时间应大于 30 min；间歇处理时，反应时间宜为 2～4 h；

c）反应时宜采用空气搅拌或机械搅拌；

d）石灰的投加量宜控制为：$m(Cr^{6+})$∶$m[Ca(OH)_2]$＝1∶（8～15）。

6.3.4　微电解处理技术

6.3.4.1　采用微电解处理含铬废水时，宜采用图 5 所示的基本工艺流程：

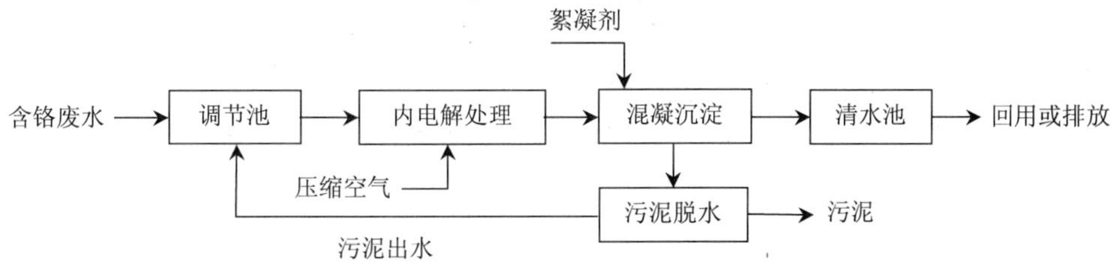

图 5　微电解处理含铬废水基本工艺流程

6.3.4.2　采用微电解处理含铬废水时，应满足以下技术条件和要求：

a）处理废水量大于或等于 5 m^3/h 时，可采用连续式处理；小于 5 m^3/h 时，宜采用间歇式处理；

b）进水 pH 值宜控制在 2～4，微电解装置的出水应加碱调 pH 值为 8～9。

6.3.4.3　铁屑在填装设备前，应进行除杂、除油和除锈处理。在运行过程中，为防止铁屑结块，应定时对其进行气水联合反冲，反冲洗水应进入污泥沉淀池。

6.3.4.4　在设施检修或停运期间，微电解装置内的铁屑填料层必须保持用水浸没，防止空气氧化和板结。

6.3.5　离子交换处理技术

6.3.5.1　离子交换处理含铬废水宜采用图 6 所示的基本工艺流程。

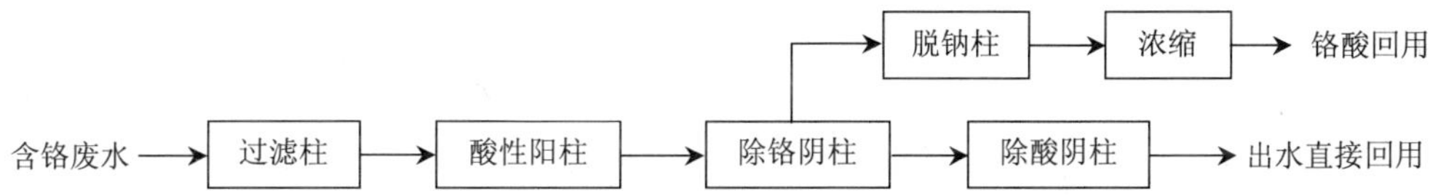

图 6　离子交换处理含铬废水基本工艺流程

6.3.5.2　离子交换处理含铬废水的设计、运行除符合 GBJ 136 中的条件外，还应满足以下技术条件和要求：

a）进水六价铬离子质量浓度不宜大于 200 mg/L；

b）进入阴柱废水的 pH 值应控制在 5 以下；

c）阴柱的再生剂宜选用工业用氢氧化钠，再生液用除盐水配制；阴柱的清洗水宜用除盐水。清洗终点 pH 值应控制在 8～10；

d）阳柱的再生剂宜用工业用盐酸；阳柱的清洗水可用自来水。清洗终点 pH 值为 2～3。

6.3.5.3　离子交换树脂再生时的淋洗水，含六价铬离子部分应返回调节池；含酸、碱和重金属离子部分应经处理达标后回用或排放。

6.4　重金属废水

6.4.1　一般规定

6.4.1.1　当废水中含有氰化物时，应先去除氰化物；如废水中含有六价铬离子，应将六价铬还原为三价铬，再处理废水中的重金属离子。

6.4.1.2 离子交换处理某类重金属废水时，不得将其他镀种废水、冲刷地坪等废水混入。离子质量浓度不宜大于 200 mg/L。离子交换处理重金属废水的设计、运行控制技术条件和参数，应符合 GBJ 136 中的相关规定和要求。过滤柱、交换柱的反洗、淋洗等排水应全部进入电镀废水处理系统，处理达标后回用或排放。

6.4.1.3 采用反渗透装置处理重金属废水，应采取杀菌消毒和控制结垢的预处理措施。反渗透装置产生的浓缩水，应通过生化处理系统，处理达标后排放。

6.4.2 含镉废水

6.4.2.1 氢氧化物沉淀处理技术

6.4.2.1.1 当废水中的镉以离子形式存在时，可采用氢氧化物沉淀处理技术。

6.4.2.1.2 采用氢氧化物沉淀处理含镉废水时，宜采用图 7 所示的基本工艺流程：

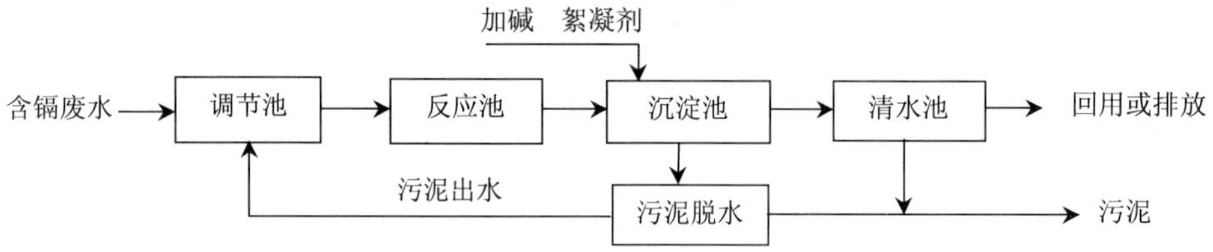

图 7 化学沉淀处理含镉废水基本工艺流程

6.4.2.1.3 采用氢氧化物沉淀处理含镉废水时，应满足以下技术条件和要求：

a）废水中镉离子质量浓度不宜大于 50 mg/L；

b）可采用聚合硫酸铁为絮凝剂，聚丙烯酰胺或硫化铁为助凝剂。絮凝剂的投加量宜为 40 mg/L；

c）反应池宜设搅拌。混合反应时，废水 pH 值宜控制在 9 左右；反应时间宜为 10～15 min；

d）沉淀时间应大于 30 min。

6.4.2.2 硫化物沉淀处理技术

6.4.2.2.1 采用硫化物沉淀处理含镉废水时，宜采用图 8 所示的基本工艺流程：

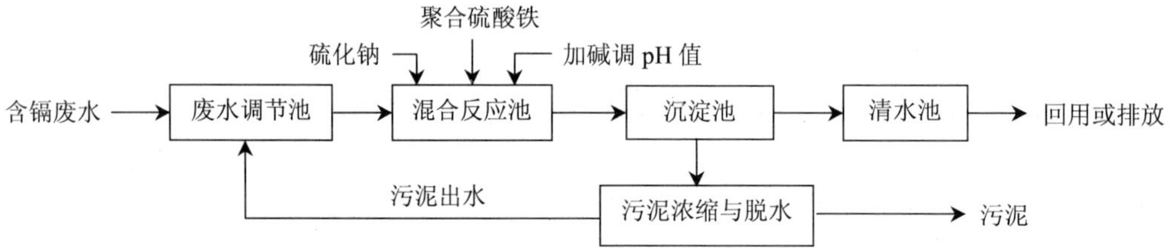

图 8 硫化物沉淀处理含镉废水基本工艺流程

6.4.2.2.2 采用硫化镉沉淀处理含镉废水时，应满足以下技术条件和要求：

a）硫化钠投加量宜为 100 mg/L 左右；

b）聚合硫酸铁或其他铁盐投加量为 30～40 mg/L；

c）反应 pH 值范围为 7～9；

d）反应搅拌时间 10 min；沉淀时间为 30 min。

6.4.2.3 离子交换处理技术

6.4.2.3.1 氰化镀镉废水宜采用图 9 所示的基本工艺流程；无氰镀镉废水宜采用图 10 所示的基本工艺流程：

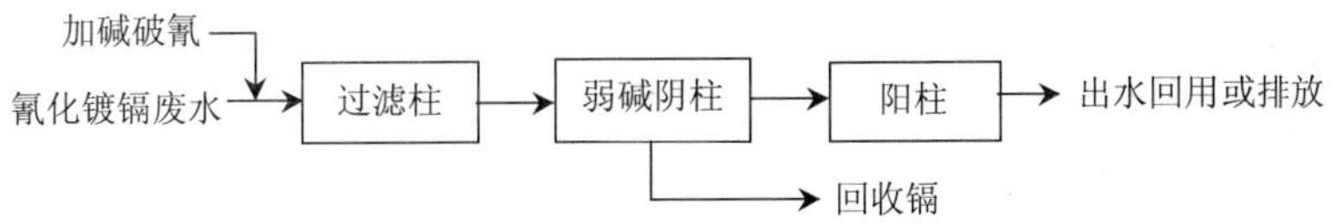

图 9 氰化镀镉废水离子交换处理基本工艺流程

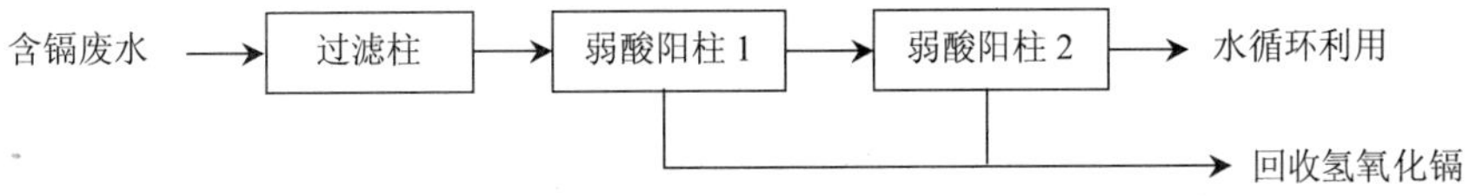

图 10 无氰镀镉废水离子交换处理基本工艺流程

6.4.2.3.2 采用离子交换处理含镉废水，应满足以下技术条件和要求：

a）进水中镉离子质量浓度不宜大于 100 mg/L；

b）废水中的镉以 Cd^{2+}形式存在时，宜用酸性阳离子交换树脂处理；废水中的镉以各种络合阴离子形式存在时，宜选用阴离子交换树脂处理；

c）吸附饱和后的阴离子交换树脂，宜选用 NH_4NO_3 和氨水混合液作为再生剂进行再生，每小时用量为 4 倍于树脂体积，再生速度用 1～2 倍每小时树脂体积；

d）阳离子树脂交换柱应与阴离子树脂交换柱同步再生。再生剂为 2 mol/L 的盐酸，再生流速为 0.5 m/h，再生剂用量为 2 倍于树脂体积。阳离子树脂交换柱洗脱液进入中和池处理。

6.4.2.4 化学沉淀—反渗透处理技术

6.4.2.4.1 化学沉淀—反渗透组合技术适宜于氰化镀镉槽中清洗废水的处理，基本工艺流程见图 11：

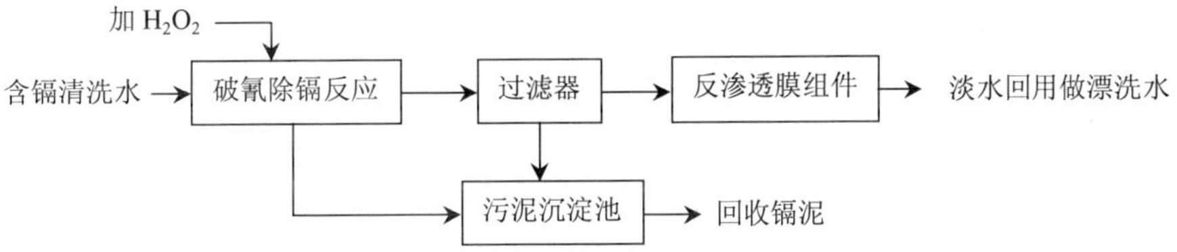

图 11 化学沉淀—反渗透联合处理氰化镀镉废水基本工艺流程

6.4.2.4.2 采用反渗透处理含镉清洗水时，应符合以下技术条件和要求：

a）对单纯的硫酸镉废水，宜采用醋酸纤维膜进行反渗透分离；

b）对氰化镀镉漂洗废水，宜选用稳定性、抗氧化性、抗酸性和抗碱性良好的反渗透膜；

c）废水进入反渗透器前，需采用 H_2O_2 进行破氰和镉沉淀，废水经反应沉淀后，上清液再通过反渗透浓缩分离；

d）投加 H_2O_2 时，应不断搅拌。H_2O_2 的投量为理论值的 1.3～1.5 倍。

6.4.3 含镍废水

6.4.3.1 化学沉淀处理技术

采用化学沉淀处理含镍废水时，宜采用图 4 所示的基本处理单元。同时，应满足以下技术条件和要求：

a）在废水中投加氢氧化钠，反应 pH 值应大于 9；

b）反应时间不宜少于 20 min，并采用机械搅拌；

c）为加快悬浮物沉淀，可投加铁盐混凝剂。

6.4.3.2　离子交换处理技术

6.4.3.2.1　离子交换处理镀镍清洗废水，宜采用图 12 所示的双阳柱全饱和基本工艺流程：

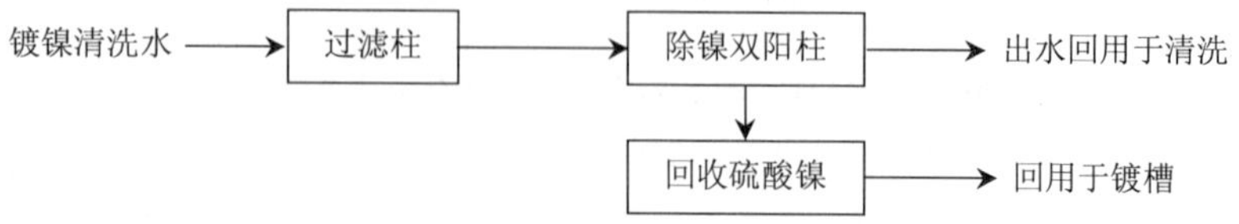

图 12　离子交换处理镀镍清洗水基本工艺流程

6.4.3.2.2　采用离子交换处理镀镍清洗水时，应满足以下技术条件和要求：

a）进水镍离子质量浓度不宜大于 200 mg/L。

b）阳离子交换剂宜采用凝胶型强酸阳离子交换树脂、大孔型弱酸阳离子交换树脂或凝胶型弱酸阳离子交换树脂，均应以钠型投入运行。

c）强酸阳离子交换树脂在交换、再生等过程中胀缩率较小，而弱酸阳离子交换树脂的胀缩率很大，当树脂由 Na 型转化为 Ni 型或 H 型时，其体积比（Ni 型/Na 型或 H 型/Na 型）达 0.5～0.6，因此，在设计交换柱时，树脂层上部应留有足够的空间。

d）当进水中悬浮物质量浓度超过 10 mg/L 时，应设置过滤柱。

e）离子交换处理含镍废水回收的硫酸镍溶液，宜作为镀镍槽的蒸发损失的补充液或作为调整镀镍槽槽液 pH 值的调整液使用。其中，镀光亮镍生产工艺的清洗水经处理后回收的硫酸镍溶液，应返回镀光亮镍镀槽，不可回用于半光亮镍镀槽。

f）当回收的硫酸镍溶液中含有的硫酸钙、硫酸镁、硫酸钠等杂质超过镀镍槽液允许限值时，应进行净化后才能回用。

6.4.3.3　反渗透处理技术

6.4.3.3.1　采用反渗透处理镀镍清洗水时，宜采用图 13 所示的基本工艺流程。

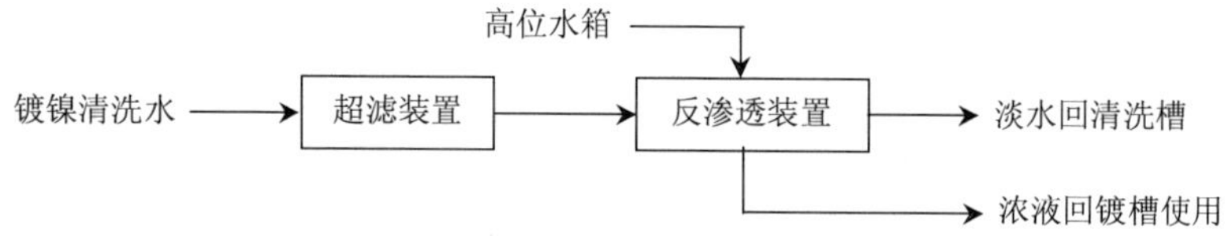

图 13　反渗透处理含镍清洗水基本工艺流程

6.4.3.3.2　采用反渗透处理镀镍清洗水时，应满足以下技术条件和要求：

a）采用反渗透膜分离处理镀镍清洗水时，镀件的清洗方式必须采用二级、三级或多级逆流漂洗，以减少反渗透装置的容量。

b）在反渗透装置上方应设一个高位水箱，当高压泵停止工作时，水就自动从高压水箱流经管膜内，使膜保持湿润；高压水管路上应装有安全阀门，并设旁通管路。一旦压力超过工作压力，安全阀自动降压，原液经旁通管路流回原液槽。

c）为防止反渗透膜的化学损伤，进水中余氯含量应小于 0.1 mg/L。去除氧化剂的方法可采用颗粒活性炭吸附，也可投加还原剂（如亚硫酸氢钠），并通过 ORP 进行监控。

d）采用反渗透装置处理后的淡水可用于镀件漂洗，浓液可直接返回镀镍槽使用。

6.4.4 含铜废水

6.4.4.1 离子交换处理技术

6.4.4.1.1 离子交换处理氰化镀铜和铜锡合金废水时，宜采用图 14 所示的基本工艺流程。如废水中含钙、镁离子浓度较高时，可在阴离子交换柱前增设 H 型弱酸阳离子交换柱。

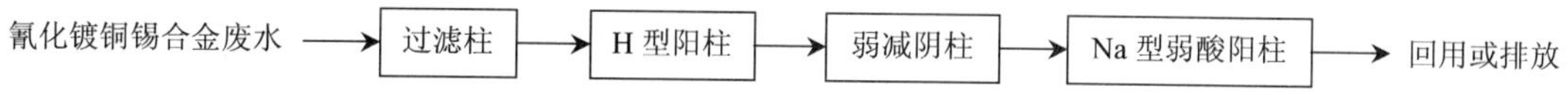

图 14 离子交换处理氰化镀铜锡合金废水基本工艺流程

6.4.4.1.2 采用离子交换处理氰化镀铜和铜锡合金废水时，应满足以下技术条件和要求：

a）进水中总氰离子质量浓度不宜大于 100 mg/L。

b）阴树脂饱和后，应在负压条件下加酸进行再生。阴树脂再生柱下方应设置一个敞口碱槽，槽内贮存溶液量应大于 1/2 树脂量、碱液浓度不低于 10 mol/L。

c）处理装置所在场地应有每小时换气 8～12 次的机械通风设施。通风设施的电气开关应安装在门外或门口。

d）阴树脂再生，应严格遵守以下规定：

①在树脂再生的整个过程中，非特殊情况不得中断。操作人员必须完成再生、淋洗等全过程后才能离开岗位；

②在再生过程中，不准停止负压系统，特殊情况需要停止时，必须首先关闭树脂再生柱、碱液吸收罐、破氰反应罐所有阀门；

③碱液吸收罐内氢氧化钠溶液浓度应不小于 2.8 mol/L，负压系统的循环水箱内循环水应呈碱性。

e）在运行和再生等过程排出的反洗水、淋洗水、废再生液以及更新后排出的循环水等，均含有氰离子，应经破氰处理。

6.4.4.1.3 采用离子交换处理硫酸铜镀铜废水时，宜采用图 15 所示的双阳柱全饱和基本工艺流程，并满足以下技术条件和要求：

a）可与电解联合使用，从再生洗脱液中回收铜；

b）处理系统循环水的补充水应用除盐水；

c）阳柱再生宜采用硫酸作为再生液，同时避免循环水中混入钙、镁离子。如再生洗脱液中有硫酸钙、硫酸镁白色沉淀时，应通过静止沉淀和过滤除去；

d）处理后水应循环利用。

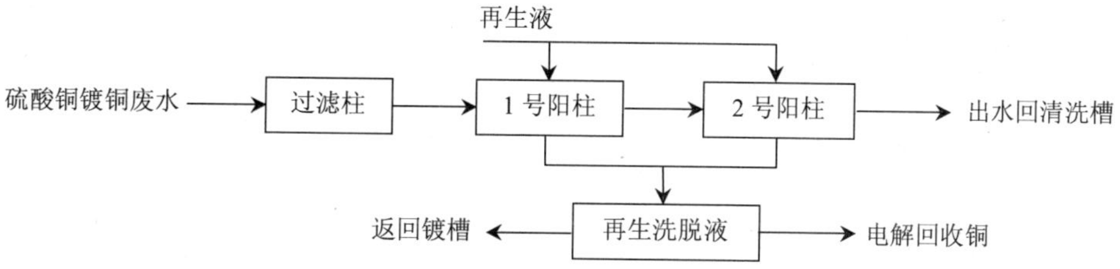

图 15 离子交换处理硫酸铜镀铜废水基本工艺流程

6.4.4.1.4 采用离子交换处理焦磷酸铜镀铜废水时，宜采用图 16 所示的双阴柱全饱和基本工艺流程，并应满足以下技术条件和要求：

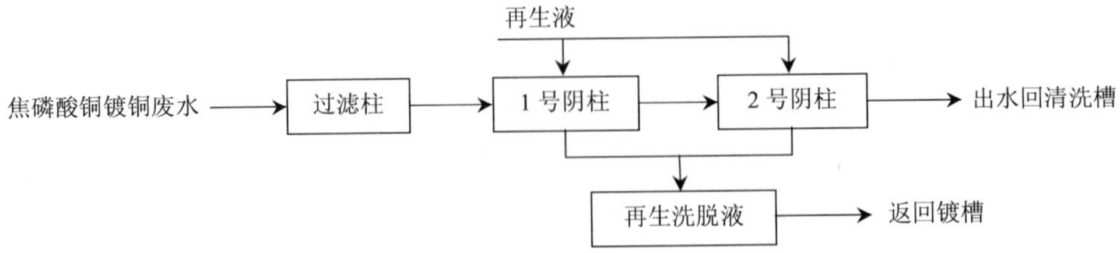

图 16 离子交换处理焦磷酸铜镀铜废水基本工艺流程

a）再生柱的洗脱液，含有较高浓度的铜离子，可直接回镀槽作为补充液使用；

b）如运行中循环水和补充水采用自来水，由于自来水中钙、镁等离子形成白色沉淀，加重了过滤柱负荷，所以，应在过滤柱前增设一个阳柱。

6.4.4.2 电解处理技术

采用电解处理含铜废水并回收铜时，宜采用图 17 所示基本工艺流程，并满足以下技术条件和要求：

a）电解槽宜采用无隔膜、单极性平板电极。电解槽电源可采用直流电源。电解槽和电源设备均应可靠接地；

b）电解槽的阳极材料宜采用不溶性材质，阴极材料宜采用不锈钢板或铜板，并宜设置 2 套；

c）当废水含铜质量浓度大于 700 mg/L 时，阴极电流密度宜采用 0.5～1.0 A/dm^2；当废水含铜质量浓度小于 700 mg/L 时，阴极电流密度宜采用 0.1～0.5 A/dm^2，硫酸铜废水的电流密度可略高于氰化镀铜废水。

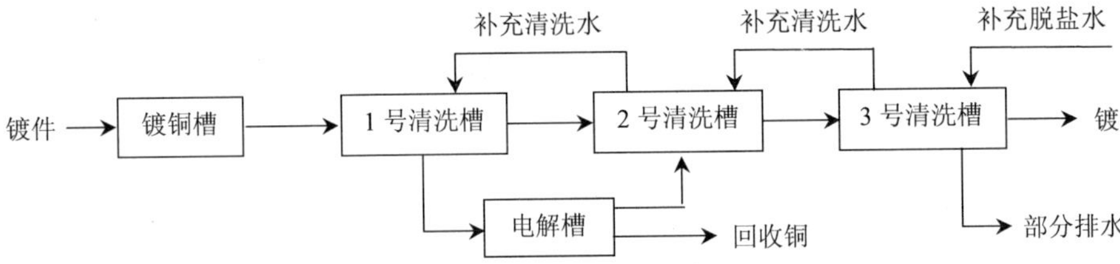

图 17 电解处理镀铜废水基本工艺流程

6.4.5 含锌废水

6.4.5.1 化学沉淀处理技术

6.4.5.1.1 采用化学沉淀处理碱性锌酸盐镀锌清洗废水时，宜采用图 18 所示的基本工艺流程，并满足以下技术条件和要求：

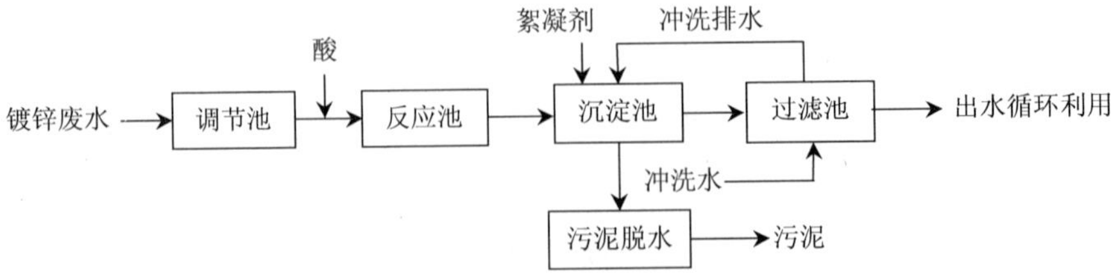

图 18 化学沉淀处理碱性锌酸盐镀锌废水基本工艺流程

a）废水中锌离子含量不宜大于 50 mg/L；

b）废水进水的 pH 值宜控制在 9～12；

c）反应时间宜采用 5～10 min；

d）絮凝剂宜采用碱式氯化铝，其投加量宜为 15 mg/L（以铝离子计）；

e）经处理后的清洗水可循环利用，但每天应补充 10%～15%的新鲜水量；

f）含锌污泥（含水率 99.7%）的体积宜按处理废水体积的 4%～8%确定。

6.4.5.1.2 采用化学沉淀处理铵盐镀锌废水时，宜采用图 19 所示的基本工艺流程，并满足以下技术条件和要求：

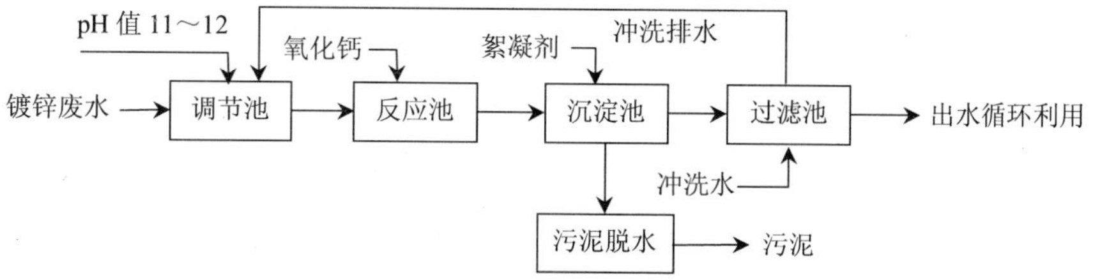

图 19 化学沉淀处理铵盐镀锌废水基本工艺流程

a）采用石灰处理铵盐镀锌废水时，石灰宜先调制成石灰乳后投加；氧化钙投加量（质量比）宜为 $m(Ca^{2+})$∶$m(Zn^{2+})$＝3∶1～4∶1；

b）处理时可用石灰（按计算量）和氢氧化钠调整废水 pH 值 11～12，pH 值不能超过 13，搅拌 10～20 min；

c）如废水中含有六价铬离子，宜投加硫酸亚铁，将六价铬还原为三价铬，硫酸亚铁的投加量根据六价铬离子浓度及废水中存在的亚铁离子总量确定，助凝剂宜采用阴离子型或非离子型的聚丙烯酰胺，投加量为 5～10 mg/L。

6.4.5.2 离子交换处理技术

6.4.5.2.1 采用离子交换处理钾盐镀锌废水时，宜采用图 20 所示的双阳柱全饱和基本工艺流程：

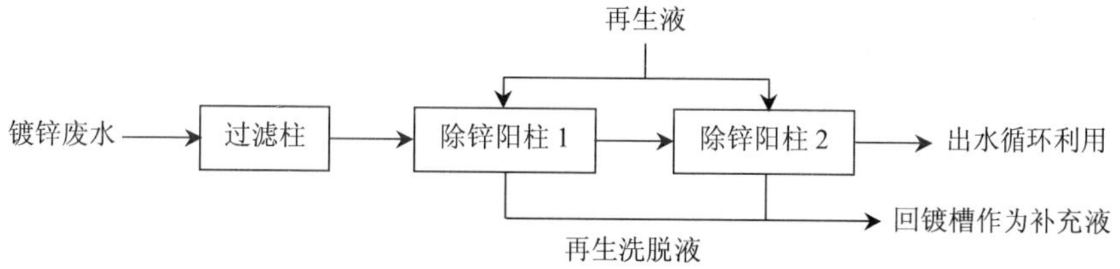

图 20 离子交换处理钾盐镀锌废水基本工艺流程

6.4.5.2.2 采用离子交换处理钾盐镀锌废水时，应满足以下技术条件和要求：

a）过滤柱滤料采用活性炭时，宜用 3.0 mol/L HCl 活性炭体积量的 2 倍用量再生，再生时间为 50 min，再生后用自来水清洗到出水 pH 值为 7 左右即可投入运行；

b）交换柱再生洗脱液含有较高浓度的锌离子，可直接回镀槽作为补充液使用。若洗脱液中带有铁离子量过多时，可用氢氧化钠调整 pH 值到 3 以上，使氢氧化铁沉淀后再回用。

6.4.6 含铅废水

采用磷酸盐沉淀处理含铅废水时，宜采用图 21 所示的基本工艺流程，并满足以下技术条件和要求：

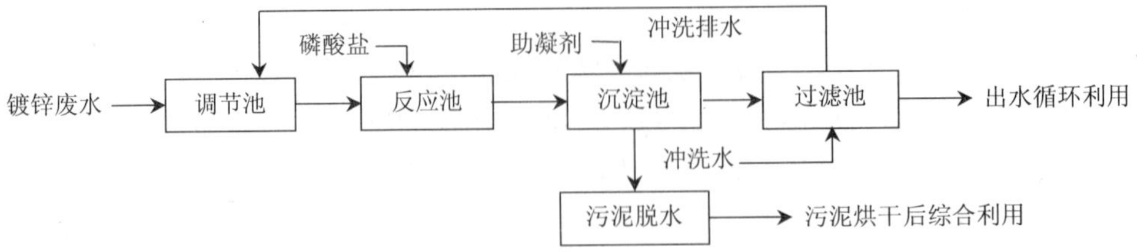

图 21 磷酸盐沉淀处理含铅废水基本工艺流程

a）沉淀剂宜采用磷酸钠；磷酸钠的投加量应根据试验确定；

b）反应时可投加助凝剂，助凝剂宜选用聚丙烯酰胺（PAM），其投加量宜控制在 5 mg/L；

c）磷酸钠和 PAM 不宜同时加入，应先加磷酸钠，0.5 min 后再加入 PAM；

d）沉淀后的沉渣经烘干脱水后，可用作塑料稳定剂。

6.4.7 含银废水

6.4.7.1 用电解回收银时，一级回收槽内废水中银离子质量浓度宜在 200～600 mg/L。

6.4.7.2 用电解处理氰化镀银废水时，可采用图 22 所示基本工艺流程。当清洗槽排水中氰离子浓度超过排放标准时，应经化学处理。

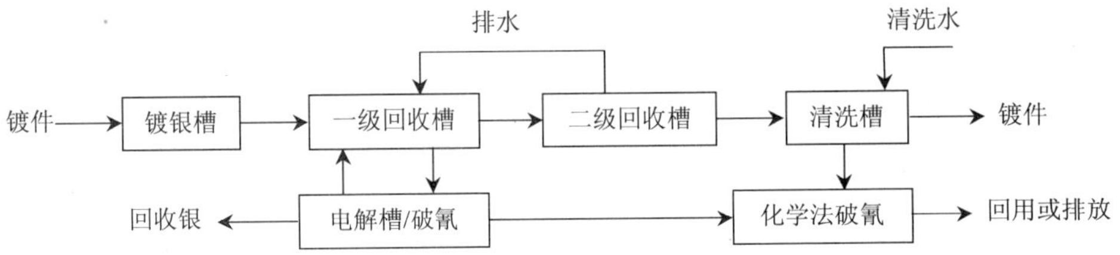

图 22 镀银废水处理基本工艺流程

6.4.7.3 回收槽的补充水应采用除盐水。

6.4.7.4 电解槽宜采用无隔膜、单极性平板电极电解槽或同心双筒电极旋流式电解槽。电解槽的电源，可采用直流电源或脉冲电源，但应通过技术经济比较确定。电解槽和电源设备应可靠接地。

6.4.7.5 电解槽的阴极材料可采用不锈钢，并宜设两套。阳极材料应根据废水性质和电解槽形式确定。

6.4.7.6 电解设备的选择应根据每小时镀件带出槽液银（或氰）离子量来确定。电解设备阴极析出银量可按式（1）计算：

$$M_x = IK\eta \tag{1}$$

式中：M_x——电解设备阴极析出银量，g/h；

I——采用的电流值，A；

K——银的电化当量，$K = 4.025$ g/（A·h）；

η——阴极电流效率，按设备给出值选（一般应为 20%～50%）。

电解设备阴极析出银量，应大于 1.3 倍的每小时镀件带出槽液银离子量。

6.4.7.7 采用旋流电解处理含银废水并回收银时，还应满足以下技术条件和要求：

a）阴、阳极间距宜控制在 5～10 mm；

b）旋流电解提取白银的最佳工艺条件宜采用：槽电压 1.8～2.2 V，电流密度 0.17～0.6 A/dm^3，电流效率 70%～80%，旋流量 400～600 L/h，阴离子起始质量浓度为 0.5～5 g/L；

c）电解破氰的最佳工艺条件宜采用：槽电压 3～4 V，电流密度 10～13 A/dm^3，氯化钠质量分数 3%～5%，氰酸根去除率大于 99%；

d）镀银漂洗水或老化液经回收白银，完成破氰后，若氰离子浓度仍不符合排放标准，可使用化学法破氰。

6.4.8 含氟废水的处理

对含氟废水宜采用石灰—硫酸铝处理，先向废水中投加石灰乳，调节废水 pH 值到 6～7.5，然后再投加硫酸铝或碱式氯化铝，其投加量与除氟效果成正比，具体投加量应通过试验确定。由于电镀工艺中使用氢氟酸量不多，一般不单独处理。

6.5 电镀混合废水

6.5.1 电镀混合废水中的特征污染物铬、镉、铅、镍、银、铜、锌、铁、铝等金属离子和氰化物应在车间排水口处理；COD、BOD、总磷、总氮、氨氮、色度、石油类、悬浮物、氟化物等污染物宜在总排放口处理。

6.5.2 微电解—膜分离联合处理技术

6.5.2.1 微电解—膜分离联合处理电镀混合废水时，宜采用图 23 所示的基本工艺流程：

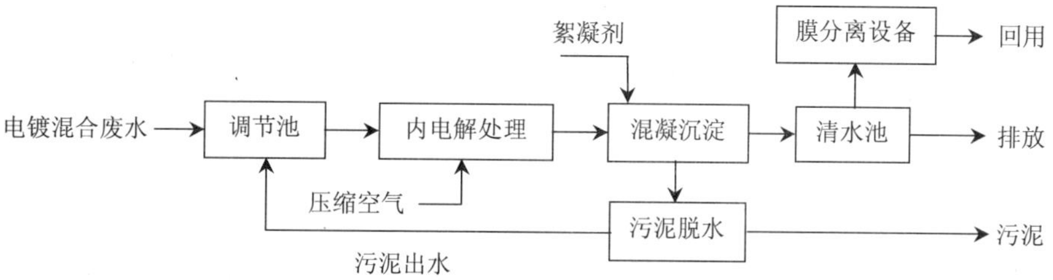

图 23 微电解—膜分离联合处理含铬废水基本工艺流程

6.5.2.2 采用微电解—膜分离联合处理电镀混合废水时，宜满足以下技术条件和要求：

a）微电解处理设备的材质宜选用不锈钢或碳钢，内壁应做防腐处理。

b）铸铁屑粒径宜大于 5 mm；装填高度不宜小于 1.5 m。

c）进水 pH 值宜控制在 2～5；废水与铁屑填料的接触时间不宜少于 20 min。

d）处理系统在运行期间，应定时向微电解设备自动通入压缩空气。空气通入量为 0.1～0.13 m^3/（min·m^2）；压力为 0.3～0.7 MPa；通气时间为 1～3 min；脉冲频率宜为 2～5 s；周期宜为 1～2 h。如采用溶气水，溶气水与原水的比例可为 30%～50%，或视溶气水对反应器填料层冲击强度确定。溶气罐的水力停留时间宜设置为 3 min 左右。

e）微电解设备出水应用碱（或石灰乳）调 pH 值为 8～11 进行固液分离，为加快污泥沉淀，可适当投加助凝剂。

f）当采用连续式处理时，宜设水质自动检测和投药自动控制装置；间歇循环式处理废水，内电解设备内的流速不宜低于 20 m/h，填料的装填高度不宜低于 1.5 m。间歇循环处理以六价铬达标为终点，调整循环池内废水 pH 值为 8～11 进行固液分离。

h）微电解设备在检修或不运行期间，应保持设备内的水位始终浸没铁屑填料。如设备维修需将废水排空时，其设备维修和注满水的时间间隔应不超过 4 h。

g）微电解与膜分离联合处理电镀混合废水时，应根据回用水水质、水量要求，选择膜分离工艺形式。对膜分离产生的浓水，宜进入有机废水生化处理系统，经处理达标后排放。

6.5.3 凝聚沉淀处理技术

6.5.3.1 电镀混合废水中含有三价铬、铜、镍、锌、铁以及少量的铅时，宜采用硫酸亚铁作为还原剂，每种重金属离子质量浓度不宜超过 30～40 mg/L。废水中的悬浮物总量不宜超过 600 mg/L。

6.5.3.2 电镀混合废水中含有铬、铜、镍、锌时，处理过程中 pH 值宜控制在 8～9 范围内；当有镉离子时，废水 pH 值应大于或等于 10.5，同时应防止混合废水中两性金属的再溶解。

6.5.3.3 处理过程中，可根据需要投加絮凝剂和助凝剂，其品种和投加量应通过实验确定。

6.5.3.4 处理后出水一般可用于作镀前预处理用水，可作为冲洗地坪或冲洗厕所卫生设备等用水。

6.5.4 生物处理技术

6.5.4.1 电镀废水中的 COD、石油类、总磷、氨氮与总氮等污染物，应采用生物处理达标后排放。

6.5.4.2 生物处理电镀混合废水，宜采用图 24 所示的基本工艺流程：

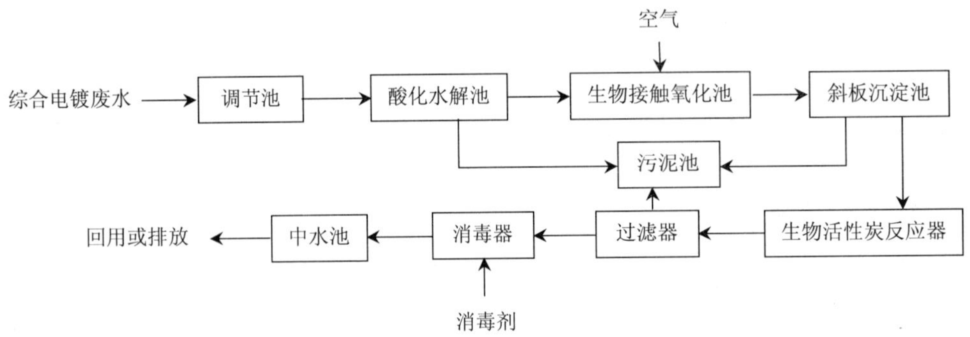

图 24 生物处理综合电镀废水基本工艺流程

6.5.4.3 由于铬、铅、镉、铜、锌、铁等重金属对微生物均有毒害作用，所以，进入生物处理系统的重金属离子应经过预处理。

6.5.4.4 宜根据综合电镀废水的水质，合理选用酸化水解池作为初级处理、生物活性炭作为二级处理，高效过滤器、药剂消毒作为深度处理工艺。

6.5.4.5 处理过程中所产生的污泥，经管道汇集后自流入污泥浓缩池，经浓缩、脱水后外运集中处理，上清液重新流回调节池。

6.5.4.6 为保证整个处理系统的安全可靠运行，生物接触氧化池和高效过滤器应设有反冲洗管路，反冲洗水来自自来水或该流程处理后的出水。

6.5.4.7 生物接触氧化池宜按一级、二级两格串联布置，水力停留时间不小于 4 h（一级 2.6 h、二级 1.4 h）。池中应设有立体弹性填料，框架为碳钢结构，内外涂防腐涂料，池底应设有微孔曝气软管布气，气水比宜按（10～15）∶1 考虑。

6.5.4.8 生物活性炭的主要设计和运行参数宜满足以下要求：

a）活性炭粒径：0.9～1.2 mm；床高：2～4 m；空床停留时间：20～30 min；体积负荷（BOD）：0.25～0.75 kg/（m^3·d）；水力负荷：8～10 m^3/（m^2·h）；

b）生物活性炭的有效体积（活性炭体积）宜按式（2）计算：

$$V=\frac{Q(S_0-S_e)}{N_V} \tag{2}$$

式中：V——有效体积，m^3；

Q——废水平均日流量，m^3/d；

S_0——进水 BOD 值，mg/L；

S_e——出水 BOD 值，mg/L；

N_V——容积去除负荷（BOD），g/（m^3·d），一般取 0.5～1 g/（m^3·d）。

c）生物活性炭的总面积宜按式（3）计算：

$$A=\frac{V}{H} \tag{3}$$

式中：A——生物活性炭的总面积，m^2；

H——活性炭总高度，m。

7 污泥浓缩与脱水

7.1 一般规定

7.1.1 电镀废水处理过程中产生的污泥属于危险废物。电镀污泥的处理处置要体现资源化、减量化和无害化。应首先考虑回收其中的重金属，不能回收利用时，应妥善保管，防止二次污染。

7.1.2 电镀污泥的回收和综合利用应优先利用本单位的生产工艺。污泥脱水、干燥程度及其构筑物和设备的选择，应根据回收和综合利用的要求确定。

7.1.3 不具备综合利用条件、需要对电镀污泥进行处理处置的，应按照国家有关危险废物转移联单管理办法的规定办理相应的手续，交由有资质的单位进行处理与处置。

7.1.4 电镀污泥的浓缩、固液分离构筑物和设备的排水，应收集到废水调节池。

7.2 污泥浓缩

7.2.1 沉淀池排出的污泥，在脱水前宜先进行浓缩。

7.2.2 沉淀池排出的污泥含水率，如无试验资料或类似处理运行数据可参考时，石灰法可按 99.5%～98.0%选用。同一处理方法有污泥回流时，沉淀池排出的污泥较无污泥回流时的污泥含水率要小。浓缩后污泥在无试验资料或类似处理运行数据可参考时，含水率可按 98%～96%选用。

7.2.3 浓缩池的排泥可采用水力排泥和斗式排泥。其中，斗式排泥时污泥斗壁与水平面夹角为 55°～60°。多斗排泥时应每斗设单独的排泥管和排泥阀。

7.2.4 间歇式浓缩池应在不同高度设置排出澄清水的设施。浓缩池位于地下时宜加盖。

7.3 污泥脱水

7.3.1 污泥脱水可采用污泥脱水设备进行机械脱水，也可通过污泥干化场自然脱水。污泥脱水设备的选型应根据污泥性能和脱水要求，经技术经济比较后确定。

7.3.2 污泥脱水设备可采用各种类型的压滤机，其过滤强度和滤饼含水率可由试验或参照类似污泥脱水运行数据确定。当缺乏有关资料时，对石灰法处理废水，有沉渣回流且脱水前不加絮凝剂，压滤后的滤饼含水量可为 82%～80%，过滤强度可为 6～8 kg/（$m^2 \cdot h$）（干基）。当沉渣中硫酸钙含量高时，滤饼含水率可取 75%或更小。

污泥脱水用厢式压滤机和板框压滤机的选用，应符合 HJ/T 283 的规定。

7.3.3 污泥脱水设备的配置应符合以下要求：

a）压滤机宜单列布置；

b）有滤饼贮斗或滤饼堆放场地，其容积或面积根据滤饼外运条件确定；

c）应考虑滤饼外运的设施和通道。

7.3.4 脱水后的污泥，应用塑料袋进行包装后，存放在具有防雨淋、防渗、防扬散、防流失的场所，并应按照 GB 15562.2 的规定，设置明显标识，按 GB 18597 要求进行管理。

7.3.5 压滤机的设计工作时间每班不宜大于 6 h。

7.3.6 污泥在脱水前是否投加絮凝剂，可通过试验和技术经济比较后确定。

8 主要工艺设备（设施）和材料

8.1 一般规定

8.1.1 废水处理主要工艺设备（设施）和材料应根据处理基本工艺流程设计和选型，其设计参数应满足基本工艺流程对设备（设施）处理效果的要求。

8.1.2 主要设备和材料，属于已颁布产品标准的，其性能要求应符合其产品标准要求。对于非标设备和材料，其加工质量要求和使用寿命不得低于产品说明书规定的技术指标与使用期限，且应具有良好的防腐蚀性。

8.1.3 主要设备或处理构筑物应不少于 2 个（或分成 2 格）。当废水流量小，调节池容量大，且每天工作时间较少的废水处理站，也可考虑只设 1 个。

8.2 格栅

8.2.1 在废水进入废水处理站或水泵集水池前应设置格栅。

8.2.2 格栅栅条空隙宽度一般可采用 10～15 mm，水泵集水池前的格栅空隙宽度应满足水泵要求。格栅采用人工或机械清理。

8.2.3 当废水呈酸性时，格栅应采用不锈钢或其他耐腐蚀材料。

8.3 废水调节池

8.3.1 连续处理的废水处理站应设置废水调节池。调节池容积应根据废水量变化规律计算确定，一般能收集 4～8 h 废水量。当废水处理站需要处理初期雨水时，调节池还应考虑初雨水量，其调节池容积按电镀生产厂区污染面积和降雨量计算。

8.3.2 调节池应方便沉渣清理，悬浮物较多的废水宜采用机械清理。

8.3.3 调节池应根据废水的性质采取相应的防腐措施。

8.4 污水泵

8.4.1 水泵的选型和台数应与废水的水质、水量及处理系列相适应，宜按每个系列的处理水量选 1 台工作泵，1 台备用泵。

8.4.2 抽升腐蚀性废水，应选用耐腐蚀的水泵、管道和配件。泵房地面应防腐。

8.4.3 抽升可能产生有毒、有害气体的污水泵房，应设计为单独的建筑物，并有可靠的通风设施。

8.5 混合反应池

8.5.1 水处理药剂与废水的混合与反应，宜采用机械搅拌或水力搅拌。间歇处理废水可采用压缩空气搅拌。

8.5.2 药剂与废水混合时间为 3～5 min，反应时间为 10～30 min。

8.5.3 药剂与废水混合反应过程中，如产生有害气体，则混合池和反应池应加盖密闭，设通风设施。混合池和反应池不宜采用压缩空气搅拌。

8.5.4 混合和反应池都应设排空管，排空管应通向调节池。

8.5.5 混合和反应池应根据废水水质采取相应的防腐措施。

8.6 沉淀池

8.6.1 沉淀池的设计参数应根据废水处理试验数据或参照类似废水处理的沉淀池运行资料确定。当没有试验条件和缺乏有关资料时，其设计参数可参考表 3。

8.6.2 斜板（管）设计一般采用斜板间距（斜管直径）50～80 mm，其斜长不小于 1.0 m，倾角 60°。

8.6.3 有污泥回流的斜板（管）沉淀池，回流污泥根据工艺要求可与药剂同时加入到废水混合池，或与药剂混合后加入到废水中，或先与废水混合后再投加药剂。其计算流量应为废水和回流污泥之和。

表 3 工业废水沉淀池设计参数

池型	表面负荷/ [m^3/（m^2·h）]	沉淀时间/ h	固体通量/ [kg/（m^2·d）]	出水堰负荷/ [m^3/（d·m）]	池深/ m
竖流式	0.7～1.2	1.5～2.0	40～60	100～130	>5
辐流式	1.2～1.5	1.0～1.5	50～70	100～150	3～3.5
斜管式	3～4	1.0～1.5	50～70	100～300	>5.5
澄清池	1.2～1.5	1.5	70～80	100～200	>5

8.6.4 斜板（管）沉淀池的排泥宜采用机械排泥或排泥斗。沉淀池排泥斗的斗壁与水平面的夹角，园斗不宜小于 55°，方斗不宜小于 60°，每个泥斗应设单独的排泥管和排泥阀。

8.7 过滤池

8.7.1 废水经加药沉淀后，是否需要过滤，应根据出水水质要求确定。

8.7.2 当需要设计过滤池时，可参照 GBJ 13 中有关规定。

8.7.3 过滤池的反冲洗水应返回废水调节池，不得直接外排。

9 检测与过程控制

9.1 电镀废水治理工程应根据工艺要求，在调节池、中间水池、污泥浓缩池、清水池等水池设液位控制仪，并有高/低位接点输出，可自动及手动控制泵的启停。

9.2 废水处理站的处理水量宜采用流量计控制；pH 值调节宜采用 pH 计；加药系统宜采用氧化还原电位仪（ORP）等控制加药量，缺药时可自动报警。

9.3 自动控制系统应设配电柜和控制柜。控制分自动和手动互切换双回路控制系统，并具有自动保护和声光报警功能。

9.4 有条件的企业，应在含氰废水处理单元和含铬废水处理单元安装游离氰和六价铬在线检测系统。

9.5 电镀废水处理站应设水质监测化验室，应具备监测分析所有需要控制的污染项目（如六价铬、总铬、总铅、总镉、总镍、总银、铜、锌、铁、铝、氰化物、pH 值、COD、总磷、总氮、氨氮、氟化物、色度、悬浮物等）的能力。并按照检测项目配置相应的监测分析仪器和玻璃器皿。

10 辅助工程

10.1 电气

10.1.1 废水处理站的供电等级，应与生产车间相同。独立的废水处理站供电宜按二级负荷设计。

10.1.2 低压配电设计应符合 GB 50054 的规定。

10.1.3 供配电系统应符合 GB 50052 的规定。

10.1.4 建设工程施工现场供用电安全应符合 GB 50194 的规定。

10.2 给水、排水和消防

10.2.1 废水处理站排水宜采用重力流排放。

10.2.2 给水管与处理装置衔接时应采取防止污染给水系统的措施。

10.2.3 废水处理站消防设计应符合 GB 50016 的有关规定，并配置消防器材。

10.3 采暖通风

10.3.1 地下构筑物应有通风设施。

10.3.2 在寒冷地区，处理构筑物和管线应有防冻措施。当采暖时，处理构筑物室内温度可按 5℃设计；加药间、化验室和操作室等的室内温度可按 15℃设计。

10.4 建筑、结构、道路与绿化

10.4.1 处理构筑物应符合 GB 50009 和 GB 50191 的有关规定，并采取防腐蚀、防渗漏措施。

10.4.2 处理水池等构筑物应设排空设施，排出的水应回流到调节池。

10.4.3 废水处理站内道路应符合 GBJ 22 的有关规定。

10.4.4 废水处理站的绿化面积，可根据实际情况确定。

11 劳动安全与职业卫生

11.1 劳动安全

11.1.1 高架处理构筑物应设置栏杆、防滑梯、照明和避雷针等安全设施。各构筑物应设有便于行走的操作平台、走道板、安全护栏和扶手，栏杆高度和强度应符合国家有关劳动安全规定。

11.1.2 所有正常不带电的电气设备的金属外壳均应采取接地或接零保护；钢结构、排气管、排风管和铁栏杆等金属物应采用等电位联接。

11.1.3 各种机械设备裸露的传动部分应设置防护罩，不能设置防护罩的应设置防护栏杆，周围应保持一定的操作活动空间。

11.1.4 地下构筑物应有清理、维修工作时的安全措施。主要通道处应设置安全应急灯。在设备安装和检修时应有相应的保护设施。

11.1.5 存放有害化学物质的构筑物应有良好的通风设施和阻隔防护设施。有害或危险化学品的贮存应符合国家相关规定的要求。

11.1.6 废水调节池如需顶盖，则应留有排气孔。

11.1.7 废水处理站危险部位应有安全警示标志。并配置必要的消防、安全、报警与简单救护等设施。

11.2 职业卫生

11.2.1 废水处理设施在建设、运行过程中产生的废气、废水、废渣、噪声及其他污染物排放应严格执行国家环境保护法规、标准和批复的环境影响评价文件的有关规定。

11.2.2 废水处理设备的噪声应符合 GB 12348 的规定，对建筑物内部设施噪声源控制应符合 GBJ 87 中的有关规定。

11.2.3 噪声控制应优先采取噪声源控制措施。废水处理站不宜采用高噪声风机。

11.2.4 加药设施附近应有保障工作人员卫生安全的设施。

11.2.5 加氯间的设计应符合 GBJ 13 的有关规定。

11.2.6 加药间宜与药剂库毗邻，根据具体情况设置搬运、起吊设备和计量设施。

11.2.7 药剂贮量一般不少于 15 d 的投药量，也可根据药剂用量和当地药剂供应条件等合理确定。

12 工程施工与验收

12.1 一般规定

12.1.1 承担电镀废水治理工程的设计单位、施工单位应具备相应的工程设计资质或施工资质。

12.1.2 施工单位应按照设计图纸、技术文件、设备图纸等组织施工。施工过程中，应做好材料设备、隐蔽工程和分项工程等中间环节的质量验收；隐蔽工程应经过中间验收合格后，方可进行下一道工序施工。

12.1.3 施工中所使用的设备、材料、器件等应符合现行国家标准和设计要求，并取得供货商的产品合格证书。不得使用不合格产品。设备安装应符合 GB 50231 的规定。

12.1.4 管道工程的施工和验收应符合 GB 50268 的规定；混凝土结构工程的施工和验收应符合 GB

50204 的规定；构筑物的施工和验收应符合 GB 50141 的规定。

12.1.5 施工单位除应遵守相关的技术规范外，还应遵守国家有关部门颁布的劳动安全及卫生、消防等国家强制性标准。

12.1.6 电镀废水治理工程施工与验收应有施工监理单位参加。

12.2 工程施工

12.2.1 土建施工

12.2.1.1 在土建施工前，应认真了解设计图纸和设备安装对土建的要求，了解预留预埋件的位置和做法，对有高程要求的设备基础要严格控制在设备要求的误差范围内。

12.2.1.2 在进行结构设计时应充分考虑池体的抗浮，施工过程中应计算池体的抗浮稳定性及各施工阶段的池体自重与水的浮力之比，检查池体能否满足抗浮要求。

12.2.1.3 各类水池宜采用钢筋混凝土结构。土建施工应重点控制池体的抗浮处理、地基处理、池体抗渗处理，满足设备安装对土建施工的要求。

12.2.1.4 在软弱地基上施工、且构筑物荷载不大时，应采取适当的措施对地基进行处理，必要时可采用桩基。

12.2.1.5 施工过程中应加强建筑材料和施工工艺的控制，杜绝出现裂缝和渗漏。出现渗漏处，应会同设计等有关方面确定处理方案，彻底解决问题。

12.2.1.6 模板、钢筋、混凝土分项工程应严格执行 GB 50204 规定。其中，模板架设应有足够强度、刚度和稳定度，表面平整无缝隙，尺寸正确；钢筋规格、数量准确，绑扎牢固应满足搭接长度要求，无锈蚀；混凝土配合比、施工缝预留、伸缩缝设置、设备基础预留孔及预埋螺栓位置均应符合规范和设计要求，冬季施工应注意防冻。

12.2.2 设备安装

12.2.2.1 设备基础应按照设计要求和图纸规定浇筑，混凝土标号、基面位置高程应符合说明书和技术文件规定。混凝土基础应平整坚实，并有隔振措施。预埋件水平度及平整度应符合 GB 50231 规定。地脚螺栓应按照原机出厂说明书的要求预埋，位置应准确，安装应稳定。安装好的机械应严格符合外型尺寸的公称允许偏差，不允许超差。

12.2.2.2 各种机电设备安装后应进行试车。试车应满足下列要求：

a）启动时应按照标注箭头方向旋转，启动运转应平稳，运转中无振动和异常声响；

b）运转齿合与差动机构运转应按产品说明书的规定同步运行，没有阻塞、碰撞现象；

c）运转中各部件应保持动态所应有的间隙，无抖动晃摆现象；

d）试运转用手动或自动操作，设备全程完整动作 5 次以上，整体设备应运行灵活，并保持紧张状态；

e）各限位开关运转中应动作及时，安全可靠；

f）电极运转中温升应在正常值范围内；

g）各部轴承注加规定润滑油，应不漏、不发热，温升小于 60℃。

12.3 工程验收

12.3.1 电镀废水治理工程竣工验收应按《建设项目（工程）竣工验收办法》、相应专业验收规范和本标准的有关规定进行。

12.3.2 建筑电气工程施工质量验收应符合 GB 50303 的规定。各设备、构（建）筑物单体按国家或行业的有关标准、规范验收后，应进行清水联通启动验收和整体调试。

12.3.3 试运行应在系统通过整体调试、各环节运转正常、技术指标达到设计和合同要求后启动。

12.3.4 电镀废水治理工程验收应提供以下资料：主管部门的批准文件；经批准的设计文件和设计变更文件；工程合同；设备供货合同和合同附件；设备技术文件和技术说明书；专项设备施工验收

文件和工程监理报告。

12.4 环境保护验收

12.4.1 电镀废水治理工程试运行期应进行性能试验。废水处理工程性能试验应包括以下内容：最大处理水量试验；最大处理效率试验；污泥脱水试验；电能和药剂消耗试验；运行稳定性试验。

12.4.2 电镀废水治理工程环境保护验收应按《建设项目环境保护竣工验收管理办法》的规定进行，并提供以下技术资料：项目审批文件；批准的设计文件和设计变更文件；性能试验报告；验收监测报告；试运行期连续运行报告（一般不少于30个工作日）及完整的试运行记录；管理制度与岗位操作规程。

12.4.3 电镀废水治理设施经环境保护竣工验收合格后，可正式投入使用。

13 运行与维护

13.1 一般规定

13.1.1 电镀废水处理站应建立操作规程、运行记录、水质检测、设备检修、人员上岗培训、应急预案、安全注意事项等处理设施运行与维护的相关制度，适时监控运行效果，加强处理设施的运行、维护与管理。

13.1.2 电镀企业应将废水处理设施作为生产系统的组成部分进行管理，应配备专职人员负责废水处理设施的操作、运行和维护。废水处理设备设施每年进行一次检修，其日常维护与保养应纳入企业正常的设备维护管理工作。

13.1.3 电镀企业不得擅自停止电镀废水治理设施的正常运行。因维修、维护致使处理设施部分或全部停运时，应事先征得当地环保部门的批准。

13.1.4 电镀废水处理站的运行记录和水质检测报告作为原始记录，应妥善保存，不得丢失或撕毁。

13.2 人员与运行管理

13.2.1 废水处理站的操作人员应经过岗位技能培训，熟悉废水处理的整体工艺、相关技术条件和设施、运行操作的基本要求，能够合理处置运行过程中出现的各种故障与技术问题。

13.2.2 废水处理站的操作人员应严格按照操作规程要求，运行、维护和管理废水处理设施，检查记录处理构筑物、设备、电器和仪表的运行状况。

13.2.3 操作人员应遵守岗位职责，如实填写运行记录。运行记录的内容应包括：水泵及相关处理设备/设施的启动—停止时间、处理水量、水温、pH 值；电器设备的电流、电压、检测仪器的适时检测数据；投加药剂名称、调配浓度、投加量、投加时间、投加点位；处理设施运行状况与处理后出水情况等。

13.2.4 废水处理站的操作人员应做好交接班记录。非操作人员不得擅自启动、关闭废水处理设备。

13.2.5 废水处理站的操作人员应根据处理设施、设备的使用情况，提出检修内容与检修周期；对可能出现故障的设备和装置应提出具体的维护与维修措施。

13.2.6 当发现废水处理设施运行不正常或处理效果出现较大波动，不能满足排放要求时，应及时采取措施，进行调整。

13.2.7 废水处理站的操作人员应负责应急事故水池等应急设施的日常管理，并根据处理工艺特点与污染物特性，制定出生产事故、废水污染物负荷突变等突发情况下的应急调节措施。

13.3 水质检测

13.3.1 电镀废水处理站应设置水质监控点，适时检测与监控处理设施的运行状况与处理效果。

13.3.2 水质监控点应符合以下要求：当对废水处理系统的整体效率进行监控时，水质监控点应设在废水处理设施的总进水口和总排水口；当对处理设施各单元的处理效率进行监控时，监控点应设在处理单元的进水口和单元的排水口。

13.3.3 电镀废水处理站在运行期间，每天均应根据设施的运行状况，对处理水质进行检测，并建立水质检测报告制度。检测项目、采样点、采样频率、采用的监测分析方法应按照 GB 21900 所规定的要求进行。已安装在线监测系统的，也应定期取样，进行人工检测，比对数据。

13.3.4 在检测分析过程中，应及时、真实填写原始记录，不得凭追忆事后补填或抄填。

13.3.5 检测报告应执行三级审核制。第一级审核应校对原始记录的完整性和规范性，仪器设备、分析方法的适用性和有效性，检测数据和计算结果的准确性，校对人员应在原始记录上签名；第二级审核应校核检测报告和原始记录的一致性，报告内容完整性、数据准确性和结论正确性；第三级审核应检查检测报告是否经过了校核，报告内容的完整性和符合性，监测结果的合理性和结论的正确性。第二、第三级校核、审核后，均应在检测报告上签名。

附录 A
（资料性附录）
电镀废水的来源、主要成分及其质量浓度范围

表 A.1 电镀废水的来源、主要成分及其质量浓度范围

废水种类	废水来源	废水主要成分	主要污染物质量浓度范围
酸碱废水	镀前处理、冲洗地坪	各种酸类和碱类等	酸、碱废水混合后，一般呈酸性，pH 值 3～6
含氰废水	氰化镀工序	氰络合金属离子、游离氰等	pH 值 8～11，总氰根离子 10～50 mg/L
含铬废水	粗化、镀铬、钝化、化学镀铬、阳极化处理	六价铬、铜等金属离子	pH 值 4～6，六价铬离子 10～200 mg/L
含镉废水	无氰镀镉、氰化镀镉	镉离子、游离氰离子	pH 值 8～11，镉离子≤50 mg/L，游离氰离子 10～50 mg/L
含镍废水	镀镍、化学镀镍	镀镍：硫酸镍、氯化镍、硼酸、添加剂 化学镍：硫酸镍、络合剂、还原剂	镀镍：pH 值 6 左右，镍离子≤100 mg/L 化学镍：pH 值取决于溶液类型，镍离子≤50 mg/L
含铜废水	酸性镀铜、焦磷酸盐镀铜、氰化镀铜、镀铜锡合金、镀铜锌合金	酸性镀铜废水：硫酸铜、硫酸 焦磷酸盐镀铜：焦磷酸铜、焦磷酸钾、柠檬酸钾、氨三乙酸以及添加剂	酸性铜：pH 值 2～3，铜离子≤100 mg/L 焦磷酸铜：pH 值 7 左右，铜离子≤50 mg/L
含锌废水	碱性锌酸盐镀锌	锌离子、氢氧化钠和部分添加剂等	pH 值＞9，锌离子≤50 mg/L
	钾盐镀锌	锌离子、氯化钾、硼酸和部分光亮剂	pH 值 6 左右，锌离子≤50 mg/L
	硫酸锌镀锌	硫酸锌、部分光亮剂	pH 值 6～8，锌离子≤50 mg/L
	铵盐镀锌	氯化锌、氯化铵、锌的络合物和添加剂	pH 值 6～9，锌离子≤50 mg/L
含铅废水	氟硼酸盐镀铅、镀铅锡铜合金	氟硼酸铅、氟硼酸根、氟离子	pH 值 3 左右，铅离子 150 mg/L 左右，氟离子 60 mg/L 左右
含银废水	氰化镀银、硫代硫酸盐镀银	银离子、游离氰离子	pH 值 8～11，银离子≤50 mg/L，游离氰离子 10～50 mg/L
含氟废水	冷封闭	镍离子、氟离子	pH 值 6 左右，镍离子≤20 mg/L，氟离子≤20 mg/L
混合废水	电镀前处理和清洗	铜、锌、镍、三价铬等重金属离子	pH 值 4～6，铜、锌、镍、三价铬等重金属离子均≤100 mg/L

HJ

中华人民共和国国家环境保护标准

HJ 2003—2010

制革及毛皮加工废水治理工程技术规范

Technical specifications for tannery industry wastewater treatment

2010-12-17 发布 2011-03-01 实施

环 境 保 护 部 发布

前 言

为贯彻《中华人民共和国环境保护法》和《中华人民共和国水污染防治法》，规范制革及毛皮加工废水治理工程的建设与运行管理，防治环境污染，保护环境和人体健康，制定本标准。

本标准规定了制革及毛皮加工废水治理工程设计、施工、验收和运行管理的技术要求。

本标准为首次发布。

本标准的附录 A、附录 B、附录 C 为资料性附录。

本标准由环境保护部科技标准司组织制订。

本标准主要起草单位：山东省环境保护科学研究设计院、山东省皮革研究所、山东省皮革协会。

本标准环境保护部 2010 年 12 月 17 日批准。

本标准自 2011 年 3 月 1 日起实施。

本标准由环境保护部解释。

制革及毛皮加工废水治理工程技术规范

1．适用范围

本标准规定了制革及毛皮加工废水治理工程的总体要求、工艺设计、检测控制、施工验收、运行维护等的技术要求。

本标准适用于以生皮为原料，采用铬鞣工艺的制革及毛皮加工废水治理工程，可作为环境影响评价、可行性研究、设计、施工、安装、调试、验收、运行和监督管理的技术依据，采用其他原料和鞣制工艺的制革及毛皮加工企业和集中加工区的废水治理工程可参照执行。

2．规范性引用文件

本标准内容引用了下列文件中的条款。凡是不注日期的引用文件，其有效版本适用于本标准。

GB 4284　农用污泥中污染物控制标准
GB 5085.3　危险废物鉴别标准 浸出毒性鉴别
GB 7251　低压成套开关设备和控制设备
GB 12348　工业企业厂界环境噪声排放标准
GB 12801　生产过程安全卫生要求总则
GB 14554　恶臭污染物排放标准
GB 15562.1　环境保护图形标志 排放口（源）
GB 18484　危险废物焚烧污染控制标准
GB 18597　危险废物贮存污染控制标准
GB 18598　危险废物安全填埋污染控制标准
GB 18599　一般工业固体废物贮存、处置场污染控制标准
GB 50014　室外排水设计规范
GB 50015　建筑给水排水设计规范
GB 50016　建筑设计防火规范
GB 50019　采暖通风与空气调节设计规范
GB 50033　建筑采光设计标准
GB 50034　建筑照明设计标准
GB 50037　建筑地面设计规范
GB 50046　工业建筑防腐蚀设计规范
GB 50052　供配电系统设计规范
GB 50053　10 kV 及以下变电所设计规范
GB 50054　低压配电设计规范
GB 50055　通用用电设备配电设计规范
GB 50057　建筑物防雷设计规范
GB 50069　给水排水工程构筑物结构设计规范

GB 50093	自动化仪表工程施工及验收规范
GB 50108	地下工程防水技术规范
GB 50116	火灾自动报警系统设计规范
GB 50168	电气装置安装工程电缆线路施工及验收规范
GB 50169	电气装置安装工程接地装置施工及验收规范
GB 50187	工业企业总平面设计规范
GB 50204	混凝土结构工程施工质量验收规范
GB 50208	地下防水工程质量验收规范
GB 50222	建筑内部装修设计防火规范
GB 50231	机械设备安装工程施工及验收通用规范
GB 50236	现场设备、工业管道焊接工程施工及验收规范
GB 50243	通风与空调工程质量验收规范
GB 50254	电气装置安装工程低压电器施工及验收规范
GB 50255	电气装置安装工程电力变流设备施工及验收规范
GB 50256	电气装置安装工程起重机电气装置施工及验收规范
GB 50257	电气装置安装工程爆炸和火灾危险环境电气装置施工及验收规范
GB 50268	给水排水管道工程施工及验收规范
GB 50275	压缩机、风机、泵安装工程施工及验收规范
GB 50334	城市污水处理厂工程质量验收规范
GB 50336	建筑中水设计规范
GB 50395	视频安防监控系统工程设计规范
GB/T 16483	化学品安全技术说明书 内容和项目顺序
GB/T 18920	城市污水再生利用 城市杂用水水质
GB/T 19837	城市给排水紫外线消毒设备
GB/T 19923	城市污水再生利用 工业用水水质
GB/T 50335	污水再生利用工程设计规范
GBJ 115	工业电视系统工程设计规范
GBJ 125	给水排水设计基本术语标准
GBJ 141	给水排水构筑物施工及验收规范
GBZ 1	工业企业设计卫生标准
GBZ 2	工业场所有害因素职业接触限值
CECS 111	寒冷地区污水活性污泥法处理设计规程
CECS 112	氧化沟设计规程
CJJ 60	城市污水处理厂运行、维护及其安全技术规程
HJ/T 91	地表水和污水监测技术规范
HJ/T 92	水污染物排放总量监测技术规范
HJ/T 96	环境保护产品技术要求 pH 水质自动分析仪技术要求
HJ/T 101	环境保护产品技术要求 氨氮水质自动分析仪技术要求
HJ/T 242	环境保护产品技术要求 污泥脱水用带式压榨过滤机
HJ/T 247	环境保护产品技术要求 竖轴式机械表面曝气装置
HJ/T 250	环境保护产品技术要求 旋转式细格栅
HJ/T 251	环境保护产品技术要求 罗茨鼓风机

HJ/T 252 环境保护产品技术要求 中、微孔曝气器
HJ/T 259 环境保护产品技术要求 转刷曝气装置
HJ/T 261 环境保护产品技术要求 压力溶气气浮装置
HJ/T 262 环境保护产品技术要求 格栅除污机
HJ/T 265 环境保护产品技术要求 刮泥机
HJ/T 266 环境保护产品技术要求 吸泥机
HJ/T 272 环境保护产品技术要求 化学法二氧化氯消毒剂发生器
HJ/T 277 环境保护产品技术要求 旋转式滗水器
HJ/T 278 环境保护产品技术要求 单级高速曝气离心鼓风机
HJ/T 279 环境保护产品技术要求 推流式潜水搅拌机
HJ/T 280 环境保护产品技术要求 转盘曝气装置
HJ/T 282 环境保护产品技术要求 浅池气浮装置
HJ/T 283 环境保护产品技术要求 厢式压滤机和板框压滤机
HJ/T 336 环境保护产品技术要求 潜水排污泵
HJ/T 354 水污染源在线监测系统验收技术规范
HJ/T 369 环境保护产品技术要求 水处理用加药装置
HJ/T 377 环境保护产品技术要求 化学需氧量（COD_{Cr}）水质在线自动监测仪
LD 35 制革安全卫生规程
NY/T 1220.2 沼气工程技术规范 第 2 部分：供气设计
NY/T 1222 规模化畜禽养殖场沼气工程设计规范
QB/T 1261 毛皮工业术语
QB/T 2262 皮革工业术语
《建设项目（工程）竣工验收办法》（计建设[1990]1215 号）
《建设项目竣工环境保护验收管理办法》（国家环境保护总局令 第 13 号）
《排污口规范化整治技术要求》（试行）（环监[1996]470 号）
《污染源自动监测管理办法》（国家环境保护总局令 第 28 号）

3．术语和定义

3.1 制革及毛皮集中加工区 leather and fur central processing zone

指由制革及毛皮加工工业为主的企业组成的，企业分布相对集中、区内功能齐全且相对独立的区域。

3.2 含硫废水 sulfur-containing wastewater

指制革工艺中采用灰碱法脱毛时产生的浸灰废液及相应的水洗工序废水。

3.3 脱脂废水 degreasing wastewater

指在制革及毛皮加工脱脂工序中，采用表面活性剂对生皮油脂进行处理所形成的废液及相应的水洗工序废水。

3.4 含铬废水 chromium-containing wastewater

指在铬鞣及铬复鞣工序中产生的废铬液及相应的水洗工序废水。

3.5 综合废水 integrated wastewater

指制革及毛皮加工企业或集中加工区产生的与生产直接或间接相关的排往综合废水处理工程内的各种废水的统称（如生产工艺废水、厂区生活污水等）。

3.6 制革及毛皮加工污泥 sludge

指在制革及毛皮加工废水治理过程中产生的污泥。

3.7 含铬污泥 chrome sludge

指含铬废水预处理过程中产生的污泥。

3.8 预处理 pretreatment

指为减轻综合废水处理负荷，回收有价值物质，对制革及毛皮加工生产过程中产生的污染物含量高且回收价值大或污染严重的废水进行初步净化的过程，也称为分类处理。

3.9 一级处理 primary treatment

指综合废水处理工程内以固液分离为主体的初级净化过程。

3.10 二级处理 secondary treatment

指综合废水处理工程内经一级处理后以生化处理为主体的净化过程。

3.11 深度处理 advanced treatment

指综合废水处理工程内进一步去除二级处理不能完全去除的污染物的净化过程。

4 废水水量和水质

4.1 废水水量

4.1.1 制革及毛皮加工废水水量可按下式计算：

$$Q_Y = Q_i + Q_j \tag{1}$$

$$Q_i = \sum q_i (1-\alpha) = \beta Q \tag{2}$$

式中：Q_Y——综合废水量（以生皮计），m^3/t；

Q_i——生产废水量（以生皮计），m^3/t；

Q_j——其他废水量（以生皮计），m^3/t，包括地面冲洗水和生活污水等，应参照 GB 50015、GB 50336 等标准确定；

q_i——各生产工序废水量（以生皮计），m^3/t，可参照附录 A 确定；

Q——生产用水量（以生皮计），m^3/t，可根据生产用水定额确定；

α——废水回用率，%，即回用废水量与废水产生量的比值，应根据废水实际回用情况或水平衡图确定；

β——按给水量计算排水量的折减系数，应根据企业生产工艺及给排水设施水平等因素确定，一般取 80%～90%。

4.1.2 典型制革废水量可参照表 1，典型毛皮加工废水量可参照表 2。

表 1 典型制革企业单位生皮综合废水量[1]

皮革种类	牛皮	猪皮	山羊皮	绵羊皮
废水量（以生皮计）/（m^3/t）	40～75	45～100	45～75	40～75
注：（1）按生皮质量核算：黄牛皮 20 kg/张，猪皮（盐）5 kg/张，羊皮（盐）3 kg/张。				

表 2 典型毛皮加工企业单位生皮综合废水量

毛皮种类	羊剪绒（盐湿皮）	水貂（干板）	狐狸（干板）	猸子（盐湿皮）	兔皮（盐湿皮）
废水量（以生皮计）/（m^3/t）	70～140	50～90	110～160	80～100	80～110

4.1.3 生产废水量变化系数是指最大日最大时废水量与最大日平均时（生产设计规模）废水量的比值，其值应结合企业实际生产情况确定，当无相关资料时，可参照表 3。

表 3 废水量变化系数

废水来源	皮革集中加工区	制革企业	毛皮加工企业
变化系数	1.5～2.0	1.6～3.0	2.0～4.0

4.2 废水水质

4.2.1 废水水质可按下式计算：

$$C_i = \frac{W_i}{q_i} \times 1\,000 \tag{3}$$

$$C_Y = \frac{\sum W_i(1-\eta_i) + W_j}{Q_Y} \times 1\,000 \tag{4}$$

式中：C_i——各生产工序废水污染物质量浓度，mg/L；

C_Y——综合废水污染物质量浓度，mg/L；

W_i——各生产工序废水污染物产生量（以生皮计），kg/t，可参照附录 B 确定；

W_j——其他废水污染物产生量（以生皮计），kg/t，应参照 GB 50014、GB 50336 等标准确定；

η_i——各生产工序废水预处理污染物去除率，%，可参照附录 C.1。

4.2.2 典型制革废水水质可参照表 4，典型毛皮加工废水水质可参照表 5。

表 4 典型制革废水水质范围 (1)

废水种类	pH	COD_{Cr}/（mg/L）	BOD_5/（mg/L）	SS/（mg/L）	S^{2-}/（mg/L）	总铬/（mg/L）	氨氮/（mg/L）	总氮/（mg/L）	动植物油/（mg/L）
含硫废水	12～14	5 000～40 000	2 500～10 000	3 000～20 000	800～5 000	—	50～100	80～150	150～800
脱脂废水	11～13	10 000～30 000	3 000～8 000	3 000～5 000	—	—	—	—	4 000～10 000
含铬废水	3.5～5	3 000～6 500	600～1 200	600～2 000	—	600～2 500	150～400	200～500	400～800
综合废水	8～10	3 000～4 000	1 200～1 800	2 000～4 000	40～100	30～80 (2)	200～600	250～800	250～2 000

注：（1）表中综合废水水质为未进行预处理的水质。

（2）含铬废水经预处理后，综合废水总铬质量浓度为 0.1～1.5 mg/L。

表 5 典型毛皮加工废水水质范围 (1)

废水种类	pH	COD_{Cr}/（mg/L）	BOD_5/（mg/L）	SS/（mg/L）	总铬/（mg/L）	氨氮/（mg/L）	总氮/（mg/L）	动植物油/（mg/L）
含铬废水	3.5～5	2 000～4 000	400～1 000	400～1 500	300～700	40～100	80～250	300～600
综合废水	8～10	1 500～3 500	600～1 200	1 000～2 500	10～20 (2)	60～120	150～250	300～1 500

注：（1）表中综合废水水质为未进行预处理的水质。

（2）含铬废水经预处理后，综合废水总铬质量浓度为 0.1～1.0 mg/L。

5 总体要求

5.1 一般规定

5.1.1 应从废水的产生、处理和排放全过程进行控制，采用清洁生产技术，提高资源、能源利用率，降低污染物的产生量和排放量，预防污染环境。

5.1.2 制革及毛皮加工废水宜采用清污分流、雨污分流。

5.1.3 应以企业生产情况及发展规划为依据，贯彻国家产业政策和行业污染防治技术政策，统筹集中与分散、现有与新（扩、改）建的关系。

5.1.4 经处理后排放的废水应符合环境影响评价批复文件和相关排放标准的要求。

5.1.5 应配套建设二次污染的预防措施，保证污泥、恶臭、噪声等污染物排放满足 GB 14554 和 GB 12348 等相关环保标准的要求。

5.1.6 应按照《排污口规范化整治技术要求（试行）》建设废水排放口，设置符合 GB/T 15562.1 要求的废水排放口标志，并按照《污染源自动监控管理办法》安装污染物排放连续监测设备。

5.2 建设规模

5.2.1 建设规模应根据废水治理工程服务范围内的现有水量、水质和预期变化情况综合确定；现有企业应以实测数据为依据，新（扩、改）建企业应采用类比或物料衡算的方法确定。

5.2.2 预处理工程建设规模应与其相关生产单元的建设规模相匹配，按最大日流量计算。

5.2.3 综合废水处理工程的建设规模应符合下列要求：

a）格栅、预沉池等调节池前废水处理构筑物按最大日最大时流量计算；

b）调节池及其后废水处理构筑物按最大日平均时流量计算；

c）回用水处理系统根据可利用源水的水质、水量和回用环节，经水量平衡和技术经济分析后确定；

d）污泥处理与处置系统按最大日平均时污泥量计算。

5.3 项目构成

5.3.1 制革及毛皮加工废水治理工程由主体工程、配套工程和生产管理设施构成。

5.3.2 主体工程主要包括含硫废水预处理、脱脂废水预处理、含铬废水预处理和综合废水处理工程，其中的综合废水处理工程包括废水处理系统、回用水系统、污泥处理与处置系统和臭气处理系统：

a）废水处理系统包括一级处理、二级处理和深度处理单元；

b）回用水系统包括回用水贮存、输配和监控单元；

c）污泥处理与处置系统包括污泥均质、浓缩、脱水和最终处置单元；

d）臭气处理系统包括臭气收集和处理单元。

5.3.3 配套工程包括电气自动化、供排水和消防、采暖通风与空调、建筑结构、检测与过程控制等。

5.3.4 生产管理设施包括办公用房、值班室等。

5.4 厂址选择和总体布置

5.4.1 厂址选择和总体布置应纳入制革及毛皮加工企业或集中加工区总体规划，并满足环境影响评价、审批文件的要求。

5.4.2 总体布置应根据区内各建筑物和构筑物的功能和流程要求，结合厂址地形、气候和地质条件，经技术经济比较确定，并符合下列要求：

a）总平面布置合理、紧凑，满足施工、维护和管理等要求，并留有发展及设备更换的余地；

b）竖向布置应充分利用原有地形，尽可能做到土方平衡，降低运行电耗；

c）合理布置超越管线和维修放空设施，并确保不合格的放空水或污泥得到妥善处理和处置；

d）材料、药剂、污泥、废渣等不得露天堆放，存放场所应进行防渗及防水处理。

5.4.3 厂址选择、平面和竖向设计、总图运输、管线综合及绿化布置应根据项目组成情况确定，符合 GB 50187、GB 50014 和行业标准的规定。

6 工艺设计

6.1 一般规定

6.1.1 应优先采用处理效率高、节约能源、投资省的处理工艺，确保废水治理工程稳定、可靠、安全运行。

6.1.2 宜将综合废水处理工程，特别是生化处理单元设计成平行的两条线，其工艺设计应符合 GB 50014 中的相关规定。

6.1.3 厌氧技术的选用应充分考虑制革废水中硫化物、硫酸盐、铬、中性盐、低碳氮比（COD_{Cr}/TN）等对厌氧菌的抑制作用，加强清洁生产措施，尽量降低废水中毒性污染因子浓度。

6.2 处理工艺

6.2.1 提倡分类处理和集中处理相结合。含铬废水应先经预处理达标后再与其他废水混合处理，含硫废水和脱脂废水宜进行预处理，其工艺流程如图 1 所示：

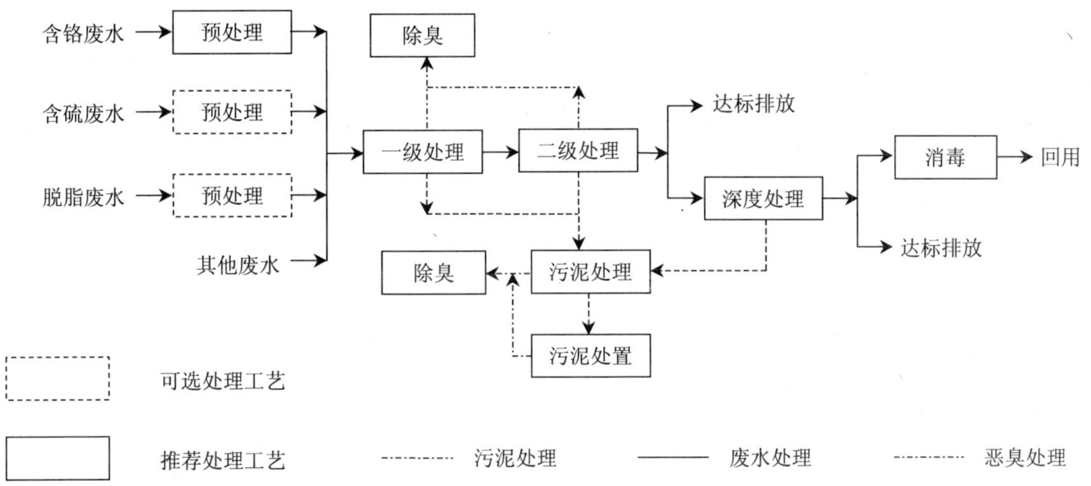

图 1 制革及毛皮加工废水治理工程工艺流程

6.2.2 处理效率应通过试验或同类企业类比资料确定。当无资料时，预处理工程处理效率可参照附录 C.1，综合废水处理工程处理效率可参照附录 C.2。

6.2.3 应根据现行的国家和地方排放标准、污染物的来源及性质、排水去向确定制革及毛皮加工废水处理程度，选择相应的处理级别和处理工艺。

6.2.4 排入集中加工区废水处理厂（站）的企业宜根据集中加工区要求选用预处理或预处理+一级处理工艺；排入城镇污水处理厂的企业宜根据污水处理厂接管要求选择预处理+一级或预处理+一级处理+二级处理工艺；直接排入自然水体的企业应根据排放标准要求选择预处理+一级处理+二级处理或预处理+一级处理+二级处理+深度处理工艺。

6.3 技术要求

6.3.1 含铬废水预处理

6.3.1.1 应结合生产工艺采用循环或碱沉淀技术处理含铬废水，处理后废水的铬含量达标后方可排入综合废水处理工程。

6.3.1.2 碱沉淀处理技术的工艺要求：

a）碱沉淀处理技术包括格栅、贮存、反应、压滤、水洗、酸化和陈化等工序。

b）碱沉淀常用的沉淀剂包括 MgO、NaOH、$Ca(OH)_2$、Na_2CO_3 和 $NaAlO_2$ 等，宜选用 MgO 和 NaOH，投料量宜根据化学平衡计算确定，控制铬液 pH 值在 8.5～10.0 的范围内。

c）贮液池的贮液时间宜大于 2 d，碱沉淀工艺的反应时间宜为 1～2 h，沉降时间应大于 3 h。

d）沉淀分离出的铬泥宜采用板框压滤机压滤，压滤周期 4～6 h，处理能力约 1.5 kg/（m^2·次）。

e）酸化反应采用机械搅拌或空气搅拌的方式，反应 pH 宜为 2.0～2.3，反应时间应大于 1 h，沉降时间宜为 3～4 h。

f）硫酸用量应根据回收液中铬的含量进行确定，按下式计算：

$$M = \frac{AV}{B} \times 1.93 \tag{5}$$

式中：M——硫酸用量，g；

A——废铬液中 Cr_2O_3 的含量，g/L；

V——废铬液量，L；

B——工业硫酸的质量分数，%。

g）回收铬液宜经陈化后使用，陈化时间宜为 5～7 d，陈化后的 pH 值应达到 2.5～2.8。

6.3.1.3 循环处理技术包括直接循环利用和浸酸/鞣制循环利用处理技术，循环处理技术一般包括格栅、贮存、净化、补铬、调节、回用等工序，控制参数应结合生产工艺、产品种类经试验确定后选用。

6.3.2 含硫废水预处理

6.3.2.1 含硫废水预处理包括催化氧化、化学混凝和酸化回收硫化氢等工艺，处理前应采用专用管道收集，格栅拦截。

6.3.2.2 催化氧化处理技术的工艺要求：

a）催化氧化处理技术宜采用锰盐催化氧化技术，使用的催化剂有硫酸锰、氯化锰和高锰酸钾等，常用硫酸锰，其投加量宜为硫化物含量的 5%；

b）催化氧化反应过程中，宜控制 pH 值在 10.5～13.0 范围内，反应温度 15～40℃，催化氧化反应时间大于 6 h；

c）反应池曝气应采用鼓风（大孔或中孔）曝气或机械曝气形式，采用鼓风曝气时，供氧量（氧/S^{2-}）应大于 1.1 kg/kg，采用机械曝气时曝气功率（S^{2-}）宜大于 0.6 kW/kg，并应满足搅拌的要求。

6.3.2.3 化学混凝处理技术的工艺要求：

a）化学混凝处理技术包括混凝和沉淀（或气浮）2 个单元；

b）化学混凝处理技术处理含硫废水常用铁盐、铝盐等混凝剂，为了提高混凝效果也可采用复配混凝剂或与有机高分子混凝剂联用，使用前应根据废水水质特性，通过试验确定适宜的配方；

c）采用硫酸亚铁作混凝剂，反应前可用酸将含硫废水 pH 值调至 8～9，反应终点宜控制 pH 值至 7 左右；

d）混凝时间宜为 10～15 min；

e）沉淀时间宜为 3.0～5.0 h，表面负荷宜为 0.8～1.5 m^3/（m^2·h）；

f）采用气浮工艺时，其设计参数宜通过试验确定，当无相关资料时，表面负荷宜取 1.5～2.5 m^3/（m^2·h）。

6.3.2.4 酸化回收硫化氢的工艺要求：

a）酸化回收硫化氢包括酸化反应、固液分离和碱吸收 3 个单元；

b）应用酸将酸化反应器中废液 pH 值调至 4.0～4.5，酸化反应时间宜大于 6 h；

c）宜由真空泵连续抽出酸化反应器中的 H_2S 至吸收塔，整个反应过程中，吸收系统应保持在负压状态；

d）应采用 NaOH 配置吸收液；

e）酸化后的废液应通过固液分离的方式分离出其中的蛋白质；

f）分离后的废液可根据废液性质和生产工艺情况经再生后循环利用，可使用 CaO 作再生剂，再生废液应将 pH 值调整到 12 左右。

6.3.3 脱脂废水预处理

6.3.3.1 脱脂废水预处理包括酸提取和气浮等工艺，处理前应采用专用管道收集，格栅拦截和隔油措施。

6.3.3.2 酸提取处理脱脂废水包括破乳、皂化、酸化和水洗工序，各工序的控制参数可参照表 6：

表 6 酸提取工艺主要设计参数

工序	pH 值	温度/℃	操作时间/h	备注
破乳	4	60	2.5～3	pH 为反应终点控制值
皂化	11～12	沸腾	1	pH 为反应终点控制值
酸化	4	—	2～3	pH 为反应终点控制值
水洗	6～7	40～60	—	洗 3 次

6.3.3.3 气浮处理工艺设计见 6.3.2.3 条第 f）款。

6.3.4 综合废水处理

6.3.4.1 综合废水处理工程前应设置粗格栅和细格栅，其工艺要求如下：

a）采用机械清除时，粗格栅间隙宜为 10～20 mm，采用人工清除时宜为 15～25 mm，格栅设置在水泵前应满足水泵要求；

b）细格栅宜选用具有自清能力的旋转机械格栅，格栅间隙宜为 2～5 mm；

c）格栅上部应设置工作平台，其高度应高出格栅前最高设计水位 0.5 m，工作平台上应有安全和冲洗设施；

d）栅渣宜通过机械输送，脱水后外运。

6.3.4.2 综合废水进入调节池前应经过沉砂或预沉处理，其工艺要求如下：

a）宜选用平流沉砂池或曝气沉砂池，池面应设浮渣或油脂刮除设施；

b）预沉池停留时间宜为 40～120 min，有效水深宜为 2.0～3.0 m，池面应设有浮渣或油脂刮除设施，也可设置油脂回收设施；

c）沉砂池及预沉池宜采用机械排除泥砂方式，池底应考虑防淤措施，采用重力排除泥砂时，排砂管和排泥管应考虑防堵或清通措施。

6.3.4.3 综合废水处理工程应设置调节池，其工艺要求如下：

a）调节池容积应根据废水在生产周期内的变化曲线采用图解法计算确定，单独制革及毛皮加工企业的调节时间宜大于 20 h，集中加工区的调节时间宜大于 16 h。当二级处理采用 SBR 处理工艺时，可根据工程规模和工艺流程适当减少调节池的容积；

b）当调节池兼作综合废水事故池时，其容积计算应考虑事故排放的容量，可按照 2 h 的废水最大时排放量确定；

c）当初期雨水需要处理时，调节池应考虑初期雨水的储存容量，储存雨水量的确定应符合 GB 50014 的规定，初期雨水的时间应根据雨水收集系统的设置状况、路面材料、污染物性质和降雨等情况确定，当缺乏相关资料时，可取 10～15 min；

d）调节池内应设置混合设施，当设置潜水推进器时，混合功率为 2～8 W/m^3，当采用曝气（中孔或大孔）设备时，曝气量不宜小于 3 $m^3/(m^2·h)$，当调节池兼有预生化或（催化）氧化等功能时，其曝气量还应满足工艺需氧量的要求，曝气设备应考虑防堵塞措施；

e）调节池底部应设有集水坑，池底应有不小于 0.01 的坡度，坡向集水坑，池壁应设置爬梯；

f）调节池应设置液位控制和报警装置。

6.3.4.4 综合废水处理工程应设置沉淀池，沉淀分为初次沉淀池、混凝沉淀池和二次沉淀池，沉淀池的形式应根据处理规模、工艺特点和场地地质条件等因素确定，可选用平流式、辐流式和竖流式等池型，其工艺要求如下：

a）沉淀池主要设计参数参照表 7；

表 7 沉淀池主要设计参数

沉淀池类型		沉淀时间/h	表面负荷/[m^3/（m^2·h）]	污泥含水率/%	固体负荷/[kg/（m^2·d）]
初次沉淀池		1.5～3.0	1.0～2.0	97～98.5	—
混凝沉淀池	二次沉淀池前	2.0～3.0	1.0～1.6	96～98	—
	二次沉淀池后	2.5～4.0	0.8～1.2	98～99.5	—
二次沉淀池	生物膜后	2.0～4.0	0.8～1.5	96～98	≤150
	活性污泥后	3.5～5.0	0.5～0.8	99.0～99.4	≤150

b）初次沉淀池宜采用机械排泥，并应有浮渣刮除设施；

c）应适当增大初次沉淀池深度，增加污泥区容积；

d）当采用斜板（管）沉淀池时，其表面负荷可按比普通沉淀池的表面负荷提高 1～2 倍考虑。

6.3.4.5 可在技术经济论证的基础上，采用水解酸化或厌氧处理工艺对综合废水进行处理，其工艺要求如下：

a）采用水解酸化处理工艺时，水解酸化时间宜取 6～12 h；

b）宜采用常温或中温发酵工艺，反应器中的混合液温度宜控制在 25～35℃的范围内；

c）制革废水厌氧单元宜采用二步厌氧或与其他废水混合处理的工艺，毛皮加工废水可采用一步厌氧工艺；

d）二步厌氧酸化段可采用厌氧填充床或厌氧接触反应器，甲烷化段和一步厌氧可采用 UASB 反应器；

e）酸化反应器中混合液的 pH 应控制在 7.5 以下，硫化物容积负荷（S^{2-}）宜为 1.5～3 kg/m^3，COD_{Cr} 容积负荷（COD_{Cr}）宜为 25～45 kg/（m^3·d），污泥产率 2%～4%；

f）厌氧接触反应器后的沉淀池表面负荷宜为 1.0～1.4 m^3/（m^2·d），沉淀时间宜为 3.0～5.0 h，污泥回流比宜为 30%～50%；

g）甲烷化段的 UASB 反应器容积负荷（COD_{Cr}）宜为 5～15 kg/（m^3·d），水力停留时间宜大于 12 h；

h）甲烷化段产生的混合生物气体宜净化后收集在沼气储柜中并作为燃料加以利用，生物气的净化、贮存技术可参照 NY/T 1222 和 NY/T 1220.2 的规定。

6.3.4.6 废水好氧生化处理宜选用有机负荷低、抗冲击负荷能力强、具有脱氮功能的工艺，如 A/O、氧化沟、SBR 和接触氧化等，其工艺设计应符合 CECS 112、CECS 111 等标准的规定，并满足以下要求：

a）生物反应池的容积宜采用硝化、反硝化动力学公式计算确定，并应充分考虑冬季低水温对去除碳源污染物和脱氮的影响，必要时可采取降低负荷、保温或增温等措施；

b）好氧生化处理单元的主要设计参数参照表 8；

表 8　好氧生化处理单元主要设计参数

好氧单元类型	污泥质量浓度/（g/L）	污泥负荷（COD_{Cr}/MLSS）/（kg/kg）	容积负荷（COD_{Cr}）/[kg/（m^3·d）]	水力停留时间/h	污泥回流比/%	运行周期/h	充水比/%
氧化沟	3.0～5.0	0.12～0.20	0.4～1.0	30～54 (1)	60～100	—	—
A/O	3.0～5.0	0.15～0.20	0.5～1.4	30～50 (1)	60～100	—	—
SBR	3.0～5.0	0.16～0.32	0.5～1.6	30～60	—	8～12	15～30
接触氧化	—	—	0.8～1.8	16～36 (1)	—	—	—
注：（1）水力停留时间为废水在好氧区和缺氧区内的总停留时间。							

c）为强化氨氮的去除效果，可采用两段好氧生化处理工艺，当采用两段好氧工艺时，前段生化反应池以去除 COD_{Cr} 为主，后段反应池以去除氨氮为主；

d）好氧区（池）pH 值宜为 7～8，剩余碱度宜大于 70 mg/L（以 $CaCO_3$ 计）；

e）宜通过投加碱提高废水的剩余碱度，当采用 A/O 工艺时，可通过增加缺氧池容积，提高回收碱度量，投加碱量（以 $CaCO_3$ 计）可按下式计算：

$$W=7.14\times\Delta N_1-3\times\Delta N_2-0.15\times\Delta C-W_1+W_2 \tag{6}$$

式中：W——加碱量，kg/d；

ΔN_1——硝化氮量，kg/d；

ΔN_2——反硝化脱氮量，kg/d；

ΔC——COD_{Cr} 去除量，kg/d；

W_1——进水碱度量，kg/d；

W_2——出水碱度量，kg/d。

f）生物反应池中好氧区的废水需氧量（O_2/COD_{Cr}）应根据去除的含碳有机物、氨氮的硝化反硝化程度等确定，也可采用 0.7～1.4 kg/kg 进行估算；

g）曝气设备应能根据废水水质、水量调节供氧量，较大规模的综合废水处理工程宜能自动调节供氧量；

h）曝气池应考虑设置泡沫消除设施，可采用添加消泡剂、喷水消泡和机械消泡等措施。

6.3.4.7　废水深度处理可采用混凝、沉淀（或澄清、气浮）、过滤、曝气生物滤池和硫酸亚铁—双氧水催化氧化（也称 Fenton 氧化）工艺，其工艺设计应符合 GB/T 50335 的规定，并满足以下要求：

a）采用混凝、沉淀（或澄清、气浮）工艺时，混合段速度梯度 G 值 300～600 s^{-1}，混合时间 30～120 s，反应段速度梯度 G 值 30～60 s^{-1}，反应时间 5～20 min，澄清池上升流速 0.4～0.6 mm/s，停留时间 1.5～2.0 h，气浮池气水接触时间 30～100 s，表面负荷 6～9 m^3/（m^2·h），水力停留时间 20～40 min，沉淀池相关参数见 6.3.4.4 条中规定；

b）采用过滤工艺时，进水悬浮物宜小于 50 mg/L，过滤池工艺设计应符合 GB 50335 的规定，并参照同类企业运行数据，过滤器的选用和工艺设计应根据设备供应商提供的资料和同类企业运行数据确定；

c）采用曝气生物滤池工艺时，COD_{Cr} 容积负荷宜为 0.3～1.5 kg/（m^3·d），氨氮（NH_3-N）容积负荷宜为 0.3～0.8 kg/（m^3·d），有效停留时间宜大于 3 h，宜选用球形轻质多孔陶粒滤料或塑料球形滤料，也可采用颗粒活性炭滤料，宜采用气水联合反冲洗，通过长柄滤头实现，反冲洗强度应根据采用的滤料确定，过滤前可采用臭氧氧化等措施改变原始化合物的结构，提高废水的可生化性；

d）采用 Fenton 氧化工艺时，试剂投加量应通过实验确定，氧化反应时间宜为 30～60 min，反应 pH 值宜为 3～5，氧化反应后的废水应加碱中和，中和反应时间宜大于 10 min，中和反应后的废水应通过沉淀（气浮）分离出废水中的含铁悬浮物，可投加 PAM 强化混凝效果，混凝沉淀（气浮）的技术要求参见 6.3.4.7 条第 a）款；

e）当有脱盐要求时，可增加离子交换、超滤、纳滤、反渗透等技术中的一种或几种组合；

f）当有回用要求时，深度处理后的废水应进行消毒处理，宜采用二氧化氯、紫外线等消毒技术，采用氯化消毒时，加氯量宜为有效氯 5～10 mg/L，消毒接触时间应大于 30 min；采用紫外线消毒时，紫外线剂量可按 20～30 $mW·s/cm^2$ 确定。

6.3.5 废水回用

6.3.5.1 废水回用应以本厂回用为主、厂外回用为辅。

6.3.5.2 在满足生产工艺要求的前提下，制革及毛皮加工企业应提高水的循环利用率，尽量回收有用原料，控制排入综合废水处理工程内的废水及污染物量。

6.3.5.3 处理后的综合废水可作为准备工段和废水处理工程某些工序的生产用水、厂区环境保洁及其他用水，其回用水质应根据用水环节参照 GB/T 18920 和 GB/T 19923 等国家标准。

6.3.5.4 综合废水回用水贮存、输配和监测应符合 GB/T 50335 的规定。

6.3.6 污泥处理与处置

6.3.6.1 制革及毛皮加工废水产生的污泥包括预处理污泥、综合废水处理物化污泥和剩余污泥；其中预处理污泥和综合废水处理物化污泥量应根据处理工艺按照化学反应物料平衡计算确定，综合废水处理剩余污泥量可参照 GB 50014 的规定。

6.3.6.2 以生皮为原料进行估算，经脱水后的含铬废水处理污泥产生量（DS/生皮）为 20～30 kg/t，综合废水处理生化处理前物化污泥产生量（DS/生皮）为 100～220 kg/t，生化处理剩余污泥量（DS/生皮）为 20～40 kg/t，生化处理后物化污泥产生量（DS/生皮）为 15～25 kg/t；以盐湿皮为原料进行估算，其污泥产量约为生皮产量的 15%～30%。

6.3.6.3 含铬废水处理产生的含铬污泥，可根据皮革生产需求制成铬鞣剂，回用于鞣制过程，不能利用的应按危险废物处置。

6.3.6.4 综合废水处理过程中产生的污泥经鉴别为危险废物的按危险废物处置，经鉴别为一般固体废物的按一般固体废物处置；鉴别方法应按照 GB 5085.3 等相关标准执行。

6.3.6.5 污泥处理工艺应根据污泥的最终处置方式确定，并符合下列要求：

a）污泥浓缩可采用重力浓缩、机械浓缩和气浮浓缩工艺，当采用重力浓缩时，污泥固体负荷宜为 20～40 kg/（$m^2·d$），浓缩时间不宜小于 16 h，当采用机械浓缩时，应根据设备供应商提供的资料和同类企业运行数据确定，经试验和技术经济分析后，也可采用气浮浓缩工艺；

b）应设置污泥均质池，均质池内应设置潜水搅拌器等设备，均质池内的停留时间应根据排泥方案确定，一般为 6～10 h；

c）污泥应进行脱水，污泥脱水机械的类型应按污泥的性质、产生量和脱水要求，经技术经济比较后确定，宜选用离心脱水机，当污泥量较少时，可选用厢式、板框压滤机；

d）污泥在脱水前，应加药调理，污泥加药后，应立即混合反应，进入脱水机，药剂种类和投加量应通过试验确定，污泥脱水前的含水率宜小于 98%，污泥脱水后的含水率应小于 80%。

6.3.6.6 污泥的最终处置主要包括综合利用、焚烧和填埋等途径，应优先考虑综合利用，并符合以下要求：

a）污泥综合利用应因地制宜，考虑农用应慎重，按 GB 4284 等相关标准执行，土地利用应严格控制污泥和土壤中积累的重金属及其他有毒物质含量，生产建材应满足相关产品质量的要求；

b）污泥填埋应符合 GB 18597、GB 18598 和 GB 18599 等标准的规定；

c）污泥的干化焚烧宜集中进行，实施中应参照 GB 50014、GB 18484 等标准的规定。

6.3.7 臭气处理

6.3.7.1 应有效控制恶臭污染源，并符合下列技术要求：

a）优化工艺单元设计，减少废水收集及治理系统臭气的产生和散发；

b）定期清理格栅、沉砂池、预沉池、调节池、水解池、污泥池等工艺单元中的浮渣，及时处置工艺过程中产生的栅渣、污泥等污染物；

c）实时投加或喷洒化学除臭剂。

6.3.7.2 宜对臭气进行收集、处理和排放，并符合下列技术要求：

a）采取密闭、局部隔离及负压抽吸等措施，集中收集工艺过程（格栅、沉砂池、预沉池、调节池、水解池、污泥池、污泥脱水机等）中产生的臭气；

b）污水泵房、污泥脱水间、加药间等应设置通风或臭气收集设施，并确保排放废气符合现行国家标准的要求。

6.3.7.3 宜采用物理、生物、化学除臭等工艺处理集中收集的臭气，并符合下列技术要求：

a）采用离子除臭工艺前应对臭气进行过滤净化，宜控制进气湿度小于 85%，温度小于 65℃，放电电压小于 3 kV，离子产生量大于 1.0×10^6 个/cm^3，臭氧质量浓度小于 0.2 mg/m^3，臭气停留时间 1.0～2.0 s。

b）采用生物滤池工艺时，填料孔隙率 40%～80%，填料有机质含量 25%～55%，填料厚度 1.0～1.5 m，反应温度 15～35℃，湿度 50%～65%，液体投配率 0.7～1.4 m^3/（m^3·d），臭气停留时间 30～90 s。

c）采用化学洗涤工艺时，填料高度 1.8～3.0 m，液气比 1.5～2.5，臭气停留时间 1.5～3 s，宜采用次氯酸钠、高锰酸钾、双氧水、氢氧化钠等洗涤液。

7 主要工艺设备和材料

7.1 配置要求

7.1.1 常用设备包括泵、曝气设备、格栅、刮吸泥机、滗水器、脱水机、加药和消毒设备等。

7.1.2 格栅除污机、潜水推进器、表面曝气机、滗水器等宜按双系列或多系列分别配置。

7.1.3 加药设备应按加入药液的种类和处理系列分别配置。

7.1.4 水泵、污泥泵、加药泵、鼓风机等应设置备用设备。

7.1.5 泵类、曝气装置、加药装置等宜储备核心部件和易损部件。

7.2 设备选型与防腐

7.2.1 设备和材料应从工程设计、招标采购、施工安装、运行维护、调试验收等环节进行控制，选用满足工艺、符合下列标准要求的产品：

a）旋转式细格栅应符合 HJ/T 250 的规定，格栅除污机应符合 HJ/T 262 的规定；

b）潜水排污泵应符合 HJ/T 336 的规定；

c）单机高速曝气离心鼓风机应符合 HJ/T 278 的规定，罗茨风机应符合 HJ/T 251 的规定；

d）竖轴式机械表面曝气机应符合 HJ/T 247 的规定，横轴式转刷曝气装置应符合 HJ/T 259 的规定，转盘曝气装置应符合 HJ/T 280 的规定；

e）鼓风式中、微孔曝气器应符合 HJ/T 252 的规定；

f）潜水推流搅拌机应符合 HJ/T 279 的规定；

g）旋转式滗水器应符合 HJ/T 277 的规定；

h）刮泥机应符合 HJ/T 265 的规定，吸泥机应符合 HJ/T 266 的规定；

i）气浮装置应符合 HJ/T 261 和 HJ/T 282 的规定；

j）污泥脱水用厢式压滤机和板框压滤机应符合 HJ/T 283 的规定，带式压滤机应符合 HJ/T 242 的规定；

k）加药设备应符合 HJ/T 369 的规定；

l）化学法二氧化氯消毒剂发生器应符合 HJ/T 272 的规定，紫外线消毒设备应符合 GB/T 19837 的规定。

7.2.2 应对易腐蚀的设备、管渠及材料采取相应的防腐蚀措施，根据腐蚀性质，结合当地情况，因地制宜地选用经济合理、技术可靠的防腐蚀措施，并应达到国家现行有关标准的规定，有条件的企业宜采用耐腐蚀材料。

8 检测与过程控制

8.1 检测

8.1.1 应根据处理工艺和管理要求设置水量计量、水位观察、水质观测、取样监测化验、药品计量的仪器、仪表，对废水治理工程主要参数进行定期检测和监测，对重点控制指标实现在线检测和监测。

8.1.2 用于为废水治理工程实现闭环控制和性能考核提供数据的在线检测装置，其检测点分别设在受控单元内或进、出口处，采样频次和检测项目应根据工艺控制要求确定。

8.1.3 用于环保部门监测验证污染排放指标的在线监测装置，其采样点、采样频次和监测项目应符合排放标准、HJ/T 91 和 HJ/T 92 等国家相关标准的规定，并与监控中心联网。

8.1.4 检测项目及位置应符合以下要求：

a）预处理应检测进、出口流量、温度、pH、SS、特征污染物（如硫化物、总铬、氨氮）及投药量、产泥量等指标；

b）一级处理宜检测进、出口流量、pH、SS、COD_{Cr}、特征污染物（如硫化物、总铬、氨氮）及投药量、产泥量等指标；

c）水解酸化池宜检测进、出口的 pH、H_2S、ORP、COD_{Cr} 和 BOD_5 和反应池内的污泥浓度等指标；

d）厌氧处理单元应检测进、出口的 pH、H_2S、COD_{Cr}、BOD_5 和沼气产生量，以及反应池内的挥发酸和污泥浓度等指标；

e）好氧生化单元应检测废水进、出口的 pH、碱度、COD_{Cr}、BOD_5、硫化物、氨氮、SS 以及反应池内的 DO、碱度、污泥沉降比和污泥浓度等指标；

f）深度处理单元宜检测进、出口 pH、COD_{Cr}、BOD_5、SS、氨氮、总铬和六价铬等指标。

8.1.5 现场检测仪表宜具备防腐、防爆、抗渗漏、防结垢、自清洗等功能。

8.1.6 宜采用符合 HJ/T 96、HJ/T 101、HJ/T 377 等规定的监测仪器。

8.2 过程控制

8.2.1 应根据工程规模、工艺流程和运行管理要求选择适合的控制方式，确定参数控制要求。

8.2.2 小型综合废水处理工程的主要生产工艺单元可采用自动控制，较大规模的综合废水处理工程宜采用集中管理和监视、分散控制的计算机控制系统。

8.2.3 综合废水处理工程的过程控制应参照 GB 50014 的规定。

9 主要辅助工程

9.1 电气自动化

9.1.1 废水治理工程电气专业的技术要求应与生产过程中相应专业的技术要求一致，工作电源的引接和操作室设置应与生产过程统筹考虑，高、低电压等级和用电中性接地方式应与生产设备一致。

9.1.2 电气系统设计应符合 GB 50052、GB 50053、GB 50054、GB 50055、GB 7251 和 GB 50057 等现行国家和行业标准的规定，照明设计应符合 GB 50034 的规定。

9.1.3 控制系统应在满足系统出水水质、节能、经济、安全和适用的前提下，运行可靠，便于维护和管理，自动化控制水平应根据废水处理规模、水质处理要求、企业经济条件等因素合理确定。

9.1.4 自动化控制系统设计应符合国际标准化组织或国家颁布的相关标准及要求，工业电视系统应符合 GBJ 115 和 GB 50395 的规定。

9.2 供排水和消防

9.2.1 废水治理工程供排水和消防系统应与生产系统统筹考虑，生活用水、生产用水及消防设施应符合 GB 50015、GB 50016 和 GB 50222 等国家现行标准的规定。

9.2.2 废水治理工程区内给水管网宜采用生产、生活和消防联合供水系统。

9.2.3 回用水输配系统应独立设置，其供水管道宜采用塑料给水管、塑料和金属复合管或其他给水管材，并应根据使用要求安装计量装置。

9.2.4 废水治理工程的火灾危险类别属于丁（戊）类（厌氧单元除外），耐火等级的判定应与其相关的生产装置统筹考虑，变、配电间、控制室、化验室应按不低于二级耐火等级设计，其他建（构）筑物的耐火等级应不低于三级；当含有厌氧处理单元时，厌氧单元生产的火灾危险性为甲类，防火等级应按一级耐火等级设计。

9.3 采暖通风与空调

9.3.1 建筑物内应有采暖通风与空气调节系统，并应符合 GB 50019 等国家现行标准的规定。

9.3.2 废水治理工程采暖系统设计应与生产车间统一规划，热源宜由厂区或集中加工区采暖系统提供；当建筑物机械通风不能满足工艺对室内温度、湿度要求时应设空调装置。

9.3.3 各类建、构筑的通风设计应符合下列原则：

a）加盖构筑物应设通风设施；

b）有可能放散有毒和有害气体的建筑物，应根据满足室内最高允许浓度所需换气次数确定通风量，室内空气严禁再循环，有条件宜设有毒有害气体的检测和报警装置；

c）有防爆要求的车间应设事故通风，事故风机应为防爆型，事故风机可兼作夏季通风用。

9.4 建筑结构

9.4.1 建筑的造型应简洁、新颖，建筑风格宜与整个废水治理工程相协调。

9.4.2 厂房建筑、防腐、采光和结构应符合 GB 50037、GB 50046、GB 50033 等现行国家标准的规定。

9.4.3 应根据不同地区气候条件的差异采用不同的结构形式，严寒地区的建筑结构应采取防冻措施。

9.4.4 构筑物应符合 GB 50069 和 GB 50108 等现行国家标准的规定。

10 劳动安全与职业卫生

10.1 劳动安全

10.1.1 劳动安全管理应符合 GB 12801 和 LD35 的规定。

10.1.2 应对工作人员进行必要的培训，并且提供工作人员所需的防护用品。

10.1.3 应建立并严格执行经常性的和定期的安全检查制度，及时消除事故隐患，防止事故发生。

10.1.4 应按照 GB/T 16483 等标准的要求管理和使用工艺过程中的化学药剂。

10.1.5 应有必要的安全防护和报警装置，并在厂区各明显位置配有禁烟、防火和限速等标志。

10.1.6 应制定火警、易燃、爆炸、自然灾害等意外事件的应急预警预案。

10.2 职业卫生

10.2.1 职业卫生应符合 GBZ 1、GBZ 2.1 和 GBZ 2.2 的规定。

10.2.2 职业病防护设备、防护用品应确保处于正常工作状态，不得擅自拆除或停止使用。

10.2.3 具有有害气体、易燃气体、异味、粉尘和环境潮湿的场所，应有良好的通风设施。

11 施工与验收

11.1 工程施工

11.1.1 工程施工应符合国家和行业施工程序及管理文件的要求。

11.1.2 工程设计、施工单位应具有与该工程相应的资质等级。

11.1.3 建筑、安装工程应符合施工设计文件、设备技术文件的要求，对工程的变更应取得设计单位的设计变更文件后再进行施工。

11.1.4 工程施工中使用的设备、材料、器件等应符合相关的国家标准，并应取得产品合格证后方可使用。

11.1.5 施工单位应遵守相关的工程施工技术规范等国家标准的要求。

11.2 工程验收

11.2.1 与生产工程同步建设的废水治理工程应与生产工程同时验收，升级改造的废水治理工程应单独进行验收。

11.2.2 废水治理工程分两个阶段进行验收，第一阶段为建设项目竣工验收，第二阶段为建设项目竣工环境保护验收。

11.2.3 应按《建设项目（工程）竣工验收办法》、《建设项目竣工环境保护验收管理办法》及相关专业现行验收规范组织验收。

11.2.4 配套建设的废水在线监测系统应与废水治理工程同时进行建设项目竣工环境保护验收，验收的程序和内容应符合 HJ/T 354 的规定。

11.2.5 应依据主管部门的批准（核准）文件、设计文件、设计变更文件、工程合同、设备供货合同、项目环评审批文件、各类污染物环境监测报告、试运行期间废水在线监测报告、完整的启动试运行记录等进行废水治理工程的验收。

11.2.6 相关专业验收的程序和内容应符合 GB 50093、GB 50168、GB 50169、GB 50204、GB 50208、GB 50231、GB 50236、GB 50243、GB 50254、GB 50257、GB 50268、GB 50275、GB 50334 和 GBJ 141 等标准的规定。

12 运行和维护

12.1 一般规定

12.1.1 运行和维护应符合国家现行法律法规及标准的规定。

12.1.2 应配备环境保护专职技术人员和水质监测仪器。

12.1.3 应确保稳定运行达标率 100%，设备综合完好率大于 90%。

12.2 运行

12.2.1 岗位工作人员应通过培训考核后上岗，使其熟悉设备运行和维护的具体要求，具有熟练的操作技能。

12.2.2 岗位工作人员应定期进行培训，对其掌握废水治理工艺、设备的操作、维护和管理技能进行评估，采取有效措施持续提高其专业技能。

12.2.3 应制定水处理工程的操作规程、工作制度、定期巡检制度和维护管理制度等；运行人员应按制度履行职责，确保系统经济稳定运行。

12.2.4 综合废水治理工程的运行管理宜参照 CJJ 60 的规定。

12.3 维护保养

12.3.1 废水治理工程应在满足设计工况的条件下运行，并根据工艺要求，定期对各类工艺、电气、自控设备仪表及建（构）筑物进行检查和维护。

12.3.2 废水治理设施的维护保养应纳入全厂的维护保养计划中，使废水治理设施的计划检修时间与相关工艺设施同步。

12.4 记录

12.4.1 应建立废水治理工程运行、设施维护和生产活动等的记录制度，主要记录内容包括：

a）启动、停止时间；

b）运行工艺控制参数；

c）废水监测数据、废水排放、污泥处理情况；

d）药剂进厂质量分析数据，进厂数量，进厂时间；

e）污泥鉴别情况；

f）污泥、栅渣的出厂数量、时间，处置地点、处置情况；

g）主要设备的运行和维修情况；

h）生产事故及处置情况；

i）定期检测及评估情况等。

12.4.2 应制定统一的记录格式，并按格式填写，确保填写内容准确、及时、完整，不得随意涂改。

12.4.3 所有记录应制定清单，以备查询，对于需长期保存的记录应交档案室存档保管。

12.5 应急措施

12.5.1 应根据生产及周围环境情况，制定各种可能的突发性事故的应急预案，配备人力、设备、通信等资源，使治理工程具备应急处置的条件。

12.5.2 废水治理工程发生异常情况或重大事故，应及时分析，启动应急预案，并按规定向有关部门报告。

12.5.3 应建设含铬废水的事故贮池，制定相应的事故防控措施，杜绝事故排放。

12.5.4 应设置危险气体（甲烷、硫化氢）和危险化学品的控制与防护设施。

附录 A
（资料性附录）
制革及毛皮加工工序废水量

A.1 制革工序废水量

典型制革工序废水量如表 A.1 所示。

表 A.1 典型制革工序废水量（以生皮计） 单位：m^3/t

生皮种类	浸水	脱脂	浸灰/脱毛	脱灰/软化	浸酸鞣铬	复鞣加脂	整饰	其他[(1)]	合计
牛皮	6～14	0～4	6～11	8～13	3～6	12～19	4～6	1～2	40～75
猪皮	8～18	4～6	7～16	8～20	4～8	10～24	3～6	1～2	45～100
羊皮	7～15	2～6	6～10	9～14	3～6	10～16	2～6	1～2	40～75
注：（1）其他废水包括车间冲洗、配套工程排水和生活污水等。									

A.2 毛皮加工工序废水量

典型毛皮加工工序废水量如表 A.2 所示。

表 A.2 典型毛皮加工工序废水量（以生皮计） 单位：m^3/t

生皮种类	前处理	浸酸、鞣制	整饰等	合计
羊剪绒（盐湿皮）	38～76	9～18	23～46	70～140
水貂（干板）	12～22	12～22	26～46	50～90
狐狸（干板）	40～58	26～38	44～64	110～160
猾子（盐湿皮）	19～24	14～18	47～58	80～100
兔皮（盐湿皮）	29～38	22～29	29～38	80～105

附录 B
（资料性附录）
制革及毛皮加工废水污染物产生量及工序产污率

B.1 制革及毛皮加工废水污染物产生量

典型制革及毛皮加工废水单位生皮污染物产生量如表 B.1 所示。

表 B.1 典型制革及毛皮加工废水污染物产生量（以生皮计） 单位：kg/t

污染指标	COD_{Cr}	SS	BOD_5	氨氮	总氮	总铬	硫化物	硫酸盐	动植物油
制革废水	150～250	100～150	70～110	15～30	20～40	2～5	3～10	30～70	20～100
毛皮加工废水	70～150	50～80	35～60	2～5	7～12	1～4	—	15～20	15～65

B.2 制革废水工序产污率

典型制革废水工序产污率如表 B.2 所示。

表 B.2 典型制革废水工序产污率 单位：%

生产单元	污染指标						
	COD_{Cr}	SS	氨氮	总氮	总铬	硫化物	硫酸盐
浸水	12～18	12～20	—	3～8	—	—	—
浸灰	50～55	50～60	5～15	35～40	—	92～97	—
脱灰/软化	10～15	8～10	65～75	40～45	—	3～8	15～25
浸酸鞣铬	5～10	4～6	5～10	8～12	70～80	—	55～60
复鞣加脂染色	10～15	10～15	1～3	3～8	20～25	—	15～20

B.3 毛皮加工废水工序产污率

典型毛皮加工废水工序产污率如表 B.3 所示。

表 B.3 典型毛皮加工废水工序产污率 单位：%

生产单元	污染指标					
	COD_{Cr}	SS	氨氮	总氮	总铬	硫酸盐
前处理	65～75	70～80	65～75	65～75	—	—
浸酸鞣铬	15～20	10～15	15～20	15～20	80～85	80～85
整饰等	10～15	10～15	10～15	10～15	15～20	15～20

附录 C
（资料性附录）
制革及毛皮加工废水治理工程典型工艺处理效率

C.1 制革及毛皮加工废水典型预处理工艺处理效率

制革及毛皮加工废水典型预处理工艺处理效率如表 C.1 所示。

表 C.1 制革及毛皮加工废水典型预处理工艺处理效率

废水种类	处理技术	主要工艺环节	处理效率/%				
			SS	COD_{Cr}	动植物油	S^{2-}	总铬
含硫废水	酸化回收	格栅（筛网）、酸化、固液分离	55～80	55～75	—	＞90	—
	催化氧化	格栅（筛网）、催化氧化	—	10～20	—	＞90	—
	化学混凝	格栅（筛网）、混凝沉淀（气浮）	60～80	55～75	—	＞95	—
脱脂废水	酸提取	格栅、隔油、酸提取	75～85	＞90	＞95	—	—
	气浮	格栅、隔油、气浮	80～90	＞90	＞95	—	—
含铬废水	碱沉淀	格栅、碱沉淀、压滤、水洗、陈化	70～90	60～80	—	—	＞99

C.2 制革及毛皮加工综合废水典型处理工艺处理效率

制革及毛皮加工综合废水典型处理工艺处理效率如表 C.2 所示。

表 C.2 制革及毛皮加工综合废水典型处理工艺处理效率

处理程度	处理技术	主要工艺环节	处理效率/%			
			SS	COD_{Cr}	BOD	NH_3-N
一级	自然沉淀	格栅、沉砂、调节、沉淀	45～65	40～50	30～45	—
	混凝沉淀	格栅、预沉、调节、混凝沉淀	70～90	50～70	45～65	—
	混凝气浮	格栅、预沉、调节、混凝气浮	80～90	60～70	55～65	—
二级	活性污泥	活性污泥生物反应池、二次沉淀池	75～90	80～90	90～98	50～95
	生物膜	生物膜反应池、二次沉淀池	80～90	80～90	90～98	65～95
	厌氧好氧	水解（厌氧）、好氧	85～90	85～90	95～98	70～95
深度	混凝沉淀	混凝沉淀（澄清、气浮）、（过滤）	50～75	15～30	15～25	—
	曝气生物滤池	混凝沉淀+过滤	30～50	15～40	50～80	70～90
	Fenton 氧化	Fenton 氧化+混凝沉淀	50～70	＞60	＞50	—

环境保护技术工作文件汇编（二）

污染治理工程技术规范

（下册）

环境保护部科技标准司　编

中国环境出版社·北京

HJ

中华人民共和国国家环境保护标准

HJ 2004—2010

屠宰与肉类加工废水治理工程技术规范

Technical specifications for slaughterhouse and meat processing wastewater treatment projects

2010-12-17 发布　　2011-03-01 实施

环 境 保 护 部 发布

前 言

为贯彻《中华人民共和国环境保护法》、《中华人民共和国水污染防治法》、《建设项目环境保护管理条例》及其他相关法律法规，规范屠宰与肉类加工废水治理工程的建设与运行管理，防治环境污染，保护环境与人体健康，制定本标准。

本标准规定了屠宰与肉类加工废水治理工程设计、施工、验收和运行管理等方面的相关技术要求。

本标准为首次发布。

本标准由环境保护部科技标准司组织制订。

本标准起草单位：环境保护部华南环境科学研究所。

本标准由环境保护部 2010 年 12 月 17 日批准。

本标准自 2011 年 3 月 1 日起实施。

本标准由环境保护部解释。

屠宰与肉类加工废水治理工程技术规范

1. 适用范围

本规范规定了屠宰与肉类加工废水治理工程设计、施工、验收和运行管理的技术要求。

本规范适用于配套新建、改建、扩建屠宰场与肉类加工厂的废水治理工程，可作为此类项目环境影响评价、可行性研究、工程设计、施工管理、竣工验收、环境保护验收及运行管理等工作的技术依据。

2. 规范性引用文件

本规范内容引用了下列文件中的条款。凡是不注明日期的引用文件，其有效版本适用于本标准。

GB 8978　污水综合排放标准
GB 12694　肉类加工厂卫生规范
GB 13457　肉类加工工业水污染物排放标准
GB 18078　肉类联合加工厂卫生防护距离标准
GB 50014　室外排水设计规范
GB 50015　建筑给水排水设计规范
GB 18596　畜禽养殖业污染物排放标准
GB 4284　农用污泥中污染物控制标准
GB 5084　农田灌溉水质标准
GB 14554　恶臭污染物排放标准
GB 50009　建筑结构荷载规范
GB 50016　建筑设计防火规范
GB 50052　供配电系统设计规范
GB 50054　低压配电设计规范
GB 50069　给水排水工程构筑物结构设计规范
GB 50187　工业企业总平面设计规范
GB 50194　建设工程施工现场供用电安全规范
GB 50303　建筑电气工程施工质量验收规范
GB 50317　猪屠宰与分割车间设计规范
GBJ 22　厂矿道路设计规范
GB 3096　声环境质量标准
GB 12348　工业企业厂界环境噪声排放标准
GBJ 87　工业企业噪声控制设计规范
GB/T 18883　室内空气质量标准
GB/T 18920　城市污水再生利用 城市杂用水水质
GB/T 4754　国民经济行业分类

CJ 3082　污水排入城市下水道水质标准
CECS 97　鼓风曝气系统设计规程
HJ/T 15　环境保护产品技术要求 超声波明渠污水流量计
HJ/T 96　pH 水质自动分析仪技术要求
HJ/T 101　氨氮水质自动分析仪技术要求
HJ/T 103　总磷水质自动分析仪技术要求
HJ/T 212　污染源在线自动监控（监测）系统数据传输标准
HJ/T 242　环境保护产品技术要求 带式压榨过滤机
HJ/T 245　环境保护产品技术要求 悬挂式填料
HJ/T 246　环境保护产品技术要求 悬浮填料
HJ/T 250　环境保护产品技术要求 旋转式细格栅
HJ/T 251　环境保护产品技术要求 罗茨鼓风机
HJ/T 252　环境保护产品技术要求 中、微孔曝气器
HJ/T 262　环境保护产品技术要求 格栅除污机
HJ/T 263　环境保护产品技术要求 射流曝气器
HJ/T 281　环境保护产品技术要求 散流式曝气器
HJ/T 283　环境保护产品技术要求 厢式压滤机和板框压滤机
HJ/T 335　环境保护产品技术要求 污泥浓缩带式脱水一体机
HJ/T 336　环境保护产品技术要求 潜水排污泵
HJ/T 337　环境保护产品技术要求 生物接触氧化成套装置
HJ/T 353　水污染源在线监测系统安装技术规范（试行）
HJ/T 354　水污染源在线监测系统验收技术规范
HJ/T 355　水污染源在线监测系统运行与考核技术规范
HJ/T 369　环境保护产品技术要求 水处理用加药装置
《建设项目（工程）竣工验收办法》（计建设[1990] 1215 号）
《建设项目环境保护竣工验收管理办法》（国家环境保护总局令　第 13 号）
《污染源自动监控管理办法》（国家环境保护总局令　第 28 号）

3．术语和定义

下列术语和定义适用于本标准。

3.1 屠宰场 slaughterhouse

指宰杀禽畜及进行初级加工的场所。

3.2 肉类加工厂 meat processing factory

指用于动物肉类食品生产、加工的场所。

3.3 屠宰过程 slaughtering process

指屠宰时进行的圈栏冲洗、宰前淋洗、宰后烫毛或剥皮、开腔、劈半、解体、内脏洗涤及车间冲洗等过程。

3.4 屠宰废水 slaughterhouse wastewater

指屠宰过程中产生的废水，主要含有血污、油脂、碎肉、畜毛、未消化的食物及粪便、尿液等。

3.5 肉类加工过程 meat processing

指肉类加工时进行的洗肉、加工、冷冻等过程。

3.6 肉类加工废水 meat processing wastewater

指肉类加工过程中产生的废水，主要含有碎肉、脂肪、血液、蛋白质、油脂等。

3.7 废水再用 wastewater reuse

指废水经过深度处理后实现废水资源化利用。

3.8 恶臭污染物 odor pollutants

指一切刺激嗅觉器官引起人们不愉快及损害生活环境的气体物质。（GB 14554—1993）

4 污染物与污染负荷

4.1 污染物

屠宰与肉类加工废水中含有的主要污染物包括 COD_{Cr}、BOD_5、SS、氨氮及动植物油等。

4.2 废水量

4.2.1 屠宰废水量

屠宰废水量可根据如下公式进行计算：

$$Q=q\times S \tag{1}$$

式中：Q——每日产生的屠宰废水量，m^3/d；

q——单位屠宰动物废水产生量，m^3/头或 m^3/百只；

S——每日屠宰动物总数量，头/d 或百只/d。

单位屠宰动物废水产生量可根据表 1、表 2 数据进行取值。

表 1 单位屠宰动物废水产生量（畜类） 单位：m^3/头

屠宰动物类型	牛	猪	羊
屠宰单位动物废水产生量	1.0～1.5	0.5～0.7	0.2～0.5

表 2 单位屠宰动物废水产生量（禽类） 单位：m^3/100 只

屠宰动物类型	鸡	鸭	鹅
屠宰单位动物废水产生量	1.0～1.5	2.0～3.0	2.0～3.0

4.2.2 肉类加工的废水量与加工规模、种类及工艺有关。单独的肉类加工厂废水量应根据实际情况具体确定，一般不应超过 5.8 m^3/t（原料肉），有分割肉、化制等工序的企业每加工 1 t 原料肉可增加排水量 2 m^3；肉类加工厂与屠宰场合建时，其废水量可按同规模的屠宰场及肉类加工厂分别取值计算。

4.2.3 按全厂用水量估算总废水排放量时，废水量宜取全厂用水量的 80%～90%。

4.3 废水水质

废水水质的确定应以实际监测数据为准。

无监测数据时，屠宰废水水质取值可参照表 3，肉类加工废水水质取值可参照表 4。

表 3 屠宰废水水质设计取值 单位：mg/L（pH 值除外）

污染物指标	COD_{Cr}	BOD_5	SS	氨氮	动植物油	pH
废水浓度范围	1 500～2 000	750～1 000	750～1 000	50～150	50～200	6.5～7.5

表 4 肉类加工废水水质设计取值 单位：mg/L（pH 值除外）

污染物指标	COD_{Cr}	BOD_5	SS	氨氮	动植物油	pH
废水浓度范围	800～2 000	500～1 000	500～1 000	25～70	30～100	6.5～7.5

5 总体要求

5.1 一般规定

5.1.1 屠宰与肉类加工废水治理工程的建设应符合当地有关规划，合理确定近期与远期、处理与利用的关系。

5.1.2 屠宰与肉类加工行业应积极采用节能减排及清洁生产技术，不断改进生产工艺，降低污染物产生量和排放量，防止环境污染。

5.1.3 出水直接向周边水域排放时，应按国家和地方有关规定设置规范化排污口。排放水质应满足国家、行业、地方有关排放标准规定及项目环境影响评价审批文件有关要求。

5.1.4 应根据屠宰场和肉类加工厂的类型、建设规模、当地自然地理环境条件、排水去向及排放标准等因素确定废水处理工艺路线及处理目标，力求经济合理、技术先进可靠、运行稳定。

5.1.5 主要废水处理设施应按不少于两格或两组并联设计，主要设备应考虑备用。

5.1.6 废水处理构筑物应设检修排空设施，排空废水应经处理达标后外排。

5.1.7 屠宰与肉类加工废水处理工艺应包含消毒及除臭单元。

5.1.8 建议有条件的地方可进行屠宰与肉类加工废水深度处理，实现废水资源化利用。

5.1.9 废水处理厂（站）应按照《污染源自动监控管理办法》和地方环保部门有关规定安装废水在线监测设备。

5.2 设计规模

5.2.1 设计规模应根据生产工艺类型、产量及最大生产能力条件下的排水量综合考虑后确定。

5.2.2 废水水量、水质应以实测数据为准，缺少实测数据时可参考表 1、表 2、表 3 和表 4。

5.3 项目构成

5.3.1 本废水治理工程主要包括处理构筑物、工艺设备、配套设施以及运行管理设施。

5.3.2 处理工艺主要包括预处理、生化处理、深度处理、恶臭污染处理及污泥处理等。

5.3.3 工艺设备包括机械格栅、污水泵、三相分离器、曝气风机、曝气器、污泥脱水机等。

5.3.4 配套设施包括供配电、给排水、消防、通信、暖通、检测与控制、绿化等。

5.3.5 运行管理设施包括办公用房、分析化验室、库房、维修车间等。

5.4 总平面布置

5.4.1 总平面布置应满足 GB 50187 的相关规定。

5.4.2 应根据处理工艺流程和各构筑物的功能要求，综合考虑地形、地质条件、周围环境、建构筑物及各设施相互间平面空间关系等因素，在满足国家现行相关技术规范基础上，确定废水治理工程总体布置。按远期总处理规模预留场地并注意近远期之间的衔接。

5.4.3 废水治理工程应独立布置在厂区主导风向的下风向，各处理单元平面布置尽量紧凑（中小规模的废水处理构筑物可采用一体式构建），力求土建施工方便，设备安装、各类管线连接简捷且便于维护管理。

5.4.4 工艺流程、处理单元的竖向设计应充分利用场地地形，以符合排水通畅、降低能耗、平衡土方等方面要求。

5.4.5 应设置管理及辅助建筑物，其面积应结合处理工程规模及处理工艺等实际情况确定。

5.4.6 应根据需要设置存放材料、药剂、污泥、废渣等场所，不得露天堆放。

6 工艺设计

6.1 工艺选择原则

6.1.1 工艺选择应以连续稳定达标排放为前提，选择成熟、可靠的废水处理工艺。

6.1.2 应根据废水的水量、水质特征、排放标准、地域特点及管理水平等因素确定工艺流程及处理目标。

6.1.3 在达标排放的前提下，优先选择低运行成本、技术先进的处理工艺。处理工艺过程应尽可能做到自动控制。

6.1.4 屠宰与肉类加工废水处理应采用生化处理为主、物化处理为辅的组合处理工艺，并按照国家相关政策要求，因地制宜考虑废水深度处理及再用。

6.2 屠宰与肉类加工废水处理工艺

屠宰与肉类加工废水治理工程典型工艺流程如图 1 所示。

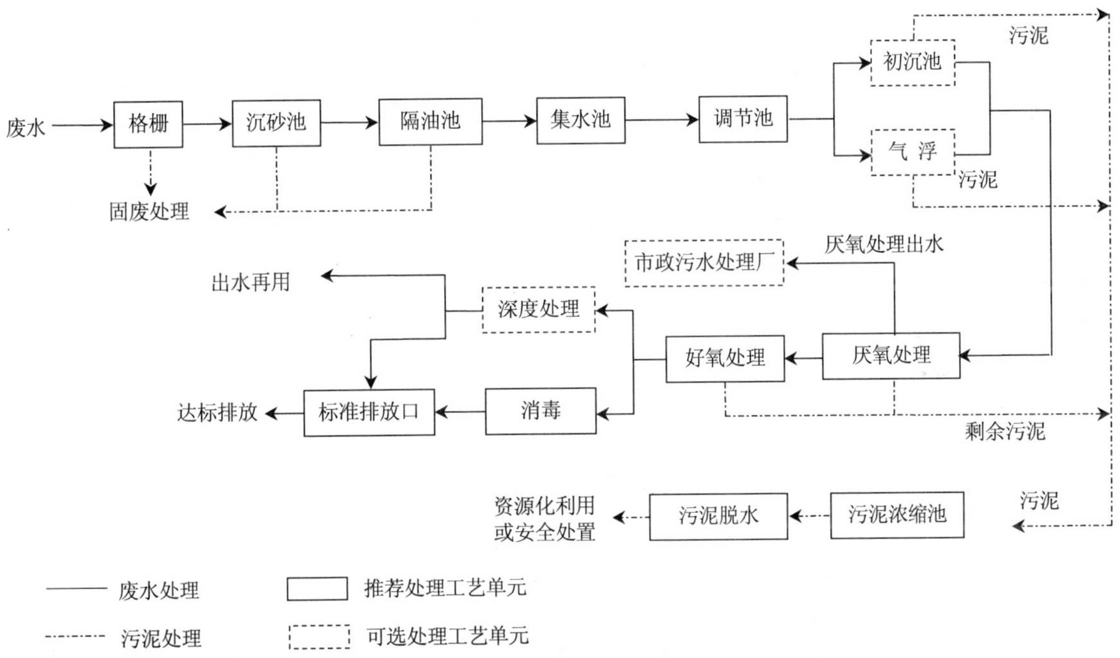

图 1 屠宰与肉类加工废水治理工程典型工艺流程

6.3 废水处理主体单元

6.3.1 预处理

屠宰与肉类加工废水工程的预处理部分主要包括：粗（细）格栅、沉砂池、隔油池、集水池、调节池和初沉池等。

6.3.1.1 格栅

a）调节池前应设置粗格栅和细格栅，并按最大时废水量设计。

b）处理废水量较大、漂浮杂物较多时，宜采用具有自动清洗功能的机械格栅。

c）应特别注意禽类与畜类屠宰加工废水处理的细格栅设备选型差异，废水中含有较多羽毛等漂浮物时必须设置专用的细格栅、水力筛或筛网等。

6.3.1.2 沉砂池

a）沉砂池设在格栅之后，隔油池之前，可与隔油池合建。

b）采用平流式沉砂池时，最大流速应为 0.3 m/s，最小流速为 0.15 m/s，水力停留时间宜为 30～60 s。

c）采用旋流式沉砂池时，旋流速度应为 0.6～0.9 m/s，表面负荷约为 200 m^3/（m^2·h），水力停留时间宜为 20～30 s。

6.3.1.3 隔油池

a）隔油池设置在调节池之前，沉砂池之后，对于大中型规模的废水治理工程，隔油池应设有撇油刮渣设施。

b）平流式隔油池停留时间一般为 1.5～2.0 h，斜板隔油池停留时间一般不大于 0.5 h。

c）含油脂较低的肉类加工厂废水可根据实际情况不单独设置隔油池。

6.3.1.4 集水池

a）当车间排水口管道埋深较大时，为减少调节池的埋深，便于施工，应设置集水池。

b）集水池有效容积应不小于该池最大工作水泵 5 min 的出水量，废水提升水泵宜按最大时水量选型（无水量变化曲线资料时可按 3～4 倍平均流量），每小时启动次数不超过 6 次。

c）集水池的其他技术要求按 GB 50014 的有关规定执行。

6.3.1.5 调节池

a）调节池有效容积宜按照生产排水规律确定，没有相关资料时有效容积宜按水力停留时间 10～24 h 设计，并适当考虑事故应急需要。

b）调节池内应设置搅拌装置，一般可采用液下（潜水）搅拌或空气搅拌。采用液下搅拌时，具体搅拌功率应结合池体大小进行确定，一般可按 5～10 W/m^3；采用空气搅拌时，所需空气量（标态）为 0.6～0.9 m^3/（h·m^3）。

c）为减少臭气影响，调节池宜加盖，并设置通风、排风及除臭设施；调节池应设有安全栏杆和检修扶梯。

d）调节池应设置排空集水坑，池底应设计流向集水坑的坡度，坡度设计应不小于 2%。

6.3.1.6 初沉池

a）调节池后宜设置初沉池，可采用竖流式沉淀池。对于规模大于 3 000 t/d 的项目可采用辐流式沉淀池。

b）采用竖流式沉淀池时宽（直径）深比一般不大于 3，池体直径（或正方形一边）不宜大于 8 m。不设置反射板时的中心流速不应大于 30 mm/s，设置反射板时的中心流速可取 100 mm/s。

c）沉淀池的水力停留时间应大于 1 h，但不宜大于 3 h；其他设计参见 GB 50014 的有关规定。

6.3.1.7 气浮

a）气浮可作为调节池后用于去除残留于废水中粒径较小的分散油、乳化油、绒毛、细小悬浮颗粒等杂物的一种备选技术。对于含有较多油脂和绒毛肉类加工厂废水，宜采用气浮工艺，以保证后续厌氧等处理单元的稳定运行及处理效果。

b）气浮的设计可参见相关废水气浮处理技术规范进行。

6.3.2 生化处理

生化处理是屠宰与肉类加工废水治理工程的核心，主要去除废水中可降解有机污染物及氨氮等营养型污染物。生化处理部分主要包括厌氧处理和好氧处理。

6.3.2.1 厌氧处理

屠宰与肉类加工废水一般宜采用的厌氧工艺为：升流式厌氧污泥床（UASB）或水解酸化技术。

（1）UASB

a）UASB 尤其适用于中高有机负荷、水量水质较稳定、悬浮物浓度较低时的废水处理。

b）UASB 应按容积负荷设计，并按水力停留时间校核，水力停留时间宜取 16～24h。宜采用常温或中温厌氧；当水温较低时，宜设置加热装置和隔热保温层。不同温度下的容积负荷率可参考表 5。

表 5　不同温度条件下的 UASB 容积负荷率（COD_{Cr}）　　单位：kg /（m^3·d）

指标	常温（15～30℃）	中温（30～35℃）
容积负荷率	2～5	5～10

UASB 有效容积的计算可参考以下公式：

$$V_R = \frac{QS_0}{N_V} \tag{2}$$

或

$$V_R = Q \times \mathrm{HRT} \tag{3}$$

式中：V_R——厌氧反应器的有效容积，m^3；

Q——设计流量，m^3/d；

S_0——进水有机物（COD_{Cr}）质量浓度，kg/m^3；

N_V——容积负荷（COD_{Cr}），kg/（m^3·d）；

HRT——水力停留时间，d。

c）UASB 的设计应符合下列规定：

①UASB 的高度不宜超过 8m，推荐反应器污泥床有效高度为 3.0～3.5m。

②当废水处理量较大时，宜采用多个 UASB 反应器并联运行。

③应保证 UASB 内 pH 值维持在 6.8～7.6 之间；必要时应加入 $Ca(OH)_2$、$NaHCO_3$、Na_2CO_3 等调节控制碱度，使 pH 值保持在 6.8 以上。

④三相分离器中沉淀区的斜壁角度应不小于 45°，沉淀区表面负荷应在 0.75m^3/（m^2·h）以下（无斜管时），或 1.0～1.5m^3/（m^2·h）（有斜管时），三相分离器缝隙流速不大于 2m/h。

⑤UASB 宜设置污泥界面测定点、采样点、温度监测点等。

⑥UASB 应考虑配套沼气能源回收利用或安全燃烧高空排放处理装置。

⑦UASB、沼气能源回收利用或安全处理装置应符合 GB 50016 中的有关消防安全设计规定。

（2）水解酸化技术

a）水解酸化技术适用于较高容积负荷、水质水量波动变化较大时的废水处理。

b）宜采用常温水解酸化。通常按水力停留时间设计，有机容积负荷校核，水力停留时间一般为 4～10h，容积负荷（COD_{Cr}）为 4.8～12.0kg/（m^3·d）。

c）水解酸化池一般采用上向流式，最大上升流速应小于 2.0m/h。

d）设计水解酸化池温度应控制在 15℃以上，以 20～30℃为宜。

e）水解酸化池可根据实际需要悬挂一定生物填料，填料高度一般应为水解酸化池的有效池深的 1/2～2/3 为宜。

6.3.2.2　好氧处理

好氧处理宜采用具有脱氮除磷功能的序批式活性污泥技术（SBR）或生物接触氧化技术，有条件时亦可采用膜生物反应器（MBR）工艺。

（1）SBR 工艺

a）SBR 工艺尤其适合废水间歇排放、流量变化大的废水处理。

b）本规范中所指的 SBR 工艺包括传统 SBR、改良型 SBR（改良式序列间歇反应器 MSBR、循环式活性污泥系统 CASS 及循环式活性污泥技术（CAST）等工艺。

c）SBR 反应池应设置两个或两个以上并联交替运行。

d）采用 SBR 工艺处理屠宰场与肉类加工厂废水时，污泥负荷（BOD_5/MLVSS）宜取 0.1～0.4 kg/（kg·d）；总运行周期为：6～12 h，其中五个过程的水力停留时间可分别设计为：进水期 1～2 h，反应期 4～8 h，沉淀期 1～2 h，排水期 0.5～1.5 h，闲置期 1～2 h。各工序具体取值按实际工程废水水质条件确定。

e）屠宰场与肉类加工厂废水的氨氮和水温是设计计算中考虑的重点因素。通常需按最低废水水温（结合氨氮出水标准）计算硝化反应速率、校核反应器容积。

f）SBR 工艺其他设计细节可参照 GB 50014 及有关设计手册等有关规定进行。

（2）接触氧化工艺

a）接触氧化工艺广泛适用于不同规模的屠宰场与肉类加工厂废水治理工程，尤其适用于场地面积小、水量小、有机负荷波动大的情况。

b）接触氧化工艺所使用的填料应采用轻质、高强度、防腐蚀、化学和生物稳定性好的材料，并应保证其易于挂膜、水力阻力小、比表面积大或孔隙率高。

c）生物接触氧化工艺的水力停留时间一般取 8～12 h，填料容积负荷率（BOD_5）应为 1.0～1.5 kg/（m^3·d）。

d）屠宰场和肉类加工厂废水处理工程常采用竖流式沉淀池作为二沉池。可根据有关的设计手册及实际工程经验选取表面负荷、沉淀时间等设计参数。竖流式沉淀池表面负荷一般取值为：0.6～0.8 m^3/（m^2·h），斜管沉淀池表面负荷一般取值为：1.0～1.5 m^3/（m^2·h），沉淀池的水力停留时间应大于 1 h，但不宜大于 3 h。

e）对于规模大于 3 000 t/d 的项目，可采用辐流式沉淀池。有关设计参考初沉池，按照 GB 50014 的有关规定执行。

f）其他设计细节可参照 HJ/T 337、GB 50014 有关规定进行。

（3）MBR 工艺

a）MBR 工艺适用于占地面积小且出水水质要求高的废水处理。

b）膜生物反应器分为内置式和外置式两种，宜选用内置式中空纤维膜组件（HF）或平板膜（PF）MBR 工艺。

c）膜通量等参数以实验数据或膜组件供应商数据为准。中空纤维膜组件的膜通量一般可设计为 8～15 L/（m^2·h），平板膜的膜通量一般可设计为 14～20 L/（m^2·h）。

d）MBR 反应器主要工艺参数：水力停留时间一般为 8～16 h，MBR 其他主要设计运行参数见表 6。

e）应考虑膜污染的控制、膜清洗技术及维修措施。

表 6 膜生物反应器（MBR）的工艺参数

项目	内置式 MBR	外置式 MBR
污泥浓度/（mg/L）	8 000～12 000	10 000～15 000
污泥负荷（COD_{Cr}/MLVSS）/[kg/（kg·d）]	0.10～0.30	0.30～0.60
剩余污泥产泥系数（MLVSS/COD_{Cr}）/（kg/kg）	0.10～0.30	0.10～0.30

6.3.2.3 消毒

（1）屠宰场与肉类加工厂废水必须进行消毒处理。

（2）一般采用二氧化氯或次氯酸钠进行消毒，消毒接触时间不应小于 30 min，有效质量浓度不应小于 50 mg/L。

（3）可兼顾考虑废水脱色处理与消毒。

6.4 深度处理

6.4.1 地方环保部门对废水处理及排放有严格要求时应进行深度处理。

6.4.2 达标排放废水的深度处理宜采用生物处理和物化处理相结合的工艺，如曝气生物滤池（BAF）、生物活性炭、混凝沉淀、过滤等。具体选用何种组合方式及相关工艺参数应通过试验确定。再用水应以项目场内为主，厂外区域为辅。

6.4.3 其他设计细节可参照 GB 50335 相应规定执行。

6.4.4 再用水用作厂区冲洗地面、冲厕、冲洗车辆、绿化、建筑施工等用途时，其水质应符合 GB/T 18920。

6.5 恶臭污染物控制

6.5.1 屠宰场与肉类加工厂的恶臭治理对象主要包括屠宰临时圈养区、屠宰场区及废水处理厂（站）的臭气源。

6.5.2 有恶臭源的废水处理单元（调节池、进水泵站、厌氧、污泥储存、污泥脱水等）宜设计为密闭式，并配备恶臭集中处理设施，将各工艺过程中产生的臭气集中收集处理，减少恶臭对周围环境的污染。

6.5.3 常规恶臭控制工艺包括物理脱臭、化学脱臭及生物脱臭等，本类废水治理工程宜选用生物填料塔型过滤技术、生物洗涤技术、活性炭吸附等脱臭工艺。

6.5.4 屠宰场与肉类加工厂恶臭污染物的排放浓度应符合 GB 14554 的规定。

6.6 污泥处理单元

6.6.1 污泥包括物化沉淀污泥和生化剩余污泥，其中以生化剩余污泥为主。

6.6.2 生化剩余污泥量根据有机物浓度、污泥产率系数进行计算；物化污泥量根据悬浮物浓度、加药量等进行计算。不同处理工艺产生的剩余污泥量（DS/BOD_5）不同，一般可按 0.3～0.5 kg/kg 设计，污泥含水率 99.3%～99.4%。

6.6.3 宜设置污泥浓缩贮存池。一般可采用重力式污泥浓缩池，污泥浓缩时间宜按 16～24 h 设计，浓缩后污泥含水率应不大于 98%。

6.6.4 污泥脱水前应进行污泥加药调理。药剂种类应根据污泥性质和干污泥的处理方式选用，投加量通过试验或参照同类型污泥脱水的数据确定。

6.6.5 污泥脱水机类型应根据污泥性质、污泥产量、脱水要求等进行选择，脱水污泥含水率应小于 80%。

6.6.6 屠宰与肉类加工废水处理中产生的剩余污泥可作农用或与城市污水处理厂污泥一并处理，作农用时应符合 GB 4284 的规定。当采用卫生填埋处置或单独处置时，污泥含水率应小于 60%。

6.6.7 脱水污泥严禁露天堆放，并应及时外运处理。污泥堆场的大小按污泥产量、运输条件等确定。污泥堆场地面应有防渗、防漏、防雨水等措施。

7 主要工艺设备和材料

7.1 曝气设备

7.1.1 应选用氧利用效率高、混合效果好、质量可靠、阻力损失小、容易安装维修及不易产生堵塞的产品。适宜于本类废水的主要曝气方式有鼓风曝气、射流曝气等。

7.1.2 应选用符合国家或行业标准规定的产品，具体要求如下：

a）中、微孔曝气器应符合 HJ/T 252 的规定；

b）射流曝气器应符合 HJ/T 263 的规定；

c）散流式曝气器应符合 HJ/T 281 的规定；

d）其他新型曝气器宜以实验数据或产品认证材料为准。

7.2 风机

7.2.1 风机应选用高效、节能、使用方便、运行安全，噪声低、易维护管理的机型。由于屠宰与肉类加工废水治理工程常属中小规模，宜选用罗茨鼓风机，并设置降噪措施。

7.2.2 风机选型具体计算应考虑如下因素确定：

a）按废水水质影响系数α取 0.8～0.85，β系数取 0.9～0.97 修正供氧量；

b）当废水水温较高或较低时应进行温度系数修正；

c）空气密度和含氧量应根据当地大气压进行修正；

d）采用罗茨风机时，出口风量应根据进口风量及风量影响系数进行修正；

e）风压应根据风机特性、空气管网损失、曝气器的阻力、曝气器安装水深等计算确定；

f）风机的设置台数，应根据总供风量、所需风压、选用风机单机性能曲线、气温污水负荷变化情况等综合确定。

7.2.3 选用风机时，应符合国家或行业标准规定的产品，罗茨鼓风机应符合 HJ/T 251 的规定。

7.2.4 应至少设置 1 台备用风机。

7.2.5 其他设计细节可参照 CECS 97 相应规定执行。

7.3 格栅

7.3.1 旋转式细格栅应符合 HJ/T 250 的规定。

7.3.2 格栅除污机应符合 HJ/T 262 的规定。

7.4 脱水机

7.4.1 污泥脱水用厢式压滤机和板框压滤机应符合 HJ/T 283 的规定。

7.4.2 带式压榨过滤机应符合 HJ/T 242 的规定。

7.4.3 污泥浓缩带式脱水一体机应符合 HJ/T 335 的规定。

7.5 加药设备

加药设备应符合 HJ/T 369 的规定。

7.6 泵

潜水排污泵应符合 HJ/T 336 的规定。其他类型的泵应符合国家节能等方面的要求。

7.7 填料

悬挂式填料应符合 HJ/T 245 的规定，悬浮填料应符合 HJ/T 246 的规定。

7.8 监测系统

监测系统及安装应符合 HJ/T 353 的规定，采用符合 HJ/T 15、HJ/T 96、HJ/T 101、HJ/T 103、HJ/T 377 等规定的监测仪器。

7.9 其他设备、材料

其他机械、设备、材料应符合国家或行业标准的规定。

8 检测与过程控制

8.1 为保证废水处理设施运行的连续性和可靠性，提高自动化控制水平，废水处理厂（站）宜采用 PLC 集散型控制。

8.2 废水处理厂（站）宜根据工艺控制要求设置 pH 计、流量计、液位控制器、溶氧仪等装置。

8.3 废水处理厂（站）宜按国家和地方环保部门有关规定安装废水在线监测系统，并与相关环境管理监控中心联网。
8.4 废水在线监测系统的数据传输应符合 HJ/T 212 的规定。

9 主要辅助工程

9.1 电气

9.1.1 独立处理厂（站）供电宜按二级负荷设计，厂内处理厂（站）供电等级，应与生产车间相等。
9.1.2 低压配电设计应符合 GB 50054 设计规范的规定。
9.1.3 供配电应符合 GB 50052 设计规范的规定。
9.1.4 工艺装置的中央控制室的仪表电源应配备在线式不间断供电电源设备（UPS）。
9.1.5 建设工程施工现场供用电安全应符合 GB 50194 规范的规定。

9.2 空调与暖通

9.2.1 地下构筑物应有通风设施。
9.2.2 在北方寒冷地区，处理构筑物应有防冻措施。当采暖时，处理构筑物室内温度可按 5℃设计；加药间、检验室和值班室等的室内温度按不低于 15℃设计。

9.3 给排水与消防

9.3.1 废水治理工程的给排水与消防应同生产企业车间等一并规划、设计、配置设施，废水治理工程区内应实行雨污分流。
9.3.2 处理厂（站）排水一般宜采用重力流排放；当遇到潮汛、暴雨，排水口标高低于地表水水位时，应设闸门和排水泵站。
9.3.3 处理厂（站）消防设计应符合 GB 50016 的有关规定，易燃易爆的车间或场所应按消防部门要求设置消防器材。

9.4 道路与绿化

9.4.1 处理厂（站）内道路应符合 GBJ 22 的有关规定。
9.4.2 屠宰与肉类加工废水治理工程的绿化应与总厂统一设计布置，绿化布置方案要满足有关技术规范等对绿化率的要求。
9.4.3 屠宰与肉类加工废水治理工程内应尽可能种植能吸收臭气、有净化空气作用的植物作为绿化隔离带，以减少臭气和噪声对环境的影响；但厂区内不宜种植高大的树种，以防树叶落入水池引起设备堵塞。

10 劳动安全与职业卫生

10.1 废水治理工程在设计、施工和运行过程中，必须高度重视安全卫生问题，严格执行国家及地方的有关规定，采取有效的应对措施和预防手段。
10.2 废水处理厂（站）应建立明确的岗位责任制，各工种、岗位应按工艺特征和要求制定相应的安全操作规程、注意事项等。
10.3 废水处理厂（站）内应有必要的安全、报警等装置，应制定意外事件的应急预案；生产作业区应配备消防器材；厂区各明显位置应配有禁烟、防火、限速和用电警告等标志。
10.4 废水处理厂（站）应具备设备日常维护、保养与检修、突发性故障时的应急处理能力。
10.5 应为职工配备必要的劳动安全卫生设施和劳动防护用品，各种设施及防护用品应由专人维护保养，保证其完好、有效；各岗位操作人员上岗时必须穿戴相应的劳保用品。
10.6 各种机械设备裸露的传动部分或运动部分应设置防护罩或防护栏杆，周围应保持一定的操作活动空间，以免发生机械伤害事故。

10.7 各构筑物应设有便于行走的操作平台、走道板、安全护栏和扶手，栏杆高度和强度应符合国家有关安全生产规定。

10.8 设备安装和检修时应有相应的警示、保护设施，必须多人同时作业。

10.9 具有有害气体、易燃气体、异味、粉尘和环境潮湿的场所，应有良好的通风设施。

10.10 高架处理构筑物应设置适用的栏杆、防滑梯和避雷针等安全设施，构筑物的避雷、防暴装置的维修应符合气象和消防部门的规定。

10.11 所有正常不带电的电气设备其金属外壳均应采取接地或接零保护，钢结构、排气管、排风管和铁栏杆等金属物应采用等电位联接后宜作保护接地。

10.12 明装金属构件应采取良好防腐蚀措施，且应固定牢靠。

11 施工与验收

11.1 工程施工

11.1.1 屠宰与肉类加工废水治理工程的设计、施工单位应具备国家相应工程设计资质、施工资质。

11.1.2 废水治理工程的设计、施工应符合国家建设项目管理要求。

11.1.3 废水处理厂（站）建设、运行过程中产生的噪声及其他污染物排放应严格执行国家环境保护法规和标准的有关规定。

11.1.4 废水治理工程施工中所使用的设备、材料、器件等应符合相关的国家标准，并具备产品质量合格证。

11.1.5 按照环境管理要求需要安装在线监测系统的，应执行 HJ/T 353、HJ/T 354、HJ/T 355。

11.1.6 废水治理工程施工单位除应遵守相关的技术规范外，还应遵守国家有关部门颁布的劳动安全及卫生、消防等国家强制性标准。

11.2 工程调试及竣工验收

11.2.1 废水治理工程验收应按《建设项目（工程）竣工验收办法》、相应专业验收规范和本标准的有关规定进行组织。工程竣工验收前，不得投入生产性使用。

11.2.2 建筑电气工程施工质量验收应符合 GB 50303 规范的规定。

11.2.3 各设备、构筑物、建筑物单体按国家或行业的有关标准（规范）验收后，废水处理设施应进行清水联通启动、整体调试和验收。

11.2.4 应在通过整体调试、各环节运转正常、技术指标达到设计和合同要求后进入生产试运行。

11.2.5 试运行期间应进行水质检测，检测指标应至少包括：

a）各处理单元中 pH 值、温度、水量；

b）各单元进、出水主要污染物浓度，如悬浮物、化学需氧量、生化需氧量、氨氮、总氮、总磷、动植物油及色度。

11.3 环境保护验收

11.3.1 废水治理工程环境保护验收除应满足《建设项目竣工环境保护验收管理办法》规定的条件外，在生产试运行期还应对废水治理工程进行调试和性能试验，试验报告应作为环境保护验收的重要内容。

11.3.2 废水治理工程环境保护验收应严格按照工程环境影响评价报告的批复执行。经环境保护竣工验收合格后，废水治理工程方可正式投入使用。

11.3.3 屠宰与肉类加工废水治理工程环境保护验收的主要技术文件应包括：

——项目环境影响报告审批文件；

——批准的设计文件和设计变更文件；
——废水处理工程调试报告；
——具有资质的环境监测部门出具的废水处理验收监测报告；
——试运行期连续监测报告（一般不少于 1 个月）；
——完整的启动试运行、生产试运行记录等；
——废水处理设施运行管理制度、岗位操作规程等。

12 运行与维护

12.1 一般规定

12.1.1 废水治理工程应由各类具有执业资质、持上岗证书的技术人员、管理人员进行操作和管理。

12.1.2 未经当地环境保护行政主管部门批准，废水处理设施不得停止运行。由于紧急事故造成设施停止运行时，应立即报告当地环境保护行政主管部门。

12.1.3 废水处理由第三方运营时，运营方必须具有相应等级环境污染治理设施运营资质。

12.1.4 废水治理工程应健全规章制度、岗位操作规程和质量管理等文件。

12.2 人员与运行管理

12.2.1 实施质量控制，保证废水治理工程的正常运行及运行质量。

12.2.2 运行人员应定期进行岗位培训，持证上岗。运行管理人员上岗前均应进行相关法律法规和专业技术、安全防护、紧急处理等理论知识和操作技能的培训。

12.2.3 各岗位人员应严格按照操作规程作业，如实填写运行记录，并妥善保存。

12.2.4 严禁非本岗位人员擅自启、闭岗位设备，管理人员不得违章指挥。

12.2.5 废水处理厂（站）的运行应达到以下技术指标：运行率 100%（以实际天数计），达标率大于 95%（以运行天数和主要水质指标计），设备的综合完好率大于 90%。

12.2.6 废水处理厂（站）设备的日常维护、保养应纳入正常的设备维护管理工作，根据工艺要求，定期对构筑物、设备、电气及自控仪表进行检查维护，确保处理设施稳定运行。

12.2.7 宜每日监测厌氧反应器内液体的 pH 值、温度及内部沼气压力、产气量等指标，并根据监测数据及时调整厌氧反应器运行工况或采取相应措施。各项目的检测方法应符合国家有关规定。

12.2.8 臭气收集、除臭装置应保持良好的工作状态，室内臭气浓度应符合 GB/T 18883 的规定，适合操作人员长期在岗工作。

12.2.9 格栅、沉砂池等其他设施的运行管理可参照 CJJ 60 及 CJJ/T 30 的有关规定执行。

12.2.10 发现异常情况时，应采取相应解决措施并及时上报有关主管部门。

12.3 环境管理

12.3.1 废水处理厂（站）的噪声应符合 GB 3096 和 GB 12348 的规定，建筑物内部设施噪声源控制应符合 GBJ 87 中的有关规定。

12.3.2 废水处理厂（站）区内各类地点的噪声控制宜采取以隔音为主，辅以消声、隔振、吸音等综合治理措施。宜采用低噪声设备及作减振方式安装。

12.3.3 应保持废水处理厂（站）内环境整洁，并采取灭蝇灭蚊灭鼠措施。

12.4 水质管理

12.4.1 废水处理厂（站）运行过程应定期采样分析，常规指标包括：化学需氧量、生化需氧量、悬浮物、污泥浓度（MLSS）、SVI 指数、氨氮、总氮、总磷、pH、色度等。

12.4.2 已安装在线监测设备的，也应定期进行取样，进行人工监测，比对在线监测数据。

12.4.3 生产周期内每间隔 4 h 采样一次，每日采样次数不少于三次，可分别分析或混合分析，其中化学需氧量、悬浮物、pH、镜检、色度等每天至少分析一次，生化需氧量至少每周分析一次。

12.4.4 水质取样应在废水处理排放口或根据处理工艺控制点取样。

12.5 应急措施

12.5.1 企业应编制事故应急预案（包括环保应急预案）。应急预案包括：应急预警、应急响应、应急指挥、应急处理等方面的内容，制定相应的应急处理措施，并配套相应的人力、设备、通信等应急处理的必备条件。

12.5.2 废水治理设施发生异常情况或重大事故时，应及时分析解决，并按应急预案中的规定向有关主管部门汇报。

HJ

中华人民共和国国家环境保护标准

HJ 2005—2010

人工湿地污水处理工程技术规范

Technical specification of constructed wetlands for wastewater treatment engineering

2010-12-17 发布　　2011-03-01 实施

环　境　保　护　部　发布

前　言

为贯彻《中华人民共和国环境保护法》和《中华人民共和国水污染防治法》，规范我国人工湿地污水处理工程的建设、运行、维护和管理，制定本标准。

本标准规定了人工湿地污水处理工程有关设计、施工和运行维护的技术要求。

本标准为首次发布。

本标准由环境保护部科技标准司组织制订。

本标准起草单位：沈阳环境科学研究院。

本标准由环境保护部 2010 年 12 月 17 日批准。

本标准自 2011 年 3 月 1 日起实施。

本标准由环境保护部解释。

人工湿地污水处理工程技术规范

1. 适用范围

本标准规定了人工湿地污水处理工程的总体要求、工艺设计、施工与验收、运行与维护等技术要求。

本标准适用于城镇生活污水、城镇污水处理厂出水及与生活污水性质相近的其他污水处理工程，可作为人工湿地污水处理工程设计、施工、建设项目竣工环境保护验收及建成后运行与维护的技术依据。

2. 规范性引用文件

本标准内容引用了下列文件中的条款。凡是不注日期的引用文件，其有效版本适用于本标准。

GB 12348　工业企业厂界环境噪声排放标准
GB/T 12801　生产过程安全卫生要求总则
GB 14554　恶臭污染物排放标准
GB 18918　城镇污水处理厂污染物排放标准
GB 50003　砌体结构设计规范
GB 50011　建筑抗震设计规范
GB 50013　室外给水设计规范
GB 50014　室外排水设计规范
GB 50015　建筑给水排水设计规范
GB 50016　建筑设计防火规范
GB 50019　采暖通风与空气调节设计规范
GB 50034　工业企业照明设计规范
GB 50040　动力机器基础设计规范
GB 50052　供配电系统设计规范
GB 50053　10 kV 及以下变电所设计规范
GB 50054　低压配电设计规范
GB 50069　给水排水工程构筑物结构设计规范
GB 50070　混凝土结构设计规范
GB 50140　建筑灭火器配置设计规范
GB 50204　混凝土结构工程施工质量验收规范
GB 50231　机械设备安装工程施工及验收通用规范
GB 50268　给水排水管道工程施工及验收规范
GB 50335　污水再生利用工程设计规范
GBJ 87　工业企业厂界噪声控制设计规范
GBJ 141　给水排水构筑物施工及验收规范

GB/T 13663　给水用聚乙烯（PE）管材
CJJ 17　城市生活垃圾卫生填埋技术规范
CJJ 60　城市污水处理厂运行、维护及其安全技术规程
HJ/T 15　环境保护产品技术要求 超声波明渠污水流量计
HJ/T 96　pH 水质自动分析仪技术要求
HJ/T 101　氨氮水质自动分析仪技术要求
HJ/T 103　总磷水质自动分析仪技术要求
HJ/T 353　水污染源在线监测系统安装技术规范
HJ/T 354　水污染源在线监测系统验收技术规范
HJ/T 355　水污染源在线监测系统运行与考核技术规范
HJ/T 377　环境保护产品技术要求 化学需氧量（COD_{Cr}）水质在线自动监测仪
建设项目竣工环境保护验收管理办法（国家环境保护总局令 第 13 号）

3．术语和定义

3.1 人工湿地 constructed wetland

指用人工筑成水池或沟槽，底面铺设防渗漏隔水层，充填一定深度的基质层，种植水生植物，利用基质、植物、微生物的物理、化学、生物三重协同作用使污水得到净化。按照污水流动方式，分为表面流人工湿地、水平潜流人工湿地和垂直潜流人工湿地。

3.2 表面流人工湿地 surface flow constructed wetland

指污水在基质层表面以上，从池体进水端水平流向出水端的人工湿地。

3.3 水平潜流人工湿地 horizontal subsurface flow constructed wetland

指污水在基质层表面以下，从池体进水端水平流向出水端的人工湿地。

3.4 垂直潜流人工湿地 vertical subsurface flow constructed wetland

指污水垂直通过池体中基质层的人工湿地。

3.5 预处理 pretreatment

指为满足工程总体要求、人工湿地进水水质要求及减轻湿地污染负荷，在人工湿地前设置的处理工艺，如格栅、沉砂、初沉、均质、水解酸化、稳定塘、厌氧、好氧等。

3.6 后处理 aftertreatment

指为满足出水达标排放或回用要求，在人工湿地后设置的处理工艺，如活性炭吸附、混凝沉淀、过滤、消毒、稳定塘等。

3.7 基质 bed filler

指提供人工湿地植物与微生物生长并对污染物起过滤、吸收作用的填充材料，包括土壤、砂、砾石、沸石、石灰石、页岩、塑料、陶瓷等。

3.8 水力停留时间 hydraulic retention time

指污水在人工湿地内的平均驻留时间。潜流人工湿地的水力停留时间按式（1）计算：

$$t=\frac{V\times\varepsilon}{Q} \tag{1}$$

式中：t——水力停留时间，d；

V——人工湿地基质在自然状态下的体积，包括基质实体及其开口、闭口孔隙，m^3；

ε——孔隙率，%；

Q——人工湿地设计水量，m^3/d。

3.9 表面有机负荷 organic surface loading

指每平方米人工湿地在单位时间去除的五日生化需氧量。按式（2）计算：

$$q_{os}=\frac{Q\times(C_0-C_1)\times10^{-3}}{A} \quad (2)$$

式中：q_{os}——表面有机负荷，kg/（m^2·d）；

Q——人工湿地设计水量，m^3/d；

C_0——人工湿地进水 BOD_5 质量浓度，mg/L；

C_1——人工湿地出水 BOD_5 质量浓度，mg/L；

A——人工湿地面积，m^2。

3.10 表面水力负荷 hydraulic surface loading

指每平方米人工湿地在单位时间所能接纳的污水量。按式（3）计算：

$$q_{hs}=\frac{Q}{A} \quad (3)$$

式中：q_{hs}——表面水力负荷，m^3/（m^2·d）；

Q——人工湿地设计水量，m^3/d；

A——人工湿地面积，m^2。

3.11 水力坡度 hydraulic slope

指污水在人工湿地内沿水流方向单位渗流路程长度上的水位下降值。按式（4）计算：

$$i=\frac{\Delta H}{L}\times100\% \quad (4)$$

式中：i——水力坡度，%；

ΔH——污水在人工湿地内渗流路程长度上的水位下降值，m；

L——污水在人工湿地内渗流路程的水平距离，m。

4. 设计水量和设计水质

4.1 设计水量

设计水量的确定应符合 GB 50014 中的有关规定。

4.2 设计水质

4.2.1 当工程接纳城镇生活污水时，其设计水质可参照 GB 50014 中的有关规定；接纳与生活污水性质相近的其他污水时，其设计水质可通过调查确定。

4.2.2 当工程接纳城镇污水处理厂出水时，其设计水质应按 GB 18918 中的规定取值。

4.2.3 人工湿地系统进水水质应满足表 1 的规定。

表 1 人工湿地系统进水水质要求

单位：mg/L

人工湿地类型	BOD_5	COD_{Cr}	SS	NH_3-N	TP
表面流人工湿地	≤50	≤125	≤100	≤10	≤3
水平潜流人工湿地	≤80	≤200	≤60	≤25	≤5
垂直潜流人工湿地	≤80	≤200	≤80	≤25	≤5

4.3 人工湿地系统污染物去除效率

人工湿地系统污染物去除效率可参照表 2 中数据取值。

表 2 人工湿地系统污染物去除效率

单位：%

人工湿地类型	BOD_5	COD_{Cr}	SS	NH_3-N	TP
表面流人工湿地	40～70	50～60	50～60	20～50	35～70
水平潜流人工湿地	45～85	55～75	50～80	40～70	70～80
垂直潜流人工湿地	50～90	60～80	50～80	50～75	60～80

5．总体要求

5.1 建设规模

5.1.1 应综合考虑服务区域范围内的污水产生量、分布情况、发展规划以及变化趋势等因素，并以近期为主，远期可扩建规模为辅的原则确定。

5.1.2 建设规模按以下规则分类：

a）小型人工湿地污水处理工程的日处理能力＜3 000 m^3/d；

b）中型人工湿地污水处理工程的日处理能力 3 000～10 000 m^3/d；

c）大型人工湿地污水处理工程的日处理能力≥10 000 m^3/d。

注：下限值含该值，上限值不含该值。

5.2 工程项目构成

5.2.1 工程项目主要包括：污水处理构（建）筑物与设备、辅助工程和配套设施等。

5.2.2 污水处理构（建）筑物与设备包括：预处理、人工湿地、后处理、污泥处理、恶臭处理等系统。

5.2.3 辅助工程包括：厂区道路、围墙、绿化、电气系统、给排水、消防、暖通与空调、建筑与结构等工程。

5.2.4 配套设施包括：办公室、休息室、浴室、食堂、卫生间等生活设施。

5.2.5 人工湿地系统可由一个或多个人工湿地单元组成，人工湿地单元包括配水装置、集水装置、基质、防渗层、水生植物及通气装置等。

5.3 场址选择

5.3.1 应符合当地总体发展规划和环保规划的要求，以及综合考虑交通、土地权属、土地利用现状、发展扩建、再生水回用等因素。

5.3.2 应考虑自然背景条件，包括土地面积、地形、气象、水文以及动植物生态因素等，并进行工程地质、水文地质等方面的勘察。

5.3.3 应不受洪水、潮水或内涝的威胁，且不影响行洪安全。

5.3.4 宜选择自然坡度为 0～3%的洼地或塘，以及未利用土地。

5.4 总平面布置

5.4.1 应充分利用自然环境的有利条件，按建（构）筑物使用功能和流程要求，结合地形、气候、地质条件，便于施工、维护和管理等因素，合理安排，紧凑布置。

5.4.2 厂区的高程布置应充分利用原有地形，符合排水通畅、降低能耗、平衡土方的要求；多单元湿地系统高程设计应尽量结合自然坡度，采用重力流形式，需提升时，宜一次提升。

5.4.3 应综合考虑人工湿地系统的轮廓、不同类型人工湿地单元的搭配、水生植物的配置、景观小品设施营建等因素，使工程达到相应的景观效果。

6. 工艺设计

6.1 一般规定

6.1.1 工艺设计应综合考虑处理水量、原水水质、占地面积、建设投资、运行成本、排放标准、稳定性，以及不同地区的气候条件、植被类型和地理条件等因素，并应通过技术经济比较确定适宜的方案。

6.1.2 预处理、后处理、污泥处理、恶臭处理等系统设计应符合 GB 50014 及相关行业规范中的有关规定。

6.1.3 人工湿地系统由多个同类型或不同类型的人工湿地单元构成时，可分为并联式、串联式、混合式等组合方式。

6.2 工艺流程

按工程接纳的污水类型，基本工艺流程如下：

a）当工程接纳城镇生活污水及与生活污水性质相近的其他污水时，基本工艺流程为：

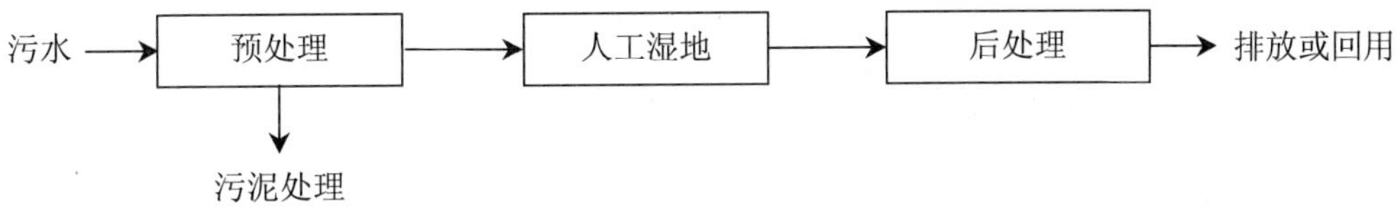

图 1　工程接纳城镇生活污水或与生活污水性质相近的其他污水的工艺流程图

b）当工程接纳城镇污水处理厂出水时，基本工艺流程为：

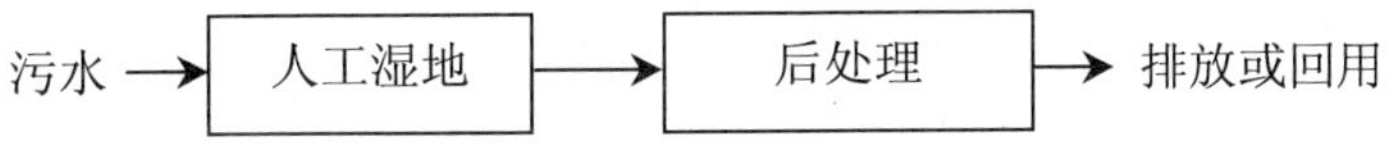

图 2　工程接纳城镇污水处理厂出水的工艺流程图

6.3 预处理

6.3.1 预处理的程度和方式应综合考虑污水水质、人工湿地类型及出水水质要求等因素，可选择格栅、沉砂、初沉、均质等一级处理工艺，物化强化法、AB 法前段、水解酸化、浮动生物床等一级强化处理工艺，以及 SBR、氧化沟、A/O、生物接触氧化等二级处理工艺。

6.3.2 污水的 BOD_5/COD_{Cr} 小于 0.3 时，宜采用水解酸化处理工艺。

6.3.3 污水的 SS 含量大于 100 mg/L 时，宜设沉淀池。

6.3.4 污水中含油量大于 50 mg/L，宜设除油设备。

6.3.5 污水的 DO 小于 1.0 mg/L 时，宜设曝气装置。

6.4 人工湿地

6.4.1 设计参数

6.4.1.1 人工湿地面积应按五日生化需氧量表面有机负荷确定，同时应满足水力负荷的要求。

6.4.1.2 人工湿地的主要设计参数，宜根据试验资料确定；无试验资料时，可采用经验数据或按表 3 的数据取值。

表 3 人工湿地的主要设计参数

人工湿地类型	BOD_5 负荷/[kg/（hm^2·d）]	水力负荷/[m^3/（m^2·d）]	水力停留时间/d
表面流人工湿地	15～50	＜0.1	4～8
水平潜流人工湿地	80～120	＜0.5	1～3
垂直潜流人工湿地	80～120	＜1.0（建议值：北方：0.2～0.5；南方：0.4～0.8）	1～3

6.4.2 几何尺寸

6.4.2.1 潜流人工湿地几何尺寸设计，应符合下列要求：

a）水平潜流人工湿地单元的面积宜小于 800 m^2，垂直潜流人工湿地单元的面积宜小于 1 500 m^2；

b）潜流人工湿地单元的长宽比宜控制在 3∶1 以下；

c）规则的潜流人工湿地单元的长度宜为 20～50 m。对于不规则潜流人工湿地单元，应考虑均匀布水和集水的问题；

d）潜流人工湿地水深宜为 0.4～1.6 m；

e）潜流人工湿地的水力坡度宜为 0.5%～1%。

6.4.2.2 表面流人工湿地几何尺寸设计，应符合下列要求：

a）表面流人工湿地单元的长宽比宜控制在 3∶1～5∶1，当区域受限，长宽比＞10∶1 时，需要计算死水曲线；

b）表面流人工湿地的水深宜为 0.3～0.5 m；

c）表面流人工湿地的水力坡度宜小于 0.5%。

6.4.3 集、配水及出水

6.4.3.1 人工湿地单元宜采用穿孔管、配（集）水管、配（集）水堰等装置来实现集配水的均匀。

6.4.3.2 穿孔管的长度应与人工湿地单元的宽度大致相等。管孔密度应均匀，管孔的尺寸和间距取决于污水流量和进出水的水力条件，管孔间距不宜大于人工湿地单元宽度的 10%。

6.4.3.3 穿孔管周围宜选用粒径较大的基质，其粒径应大于管穿孔孔径。

6.4.3.4 在寒冷地区，集、配水及进、出水管的设置应考虑防冻措施。

6.4.3.5 人工湿地出水可采用沟排、管排、井排等方式，并设溢流堰、可调管道及闸门等具有水位调节功能的设施。

6.4.3.6 人工湿地出水量较大且跌落较高时，应设置消能设施。

6.4.3.7 人工湿地出水应设置排空设施。

6.4.4 清淤及通气

6.4.4.1 潜流人工湿地底部应设置清淤装置。

6.4.4.2 垂直潜流人工湿地内可设置通气管，同人工湿地底部的排水管相连接，并且与排水管道管径相同。

6.4.5 基质

6.4.5.1 基质的选择应根据基质的机械强度、比表面积、稳定性、孔隙率及表面粗糙度等因素确定。

6.4.5.2 基质选择应本着就近取材的原则，并且所选基质应达到设计要求的粒径范围。

6.4.5.3 对出水的氮、磷浓度有较高要求时，提倡使用功能性基质，提高氮、磷处理效率。

6.4.5.4 潜流人工湿地基质层的初始孔隙率宜控制在 35%～40%。

6.4.5.5 潜流人工湿地基质层的厚度应大于植物根系所能达到的最深处。

6.4.6 湿地植物选择与种植

6.4.6.1 人工湿地宜选用耐污能力强、根系发达、去污效果好、具有抗冻及抗病虫害能力、有一定经济价值、容易管理的本土植物。人工湿地出水直接排入河流、湖泊时，应谨慎选择“凤眼莲”等外来入侵物种。

6.4.6.2 人工湿地可选择一种或多种植物作为优势种搭配栽种，增加植物的多样性并具有景观效果。

6.4.6.3 潜流人工湿地可选择芦苇、蒲草、荸荠、莲、水芹、水葱、茭白、香蒲、千屈菜、菖蒲、水麦冬、风车草、灯芯草等挺水植物。表流人工湿地可选择菖蒲、灯芯草等挺水植物；凤眼莲、浮萍、睡莲等浮水植物；伊乐藻、茨藻、金鱼藻、黑藻等沉水植物。

6.4.6.4 人工湿地植物的栽种移植包括根幼苗移植、种子繁殖、收割植物的移植以及盆栽移植等。

6.4.6.5 人工湿地植物种植的时间宜为春季。

6.4.6.6 植物种植密度可根据植物种类与工程的要求调整，挺水植物的种植密度宜为 9～25 株/m^2，浮水植物和沉水植物的种植密度均宜为 3～9 株/m^2。

6.4.6.7 垂直潜流人工湿地的植物宜种植在渗透系数较高的基质上。水平潜流人工湿地的植物应种植在土壤上。

6.4.6.8 应优先采用当地的表层种植土，如当地原土不适宜人工湿地植物生长时，则需进行置换。

6.4.6.9 种植土壤的质地宜为松软黏土—壤土，土壤厚度宜为 20～40 cm，渗透系数宜为 0.025～0.35 cm/h。

6.4.7 防渗层

6.4.7.1 人工湿地应在底部和侧面进行防渗处理，防渗层的渗透系数应不大于 10^{-8} m/s。

6.4.7.2 防渗层可采用黏土层、聚乙烯薄膜及其他建筑工程防水材料，可参照 CJJ 17 执行。

6.4.8 管材及闸阀

6.4.8.1 管材选用 PVC 或 PE 管时，应按 GB/T 13663 规定执行。

6.4.8.2 阀门选用应满足耐腐蚀性强、密封性好、操作灵活等要求。

6.4.8.3 水位控制闸板、可调堰等装置采用非标设计时，应考虑材质、控制方式、防腐及耐用等因素。

6.5 后处理

6.5.1 应根据污水排放标准的要求，选择是否设置消毒设施。当出水对病菌指标要求较高时，消毒应符合 GB 50014 中的有关规定。

6.5.2 人工湿地出水作为再生水利用时，应符合 GB 50335 中的有关规定。

6.6 二次污染控制措施

6.6.1 污泥处理与处置

6.6.1.1 预处理系统产生的污泥处理与处置应符合 GB 50014 中的有关规定。

6.6.1.2 人工湿地系统应定期清淤排泥。

6.6.2 恶臭处理

6.6.2.1 应设置除臭装置处理预处理设施产生的恶臭气体。

6.6.2.2 恶臭气体排放浓度应符合 GB 14554 中的有关规定。

6.6.3 噪声和振动防治

6.6.3.1 应采取隔声、消声、绿化等降低噪声的措施，厂界噪声应达到 GB 12348 中的有关规定。

6.6.3.2 设备间、鼓风机房等机械设备的噪声和振动控制的设计应符合 GB 50040 和 GBJ 87 中的有关规定。

6.7 突发事故应急措施

6.7.1 人工湿地系统应设置雨水溢流口、排洪沟渠等排洪设施。

6.7.2 人工湿地系统应设置超越管、溢流井等分流设施。

7．检测与过程控制

7.1 一般规定

7.1.1 应按国家现行的排放标准及环境保护部门的要求，设置相应的检测仪表和控制系统。

7.1.2 参与控制和管理的机电设备应设置工作和事故状态的检测装置。

7.1.3 安装在线监测系统的，应符合 HJ/T 353、HJ/T 354、HJ/T 355 中的有关规定。

7.1.4 所用监测仪器应符合 HJ/T 15、HJ/T 96、HJ/T 101、HJ/T 103、HJ/T 377 中的有关规定。

7.2 检测与控制

7.2.1 对工程各系统的进出水进行检测，主要包括流量、水位、水温、DO、pH 值、SS、BOD_5、COD_{Cr}、NH_3-N、硝酸盐、总磷等，其应按国家相关标准和规定执行。人工湿地系统的检测还应包括降雨量、湿地水位、植被株密度等，检测频率宜为降雨量、湿地水位每天 1 次，植被株密度每年 1 次。

7.2.2 大、中型人工湿地污水处理工程的主要处理工艺单元，应采用自动控制系统。小型人工湿地污水处理工程的主要处理工艺单元，可根据实际需要，采用自动控制系统。采用成套设备时，设备本身控制宜与系统控制结合。

7.2.3 自动控制系统可采用可编程序逻辑控制器（PLC）控制，实时监控运转情况，具备连锁、保护、报警等功能，可设集中和现场两种操作方式。

7.2.4 关键工艺控制参数，如预处理系统的流量、DO、SS、COD_{Cr} 等检测数据宜参与后续工艺控制。

8．主要辅助工程

8.1 电气系统

8.1.1 供电方式应根据用电要求，与当地电力部门协商确定。

8.1.2 供配电系统应符合 GB 50052 和 GB 50053 中的有关规定。

8.1.3 低压配电设计应符合 GB 50054 中的有关规定。

8.1.4 照明设计应符合 GB 50034 中的有关规定。

8.2 给水、排水及消防

8.2.1 应有可靠的供水水源和完善的供水设施。给水设计应符合 GB 50015 和 GB 50013 的有关规定。

8.2.2 排水设计应符合 GB 50014 中的有关规定。

8.2.3 管理区消防应符合 GB 50016 和 GB 50140 的有关规定。

8.3 采暖、通风与空调

8.3.1 建筑物的采暖与空调的设计应符合 GB 50019 的有关规定。

8.3.2 当建筑物的机械通风不能满足工艺对室内温度、湿度要求时，应设置空调装置。

8.4 建筑与结构

8.4.1 建筑的造型应简洁、新颖，并与周围环境相协调。建筑物的平面布置和空间布局应满足工艺设备布置要求，同时应考虑今后生产发展和技术改造的可能性。

8.4.2 建（构）筑物结构设计应符合 GB 50069 的有关规定。

8.4.3 人工湿地结构设计应符合 GB 50003 和 GB 50070 的有关规定。

8.4.4 建筑物抗震等设计应符合 GB 50011 的有关规定。

9．劳动安全与职业卫生

9.1 在设计、施工和生产过程中，劳动安全和卫生可参照 GB/T 12801 的有关规定。
9.2 工程建成运行的同时，应保证安全和卫生设施同时投入使用。
9.3 建立并严格执行定期和经常的安全检查制度，及时消除事故隐患，特别是秋季人工湿地收割植物应妥善处置，以免引起火灾。

10．施工与验收

10.1 一般规定
10.1.1 施工单位应具有国家相应的施工资质，除遵守相关的施工技术规范之外，还应遵守国家有关部门颁布的劳动安全及卫生、消防等国家强制性标准。
10.1.2 施工中使用的设备、材料、器件等应符合相关的国家标准，并应取得供货商的产品合格证后方可使用。
10.1.3 构筑物的施工和验收应符合 GBJ 141 的有关规定；混凝土结构工程的施工和验收应符合 GB 50204 的有关规定；设备安装和验收应符合 GB 50231 的有关规定；管道工程的施工和验收应符合 GB 50268 的有关规定。
10.2 施工
10.2.1 施工前期准备的主要任务是清除和平整场地。清除工程应包括运走场地内的垃圾、树木以及其他障碍物等。
10.2.2 潜流人工湿地周边护坡宜采用夯实的土壤构建，坡度宜为 4∶1～2∶1。在夯实过程中，应考虑土壤的湿度，不得在阴雨天施工。围堰建成后，应进行表面防护，如种植护坝植被。
10.2.3 基质铺设过程中应从选料、洗料、堆放、撒料四个方面加以控制。
10.2.4 基质应进行级配、清洁，保证填筑材料的含泥（砂）量和填料粉末含量小于设计要求值。
10.2.5 人工湿地植物宜从专门的水生植物基地采购，种植时应有专业人员指导。
10.2.6 人工湿地防渗材料采用聚乙烯膜时，应由专业人员用专业设备进行焊接，焊接结束后，需进行渗透试验。
10.3 环境保护验收
10.3.1 工程的环境保护验收应按《建设项目竣工环境保护验收管理办法》的规定进行。
10.3.2 在生产试运行期间应对其进行性能试验，性能试验报告应作为环境保护验收的重要内容。
10.3.3 工程的性能试验包括：功能试验、技术性能试验、设备和材料试验。其中，技术性能试验至少应包括以下项目：

a）处理污水量；
b）污水污染物的去除率；
c）污泥的处理情况；
d）电能消耗。

10.3.4 污水处理工程环境保护验收的主要技术依据包括：

a）项目环境影响报告书（表）审批文件；
b）各类污染物环境监测报告；
c）批准的设计文件和设计变更文件；
d）主要材料和设备的合格证或试验记录；

e）试运行期间污染物连续监测报告；

f）完整的启动试运行、生产试运行记录。

10.3.5 经竣工环境保护验收合格后，工程方可正式投入使用运行。

11. 运行与维护

11.1 一般规定

11.1.1 工程的运行应符合 CJJ 60 中的有关规定，同时还应符合国家有关标准的规定。

11.1.2 运行人员、技术人员及管理人员应进行相关法律法规、专业技术、安全防护、应急处理等理论知识和操作技能的培训，运行人员应具备国家有关环境污染治理设施运营岗位合格证书。

11.1.3 工程在运行前应制定设备台账、运行记录、定期巡视、交接班、安全检查、应急预案等管理制度。

11.1.4 工艺设施和主要设备应编入台账，定期对各类设备、电气、自控仪表及建（构）筑物进行检修维护，确保设施稳定可靠运行。

11.1.5 工艺流程图、操作和维护规程等应示于明显部位，运行人员应按规程进行系统操作，并定期检查构筑物、设备、电器和仪表的运行情况。

11.1.6 各岗位人员在运行、巡视、交接班、检修等生产活动中，应做好相关记录。

11.1.7 应定期检测进出水水质，并定期对检测仪器、仪表进行校验。

11.1.8 应制定相应的事故应急预案，并报请环境行政管理部门批准备案。

11.2 人工湿地的管理与维护

11.2.1 人工湿地运行中应适时进行水位调节：

a）根据暴雨、洪水、干旱、结冰期等各种极限情况，可进行水位调节，不得出现进水端壅水现象和出水端淹没现象；

b）当人工湿地出现短流现象，可进行水位调节。

11.2.2 人工湿地植物管理维护可采用以下措施：

a）人工湿地栽种植物后即须充水，为促进植物根系发育，初期应进行水位调节；

b）植物系统建立后，应保证连续提供污水，保证水生植物的密度及良性生长；

c）应根据植物的生长情况，进行缺苗补种、杂草清除、适时收割以及控制病虫害等管理，不宜使用除草剂、杀虫剂等；

d）对大型人工湿地污水处理工程应考虑配置植物生物能利用的装置。

11.2.3 人工湿地在低温环境运行时，可采用以下措施：

a）做好人工湿地的保温措施，保证水温不低于 4℃；

b）定期做人工湿地的冻土深度测试，掌握人工湿地系统的运行状况；

c）强化预处理，减轻人工湿地系统的污染负荷。

11.2.4 潜流人工湿地运行防堵塞可采用以下措施：

a）控制污水进入人工湿地系统的悬浮物浓度；

b）定期启动清淤；

c）适当地采用间歇运行方式；

d）局部更换人工湿地系统的基质。

HJ

中华人民共和国国家环境保护标准

HJ 2006—2010

污水混凝与絮凝处理工程技术规范

Technical specifications for coagulation and flocculation process in wastewater treatment

2010-12-17 发布　　2011-03-01 实施

环　境　保　护　部　发布

前　言

为贯彻《中华人民共和国环境保护法》和《中华人民共和国水污染防治法》，规范污水混凝与絮凝处理工程建设，使其连续稳定运行、达标排放，防治水污染，改善环境质量，制定本标准。

本标准规定了污水处理工程中所采用的混凝与絮凝工艺的总体要求、工艺设计、设备选型、检测和控制、运行管理的技术要求。

本标准为首次发布。

本标准由环境保护部科技标准司组织制订。

本标准主要起草单位：江苏省环境科学研究院、东南大学、江苏鹏鹞环境工程设计院、扬州澄露环境工程有限公司。

本标准环境保护部 2010 年 12 月 17 日批准。

本标准自 2011 年 3 月 1 日起实施。

本标准由环境保护部负责解释。

污水混凝与絮凝处理工程技术规范

1. 适用范围

本标准规定了污水处理工程中所采用的混凝与絮凝工艺的总体要求、工艺设计、设备选型、检测和控制、运行管理的技术要求。

本标准适用于城镇污水或工业废水处理工程采用混凝与絮凝工艺的设计、施工、验收、运行管理，可作为可行性研究、环境影响评价、工艺设计、施工验收、运行管理的技术依据。

2. 规范性引用文件

下列文件中的条款通过本标准的引用而成为本标准的条款。凡不注明日期的引用文件，其最新版本适用于本标准。

GB 50141　给水排水构筑物工程施工及验收规范
GB 50334　城市污水处理厂工程质量验收规范
GB 50204　混凝土结构工程施工质量验收规范
GB 50205　钢结构工程施工质量验收规范
CJJ 60　城市污水处理厂运行、维护及其安全技术规程
CJ/T51　城市污水水质检验方法标准
HJ/T 355　水污染源在线监测系统运行与考核技术规范（试行）
GB 4482　水处理剂　三氯化铁
GB 15892　水处理剂　聚合氯化铝
GB 17514　水处理剂　聚丙烯酰胺
HG 2227　水处理剂　硫酸铝

3. 术语和定义

3.1 混凝 coagulation

指投加混凝剂，在一定水力条件下完成水解、缩聚反应，使胶体分散体系脱稳和凝聚的过程。

3.2 混合 mixing

指使投入的药剂迅速均匀地扩散于处理水中以创造良好的水解反应条件。

3.3 絮凝 flocculation

指完成凝聚的胶体在一定水力条件下相互碰撞、聚集或投加少量絮凝剂助凝，以形成较大絮状颗粒的过程。

3.4 混凝剂 coagulant

指为使胶体失去稳定性和脱稳胶体相互聚集所投加的药剂统称。

3.5 助凝剂 coagulant aids

指在水的沉淀、澄清过程中，为改善絮凝效果，另投加的辅助药剂。

3.6 穿孔旋流反应池 perforating rotational flow reactor

指水流通过设置的孔道在反应室之间形成旋流流态而完成絮凝过程的水池。

3.7 机械反应池 mechanical reactor

指采用机械搅拌的絮凝反应池。

3.8 折板反应池 folded plate reactor

指利用在水池中设置折板扰流单元以达到絮凝所要求的紊流状态的反应池。

3.9 网格（栅条）反应池 grid reactor

指在沿流程一定距离的过水断面中设置栅条或网格，促使水流流态变化完成絮凝过程的反应池。

3.10 药剂固定储备量 standby reserve

指为考虑非正常原因而在药剂仓库内存放的在一般情况下不准动用的储备量，简称药剂固定储备量。

3.11 药剂周转储备量 current reserve

指考虑药剂消耗量与供应量的差异所需的储备量，简称药剂周转储备量。

3.12 混凝沉淀法 coagulating sedimentation

指利用药剂完成混凝反应，使水中污染物凝聚成絮体，通过沉淀方法去除的组合方法。

4 污染物与污染负荷

4.1 混凝工艺可用于各种水量的城镇污水处理和工业废水处理。

4.2 混凝工艺对原水悬浮颗粒、胶体颗粒及相关有机物、色度物质、油类物质的浓度均无限制，处理效率则有所不同。

4.3 混凝工艺对悬浮颗粒、胶体颗粒、疏水性污染物具有良好的去除效果；对亲水性、溶解性污染物也有一定的絮凝效果。此外：

1）混凝工艺可用于不溶性大分子有机物的吸附凝聚处理。

2）混凝工艺可用于色度物质、腐殖酸、富里酸、表面活性剂等物质的脱稳凝聚处理。

3）混凝工艺可用于乳化液破乳、凝聚处理。

5 总体要求

5.1 混凝与絮凝处理工艺建设规模由处理水量确定，设计水量由工程最大水量确定。

5.2 混凝与絮凝处理工艺宜设置调节、隔油等预处理装置，后续工艺应设置沉淀池或气浮池等。当采用接触过滤时，混凝应直接连接滤池。

5.3 完成混凝反应的 pH 值根据投药品种与投药量有较大差别，最佳 pH 值应为 7～8.5。

5.4 混凝与絮凝处理工艺构筑物与沉淀或气浮配合时，高程布置时应设计水流自流进入后续设备。

5.5 投药设备及药剂混合设备应尽可能接近混凝工艺设施。

5.6 所有混凝设备、连接管道及投配、搅拌机械均应当有必要的防腐措施。

5.7 混凝工艺的泥水分离由后续沉淀或气浮设备完成，应根据国家相关管理要求统一考虑污泥处理处置。

5.8 原水中含有挥发性有害气体时应进行预处理。

6 工艺设计

6.1 一般规定

6.1.1 当处理污水量不大时（如 $Q<100\ m^3/h$），混凝工艺宜与沉淀池或气浮池合建。

6.1.2 投加药剂的种类及数量应根据原水水质（pH、碱度、SS 等）、污染物性质（如相对分子质量、分子结构、密度、浓度、疏水性等）试验确定。

6.1.3 混凝工艺应合理控制 pH，有条件时应设置 pH 自动控制仪，并与加药计量泵耦合。

6.1.4 药剂混合设备的选择应根据污水量、污水性质、pH 值、水温等条件综合分析后决定，常用的混合设备有管式混合器、机械混合器、水泵混合装置等。

6.1.5 反应池类型的选择应根据污水水质、设计生产能力、处理后水质要求，并考虑污水水温变化、进水水质水量均匀程度以及是否连续运转等因素，结合当地条件通过技术经济比较确定。

6.1.6 当污水 SS 较高或投药量较大时，应在反应设备中设排泥装置。

6.2 混凝剂与助凝剂的选择

6.2.1 混凝剂

6.2.1.1 常用的混凝剂宜按照表 1 采用。

表 1 常用的混凝剂及使用条件

混凝剂		水解产物	适用条件
铝盐	硫酸铝 $Al_2(SO_4)_3\cdot 18\ H_2O$	Al^{3+}、$[Al(OH)_2]^+$ $[Al_2(OH)_n]^{(6-n)+}$	适用于 pH 高、碱度大的原水。 破乳及去除水中有机物时，pH 宜在 4～7 之间。 去除水中悬浮物 pH 值宜控制在 6.5～8。 适用水温 20～40℃
	明矾 $KAl(SO_4)_2\cdot 12H_2O$	Al^{3+}、$[Al(OH)_2]^+$ $[Al_2(OH)_n]^{(6-n)+}$	
铁盐	三氯化铁 $FeCl_3\cdot 6H_2O$	$Fe(H_2O)_6^{3+}$ $[Fe_2(OH)_n]^{(6-n)+}$	对金属、混凝土、塑料均有腐蚀性。 亚铁离子须先经氧化成三价铁，当 pH 较低时须曝气充氧或投加助凝剂氯氧化。 pH 值的适用范围宜在 7～8.5 之间。 絮体形成较快，较稳定，沉淀时间短
	硫酸亚铁 $FeSO_4\cdot 7H_2O$	$Fe(H_2O)_6^{3+}$ $[Fe_2(OH)_n]^{(6-n)+}$	
聚合盐类	聚合氯化铝 $[Al_2(OH)_nCl_{6-n}]_m$ PAC	$[Al_2(OH)_n]^{(6-n)+}$	受 pH 和温度影响较小，吸附效果稳定。 pH 为 6～9 适应范围宽，一般不必投加碱剂。 混凝效果好，耗药量少，出水浊度低、色度小，原水高浊度时尤为显著。 设备简单，操作方便，劳动条件好
	聚合硫酸铁 $[Fe_2(OH)_n(SO_4)_{6-n}]_m$ PFS	$[Fe_2(OH)_n]^{(6-n)+}$	

6.2.1.2 混凝剂品种的选择及其用量，应根据污水混凝沉淀试验结果或参照相似水质条件下的运行经验等，经综合比较确定。

6.2.1.3 铝盐混凝剂的选择

1）硫酸铝的质量应符合 HG 2227 要求，其中 Al_2O_3 的有效成分是主要指标，使用前应加以验证。

2）硫酸铝适用于原水 pH 高或碱度大的水质条件。

3）聚合氯化铝应选用碱化度 B 较高的产品。

4）聚合氯化铝的质量应符合 GB 15892 要求，其中最重要的是碱化度 B，要求 B 值应在 50%～80%。碱化度 B 按式（1）计算：

$$B=\frac{m(OH)}{3[m(Al)]}\times 100\% \qquad (1)$$

式中：B——聚合氯化铝的碱化度；

m(OH)——聚合氯化铝的[OH]物质的量；

m(Al)——聚合氯化铝的[Al]物质的量。

5）聚合氯化铝在混凝过程中消耗碱度少，适应的 pH 范围宽。

6.2.1.4 铁盐混凝剂的选择

1）污水中含重金属离子时应优先选用铁盐混凝剂。

2）铁盐混凝剂使用不能过量，并应控制 pH 等反应条件。

3）三氯化铁腐蚀性强，防腐方法参见 6.3.2.3。

4）三氯化铁的质量应符合 GB 4482 要求，使用前应验证铁含量（以 Fe_2O_3 计），且不得带入其他污染物。

5）硫酸亚铁作混凝剂应保证原水具有足够的碱度和溶解氧。必要时应曝气充氧或投加氧化剂，通常控制 pH 大于 8～8.5。

氯气可作为硫酸亚铁混凝的氧化剂，加氯量可按式（2）计算：通常为 $FeSO_4 \cdot 7H_2O$ 的 1/8，

$$c = \frac{\alpha}{8} + \beta \tag{2}$$

式中：c——Cl_2 投量，mg/L；

α——硫酸亚铁投量，mg/L，以 $FeSO_4 \cdot 7H_2O$ 计；

β——Cl_2 过投量，1.5～2 mg/L。

6）使用铁盐混凝剂时应控制药剂中重金属离子及其他污染物，超过指标时不得使用。

6.2.2 絮凝剂与助凝剂的选择

6.2.2.1 常用絮凝剂有聚丙烯酰胺（PAM）、活化硅酸、骨胶等，其中最常用的是 PAM。活化硅酸用于低温低浊水时有效，在混凝反应完成后投加，要有适宜的酸化度和活化时间，配制较复杂。骨胶一般和三氯化铁混合使用。

6.2.2.2 PAM 的使用条件

1）PAM 应用于铝盐、铁盐混凝反应完成后的絮凝；其用量通常应小于 0.3～0.5 mg/L，投加点在反应池末端。

2）PAM 应设专用的溶解（水解）装置，溶解时间应控制在 45～60 min，药剂配置浓度应小于 2%，水解时间 12～24 h，水解度 30%～40%。

3）PAM 溶解配置完成后超过 48 h 不能继续使用。

4）PAM 常温下保存、贮存应考虑防冻措施。

6.2.2.3 助凝剂可选择氯（Cl_2）、石灰（CaO）、氢氧化钠（NaOH）等。

1）氯的使用条件：

- 当需处理高色度水、破坏水中残存有机物结构及去除臭味时，可在投混凝剂前先投氯，以减少混凝剂用量；
- 用硫酸亚铁作混凝剂时，可加氯促进二价铁氧化成三价铁。

2）石灰的使用条件：

- 需补充污水碱度时；
- 需去除水中的 CO_2，调整 pH 值时；
- 需增大絮凝体密度，加速絮体沉淀时；
- 需增强泥渣脱水性能时。

3）氢氧化钠的使用条件：

- 需调整水的 pH 值时。

6.3 混凝药剂的投配系统

6.3.1 一般规定

1）混凝剂和助凝剂品种的选择及其用量，应根据污水特性进行试验确定。

2）混凝剂投配系统的设备、管道应根据混凝剂性质采取相应的防腐措施。

3）混凝剂的投配方法宜采用液体投加方式。

4）混凝剂投加方式宜选择计量泵投加，也可采用泵前投加、水射器投加。

5）混凝剂的投加系统通常包括：药剂的储存、调制、提升、储液、计量和投加。

6.3.2 药剂的调制

6.3.2.1 药剂的调制方法

1）混凝剂的溶解和稀释方式应按投加量的大小、混凝剂性质确定，宜采用机械搅拌方式，也可采用水力或压缩空气等方式。

2）水力调制的供水水压应大于 0.2 MPa。

3）压缩空气调制可用于较大水量的污水处理厂（站）的药剂调制。控制曝气强度在 3～5 L/(m^2·s)；石灰乳液的调制不宜采用压缩空气方法。

6.3.2.2 溶解池与溶液池的容积分别按式（3）、式（4）计算：

$$W_1 = (0.2\sim0.3)W_2 \quad (3)$$

$$W_2 = \frac{24\times100aQ}{1\,000\times1\,000cn} = \frac{aQ}{417cn} \quad (4)$$

式中：W_1——溶解池容积，m^3；

W_2——溶液池容积，m^3；

α——混凝剂最大投加量，按无水产品计，mg/L，石灰最大用量按 CaO 计；

Q——处理的水量，m^3/h；

c——溶液浓度，%，一般采用 5～20（按混凝剂固体重量计算），或采用 5～7.5（扣除结晶水计），石灰乳采用 2～5（按纯 CaO 计）；

n——每日调制次数，应根据混凝剂投加量和配制条件等因素确定，一般不宜超过 3 次。

6.3.2.3 调制设备

1）溶解池及溶液池底坡度应不小于 0.02，池底应有排渣管，池壁应设超高，以防止溶液溢出。

2）溶解池及溶液池内壁需进行防腐处理。一般内壁涂衬环氧玻璃钢、辉绿岩、耐酸胶泥贴瓷砖或聚氯乙烯板等，当所用药剂腐蚀性不太强时，亦可采用耐酸水泥砂浆。

3）投药量较小时，亦可在溶液池上部设置淋溶斗以代替溶药池。

4）溶液池可高架式设置，以便能重力投加药剂。池周围应有工作台，在池内最高工作水位处宜设溢流装置。

5）投药量较小的溶液池可与溶药池合并。溶液池应设备用池。

6）药剂溶液池通常应设搅拌装置，搅拌转速一般为 10～15 r/min。

7）搅拌叶轮应根据需要安装转速调整装置。

6.3.3 药液的投加

6.3.3.1 药液提升应设药液提升设备，常用的有离心泵和水射器。

6.3.3.2 投加设备宜采用计量泵，并应设自动控制装置，自动调整加药量。

6.3.4 加药间及药库

6.3.4.1 一般规定

1）加药间宜与药库合并布置，室外储液池、加药间及药库位置应尽量靠近投药点，并设置在通风良好的地段。

2）药剂仓库和加药间应根据具体情况设置机械搬运设备。

6.3.4.2 加药间布置

1）加药间室内应设有冲洗设施，地坪应有排水沟。

2）药液输送管材一般可采用硬聚氯乙烯等塑料管。

3）溶液池边应设工作台，宽度以 1.5 m 为宜。

6.3.4.3 药库布置

1）药剂的固定储备量可按最大投药量的 7～15 d 用量计。

2）混凝剂堆放高度一般采用 1.5～2.0 m，当采用石灰时可为 1.5 m，当采用机械搬运设备时可适当增加。

3）必要时药库可设置电动葫芦或电动悬挂起重机等起重搬运设备。

4）应有良好的通风条件，并应防止药剂受潮。

6.4 混合设备的选择与设计

6.4.1 混合设备的选型

1）混合方式可采用管式混合器混合、水泵混合和机械混合。

2）混合设备的选型应根据污水水质情况和相似条件下的运行经验或通过试验确定。

3）管式混合器混合适用于原水水量稳定、不含纤维类物质，水泵有富余水头可利用的情况。

4）水泵混合适用于原水泥沙含量少、悬浮物浓度低，水泵离反应设备近的情况。

5）机械混合适用于原水成分复杂、水质水量多变的情况，混合池可与絮凝反应池合建。

6.4.2 一般规定

1）混合设备应采用快速混合方式。

2）高分子絮凝剂等增大凝絮作用的助凝剂不得在混合设备投加。

3）混合时间一般为 10～30 s。搅拌速度梯度 G 一般为 600～1 000 s^{-1}。

4）混合设施与后续处理构筑物尽可能采用直接连接方式。

5）混合设施与后续处理构筑物连接管道的流速宜采用 0.8～1.0 m/s。

6.4.3 水泵混合

1）应在每一水泵的吸水管上安装药剂投加管，并设置装有浮球阀的水封箱。

2）腐蚀性药剂不宜采用水泵混合方式。

3）水泵与处理构筑物的距离一般应小于 60 m。

6.4.4 管式混合器

1）分节数一般为 2～3 段，管中流速取 1.0～1.5 m/s。

2）重力投加时，管式混合器投加点应设在文丘里管或孔板的负压点。

3）投药点后的管内水头损失不小于 0.3～0.4 m。

4）投药点至管道末端絮凝池的距离应小于 60 m。

6.4.5 机械混合

6.4.5.1 机械混合的搅拌装置宜选用桨板式，也可选用螺旋桨式和透平式。

6.4.5.2 搅拌池有效容积 V 按式（5）计算：

$$V = Qt \tag{5}$$

式中：V——有效容积，m^3；

Q——混合搅拌池流量，m^3/s；

t——混合时间，一般可采用 10～30 s。

6.4.5.3 搅拌池当量直径 D 按式（6）计算：

当搅拌池为矩形时，其当量直径为：

$$D=\sqrt{\frac{4LB}{\pi}} \tag{6}$$

式中：D——搅拌池当量直径，m；

L——搅拌池长度，m；

B——搅拌池宽度，m。

6.4.5.4 混合有效功率 N_Q 按式（7）进行计算：

$$N_Q=\frac{\mu QtG^2}{1\,000} \tag{7}$$

式中：N_Q——混合搅拌的有效功率，kW；

μ——水的动力黏度，Pa·s；

Q——混合搅拌池流量，m^3/s；

t——混合时间，s；

G——速度梯度，s^{-1}。

6.4.5.5 搅拌器直径 d 按式（8）计算：

$$d=\left(\frac{1}{3}\sim\frac{2}{3}\right)D \tag{8}$$

式中：d——搅拌器直径，m；

D——搅拌池当量直径，m。

6.4.5.6 搅拌器外缘线速度 v =2～3 m/s。

6.4.5.7 搅拌器功率 N 按式（9）计算：

$$N=nC_S\frac{\rho\omega^3 lR^4\sin\theta}{8g}$$

$$\omega=\frac{2v}{d} \tag{9}$$

式中：N——搅拌器功率，kW；

C_S——阻力系数，$C_S\approx0.2\sim0.5$；

ρ——水的密度，kg/m^3；

ω——搅拌器旋转角速度，rad/s；

n——搅拌器桨叶数，片；

l——搅拌器桨叶长度，m；

R——搅拌器半径，m；

g——重力加速度，9.8 m/s^2；

θ——桨板折角，（°）。

6.4.5.8 电动机功率 N_A 按式（10）计算：

$$N_A=\frac{KN}{\eta} \tag{10}$$

式中：N_A——电动机功率，kW；

K——电动机工况系数，连续运行时，取 1.2；

η——机械传动总效率，%，η=0.5～0.7。

6.5 絮凝反应设备的选择与设计

6.5.1 絮凝反应设备的选型

1）反应池型式的选择应根据污水水质情况和相似条件下的运行经验或通过试验确定。

2）污水处理中常用竖流折板反应池、网格（栅条）反应池、机械反应池。

3）竖流折板反应池应用较广泛，适用于水量变化不大的大中型污水处理厂（站）。

4）网格（栅条）反应池适用于中小水量污水絮凝处理，可与沉淀池或气浮池合建，含纤维类、油类物质较多的污水不宜采用本反应池。

5）机械反应池适用于中小水量污水与各类工业废水混凝处理，可与沉淀池或气浮池合建；易于根据水质水量的变化调整水力条件；可根据反应效果调整药剂投加点，改善絮凝效果。

6）旋流反应池和涡流反应池宜用于水质水量较稳定的情况。

6.5.2 一般规定

1）根据污水特性及反应池型式的不同，反应时间 T 一般宜控制在 15～30 min。

2）反应池的平均速度梯度 G 一般取 70～20 s^{-1}，GT 值应为 10^4～10^5，速度梯度 G 及反应流速应逐渐由大到小。

3）反应池应尽量与沉淀池或者气浮池合并建造。如确需用管道连接时，其流速应小于 0.15 m/s。

4）反应池出水穿孔墙的过孔流速宜小于 0.10 m/s。

5）反应池宜优先采用机械搅拌方式。

6.5.3 竖流折板反应池

6.5.3.1 主要设计参数

1）竖流折板反应池一般分为三段。三段中的折板布置可分别采用异波折板、同波折板及平行直板。

2）各段的 G 值、T 值及 v 值可参考下列数据：

第一段（异波折板）：G=80 s^{-1}，T≥240 s，v=0.25～0.35 m/s；

第二段（同波折板）：G=50 s^{-1}，T≥240 s，v=0.15～0.25 m/s；

第三段（平行直板）：G=25 s^{-1}，T≥240 s，v=0.10～0.15 m/s。

3）折板夹角：可采用 90°～120°，折板长度：可采用 0.8～1.5 m。

6.5.3.2 单格池容 W 按下列公式计算：

$$W=\frac{QT}{60n} \tag{11}$$

式中：W——单格池容，m^3；

Q——设计水量，m^3/h；

T——反应时间，取 15～30 min；

n——池数，个。

6.5.3.3 折板反应池水头损失计算：

1）异波折板水头损失 H_1 按式（12）计算：

$$H_1=n_1(h_1+h_2)+h_3 \tag{12}$$

式中：H_1——总水头损失，m；

n_1——缩放组合的个数；

h_1——渐放段水头损失，m，见式（13）；

h_2——渐缩段水头损失，m，见式（14）；

h_3——转弯或孔洞的水头损失，m，见式（15）。

$$h_1=\xi_1\frac{v_1^2-v_2^2}{2g} \tag{13}$$

式中：h_1——渐放段水头损失，m；

ξ_1——渐放段阻力系数ξ_1= 0.5；

v_1——峰速 0.25～0.35 m/s；

v_2——谷速 0.1～0.15 m/s；

g——重力加速度，9.8 m/s^2。

$$h_2=\left[1+\xi_2-\left(\frac{F_1}{F_2}\right)^2\right]\frac{v_1^2}{2g} \tag{14}$$

式中：h_2——渐缩段水头损失，m；

ξ_2——渐缩段阻力系数，ξ_2=0.1；

F_1——相对峰的断面积，m^2；

F_2——相对谷的断面积，m^2；

v_1——同式（12）；

g——重力加速度，9.8 m/s^2。

$$h_3=n_2\xi_3\frac{v_0^2}{2g} \tag{15}$$

式中：h_3——转弯或孔洞的水头损失，m；

n_2——转弯个数；

ξ_3——转弯或孔洞处的阻力系数，上转弯ξ_3=1.8，下转弯或孔洞ξ_3=3.0；

v_0——转弯或孔洞处流速，m/s；

g——重力加速度，9.8 m/s^2。

2）同波折板水头损失 H_2 按式（16）计算：

$$H_2=n'h+h_3 \tag{16}$$

式中：H_2——总水头损失，m；

n'——90°转弯的个数；

h——板间水头损失，m；见式（17）；

h_3——上下转弯损失，m；见式（18）。

$$h=\xi\frac{v^2}{2g} \tag{17}$$

式中：h——板间水头损失，m；

ξ——每一 90° 弯道的阻力系数ξ=0.5；

v——板间流速=0.15～0.25 m/s；

g——重力加速度，9.8 m/s^2。

$$h_3=n_2\xi_3\frac{v_0^2}{2g} \tag{18}$$

式中：h_3——转弯或孔洞的水头损失，m；

n_2——转弯个数；

ξ_3——转弯或孔洞处的阻力系数，上转弯ξ_3=1.8，下转弯或孔洞ξ_3=3.0；

v_0——转弯或孔洞处流速，m/s；

g——重力加速度，9.8 m/s^2。

3）平行直板水头损失 H_3 按式（19）计算：

$$H_3 = n''h \tag{19}$$

式中：H_3——总水头损失，m；

n''——180°转弯个数；

h——板间水头损失，m；见式（20）。

$$h = \xi \frac{v^2}{2g} \tag{20}$$

式中：h——板间水头损失，m；

v——平均流速，0.1～0.15 m/s；

ξ——转弯处阻力系数，ξ=3.0；

g——重力加速度，9.8 m/s^2。

4）折板反应池总水头损失 H 按式（21）计算：

$$H=H_1+H_2+H_3 \tag{21}$$

式中：H——反应池的总水头损失，m；

H_1——第一段（异波折板）总水头损失，m；

H_2——第二段（同波折板）总水头损失，m；

H_3——第三段（平行直板）总水头损失，m。

6.5.3.4 竖流波形折板反应池

1）反应池宜设计成三级连续反应室，三级的容积设计应逐级成倍递增：V_1∶V_2∶V_3 =1∶2∶4；平均流速成倍递减：v_1∶v_2∶v_3 =4∶2∶1。

2）竖流波形折板反应器每格流速由 0.25 m/s 逐步递减至 0.05 m/s。反应室单位沿程水头损失相应由 300 Pa/m 递减至 50 Pa/m。

3）反应室的总水头损失约为 30～35 cm。

6.5.4 网格（栅条）反应池

6.5.4.1 主要设计参数

1）反应池分格数分成 6～12 格；可大致按分格数均分成 3 段。

2）网格或栅条数前段、中段、末段可分别为 16 层、10 层、4 层。上下两层间距为 60～70 cm，每格的竖向流速前段至末段由 0.20～0.10 m/s 逐步递减。

3）三级反应池的网孔或栅孔流速分别为 0.25～0.30 m/s、0.22～0.25 m/s、0.10～0.22 m/s。

4）格栅反应池宜设排泥管，一般采用 DN100～150 mm 的穿孔管，并安装快开排泥阀。

6.5.4.2 网格反应池的计算

1）池体积 V 按式（22）计算：

$$V = \frac{QT}{60} \tag{22}$$

式中：V——池体积，m^3；

Q——流量，m^3/h；

T——反应时间，min，15～20 min。

2）池面积 A 按式（23）计算：

$$A = \frac{V}{H'} \tag{23}$$

式中：A——池面积，m^2；

V——同式（22）；

H'——有效水深，m，2～3 m。

3）分格面积 f 按式（24）计算：

$$f = \frac{Q}{v_0} \tag{24}$$

式中：f——分格面积，m^2；

Q——流量，m^3/h；

v_0——竖井流速，m/s。

4）总水头损失 H 按式（25）计算：

$$H = \sum \xi_1 \frac{v_1^2}{2g} + \sum \xi_2 \frac{v_2^2}{2g} \tag{25}$$

式中：H——总水头损失，m；

ξ_1——网格阻力系数，前、中、后段分别取 1.0、0.9、0.6；

v_1——各段过网流速，m/s；

ξ_2——孔洞阻力系数，取 3.0；

v_2——各段孔洞流速，m/s；

g——重力加速度，9.8 m/s^2。

6.5.5 机械反应池

6.5.5.1 主要设计参数

1）反应池一般应设三格以上。各格设相应挡数的搅拌器，搅拌器多用垂直轴。

2）桨叶可为平板型、叶轮式，桨叶中心线速度应为 0.5～0.2 m/s，各格线速度应逐渐减小。

3）垂直轴式的上桨板顶端应设于池子水面下 0.3 m 处，下桨板底端设于距池底 0.3～0.5 m 处，桨板外缘与池侧壁间距不大于 0.25 m。

4）每根搅拌轴上桨板总面积宜为水流截面积的 10%～20%，不宜超过 25%，桨板的宽长比为 1/15～1/10。

5）垂直轴式机械反应池应在池壁设置固定挡板。

6）反应池单格宜建成方型，单边尺寸宜＞800 mm，池深一般为 2.5～4 m，池边应设检修平台。

6.5.5.2 机械反应池计算

1）每池容积 W 按式（26）计算：

$$W = \frac{QT}{60n} \tag{26}$$

式中：W——每池容积，m^3；

Q——设计水量，m^3/h；

T——反应时间，一般为 15～30 min；

n——池数，个。

2）单格池边长 L 按式（27）计算：

$$L = \sqrt{\frac{W}{H}} \tag{27}$$

式中：L——单格池边长，m；

W——每池容积，m^3；

H——平均水深，m。

3）搅拌器转数 n_0 按式（28）计算：

$$n_0 = \frac{60v}{\pi D_0} \tag{28}$$

式中：n_0——搅拌器转数，r/min；

v——叶轮桨板中心点线速度，m/s；

D_0——叶轮桨板中心点旋转直径。

4）搅拌器消耗的功率 N_0 按式（29）计算：

$$N_0 = \sum_1^n \frac{\rho k l \omega^3}{8}(r_2^4 - r_1^4) \tag{29}$$

式中：N_0——搅拌器消耗的功率，kW；

y——每个叶轮上的桨板数目，个；

l——桨板长度，m；

r_2——叶轮外缘半径，m；

r_1——叶轮内缘半径，m；

ω——叶轮旋转的角速度，rad/s；

k——系数，当 $l/(r_2-r_1)>1$ 时，$k=1.1$；

ρ——污水的密度，kg/m^3。

5）每个叶轮所需电动机功率 N 按式（30）计算：

$$N = \frac{N_0}{\eta_1 \eta_2} \tag{30}$$

式中：N——每个叶轮所需电动机功率，kW；

N_0——搅拌器消耗的功率，kW；

η_1——搅拌器机械总效率，采用 0.75；

η_2——传动效率采用 0.6～0.95。

7 主要工艺设备和材料

7.1 机械混合与机械反应搅拌机的功率与转速应根据 6.4.4 及 6.6.4 设计要求选用，宜采用无级变速搅拌机。

7.2 管式混合器应安装文丘里管或孔板装置。

7.3 机械混合反应池采用钢板制作或混凝土浇筑时，都应考虑防腐，方法见 6.3.2.3。

7.4 计量泵选择与控制

1）计量泵一般采用隔膜泵，投加压力较高的场合宜采用柱塞泵。

2）计量泵应有备用，并尽量采用相同的型号和规格。

3）混凝剂或助凝剂的投加宜选用自动控制计量泵。

4）溶液投配管配备必要的溶液过滤器，防止计量仪表堵塞。

5）投加特殊药剂（加碱、酸、三氯化铁等）的加注系统应注意计量泵及系统配件材质的耐腐蚀要求。

8 检测与过程控制

8.1 采用混凝与絮凝工艺的污水处理厂（站）正常运行检测的项目和周期应符合 CJJ 60 的规定，化验检测方法应符合 CJ/T 51 的规定。

8.2 操作人员应经培训后持证上岗，并定期进行考核和抽检。操作人员应熟悉本标准规定的技术要求、单元混凝与絮凝工艺的技术指标及混凝与絮凝设施设备的运行要求，并按照混凝与絮凝工艺的操作和维护规程做好值班记录。

8.3 检测人员应经培训后持证上岗，应定期进行考核和抽检。检测人员应定期检测进出水水质，对检测仪器、仪表进行校验。

8.4 工业废水的混凝反应池宜设置 pH 在线监测系统。

8.5 混凝与絮凝工艺主要检测项目：进出水 COD、SS、pH 等，必要时增加色度、表面活性剂、油、原水ζ电位的测试。

8.6 混凝与絮凝工艺的水质检测应由污水处理厂（站）化验室统一负责。

9 主要辅助工程

9.1 供电系统需保证足够的供电可靠性，并设置相应的继电保护装置。

9.2 设备选型应考虑污水处理工艺的环境条件，应选择抗腐蚀，性能稳定，安全可靠的产品。

9.3 构筑物宜按照二类防雷保护设计。

9.4 控制系统宜采用 IPC 和 PLC 组成的集散型监控系统，一般由中控室和 PLC 控制站组成。

10 劳动安全与职业卫生

10.1 生产过程应采取相应的措施，避免水环境、大气、噪声以及固体废弃物的二次污染。

10.2 供电系统应设置相应的保护措施。

10.3 污水处理厂（站）应建立健全的安全生产规章制度，专人专职具体监督防范，以确保正常生产和工人的人身安全。

10.4 敞开式水池应设计安全栏杆及防滑扶梯，并配备救生衣及救生圈。

10.5 按消防的有关规定配备必要的消防装置，严格执行建筑防火规范，留有足够的防火距离。

10.6 电力设施的选型与保护按国家有关规定进行，露天电气设备的安全防护按国家现行的有关规定执行。

11 施工与验收

11.1 混凝与絮凝工艺的施工与验收应符合 GB 50141、GB 50204 和 GB 50205 规定。

11.2 根据设计的进水水质、出水水质要求，检验相应的水质指标，如 COD、pH、色度、油、SS、浊度等，并应提交相关检测报告。

12 运行与维护

12.1 运行控制

12.1.1 进水水质调试

1）当进水的 pH 过高（或过低）时，宜加入酸（或碱）调节进水 pH。

2）当进水的温度过低，应适当增加混凝剂或助凝剂的投加量。

3）当进水碱度不足，应投加石灰、氢氧化钠或苏打增加碱度。

4）乳化液废水混凝破乳反应、印染废水脱色反应宜选择无机盐混凝剂，如硫酸铝或三氯化铁。

5）造纸白水的纸浆回收、化工废水中的大分子有机物以及涂装废水中涂料的凝聚等宜采用聚合氯化铝。

12.1.2 工艺调试

1）观察溶解池和溶液池有无沉淀，如产生结晶沉淀，应调整溶解池配药浓度，必要时进行排污。

2）测试计量泵的读数与投加量的标准曲线，核对计量泵的投加量，必要时做机械调整。

3）调整搅拌机转速、浆板（叶轮）半径等参数以保证混凝效果。

4）根据混凝效果或水的ζ电位，调整合理的药剂投加点。

5）尽可能少加 PAM 等高分子助凝剂。

6）根据形成矾花的大小、形态，合理调整混凝剂及助凝剂的投加量，调整搅拌机相关运行参数。

7）根据污水的特性（成分、浓度等）定时做烧杯试验，调整混凝剂种类、剂量、pH 值或搅拌机转速、浆板（叶轮）的大小及中心距等参数。

8）工业废水应根据进出水效果，调节混凝、助凝药剂投量。

12.2 维护保养

1）操作人员应严格执行设备操作规程，定时巡视设备运转是否正常，包括温升、响声、振动、电压、电流等，发现问题及时检查排除，并做好设备维修保养记录。

2）应注意观测搅拌机运转是否正常，搅拌轴及叶轮有否锈蚀或损坏。

3）应注意观测计量泵运转是否正常，计量仪表显示是否正确。

4）应注意检查检测与控制设备是否运行正常。

5）应保持设备各运转部位的润滑状态，及时添加润滑油、除锈；发现漏油、渗油情况应及时解决。

6）检查反应池内是否有积泥现象，必要时调整隔板的间距或排泥。

HJ

中华人民共和国国家环境保护标准

HJ 2007—2010

污水气浮处理工程技术规范

Technical specifications for floatation process in wastewater treatment

2010-12-17 发布　　2011-03-01 实施

环境保护部 发布

前　言

为贯彻《中华人民共和国环境保护法》和《中华人民共和国水污染防治法》，规范污水气浮处理工程建设，使其连续稳定运行、达标排放，防治水污染，改善环境质量，制定本标准。

本标准规定了污水处理工程中所采用气浮工艺的总体要求、工艺设计、设备选型、检测和控制、运行管理的技术要求。

本标准为首次发布。

本标准的附录 A 为规范性附录。

本标准由环境保护部科技标准司组织制订。

本标准主要起草单位：江苏省环境科学研究院、东南大学、江苏鹏鹞环境工程设计院、扬州澄露环境工程有限公司。

本标准环境保护部 2010 年 12 月 17 日批准。

本标准自 2011 年 3 月 1 日起实施。

本标准由环境保护部负责解释。

污水气浮处理工程技术规范

1．适用范围

本标准规定了污水处理工程中所采用气浮工艺的总体要求、工艺设计、设备选型、检测和控制、运行管理的技术要求。

本标准适用于城镇污水或工业废水处理工程采用气浮工艺的设计、施工、验收、运行管理，可作为可行性研究、环境影响评价、工艺设计、施工验收、运行管理的技术依据。

2．规范性引用文件

本标准内容引用了下列文件中的条款。凡是不注日期的引用文件，其有效版本适用于本标准。

GB 50141　给水排水构筑物工程施工及验收规范
GB 50204　混凝土结构工程施工质量验收规范
GB 50205　钢结构工程施工质量验收规范
CJJ 60　城市污水处理厂运行、维护及安全及安全技术规程
CJ/T 51　城市污水水质检验方法标准
HJ/T 355　水污染源在线监测系统运行与考核技术规范（试行）

3．术语和定义

3.1 气浮 floatation

指通过某种方法产生大量微气泡，黏附水中悬浮和脱稳胶体颗粒，在水中上浮完成固液分离的一种过程。

3.2 电凝聚（电解）气浮法 electrolytic flotation

指废水在外电压作用下，利用可溶性阳极，产生大量金属离子及其缩聚物，对废水中的悬浮和脱稳胶体颗粒进行凝聚，而阴极则产生氢气，与絮体发生黏附，从而上浮分离。

3.3 惰性电极 inert electrode

指在电解气浮中，电极本身不参与反应的惰性材料电极。

3.4 静电压 static voltage

指电解气浮产生电解效应的临界电压（也称超电压）。

3.5 可溶性电极 soluble electrode

指在电解气浮中参与反应的电极，如铁板、铝板电极。

3.6 电流密度 current density

指电解气浮中通过单位面积极板上的电流量。

3.7 比电流 ratio current

指单位水流量通过的电流。

3.8 散气气浮 falloff floatation

指用机械方法破碎空气产生大量微气泡完成气浮的工艺。包括扩散板曝气气浮法和叶轮曝气气浮法两种。

3.9 真空气浮法 vacuum floatation

指在常压下对水进行充分曝气，使水中溶气趋于饱和后，将其连续送入真空气浮室中，溶气水中空气在真空下释放，黏附水中絮体上浮分离，处理水通过压力调节室连续排出的工艺方法。

3.10 加压溶气气浮 pressurized dissolved-air floatation

指使空气在一定压力作用下溶解于水中，达到饱和状态后再急速减压释放，空气以微气泡逸出，与水中杂质接触使其上浮的处理方法。

3.11 浅层气浮 shallow air flotation

指旋转布水与溶气释放同步进行的一种回转式浅层压力溶气气浮。

3.12 溶气饱和度 dissolved-air saturation

指在一定压力和温度条件下空气溶解于水中达到饱和的溶解度。

3.13 回流溶气 reflux dissolved-air

指将气浮池出水进行部分回流加压溶气并减压释放，与入流污水接触完成气浮的工艺。

3.14 全溶气 whole dissolved-air

指将全部入流污水进行加压溶气，再经过减压释放进入气浮池进行固液分离的一种工艺。

3.15 部分溶气 part dissolved-air

指将部分入流污水进行加压溶气，再经过减压释放进入气浮池进行固液分离的一种工艺。

3.16 释放器 releaser

指将溶气水突然减压，使水中饱和气体以微气泡形式释放出来的装置。

3.17 喷淋密度 spray density

指溶气罐中单位时间单位面积的喷淋水流量。

3.18 水力负荷 hydraulic loading

指单位时间内溶气罐单位过水面积通过的溶气水量。

3.19 表面负荷 surface loading

指单位时间内气浮池分离区单位表面积净化的水量。

4 污染物与污染负荷

4.1 气浮工艺的处理水量要求

气浮工艺适用于处理中小水量的工业废水或城镇综合污水。

4.2 气浮工艺的处理水质要求

1）气浮工艺处理对象为疏水性悬浮物（SS）及脱稳胶体颗粒，原水 SS 质量浓度可以高达 5 000～10 000 mg/L。

2）气浮池出水 SS 一般可小于 20～30 mg/L，出水直接排放时，应符合国家或地方排放标准的要求；排入下一级处理系统时，应满足下一级处理系统的进水水质要求。

3）水质、水量变化大的气浮工艺污水处理厂（站），应设置调节设施。

4.3 气浮工艺适合处理的污染物

1）气浮工艺适用于水中悬浮物分离及物料回收，对密度小的纤维类、油类、微生物、表面活性剂的分离尤具优势。

2）气浮工艺的主要类型有电解气浮法、叶轮气浮法、加压溶气气浮法、浅层气浮法等。

3）电解气浮可用于电镀含铬（Ⅵ）废水、含氰废水及其他有毒有害污染物的处理。

4）压力溶气气浮可用于含油废水、印染废水、含藻废水，经化学处理的化工废水等的处理，用于造纸废水的纸浆回收，生物处理活性污泥的分离。

5）叶轮气浮可用于含较高浓度悬浮物及表面活性物质的工业废水的处理。

6）浅层气浮可用于较大规模的污水处理，如生物处理活性污泥的分离，也可用于工业废水固相物质的回收。

5 总体要求

5.1 气浮池建设规模由处理水量确定，设计水量由工程最大水量确定。

5.2 气浮工艺处理工程根据需要在进水系统前应设格栅、筛网、沉砂池及混凝（破乳）反应预处理设施。某些特殊水质的工业废水应进行化学沉淀，化学氧化，泡沫分离，预沉淀等预处理；后续工艺有过滤、吸附、膜技术等深度处理方法。

5.3 压力容器气浮应设溶气罐、溶气泵、空压机、释放器等辅助设备。

5.4 电解气浮应设整流设备、直流电源，并考虑电容量需满足最大电功消耗要求。

5.5 叶轮气浮应设吸气管、高速叶轮装置。

5.6 所有气浮均应考虑释气水与原水的接触设施，刮泥、排泥设施，液位调整设施。

5.7 气浮池池深较浅，高程设计应考虑与后续设备的配置。

5.8 气浮浮渣应由刮泥设备收集后进行浓缩脱水处理；当原水含有挥发性有害气体时，应有相应的预处理装置。

6 工艺设计

6.1 气浮处理主要工艺类型及其适用条件

污水处理常用的气浮工艺类型见表 1，可供气浮工艺选择时参考。

表 1 污水处理常见气浮工艺特点及适用条件

型式	特点	适用条件
1. 电解气浮法	对工业废水具有氧化还原、混凝气浮等多种功能，对水质的适应性好，过程容易调整。装置设备化，结构紧凑，占地少，不产生噪声。耗电量较大	适用于小水量工业废水（Q<10～15 m^3/h）处理，对含盐量大、电导率高、含有毒有害污染物的污水处理具有独特的优点
2. 叶轮气浮法	结构简单，分离速度快，对高浓度悬浮物分离效果较好。供气量易于调整，对废水的适应性较好。装置设备化，结构紧凑，占地少。对混凝预处理要求较高	适用于处理水量中等（通常 Q<30～40 m^3/h），对较高浓度悬浮物及表面活性物质的工业废水的处理具有较好的优势
3. 加压溶气气浮法	工艺成熟，工程经验丰富。负荷率高，处理效果好，处理能力大。可以做到全自动连续运行。泥渣含水率低，出水水质好。对不同悬浮物浓度的废水可分别采用全溶气、部分回流溶气等方式，适应性好。工艺稍复杂，管理要求较高	适用于不同水量，较高浓度悬浮性污染物，油类、微生物、纸浆、纤维的处理
4. 浅层气浮法	表面负荷高，分离速度快，效率高。污水处理高程易于布置。占地小，池深浅。钢设备可多块组合或架空布置	适用于大中小各种水量、悬浮类、纤维类、活性污泥类、油类物质的分离

6.2 气浮装置设计的一般规定

6.2.1 气浮池应设溶气水接触室完成溶气水与原水的接触反应。

6.2.2 气浮池应设水位控制室，并有调节阀门（或水位控制器）调节水位，防止出水带泥或浮渣层太厚。

6.2.3 穿孔集水管一般布置在分离室离池底 20～40 cm 处，管内流速为 0.5～0.7 m/s。孔眼以向下与垂线成 45° 交错排列，孔距为 20～30 cm，孔眼直径为 10～20 mm。

6.2.4 排渣周期视浮渣量而定，周期不宜过短，一般为 0.5～2 h。浮渣含水率在 95%～97%，渣厚控制在 10 cm 左右。

6.2.5 浮渣宜采用机械方法刮除。刮渣机的行车速度宜控制在 5 m/min 以内。刮渣方向应与水流流向相反，使可能下落的浮渣落在接触室。

6.2.6 气浮工艺设计时应考虑水温的影响。

6.3 电解气浮工艺设计

6.3.1 电解气浮工艺设计要点

1）电解气浮采用正负相间的多组电极，通以稳定或脉冲电流，通电方式可为串联或并联。

2）电解气浮可用惰性电极或可溶性电极，产生的效应与产物有所不同。

3）电解气浮采用惰性电极如钛板、钛镀钌板、石墨板等电极，产生氢、氧或氯等细微气泡；当采用可溶性铁板、铝板作为电极时，也称为电絮凝气浮，其产物是 Fe^{3+}、Al^{3+} 及氢气泡等，此时产泥量较大。

4）电解气浮装置形式分竖流式及平流式，竖流式主要应用于较小水量的处理。

5）电解气浮池的结构包括整流栅、电极组、分离室、刮渣机、集水孔、水位调节器等。

6）电解气浮主要用于小水量工业废水处理，对含盐量大、电导率高、含有毒有害污染物废水的处理具有优势。

7）铁阳极电絮凝气浮用于含 Cr（Ⅵ）废水处理时，Cr（Ⅵ）质量浓度不宜大于 100 mg/L。

8）电解气浮用于含氰废水的处理时宜采用石墨惰性电极。

6.3.2 电解气浮设计参数

1）极板厚度 6～10 mm（可溶性阳极根据需要可加厚），极板净间距 15～20 mm；

2）电流密度一般应小于 150～200 A/m^2；

3）澄清区高度 1～1.2 m，分离区停留时间 20～30 min；

4）渣层厚度 10～20 cm；

5）单池宽度不应大于 3 m。

6.3.3 电极作用表面积，按式（1）计算：

$$S=\frac{EQ}{i} \tag{1}$$

式中：S——电极作用表面积，m^2；

E——比电流，A·h/m^3；

Q——污水设计流量，m^3/h；

i——电极电流密度，A/m^2。

通常，E、i 应通过试验确定，也可按表 2 取值。

表 2 不同废水的 E、i 值

废水种类	E/（A·h/m^3）	i/（A/m^2）
皮革、毛皮废水	300～600	50～100
化工废水	100～400	150～200
肉类加工废水	100～270	100～200

废水种类	E/（A·h/m^3）	i/（A/m^2）
人造革废水	15～20	40～80
印染废水	15～20	100～150
含铬（VI）废水	200～250	50～100
含酚废水	300～500	150～300

6.3.4　电极板块数 n，按式（2）计算：

$$n=\frac{B-2l+1}{\delta+e} \tag{2}$$

式中：B——电解池的宽度，当处理水量 Q=50～100 m^3/h，B 取 1.5～2 m；

l——极板面与池壁的净距，取 50～100 mm；

δ——极板厚度，取 6～10 mm；

e——极板净距，取 15～20 mm。

6.3.5　单块极板面积，按式（3）计算：

$$A=\frac{S}{n-1} \tag{3}$$

式中：A——单块极板面积，m^2。

6.3.6　极板长度，按式（4）计算：

$$L_1=\frac{A}{h_1} \tag{4}$$

式中：L_1——极板长度，m；

h_1——极板高度，取 0.4～1.5 m。

6.3.7　电极室长度，按式（5）计算：

$$L=L_1+2l \tag{5}$$

式中：L——电极室长度，m。

6.3.8　电极室总高度，按式（6）计算：

$$H=h_1+h_2+h_3 \tag{6}$$

式中：H——电极室总高度，m；

h_1——极板高度，取 1.0～1.5 m；

h_2——浮渣层高度，取 0.1～0.2 m；

h_3——保护高度，取 0.3～0.5 m。

6.3.9　电极室容积，按式（7）计算：

$$V_1=BHL \tag{7}$$

式中：V_1——电极室容积，m^3。

6.3.10　分离室容积，按式（8）计算：

$$V_2=Qt \tag{8}$$

式中：V_2——分离室容积，m^3；

t——气浮分离时间，取 0.3～0.75 h。

6.3.11　电解气浮池容积，按式（9）计算：

$$V=V_1+V_2 \tag{9}$$

式中：V——电解气浮池容积，m^3。

6.4 叶轮气浮工艺设计

6.4.1 叶轮气浮工艺设计要点

1）叶轮气浮池的结构包括叶轮、吸气管、分离室、刮渣机等。叶轮气浮中叶轮直径、转速，及吸气管安装位置是设计的关键。

2）叶轮吸入气量应控制在合理的水平。

3）叶轮与导向叶片的间距设计应当准确。

4）叶轮气浮适用于处理中等水量，对高浓度悬浮物的废水分离效率较高。

6.4.2 叶轮气浮设计参数

1）叶轮直径 D=200～400 mm，最大不应超过 600 mm；

2）叶轮转速ω=900～1 500 r/min，圆周线速度 u=10～15 m/s；

3）叶轮与导向叶片的间距应调整在小于 7～8 mm；

4）气浮池水深一般为 H=2～2.5 m，不宜超过 3 m；

5）气浮池应为方形，单边尺寸不大于叶轮直径 D 的 6 倍。

6.4.3 气浮池总容积 W，按式（10）计算：

$$W=\alpha Qt \tag{10}$$

式中：W——气浮池总容积，m^3；

α——系数，一般为 1.1～1.2；

Q——处理废水量，m^3/min；

t——气浮分离时间，一般为 20～25 min。

6.4.4 气浮池总面积 F，按式（11）、式（12）、式（13）计算：

$$F=\frac{W}{h} \tag{11}$$

式中：F——气浮池总面积，m^2；

h——气浮池的工作水深，m，可用式（12）计算：

$$h=\frac{H}{\rho} \tag{12}$$

式中：ρ——气水混合体的密度，一般为 0.7 kg/L；

H——气浮池中的静水压力，可用式（13）计算：

$$H=\varphi\frac{u^2}{2g} \tag{13}$$

式中：φ——压力系数，其值等于 0.2～0.3；

u——叶轮的圆周线速度，m/s。

6.4.5 气浮池数（或叶轮数）n，按式（14）计算：

$$n=\frac{F}{f} \tag{14}$$

式中：f——单台气浮池面积，m^2。

6.4.6 叶轮气浮池边长 l，按式（15）计算：

$$l=\sqrt{f}=6D \tag{15}$$

式中：l——叶轮气浮池边长，m；

D——叶轮直径，m。

6.4.7 叶轮吸入的气水混合量 q，按式（16）计算：

$$q = \frac{Q \times 1\,000}{60n(1-\beta)} \tag{16}$$

式中：q——叶轮吸入的气水混合量，L/s；

β——曝气系数，根据试验确定，一般可取 0.3；

n——叶轮数。

6.4.8 叶轮转速ω，按式（17）计算：

$$\omega = \frac{60u}{\pi D} \tag{17}$$

式中：ω——叶轮转速，r/min。

6.4.9 叶轮所需功率 N，按式（18）计算：

$$N = \frac{\rho H q}{102\eta} \tag{18}$$

式中：N——叶轮所需功率，kW；

η——叶轮效率，等于 0.2～0.3。

6.5 加压溶气气浮工艺设计

6.5.1 加压溶气气浮工艺设计要点

1）加压溶气气浮基本工艺流程主要有全溶气流程、部分溶气流程和回流加压溶气流程等。

2）回流加压溶气气浮适用于原污水悬浮性污染物浓度高，水量较大，有混凝、破乳预处理的污水。全溶气及部分溶气气浮适用于原污水分离悬浮物浓度较低，且不含纤维类物质的污水。

3）工艺流程由空气溶解设备（溶气罐、溶气水泵、空压机或射流器等）、溶气释放器和气浮池（接触室、分离室、水位控制室、刮渣机、集水管等）等组成。

4）接触室、分离室应分别保证气水接触时间或泥水分离时间。

5）水位控制室应设计安全可靠，便于调整的水位调节器。

6）刮渣机设计应考虑行程、速度可调和往复运转的功能。

7）溶气罐应保证气水接触的水力条件，工作压力通常为 0.4～0.5 MPa，溶气罐的自控设计要保证工况与空压机、溶气水泵的协调。

8）各释放器应设独立的快开阀及快速拆卸接口。

6.5.2 加压溶气气浮设计参数

1）气浮池的有效水深，一般取 2.0～2.5 m，平流式长宽比一般为 2∶1～3∶1，竖流式应为 1∶1。一般单格宽度不宜超过 6 m，长度不宜超过 15 m。

2）接触区水流上升速度，下端取 20 mm/s 左右，上端 5～10 mm/s，水力停留时间大于 1 min；接触区隔板垂直角度一般为 70°。

3）分离区表面负荷（包括溶气水量）宜为 4～6 m^3/（m^2·h），水力停留时间一般为 10～20 min。

4）回流溶气水的回流比（或溶气水比）应计算确定，一般为 15%～30%。

5）压力溶气罐应设压力表、水位计、安全阀并设水位、压力控制器自动控制。溶气罐必要时可装填料，一般采用阶梯环填料，填料层高度应为罐高的 1/2，并不少于 0.8 m，液位控制高为罐高的 1/4～1/2（从罐底计）；溶气罐设计工作压力一般为 0.4～0.5MPa；溶气罐水力停留时间应大于 2～3 min（有填料时取低值），并应计算确定；溶气罐一般为立式，设计高径比应大于 2.5～4，有条件时取高值。在某些情况下满足水力条件时可设计成卧式。

6.5.3 主要工艺指标

1）气浮池所需空气量 Q_g

当有试验资料时，可按式（19）计算：

$$Q_g = \frac{\gamma Q R a_e \psi}{1\,000} \tag{19}$$

式中：Q_g——气浮池所需空气量，kg/h；

γ——空气容重，g/L，见表 3；

Q——气浮池处理水量，m^3/h；

R——试验条件下回流比或溶气水回流比，%；

a_e——试验条件下释气量，L/m^3；

ψ——水温校正系数，1.1～1.3。

当无试验资料时，可按式（20）计算：

$$Q_g = \frac{\gamma C_s (fP-1) R Q}{1\,000} \tag{20}$$

式中：C_s——在一定温度下，一个大气压时的空气溶解度，ml/L·atm，见表 3；

P——溶气压力，绝对压力，atm；

f——加压溶气系统的溶气效率，f=0.8～0.9。

表 3　空气在水中的溶解度

温度/℃	空气容重γ/（g/L）	空气溶解度 C_s/（mL/L·atm）
0	1.252	29.2
10	1.206	22.8
20	1.164	18.7
30	1.127	15.7
40	1.092	14.2

2）气浮某种物质的气固比α

气固比α与悬浮颗粒的疏水性有关，α为 0.005～0.006，通常由试验确定。当无资料时，可按式（21）计算：

$$\alpha = \frac{Q_g}{Q S_a} = \frac{\gamma C_s (fP-1) R}{1\,000 S_a} \tag{21}$$

式中：S_a——污水中悬浮物质量浓度，kg/m^3。

3）回流比 R，可按式（22）计算：

$$R = \frac{Q_r}{Q} = \frac{1\,000 \alpha S_a}{\gamma C_s (fP-1)} \tag{22}$$

式中：Q_r——溶气水量，m^3/h。

4）所需空压机额定气量Q_g'，可按式（23）计算：

$$Q_g' = \frac{\psi' Q_g}{60\gamma} \tag{23}$$

式中：Q_g'——所需空压机额定气量，m^3/min；

ψ'——安全系数，1.2～1.5。

5）溶气水量 Q_r，可按式（24）计算：

$$Q_r = \frac{Q_g}{736 f P K_T} \tag{24}$$

式中：f——溶气效率，对装阶梯环填料的溶气罐可取 0.9；

P——选定的溶气压力，atm；

K_T——溶解度系数，可根据水温查表 4 而得。

表 4 不同温度下的 K_T 值

温度/℃	0	10	20	30	40	50
K_T值	0.038	0.029	0.024	0.021	0.018	0.016

6.5.4 气浮池本体

6.5.4.1 气浮池接触室

1）接触室表面积 A_c，可按式（25）计算：

$$A_c = \frac{Q+Q_r}{3\,600v_c} \tag{25}$$

式中：A_c——接触室表面积，m^2；

v_c——水流平均速度，通常取 10～20 mm/s。

2）接触室长度 L，可按式（26）计算：

$$L = \frac{A_c}{B_c} \tag{26}$$

式中：L——接触室长度，m；

B_c——接触室宽度，m。

3）接触室堰上水深 H_2，可按式（27）计算：

$$H_2 = B_c \tag{27}$$

式中：H_2——接触室堰上水深，m。

4）接触室气水接触时间 t_c，可按式（28）计算：

$$t_c = \frac{H_1 - H_2}{v_c} \tag{28}$$

式中：t_c——接触室气水接触时间，要求 t_c>60 s；

H_1——气浮池分离室水深，通常为 1.8～2.2 m。

6.5.4.2 气浮分离室

1）分离室表面积 A_s，可按式（29）计算：

$$A_s = \frac{Q+Q_r}{3\,600v_s} \tag{29}$$

式中：A_s——分离室表面积，m^2；

v_s——分离室水流向下平均速度，通常为 1～1.5 mm/s。

2）分离室长度 L_s，可按式（30）计算：

$$L_s = \frac{A_s}{B_s} \tag{30}$$

式中：L_s——分离室长度，m；

B_s——分离室宽度，m。

对矩形池，分离室的长宽比一般取 2∶1～3∶1。

3）气浮池水深 H，可按式（31）计算：

$$H = v_s t \tag{31}$$

式中：H——气浮池水深，m；

t——气浮池分离室停留时间，一般取 10～20 min。

4）气浮池容积 W，可按式（32）计算：

$$W = (A_c + A_s)H \tag{32}$$

式中：W——气浮池容积，m^3。

5）总停留时间 T 校核，可按式（33）计算：

$$T = \frac{60 \times W}{Q + Q_r} \tag{33}$$

式中：T——总停留时间，min。

6.5.4.3　水位控制室

水位控制室宽度 B 不小于 900 mm，以便安装水位调节器，并利于检修。水位控制室可设于分离室一端，其长度等于分离室宽度。水位控制室深度一般与气浮分离室同深。

6.5.5　溶气设备

溶气罐应设安全阀，顶部最高点应装排气阀。溶气水泵进入溶气罐的入口管道应设除污过滤器。溶气罐底部应装快速排污阀。

溶气罐应设水位、压力仪表及自控装置。

1）压力溶气罐直径 D_d，可按式（34）计算：

$$D_d = \sqrt{\frac{4 \times Q_r}{\pi I}} \tag{34}$$

式中：D_d——压力溶气罐直径，m；

I——单位罐截面积的水力负荷，一般为 80～150 $m^3/(m^2 \cdot h)$，填料罐选用 100～200 $m^3/(m^2 \cdot h)$。

2）溶气罐高度 Z，可按式（35）计算：

$$Z = 2Z_1 + Z_2 + Z_3 + Z_4 \tag{35}$$

式中：Z——溶气罐高度，m；

Z_1——罐顶、底封头高度，m（根据罐直径而定）；

Z_2——布水区高度，一般取 0.2～0.3 m；

Z_3——贮水区高度，一般取 1.0 m；

Z_4——填料层高度，当采用阶梯环时，可取 1.0～1.3 m。

3）溶气罐体积 V_d 复核，可按式（36）、式（37）计算：

$$V_d = \frac{\pi D_d^2}{4} \times Z \tag{36}$$

$$V_d = Q_r \times t_d \tag{37}$$

式中：V_d——溶气罐体积，m^3；

t_d——溶气水在溶气罐内停留时间，min。

当无填料时 t_d=3～3.5 min；当有填料时 t_d =2 min。

溶气罐 D_d、Z 应同时满足式（34）、式（35）、式（36）、式（37）的要求。

4）溶气罐高径比 Z / D_d

Z / D_d 宜为 2.5～4。

6.5.6　气浮池集水管、集渣槽

1）气浮池集水管

采用穿孔管，按分配流量及流速 0.4～0.5 m/s 确定管径。并令孔眼水头损失 h=0.3 m，按式（38）计算出孔口流速 v_0、孔眼尺寸和个数。

$$v_0=\mu\sqrt{2gh} \tag{38}$$

式中：v_0——孔眼流速，m/s；

μ——孔眼流速系数。

2）集渣槽

集渣槽断面设计可按单位时间的排泥量（包括抬高水位所带出的水量）进行选择。一般不小于 200 mm，当浮渣浓度较高时，集渣槽需有足够的坡度倾向排泥口，一般应大于 0.03～0.05。当集渣槽长度超过 5 m 时，应由两端向中间排泥。必要时可辅以冲洗水管。

6.5.7 溶气释放器

- 溶气释放器可选择 TJ 型或 TV 型。
- 溶气释放器个数 n，可按式（39）计算：

$$n=\frac{Q_r}{q} \tag{39}$$

式中：q——选定溶气压力下单个释放器的出流量，m^3/h。

- 溶气水由溶气罐至释放器的管道上应设快开阀。
- 释放器应考虑快速拆卸装置。

6.5.8 刮渣机

对于矩形气浮池应采用桥式刮渣机刮渣，跨度宜在 10 m 以下，集渣槽的位置可在池的一端或两端；

圆形气浮池宜采用行星式刮渣机，其适用范围在直径 2～10 m，集渣槽位置可在圆池径向的任何部位。

6.6 浅层气浮的工艺设计

6.6.1 浅层气浮工艺设计要点

1）浅层气浮能有效发挥溶气释放的高密度微气泡与进水布水高浓度污染物密切接触作用，并充分利用回转过程中微气泡的延时黏附功能，从而提高气浮分离效率。

2）工艺设备由空气溶解设备、溶气释放器及气浮池组成。

3）进水配水管与溶气释放器安装在一个回转装置上，释放的微气泡与污水同步接触。表面负荷高，分离速度快、效率高。

4）池深较浅，作为末端处理时污水处理工艺的高程易于布置。

5）浅层气浮适用于大中型污水处理，主要用于活性污泥类物质的分离。可用于工业废水固相物质的回收。

6.6.2 浅层气浮的工艺特点

1）布水管与释气管同位布置。

2）表面负荷大，处理效率高。

3）占地小，池深浅。钢设备可多格组合或架空布置。

6.6.3 浅层气浮的主要设计参数

1）气浮池有效水深 0.5～0.6 m，圆形。

2）接触室上升流速下端取 20 mm/s，上端取 5～10 mm/s。水力接触时间 1～1.5 min。

3）分离区表面负荷 3～5 $m^3/(m^2 \cdot h)$，水力停留时间 12～16 min。

4）布水机构的出水处应设整流器，原水与溶气水的配水量按分离区单位面积布水量均匀的原则设计计算。

5）布水机构的旋转速度应满足微气泡浮升时间的要求，通常按 8～12 min 旋转一周计算。

6）溶气水回流比应计算确定，一般应大于 30%。溶气罐通常可设计成立式（参见 6.5.4）。溶气水水力停留时间应计算确定，一般应大于 3 min。设计工作压力 0.4～0.5 MPa。

7）浅层气浮的其他设计方法基本同压力溶气气浮法，可参见 6.5。

7 主要工艺设备与材料

7.1 溶气泵应选用压力较高的多级泵，其工作压力为 0.4～0.6 MPa。

7.2 溶气罐为压力溶气设备，其设计方法详见 6.5.5，设计工作压力一般为 0.6 MPa，溶气罐顶部应设安全阀。溶气罐底部应设排污阀，溶气罐进水管应设除污器，溶气罐应具压力容器试验合格证方可使用。

7.3 溶气罐供气采用空压机，其工作压力为 0.6～0.7 MPa，供气量应满足溶气罐最大溶气量的要求。

7.4 溶气罐的压力与水位均应自动控制，并与溶气水泵联动。

7.5 释放器应满足水流量的要求，其与溶气罐连接管道应安装快开阀，释放管支管应安装快速拆卸管件，以利清洗。

7.6 气浮池应设刮渣机，并设可调节行程开关及调速仪表自动控制。

8 检测与过程控制

8.1 采用气浮工艺的污水处理厂（站）正常运行检测的项目和周期应符合 CJJ 60 的规定，化验检测方法应符合 CJ/T 51 的规定。

8.2 操作人员应经培训后持证上岗，并定期进行考核和抽检。操作人员应熟悉本标准规定的技术要求、单元气浮工艺的技术指标及气浮设施设备的运行要求，并按照气浮工艺的操作和维护规程做好值班记录。

8.3 检测人员应经培训后持证上岗，应定期进行考核和抽检。检测人员应定期检测进出水水质，对检测仪器、仪表进行校验。

8.4 气浮装置的溶气罐水位、水压，空压机压力，溶气水泵的启动与停止，溶气水的储水池、水位，刮渣机的行程与运行速度、周期等运行参数均应自动控制。

8.5 气浮工艺主要检测项目：进出水 SS、COD、浊度、出水水位等，必要时进行表面活性剂和泥渣含水率的监测，同时应监测溶气罐水位、压力，溶气泵的流量及其他工况，空压机的工作压力、供气量等。

8.6 气浮工艺的水质检测应由污水处理厂（站）化验室统一负责。

9 主要辅助工程

9.1 供电系统需保证足够的供电可靠性，并设置相应的继电保护装置。

9.2 设备选型应考虑污水处理工艺的环境条件，应选择抗腐蚀，性能稳定，安全可靠的产品。

9.3 构筑物宜按照二类防雷保护设计。

9.4 控制系统宜采用 IPC 和 PLC 组成的集散型监控系统，一般由中控室和 PLC 控制站组成。

10 劳动安全与职业卫生

10.1 生产过程应采取相应的措施，避免水环境、大气、噪声以及固体废弃物的二次污染。

10.2 供电系统应设置相应的保护措施，以降低由于断电、设备故障造成的影响。

10.3 污水处理厂（站）应建立健全的安全生产规章制度，专人专职具体监督防范，以确保正常生产和工人的人身安全。

10.4 气浮池应设置安全栏杆及防滑扶梯，并配备救生衣及救生圈。

10.5 电解气浮应设通风装置。

10.6 含铬（Ⅵ）废水及含氰废水处理的泥渣为危险固废，应交由有资质的单位专门处理处置。

10.7 压力溶气罐应按要求定期到国家压力容器管理部门检测试验压力。

10.8 应按有关规定配备消防设施，严格执行建筑防火规范，留有足够的防火距离。

10.9 电力设施的选型与保护按国家有关规定进行，露天电气设备的安全防护按国家现行的有关规定执行。

11 施工与验收

11.1 气浮工艺的施工与验收应符合 GB 50141、GB 50204 和 GB 50205 规定。

11.2 根据设计的进水水质、出水水质要求，检验相应的水质指标，如 COD、SS、铬（Ⅵ）、铬（Ⅲ）、铁（Ⅲ）、氰（CN^-）、油、表面活性剂等，并应提交相关检测报告。

12 运行与维护

12.1 一般规定

1）气浮工艺污水处理厂（站）设施的运行、维护及安全管理应按照 CJJ 60 执行。

2）操作人员应严格执行设备操作规程，定时巡视设备运转是否正常，包括温升、响声、振动、电压、电流等，发现问题及时检查排除。

3）应保持设备各运转部位的润滑状态，及时添加润滑油、除锈；发现漏油、渗油情况应及时解决。

4）气浮前处理如为铁盐混凝，应定时排除沉泥及浮渣，以免结块。

5）有填料的溶气罐进水管设置的除污器应定时清洗，损坏时进行更换。溶气罐的填料也需定时排污、清洗。出水阀的开启度应与流量一致，发现不一致时应加以调整。溶气罐的安全阀应定期校正。

6）应做好设备维修保养记录。

12.2 电解气浮的运行控制

1）电解气浮处理含铬（Ⅵ）废水时，投加一定量食盐可防止阳极钝化，铁板需定时更换，原水铬（Ⅵ）质量浓度不宜大于 100 mg/L，pH 值为 4～6.5。

2）当原水电导较低时，可适当投加 Na_2SO_4、NaCl 提高原水导电性，降低电解电压。

12.3 叶轮气浮的运行控制

1）定时检查叶轮转动转速，观察吸气管位置，及时调整水深和吸气量。

2）定时调整叶轮与导向叶片的间距。

12.4 加压溶气气浮的运行控制

1）根据反应池的絮凝情况及气浮池出水水质，注意调节混凝剂的投加量。特别要防止加药管堵塞。

2）观察气浮池池面情况，如发现接触区局部冒出大气泡，应检查释放器堵塞情况。

3）掌握浮渣积累规律，确定刮渣周期。

4）观察并控制溶气罐合理水位，保证溶气效果。

5）调整空压机的供气量，保证溶气罐稳定的工作压力。

6）调整气浮池出水水位控制器，保证稳定的处理水量。

7）在冬季水温过低时期，可相应增加回流水量或溶气压力，保证出水水质。

8）做好日常的运行记录，包括处理水量、投药量、溶气水量、溶气罐压力、水温、耗电量、进出水水质、刮渣周期、泥渣含水率等。

12.5 浅层气浮的运行控制

1）主要调节方式同加压溶气气浮。

2）检查配水管的旋转速度，检查原水与溶气水的配水均匀性。

3）量筒试验观察微气泡的升流速度与气浮效果，必要时调整溶气水量。

4）检查浮渣的形成状况及含水率，调整刮渣机的刮泥厚度与回转速度。

5）气浮池间歇运行时应将浮渣及沉泥排清。

附录 A
（规范性附录）
符 号

A.1 电解气浮工艺设计

A——单块极板面积；
B——电解池宽度；
E——比电流；
e——极板净距；
H——电极室总高度；
h_1——极板高度；
h_2——浮渣层高度；
h_3——保护高度；
i——电极电流密度；
L——电极室长度；
L_1——极板长度；
l——极板面与池壁的净距；
n——电极板块数；
Q——气浮池处理水量；
S——电极作用表面积；
t——气浮分离时间；
V——电解气浮池容积；
V_1——电极室容积；
V_2——分离室容积；
δ——极板厚度。

A.2 叶轮气浮工艺设计

D——叶轮直径；
F——气浮池总面积；
f——单台气浮池面积；
H——气浮池静水压力；
h——气浮池工作水深；
l——气浮池边长；
N——叶轮所需功率；
n——气浮池数（或叶轮数）；
Q——气浮池处理水量；
q——叶轮吸入的水汽混合量；
t——气浮分离时间；
u——叶轮圆周线速度；
W——气浮池总容积；
β——曝气系数；

φ——压力系数；

η——叶轮效率；

ρ——气水混合体密度；

ω——叶轮转速。

A.3 加压溶气气浮工艺设计

A_c——接触室表面积；

A_s——分离室表面积；

a_e——试验条件下释气量；

B_c——接触室宽度；

B_s——分离室宽度；

C_s——空气溶解度；

D_d——压力溶气罐直径；

f——溶气效率；

H——气浮池水深；

H_1——气浮池分离室水深；

H_2——接触室堰上水深；

h——孔眼水头损失；

I——单位罐截面积的水力负荷；

K_T——溶解度系数；

L——接触室长度；

L_s——分离室长度；

n——溶气释放器个数；

P——溶气压力；

Q——气浮池处理水量；

Q_g——气浮池所需空气量；

Q'_g——所需空压机额定气量；

Q_r——溶气水量；

q——选定溶气压力下单个释放器的出流量；

R——回流比；

S_a——污水中悬浮物浓度；

T——总停留时间；

t——气浮池分离室停留时间；

t_c——接触室气水接触时间；

t_d——溶气水在溶气罐内停留时间；

V_d——溶气罐体积；

v_c——水流平均速度；

v_0——孔眼流速；

v_s——分离室水流向下平均速度；

W——气浮池总容积；

Z——溶气罐高度；

Z_1——罐顶、底封头高度；

Z_2——布水区高度；
Z_3——贮水区高度；
Z_4——填料层高度；
α——气固比；
γ——空气容重；
μ——孔眼流速系数；
ψ——水温校正系数；
ψ'——安全系数。

HJ

中华人民共和国国家环境保护标准

HJ 2008—2010

污水过滤处理工程技术规范

Technical specifications for filtration process in wastewater treatment

2010-12-17 发布　　　　2011-03-01 实施

环　境　保　护　部　发布

前　言

为贯彻《中华人民共和国环境保护法》和《中华人民共和国水污染防治法》，规范污水过滤处理工程建设，使其连续稳定运行、达标排放，防治水污染，改善环境质量，制定本标准。

本标准规定了污水处理工程中所采用的过滤工艺的总体设计、工艺设计、设备选型、检测和控制、运行管理的技术要求。

本标准为首次发布。

本标准由环境保护部科技标准司组织制订。

本标准主要起草单位：江苏省环境科学研究院、东南大学、扬州澄露环境工程有限公司、江苏鹏鹞环境工程设计院。

本标准环境保护部 2010 年 12 月 17 日批准。

本标准自 2011 年 3 月 1 日起实施。

本标准由环境保护部负责解释。

污水过滤处理工程技术规范

1．适用范围

本标准规定了污水处理工程中所采用的过滤工艺的总体要求、工艺设计、设备选型、检测与控制、施工验收、运行管理的技术要求。

本标准适用于城镇污水或工业废水处理工程过滤单元工艺的设计、施工验收、运行管理，可作为可行性研究、环境影响评价、工艺设计、工程验收、运行管理的技术依据。

2．规范性引用文件

本标准内容引用了下列文件中的条款。凡是不注日期的引用文件，其有效版本适用于本标准。

GB 50141　给水排水构筑物工程施工及验收规范

GB 50204　混凝土结构工程施工质量验收规范

GB 50205　钢结构工程施工质量验收规范

CJJ 60　城市污水处理厂运行、维护及安全及安全技术规程

CJ/T 51　城市污水水质检验方法标准

HJ/T 355　水污染源在线监测系统运行与考核技术规范（试行）

3．术语和定义

3.1 过滤 filtration

指借助粒状材料或多孔介质截除水中杂质的过程。

3.2 滤料 filtering media

指过滤时用以去除水中杂物的粒状材料或多孔介质。

3.3 初滤水 initial filtered water

指在滤池反冲洗后，重新过滤的初始阶段滤后出水。

3.4 滤料有效粒径（d_{10}） effective size of filtering media

指滤料经筛分后，小于总重量10%的滤料颗粒粒径。

3.5 滤料有效粒径（d_{80}） effective size of filtering media

指滤料经筛分后，小于总重量80%的滤料颗粒粒径。

3.6 滤料不均匀系数（K_{80}） uniformity coefficient of filtering media

指滤料经筛分后，小于总重量80%的滤料颗粒粒径与有效粒径之比。

3.7 均匀级配滤料 uniformly graded filtering media

指粒径比较均匀，不均匀系数（K_{80}）一般为1.3～1.4的滤料。

3.8 滤速 filtering rate

指在单位时间内单位过滤面积滤过的水量。

3.9 强制滤速 compulsory filtration rate

指部分滤格因进行检修或翻砂而停运时，在总滤水量不变的情况下其他运行滤格的滤速。

3.10 冲洗强度 wash rate

指单位时间内单位滤料面积的冲洗水量。

3.11 膨胀率 percentage of bed-expansion

指滤料层在反冲洗时的膨胀程度，以滤料层厚度的百分比表示。

3.12 冲洗周期（过滤周期、滤池工作周期）filter runs

指滤池完成冲洗后开始运行到再次进行冲洗的整个间隔时间。

3.13 承托层 graded gravel layer

指为防止滤料漏入配水系统，在配水系统与滤料层之间铺垫的粒状材料。

3.14 表面冲洗 surface washing

指采用固定式或旋转式的水射流系统，对滤料表层进行冲洗的冲洗方式。

3.15 表面扫洗 surface sweep washing

指 V 型滤池反冲洗时，待滤水通过 V 型进水槽配水孔在水面横向将冲洗含泥水扫向中央排水槽的一种辅助冲洗方式。

3.16 普通快滤池 rapid filter

指传统的快滤池布置形式，滤料一般为单层细砂级配滤料或煤、砂双层滤料，冲洗采用单水冲洗，冲洗水由水塔（箱）或水泵供给。

3.17 虹吸滤池 siphon filter

指一种以虹吸管代替进水和排水阀门的快滤池形式。滤池各格出水互相连通，反冲洗水由未进行冲洗的其余滤格的滤后水供给。过滤方式为等滤速、变水位运行。

3.18 无阀滤池 valveless filter

指一种不设阀门的快滤池形式。在运行过程中，出水水位保持恒定，进水水位则随滤层的水头损失增加而不断在虹吸管内上升，当水位上升到虹吸管管顶，并形成虹吸时，即自动开始滤层反冲洗，冲洗排泥水沿虹吸管排出池外。

3.19 V 型滤池 V filter

指采用粒径较粗且较均匀滤料，在各滤格两侧设有 V 型进水槽的滤池布置形式。冲洗采用气水微膨胀兼有表面扫洗的冲洗方式，冲洗排泥水通过设在滤格中央的排水槽排出池外。

4 污染物与污染负荷

4.1 过滤工艺可用于各种水量、较低浓度悬浮物的分离。

4.2 过滤工艺主要用于水中细小悬浮物、脱稳胶体等物质的分离去除。适用于污水二级生物处理出水、工业废水化学沉淀、气浮出水，悬浮物（SS）<20 mg/L 的过滤处理。

4.3 过滤工艺可用于污水深度处理，如活性炭吸附、膜技术、离子交换等的预处理时，要求滤池进水 SS<10 mg/L。

4.4 过滤工艺可用于直接过滤（微絮凝接触过滤），进水 SS 可适当放宽，如 SS<60 mg/L，而滤料粒径应相应增大。

5 总体要求

5.1 滤池建设规模由处理水量确定，设计水量由工程最大水量确定。

5.2 过滤工艺通常在前处理混凝沉淀、气浮等之后，高程布置需保证过滤水头的需要。需设置反冲洗储水池、冲洗水泵或水塔等。

5.3 滤池通常为对称布置（成双数），接近前处理设备（沉淀、气浮等）及后处理设备（消毒、清水池等）。

5.4 滤池除池深外，有一定水头损失，高程设置应考虑后续设备的配合。

5.5 过滤工艺无污泥产生，反冲洗出水应回流到集水井进行二次处理。

6 工艺设计

6.1 过滤的形式及其工艺特点和适用条件

污水处理中常用的过滤形式有：普通快滤池及其衍变形式（双阀滤池、翻板滤池和双层滤料滤池）、V 型滤池、重力式无阀滤池、压力滤池、转盘滤池等。其工艺特点及适用条件见表 1，可供滤池工艺选择时参考。

表 1 污水处理常见滤池工艺特点及适用条件

形式	特点	适用条件
1. 普通快滤池	有成熟的运行经验。采用砂滤料，材料便宜易得。采用大阻力配水系统，单池面积较大，池深较浅。可采用减速过滤，水质较好。但阀门较多，且必须设有全套冲洗装备	适用于各种水量的污水处理。产水率较高。单池面积不宜超过 50 m^2，可与沉淀池组合使用。水冲洗效果较差，有条件时宜采用表面冲洗或空气助洗设备
2. 双阀滤池	减少了阀门，相应降低了造价和检修工作量。但须设置全套冲洗设备，增加了形成虹吸的设备。其他特点同普通快滤池	与普通快滤池相同
3. 翻板滤池	滤料、滤层选择多样。滤料流失率低，滤料反冲洗后洁净度高，水头损失小。反冲洗系统布水、布气均匀。过滤周期长、截污量大，出水水质好。设备较多，一次性投资较大，而且运行电耗较高	适用于污水悬浮物含量较大的大、中水量污水处理。根据污水性质可选择不同滤料及级配
4. 双层滤料滤池	滤层含污能力大，可采用较高的滤速。减速过滤，水质较好。可利用现有普通快滤池改建。滤料选择要求高，滤料易流失。冲洗困难，易积泥球	适用于大、中水量污水处理，允许进水悬浮物浓度高。单池面积一般不宜太大。宜采用大阻力配水系统和辅助冲洗设备
5. V 型滤池	运行稳定可靠。采用砂滤料，滤床含污量大、周期长、滤速高、水质好、材料易得。滤料均匀级配，可适应不同悬浮物浓度的水质，自动化程度高。单池面积大，产水率高。具有气水反冲洗和水表面扫洗，冲洗效果好。但配套设备多，土建较复杂，池深较普通快滤池深	适用于大、中水量污水处理。要求进水 SS＜15 mg/L。要求配置自控系统
6. 重力式无阀滤池	不需设置阀门，自动冲洗，管理方便。可成套定型制作。但运行过程看不到滤层情况，清砂不便。单池面积较小。冲洗效果差，反洗时浪费一部分水量。变水位等速过滤，水质不如减速过滤	适用于小水量的污水处理。需要有可利用的高程，常与斜管沉淀池、加速澄清池配合使用
7. 压力滤池	钢制设备，可成套定型制作，采用大阻力配水系统，反冲洗均匀。可直接利用余压出水变水头等速过滤，水质不如减速过滤。单池面积小，只能用于小水量	适用于无高程利用的小水量污水处理，出水可直接回用或排放。单池面积应小于 10 m^2
8. 转盘滤池	耐冲击负荷，过滤效率高。错流过滤，水头损失小，滤速快。全自动连续运行，反冲洗水量少，运行费用低。单位池容过滤总面积大，占地省。滤布具有疏油特性，表面杂质不易黏附，滤布易清洗，系统功能恢复快，自动化程度高，可整机设备化	适用于各种水量污水处理。可适应不同悬浮物浓度的水质

6.2 过滤工艺的一般规定

6.2.1 过滤工艺宜用于工业废水和城镇污水处理工程的深度处理单元。

6.2.2 滤池形式的选择应根据污水处理水量、进出水水质、运行管理水平、处理构筑物高程布置等因素，通过技术经济比较确定。快滤池（含普通快滤池、双阀滤池、翻板滤池、V 型滤池等）适用于大、中型污水处理厂（站），无阀滤池、压力滤池适用于小型污水处理厂（站），转盘滤池可用于不同规模的城镇污水及工业废水处理厂（站）。

6.2.3 滤料应有足够的机械强度和抗腐蚀性能，宜采用石英砂、无烟煤、陶粒和瓷砂等。在污水过滤过程中如无溶解性有害物质产生，也可选用聚丙烯塑料珠、纤维球等合成材料作为滤料。

6.2.4 滤池的分格数，应根据滤池形式、处理水量、操作运行和维护检修等通过技术经济比较确定，除无阀滤池、压力滤池和转盘滤池外原则上不宜少于 4 格。

6.2.5 滤池的单格面积应根据滤池形式、处理水质水量、操作运行水平、滤后水收集及冲洗水分配的均匀性，通过技术经济比较确定。

6.2.6 滤料层厚度（L）与有效粒径（d_{10}）之比：细砂及双层滤料过滤应大于 1 000；粗砂及三层滤料应大于 1 250。

6.2.7 滤池宜设有初滤水排放设施，初滤水应回流到水厂集水井，进行二次处理。

6.2.8 滤池冲洗方式优先采用气水联合冲洗方式。

6.2.9 滤池运行时应尽可能设置自动检测、控制系统，实现运行管理自动化。

6.3 滤速与滤料组成

6.3.1 滤池应按正常情况下的滤速设计，并以检修情况下的强制滤速校核。

6.3.2 滤池滤速及滤料组成宜按表 2 取用。污水过滤的滤速应高于给水过滤的滤速，滤料的粒径亦应相应加大，工程上应根据进水水质、滤后水质要求、滤池构造等因素，通过试验或参照相似条件下已有滤池的运行经验确定。

表 2 滤池滤速及滤料组成

滤料种类	滤料组成			正常滤速/（m/h）	强制滤速/（m/h）
	粒径/mm	不均匀系数 K_{80}	厚度/mm		
单层粗砂滤料	石英砂 d_{10}=0.8	<2.0	700	8～10	10～12
双层滤料	无烟煤 d_{10}=1.0	<2.0	300～400	9～12	12～16
	石英砂 d_{10}=0.8	<2.0	400		
均匀级配粗砂滤料	石英砂 d_{10}=1.0～1.3	<1.4	1 200～1 500	8～10	10～12

6.3.3 当滤池采用大阻力配水系统时，其承托层宜按表 3 采用。

表 3 大阻力配水系统承托层材料、粒径与厚度 单位：mm

层次（自上而下）	材 料	粒 径	厚 度
1	砾石	2～4	100
2	砾石	4～8	100
3	砾石	8～16	100
4	砾石	16～32	本层顶面应高出配水系统孔眼 100

6.4 配水、配气系统

6.4.1 设计要点

1）滤池配水、配气系统，应根据滤池形式、冲洗方式、单格面积、配水配气的均匀性等因素考虑选用。采用单水冲洗时，可采用穿孔管、滤头等配水系统；气水冲洗时，可选用长柄滤头、穿孔管等配水、配气系统。

2）干管（渠）顶上宜设排气管，排出口设在滤池水面以上。

3）长柄滤头配水、配气系统应按冲洗水量、冲洗气量，并根据下列数据通过计算确定：

- 配气干管进口处的流速为 10～15 m/s；
- 配水（气）渠配气孔出口流速为 10 m/s 左右；
- 配水干管进口端流速为 1.5 m/s；
- 配水（气）渠配水孔出口流速为 1～1.5 m/s。

4）配水（气）渠顶上宜设排气管，排出口设在滤池水面以上。

5）配水系统要求能均匀地收集滤后水和分配反冲洗水，并要求安装维修方便，不易堵塞，经久耐用。

6.4.2 滤池各类管（渠）流速的确定

进水管 0.8～1.2 m/s；　　出水管 1.0～1.5 m/s；
冲洗水 2.0～2.5 m/s；　　排水 1.0～1.5 m/s；
初滤水排放 3.0～4.5 m/s；　　输气管 10～15 m/s。

6.4.3 配水系统的水头损失计算

6.4.3.1 大阻力配水系统

1）大阻力配水系统应按冲洗流量，并根据下列数据通过计算确定：

- 大阻力穿孔管配水系统孔眼总面积与滤池面积之比（开孔比）宜为 0.20%～0.25%；
- 配水干管（渠）进口处的流速为 1.0～1.5 m/s；
- 配水支管进口处的流速为 1.5～2.0 m/s；
- 配水支管孔眼出口流速为 5～6 m/s。

2）配水系统水头损失，当按孔口的平均水头损失计算时，可采用式（1）：

$$h_2 = \frac{1}{2g}\left(\frac{q}{10\alpha\beta}\right)^2 \tag{1}$$

式中：h_2——孔口平均水头损失，m；

q——冲洗强度，L/（m^2·s）；

α——流量系数，宜取 0.65；

β——孔眼总面积与滤池面积之比，采用 0.20%～0.25%。

3）承托层水头损失 h_3，可按式（2）计算：

$$h_3 = 0.022H_1q \tag{2}$$

式中：H_1——承托层厚度，m。

4）滤料层水头损失 h_4，可按式（3）计算：

$$h_4 = \left(\frac{\gamma_1}{\gamma} - 1\right)(1 - m_0)H_2 \tag{3}$$

式中：γ_1——滤料的相对密度；

γ——水的相对密度；

m_0——滤料膨胀前的孔隙率（石英砂为 0.41）；

H_2——滤层膨胀前厚度，m。

5）冲洗系统

水泵冲洗：采用水泵冲洗时，需考虑有备用措施。冲洗水泵的流量及扬程由式（4）、式（5）计算：

$$Q=qf \tag{4}$$

$$H = H_0 + h_1 + h_2 + h_3 + h_4 + h_5 \tag{5}$$

式中：Q——水泵出水量，L/s；

f——单个滤池面积，m^2；

H——水泵所需扬程，m；

H_0——洗砂排水槽顶与吸水池最低水位高差，m；

h_1——吸水池与滤池间冲洗管的沿程水头损失与局部水头损失之和，m；

h_5——富余水头，h_5=1 m 左右。

水箱（水塔、水柜）冲洗：水箱中水深不宜超过 3 m，水箱应在滤池冲洗间歇时间内充满，并应有防止空气进入滤池的措施。水箱的容积可采用一次冲洗水量 1.5 倍，水箱底部高于洗砂排水槽顶的高度，可按式（6）计算：

$$H_0 = h_1 + h_2 + h_3 + h_4 + h_5 \tag{6}$$

式中：h_1——冲洗水箱至滤池大阻力配水系统间的水头损失，m。

6.4.3.2 小阻力配水系统

1）小阻力滤头配水系统缝隙总面积与滤池面积之比宜为 1.0%～1.5%，在有条件时应取下限。

2）配水系统水头损失

水通过配水系统的孔眼时，呈紊流状态，其单水冲洗时的水头损失按式（7）计算：

$$h = \frac{1}{2g}(u_B / \alpha\beta)^2 \times 10^6 \tag{7}$$

式中：h——水流通过配水系统的水头损失，m；

u_B——冲洗强度，L/（m^2·s）。

流量系数α应试验确定，无试验数据时，宜参考表 4 选用。

表 4 流量系数α值

型　式	α	型　式	α
滤　头	0.8	钢筋混凝土栅条	0.6
缝式圆形栅条	0.85	孔　板	0.75
木栅条	0.6	滤　球	0.78

3）配水系统开孔比

开孔比β值可用式（8）表示：

$$\frac{\Delta v}{v} = (M\alpha\beta / 2H)^2 \tag{8}$$

式中：Δv——孔口平均出流速度差，m/s；

v——孔口平均出流速度，m/s；

M——滤池长度，m；

H——配水室高度，m。

一般情况下，小阻力配水系统的开孔比宜保持在 1%～1.5%。

6.5 反冲洗方式

6.5.1 滤池冲洗方式的选择，应根据滤料层组成、配水配气系统形式，通过试验或参照相似条件下已有滤池的经验确定，宜按表 5 选用。

表 5 冲洗方式和程序

滤料组成	冲洗方式、程序
单层粗砂级配滤料	水冲或气冲—水冲
单层粗砂均匀级配滤料	气冲—气水同时冲—水冲
双层煤、砂级配滤料	水冲或气冲—水冲

6.5.2 单水冲洗滤池的反冲洗强度及冲洗时间宜按表 6 采用。

表 6 水冲洗强度及冲洗时间（水温 20℃时）

滤料组成	冲洗强度/[L/（m^2·s）]	膨胀率/%	冲洗时间/min
单层粗砂级配滤料	12～15	45	5～7
双层煤、砂级配滤料	13～16	50	6～8
注 1：当采用表面冲洗设备时，冲洗强度可取低值。			
注 2：应考虑由于全年水温、水质变化因素，适当调整冲洗强度的可能。			

1）单独用水反冲洗的计算

单独用水反冲洗必须设冲洗水泵或冲洗水塔（箱），其设备布置和设计计算见 6.6.1 普通快滤池。

2）固定式表面冲洗的水反冲洗的计算

- 冲洗水头应通过计算确定，一般为 0.2 MPa；
- 穿孔管孔眼流速可按需要决定。亦可参考式（9）计算确定：

$$v_2 = \frac{q \times 10^3}{\varphi} \tag{9}$$

式中：q——表面冲洗强度，L/（m^2·s），一般为 2～3 L/（m^2·s）；

φ——穿孔管孔眼总面积与滤池面积之比，%，宜采用 0.20%～0.25%；

v_2——穿孔管孔眼流速，m/s，一般为 6～8 m/s。

当 q 采用低值时，φ应采用低值；当 q 采用高值时，φ也应采用高值。

6.5.3 气水冲洗滤池的冲洗

6.5.3.1 气水冲洗滤池的冲洗强度及冲洗时间，宜按表 7 采用。

表 7 气水冲洗强度及冲洗时间

滤料种类	先气冲洗		气水同时冲洗			后水冲洗		表面扫洗	
	气强度/[L/（m^2·s）]	时间/min	气强度/[L/（m^2·s）]	水强度/[L/（m^2·s）]	时间/min	水强度/[L/（m^2·s）]	时间/min	水强度/[L/（m^2·s）]	时间/min
单层细砂级配滤料	15～20	2～3	—	—	—	8～10	4～5	—	—
双层煤、砂级配滤料	15～20	2～3	—	—	—	6.5～10	4～5	—	—
单层粗砂均匀级配滤料*	13～17	1～2	13～17	3～4	4～3	4～8	2～3	—	—
	13～17	1～2	13～17	2.5～3	5～4	4～6	2～3	1.4～2.3	全程
注：* 粗砂均匀级配滤料采用气水冲洗时冲洗周期宜采用 24～36 h。									

6.5.3.2 气水反冲洗空气供应方式

冲洗空气的供应，宜采用鼓风机直接供气，中小型滤池亦可采用空气压缩机—贮气罐组合供气方式。

1）鼓风机直接供气

先气后水冲洗时，鼓风机出口处的静压力应为输配气系统的压力损失和富余压力之和，按式(10)计算：

$$H_A = h_1 + h_2 + 9\,810Kh_3 + h_4 \tag{10}$$

式中：H_A——鼓风机出口处的静压，Pa；

h_1——输气管道的压力总损失，Pa；

h_2——配气系统的压力损失，Pa；

K——漏损系数（1.05～1.10）；

h_3——配气系统出口至空气溢出面的水深，m；

h_4——富余压力，取 4 900 Pa。

采用长柄滤头气水同时冲洗时，按式（11）计算：

$$H_A = h_1 + h_2 + h_4 + h_5 \tag{11}$$

式中：h_5——气水室中的冲洗水水压，Pa；

其余同式（10）。

2）空压机串联贮气罐供气

空压机容量可按式（12）计算：

$$W = (0.06qFt - VP)K / t \tag{12}$$

式中：W——空压机容量，m^3/min；

q——空气冲洗强度，L/（$m^2 \cdot s$）；

F——单个滤池面积，m^2；

t——单个滤池设计气冲时间，min；

V——中间贮气罐容积，m^3；

P——贮气罐可调节的压力倍数；

K——漏损系数（1.05～1.10）。

6.5.3.3 V 型滤池的冲洗计算详见 6.6.3。

6.6 各类滤池的设计方法

6.6.1 普通快滤池

设计要点：

1）滤速与滤料的设计参见 6.3。

- 滤料粒径可根据需要做出调整，粗粒滤料可达 1.2～2.0 mm。冲洗强度亦应作相应调整。有条件时可改造为气水联合冲洗；
- 根据污水性质必要时应选择耐腐蚀滤料，如多孔陶粒、瓷砂等；
- 处理含金属离子或ζ电位较高的粒子的废水，宜设金属屑滤料滤层；
- 反冲洗水力分级大，砂粒不均匀系数（K_{80}）应尽可能小，以免滤池水头损失增大。

2）配水系统宜采用大阻力配水系统。

3）滤层表面以上的水深，宜采用 1.5～2.0 m。

4）设计过滤周期宜为 12～24 h。

5）滤池底部宜设有排空管，其入口处设栅罩，池底坡度约 0.005，坡向排空管。

6）配水系统干管末端应装排气管，管径一般为 20～40 mm。排气管伸出滤池顶处应加截止阀。

7）间歇运行时间较长时，应预留初滤水排放管，按规定时间排水。

8）DN300 及以上的阀门及冲洗阀门一般采用电动、液动或气动阀。

9）每格滤池应设水头损失计及取样管。

10）密封渠道应设检修人孔。

6.6.2 设计数据与计算公式

6.6.2.1 滤池总面积、个数及单池尺寸

1）滤池总面积 F 按式（13）计算：

$$F=\frac{Q}{v(T_0-t_0)} \tag{13}$$

式中：F——滤池总过滤面积，m^2；

Q——设计水量，m^3/d；

v——设计滤速，m/h；

T_0——滤池每日工作时间，h；

t_0——滤池每日冲洗过程的操作时间，h。

2）滤池个数：应根据技术经济比较确定，但不得少于两个。一般条件下选择原则：滤池个数多，单池面积小，配水均匀，冲洗效果好，可参见表 8 采用。

表 8 滤池个数

滤池总面积/m^2	滤池个数	滤池总面积/m^2	滤池个数
小于 30	2	150	4～6
30～50	3	200	5～6
100	3 或 4	300	6～8

3）单池尺寸：单个滤池面积按式（14）计算：

$$f=\frac{F}{N} \tag{14}$$

式中：F——滤池总面积，m^2；

N——滤池个数。

滤池可为正方形或矩形，长宽比为（1～1.5）∶1。

4）快滤池应采用大阻力配水系统。

6.6.2.2 滤池布置

1）当滤池个数大于 6 个时，宜用双行排列。

2）单个滤池面积大于 50 m^2 时，可考虑设置中央集水渠。

6.6.2.3 水头损失计算详见 6.5。

6.6.2.4 管（槽）流速，见 7.3.2。

6.6.3 快滤池的演变形式

6.6.3.1 双阀滤池

1）双阀滤池宜采用鸭舌阀式双阀滤池或虹吸管式双阀滤池。其计算参见 6.6.2 普通快滤池。

2）鸭舌阀式双阀滤池应适当提高冲洗强度、增加冲洗水量，适宜于水泵冲洗。

3）虹吸管式双阀滤池应设冲洗、清水两阀门和相应的冲洗设备（水泵或水箱）等，并采用真空系统控制虹吸进水管和虹吸排水管。

6.6.3.2 翻板滤池

翻板滤池宜采用无烟煤、石英砂双层滤料，其主要设计参数取用如下：

1）滤层厚度应不小于 1.5 m，承托层宜采用粗—细—粗的粒径分布。

2）翻板滤池宜采用小阻力配水系统，开孔率β宜取 1.2%～1.4%。

3）反冲洗方式宜采用气冲—气水冲—水冲的联合冲洗方式，相关系数见表 7。

4）反冲洗时滤层膨胀率宜为 15%～25%。

6.6.3.3 双层滤料滤池

双层滤料滤池的设计要点及数据如下：

1）一般的双层滤料及滤速选择见表 2。含短纤维及黏性污染物的废水，不宜用双层滤料滤池。

2）最大粒径的选择：根据反冲洗后两层滤料交界面控制混杂程度的要求，最大无烟煤粒径与最小石英砂的粒径比，按式（15）计算：

$$\frac{d'_{\max}}{d_1}=K\frac{\gamma_1-1}{\gamma_2-1} \tag{15}$$

式中：$d'_{\max}$——最大无烟煤粒径，mm；

d_1——最小石英砂粒径，mm；

γ_1——石英砂的相对密度，无资料时可取 2.65；

γ_2——无烟煤的相对密度，无资料时可取 1.82；

K——不均匀系数，一般采用 1.25～1.5。

3）冲洗排水槽顶距滤层表面高度 H，可按式（16）计算：

$$H=e_1H_1+e_2H_2+2.5x+\delta+0.075 \tag{16}$$

式中：H_1——石英砂层厚度，m；

H_2——无烟煤厚度，m；

e_1——石英砂层膨胀率，40%～50%；

e_2——无烟煤膨胀率，50%～60%；

x——槽宽的一半，m；

δ——槽底厚度，m。

6.6.4 V 型滤池

6.6.4.1 设计要点

1）滤层表面以上水深应不小于 1.2 m。

2）V 型滤池两侧进水槽的槽底配水孔口至中央排水槽边缘的水平距离宜在 3.5 m 以内，最大不得超过 5 m。表面扫洗配水孔的预埋管纵向轴线应保持水平。

3）V 型滤池水槽断面应按非均匀流满足配水均匀性要求计算确定，其斜面与池壁的倾斜度宜采用 45°～50°。

4）V 型滤池的进水系统应设置进水总渠，每格滤池进水应设可调整高度的堰板。

5）反冲洗空气总管的管底应高于滤池的最高水位。

6）V 型滤池长柄滤头配气配水系统的设计，应采取有效措施，控制同格滤池所有滤头、滤帽或滤柄顶表面在同一水平，其误差不得大于±5 mm。

7）V 型滤池的冲洗排水槽顶面宜高出滤料层表面 500 mm。

8）多格 V 型滤池的布置可采用单排及双排布置；当滤池的格数少于 3 个时，宜采用单排布置，超过 4 格宜采用双排布置。

6.6.4.2 设计数据

1）滤速与滤料的选择参见 6.3。

2）过滤周期，宜采用 24～48 h。

3）滤池个数及单池尺寸。

● 滤池个数：滤池个数的确定应作技术经济比较。无资料时，可参考表 9 选用。

表 9 滤池个数

滤池总过滤面积/m^2	滤池个数	滤池总过滤面积/m^2	滤池个数
小于 80	2	250～350	4～5
80～150	2～3	350～500	5～6
150～250	4	500～800	5～8

● 单池尺寸：单格滤池的宽度一般在 3.5 m 以内，最大不超过 5 m。无资料时，可参考表 10。

表 10 滤池尺寸及面积

宽度/m	长度/m	单格面积/m^2	双格面积/m^2
3.50	8.60～14.30	30.0～50.0	60.0～100.0
4.00	12.50～16.30	50.0～55.0	100.0～130.0
4.50	12.20～17.80	55.0～80.0	110.0～160.0
5.00	14.00～20.00	70.0～100.0	140.0～200.0

4）进水及布水系统

● 进水总渠设置溢流堰，堰顶高度根据设计允许的超负荷要求确定。

● 进水孔应有两个，即主进水孔及扫洗进水孔。主进水孔一般设气动或电动闸板阀，表面扫洗孔也可设手动闸板。

● 进水堰的堰板宜设计为可调式，以便调节单池进水量，使各池进水量相同。

● 进水槽的底面应与 V 型槽底平，不得高出。

● V 型槽在滤池过滤时处于淹没状态。槽内设计始端流速不大于 0.6 m/s。V 型槽底部的水平布水孔内径一般为 ϕ20～30，过孔流速 2.0 m/s 左右，孔中心一般低于用水单独冲洗时池内水面 50～150 mm。

5）冲洗水排水系统设计

● 排水槽底板以≥0.02 的坡度坡向出口；底板底面最低处应高出滤板底约 0.1 m，最高处高出 0.4～0.5 m；排水槽内的最高水面宜低于排水槽顶面 50～100 mm。排水槽底层为配气配水渠，两者的宽度宜一致。

● 滤池冲洗时，排水槽顶的水深（堰顶水深）按式（17）计算：

$$h_1 = \left[\frac{(q_1 + q_3)B}{0.42\sqrt{2g}} \right]^{\frac{2}{3}} \tag{17}$$

式中：h_1——排水槽顶的水深，m；

q_1——表面扫洗水强度，L/（$m^2 \cdot s$）；

q_3——水冲洗强度，L/（$m^2 \cdot s$）；

B——单边滤床宽度，m；

g——重力加速度 9.81 m/s^2。

● 排水渠设在与管廊相对的一侧，槽出口设置电动或气动闸阀。

6）配水配气系统设计

● 配水配气系统设计一般原则

进气干管管顶宜与配水渠顶持平，冲洗水干管管底宜与配水渠底持平。

配气配水渠断面尺寸的确定应满足以下条件：

进口处冲洗水流速一般不大于 1.5 m/s；

进口处冲洗空气流速一般不大于 5 m/s；

断面尺寸应和排水槽及气水室相配合，并能满足施工要求。

● 气水室

配气孔顶宜与滤板板底相平，有困难时，可低于板底，但高差不宜超过 30 mm。过孔流速为 15 m/s 左右，通常预埋 UPVC（聚氯乙烯）管，配气孔平面配置时应注意避开滤板梁。

配水孔底应平池底，孔口流速为 1.0～1.5 m/s。

支承滤板的滤板梁应垂直于配气配水渠，且梁顶应留空气平衡缝，缝高 20～50 mm，长为 1/2 滤板长，在每块滤板长度的中间部位。

气水室宜设检查孔，检查孔可设在管廊侧池壁上。

● 滤头

配水配气系统应采用长柄滤头。

滤头个数的确定：开孔比（β值）应在 1.2%～2.4%之间。一般每平方米滤池面积布置 30～50 个。

滤头水头损失计算：

冲洗水通过长柄滤头的水头损失，按产品的实测资料确定。

冲洗空气通过长柄滤头的压力损失，按产品的实测资料确定。

冲洗水和空气同时通过长柄滤头时的水头损失，按产品实测资料确定，无资料时可按式（18）计算其水头损失增量：

$$\Delta h = 9\,810n(0.01 - 0.01v_1 + 0.12v_1^2) \tag{18}$$

式中：Δh——气水同时通过长柄滤头比单一水通过长柄滤头时的水头损失增量，Pa；

N——气水比；

v_1——滤头中的水流速度，m/s。

V 型滤池冲洗水的供应，宜用水泵。水泵的能力应按单格滤池冲洗水量设计，并设计备用机组。

V 型滤池冲洗气源的供应，宜用鼓风机，并设置备用机组。

7）管（渠）流速

管（渠）设计流速可按 6.4.2 选用。

6.6.4.3 计算方法

1）过滤面积计算见式（13）、式（14）。

2）滤头个数，可按式（19）、式（20）计算：

$$n = \beta \frac{f}{f_1} \tag{19}$$

$$n_1 = \frac{n}{f} = \frac{\beta}{f_1} \tag{20}$$

式中：f——单池过滤面积，m^2；

n——单池滤头个数，个；

f_1——每个滤头缝隙面积，m^2，宜取 0.000 25～0.000 65 m^2；

n_1——每平方米滤板滤头个数，个，按滤头产品资料确定，一般为 30～55 个/m^2；

β——开孔比，宜取 1.2%～2.4%。

3）滤池高度，可按式（21）计算：

$$H = H_1 + H_2 + H_3 + H_4 + H_5 + H_6 + H_7 \tag{21}$$

式中：H——滤池高度，m；

H_1——气水室高度，m，宜取 0.7～0.9 m；

H_2——滤板厚度，m，宜取 0.1 m；

H_3——承托层厚度，m，宜取 0.01～0.10 m；

H_4——滤料层厚度，m，宜取 1.1～1.2 m；

H_5——滤层上面水深，m，宜取 1.2～1.5 m；

H_6——进水系统跌差，m（包括进水槽、孔洞水头损失及过水堰跌差），宜取 0.3～0.5 m；

H_7——进水总渠超高，m，宜取 0.3 m。

4）冲洗水泵扬程，可按式（22）计算：

$$H_P = 9\,810 H_0 + (h_1 + h_2 + h_3 + h_4 + h_5) \tag{22}$$

式中：H_P——所需水泵扬程，Pa；

H_0——洗砂排水槽顶与吸水池最低水位高差，m；

h_1——水泵吸水口至滤池输水管道的总水头损失，Pa；

h_2——配水系统水头损失，Pa，主要是滤头的水头损失；

h_3——承托层水头损失，Pa，宜取 200 Pa；

h_4——滤层水头损失，Pa，宜取 14 700 Pa；

h_5——富余水头，宜取 9 810～18 620 Pa。

5）冲洗用鼓风机出口压力：

- 采用大阻力或长柄滤头先气后水冲洗时，可按式（23）计算：

$$P = P_1 + P_2 + KP_3 + P_4 \tag{23}$$

式中：P——鼓风机出口压力，Pa；

P_1——抽气管道的压力损失，Pa；

P_2——配气系统的压力损失，Pa；

P_3——配气系统出口至空气溢出面水深，m；

K——系数，取 10 300～10 800；

P_4——富余压力，取 4 900 Pa。

- 采用长柄滤头气水同时冲洗时，可按式（24）计算：

$$P = P_1 + P_2 + P_4 + P_5 \tag{24}$$

式中：P_5——气水室中的冲洗水水压，Pa。

6.6.5 重力式无阀滤池

6.6.5.1 设计要点

1）无阀滤池平面为矩形，单格面积宜小于 25 m^2。通常两格合建，共用冲洗水箱。

2）无阀滤池的分格数，宜采用 2～3 格。

3）满足高程布置的条件时，无阀滤池的配水系统宜采用大阻力系统；采用小阻力配水系统时，开孔比应取低值，以保证反冲洗的效果及配水的均匀性。

4）每格无阀滤池应设单独的进水系统，并设置防止空气进入滤池的装置。

5）无阀滤池冲洗前的水头损失可采用 1.5 m。

6）过滤室内滤料表面以上的直壁高度，应等于冲洗时滤料的最大膨胀高度再加保护高度。

7）无阀滤池的反冲洗应设有辅助虹吸设施，并设调节冲洗强度和强制冲洗的装置。

6.6.5.2 设计数据

1）进水系统

- 当滤池采用双格组合时，进水箱可兼作配水用。两堰口的标高、厚度及粗糙度宜相同。堰口设置标高较为重要，可按下述关系式确定：
- 堰口标高=虹吸辅助管管口标高+进水管及虹吸上升管内各项水头损失+保证堰上自由出流的高度（100～150 mm）。
- 每格分配箱大小一般为（0.6 m×0.6 m）～（0.8 m×0.8 m）。
- 进水分配箱内应保持一定水深，一般考虑箱底与滤池冲洗水箱平。
- 进水管内流速一般采用 0.5～0.7 m/s。
- 进水管 U 形存水弯的底部中心标高可放在排水井井底标高处。
- 进水挡板直径应比虹吸上升管管径大 100～200 mm，距离管口 200 mm。

2）滤水系统

- 顶盖上下不能漏水，顶盖面与水平面间夹角为 10°～15°。
- 浑水区高度（不包括顶盖锥体部分高度）可按反冲洗时滤料层的最大膨胀高度，再适当增加 100 mm 安全高度确定。

3）配水系统

- 配水系统一般采用小阻力配水系统，有条件时可采用大阻力配水系统。
- 配水形式可选用滤帽或砾石承托层。
- 集水区要具有一定高度，一般可采用 300～500 mm（面积大时，采用较大值）。
- 出水管管径一般与进水管相同。

4）冲洗系统

- 冲洗水箱容积按一个滤池冲洗一次所需的水量确定。如采用双格滤池组合共用一个冲洗水箱，则水箱高度可降低一半。
- 虹吸管管径应根据冲洗水箱平均水位与排水井水封水位的高差及冲洗过程中平均冲洗强度下各项水头损失值的总和计算确定。虹吸下降管管径可比上升管管径小一个等级。
- 虹吸破坏管管径宜采用 15～20 mm，在破坏管底部应加装虹吸小斗。
- 无阀滤池应设有强制冲洗器。

6.6.5.3 计算公式

1）滤池面积，可按式（25）计算：

$$F = 1.04 \times \frac{Q}{v} \tag{25}$$

式中：F——滤池净面积，m^2；

Q——设计水量（考虑冲洗水量 4%），m^3/h；

v——滤速，m/h。

2）冲洗水箱高度及净面积（双格组合时），可按式（26）、式（27）计算：

$$H_{冲} = \frac{60Fqt}{2 \times 1\,000F'} \tag{26}$$

$$F' = F + f_2 \tag{27}$$

式中：$H_{冲}$——冲洗水箱高度，m；

q——冲洗强度，L/（$m^2 \cdot s$）；

t——冲洗历时，min；

F'——冲洗水箱净面积，m^2；

f_2——连通渠及斜边壁厚面积，m^2。

6.6.6 压力滤池

1）压力滤池宜采用钢结构，其内部结构与普通快滤池类似。

2）滤层厚度一般为 1.0～1.2 m。滤料应采用粗粒均匀级配滤料。

3）应采用大阻力配水系统。

4）周期运行末期水头损失允许值为 5～6 m。

5）应设置排空阀、压力表等。

6）压力滤池宜采用立式结构，其直径不宜大于 3 m。

7）压力滤池如需用于除乳化油，应设计成气水联合冲洗的压力滤器。将上层石英砂滤料更换为核桃壳滤料，即可成为除油过滤器。

6.6.7 转盘滤池

6.6.7.1 设计要点

1）进水水质 SS 宜小于 30 mg/L，瞬时 SS 不大于 80 mg/L，出水 SS 小于 5 mg/L。

2）滤布的平均滤速宜选用 7～10 m/h，短期可达 12 m/h。

3）峰值流量系数 1.1～1.4。

4）水流通过滤布水头损失 0.25～0.3 m。

5）反冲洗强度 300～350 L/（m^2·s），反冲洗时间一般为 1～2 min。

6.6.7.2 反冲洗

1）滤布过滤器反冲洗依靠控制滤布阻力，亦即池内水位，定时启动冲洗泵完成。

2）反冲洗压力根据管道阻力及滤布阻力等累加计算，一般为 5～6 kPa。

3）反冲洗过程为单组（单片或数片）逐组清洗，冲洗水量应满足单组转盘过滤面积和冲洗强度的乘积。

7 主要工艺设备和材料

7.1 滤料及承托层

1）滤料材料应根据处理污水的特性及要求决定，常用的有石英砂、无烟煤、陶粒和瓷砂等。

2）滤料粒径及不均匀系数、滤料厚度等可根据需要按 6.2.3 表 2 选择。

3）当滤池采用大阻力配水系统时，应增加承托层，其材料、粒径与厚度可按 6.3.3 表 3 采用。

7.2 风机、空压机、真空泵等

1）滤池反冲洗采用单一气冲及气水联合冲时所需空气的供应，宜采用鼓风机直接供气，中小型滤池亦可采用空压机—贮气罐组合方式供气。

2）鼓风机一般采用罗茨风机，其风量按 6.5.3.1 表 7 气冲洗滤池的供气强度及冲洗滤池面积计算；风压可按 6.5.3.1 式（10）、式（11）计算。

3）采用空压机供气应设贮气罐以稳定气压。空压机容量按 6.5.3.1 表 7 气冲洗滤池的供气强度及冲洗滤池面积计算或按 6.5.3.1 式（12）计算。空压机压力一般为 0.6 MPa。

4）虹吸管式双阀滤池的冲洗设备应采用真空系统，以控制虹吸进水管和虹吸排水管的运行，其吸气量按相关吸气管道容积计算。

7.3 冲洗水泵及水池

1）滤池反冲洗方式的单一水冲洗及气水联合冲洗的水供应设冲洗水泵。

2）冲洗水泵的流量按 6.5.2 表 6（单水冲洗滤池的反冲洗强度）及表 7（气水冲洗滤池的冲洗强度）及冲洗滤池面积计算。当同时有单水冲洗及气水联合冲洗时，水泵可合用，流量取上述计算值的较大值。

3）鸭舌阀式双阀滤池应适当提高冲洗强度、增大冲洗水量。

4）转盘过滤器反冲洗依靠控制滤布阻力，定时启动冲洗泵完成。冲洗泵流量由反冲洗强度[300～350 L/（m^2·s）]与转盘滤布面积计算；压力为滤布阻力与管道阻力之和（一般为 5～6 kPa）。

5）冲洗系统应根据冲洗水量设置冲洗水储水池，其容积可采用最大一次冲洗水量的 1.5 倍计算。

6）冲洗水箱（水塔、水柜）中水深不宜超过 3 m，并应在滤池冲洗间歇时间内充满，冲洗系统应有防止空气进入滤池的设施。冲洗水箱的容积宜为一次冲洗水量的 1.3～1.5 倍，水箱高度可按式（6）计算。

7.4 冲洗自控系统

1）鼓风机、空压机、真空泵系统均应安装超压泄气阀、稳压器、压力自控仪等仪表。

2）水泵冲洗系统均应安装有液位、水力损失仪、水质监控等仪表。

3）冲洗自控系统应设信息处理、时间程序控制微机控制系统。

7.5 滤池设置及管道

1）处理水量较大的滤池宜用钢筋混凝土结构，较小的滤池宜用钢结构。

2）单格滤池不宜过大。当滤池个数大于 6 个时，宜用双行排列，中间设置管廊及控制室。

3）为满足自控要求，阀门多采用电动蝶阀，小型的可采用电磁阀。

4）滤池连接管道工作压力不大，管道一般可采用低压焊接钢管。

8 检测与过程控制

8.1 采用过滤工艺的污水处理厂（站）正常运行检测的项目和周期应符合 CJJ 60 的规定，化验检测方法应符合 CJ/T 51 的规定。

8.2 过滤进出水 SS 及水头宜设置水质在线监测系统。

8.3 过滤工艺主要检测项目：进出水 SS、浊度、进出水水头，必要时进行氨氮、硝氮监测。

8.4 操作人员应经培训后持证上岗，并定期进行考核和抽检。操作人员应熟悉本标准规定的技术要求、单元过滤工艺的技术指标及过滤设施设备的运行要求，并按照过滤工艺的操作和维护规程做好值班记录。

8.5 检测人员应经培训后持证上岗，应定期进行考核和抽检。检测人员应定期检测进出水水质，对检测仪器、仪表进行校验。

8.6 过滤工艺的水质检测应由污水处理厂（站）化验室统一负责。

9 主要辅助工程

9.1 供电系统需保证足够的供电可靠性，并设置相应的继电保护装置。

9.2 设备选型应考虑污水处理工艺的环境条件，应选择抗腐蚀，性能稳定，安全可靠的产品。

9.3 构筑物宜按照二类防雷保护设计。

9.4 控制系统宜采用 IPC 和 PLC 组成的集散型监控系统，一般由中控室和 PLC 控制站组成。

10 劳动安全与职业卫生

10.1 生产过程应采取相应的措施，避免水环境、大气、噪声以及固体废弃物的二次污染。

10.2 供电系统应设置相应的保护措施，以降低由于断电、设备故障造成的影响。

10.3 污水处理厂（站）应建立健全的安全生产规章制度，专人专职具体监督防范，以确保正常生产和工人的人身安全。

10.4 敞开式水池应设计安全栏杆及防滑扶梯，并配备救生衣及救生圈。

10.5 按消防的有关规定配备必要的消防装置，严格执行建筑防火规范，留有足够的防火距离。

10.6 电力设施的选型与保护按国家有关规定进行，露天电气设备的安全防护按国家现行的有关规定执行。

11 施工与验收

11.1 过滤工艺的施工与验收应符合 GB 50141、GB 50204 和 GB 50205 规定。

11.2 根据设计的进水水质、出水水质要求，检验相应的水质指标，如 COD、色度、油、SS、浊度等，并应提交相关检测报告。

12 运行与维护

12.1 一般规定

1）污水处理厂（站）的过滤单元设施的运行、维护及安全管理参照 CJJ 60 执行。

2）水质在线监测系统的运行维护应符合 HJ/T 355 的技术要求。

3）滤料需定期检查及更换不合格的零部件和易损件，定期翻罐清洗和补充，并及时检修滤头是否有损坏。翻洗周期在正常滤速下，一般为半年到一年。如发现过滤出水水质变差，则应提前进行翻洗。

4）应做好设备维修保养记录。

12.2 普通快滤池

1）多格滤池应并联使用，采用多格等速过滤、单格减速过滤的运行方式。

2）快滤池进水 SS 高于设计标准时，应及时调整进水流量。

3）初滤水应排空或返回至进水池。如初滤水较长时间不能达到出水水质要求，则应检修滤池或更换滤料。

4）运行时，当水头损失达到规定值时，应及时冲洗。

5）滤料应定期补充，补充的滤料应选用 d_{50} 粒径，或 d_{10}～d_{80} 的平均值。

6）水力冲洗强度及冲洗历时均应根据实际运行情况加以调整。

7）滤层表面滤料应粒度均匀，当出现粗滤料“泛出”现象时应及时检修配水系统。

8）快滤池阀门冬季应注意防冻，滤池不用时应将滤池水放空。

12.3 双阀滤池及翻板滤池

1）滤料及其级配可根据污水水质、悬浮物浓度做出适当的调整。

2）反冲洗应严格按照气水联合反冲洗的程序进行，并根据实际情况做出适当调整。

3）冲洗过程应排除附着在滤料上的小气泡才能进入过滤周期。

12.4 双层滤料滤池

1）当双层滤料滤池用于接触过滤时，应根据进出水水质的变化调节混凝剂投加量。

2）当原水碱度影响接触凝聚时，应考虑投加石灰等碱类，以调整碱度。

3）运行中应避免间歇运行和突然放大出水阀门。

12.5 V 型滤池

1）V 型滤池控制过程宜采用虹吸和闸阀自动控制，操作方式宜采用恒水位等速过滤，并通过调节出水系统阻力完成。

2）滤池虹吸管出水流量宜通过自动调节空气进入量控制虹吸管真空度，保持滤池水位恒定。

3）过滤时检测出水 SS 质量浓度，并以此调整滤速。

4）反冲洗时，观察横向水流能否带出水中悬浮物，对扫洗强度做适当调整。

5）根据实际进出水水质情况调整滤池气水反冲洗的强度及历时。

6）阀门控制系统可采用电动蝶阀控制和气动蝶阀控制。

7）出水阀的控制应由与滤池水位深度相关的信号系统控制。

8）滤池控制元件宜全部设置在控制柜内，并安装在管廊上部控制室。

12.6 重力式压力滤池

1）过滤时，观察排水井有无气泡逸出现象，相应调整配水渠进水速度或重新安装调整 U 型进水管。

2）出水 SS 质量浓度如较长时间达不到要求值，应反冲洗使之重新形成级配或更换滤料。

3）过滤阻力达到限值需要反冲洗时（将要形成虹吸时），虹吸下降管跑水又较长时间不能形成虹吸，此时应采用强制虹吸冲洗，并检修虹吸管。

4）应检查并调整排水井安装深度，避免影响冲洗强度。

5）应检查排水井水封深度，以保证形成良好的虹吸。

6）调整滤池上部虹吸破坏小斗的高度，以满足冲洗水量、冲洗历时的要求。

7）定期（半年到一年）翻洗滤料，并及时检修滤头。如发现过滤出水水质变差，应提前进行翻洗。

12.7 压力滤池

1）调整进水阀达到设计出水流量，如出水水质较差，应适当调小进水阀门。

2）开始过滤进水时，应首先打开滤池顶部排气阀排气。

3）初滤水应放空。

4）根据进出水管压力差确定反冲洗周期。

5）反冲洗时调整反冲洗管进水阀门以达到合适的冲洗强度。

6）压力滤池用于含油废水处理时，反冲洗时应先排水，使水面降到滤层表面上 20～30 cm；打开气冲装置，达到规定时间后关气；再进行水冲。

7）滤料应定期翻罐清洗，并作适当补充。补充的滤料粒径相当于原滤料的 d_{50}。

8）安全阀应定期检修调整，其额定压力应比过滤器的工作压力大 0.05 MPa。

12.8 转盘过滤器

1）调整滤池水位到设计低水位。

2）调整出水泵阀门到设计出水流量，如出水水质较差，应适当调小出水阀门。

3）水泵启动初期适当排气，初期滤后出水回流至转盘滤池。

4）滤池水位达到高值，水泵反冲控制系统自动启动，调整反冲洗泵阀门达到设计强度要求，并按设计要求设置冲洗时间及冲洗周期。

5）定期检查滤布的损坏情况，如发现出水水质突然变差，首先要检查滤布有无破损。

6）定期检查水位控制系统与水泵耦合系统的配合性和灵敏度。

HJ

中华人民共和国国家环境保护标准

HJ 2009—2011

生物接触氧化法污水处理工程技术规范

Technical specifications for wastewater treatment by biological contact oxidation process

2011-10-24 发布　　　　2012-01-01 实施

环　境　保　护　部　发布

前 言

为贯彻《中华人民共和国环境保护法》和《中华人民共和国水污染防治法》，规范生物接触氧化法污水处理工程的建设与运行管理，防治环境污染，保护环境和人体健康，制定本标准。

本标准规定了采用接触氧化法及其组合工艺的污水处理工程的工艺设计、主要工艺设备和材料、检测和过程控制、施工与验收、运行与维护等技术要求。

本标准为首次发布。

本标准由环境保护部科技标准司组织制订。

本标准主要起草单位：中国环境保护产业协会（水污染治理委员会）、天津市环境保护科学研究院、南开大学环境科学与工程学院、北京桑德环保集团有限公司、北京建工金源环保发展有限公司、清华大学环境学院、杭州天宇环保工程实业有限公司。

本标准由环境保护部 2011 年 10 月 24 日批准。

本标准自 2012 年 1 月 1 日起实施。

本标准由环境保护部解释。

生物接触氧化法污水处理工程技术规范

1　适用范围

本标准规定了采用生物接触氧化法（以下简称接触氧化法）及其组合工艺的污水处理工程的工艺设计、主要工艺设备和材料、检测和过程控制、施工与验收、运行与维护等技术要求。

本标准适用于采用接触氧化法及其组合工艺的生活污水或工业废水处理工程，可作为环境影响评价、工程设计、施工、环境保护验收及设施运行与管理的技术依据。

2　规范性引用文件

本标准内容引用了下列文件中的条款。凡是不注日期的引用文件，其有效版本适用于本标准。

GB 3096　声环境质量标准
GB 12348　工业企业厂界环境噪声排放标准
GB 12801　生产过程安全卫生要求总则
GB 18918　城镇污水处理厂污染物排放标准
GB 50014　室外排水设计规范
GB 50015　建筑给排水设计规范
GB 50016　建筑设计防火规范
GB 50040　动力机器基础设计规范
GB 50053　10 kV 及以下变电所设计规范
GB 50187　工业企业总平面设计规范
GB 50204　混凝土结构工程施工质量验收规范
GB 50222　建筑内部装修设计防火规范
GB 50231　机械设备安装工程施工及验收通用规范
GB 50268　给水排水管道工程施工及验收规范
GB 50334　城市污水处理厂工程质量验收规范
GBJ 87　工业企业噪声控制设计规范
GBJ 141　给水排水构筑物施工及验收规范
GBZ 1　工业企业设计卫生标准
GBZ 2　工作场所有害因素职业接触限值
CJ 3025　城市污水处理厂污水污泥排放标准
CJJ 60　城市污水处理厂运行、维护及其安全技术规程
HJ/T 15　环境保护产品技术要求超声波明渠污水流量计
HJ/T 91　地表水和污水监测技术规范
HJ/T 96　pH 水质自动分析仪技术要求
HJ/T 101　氨氮水质自动分析仪技术要求
HJ/T 103　总磷水质自动分析仪技术要求

HJ/T 242　环境保护产品技术要求　污泥脱水用带式压榨过滤机
HJ/T 245　环境保护产品技术要求　悬挂式填料
HJ/T 246　环境保护产品技术要求　悬浮填料
HJ/T 251　环境保护产品技术要求　罗茨鼓风机
HJ/T 252　环境保护产品技术要求　中、微孔曝气器
HJ/T 263　环境保护产品技术要求　射流曝气器
HJ/T 278　环境保护产品技术要求　单级高速曝气离心鼓风机
HJ/T 279　环境保护产品技术要求　推流式潜水搅拌机
HJ/T 283　环境保护产品技术要求　厢式压滤机和板框压滤机
HJ/T 335　环境保护产品技术要求　污泥浓缩带式脱水一体机
HJ/T 353　水污染源在线监测系统安装技术规范（试行）
HJ/T 354　水污染源在线监测系统验收技术规范（试行）
HJ/T 355　水污染源在线监测系统运行与考核技术规范（试行）
HJ/T 377　环境保护产品技术要求化学需氧量（COD_{Cr}）水质在线自动监测仪
《建设项目竣工环境保护验收管理办法》（国家环保局，2001 年）

3　术语和定义

下列术语和定义适用于本标准。

3.1　生物接触氧化法　Biological contact oxidation process

指一种好氧生物膜污水处理方法，该系统由浸没于污水中的填料、填料表面的生物膜、曝气系统和池体构成。在有氧条件下，污水与固着在填料表面的生物膜充分接触，通过生物降解作用去除污水中的有机物、营养盐等，使污水得到净化。

3.2　接触氧化池　Biological contact oxidation tank

指用于安装填料并完成废水生物处理过程的池体。

3.3　填料　Bio-media/carrier

指安装在接触氧化池内为微生物提供栖息和生长的场所，同时能固定微生物的固体介质或载体。

3.4　生物膜　Biofilm

指附着生长在填料表面上的具有污水净化功能的膜状微生物聚集体。

3.5　曝气系统　Aeration system

指为好氧接触氧化池输送压缩空气，或向污水充氧的系统，由空气压缩机、管道、阀门、释放器等组成。

3.6　曝气区　Aeration area

指接触氧化池底部可用于布置曝气装置的区域。

3.7　填料层　bio-media layer

指接触氧化池中部布置填料的区域。填料布置方式和数量与池高、填料类型及进水水质有关。

3.8　稳水层　Stable layer

指接触氧化池填料层上部起稳定出水作用的水层。

3.9　填料容积负荷　Bio-media/carrier volumetric loading rate

指每立方米填料每天处理污染物的量，包括五日生化需氧量容积负荷、硝化容积负荷、反硝化容积负荷等。

3.10 气水比 Ratio of air to water

指单位时间通入气体量与单位时间进水量的体积比值，通常是经验值。

3.11 填充比 Bio-media/carrier filling ratio

指接触氧化池内填料体积与池体有效容积的比值，通常是经验值。

3.12 预处理 Pretreatment

指进水水质不能满足生物接触氧化工艺生化要求时，根据调整水质的需要，在生物接触氧化池前设置的处理工艺，如水解酸化、气浮、均质、混凝沉淀、厌氧等工艺。

3.13 前处理 Front process

指在生物接触氧化反应池前设置的常规处理措施，如格栅、沉砂、初沉等。

4 总体要求

4.1 接触氧化法工艺宜用于以下污水处理工程：

a）可采用生物法进行处理的工业废水；

b）生活小区、公用建筑等生活污水；

c）城镇污水。

4.2 接触氧化法污水处理厂（站）应执行以下规定：

a）污水处理厂（站）址选择和总体布置应符合 GB 50014 的有关规定。总图设计应符合 GB 50187 的有关规定。

b）污水处理厂（站）的防洪标准不应低于城镇防洪标准，且有良好的排水条件。

c）污水处理厂（站）建筑物的防火设计应符合 GB 50016 和 GB 50222 的规定。

d）污水处理厂（站）建设、运行过程中产生的废气、废水、废渣及其他污染物的治理与排放，应执行国家环境保护法规和有关标准的规定。

e）污水处理厂（站）的噪声和振动控制设计应符合 GBJ 87 和 GB 50040 的规定，机房内、外的噪声应分别符合 GBZ 2 和 GB 3096 的规定，厂界噪声应符合 GB 12348 的规定。

f）污水处理厂（站）的设计、建设、运行过程中应重视职业卫生和劳动安全，符合 GBZ 1、GBZ 2 和 GB 12801 的规定。污水处理工程建成运行的同时，安全和卫生防护设施应同时建成运行。

4.3 城镇污水处理厂应按照 GB 18918 的有关规定安装在线监测系统，其他污水处理工程应按照国家或当地的环境保护管理要求安装在线监测系统。在线监测系统的安装、验收和运行应符合 HJ/T 353、HJ/T 354 和 HJ/T 355 的有关规定。

5 设计水量和设计水质

5.1 设计水量

5.1.1 城镇污水设计流量

5.1.1.1 城镇旱流污水设计流量应按公式（1）计算。

$$Q_{dr} = Q_d + Q_m \qquad (1)$$

式中：Q_{dr}——旱流污水设计流量，L/s；

Q_d——设计综合生活污水量，L/s；

Q_m——设计工业废水量，L/s。

5.1.1.2 城镇合流污水设计流量应按公式（2）计算：

$$Q = Q_{dr} + Q_s \qquad (2)$$

式中：Q——污水设计流量，L/s；

Q_{dr}——旱流污水设计流量，L/s；

Q_s——雨水设计流量，L/s。

5.1.1.3 综合生活污水设计流量为服务人口与相对应的综合生活污水定额之积。综合生活污水定额应根据当地的用水定额，结合建筑内部给排水设施水平和排水系统普及程度等因素确定。可按当地相关用水定额的 80%～90%设计。

5.1.1.4 综合生活污水量总变化系数应根据当地综合生活污水实际变化量的测定资料确定，没有测定资料时，可按 GB 50014 中有关规定取值。见表 1。

表 1 综合生活污水量总变化系数

平均日流量（L/s）	5	15	40	70	100	200	500	≥1 000
总变化系数	2.3	2.0	1.8	1.7	1.6	1.5	1.4	1.3

5.1.1.5 排入市政管网的工业废水设计流量应根据城镇市政排水系统覆盖范围内工业污染源废水排放统计调查资料确定。

5.1.1.6 雨水设计流量参照 GB 50014 的有关规定。

5.1.1.7 在地下水位较高的地区，应考虑入渗地下水量，入渗地下水量宜根据实际测定资料确定。

5.1.1.8 不同构筑物的设计流量

a）提升泵站、格栅井、沉砂池宜按合流污水设计流量计算。

b）初次沉淀池宜按旱流污水流量设计，并用合流污水设计流量校核，校核的沉淀时间不宜小于 30 min。

c）接触氧化池宜按旱流日平均污水流量设计，接触氧化池前后的水泵、管道等输水设施应按旱流最高日最高时污水流量设计。

5.1.2 工业废水设计流量

5.1.2.1 工业废水设计流量应按工厂或工业园区总排放口实际测定的废水流量设计。测定方法应符合 HJ/T 91 的规定。

5.1.2.2 工业废水流量变化应根据工艺特点进行实测。

5.1.2.3 不能取得实际测定数据时可参照国家现行工业用水量的有关规定折算确定。或根据类似工厂排水数据类比确定。

5.1.2.4 在有工业废水与生活污水合并处理时，工厂内或工业园区内的生活污水量、沐浴污水量的确定，应符合 GB 50015 的有关规定。

5.1.2.5 工业园区集中式污水处理厂设计流量，可参照城镇污水设计流量的确定方法。

5.2 设计水质

5.2.1 城镇污水的设计水质应根据实际测定的调查资料确定，其测定方法和数据处理方法应符合 HJ/T 91 的规定。无调查资料时，按下列标准折算设计：

a）生活污水的五日生化需氧量按每人每天 25～50 g 计算；

b）生活污水的悬浮固体量按每人每天 40～65 g 计算；

c）生活污水的总氮量按每人每天 5～11 g 计算；

d）生活污水的总磷量按每人每天 0.7～1.4 g 计算。

5.2.2 工业废水的设计水质，应根据工业废水的实际测定数据确定，其测定方法和数据处理方法应符合 HJ/T 91 的规定。无实际测定数据时，参照类似工厂的排放资料类比确定。

5.2.3 接触氧化池的进水应符合下列条件：

a）水温宜为12～37℃、pH宜为6.0～9.0、营养组合比（BOD_5：氨氮：磷）宜为100：5：1，当氮磷比例小于营养组合比时，应适当补充氮、磷；

b）去除氨氮时，进水总碱度（以$CaCO_3$计）/氨氮（NH_3-N）的比值不宜小于7.14，不满足时应补充碱度；

c）脱总氮时，进水的易降解碳源BOD_5/总氮值不宜小于4.0，不满足时应补充碳源。

5.3 污染物去除率

接触氧化法污水处理工艺的污染物去除率设计值可按表2确定。

表2 接触氧化法污水处理工艺的污染物去除率设计值

污水类别	污染物去除率（%）				
	悬浮物（SS）	生化需氧量（BOD_5）	化学耗氧量（COD_{Cr}）	氨氮	总氮
城镇污水	70～90	80～95	80～90	60～90	50～80
工业废水	70～90	70～95	60～90	50～80	40～80

6 工艺设计

6.1 一般规定

6.1.1 系统出水直接排放时，应符合国家或地方排放标准。排入下一级处理单元时，应符合下一级处理单元的进水要求。

6.1.2 进水水质、水量变化大的污水处理厂（站），宜设置水质和水量的调节设施。

6.1.3 接触氧化污水处理构筑物宜采取双系列并联设计。

6.1.4 接触氧化法污水处理工艺可选用不同种类的填料，包括：悬挂式填料、悬浮式填料和固定式填料等。

6.1.5 接触氧化法污水处理工艺应优先选用高效填料。应依据污水处理要求确定接触氧化池需要的总生物量和填料附着生物量，并考虑附着生物膜厚度和生物膜活性等对污水处理效果的影响。

6.2 前处理、后处理和预处理

6.2.1 前处理

6.2.1.1 城镇污水处理工程和合并处理生活污水的工业废水处理工程应设置格栅渠。格栅渠的设计应符合GB 50014的规定。

6.2.1.2 城镇污水集中处理工程和工业园区集中式废水处理工程应设置沉砂池。沉砂池的设计应符合GB 50014的规定。

6.2.1.3 进水悬浮物浓度高于五日生化需氧量设计值1.5倍时，城镇污水处理工程应设置初次沉淀池。一般情况下工业废水处理工程可不设初次沉淀池。初沉池的设计应符合GB 50014的规定。

6.2.2 后处理

6.2.2.1 城镇污水处理过程和工业废水处理工程应根据处理出水要求设置后处理，普通的后处理单元工艺包括：终沉池、杀菌消毒池及污泥浓缩、脱水工艺。

6.2.2.2 处理出水达不到排放要求或回用要求时，应增加相应的后处理工艺，可供选择的处理工艺包括：混凝/沉淀或气浮、过滤、膜分离、高级氧化、生物强化处理等。

6.2.3 预处理

6.2.3.1 进水的化学需氧量浓度超过2 000 mg/L时，应增加厌氧法预处理工艺。

6.2.3.2 进水的BOD_5/COD小于0.3时，宜增加水解酸化法厌氧处理工艺，以改善废水的可生化性。

6.2.3.3 处理含油量大于 50 mg/L 的污水时，应增设隔油池、气浮等预处理工艺。

6.2.3.4 进水 pH 值超出 6.0～9.0 时，应增设酸碱中和的预处理工艺。

6.2.3.5 进水水温宜控制不低于 12℃，或不高于 37℃。水温超出控制范围时，应考虑设置加热系统或设置冷却装置。

6.2.3.6 进水水温较高时，水力停留时间的设计宜取低值；进水水温较低时，水力停留时间的设计宜取高值。

6.2.3.7 悬浮物浓度超过 500 mg/L 的工业废水，宜根据水质情况设置初次沉淀池，或采取混凝/沉淀或气浮等预处理工艺。

6.2.3.8 进水含钙量大于或等于 100 mg/L 时，宜采取预处理工艺防止填料结垢。

6.3 接触氧化工艺流程

6.3.1 基本工艺流程

接触氧化法的基本工艺流程由接触氧化池和沉淀池两部分组成，可根据进水水质和处理效果选用一级接触氧化池或多级接触氧化池（图 1、图 2）。

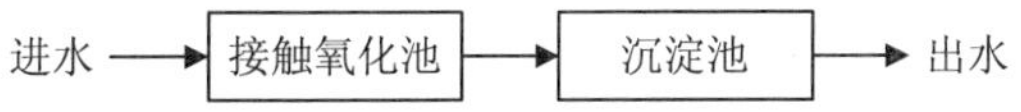

图 1 一级接触氧化工艺流程

图 2 二级接触氧化工艺流程

6.3.2 组合工艺流程

6.3.2.1 接触氧化工艺可单独应用，也可与其他污水处理工艺组合应用。单独使用时可用做碳氧化和硝化，脱氮时应在接触氧化池前设置缺氧池，除磷时应组合化学除磷工艺。

6.3.2.2 以“缺氧接触氧化 +好氧接触氧化”为主体工艺的组合流程适宜普通生活污水的除碳和脱氮处理（图 3）。

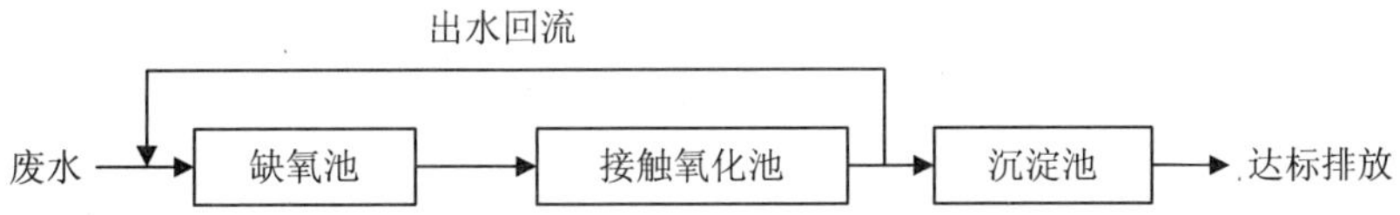

图 3 除碳脱氮组合工艺流程

6.3.2.3 以水解酸化 + 接触氧化为主体工艺的组合流程，适宜处理难降解有机废水（图 4）。

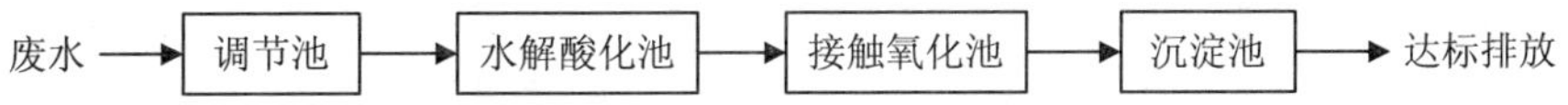

图 4 难降解有机废水接触氧化法处理组合工艺流程

6.3.2.4 以厌氧 + 接触氧化为主体工艺的组合流程，适宜处理高浓度有机废水（图 5）。

图 5 高浓度有机废水接触氧化法处理组合工艺流程

6.4 接触氧化工艺设计

6.4.1 池容设计

6.4.1.1 接触氧化池有效容积可按下式计算：

$$V=\frac{Q\times(S_o-S_e)}{M_c\times\eta\times1\,000} \tag{3}$$

式中：V——接触氧化池的设计容积，m^3；

Q——接触氧化池的设计流量，m^3/d；

S_o——接触氧化池进水五日生化需氧量，mg/L；

S_e——接触氧化池出水五日生化需氧量，mg/L；

M_c——接触氧化池填料去除有机污染物的五日生化需氧量容积负荷，$kgBOD_5$/（m^3 填料·d）；

η——填料的填充比，%。

6.4.1.2 脱氮反应的接触氧化池有效容积的计算：

（1）硝化好氧池有效容积可按下式计算：

$$V=\frac{Q\times(N_{IKN}-N_{EKN})}{M_N\times\eta\times1\,000} \tag{4}$$

式中：V——接触氧化池的容积，m^3；

N_{IKN}——接触氧化池进水凯氏氮，mg/L；

N_{EKN}——接触氧化池出水凯氏氮，mg/L；

M_N——接触氧化池的硝化容积负荷，kgTKN/（m^3 填料·d）；

η——填料的填充比，%；

Q——设计流量，m^3/d。

（2）反硝化缺氧池有效容积可按下式计算：

$$V_{DN}=\frac{Q\times(N_{IN}-N_{EN})}{M_{DNL}\times\eta\times1\,000} \tag{5}$$

式中：V_{DN}——缺氧池的设计容积，m^3；

Q——设计流量，m^3/d；

N_{IN}——反硝化池进水的硝态氮，mg/L；

N_{EN}——反硝化池出水的硝态氮，mg/L；

M_{DNL}——缺氧池的反硝化容积负荷，$kgNO_x$-N/（m^3·d）；

η——填料的填充比，%。

6.4.1.3 同时去除碳源污染物和氨氮时，接触氧化池设计池容应分别计算去除碳源污染物的容积负荷和硝化容积负荷。接触氧化池的设计池容应取其高值；或将两种计算值之和作为接触氧化池的设计池容。

6.4.1.4 采用水力停留时间对计算得出的池容进行校核计算，计算公式如下所示：

$$V=\frac{Q\times HRT}{24} \tag{6}$$

式中：V——设计池容，m^3；

Q——设计流量，m^3/d；

HRT——水力停留时间，h。

6.4.2 工艺参数

6.4.2.1 去除碳源污染物

城镇污水处理工程和水质类似城镇污水的工业废水处理工程宜按表中所列的设计参数取值。但水质相差较大时，应通过试验或参照类似工程确定设计参数。

表 3 去除碳源污染物主要工艺设计参数（设计水温 20℃）

项目	符号	单位	参数值
五日生化需氧量填料容积负荷	Mc	$kgBOD_5$/（m^3 填料·d）	0.5～3.0
悬挂式填料填充率	η	%	50～80
悬浮式填料填充率	η	%	20～50
污泥产率	Y	$kgVSS/kgBOD_5$	0.2～0 .7
水力停留时间*	HRT	h	2～6
*此参数仅适用于生活污水和城镇污水。			

6.4.2.2 除碳与脱氮

同时除碳脱氮时，应设置缺氧池和接触氧化池，主要工艺设计参数宜按下表取值。

表 4 脱氮处理时主要工艺设计参数（设计水温 10℃）

项目	符号	单位	参数值
五日生化需氧量填料容积负荷	Mc	$kgBOD_5$/（m^3 填料·d）	0.4～2.0
硝化填料容积负荷	M_N	kgTKN/（m^3 填料·d）	0.5～1.0
好氧池悬挂填料填充率	η	%	50～80
好氧池悬浮填料填充率	η	%	20～50
缺氧池悬挂填料填充率	η	%	50～80
缺氧池悬浮填料填充率	η	%	20～50
水力停留时间*	HRT	h	4～16
	HRT_{DN}		缺氧段 0.5～3.0
污泥产率	Y	$kgVSS/kgBOD_5$	0.2～0.6
出水回流比	R	%	100～300
*此参数仅适用于生活污水和城镇污水。			

6.4.2.3 多级接触氧化工艺的第一级生物接触氧化池的水力停留时间应占总水力停留时间的 55%～60%。

6.4.3 池体设计

6.4.3.1 接触氧化法池的长宽比宜取 2∶1～1∶1，有效水深宜取 3～6 m，超高不宜小于 0.5 m。

6.4.3.2 接触氧化池采用悬挂式填料时，应由下至上布置曝气区、填料层、稳水层和超高。其中，曝气区高宜采用 1.0～1.5 m，填料层高宜取 2.5～3.5 m，稳水层高宜取 0.4～0.5 m。

6.4.3.3 接触氧化池进水应防止短流，进水端宜设导流槽，其宽度不宜小于 0.8 m。导流槽与接触氧化池之间应用导流墙分隔。导流墙下缘至填料底面的距离宜为 0.3～0.5 m，至池底的距离不宜小于 0.4 m。

6.4.3.4 竖流式接触氧化池宜采用堰式出水，过堰负荷宜为 2.0～3.0 L/（s·m）。

6.4.3.5 接触氧化池底部应设置排泥和放空装置。

6.5 曝气系统

6.5.1 污水需氧量应依据填料参数进行计算。没有相关参数时宜按下列公式计算：

$$\begin{aligned}O_2 = 0.001aQ(S_o - S_e) - c\Delta X_v + b[0.001Q(N_k - N_{ke}) - 0.12\Delta X_v] \\ -0.62b[0.001Q(N_t - N_{ke} - N_{oe}) - 0.12\Delta X_v]\end{aligned} \tag{7}$$

式中：O_2——设计需氧量，kgO_2/d；

Q——曝气池进水量，m^3/d；

S_o——进水的五日生化需氧量的浓度，mg/L；

S_e——出水的五日生化需氧量的浓度，mg/L；

ΔX_v——排出系统的微生物量，kg/d；

N_k——进水的总凯氏氮浓度，mg/L；

N_{ke}——出水的总凯氏氮浓度，mg/L；

N_t——进水的总氮浓度，mg/L；

N_{oe}——出水的硝态氮浓度，mg/L；

$0.12\Delta X_v$——排出系统的微生物量中氮含量，kg/d；

a——碳的氧当量，当含碳物质以五日生化需氧量计时，取 1.47；

b——常数，氧化每公斤氨氮所需氧量，kgO_2/kgN，取 4.57；

c——常数，细菌细胞的氧当量，取 1.42。

6.5.2　标准状态下污水需氧量按下式计算：

$$O_s = K_o \times O_2 \tag{8}$$

其中：

$$K_o = \frac{C_s}{\alpha(\beta C_{sm} - C_o) \times 1.024^{(T-20)}} \tag{9}$$

$$C_{sm} = C_{sw}\left(\frac{O_t}{42} + \frac{10 \times P_b}{2.068}\right) \tag{10}$$

$$O_t = \frac{21(1-E_A)}{79 + 21(1-E_A)} \times 100 \tag{11}$$

式中：O_s——标准状态下污水需氧量，kgO_2/d；

K_o——需氧量修正系数，采用鼓风曝气装置时按公式（8）、（9）、（10）计算；

α——混合液中 K_{La} 值与清水中 K_{La} 值之比，一般取 0.8～0.85；

β——混合液的饱和溶解氧值与清水中的饱和溶解氧值之比，一般取 0.9～0.97；

C_s——标准条件下清水中饱和溶解氧浓度，mg/L，取 9.17；

C_{sw}——实际温度和压力条件下，清水表面处饱和溶解氧，mg/L；

C_o——混合液剩余溶解氧，mg/L，一般取 2；

T——混合液温度，℃，一般取 5～30；

C_{sm}——实际温度和压力条件下，按曝气装置在水下深度处至池面的清水平均溶解氧，mg/L；

O_t——曝气池逸出气体中氧气所占体积比，%；

P_b——曝气装置所处绝对压力，MPa；

E_A——曝气设备氧的利用率，%。

6.5.3　采用鼓风曝气装置时，应按下式将标准状态下污水需氧量，换算为标准状态下的供气量：

$$G_s = \frac{O_s}{0.28E_A} \tag{12}$$

式中：G_s——标准状态下的供气量，m^3/h；

0.28——标准状态下的每 m^3 空气中含氧量，kgO_2/m^3；

E_A——曝气设备氧的利用率，%。

6.5.4　供气量的校核

6.5.4.1　宜用气水比对计算的供气量进行校核。

6.5.4.2 对于生活污水、城镇污水或水质与之类似的工业废水，最小气水比不宜小于 2∶1～3∶1，最大气水比不宜超过 15∶1～20∶1。

6.5.4.3 工业废水的气水比参数宜通过试验或参照相似工程确定。

6.6 加药系统

6.6.1 一般规定

6.6.1.1 加药设备应不少于 2 套，应采用精密计量泵投加。

6.6.1.2 化学药剂储存容量应为理论加药量的 4～7 d 的总投加量。

6.6.2 外加碳源

6.6.2.1 接触氧化池进水的 BOD_5/TKN 小于 4 时，应在缺氧池（区）中投加碳源。

6.6.2.2 投加碳源量宜按下式计算：

$$BOD_5 = 2.86 \times \Delta N \times Q \tag{13}$$

式中：BOD_5——投加的碳源对应的 BOD_5 量，mg/L；

ΔN——硝态氮的脱除量，mg/L；

Q——设计污水流量，m^3/d。

6.6.3 化学除磷

6.6.3.1 污水生物除磷不能达到要求时，宜采用化学除磷。药剂种类、投加量和投加点宜通过试验或参照类似工程确定。

6.6.3.2 化学除磷的药剂宜采用铝盐、铁盐或石灰。采用铝盐或铁盐时，宜按照铁或铝与污水总磷的摩尔比为（1.5～3）∶1 进行投加。

6.6.3.3 接触铝盐和铁盐等腐蚀性物质的设备和管道应采取防腐措施。

6.7 污泥系统

6.7.1 沉淀池表面负荷宜按常规活性污泥法二沉池设计值的 70%～80%取值。

6.7.2 污泥量设计应同时考虑剩余活性污泥和化学除磷污泥。

6.7.3 去除有机物产生的污泥量宜按去除每公斤 BOD_5 产生 0.2～0.4 kgVSS 计算。

6.7.4 化学除磷的污泥量应按化学反应计量。

6.7.5 接触氧化池不宜单独设置污泥消化系统。

6.7.6 剩余污泥应计量，宜采用湿污泥计量法或干污泥计量法。

6.7.7 污泥脱水设备宜优先选用板框压滤机，或离心脱水机和带式脱水机等，选用的设备应分别符合 HJ/T 242、HJ/T 283、HJ/T 335 的规定。

6.7.8 污泥脱水系统设计时宜考虑污泥最终处置场所的环境要求。

6.7.9 污泥处理处置应符合 GB 50014 的规定，经处理后的污泥应符合 CJ 3025 的规定。

7 主要设备和材料

7.1 填料

7.1.1 悬（浮）挂式填料和悬浮式填料应符合 HJ/T 245 和 HJ/T 246 的规定。

7.1.2 填料的技术性能及技术参数应符合附录 A 的规定。

7.1.3 填料的技术参数包括：填料附着生物量、附着生物膜厚度和生物膜活性。

7.1.4 接触氧化池应根据进水水质和处理程度确定总生物量，依据填料附着生物量确定填料品种，依据池型、流态和施工安装条件等选择填料类别。

7.1.5 填料材质应对微生物无毒害、易挂膜，并具有质量轻、强度高、材质抗老化、比表面积大和不宜结垢等性能。

7.2 曝气设备

7.2.1 悬挂式填料宜采用鼓风式穿孔曝气管、中孔曝气器，悬浮填料宜采用穿孔曝气管、中孔曝气器、射流曝气器、螺旋曝气器。

7.2.2 中型污水处理厂宜选择离心鼓风机，小型污水处理厂和工业废水处理站可选择罗茨鼓风机。

7.2.3 鼓风曝气宜采用主管和支管相结合的曝气管路系统，池底主管宜采用环形、一字形、十字形、王字形等，根据曝气系统的大小，支管宜采用一点、两点或多点进气入主管。一字形、十字形、王字形等主管端口应封闭。

7.2.4 采用穿孔管曝气时，每根穿孔管的水平长度不宜大于 5 m；水平误差每根不宜大于±2 mm，全池不宜大于±3 mm，且应有调节气量和方便维修的设施。

7.2.5 曝气设备和鼓风机的选择以及鼓风机房的设计应参照 GB 50014 的有关规定。

7.2.6 单级高速曝气离心鼓风机应符合 HJ/T 278 的规定。

7.2.7 罗茨鼓风机应符合 HJ/T 251 的规定。

7.2.8 中孔曝气器应符合 HJ/T 252 的规定。

7.2.9 射流曝气器应符合 HJ/T 263 的规定。

7.3 混合搅拌设备

7.3.1 在缺氧池设置悬挂式填料，宜采用水力搅拌、低氧空气搅拌等方式；搅拌强度应满足生物膜的正常新陈代谢。

7.3.2 在缺氧池设置悬浮填料，宜采用安装角度可调的机械搅拌器，混合搅拌功率宜为 2～4 W/m^3，搅拌机外部应设置保护装置。

7.3.3 机械搅拌器布置的间距、位置，应根据试验确定或由供货厂方提供。

7.3.4 应根据反应池的池形选配搅拌器，搅拌器应符合 HJ/T 279 的规定。

8 检测与过程控制

8.1 一般规定

8.1.1 接触氧化法污水处理工程应进行检测和控制，并配置相应的检测仪表和控制系统。

8.1.2 检测和控制内容应根据工程规模、工艺流程、运行管理要求确定。

8.1.3 自动化仪表和控制系统应保证接触氧化法污水处理系统的安全和可靠并方便运行管理。

8.1.4 计算机控制管理系统宜兼顾现有、新建和规划要求。

8.1.5 参与控制和管理的机电设备应设置工作和事故状态的检测装置。

8.2 过程检测

8.2.1 预处理

8.2.1.1 预处理单元宜设在线酸碱度计、水位计、水位差计，规模较大的污水处理厂（站）宜设在线化学需氧量检测仪、悬浮物检测仪和流量计。

8.2.1.2 进水 pH 值应控制在 6～9。

8.2.1.3 化学需氧量、悬浮物、流量等检测数据宜参与后续工艺控制。

8.2.2 接触氧化池

8.2.2.1 接触氧化池宜设溶解氧检测仪，缺氧区内宜设置氧化还原电位计和 pH 仪。

8.2.2.2 缺氧区的溶解氧浓度应控制在 0.2～0.5 mg/L，好氧区的溶解氧浓度宜控制在 2.0～3.5 mg/L。

8.2.2.3 应对接触氧化池中的填料进行性能检测，检测项目包括：总生物量、填料附着生物量、悬浮生物量，以及填料附着生物膜厚度和生物膜活性等。

8.2.2.4 生物量、生物膜活性和附着生物膜厚度的测定方法应分别符合附录 B 和附录 C 的规定。

8.3 计算机控制管理系统

8.3.1 计算机控制管理系统应具有数据采集、处理、控制、管理和安全保护功能。

8.3.2 计算机控制系统的设计应符合下列要求：

a）宜对控制系统的监测层、控制层和管理层做出合理配置；

b）应根据工程具体情况，经技术经济比较后选择网络结构和通信速率；

c）应从运行稳定、易于开发、操作界面方便等多方面综合考虑操作系统和开发工具；

d）厂级中控室应就近设置电源箱，供电电源应为双回路，直流电源设备应安全可靠；

e）厂、站级控制室面积应视其使用功能设定，并应考虑今后的发展；

f）防雷和接地保护应符合国家现行标准的要求。

8.4 自动监测

8.4.1 应按照环境管理要求安装在线连续监测系统并符合 HJ/T 353、HJ/T 354 和 HJ/T 355 的规定。

8.4.2 所用监测仪器应符合 HJ/T 15、HJ/T 96、HJ/T 377、HJ/T 101、HJ/T 103 的规定。

9 主要辅助工程

9.1 供电系统

9.1.1 工艺装置的用电负荷应为二级负荷。

9.1.2 工艺装置的高、低压用电电压等级应与其供电的电网电压等级相一致。

9.1.3 工艺中央控制室的仪表电源应配备在线式不间断供电电源设备。

9.1.4 工艺装置的接地系统宜采用三相五线制系统。

9.2 低压配电

变电所及低压配电室的变配电设备布置，应符合 GB 50053 的有关规定。

9.3 二次线

9.3.1 工艺装置区的电气设备宜在中央控制室集中监控与管理，并纳入自动控制系统。

9.3.2 电气系统的控制水平应与工艺水平相一致，宜纳入计算机控制系统，也宜采用强电控制。

10 施工与验收

10.1 一般规定

10.1.1 工程设计、施工单位应具有国家相应的工程设计、施工资质。

10.1.2 应按工程设计图纸、技术文件、设备图纸等组织工程施工，工程的变更应取得设计单位的设计变更文件后再实施。

10.1.3 施工前，应进行施工组织设计或编制施工方案，明确施工质量负责人和施工安全负责人，经批准后方可实施。

10.1.4 施工过程中，应作好材料设备、隐蔽工程和分项工程等中间环节的质量验收；隐蔽工程应经过中间验收合格后，方可进行下一道工序施工。

10.1.5 管道工程的施工和验收应符合 GB 50268 的规定；混凝土结构工程的施工和验收应符合 GB 50204 的规定；构筑物的施工和验收应符合 GBJ 141 的规定。

10.1.6 施工使用的材料、半成品、部件应符合国家现行标准和设计要求，并取得供货商的合格证书，严禁使用不合格产品。设备安装应符合 GB 50231 的规定。

10.1.7 工程竣工验收后，建设单位应将有关设计、施工和验收的文件立卷归档。

10.2 施工

10.2.1 土建施工

10.2.1.1 反应池宜采用钢筋砼结构，应按设计图及有关设计文件进行施工，土建施工应重点控制池体的抗浮处理、地基处理、池体抗渗处理，满足设备安装对土建施工的要求。

10.2.1.2 在进行结构设计时应充分考虑池体的抗浮稳定及局部抗浮的要求，施工过程中应计算池体的抗浮稳定性及各施工阶段的池体自重与水的浮力之比，检查池体能否满足抗浮要求。

10.2.1.3 需要在软弱地基上施工，且构筑物荷载不大时，应采取适当的措施对地基进行处理，当靠近地基下有软弱下卧层时，要考虑其沉降的影响，必要时可采用桩基。

10.2.1.4 施工过程中应加强建筑材料和施工工艺的控制，杜绝出现裂缝和渗漏。出现渗漏处，应会同设计等有关方面确定处理方案，彻底解决问题。

10.2.1.5 在进行土建施工前应认真阅读设计图纸和设备安装对土建的要求，了解预留预埋件的准确位置和做法，对有高程要求的设备基础要严格控制在设备要求的误差范围内。

10.2.1.6 模板、钢筋、砼分项工程应严格执行 GB 50204 规定，并符合以下要求：

a）模板架设应有足够强度、刚度和稳定性，表面平整无缝隙，尺寸正确；

b）钢筋规格、数量准确，绑扎牢固应满足搭接长度要求，无锈蚀；

c）砼配合比、施工缝预留、伸缩缝设置、设备基础预留孔及预埋螺栓位置均应符合规范和设计要求，冬季施工应注意防冻。

10.2.1.7 处理构筑物应根据当地气温和环境条件，采取防冻措施。

10.2.2 设备安装

10.2.2.1 设备基础应按照设计要求和图纸规定浇筑，砼标号、基面位置高程应符合说明书和技术文件规定。

10.2.2.2 混凝土基础应平整坚实，并有隔振的措施。

10.2.2.3 预埋件水平度及平整度应符合 GB 50231 规定。

10.2.2.4 地脚螺栓应按照原机出厂说明书的要求预埋，位置应准确，安装应稳固。

10.2.2.5 安装好的机械应严格符合外形尺寸的公称允许偏差，不允许超差。

10.2.2.6 各种机电设备安装后试车应满足下列要求：

a）启动时应按照标注箭头方向旋转，启动运转应平稳，运转中无振动和异常声响；

b）运转啮合与差动机构运转应按产品说明书的规定同步运行，没有阻塞、碰撞现象；

c）运转中各部件应保持动态所应有的间隙，无抖动晃摆现象；

d）试运转用手动或自动操作，设备全程完整动作 5 次以上，整体设备应运行灵活，并保持紧张状态；

e）各限位开关运转中动作及时，安全可靠；

f）电机运转中温升在正常值内；

g）各部轴承注加规定润滑油，应不漏、不发热，温升小于 60℃。

10.2.2.7 水质在线监测系统的安装应符合 HJ/T 353 的规定。

10.2.3 填料安装

10.2.3.1 悬挂式填料安装

a）悬挂式填料的组装需两端固定，一般宜采用横拉梅花式和直拉均匀式。

b）接触氧化池宜设置两层悬挂支架，将填料两端固定在支架上，底层支架应高于曝气头 200 mm 以上。支架宜采用不锈钢管、角钢、槽钢及绷紧绳等材料。

10.2.3.2 浮挂式填料的安装

a）浮挂式填料仅需底端固定，宜直接固定在池底预埋钩或膨胀螺栓吊钩上。

b）在接触氧化池设置分层固定屉架，将浮挂式填料底端固定在屉架上。

c）老池改造可采用重坠或砼坠固定浮挂式填料的底端。

d）填料层应高于曝气头 200 mm 以上。填料支架宜采用不锈钢管、角钢、槽钢等材料。

10.2.3.3 悬浮填料的安装

a）宜在池底设置格网，格网应高于曝气头 200 mm 以上。

b）在接触氧化池的进出口设置格网，格网的网孔应小于填料的外形尺寸。

c）单池尺寸较大时，宜用格网将接触氧化池分为若干个单元，在每个单元内投加填料。

d）单池长宽比过大时，可以设置气提装置将出口端的填料回流到进口端。

10.3 验收

10.3.1 工程验收

10.3.1.1 生物接触氧化法污水处理工程竣工验收应执行《建设项目（工程）竣工验收办法》。

10.3.1.2 生物接触氧化法污水处理工程竣工验收具体要求宜参照 GB 50334 执行。

10.3.1.3 泵站和风机房等都应按设计的最多开启台数作 48 h 运转试验，水泵和污泥泵的流量和机组功率应作测定，有条件的应测定其特性曲线。

10.3.1.4 进口设备应结合国内标准、国际标准和其他相关标准按最高要求进行验收。

10.3.1.5 仪表、化验设备应有计量部门的确认。

10.3.1.6 变电站高压配电系统应由供电局组织电检、验收。

10.3.2 环境保护验收

10.3.2.1 污水处理厂（站）竣工环境保护验收应按照《建设项目竣工环境保护验收管理办法》的规定进行。

10.3.2.2 水质在线监测系统的验收应符合 HJ/T 354 的规定。

10.3.2.3 污水处理厂（站）验收前应进行试运行，测定设施的技术数据和经济指标数据，填写试运行记录作为竣工环境保护验收资料之一，内容包括：

a）各组建筑物都应按设计负荷，全流程通过所有构筑物，以考验各构筑物高程布置有否问题；

b）测试并计算各构筑物的设计参数；

c）测定沉砂池的沉砂量、含水率及灰分；

d）测定沉淀池的污泥量、含水率及灰分；

e）测定剩余污泥量、含水率及灰分；

f）测定格栅垃圾量及其含水率、灰分；

g）统计全厂进出水量、用电量和各分项用电量；

h）水质化验；

i）计算全厂技术经济指标：五日生化需氧量（BOD_5）去除总量、五日生化需氧量（BOD_5）去除单位能耗（度电/kgBOD_5）、污水处理成本（元/kgBOD_5）。

10.3.2.4 除《建设项目竣工环境保护验收管理办法》规定的验收材料以外，申请单位还应提供工程质量验收报告和性能试验报告。

11 运行与维护

11.1 基本要求

11.1.1 污水处理厂（站）的运行、维护及安全管理参照 CJJ 60 执行。

11.1.2 污水处理厂（站）的运行管理应配备专业人员和设备。

11.1.3 污水处理厂（站）在运行前应制定设备台账、运行记录、定期巡视、交接班、安全检查等管理制度，以及各岗位的工艺系统图、操作和维护规程等技术文件。

11.1.4 操作人员应熟悉本厂（站）处理工艺技术指标和设施、设备的运行要求；经过技术培训和生产实践，并考试合格后方可上岗。

11.1.5 各岗位的工艺系统图、操作和维护规程等应示于明显部位，运行人员应按规程进行系统操作，并定期检查设备，检查构筑物、设备、电器和仪表的运行情况。

11.1.6 工艺设施和主要设备应编入台账，定期对各类设备、电气、自控仪表及建（构）筑物进行检修维护，确保设施稳定可靠运行。

11.1.7 运行人员应遵守岗位职责，坚持做好交接班和巡视，并做好相关记录。

11.1.8 应定期检测进出水水质，并定期对检测仪器、仪表进行校验。

11.1.9 污水处理工程运行中应严格执行经常性的和定期的安全检查，及时消除事故隐患，防止事故发生。

11.2 水质检验与监测

11.2.1 污水处理厂（站）应设水质检验室，配备化验人员和仪器。

11.2.2 水质检验室内部应建立健全水质分析质量保证体系。

11.2.3 化验人员应经培训后持证上岗，并应定期进行考核和抽检。

11.2.4 采用接触氧化工艺的城镇污水处理厂（站）污水正常运行检验的项目与周期，应符合 CJJ 60 的规定，其他采用接触氧化工艺的污水处理工程的检验项目与周期参照 CJJ 60 执行。

11.2.5 污水在线监测系统的运行维护应符合 HJ/T 355 的规定。

11.3 工艺运行控制

11.3.1 运行人员应根据系统实际进水水质、所需氧量和供氧设备的性能，确定曝气设备运行的数量。并应定期检测各区（池）的溶解氧浓度，当浓度值超过规定的范围时，应及时调节曝气量。

11.3.2 当采用穿孔管、中孔曝气等鼓风曝气系统时，可通过鼓风机调节曝气量。

11.3.3 污水处理系统宜根据实际运行的进水水量和水质，调节系统的出水回流比和污泥回流比。

11.3.4 污水处理系统应定时定量排放剩余污泥。

11.3.5 带有前置缺氧区的污水处理系统出水氨氮不能达到排放标准时，可选择以下方式进行调节：

a）减少剩余污泥排放量，提高好氧污泥龄；

b）提高好氧段溶解氧水平；

c）可以适当延长曝气时间。

11.3.6 带有前置缺氧区的污水处理系统出水总氮不能达到排放标准时，应通过以下方式进行调节：

a）出水硝态氮应根据出水氨氮和总氮数据及排放标准确定；

b）增大接触氧化池出水回流比；

c）投加甲醇或食品酿造厂等排放的高浓度有机废水，维持污水的碳氮比，满足反硝化细菌对碳源的需要。

11.4 维护

11.4.1 应将生化系统的维护保养作为全厂（站）维护的重点。

11.4.2 操作人员应严格执行设备操作规程，定时巡视设备运转是否正常，包括温升、响声、振动、电压、电流等，发现问题应尽快检查排除。

11.4.3 应保持设备各运转部位和可调堰门良好的润滑状态，及时添加润滑油、除锈；发现漏油、渗油情况，应及时解决。

11.4.4 鼓风曝气系统曝气开始时应排放管路中的存水，并经常检查自动排水阀的可靠性。

11.4.5 应及时检查曝气器堵塞和损坏情况，保持曝气系统状态良好。

11.4.6 定期检查及更换不合格的零部件和易损件，必要时更换叶轮、导流罩、提升机构。

附录 A
（规范性附录）
生物膜填料

A.1 悬挂式填料

A.1.1 悬挂式填料包括软性、半软性、弹性及组合填料。

A.1.1.1 软性填料易结团，且易发生断丝、中心绳断裂等情况，其寿命一般为 1～2 年。软性纤维填料，外形如图 1 所示，规格如表 1 所示。

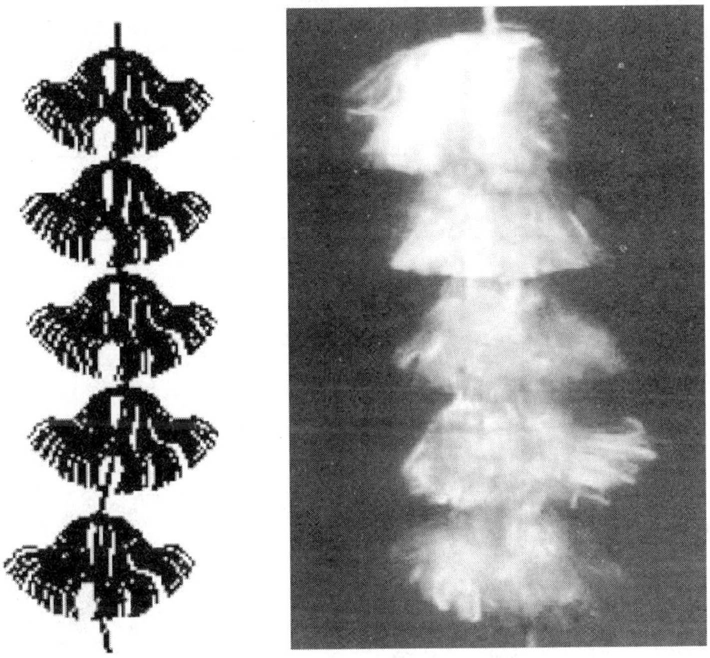

图 1 软性填料外形

表 1 软性纤维填料规格

纤维束长度（mm）	纤维束数量（根/束）	束间距离（mm）	比表面积（m^2/m^3）	成品重量（kg/m^3）	挂模重量（kg/m^3）	孔隙率（%）	材质
600	9 259	300	9 891	10～12	200	>99	圆片：低压聚乙烯/聚丙烯 纤维束材质：合成纤维
800	3 906	400	5 563	6～7	110	>99	
1 000	2 000	500	3 561	4～5	72	>99	
1 200	1 157	600	2 472	2.5～3	60	>99	
1 400	729	700	1 987	2～2.5	39	>99	
1 600	488	800	1 390	1.5～2	28	>99	

A.1.1.2 半软性填料具有较强的气泡切割性能和再行布水布气的能力、挂膜脱膜效果较好、不堵塞，使用寿命较软性填料长，但其理论比表面积较小且造价偏高。外形如图 2 所示，规格如表 2 所示。

图 2　半软性填料外形

表 2　半软性填料规格参数

规格（直径×片距）(mm×mm)	悬挂密度（串/m^2）	比表面积（m^2/m^3）	成品重量（kg/m^3）	挂模重量（kg/m^3）	孔隙率（%）	材质
ϕ200×40	25	30	2.5	120	96	低压聚乙烯或聚丙烯
ϕ200×60	25	21	2.3	100	97	
ϕ200×80	25	12	2.0	80	98	

A.1.1.3　弹性填料比半软性填料更富刚柔并兼，其第 1 代结构呈瓶刷状（图 3）；其第 2 代呈片状，且剖面呈 X 形燕尾状，弹性丝随中心扣周边放射（图 4），该填料具有更大的空隙率、更高的气泡切割能力；可提高氧利用率，是一种节能型的弹性立体填料。规格如表 3、表 4。

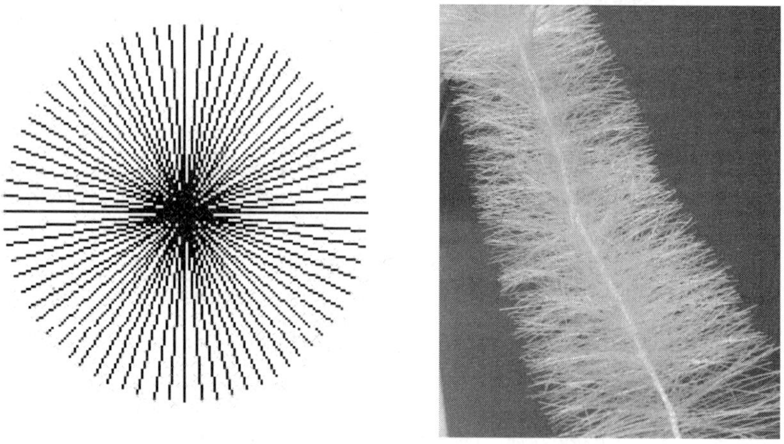

图 3　瓶刷状弹性立体填料外形

表 3　瓶刷状弹性立体填料规格参数

规格（直径×片距）(mm×mm)	细丝直径（mm）	细丝数量（根/cm）	悬挂密度（串/m^2）	比表面积（m^2/m^3）	成品重量（kg/m^3）	挂模重量（kg/m^3）	孔隙率（%）	材质
Φ200×A	0.5	22	25	20	2.9	≥120	98	低压聚乙烯/聚丙烯
Φ200×B	0.5	20	25	18	2.7	≥100	98	
Φ200×C	0.5	18	25	16	2.5	≥80	98	

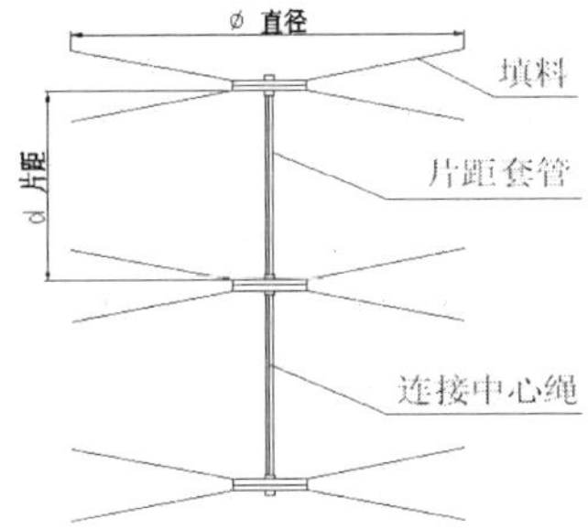

示意图

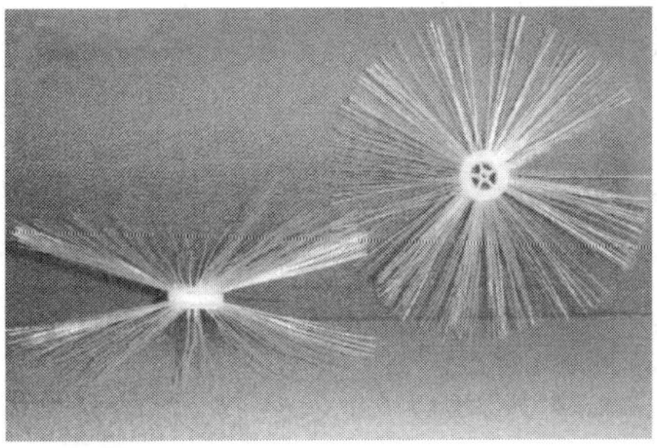
实物图

图 4　X 形燕尾状弹性立体填料外形

表 4　X 形燕尾状弹性立体填料规格参数

规格（直径×片距）（mm×mm）	细丝直径（mm）	细丝数量（根/片）	悬挂密度（串/m^2）	比表面积（m^2/m^3）	成品重量（kg/m^3）	挂模重量（kg/m^3）	孔隙率（%）	材质
Φ150×60	0.5	200	25	20	2.9	60	98	低压聚乙烯/聚丙烯
Φ200×80	0.5	200	25	16	2.5	55	98	

A.1.1.4　组合填料是鉴于软性、半软性存在的上述缺点并吸取软性填料比表面积大、易挂膜和半软性填料不结团、气泡切割性能好而设计的新型填料，其污水处理能力优于软性、半软性填料。填料的外形如图 5 所示，规格如表 5 所示。

图 5　组合填料外形

表 5　纤维束组合填料规格参数

规格（直径×片距）（mm×mm）	纤维束长度（cm）	纤维束数量（束/片）	悬挂密度（串/m^2）	比表面积（m^2/m^3）	成品重量（kg/m^3）	挂模重量（kg/m^3）	孔隙率（%）	材质
Φ200×40	9	8	25	2 479	10.3	120	96	圆片：低压聚乙烯/聚丙烯 纤维束材质：合成纤维
Φ200×60	9	8	25	2 359	6.8	100	97	
Φ200×80	9	8	25	2 239	5.5	80	98	

A.2 浮挂式填料

浮挂式填料又称自由摆动填料，其结构是填料的顶部装有浮体，中间为悬挂式填料，池底装预埋钩或用膨胀螺栓方式固定，随水流和曝气的推动可以自由摆动。适宜应用于大型污水处理工程，特别是拟选用悬浮填料又怕堆积的水处理工程；更适用于大型水域的河流、湖泊等不宜钢支架悬挂又不宜悬浮散装的典型工程。外型如图 6，规格参数如表 6 所示。

表 6 浮挂填料规格参数

规格（直径×片距）（mm×mm）	细丝数量（根/束）	悬挂密度（组/m^2）	比表面积（m^2/m^3）	成品重量（kg/m^3）	挂模重量（kg/m^3）	孔隙率（%）	材质
Φ200×60	20/5	2.78	17	≥7	≥45	98	PE/PP
Φ200×80	20/5	2.78	13.5	≥6.5	≥35	98	
Φ150×60	20/5	2.78	23.6	≥7.5	≥32	98	
Φ150×80	20/5	2.78	28.4	≥7.5	≥30	98	

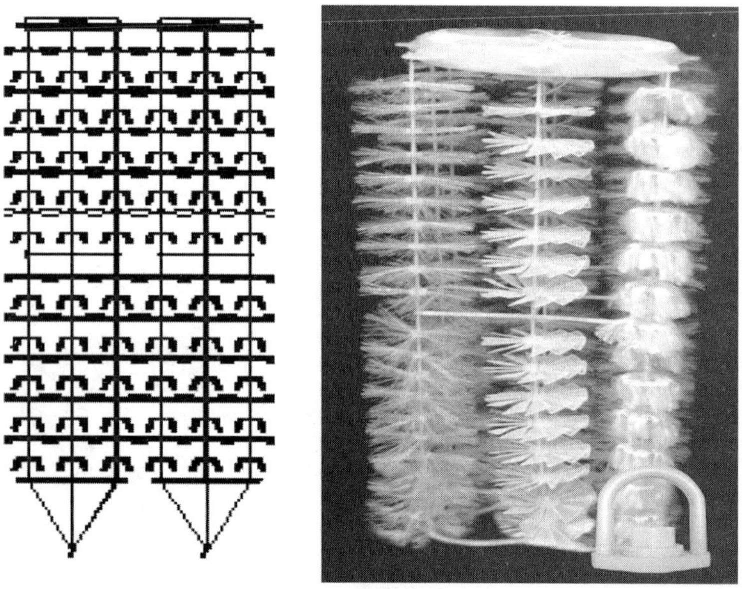

图 6 浮挂填料外型

A.3 悬浮填料

悬浮填料有球形、圆柱形、方粒形等，大小不一、比重不一、空隙也不一，具有不同水质、不同容器结构、装不同形状填料的灵活性、优化性。填料特性具有充氧性能好，挂膜快，挂膜量多，生物膜更新性能好；使用寿命长，更换简单等优点，已越来越被广泛应用。外形如图 7、图 8、图 9、图 10 所示，规格参数如表 7 所示。

表 7　悬浮填料规格参数

名称	形状	尺寸[直径×高/直径/长×宽×高（mm）]	堆积数量（个/m^3）	比表面积（m^2/m^3）	孔隙率（%）	堆积密度（kg/m^3）	填料重量（g/只）	挂膜重量（g/只）	材质
柱状悬浮填料	竖片柱状	Φ50×50	8 000	236	97	136	15.95	17	PP
		Φ100×100	1 000	178	96	104	103.36	104	PP
	颗粒柱状	Φ25×10	150 000	500	95	93	1.22	1.30	PP/PE
		Φ10×10	350 000	500	95	113	0.49	0.52	PP/PE
球形悬浮填料	多面空心球形	Φ25	85 000	460	95	145	1.76	1.7	PP
		Φ50	11 500	236	96	105	10.43	9.13	PP
		Φ76	7 800	110	97	92.5	13.85	11.86	PP
聚氨酯生物填料	方粒形	20×20×30	83 300	2 395	90	23	1.8	0.28	聚氨酯
		50×50×30	20 000	2 395	90	23	7.4	1.15	
		50×50×40	15 000	2 395	90	23	9.8	1.53	
		50×50×50	12 000	2 395	90	23	12.3	1.92	
组合悬浮填料	扁丝条类	Φ100	1 000	215	93	55	55	55	PP
	动态球型类	Φ150	296	61	95	34	75	115	PP
	弹性丝类	Φ150	296	30	98	28	60	95	PP
	多面空心类	Φ150	296	61	96	42	140	141	PP

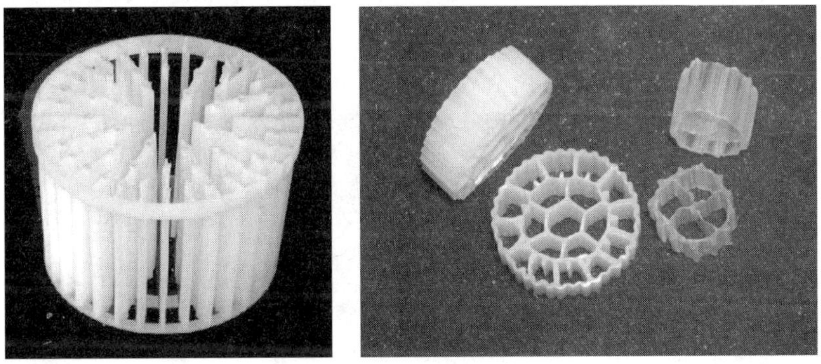

竖片柱状　　　　颗粒柱状

图 7　柱状悬浮填料

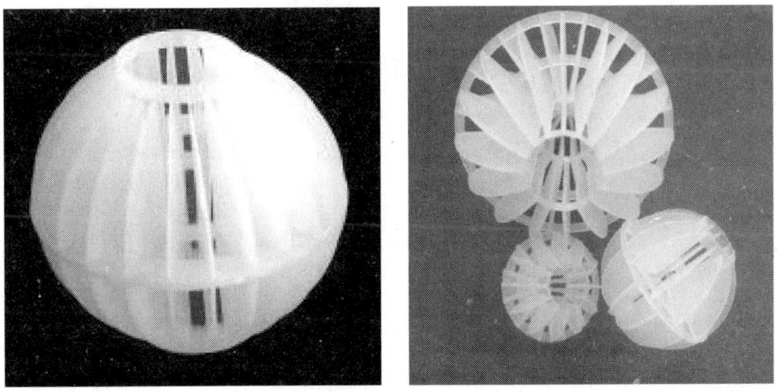

图 8　球形悬浮填料—多面空心球形

图 9　聚氨酯生物填料

动态球形类

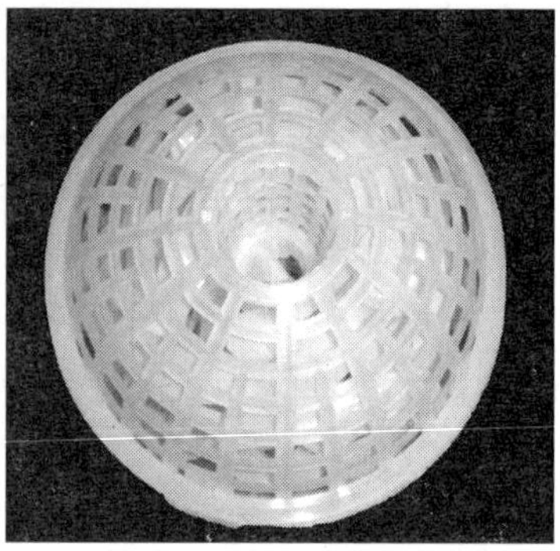

扁丝球形类

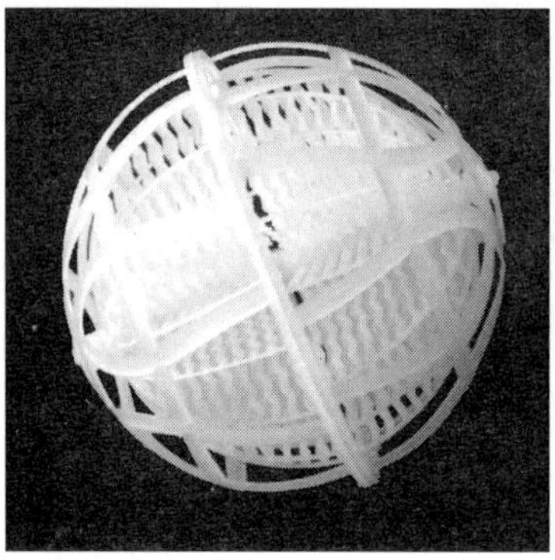

多面空心球类

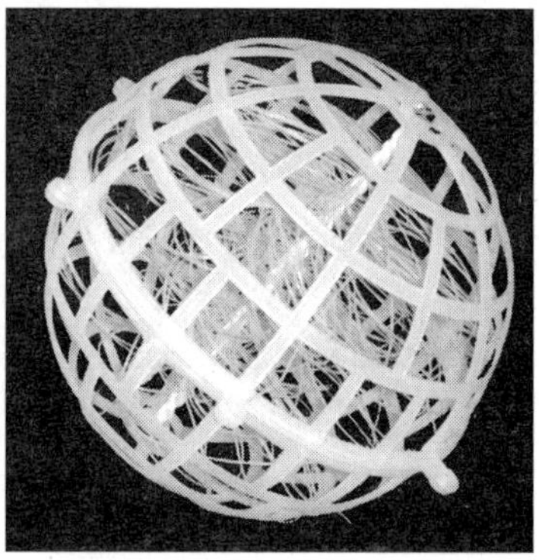

多面弹性丝类

图 10　组合悬浮填料

填料安装方法示意图：

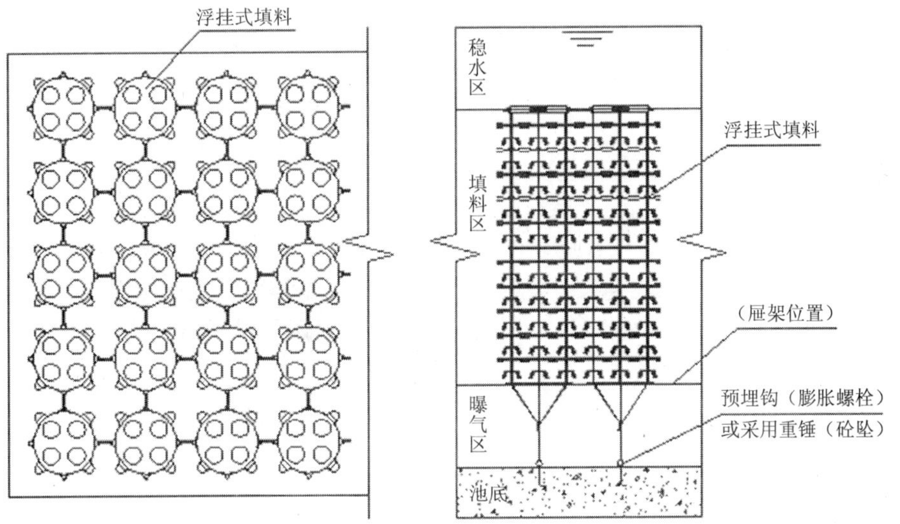

图 11　组合填料安装示意

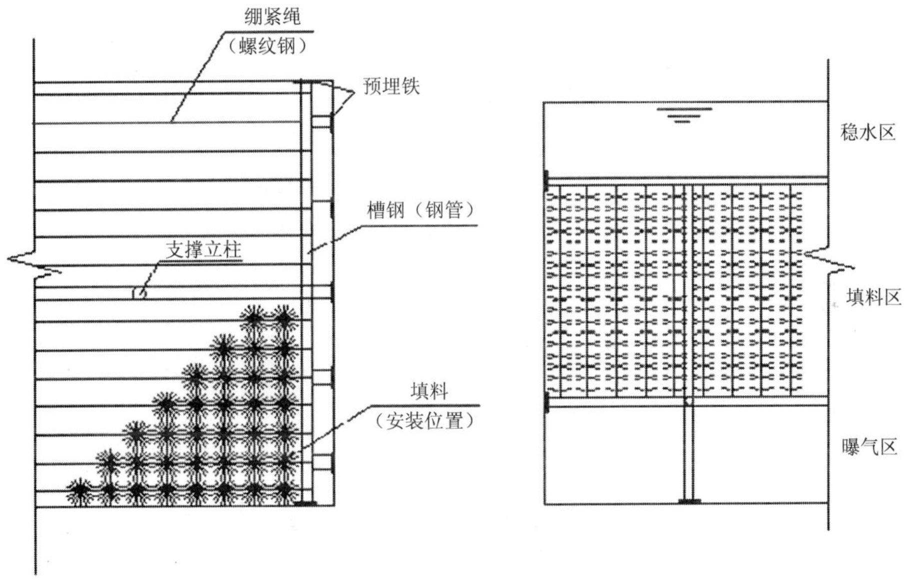

图 12　悬挂支架安装示意

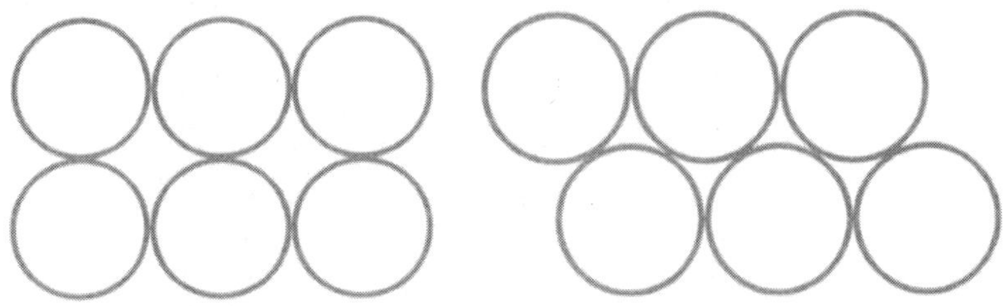

图 13　悬挂填料的组装方式

附录 B

（资料性附录）

生物接触氧化池生物量的测定

B.1 总生物量的定义

生物接触氧化池中的总生物量 A 由固定生物量 B 和悬浮生物量 C 两部分组成。其中固定生物量是生长在生物填料上的微生物量。悬浮生物量是在生物接触氧化池混合液中呈悬浮状态的微生物量，包括了脱落的生物膜和少量的污泥絮体。正常情况下固定生物量 B 应远大于悬浮生物量 C。

$$\text{总生物量}\ A = \text{固定生物量}\ B + \text{悬浮生物量}\ C \qquad (1)$$

B.2 悬浮生物量的测定

悬浮生物浓度 D 的测定可采用活性污泥法的混合液悬浮固体（MLSS）浓度的测定方法。测定步骤如下：

1．将称量瓶和滤纸在 105℃的烘箱中烘干衡重，用天平称量，并记录重量为 W_1；

2．取一定体积 v 的生物接触氧化池混合液，用烘干衡重的滤纸过滤；

3．过滤完成后将带污泥的滤纸置于称量瓶中，并放在 105℃的烘箱中烘干衡重，用天平称量，并记录重量为 W_2；

$$\text{悬浮生物浓度}\ D = (W_2 - W_1)/v\ \text{（单位：g/m}^3\text{）} \qquad (2)$$

$$\text{悬浮生物量}\ C = (1-\eta)\times[D\times V\ \text{（池容积）}]/1\,000\ \text{（单位：kg）} \qquad (3)$$

上式中的η是生物填料的填充率。（单位：%）

B.3 平均固定生物量的测定

生物接触氧化池中不同位置生物填料上固定生物量的分布具有不均匀性，应对池中具有一定代表性的点位进行采样，测出平均的固定生物量。测定步骤如下：

1．确定生物接触氧化池中具有一定代表性的点位（n 处），如图 1 所示。

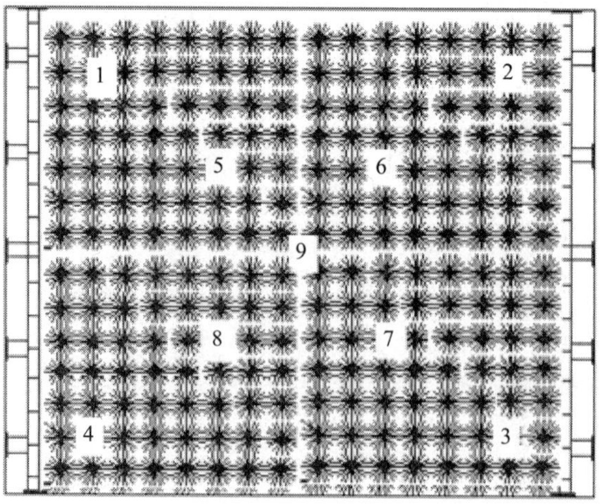

图 1 生物填料采样点位的布设（n=9）

2．在每一取样点取等量 G 的长有生物膜的填料（悬浮填料可取相同个数，悬挂式填料可取相同长度）。

3．不同深度填料上生长的生物量具有一定差异，宜依据不同深度进行填料的采样。

4．将适合放置填料的蒸发皿在 105℃的烘箱中烘干衡重，备用。

5．将采集的带有生物膜的填料置于蒸发皿中在 105℃的烘箱中烘干衡重，并用天平称量，得重量 W_3。

6．将等量的同类新填料置于蒸发皿中在 105℃的烘箱中烘干衡重，并用天平称量，得重量 W_4。

单位填料生物量 W_5

$$W_5=[(W_3-W_4)_1+(W_3-W_4)_2+\cdots+(W_3-W_4)_{n-1}+(W_3-W_4)_n]/(G\times n)$$

（单位：g 生物/个填料，g 生物/cm 填料） （4）

式中的下角标 1，2，…，n–1，n 表示不同的采样点。

平均固定生物量 W_6

平均固定生物量是生物接触氧化池的固定生物总量：

$$W_6=[W_5\times N（或L）]/1\,000 \quad（单位：kg） \tag{5}$$

式中 N 为生物接触氧化池中悬浮填料的总数（个），L 为生物接触氧化池中悬挂式填料的总长度（cm）。

说明：

1．上述方法适用纤维填料以外的各种生物填料。对于纤维填料由于生物膜厚度过大难于烘干，需要按以下步骤操作。

2．将采集的纤维填料样品置于乙醇溶液中，轻轻搓洗将生物膜洗脱下来。洗脱后的生物膜乙醇混合液按方法 2 测定生物量。

3．洗脱后的纤维填料按方法 3 测定生物量。

4．两个测定的生物量结果相加得到纤维填料的平均固定生物量。

附录 C
（资料性附录）
填料生物膜厚度及生物活性的测定　微电极法

C.1　原理

在显微镜的观察下，利用微动平台精确控制微电极在生物膜中的插入情况，由微动平台的移动距离获得生物膜的厚度；利用微动平台精确定位微电极在生物膜中的位置，由氧（O_2）、NH_4^+、NO_3^-微电极的测量信号，在工作曲线上查得相应的浓度，从而获得生物膜内特征参数的浓度分布情况，根据生物膜内部传质和反应原理，计算生物膜耗氧、硝化和反硝化等活性。

C.2　试剂和材料

C.2.1　总体要求

所用试剂不低于分析纯。

所用水应符合 GB/T 6682 中规定的三级水要求。

C.2.2　铵盐标定母液

称取 1.337 g 已在 105～110℃干燥 2 h 的优级纯氯化氨（NH_4Cl）溶于水，移入 250 ml 容量瓶中，稀释至标线，混匀，加入 2 ml 三氯甲烷作保存剂，混匀，至少可稳定 6 个月。

C.2.3　硝酸盐标定母液

称取 2.527 g 已在 105～110℃干燥 2 h 的优级纯硝酸钾（KNO_3）溶于水，移入 250 ml 容量瓶中，稀释至标线，加 2 ml 三氯甲烷作保存剂，混匀，至少可稳定 6 个月。

C.3　仪器装置

C.3.1　天平

分析天平，精度为±0.000 1 g。

C.3.2　显微镜

体式显微镜，放大倍数＞10x。

C.3.3　微动平台：精度 10 μm。

C.3.4　微电极：尖端直径＜50 μm。

C.3.5　玻璃毛坯柱：尖端直径＜20 μm。

C.3.5　皮安计：分辨率 0.05 pA。

C.3.6　电压计：输入阻抗＞10^{12}欧姆，分辨率 0.1 mV。

C.3.7　氧微电极标定装置

包括①两个都配有减压阀的高压气瓶，一个为高压空气瓶，一个为高压氮气瓶；②两台气体流量计；③一个简单的气体混合罐；④曝气头；⑤氧电极标定室；⑥橡胶管等连接材料。

C.3.8　玻璃器具：250 ml 容量瓶；10 ml 移液管；100 mm 表面皿。

C.4　试验步骤

C.4.1　生物膜厚度的测定

C.4.1.1　从填料上剪取一小块生物膜（面积为 2 mm×2 mm），放置在表面皿中。

C.4.1.2　取一根玻璃毛坯柱，固定在微动平台上，在体式显微镜观察下，将玻璃毛坯柱尖端放置在生物膜/水交界面。

C.4.1.3 记录此时微动平台的起始位置 X_1。

C.4.1.4 在微动平台控制下，将玻璃毛坯柱逐渐插入生物膜中，直到玻璃毛坯柱略微弯曲。

C.4.1.5 记录此时微动平台的终止位置 X_2。

C.4.1.6 生物膜厚度 $L = X_2 - X_1$。

C.4.1.7 重复上述测定步骤，取得多个生物膜厚度测定值并得到平均值，即为生物接触氧化池的平均生物膜厚度。

C.4.2 生物膜活性的测定

C.4.2.1 按照微电极

供应商提供的方法正确使用微电极，其中氧微电极信号采用皮安计测量；NH_4^+、NO_3^-、NO_2 的微电极信号采用高阻抗电压计测量。

C.4.2.2 微电极工作曲线的绘制

C.4.2.2.1 氧微电极

在氧微电极标定室中加入纯水，分别通入氧分压为 25%，12.5%，0%的气体，记录各个氧分压条件下的微电极输出信号。

根据测量温度和氧分压值，查找对应的饱和溶解氧浓度，绘制氧浓度与微电极输出信号的工作曲线。

C.4.2.2.2 NH_4^+、NO_3^-微电极

a．移取 10 ml 铵盐标定母液放入 250 ml 容量瓶中，用水稀释至标线，摇匀；移取 10 ml 上述溶液放入 250 ml 容量瓶中，用水稀释至标线，摇匀；如此依次稀释，配制浓度分别为 1×10^{-2} mol/L，1×10^{-3} mol/L，1×10^{-4} mol/L，1×10^{-5} mol/L 的铵盐标定溶液。

根据不同铵盐标定溶液对应的微电极测量值，绘制工作曲线。

b．移取 10 ml 硝酸盐标定母液放入 250 ml 容量瓶中，用水稀释至标线，摇匀；移取 10 ml 上述溶液放入 250 ml 容量瓶中，用水稀释至标线，摇匀；如此依次稀释，配制浓度分别为 1×10^{-2} mol/L，1×10^{-3} mol/L，1×10^{-4} mol/L，1×10^{-5} mol/L 的硝酸盐标定溶液。

根据不同硝酸盐标定溶液对应的微电极测量值，绘制工作曲线。

C.4.2.2.3 微电极每次使用前需要重新绘制工作曲线。

C.4.2.3 生物膜内特征参数的浓度分布测定

C.4.2.3.1 从填料上剪取一小块生物膜（面积约 2 mm×2 mm），放置在表面皿中。

C.4.2.3.2 取一根微电极，固定在微动平台上，在体式显微镜观察下，将微电极尖端靠近生物膜表面。

C.4.2.3.3 在微动平台控制下，按照一定的步长将微电极逐渐插入生物膜中，记录插入距离与响应信号的关系。

C.4.2.3.4 查找工作曲线，获得生物膜不同深度上的特征参数浓度分布情况。

C.4.2.4 生物膜耗氧、硝化和反硝化活性的推导

C.4.2.4.1 生物膜耗氧活性的计算公式如下：

$$R_o = D_{e,o} \cdot \mathrm{d}^2 C_o / \mathrm{d}^2 z \tag{1}$$

式中：R_o——生物膜耗氧活性；

$D_{e,o}$——氧有效扩散系数，cm^2/s；

C_o——氧浓度，mg/L；

z——生物膜插入深度，μm。

C.4.2.4.2 生物膜硝化活性的计算公式如下：

$$R_{NH} = D_{e,NH} \cdot d^2 C_{NH} / dz^2 \quad (2)$$

式中：R_{NH}——生物膜硝化活性；

$D_{e,NH}$——铵盐有效扩散系数，cm^2/s；

C_{NH}——铵盐浓度，mg/L；

z——生物膜插入深度，μm。

C.4.2.4.3 生物膜反硝化活性的计算公式如下：

$$R_{NO} = D_{e,NO} \cdot d^2 C_{NO} / dz^2 - R_{NH} \quad (3)$$

式中：R_{NO}——生物膜反硝化活性；

$D_{e,NO}$——硝酸盐有效扩散系数，cm^2/s；

C_{NO}——硝酸盐浓度，mg/L；

z——生物膜插入深度，μm。

C.5 测定生物膜活性应从生物接触氧化池中不同位置的多个生物填料上取得有代表性的样品，并重复上述测定步骤，对测得的生物膜活性值取平均值，用以代表生物接触氧化池的平均生物膜活性。

HJ

中华人民共和国国家环境保护标准

HJ 2010—2011

膜生物法污水处理工程技术规范

Technical specification for wastewater treatment by membrane biological process

2011-10-24 发布　　　　　　　　　　　　2012-01-01 实施

环　境　保　护　部　发布

前 言

为贯彻《中华人民共和国环境保护法》和《中华人民共和国水污染防治法》，改善环境质量，规范膜生物法在污水处理工程中的应用，制定本标准。

本标准规定了采用膜生物法污水处理工程的工艺设计、主要工艺设备、检测与控制、施工与验收、运行与维护的技术要求。

本标准由国家环境保护部科技标准司组织制订。

本标准起草单位：中国环境保护产业协会（水污染治理委员会）、天津环境保护科学研究院、江西金达莱环保研发中心有限公司、北京碧水源科技股份有限公司、惠州市雄越保环科技有限公司、杭州明清环保科技有限公司。

本标准环境保护部 2011 年 10 月 24 日批准。

本标准自 2012 年 1 月 1 日起实施。

本标准由环境保护部解释。

膜生物法污水处理工程技术规范

1　适用范围

本标准规定了膜生物法污水处理工程的工艺设计、主要工艺设备和材料、检测与控制、施工与验收、运行与维护等技术要求。

本标准适用于采用膜生物法的城镇污水及具有可生化性的工业废水处理和回用工程；可作为环境影响评价、设计、施工、环境保护验收及设施运行管理的技术依据。

2　规范性引用文件

本标准内容引用了下列文件中的条款。凡是不注日期的引用文件，其有效版本适用于本标准。

GB 3096　声环境质量标准

GB 5226.1　机械安全　机械电气设备　第 1 部分：通用技术条件

GB 12348　工业企业厂界环境噪声排放标准

GB 12801　生产过程安全卫生要求总则

GB 18599　一般工业固体废物贮存、处置场污染控制标准

GB 18918　城镇污水处理厂污染物排放标准

GB 50014　室外排水设计规范

GB 50015　建筑给水排水设计规范

GB 50016　建筑设计防火规范

GB 50040　动力机器基础设计规范

GB 50053　10 kV 及以下变电所设计规范

GB 50187　工业企业总平面设计规范

GB 50204　混凝土结构工程施工质量验收规范

GB 50231　机械设备安装工程施工及验收通用规范

GB 50235　工业金属管道工程施工及验收规范

GB 50268　给水排水管道工程施工及验收规范

GB 50334　城市污水处理厂工程质量验收规范

GB 50352　民用建筑设计通则

GBJ 87　工业企业噪声控制设计规范

GBJ 141　给水排水构筑物施工及验收规范

GB/T 3797　电控设备　第二部分：装有电子器件的电控设备

GB/T 12469　焊接质量保证钢熔化焊接头的要求和缺陷分级

GB/T 20103　膜分离技术　术语

GBZ 1　工业企业设计卫生标准

GBZ 2　工业场所化学有害因素职业接触限值

CJ/T 51　城市污水水质检验方法标准

CJJ 60 城市污水处理厂运行、维护及其安全技术规程
HG 20520 玻璃钢/聚氯乙烯（FRP/PVC）复合管道设计规定
HJ/T 91 地表水和污水监测技术规范
HJ/T 260 环境保护产品技术要求鼓风潜水曝气机
HJ/T 263 环境保护产品技术要求射流曝气器
HJ/T 353 水污染源在线监测系统安装技术规范（试行）
HJ/T 354 水污染源在线监测系统验收技术规范（试行）
HJ/T 355 水污染源在线监测系统运行与考核技术规范（试行）
《建设项目竣工环境保护验收管理办法》（国家环境保护总局，2001 年）
《建设工程质量管理条例》
《建设项目（工程）竣工验收办法》

3 术语和定义

GB/T 20103 界定的以及下列术语和定义适用于本标准。

3.1 膜生物法 membrane biological process

指把生物反应与膜分离相结合，以膜为分离介质替代常规重力沉淀固液分离获得出水，并能改变反应进程和提高反应效率的污水处理方法，简称 MBR 法。

3.2 膜组器 membrane unit

指由膜组件、供气装置、集水装置、框架等组装成的基本水处理单元，在膜生物法污水处理工程进行固液分离的膜装置。

3.3 浸没式膜生物处理系统 Immersed membrane biological treatment system

指膜组器浸没在生物反应池中，污染物在生物反应池进行生化反应，利用膜进行固液分离的设备或系统。可采用负压产水，也可利用静水压力自流产水。简称 S-MBR。

3.4 外置式膜生物处理系统 Sidestream membrane biological treatment system

指膜组器和生物反应池分开布置，生物反应池内的活性污泥混合液泵入膜组器进行固液分离的设备或系统。产水排放或深度处理，浓缩的泥水混合物回流到循环浓缩池或生物反应池，形成循环。简称 R-MBR。

3.5 超细格栅 Ultra-fine screen

指栅孔直径或栅间隙小于 2 mm 的格栅。

3.6 膜生物反应池 Membrane biological process tank

用于安装膜组器，同时进行污水生物处理与膜分离的构筑物。

3.7 离线清洗 Off line cleaning（recovery chemical cleaning）

指将膜组器从膜池中取出，浸入化学溶液中进行清洗，除去膜污染物的过程。

3.8 开停时间比 On-off ratio

指膜组器一个运行周期中开启时间与停止时间的比值。

3.9 膜完整性检测 membrane breakage inspection

指用于判断膜泄漏的检测方法。见附录 A。

3.10 膜污染 membrane fouling

指料液中的某些组分在膜表面或膜孔中沉积导致膜性能下降的过程。

3.11 膜泄漏 membrane leakage

指由于膜组器接头泄漏或膜孔破裂、断裂，导致出水水质受影响的现象。

3.12 膜抗氧化性 anti-oxidation of membrane

指膜材料抗氧化剂氧化的能力。

3.13 膜通量 membrane flux

指单位时间单位膜面积通过的水量。单位为 $m^3/(m^2 \cdot h)$ 或 $L/(m^2 \cdot h)$。

4 设计流量和设计水质

4.1 设计流量

4.1.1 城镇污水设计流量

4.1.1.1 城镇旱流污水设计流量应按公式（1）计算；城镇合流污水设计流量应按公式（2）计算。

$$Q = Q_d + Q_m \tag{1}$$

$$Q = Q_d + Q_m + Q_s \tag{2}$$

式中：Q——城镇污水设计流量，L/s；

Q_d——综合生活污水设计流量，L/s；

Q_m——排入市政管网的工业废水设计流量，L/s；

Q_s——雨水设计流量，L/s。

4.1.1.2 综合生活污水设计流量为服务人口与相对应的综合生活污水定额之积。综合生活污水定额应根据当地的用水定额，结合建筑物内部给排水设施水平和排水系统普及程度等因素确定，可按当地相关用水定额的 90%设计。

4.1.1.3 综合生活污水量变化系数应根据当地实际综合生活污水量变化资料确定，没有测定资料时，可按表 1 取值。

表 1 综合生活污水量变化系数

平均日流量（L/s）	5	15	40	70	100	200	500	≥1 000
变化系数	2.3	2.0	1.8	1.7	1.6	1.5	1.4	1.3

4.1.1.4 排入市政管网的工业废水设计流量应根据城镇市政排水系统覆盖范围内工业污染源废水排放统计资料确定。

4.1.1.5 雨水设计流量参照 GB 50014 的有关规定。

4.1.1.6 在地下水位较高的地区，应考虑入渗地下水量，入渗地下水量宜根据实际测定资料确定。

4.1.2 工业废水设计流量

4.1.2.1 工业废水设计流量应按工厂或工业园区总排放口实际测定的废水流量设计。测试方法应符合 HJ/T 91 的规定。

4.1.2.2 工业废水流量变化应根据工艺特点进行实测。不能取得实际测定数据时可参照国家现行工业用水量的有关规定折算确定。或根据同行业同规模同工艺现有工厂排水数据类比确定。

4.1.2.3 工业废水与生活污水合并处理时，工厂内或工业园区内的生活污水量的确定，应符合 GB 50015 的有关规定。

4.1.2.4 工业园区集中式污水处理厂设计流量，可参照城镇污水设计流量的确定方法。

4.1.3 不同构筑物的设计流量

4.1.3.1 膜生物法污水处理构筑物的设计流量应分别计算。当污水为自流进入时，按最高日最高时设计流量计算；当污水为提升进入时，按工作水泵的最大组合流量与管渠配水能力确定。

4.1.3.2 合流制污水处理构筑物的设计流量，应符合下列规定：

a）提升泵站、格栅、沉砂池，宜按合流设计流量计算；

b）初沉池，宜按旱流污水量计算，用合流设计流量校核，校核的沉淀时间不宜小于 30 min；

c）膜生物反应池，宜按旱流污水量加大 10%～20%计算；

d）污泥处理系统，宜按旱流污水量计算。

4.1.3.3 管渠应按合流污水量计算。

4.2 设计水质

4.2.1 城镇生活污水的设计水质，可参照 GB 50014 确定。

4.2.2 工业废水的设计水质，可按在总排放口 120 h 连续采样检测数据的加权平均值确定；新建项目可参考同类企业的排放数据确定。

4.2.3 膜生物反应池进水宜符合下列限值：

化学需氧量（COD）小于 500 mg/L；五日生化需氧量（BOD_5）小于 300 mg/L；悬浮物（TSS）小于 150 mg/L；氨氮小于 50 mg/L；动植物油（n-Hex）小于 30 mg/L 且矿物油（n-Hex）小于 3 mg/L；pH 6～9。

对不符合以上水质要求的污水，应进行预处理。

5 总体要求

5.1 膜生物法污水处理工程应遵循以下规定：

a）厂址选择和总体布置应符合 GB 50014 的有关规定。总图设计应符合 GB 50187 的有关规定。

b）防洪标准不应低于城镇防洪标准，且有良好的排水条件。

c）建筑物的防火设计应符合 GB 50016 的规定。

d）污泥堆放场的设计应符合 GB 18599 的规定。

e）运行过程中产生的废气、恶臭、废水、废渣及其他污染物的治理与排放，应执行国家环境保护法规和标准的有关规定，防止二次污染。

f）噪声和振动控制设计应符合 GBJ 87 和 GB 50040 的规定，机房噪声应符合 GB 3096 的规定，厂界噪声应符合 GB 12348 的规定。

g）建设、运行过程中应重视职业卫生和劳动安全，严格执行 GBZ 1、GBZ 2 和 GB 12801 的规定。污水处理工程建成运行的同时，安全和卫生设施应同时建成运行，并制定相应的操作规程。

5.2 膜生物法污水处理工程应按照 GB 18918 的相关规定安装在线监测系统。在线监测系统的安装、验收和运行应符合 HJ/T 353、HJ/T 354 和 HJ/T 355 的相关规定。

6 工艺设计

6.1 一般规定

6.1.1 膜生物法污水处理工程出水水质应符合国家和地方的排放标准及回用水相关标准。

6.1.2 应按污水的性质和污染物浓度，选择膜生物法的工艺类型。对易于产生膜污堵的污水，宜采用外置式膜生物法处理系统。

6.1.3 水质和（或）水量变化大的污水处理工程，宜设置调节水质和（或）水量的设施。

6.1.4 应按出水磷排放的要求，选择设置化学除磷装置。

6.1.5 进水泵房、格栅、沉砂池和初沉池的设计应符合 GB 50014 的规定。

6.1.6 膜生物法处理系统对 COD、BOD_5、SS、氨氮的去除效率应分别在 90%、95%、99%、90%

以上。

6.2 预处理和前处理

6.2.1 膜生物处理系统宜设置超细格栅。

6.2.2 污水中含有毛发、织物纤维较多时，宜设置毛发收集器。

6.2.3 污水的 BOD_5/COD 小于 0.3 时，宜采用提高污水可生化性的措施。

6.2.4 污水进入膜生物反应池之前，须去除尖锐颗粒等硬物。

6.3 工艺设计

6.3.1 浸没式膜生物法污水处理系统

6.3.1.1 去除碳源污染物的膜生物法污水处理工艺流程，见图 1。

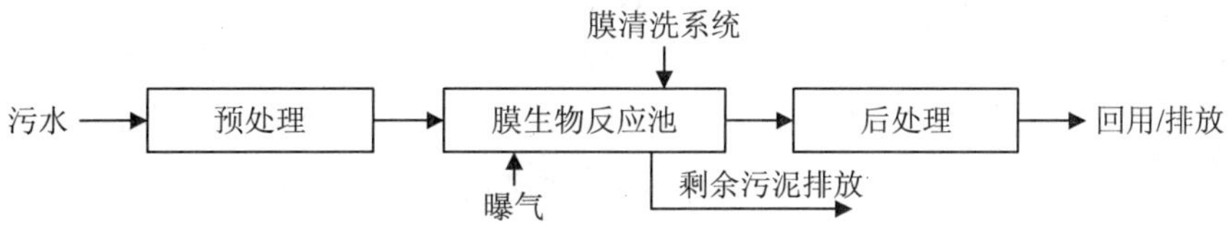

图 1 去除碳源污染物的膜生物法工艺流程

6.3.1.2 以脱氮为主的膜生物法污水处理工艺流程，见图 2。

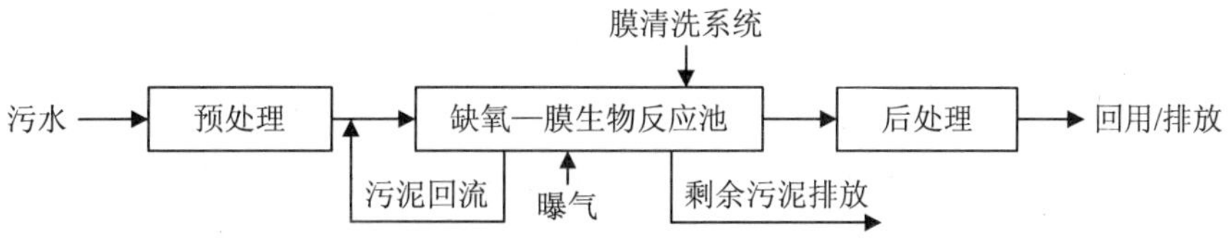

图 2 以脱氮为主的膜生物法工艺流程

6.3.1.3 同时脱氮除磷的膜生物法污水处理工艺流程，见图 3。

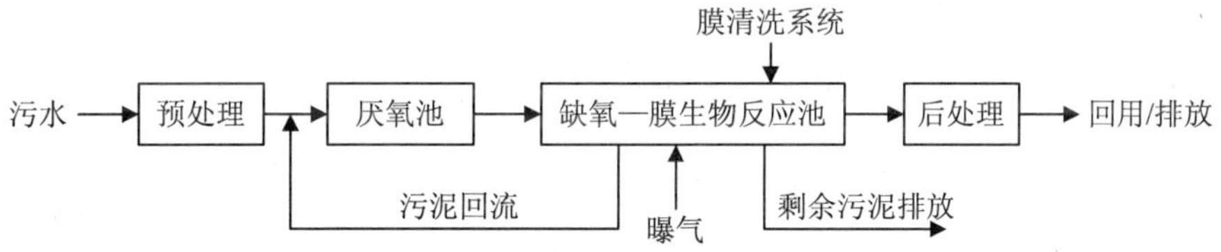

图 3 同时脱氮除磷的膜生物法工艺流程

6.3.2 外（分）置式膜生物法污水处理系统

6.3.2.1 外（分）置式膜生物法污水处理工艺流程，见图 4。

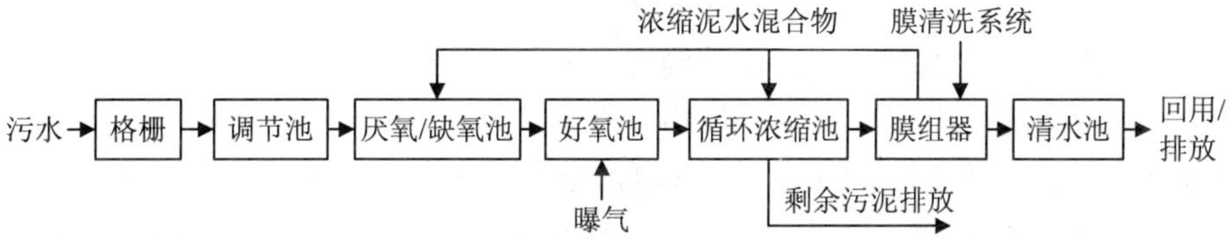

图 4 外置式膜生物法工艺流程

6.3.3 浸没式膜生物反应池的设计计算

6.3.3.1 浸没式膜生物反应池有效容积可按公式（3）、（4）计算：

$$V=\frac{Q(S_o-S_e)}{1\,000\,L_S X_V} \tag{3}$$

$$X_V=X\cdot f \tag{4}$$

式中：V——膜生物反应池的有效容积，m^3；

Q——膜生物反应池的设计流量，m^3/d；

S_o——膜生物反应池进水五日生化需氧量，mg/L；

S_e——膜生物反应池出水五日生化需氧量，mg/L；

L_S——膜生物反应池的五日生化需氧量污泥负荷，$kgBOD_5$/（kgMLVSS·d）；

X——膜生物反应池内混合液悬浮固体（MLSS）平均浓度，gMLSS/L；

f——膜生物反应池内混合液挥发性悬浮固体平均浓度与悬浮固体平均浓度的比值（MLVSS/MLSS），城镇污水一般取0.7～0.8，工业废水应通过试验或参照类似工程确定；

X_V——膜生物反应池内混合液挥发性悬浮固体平均浓度，gMLVSS/L。

注：有脱氮要求的生化反应池的容积计算参照GB 50014。

6.3.3.2 浸没式膜生物反应池水力停留时间宜按公式（5）计算：

$$t=\frac{24V}{Q} \tag{5}$$

式中：t——水力停留时间（HRT），h；

V——膜生物反应池的有效容积，m^3；

Q——膜生物反应池的设计流量，m^3/d。

6.3.3.3 浸没式膜生物反应池污泥负荷与污泥浓度等设计参数应由试验确定。在无试验数据时，可按表2选取。

表2 浸没式膜生物法污水处理的设计参数

膜形式	污泥负荷/[$kgBOD_5$/（kgMLSS·d）]	混合液悬浮固体/（mg/L）	过膜压差/kPa
中空纤维膜	0.05～0.15	6 000～12 000	0～60
平板膜	0.05～0.15	6 000～20 000	0～20

6.3.3.4 浸没式膜生物反应池的超高宜为0.5～1.0 m；生物反应池的设计水温宜为12～38℃，北方地区冬季采取保温或增温措施应符合GB 50014的规定。

6.3.3.5 浸没式膜生物反应池曝气系统设计应符合下列规定：

a）膜生物反应池所需空气由鼓风机提供，通过进气管将空气输入池内曝气管网；

b）膜生物反应池宜采用射流曝气与穿孔曝气相结合的曝气方式，也可采用穿孔曝气与微孔曝气相结合的曝气方式；

c）曝气管网应均匀布置在膜组器的下方，曝气管应密封连接，管路内无杂物；

d）膜表面清洗所需的空气量，应由试验确定。

6.3.3.6 同时脱氮除磷的浸没式缺氧—膜生物污水处理系统，工艺参数应符合下列要求：

a）厌氧池污泥浓度宜为20～25 g/L；溶解氧浓度应不大于0.2 mg/L。

b）膜生物反应池污泥浓度宜为6～12 g/L；膜箱内溶解氧浓度宜为2.0 mg/L，膜箱外溶解氧浓度宜为0.5 mg/L。

c）污泥回流比100%～500%。

6.3.3.7 外置式生物反应池容积、水力停留时间HRT、污泥负荷与污泥浓度、曝气系统等设计参数可参照浸没式膜生物法工程设计，超高宜为 0.3～0.5 m。膜系统设计宜参照下列参数：

a）过滤方式：错流式过滤；

b）膜系统正常运行回收率 10%～15%；

c）膜面流速为 3～5 m/s；

d）膜通量为 40～150 L/（$m^2 \cdot h$）；

e）操作压力为 0.2～0.4 MPa；

f）污泥浓度为 10～40 g/L。

6.3.3.8 外置式膜生物法循环浓缩池，应符合下列规定：

a）容积应能贮存膜系统正常运行 15 min 所必需的水量。

b）污泥沉淀区，深度应有 0.5～1.5 m。底部设有排泥管。

c）进水管和浓水回流管设在上部。

d）大流量循环泵进水口应设在池顶–1～–2 m 处。

6.3.4 污泥系统

6.3.4.1 剩余污泥量可按公式（6）计算：

$$\Delta X = YQ(S_o - S_e) - K_d VX \tag{6}$$

式中：ΔX——产生的剩余污泥量，kg/d；

Y——氧化 1kgBOD 所产生的污泥量，kgMLVSS/kgBOD$_5$；

Q——生物反应池的设计流量，m^3/d；

S_o——膜生物反应池进水五日生化需氧量，mg/L；

S_e——膜生物反应池出水五日生化需氧量，mg/L；

K_d——污泥自氧化速率（d^{-1}），可取 0.04～0.075。

V——膜生物反应池的容积，m^3；

X——生物反应池内混合液悬浮固体平均浓度，gMLSS/L。

6.3.4.2 外置式膜生物法污水处理系统，宜将曝气池混合液直接排入循环浓缩池。并从循环浓缩池底部定期排泥。

6.3.4.3 剩余污泥的排放在条件允许时可增设流量计、污泥浓度计，用于监测、统计污泥排出量。

6.3.4.4 污泥处理和处置应符合 GB 50014 的规定。

6.3.5 后处理

6.3.5.1 对出水的除臭和脱色有严格要求时，可采用活性炭吸附或化学氧化处理。

6.3.5.2 对出水微生物有严格要求时，可采用氯化、紫外线或臭氧消毒。

7 主要工艺设备和材料

7.1 浸没式膜组器

7.1.1 中空纤维膜宜采用帘式或柱式，平板膜宜采用板框式；其膜组器应耐污染和耐腐蚀；膜材料宜选用聚偏氟乙烯（PVDF）或聚乙烯（PE），也可选用聚丙烯（PP）、聚砜（PS）、聚醚砜（PES）、聚丙烯腈（PAN）以及聚氯乙烯（PVC）等；膜的孔径应在 0.01～0.4 μm；在设计条件下，中空纤维膜使用寿命不低于 3 年，平板膜使用寿命不低于 5 年。

7.1.2 选择膜组件应遵循以下原则：

a）纯水通量 120～750 L/（$m^2 \cdot h$）（10 kPa）；

b）膜孔分布均匀，孔径范围窄；

c）抗氧化性强；

d）耐酸碱；

e）机械稳定性好，延伸率小于 10%。

7.1.3 膜的设计运行通量：中空纤维膜可按 12～30 L/（m^2·h）取值；平板膜可按 16～50 L/（m^2·h）取值。

7.1.4 膜组器的结构应简单，便于安装、清洗和检修。焊缝检验应符合 GB/T 12469 的规定。膜组器的支撑材料应防腐，宜选用不锈钢或其他耐腐蚀材料。

7.1.5 膜组器布置

a）平面布置

膜组器应均匀分布于曝气池内，膜组器两边与池壁距离不应小于 300 mm。

b）高程布置

以正常运行时的最低水位为基准，膜组器顶部至水面之间距离不应小于 400 mm；散气管（膜组件底部）至曝气池地面之间距离不应小于 300 mm；应合理设计膜生物反应池内的水流循环通道，使处理水的流向形成通过膜组件的向上流循环。

7.1.6 膜出水系统

7.1.6.1 膜组器可采用抽吸水泵负压出水，也可利用静水压力自流出水，但应保持出水流量相对稳定。

7.1.6.2 应本着高效、节能的原则，选配抽吸泵：

a）设定膜组器的运行频率，即泵间歇运行的开、停时间（如：出水 9 min，停止 1 min）。开停比应通过试验设定。由此计算出膜组器每天实际运行小时数。

b）流量：膜系统设计流量 ÷ 每天实际运行小时数 × 安全系数（安全系数取值 1.2～1.5）。

c）吸程：应包括最大工作膜压 + 管路损失 + 高位差（膜区水面到水泵轴线或管道最高点距离）+ 水泵系统损失（2～3 m）。

7.1.6.3 每台抽吸泵可对应多个膜组器。多台抽吸泵工作时，宜考虑备用原则。

7.1.6.4 小型 MBR 工程宜采用自吸泵，大、中型 MBR 工程宜采用真空泵、气水分离罐和离心泵代替。

7.1.6.5 出水系统应设置在线监测压力表、流量计和浊度仪。

7.1.7 膜清洗系统

7.1.7.1 在线清洗

a）在线清洗系统包括加药泵、药液罐、管路系统、计量控制系统。

b）清洗频次：中空纤维膜每月不宜少于一次，平板膜可 2～3 个月一次。

c）在线清洗药剂宜采用 NaClO（膜制造商有特殊要求的除外），药剂用量按 2.0 L/（m^2 • 次）配制，另加管道容积量。药剂浓度宜为 1‰～3‰。

d）在线清洗时，停止产水；停止曝气；启动反洗泵，30～40 min 把清洗药液全部输入膜内；浸泡 20～30 min；排出废清洗液。废清洗液排入废液储存池或污水预处理池。

7.1.7.2 离线清洗

a）离线清洗设备包括清洗槽、吊装设备、曝气系统；

b）清洗频次：宜半年到一年一次；

c）离线清洗药剂宜采用 NaClO+NaOH（重量比为 1∶1）、柠檬酸，药剂浓度宜为 3‰～5‰（膜制造商有特殊要求的除外）。

d）废清洗液经活性炭或投加亚硫酸氢钠还原处理后，返回预处理装置。

7.1.7.3 应根据膜的机械性能确定膜组器的反冲洗工艺。

7.1.8 曝气系统

7.1.8.1 曝气的风量应同时满足生物处理需氧量和减缓膜组器污染的要求。气水比宜通过试验确定，或参照膜制造商提供的气水比设计。

7.1.8.2 曝气设备应兼有供氧、混合等功能，宜选用射流曝气、鼓风潜水曝气等。

7.1.8.3 射流曝气器应符合 HJ/T 263 的规定；鼓风潜水曝气器应符合 HJ/T 260 的规定。

7.1.8.4 设计风机台数应考虑备用原则。

7.1.9 排泥系统

7.1.9.1 排泥管和污泥泵的设计应符合 GB 50014 的规定。

7.2 外置式膜组器

7.2.1 管式膜组件组装的膜组器，壳体宜由不锈钢或 U-PVC 制造；膜的孔径宜在 0.03～0.5 μm；最高运行温度宜为 60℃；在设计条件下使用寿命应不低于 5 年。

中空纤维膜组件组装的膜组器，壳体宜由 U-PVC 或 PVC 制造；最高运行温度宜为 45℃；膜组器的出水管应设置化学清洗用的清洗液接口。

7.2.2 增压设备

7.2.2.1 由管式膜组装的管式膜系统，宜由大流量循环泵（卧式）推动出水。循环泵的进水流量应为该系统产水流量的 6～9 倍。进水压力宜选择 0.2～0.4 MPa。

7.2.2.2 由中空纤维膜组装的管式膜系统，进水泵宜为卧式离心泵。流量宜为设计进水流量。进水压力宜选择 0.1～0.2 MPa。

7.2.3 膜清洗系统

a）清洗系统宜由药液泵、药液罐、管路系统、计量控制系统组成。

b）清洗频次，宜 30～120 min 反冲洗一次，每次冲洗时间宜为 20～30 s；化学清洗通常每月不少于一次。

c）化学清洗药剂，碱清洗宜采用 NaClO+NaOH（重量比为 1∶1），碱洗药剂浓度宜 1‰～2‰，酸清洗宜采用盐酸或柠檬酸，盐酸浓度宜为 2‰～3‰，柠檬酸浓度宜为 3‰～5‰。

8 检测与过程控制

8.1 检测

8.1.1 设施运行应平稳、可靠，并配置相应的检测仪表和控制系统。根据工程规模、工艺流程、运行管理要求确定检测和控制的内容。

8.1.2 自动化仪表和控制系统应保证处理设施的安全和可靠，方便运行管理。参与控制和管理的机电设备应设置工作和事故状态的检测装置。监控膜系统的压力和流量；进水 pH 值应控制在 6.5～8.5；终端应设置 pH、化学需氧量、悬浮物、流量等检测设备和仪表。

8.1.3 电气柜柜体无变形、漆面无损伤；防护等级 IP55。元、器件选择、内外布线、安全接地保护、设备短路保护、过载保护、绝缘电阻值均应符合 GB/T 3797 的要求。电线、电缆选择应符合 GB 5226.1 的要求。

8.2 过程控制

8.2.1 生物反应池控制

8.2.1.1 生化系统宜设溶解氧检测仪和水位计，大、中型污水处理厂，宜增设污泥浓度计。污泥浓度计宜设置在好氧池平稳段。

8.2.1.2 厌氧池的溶解氧浓度应控制在 0.2 mg/L 以下，缺氧池的溶解氧浓度应控制在 0.2～0.5 mg/L，好氧池的溶解氧浓度不宜小于 2.0 mg/L。

8.2.2 污泥浓度控制

8.2.2.1 浸没式中空纤维膜生物反应池污泥浓度宜控制在 3～10 g/L，平板膜生物反应池污泥浓度宜控制在 6～20 g/L。

8.2.2.2 浸没式缺氧—膜生物反应池污泥浓度宜控制在 6～12 g/L。

8.2.2.3 外置式膜生物处理系统循环浓缩池污泥浓度宜控制在 10～40 g/L。

8.2.3 自动控制系统

8.2.3.1 整套设备系统应采用可编程序控制器（PLC）自动控制加面板按钮操作。

8.2.3.2 大型膜生物污水处理工程应采用集中管理、分散控制的自动控制系统。中、小型膜生物污水处理工程的主要处理工艺单元，应采用自动控制系统。采用成套设备时，设备本身控制宜与系统控制结合。

8.2.3.3 系统控制装置应具有手动和自动两种方式。控制柜面板上应设有水泵、风机、电磁阀等运行状态的显示灯，以及表示膜堵塞的信号灯。

8.2.3.4 系统自动运行时应具有下列功能：

a）膜生物反应池，水位下降到设计低水位时：抽吸水泵自动停止，水位上升至设计高水位时恢复运行；小型（设备化）工程膜生物反应池，水位上升至设计高水位时进水泵自动停止，水位下降到设计低水位时进水泵恢复运行。

b）膜堵塞造成抽吸水泵负压上升至 0.04 MPa 时报警，上升至 0.05 MPa 时抽吸水泵自动停止。

c）自动进行周期性产水和膜清洗。

9 主要辅助工程

9.1 建构筑物

9.1.1 污泥贮存场应符合 GB 18599 的规定。

9.1.2 设计、建设、运行过程中应执行 GBZ 1、GBZ 2 和 GB 12801 的规定。

9.1.3 建构筑物设置防护栏杆并采取防滑措施，应符合 GB 50352 的规定。

9.1.4 小于等于 500 m^3/d 的污水处理宜设备化，宜采用钢结构或其他结构的 MBR 设备。

9.2 电气系统

9.2.1 电压等级与用电负荷

9.2.1.1 高、低压电压等级应与其供电的电网电压等级相一致。接地系统宜采用三相五线制系统（TN-S）。用电负荷为二级负荷。

9.2.2 配电设备布置

9.2.2.1 中央控制室的仪表电源应配备在线式不间断供电电源设备（UPS）。变电所低压配电室的配电设备布置，应符合 GB 50053 的规定。

10 施工与验收

10.1 施工

10.1.1 施工前准备工作

10.1.1.1 应按工程设计图纸、设备图纸等技术文件要求，编制施工方案。

10.1.1.2 应进行施工组织设计，明确施工质量负责人和施工安全负责人，经批准后实施。

10.1.2 工程建设、施工安装和调试，应符合《建设工程质量管理条例》的要求。

10.1.2.1 施工材料、零部件、膜组器等应符合国家现行标准和设计要求，并有供货商的合格证，严禁使用不合格产品。设备安装应符合 GB 50231 的规定。

10.1.2.2 膜组器的安装应做好必要的防护，防止划伤、脱水，且安装后应及时注水。

10.1.2.3 管道工程的施工和验收应符合 GB 50268 的规定；混凝土结构工程的施工和验收应符合 GB 50204 的规定；构筑物的施工和验收应符合 GBJ 141 的规定。

10.1.2.4 各种机电设备安装后按使用说明书试车并满足相关要求。

10.1.2.5 水质在线监测系统的安装应符合 HJ/T 353 的规定。

10.1.2.6 塑料管道阀门的连接应符合 HG 20520 规定，金属管道安装与焊接应符合 GB 50235 的要求。

10.1.3 工程竣工后，建设单位应将有关设计、施工和验收的文件立卷归档。

10.2 验收

10.2.1 工程验收

10.2.1.1 膜生物法污水处理工程竣工验收应执行《建设项目（工程）竣工验收办法》。

10.2.1.2 膜生物法污水处理工程竣工验收具体要求宜参照 GB 50334 执行。

10.2.1.3 泵站、风机房、膜组器等都应按设计的最多开启台数作 48 小时运转试验，水泵和污泥泵的流量和机组功率应作测定，有条件的应测定其特性曲线。

10.2.1.4 进口设备除参照国内标准外，必要时应参照国外标准和其他相关标准进行验收。

10.2.1.5 仪表、化验设备应有计量部门的确认。

10.2.1.6 变电站高压配电系统应由供电局组织电检、验收。

10.2.2 环境保护验收

10.2.2.1 膜生物法污水处理工程投入使用之前，建设单位应向环境保护主管部门提出环境保护设施竣工验收申请。经环境保护主管部门批准后试运行。

10.2.2.2 膜生物法污水处理工程环境保护验收应按照《建设项目竣工环境保护验收管理办法》和工程环境影响评价报告的批复进行。

10.2.2.3 环境保护验收前应结合试运行进行性能测试，性能测试报告可作为工程竣工环境保护验收的技术支持文件。性能测试报告内容包括：

a）按设计流量全流程通过所有构筑物，测试并计算各构筑物的工艺参数；

b）测定膜生物反应池内混合液悬浮固体平均浓度（MLSS）及挥发性悬浮固体平均浓度与悬浮固体平均浓度的比值（MLVSS/MLSS）；

c）膜生物反应池进、出水水质化验，项目包括：pH、SS、色度、COD、BOD_5、氨氮、总氮、总磷、石油类；

d）统计平均每天进水量、用电量和各分项用电量；

e）计算膜生物法污水处理成本（元/吨水）。

11 运行管理

11.1 一般规定

11.1.1 膜生物法处理城镇污水时，污水处理设施的运行、维护及安全管理参照 CJJ 60 执行。

11.1.2 膜生物法污水处理工程在运行前应制订设备台账、运行记录、定期巡视、交接班、安全检查等管理制度，以及各岗位的工艺系统图、操作手册和维护规程等技术文件。

11.1.3 操作人员应熟悉膜生物法处理工艺技术指标和设施、设备的运行要求；经过技术培训和生产实践，并考试合格后方可上岗。

11.1.4 各岗位的工艺系统图、操作手册和维护规程等应示于明显部位，运行人员应按操作手册进行系统操作，并定期检查构筑物、设备、电器和仪表的运行情况。

11.1.5 工艺设施和主要设备应编入台账，定期对各类设备、电气、自控仪表及建（构）筑物进行检修维护，确保设施稳定可靠运行。

11.1.6 运行人员应遵守岗位职责，坚持做好交接班和巡视。

11.1.7 应定期检测进出水水质，并定期对检测仪器、仪表进行校验。

11.1.8 污水处理工程运行中应严格执行经常性和定期安全检查，及时消除事故隐患。

11.1.9 各岗位人员在运行、巡视、交接班、检修等生产活动中，应做好相关记录。

11.2 水质管理

11.2.1 膜生物法污水处理工程应设水质检验室，配备检验人员和仪器。检验人员应经培训后持证上岗，并应定期进行考核和抽检。检验方法应符合 CJ/T 51 的规定。

11.2.2 膜生物法城镇污水处理工程污水正常运行检验项目与周期，应符合 CJJ 60 的规定。

11.2.3 膜生物法有机污水处理工程的检验项目与周期，可参照 CJJ 60 执行。

11.2.4 在线监测系统的运行维护应符合 HJ/T 355 的规定。

11.2.5 应定期检测各生化池的溶解氧浓度和混合液悬浮固体浓度，当浓度值超出规定的范围时，应及时调节曝气量。

11.3 设备管理

11.3.1 通用设备

11.3.1.1 对鼓风机和关键控制元器件（电磁阀、液位控制器）等通用设备进行日常维护。并进行周期性的保养和维护。

11.3.1.2 鼓风机应及时清洗进气口的滤网，同时应检查空气管路上阀门是否开启正常。

11.3.1.3 定期对水泵加注润滑油，更换盘根或检修。同时检查进水管路是否通畅。

11.3.2 膜系统

11.3.2.1 膜系统运行前，须排除膜组件和出水管路中的空气。

11.3.2.2 当污水中含有大量的合成洗涤剂或其他起泡物质时，膜生物反应池会出现大量泡沫，此时可采取喷水的方法解决，但不可投加硅质消泡剂。

11.3.2.3 膜生物反应池出水浑浊，应重点检查膜组器和集水管路上的连接件是否松动或损坏，如有损坏应及时更换。

11.4 生化过程管理

11.4.1 活性污泥的培养和驯化，可分为间歇培养和连续培养：

11.4.1.1 间歇培养：在生物反应池内接种一定量的活性污泥，开启鼓风机曝气，控制溶解氧在 2.0～2.5 mg/L 范围内，随时检测溶解氧、pH 值、MLSS，用显微镜观察生物相变化，检测上清液化学需氧量达到设计去除率时，即培养出成熟的活性污泥。

11.4.1.2 连续培养：生物反应池内有一定量的活性污泥，连续培养数日，活性污泥即可达到设计浓度。

附录 A
（资料性附录）
膜组件完整性检测

膜组件完整性检测的原理：将膜润湿后，在膜丝的一侧加入压缩空气。当空气低于泡点压力时，除有极少量空气流扩散出来外，没有明显的气流通过润湿的膜孔。如果膜存在缺陷（如纤维断裂），则在远低于泡点压力时空气就会自缺陷处溢出。观察在膜丝充满液体一侧出现的连续气泡，或者检测气体一侧压力的变化情况，均可判定膜丝及组件是否完整。

A.1 外置式管式膜组件的完整性检测和修补操作程序如下：

A.1.1 单头产水型外置式管式膜组件检测和补漏操作程序

1）将破损的膜组件从系统上卸下，竖直装到检测架上（产水端在上）。

2）将膜组件内部注满水，保存膜丝处于湿润状态。

3）除去产水端卡箍、端盖和产水管。

4）用塞子将浓水排放口堵住。

5）从进水口通入压力为 0.05～0.1 MPa 的气体。

6）用烧杯均匀加水到膜丝浇铸面上。

7）观察膜丝截面，如果膜丝断裂或者浇铸层泄漏，会有连续不断的气泡从端面上冒出来，据此确认破损的膜丝或者浇铸层泄漏点。

8）泄漏膜丝找到后，关闭气源，用一个圆锥形的塑料胶钉插到泄漏的膜丝口处，把胶钉敲到 2/3 处时，就剪断并敲平，再打开气压阀，倒水到膜丝口上，确认堵漏完好止。如果是浇铸层泄漏，则用环氧胶补漏待环氧胶固化之后再重新通气，确认修补效果。

9）重复步骤 5）～8），直到找到并修补好全部破损膜丝或泄漏点。

A.1.2 双头产水型外置式管式膜组件检测和补漏操作程序

双头产水组件检测和补漏程序与单头产水组件略有不同。双头产水组件设有上下两个产水口。在进行完整性检测时，不仅需要用塞子将浓水排放口堵上，还要堵住进水口、下端产水口，卸下上端产水口端的卡箍和端盖，进行完整性检测，其操作检测步骤与单头产水型步骤 5）～9）相同。当上端产水口浇铸层截面检测、修补完毕，需要将组件装上卡箍和端盖堵上产水口，同时拆下另一个进水口的卡箍和端盖，上下颠倒，对另外一端进行检测和修补。

A.1.3 膜组件整体检漏

1）将产水端卡箍、端盖重新装好；

2）用塞子将产水口、浓水口堵上（对于双头出水型还要堵上进水口）；

3）将组件平放入水槽中，保证膜组件完全浸没在水中；

4）通入压力 0.1 MPa 的气体，观察从组件外壳、各进口处卡具处是否有气泡出来，如果有气泡冒出，标记泄漏点；

5）如果是组件使用不当或超过使用期后造成外壳泄漏，可以用环氧胶修补，或者是各进水口卡具处泄漏，更换密封圈或者密封垫。

6）重复步骤 4）、5），直至组件不再泄漏。

A.2 浸没式中空纤维膜组件的完整性检测和修补操作程序如下：

1）将破损的膜元件从系统上卸下，清除膜表面的污染物。

2）将集水管接口与气源连接。

3）在检测槽中放入适量的 50%甘油水溶液，容积以可以淹没膜丝根部 2 cm 为宜；将集水管朝下垂直放入检测槽中，打开气阀保持气压为 0.05～0.08 MPa，进行膜丝根部检测。

5）仔细观察集水管粘接处、膜丝根部是否有气泡冒出，如果有的话就要进行修补。

6）在检测槽中放入适量的清水，将待检组件浸没其中，通入气体，维持压力为 0.05～0.08 MPa，进行膜组件整体检测。观察有无连续性气泡从组件或者膜丝上冒出。

8）如果膜丝破损，截断膜丝的破损段，用堵漏针将膜丝密封；如果是浇铸层泄漏，则用胶修补。

9）重复 3）～8）操作，直到找到并修补好全部破损的膜丝和泄漏点。

10）将修补好的组件放入水池中，通入压力为 0.05～0.08 MPa 的气体，确认组件不再漏气。

A.3 平板膜组件的完整性检测和修补操作程序如下：

1）从各膜组件的集水管采集水样，通过浊度计或目测判断水样里是否混入污泥，确定有膜片破损的膜组件（膜框架）位置。

2）从池中吊出破损的膜框架，用清水冲洗连接膜片与集水管的软管表面，清除污泥。

3）观察透明软管。膜片破损混入污泥时，软管内壁附着泥色，从而确定破损的膜片。

4）取出破损膜片，更换新膜片。

附录 B
（资料性附录）
膜生物法污水处理工程运行记录表

构筑物	格栅	集水池	调节池	曝气池	风机房	沉淀池
设备名称	格栅机	潜污泵	潜污泵	回流泵	鼓风机	污泥泵
累计运行时间（h）						
功率（kW/h）						
耗电量（kW）						
运行记录						
膜参数记录次数	记录时间	跨膜压差（MPa）	膜通量 [m³/（m²·h）]	膜曝气量（m^3/h）	总曝气量（m^3/h）	反冲洗流量（m^3/h）
一						
二						
三						

膜清洗记录：日期和时间：		进水检测						出水检测			
清洗药剂种类	清洗时间（h）	检测项 / 次数	COD（mg/L）	BOD_5（mg/L）	NH_3-N（mg/L）	SS（mg/L）	检测项 / 次数	COD（mg/L）	BOD_5（mg/L）	NH_3-N（mg/L）	SS（mg/L）
酸溶液		一					一				
碱溶液		二					二				
氧化剂溶液		三					三				
其他		四					四				
清洗前膜通量 [m^3/（m^2·h）]		出水 COD 达标率					出水 BOD_5 达标率				
清洗后膜通量 [m^3/（m^2·h）]		出水 NH_3-N 达标率					出水 SS 达标率				

	化学药品用量（kg）			自来水用水量（t）	每月总功率（kW）	废水总提升量（t）	废水总处理量（t）	COD 总去除量（t）	SS 去除量（kg）	干泥产量（kg）
	N	P	其他							
清洗方式										

中华人民共和国环境保护部

公　告

2012年　第21号

为贯彻《中华人民共和国环境保护法》，规范污染治理工程的建设与运行，现批准《制浆造纸废水治理工程技术规范》等七项标准为国家环境保护标准，并予发布。

标准名称、编号如下：

一、制浆造纸废水治理工程技术规范（HJ 2011—2012）

二、垃圾焚烧袋式除尘工程技术规范（HJ 2012—2012）

三、升流式厌氧污泥床反应器污水处理工程技术规范（HJ 2013—2012）

四、生物滤池法污水处理工程技术规范（HJ 2014—2012）

五、水污染治理工程技术导则（HJ 2015—2012）

六、环境工程　名词术语（HJ 2016—2012）

七、铬渣干法解毒处理处置工程技术规范（HJ 2017—2012）

以上标准自2012年6月1日起实施，由中国环境科学出版社出版，标准内容可在环境保护部网站（bz.mep.gov.cn）查询。

特此公告。

2012年3月19日

HJ

中华人民共和国国家环境保护标准

HJ 2011—2012

制浆造纸废水治理工程技术规范

Technical specifications for pulp and paper industry wastewater treatment

2012-03-19 发布　　　　2012-06-01 实施

环　境　保　护　部　发布

前　言

为贯彻《中华人民共和国环境保护法》和《中华人民共和国水污染防治法》，规范制浆造纸废水治理工程的建设与运行管理，防治环境污染，保护环境和人体健康，制定本标准。

本标准规定了制浆造纸工业废水治理工程设计、施工、验收、运行与维护的技术要求。

本标准为首次发布。

本标准由环境保护部科技标准司组织制订。

本标准起草单位：山东省环境保护科学研究设计院、山东省轻工业设计院、河南省新乡市环境保护科学研究设计院。

本标准环境保护部 2012 年 3 月 19 日批准。

本标准自 2012 年 6 月 1 日起实施。

本标准由环境保护部解释。

制浆造纸废水治理工程技术规范

1 适用范围

本标准规定了制浆造纸工业废水治理工程设计、施工、验收、运行与维护的技术要求。

本标准适用于采用化学制浆、化学机械制浆、机械制浆及废纸制浆工艺的制浆和造纸企业的废水治理工程，可作为环境影响评价、可行性研究、设计、施工、安装、调试、验收、运行与监督管理的技术依据。

2 规范性引用文件

本标准内容引用了下列文件中的条款。凡是未注明日期的引用文件，其有效版本适用于本标准。

GB 3544　制浆造纸工业水污染物排放标准
GB 4284　农用污泥中污染物控制标准
GB 7251　低压成套开关设备和控制设备
GB 12348　工业企业厂界环境噪声排放标准
GB 12801　生产过程安全卫生要求总则
GB 14554　恶臭污染物排放标准
GB 18599　一般工业固体废物贮存、处置场污染控制标准
GB 50009　建筑结构荷载规范
GB 50014　室外排水设计规范
GB 50015　建筑给水排水设计规范
GB 50016　建筑设计防火规范
GB 50019　采暖通风与空气调节设计规范
GB 50033　建筑采光设计标准
GB 50034　建筑照明设计标准
GB 50046　工业建筑防腐蚀设计规范
GB 50052　供配电系统设计规范
GB 50053　10 kV 及以下变电所设计规范
GB 50054　低压配电设计规范
GB 50055　通用用电设备配电设计规范
GB 50057　建筑物防雷设计规范
GB 50069　给水排水工程构筑物结构设计规范
GB 50093　自动化仪表工程施工及验收规范
GB 50108　地下工程防水技术规范
GB 50116　火灾自动报警系统设计规范
GB 50168　电气装置安装工程电缆线路施工及验收规范
GB 50169　电气装置安装工程接地装置施工及验收规范

GB 50187　工业企业总平面设计规范
GB 50204　混凝土结构工程施工质量验收规范
GB 50208　地下防水工程质量验收规范
GB 50231　机械设备安装工程施工及验收通用规范
GB 50236　现场设备、工业管道焊接工程施工及验收规范
GB 50243　通风与空调工程质量验收规范
GB 50254　电气装置安装工程低压电器施工及验收规范
GB 50257　电气装置安装工程爆炸和火灾危险环境电气装置施工及验收规范
GB 50268　给水排水管道工程施工及验收规范
GB 50275　压缩机、风机、泵安装工程施工及验收规范
GB 50334　城市污水处理厂工程质量验收规范
GB 50336　建筑中水设计规范
GBJ 22　厂矿道路设计规范
GBJ 125　给水排水设计基本术语标准
GBJ 141　给水排水构筑物施工及验收规范
GB/T 15562.1　环境保护图形标志　排放口（源）
GB/T 18920　城市污水再生利用　城市杂用水水质
GB/T 19923　城市污水再生利用　工业用水水质
GB/T 28001　职业健康安全管理体系规范
GB/T 50335　污水再生利用工程设计规范
CECS 97　鼓风曝气系统设计规程
CECS 111　寒冷地区污水活性污泥法处理设计规程
CECS 162　给水排水仪表自动化控制工程施工及验收规程
CJJ 60　城市污水处理厂运行、维护及其安全技术规程
HJ 576　厌氧—缺氧—好氧活性污泥法污水处理工程技术规范
HJ 577　序批式活性污泥法污水处理工程技术规范
HJ 578　氧化沟活性污泥法污水处理工程技术规范
HJ 2006　污水混凝与絮凝处理工程技术规范
HJ 2007　污水气浮处理工程技术规范
HJ 2008　污水过滤处理工程技术规范
HJ/T 15　环境保护产品技术要求　超声波明渠污水流量计
HJ/T 92　水污染物排放总量监测技术规范
HJ/T 96　pH 水质自动分析仪技术要求
HJ/T 101　氨氮水质自动分析仪技术要求
HJ/T 242　环境保护产品技术要求　污泥脱水用带式压榨过滤机
HJ/T 247　环境保护产品技术要求　竖轴式机械表面曝气装置
HJ/T 251　环境保护产品技术要求　罗茨鼓风机
HJ/T 252　环境保护产品技术要求　中、微孔曝气器
HJ/T 262　环境保护产品技术要求　格栅除污机
HJ/T 265　环境保护产品技术要求　刮泥机
HJ/T 278　环境保护产品技术要求　单级高速曝气离心鼓风机
HJ/T 279　环境保护产品技术要求　推流式潜水搅拌机

HJ/T 336 环境保护产品技术要求 潜水排污泵

HJ/T 377 环境保护产品技术要求 化学需氧量（COD_{Cr}）水质在线自动监测仪

HJ/T 354 水污染源在线监测系统验收技术规范

HJ/T 369 环境保护产品技术要求 水处理用加药装置

HJ/T 408 建设项目竣工环境保护验收技术规范造纸工业

NY/T 1220.2 沼气工程技术规范 第 2 部分：供气设计

NY/T 1222 规模化畜禽养殖场沼气工程设计规范

QB 1533 制浆造纸企业职业安全卫生设计规范

《建设项目（工程）竣工验收办法》（计建设[1990]1215 号）

《建设项目竣工环境保护验收管理办法》（2001 年国家环境保护总局令 第 13 号）

《污染源自动监控管理办法》（2005 年国家环境保护总局令 第 28 号）

《危险化学品安全管理条例》（2011 年国务院令 第 591 号）

《排污口规范化整治技术要求》（试行）（环监[1996]470 号）

3 术语和定义

GBJ 125 和 GB 3544 中的术语及下列术语和定义适用于本标准。

3.1 制浆造纸废水 pulp and paper industry wastewater

指以植物或废纸等为原料生产纸浆及以纸浆为原料生产纸张、纸板等产品过程中产生的各种废水的统称。其中以植物或废纸等为原料生产纸浆过程中产生的废水称为制浆废水，以纸浆为原料生产纸张、纸板等产品过程中产生的废水称为造纸废水。

3.2 备料废水 raw material preparation wastewater

指制浆前对木材和非木纤维原料进行预处理过程中产生的废水。

3.3 蒸煮废液 cooking waste liquor

指备料后的植物原料经化学蒸煮后，在粗浆洗涤时与纤维分离提取产生的高浓度液体。碱法蒸煮后废液呈黑褐色称为黑液；酸法制浆后废液呈红棕色，称为红液。

3.4 洗选漂废水 washing screening and bleaching wastewater

指在浆料筛选、洗涤和漂白过程中排出的废水。

3.5 纸机白水 white water from paper machine

指造纸过程中从纸机各部位脱出水的总称。

3.6 综合废水 integrated wastewater

指制浆造纸企业产生的与生产直接或间接相关的排入综合废水处理工程内的各种废水的统称，主要有备料废水、洗选漂废水、纸机剩余白水、污冷凝水和厂区生活污水等。

3.7 污泥 sludge

指在制浆造纸废水处理过程中产生的固体与水的混合物或胶体物。

3.8 预处理 classification treatment

指为减轻综合废水处理负荷，回收水资源或有用物质，对制浆造纸生产过程中产生的污染物含量高、回收价值大的废水进行初步净化的过程。

3.9 一级处理 primary treatment

指综合废水处理工程中以沉淀、气浮等固液分离措施为主体的初级净化过程。

3.10 二级处理 secondary treatment

指综合废水处理工程中经一级处理后以生化处理为主体的净化过程。

3.11 三级处理 tertiary treatment

指综合废水处理工程中采用混凝沉淀、氧化等措施进一步去除二级处理不能完全去除的污染物的净化过程。

4 污染物与污染负荷

4.1 废水水量

4.1.1 废水水量可按下式计算：

$$Q = Q_i + Q_j \quad (1)$$

$$Q_i = \Sigma q_i m_i \quad (2)$$

式中：Q——综合废水量，m^3/d；

Q_i——生产废水量，m^3/d；

Q_j——其他废水量，m^3/d，包括地面冲洗水和生活污水等，应参照 GB 50015、GB 50336 等标准确定；

q_i——单位产品生产废水量，m^3/t，可参照附录 A.1 确定；

m_i——各类制浆造纸产品生产量，t/d，应根据企业生产规模和产品方案确定。

4.1.2 最大日最大时废水量等于最大日平均时（生产设计负荷）废水量与变化系数的乘积，变化系数应根据企业生产和废水排放情况确定，无相关资料时，可取 1.1～1.4。

4.2 废水水质

4.2.1 废水水质可按下式计算：

$$C = \frac{W_i + W_j}{Q} \times 1\,000 \quad (3)$$

$$W_i = \sum w_i m_i \quad (4)$$

式中：C——制浆造纸废水污染物质量浓度，mg/L；

W_i——生产废水污染物负荷，kg/d；

W_j——其他废水污染物负荷，kg/d，应参照 GB 50014、GB 50336 等标准确定；

w_i——单位产品生产废水污染物负荷，kg/t，可参照附录 A.2 和附录 A.3 确定。

4.2.2 典型制浆造纸废水水质可参照表 1。

表 1 典型制浆造纸废水水质范围

废水种类	水质指标							
	pH 值	SS/(mg/L)	COD_{Cr}/(mg/L)	BOD_5/(mg/L)	AOX/(mg/L)	总氮[3]/(mg/L)	氨氮[3]/(mg/L)	总磷/(mg/L)
化学浆[1, 4]	5～10	250～1 500	1 200～2 500	350～800	2～26	4～20	2～5	0.5～2
化学机械浆[1, 5]	6～9	1 800～3 800	6 000～16 000	1 800～4 000	0～3	5～10	3～5	1～3
机械浆[1]	6～9	850～2 000	3 200～8 000	1 200～2 800	0～1	4～8	2～5	0.5～1.5
废纸浆[2]	6～9	800～1 800	1 500～5 000	550～1 500	0～1	5～20	4～15	0.5～1
脱墨废纸浆[2]	6～9	450～3 000	1 200～6 500	350～2 000	0～1	3～10	2～6	0.5～1.5
造纸废水[2]	6～9	250～1 300	500～1 800	180～800	0～1	2～4	1～3	0.5～1
说明：（1）除 pH，木浆取中低值，非木浆取高值；（2）除 pH，国产小型纸机取中低值，进口纸机取高值；（3）氨法化学浆废水氨氮和总氮指标分别为 55～150 mg/L 和 60～160 mg/L；（4）化学浆水质指标为制浆废液经化学品或资源回收后的指标；（5）化学机械浆水质指标为高浓度制浆废水未进行蒸发燃烧处理的指标。								

4.2.3 当处理后的废水回用于生产时，废水污染物浓度应考虑回用水中污染物的累积效应。

5 总体要求

5.1 一般规定

5.1.1 制浆造纸企业应根据生产原料和产品种类，采用清洁生产技术，尽量回收能量、化学品、纤维原料和其他副产物，提高废水循环利用率，降低废水污染负荷。

5.1.2 制浆造纸废水治理工程应以企业生产情况及发展规划为依据，贯彻国家产业政策和行业污染防治技术政策，统筹废水预处理与集中处理、现有与新（扩、改）建的关系。

5.1.3 厂区排水系统应采用雨污分流制，位于水体保护要求高或环境敏感地区的企业，宜对地面污染较大区域的初期雨水进行截流、调蓄和处理。

5.1.4 经处理后排放的废水应符合环境影响评价批复文件、GB 3544 和所在地地方标准的要求。

5.1.5 制浆造纸废水治理工程应配套建设二次污染的预防设施，保证恶臭、噪声等满足 GB 14554 和 GB 12348 等相关环保标准的要求。

5.1.6 应按照《排污口规范化整治技术要求》（试行）建设废水排放口，设置符合 GB/T 15562.1 要求的废水排放口标志，并按照《污染源自动监控管理办法》安装污染物排放连续监测设备。

5.2 建设规模

5.2.1 建设规模应根据废水现有水量、水质和预期变化情况综合确定，现有企业的废水治理工程应以实测数据为依据，新（扩、改）建企业的废水治理工程应根据原料种类、产品类别、生产工艺、回用废水的治理程度和回用量，采用类比或物料衡算的方法确定。

5.2.2 制浆造纸废水治理工程建设规模应符合下列要求：

a）格栅渠、集水井、纤维回收间等调节池前的废水治理构筑物按最大日最大时流量计算；

b）调节池及其后的生化池、二沉池等废水治理构筑物按最大日平均时（生产设计负荷）流量计算；

c）回用水工程应根据可利用水的水质、水量和回用环节，经水量平衡和技术经济分析确定；

d）污泥处理与处置工程应按最大日平均时（生产设计负荷）污泥量计算。

5.3 项目构成

5.3.1 制浆造纸废水治理工程由主体工程、辅助工程和生产管理设施构成。

5.3.2 主体工程主要包括废水预处理工程、综合废水处理工程、回用水工程、污泥处理与处置工程、沼气利用工程和恶臭处理工程：

a）废水预处理工程包括备料废水预处理工程、机械浆和化学机浆废水预处理工程等；

b）综合废水处理工程包括废水一级、二级和三级处理系统；

c）回用水工程包括回用水贮存和输配系统；

d）污泥处理与处置工程包括污泥减量处理和最终处置系统；

e）沼气利用工程包括沼气净化、贮存和利用系统；

f）恶臭处理工程包括臭气收集和处理系统。

5.3.3 辅助工程包括电气、供排水和消防、采暖通风与空调、建筑结构等系统。

5.3.4 生产管理设施包括办公用房、值班室等。

5.4 厂址选择和总体布置

5.4.1 厂址选择和总体布置应符合 GB 50014、GB 50187 和 GBJ 22 等标准的相关规定，并满足环境影响评价及其批复文件的要求。

5.4.2 厂址选择应与企业总体布局统筹规划，设置在企业排水系统下游区域，并满足下列要求：

a）厂区应不受洪涝灾害影响，便于废水汇集和排放；

b）厂区应布置在附近居民生活集中区夏季主导风向的下风侧；

c）厂区应有良好的工程地质条件；

d）厂区应方便交通运输，便于水电等能源介质的接入。

5.4.3 总体布置应根据区内各建筑物和构筑物的功能和流程要求，结合厂址地形、气候和地质条件，经技术经济比较确定，并满足下列要求：

a）总平面布置应合理、紧凑，满足施工、维护和管理等要求，并留有发展及设备更换的余地；

b）竖向布置应充分利用原有地形，尽可能做到土方平衡，减少提升次数，降低运行电耗；

c）加药间、污泥处理间等运输量较大的建筑物应靠近道路，并远离人员经常出入的区域；

d）沼气利用工程等需要防火防爆的设施应设置在相对独立的区域，并考虑足够的防护距离；

e）应合理布置超越管线和维修放空设施，并确保不合格的放空水或污泥得到妥善处理和处置；

f）厂区道路的设置应满足交通运输、消防、绿化及各种管线的敷设要求。

6 工艺设计

6.1 一般规定

6.1.1 在工艺设计前，应对废水的水质、水量及变化规律进行全面调查，并进行必要的分析和试验。

6.1.2 应选用技术成熟、处理效率高、节约能源、投资省的处理工艺，确保废水治理工程稳定、可靠、安全运行。

6.1.3 宜将生化处理单元设计成平行的两条线。

6.2 废水减量化技术要求

6.2.1 化学制浆生产系统应采用能源和化学品回收、循环工艺用水等措施降低废水和污染物排放量。

6.2.1.1 碱法化学浆黑液应采用燃烧法碱回收技术回收碱，其工艺设计应符合国家及行业相关标准的规定，并满足以下要求：

a）应设置各种浓缩液体和高温液体的存储调节设施，有效控制制浆废液的偶然排放和事故排放，确保碱回收系统稳定运行；

b）碱回收系统产生的清洁冷凝水应回用于制浆或造纸生产，降低废水排放量；

c）碱回收系统所产生白泥应妥善处理和处置，草浆碱回收白泥宜进行综合利用，可用于生产精制碳酸钙或企业内部锅炉的烟气湿法脱硫等，木浆碱回收系统所产生的白泥应采用石灰再生工艺生产石灰或用于生产精制碳酸钙。

6.2.1.2 亚硫酸铵法化学制浆废液宜采用蒸发浓缩、干燥等技术提取木质素磺酸盐，生产减水剂、黏合剂等综合利用产品，并设置浓缩液体和高温液体的存储调节设施，降低废水污染物的排放。

6.2.1.3 应选用多段逆流洗涤、筛选净化和漂白工艺及先进的配套设备，对洗选漂废水进行分级逆流回用，降低制浆工段排水量。

6.2.2 机械制浆和化学机械制浆生产系统应采用高效洗涤、水循环等措施降低废水排放量，提高废水污染物浓度；其中高浓度化学机械制浆废水可采用蒸发燃烧技术进行处理，降低废水污染负荷。

6.2.3 废纸制浆生产系统应采用清污分流、水循环、纤维回收等措施降低废水排放量。

6.2.4 造纸生产系统应采用白水回收、纸机白水封闭循环等措施降低废水排放量。

6.3 处理工艺选择

6.3.1 制浆造纸综合废水处理工艺流程如图 1 所示：

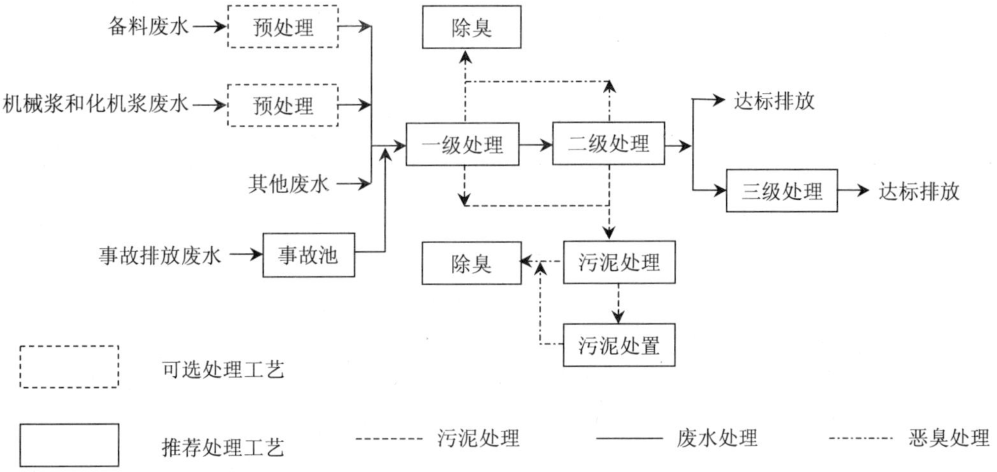

图 1　制浆造纸综合废水处理工程工艺流程

6.3.2　宜根据企业排水情况选用预处理技术降低综合废水处理工程的处理负荷：

a）宜将备料工段排出的废水预处理后回用于备料，剩余部分排入综合废水处理工程与其他废水混合处理；

b）当综合废水处理工程未设厌氧处理单元时，宜将机械浆和化机浆废水预处理后再与其他废水混合进行好氧和三级处理；当综合废水处理工程设置厌氧处理单元时，可将机械浆和化机浆废水直接与其他废水混合处理。

6.3.3　应根据现行的国家和地方排放标准、污染物的来源、性质及排水去向确定综合废水处理工程的处理深度，选择相应的处理工艺。

a）执行 GB 3544 表 1 和表 2 标准的制浆和制浆造纸企业可选择一级 + 二级或一级 + 二级 + 三级处理工艺；

b）执行 GB 3544 表 3 标准的制浆和制浆造纸企业应选择一级 + 二级 + 三级处理工艺；

c）执行 GB 3544 标准的造纸企业宜选择一级 + 二级处理工艺。

6.3.4　废水处理效率应通过试验或类比数据获取，当无相关资料时，可参照附录 B。

6.4　废水处理工艺设计

6.4.1　备料废水预处理

6.4.1.1　备料工段排出的废水应先进行格栅和筛网过滤，去除废水中大颗粒杂质，再采用沉淀或混凝沉淀技术进行处理，以蔗渣为制浆原料的备料废水也可采用厌氧处理技术进行处理。

6.4.1.2　采用沉淀工艺时，表面负荷应为 0.8～1.2 $m^3/(m^2 \cdot h)$，水力停留时间应为 2～4 h。

6.4.1.3　采用混凝沉淀工艺时，混合区宜采用 G 值 300～600 s^{-1}，混合时间 30～60 s；反应区宜采用 G 值 30～60 s^{-1}，反应时间 5～10 min；沉淀区应采用表面负荷 1.0～1.5 $m^3/(m^2 \cdot h)$，水力停留时间 2～3 h。

6.4.1.4　厌氧单元的工艺要求参见 6.4.4.2 条和 6.4.4.4 条。

6.4.2　机械浆和化学机械浆废水预处理

6.4.2.1　机械浆和化学机械浆预处理应采用厌氧为主体的处理工艺，主要工艺流程包括格栅、提升泵房、纤维回收、初沉池、调节池、水温调节和厌氧处理单元。

6.4.2.2　格栅、提升泵房、纤维回收、初沉池、调节池的工艺要求见 6.4.3 条。

6.4.2.3　水温调节的工艺要求见 6.4.4.3 条。

6.4.2.4　厌氧单元的工艺要求见 6.4.4.2 条和 6.4.4.4 条。

6.4.3 综合废水一级处理

6.4.3.1 一级处理主要包括格栅渠、提升泵房、纤维回收间、初沉池（混凝沉淀池或气浮池）和调节池等。

6.4.3.2 应设置粗格栅渠，当不设置纤维回收间或为提高回收纤维质量时，应设置细格栅渠，格栅渠的设计应符合 GB 50014 的规定，并满足以下要求：

a）粗格栅宜采用机械清污格栅，格栅间隙应为 10～20 mm，过栅流速宜为 0.6～1.0 m/s；

b）细格栅宜选用具有自清能力的机械格栅，格栅间隙应为 2～5 mm；

c）格栅渠上部应设置工作平台，其高度应高出格栅前最高设计水位 0.5 m，工作平台上应有安全和冲洗设施。

6.4.3.3 当来水高程无法满足自流进入后续处理构筑物时，应设置废水提升泵站，泵站包括水泵间、集水池和出水设施，其工艺设计应符合 GB 50014 的规定，并满足以下要求：

a）集水池的容积应根据设计流量、水泵能力和水泵工作情况等因素确定，水力停留时间宜采用 10～30 min；

b）集水池池底应设集水坑，倾向坑的坡度不宜小于 0.01，池壁应设置爬梯；

c）集水池宜设置事故溢出口，将事故排水排入事故池；

d）集水池应设冲洗装置，宜设清泥装置；

e）集水池应设置液位控制和报警装置；

f）自然通风条件差的水泵间应设机械送排风系统。

6.4.3.4 当废水中纤维含量较高时，应设置纤维回收间，安装滤筛装置，分离并回收纤维，其工艺要求如下：

a）采用无动力弧形细格栅时，栅缝应为 0.2～0.25 mm；

b）采用重力自流式过滤筛网时，筛网间隙应为 60～100 目，过水能力宜为 10～15 m^3/（$m^2 \cdot h$）；

c）采用旋转过滤机、反切单向流旋转过滤机、机械转鼓细格栅等设备时，栅缝应为 0.2 mm 左右。

6.4.3.5 宜设置初沉池，也可根据进水水质情况设置混凝沉淀池或气浮池，其工艺要求如下：

a）可根据综合废水竖向布置将初沉池（混凝沉淀池或气浮池）设置在调节池前或调节池后；

b）初沉池表面负荷应为 0.8～1.2 m^3/（$m^2 \cdot h$），水力停留时间应为 2.5～4.0 h，可将二沉池剩余污泥回流至初沉池，提高初沉池的污染物去除率；

c）混凝沉淀池宜采用混合区 G 值 300～600 s^{-1}，混合时间 30～120 s，反应区宜采用 G 值 30～60 s^{-1}，反应时间 5～20 min，分离区应采用表面负荷 1.0～1.5 m^3/（$m^2 \cdot h$），水力停留时间 2.0～3.5 h；

d）采用普通气浮池时，气水接触时间应为 30～100 s，表面负荷应为 5～8 m^3/（$m^2 \cdot h$），水力停留时间应为 20～35 min。

6.4.3.6 调节池容积应根据废水的变化曲线采用图解法计算确定，并满足以下要求：

a）调节池的有效容积应容纳大于 4 h 最大日平均时废水量；

b）调节池内应设置混合设施，当设置潜水推进器时，混合功率密度宜采用 4～8 W/m^3，当采用曝气设备（曝气管或曝气器）时，曝气量不宜小于 4 m^3/（$m^2 \cdot h$）；

c）宜在废水进入调节池前设置营养盐投加和 pH 调整设施。

6.4.4 综合废水二级处理

6.4.4.1 当一级处理后废水 COD_{Cr} 质量浓度大于 2 000 mg/L 时，宜采用厌氧＋好氧处理工艺；当一级处理后废水 COD_{Cr} 质量浓度小于 1 200 mg/L 时，宜采用好氧处理工艺。

6.4.4.2 应投加氮（N）磷（P）营养盐，使进入厌氧系统的废水中 BOD_5∶N∶P 达到 200∶5∶1，进入好氧系统的废水中 BOD_5∶N∶P 达到 100∶5∶1。

6.4.4.3 当进入生化系统前的废水温度不利于生化反应时，宜设置温度调节设施（如冷却塔等），控制厌氧生化反应器内的水温在 25～38℃范围内，好氧生化反应池内的水温在 10～35℃范围内。

6.4.4.4 厌氧单元可采用升流式厌氧污泥床（UASB）、内循环升流式厌氧反应器和完全混合式厌氧反应器（CSTR）等工艺，其技术要求如下：

a）进入升流式厌氧污泥床（UASB）和内循环升流式厌氧反应器的进水悬浮物质量浓度宜控制在 500 mg/L 以下；

b）宜控制进入厌氧反应器废水的硫酸根和 COD_{Cr} 质量浓度的比值在 10%以下，硫酸根质量浓度在 450 mg/L 以下，当质量浓度较高时，宜设置预酸化池等措施降低厌氧反应内废水中的 H_2S 质量浓度；

c）预酸化池的 pH 值应为 6.5 左右，水力停留时间宜为 2 h 左右，预酸化产生的 H_2S 气体宜收集后回收利用或净化后排放；

d）厌氧处理系统的主要工艺参数应根据试验和类比资料确定，缺乏相关资料时可参考表 2；

表 2 厌氧生化处理单元主要设计参数

好氧单元类型	反应温度/℃	污泥质量浓度/（g/L）	容积负荷/[$kgCOD_{Cr}$/（m^3·d）]	水力停留时间/h	污泥回流比/%	表面负荷/（m/h）	沼气产率/（$m^3/kgCOD_{Cr}$）
升流式厌氧污泥床	32～35	10～20	5～8	12～20	—	0.5～1.5	0.4～0.5
内循环升流式厌氧反应器	32～35	20～40	10～25	6～12	—	3～8	0.4～0.6
完全混合式厌氧反应器	30～38	5～8	3～6	18～28	100～150	—	0.4～0.5

e）升流式厌氧污泥床（UASB）和内循环升流式厌氧反应器应设置均匀布水装置和三相分离器，反应器分离区出水采用溢流堰出水方式，堰前宜设置浮渣挡板；

f）可采用外循环方式提高升流式厌氧污泥床（UASB）和内循环升流式厌氧反应器内的上升流速，循环量宜根据设定的反应器表面负荷及沼气产量自动调整；

g）升流式厌氧污泥床（UASB）的有效高度一般为 5～7 m，不宜超过 10 m，单座体积不宜超过 2 000 m^3，内循环升流式厌氧反应器高度不宜超过 25 m，单座体积不宜超过 1 500 m^3；

h）完全混合式厌氧反应器（CSTR）后应设置沉淀池，沉淀池表面负荷宜为 0.6～0.8 m^3/（m^2·d），沉淀时间宜为 4.0～6.0 h，采用斜板沉淀池时，其表面负荷可适当提高。

6.4.4.5 好氧单元宜选用有机负荷低、抗冲击能力强的延时曝气活性污泥处理工艺，如氧化沟、带选择区的完全混合曝气、序批式活性污泥（SBR）和两段好氧生化处理工艺等，当处理亚硫酸铵制浆废水时，应采用具有脱氮功能的缺氧/好氧法（A/O）等工艺，其技术要求如下：

a）好氧单元的主要工艺参数应根据试验和类比资料确定，缺乏相关资料时可参考表 3；

表 3 好氧生化单元主要工艺参数[(1)]

好氧单元处理工艺	污泥质量浓度/（gMLSS/L）	污泥负荷/（$kgCOD_{Cr}$/kgMLSS）	容积负荷/[$kgCOD_{Cr}$/（m^3·d）]	水力停留时间/h	污泥回流比/%	污泥沉降比/%	泥龄/d
氧化沟	3.0～6.0	0.1～0.3	0.4～1.2	18～32	60～120	50～80	18～25
完全混合曝气[(2)]	2.5～6.0	0.15～0.4	0.5～1.5	15～30	100～150	30～80	12～20
A/O	2.5～6.0	0.15～0.3	0.5～1.2	15～32	80～150	30～80	15～25

注：（1）当处理以商品浆和废纸浆为主的制浆造纸废水时，容积负荷取中高值，处理以化学浆和化学机械浆为主的制浆造纸废水或经厌氧处理后的废水时，容积负荷取低值；（2）带选择区的完全混合曝气和两段生化处理的后段，其容积负荷按完全混合曝气池工艺选取。

b）当处理亚硫酸铵制浆废水时，生物反应池缺氧区和好氧区的容积宜采用 GB 50014 中的硝化、反硝化动力学公式计算校核；

c）采用氧化沟时，应保持池内泥、水的充分混合，控制沟内平均流速大于 0.3 m/s，采用机械混合方式时，混合功率密度 4～8 W/m^3，同时应满足需氧量的要求；

d）采用带选择区的完全混合曝气池时，选择区水力停留时间应为 30～50 min，区内应设混合设施，采用机械混合方式时，混合功率密度宜大于 6 W/m^3，采用曝气混合方式时，曝气量应大于 3 m^3/（m^2·h）；

e）采用两段好氧生化处理工艺时，前段水力停留时间 1～2.5 h，COD_{Cr} 污泥负荷宜大于 5 kg/（kgMLSS·d）；污泥质量浓度应为 5 000～8 000 mg/L，污泥回流 50%～100%，必要时，池内可设置部分填料；

f）采用 SBR 工艺时，反应池个数宜为 2 个以上，其运行周期宜为 6～12 h，充水比宜为 0.15～0.3，满水位时池内污泥质量浓度应为 3 000～6 000 mg/L，其他参数参照表 3 中的完全混合曝气处理工艺；

g）生物反应池中好氧区的废水需氧量应根据去除的含碳有机物确定（处理亚硫酸铵制浆废水时，还应考虑去除氨氮的需氧量），计算方法应参照 GB 50014 的规定，也可采用 0.6～1.2 kg O_2/kg COD_{Cr} 进行估算；

h）曝气设施的选用应充分考虑制浆造纸废水易结垢的特点，宜选用表面曝气机、转刷、转碟和射流曝气器等防堵塞、易维修的曝气方式；

i）曝气设备应能根据废水水质、水量调节供氧量，20 000 m^3/d 以上规模的处理工程宜能自动调节供氧量；

j）曝气池应考虑设置泡沫阻隔和消除设施，可采用加大曝气池超高、添加消泡剂、喷水消泡和机械消泡等措施。

6.4.4.6 好氧生化反应池（SBR 反应池除外）后应设置二沉池，宜选用辐流式沉淀池，当生化池采用活性污泥工艺时，二沉池表面负荷应为 0.5～0.7 m^3/（m^2·h），固体负荷宜为 60～150 kg SS/（m^2·d）；当生化池采用接触氧化工艺时，二沉池表面负荷应为 0.8～1.2 m^3/（m^2·h）。

6.4.4.7 好氧生化处理各种工艺设计还应符合 CECS 97、CECS 111 和 HJ 578 等标准的相关规定。

6.4.5 综合废水三级处理

6.4.5.1 三级处理宜采用混凝沉淀（气浮）处理技术，其工艺设计应参照 GB/T 50335 的规定，并满足以下要求：

a）混凝剂和助凝剂的种类和投加量应通过实验确定，常用的混凝剂有铁盐、石灰、铝盐及其高分子混凝剂，常用的助凝剂是 PAM；

b）应充分考虑混凝反应过程中 pH 值对药剂投加量和处理效果的影响；

c）混凝工艺的混合区宜采用 G 值 300～600 s^{-1}，混合时间 30～120 s，反应区宜采用 G 值 30～60 s^{-1}，反应时间 5～20 min；

d）沉淀区表面负荷宜为 0.8～1.5 m^3/（m^2·h），水力停留时间宜为 2.5～4 h，采用斜板（管）沉淀池时，其表面负荷可按比普通沉淀池的设计表面负荷提高 1～2 倍考虑；

e）采用普通气浮工艺时，宜采用气水接触时间 30～100 s，表面负荷 6～9 m^3/（m^2·h），水力停留时间 20～30 min；采用浅层气浮时，宜采用有效水深 500～700 mm，池内水力停留 3～5 min；

f）宜采用废水预氧化、混凝剂复配和改性等措施提高混凝沉淀（气浮）的净水效果。

6.4.5.2 当 SS 指标要求较严时，混凝沉淀或气浮后的废水宜进行过滤处理，其工艺要求如下：

a）过滤的进水悬浮物宜小于 30 mg/L；

b）过滤系统可采用各种过滤池和机械过滤器；

c）可采用无烟煤、石英砂、陶粒滤料、聚苯烯泡沫滤珠、金刚砂、纤维球、纤维束等滤料；

d）过滤池设计应参照 HJ 2008 的规定和同类企业运行数据确定，过滤器的选用和工艺设计应根据设备供应商提供的资料和同类企业运行数据确定。

6.4.5.3 混凝沉淀或气浮处理出水达不到水质目标时，可采用高级氧化处理，其工艺要求如下：

a）可采用硫酸亚铁—双氧水催化氧化（也称 Fenton 氧化）法处理经生化处理后的废水，Fenton 氧化包括反应、中和、混凝沉淀（气浮）单元，各单元所采用的设备和材料应具有耐酸碱和抗氧化腐蚀能力；

b）Fenton 氧化法试剂投加量应通过实验确定，氧化反应时间宜为 30～40 min，反应 pH 值应为 3～4；

c）氧化反应后的废水应加碱中和，可采用 NaOH 或 $Ca(OH)_2$ 作为中和剂，中和反应时间宜大于 10 min，综合后的 pH 值应控制在 6～7；

d）反应后的废水应通过沉淀分离出废水中的含铁悬浮物，宜投加 PAM 强化混凝效果，混凝沉淀的技术要求参见 6.4.5.1 条；

e）可采用 Fenton 流化床或回流混凝沉淀污泥的方式降低硫酸亚铁的投加量；

f）为降低铁离子和 SS 的含量，可在 Fenton 氧化法后串联过滤等处理单元技术。

6.4.5.4 经试验验证和技术经济分析，也可采用其他三级处理单元技术中的一种或几种组合，其他单元技术有活性炭吸附、臭氧—活性炭生物滤池、离子交换、超滤、纳滤、反渗透等。

6.4.6 事故池

6.4.6.1 事故池有效容积应能接纳最大一次事故排放的废水总量。

6.4.6.2 事故池内应设置提升泵，宜将事故排放废水均匀排入综合废水处理工程的初沉池或调节池中。

6.4.6.3 事故池底部应设有集水坑，倾向坑的坡度不宜小于 0.01，池壁宜设置爬梯。

6.4.6.4 事故池宜设置混合装置。

6.4.6.5 事故池宜设置液位控制和报警装置。

6.5 废水回用

6.5.1 应根据制浆造纸企业的原料、产品、生产工艺和废水回用环节确定回用水的水质要求，当废水同时作多种用途时，其水质应按最高水质标准确定。

6.5.2 处理后的综合废水可作为制浆工段和废水治理系统部分工序的生产用水、厂区环境保洁及其他用水，其水质标准应根据回用环节参照 GB/T 18920 和 GB/T 19923 等国家标准执行。

6.5.3 回用水贮存、输配和监测系统应符合 GB/T 50335 的规定。

6.6 污泥处理与处置工艺设计

6.6.1 当以去除单位污染物量进行计算时，废水治理工程污泥量及其含水率见表 4。

表 4 制浆造纸废水治理工程污泥产量

污泥类别		污泥产量	污泥含水率/%
初沉污泥/（kgDS/kgSS）	沉淀	1.0	97～98
	混凝沉淀	1.0～1.2	96～97
厌氧剩余污泥/（kgDS/kgCOD_{Cr}）		0.05～0.2	90～99 [(1)]
好氧剩余污泥/（kgDS/kgCOD_{Cr}）		0.3～0.4	99.2～98.5
三级处理物化污泥/（kgDS/kgCOD_{Cr}）		1.5～3.5	98～99

注：（1）内循环升流式厌氧反应器和 UASB 产生的厌氧剩余污泥含水率取低值，CSTR 产生的厌氧剩余污泥含水率取中高值。

6.6.2 备料废水预处理工程中格栅或筛网筛出的废渣可送至厂内锅炉或焚烧炉燃烧，沉淀产生的污泥应采用还田等措施合理处置或输送至综合废水处理工程污泥系统处理。

6.6.3 机械浆和化学机械浆废水预处理和综合废水处理工程中格栅产生的栅渣宜通过机械输送，脱水后合理处置。

6.6.4 污泥处理工艺应根据污泥的最终处置方式确定，其处理工艺包括污泥浓缩、污泥均质、污泥脱水和污泥暂存单元，各单元应符合以下要求：

a）好氧剩余污泥应进行浓缩，可采用重力浓缩、机械浓缩和气浮浓缩工艺，当采用重力浓缩时，污泥固体负荷宜采用 20～40 kg/（$m^2 \cdot d$），浓缩时间不宜小于 16 h，当采用机械浓缩时，应根据设备供应商提供的资料和同类企业运行数据确定；

b）污泥均质池容积应根据各类污泥产量及排泥方案确定，可按 2～4 h 的污泥排放量估算；

c）污泥脱水机械的类型应按污泥的性质、产生量和脱水要求，经技术经济比较后确定，宜选用带式脱水机和离心脱水机，带式脱水机的处理负荷宜采用 100～200 kgDS/（m·h），离心式脱水分离因素宜小于 3 000；

d）当要求处理后污泥含水率较低时，可选用厢式、板框压滤机，宜采用变压进料方式，其操作压力宜控制在 0.5～10 MPa 范围内；

e）污泥在脱水前宜加药调理，药剂种类和投加量应通过试验确定；

f）污泥脱水前的含水率宜小于 98%，污泥脱水后的含水率应小于 80%。

6.6.5 脱水后的污泥应贮存在污泥临时堆场或污泥料仓内，堆场面积及料仓容积应根据污泥清运条件确定，并设置防雨水设施。

6.6.6 污泥处置可采用综合利用、焚烧和填埋等方式，应优先考虑综合利用；农用时应符合 GB 4284 等标准的规定，填埋时应符合 GB 18599 等标准的规定，干化焚烧时应符合国家相关标准的规定。

6.7 沼气利用

6.7.1 应根据厌氧反应器进水水质和沼气产率确定沼气利用系统的建设规模。

6.7.2 宜根据沼气利用途径，对沼气进行脱硫和脱水的净化处理和贮存，其净化、贮存和利用技术应符合 NY/T 1222 和 NY/T 1220.2 中的相关规定。

6.7.3 应结合制浆造纸企业生产及废水治理工程的实际情况进行沼气利用，宜将沼气作为锅炉燃料。

6.8 恶臭处理

6.8.1 应有效控制恶臭污染源，并符合下列技术要求：

a）应优化工艺单元设计，减少废水收集及治理系统臭气的产生和扩散；

b）应定期清理格栅、调节池、污泥浓缩池等工艺单元中的浮渣，及时处置工艺过程中产生的栅渣、污泥等污染物；

c）宜实时投加或喷洒化学除臭剂。

6.8.2 宜对臭气进行收集和处理，并符合下列技术要求：

a）宜采取密闭、局部隔离及负压抽吸等措施，集中收集工艺过程（格栅渠、调节池、污泥池、污泥脱水机等）中产生的臭气；

b）污水泵房、污泥脱水间、加药间等应设置通风或臭气收集设施，并确保排放废气符合现行国家标准的要求；

c）当采用全面通风收集废气时，废气量应按密闭空间的换气次数确定，当采用局部通风收集废气时，废气量宜按断面控制风速确定。

6.8.3 宜采用物理、生物、化学除臭等工艺处理集中收集的臭气，常用的除臭工艺包括吸附、离子氧化、生物过滤等。

7 主要工艺设备和材料

7.1 一般规定

7.1.1 制浆造纸废水治理工程常用的设备包括泵、曝气设备、格栅、刮吸泥机、滗水器、三相分离器、脱水机和加药设备等。

7.1.2 关键设备和材料均应从工程设计、招标采购、施工安装、运行维护、调试验收等环节进行严格控制，选择满足工艺要求、符合相应标准的产品。

7.1.3 应对易腐蚀的设备、管渠及材料采取相应的防腐蚀措施，根据腐蚀的性质，结合当地情况，因地制宜地选用经济合理、技术可靠的防腐蚀材料和方法，并达到国家现行有关标准的规定。

7.2 配置要求

7.2.1 格栅除污机、潜水推进器、表面曝气机、滗水器等宜按双系列或多系列生产线配置。

7.2.2 加药设备应按加入药液的种类和处理系列分别配置，并考虑防腐蚀措施。

7.2.3 厌氧单元应采用防爆型电机设备。

7.2.4 提升泵、鼓风机、转刷、射流曝气器、表面曝气机等大功率设备应配备变频装置。

7.2.5 水泵、污泥泵、鼓风机等连续工作的设备应配置备用设备。

7.2.6 曝气装置、加药装置等宜储备核心部件和易损部件。

7.3 性能要求

7.3.1 格栅除污机应符合 HJ/T 262 的规定。

7.3.2 潜水排污泵应符合 HJ/T 336 的规定，潜水推流搅拌机应符合 HJ/T 279 的规定。

7.3.3 单机高速曝气离心鼓风机应符合 HJ/T 278 的规定，罗茨风机应符合 HJ/T 251 的规定。

7.3.4 竖轴式机械表面曝气机应符合 HJ/T 247 的规定，鼓风式中、微孔曝气器应符合 HJ/T 252 的规定。

7.3.5 刮泥机应符合 HJ/T 265 的规定，吸泥机应符合 HJ/T 266 的规定。

7.3.6 带式压滤机应符合 HJ/T 242 的规定。

7.3.7 加药设备应符合 HJ/T 369 的规定。

8 检测与过程控制

8.1 检测

8.1.1 制浆造纸废水治理工程应设置化验室，按照检测项目配置相应的检测仪器和设备。

8.1.2 应设置在线检测装置为实现过程控制和性能考核提供数据，其检测点分别设在受控单元内或进、出口处，采样频次和检测项目应根据工艺控制要求确定。

8.1.3 应根据水处理单元工艺需要，检测相关的水质参数：

a）应检测废水治理工程进、出口处的流量、pH、COD_{Cr}、氨氮、SS 和色度等指标；

b）厌氧处理单元宜检测反应池内的 pH、水温、挥发性脂肪酸（VFA）、碱度，以及沼气产量、成分等指标；

c）好氧生化单元宜检测反应池内 pH、水温、溶解氧（DO）和污泥浓度等指标；

d）三级处理单元宜根据采用的处理工艺检测反应池内的 pH、水头损失、氧化还原电位（ORP）等指标；

e）应检测格栅渠、集水池、调节池、回用水池、储药池、污泥均质池等的液位指标，检测加药管、污泥管等处的流量指标。

8.1.4 大功率机电设备应检测电流、电压、功率、温度等工作状态指标。

8.1.5 现场检测仪表宜具备防腐、防爆、抗渗漏、防结垢、自清洗等功能。

8.1.6 仪表设计的其他要求可参考 CECS 162 等标准的规定。

8.2 过程控制

8.2.1 控制系统设计应符合国际标准化组织和国家颁布的相关标准。

8.2.2 控制系统应在满足工艺要求的前提下，运行可靠、经济、节能、安全，便于日常维护和管理。

8.2.3 过程控制参数、技术要求和自动化控制水平应根据废水处理规模、水质处理要求、企业经济条件等因素合理确定，并符合以下要求：

a）小型废水治理工程主要处理工艺单元可采用局部自动控制系统，大型废水治理工程应采用集中管理、分散控制的集散控制系统；

b）现场设备应装设现场操作箱，操作箱应设置运行与故障状态指示、手动/自动转换开关；

c）采用成套设备且设备配套控制系统时，设备配套的控制系统应预留必要的通信接口，以实现与全厂控制系统的通信和数据交换。

9 主要辅助工程

9.1 电气

9.1.1 废水治理工程的配电宜按二级负荷考虑，其电源可独立设置，也可由企业变配电室接入。

9.1.2 供配电及工艺设备应可靠接地，宜根据现场分布情况与企业原接地网相连。

9.1.3 配电系统应根据运行功率因数设置无功补偿装置。

9.1.4 电气系统设计的其他要求应符合 GB 50052、GB 50053、GB 50054、GB 50055、GB 7251、GB 50057 等国家标准的规定，照明设计应符合 GB 50034 国家标准的规定。

9.2 供排水和消防

9.2.1 供排水和消防系统应与生产过程统筹考虑，生活用水、生产用水及消防设施应符合 GB 50015 和 GB 50016 等国家标准的规定。

9.2.2 厂区给水管网宜采用生产、消防联合供水系统，生活供水系统宜单独设置。

9.2.3 回用水输配系统应独立设置，其供水管道宜采用塑料给水管、塑料和金属复合管或其他给水管材，并应根据使用要求安装计量装置。

9.2.4 制浆造纸废水治理工程的火灾危险类别属于丁（戊）类（厌氧单元除外），耐火等级的判定应与其相关的生产系统统筹考虑，变、配电间、控制室、化验室应按不低于二级耐火等级设计，其他建（构）筑物的耐火等级应不低于三级；当含有厌氧处理单元时，厌氧单元的火灾危险性为甲类，防火等级应按一级耐火等级设计。

9.3 采暖通风与空调

9.3.1 废水治理工程建筑物内应有采暖通风与空气调节系统，并应符合 GB 50019、GB 50243 等国家标准的规定。

9.3.2 废水治理工程采暖系统设计应与生产系统统一规划，热源宜由厂区供热系统提供。

9.3.3 各类建、构筑物的通风设计应符合下列原则：

a）加盖构筑物应设通风设施；

b）有可能释放有毒和有害气体的建筑物（如加药间、污泥脱水间和化验室等），应根据满足室内最高允许浓度所需换气次数确定通风量，室内空气严禁再循环，有条件宜设有毒有害气体的净化、检测和报警装置；

c）有防爆要求的车间（如沼气控制间等）应设事故通风，事故风机应为防爆型，事故风机可兼作夏季通风用；

d）当机械通风不能满足工艺对室内温度、湿度要求时应设空调装置。

9.4 建筑结构

9.4.1 构筑物设计、施工及验收应符合 GB 50069、GB 50108、GBJ 141 和 GB 50208 等国家标准的规定。

9.4.2 建筑的造型应简洁、新颖，建筑风格宜与周围环境相协调，建、构筑物平面布置和空间布局应满足工艺流程要求，同时应考虑今后生产发展和技术改造的可能性。

9.4.3 厂房建筑的防腐、采光和结构应符合 GB 50046、GB 50033 和 GB 50009 等国家标准的规定。

10 劳动安全与职业卫生

10.1 劳动安全

10.1.1 劳动安全管理应符合 GB 12801 和 QB 1533 的规定。

10.1.2 应按照《危险化学品安全管理条例》的要求管理和使用工艺过程中的化学药剂。

10.1.3 应建立并严格执行安全检查制度，及时消除事故隐患，防止事故发生。

10.1.4 应有必要的安全防护措施和报警装置：

a）应在沼气利用区域设置禁烟、防火标志；

b）应在水处理构筑物设置安全护栏、防滑梯和救生圈；

c）应在各种机械设备裸露的传动部分设置防护罩或防护栏杆；

d）宜在加药间的相应区域设置紧急淋浴冲洗装置；

e）人员进入密闭的水处理构筑物检修时，应先进行强制通风，经过仪器检测，确定符合安全条件时，人员方可进入。

10.1.5 应制定易燃、爆炸、自然灾害等意外事件的应急预警预案。

10.2 职业卫生

10.2.1 应保持操作室空气清新，适合操作人员长期在岗工作。

10.2.2 应加强作业场所的职业卫生防护，做好隔声、减震和防暑、防毒等预防工作。

10.2.3 应向操作人员提供必要的劳动保护用品，以及浴室、更衣室等卫生设施。

10.2.4 职工在加药间、污泥脱水间、风机房等高粉尘、有异味、高噪声的环境下应佩戴必要的劳动保护用具。

11 施工与验收

11.1 工程施工

11.1.1 工程施工应符合国家和行业施工程序及管理文件的要求。

11.1.2 工程设计、施工单位应具有与该工程相应的资质等级。

11.1.3 工程施工应符合施工设计文件、设备技术文件的要求，工程变更应取得设计变更文件后再进行。

11.1.4 工程施工中使用的设备、材料、器件等应符合相关的国家标准，并应取得产品合格证后方可使用，关键设备还应具有产品出厂检验报告等技术文件。

11.1.5 施工单位应遵守相关工程施工技术规范等国家标准的要求。

11.2 工程验收

11.2.1 与生产工程同步建设的废水治理设施应与生产工程同时验收，升级改造的废水治理设施应单独进行验收。

11.2.2 废水治理工程分二阶段进行验收，第一阶段为建设项目竣工验收，第二阶段为建设项目竣工环境保护验收。

11.2.3 废水治理工程应按《建设项目（工程）竣工验收办法》和《建设项目竣工环境保护验收管理办法》进行组织验收。

11.2.4 配套建设的废水在线监测系统应与废水治理工程同时进行建设项目竣工环境保护验收，验收的程序和内容应符合 HJ/T 354 的规定。

11.2.5 废水治理工程相关专业验收的程序和内容应符合 GB 50093、GB 50168、GB 50169、GB 50204、GB 50231、GB 50236、GB 50254、GB 50257、GB 50268、GB 50275、GB 50334、GBJ 141 和 HJ/T 408 等标准的相关规定。

11.2.6 废水治理工程验收应依据主管部门的批准（核准）文件、设计和设计变更文件、工程合同、设备供货合同及合同附件、项目环境影响评价及其审批文件、废水治理工程的性能评估报告、试运行期连续检测数据（一般不少于 1 个月）、完整的启动试运行操作记录、设施运行管理制度和岗位操作规程等技术文件。

12 运行与维护

12.1 一般规定

12.1.1 运行与维护应符合国家现行有关法律、法规，并宜参照 CJJ 60 等相关标准的规定。

12.1.2 未经当地环境保护行政主管部门批准，废水处理设施不得停止运行。发现异常或由于特殊原因造成设施停止运行时，应立即报告当地环境保护行政主管部门。

12.1.3 应配备环境保护专职技术人员和水质监测仪器。

12.1.4 应确保工程设备完好，运行稳定达标。

12.2 人员管理

12.2.1 岗位工作人员应通过培训考核后上岗，使其熟悉设备运行和维护的具体要求，具有熟练的操作技能。

12.2.2 岗位工作人员应定期进行培训，对其掌握废水治理工艺、设备的操作、维护和管理技能进行评估，采取有效措施持续提高其专业技能。

12.2.3 应制定水处理设施的操作规程、工作制度、定期巡检制度和维护管理制度等。

12.2.4 运行人员应按制度履行职责，确保系统经济稳定运行。

12.3 监测

12.3.1 应按 GB 3544 和 HJ/T 92 等标准的规定进行监测。

12.3.2 应对 COD_{Cr}、BOD_5、SS、NH_3、总磷、总氮、AOX 等主要水质指标定期监测，对 COD_{Cr}、NH_3 等重点控制指标实现在线监测，并与监控中心联网；已安装在线监测系统的，也应定期取样，进行人工监测。

12.3.3 宜采用符合 HJ/T 15、HJ/T 96、HJ/T 101、HJ/T 377 等标准规定的监测仪器。

12.4 工艺操作

12.4.1 废水治理工程厌氧生化单元的工艺操作应符合以下要求：

a）应根据进水水质特点及剩余污泥排放情况调整营养盐的投加量，使混合液中营养物含量满足工艺要求；

b）宜通过温度调节设施将反应器内的温度控制在 35℃±2℃；

c）应采取调整系统负荷、投加酸碱等措施控制好反应器内的 VFA、碱度，宜将反应器内混合液

pH 值控制在 6.8～7.6 之间；

d）应提高布水效果，在有效控制反应器出水 SS 质量浓度（宜小于 200 mg/L）的前提下，尽量提高反应器内的污泥浓度。

12.4.2 废水治理工程好氧生化单元的工艺操作应参照 HJ 576、HJ 577 和 HJ 578 等相关标准的规定，并符合以下要求：

a）应根据进水水质变化及时调整曝气量，宜控制缺氧区液面下 0.5 m 处 DO＜0.3 mg/L，液面下 1.0 m 处 DO＜0.2 mg/L；好氧区出水端 DO≥2.0 mg/L；

b）应加强对活性污泥应镜检和观察，控制污泥指数在设计范围内，防止污泥膨胀，当污泥出现不正常现象应及时采取调整措施；

c）应根据混合液浓度调整剩余污泥排放量；

d）应根据总氮去除效果，调整混合液的回流比。

12.4.3 废水治理工程三级处理系统的工艺操作应参照 HJ 2006、HJ 2007 和 HJ 2008 等相关标准的规定，并符合以下要求：

a）应通过小试及时调整药剂投加量，优化混凝效果，宜将反应 pH 值控制在 6.0～7.5 范围内；

b）宜及时调整酸碱、双氧水和亚铁盐投加量，控制 Fenton 反应池内的 pH 和氧化还原电位（ORP）在设计范围内；

c）应及时排出沉淀池（气浮池）内的泥渣，确保泥水分离效果。

12.5 维护保养

12.5.1 废水治理工程应在满足设计工况的条件下运行，并根据工艺要求，定期对各类工艺、电气、自控设备仪表及建、构筑物进行检查和维护。

12.5.2 废水治理工程的维护保养应纳入全厂的维护保养计划中，使各治理装置的计划检修时间与相关工艺设施同步。

12.6 记录

12.6.1 应建立废水治理系统运行状况、设施维护和生产活动等的记录制度，主要记录内容包括：

a）系统启动、停止时间；

b）系统运行工艺控制参数；

c）废水监测数据、废水排放、污泥处理、处置情况；

d）药剂进厂质量分析数据，进厂数量，进厂时间；

e）污泥、栅渣的出厂数量、时间，处置地点、情况；

f）主要设备的运行和维修情况；

g）生产事故及处置情况；

h）定期检测、评价及评估情况等。

12.6.2 应制订统一的记录格式，并按格式填写，确保填写内容准确、及时、完整，不得随意涂改。

12.6.3 所有记录应制定清单，以备查询，对于需长期保存的记录应交档案室存档保管。

12.7 应急措施

12.7.1 应根据生产及周围环境情况，制定各种可能的突发性事故的应急预案，配备人力、设备、通信等资源，使系统具备应急处置的条件。

12.7.2 废水治理工程发生异常情况或重大事故，应及时分析，启动应急预案。

12.7.3 应设置危险气体（甲烷、硫化氢）和危险化学品的应急控制与防护设施。

附录 A
（资料性附录）
制浆造纸废水污染负荷

A.1 制浆造纸废水量

单位产品制浆造纸生产废水量如表 A.1。

表 A.1 典型制浆造纸企业单位产品生产废水量[1, 2] 单位：m^3/t 产品

制浆方法类别	制浆			造纸
	木浆	非木浆	废纸	
化学浆	20～60	50～160	—	—
化学机械浆	10～30	15～40	—	—
机械浆	5～20	10～30	—	—
其他	—	—	5～30	8～40

注：（1）纸浆量以绝干量计；（2）单位产品废水量制浆企业以自产浆为依据，造纸企业以外购商品浆为依据，制浆造纸联合企业以自产浆和外购商品浆的和为依据。

A.2 制浆废水污染物产生量

单位产品制浆生产废水污染物产生量如表 A.2。

表 A.2 典型制浆废水单位产品污染物产生量[1] 单位：kg/t 浆

制浆方法类别		污染物产生量			
		COD_{Cr}	BOD	SS	AOX
化学浆[2]		45～210	15～75	9～120	0.3～7.5
化学机械浆[3]		65～160	15～35	30～50	0～0.2
机械浆		20～100	12～35	15～40	—
其他	非脱墨	15～30	5～12	8～15	—
	脱墨	25～65	8～20	10～25	0～0.2

注：（1）污染物产生量指标木浆取中低值，非木浆取高值；（2）化学浆指标为经化学品或资源回收后的污染物产生量指标；（3）化学机械浆指标为高浓度制浆废水未进行蒸发燃烧处理的污染物产生量指标。

A.3 造纸废水污染物产生量

单位产品造纸生产废水污染物产生量如表 A.3。

表 A.3 典型造纸废水单位产品污染物产生量 单位：kg/t 纸

抄纸种类	污染物产生量			
	COD_{Cr}	BOD	SS	AOX
未涂布印刷/书写纸	7～15	4～8	12～25	0～0.1
涂布印刷/书写纸	12～30	5～9	15～30	0～0.1
纸板	5～15	3～7	2～8	0～0.1
新闻纸	8～20	5～10	10～25	0～0.1

附录 B

（资料性附录）

制浆造纸废水典型治理工艺处理效率

废水治理工艺单元处理效率如表 B。

表 B 典型废水治理工艺单元处理效率

单位：%

处理级别	处理工艺	主要工艺	处理效率			
			COD_{Cr}	BOD_5	SS	AOX
一级	沉淀	格栅、滤筛、初沉池	15～50	5～30	40～75	0～5
	混凝沉淀（气浮）	格栅、滤筛、混凝沉淀（气浮）	50～75	25～40	80～90	25～70
二级(1)	好氧生化	好氧生物反应池、二沉池	60～80	80～95	70～90	35～60
	厌氧—好氧生化	厌氧池、（中沉池）、好氧生物池、二沉池	65～85	85～95	75～90	40～60
三级	混凝沉淀（气浮）(2, 3)	混凝沉淀（气浮）、（过滤）	50～80	40～55	70～90	20～50
	Fenton 氧化	高级氧化、混凝沉淀	80～90	80～90	70～90	80～90

注：（1）制浆废水二级处理效率取中低值，造纸废水二级处理效率取高值；（2）一级处理采用混凝工艺时，三级处理混凝处理效率取低值，一级处理采用沉淀工艺时，三级处理混凝处理效率取中高值；（3）采用常规混凝沉淀时混凝处理效率取中低值，采用强化混凝沉淀时，混凝处理效率取高值。

HJ

中华人民共和国国家环境保护标准

HJ 2012—2012

垃圾焚烧袋式除尘工程技术规范

Technical specifications for bag filters of municipal solid waste incineration

2012-03-19 发布　　2012-06-01 实施

环　境　保　护　部　发布

前　言

为贯彻《中华人民共和国环境保护法》、《中华人民共和国大气污染防治法》、《中华人民共和国固体废物污染环境防治法》和《生活垃圾焚烧污染控制标准》，规范生活垃圾焚烧炉袋式除尘系统的设计、施工、运行和维护管理，防治生活垃圾焚烧烟气污染，保护环境和人体健康，制定本标准。

本标准规定了生活垃圾焚烧炉袋式除尘系统的设计、施工、运行、管理等技术要求。

本标准为首次发布。

本标准由环境保护部科技标准司组织制订。

本标准主要起草单位：中钢集团天澄环保科技股份有限公司。

本标准环境保护部 2012 年 3 月 19 日批准。

本标准自 2012 年 6 月 1 日起实施。

本标准由环境保护部解释。

垃圾焚烧袋式除尘工程技术规范

1 适用范围

本标准规定了生活垃圾焚烧炉烟气袋式除尘系统的设计、施工、调试、验收和运行维护等方面的技术要求。

本标准适用于生活垃圾焚烧炉烟气袋式除尘工程，可作为此类项目环境影响评价、可行性研究、设计、施工、安装工程验收、环境保护验收及运行管理等工作的技术依据。其他固体废物的焚烧炉烟气袋式除尘工程可参照执行。

2 规范性引用文件

本标准内容引用了下列文件中的条款。凡是未注明日期的引用文件，其有效版本适用于本标准。

GB 150 钢制压力容器

GB 2893 安全色

GB 2894 安全标志及其使用导则

GB 4053 固定式钢梯及平台安全要求

GB 4064 电气设备安全设计导则

GB 5083 生产设备安全卫生设计总则

GB 8958 缺氧危险作业安全规程

GB 12801 生产过程安全卫生要求总则

GB 18485 生活垃圾焚烧污染控制标准

GB 50029 压缩空气站设计规范

GB 50034 建筑照明设计标准

GB 50052 供配电系统设计规范

GB 50054 低压配电设计规范

GB 50057 建筑物防雷设计规范

GB 50217 电力工程电缆设计规范

GB 50231 机械设备安装工程施工及验收通用规范

GB 50236 现场设备、工业管道焊接工程施工及验收规范

GBJ 16 建筑设计防火规范

GBZ 1 工业企业设计卫生标准

GBZ 2 工业场所有害因素职业接触限值

GB/T 4200 高温作业分级

GB/T 6719 袋式除尘器技术要求

GB/T 16157 固定污染源排气中颗粒物测定与气态污染物采样方法

HJ/T 284 环境保护产品技术要求 袋式除尘器用电磁脉冲阀

HJ/T 324 环境保护产品技术要求 袋式除尘器 滤料

HJ/T 325 环境保护产品技术要求 袋式除尘器 滤袋框架

HJ/T 327 环境保护产品技术要求 袋式除尘器 滤袋

JB/T 8471 袋式除尘器安装技术要求与验收规范

《建设项目环境保护管理条例》（1998 年国务院令 第 253 号）

《建设项目竣工环境保护验收管理办法》（2001 年国家环境保护总局令 第 13 号）

3 术语和定义

下列术语和定义适用于本标准。

3.1 预涂灰 pre-coating

指袋式除尘器投入运行前，在滤袋表面预置一定量的消石灰粉等碱性粉尘。

3.2 荧光粉检漏 fluorescent leak detection

指利用荧光粉和紫光灯配合检测袋式除尘器泄漏点的过程。

3.3 脱酸 deacidification

指脱除烟气中的氯化氢、氟化氢、硫氧化物等酸性气体。

4 污染物与污染负荷

4.1 袋式除尘系统的主要功能是捕集烟气中的颗粒物。除尘工程的设计，应掌握除尘器入口烟气参数和污染物的种类、数量、成分，包括：烟气量（工况和标况）、烟气压力及波动范围、烟气温度及波动范围（烟气最高温度、烟气最低温度和正常运行温度）、酸露点温度、含湿量、烟气含尘浓度，以及氯化氢、氟化氢、硫氧化物、氮氧化物、氧气等的浓度。除尘器设计依据的入口烟气参数详见附录 A。

4.2 焚烧烟气的污染物负荷可通过工艺计算、测试或类比方式确定。

4.3 烟气进入除尘器之前应先进行脱酸处理，脱酸后酸性气体浓度应符合 GB 18485 的要求。

4.4 除尘工程设计应依据焚烧炉烟气中其他污染物成分的去除工艺。

4.5 除尘器处理烟气量的计算，应考虑调温、增湿、脱酸、活性炭及其他吸附剂喷入导致的烟气量变化，还应考虑焚烧炉超负荷运行导致的烟气量变化。

4.6 除尘器处理烟气量以工况流量计，若为标准状态下的流量，应按式（1）换算为工况流量：

$$Q_1 = \frac{Q_0 P_0 T_1}{T_0 P_1} \tag{1}$$

式中：Q_0——标准状态下的烟气流量，m^3/h；

P_0——标准大气压，101.325 kPa；

T_0——取值 273.15 K；

Q_1——烟气工况流量，m^3/h；

P_1——烟气工况压力，Pa；

T_1——烟气工况温度，K。

5 总体要求

5.1 一般规定

5.1.1 除尘系统设计、施工和运行应满足国家及地方相关法律、法规、技术标准和排放标准的规定。

5.1.2 除尘工程应与焚烧主体工程同时设计、同时施工和同时运行。

5.1.3 除尘系统及设备运行、维护和检修应不影响焚烧炉正常和稳定运行。

5.1.4 除尘后烟尘排放限值应满足 GB 18485 的要求。

5.1.5 在除尘系统建设、运行和检修过程中产生的废气、废水、废渣、噪声及其他污染物的治理与排放，应执行国家环境保护法律、法规和标准的有关规定，防止二次污染。

5.1.6 除尘系统收集的粉尘和更换的滤袋属危险废物，其处理和处置应符合国家相关法规和标准的规定。

5.2 除尘系统构成

5.2.1 除尘系统配置及功能应根据炉型、焚烧量、炉况、垃圾成分、辅助燃料成分、前置的污染物去除工艺、烟气工况、气象条件、操作维护管理等具体情况进行设计。

5.2.2 除尘系统一般包括：袋式除尘器、烟道及阀门、预涂灰装置、卸灰和输灰装置、保温及伴热装置、压缩空气供应系统、检测及过程控制系统、供配电系统等。

5.3 总平面布置

5.3.1 除尘工程主要设备的相对位置和主要管线的布置，应符合焚烧厂总体规划、焚烧厂总平面布置的要求。

5.3.2 除尘工程设计应考虑焚烧厂地下管线敷设，水、电、气、汽接口等因素。

5.3.3 除尘工程应有足够的检修通道、安装空间和运输通道等。

5.3.4 除尘器及其配套设备宜布置在室内。

6 工艺设计

6.1 一般规定

6.1.1 由多台焚烧炉组成的垃圾焚烧厂，应为每台垃圾焚烧炉单独配套袋式除尘系统。

6.1.2 袋式除尘系统适用于干法、半干法烟气净化工艺，除尘器应布置在脱酸装置之后。

6.1.3 除尘系统的风量、阻力等参数应按最大工况烟气量确定。

6.1.4 除尘器运行温度应按照脱酸工艺处理后的烟气温度设计，一般应≥145℃，且应不高于滤料连续使用的最高耐温限值。除尘器运行温度应高于酸露点温度 20℃以上。

6.1.5 除尘器滤袋、防腐涂料、油漆、结构材料、配件、元器件等的选择和选型，应同时考虑最高工作温度和最低工作温度。

6.1.6 室外布置的除尘器，应强化保温、伴热、防风、防雪和防水等措施。

6.2 系统设计

6.2.1 袋式除尘器应采用脉冲喷吹清灰方式。

6.2.2 袋式除尘器过滤速度应根据烟气和粉尘的理化性质、除尘器入口粉尘浓度及滤料特性等确定，宜小于等于 0.9 m/min。

6.2.3 除尘器宜在 1 300～2 000 Pa 阻力范围内运行。

6.2.4 除尘器进、出口烟道应设置非金属补偿器。

6.2.5 除尘系统烟道风速宜按 12～16 m/s 设计。

6.2.6 除尘器前、后烟道测试孔的设置应符合 GB/T 16157 的规定。

6.2.7 输灰系统宜采用机械输灰方式。

6.2.8 卸灰和输灰装置应严密，避免粉尘泄漏；应采用连续工作方式，避免灰斗积灰。

6.2.9 除尘器灰斗、卸灰和输灰设备应防止粉尘吸湿和板结，宜采用电或蒸汽为热源的伴热装置。

6.2.10 除尘器、烟道和蒸汽管道应进行保温和外饰，保温层厚度应不小于 100 mm，并保证外表温度不高于 60℃。

6.2.11 除尘系统和设备的操作、检修和测孔部位应设置必要的照明、梯子、平台、栏杆。测孔位置应就近设电源插座。

6.2.12 除尘器顶部宜设起吊装置。起吊重量不小于检修部件的最大重量。

7 主要工艺设备和材料

7.1 袋式除尘器的设计和选型

7.1.1 袋式除尘器过滤面积按式（2）计算：

$$S=\frac{Q}{60V} \tag{2}$$

式中：S——过滤面积，m^2；

Q——最大工况烟气量，m^3/h；

V——过滤速度，m/min。

7.1.2 除尘器宜设置若干独立的过滤仓室，其数量不宜少于 4 个。各过滤仓室进、出口应设置切换阀门。过滤仓室可采用单列或双列方式布置，根据仓室数量和总平面布置要求确定。

7.1.3 除尘器宜采用在线清灰方式；若采用离线清灰，除尘器过滤面积、过滤风速和运行阻力的确定，应考虑清灰仓室关闭时过滤面积减少的影响。

7.1.4 除尘器宜能够在焚烧炉不停机条件下，隔离任一过滤仓室进行检查和维修。

7.1.5 切换阀门应可靠、灵活和严密，漏风率应小于 1%。阀板应具有良好的刚性，不变形、不卡死。应具有自动和手动操作、阀位识别和流向指示等功能。

7.1.6 除尘器的漏风率应小于等于 2%。

7.1.7 除尘器本体内部应光滑平整，箱板交角的内侧应做成圆弧状，避免箱体内存在严重积灰的处所。

7.1.8 除尘器的结构应便于更换滤袋。

7.1.9 除尘器应设气流分布装置，使含尘气流均布，并防止其冲刷滤袋。

7.1.10 除尘器灰斗应设置料位计、破拱装置、检修门、手动插板阀、卸灰阀。

7.1.11 灰斗斜壁与水平面的夹角不得小于 65°。灰斗相邻壁板交角的内侧应做成圆弧状。灰斗排灰口尺寸应大于等于 400 mm×400 mm。

7.1.12 除尘器本体结构、支架和基础设计应考虑恒载、活载、检修荷载和地震荷载等，并按危险组合进行设计。布置在室外的除尘器还应考虑风载和雪载等。

7.1.13 除尘器箱体结构的耐压强度应根据工艺要求设计，其值应不低于引风机铭牌全压的 1.2 倍。

7.1.14 设计除尘器钢结构时，框架按常温考虑，除尘器本体按 300℃考虑。

7.1.15 除尘器本体与支架、平台等结构件的连接部位，应加非金属隔热材料。

7.1.16 除尘器过滤仓室之间的隔板应采用隔热结构。

7.1.17 除尘器的上箱体、中箱体、灰斗和烟道内表面应喷丸（砂）除锈，除锈等级应不低于 Sa2 $\frac{1}{2}$ 等级，并涂装防腐材料，防腐材料耐温限度应高于除尘器最高运行温度。

7.1.18 人孔门、检修门应采用保温结构。

7.1.19 除尘器的梯子、平台和栏杆应符合 GB 4053 的规定。梯子、平台及栏杆应设踢脚板。

7.1.20 除尘器的花板应平整、光洁，不应有挠曲、凹凸不平等缺陷。花板平面度偏差不大于其长度的 2/1 000。花板孔中心与加工基准线的偏差应小于等于 1.0 mm，且相邻花板孔中心位置偏差小于 0.5 mm。花板孔径偏差为 0～0.2 mm。花板厚度应大于等于 6 mm。

7.2 袋式除尘器滤料、滤袋及滤袋框架

7.2.1 除尘器用滤料应符合 GB/T 6719、HJ/T 324 的规定。

7.2.2 应依据烟气温度、成分和化学腐蚀性，选择耐高温、耐腐蚀滤料，如 PTFE、玻纤等。

7.2.3 除尘器用滤袋应符合 GB/T 6719、HJ/T 327 的规定。

7.2.4 在滤袋正常适用条件下，2 年自然年限内，滤袋破损率应小于等于 5%。

7.2.5 除尘器用滤袋框架应符合 HJ/T 325 的规定。

7.2.6 滤袋框架应依据烟气温度、成分和化学腐蚀性，选用耐高温、耐腐蚀材料制作，或进行耐高温、耐腐蚀表面处理。

7.2.7 滤袋框架应由专用焊接设备制作，具有足够的强度和刚度，焊点应牢固、平滑，不得有裂痕、凹坑和毛刺，不允许有脱焊和漏焊。

7.2.8 当滤袋框架为多节结构时，接口部位不得对滤袋造成磨损，接口形式应便于拆、装。

7.2.9 滤袋与花板袋孔的配合应严密。滤袋与滤袋框架应有适宜的间隙。滤袋及滤袋框架应在花板、滤袋及框架三者预装配合格后方可批量生产。

7.3 袋式除尘器清灰装置

7.3.1 除尘器清灰装置应包括脉冲阀、气包和喷吹管等部件。

7.3.2 脉冲阀的技术要求、试验方法、检验规则、包装、标志、贮存和运输应执行 HJ/T 284 的有关规定。

7.3.3 脉冲阀的选型应依据滤袋的直径、长度、数量、形状及所需喷吹气量等因素确定。

7.3.4 淹没式脉冲阀宜水平安装，其输出口应与阀体同心，不得偏移和歪斜。输出口应与阀座平行。

7.3.5 在压缩空气品质和供气压力符合脉冲阀技术要求的情况下，膜片正常使用寿命应大于 5 年。

7.3.6 喷吹管应有可靠的定位和固定装置，便于安装和拆卸。

7.3.7 气包的设计、制造、检查和验收应符合 GB 150 的规定。

7.3.8 气包底部应设排污阀。

7.3.9 气包制造完成、检验合格后，应清除内部的焊渣等杂物，将脉冲阀安装就位，逐个进行喷吹试验，确认喷吹正常。

7.3.10 气包和喷吹管与上箱体组装时，应严格保证喷吹管与花板平行，并使喷嘴的中心线与花板孔中心线重合，其位置偏差应小于 2 mm。

7.3.11 清灰装置、上箱体、花板宜在工厂制作组对后整体出厂。出厂发运前，应封堵气包的所有孔口，避免杂物进入。对脉冲阀及电磁阀应有防雨、防撞等保护措施。

8 检测与过程控制

8.1 检测

8.1.1 除尘系统应检测的内容及要求

8.1.1.1 除尘器出口烟尘浓度检测、显示及超限报警。

8.1.1.2 除尘器进、出口压差检测，并显示及超限报警。

8.1.1.3 除尘器进、出口烟气温度检测，并显示及超限报警。

8.1.1.4 气源压力检测、显示及超限报警。

8.1.1.5 灰斗料位检测、显示及超限报警。

8.1.1.6 灰斗温度检测、显示及超限报警。

8.1.2 除尘系统选择性检测的内容及要求

8.1.2.1 烟气流量检测、显示。

8.1.2.2 除尘器出口压力检测、显示及超限报警。

8.1.2.3 出口烟气主要气态污染物浓度检测、显示及超限报警。

8.1.2.4 清灰脉冲阀故障检测、显示及报警。

8.1.2.5 清灰周期及间隔显示。

8.1.3 除尘器进、出口总管应设置压差变送器，或分别设置压力变送器。

8.1.4 每个过滤仓室宜设置压差检测装置。

8.1.5 压缩空气管路的减压阀后应设置压力变送器。

8.1.6 除尘器温度测点应设置在除尘器进、出口直管段，至少应有不少于 2 个以上的测点。除尘器灰斗加热温度测点应置于灰斗壁外侧。

8.1.7 每个灰斗应设置高料位开关，并有料位开关防护措施。

8.1.8 除尘系统及其主要参数宜集中在一个画面上，运行参数的更新时间不大于 1 s。

8.1.9 位于含尘烟道内的一次元器件应有防磨保护措施。管道压力测孔应有防堵措施。

8.1.10 检测仪器、仪表应按照国家或行业相关标准定期校验、标定。

8.2 控制

8.2.1 除尘系统的自动控制设计应按国家及行业标准、规范、规程的规定执行。

8.2.2 对除尘系统应能实现自动控制和手控操作。

8.2.3 除尘系统的电动及气动装置应设置就地控制箱，并设手动/自动转换开关。

8.2.4 除尘监控系统宜按双电源、双网络冗余配置。

8.2.5 除尘系统应控制的内容

8.2.5.1 除尘器启动、运行、停机连锁控制。

8.2.5.2 除尘器进、出口压差控制。

8.2.5.3 除尘器清灰自动控制。

8.2.5.4 灰斗加热系统连锁控制。

8.2.5.5 除尘器卸、输灰系统连锁控制。

8.2.5.6 清灰气源供应系统自动控制。

8.2.6 除尘系统的自动控制方式主要有两种：DCS 远程集中连锁控制；PLC 可编程控制器+HMI（人机界面）就地单独连锁控制。

8.2.7 除尘器清灰应具备定压差和定时两种控制模式，并可互相转换。

8.2.8 自动控制系统应具备异常状态信号显示或画面报警的功能。

8.2.9 自动控制系统应具备储存、打印除尘系统主要运行参数的功能，储存时段不少于 1 年。

8.2.10 控制柜应有防止小动物入侵的措施。

9 主要辅助工程

9.1 供配电

9.1.1 除尘工程的供配电设计应按 GB 50034、GB 50052、GB 50054、GB 50217 等国家及行业规范、标准、规程的规定执行。

9.1.2 除尘系统用电属厂用 I 类负荷，应设置独立的工作电源和备用电源，宜采用手动切换。所需电源应为交流 380V/220V，50Hz，三相四线或三相五线制。当电源电压波动范围不超过±10%时，所有电气设备和控制系统应能正常工作。

9.1.3 除尘工程自动监控系统的供电按 I 类要求，由交流不停电电源提供一路备用电源，必要时为检测及控制系统设置 UPS 不间断电源。

9.1.4 除尘器应有可靠的接地，与接地网的连接点不得少于 4 个，接地电阻应小于 4 Ω。

9.1.5 除尘器应有照明，采用防腐、防尘、防水灯具。需照明的区域为：除尘器顶部平台、灰斗卸灰和输灰平台、楼梯平台、检修平台、现场操作箱等。重要的场合设置事故照明。检修照明电源采用安全电压（24V）。

9.1.6 电气设备应有安全保护装置，室外电气、热控设备应采取防护措施。

9.1.7 低压配电柜宜有备用回路。

9.1.8 过热负荷元件的选择应以电动机数据为依据，并与断路器的脱扣器整定值相配合，接地保护附件按需设置。

9.1.9 除尘器本体应设置检修电源。

9.1.10 除尘器范围内电缆宜采用防腐桥架敷设。

9.1.11 动力电缆、控制电缆和信号电缆均应选用阻燃型。

9.2 压缩空气供应系统

9.2.1 当垃圾焚烧厂不具备压缩空气源或供气参数不满足脉冲喷吹类袋式除尘器清灰和气动装置的需求时，应配置专用的空压机。空压机应有备用，并采用同一型号。

9.2.2 压缩空气供应系统的设计应符合 GB 50029 的要求。

9.2.3 供给除尘器清灰的压缩空气应为仪表用气，且参数稳定，经过脱水、干燥、除油、过滤处理，露点温度应比工作环境或当地极端最低气温至少低 10℃，过滤精度＜5 μm。供气温度≤55℃。

9.2.4 压缩空气流量应满足清灰需求，总管内气体流速应小于 15 m/s，总管直径不得小于 DN50。

9.2.5 压缩空气管路的阀门和仪表应设在便于观察、操作和检修的位置。

9.2.6 减压阀应有旁通装置，其出口设压力表。

9.2.7 储气罐底部应设自动或手动放水阀。

9.2.8 储气罐与供气总管之间应设切断阀。各气包的进口应设切断阀。

9.2.9 压缩空气管道宜架空敷设，在寒冷地区应采取保温或伴热措施。

9.2.10 储气罐应尽量靠近用气点，从储气罐到用气点的管线距离不宜超过 50 m。

9.2.11 压缩空气管道的连接应采用焊接，设备和附件的连接可采用螺纹或法兰连接。

10 劳动安全与职业卫生

10.1 除尘系统在设计、施工和运行过程中，必须高度重视职业卫生和劳动安全，严格执行国家有关法律、法规及 GBZ 1、GBZ 2、GB 2893、GB 2894、GB 4064、GB 50057、GB 5083、GB 12801 和 GBJ 16 等标准、规范的规定。

10.2 应根据除尘工艺特征和具体要求，制定岗位安全操作规程。

10.3 操作人员和维修人员必须经过安全培训，考核合格后上岗，并应定期进行教育培训。

10.4 除尘系统运行时严禁开启除尘器的检修门和人孔门。开启检测孔时，应注意操作人员及仪器、仪表的安全防护，并严格避免异物吸入除尘器及烟道。

10.5 检修和进入除尘器、烟道内部必须严格执行工作票制度。

10.6 设备检修前，应切除设备的气源、电源，并挂合闸警示牌或设专人监护。

10.7 人员进入除尘器中箱体和灰斗前，必须排空灰斗存灰。

10.8 在除尘器、烟道内部作业，应严格按照 GB/T 4200 和 GB 8958 的规定对仓室和烟道进行通风和冷却。

10.9 每次进入除尘器箱体、烟道的人员，不能少于 2 人，外部应有专人监护。

10.10 除尘系统运行、检修和维护过程中，应该采取安全防护措施，人员应配备防尘器具，避免人体直接接触粉尘。

11 施工与验收

11.1 除尘系统安装

11.1.1 一般规定

11.1.1.1 除尘系统安装应遵循 GB 50231、JB/T 8471 等国家及行业技术标准、规范的要求。

11.1.1.2 设计人员应在施工前向施工单位进行充分的图纸和施工技术交底，施工人员应经过安全教育和培训。

11.1.1.3 应在施工条件（水、电、气、道路、施工机具和材料占地等）具备后方可施工。

11.1.2 安装前校验工作

11.1.2.1 校验除尘器等设备基础，检查内容及校验允许偏差按 JB/T 8471 的要求执行。

11.1.2.2 所有钢结构件安装前应经校验，校验内容包括零部件名称、材料、数量、规格和编号等。

11.1.2.3 拼装或安装前，应对变形的钢结构件进行矫正，校验和（或）矫正几何尺寸偏差、几何形状偏差、焊接质量。对单根立柱和横梁应进行校验，校验其直线度偏差、端面与中心线的垂直度偏差。

11.1.2.4 拼装或安装前，应按图纸要求核对各组件的尺寸及安装位置。

11.1.3 除尘器焊接一般要求

11.1.3.1 焊接施工应符合 GB/T 50236 的规定。焊条型号、焊缝高度必须符合图纸要求。不得有漏焊、虚焊、气孔和砂眼等缺陷。

11.1.3.2 花板、灰斗、箱体焊接完毕后，应清除焊渣并做煤油渗透检验，对不合格处及时整改。

11.1.4 除尘器本体结构安装要求

11.1.4.1 立柱的中心定位应从纵、横两方向同时测定各柱的垂直度，其偏差应在允许范围内。若偏差较大，可在柱脚底板下面设置垫板调整。

11.1.4.2 立柱框架成型后应测量中心定位及平、立面各对角线的尺寸，其偏差应符合 JB/T 8471 的要求。

11.1.4.3 对已就位的灰斗进行中心线校核，偏差符合要求方可焊接。

11.1.4.4 对中箱体立柱、横梁、圈梁所形成的框架，须测量中心定位及平、立面各对角线的尺寸，检查合格后方可焊接。

11.1.5 卸灰和输灰设备安装要求

11.1.5.1 设备结构安装完成后应进行内部清扫，检查合格后安装卸灰阀。灰斗、卸灰阀和插板阀的法兰之间衬密封垫，做到紧固不漏灰。

11.1.5.2 对已安装就位的输灰设备应进行中心线校核，偏差符合要求方可焊接和固定。设备和部件的法兰之间衬密封垫，做到紧固不漏灰。

11.1.6 滤袋及滤袋框架安装要求

11.1.6.1 对上箱体内部的灰渣必须清扫干净，检查合格后方可安装滤袋。

11.1.6.2 滤袋安装时严禁动火、吸烟。

11.1.6.3 滤袋安装结束，应逐个检查袋口安装质量，确认无误后方可安装滤袋框架。

11.1.6.4 滤袋框架安装时，应逐个检查框架质量，剔除变形或脱焊者。滤袋框架安装完成后应调整滤袋底部间距。

11.1.7 压缩空气供应系统安装要求

11.1.7.1 压缩空气系统安装按 GB 50236 的有关规定执行。

11.1.7.2 施工前应对管道、阀门等附件进行清扫、排水。

11.1.7.3 压缩空气管道焊接完成，应以压缩空气将管道内部的杂物吹扫干净后，方可安装阀门等管道配件，将管道接至除尘器的气包。

11.1.7.4 压缩空气管路安装后应进行耐压试验，以肥皂水或检漏液检查。试验压力 0.7 MPa，保持 10 min。

11.1.8 电气及热工仪表安装要求

11.1.8.1 安装前应检查控制柜、现场操作箱（柜）等电气设备的型号、规格、数量、附件、说明书、出厂检验合格证、装箱单等。

11.1.8.2 安装完毕的控制柜应稳固，柜门和检修门应开、闭自如，没有卡塞现象。

11.1.8.3 桥架的敷设应整齐、平直。桥架间的连接、桥架与支架的固定牢固。桥架必须可靠接地。

11.1.8.4 线管的敷设应整齐、平直。线管必须可靠接地。

11.1.8.5 电线、电缆穿管的中途不应过紧和存在接头，应留有充分的余量。

11.1.8.6 热工仪表应经标定、校准，取得合格证后方可安装。

11.2 除尘系统调试

11.2.1 调试前必须编写调试大纲。

11.2.2 单机调试

11.2.2.1 单机调试应按下列顺序进行：先手动，后电动；先点动，后连续；先低速，后中、高速；先空载，后负载。

11.2.2.2 检查各阀门，应动作灵活，开、关动作到位，转向正确。调试工作完成后，阀门应处于设定的启/闭状态。

11.2.2.3 调试系统和设备的温度、压力、料位等检测装置，所测物理量应与输出信号相吻合。

11.2.2.4 调试各单机设备，确认运行状况和电机电流正常。

11.2.3 电气及热工仪表自动控制系统调试

11.2.3.1 分别测试和调试各控制柜、现场操作箱（柜）和各控制对象，确认接线及性能合格。

11.2.3.2 调试清灰程序和清灰制度。喷吹脉冲阀的数量、脉冲时间、间隔、周期和顺序应符合要求。

11.2.3.3 调试各运行模式的控制程序，逻辑关系应符合要求。

11.2.4 除尘系统冷态联动试车条件

11.2.4.1 冷态联动试车前应完成各有关设备的单机调试。

11.2.4.2 冷态联动试车前，烟道、压缩空气系统、输灰系统应具备联动试车条件。烟道和除尘器内均已彻底清扫，不存有杂物。

11.2.4.3 除尘器的人孔门和检修门全部关闭严密。

11.2.4.4 运行操作人员到位。

11.2.5 冷态联动试车操作流程

11.2.5.1 系统中所有的控制设备和热工仪表受电。

11.2.5.2 压缩空气供应系统启动。

11.2.5.3 卸、输灰系统启动。

11.2.5.4 检查阀门动作情况，完成后复位。除尘器前后烟道阀门应处于开启状态。

11.2.5.5 引风机启动。

11.2.5.6 清灰系统启动。

11.2.6 各控制对象的动作应符合控制模式的要求。确认运行程序、连锁信号、运行信号、报警信号、仪表信号准确，逻辑关系正确。

11.2.7 冷态联动试车时间不少于 120 min。

11.2.8 测试各种技术参数，做好试车记录。

11.3 除尘器检漏和预涂灰

11.3.1 对新建的除尘器、批量换袋后的除尘器，在除尘器热态运行前必须检漏。检漏内容包括除尘器的焊缝和滤袋接口等。宜采用荧光粉检漏技术。

11.3.2 滤袋检漏应采用无毒荧光粉。荧光粉应密封保存，避免吸潮。

11.3.3 荧光粉投入前，先停止除尘器清灰程序。荧光粉从除尘器入口烟道的孔口加入。

11.3.4 荧光粉加入完毕后，停止风机运行，在除尘器上箱体内以紫外灯检查泄漏点。

11.3.5 发现泄漏点应采取消缺措施，消缺后应重新检漏，直至泄漏点完全消除。检漏和消缺过程中，应对滤袋、滤袋框架和箱体内涂装采取保护措施，若有损坏应及时更换或整改。

11.3.6 对新建的除尘器、批量换袋后的除尘器或长期停运的除尘器，在除尘器热态运行前必须对滤袋预涂灰，确保滤袋表面形成预涂层。

11.3.7 机组发生故障紧急停炉、故障排除后重新点火，除尘器可不预涂灰。

11.3.8 预涂灰宜采用消石灰等碱性粉剂。按过滤面积计，预涂灰量为 100～150 g/m^2。

11.3.9 宜将过滤仓室数分为 2 组或 3 组，逐组进行预涂灰。当有仓室预涂灰时，其余仓室的进、出口切换阀应处于关闭状态。

11.3.10 预涂灰应连续进行。预涂灰完成后应检查效果，确保预涂粉剂均匀覆盖滤袋表面。

11.4 工程验收和环保验收

11.4.1 除尘工程验收分为两个阶段，第一阶段为安装工程（竣工）验收，第二阶段为环保验收。

11.4.2 袋式除尘工程验收及竣工资料编制参照相关标准和规范执行。

11.4.3 与生产工程同步建设的除尘工程应与生产工程同时验收；在役生产设备配套或改造的除尘设施应单独验收。

11.4.4 除尘工程应按本标准和 GB 18485、GB 50231、GB 50236、GB/T 6719、JB/T 8471 以及各类设备验收标准的规定进行性能测试及验收。

11.4.5 除尘工程的仪表与自动化控制装置验收按供货商提供的安装调试、验收规定执行，并应符合国家标准。

11.4.6 除尘工程的电气装置验收应符合国家有关部门的标准。

11.4.7 除尘工程的土建设施验收应符合国家土建工程验收标准。

11.4.8 除尘工程验收应进行 168 h 试运行考核。

11.4.9 除尘系统性能试验的主要参数

11.4.9.1 除尘器入口烟尘浓度。

11.4.9.2 除尘器出口烟尘浓度。

11.4.9.3 除尘器烟气流量。

11.4.9.4 除尘器入口、出口烟气温度。

11.4.9.5 除尘器入口、出口烟气压力和系统阻力。

11.4.9.6 除尘器漏风率。

11.4.10 除尘工程的环境保护验收，应符合《建设项目环境保护管理条例》（国务院第 253 号令）、《建设项目竣工环境保护验收管理办法》（国家环境保护总局第 13 号令）等相关法规、规章的要求。

12 运行与维护

12.1 一般规定

12.1.1 除尘系统的运行和维护应由专职人员负责。操作人员应经培训，合格后上岗。

12.1.2 除尘系统的运行和维护应有操作规程和管理制度，并符合环保规定。

12.1.3 应观察除尘器的工作情况和烟尘排放浓度，发现异常应及时分析原因并处理。若有滤袋破损，应及时更换。

12.1.4 应观察除尘系统的温度、压差、压力和电流等关键技术参数，发现异常及时处理。

12.1.5 应有除尘系统运行记录，作为除尘系统运行历史档案备查，记录保留时间不少于 3 年。

12.1.6 除尘器运行期间应有滤袋、滤袋框架、脉冲阀和膜片备件。

12.2 除尘系统的启动

12.2.1 除尘系统的启动应在检漏和预涂灰合格后方可进行。

12.2.2 除尘系统应在焚烧炉点火前启动。

12.2.3 除尘系统的启动程序、条件和要求

12.2.3.1 检查并确认电控系统中所有线路通畅；电气、自控系统、检测仪表受电；各控制参数设定准确；报警和电气联锁功能可靠。

12.2.3.2 启动压缩空气供应系统。

12.2.3.3 除尘器卸、输灰系统进入待机状态。

12.2.3.4 确认进、出口烟道阀处于开启状态。

12.3 除尘系统运行

12.3.1 运行人员应定期巡查并记录除尘系统的运行状况和参数。

12.3.2 运行中出现下列情况时，应及时检查和处理：烟气温度达到设定的高、低温值；除尘器出口烟尘、系统阻力等指标出现异常。

12.3.3 运行人员至少每小时应记录一次主要运行参数，发现异常应及时报告焚烧炉运行值班长。

12.3.4 除尘系统重点巡检部位及要求

12.3.4.1 每班巡检脉冲阀和各阀门的运行状况，以及人孔门、检查门的密封情况。发现异常应及时处理。

12.3.4.2 每班巡检压缩空气系统的工作状态和工作压力。

12.3.4.3 储气罐、分气包和油水分离器应每班放水。

12.3.4.4 每班巡检卸、输灰装置的运行状况，发现异常及时处理。

12.3.4.5 经常观察烟囱出口排放状况，发现异常应及时分析和处理。

12.3.4.6 每班巡检压力（差）变送器取压管是否通畅，发现堵塞应及时处理。

12.3.5 除尘器运行中的检修

12.3.5.1 检修时应按劳动安全与职业卫生相关标准要求采取防护措施。

12.3.5.2 检修宜选择在焚烧炉低负荷状态下进行。

12.3.5.3 除尘器运行中的检修，可关闭待检修仓室的进、出口切换阀而实现。每次只允许关闭一个仓室。

12.3.5.4 人员进入前，应停止待检修仓室清灰，并开启其人孔门进行通风和冷却。

12.3.5.5 检查离线仓室的滤袋，发现破袋及时更换。

12.4 除尘系统停机操作

12.4.1 除尘系统停机应在引风机停机 30 min 后进行。

12.4.2 若焚烧炉停运不超过 72 h，停机前除尘器不宜清灰，焚烧炉再次点火时可不进行预涂灰，停机期间伴热系统应正常使用。

12.4.3 若焚烧炉停运超过 72 h，停机前除尘器应彻底清灰，全部清除灰斗的存灰，并用环境空气置换内部烟气；严密关闭除尘器进、出口烟道阀、引风机前的阀门及人孔门、检修门等。

12.5 停炉后除尘系统的检查与维护

12.5.1 停炉后，应对除尘系统进行全面的检查和维护。

12.5.2 检查各仓室的滤袋，若有破损应及时更换。检查喷吹装置，若发现喷吹管错位、松动和脱落应重新安装。

12.5.3 检查进口烟道切换阀的积灰、结垢和磨损情况，发现问题应及时处理。

12.5.4 检查：滤袋表面粉尘层的状况；灰斗内壁是否存在积灰和结垢现象；料位开关的防护装置是否完好；气流分布装置的磨损和结垢情况。发现问题应及时处理。

12.5.5 检查压缩空气系统各设备是否正常，及时处理发现的问题。

12.5.6 检查机电设备的油位和油量，不符合要求时应及时补充和更换。

12.5.7 检查热工仪表一次元件和测压管的结垢、磨损和堵塞状况，发现问题及时处理。

12.5.8 检查完成后，确认除尘器内部无遗留物，关闭所有人孔门和检查门。

附录 A
（规范性附录）
除尘器入口烟气参数表

序号	名称	符号	单位	数值	备注
1	额定运行烟气量		m^3/h		
2	最大烟气量		m^3/h		
3	最小烟气量		m^3/h		
4	额定运行温度		℃		
5	最高烟气温度		℃		
6	最低烟气温度		℃		
7	酸露点温度		℃		
8	含尘浓度		g/m^3		
9	二氧化碳	CO_2	%		
10	氮	N_2	%		
11	水蒸气	H_2O	%		
12	氧	O_2	%		
13	一氧化碳	CO	mg/m^3		
14	氮氧化物	NO_x	mg/m^3		
15	硫氧化物	SO_x	mg/m^3		
16	氯化氢	HCl	mg/m^3		
17	氟化氢	HF	mg/m^3		

注：表中污染物质量浓度值均以标准状态下含 11%O_2 的干烟气为参考值换算。

HJ

中华人民共和国国家环境保护标准

HJ 2013—2012

升流式厌氧污泥床反应器污水处理工程技术规范

Technical specifications of up-flow anaerobic sludge blanket (UASB) reactor for wastewater treatment

2012-03-19 发布　　　　2012-06-01 实施

环　境　保　护　部　发布

前　言

为贯彻《中华人民共和国环境保护法》和《中华人民共和国水污染防治法》，规范升流式厌氧污泥床（UASB）反应器污水厌氧生物处理工程的建设与运行管理，防治环境污染，保护环境和人体健康，制定本标准。

本标准规定了升流式厌氧污泥床（UASB）反应器的工艺设计、检测和控制、劳动安全与职业卫生、施工与验收、运行与维护等技术要求。

本标准由环境保护部科技标准司组织制订。

本标准主要起草单位：中国环境保护产业协会、清华大学、北京市环境保护科学研究院、山东十方环保能源股份有限公司。

本标准环境保护部 2012 年 3 月 19 日批准。

本标准自 2012 年 6 月 1 日起实施。

本标准由环境保护部解释。

升流式厌氧污泥床反应器污水处理工程技术规范

1 适用范围

本标准规定了升流式厌氧污泥床（UASB）反应器污水厌氧生物处理工程的工艺设计、检测和控制、辅助工程、施工与验收、运行与维护的技术要求。

本标准适用于采用升流式厌氧污泥床（UASB）反应器处理中、高浓度有机废水处理工程的设计、建设与运行管理，可作为环境影响评价、设计、施工、验收及建成后运行与管理的技术依据。

2 规范性引用文件

本标准内容引用了下列文件中的条款。凡是未注明日期的引用文件，其有效版本适用于本标准。

GB 3836 爆炸性气体环境用电气设备
GB 12348 工业企业厂界环境噪声排放标准
GB 12801 生产过程安全卫生要求总则
GB 12999 水质采样样品的保存和管理技术规定
GB 18918 城镇污水处理厂污染物排放标准
GB 50011 建筑抗震设计规范
GB 50014 室外排水设计规范
GB 50015 建筑给水排水设计规范
GB 50016 建筑设计防火规范
GB 50037 建筑地面设计规范
GB 50040 动力机器基础设计规范
GB 50046 工业建筑防腐蚀设计规范
GB 50052 供配电系统设计规范
GB 50053 10 kV 及以下变电所设计规范
GB 50054 低压配电设计规范
GB 50057 建筑物防雷设计规范
GB 50069 给水排水工程构筑物结构设计规范
GB 50108 地下工程防水技术规范
GB 50187 工业企业总平面设计规范
GB 50202 建筑地基基础工程施工质量验收规范
GB 50203 砌体工程施工质量验收规范
GB 50204 混凝土结构工程施工质量验收规范
GB 50205 钢结构工程施工质量验收规范
GB 50209 建筑地面工程施工质量验收规范
GB 50222 建筑内部装修设计防火规范
GB 50231 机械设备安装工程施工及验收通用规范

GB 50268　给水排水管道工程施工及验收规范
GB 50275　压缩机、风机、泵安装工程施工及验收规范
GB/T 18883　室内空气质量标准
GBJ 19　工业企业采暖通风及空气调节设计规范
GBJ 22　厂矿道路设计规范
GBJ 87　工业企业噪声控制设计规范
GBJ 141　给水排水构筑物施工及验收规范
GBZ 1　工业企业设计卫生标准
GBZ 2　工作场所有害因素职业接触限值
CJ/T 51　城市污水水质检验方法标准
CJJ 60　城市污水处理厂运行、维护及其安全技术规程
HGJ 212　金属焊接结构湿式气柜施工及验收规范
HJ/T 91　地表水和污水监测技术规范
HJ/T 250　环境保护产品技术要求　旋转式细格栅
HJ/T 262　环境保护产品技术要求　格栅除污机
HJ/T 353　水污染源在线监测系统安装技术规范
HJ/T 354　水污染源在线监测系统验收技术规范
HJ/T 355　水污染源在线监测系统运行与考核技术规范
JGJ 37　民用建筑设计通则
NY/T 1220.1　沼气工程技术规范　第 1 部分：工艺设计
NY/T 1220.2　沼气工程技术规范　第 2 部分：供气设计
NY/T 1220.3　沼气工程技术规范　第 3 部分：施工及验收
《建设项目（工程）竣工验收办法》（国家计委计建设[1990]1215 号）
《建设项目竣工环境保护验收管理办法》（2001 年国家环境保护总局令　第 13 号）

3　术语和定义

下列术语和定义适用于本标准。

3.1　升流式厌氧污泥床反应器　upflow anaerobic sludge blanket reactor

指废水通过布水装置依次进入底部的污泥层和中上部污泥悬浮区，与其中的厌氧微生物进行反应生成沼气，气、液、固混合液通过上部三相分离器进行分离，污泥回落到污泥悬浮区，分离后废水排出系统，同时回收产生沼气的厌氧反应器（简称 UASB 反应器）。

3.2　三相分离器　three-phase separator

指安装于厌氧污泥床中上部，收集反应区产生的沼气，并使悬浮物沉淀、出水排放，实现气体、固体、液体分离的装置。

3.3　絮状污泥　flocculent sludge

也称厌氧活性污泥，是指由兼性菌和专性厌氧菌与废水中的有机和无机固形物混合在一起所形成的黑褐色絮状物。

3.4　颗粒污泥　granular sludge

指通过生物自固定过程形成的细胞团聚体；厌氧颗粒污泥有一定形状、结构和表面积，粒径相对较大（d>0.5 mm），并在沉速、强度、密度、空隙率等方面具有相对稳定的物理性质，其包含了降解废水有机污染物所必需的各种酶和菌群，并具有较高的产甲烷活性。

3.5 容积负荷 volumetric loading rate

指反应器单位容积每日接受废水中有机污染物的质量，一般以 kgCOD_{Cr}/（m^3·d）表示。

3.6 反应器启动 reactor start-up

指向厌氧反应器中投入接种物，通过控制进水条件驯化和培养接种物，使反应器中厌氧活性污泥的数量和活性逐步增加，并适应进水条件，直至反应器的运行效能稳定达到设计要求的全过程。

4 设计水量和设计水质

4.1 设计水量

4.1.1 设计水量应根据工厂或工业园区总排放口实际测定的废水流量设计。测试方法应符合 HJ/T 91 的规定。

4.1.2 废水流量变化应根据工艺特点进行实测，确定流量变化系数。

4.1.3 无法取得实际测定数据时，可参照国家现行工业用水量的有关规定折算确定，或根据同行业同规模同工艺现有工厂排水数据类比确定。

4.1.4 工厂内或工业园区内的生活污水宜直接进入后续的好氧处理单元。生活污水量、沐浴污水量的确定，应符合 GB 50015 的有关规定。

4.1.5 提升泵房、格栅井、沉砂池宜按最高日最高时废水量计算。

4.1.6 UASB 反应器设计流量应按最高日平均时废水量设计，如厂区内设置调节池且停留时间大于 8 h，UASB 反应器设计流量可按平均日平均时设计。

4.1.7 UASB 反应器前、后的水泵、管道等输水设施应按最高日最高时废水量设计。

4.2 设计水质

4.2.1 设计水质应根据进入污水处理厂（站）的工业废水的实际测定数据确定，其测定方法和数据处理方法应符合 HJ/T 91 的规定。无实际测定数据时，可参照类似工厂的排放资料类比确定。

4.2.2 UASB 反应器应符合下列进水条件：

a）pH 值宜为 6.0～8.0；

b）常温厌氧温度宜为 20～25℃，中温厌氧温度宜为 35～40℃，高温厌氧温度宜为 50～55℃；

c）营养组合比（COD_{Cr}∶氨氮∶磷）宜为（100～500）∶5∶1；

d）BOD_5/COD_{Cr} 的比值宜大于 0.3；

e）进水中悬浮物含量宜小于 1 500 mg/L；

f）进水中氨氮质量浓度宜小于 2 000 mg/L；

g）进水中硫酸盐质量浓度宜小于 1 000 mg/L；

h）进水中 COD_{Cr} 质量浓度宜大于 1 500 mg/L；

i）严格控制重金属、氰化物、酚类等物质进入厌氧反应器的浓度。

4.2.3 如果不能满足进水要求，宜采用相应的预处理措施。

4.2.4 设计出水直接排放时，应符合国家或地方排放标准要求；排入下一级处理单元时，应符合下一级处理单元的进水要求。

4.3 污染物去除率

UASB 反应器对污染物的去除效果可参照表 1。

表 1 UASB 反应器对污染物的去除率

化学耗氧量（COD_{Cr}）	五日生化需氧量（BOD_5）	悬浮物（SS）
80%～90%	70%～80%	30%～50%

5 总体要求

5.1 一般规定

5.1.1 UASB 反应器设计除应执行本标准外，还应符合国家现行的有关标准和技术规范的规定。

5.1.2 污水处理厂（站）建设、运行过程中产生的废气、废水、废渣及其他污染物的治理与排放，应执行国家环境保护法规和有关标准的规定，不得产生二次污染。

5.1.3 污水处理厂（站）的设计、建设应采取有效的隔声、消声、绿化等降低噪声的措施，噪声和振动控制的设计应符合 GBJ 87 和 GB 50040 的规定，厂界环境噪声排放应符合 GB 12348 的规定，污水处理厂（站）周围应建设绿化带，并设有一定的防护距离，防护距离由环境影响评价确定。

5.1.4 污水处理厂（站）应按照国家或当地的环境保护管理要求安装在线监测系统，在线监测系统的安装、验收和运行应符合 HJ/T 353、HJ/T 354 和 HJ/T 355 的规定。

5.2 项目构成

5.2.1 UASB 污水处理厂（站）主要由预处理、UASB 反应器、后续处理、剩余污泥、沼气净化及利用系统组成。后续处理一般指好氧处理，此部分不在本规范范围内。

5.2.2 UASB 反应器主要由布水装置、三相分离器、出水收集装置、排泥装置及加热和保温装置组成。

5.2.3 UASB 污水处理厂（站）辅助工程包括：总图、建筑、结构、供配电、给排水、消防、暖通、检测与控制等。

5.2.4 污水处理厂（站）应按照国家和地方的有关规定设置规范化排污口。

5.3 厂（站）选址和总平面布置

5.3.1 污水处理厂（站）址和总体布置应符合 GB 50014 的相关规定。总图设计应符合 GB 50187 的规定。

5.3.2 污水处理厂（站）的防洪标准不应低于城镇防洪标准。

5.3.3 处理单元的竖向设计应充分利用原有地形，尽可能做到土方平衡和减少污水提升的次数。

5.3.4 污水处理厂（站）分期建设时，应按远期处理规模进行总体布置和预留场地。管网和地下构筑物宜一次建成。

5.3.5 污水处理厂（站）的各种管线应统筹安排，避免相互干扰，便于清通和维护，合理布置超越和放空管线。

6 工艺设计

6.1 工艺流程

工艺流程见图 1。

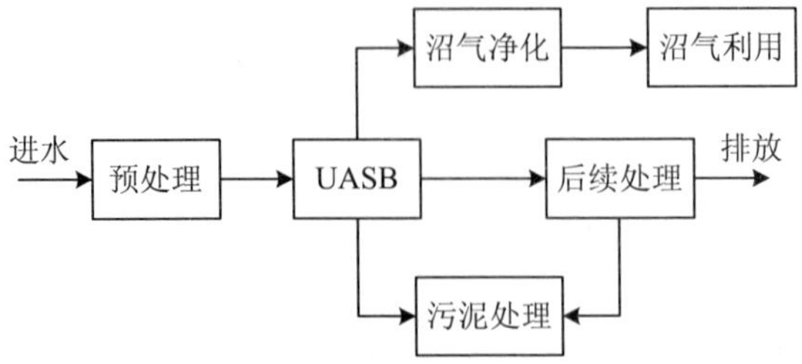

图 1 工艺流程图

6.2 预处理

6.2.1 预处理包括格栅、沉砂池、沉淀池、调节池、酸化池及加热保温等。

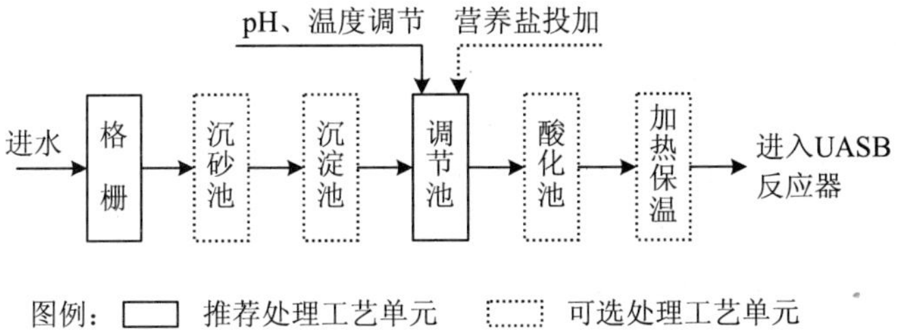

图2 预处理工艺流程

6.2.2 应根据需要设粗、细格栅或设细格筛。格栅和细格筛的设计应符合 GB 50014 和 HJ/T 250、HJ/T 262 的规定。

6.2.3 处理畜禽粪便、屠宰和酒糟等含砂较多废水时，应设置沉砂池。沉砂池的设计应符合 GB 50014 的规定。

6.2.4 处理造纸、淀粉等含大量悬浮物的废水时，应设置沉淀池。沉淀池的设计应符合 GB 50014 的规定。

6.2.5 应设置调节池。调节池的设计应满足以下要求：

a）调节池容量应根据废水流量变化曲线确定；没有流量变化曲线时，调节池的容量应满足生产排水周期中水质水量均化的要求，停留时间宜为 6～12 h；如为间歇运行，调节池容量宜按 1～2 个周期设置；

b）宜在调节池内投加酸、碱、营养源（氮、磷等）等药品，可兼用作中和池；

c）调节池内宜设置搅拌设施，搅拌机动力宜为 4～8 W/m^3 池容；

d）调节池出水端应设置去除浮渣装置，池底宜设置除砂和排泥装置。

6.2.6 pH 值调节及加药装置宜设在加药间内，其设计应符合下列要求：

a）通过投加碱性或酸性物质来调节和控制 UASB 反应器内的 pH 值，碱性物质主要有 Na_2CO_3、$NaHCO_3$、NaOH 等；酸性物质主要有盐酸、硫酸等；

b）药剂应有一定的存储量，酸性物质贮存时间宜为 7 d 以上，碱性物质贮存时间宜为 15 d 以上；

c）溶药宜采用专用的溶药罐和搅拌设备，投加宜采用计量泵自动定量投加；

d）pH 值粗调宜在中和池或调节池中投加酸性物质或碱性物质进行，pH 值微调宜采用管道混合器和定量加酸加碱泵进行；

e）在加药间宜同时设置营养盐（氮、磷等）等药品溶解和加药装置。

6.2.7 当进水可生化性较差时，宜设置酸化池。酸化池设计应满足以下要求：

a）宜采用底部布水上向流方式；

b）宜根据地区气候条件不同，增加浮渣、沉渣、保温等处理设施；

c）有效水深宜为 4.0～6.0 m；

d）酸化池容积宜采用容积负荷计算法，按式（1）计算。

$$V_s = \frac{Q \times S_a}{1\,000 \times N_s} \tag{1}$$

式中：V_s——酸化池容积，m^3；

Q——设计流量，m^3/d；

N_s——酸化负荷，kgCOD$_{Cr}$/（m^3·d），宜取 10～20 kgCOD$_{Cr}$/（m^3·d）；

S_a——酸化池进水有机物质量浓度，$mgCOD_{Cr}/L$。

6.2.8 反应器宜采用保温措施，使反应器内的温度保持在适宜范围内。如不能满足温度要求，应设置加热装置，具体要求如下：

a）加热方式可采用池外加热和池内加热，池外加热有加热池和循环加热两种方式，池内加热宜采用热水循环加热方式；

b）热交换器选型应根据废水特性、介质温度和热交换器出口介质温度确定。热交换器换热面积应根据热平衡计算，计算结果应留有10%～20%的余量；

c）加热装置的需热量按式（2）计算。

$$Q_t = Q_h + Q_d \tag{2}$$

式中：Q_t——总需热量，kJ/h；

Q_h——加热废水到设计温度需要的热量，kJ/h；

Q_d——保持反应器温度需要的热量，kJ/h。

6.3 UASB 反应器

6.3.1 UASB 反应器池体

6.3.1.1 UASB 反应器容积宜采用容积负荷计算法，按式（3）计算。

$$V = \frac{Q \times S_o}{1\,000 \times N_v} \tag{3}$$

式中：V——反应器有效容积，m^3；

Q——UASB 反应器设计流量，m^3/d；

N_v——容积负荷，$kgCOD_{Cr}/(m^3 \cdot d)$；

S_o——UASB 反应器进水有机物质量浓度，$mgCOD_{Cr}/L$。

6.3.1.2 反应器的容积负荷应通过试验或参照类似工程确定，在缺少相关资料时可参考附录 A 的有关内容确定。处理中、高浓度复杂废水的 UASB 反应器设计负荷可参考表 2。

表 2 不同条件下絮状和颗粒污泥 UASB 反应器采用的容积负荷

废水 COD_{Cr} 质量浓度/（mg/L）	在 35℃采用的负荷/[$kgCOD_{Cr}/(m^3 \cdot d)$]	
	颗粒污泥	絮状污泥
2 000～6 000	4～6	3～5
6 000～9 000	5～8	4～6
＞9 000	6～10	5～8
注：高温厌氧情况下反应器负荷宜在本表的基础上适当提高。		

6.3.1.3 UASB 反应器工艺设计宜设置两个系列，具备可灵活调节的运行方式，且便于污泥培养和启动。反应器的最大单体体积应小于 3 000 m^3。

6.3.1.4 UASB 反应器的有效水深应在 5～8 m 之间。

6.3.1.5 UASB 反应器内废水的上升流速宜小于 0.8 m/h。

6.3.1.6 UASB 反应器的建筑材料应符合下列要求：

a）UASB 反应器宜采用钢筋混凝土、不锈钢、碳钢等材料；

b）UASB 反应器应进行防腐处理，混凝土结构宜在气液交界面上下 1.0 m 处采用环氧树脂防腐；碳钢结构宜采用可靠的防腐材料等；

c）钢制 UASB 反应器的保温材料常用的有聚苯乙烯泡沫塑料、聚氨酯泡沫塑料、玻璃丝棉、泡沫混凝土、膨胀珍珠岩等。

6.3.2 UASB 反应器组成

UASB 反应器主要包括布水装置、三相分离器、出水收集装置、排泥装置及加热和保温装置。反应器结构形式见图 3。

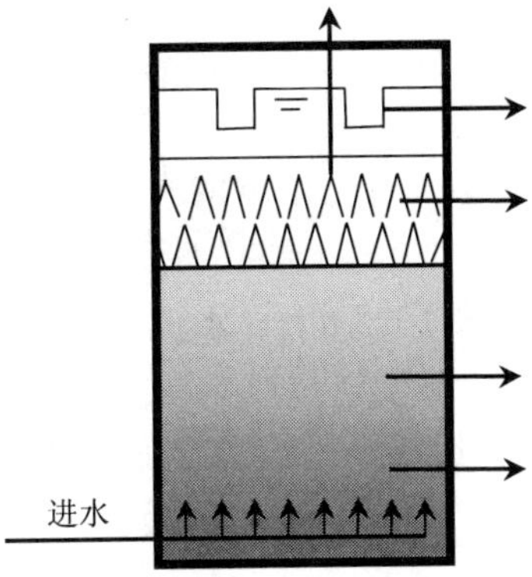

图 3 UASB 反应器结构示意图

6.3.3 布水装置

6.3.3.1 UASB 反应器宜采用多点布水装置，进水管负荷可参考表 3。

表 3 进水管负荷

典型污泥	每个进水口负责的布水面积/m^2	负荷/[$kgCOD_{Cr}$/（m^3·d）]
颗粒污泥	0.5～2	2～4
	>2	>4
絮状污泥	1～2	<1～2
	2～5	>2

6.3.3.2 布水装置宜采用一管多孔式布水、一管一孔式布水或枝状布水。

6.3.3.3 布水装置进水点距反应器池底宜保持 150～250 mm 的距离。

6.3.3.4 一管多孔式布水孔口流速应大于 2 m/s，穿孔管直径应大于 100 mm。

6.3.3.5 枝状布水支管出水孔向下距池底宜为 200 mm；出水管孔径应在 15～25 mm 之间；出水孔处宜设 45°斜向下布导流板，出水孔应正对池底。

6.3.4 三相分离器

6.3.4.1 宜采用整体式或组合式的三相分离器，单元三相分离器基本构造见图 4。

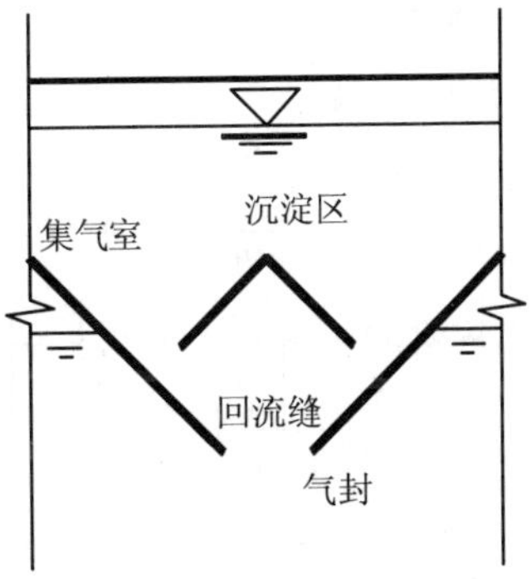

图 4 单元三相分离器基本构造图

6.3.4.2 沉淀区的表面负荷宜小于 0.8 m^3/（m^2·h），沉淀区总水深应大于 1.0 m。

6.3.4.3 出气管的直径应保证从集气室引出沼气。

6.3.4.4 集气室的上部应设置消泡喷嘴。

6.3.4.5 三相分离器宜选用高密度聚乙烯（HDPE）、碳钢、不锈钢等材料，如采用碳钢材质应进行防腐处理。

6.3.5 出水收集装置

6.3.5.1 出水收集装置应设在 UASB 反应器顶部。

6.3.5.2 断面为矩形的反应器出水宜采用几组平行出水堰的出水方式，断面为圆形的反应器出水宜采用放射状的多槽或多边形槽出水方式。

6.3.5.3 集水槽上应加设三角堰，堰上水头大于 25 mm，水位宜在三角堰齿 1/2 处。

6.3.5.4 出水堰口负荷宜小于 1.7 L/（s·m）。

6.3.5.5 处理废水中含有蛋白质或脂肪、大量悬浮固体，宜在出水收集装置前设置挡板。

6.3.5.6 UASB 反应器进出水管道宜采用聚氯乙烯（PVC）、聚乙烯（PE）、聚丙烯（PPR）等材料。

6.3.6 排泥装置

6.3.6.1 UASB 反应器的污泥产率为 0.05～0.10 kgVSS/kgCOD_{Cr}，排泥频率宜根据污泥浓度分布曲线确定。应在不同高度设置取样口，根据监测污泥浓度制定污泥分布曲线。

6.3.6.2 UASB 反应器宜采用重力多点排泥方式。

6.3.6.3 排泥点宜设在污泥区中上部和底部，中上部排泥点宜设在三相分离器下 0.5～1.5 m 处。

6.3.6.4 排泥管管径应大于 150 mm；底部排泥管可兼作放空管。

6.4 剩余污泥

6.4.1 厌氧污泥宜直接排至厂区的集泥池，根据污泥性质，确定后续处理方法。颗粒污泥宜设存储装置，经过静置排水后作为接种污泥；絮状污泥宜和好氧池剩余污泥合并后一同脱水处理。

6.4.2 污泥处理和处置要求参照 GB 50014 的规定，经处理后的污泥应符合 GB 18918 的规定。

6.4.3 污泥脱水设计时宜考虑污泥最终受纳场所的要求。

6.5 沼气净化及利用

6.5.1 UASB 反应器的沼气产率为 0.45～0.50 m^3/kgCOD_{Cr}，沼气产量按式（4）计算。

$$Q_a = \frac{Q \times (S_0 - S_e) \times \eta}{1\,000} \tag{4}$$

式中：Q_a——沼气产量，m^3/d；

Q——设计流量，m^3/d；

η——沼气产率，m^3/kgCOD_{Cr}；

S_0——进水有机物质量浓度，mgCOD_{Cr}/L；

S_e——出水有机物质量浓度，mgCOD_{Cr}/L。

6.5.2 沼气净化利用主要包括脱水、脱硫及沼气贮存，系统组成见图 5。

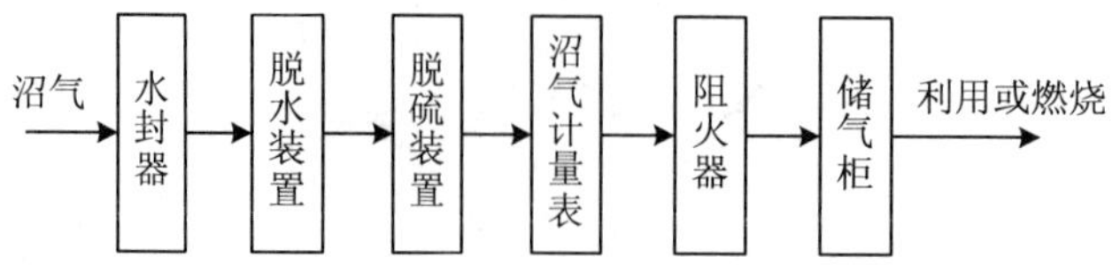

图 5 沼气净化系统图

6.5.3 沼气净化利用设计应符合 NY/T 1220.1、NY/T 1220.2 和 GB 50016 的有关规定。

6.5.4 沼气利用应经过脱水和脱硫处理后方可进入后续利用装置。沼气脱水、脱硫设计应符合 NY/T 1220.2 的有关规定。

6.5.5 沼气贮存可采用低压湿式储气柜、低压干式储气柜和高压储气柜。储气柜与周围建筑物应有一定的安全防火距离。储气柜容积应根据不同用途确定：

a）沼气用于民用炊事时，储气柜的容积按日产气量的 50%～60%计算；

b）沼气用于锅炉、发电时，应根据沼气供应平衡曲线确定储气柜的容积；无平衡曲线时，储气柜的容积应不低于日产气量的 10%。

6.5.6 沼气储气柜输出管道上宜设置安全水封或阻火器。沼气利用工程应设置燃烧器，严禁随意排放沼气，应采用内燃式燃烧器。

6.5.7 沼气日产量低于 1 300 m^3 的 UASB 反应器，宜作为炊事、采暖或厌氧换热的热源，沼气日产量高于 1 300 m^3 的 UASB 反应器宜进行发电利用或作为炊事、采暖或厌氧换热的热源。

7 检测和过程控制

7.1 检测

7.1.1 预处理宜设液位计、液位差计、液位开关及流量计，大型污水处理厂（站）宜在进口处增设 COD_{Cr} 检测仪。

7.1.2 调节池出水端宜设置温度、pH 值自动检测装置，检测值用于控制温度和药剂投加装置。

7.1.3 溶药宜采用专用的溶药罐和搅拌设备，药剂应根据检测设定值自动投加。

7.1.4 UASB 反应器应设置 pH 计、温度计、污泥界面仪等在线仪表，在线检测应符合 HJ/T 353 的有关规定。

7.1.5 剩余污泥宜设流量计计量。

7.2 过程控制

7.2.1 应结合工程规模、运行管理的要求、工程投资情况、所选用设备仪器的先进程度及维护管理水平，因地制宜选择监控指标和自动化程度。

7.2.2 中小型污水处理厂（站）宜采用集中控制，当污水处理厂（站）的规模比较大或反应器数量比较多时，宜采用分散控制的自动化控制系统。

7.2.3 UASB 反应器宜与全站其他反应器共用一套 PLC 控制器，必要时可在 UASB 反应器处设现场 I/O 模块，PLC 控制器一般不另设操作员接口设备。

7.2.4 采用成套设备时，成套设备自身的控制宜与 UASB 污水处理厂（站）设置的控制相结合。

7.2.5 关键设备附近应设置独立的控制箱，同时具有“手动/自动”的运行控制切换功能。

7.2.6 现场检测仪表应具有防腐、防爆、抗渗漏、防结垢和自清洗等功能。

8 主要辅助工程

8.1 电气工程设计应符合下列规定：

a）工艺装置的用电负荷应为二级负荷；如不能满足双路供电，应采用单路供电加柴油发电机组的供电方式。

b）高、低压用电设备的电压等级应与其供电系统的电压等级一致。

c）中央控制室主要设备应配备在线式不间断供电电源。

d）接地系统宜采用三相五线制。

e）变电所及低压配电室设计应符合国家标准 GB 50053、GB 50054 的规定。

f）供配电系统应符合 GB 50052 的规定。

g）电机应优先采用直接启动方式。当通过计算不能满足规范中规定的直接启动电压损失条件时才考虑采用降压启动方式。

8.2 防腐工程设计应符合 GB 50046 的规定。

8.3 防爆工程设计应符合 GB 50222 和 GB 3836 的规定。

8.4 抗震等设计应符合 GB 50011 的规定。

8.5 构筑物结构应符合 GB 50069 的规定。

8.6 建筑物设计应符合 GB 50037 的规定。

8.7 防火与消防工程设计应符合 GB 50016 的规定。

8.8 防雷设计应符合 GB 50057 的规定。

8.9 供水工程设计应符合 GB 50015 的规定。

8.10 排水工程设计应符合 GB 50014 的规定。

8.11 采暖通风工程设计应符合 GBJ 19 的规定。

8.12 厂区道路与绿化等工程设计应符合 GBJ 22 的规定。

9 劳动安全与职业卫生

9.1 采用 UASB 反应器的污水处理厂（站）工程的设计应采取有效防治措施保护人身安全和身体健康。

9.2 污水处理厂（站）的设计、建设、运行过程中应高度重视职业卫生和劳动安全，严格执行 GBZ 1、GBZ 2 和 GB 12801 的规定。

9.3 UASB 反应器应按照有关规定设置防护栏杆、防滑梯等安全措施。

9.4 电气设备的金属外壳均应采取接地或接零保护，钢结构、排气管、排风管和铁栏等金属物应采用等电位连接；厌氧反应器、沼气柜应加装避雷针。

9.5 UASB 反应器宜采用密闭方式，减少恶臭对周围环境的污染，臭气浓度应符合 GB/T 18883 的规定。

9.6 UASB 污水处理厂（站）宜设置恶臭集中处理设施，可采用化学除臭或生物除臭法。

9.7 UASB 反应器放空、维修时，应打开人孔与顶盖，强制通风 24 h，通过检测确认安全并佩戴防毒面具和便携式甲烷检测仪方可进入。反应器外必须有人进行安全保护。

9.8 工作人员必须按照安全规程操作，上、下沼气储气柜巡视、操作或维修时，必须配备防静电的工作服，并不得穿带铁钉的鞋或高跟鞋。

9.9 在清洗沼气净化装置时，应打开旁路阀门，检查进出口阀门是否完全关闭后方可进一步操作。

9.10 操作人员必须经常检查沼气发电机进气管路，防止漏气及冷凝水过多而影响供气。

9.11 在发电、供电等各项操作中，必须执行有关电器设备操作制度，遇有紧急情况可采用紧急停车措施。

9.12 发电机组备用或待修时，应将循环水的进、出闸阀关闭，放空主机及附属设备内的存水。

9.13 应加强作业场所的职业卫生防护，做好隔声减震和防暑、防中毒等预防工作。

10 施工与验收

10.1 一般规定

10.1.1 工程施工单位应具有国家相应的工程施工资质；工程项目宜通过招投标确定施工单位和监

理单位。

10.1.2 应按工程设计图纸、技术文件、设备图纸等组织工程施工，工程变更应取得设计单位的设计变更文件后再实施。

10.1.3 施工前应进行施工组织设计或编制施工方案，明确施工质量负责人和施工安全负责人，经批准后方可实施。

10.1.4 施工过程中，应做好设备、材料、隐蔽工程和分项工程等中间环节的质量验收。

10.1.5 管道工程的施工和验收应符合 GB 50268 的规定；混凝土结构工程的施工和验收应符合 GB 50204 的规定；构筑物的施工和验收应符合 GBJ 141 和 NY/T 1220.3 的规定。

10.1.6 施工使用的设备、材料、半成品、部件应符合国家现行标准和设计要求，并取得供货商的合格证书。设备安装应符合 GB 50231 的规定。

10.1.7 工程竣工验收后，建设单位应将有关设计、施工和验收的文件存档。

10.2 施工

10.2.1 土建施工

10.2.1.1 建筑物的基础、构造柱、圈梁、模板、钢筋、混凝土等施工应符合 GB 50202 和 GB 50204 的规定。

10.2.1.2 建筑物的砖石工程施工应符合 GB 50203 的规定。

10.2.1.3 建筑物的地面工程施工应符合 GB 50209 的规定。

10.2.1.4 防渗混凝土的施工应符合 GB 50108 的规定。

10.2.1.5 钢构的制作、安装应符合 GB 50205 的规定。

10.2.1.6 处理构筑物应根据当地气温和环境条件，采取防冻措施。

10.2.1.7 污水处理厂（站）构筑物应设置必要的防护栏杆并采取适当的防滑措施，应符合 JGJ 37 的规定。

10.2.2 设备安装

10.2.2.1 设备安装应符合 NY/T 1220.3 的规定。

10.2.2.2 设备基础应按照设计要求和图纸规定浇筑。

10.2.2.3 预埋件水平度及平整度应符合 GB 50231 的规定。

10.2.2.4 地脚螺栓应按照设备出厂说明书的要求预埋，位置应准确，安装应稳固。

10.2.2.5 三相分离器安装应符合下列要求：

a）设备安装完毕后，进行注水试验，试验不少于 24 h，设备不得有渗漏现象。试验合格后，作防腐、保温处理；

b）吊装时钢丝绳应固定牢固，起吊需平稳；

c）设备安装前基础应找平，设备圆周部位的误差≤10 mm。

10.2.2.6 泵类的安装应符合 GB 50275 的有关规定。

10.2.2.7 脱硫罐安装应根据设备总重量、底座大小和地脚螺栓的位置安放好垫铁；罐内的构件和填料，应按技术图纸的要求进行安装；脱硫罐与各管道的连接接头不得漏气。

10.2.2.8 储气柜的施工应符合 HGJ 212 的有关规定。

10.3 工程验收

10.3.1 工程验收应按《建设项目（工程）竣工验收办法》、相应专业现行验收规范和本标准的有关规定执行。工程竣工验收前，严禁投入生产性使用。

10.3.2 布水器应按设计要求进行各项性能试验，保证布水均匀。

10.3.3 三相分离器应按设计要求进行各项性能试验，保证固、液、气的分离效果。

10.3.4 泵房和风机房等应按设计最多开启台数进行 48 h 运转试验。

10.3.5 排水管道应做闭水试验，上游充水管保持在管顶以上 2 m，外观检查应 24 h 无漏水现象。

10.3.6 验收时应对厌氧反应器进行满水试验、气密性试验、管道强度及严密性试验等。

10.3.7 仪表、化验设备应定期送计量检定部门检定。

10.3.8 变电站高压配电系统应由供电部门组织电检、验收。

10.4 环境保护验收

10.4.1 污水处理厂（站）在正式投入生产或使用之前，建设单位应向环境保护行政主管部门提出环境保护竣工验收申请。

10.4.2 污水处理厂（站）环境保护验收应按照《建设项目竣工环境保护验收管理办法》的规定和工程环境影响评价报告的批复执行。

10.4.3 污水处理厂（站）验收前应结合试运行进行性能试验，性能试验报告可作为竣工环境保护验收的技术支持文件。性能试验内容包括：

a）耗电量统计，分别统计各主要设备单体运行和设施系统运行的电能消耗；

b）满负荷运行测试，处理系统应满负荷进水，考察各工艺单元、构筑物和设备的运行工况；

c）厌氧污泥测试，观察污泥性状、活性及浓度；

d）水质检测，在工艺要求的各个重要部位，按照规定频次、指标和测试方法进行水质检测，分析污染物去除效果；

e）计算全厂技术经济指标：COD_{Cr}去除量、COD_{Cr}去除电耗（kW·h/kgCOD_{Cr}）、沼气产量（m^3/d）、处理成本（元/kg COD_{Cr}）等。

11 运行与维护

11.1 一般规定

11.1.1 污水处理厂（站）的运行、维护及安全管理应参照 CJJ 60 执行。

11.1.2 污水处理厂（站）的运行管理应配备专业人员和设备。

11.1.3 污水处理厂（站）在运行前应建立设备台账、运行记录、定期巡视、交接班、安全检查等管理制度，以及各岗位的工艺系统图、操作和维护规程等技术文件。

11.1.4 操作人员应熟悉本厂（站）处理工艺技术指标和设施、设备的运行要求；经过技术培训和生产实践，并考试合格后方可上岗。

11.1.5 各岗位的工艺系统图、操作和维护规程等应示于明显位置，运行人员应按规程进行操作，并定期检查构筑物、设备、电器和仪表的运行情况。

11.1.6 定期对各类设备、电气、自控仪表及建（构）筑物进行检修维护，确保设施稳定可靠运行。

11.1.7 应定期检测进出水水质，并对检测仪器、仪表进行校验。

11.1.8 运行中应严格进行经常性和定期性安全检查，及时消除事故隐患，防止事故发生。

11.2 水质检验

11.2.1 污水处理厂（站）应设水质检验室，配备检验人员和仪器。

11.2.2 水质检验室内部应建立健全的水质分析质量保证体系。

11.2.3 检验人员应经培训后持证上岗，并应定期进行考核和抽检。

11.2.4 检验方法应符合 CJ/T 51 的规定。

11.2.5 样品采集应符合 HJ/T 91 的规定。

11.2.6 样品不能立即进行检验需要进行保存时应符合 GB 12999 的规定。

11.2.7 宜每日检测 UASB 反应器进口和出口的化学需氧量（COD_{Cr}）、悬浮物（SS）及反应器内的 pH 值、温度、挥发性脂肪酸（VFA）、碱度和沼气产量，生化需氧量（BOD_5）、污泥浓度和沼气成分等性状指标宜每周检测一次。

11.3 反应器启动

11.3.1 以絮状污泥启动

11.3.1.1 反应器启动前宜进行污泥产甲烷活性的检测，检测方法可参考附录 B。

11.3.1.2 UASB 反应器的启动周期较长，一旦启动完成，停止运行后的再次启动可迅速完成。

11.3.1.3 絮状污泥接种方式的接种量宜为 20～30 kg SS/m^3。

11.3.1.4 UASB 反应器的启动负荷应小于 1 kg COD_{Cr}/(m^3·d)，上升流速应小于 0.2 m/h，进水 COD_{Cr} 浓度大于 5 000 mg/L 或处理有毒废水时应采取出水循环或稀释进水措施。

11.3.1.5 应逐步升温（以每日升温 2℃为宜）使 UASB 反应器达到设计温度。

11.3.1.6 出水 COD_{Cr} 去除率达 80%以上，或出水挥发酸浓度低于 200 mg/L 后，可逐步提高进水容积负荷；负荷的提高幅度宜控制在设计负荷的 20%～30%，直至达到设计负荷和设计去除率。

11.3.1.7 进水水力负荷过低，宜采用出水回流的方式，提高反应器内的上升流速，加快污泥颗粒化和优良菌种的选择进度。

11.3.1.8 接种污泥中宜添加少量破碎的颗粒污泥，促进颗粒化过程，缩短启动时间。

11.3.2 以颗粒污泥启动

11.3.2.1 颗粒污泥接种方式的接种量宜为 10～20 kg VSS/m^3。

11.3.2.2 启动的初始负荷宜为 3 kg COD_{Cr}/（m^3·d）。

11.3.2.3 处理废水与接种污泥废水性质完全不同时，宜在第一个星期保持初始污泥负荷低于最大设计负荷的 50%。

11.4 运行控制

UASB 反应器的运行、维护及安全管理应参照 CJJ 60 执行，并应符合以下规定：

a）应根据 UASB 反应器监测数据及时调整反应器负荷、控制进水碱度或采取其他相应措施。厌氧反应器中碱度（以 $CaCO_3$ 计）应高于 2 000 mg/L，挥发性脂肪酸（VFA）宜控制在 200 mg/L 以内；

b）启动和运行时，均应保证 UASB 反应器内 pH 值在 6.0～8.0 之间；严禁 pH 值降至 6.0 以下，必要时宜加入碳酸氢钠等碱性物质；

c）厌氧反应器反应区污泥质量浓度不宜低于 30 g VSS/L；

d）厌氧反应器污泥层应维持在三相分离器下 0.5～1.5 m，污泥过多时应进行排泥；

e）厌氧反应器宜维持稳定的设计温度；

f）应保证厌氧反应器溢流管畅通。

11.5 停产控制

11.5.1 反应器长期停运时，应将反应器放空，并采取相应的防冻措施。

11.5.2 反应器再启动时，应先恢复运行温度，并根据运行状态逐步提高进水负荷。

11.6 维护保养

11.6.1 废水处理设施、设备的维护保养应纳入全厂的维护保养计划中。

11.6.2 企业应根据设计单位和设备供应商提供的设备资料制定详细的维护保养计划。

11.6.3 维修人员应根据维护保养规定定期检查、更换或维修必要的部件，并做好维护保养记录。

11.6.4 应定期对 UASB 反应器中的 pH 计、温度计、流量计、液位计、污泥浓度计、污泥界面仪等仪表进行校正和维修。

11.6.5 厌氧反应器本体、各种管道及阀门应每年进行一次检查和维修。

11.6.6 厌氧反应器的各种加热设施应经常除垢、清通。

11.7 应急措施

11.7.1 过量的有毒有害物质进入 UASB 反应器时，应采取回流、稀释进水，同时调节反应器内营养盐等应急措施，保证反应器的正常运行。

11.7.2 沼气利用系统突发故障时，应立即启动燃烧器。

11.7.3 企业应根据自身生产情况及废水排放周期等综合因素设置事故池。

附录 A
（资料性附录）
国内外实际工程 UASB 反应器的设计负荷统计表

序号	废水类型	国外				国内			
		负荷/[kg COD_{Cr}/（m^3·d）]			统计厂家数	负荷/[kg COD_{Cr}/（m^3·d）]			统计厂家数
		平均	最高	最低		平均	最高	最低	
1	酒精生产	11.6	15.7	7.1	7	6.5	20.0	2.0	15
2	啤酒厂	9.8	18.8	5.6	80	5.3	8.0	5.0	10
3	造酒厂	13.9	18.5	9.9	36	6.4	10.0	4.0	8
4	葡萄酒厂	10.2	12.0	8.0	4				
5	乳品、奶场	9.4	15.0	4.8	9				
6	清凉饮料	6.8	12.0	1.8	8	5.0	5.0	5.0	12
7	小麦淀粉	8.6	10.7	6.6	6	6.5	7.0	6.0	2
8	淀粉	9.2	11.4	6.4	6	5.4	8.0	2.7	2
9	土豆加工等	9.5	16.8	4.0	24	6.8	10.0	6.0	5
10	酵母业	9.8	12.4	6.0	16	6.0	6.0	6.0	1
11	柠檬酸生产	8.4	14.3	1.0	3	14.8	20.0	6.5	3
12	马来酸生产	17.8	17.8	17.8	1				
13	味精					3.2	4.0	2.3	2
14	麦芽制造厂	6.5	6.5	6.5	1				
15	面包厂	8.7	9.9	6.8	3				
16	油炸薯条	10.5	10.5	10.5	1				
17	巧克力	9.2	10.0	8.4	2				
18	糖果厂	7.7	11.0	4.8	3				
19	制糖	15.2	22.5	8.2	12				
20	果品加工等	10.2	15.7	3.7	13				
21	食品加工	9.1	13.3	0.8	10	3.5	4.0	3.0	2
22	蔬菜加工	12.1	20.0	9.2	4				
23	大豆加工	11.7	15.4	9.4	4	6.7	8.0	5.0	3
24	咖啡加工	7.4	9.1	5.7	2				
25	鱼类加工	9.9	10.8	9.0	2				
26	再生纸，纸浆	12.3	20.0	7.9	15				
27	造纸	12.7	38.9	6.0	39				
28	制药厂	10.9	33.2	6.3	11	5.0	8.0	0.8	5
29	烟厂	6.7	7.4	6.0	2				
30	家畜饲料厂	10.5	10.5	10.5	1				
31	屠宰场	6.2	6.2	6.2	1	3.1	4.0	2.3	4
32	垃圾滤液	9.9	12.0	7.9	7				
33	热解污泥上清液	15.0	15.1	15.0	2				
34	城市污水	2.5	3.0	2.0	2		0.0	0.0	0
35	其他	8.8	15.2	5.6	7	6.5	6.5	6.5	1

附录 B
（资料性附录）
污泥产甲烷活性测定方法

B.1 目的

这一测定的目的是为了了解厌氧污泥（以 VSS 计）的产甲烷活性，即单位重量的以 VSS 计的污泥在单位时间内所能产生的甲烷量。由于废水中被去除的 COD_{Cr} 主要转化为甲烷，因此污泥产甲烷活性可反映出污泥所能具有的去除 COD_{Cr} 及产生甲烷的潜力，它是污泥品质的重要参数。

污泥的产甲烷活性与许多因素有关，试验必须在标准条件下进行。

B.2 测定所用的装置

测定污泥的产甲烷活性装置可采用血清瓶作为反应器，如图 B.1 所示。

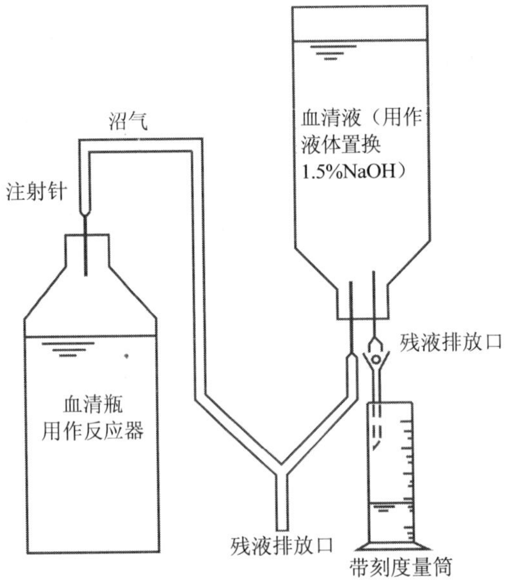

图 B.1 利用血清瓶测定甲烷活性的实验装置

B.3 测定条件

B.3.1 温度

发酵温度（35℃）作为实验温度。

B.3.2 基质和污泥的浓度

表 B.1 列出血清瓶反应器（0.5～1 L）中推荐使用的污泥和底物浓度，其中 COD_{CH_4} 指以 COD_{Cr} 表示的甲烷产量。

表 B.1 在产甲烷活性测定中使用的污泥和底物 VFA 质量浓度

测定装置	污泥质量浓度/（g VSS/L）	VFA 质量浓度/（g COD_{Cr}/L）
血清瓶	1.0～1.5	3.5～4.5

B.3.3 基质（VFA）的组成

测定污泥活性可用 VFA 作为底物，VFA 的组成也会对测定结果有影响。可配制 VFA 储备液，例如可选取乙酸、丙酸、丁酸浓度比为 73∶23∶4，总 COD_{Cr} 质量浓度为 20 g/L，测定时可根据需要进行稀释。根据研究的需要，也可采用其他比例，表 B.2 可作为配制其他比例的参考。

表 B.2 VFA 储备液配比

挥发性脂肪酸（VFA）	gCOD/gVFA	密度/（g/L）	体积/ml
乙酸	1.067	1.05	13.04
丙酸	1.514	0.993	3.06
丁酸	1.818	0.957	0.46

B.3.4 pH 值

一般测定前先将底物 VFA 配成浓度较大的母液，然后以 NaOH 中和至 pH 值为 7。VFA 必须被中和，否则非离子化的 VFA 会引起严重抑制作用。

B.3.5 营养物和微量元素

测定污泥活性所配制的水样中还应当添加营养物和微量元素，其标准可参照表 B.3 配制。

表 B.3 厌氧活性测定标准无机营养液组成

成　分	在反应器内质量浓度/（mg/L）	成　分	在反应器内质量浓度/（mg/L）
NH_4Cl	400	NH_4VO_3	0.5
$MgSO_4 \cdot 7H_2O$	400	$CaCl_2 \cdot 2H_2O$	0.5
KCl	400	$ZnCl_2$	0.5
$Na_2S \cdot 9H_2O$	300	$AlCl_3 \cdot 6H_2O$	0.5
$CaCl_2 \cdot 2H_2O$	50	$NaMoO_4 \cdot 2H_2O$	0.5
$(NH_4)_2HPO_4$	80	H_3BO_3	0.5
$FeCl_2 \cdot 4H_2O$	40	$NiCl_2 \cdot 6H_2O$	0.5
$CoCl_2 \cdot 6H_2O$	10	$NaWO_4 \cdot 2H_2O$	0.5
KI	10	Na_2SeO_3	0.5
$(NaPO_3)_6$	10	$C_9H_{11}NO_3$	10
$MnCl_2 \cdot 4H_2O$	4.5	$NaHCO_3$	6 000

同时，为简化可配制大量营养物和微量元素的母液，大量营养液每升含 NH_4Cl 170 g，NH_2PO_4 37 g，$CaCl_2 \cdot 2H_2O$ 0.8 g，$MgSO_4 \cdot 4H_2O$ 9 g。微量元素每升含 $FeCl_3 \cdot 4H_2O$ 2 000 mg，$CoCl_2 \cdot 6H_2O$ 2 000 mg，$MnCl_2 \cdot 4H_2O$ 500 mg，$CuCl_2 \cdot 2H_2O$ 30 mg，$ZnCl_2$ 50 mg，H_3BO_3 50 mg，$(NH_4)_6Mo_7O_{24} \cdot 4H_2O$ 90 mg，$Na_2SeO_35H_2O$ 100 mg，$NiCl_2 \cdot 6H_2O$ 50 mg，EDTA 1 000 mg，36%HCl 1 ml，刃天青 500 mg 和硫化钠母液 $Na_2S \cdot 9H_2O$ 100 g。使用时临时配制。

配制水样时每升加入以上母液各 1 ml。此外，还要加入酵母提取物（酵母膏）0.2 g。

B.4 测定步骤

在反应器内加入适量 VFA 底物后，根据上述原则加入有大量营养物和微量元素的母液、硫化物和酵母提取物等，并补加水到预定体积。向上述混合物中通入氮气 3 min 以除去部分溶解氧，然后按图示将反应器与液体置换系统相连接。逐日记录产气量（以量筒中的碱液体积代表所产甲烷体积），直到底物 VFA 的 80%已被利用。然后开始第二次投加水样再逐日记录每日产气量直到 80%的底物已被利用。

第一次投加水样目的在于使污泥适应这种底物，因此第一次投加水样时污泥的活性总是较低。一般第二次投加水样后的结果可作为正式测定的结果。

B.5　计算

B.5.1　曲线绘制

产甲烷活性的计算应根据第二次曲线计算。在曲线中有一个最大活性区间，污泥的产甲烷活性（R）是这一区间的平均斜率，其单位为 $mlCH_4/h$。另外，最大活性区间应当至少覆盖已利用的底物 VFA 的 50%。

B.5.2　计算

根据最大活性区间的平均斜率 R 即可计算出污泥的产甲烷活性，计算如下：

$$\text{ACT}=\frac{24R}{F\cdot V\cdot \text{VSS}} \tag{1}$$

式中：ACT——污泥产甲烷活性，g COD_{CH_4}/（g VSS·d）；

R——产甲烷速率（即曲线中最大活性区间的平均斜率），$mlCH_4/h$；

F——含饱和水蒸气的甲烷体积数与以克为单位的 COD_{Cr} 的转换系数，见表 B.4；

V——反应器中的液体体积，L；

VSS——反应器中污泥的质量浓度，g VSS/L。

表 B.4　相当于 1 g COD_{Cr} 的甲烷的体积毫升数（101.3×10^5 kPa）

温度/℃	干燥甲烷/ml	含饱和水蒸气的甲烷/ml
10	363	367
15	369	376
20	376	385
25	382	394
30	388	405
35	395	418
40	401	433
45	408	450
50	414	471

HJ

中华人民共和国国家环境保护标准

HJ 2014—2012

生物滤池法污水处理工程技术规范

Technical specifications for biofilter in wastewater bio-film treatment

2012-03-19 发布　　2012-06-01 实施

环　境　保　护　部　发布

前　言

为贯彻《中华人民共和国环境保护法》和《中华人民共和国水污染防治法》，防治水污染，改善环境质量，规范生物滤池在污（废）水处理工程中的应用，制定本标准。

本标准规定了采用生物滤池法的污（废）水处理工程的工艺设计、主要工艺设备、检测与控制、施工验收、运行与维护等的技术要求。

本标准由环境保护部科技标准司组织制订。

本标准主要起草单位：中国环境保护产业协会、清华大学、安乐工程有限公司、安徽国祯环保节能科技股份有限公司、北京城市排水集团有限责任公司、北京市环境保护科学研究院。

本标准环境保护部 2012 年 3 月 19 日批准。

本标准自 2012 年 6 月 1 日起实施。

本标准由环境保护部解释。

生物滤池法污水处理工程技术规范

1 适用范围

本标准规定了采用以好氧过程为主的生物滤池工艺污（废）水处理工程的工艺设计、主要工艺设备、检测与控制、施工验收、运行与维护等的技术要求。本标准不适用污（废）水厌氧生物滤池处理工艺。

本标准适用于采用生物滤池法的城镇污水和与城镇污水水质相类似的工业废水处理工程，可作为环境影响评价、设计、施工、环境保护验收及建成后运行管理的技术依据。

2 规范性引用文件

本标准内容引用了下列文件中的条款。凡是未注明日期的引用文件，其有效版本适用于本标准。

GB 3096 声环境质量标准

GB 8978 污水综合排放标准

GB 12348 工业企业厂界噪声标准

GB 18918 城镇污水处理厂污染物排放标准

GB/T 18920 城市污水再生利用 城市杂用水水质

GB 50009 建筑结构荷载规范

GB 50011 建筑抗震设计规范

GB 50013 室外给水设计规范

GB 50014 室外排水设计规范

GB 50016 建筑设计防火规范

GB 50052 供配电系统设计规范

GB 50053 10 kV 及以下变电所设计规范

GB 50054 低压配电设计规范

GB 50069 给水排水工程构筑物结构设计规范

GB 50141 给水排水构筑物工程施工及验收规范

GB 50187 工业企业总平面设计规范

GB 50191 构筑物抗震设计规范

GB 50194 建设工程施工现场供用电安全规范

GB 50204 混凝土结构工程施工质量验收规范

GB 50205 钢结构工程施工质量验收规范

GB 50222 建筑内部装修设计防火规范

GB 50231 机械设备安装工程施工及验收通用规范

GB 50268 给水排水管道工程施工及验收规范

GB 50275 压缩机、风机、泵安装工程施工及验收规范

GB 50334 城市污水处理厂工程质量验收规范

GB 50335 污水再利用工程设计规范
GB 50352 民用建筑设计通则
GBJ 22 厂矿道路设计规范
GBJ 87 工业企业噪声控制设计规范
GBZ 1 工业企业设计卫生标准
CJ 343 污水排入城镇下水道水质标准
CJJ 31 城镇污水处理厂附属建筑和附属设备设计标准
CJJ 60 城市污水处理厂运行、维护及其安全技术规程
CJ/T 43 水处理用滤料
CJ/T 51 城市污水水质检验方法标准
CJ/T 221 城市污水处理厂污泥检验方法
CJ/T 299 水处理用人工陶粒滤料
CECS 265 曝气生物滤池工程技术规程
HJ/T 91 地表水和污水监测技术规范
HJ/T 250 环境保护产品技术要求 旋转式细格栅
HJ/T 251 环境保护产品技术要求 罗茨鼓风机
HJ/T 252 环境保护产品技术要求 中、微孔曝气器
HJ/T 278 环境保护产品技术要求 单级高速曝气离心鼓风机
HJ/T 336 环境保护产品技术要求 潜水排污泵
HJ/T 353 水污染源在线监测系统安装技术规范
HJ/T 354 水污染源在线监测系统验收技术规范
HJ/T 355 水污染源在线监测系统运行与考核技术规范
HJ/T 369 环境保护产品技术要求 水处理用加药装置
《建设项目（工程）竣工验收办法》（国家计委计建设[1990]215 号）
《建设项目竣工环境保护验收管理办法》（2001 年国家环境保护总局令 第 13 号）

3 术语和定义

下列术语和定义适用于本标准。

3.1 生物滤池法 biofilter；biological filter

依靠污（废）水处理构筑物内填装的填料的物理过滤作用，以及填料上附着生长的生物膜的好氧氧化、缺氧反硝化等生物化学作用联合去除污（废）水中污染物的人工处理技术，常见的包括低负荷生物滤池法、高负荷生物滤池法、塔式生物滤池法和曝气生物滤池法。

3.2 低负荷生物滤池 low-rate biological filter，trickling filter

滤料粒径较大、自然通风供氧、且进水 BOD 容积负荷较低（通常不大于 0.4 kg/（m^3·d））的一种生物滤池。又称普通生物滤池或滴滤池。

3.3 高负荷生物滤池 high-rate biological filter

在低负荷生物滤池的基础上，通过限制进水 BOD 含量并采取处理出水回流等技术获得较高的滤速，将 BOD 容积负荷提高 6～8 倍，同时确保 BOD 去除率不发生显著下降的一种生物滤池。

3.4 塔式生物滤池 biotower

构筑物呈塔式，塔内分层布设轻质滤料（填料），污（废）水由上往下喷淋过程中，与滤料上生物膜及自下向上流动的空气充分接触，使污（废）水获得净化的一种生物滤池。

3.5 曝气生物滤池 biological aerated filter，BAF

由接触氧化和过滤相结合的一种生物滤池，采用人工曝气、间歇性反冲洗等措施，主要完成有机污染物和悬浮物的去除。

3.6 滤料 filtering media

生物滤池中微生物固着栖息、繁殖生长，并对污（废）水中的悬浮物具有物理截留过滤作用的载体。

3.7 滤料层 filter bed

在过滤过程中对水中污染物起到有效净化、过滤作用的材料层。

3.8 承托层 filter supporting bed

为防止滤料从配水系统中流失，在配水系统与滤料层之间设置的粒状材料层。

3.9 出水堰板 effluent weir plate

设置在滤池出水堰处防止滤料流失并且调节出水平衡的装置。

3.10 反冲洗时间 backwash time

滤料层反冲洗所经历的时间，单位 min。

3.11 空床停留时间 empty bed retention time

污（废）水在生物滤池滤料层所占容积的水力停留时间，单位 h。

3.12 反冲洗强度 backwashing rate

反冲洗水或反冲洗空气在单位时间内通过单位面积滤料层的流量，一般以 L/（$m^2 \cdot s$）为单位。

3.13 气水联合反冲洗 combined water and air backwash

为提高水反冲洗的效果，同时采用空气辅助冲洗的反冲洗方式。

3.14 五日生化需氧量容积负荷 BOD_5-volumetric loading rate

每立方米有效容积单位时间内所能接受的五日生化需氧量，一般以 kg BOD_5/（$m^3 \cdot d$）为单位。

3.15 硝化容积负荷 nitrification volumetric loading rate

每立方米有效容积单位时间内硝化的氨氮量，一般以 kg NH_3-N/（$m^3 \cdot d$）为单位。

3.16 反硝化容积负荷 denitrification volumetric loading rate

每立方米有效容积单位时间内反硝化的硝酸盐氮量，一般以 kg NO_3-N/（$m^3 \cdot d$）为单位。

3.17 水力负荷 surface loading rate，hydraulic loading rate

处理装置每平方米面积每天所能接受的污（废）水水量，一般以 m^3/（$m^2 \cdot d$）为单位。

3.18 滤速 filtration rate

单位滤池过滤面积在单位时间内的滤过水量，单位 m/h。

3.19 水力停留时间 hydraulic retention time

填装滤料后，污（废）水通过生物滤池滤料层的实际平均接触停留时间，单位 h。

3.20 固定布水器 fixed distributor

生物滤池中由固定的布水管和喷嘴等组成的布水装置。

3.21 旋转布水器 rotating distributor

生物滤池中由若干条布水管组成的，利用从布水管孔口喷出的水流所产生的反作用力，推动布水管绕旋转轴旋转，达到均匀布水目的的旋转布水装置。

3.22 空气扩散器 air diffuser

曝气生物滤池中曝气供氧的空气扩散装置。

3.23 滤头 filter nozzle

安装在曝气生物滤池中下部的承托滤板上，用来正常配水、反冲洗配水、反冲洗配气的一种布水、布气装置。

3.24 滤板 supporting board

固定专用滤头并承载滤料的、具有一定承载强度和水平精度要求的托板。

3.25 回流比 recycle ratio

采用前置反硝化生物滤池脱氮时，硝化液回流量与设计进水流量的比值，一般以百分数计。

4 污染物与污染负荷

4.1 进入生物滤池的污（废）水设计水量应按照 HJ/T 91 和 GB 50014 的相关规定确定。

4.2 进入生物滤池的污（废）水应具有较好的可生化性，BOD_5/COD_{Cr} 宜大于 0.3，pH 值宜为 6.5～9.5，水温宜为 12～35℃。污（废）水营养组合比（BOD_5∶氮∶磷）宜为 100∶5∶1，且水中不应含对微生物有抑制和毒害作用的污染物。

4.3 当进入生物滤池的污（废）水中含有大颗粒悬浮物、油脂、沙砾、纤维物、影响生化处理的物质时，或进水水质与生活污水水质有较大差异，污（废）水可生化性较差时，应根据进水水质采取适当的预处理或前处理。

4.4 当进水水质、水量波动较大时，应设置调节设施。

4.5 污水处理有除氨氮要求时，进水总碱度（以 $CaCO_3$ 计）/氨氮（NH_3-N）的比值宜不小于 7.14，且好氧池（区）剩余碱度宜大于 70 mg/L，不满足上述条件时宜补充碱度。

4.6 污水处理有脱总氮要求时，反硝化要求进水的易降解碳源 BOD_5/总凯氏氮比值应大于 4.0，总碱度（以 $CaCO_3$ 计）/氨氮（NH_3-N）的比值宜不小于 3.6，不满足上述条件时，应合理补充碳源或碱度。

4.7 污水处理有除磷要求时，进水 BOD_5/总磷的比值不宜小于 17.0。生物滤池中对于出水总磷浓度达不到设计要求时，可采用其他方式除磷，如化学除磷等。

4.8 当无试验资料时，生物滤池污水处理工艺的污染物去除率可参考表 1 计算。

表 1 生物滤池污水处理工艺污染物一般去除率

污水类别	主体工艺	污染物去除率/%					
		悬浮物（SS）	五日生化需氧量（BOD_5）	化学需氧量（COD_{Cr}）	氨氮	总氮	总磷
市政污水	预处理+生物滤池	75～98	80～95	80～90	80～95	50～80（有缺氧单元或区域）	40～80（有厌氧单元或区域）
工业废水	前处理+生物滤池	75～98	70～90	70～85	—	—	—
注：根据进水水质、出水要求、工艺流程等，生物滤池处理单元之前可以设置不同的预处理或前处理方式。							

5 总体要求

5.1 生物滤池污水处理工艺宜适用于城镇污水的二级处理。同时也适用于类似市政污水水质的工业废水的生物处理，作为工业废水处理工艺流程的组成部分。

5.2 生物滤池污水处理工艺可单独应用，也可与其他污水处理工艺组合应用。生物滤池工艺流程的选择应根据不同的进水水质及处理要求，通过技术、经济及环境影响等因素综合分析后确定。

5.3 工程设计应符合 GB 50013、GB 50014、GB 50335 等国家现行的有关标准和技术规范的要求。

5.4 生物滤池法的处理构筑物应根据当地气温和环境等条件，采取防冻、防臭、控制蝇虫和防腐蚀等措施，处理构筑物应符合 GB 50069、GB 50009 和 GB 50191 国家标准的有关规定。

5.5 应根据工艺运行要求设置检测与控制系统，实现运行管理自动化。

5.6 在污水处理厂（站）建设、运行过程中产生的废气、污水、废渣、噪声及其他污染物的治理与排放，应执行国家环境保护法规和标准的有关规定，防止二次污染。

5.7 污水处理厂（站）的设计、建设应采取有效的隔声、消声、绿化等降低噪声的措施，噪声和振动控制的设计应符合 GBJ 87 的要求，机房内、外的噪声应分别符合 GBZ 1 和 GB 3096 的规定，厂界噪声应符合 GB 12348 的规定。

5.8 建（构）筑物应设置必要的防护栏杆，采取适当的防滑措施，并符合 GB 50352 的规定。

5.9 污水处理厂（站）区建筑物的防火设计应符合 GB 50016 和 GB 50222 等规范的规定。

5.10 污水处理厂（站）的防洪标准不应低于城镇防洪标准，且有良好的排水条件。

5.11 污水处理厂厂址选择和总体布置应符合 GB 50014 的相关规定。总图设计应符合 GB 50187 的相关规定。

5.12 污水处理厂附属建筑和附属设备设计应符合 CJJ 31 的规定，抗震设计应符合 GB 50011 的规定。

5.13 城镇污水处理厂应按照 GB 18918 的相关规定安装在线监测系统，其他污水处理工程应按照国家或当地的环境保护管理要求安装在线监测系统。在线监测系统的安装、验收和运行应符合 HJ/T 353、HJ/T 354 和 HJ/T 355 的相关规定。

6 低负荷生物滤池工艺设计

6.1 一般规定

6.1.1 低负荷生物滤池适用于小规模的污（废）水处理，并且根据污（废）水的水质条件，滤池前宜设沉砂池、初次沉淀池或混凝沉淀池、除油池、厌氧水解池等预处理或前处理设施。

6.1.2 低负荷生物滤池进水的五日生化需氧量宜控制在 200 mg/L 以下，高于此值时，宜将处理出水回流，以稀释进水有机物浓度。

6.2 设计参数及要求

6.2.1 低负荷生物滤池的平面形状宜为圆形或矩形。

6.2.2 低负荷生物滤池的个数或分格数应不少于 2 个，并按同时工作设计。

6.2.3 低负荷生物滤池的滤料应耐腐蚀、强度高、比表面积大、空隙率高，尽可能就地取材。一般宜采用碎石、卵石、炉渣、焦炭等无机滤料。用作滤料的塑料制品应具有较好的抗氧化性能。

6.2.4 采用碎石类滤料时，应符合下列要求：

a）滤池下层滤料粒径宜为 60～100 mm，层厚 0.2 m；上层滤料粒径宜为 30～50 mm，层厚 1.3～1.8 m；

b）采用碎石类滤料的滤池处理城市污水或与城市污水水质相近的工业废水时，常温下，水力负荷以滤池面积计，宜为 1.0～3.0 m^3/（$m^2·d$）；五日生化需氧量容积负荷以滤料体积计，宜为 0.15～0.3 kg BOD_5/（$m^3·d$）。

6.2.5 低负荷生物滤池的布水可采用固定布水系统，由投配池、配水管网和喷嘴三部分组成。借助投配池的虹吸作用，使得布水过程自动间歇进行。喷洒周期一般为 5～15 min。安装在配水管上的喷嘴应该高出滤料表面 0.15～0.20 m，喷嘴口径通常为 15～20 mm。

6.2.6 低负荷生物滤池应采用自然通风方式进行供氧，滤池底部空间的高度不应小于 0.6 m，沿滤池池壁四周下部应设置自然通风孔，其总面积不应小于池表面积的 1%。

6.2.7 低负荷生物滤池的池底应设 1%～2%坡度坡向集水沟，集水沟以 0.5%～2%的坡度坡向总排水沟，总排水沟的坡度不宜小于 0.5%，并有冲洗底部排水渠的措施。

6.3 设计计算

6.3.1 滤料总体积，可按下式计算：

$$V=\frac{Q\cdot S_0}{1\,000\cdot L_V} \tag{1}$$

式中：V——滤料总体积（堆积体积），m^3；

Q——滤池的设计流量，m^3/d；

S_0——滤池进水五日生化需氧量，mg/L；

L_V——滤池五日生化需氧量容积负荷，kg BOD_5/（$m^3\cdot d$），宜为 0.15～0.3 kg BOD_5/（$m^3\cdot d$）。

6.3.2 滤池有效面积，可按下式计算：

$$F=\frac{V}{H} \tag{2}$$

式中：F——滤池有效面积，m^2；

H——滤料层总高度，m，宜为 1.5～2.0 m；

V——滤料总体积（堆积体积），m^3。

6.3.3 用水力负荷校核滤池面积，可按下式计算：

$$q=\frac{Q}{F} \tag{3}$$

式中：q——滤池的水力负荷，m^3/（$m^2\cdot d$），宜为 1～3 m^3/（$m^2\cdot d$）；

Q——滤池的设计流量，m^3/d；

F——滤池有效面积，m^2。

7 高负荷生物滤池工艺设计

7.1 一般规定

7.1.1 高负荷生物滤池适用于中小规模的污（废）水处理，并且根据污（废）水水质条件，滤池前宜设沉砂池、初次沉淀池或混凝沉淀池、除油池、厌氧水解池等预处理或前处理设施。

7.1.2 宜采用单级滤池系统，如原污水污染物浓度较高且对处理水质要求较高时，可采用两级滤池系统。

7.1.3 高负荷生物滤池进水的五日生化需氧量值应控制在 300 mg/L 以下，否则宜用生物滤池处理出水回流，回流比经计算求得。当进水污染物浓度较高或者含有一定的对微生物有毒成分的污（废）水时，也应进行回流。

7.2 设计参数及要求

7.2.1 高负荷生物滤池的平面形状宜采用圆形。

7.2.2 高负荷生物滤池宜常采用旋转布水装置。

7.2.3 滤料层和承托层的总高度宜为 2.0～4.0 m。当采用自然通风时，滤料层高度不应大于 2.0 m；当滤料层高度超过 2.0 m 时，应采取人工强制通风措施。

7.2.4 高负荷生物滤池宜采用碎石或塑料制品作滤料，当采用碎石类滤料时，应符合下列要求：

（1）滤池下层滤料粒径宜为 70～100 mm，厚 0.2 m；上层滤料粒径宜为 40～70 mm，厚度不宜大于 1.8 m；

（2）处理城市污水时，常温下，水力负荷以滤池面积计宜为 10～36 m^3/（$m^2\cdot d$）；五日生化需氧量容积负荷以滤料体积计，不宜大于 1.8 kg BOD_5/（$m^3\cdot d$）。

7.3 设计计算

7.3.1 滤料总体积，可按下式计算：

$$V = \frac{Q \cdot S_0}{1\,000 \cdot L_V} \tag{4}$$

式中：V——滤料总体积（堆积体积），m^3；

Q——滤池的设计流量，m^3/d；

S_0——滤池进水五日生化需氧量，mg/L；

L_V——滤池五日生化需氧量容积负荷，kg BOD_5/（$m^3 \cdot d$），不宜大于 1.8 kg BOD_5/（$m^3 \cdot d$）。

7.3.2 滤池有效面积，可按下式计算：

$$F = \frac{V}{H} \tag{5}$$

式中：F——滤池有效面积，m^2；

V——滤料总体积（堆积体积），m^3；

H——滤池滤料层高度，m。

7.3.3 滤池直径，可按下式计算：

$$D = 2 \times \sqrt{\frac{F}{n \cdot \pi}} \tag{6}$$

式中：D——滤池直径，m；

F——滤池有效面积，m^2；

n——滤池个数。

7.3.4 回流比，可按下式计算：

$$R = (\frac{F \cdot q}{Q} - 1) \times 100\% \tag{7}$$

式中：R——回流比，%；

F——滤池有效面积，m^2；

q——滤池水力负荷，m^3/（$m^2 \cdot d$），当 q<10 m^3/（$m^2 \cdot d$）时，应该加大回流倍数，使得 q 达到 10 m^3/（$m^2 \cdot d$）以上，q 通常在 10～36 m^3/（$m^2 \cdot d$）之间；

Q——滤池的设计流量，m^3/d。

8 塔式生物滤池工艺设计

8.1 一般规定

8.1.1 塔式生物滤池的处理规模不宜超过 10 000 m^3/d，并且根据污（废）水的水质条件，滤池前宜设沉砂池、初次沉淀池或混凝沉淀池、除油池、厌氧水解池等预处理或前处理设施。

8.1.2 塔式生物滤池进水的五日生化需氧量应控制在 500 mg/L 以下，否则处理出水应回流。

8.2 设计参数及要求

8.2.1 塔式生物滤池的平面形状宜采用圆形，宜用砖混、钢筋混凝土或钢板制成。

8.2.2 塔式生物滤池直径宜为 1.0～3.5 m，直径与高度之比宜为 1∶6～1∶8；滤料层厚度宜根据试验资料确定，宜为 8～12 m。

8.2.3 塔式生物滤池水力负荷和五日生化需氧量容积负荷应根据试验资料确定。无试验资料时，水力负荷宜为 80～200 m^3/（$m^2 \cdot d$），五日生化需氧量容积负荷宜为 1.0～3.0 kgBOD_5/（$m^3 \cdot d$）。

8.2.4 塔式生物滤池的滤料应采用轻质材料，可采用的有聚乙烯波纹板、玻璃钢蜂窝和聚苯乙烯蜂窝等。

8.2.5 塔式生物滤池滤料应分层，每层高度不宜大于 2 m，分层处宜设栅条。滤料层与层的间距宜为 0.2～0.4 m。塔顶宜高出滤料层 0.5 m。

8.2.6 塔式生物滤池各层应设观察孔、取样孔及人孔，并设置相应的操作平台。

8.2.7 塔式生物滤池宜采用自然通风。当污水含有易挥发的有毒物质时，应采用人工通风，尾气应经处理并达到相关标准后才能排放。

8.2.8 大中型塔式生物滤池的布水装置宜采用旋转布水器，小型滤池宜采用固定多孔管或喷嘴布水。

8.2.9 塔式生物滤池底部应设置集水池，集水池最高水位与最下层滤料底面之间的高度不应小于 0.5 m。集水池水面以上应沿四周设置自然通风孔，其总面积不应小于池表面积的 7.5%～10%。

8.3 塔式生物滤池设计与计算

8.3.1 塔式生物滤池滤料总体积，可按下式计算：

$$V = \frac{Q \cdot S_0}{1\,000 \cdot L_V} \tag{8}$$

式中：V——滤料总体积（堆积体积），m^3；

Q——滤池的设计流量，m^3/d；

S_0——滤池进水五日生化需氧量，mg/L；

L_V——滤池五日生化需氧量容积负荷，kg BOD_5/（$m^3 \cdot d$），宜为 1.0～3.0 kg BOD_5/（$m^3 \cdot d$）。

8.3.2 滤池有效面积，可按下式计算：

$$F = \frac{V}{H} \tag{9}$$

式中：F——滤池有效面积，m^2；

H——滤料层总高度，m。

V——滤料总体积（堆积体积），m^3。

8.3.3 滤池直径，可按下式计算：

$$D = 2 \times \sqrt{\frac{F}{n\pi}} \tag{10}$$

式中：D——滤池的直径，m；

F——滤池有效面积，m^2；

n——滤池的个数。

8.3.4 用水力负荷校核，可按下式计算：

$$q = \frac{Q}{F} \tag{11}$$

式中：q——滤池的水力负荷，m^3/（$m^2 \cdot d$），宜为 80～200 m^3/（$m^2 \cdot d$）。如不满足，需采用处理水回流稀释；

F——滤池有效面积，m^2；

Q——滤池的设计流量，m^3/d。

9 曝气生物滤池工艺设计

9.1 一般规定

9.1.1 根据污（废）水的水质条件，曝气生物滤池前宜设沉砂池、初次沉淀池或混凝沉淀池、除油池、厌氧水解池等预处理或前处理设施，进水的悬浮固体浓度不宜大于 60 mg/L。

9.1.2 根据处理污染物不同，曝气生物滤池可分为碳氧化、硝化、后置反硝化或前置反硝化等。碳氧化、硝化和反硝化可在单级曝气生物滤池内完成，也可分别在多级曝气生物滤池内完成。

9.1.3 曝气生物滤池应具备防止滤头堵塞和防止滤料流失的措施。

9.1.4 曝气生物滤池宜以钢筋混凝土筑造为主，并考虑防渗、防漏措施。

9.1.5 曝气生物滤池反冲洗排水应根据处理规模、单格滤池每次反冲洗水量等因素，合理设置反冲洗排水缓冲池。

9.1.6 滤池的进、出水液位差应该根据配水形式、滤速和滤料层水头损失确定，其差值不宜小于 1.8 m。

9.1.7 当曝气生物滤池出水悬浮固体满足后续处理或排放标准要求时，可不设沉淀或过滤设施。

9.2 工艺流程及选择

9.2.1 主要去除污水中含碳有机物时，宜采用单级碳氧化曝气生物滤池（以下简称碳氧化滤池）工艺，工艺流程见图 1。

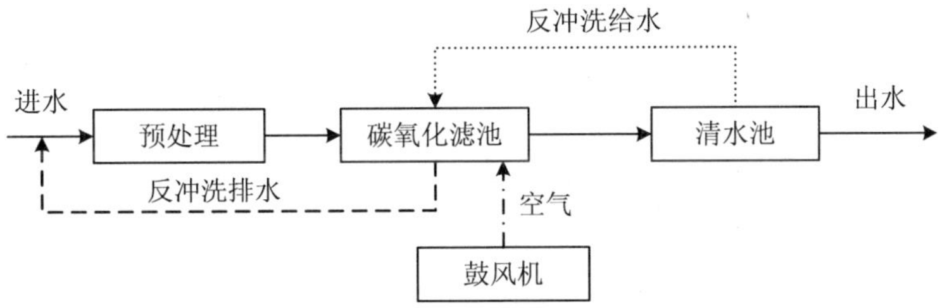

图 1 碳氧化滤池工艺流程

9.2.2 要求去除污水中含碳有机物并完成氨氮的硝化时可采用碳氧化滤池工艺流程，并适当降低负荷；也可采用碳氧化滤池和硝化曝气生物滤池（以下简称硝化滤池）两级串联工艺，工艺流程见图 2。

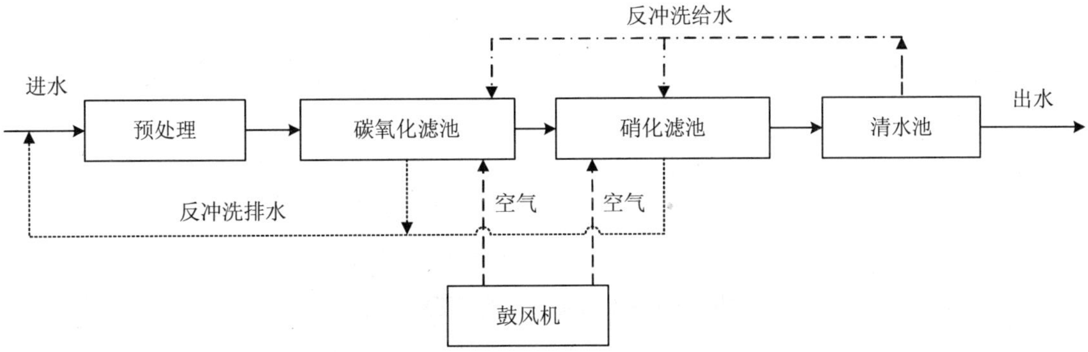

图 2 碳氧化滤池+硝化滤池两级组合工艺流程

9.2.3 当进水碳源充足且出水水质对总氮去除要求较高时，宜采用前置反硝化滤池+硝化滤池组合工艺，见图 3。

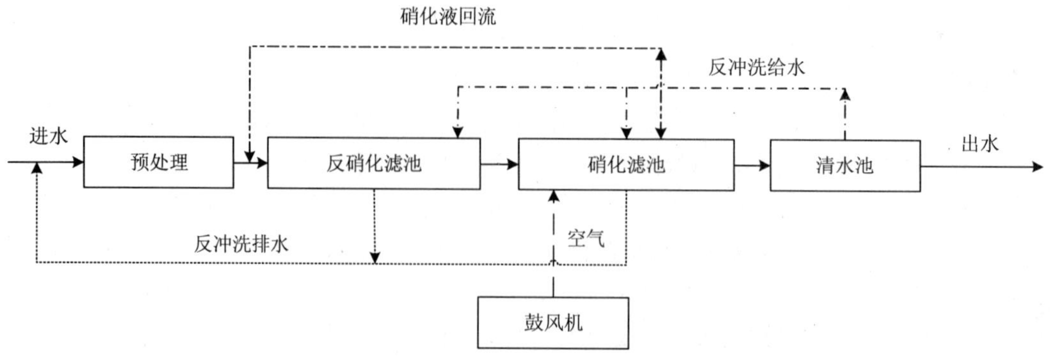

图 3　前置反硝化滤池+硝化滤池两级组合工艺流程

9.2.4　当进水总氮含量高、碳源不足而出水对总氮要求较严时可采用后置反硝化工艺，同时外加碳源，见图 4；或者采用前置反硝化滤池，同时外加碳源，见图 5。前置反硝化的生物滤池工艺中硝化液回流率可具体根据设计 NO_3-N 去除率以及进水碳氮比等确定。外加碳源的投加量需经过计算确定。

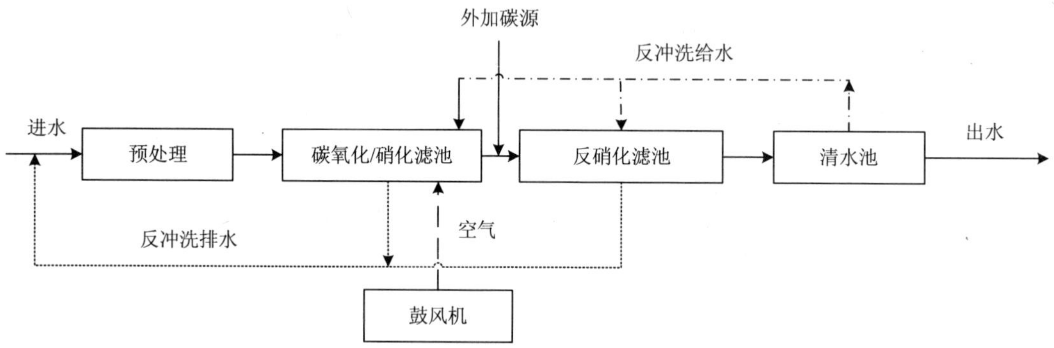

图 4　外加碳源后置反硝化滤池两级组合工艺流程

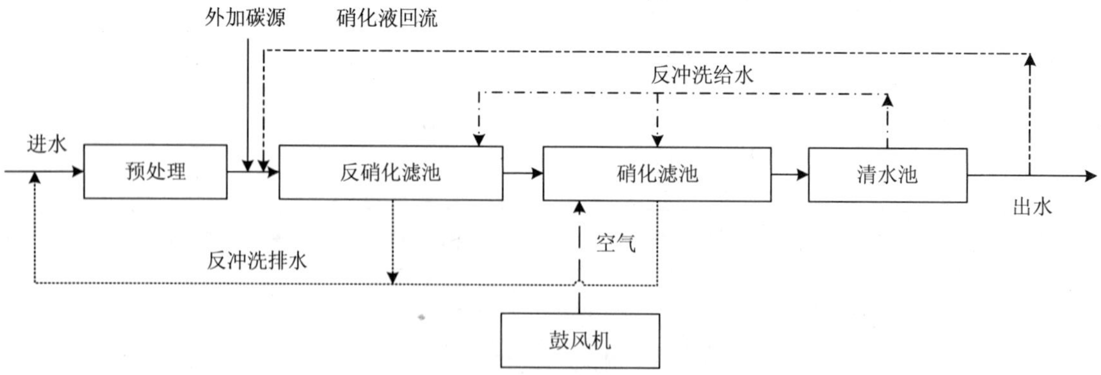

图 5　外加碳源前置反硝化滤池两级组合工艺流程

9.3　池体设计与计算

9.3.1　一般规定

9.3.1.1　曝气生物滤池宜采用上向流进水。

9.3.1.2　曝气生物滤池的平面形状可采用正方形、矩形或圆形。

9.3.1.3　曝气生物滤池在滤池截面积过大时应分格，分格数不应少于2格。单格滤池的截面积宜为50～100 m^2。

9.3.1.4　曝气生物滤池下部宜选用机械强度高和化学稳定性好的卵石作承托层，并按一定级配布置。

9.3.1.5　出水系统可采用周边出水或单侧堰出水，反冲洗排水和出水槽（渠）宜分开布置。应设置出水堰板等装置，防止反冲洗时滤料流失并且调节出水平衡。

9.3.2　设计参数

9.3.2.1　曝气生物滤池的容积负荷和水力负荷宜根据试验资料确定，无试验资料时，可采用经验数据或按表 2 的参数取值。

表 2　曝气生物滤池工艺主要设计参数

种类	容积负荷	水力负荷（滤速）	空床水力停留时间
碳氧化滤池	3.0～6.0 kg BOD_5/（m^3·d）	2.0～10.0 m^3/（m^2·h）	40～60 min
硝化滤池	0.6～1.0 kg NH_3-N/（m^3·d）	3.0～12.0 m^3/（m^2·h）	30～45 min
碳氧化/硝化滤池	1.0～3.0 kg BOD_5/（m^3·d） 0.4～0.6 kg NH_3-N/（m^3·d）	1.5～3.5 m^3/（m^2·h）	80～100 min
前置反硝化滤池	0.8～1.2 kg NO_3-N/（m^3·d）	8.0～10.0 m^3/（m^2·h）（含回流）	20～30 min
后置反硝化滤池	1.5～3.0 kg NO_3-N/（m^3·d）	8.0～12.0 m^3/（m^2·h）	20～30 min
注：1. 设计水温较低、进水浓度较低或出水水质要求较高时，有机负荷、硝化负荷、反硝化负荷应取下限值； 2. 反硝化滤池的水力负荷、空床停留时间均按含硝化液回流水量确定，反硝化回流比应根据总氮去除率确定。			

9.3.2.2　碳氧化滤池和硝化滤池出水中的溶解氧宜控制为 3.0～4.0 mg/L。

9.3.3　池体计算

9.3.3.1　曝气生物滤池池体体积宜按照容积负荷法计算，按水力负荷校核。

9.3.3.2　滤料体积，可按下式计算：

$$V = \frac{Q(X_0 - X_e)}{1\,000 L_{VX}} \tag{12}$$

式中：V——滤料体积（堆积体积），m^3；

Q——设计进水流量，m^3/d；

X_0——曝气生物滤池进水 X 污染物浓度，mg/L；

X_e——曝气生物滤池出水 X 污染物浓度，mg/L；

L_{VX}——X 污染物的容积负荷，碳氧化、硝化、反硝化时 X 分别代表五日生化需氧量、氨氮和硝态氮，取值见表 2，kg$X$/（m^3·d）。

注：该公式适用于碳氧化、硝化滤池、反硝化滤池及碳氧化/硝化滤池等类型生物滤池。

9.3.3.3　滤池总截面积，可按下式计算：

$$A_n = \frac{V}{H_1} \tag{13}$$

式中：A_n——滤池总截面积，m^2；

V——滤料体积（堆积体积），m^3；

H_1——滤料层高度，m。

9.3.3.4　单格滤池截面积，可按下式计算：

$$A_0=\frac{A_n}{n} \tag{14}$$

式中：A_0——单格滤池截面积，m^2，取值应符合 9.3.1.3 的规定；

n——滤池格数，个；

A_n——滤池总截面积，m^2。

9.3.3.5 水力负荷，可按下式计算：

$$q=\frac{Q}{A_n} \tag{15}$$

式中：q——水力负荷，$m^3/(m^2·h)$；

A_n——滤池总截面积，m^2；

Q——设计进水流量，m^3/d。

9.3.3.6 滤池总高度为滤料层高度、承托层高度、滤板厚度、配水区高度、清水区高度和滤池超高相加之和。可按下式计算：

$$H=H_1+H_2+H_3+H_4+H_5+H_6 \tag{16}$$

式中：H——滤池总高度，m；

H_1——滤料层高度，m，取值宜为 2.5～4.5 m；

H_2——承托层高度，m，取值宜为 0.3～0.4 m；

H_3——滤板厚度，m；

H_4——配水区高度，m，取值宜为 1.2～1.5 m；

H_5——清水区高度，m，取值宜为 0.8～1.0 m；

H_6——滤池超高，m，取值宜为 0.5 m。

9.4 滤料

9.4.1 一般规定

9.4.1.1 曝气生物滤池所用滤料应满足如下要求：

a）形状规则，近似球形；

b）具有较好的强度；不易磨损；

c）比表面积大；

d）亲水性能好；

e）不得使处理后的水产生有毒有害成分。

9.4.1.2 曝气生物滤池滤料粒径宜取 2～10 mm。当采用多个滤池串联时，对于一级滤池或者反硝化滤池，宜选用粒径为 4～10 mm 的滤料，对于二级及后续滤池可选用粒径为 2～6 mm 的滤料。

9.4.1.3 曝气生物滤池滤料堆积密度宜为 750～900 kg/m^3。

9.4.1.4 曝气生物滤池滤料比表面积宜大于 1 m^2/g。

9.4.1.5 应根据工程实际情况以及用户要求确定曝气生物滤池滤料的有效粒径（d_{10}）、不均匀系数（K_{80}）或均匀系数（K_{60}）。

9.4.1.6 小于设计确定的最小粒径、大于设计确定的最大粒径的滤料的量均不应超过 5%（以质量计）。

9.4.2 性能参数

滤料相关技术性能参数要求及测定方法可参照 CJ/T 43、CJ/T 299 的相关规定。

9.5 布水布气

9.5.1 一般规定

9.5.1.1 曝气生物滤池宜采用小阻力布水系统并宜用专用滤头，在滤料承托层下部设置缓冲配水室。

9.5.1.2 曝气生物滤池专用滤头安装于滤板上，其布置密度应根据工艺特点和滤头性能参数确定，通常不宜小于 36 个/m^2。

9.5.1.3 曝气生物滤池宜分别设置曝气充氧系统和反冲洗供气系统，曝气量应由计算得到。

9.5.1.4 曝气生物滤池曝气类型宜为鼓风曝气，鼓风曝气系统由曝气风机、布气装置和一系列连通的管道及阀门组成。

9.5.1.5 曝气生物滤池多格并联运行时，供氧风机宜采取一对一布置形式，并设置一定数量的备用风机。风机房装置的设计应符合有关规范规定振动和噪声应符合有关部门规定，机房宜靠近滤池。

9.5.1.6 布气装置可采用单孔膜空气扩散器或穿孔管曝气器，设在承托层或滤料层中，宜采用支架固定或压件固定。

9.5.1.7 布气系统应采取防止水倒流措施。

9.5.1.8 空气扩散器布置密度应根据需氧量要求通过计算后确定。

9.5.1.9 滤池通过配气干管与支管供氧，配气管应根据滤池结构形式合理布置。

9.5.2 曝气量计算

9.5.2.1 单位需氧率，可按下式计算：

$$q_{Rc}=\frac{a\cdot\Delta S(\mathrm{BOD_5})+b\cdot X_0}{T(\mathrm{BOD_5})} \tag{17}$$

式中：q_{Rc}——单位质量的 BOD_5 所需的氧量，kg O_2/kg BOD_5；

$\Delta S(\mathrm{BOD_5})$——曝气生物滤池进水、出水 BOD_5 浓度差值，mg/L；

$T(\mathrm{BOD_5})$——曝气生物滤池进水 BOD_5 浓度值，mg/L；

a、b——需氧量系数，kg O_2/kg BOD_5。一般，a 取 0.82，b 取 0.28；

X_0——曝气生物滤池进水悬浮物浓度值，mg/L。

9.5.2.2 实际需氧量，可按下列公式计算：

碳氧化滤池实际需氧量：$R_s=R_C$ （18）

硝化滤池实际需氧量：$R_s=R_N$ （19）

同步碳氧化/硝化滤池实际需氧量：$R_s=R_C+R_N$ （20）

前置反硝化工艺的后置碳氧化滤池实际需氧量：$R_s=R_C+R_N-R_{DN}$ （21）

其中：

$$R_C=\frac{Q\cdot q_{Rc}\cdot T(\mathrm{BOD_5})}{1\,000} \tag{22}$$

$$R_N=\frac{4.57\cdot Q\cdot\Delta S(\mathrm{TKN})}{1\,000} \tag{23}$$

$$R_{DN}=\frac{2.86\cdot Q\cdot\Delta S(\mathrm{TN})}{1\,000} \tag{24}$$

式中：R_S——单位时间曝气生物滤池的实际需氧量，kg O_2/d；

R_C——单位时间内曝气生物滤池去除 BOD_5 的需氧量，kg O_2/d；

R_N——单位时间内曝气生物滤池氨氮硝化的需氧量，kg O_2/d；

R_{DN}——单位时间内生物滤池反硝化抵消的需氧量，kg O_2/d；

Q——设计污水流量，m^3/d；

q_{Rc}——单位质量的 BOD_5 所需的氧量，kg O_2/kg BOD_5；

$T(\mathrm{BOD_5})$——曝气生物滤池进水 BOD_5 浓度值，mg/L；

$\Delta S(\mathrm{TKN})$——硝化滤池进水、出水凯氏氮浓度差值，mg/L；

$\Delta S(\mathrm{TN})$——反硝化滤池进水、出水总氮浓度差值，mg/L；

4.57——每硝化 1 g 氨氮需消耗 4.57 g 氧；

2.86——每还原 1 g NO_3-N 可节约 2.86 g 氧。

9.5.2.3 水温为 t、压力为 p 时的需氧量，可按下列公式计算：

$$R_0 = \frac{R_s C_{sm(t)}}{\alpha \times 1.024^{t-20}(\beta\rho C_{S(t)} - C_1)} \tag{25}$$

$$C_{sm(t)} = C_{S(t)}\left(\frac{Q_t}{42} + \frac{p_b}{2.026\times10^5}\right) \tag{26}$$

$$Q_t = \frac{21\times(1-E_A)}{79+21\times(1-E_A)} \tag{27}$$

$$p_b = p + 9.8\times10^3 \times H \tag{28}$$

式中：R_0——标准状态下，单位时间曝气生物滤池的需氧量，kg O_2/d；

R_S——水温为 t（℃）时，单位时间曝气生物滤池的实际需氧量，kg O_2/d；

α——氧的传质转移系数，对于生活污水 α 值为 0.8；

β——饱和溶解氧修正系数，对于生活污水 β 值为 0.9～0.95；

ρ——修正系数，对于生活污水 ρ 值为 1；

$C_{sm(t)}$——水温为 t 时布气装置在水下深度处至池液面的平均溶解氧值，mg/L；

$C_{S(t)}$——水温为 t 时清水中的饱和溶解氧浓度，mg/L；

C_1——滤池出水中的剩余溶解氧浓度，宜为 3～4 mg/L；

t——水温，℃；

Q_t——当滤池氧的利用率为 E_A 时，从滤池中逸出气体中含氧量的百分数，%；

p_b——当滤池水面压力为 p 时，布气装置安装在滤池液面下 H 深度时的绝对压力，Pa；

E_A——滤池的氧的利用率，%；

p——滤池水面压力，Pa；

H——布气装置安装在滤池液面下的深度，m。

9.5.2.4 供气量，可按下式计算：

$$G_S = \frac{R_0}{0.28E_A} \tag{29}$$

式中：G_S——鼓风曝气时，标准状态下的供气量，m^3/d；

R_0——标准状态下，单位时间曝气生物滤池的需氧量，kg O_2/d；

E_A——滤池的氧的利用率，5%～15%；

0.28——标准状态下（0.1 MPa、20℃）的每立方米空气中含氧量，kg O_2/m^3。

9.6 反冲洗

9.6.1 曝气生物滤池的反冲洗宜采用气水联合反冲洗，依次按单独气洗、气-水联合冲洗、单独水洗三个过程进行，通过专用滤头布水布气。

9.6.2 反冲洗水宜采用处理后的出水，反洗用水蓄水池应按照滤池单池反洗水量和反洗周期等综合确定。反冲洗周期与滤池负荷、过滤时间及滤池水头损失等相关，通常为 24～72 h。

9.6.3 气水联合反冲洗的冲洗强度及冲洗时间与滤池负荷、过滤时间等有关，可参考表 3 选用。

9.6.4 曝气生物滤池反冲洗排水应根据处理规模、单格滤池每次反冲洗水量等因素，合理设置反冲洗排水缓冲池，缓冲池有效容积不宜小于 1.5 倍的单格滤池反冲洗总水量。

表 3 气水联合反冲洗的冲洗强度及冲洗时间

项目	单独气洗	气水联合冲洗	单独水洗
强度/[L/（m^2·s）]	12～25	气：10～15 水：4～6	8～16
时间/min	3～10	3～5	3～10

9.7 产泥量

9.7.1 曝气生物滤池产泥量可按照去除有机物后的污泥增加量和去除悬浮物两项之和计算，依据负荷不同而不同，每去除 1 kg BOD_5 可参考产生污泥量 0.18～0.75 kg 计算。

9.7.2 曝气生物滤池产生的泥水可排入缓冲池，沉淀后可排入滤池之前的沉淀池，整个处理工艺的污泥应合并处理。

10 主要工艺设备和材料

10.1 生物滤池法的关键设备和材料主要包括：水泵、污泥泵、鼓风机、曝气机械和布气装置、固定布水器、旋转布水器、滤料、滤头、滤板、各类阀门、管道等。

10.2 所有关键设备和材料均应从工程设计、采购、施工安装、调试验收、运行维护等环节给予严格控制，选择满足工艺要求、符合相应标准的产品。

10.3 水泵、污泥泵应选用节能型，机械密封应无渗漏；鼓风机应优先选用低噪声、低能耗、高效率的产品。

10.4 单级高速离心鼓风机、罗茨鼓风机应分别符合 HJ/T 278 和 HJ/T 251 的规定；曝气器应符合 HJ/T 252 的规定；潜水排污泵应符合 HJ/T 336 的规定；细格栅应符合 HJ/T 250 的规定；加药装置应符合 HJ/T 369 的规定。

10.5 曝气生物滤池的专用滤头应具有防堵可拆洗功能，滤头缝隙应保证滤料不从缝隙中流失。

10.6 曝气生物滤池的配气管应由耐腐蚀、耐高温且韧性强度较好的材料制造。

10.7 曝气生物滤池的滤板宜采用钢筋混凝土或钢制结构，滤板上滤头滤帽缝隙总面积与滤池过滤面积之比宜在 1.2%～2.4%之间。

10.8 曝气生物滤池的滤板采用钢筋混凝土结构时宜选用分体式拼装滤板，并应具有合适的承载强度、水平精度和抗腐蚀性，滤板接缝应采用密封性能好的填充材料密封；在采取足够的措施，满足安装和维护条件下可采取整体现浇结构。

11 检测与过程控制

11.1 一般要求

11.1.1 污水处理生物滤池运行应进行检测和控制，并配置相关的检测仪表和控制装置。

11.1.2 生物滤池的设计应根据工程规模、工艺组合流程、运行管理要求确定检测和控制的内容。

11.1.3 检测仪表和自动化控制系统应保证生物滤池的运行安全可靠、便于运行、改善劳动条件和提高科学管理水平。

11.1.4 计算机控制管理系统宜兼顾现有、新建和规划要求。

11.1.5 参与控制和管理的机电设备应设置工作与事故状态的检测装置。

11.2 过程检测

11.2.1 预处理单元宜设 pH 计、液位计、悬浮物在线测定仪和流量计等。

11.2.2 曝气生物滤池宜设置氨氮、溶解氧、悬浮物及 pH 值在线测定仪。

11.2.3 曝气生物滤池中宜设置感压装置，以测量滤料层上下之间的压差及滤池下部配水室内的压力。

11.3 过程控制

11.3.1 采用生物滤池污（废）水处理工艺的宜采用集中监视、分散控制的自动控制系统，工艺设备的控制一般设置现场、PLC 及中控室控制。

11.3.2 曝气生物滤池宜配备反冲洗及相关控制程序。对于前置反硝化工艺，应能根据进水负荷自动调节回流比和曝气量；当需要外加碳源时或化学除磷时，应能自动计量外加碳源投加量或混凝剂/助凝剂的投加量。

11.3.3 生物滤池控制系统应具备机电设备事故状态下的安全控制功能。

11.4 计算机控制管理系统

11.4.1 计算机控制管理系统应具有数据采集、处理、控制、管理和安全保护功能。

11.4.2 计算机控制系统的设计应符合下列要求：

a）宜对控制系统的监测层、控制层和管理层做出合理配置；

b）应根据工程具体情况，经技术经济比较后选择网络结构和通信速率；

c）对操作系统和开发工具要从运行稳定、易于开发、操作界面方便等多方面综合考虑；

d）根据企业需求和相关基础设施，宜对企业信息化系统做出功能设计；

e）厂（站）级中控室应就近设置电源箱，供电电源应为双回路，直流电源设备应安全可靠；

f）厂（站）级控制室面积应视其使用功能设定，并应考虑今后的发展；

g）防雷和接地保护应符合国家现行标准的要求。

12 主要辅助工程

12.1 供配电系统

12.1.1 供配电系统设计应符合 GB 50052 的规定。

12.1.2 工艺装置的用电负荷应为二级负荷。

12.1.3 应将工艺装置按处理系列分设为双变电系统。

12.1.4 工艺装置的高、低压用电电压等级应与供电电网一致。

12.1.5 工艺装置的中央控制室的仪表电源应配备在线式不间断供电电源设备（UPS）。

12.1.6 工艺装置的接地系统宜采用三相五线制（TN-S）系统。

12.2 配电设备

12.2.1 变电所低压配电室的配电设备布置，应符合 GB 50053 和 GB 50054 的规定。

12.2.2 工艺装置的变、配电室宜设在负荷较集中的鼓风机房附近。

12.2.3 工艺装置的污泥泵等现场控制设备应采用户外防腐、防雨型控制箱，安装在操作平台上便于手动控制。

12.2.4 反应池进气管上的阀门等控制设备宜选用防腐、防潮型电气设备。

12.3 二次线

12.3.1 工艺线上的电气设备宜在中央控制室控制，并纳入工控机系统。

12.3.2 电气系统的控制水平应与工艺水平相一致，宜纳入计算机控制系统，也可采用强电控制。

12.4 给水、排水和消防

12.4.1 当排水条件允许时生物滤池系统宜采用重力流排放。

12.4.2 生物滤池系统所在范围的雨水排除应符合 GB 50014 的有关规定。

12.4.3 生物滤池系统相关设施中消防设计应符合 GB 50013、GB 50016、GB 50222 的有关规定，根据规定配置消防器材。

12.5 采暖通风

12.5.1 地下构筑物应有通风设施。

12.5.2 在寒冷地区，处理构筑物应有防冻措施。当采暖时，处理构筑物室内温度可按 5℃设计；加药间、化验室和操作室等的室内温度可按 15℃设计。

12.6 建筑与结构

12.6.1 建筑物应符合 GB 50352、GB 50011 和 CJJ 31 的有关规定。

12.6.2 处理水池等构筑物应设排空设施，排出的水应流入进水井或调节池重新处理。

13 施工与验收

13.1 一般规定

13.1.1 工程设计、施工单位应具有国家或行业规定的相应的工程设计、施工资质。

13.1.2 应按工程设计图纸、技术文件、设备图纸等组织工程施工，工程的变更应取得设计单位的设计变更文件后再实施。

13.1.3 施工前，应进行施工组织设计或编制施工方案，明确施工质量负责人和施工安全负责人，经批准后方可实施。

13.1.4 施工过程中，应做好材料设备、隐蔽工程和分部分项工程等中间环节的质量验收；隐蔽工程应经过单项验收合格后，方可进行下一道工序施工。

13.1.5 工程整体质量验收应符合 GB 50334 的规定；管道工程的施工和验收应符合 GB 50268 的规定；混凝土结构工程的施工和验收应符合 GB 50204 的规定；构筑物的施工和验收应符合 GB 50141 的规定；钢结构工程施工和验收应符合 GB 50205 的规定；设备安装等施工和验收应符合 GB 50275、GB 50231 的规定。

13.1.6 施工使用的材料、半成品、部件应符合国家现行标准和设计要求，并取得供货商的合格证书或检测报告。

13.1.7 工程施工现场供用电安全应符合 GB 50194 的规定。

13.1.8 工程项目验收应按照《建设项目（工程）竣工验收办法》和《建设项目环境保护竣工验收管理办法》的要求进行。

13.1.9 工程竣工验收后，建设单位应将有关设计、施工和验收的文件立卷归档。

13.2 土建施工

13.2.1 大中型滤池宜采用钢筋混凝土结构，土建施工应重点控制池体的结构强度、抗浮处理、地基处理、池体抗渗处理，满足设备安装对土建施工的要求。

13.2.2 在进行结构设计时应充分考虑池体的抗浮，施工过程中应计算池体的抗浮稳定性及各施工阶段的池体自重与水的浮力之比，检查池体能否满足抗浮要求。

13.2.3 需要在软弱地基上施工、且构筑物荷载不大时，应采取适当的措施对地基进行处理，必要时可采用桩基。

13.2.4 施工过程中应加强建筑材料和施工工艺的控制，杜绝出现裂缝和渗漏。出现渗漏处，应会同设计等有关方面确定处理方案，彻底解决问题。

13.2.5 土建施工前应认真阅读设计图纸和设备安装对土建的要求，了解预留孔、预埋件的准确位置和做法，对有高程和平面位置要求的设备基础要严格控制在设备要求的误差范围内。

13.2.6 模板、钢筋、钢筋混凝土分项工程应严格执行 GB 50204 的规定，并符合以下要求：

（1）模板架设应有足够强度、刚度和稳定性，表面平整无缝隙，尺寸正确；

（2）钢筋规格、数量准确，绑扎牢固应满足连接要求，无锈蚀；

（3）钢筋混凝土配合比、抗渗性能、预防碱集料反应、施工缝设置、伸缩缝设置、设备基础预留孔及预埋螺栓位置均应符合规范和设计要求，冬季施工应有保温防冻等相应措施。

13.2.7 现浇钢筋混凝土水池施工允许偏差应符合表 4 有关规定：

表 4 现浇钢筋混凝土水池施工允许偏差

编号	项目		允许偏差/mm
（1）	轴线位置	底板	15
		池壁、柱、梁	8
（2）	高程	垫层、底板、池壁、柱、梁	±10
（3）	平面尺寸（混凝土底板和池体长、宽或直径）	$L \leqslant 20$ m	±20
		20 m$< L \leqslant$50 m	±L/1 000
		50 m$< L \leqslant$250 m	±50
（4）	截面尺寸	池壁、柱、梁、顶板	+10 −5
		洞、槽、沟净空	±10
（5）	垂直度	$H \leqslant 5$ m	8
		5 m$< H \leqslant$20 m	1.5H/1 000
（6）	表面平整度（用 2 m 直尺检查）		10
（7）	中心位置	预埋件、预埋管	5
		预留洞	10

注：1. 表中 L 为底板和池体的长、宽或直径；H 为池壁、柱的高度。

2. 若设备对钢筋混凝土水池施工允许偏差有特殊要求，以设备要求为准。

13.2.8 处理构筑物应根据当地气温和环境条件，采取防冻措施。

13.3 曝气生物滤池滤板施工

曝气生物滤池滤板施工应符合 CECS 265 的相关规定。

13.4 曝气生物滤池的滤头施工

13.4.1 滤头安装前应检查滤板预埋套管内有无杂物堵塞，如有应清理干净，但不得损坏套管内螺纹。

13.4.2 滤头安装完成后，应进行布水、布气均匀性及接口气密性检查。

13.5 曝气生物滤池的曝气系统和反冲洗配气管施工

13.5.1 曝气系统安装前，应检查和清扫曝气管路及空气扩散器。

13.5.2 空气扩散器膜孔安装方向应竖直对向滤板，曝气支管与主管的连接应牢固、密封。

13.5.3 安装曝气系统时应避免损坏滤头，曝气系统安装完成后应进行曝气均匀性试验，合格后方可进行卵石和滤料填装。

13.5.4 应在滤梁浇注完成后安装反冲洗配气管，安装应水平牢固，各配气支管顶面应在同一水平面上，距滤板底面距离不宜大于 50 mm。滤池滤梁浇注前应将反冲洗配气管吊入池内，浇注滤梁时应对反冲洗配气管进行保护。

13.6 设备安装与试车

13.6.1 设备基础的混凝土标号、基面位置高程应符合说明书和技术文件规定。

13.6.2 混凝土基础应平整坚实，并根据设备要求采取隔振措施。

13.6.3 预埋件水平度及平整度应符合相关规定。

13.6.4 地脚螺栓应按照原机出厂说明书的要求预埋，位置应准确，安装应稳固。

13.6.5 安装好的机械应严格符合外形尺寸的公称允许偏差，不允许超差。

13.6.6 设备电气接线与仪表自控接线应符合 GB 50054 及设备和仪表技术说明书的要求。

13.6.7 设备安装完成后应根据需要进行手动盘车、无负荷试车和有负荷试车，重要设备首次启动应有制造商代表在场。

13.6.8 各种机电设备安装后试车应满足下列要求：

a）启动时应按照标注箭头方向旋转，启动运转应平稳，运转中无振动和异常声响；

b）运转啮合与差动机构运转应按产品说明书的规定同步运行，没有阻塞、碰撞现象；

c）运转中各部件应保持动态所应有的间隙，无抖动晃摆现象；

d）试运转用手动或自动操作，设备全程完整动作 5 次以上，整体设备应运行灵活，并保持紧张状态；

e）运转过程中设备检测电流、电压值符合相关技术说明书要求；

f）各限位开关运转中动作及时，安全可靠；

g）电机运转中温升在正常值内；

h）各部轴承注加规定润滑油，应不漏、不发热。

13.7 工程验收

13.7.1 生物滤池工程验收包括单项验收和竣工验收；单项验收应由施工单位会同建设单位、设计单位、监理单位共同进行；竣工验收应由建设单位组织施工、设计、监理、勘察、管理及有关单位联合进行，监督部门进行程序监督。

13.7.2 单项验收包括单位工程主要部位工程质量验收、单位工程质量验收、设备安装工程单机及联动试运转验收、交工验收、通水试运行验收。单项验收时应按相应的标准进行检验，并填写单项验收记录。

13.7.3 水池土建施工完成后应按照 GB 50141 的规定进行满水试验，地面以下渗水量应符合设计规定，最大不得超过 2 L/（$m^2 \cdot d$）。

13.7.4 泵站和风机房等都应按设计的最多开启台数作 48 h 运转试验，水泵和污泥泵的流量和机组功率应作测定，有条件的应测定其特性曲线。

13.7.5 曝气系统安装应平整牢固、布置均匀，曝气头应无漏水现象，曝气管内应无杂质，曝气量应满足设计要求，曝气稳定均匀。

13.7.6 闸门、闸阀不得有漏水现象。

13.7.7 排水管道应做闭水试验，上游充水管保持在管顶以上 2 m，外观检查应 24 h 无漏水现象。

13.7.8 空气管道应做强度和气密性试验，24 h 压力降不得超过允许值。

13.7.9 竣工验收应提供以下资料：

a）施工图及设计变更文件；

b）主要材料和制品的合格证或试验记录；

c）施工测量记录；

d）混凝土、砂浆、焊接及水密性、气密性等试验、检验记录；

e）施工记录；

f）单项验收记录；

g）工程质量检验评定记录；

h）工程质量事故处理记录。

13.7.10 竣工验收时应核实竣工验收资料，进行必要的复查和外观检查，并对下列项目做出鉴定，填写竣工验收鉴定书。竣工验收鉴定书应包括以下项目：

a）构筑物的位置、高程、坡度、平面尺寸，设备、管道及附件等安装的位置和数量；

b）结构强度、抗渗、抗冻的等级；

c）构筑物的严密性；

d）外观，构筑物的裂缝、蜂窝、麻面、露筋、空鼓、缺边、掉角以及设备、外露的管道安装等是否影响工程质量。

13.8 竣工环境保护验收

13.8.1 生物滤池竣工环境保护验收应按《建设项目竣工环境保护验收管理办法》的规定进行。

13.8.2 生物滤池验收前应结合试运行进行性能试验，试验报告可作为环境保护验收的重要参考，性能试验内容包括：

a）统计进出水量、用电量和各分项用电量；

b）进出水水质检测分析；

c）测定处理效率、运转率；

d）计算经济指标：COD_{Cr}或BOD_5去除总量、去除单位COD_{Cr}或BOD_5的能耗（kW·h/kgCOD_{Cr}或BOD_5）、污水处理成本（元/kg COD_{Cr}或BOD_5）、剩余污泥量。

14 运行与维护

14.1 一般规定

14.1.1 生物滤池法污水处理设施的运行、维护及安全管理参照 CJJ 60 执行。

14.1.2 运行管理应配备专业人员和设备。

14.1.3 运行前应制定设备台账、运行记录、定期巡视、交接班、安全检查等管理制度，以及各岗位的工艺系统图、操作和维护规程等技术文件。

14.1.4 操作人员应熟悉处理工艺技术指标和设施、设备的运行要求；经过技术培训和生产实践，并考试合格后方可上岗。

14.1.5 岗位的工艺系统图、操作和维护规程等应示于明显部位，运行人员应按规程进行系统操作，并定期检查构筑物、设备、电器和仪表的运行情况。

14.1.6 工艺设施和主要设备应编入台账，定期对各类设备、电气、自控仪表及建（构）筑物进行检修维护，确保设施稳定可靠运行。

14.1.7 运行人员应遵守岗位职责，坚持做好交接班和巡视。

14.1.8 应定期检测进出水水质，并定期对检测仪器、仪表进行校验。

14.1.9 运行中应严格执行经常性的和定期的安全检查，及时消除事故隐患，防止事故发生。

14.1.10 岗位人员在运行、巡视、交接班、检修等生产活动中，应做好相关记录。

14.2 水质检验

14.2.1 化验检测人员应经培训后持证上岗，并应定期进行考核和抽检。

14.2.2 水质化验检测方法应符合 GB 8978、CJ/T 51 的规定，污泥检验方法应符合 CJ/T 221 的规定。

14.2.3 正常运行检测的项目和频率应符合 CJJ 60 的规定。

14.3 运行控制

14.3.1 应加强预处理前处理工序的管理，严格控制生物滤池进水中有机物和悬浮物浓度。

14.3.2 应保证生物滤池布气和布水均匀。

14.3.3 应定期对曝气器进行检修，强化对滤池的鼓风量以及滤池曝气管路阀门的控制。

14.3.4 应根据实际的进水水质、水量和实际运行经验，确定反冲洗所需流速及持续时间、反冲洗周期和方式，对反冲洗过程进行严格控制，提高滤池的反冲洗质量。

14.3.5 采用手动控制时，应注意以下方面：

a）反硝化滤池正常工作运行过程中，应根据具体情况，通过控制各进水阀门，调整进水量，确保滤池在工艺设计工况下运行；根据进水水质和水量的变化及时调整药剂投加量，以保证稳定的出水水质。

b）因水温、水质或运行方式的变化而导致出水有机物、氨氮和硝酸盐等浓度升高时，应及时分析原因，针对具体情况，调整系统运行工况，采取措施恢复正常运行。

c）为保证滤池的正常运行，应及时对滤池进行反冲洗，反冲洗时应经常观察反冲洗出水中污泥颜色、状态、气味等。

14.3.6 采用自动控制时，应注意以下方面：

a）自控系统运行前和运行中均需保证系统中设备的正常运行。

b）保证自控系统中设置的参数准确无误，并根据滤池运行情况，对参数的设置进行调整。

c）滤池在运行中若出现故障，应及时停电检修。故障排除后，首先进行反冲洗运行，而后进入正常工作状态。

14.4 维护保养

14.4.1 操作人员应严格执行设备操作规程，定时巡视设备运转是否正常，包括温升、响声、振动、电压、电流等，发现问题应尽快检查排除。

14.4.2 应保持设备各运转部位的润滑状态，及时添加润滑油及除锈；发现漏油、渗油情况，应及时解决。

14.4.3 根据实际情况，滤料需及时补充，并应及时检查滤头损坏情况。

14.4.4 应定期检查及更换不合格的零部件和易损件。

14.4.5 应做好设备维修保养记录。

14.4.6 应对使用与备用的鼓风机和阀门定期进行维护保养。

14.4.7 应对控制系统定期进行维护保养，并根据实际水质水量情况对自控系统进行改进完善。

14.4.8 应定期对滤池的滤头进行检修和清理，检修前务必做好滤池底部的通风、换气、照明、预防等准备工作，检修过程应严格按照安全规程进行，要特别注意人身的安全，防止伤害事故发生。

HJ

中华人民共和国国家环境保护标准

HJ 2015—2012

水污染治理工程技术导则

Technical guidelines on water pollution control engineering

2012-03-19 发布　　2012-06-01 实施

环 境 保 护 部 发布

前　言

为贯彻《中华人民共和国环境保护法》和《中华人民共和国水污染防治法》，规范水污染治理工程的设计、施工、验收和运行维护，改善水环境质量，制定本标准。

本标准规定了水污染治理工程在设计、施工、验收和运行维护中的通用技术要求。

本标准为首次发布。

本标准由环境保护部科技标准司组织制订。

本标准主要起草单位：中国环境保护产业协会、天津城市建设学院、天津市环境保护科学研究院、天津市市政工程设计研究院。

本标准环境保护部 2012 年 3 月 19 日批准。

本标准自 2012 年 6 月 1 日起实施。

本标准由环境保护部解释。

水污染治理工程技术导则

1 适用范围

本标准规定了水污染治理工程在设计、施工、验收和运行维护中的通用技术要求。

本标准为环境工程技术规范体系中的通用技术规范，适用于厂（站）式污（废）水处理工程。对于有相应的工艺技术规范或污染源控制技术规范的工程，应同时执行本标准和相应的工艺技术规范或污染源控制技术规范。

本标准可作为水污染治理工程环境影响评价、设计、施工、竣工验收及运行维护的技术依据。

2 规范性引用文件

本标准内容引用了下列文件中的条款。凡是未注明日期的引用文件，其有效版本适用于本标准。

GB 150　钢制压力容器

GB 4284　农用污泥中污染物控制标准

GB 5085.3　危险废物鉴别标准　浸出毒性鉴别

GB 5757　离子交换树脂含水量测定方法

GB 5758　离子交换树脂粒度、有效粒径和均一系数的测定

GB 8330　离子交换树脂湿真密度测定方法

GB 8331　离子交换树脂湿视密度测定方法

GB 9004　工业氧化镁

GB 12348　工业企业厂界环境噪声排放标准

GB 12523　建筑施工场界环境噪声排放标准及测量方法

GB 12997　水质　采样方案设计技术规定

GB 12998　水质　采样技术指导

GB 12999　水质采样　样品的保存和管理技术规定

GB 14554　恶臭污染物排放标准

GB 14936　硅藻土卫生标准

GB 15577　粉尘防爆安全规程

GB 15981　消毒与灭菌效果的评价方法与标准

GB 16297　大气污染物综合排放标准

GB 16889　生活垃圾填埋场污染控制标准

GB 18484　危险废物焚烧污染控制标准

GB 18597　危险废物贮存污染控制标准

GB 18598　危险废物填埋污染控制标准

GB 18918　城镇污水处理厂污染物排放标准

GB 50013　室外给水设计规范

GB 50014　室外排水设计规范

GB 50015 建筑给水排水设计规范
GB 50016 建筑设计防火规范
GB 50019 采暖通风与空气调节设计规范
GB 50028 城镇燃气设计规范
GB 50040 动力机器基础设计规范
GB 50057 建筑物防雷设计规范
GB 50058 爆炸和火灾危险环境电力装置设计规范
GB 50092 沥青路面施工及验收规范
GB 50093 自动化仪表工程施工及验收规范
GB 50116 火灾自动报警系统设计规范
GB 50140 建筑灭火器配置设计规范
GB 50202 建筑地基基础工程施工质量验收规范
GB 50203 砌体工程施工及验收规范
GB 50204 混凝土结构工程施工质量验收规范
GB 50205 钢结构工程施工质量验收规范
GB 50206 木结构工程施工质量验收规范
GB 50217 电力工程电缆设计规范
GB 50231 机械设备安装工程施工及验收通用规范
GB 50235 工业金属管道工程施工及验收规范
GB 50236 工业管道焊接工程施工及验收规范
GB 50254 电气装置安装工程低压电器施工及验收规范
GB 50255 电气装置安装工程电力变流设备施工及验收规范
GB 50256 电气装置安装工程起重机电气装置施工及验收规范
GB 50257 电气装置安装工程爆炸和火灾危险环境电气装置施工及验收规范
GB 50258 电气装置安装工程 1 kV 及以下配线工程施工及验收规范
GB 50259 电气装置安装工程电气照明装置施工及验收规范
GB 50268 给水排水管道工程施工及验收规范
GB 50275 压缩机、风机、泵安装工程施工及验收规范
GB 50300 建筑工程施工质量验收统一标准
GB 50334 城市污水处理厂工程质量验收规范
GB 50336 建筑中水设计规范
GB 5085.3 危险废物鉴别标准 浸出毒性鉴别
GB/T 5657 离心泵技术条件（III类）
GB/T 6286 分子筛堆积密度测定方法
GB/T 6287 分子筛静态水吸附测定方法
GB/T 6288 粒状分子筛粒度测定方法
GB/T 7701.1 脱硫用煤质颗粒活性炭
GB/T 7701.2 回收溶剂用煤质颗粒活性炭
GB/T 7701.4 净化水用煤质颗粒活性炭
GB/T 7701.5 净化空气用煤质颗粒活性炭
GB/T 7701.7 高效吸附用煤质颗粒活性炭
GB/T 10605 中心传动式浓缩机

GB/T 13008　混流泵、轴流泵技术条件
GB/T 13869　用电安全导则
GB/T 13922　水处理设备性能试验　离子交换设备
GB/T 16907　离心泵技术条件（Ⅰ类）
GB/T 19587　气体吸附 BET 原理测定固态物质比表面积的方法
GB/T 19837　城市给排水紫外线消毒设备
GB/T 20973　膨润土
GB/T 23485　城镇污水处理厂污泥处置混合填埋用泥质
GB/T 23486　城镇污水处理厂污泥处置园林绿化用泥质
GB/T 24600　城镇污水处理厂污泥处置土地改良用泥质
GB/T 25031　城镇污水处理厂污泥处置制砖用泥质
GB/T 28001　职业健康安全管理体系　规范
GB/T 50109　工业用水软化除盐设计规范
GB/T 50125　给水排水工程基本术语标准
GB/T 50265　泵站设计规范
GB/T 50335　污水再生利用工程设计规范
GBJ 42　工业企业通信设计规范
GBJ 87　工业企业噪声控制设计规范
GBJ 97　水泥混凝土路面施工及验收规范
GBJ 109　工业用水软化除盐设计规范
GBJ 131　自动化仪表安装工程质量检验评定标准
GBJ 141　给水排水构筑物施工及验收规范
GBJ 232　电气装置安装工程施工及验收规范
GBZ 1　工业企业设计卫生标准
GBZ 2　工作场所有害因素职业接触限值
CJ 24.2　水处理用无烟煤滤料
CJ 3025　城市污水处理厂污水污泥排放标准
CJ 3082　污水排入城市下水道水质标准
CJ/T 43　水处理用滤料
CJ/T 169　微滤水处理设备
CJ/T 3041　水处理用天然锰砂滤料
CJJ 6　排水管道维护安全技术规程
CJJ 31　城镇污水处理厂附属建筑和附属设备设计标准
CJJ 60　城市污水处理厂运行、维护及其安全技术规程
CJJ 68　城镇排水管渠与泵站维护技术规程
CJJ/T 82　城市绿化工程施工及验收规范
CECS 97　鼓风曝气系统设计规程
CECS 162　给水排水仪表自动化控制工程施工及验收规范
HJ 471　纺织染整工业废水治理工程技术规范
HJ 564　生活垃圾填埋场渗滤液处理工程技术规范（试行）
HJ 575　酿造工业废水治理工程技术规范
HJ 577　序批式活性污泥法污水处理工程技术规范

HJ 578 氧化沟活性污泥法污水处理工程技术规范
HJ 580 含油污水处理工程技术规范
HJ 2002 电镀废水治理工程技术规范
HJ 2003 制革及毛皮加工废水治理工程技术规范
HJ 2004 屠宰与肉类加工废水治理工程技术规范
HJ 2005 人工湿地污水处理工程技术规范
HJ 2009 生物接触氧化法污水处理工程技术规范
HJ/T 91 地表水和污水监测技术规范
HJ/T 92 水污染物排放总量监测技术规范
HJ/T 212 污染源在线自动监控（监测）系统数据传输标准
HJ/T 242 环境保护产品技术要求 污泥脱水用带式压榨过滤机
HJ/T 243 环境保护产品技术要求 油水分离装置
HJ/T 244 环境保护产品技术要求 斜管（板）隔油装置
HJ/T 245 环境保护产品技术要求 悬挂式填料
HJ/T 246 环境保护产品技术要求 悬浮式填料
HJ/T 247 环境保护产品技术要求 竖轴式机械表面曝气装置
HJ/T 250 环境保护产品技术要求 旋转式细格栅
HJ/T 251 环境保护产品技术要求 罗茨鼓风机
HJ/T 258 环境保护产品技术要求 电解法次氯酸钠发生器
HJ/T 259 环境保护产品技术要求 转刷曝气装置
HJ/T 260 环境保护产品技术要求 鼓风式潜水曝气机
HJ/T 261 环境保护产品技术要求 压力溶气气浮装置
HJ/T 262 环境保护产品技术要求 格栅除污机
HJ/T 263 环境保护产品技术要求 射流曝气器
HJ/T 264 环境保护产品技术要求 臭氧发生器
HJ/T 265 环境保护产品技术要求 刮泥机
HJ/T 266 环境保护产品技术要求 吸泥机
HJ/T 270 环境保护产品技术要求 反渗透水处理装置
HJ/T 271 环境保护产品技术要求 超滤装置
HJ/T 272 环境保护产品技术要求 化学法二氧化氯消毒剂发生器
HJ/T 277 环境保护产品技术要求 旋转式滗水器
HJ/T 278 环境保护产品技术要求 单级高速曝气离心鼓风机
HJ/T 279 环境保护产品技术要求 推流式潜水搅拌机
HJ/T 280 环境保护产品技术要求 转盘曝气装置
HJ/T 282 环境保护产品技术要求 浅池气浮装置
HJ/T 334 环境保护产品技术要求 电渗析装置
HJ/T 335 环境保护产品技术要求 污泥浓缩带式脱水一体机
HJ/T 353 水污染源在线监测系统安装技术规范
HJ/T 354 水污染源在线监测系统验收技术规范
HJ/T 355 水污染源在线监测系统运行与考核技术规范
HJ/T 356 水污染源在线监测系统数据有效性判别技术规范
HJ/T 372 水质自动采样器技术要求及检测方法

HJ/T 373　固定污染源监测质量保证与质量控制技术规范
HG/T 3927　工业活性氧化铝
HY/T 034.2　电渗析技术　异相离子交换膜
HY/T 034.3　电渗析技术　电渗析器
HY/T 049　中空纤维反渗透膜测试方法
HY/T 053　微孔滤膜
HY/T 054.1　中空纤维反渗透技术　中空纤维反渗透组件
HY/T 107　卷式反渗透膜组件测试方法
HY/T 112　超滤膜及其组件
HY/T 113　纳滤膜及其元件
HY/T 114　纳滤装置
JB/T 6991　周边传动式浓缩机
JB/T 7258　一般用途离心式鼓风机
JB/T 8471　袋式除尘器安装技术要求与验收规范
JB/T 8536　电除尘器机械安装技术条件
JB/T 8941.1　一般用途罗茨鼓风机　第 1 部分：技术条件
JG/T 3048　混凝土和砂浆用天然沸石粉
JGJ/T 16　民用建筑电气设计规范
《危险化学品安全管理条例》（2002 年国务院令　第 344 号）
《建设项目竣工环境保护验收管理办法》（2001 年国家环境保护总局令　第 13 号）
《建设项目环境保护设施竣工验收监测技术要求》（环发[2000]38 号）
《城市污水处理工程项目建设标准》（建标[2001]77 号）

3　术语与定义

GB 50014、GB/T 50125 确立的以及下列术语与定义适用于本标准。

3.1　水污染治理工程　water pollution control engineering

指为保护水环境、防治水环境污染所建设的污（废）水收集、输送、净化的工程设施。本标准中指厂（站）式污（废）水处理工程，不包括天然水体修复工程。

3.2　通用设备　universal equipment

指适用于各行业的机械设备，在水污染治理工程中涉及的主要有水泵、鼓风机和阀门等。

3.3　专用机械　specific machine

指专门用于某一行业的机械设备，本标准指专用于水污染治理工程方面的机械设备。

4　水量和水质

4.1　一般规定

水污染治理工程建设前期应对污水的水质、水量进行详细调查和分析论证。

4.2　水量

4.2.1　城镇污水处理厂总处理水量包括生活污水、排入城市下水管道的工业废水、渗入地下水以及进入污水管道的降水。其设计流量应按以下要求确定：

a）综合生活污水定额及总变化系数应按 GB 50014 的规定取值；

b）工业企业内生活污水量、沐浴污水量的确定，应符合 GB 50015 的有关规定；

c）工业废水量应按相关部门批准排入城市下水道的废水量确定；

d）入渗的地下水量宜根据当地历史统计数据确定；

e）进入污水管道的降水量按排水体制设置情况及其截流倍数综合考虑确定。

4.2.2 工业废水处理站的水量可按实测的排水量计算，并考虑一定的裕量；无实测值时，按单位产品的废水量计算，并与国家现行的工业用水量有关规定协调。

4.3 水质

4.3.1 城镇污水处理厂的设计进水水质，应根据实际调查资料或参照邻近城镇类似区域的水质确定。在缺乏调查或参考资料时，按照 GB 50014 的规定执行。

4.3.2 工业废水处理站设计进水水质，应根据实测数据或参照类似工业企业的资料确定。

5 总体要求

5.1 一般规定

5.1.1 水污染治理工程的建设应遵守国家现行的有关法律、法规和标准的规定。

5.1.2 水污染治理工程的建设应依据当地总体规划、水环境规划、水资源综合利用规划以及排水专项规划的要求，做到规划先行，合理确定污水处理设施的布局和规模，并优先安排污水收集系统的建设。

5.1.3 水污染治理工程在国家或地方公布的各级历史文化名城、历史文化保护区、文物保护单位和风景名胜区的建设，应按国家或地方制定的有关条例和保护规划进行。

5.1.4 水污染治理工程建设在满足当前需要的同时应充分考虑升级改造的可能。村镇水污染治理工程宜根据当地经济条件和水环境要求进行建设。

5.1.5 水污染治理工程应遵循综合治理、再生利用、节能降耗、总量控制的原则。

5.1.6 水污染治理工程应由具有国家相应设计资质的单位设计，并满足环境影响报告书（表）、审批文件的要求。

5.1.7 水污染治理工程建设所采用的技术应成熟可靠，可根据水质、水量、气候等具体情况，科学合理、积极慎重地选用经过专家鉴定的、行之有效的新技术、新工艺、新材料和新设备。

5.1.8 水污染治理工程应根据工程所在地和流域的重要性，水体接纳污染物的容量，通过环境影响评价确定污染物排放控制程度，污染物排放应符合国家或地方污染物排放标准的要求。工业废水宜独立完成污染物治理，并满足行业特殊污染物治理与排放要求；排入城镇下水道的工业废水应满足 CJ 3082 的规定。

5.1.9 水污染治理工程应按《城市污水处理工程项目建设标准》、GB 18918、GB 50014、HJ/T 91、HJ/T 92 及当地的环境保护管理要求安装在线监测系统。在线监测系统的安装、验收、运行、数据有效性判别及数据传输应符合 HJ/T 212、HJ/T 353、HJ/T 354、HJ/T 355 和 HJ/T 356 的相关规定。

5.1.10 在污（废）水处理厂（站）建设、运行过程中产生的废气、废水、废渣及其他污染物的治理与排放，应执行国家环境保护法规和标准的有关规定，防止二次污染。

5.2 建设规模

5.2.1 城镇污水处理厂规模宜按下列规定划分：

a）Ⅰ类：处理水量在 50×10^4～100×10^4 m^3/d（含 50×10^4 m^3/d）；

b）Ⅱ类：处理水量在 20×10^4～50×10^4 m^3/d（含 20×10^4 m^3/d）；

c）Ⅲ类：处理水量在 10×10^4～20×10^4 m^3/d（含 10×10^4 m^3/d）；

d）Ⅳ类：处理水量在 5×10^4～10×10^4 m^3/d（含 5×10^4 m^3/d）；

e）V类：处理水量在 1×10^4～5×10^4 m^3/d（含 1×10^4 m^3/d）；

f）VI类：处理水量小于 1×10^4 m^3/d。

5.2.2 工业废水处理站规模宜按下列规定划分：

a）大型废水处理站：处理水量大于 5 000 m^3/d（含 5 000 m^3/d）；

b）中型废水处理站：处理水量在 1 000～5 000 m^3/d（含 1 000 m^3/d）；

c）小型废水处理站：处理水量小于 1 000 m^3/d。

5.2.3 水污染治理工程应按照远期规划确定最终规模，以现状水量为主要依据确定近期规模。

5.3 厂（站）址选择和总体布置

5.3.1 一般规定

5.3.1.1 城镇污水处理厂厂址的选择应符合城镇（区）总体规划和排水工程专业规划的要求并应满足 GB 50014 的规定。

5.3.1.2 工业废水处理站的选址可根据工业企业总图设计并参照 GB 50014 的有关规定执行。

5.3.1.3 水污染治理工程总体布置应考虑远近期结合，有条件时，可按远期水量布置，将处理构筑物分为若干系列，分期建设。远期设施的安排应在设计中仔细考虑，除满足远期处理能力的需要而增加的处理设施外，还应为提升出水水质的设施预留建设场地。具体应符合 GB 50014 的规定。

5.3.2 总平面布置

5.3.2.1 处理构筑物应尽可能按流程顺序布置，应将管理区和生活区布置在夏季主导风向上风侧，将污泥区和进水区布置在夏季主导风向下风侧。

5.3.2.2 处理构筑物的间距应以节约用地、缩短管线长度为原则，同时满足各构筑物的施工、设备安装和各种管道的埋设、养护维修管理的要求，并按远期发展合理规划。

5.3.2.3 污泥处理构筑物的布置应保证运行安全、管理方便，宜布置成单独的组合。

5.3.2.4 污泥消化池与其他处理构筑物的间距应大于 20 m，储气罐与其他构筑物的间距应根据容量大小按有关规定确定，具体设计要求应符合 GB 50028 的规定。

5.3.3 高程布置

5.3.3.1 水污染治理工程不宜建在洪水淹没区，当必须在可能受洪水威胁的地区建厂时，应采取必要的防洪措施。

5.3.3.2 水污染治理工程场地的竖向布置，应考虑土方平衡，并考虑有利排水。

5.3.3.3 水污染治理工程的出水水位，宜高于受纳水体的常水位。

5.3.3.4 污染物处理过程中，应尽可能采用重力流，需要提升时应设置相应的提升设备。

5.3.3.5 处理构筑物之间的水头损失包括沿程损失、局部损失及构筑物本身的水头损失。此外，还应考虑扩建时预留的储备水头。

5.3.3.6 进行水力计算时，应选择距离最长，损失最大的流程，并按最大设计流量计算。当有两个以上并联运行的构筑物时，应考虑某一构筑物发生故障时，其余构筑物须负担全部流量的情况。

5.3.4 管线布置

5.3.4.1 水污染治理工程中各种管渠应综合布设，布设要紧凑，避免相互干扰；应尽可能平行布置，便于检查和维修，并保证一定的施工间距。管道复杂时宜设置管廊，管廊设置应符合 GB 50014 和 GB 50016 的规定。

5.3.4.2 连接各处理构筑物管渠的布置应保证各处理构筑物或单元能独立运行，当某处理构筑物或单元因故停止运行时，不影响其他构筑物的正常运行；若构筑物分期施工，则应满足分期施工的要求。

5.3.4.3 连接各处理构筑物间输水、输泥和输气管线的布置应遵循管渠长度最短、水头损失最小、流行通畅、不易堵塞、便于清通的原则。

5.3.4.4 水污染治理工程中应有完善的雨水排水系统。

6 污（废）水收集系统

6.1 排水体制（分流制或合流制）的选择应根据城镇（区域）的总体规划，结合地形、水文、气候、基础设施现状、污水处理程度、回用需求、当地经济水平等因素综合考虑。

6.2 新建的城镇宜采用分流制，采用分流制的区域宜对初期雨水进行截流、调蓄和处理。在降雨量很少的城镇，可根据实际情况采用合流制，合流制排水系统应设置污水截流设施，以消除污水和初期雨水对水体的污染；截流倍数的选取应符合 GB 50014 的规定。

6.3 在缺水地区宜对雨水进行收集、处理和综合利用。

6.4 对不能纳入城镇污水收集系统的居住区、旅游风景点、度假村、疗养院、机场、铁路车站、经济开发小区等分散的人群聚居地排放的污水和独立工矿区的工业废水，应进行就地处理后回用或达标排放。

6.5 城镇污水收集系统的选择和设计应满足 GB 50014 的规定。

6.6 工业废水应按分质、分类、清浊分流的原则进行收集，并应建立应急收集系统。

7 工艺单元

7.1 一般规定

7.1.1 污（废）水处理工艺单元的选择应根据单元的进水水质、水量和预期处理程度，并结合当地经济和管理水平确定。

7.1.2 污（废）水处理工艺单元的设计应符合相应工程技术规范的要求，参数的具体选用还应通过试验或参考同类工程实例确定。在水质构成复杂或特殊时，应进行动态试验，必要时应开展中试研究。

7.1.3 国内首次应用的工艺单元，应经过中试、生产性试验，并经专家鉴定后确定工艺设计参数。

7.2 提升泵站

7.2.1 当污（废）水需要提升时应设置泵站。泵站土建部分宜按远期规模设计，水泵机组可按近期规模配置。

7.2.2 水泵机组的选择应根据设计流量和所需扬程等因素确定；工作泵台数不宜少于 2 台，不宜多于 8 台，宜选择同一型号；并根据流量变化，设置合理的备用系数。具体应符合 GB 50014 及 GB/T 50265 的规定。

7.2.3 水量变化很大时，可采用变频调速装置或叶片可调式水泵，或配置 2 种不同规格的水泵。

7.2.4 提升泵站构（建）筑物包括进水交汇井（含溢流管或事故排水管）、格栅间、集水池、机器间等，各部分的设计应符合 GB 50014 及 GB/T 50265 的规定。

7.3 物理、化学及物化处理单元

7.3.1 格栅

7.3.1.1 城镇污水处理厂或水泵前应设置格栅，工业废水处理站是否设置格栅视水质情况而定。

7.3.1.2 污（废）水处理系统中宜设置粗、细两道格栅。

7.3.1.3 处理水量大于 10 000 m^3/d 的水污染治理工程或泵站前的格栅宜采用机械清渣。

7.3.1.4 格栅间的设计应考虑除臭处理，其除污机、输送机等的进出料口宜采用密封形式，还应设置通风设施和有毒有害气体的检测及报警装置。

7.3.1.5 格栅的设计应符合 GB 50014 的规定。

7.3.2 调节池

7.3.2.1 水质、水量变化大的污（废）水处理厂（站），宜在污（废）水处理设施之前设置调节池。

7.3.2.2 调节池容积应依据废水水量、水质变化范围及要求的均和程度而定，应满足水量、水质变化一个周期以上全部废水的调节要求。

7.3.2.3 调节池宜设置搅拌系统，定期清理，并应考虑加盖、排泥、通风、除臭及防爆等措施。

7.3.3 沉砂池

7.3.3.1 城镇污水处理厂应按去除比重 2.65、粒径 0.2 mm 以上砂粒设计沉砂池。沉砂池的设计参数应按 GB 50014 的规定确定。

7.3.3.2 工业废水处理站是否设置沉砂池视实际水质情况而定。

7.3.4 沉淀池

7.3.4.1 沉淀池适用于去除悬浮于污水中可沉淀的固体物质。沉淀池的形式选择应根据处理水质、水量和在污水处理流程中的位置确定。

7.3.4.2 沉淀池采用机械排泥时，刮泥机可采用中心传动式刮泥机、周边传动式刮泥机、桁架式刮泥机、潜水式刮泥机；吸泥机可采用周边传动式吸泥机、桁架式吸泥机。

7.3.4.3 城镇污水处理厂初次沉淀池、二次沉淀池的设计应符合 GB 50014 的规定，工业废水沉淀池的设计数据应通过试验或参照同类工程实例确定。

7.3.5 隔油

7.3.5.1 隔油适用于去除废水中的浮油和重油。

7.3.5.2 隔油装置应符合 HJ/T 243、HJ/T 244 等相关标准的规定。

7.3.5.3 废水在进入隔油池前应避免剧烈搅动，需要提升时宜采用容积式泵。

7.3.5.4 含油废水处理过程中产生的污油、油渣和污泥应妥善处置。污油、油渣输送提升时应采用旋转螺栓泵。

7.3.5.5 寒冷地区，隔油池应采取加温措施。隔油池视实际情况考虑加盖及考虑防爆、消防。

7.3.6 中和

7.3.6.1 中和适用于酸性、碱性废水的处理，应遵循以废治废的原则，并考虑资源回收和综合利用。

7.3.6.2 酸碱中和法的主要设备是酸、碱混合反应池，设计参数应根据废水水质和排放要求确定。当酸性废水和碱性废水流量稳定，混合反应池的停留时间宜为 1.5～2.0 h；酸、碱含量能够相互平衡时，可在管道内完成中和，不必设置混合反应池；必要时应考虑补加中和药剂。

7.3.6.3 当酸性废水或碱性废水需要投加药剂进行中和时，药剂的投加量可通过试验或等量反应计算确定。

7.3.6.4 中和池应具有搅拌功能，废水停留时间宜为 5～20 min，并应设置排泥设备和污泥处理装置。

7.3.6.5 过滤中和法适用于酸性废水处理，含酸极限浓度应根据试验确定。过滤中和设备为中和滤池，滤料采用具有中和能力的石灰石、白云石或大理石等。废水中含有大量的悬浮物、油脂、重金属盐和其他毒物时，不宜采用该法。

7.3.7 化学沉淀

7.3.7.1 化学沉淀适用于去除污（废）水中的重金属离子、碱土金属及某些非金属，沉淀剂可选用石灰、硫化物、钡盐和铁屑等。

7.3.7.2 采用化学沉淀法时，应注意避免沉淀污泥产生二次污染。

7.3.7.3 化学沉淀法的投药及反应装置应充分考虑防腐要求。

7.3.8 混凝

7.3.8.1 混凝法可用于污（废）水的预处理、中间处理或最终处理，可去除污（废）水中胶体及悬浮污染物，适用于污（废）水的破乳、除油和污泥浓缩。

7.3.8.2 混凝过程中应控制废水的温度、pH 值及搅拌速度等参数；凝聚剂和絮凝剂的种类和投量应试验确定或参考同类工程实例。

7.3.8.3 混合方式可采用水力混合或机械混合，混合工艺设计应符合 GB 50013 的规定，或通过试验、参考同类工程实例确定。

7.3.8.4 絮凝池的设计应符合 GB 50013 的规定，宜优先选用机械絮凝池和水力旋流絮凝池。

7.3.9 过滤

7.3.9.1 过滤适用于混凝或生物处理后低浓度悬浮物的去除。

7.3.9.2 过滤工艺的关键参数包括滤层厚度、滤速、滤料粒径及不均匀系数、冲洗时间和冲洗强度等。

7.3.9.3 滤池构造、滤料组成等设计参数应按照 GB 50013、GB/T 50335 的规定或实际工程运行资料确定。

7.3.10 气浮

7.3.10.1 气浮适用于去除水中密度小于 1 kg/L 的悬浮物、油类和脂肪，宜用于污（废）水处理，也可用于污泥浓缩。

7.3.10.2 气浮工艺宜设置破乳（混凝）反应区，反应时间宜为 15～30 min，搅拌装置宜为机械搅拌方式，速度梯度 G=20～80 s^{-1}、GT=10^4～10^5。

7.3.10.3 气浮工艺类型包括加压溶气气浮、浅池气浮、电解气浮等，具体参数应按 HJ/T 261、HJ/T 282 及相关技术规范确定。

7.3.11 膜分离

7.3.11.1 一般规定

7.3.11.1.1 采用膜分离法时，应对废水进行预处理。

7.3.11.1.2 膜分离过程的性能参数主要包括截留率、膜通量、衰减系数、清洗频率和清洗恢复效率等。

7.3.11.1.3 采用膜分离法时应考虑膜清洗、废液和浓液的处理及回收，并应考虑废弃膜组件的出路及二次污染。

7.3.11.1.4 膜分离工艺设计应考虑进水流速、操作压力、温度、进水水质、膜通量和回收率等影响因素。

7.3.11.1.5 选用膜分离工艺时应进行经济技术比较，具体应符合 HJ/T 270、HJ/T 271、CJ/T 169、HY/T 112、HY/T 113 和 HY/T 114 的规定。

7.3.11.1.6 膜分离工艺设计参数应参考同类工程实例确定或由试验确定。

7.3.11.2 微滤

7.3.11.2.1 微滤适用于去除粒径为 0.1～10 μm 的悬浮物、颗粒物、纤维和细菌。

7.3.11.2.2 操作压力宜为 0.07～0.2 MPa。

7.3.11.3 超滤

7.3.11.3.1 超滤适用于去除分子量大于 10^3～10^6 u 的胶体和大分子物质。

7.3.11.3.2 操作压力宜为 0.1～0.6 MPa。

7.3.11.4 纳滤

7.3.11.4.1 纳滤适用于分离分子量在 200～1 000 u，分子尺寸在 1～2 nm 的溶解性物质、二价及高价盐等。

7.3.11.4.2 操作压力宜为 0.5～2.5 MPa。

7.3.11.5 反渗透

7.3.11.5.1 反渗透适用于去除水中全部溶质，宜用于脱盐及去除微量残留有机物。

7.3.11.5.2　操作压力取决于原水含盐量（渗透压）、水温和产水通量，宜为 1～10 MPa。

7.3.11.5.3　反渗透设备包括保安过滤器、高压泵、反渗透膜组件、清洗系统、控制系统等。

7.3.11.5.4　反渗透设备的脱盐率额定值应不小于 95%（用户有特殊要求的除外），且连续运行一年后脱盐率不低于额定值的 95%。

7.3.11.5.5　反渗透设备在设计压力 1.25 倍条件下试压，不得有渗漏现象。

7.3.11.5.6　凡与水接触的部件的材质不能与水产生任何有害物理化学反应，必要时应采取适当的防腐及有效保护措施，但不得污染水质，且应符合有关安全卫生标准的要求。

7.3.12　吸附

7.3.12.1　吸附适用于去除水中微量溶解性污染物。可作为离子交换、膜分离等方法的预处理和二级处理后的深度处理，用于脱色、除臭味、去除重金属等。

7.3.12.2　吸附剂可选用活性炭、活化煤、白土、硅藻土、膨润土、蒙脱石黏土、沸石、活性氧化铝、树脂吸附剂、木屑、粉煤灰、腐殖酸等。

7.3.12.3　吸附剂的种类及性质、吸附系统的 pH 值、温度、接触时间、水力条件等参数应根据试验确定或参考同类工程实例。

7.3.13　化学氧化

7.3.13.1　一般规定

化学氧化适用于去除污（废）水中的有机物、无机离子及致病微生物等。通常包括氯氧化、湿式催化氧化、臭氧氧化、空气氧化等。

7.3.13.2　氯氧化

7.3.13.2.1　氯氧化适用于氰化物、硫化物、酚、醇、醛、油类等的去除，氯系氧化剂包括液氯、漂白粉、次氯酸钠等。

7.3.13.2.2　碱式氯化法主要用于含氰废水处理，调整 pH 值后投加液氯或漂白粉，使氰最终氧化成二氧化碳和氮气。

7.3.13.3　湿式催化氧化

7.3.13.3.1　湿式催化氧化适用于某些浓度高、毒性大、常规方法难降解的有机废水。

7.3.13.3.2　湿式催化氧化反应器包括鼓泡塔式反应器、阶梯水平式反应器、连续循环反应器等；配套设备包括热交换器、气液分离器、空气压缩机等。

7.3.13.3.3　湿式催化氧化工艺设计参数有反应温度、压力、停留时间、催化剂及气相氧分压，选用时应通过试验或参考同类工程实例确定。

7.3.13.4　臭氧氧化法

7.3.13.4.1　臭氧氧化法适用于氧化氰化物和多种有机物。

7.3.13.4.2　臭氧氧化系统包括臭氧发生器、臭氧接触池（塔）、臭氧尾气消除装置等，臭氧的投加装置宜采用多孔扩散器、乳化搅拌器、文丘里喷射器等。

7.3.13.4.3　臭氧的投加量、接触时间和反应条件应根据试验确定。

7.3.13.4.4　臭氧氧化系统中使用的管道、阀门、反应设备等均应采取防腐措施。

7.3.13.5　空气氧化法

7.3.13.5.1　空气氧化适用于除铁、除锰及含二价硫废水的处理。

7.3.13.5.2　空气氧化用于处理含二价硫废水时，反应时间宜为 1.5～2 h，温度宜为 70～90℃，气水比应大于 15，具体工艺参数应由试验确定。

7.3.13.5.3　空气氧化用于除铁时，pH 值不宜小于 7，反应时间、气水比等工艺参数应由试验确定。

7.3.13.5.4　空气氧化用于除锰时，pH 值宜大于 9，反应时间、气水比等工艺参数应由试验确定。

7.3.14 离子交换

7.3.14.1 离子交换适用于原水脱盐净化，回收工业废水中有价金属离子、阴离子化工原料等。

7.3.14.2 常用的离子交换剂包括磺化煤和离子交换树脂。

7.3.14.3 去除水中吸附交换能力较强的阳离子可选用弱酸型树脂；去除水中吸附交换能力较弱的阳离子可选用强酸型树脂；进水中有机物含量较多时，宜选用抗氧化性好，机械强度较高的大孔型树脂。

7.3.14.4 处理工业废水时，离子交换系统前宜设预处理装置，进水水温、pH 值、悬浮物、油类、有机物含量、高价离子含量、氧化剂含量等应通过试验确定。

7.3.14.5 离子交换系统的设计参数包括工作交换容量、运行流速、再生剂品种、再生剂耗量等。

7.3.14.6 离子交换系统的选用应根据进水水质、处理水量及出水水质要求等进行技术经济比较后确定。用于除盐的离子交换系统设计应符合 GBJ 109 的规定。

7.3.15 电渗析

7.3.15.1 电渗析适用于去除污（废）水中的溶质离子，可用于海水或苦咸水（小于 10 g/L）淡化、自来水脱盐制取初级纯水、与离子交换组合制取高纯水、废液的处理回收等。

7.3.15.2 电渗析器应有事故停水报警或自动切断直流电的功能。

7.3.15.3 电渗析器应设置倒换电极和酸洗设备。

7.3.15.4 电渗析器主机型号、流量、级、段和膜对数等应根据原水及出水水质要求选择，可参照 HJ/T 334 执行。

7.3.16 电吸附

7.3.16.1 适用于污（废）水中微量金属离子、部分有机物及部分无机盐等杂质的去除。

7.3.16.2 电极吸附材料包括石墨、活性炭、活性炭纤维和炭气凝胶等。

7.3.16.3 电吸附系统的设计参数包括通电电压，电流密度，电极材料，进水含盐量、硬度、pH 值等，应通过试验或参考同类工程实例确定。

7.4 生物处理单元

7.4.1 一般规定

7.4.1.1 生物处理适用于可以被微生物降解的城镇污水、生活污水和工业废水，按微生物的生存环境可分为好氧法和厌氧法。

7.4.1.2 好氧生物处理宜用于进水 $BOD_5/COD \geqslant 0.3$ 的城镇污水、生活污水、易生物降解工业废水。

7.4.1.3 厌氧生物处理宜用于高浓度、难生物降解有机废水和污泥等的处理。

7.4.1.4 城镇污水生物处理工艺主要设计参数应按 GB 50014 规定取值；工业废水生物处理工艺设计参数应参考相关技术规范，或通过试验、参考同类工程实例确定。

7.4.2 好氧处理

7.4.2.1 一般规定

7.4.2.1.1 生物反应池中好氧区供氧应满足污水需氧量、混合等要求，宜采用鼓风曝气或表面曝气等方式。

7.4.2.1.2 好氧处理工艺的设计应符合 GB 50014 及相关工艺类工程技术规范的规定。

7.4.2.2 传统活性污泥法

7.4.2.2.1 传统活性污泥法适用于以去除污水中碳源有机物为主要目标，无氮、磷去除要求的情况。

7.4.2.2.2 传统活性污泥法主要设计参数包括污泥负荷、污泥龄、污泥浓度、回流比、需氧量、水力停留时间、总处理效率等。

7.4.2.2.3 当曝气池水温较低时，为保证处理效果，可采用适当延长曝气时间、提高污泥浓度、增加污泥龄等措施。

7.4.2.3 氧化沟

7.4.2.3.1 氧化沟不宜用于寒冷地区。

7.4.2.3.2 氧化沟可与二次沉淀池分建或合建，其前端可设置生物选择池。

7.4.2.3.3 当有两组及以上平行工作的氧化沟时，宜设置进水配水井。

7.4.2.3.4 氧化沟设计参数包括污泥负荷、污泥龄、污泥浓度、回流比、需氧量、水力停留时间、总处理效率等。

7.4.2.3.5 氧化沟的设计应符合 HJ 578—2010 和相关工艺类工程技术规范的规定。

7.4.2.4 序批式活性污泥法（SBR）

7.4.2.4.1 SBR 适用于建设规模为Ⅲ、Ⅳ、Ⅴ类的污水处理厂和中、小型废水处理站，适合于间歇排放工业废水的处理。

7.4.2.4.2 SBR 反应池的数量不宜少于 2 个。

7.4.2.4.3 SBR 反应池的设计参数包括周期数、充水比、需氧量、污泥负荷、产泥量、污泥浓度、污泥龄等。

7.4.2.4.4 SBR 以脱氮为主要目标时，宜选用低污泥负荷、低充水比；以除磷为主要目标时，宜选用高污泥负荷、高充水比。

7.4.2.4.5 SBR 的设计应符合 HJ 577 和相关工艺类工程技术规范的规定。

7.4.2.5 生物接触氧化

7.4.2.5.1 生物接触氧化适用于低浓度的生活污水和具有可生化性的工业废水处理，生物接触氧化池应根据进水水质和处理程度确定采用一段式或多段式。

7.4.2.5.2 生物接触氧化池的个数不宜少于 2 个。

7.4.2.5.3 生物接触氧化池的填料应具有对微生物无毒害、易挂膜、质轻、高强度、抗老化、比表面积大和孔隙率高的特性。

7.4.2.5.4 污（废）水在生物接触氧化池内有效接触时间宜大于等于 2 h。

7.4.2.5.5 生物接触氧化池的设计参数包括面积负荷、容积负荷、填充比、气水比、循环流速、接触时间、需氧量、填料比表面积等。

7.4.2.5.6 生物接触氧化法的设计应符合 HJ 2009 和相关工艺类工程技术规范的规定。

7.4.2.6 生物滤池

7.4.2.6.1 生物滤池适用于低浓度的生活污水和具有可生化性的工业废水处理。

7.4.2.6.2 生物滤池宜采用自然通风方式供应空气。滤池底部四周通风孔的设置参照 GB 50014 执行。

7.4.2.6.3 生物滤池基本工艺参数包括有机污染物负荷、水力负荷、回流系数及空气量等。

7.4.2.6.4 生物滤池宜采用粒径为 20～30 mm 的块状滤料，如碎石、卵石、焦炭及炉渣等，滤层高度宜为 1～2 m。

7.4.2.6.5 生物滤池宜按组修建，每组由 2 座滤池组成，一般不大于 6～8 组。

7.4.2.7 曝气生物滤池

7.4.2.7.1 曝气生物滤池适用于深度处理或生活污水的二级处理。

7.4.2.7.2 曝气生物滤池处理工业废水时的容积负荷宜根据试验资料确定。

7.4.2.7.3 曝气生物滤池进水的预处理及水质要求参照 GB 50014 执行。

7.4.2.7.4 曝气生物滤池的滤料应具有强度大、孔隙率高、化学物理稳定性好、易挂膜、生物附着性强、不易堵塞的性质，宜选用轻质球形陶粒或塑料颗粒。

7.4.2.7.5 曝气生物滤池的反冲洗宜采用气水联合反冲洗。

7.4.2.7.6 曝气生物滤池设计参数主要包括水力负荷、容积负荷、反冲洗强度和周期、滤层高度、需氧量等。

7.4.3 厌氧处理

7.4.3.1 一般规定

7.4.3.1.1 厌氧处理产生的气体，应考虑收集、利用和无害化处理。

7.4.3.1.2 厌氧处理工艺的设计应符合相关工艺类工程技术规范的规定，具体参数应通过试验或参考同类工程实例确定。

7.4.3.2 升流式厌氧污泥床（UASB）

7.4.3.2.1 UASB 适用于高浓度有机废水。

7.4.3.2.2 UASB 的断面形状宜做成圆形或矩形，UASB 反应器的主体常为钢结构或钢筋混凝土结构。

7.4.3.2.3 UASB 反应器内壁应采取防腐措施。

7.4.3.2.4 UASB 反应器主要设计参数包括有机负荷、表面水力负荷、高度、水力停留时间等。

7.4.3.2.5 UASB 反应器设计主要内容包括进水配水系统、三相分离器、出水系统等。

7.4.3.3 厌氧滤池（AF）

7.4.3.3.1 厌氧滤池适用于处理溶解性有机废水。

7.4.3.3.2 厌氧滤池的容积负荷宜在 3～15 kg COD/（m^3·d）之间，低温（15～25℃）时宜采用低负荷，高温（50～55℃）时宜采用高负荷。

7.4.3.3.3 厌氧滤池宜采用硬性填料，如砂石、陶粒、玻璃珠、塑料球、塑料波纹板等。

7.4.3.3.4 厌氧滤池进水悬浮物质量浓度宜低于 200 mg/L。

7.4.3.3.5 厌氧滤池的工艺参数包括滤料层高度、有机物容积负荷、水力负荷、回流比等。

7.4.3.4 厌氧流化床（AFB）

7.4.3.4.1 厌氧流化床适用于各种浓度有机废水的处理。

7.4.3.4.2 宜采用出水回流的方法使填料膨胀或流化，其膨胀率宜按 120%～170%运行，运行的空床流速宜控制在 0.03～0.05 倍极限空床流速。

7.4.3.4.3 厌氧流化床中应考虑设置固液分离装置。

7.4.3.4.4 厌氧流化床填料选择原则为强度高、不易磨损；比表面积大、微生物易于附着生长；比重适中；价格便宜，易于购置；生物膜老化后易于脱落。常用填料包括石英砂、无烟煤、活性炭、陶粒和沸石等，粒径宜为 0.2～1 mm。

7.4.3.4.5 厌氧流化床的工艺参数有 COD 去除率、污泥负荷、容积负荷、水力停留时间、污泥产率、上升流速、载体膨胀率等。典型工艺参数以 COD 去除 80%～90%计，污泥负荷为 0.26～4.3 kg COD/（kg MLVSS·d）。

7.4.4 生物脱氮除磷

7.4.4.1 当采用生物法去除污水中的氮、磷污染物时，原水水质应满足 GB 50014 的相关规定。

7.4.4.2 仅需脱氮时，宜采用缺氧/好氧法；仅需除磷时，宜采用厌氧/好氧法；当需要同时脱氮除磷时，宜采用厌氧/缺氧/好氧法。各工艺的设计应符合 GB 50014 和相关工艺类工程技术规范的规定，参数取值应通过试验或参考同类工程实例确定。

7.4.4.3 污水采用生物除磷处理时，剩余污泥的浓缩应结合实际情况考虑采用机械浓缩、气浮浓缩、离心浓缩等形式。

7.4.4.4 缺氧/好氧法和厌氧/好氧法工艺单元前不设初沉池时，不宜采用曝气沉砂池。

7.4.4.5 厌氧/好氧法的二沉池水力停留时间不宜过长。

7.4.4.6 当出水总磷不能达到排放标准要求时，宜采用化学除磷作为辅助手段。

7.5 生态处理单元

7.5.1 一般规定

7.5.1.1 当水量较小、污染物浓度低、有可利用土地资源、技术经济合理时，可结合当地的自然地理条件审慎地采用污水生态处理。

7.5.1.2 污水自然处理应考虑对周围环境以及水体的影响，不得降低周围环境的质量，应根据区域地理、地质、气候等特点选择适宜的污水生态处理方式。

7.5.2 土地处理

7.5.2.1 选用污水土地处理时，宜根据土地处理的工艺形式对污水进行预处理。

7.5.2.2 在集中式给水水源卫生防护带，含水层露头地区，裂隙性岩层和熔岩地区，不得使用污水土地处理。

7.5.2.3 地下水埋深小于 1.5 m 地区不宜采用污水土地处理工艺。

7.5.2.4 进入灌溉田的污水水质应符合国家现行有关农田灌溉水质标准的规定。

7.5.2.5 土地处理的设计应符合 GB 50014 和相关工艺类工程技术规范的规定。

7.5.3 人工湿地

7.5.3.1 人工湿地适用于水源保护、景观用水、河湖水环境综合治理、生活污水处理的后续除磷脱氮、农村生活污水生态处理等。

7.5.3.2 人工湿地可选用表面流湿地、潜流湿地、垂直流湿地及其组合。

7.5.3.3 人工湿地宜由配水系统、集水系统、防渗层、基质层、湿地植物组成。

7.5.3.4 人工湿地应选择净化和耐污能力强、有较强抗逆性、年生长周期长、生长速度快而稳定、易于管理且具有一定综合利用价值的植物，宜优选当地植物。

7.5.3.5 人工湿地基质层（填料）应根据所处理水的水质要求，选择砾石、炉渣、沸石、钢渣、石英砂等。

7.5.3.6 人工湿地防渗层应根据当地情况选用黏土、高分子材料或湿地底部的沉积污泥层。

7.5.3.7 人工湿地的设计应符合 HJ 2005 和相关工艺类工程技术规范的规定。

7.6 消毒处理单元

7.6.1 一般规定

7.6.1.1 城镇污水处理应设置消毒设施，工业废水根据其出路确定是否设置。

7.6.1.2 污（废）水消毒程度应根据污水性质、排放标准或再生水要求确定。

7.6.1.3 污水宜采用紫外线或二氧化氯消毒，也可用液氯消毒。

7.6.1.4 消毒设施和有关建筑物的设计，应符合 GB 50013 的有关规定。

7.6.1.5 应根据水质特点考虑消毒副产物的影响并采取措施消除有害消毒副产物。

7.6.2 紫外线消毒

7.6.2.1 污水消毒的紫外线剂量宜符合 GB/T 19837 的规定，或根据试验资料确定。

7.6.2.2 紫外线照射渠的设计，应符合下列要求：

a）照射渠水流均布，灯管前后的渠长度不宜小于 1 m。

b）水深应满足灯管的淹没要求。

7.6.2.3 紫外线照射渠不宜少于 2 条。当采用 1 条时，宜设置超越渠。

7.6.3 二氧化氯消毒

7.6.3.1 二氧化氯宜采用化学法现场制备，应进行混合和接触，接触时间不应小于 30 min。

7.6.3.2 污水消毒的二氧化氯投量应经试验确定。对于生活污水，当无实测资料时，二级处理出水的有效氯投量可采用 6～15 mg/L。

7.6.4 氯消毒

7.6.4.1 污（废）水处理厂（站）中采用的主要氯消毒方法包括液氯、次氯酸钠、漂白粉消毒。

7.6.4.2 污水消毒的加氯量应经试验确定。对于生活污水，当无实测资料时，二级处理出水的有效氯投量可采用 6～15 mg/L。

7.6.4.3 当采用漂白粉消毒时，其溶液浓度不得大于 2%；商品次氯酸钠溶液含有效氯量可按 10%～12%计算。

7.6.4.4 用漂白粉消毒时，宜设混合池，混合池的设计参数应符合 GB 50013 的规定。

7.6.4.5 氯消毒应进行混合和接触，接触时间不应小于 30 min。

7.6.5 臭氧消毒

7.6.5.1 采用臭氧消毒时，臭氧应就地发生，生产臭氧方法宜采用放电法。

7.6.5.2 臭氧接触设施宜采用深而有盖的接触池，接触池排出的尾气应收集并处理。

7.6.5.3 臭氧投加量应通过试验或参照类似污水处理厂的运行经验确定，二级处理出水的臭氧投加量宜为 1～5 mg/L。

7.6.5.4 臭氧消毒应考虑经济适用条件。

7.6.5.5 臭氧消毒适用于污水的深度处理（如脱色、除臭等）。在臭氧消毒之前，应增设去除水中 SS 和 COD 的预处理设施（如砂滤、膜滤等）。

7.7 污泥处理与处置单元

7.7.1 一般规定

7.7.1.1 水污染治理工程产生的污泥应根据工程规模、地区环境条件和经济条件进行减量化、稳定化、无害化和资源化处理与处置。

7.7.1.2 污泥处理工艺的选择应考虑污泥性质与数量、技术条件、运行管理费用、环境保护要求及有关法律法规、农业发展情况、当地气候条件和污泥最终处置的方式等因素。

7.7.1.3 污泥处理构筑物和设备的设置应符合 GB 50014 的规定。

7.7.1.4 污泥经过处理后，应符合 CJ 3025 的规定。

7.7.1.5 应依据危险废物的名录及相关鉴别标准，对工业废水处理所产生的污泥进行鉴别，属危险废物的工业废水污泥，应按 GB 18484、GB 18597、GB 18598 的要求处理与处置。

7.7.2 污泥输送与贮存

7.7.2.1 污泥输送方法的选择应考虑污泥的性质和数量、污泥处理的方案、输送距离与费用、最终处置及利用方式等因素。

7.7.2.2 污泥输送设备的选择与设计应符合 GB 50014 的规定。

7.7.2.3 污泥贮存设备宜为存储料仓。

7.7.3 污泥浓缩处理

7.7.3.1 污泥浓缩应根据污水处理工艺、污泥性质、污泥量和污泥含水率要求进行选择，可采用重力浓缩、气浮浓缩、离心浓缩、带式浓缩机浓缩和转鼓机械浓缩等。

7.7.3.2 重力浓缩包括间歇式和连续式。小型污水处理厂宜采用间歇式重力浓缩，大中型污水处理厂宜采用连续式重力浓缩。

7.7.3.3 污泥压力溶气气浮浓缩主要设计和运行参数包括气固比、溶气压力、固体负荷、水力负荷、出泥含固率等，具体参数依据试验或参照同类工程实例确定。

7.7.3.4 富磷污泥不宜采用重力浓缩。当要求浓缩污泥含固率大于 6%时，可适量加入絮凝剂。

7.7.3.5 污泥浓缩工艺设计应符合 GB 50014 的规定。

7.7.4 污泥消化处理

7.7.4.1 一般规定

7.7.4.1.1 污泥可采用厌氧消化或好氧消化工艺处理。

7.7.4.1.2 污泥消化工艺选择应考虑污泥性质、工程条件、污泥处置方式以及经济适用、管理方便等因素。

7.7.4.2 厌氧消化

7.7.4.2.1 污泥厌氧消化可采用中温消化和高温消化。只有当条件非常有利于高温消化或特殊要求时，才采用高温厌氧消化。

7.7.4.2.2 厌氧消化可采用单级或两级中温消化。有初次沉淀池系统的剩余污泥或类似的污泥，宜与初沉污泥合并进行厌氧消化处理。

7.7.4.2.3 厌氧消化池可采用低负荷率消化池、两级高负荷厌氧消化系统或两相厌氧消化系统。

7.7.4.2.4 单级厌氧消化池（两级厌氧消化池中的第一级）污泥应加热并搅拌，污泥温度应保持33～35℃。二级厌氧消化池可不加热、不搅拌。

7.7.4.2.5 厌氧消化池污泥加热，可采用池外热交换或蒸汽直接加热；污泥搅拌宜采用池内机械搅拌或池外循环搅拌，也可采用沼气搅拌等方法。

7.7.4.2.6 污泥厌氧消化的影响因素包括pH值、碱度、温度、消化时间、负荷率等。

7.7.4.2.7 污泥厌氧消化设备的设计选型应符合GB 50014的规定。

7.7.4.2.8 沼气管道、沼气贮罐的设计，应符合现行国家标准GB 50014和GB 50028的规定。

7.7.4.2.9 沼气应综合利用，可用于锅炉、发电和驱动鼓风机等。

7.7.4.2.10 根据沼气的含硫量和用气设备的要求，可设置沼气脱硫装置。脱硫装置应设在沼气进入沼气贮罐之前。

7.7.4.3 好氧消化

7.7.4.3.1 好氧消化池可采用鼓风曝气或机械表面曝气。

7.7.4.3.2 好氧消化池中溶解氧浓度，不应低于2 mg/L。

7.7.4.3.3 污泥好氧消化设备的设计选型应符合GB 50014的规定。

7.7.4.3.4 当气温低于15℃时，好氧消化池宜采取保温加热措施或适当延长消化时间。

7.7.4.3.5 好氧消化池应按照环境影响评价的要求，采取加盖或除臭措施。

7.7.5 污泥脱水处理

7.7.5.1 污泥产量较大、占地面积有限的污（废）水处理系统宜采用污泥机械脱水处理。工业废水处理站的污泥不宜采用自然干化脱水方式。

7.7.5.2 污泥脱水设备宜采用压滤脱水机和离心脱水机。其类型的选择，应按污泥的性质和脱水要求，经技术经济比较后确定。

7.7.5.3 污泥机械脱水设备的选型设计和污泥干化场的选型设计应符合GB 50014的规定。

7.7.6 污泥好氧发酵

7.7.6.1 日处理能力在5万m^3以下的污水处理设施产生的污泥，宜采用条垛式好氧发酵处理和综合利用；日处理能力在5万m^3以上的污水处理设施产生的污泥，宜采用发酵槽（池）式发酵工艺。

7.7.6.2 污泥好氧发酵必须进行脱水污泥调质预处理，包括调节含水率、C/N、C/P和pH值。

7.7.6.3 污泥好氧发酵后应符合GB 18918所规定的污泥稳定化处理标准。

7.7.6.4 污泥好氧发酵需对产生的臭气进行收集处理，应达到 GB 14554 的要求。除臭方法有化学除臭、物理除臭和生物除臭等。

7.7.6.5 污泥好氧发酵中应采取相应措施降低污泥中重金属对环境的危害。

7.7.6.6 污泥好氧发酵产生的污水和雨水需集中收集，回流到污水处理厂或自建的污水处理装置处理达标后排放。

7.7.6.7 污泥好氧发酵产物可用于城市园林绿化、苗圃、林用、土壤修复及改良等。

7.7.7 污泥干燥处理

7.7.7.1 污泥干燥处理宜采用直接式干燥器，主要有带式干燥器、转筒式干燥器、急骤干燥器和流化床干燥器。

7.7.7.2 经干燥器处理的泥饼的放置应具有防火防爆措施。

7.7.7.3 污泥干燥处理的污泥固体负荷量应根据污泥性质、设备性能等因素，参照相似设备运行经验确定。

7.7.7.4 污泥干燥设备的选型，应根据实际需要确定。规模较小、污泥含水率较低、连续运行时间较长的干燥设备宜采用间接加热系统。

7.7.7.5 污泥干燥设备的能源宜优先采用沼气，不宜采用优质一次能源进行污泥干燥。对任何形式的余热干燥必须进行热量平衡和换热效率的计算。

7.7.7.6 污泥干燥的尾气应处理达标后排放。

7.7.7.7 污泥干燥工艺设计应依据试验或参照同类工程实例确定。

7.7.8 污泥焚烧处理

7.7.8.1 污泥焚烧工艺适用于下列情况：

a）污泥不符合卫生要求、有毒物质含量高、不能为农副业利用；

b）污泥自身的燃烧热值高，可以自燃并利用燃烧热量发电；

c）可与城镇垃圾混合焚烧并利用燃烧热量发电。

7.7.8.2 污泥焚烧的烟气应处理达标后排放。

7.7.8.3 污泥焚烧的飞灰应妥善处置，避免二次污染。

7.7.8.4 完全焚烧的污泥焚烧设备可选用回转焚烧炉、多段焚烧炉、流化床焚烧炉，其设计选型应依据试验或参照同类工程实例确定。

7.7.9 污泥处置与利用

7.7.9.1 污泥的最终处置应优先考虑资源化利用。

7.7.9.2 污泥用于改良土地或园林绿化时，改良土地的污泥应符合 GB 24600 的规定，园林绿化的污泥应符合 GB/T 23486 的规定。

7.7.9.3 污泥经稳定化和无害化处理后，可农田利用，农田利用时应符合 GB 4284 的规定；不能农田利用的污泥，应符合 GB/T 23485、GB/T 25031 的规定进行卫生填埋等处置。

7.7.9.4 污泥卫生填埋时，应严格控制污泥中和土壤中积累的重金属和其他有毒物质的含量，含水率应小于 60%，并采取必要的环境保护措施，防止污染地下水，具体应符合 GB 16889 的规定。

7.7.9.5 污泥的最终处置用于制造建筑材料时应考虑有毒害物质浸出等安全性问题，应符合 GB 5085.3 的规定。

7.8 恶臭污染治理单元

7.8.1 一般规定

7.8.1.1 恶臭污染治理应进行多方案的技术经济比较后确定，应优先考虑生物除臭方法。

7.8.1.2 无须经常人工维护的设施，如沉砂池、初沉池和污泥浓缩池等，宜采用固定式的封闭措施控制臭气；需经常维护和保养的设施，如格栅间、泵房的集水井和污水处理厂的污泥脱水机房等，宜采用局部活动式或简易式的臭气隔离措施控制臭气。

7.8.2 生物滤池除臭

7.8.2.1 生物滤池适用于芳香族化合物（如苯乙烯、甲苯）、脂肪族化合物（如丙烷、异丁烷）及易降解化合物（如苯酚、乙醇）的恶臭气体脱臭。

7.8.2.2 有机物质量浓度宜控制在 1 000 mg/m^3 以下。

7.8.2.3 生物滤池的填料应采用质地疏松、通气性好、吸附性强、持水性适中的单一填料或混合填料。

7.8.2.4 生物滤池填料层厚度宜为 1.0～2.0 m。

7.8.2.5 生物净化宜采用中温（30～37℃）或高温（50～65℃）。

7.8.2.6 生物滤池法除臭工艺设计应根据试验或参照同类工程实例确定。

7.8.3 化学氧化除臭

7.8.3.1 化学氧化除臭常用的氧化剂为臭氧。

7.8.3.2 臭氧必须现场生成，其处理系统主要包括臭氧扩散器、臭氧接触室、输送管道、臭氧发生器和自动控制系统等。臭氧剂量应根据污染物的种类和浓度确定，宜为 1×10^{-6}～25×10^{-6} g/m³。

7.8.3.3 化学氧化除臭工艺设计应根据试验或参照同类工程实例确定。

7.8.4 洗涤吸收除臭

7.8.4.1 当恶臭物质在水中或其他溶液中溶解度较大，或能与之发生化学反应时，宜采用洗涤吸收法治理，洗涤液宜优先选择水。

7.8.4.2 水洗法运行中应经常更换新鲜水，洗涤液应处理后排放。

7.8.4.3 常见恶臭气体洗涤液见附录 A。

7.8.4.4 对硫醇、胺类等溶解度较低的恶臭物质，宜采用氧化法将其氧化成臭味较轻或溶解度较高的化合物。

7.8.5 活性炭吸附及再生除臭

7.8.5.1 活性炭吸附适用于中、低浓度的多种有机恶臭气体去除。

7.8.5.2 吸附脱臭的工艺分为固定床、流动床及旋流浓缩床三种形式。

7.8.5.3 活性炭吸附及再生除臭的设计，应符合下列要求：

a）流程中应包括预处理部分、吸附部分、吸附剂再生部分和溶剂回收部分四个部分；

b）处理含颗粒物浓度较高的恶臭气体时，应预置除尘设施；

c）吸附部分一般应采用 2～3 个固定床吸附器并联或串联操作；

d）一般应采用的吸附条件如下：吸附温度为常温，吸附层床层空速为 0.2～0.5 min/s，脱附蒸汽采用 110℃左右的低压蒸汽，脱附周期（含脱附及干燥、冷却）应小于吸附周期；

e）活性炭再生宜采用水蒸气脱附法；

f）水溶性溶剂应采用精馏法回收。

8 工艺组合

8.1 应根据原水水质特性、主要污染物类型及处理出水水质目标，在技术经济比较的基础上选择适宜的处理单元或组合工艺。

8.2 污（废）水处理组合工艺中各处理单元要相互协调，在各处理单元的协同作用下去除污（废）水中的目标污染物质，最终使污（废）水达标排放或回用。

8.3 采用厌氧和好氧组合工艺处理污（废）时，厌氧工艺单元应设置在好氧工艺单元前。

8.4 当污（废）水中含有生物毒性物质，且污（废）水处理工艺组合中有生物处理单元时，应污（废）水进入生物处理单元前去除生物毒性物质。

8.5 在污（废）水达标排放、技术经济合理的前提下应优先选用污泥产量低的处理单元或组合工艺。

8.6 城镇污水处理应根据排放和回用要求选用一级处理、二级处理、三级处理、再生处理的工艺组合。

a）一级处理主要去除污水中呈悬浮或漂浮状态的污染物。

b）二级处理主要去除污水中呈胶体和溶解状态的有机污染物及植物性营养盐。

c）三级处理是对经过二级处理后没有得到较好去除的污染物质进行深化处理。

d）当有污水回用需求时，应设置污水再生处理工艺单元。

8.7 城镇污水脱氮除磷应以生物处理单元为主，生物处理单元不能达到排放标准要求时，应辅以化学处理单元。

8.8 工业废水处理系统中应考虑设置事故应急池。

8.9 工业废水处理站的流程组合与工艺比选应符合 HJ 471、HJ 564、HJ 575、HJ 580、HJ 2002、HJ 2003、HJ 2004 等相应污染源类工程技术规范的规定。

9 设备与材料

9.1 机械设备的选型原则

9.1.1 机械设备选型应满足处理工艺和处理能力的要求。

9.1.2 宜选用性能稳定、能效高、维修简便、使用寿命长且投资低、占地少、卫生条件好的系列化、标准化成熟设备。

9.1.3 对操作繁重、影响安全、危害健康的场所应采用机械化和自动化设备。

9.2 机械设备的技术要求

9.2.1 通用设备

9.2.1.1 水泵

9.2.1.1.1 适用于污水、污泥的输送和提升以及药剂的投加。

9.2.1.1.2 应根据水泵性能与流体性质确定泵的类型，具体要求如下：

a）污水泵宜选用离心式污水泵，也可选用轴流泵、混流泵和潜污泵。

b）污泥泵类型宜根据污泥黏度确定：对于低黏度的污泥（初沉池污泥和活性污泥等）和浮渣，宜选用离心式污水泵和潜污泵；对于高黏度的污泥（浓缩后污泥、消化污泥和脱水后的泥饼等）或含毛发、碎皮或纤维物质较多的污泥，宜选用螺杆泵或螺旋泵；当生物处理系统中带有厌氧区、缺氧区时，应选用不易复氧的污泥回流泵。

c）当输送腐蚀性流体时，应选用耐腐蚀泵。

d）加药泵可选用往复式计量泵，如隔膜泵。

9.2.1.1.3 应根据所需流量、扬程及其变化规律确定工作泵的型号和台数。

9.2.1.1.4 污水泵房、合流污水泵房、活性污泥回流应设备用泵，雨水泵房可不设备用泵；备用泵的型号宜和最大的工作泵相同。备用机组的设置应满足 GB 50014 和 GB/T 50265 的要求。

9.2.1.1.5 水泵应在高效区运行。

9.2.1.1.6 并联运行离心式水泵最大安装高度应接近，就高不就低。

9.2.1.1.7 水泵应符合 GB 50014、GB/T 50265、GB/T 5657、GB/T 16907 和 GB/T 13008 的相关规定。

9.2.1.2 鼓风机和空压机

9.2.1.2.1 鼓风机适用于污水处理构筑物的通风、预曝气、好氧生物处理鼓风曝气、混合搅拌等；空压机适用于压力溶气气浮、过滤反冲等。

9.2.1.2.2 鼓风机和空压机型号应根据所需风压、单机风量、控制方式、噪声和维修管理等条件确定，并考虑必需的储备量。具体要求如下：

a）常用鼓风机有罗茨鼓风机和离心式鼓风机。水位发生变化的构筑物宜选用罗茨鼓风机，水位不变的构筑物宜选用离心式鼓风机。

b）用作好氧生物处理鼓风曝气的鼓风机风量应满足生物反应需氧量并保持混合液呈悬浮状态；风压应满足克服管道系统和扩散器的摩阻损耗以及扩散器上部的静水压力，并应考虑使用时阻力增加等因素。

c）选用离心鼓风机时，应详细核算各种工况条件时鼓风机的工作点，不得接近鼓风机的湍振区，并宜设有调节风量的装置。

d）在同一供气系统中，宜选用同一类型的鼓风机。

e）应根据风量和风压选用活塞式和离心式空压机。小风量时宜选用活塞式空压机，大风量压力不太高时宜选用离心式空压机。

9.2.1.2.3 工作鼓风机和空压机的台数应根据气温、风量、风压、污水量和污染物负荷变化等对供气量的要求而确定。

9.2.1.2.4 鼓风机和空压机应符合 GB 50014、HJ/T 251、HJ/T 278、JB/T 8941.1、JB/T 7258 和 CECS 97 的相关规定。

9.2.1.3 阀门和闸门

9.2.1.3.1 需要控制流体的通断、调节流量和水位的渠道、水堰、水池和水槽中，宜安装闸门；需要控制流体的通断、调节流量和压力、防止介质倒流的封闭管道上宜安装阀门。

9.2.1.3.2 闸门和阀门宜选用通用定型产品。

9.2.1.3.3 渠道口、泵站进水口、沉沙池、沉淀池等处宜选用铸铁闸门或平面钢闸门；水槽或水池调节流量及水位时可选用可调堰门。

9.2.1.3.4 应根据使用功能和流体介质选用阀门的类型，具体要求如下：

a）通断功能阀门有闸阀、蝶阀、球阀、止回阀、泥阀和排气阀等，含浮渣较多的管道中应避免使用蝶阀；

b）控制功能阀门有蝶阀、疏齿阀、球阀、锥形阀、活塞阀、套筒阀、多孔板阀和减压阀。

9.2.1.3.5 应根据阀门和闸门的设计流量、允许过阀流速、工作压力等参数确定阀门和闸门的型号。

9.2.1.3.6 应根据设计流量和允许的压力损失确定阀门和闸门的公称直径（尺寸）。

9.2.1.3.7 应根据过流介质及其温度和压力确定闸门和阀门的材质和压力等级。

9.2.1.3.8 有防腐要求时，应选用有防腐措施的阀门和闸门。

9.2.1.3.9 应根据阀门和闸门的功能和所需启闭力确定驱动方式。

9.2.2 专用设备

9.2.2.1 格栅除污机

格栅除污机应符合 HJ/T 262、HJ/T 250 的相关规定。

9.2.2.2 除砂设备

9.2.2.2.1 除砂设备适用于沉砂池除砂。

9.2.2.2.2 常用除砂设备包括链斗式除砂机、链板式除砂机、行车泵吸式除砂机、旋转刮砂机和空气提砂机。应根据沉砂池类型选择除砂设备的类型，具体要求如下：

a）行车泵吸式排砂机宜用于曝气沉砂池和平流沉砂池；

b）链斗式和链板式除砂机宜用于平流沉砂池；

c）旋转刮砂机宜用于多尔沉砂池；

d）空气提砂机宜用于钟式沉砂池。

9.2.2.2.3 应根据沉砂池沉砂量（处理水量）、池宽（池径）、设备功率、行车速度确定除砂机型号和台数。

9.2.2.3 排泥设备

9.2.2.3.1 排泥设备适用于初沉池、二沉池和污泥浓缩池排泥。

9.2.2.3.2 初沉池宜选用刮泥机，二沉池宜选用吸泥机，重力污泥浓缩池宜选用栅条浓缩机。

9.2.2.3.3 应根据沉淀池池型和工艺条件选择排泥设备形式，具体要求如下：

a）平流式初沉池宜选用行车式刮泥机或链板式刮泥机，平流式二沉池宜选用行车式吸泥机；

b）辐流式沉淀池宜选用回转式吸泥机或刮泥机：

1）池径小于 20 m 时宜采用中心传动，池径大于 20 m 时宜采用周边传动；

2）池径小于 30 m 时宜采用半跨式，池径大于 30 m 时宜采用全跨式；

c）竖流式沉淀池可不设排泥设备；

d）斜板（管）沉淀池可采用行车式吸泥机或刮泥机，也可不设排泥设备；

e）刮泥设备应包含水面刮渣装置。

9.2.2.3.4 排泥设备的型号应根据池宽（池径）、水深、行车速度（周边线速度）和驱动功率确定。

9.2.2.3.5 排泥设备应符合 GB 50014、HJ/T 265 和 HJ/T 266 的相关规定。

9.2.2.4 污泥浓缩和脱水设备

9.2.2.4.1 污泥浓缩和脱水设备适用于初沉污泥和剩余污泥的浓缩和脱水。

9.2.2.4.2 常用浓缩设备有回转式栅条浓缩机、重力带式浓缩机、转鼓浓缩机、离心浓缩机。重力浓缩池应选用回转式栅条浓缩机；重力带式浓缩机宜与带式压滤机联合使用。

9.2.2.4.3 常用脱水设备有带式压滤机、离心脱水机、板框压滤机、真空过滤机。应根据污泥特性（比阻）、脱水要求和最终处置方式确定脱水设备的类型。

9.2.2.4.4 应根据脱水设备的生产能力和污泥量的大小确定设备型号和台数。

9.2.2.4.5 污泥浓缩脱水可采用一体化机械。

9.2.2.4.6 浓缩脱水设备应符合 GB/T 10605、HJ/T 242、HJ/T 335 和 JB/T 6991 的相关规定。

9.2.2.5 潜水搅拌机

9.2.2.5.1 适用于缺氧池、厌氧池、氧化沟中混合液的搅拌混合、推流。

9.2.2.5.2 应根据轴功率（推力）、转速、桨叶直径选择潜水搅拌机型号。

9.2.2.5.3 潜水搅拌机应符合 HJ/T 279 的相关规定。

9.2.2.6 表面曝气机

9.2.2.6.1 表面曝气机有立轴式和卧轴式。常用的立式表面曝气机包括平板叶轮、倒伞形叶轮和泵型叶轮，适用于曝气氧化塘和卡鲁塞尔氧化沟等的充氧和混合；卧式表面曝气机包括转刷曝气机和转盘曝气机，适用于氧化沟的充氧和推流。

9.2.2.6.2 表面曝气机不宜用于曝气过程中产生大量泡沫的污水。

9.2.2.6.3 立式表面曝气机应根据设备氧转移效率、提升力、动力效率、叶轮直径、转速和浸没度等参数选型；卧式表面曝气机应根据氧转移效率、推流力、动力效率、轴长、转刷（盘）直径、转盘数、转速和最大浸没度等参数选型。

9.2.2.6.4 表面曝气机的浸水深度应能调节。

9.2.2.6.5 表面曝气设备应符合 HJ/T 247、HJ/T 259 和 HJ/T 280 的相关规定。

9.2.2.7 潜水曝气设备

9.2.2.7.1 潜水曝气设备适用于污（废）水的曝气和混合搅拌。

9.2.2.7.2 常用潜水曝气设备包括射流式潜水曝气设备、离心式潜水曝气设备和鼓风式潜水曝气设备等，其中射流式潜水曝气设备兼具推流功能。

9.2.2.7.3 潜水曝气设备应根据设备供氧量、有效水深和电机功率等参数选型。

9.2.2.7.4 潜水曝气设备应符合 HJ/T 263、HJ/T 260 的相关规定。

9.2.2.8 滗水器

9.2.2.8.1 滗水器主要用于 SBR 及变形工艺的排水。

9.2.2.8.2 滗水器应依据滗水负荷、滗水范围、排水量（滗水速度）、电机功率以及控制方式等参数选型。

9.2.2.8.3 滗水设备应符合 GB 50014 和 HJ/T 277 的相关规定。

9.2.2.9 消毒设备

9.2.2.9.1 紫外线消毒设备宜用于Ⅳ、Ⅴ类污水处理厂和小型废水处理站。紫外线消毒设备应依据辐射剂量、灯管照度、灯管有效寿命、消毒器内水头损失等参数选型。

9.2.2.9.2 二氧化氯和次氯酸钠发生器宜用于Ⅲ、Ⅳ、Ⅴ类污水处理厂和中、小型废水处理站，应根据有效氯产量和盐耗等参数选型。

9.2.2.9.3 臭氧发生器宜用于处理水质要求高的污（废）水处理厂（站），应根据臭氧产量、空气流量、电耗、冷却水量等参数选型。

9.2.2.9.4 Ⅰ、Ⅱ类污水处理厂和大型废水处理站可采用液氯消毒。加氯设备的选型应符合 GB 50013 的有关规定。

9.2.2.9.5 消毒设备应符合 GB 50014、GB 50013、GB 15981、GB/T 19837、HJ/T 272、HJ/T 258 和 HJ/T 264 的相关规定。

9.2.2.10 除盐设备

9.2.2.10.1 除盐设备用于工业废水脱盐，主要有电渗析、反渗透设备以及离子交换设备。

9.2.2.10.2 除盐设备应根据进水水质、设备产水量、脱盐率、水的回收率、工作压力等参数选型。

9.2.2.10.3 除盐设备的设计和技术要求可参照 GB/T 50109、HJ/T 334、HJ/T 270 和 GB/T 13922 执行。

9.3 水处理药剂

9.3.1 选用原则

9.3.1.1 工艺效果良好、性质稳定、无毒无害、操作简便。

9.3.1.2 质量可靠、货源充足、运输方便、经济合理。

9.3.1.3 禁止或限制使用有机磷酸盐、有机氯、重金属、有害生物制剂、难降解长效化学品等药剂。

9.3.2 凝聚剂和絮凝剂

9.3.2.1 凝聚剂和絮凝剂品种的选择及其用量，应根据原水混凝沉淀试验结果或参照相似条件下的运行经验综合比较确定。

9.3.2.2 污水深度处理时可选用硫酸铝，低温地区可选用氯化铁和硫酸亚铁，有条件或二级出水中碱度不足时可选用聚合氯化铝等无机高分子药剂，可根据水质选用有机聚合物以提高分离效果。

9.3.2.3 污泥调质可根据污泥性质选用聚丙烯酰胺；应选用残余单体符合安全标准的聚丙烯酰胺。也可根据原水水质通过试验选用复合药剂。

9.3.2.4 凝聚剂和絮凝剂的技术要求应符合 GB 50013 和 GB 50014 的规定。

9.3.3 消毒剂

消毒剂的品种详见本标准 7.6。应依据消毒对象理化特性、消毒剂性质、处理规模和消毒水平要求等确定消毒剂的类型和剂量。

9.3.4 氧化剂

9.3.4.1 应根据废水中污染物性质确定氧化剂类型。常用的氧化剂主要包括氧气、臭氧、氯、二氧化氯、漂白粉、次氯酸钠等，具体选用见本标准 7.3.13。

9.3.4.2 氧化剂剂量应根据化学计量数并考虑富余量，通过试验或参照类似工程实例确定。

9.4 水处理材料

9.4.1 生物膜填料

9.4.1.1 常用生物膜填料包括固定式填料、悬挂式填料和分散式填料。选择填料的基本原则如下：

a）容易挂膜、老化生物膜易脱落、对生物无毒害；

b）稳定性高、亲水性好、抗酸碱、耐氧化、不易生物降解、不易老化；

c）比表面积大、孔隙率高、质轻、机械强度大；

d）价格低、材料易得、安装维修方便。

9.4.1.2 固定式填料包括蜂窝状和波纹板状等硬性填料，宜用于高负荷生物滤池等处理工艺，具体要求如下：

a）蜂窝状填料的比表面积、孔隙率、堆积高度等参数的选取应根据实测获得，应与污（废）水处理工艺相适应；

b）蜂窝状填料选定时应考虑蜂窝孔径与污（废）水 BOD 负荷率相适应；

c）波纹板状填料的孔隙率应大、不易堵塞，孔隙率、比表面积等参数的选取应根据实测获得。

9.4.1.3 悬挂式填料包括软性填料、半软性填料、弹性立体填料、组合型填料等。悬挂式填料的选用可参照 HJ/T 245 执行。

9.4.1.4 分散式填料包括鲍尔环、阶梯环、空心球、悬浮粒子及粒径为几毫米到数十毫米的砂粒、碎石、无烟煤、焦炭、矿渣等。分散式填料的选用可参照 HJ/T 246 等相关标准执行。

9.4.2 滤料

9.4.2.1 常用的滤料包括石英砂、无烟煤、矿石以及人工生产的陶瓷滤料、瓷粒、纤维球、塑料颗粒、聚苯乙烯泡沫球等。选择滤料的基本原则如下：

a）对人体无害；

b）吸附能力强、截污能力强、过滤出水水质好、工作周期长、产水量高；

c）具有足够的机械强度；

d）化学稳定性好；

e）就地取材、价格便宜、货源充足。

9.4.2.2 滤料的技术要求、检验方法、铺装方法等可参照 CJ/T 43 执行。

9.4.2.3 滤料的粒径范围、有效粒径（d_{10}）、均匀系数（K_{60}）或不均匀系数（K_{80}）由处理要求确定。

9.4.2.4 天然锰砂滤料技术要求、检验方法等可参照 CJ/T 3041 执行。

9.4.2.5 选用陶粒滤料的总孔隙率宜为 65%～70%以上。

9.4.2.6 无烟煤滤料的技术要求、检验方法等可参照 CJ 24.2 执行。

9.4.2.7 人工生产的陶瓷滤料、瓷粒、纤维球、塑料颗粒、聚苯乙烯泡沫球等的技术要求应根据用户要求参照生产厂家的技术指标进行验证确定。

9.4.3 吸附材料

9.4.3.1 常用的吸附材料包括活性炭、人工沸石（分子筛）、活性氧化铝、黏土、吸附树脂等。选择吸附材料的基本原则如下：

a）对人体无害；

b）吸附选择性好、比表面积大、孔隙率高、吸附容量大、吸附速度快；

c）易于再生和活化；

d）有足够的机械强度、热稳定性和化学稳定性；

e）货源充足、价廉易得。

9.4.3.2 活性炭按形状分类，有粉末炭和粒状炭（包括无定形炭、柱状炭、球形炭等）。活性炭比表面积的测定可参照 GB/T 19587 执行；颗粒活性炭的技术要求可参照 GB/T 7701.1、GB/T 7701.2、GB/T 7701.4、GB/T 7701.5、GB/T 7701.7 等相关标准执行。

9.4.3.3 硅藻土的制备、性能和选用可参照 GB 14936 执行。

9.4.3.4 天然沸石的技术要求可参照 JG/T 3048 等相关标准执行。

9.4.3.5 人工沸石的性能测试等可参照 GB/T 6286、GB/T 6287、GB/T 6288 等相关标准执行。

9.4.3.6 蒙脱土（膨润土）的技术要求可参照 GB/T 20973 等相关标准执行。

9.4.3.7 活性氧化铝的技术要求可参照 HG/T 3927 等相关标准执行。

9.4.3.8 活性氧化镁的技术要求可参照 GB 9004 等相关标准执行。

9.4.3.9 大孔吸附树脂的性能测试等可参照 GB 5757、GB 5758、GB 8330、GB 8331 等相关标准执行。

9.4.4 膜

9.4.4.1 水处理常用膜包括微滤（MF）膜、超滤（UF）膜、纳滤（NF）膜、反渗透（RO）膜、电渗析（ED）膜等。选择膜材料的基本原则：

a）高的选择透过性或离子交换性；

b）耐高温、耐溶剂、耐酸碱、低能耗、易清洗、寿命长；

c）综合成本低，易于采购。

9.4.4.2 微孔滤膜及其组件的技术要求可参照 HY/T 053 等执行。

9.4.4.3 超滤膜及其组件的技术要求可参照 HY/T 112 等执行。

9.4.4.4 纳滤膜及其组件的技术要求可参照 HY/T 113 执行。

9.4.4.5 反渗透膜的测试方法及其组件的技术要求等可参照 HY/T 049、HY/T 054.1、HY/T 107 执行。

9.4.4.6 电渗析膜及其器件的技术要求可参照 HY/T 034.2、HY/T 034.3 等执行。

9.5 加药系统

9.5.1 加药系统宜设置药液调制设备、药液净化设备、计量设备、投加设备和其他控制附件。

9.5.2 药液调制设备应根据水处理药剂的性质和加药量选用水力、机械、压气等方式。

9.5.3 药剂溶解池、溶液池内壁应根据药剂的性质采取相应的防腐措施，池底应有坡度并设排渣管和排空管。

9.5.4 湿投设备宜采用计量加药泵或水射器，干投设备宜采用投矾机。

9.5.5 加药系统管材应根据药剂的种类及性质选取不同材质的耐腐蚀管材。

9.5.6 药剂的投加和储备应符合 GB 50013、GB 50014 的规定。

10 检测与控制

10.1 一般规定

10.1.1 水污染治理工程应根据工艺设计和运行管理的要求设置检测和控制系统。

10.1.2 水污染治理工程检测和控制系统，应保证污（废）水处理系统运行安全可靠，操作、维护简便易行。

10.1.3 水污染治理工程控制系统包括参数检测、参数与设备状态显示、自动调节与控制、工况自动转换、设备联锁与自动保护、能耗计量以及中央监控与管理等。系统组成应根据系统功能与标准、设备运行时间以及工艺对管理的要求等因素确定。

10.1.4 水污染治理工程计算机控制管理系统应有信息收集、处理、控制、管理和安全保护功能，宜兼顾现有、新建和规划要求。

10.1.5 水污染治理工程的检测和控制应符合 GB 50014、GB 50093、CECS 162、JGJ/T 16、GBJ 131、HJ/T 353、HJ/T 354、HJ/T 355、HJ/T 356、HJ/T 372、HJ/T 373 的要求。

10.2 检测

10.2.1 水污染治理工程进、出水应按国家现行排放标准和环境保护部门的要求，进行相关项目的检测；各工艺单元宜设置生产控制、运行管理所需的检测设备，并在易发生泄漏或产生有毒有害气体的部位（如泵站、消化池和消毒间等）设置相关监测和报警装置。

10.2.2 水污染治理工程进行检测的项目包括：流量、温度、压力、pH 值、液位、电导率、浊度、悬浮固体、化学需氧量、五日生化需氧量、氮、磷、污泥浓度、溶解氧、泥水界面、余氯等。不同的构筑物需检测的项目不同，具体见附录 B。工业废水治理工程需检测的项目根据具体情况参考附录 B 进行。

10.3 控制

10.3.1 控制设备应根据控制水平和控制方式进行选择，可采用：有接点继电器式、无接点继电器式、可编程控制器（PLC）、直接数字控制器（DDC）、比例积分微分（PID）调节器、微型控制器等。

10.3.2 控制仪表和相应的电气设备应具有运行与故障状态的显示功能。电气设备设置联动、联锁等保护措施时，可由集中监控系统实现。

10.3.3 水污染治理工程在符合下列条件之一时宜采用集中监控系统：

a）系统规模大，设备台数多；

b）系统各部分相距较远且有关联；

c）要求实现安全与节能运行。

10.3.4 设置集中监控管理系统时，应满足以下要求：

a）以多种方式显示各系统运行参数和设备状态的当前值与历史值；

b）应能够连续记录各系统运行参数和设备状态，其存储介质和数据库容量应能满足连续记录一年以上运行参数的要求，并可以多种方式进行查询；

c）设立安全机制，对操作者设置不同的权限，并对其操作进行记录、存储；

d）有参数越线报警、事故报警及报警记录功能，宜设系统或设备故障诊断功能；

e）有信息管理功能，为所管辖的设备建立设备档案，供运行管理人员查询。

10.3.5 水污染治理工程监控内容应包括：

a）机器运行和故障状态；

b）控制方式等的切换状态，如：自动/手动、联动/单动、中央/现场等；

c）运行指标、输配电参数、水处理过程检测值、水质检测值等；

d）控制对象参见附录 B。

10.3.6 监控报表与记录应包括输配电、水质、水量、药剂消耗等的日报表、月报表和年报表以及趋势记录，设备故障及运转状态记录等。

11 主要辅助工程

11.1 城镇污水处理厂建（构）筑物的建设应符合《城市污水处理工程项目建设标准》、CJJ 31 的规定，工业废水处理站建（构）筑物的建设也可参照执行；消化池、贮气罐、沼气压缩机房、沼气气发电机房、余气燃烧装置、沼气管道、污泥干化装置、污泥焚烧装置及其他危险品仓库等易燃易爆建（构）筑物的设计和建设，应符合 GB 50016 的要求。

11.2 水污染治理工程应符合节地的要求，并充分注意环境的绿化与美化，应在污（废）水处理厂（站）内的构筑物和建筑物之间或空地上进行绿化，生活性辅助建筑物与生产性构筑物之间，应有一定宽度的绿带隔离。

11.3 水污染治理工程厂区道路应方便交通、合理布置，通常围绕池组做成环状，并设置通向各处理构筑物和附属建筑物的必要通道，道路的设计应满足 GB 50014 的规定。

11.4 水污染治理工程的室外给水设计应符合 GB 50013 的规定，建筑给水排水设计应符合 GB 50015 的规定，建筑中水设计应符合 GB 50336 的规定。

11.5 水污染治理工程的供热通风系统设计应符合 GB 50019 的规定。

11.6 水污染治理工程的通信设施的建设应符合 GBJ 42 和《城市污水处理工程项目建设标准》的规定。

11.7 水污染治理工程的电力负荷性质应根据工程规模及重要性确定，根据电力负荷性质及当地供电电源条件来确定为一路或两路电源供电。电气系统应符合 GB 50057、GB 50058、GB 50217 等的规定。

11.8 水污染治理工程内的消防及火灾报警应符合 GB 50016、GB 50140、GB 50116 等的规定。

12 劳动安全与职业卫生

12.1 一般规定

12.1.1 水污染治理工程在建设、运行和维护过程中，应建立并严格执行经常性的和定期的安全检查制度，始终贯彻“安全第一、预防为主”的原则。

12.1.2 劳动安全和职业卫生设施应与水污染治理工程同时设计、同时施工、同时投产使用。危险场所应悬挂标志，并增加安全用具及设施，如救生圈、护栏、排风及应急出口等。

12.1.3 污（废）水处理厂（站）应建立健全安全生产规程和制度，对劳动者进行劳动安全与职业卫生培训，提供所需的防护用品，并定期进行健康检查。

12.2 劳动安全

12.2.1 对于水污染治理工程中使用的药剂应严格管理，危险化学品的贮存、运输、使用方法及作业场所等应符合《危险化学品安全管理条例》的规定。

12.2.2 电气、电讯安全防范措施应符合 GB/T 13869 的规定。

12.2.3 污泥消化池、贮气柜、沼气燃烧装置以及其他产生爆炸危险气体的设施，应加强安全管理，消防、防火、防爆应符合 GB 50016、GB 50058、GB 15577 的规定。

12.2.4 沉淀池、污泥池、污泥井、调节池、阀门井及其他等可能产生有毒有害气体的地方检修时，应采取防爆、防毒措施。

12.2.5 有人员出入的现场，对于人体有危害的气体（比如硫化氢，含氮气体，挥发性有机物，酸碱蒸汽等）浓度必须低于安全限值，应符合 GBZ 2 的规定。

12.3 职业卫生

12.3.1 水污染治理工程应采取有效的隔声、消声、绿化等降低噪声的措施，设计、建设、运行过程中噪声的控制应符合 GB 12523、GBJ 87、GB 12348、GB 50040 的规定。

12.3.2 水污染治理工程设计、建设、运行过程中气体排放的控制应符合 GB 16297、GB 14554、GBZ 2 的规定。

12.3.3 工作场所的职业卫生设计要求应符合 GBZ 1 的规定。

12.3.4 操作（控制）室和工作岗位应采取采暖、通风、防尘等措施，对于接触有毒有害气体的员工，应进行必要的防护措施，防止职业病发生，保护劳动者健康。

12.3.5 水污染治理工程的职业卫生体系应符合 GB/T 28001 的规定。

13 施工与验收

13.1 一般规定

13.1.1 水污染治理工程施工单位应具有与该工程要求相应的资质等级。

13.1.2 水污染治理工程施工前应由设计单位进行设计交底，当施工单位发现施工图有错误时，应及时向设计单位和建设单位提出变更设计的要求，变更设计应经过设计单位同意。

13.1.3 水污染治理工程应按工程设计图纸、技术文件、设备图纸等组织施工，施工和设备安装应符合相应的国家或行业规范。

13.1.4 施工单位应根据设计图纸要求制定完善的施工组织方案。施工组织方案的主要内容应包括工程概况、施工部署、施工方法、施工技术组织措施、施工计划、环境保护措施及施工总平面布置图。

13.1.5 施工单位在冬期、雨季进行施工时，应制定冬期、雨季施工技术和安全措施，保证施工质量和安全。

13.1.6 工程施工中受地下水影响时，应采取降水措施，应符合 GBJ 141 的规定。

13.1.7 施工使用的材料、半成品、设备应符合国家现行标准和设计要求，并取得供货商的合格证书，严禁使用不合格产品。

13.1.8 水污染治理工程建设单位应专门成立项目管理机构，组织建设项目的设计、施工、设备招投标，并参与设计会审、设备监制、施工质量检查，制定运行和维护规章制度，培训运行、维护操作人员，组织、参与工程各阶段验收、调试和试运行，建立设备安装及运行档案。

13.1.9 城镇污水处理厂的施工测量应符合 GB 50334 的规定，工业废水处理工程宜参照执行。

13.1.10 水污染治理工程中构筑物、建筑物、管道及设备的地基及基础工程的施工应符合 GBJ 141、GB 50334 及 GB 50202 的规定。

13.2 土建工程施工

13.2.1 池体构筑物的施工要求

13.2.1.1 施工技术要求

13.2.1.1.1 池体构筑物的底板应连续浇筑。

13.2.1.1.2 池体土建施工应考虑后续设备、管道的安装。池体应按照设计要求和厂家的设备安装说明书埋设预埋件、留设孔洞。预埋件、预留孔洞位置的标高、尺寸、数量应准确。

13.2.1.2 质量要求

池体构筑物施工质量应符合 GBJ 141、GB 50204、GB 50334 的规定。

13.2.1.3 池体注水检测要求

13.2.1.3.1 每座池体构筑物应做满水试验，试验应按 GBJ 141 进行。

13.2.1.3.2 有气密性要求的池体构筑物除进行满水试验外，还应进行气密性试验。消化池的气密性试验应符合 GBJ 141 的规定。

13.2.2 一般构筑物和建筑物的施工要求

13.2.2.1 施工技术要求

13.2.2.1.1 混凝土、砂浆、防水材料、胶黏剂等现场配制的材料，应严格按照配合比和施工程序进行。

13.2.2.1.2 构筑物和建筑物施工时，宜按先地下后地上、先深后浅的顺序施工，并应防止各构筑物和建筑物交叉施工时相互干扰。

13.2.2.2 质量要求

13.2.2.2.1 建筑工程施工质量应符合 GB 50300 的规定。建筑工程各专业工程施工质量按各专业验收规范，并与 GB 50300 配合使用。

13.2.2.2.2 泵房的施工质量应符合 GBJ 141 和 GB 50334 的规定，其他构筑物施工质量宜参照 GB 50300 执行。

13.2.3 厂（站）配套工程的施工要求

13.2.3.1 施工技术要求

13.2.3.1.1 道路工程的沥青路面和水泥混凝土施工应严格执行施工程序。

13.2.3.1.2 照明工程设备器材的运输、保管应符合国家有关物资运输、保管的规定；当产品有特殊要求时，还应符合特殊产品的规定。

13.2.3.1.3 凡所使用的电气设备及器材，均应符合现行技术标准，并具有合格证件和铭牌。

13.2.3.1.4 电缆通过地面或楼板、墙壁及易受机械损伤处，均应设置保护套管。

13.2.3.1.5 绿化工程应按照批准的绿化工程设计及有关文件施工。厂（站）综合工程中的绿化种植，应在主要建筑物、地下管线、道路工程等主体工程完成后进行。

13.2.3.2 质量要求

13.2.3.2.1 道路工程的施工质量应符合 GB 50092、GBJ 97 的规定。

13.2.3.2.2 照明工程的施工质量应符合 GBJ 232 的规定。

13.2.3.2.3 绿化工程的施工质量应符合 CJJ/T 82 的规定。

13.3 安装工程施工

13.3.1 设备安装的要求

13.3.1.1 设备安装技术要求

13.3.1.1.1 设备安装前应按设计或设备安装说明书对预埋件、预留洞的尺寸、位置和数量进行复检，如设计或设备安装说明书无规定宜按 GB 50231 的允许偏差对设备基础位置和几何尺寸进行复检。

13.3.1.1.2 设备安装中，应进行自检、互检和专业检查，并应对每道工序进行检验和记录。

13.3.1.1.3 设备的单机运行调试应按照设备说明书和设计要求进行，无要求时宜参照 GB 50231 执行。

13.3.1.2 质量要求

13.3.1.2.1 设备安装质量应符合 GB 50334 的规定，其他设备宜参照 GB 50231 执行。

13.3.1.2.2 压力容器质量应符合 GB 150 的规定。压力容器和沼气柜（罐）应按照结构、密闭形式分部位进行气密性试验。

13.3.2 管道施工的要求

13.3.2.1 施工技术要求

13.3.2.1.1 管道工程施工应掌握管道沿线的情况和资料，宜参照 GB 50268 执行。

13.3.2.1.2 施工测量及沟槽的施工宜参照 GB 50268 执行。

13.3.2.1.3 管道及配件装卸时应轻装轻放，运输时应垫稳、绑牢，不得相互撞击；接口及管道的内外防腐层应采取保护措施。

13.3.2.1.4 管道安装时，应随时清扫管道中的杂物，给水管道暂时停止安装时，两端应临时封堵。

13.3.2.1.5 地下管道施工后，对覆地要求分层夯实，确保道路质量。

13.3.2.2 质量要求

给水排水管道工程质量应符合 GB 50268 的规定，工业管道质量应符合 GB 50235、GB 50236 的规定。

13.3.2.3 压力与密闭性测试

压力管道回填土前，应采用水压试验法进行管道强度及严密性试验；无压力管道回填土前，应进行严密性试验。试验应符合 GB 50268 的规定。

13.4 系统联合调试

13.4.1 系统联合调试的准备

13.4.1.1 设备及其附属装置、管路等均应全部施工完毕，施工记录及资料应齐全。设备的水平和几何精度经检验合格。设备及其润滑、液压、气（汽）动、冷却、加热和电气及控制等附属装置，均应单独调试检查并符合试运转的要求。

13.4.1.2 需要的能源、介质、材料、工机具、检测仪器、安全防护设施及用具等，均应符合试运转的要求。

13.4.1.3 对复杂和精密的设备，应编制试运转方案或试运转操作规程。

13.4.1.4 参加试运转的人员，应熟悉设备的构造、性能、设备技术文件，并应掌握操作规程及试运转操作。

13.4.1.5 设备及周围环境应清扫干净，设备附近不得进行有粉尘的或噪声较大的作业。

13.4.2 系统联合调试的实施

13.4.2.1 联合调试应按工程项目设计实施要求进行，不宜用模拟方法代替。

13.4.2.2 联合调试应由部件开始至组件、至单机、直至整机（整个系统），按说明书和生产操作程序进行。

13.4.2.3 应在对污水处理工程单池、单机进行调试的基础上，进行整体性联动调试。

13.4.3 联合调试效果检查

13.4.3.1 各转动和移动部分，用手（或其他方式）盘动，应灵活，无卡滞现象。

13.4.3.2 安全装置（安全联锁）、紧急停机和报警信号等经试验均应正确、灵敏、可靠。

13.4.3.3 各种手柄操作位置、按钮、控制显示和信号等，应与实际动作及其运动方向相符。压力、温度、流量等仪表、仪器指示均应正确、灵敏、可靠。

13.4.3.4 应按有关规定调整往复运动部件的行程、变速和限位；在整个行程上其运动应平稳，不应有振动、爬行和停滞现象；换向不得有不正常的声响。

13.4.3.5 设备均应进行设计状态下各级速度（低、中、高）的运转试验。其启动、运转、停止和制动，在手动、半自动和自动控制下，均应正确、可靠、无异常现象。

13.4.3.6 联合调试效果应达到设计要求并填写联合调试记录。

13.5 工程验收

13.5.1 与工业生产工程同步建设的水污染治理工程应与生产工程同时验收；现有生产设备配套或改造的水污染治理设施应进行单独验收；在一个建设项目中，一个单项工程或一个车间已按设计要求建设完成，能满足生产要求或具备独立运行和使用条件，可进行单项工程验收。

13.5.2 单项工程验收应具备下列文件：

a）经批准的初步设计、调整概算及其他有关设计文件；

b）施工图纸及其审查资料、设备技术资料；

c）国家颁发的环保安全、压力容器等规定；

d）有关部门颁发的专业工程技术验收规范、规程及建筑安装工程质量检验评定标准；

e）引进项目的合同及国外提供的设计文件等。

13.5.3 单项工程验收标准如下：

a）土建工程验收应符合 GB 50300、GB 50202、GB 50203、GB 50204、GB 50205、GB 50206 及相关验收规范的规定；

b）管道工程验收应按设计内容、设计要求、施工规格、验收规范分全部或分段验收；

c）设备验收应符合规定要求达到合格；管道内部垃圾应清除，自来水管道应经过清洗和消毒，输气管道要经过通气换气；

d）在施工前，对管道材质用防腐层（内壁及外壁）应根据标准进行验收，钢管应注意焊接质量，并加以评定和验收；对设计中选定的闸阀产品质量应慎重检验；

e）安装工程验收应符合 GB 150、GB 50231、GB 50235、GB 50236、GB 50275、GB 50254、GB 50255、GB 50256、GB 50257、GB 50258、GB 50259、JB/T 8536、JB/T 8471 和安装文件的规定。

13.5.4 工程竣工后，建设单位应根据法律、相应专业现行验收规范和有关规定，依据验收监测或调查结果，并通过现场检查等手段，考核建设项目是否达到竣工要求。

13.5.5 施工单位在全面完成所承包的工程，经总监理工程师同意后，应向建设单位提出申请，建设单位核实符合交工验收条件后，组织建设、设计、施工、监理、养护管理、质量监督等单位代表组成验收组，对工程质量进行验收。

13.5.6 对已经交付竣工验收的单位工程或单项工程（中间交工）并已办理了移交手续的，不再重复办理验收手续，但应将单位工程或单项工程竣工验收报告作为全部工程竣工验收的附件加以说明。

13.5.7 竣工验收过程中的监测内容及相关要求应符合《建设项目环境保护设施竣工验收监测技术要求》的规定。

13.6 环境保护验收

13.6.1 水污染治理工程经环境保护验收合格后，方可正式投入使用。

13.6.2 水污染治理工程环境保护验收除应执行《建设项目竣工环境保护验收管理办法》和行业环境保护验收规范外，在生产试运行期间还应对水污染治理装置进行性能试验，性能试验报告可作为环境保护验收的重要参考。

13.6.3 水污染治理工程环境保护验收监测应符合《建设项目环境保护设施竣工验收监测技术要求》的规定。

14 运行与维护

14.1 一般规定

14.1.1 水污染治理工程中收集系统的运行管理及设备维护应符合 CJJ 6 和 CJJ 68 的规定；城镇污水处理厂的运行管理及设备维护应符合 CJJ 60 的规定；工业废水处理站的运行管理及设备维护应符合相关环境工程技术规范或 CJJ 60 的规定。

14.1.2 水污染治理工程应建立健全运行与维护管理规章制度和操作规程。

14.1.3 水污染治理工程应对运行操作人员进行培训，运行操作人员应持证上岗。

14.1.4 水污染治理工程应建立完备的水处理工艺、设备及配套设施运行状况与维护状况记录台账。

14.1.5 水污染治理工程的运行宜根据处理设施的规模委托具有环境污染治理设施运营资质的企业进行。

14.2 运行检测

14.2.1 水样的采集和保存

14.2.1.1 水污染治理工程采样点的布设应符合 GB 50014、GB 12997、HJ/T 91 及 CJJ 60 的规定。

14.2.1.2 采样器的材质和结构应符合 GB 12998 和 HJ/T 91 的规定。

14.2.1.3 水样的保存应符合 GB 12999、HJ/T 372 和 HJ/T 91 的规定。

14.2.2 水样监测项目及检测方法

水样监测项目及检测方法应根据运行管理的需要按照 HJ/T 91、CJJ 60 的规定执行。

14.2.3 污泥监测项目

污泥处理监测项目与周期应根据运行管理的需要按照 CJJ 60 中的规定执行。

14.3 维护保养

14.3.1 操作人员应严格执行设备操作规程，定时巡视设备运转是否正常，包括温升、响声、振动、电压、电流等，发现问题应尽快检查排除。

14.3.2 设备各运转部位应保持良好的润滑状态，及时添加润滑油、除锈；发现漏油、渗油情况，应及时解决。

14.3.3 应定期对各处理构筑物中的设备、仪表进行校正和维修保养。

附录 A
（资料性附录）
常见恶臭气体洗涤液

恶臭气体	洗涤液
NH_3	乙醛水溶液
NO_2	氢氧化钠溶液或氨水
胺类	乙醛水溶液或水
甲醇	水
H_2S	氢氧化钠或次氯酸钠混合液
氯	氢氧化钠
甲硫醇	氢氧化钠或次氯酸钠混合液
酚	水或碱液
丙烯醛	氢氧化钠或次氯酸钠混合液
氯磺酸	碳酸钠溶液
甲醛	亚硫酸钠溶液

附录 B
（资料性附录）
水污染治理工程中主要构筑物的工艺过程检测项目和控制对象

<table>
<tr><th colspan="2">构筑物名称</th><th>检测项目</th><th>控制对象</th></tr>
<tr><td colspan="2">进水管渠</td><td>流量</td><td>阀门</td></tr>
<tr><td colspan="2">格栅、集水池、进水泵房</td><td>水位差、水位、pH 值、水温、压力、固体悬浮物、阀门开启度</td><td>格栅除渣机、水泵、阀门</td></tr>
<tr><td colspan="2">计量槽、沉砂池</td><td>水位、流量</td><td>除砂机、砂水分离器</td></tr>
<tr><td colspan="2">鼓风机房</td><td>风压、风量</td><td>鼓风机及导叶、阀门</td></tr>
<tr><td colspan="2">初沉池</td><td>泥水界面、污泥浓度、排泥量、流量、pH 值、温度*、溶解氧*</td><td>排泥机械、排泥阀门</td></tr>
<tr><td rowspan="4">活性污泥法</td><td>传统活性污泥法曝气池</td><td>活性污泥浓度、溶解氧、供气量、污泥回流量、剩余污泥量、水温</td><td rowspan="6">曝气机、阀门</td></tr>
<tr><td>厌氧/缺氧/好氧法（生物脱氮除磷）生物反应池</td><td>活性污泥浓度、溶解氧、供气量、氧化还原电位、混合液回流量、污泥回流量、剩余污泥量、水温</td></tr>
<tr><td>氧化沟</td><td>活性污泥浓度、溶解氧、氧化还原电位、污泥回流量、剩余污泥量、水温</td></tr>
<tr><td>SBR 反应器</td><td>液位、活性污泥浓度、溶解氧、氧化还原电位、污泥排放量</td></tr>
<tr><td rowspan="2">生物膜法</td><td>曝气生物滤池</td><td>单格溶解氧、过滤水头损失</td></tr>
<tr><td>生物接触氧化池、生物滤池</td><td>溶解氧</td></tr>
<tr><td colspan="2">二沉池</td><td>泥水界面、流量、pH 值、温度</td><td>排泥机械、排泥阀门</td></tr>
<tr><td colspan="2">回流污泥泵房</td><td>回流污泥量、阀门开启度</td><td>回流泵、阀门</td></tr>
<tr><td colspan="2">污泥脱水机房</td><td>污泥池液位、脱水机储液槽液位、污泥浓度</td><td>污泥浓缩机、污泥脱水机、泥饼输送机</td></tr>
<tr><td colspan="2">加氯间</td><td>加氯量、氯瓶重量、漏氯</td><td>加氯设备、轴流风机、中和装置</td></tr>
<tr><td colspan="2">接触消毒池</td><td>流量、固体悬浮物、pH 值、氧化还原电位、电导率、BOD_5、COD、NH_3-N、余氯</td><td>启闭机</td></tr>
<tr><td colspan="2">其他</td><td colspan="2">其他构筑物或处理方法的检测和控制参考《给水排水设计手册》的电气与自控部分</td></tr>
<tr><td colspan="4">* 根据需要设置单项监测项目。</td></tr>
</table>

HJ

中华人民共和国国家环境保护标准

HJ 2016—2012

环境工程 名词术语

Terminology of environmental engineering

2012-03-19 发布　　2012-06-01 实施

环 境 保 护 部 发布

前　言

为贯彻《中华人民共和国环境保护法》，规范环境工程名词术语的使用，制定本标准。

本标准规定了环境工程名词术语的中英文名称和定义。

本标准为首次发布。

本标准由环境保护部科技标准司组织制订。

本标准主要起草单位：中国环境保护产业协会（固体废物处理利用委员会）、北京国环清华环境工程设计研究院有限公司。

本标准环境保护部 2012 年 3 月 19 日批准。

本标准自 2012 年 6 月 1 日起实施。

本标准由环境保护部解释。

环境工程　名词术语

1　适用范围

本标准规定了水污染控制工程、大气污染控制工程、固体废物污染控制工程、噪声与振动污染控制工程、电磁辐射污染控制工程、污染土壤修复工程等领域常用的名词术语及其定义。

本标准适用于环境工程设计、项目管理、建设、运营及技术交流等领域使用的名词术语。

2　环境工程基础术语

2.1　环境工程 environmental engineering

保护自然环境和自然资源、防治环境污染、修复生态环境、改善生活环境和城镇环境质量的建设项目及工程设施。

【HJ/T 416—2007，定义 9.2】

2.2　水污染控制工程 water pollution control engineering

防治水环境的污染、改善和保持水环境质量、实现污水资源化的工程。

2.3　大气污染控制工程 air pollution control engineering

防治和减轻人类生产和生活活动引起的大气污染的工程。

2.4　固体废物污染控制工程 solid waste pollution control engineering

减少固体废物的产生、充分合理利用和无害化处理处置固体废物，以防治其对环境造成污染的工程。

2.5　噪声污染控制工程 noise pollution control engineering

降低声源的噪声辐射，控制噪声的传播和接收的工程。

2.6　振动污染控制工程 vibration pollution control engineering

减弱物体振动并阻止其传播的工程。

2.7　电磁辐射污染控制工程 electromagnetic radiation pollution control engineering

防治电磁辐射造成有害影响的工程。

2.8　污染土壤修复工程 contaminated soil remediation engineering

修复受污染的土壤环境的工程。

3　水污染控制工程术语

3.1　基础术语

3.1.1　水污染 water pollution

水体因某种物质的介入，而导致其化学、物理、生物或者放射性等方面特性的改变，从而影响水的有效利用，危害人体健康或者破坏生态环境，造成水质恶化的现象。

3.1.2　污水 wastewater

在生产与生活活动中排放的水的总称。

【GB 8978—1996，定义 3.1】

3.1.3 污泥 sludge

在污水处理过程中产生的半固态或固态物质，不包括栅渣、浮渣和沉砂。

3.1.4 污水再生利用 wastewater reuse

污水回收、再生和利用的统称，包括污水净化再用、实现水循环的全过程。

3.1.5 物理法污水处理 physical treatment of wastewater

采用物理原理和方法，去除污水中污染物的污水处理方法。

3.1.6 化学法污水处理 chemical treatment of wastewater

利用化学原理和方法，去除污水中污染物的污水处理方法。

3.1.7 物理化学法污水处理 physical-chemical treatment of wastewater

利用物理作用和化学反应综合过程处理污水的系统或指单项的物理操作和化学单元过程的污水处理方法。

3.1.8 生物法污水处理 biological treatment of wastewater

利用微生物的代谢作用分解水中污染物的污水处理方法。

3.1.9 污水自然处理 natural treatment of wastewater

利用自然生物作用去除污水中污染物的污水处理方法。

3.1.10 污泥处理 sludge treatment

对污泥进行减量化、稳定化和无害化处理的过程。

3.1.11 污泥处置 sludge disposal

使处理后的污泥能够达到长期稳定，并对人体健康和生态环境不产生有害影响的最终消纳方式。

3.2 物理法污水处理

3.2.1 调节 regulating

使污水的水量和水质（浓度、水温等指标）实现稳定和均衡，从而改善污水可处理性的过程。

3.2.2 隔油 oil separation

利用油与水的比重差异，分离去除污水中悬浮状态油类的过程。

3.2.3 物理沉淀 physical precipitation

利用悬浮物比重大于水的特性，通过重力沉降去除水中悬浮物的过程。

3.2.4 沉淀池 sedimentation tank

利用重力作用沉淀去除水中悬浮物的一种构筑物。

3.2.5 沉沙池 grit chamber

利用自然沉降作用，去除水中沙粒或其他比重较大的无机颗粒的构筑物。

3.2.6 初次沉淀池 primary sedimentation tank

设在生物处理构筑物前的沉淀池，用于降低污水中的固体物浓度。

3.2.7 二次沉淀池 secondary sedimentation tank

设在生物处理构筑物后的沉淀池，用于污泥与水分离。

3.2.8 沉淀时间 settling time

采用沉淀法处理污水，达到一定处理程度所需要的时间。在沉淀池、沉沙池中又称为停留时间。

3.2.9 澄清 clarification

利用接触凝聚作用和沉淀作用实现泥水分离的一种污水处理方式。

3.2.10 过滤 filtration

利用介质滤除水中杂质的方法。

3.2.11 蒸发 evaporation

通过加热处理使水汽化，从而实现污水净化的过程。

3.2.12 单效蒸发 single-effect evaporation

又称单级蒸发。污水经过一次蒸发热处理后，所产生的蒸气不再用作蒸发热源时的蒸发处理过程。

3.2.13 多效蒸发 multi-effect evaporation

又称多级蒸发。污水经过第一级蒸发产生的蒸汽被用作下一级蒸发处理的热源的蒸发处理过程。

3.2.14 薄膜蒸发 thin membrane evaporation

污水在蒸发器的管壁上形成薄膜，使水汽化的蒸发过程。

3.2.15 真空蒸发 vacuum evaporation

又称减压蒸发。在低于大气压下进行蒸发操作的处理方法。

3.2.16 离心分离 centrifugal separation

利用高速旋转的液流产生的离心力实现液—固，液—液或液—液—固分离的过程。

3.2.17 磁分离 magnetic isolation process

利用磁场力克服与其抗衡的重力、惯性力、黏滞力的作用，使颗粒凝聚后沉降分离的方法。

3.3 化学法污水处理

3.3.1 中和 neutralization

用化学法去除水中过量的酸碱，使其 pH 值达到中性的过程。

3.3.2 氧化还原 oxidation-reduction reaction

通过向污水中投加药剂(氧化剂或还原剂)，使之与污水中的污染物发生反应并得以去除的过程。

3.3.3 高级氧化 advanced oxidation processes，AOPs

通过产生羟基自由基来对污水中不能被普通氧化剂氧化的污染物进行氧化降解的过程。

3.3.4 光催化氧化 photo catalytic oxidation

利用光的催化作用和氧化剂的氧化作用，处理污水中污染物的方法，是高级氧化的一种。

3.3.5 臭氧氧化 ozonation

利用臭氧气体作为强氧化剂通入水层中（或与水接触）进行氧化反应除去水中污染物的过程，是高级氧化的一种。

3.3.6 湿式氧化 wet-oxidation process

在高温高压下用空气或纯氧气在有或无催化剂的存在下使水中有机物降解成简单无机物的方法，是高级氧化的一种。

3.3.7 碱性氯化法 alkaline chlorination process

在碱性条件下，用氯系氧化剂氧化污水中的氰化物使之得以去除的方法。

3.3.8 化学沉淀 chemical precipitation

在污水中投加某种化学物质，使之与污水中某些溶解性物质产生化学反应生成难溶于水或不溶于水的化合物而沉淀下来的过程。

3.3.9 电解处理法 electrolytic treatment

利用电解反应使电极上发生氧化还原反应，从而使污水得以净化的过程。

3.3.10 电化学处理装置 electrochemical treatment equipment

借助于直流电场的作用，使污水中的污染物分别在阳极和阴极发生氧化还原反应，生成不溶于水的沉淀物或者气体，使污水得到净化的装置。

3.3.11 电凝聚装置 electric coagulation equipment

利用电化学方法产生氢氧化物作为絮凝剂并与水中污染物反应的混凝装置。

3.3.12 消毒 disinfection

使污水中病原体灭活的过程。

3.3.13 化学药剂消毒 chemical medicament disinfection

通过投加化学药剂对水消毒的方法。

3.3.14 臭氧消毒 disinfection by ozone

用臭氧对水进行消毒处理的方法。

3.3.15 紫外线消毒 disinfection with ultraviolet rays

利用波长 200～280 nm 紫外线对水进行消毒处理的方法。

3.3.16 次氯酸钠消毒 disinfection by sodium hypochlorite

采用次氯酸钠（NaClO）对水进行消毒处理的方法。

3.3.17 余氯 residual chlorine

加氯消毒处理后，水中存在的仍具有氧化能力的氯，以抑制细菌的再度繁殖。

3.4 物理化学法污水处理

3.4.1 萃取 solvent extraction or liquid-liquid extraction

利用溶质在水中和溶剂中溶解度的不同，使污水中的溶质溶入与水不互溶的溶剂中，然后使溶剂与水分层分离。

3.4.2 汽提 steam distillation

用蒸汽作为解吸剂来推动污水中挥发性污染物向气相传递，从污水中分离污染物的过程。

3.4.3 吹脱 blow-off method

利用空气通过水层（或与水接触）时使溶解于水中的挥发性物质进入气相，而使水得到净化的水处理过程。

3.4.4 吸附 adsorption

在相界面上，物质的浓度自动发生累积或浓集的现象。在污水处理中主要利用固体物质表面对污水中物质的吸附作用。

3.4.5 脱附 desorption

使已被吸附的组分从达到饱和的吸附剂中析出，吸附剂得以再生的过程。

3.4.6 吸附周期 adsorption cycle

吸附剂从开始使用到达到饱和所经历的时间，即两次吸附剂再生的时间间隔。

3.4.7 吸附平衡 adsorption balance

吸附剂达到饱和，吸附速率与脱附速率相等的状态。

3.4.8 吸附容量 adsorption capacity

达到吸附平衡时单位质量吸附剂所吸附的吸附质的质量。

3.4.9 离子交换剂 ion exchang agent

能和水溶液中的离子进行等当量离子交换的物质。水处理中采用的离子交换剂主要是磺化煤和离子交换树脂。

3.4.10 离子交换 ion exchange

溶液中的离子与某种离子交换剂上的离子进行交换的作用或现象。

3.4.11 离子交换树脂 ion exchang resin

具有网状结构并带有活性基团的不溶性高分子电解质。

3.4.12 离子交换剂再生 regeneration of ion exchange agent

利用再生药剂使失效的离子交换剂重新恢复其离子交换能力的过程。

3.4.13 离子交换剂床层膨胀率 ion exchange bed expansion rate

反洗时，水逆流通过交换剂层时，交换剂层发生膨胀的百分率。

3.4.14 离子交换装置 ion exchange equipment

利用离子交换剂处理或回收水中杂质的装置。

3.4.15 再生剂耗量 regenerant consumption

恢复失效离子交换剂的离子交换容量 1 kg 碳酸钙时，所需要的再生剂实际用量。其计量单位通常用 kg/kg$CaCO_3$ 表示。

3.4.16 再生周期 regeneration period

离子交换树脂两次再生所间隔的时间。

3.4.17 离子交换器工作交换容量 ion exchanger operating capacity

离子交换器从投入运行开始，直至出水中被除掉的离子漏出量超过要求时为止，单位体积交换剂吸着的离子量。

3.4.18 气浮 air floation

通过絮凝和浮选，使污水中的污染物分离上浮而去除的过程。

3.4.19 混凝 coagulation

投加药剂破坏胶体及悬浮物在液体中形成的稳定分散系，使其聚集并增大至能自然重力分离的过程。

3.4.20 混凝剂 coagulant

使胶体颗粒脱稳和相互聚结，从而使其快速沉降或更易过滤的药剂。

3.4.21 助凝剂 flocculation aid

当单独使用混凝剂不能达到预期效果时，为改善絮凝条件和效果所投加的辅助药剂。

3.4.22 膜分离 membrane separation

利用膜的选择透过性进行分离或浓缩水中的离子或分子的方法。

3.4.23 膜通量 membrane water flux

单位时间内通过单位滤膜面积的产水体积。

3.4.24 膜分离装置 membrane separating equipment

利用膜分离方法处理污水的装置。

3.4.25 微滤 microfiltration，MF

在压力作用下，使污水通过孔径为 0.05～5 μm 的滤膜，截留污水中污染物的过程。

3.4.26 超滤 ultrafiltration，UF

在压力作用下，使污水通过孔径为 5～100 nm 的滤膜，截留污水中污染物的过程。

3.4.27 纳滤 nanofiltration，NF

在压力作用下，用于脱除多价离子、部分一价离子和分子量 200～2 000 的有机物的膜分离过程。

3.4.28 反渗透 reverse osmosis，RO

在膜的原水一侧施加比溶液渗透压高的外界压力，使溶剂透过半透膜，而溶液中的其他物质被阻挡在膜的高压侧，从而实现有效分离的过程。

3.4.29 电渗析 electrodialysis，ED

在电场作用下，利用阴、阳离子交换膜对水溶液中阴、阳离子的选择透过性，使离子透过离子交换膜进行迁移的过程。

3.5 生物法污水处理

3.5.1 污泥泥龄 sludge retention time，SRT

活性污泥在整个生物处理构筑物中的平均停留时间。

3.5.2 污泥负荷 sludge loading

生物处理构筑物内单位质量活性污泥在单位时间内去除的有机物量。计量单位常以 kgBOD_5/

（kgMLSS·d）表示，是生物处理构筑物有机负荷的一种表示方法。

3.5.3 五日生化需氧量容积负荷 BOD_5-volume loading rate

生物处理构筑物单位容积每日承担的五日生化需氧量。计量单位以 kgBOD_5/（m^3·d）表示。

3.5.4 活性污泥法 activated sludge process

污水生物处理的一种方法。该法是在人工条件下，对污水中的微生物群体进行连续混合和培养，形成悬浮状态的活性污泥，分解去除污水中的有机污染物，并使污泥与水分离，部分污泥回流至生物反应池，多余部分作为剩余污泥排出活性污泥系统。

【GB/T 50125—2010，定义 3.2.78】

3.5.5 厌氧区 anaerobic zone

生物反应池的非充氧区且无硝酸盐或亚硝酸盐存在的区域。聚磷微生物在厌氧区吸收有机物和释放磷。

【GB/T 50125—2010，定义 3.2.104】

3.5.6 缺氧区 anoxic zone

生物反应池的非充氧区且有硝酸盐或亚硝酸盐存在的区域。生物反应池中含有大量硝酸盐、亚硝酸盐并得到充足有机物时，可在该区内进行脱氮反应。

【GB/T 50125—2010，定义 3.2.105】

3.5.7 好氧区 oxic zone

生物反应池的充氧区。微生物在好氧区降解有机物和进行硝化反应。

【GB/T 50125—2010，定义 3.2.103】

3.5.8 硝化 nitrification

利用硝化细菌将水中氨氮氧化为硝酸盐氮的过程。

3.5.9 反硝化 denitrification

利用反硝化细菌将水中硝酸盐氮还原成气态氮的过程。

3.5.10 生物脱氮 biological nitrogen removal

利用好氧菌在好氧条件下将污水中的氨氮氧化成硝酸盐氮，再利用厌氧菌在缺氧条件下将硝酸盐氮还原成氮气，从污水中去除氮的过程。

3.5.11 生物除磷 biological phosphorus removal

污泥中聚磷菌在厌氧条件下释放出磷，在好氧条件下摄取更多的磷，通过排放含磷量高的剩余污泥去除污水中磷的过程。

3.5.12 曝气 aeration

通过水与空气接触，进行溶氧或去除水中溶解性气体和挥发性物质的过程。

3.5.13 吸附生物降解活性污泥法 adsorption biodegration activated sludge process，AB

主要由 A 吸附段和 B 生物降解段组成的工艺系统，A 段主要依靠活性污泥的吸附作用去除部分重金属、难降解有机物和氮、磷等污染物，B 段主要依靠生物降解作用去除大部分的有机污染物。

3.5.14 序批式活性污泥法 sequencing batch reactor activated sludge process，SBR

在同一反应池（器）中，按时间顺序由进水、曝气、沉淀、排水和待机五个基本工序组成的活性污泥污水处理方法，简称 SBR 法。

3.5.15 氧化沟活性污泥法 oxidation ditch activated sludge process

简称氧化沟，指反应池呈封闭无终端循环流渠形布置，池内配置充氧和推动水流设备的活性污泥法污水处理方法。主要工艺包括单槽氧化沟、双槽氧化沟、三槽氧化沟、竖轴表曝机氧化沟和同心圆向心流氧化沟，变形工艺包括一体氧化沟、微孔曝气氧化沟。

3.5.16 厌氧缺氧好氧活性污泥法 anaerobic anoxic oxic activated sludge process

通过厌氧区、缺氧区和好氧区的各种组合以及不同的污泥回流方式来去除水中有机污染物和氮、磷等的活性污泥法污水处理方法，简称 AAO 法。主要变形有改良厌氧缺氧好氧活性污泥法、厌氧缺氧好氧活性污泥法、缺氧厌氧缺氧好氧活性污泥法等。

3.5.17 膜生物法 membrane bioreactor process，MBR

把生物反应与膜分离相结合，以膜为分离介质替代常规重力沉淀固液分离获得出水，并能改变反应进程和提高反应效率的污水处理方法。

3.5.18 生物活性炭处理装置 biological active carbon treatment equipment

利用活性炭的物理吸附能力与生长其上的微生物的氧化降解作用，处理水的装置。

3.5.19 生物膜法 biofilm-process，attached growth process

污水生物处理的一种方法。利用生物膜对有机污染物的吸附和分解作用使污水得到净化。

【GB/T 50125—2010，定义 3.2.109】

3.5.20 生物滤池 biological filter；biofilter

依靠污（废）水处理构筑物内填装的填料的物理过滤作用，以及填料上附着生长的生物膜的好氧氧化、缺氧反硝化等生物化学作用联合去除污（废）水中污染物的人工处理技术。

3.5.21 普通生物滤池 trickling filter；low-rate biological filter

又称滴滤池或低负荷生物滤池。滤料粒径较大、自然通风供氧且进水 BOD 容积负荷较低（通常不大于 0.4 kg/（m^3·d））的一种生物滤池。

3.5.22 高负荷生物滤池 high-rate biofliter

在低负荷生物滤池的基础上，通过限制进水 BOD 含量并采取处理出水回流等技术获得较高的滤速，将 BOD 容积负荷提高 6～8 倍，同时确保 BOD 去除率不发生显著下降的一种生物滤池。

3.5.23 曝气生物滤池 biological aerated filter，BAF

由接触氧化和过滤相结合的一种生物滤池，采用人工曝气、间歇性反冲洗等措施，主要完成有机污染物和悬浮物的去除。

3.5.24 生物接触氧化法 biological contact oxidation process

指一种好氧生物膜污水处理方法，该系统由浸没于污水中的填料、填料表面的生物膜、曝气系统和池体构成。在有氧条件下，污水与固着在填料表面的生物膜充分接触，通过生物降解作用去除污水中的有机物、营养盐等，使污水得到净化。

3.5.25 生物流化床 biological fluidized bed

生物膜法的一种构筑物。采用颗粒填料作为载体，微生物生长在载体表面形成生物膜，在水或气的作用下，使载体处于流化状态，附着载体上的生物膜与污水充分接触，使水得到净化。

【GB/T 50125—2010，定义 3.2.115】

3.5.26 生物移动床反应器 moving biological bed reactor，MBBR

将污水连续经过装有移动填料的装置，利用填料上的生物膜净化污水。

3.5.27 两相厌氧反应器 two-phase anaerobic reactor

将产酸反应器和产甲烷反应器两个独立反应器串联运行的设备。

3.5.28 升流式厌氧污泥床反应器 upflow anaerobic sludge blanket reactor，UASB

废水通过布水装置依次进入底部的污泥层和中上部污泥悬浮区，与其中的厌氧微生物进行反应生成沼气，气、液、固混合液通过上部三相分离器进行分离，污泥回落到污泥悬浮区，分离后废水排出系统，同时回收产生沼气的厌氧反应器。

3.5.29 水解酸化 hydrolytic acidification

利用厌氧消化过程中水解和酸化阶段的微生物，将污水中的非溶解性有机物转化为溶解性的有机物、将难生物降解的有机物转化为易生物降解的有机物的过程。

3.5.30 厌氧接触法 anaerobic contact process

参照了好氧活性污泥法的工艺流程，在一个厌氧的完全混合反应器后增加了污泥分离和回流装置，从而使污泥停留时间大于水力停留时间，有效地增加了反应器中的污泥浓度。由完全混合消化池及沉淀池组成的，通常在消化池和沉淀池之间设置脱气设备。

3.5.31 厌氧生物滤池 anaerobic biological filter

利用生长在固定填料介质上的厌氧微生物降解污水中有机污染物的装置。

3.5.32 厌氧生物流化床 anaerobic bio-fluidized bed

厌氧条件下处理污水的生物流化床。

【GB/T 50125—2010，定义 3.2.120】

3.5.33 厌氧膨胀床 anaerobic expansion bed

污水厌氧生物处理的一种构筑物。内装粒径较小的填料，污水从底部流入上部流出，在水和污泥气的共同作用下，填料呈膨胀状态，该处理构筑物可增加污泥量和泥龄，提高处理效率。

【GB/T 50125—2010，定义 3.2.123】

3.6 污水自然处理

3.6.1 稳定塘 stabilization pond

将经过人工适当修整的土地设围堤和防渗层形成的污水池塘，通过水生生态系统的物理和生物作用对塘中污水进行自然处理。

3.6.2 好氧稳定塘 aerobic pond

简称好氧塘。主要由藻类供氧和大气表面复氧，深度较浅，全部塘水都呈好氧状态，通过好氧微生物对有机污染物进行降解使污水得到净化的稳定塘。

3.6.3 兼性稳定塘 facultative pond

简称兼性塘。通过好氧、兼性和厌氧微生物协同完成污水净化过程的稳定塘。

3.6.4 厌氧稳定塘 anaerobic pond

简称厌氧塘。主要依靠厌氧菌的代谢功能使有机污染物得到降解的稳定塘。

3.6.5 曝气稳定塘 aerated pond

简称曝气塘。主要依靠安装在塘面上的人工曝气设备供氧，并对塘水进行搅动，使部分或全部固体物质呈悬浮状态的稳定塘。

3.6.6 土地处理 land treatment

属于污水自然处理范畴，在人工控制条件下，将污水投配在土地上，通过土壤—植物系统，进行一系列物理、化学、物理化学和生物化学的作用，使污水得到净化的过程。

3.6.7 地表漫流 overland flow，OF

将污水有控制地投配到坡度和缓均匀、土壤渗透性低的坡面上，使污水在地表以薄层沿坡面缓慢流动过程中得到净化的土地处理工艺。

3.6.8 地下渗滤 subsurface wastewater infiltration，SWI

将污水有控制地投配到距地表一定深度、具有一定构造和良好扩散性能的土层中，使污水在土壤的毛细管浸润和渗滤作用下，向周围运动且达到净化污水要求的土地处理工艺。

3.6.9 快速渗滤 rapid rate infiltration，RI

将污水有控制地投配到具有良好渗滤性能的土壤如沙土、沙壤土表面，进行污水净化处理的高效土地处理工艺。

3.6.10 慢速渗滤 slow rate infiltration，SR

将污水投配到种有作物的土壤表面，污水中的污染物在流经土壤表面以及在土壤—植物系统内部垂直渗滤时得到净化的土地处理工艺。

3.6.11 湿地处理 wetland treatment

将污水投放到土壤经常处于水饱和状态且生长有耐水植物的沼泽地上，使污水沿一定方向流动，在耐水植物和土壤的联合作用下使污水得到净化的一种土地处理工艺。主要包括天然湿地和人工湿地。

3.6.12 人工湿地 constructed wetland；artifical wetland

利用土地对污水进行自然生物处理的一种方法。用人工筑成的水池或沟槽，种植芦苇类维管束植物或根系发达的水生植物，污水以推流方式与布满生物膜的介质表面和溶解氧进行充分接触，使污水得到净化。

3.6.13 自由水面人工湿地 surface flow constructed wetland

污水在流动过程中具有自由水面的人工湿地。

3.6.14 潜流式人工湿地 subsurface flow constructed wetland

污水水面位于湿地基质以下的人工湿地。

3.7 污泥处理和处置

3.7.1 污泥调理 sludge conditioning

为改善污泥性质以便于其后的处理（包括浓缩、消化、脱水等）而采取的预处理措施。

3.7.2 污泥化学调理 sludge chemical conditioning

即混凝预处理。在污泥中适量加入化学药物（如混凝剂、助凝剂等）以改变其中颗粒物物化性能的技术。

3.7.3 污泥浓缩 sludge thickening

采用重力、气浮或机械的方法降低污泥含水率，减少污泥体积的方法。

3.7.4 污泥消化 sludge digestion

使污泥中的有机物进行生物降解和稳定的过程。

3.7.5 污泥好氧消化 sludge aerobic digestion

在有氧条件下，好氧微生物使污泥中的有机物进行生物降解和稳定的过程。

3.7.6 污泥厌氧消化 sludge anaerobic digestion

在无氧条件下，厌氧微生物使污泥中的有机物进行生物降解和稳定的过程。分为中温厌氧消化（33～35℃）和高温厌氧消化（53～55℃）。

3.7.7 污泥湿式氧化 sludge wet oxidation

在高温、高压下，利用氧化剂将污泥中的难降解高分子有机物氧化分解成低分子，改善污泥脱水性能的一种技术。湿式氧化主要用于污泥消化的预处理。

3.7.8 污泥热处理 sludge heat treatment

通过对污泥加热，使部分有机物分解，亲水性有机胶体物质水解，同时分解破坏污泥中的微生物使细胞膜中的水游离出来，提高污泥浓缩性能与脱水性能的技术。

3.7.9 消化污泥 digested sludge

指经过好氧消化或厌氧消化的污泥，其有机物总量较原污泥有一定程度的降低，污泥性质趋于稳定。

3.7.10 消化池 digester

进行污泥厌氧消化或好氧消化的设施（构筑物）。

3.7.11 污泥气 sludge gas，marsh gas

又称沼气。在污泥厌氧消化时有机物分解所产生的气体，主要成分为甲烷和二氧化碳，并有少量的氢气、氮气和硫化氢等。

3.7.12 污泥气燃烧器 sludge gas burner

俗称沼气燃烧器。将污泥气燃烧消耗的装置。

3.7.13 污泥脱水 sludge dewatering

浓缩污泥进一步去除大量水分的过程，普遍采用机械方式。

3.7.14 污泥自然干化 sludge natural drying

通过撇水、渗透和蒸发降低污泥含水率的过程。

3.7.15 污泥热干化 sludge heat drying

污泥脱水后，在外部加热条件下，通过传热和传质过程，使污泥中的水分随着相变化分离的过程。

3.7.16 污泥含水率 sludge water content

污泥所含水分占湿污泥量的质量百分比。

3.7.17 污泥浓度 sludge concentration

生物反应构筑物内混合液悬浮固体平均浓度。

3.7.18 污泥产率系数 sludge yield coefficient

生物处理系统内去除单位有机物产生的污泥量。

3.7.19 污泥综合利用 sludge integrated utilization/application

将污泥作为有用的原材料在各种用途上加以利用的方法，是污泥最终处置的最佳途径。

3.7.20 污泥土地利用 sludge land utilization/application

将处理后污泥作为肥料或土地改良材料，用于园林、绿化、林业或农业等场合的处置方式。

4 大气污染控制工程术语

4.1 基础术语

4.1.1 大气污染 air pollution

大气中污染物质的浓度达到有害程度，以致损害或破坏生态系统和人类正常生存和发展的条件，对人类和生物造成危害的现象。

4.1.2 大气污染物 air pollutant；atmospheric contaminant

大气中含有造成大气污染的各种形态物质的总称。

4.1.3 除尘 de-dusting；dust removal；dust separation；dust-collecting

从气体中将颗粒物分离出来并加以捕集、回收的过程。

4.1.4 除雾 mist separation

从气体中分离或去除雾滴的过程。

4.1.5 气态污染物控制 control of gaseous pollutants

通过物理、化学、物理化学以及生物等方法去除气体中有害气体的过程。

4.1.6 液气比 liquid-gas ratio；liquid-gas flow ratio

净化单位体积（工况状态）的气体所需用的液体量。

4.2 除尘

4.2.1 粒径分布 particle-size distribution；size distribution

又称分散度。不同粒径范围内的颗粒个数或质量占总个数或总质量的百分数。

4.2.2 除尘效率 collection efficiency；overall efficiency of separator

单位时间内，除尘器捕集到的粉尘质量占进入除尘器的粉尘质量的百分比。

4.2.3 分级除尘效率 grade collection efficiency

除尘器对某一粒径（或粒径范围）粉尘的除尘效率。

4.2.4 压力损失（阻力）pressure loss

气流通过各类除尘器的流动阻力，即入口与出口处气流的平均全压之差。

4.2.5 清灰 dust cleaning

利用各种方法去除过滤介质上所黏附的粉尘层，恢复过滤介质过滤能力的过程。

4.2.6 清灰周期 dust cleaning period；dust cleaning cycle；dust clean-up period

滤袋相邻两次清灰间隔的时间。

4.2.7 除尘器 dust collector；dust separator

从含尘气体中分离、捕集粉尘的装置或设备。

4.2.8 惯性除尘器 inertial dust collector；inertial dust separator

利用粉尘的惯性将粉尘从含尘气体中分离出来的除尘器。

4.2.9 重力沉降室（除尘器）gravity dust collector；gravity settling chamber

粉尘在重力作用下沉降而被分离的一种惯性除尘器。

4.2.10 旋风除尘器 cyclone（dust） collector

利用气流在旋转运动中产生的离心力来分离气流中粉尘的设备。

4.2.11 湿式除尘器 wet dust collector；wet dust separator；wet scrubber

利用液体的洗涤作用将粉尘从含尘气流中分离出来的除尘器。

4.2.12 文丘里除尘器 venturi scrubber

含尘气流经过喉管时形成高速湍流，使液滴雾化并与粉尘碰撞、凝聚后被捕集的湿式除尘器。

4.2.13 过滤式除尘器 porous layer dust collector；filter dust separator

利用多孔介质的过滤作用捕集含尘气体中粉尘的除尘器。

4.2.14 袋式除尘器 bag filter；baghouse；bag collector

利用纤维织物滤袋来捕集含尘气体中粉尘的除尘器。

4.2.15 过滤风速 filtration velocity

含尘气流通过滤料有效面积的表观速度。

4.2.16 过滤面积 filtration area；filter area

起滤尘作用的有效面积。

4.2.17 漏风率 air leakage percentage

除尘器出口标准状态下气体流量与进口标准状态下气体流量之差占进口标准状态下气体流量的百分比。

4.2.18 电除尘器 electrostatic precipitator

利用高压电场产生的静电力将粉尘从含尘气流中分离出来的除尘装置。

4.2.19 电场有效长度 effective length of electric field

烟气流方向上测得的阳极板的总长度。

4.2.20 电场有效高度 effective height of electric field

有电场效应的阳极板高度。

4.2.21 电场有效宽度 effective width of electric field

电除尘器同性电极中心距与烟气通道数的乘积。

4.2.22 有效流通面积 effective cross-sectional area of electric field

电场有效宽度乘以电场有效高度。

4.2.23 气流分布装置 gas distribution device

装于除尘装置进口的用于改善下游烟气流型的装置。

4.2.24 挡风板 anti-sneakage baffle

设置在电除尘器内用于防止烟气不经电场直接流走的板型结构。

4.2.25 集尘板（阳极板）collecting plate；collecting electrode plate electrode

阳极系统的组成单元。是电除尘器的接地电极，带负电荷的粉尘在电场力的作用下移向并被吸附其上。

4.2.26 阳极振打装置 collecting electrode rapper

使阳极板产生冲击振动或抖动，以使沉积在阳极板上的粉尘振落的装置。

4.2.27 集尘面积（有效）effective collecting area

有电场效应的阳极板的投影面积的总和。它等于电场有效长度、电场有效高度与 2 倍烟气通道数的总乘积。

4.2.28 阴极 discharge/discharging electrode

在除尘器内建立电场，使气体电离，粉尘荷电并产生电场效应的构件。

4.2.29 阴极振打装置 discharging electrode rapper

使阴极产生振动或抖动，以使沉积在阴极上的粉尘振落的装置。

4.2.30 供电分区 power supply bus section

电除尘电场的最小供电单元。具有独立的支撑绝缘系统，由独立电源单独供电。

4.2.31 电袋复合式除尘器 electrostatic-fabric integrated precipitation

将粉尘预荷电和袋式除尘复合的除尘装置。

4.3 除雾

4.3.1 惯性力除雾器 inertial mist eliminator

利用气流改变流动方向时，液滴以惯性作用与气体分离的装置。

4.3.2 折板式除雾器 chevron mist eliminator；baffle mist separator

气流通过折流板使雾滴与气体分离的一种惯性力除雾器。

4.3.3 旋流板除雾器 whirlwind fog-removal device

利用旋流板变轴流为旋流的功能和旋流产生的离心力进行除雾的装置。除下的雾滴沿板面周边流下。

4.3.4 湿式除雾器 wet mist separator

基于液体的洗涤或冷却作用而分离、捕集雾滴的设备。

4.3.5 电除雾器 electrostatic mist precipitator

通过高压电场的作用，使悬浮于气流中的液滴带电，从而被电极吸附，通过振打或冲刷使液滴从金属表面上脱落而被收集的装置。

4.4 气态污染物净化技术

4.4.1 净化效率 purification efficiency

气体通过净化设施后去除的某种污染物量占进入净化设施的该种污染物量的百分比。

4.4.2 吸收法 absorption

用溶液或溶剂吸收废气中一种或几种气体（如二氧化硫、硫化氢、氟化氢和氮氧化物等气态污染物），使之与废气分离的方法。

4.4.3 循环流化床法烟气脱硫 circulating fluidized bed flue gas desulphurization

在循环流化床反应器内，以钙基物质或其他碱性物质作为吸收剂和循环床料，脱除二氧化硫的方法。

4.4.4 海水脱硫 sea water flue gas desulphurization

利用天然海水的碱度脱除烟气中二氧化硫的方法。

4.4.5 石灰石/石灰-石膏法烟气脱硫 limestone/limegypsum flue gas desulphurization

以石灰石或石灰的浆液吸收并去除烟气中二氧化硫的过程。

4.4.6 氨法烟气脱硫 ammonia flue gas desulphurization

简称氨法。以氨基物质作吸收剂，脱除烟气中的二氧化硫并回收副产物（如硫酸铵等）的湿式烟气脱硫工艺。

4.4.7 氨逃逸质量浓度 ammonia slip

烟气脱硫或脱硝设施运行时，反应器出口单位烟气体积中氨的质量。

4.4.8 脱硝系统 denitrification system

采用物理或化学的方法脱除烟气中氮氧化物（NO_x）的系统。

4.4.9 催化剂 catalyst

参与化学反应中间历程，能选择性地改变化学反应速率，而本身的数量和化学性质在反应前后基本保持不变的物质。

4.4.10 选择性催化还原法 selective catalytic reduction（SCR）

利用还原剂在催化剂作用下有选择性地与烟气中的氮氧化物（NO_x）发生化学反应，生成氮气和水的方法。

4.4.11 选择性非催化还原法 selective non-catalytic reduction（SNCR）

利用还原剂在不需要催化剂的情况下有选择性地与烟气中的氮氧化物（NO_x）发生化学反应，生成氮气和水的方法。

4.4.12 低氮燃烧技术 low-nitrogen oxides combustion technology

通过改进燃烧设备或控制燃烧条件，降低燃烧过程中氮氧化物产生的技术。

4.4.13 鼓泡塔 beat bubble tower；bubbling tower

气体从塔底向上经分布器以气泡形式通过塔内含有反应物或催化剂的液层，气相中的反应物溶入液相并进行反应的塔式装置。

4.4.14 筛板塔 screen plate scrubber；sieve-plate column

利用塔内的筛板作为气液两相间接触构件的传质吸收设备。

4.4.15 文丘里吸收器 venturi absorber

利用气流经过喉管时形成的湍动气流与雾化液滴混合，使废气中有害成分向液相转移的装置。

4.4.16 喷淋吸收器 spray absorber

利用液体喷洒成雾滴与气体接触，使废气中的有害成分向液相转移的装置。

4.4.17 吸附法 adsorption

用多孔性的固体吸附材料吸附工业废气中有害气体的方法。

4.4.18 吸附容量 adsorption capacity

达到吸附平衡时单位质量吸附剂所吸附的吸附质的质量。

4.4.19 比表面积 specific surface area of adsorbent

单位质量（或体积）的吸附剂所具有的吸附表面积。

4.4.20 吸附剂再生 adsorbent regeneration

在吸附剂本身结构不发生或极少发生变化的情况下，用某种方法将吸收质从吸附剂微孔中脱除，从而使吸附饱和的吸附剂恢复吸附能力得以重复使用的处理过程。

4.4.21 固体床吸附器 fixed bed adsorber

吸附过程中，吸附剂颗粒及其床层不发生运动的吸附装置。

4.4.22 移动床吸附器 moving bed adsorber

吸附过程中吸附剂跟随气流流动完成吸附的装置。

4.4.23 流化床吸附器 fluidized bed adsorber

基于废气通过沸腾状态的吸附剂层，使有害成分被吸附除去的装置。

4.4.24 催化转化 catalytic conversion

使废气通过催化剂床层，利用催化剂的催化作用将废气中的污染物转化为无害或易于处理与回收利用的物质的方法。

4.4.25 催化剂活性 catalytic activity

衡量催化剂加速化学反应速度效能的尺度。

4.4.26 催化剂中毒 poisoning of catalyst

微量外来物质的存在使催化剂活性和选择性下降的现象。

4.4.27 催化燃烧 catalytic incineration

在催化剂作用下使有机物迅速氧化成二氧化碳和水的过程。

4.4.28 三元催化剂 three-way catalyst

用于净化汽车尾气中 CO、HC 和 NO 三种污染气体的催化剂。

4.4.29 燃烧法 combustion

又称热力焚烧法，通过燃烧或高温分解使有害气体转化为无害物质的方法。

4.4.30 生物净化 biological purification

利用微生物的生命活动过程，将废气中的污染物转化为低害甚至无害物质的处理方法。

5 固体废物污染控制工程术语

5.1 基础术语

5.1.1 固体废物 solid waste

在生产、生活和其他活动中产生的丧失原有利用价值或者虽未丧失利用价值但被抛弃或者放弃的固态、半固态和置于容器中的气态的物品、物质以及法律、行政法规规定纳入固体废物管理的物品、物质。

5.1.2 生活垃圾 municipal solid waste，MSW

在日常生活中或者为日常生活提供服务的活动中产生的固体废物以及法律、行政法规规定视为生活垃圾的固体废物。

5.1.3 工业固体废物 industrial solid waste

在工业生产活动中产生的固体废物，按行业主要包括：冶金工业固体废物、能源工业固体废物、石油化学工业固体废物、矿业固体废物、轻工业固体废物、电子工业固体废物、其他工业固体废物等。

5.1.4 危险废物 hazardous waste

列入国家危险废物名录或者根据国家规定的危险废物鉴别标准和鉴别方法认定的具有危险特性的废物。

5.1.5 医疗废物 medical waste

医疗卫生机构在医疗、预防、保健以及其他相关活动中产生的具有直接或者间接感染性、毒性以及其他危害性的废物。

5.1.6 农业废物 agricultural waste

在农业活动过程中产生的固体废物，主要包括农业种植生产、农产品加工、畜禽养殖业等过程产生的固体废物。

5.1.7 建筑垃圾 construction waste

建设、施工单位或个人对各类建筑物、构筑物等进行建设、拆除、修缮及居民装饰房屋过程中所产生的余泥、余渣、泥浆及其他固体废物。

5.2 固体废物收运与贮存

5.2.1 源头分类 source separation

在固体废物产生点按照固体废物的来源、性质以及危害性等不同对固体废物进行分类的方式，有利于固体废物后续的处理和回收利用。

5.2.2 垃圾收运系统 MSWs collection and transportation system

生活垃圾由收集到运往处理或处置设施的全过程，包括街道清扫、固体废物容器放置与清整、运输及转运（以及预处理）等。将分类后的生活垃圾分类收运的系统称为垃圾分类收运系统。

5.2.3 垃圾转运站 refuse transfer station

将生活垃圾由收集车转载到转运车的转运设施。

5.2.4 垃圾集装箱 garbage container

具有标准规格，便于水运或陆运，并可供周转使用的大型垃圾容器。

5.2.5 贮存 storage

将固体废物临时置于特定设施或者场所中的活动。

5.3 预处理

5.3.1 压实处理 compaction treatment

通过外力加压于松散的固体废物上，以增大密度，缩小体积的操作。

5.3.2 空隙比 air space ratio

固体废物中空隙体积与固体废物体积的百分比。

5.3.3 压实系数 compaction factor

固体废物压实前后的体积比值。

5.3.4 压缩机 compression machine

对固体废物进行压缩减容处理的机械。

5.3.5 破碎处理 crushing treatment

通过外力破坏物体的凝聚力和分子间的作用力而使物体破碎变形的操作过程。

5.3.6 破碎比 ratio of crushing

破碎前最大粒径与破碎后最大粒径的比值或破碎前平均粒径与破碎后平均粒径的比值。前者称极限破碎比，后者称真实破碎比。

5.3.7 破碎机 cracker；shredder；crusher

用机械力对固体物料进行破碎作业，使之变成小块细料的设备。破碎的形式主要有冲击破碎、颚式破碎、辊式破碎以及剪切破碎等。

5.3.8 低温破碎 cold crushing；low temperature shredding

利用废物低温变脆的性能破碎废物的过程。

5.3.9 湿式破碎 wet crushing

利用特制的破碎机将投入机内的含纸垃圾和大量水流一起剧烈搅拌和破碎成为浆液，从而回收垃圾中纸纤维的过程。

5.3.10 分选 separation

利用固体废物物理性质的差异将其分为两种或两种以上物质，或分成两种或两种以上粒度级别的手段。

5.3.11 分选回收率 recovery ratio of separation

某一排料口中排出的某一组分的量与进入分选机的此组分总量之比。

5.3.12 分选纯度 purity of separation

某一组分物料在同一排出口排出物所占的比例。

5.3.13 综合分选效率 comprehensive separation efficiency

依据分选回收率和分选纯度两个参数来共同评价分选设备工作性能的综合指标。

5.3.14 筛分 screening

利用各种形式的筛子将粒度范围较宽的固体颗粒群分成粒径均匀的窄级别物料的过程。

5.3.15 筛分效率 screening efficiency

实际得到的筛下产品重量与入筛废物中所含小于筛孔尺寸的细粒物料重量的百分比。

5.3.16 滚筒筛 trommel screens

以筒形筛围绕其中心轴线做旋转运动而完成物料粒度分级的机械。

5.3.17 回转筛 disc screens

带有一组水平放置的筛子，筛子按网眼大小顺次垂直垒成一叠，网眼小的在底下，作近似的圆周运动，使颗粒小的材料顺次通过各筛筛下的箱式分筛机械。

5.3.18 振动筛 vibrating screens

利用筛网的振动频率对比重不同的颗粒进行分级的设备。

5.3.19 重力分选 gravity separation

根据固体废物中不同物质颗粒间的密度差异，在运动介质中受到重力、介质动力和机械力的作用，使颗粒群产生松散分层和迁移分离，从而得到不同密度产品的分选过程。

5.3.20 跳汰分选 jigging separation

在垂直变速介质流中按密度分选固体废物的一种方法。

5.3.21 风力分选 air separation

又称气流分选，是以空气为分选介质，依靠风力作用对不同密度物料进行分选的方法。

5.3.22 重介质分选 heavy-media separation

在重介质中使固体废物中颗粒群按密度分开的方法称为重介质分选。

5.3.23 光电分选 photometric separation

利用物质表面对光线的不同反射特性而分离物料的方法。

5.3.24 磁力分选 magnetic separation

利用固体废物中各种物质的磁性差异在不均匀磁场中进行分选的一种方法。

5.3.25 电力分选 electric field separation

利用固体废物中各种组分在高压电场中电性的差异而实现分选的一种方法。

5.3.26 涡电流分选 eddy current separation

将非电磁而导电的金属（Cu、Pb、Zn 等）置于不断变化的磁场中，此时在金属内部将产生涡电流，并产生一定的排斥力。由于排斥力随物质的固有电阻、导磁率等特性及磁场密度的变化速度及大小而异，从而分离金属物料的方法。

5.3.27 浮选 flotation

在固体废物与水调制的料浆中，加入浮选剂，并通入空气形成无数细小气泡，使欲选物质颗粒黏附在气泡上，随气泡上浮于料浆表面成为泡沫层，得以刮出回收的过程。

5.4 固化/稳定化

5.4.1 固化 solidification

在固体废物中添加固化剂，使其转变为非流动型的固态物或形成紧密固体物的过程。

5.4.2 稳定化 stabilization

将有毒有害污染物转变为低溶解性、低迁移性及低毒性物质的过程。

5.4.3 包容化 encapsulation

用稳定剂/固化剂凝聚，将有毒物质或危险废物颗粒包容或覆盖的过程。

5.4.4　水泥固化/稳定化　cement solidification/stabilization

将废物和水泥混合，加水使之水化形成钙铝硅酸盐的坚硬晶体结构的一种固化/稳定化方法。

5.4.5　石灰固化　lime solidification

以石灰、垃圾焚烧飞灰、水泥窑灰以及熔矿炉炉渣等具有波索来反应的物质为固化基材的一种固化/稳定化方法。

5.4.6　热固性塑料固化　thermosetting plastic solidification

用热固性有机单体和经过粉碎处理的废物充分地混合，在助絮剂和催化剂的作用下聚合形成海绵状的物质，从而在每个废物颗粒的周围形成一层不透水保护膜的方法。

5.4.7　热塑性塑料固化　thermoplastic plastics solidification

用熔融的热塑性物质在高温下与废物混合，实现稳定化目的的方法。

5.4.8　自胶结固化　self-binding solidification

利用废物自身的胶结特性来达到固化目的的方法。

5.4.9　熔融固化　fusion solidification

又称玻璃化技术。将待处理的废物与细小的玻璃体，如玻璃屑、玻璃粉混合，经过混合造粒成型后，在 1 000～1 100℃高温下熔融形成玻璃固化体，借助玻璃体的致密结晶结构，确保固化体的永久稳定。

5.4.10　药剂稳定化　reagent stabilization

采用化学药剂使废物达到稳定化的处理技术。

5.5　热处理

5.5.1　焚烧　incineration

以一定量的过剩空气与被处理的有机废物在焚烧炉内进行氧化燃烧反应，废物中的有毒有害物质在高温下氧化、热解而被破坏的高温热处理技术。

5.5.2　焚烧系统　incineration system

完成固体废物焚烧处理的配套装置，主要包括前处理（垃圾分选、进料等）、焚烧炉、后处理（尾气净化、除渣）等。

5.5.3　焚烧炉　incinerator

使固体废物燃烧并将其化学能转化为热能释放出来的装置，是利用焚烧技术处理固体废物的主体设备。

5.5.4　流化床燃烧　fluidized-bed incineration

被预先粉碎到一定粒度的物料或传热介质，不固定在炉排（布风板）上，而是在空气流的作用下，在炉膛的一定空间范围（沸腾层）内翻腾、跳动的燃烧方式。

5.5.5　回转窑　rotary kiln

稍有倾斜、缓慢转动的内衬耐火材料的一种长圆柱形炉。燃料与空气一起自一端喷入燃烧，被焚化物由一端投入，在炉内被反复搅动、破碎，同时进行干燥和燃烧。

5.5.6　机械炉排焚烧　grate incineration

垃圾被投加到固定的或活动的炉排上，由炉排的下方或上方送入空气的燃烧方式。

5.5.7　炉衬　furnace liner

用颗粒状耐火材料或耐火砖砌成的焚烧炉的内壁。

5.5.8　燃烧器　burner

为触发燃料与空气间发生化学反应而产生火花的一种装置。

5.5.9　燃烧室　combustion chamber

在焚烧炉中，使燃料、固体废物（如生活垃圾、废液、污泥、化工废弃物等）与空气混合燃烧的空间。

5.5.10 一燃室 primary combustion chamber

工作温度在 700～1 000℃，促进物料干燥、气化和初始燃烧等过程的焚烧炉炉膛构件。

5.5.11 二燃室 secondary combustion chamber

焚烧由一燃室排出的烟气，确保烟气燃烧完全的焚烧炉炉膛构件。

5.5.12 余热锅炉 waste heat boiler

利用剩余热量使水产生蒸汽的锅炉。

5.5.13 焚烧炉温度 incinerator temperature

焚烧炉燃烧室出口中心的温度。

5.5.14 焚烧能力 treatment capacity of incineration/incinerator

表示焚烧炉规模的性能值，即单位时间内焚烧炉的焚烧量。

5.5.15 焚烧速率 rate of incineration

单位时间单位炉床面积上所焚烧的物料量，又称机械负荷。

5.5.16 热负荷 heat intensity per grate area

单位时间单位炉床面积上焚烧物料的发热量。

5.5.17 热效率 thermal efficiency

锅炉及余热利用设备中，吸收的热量与燃烧发生热量的百分比。

5.5.18 热灼减率 thermal reduction rate

焚烧残渣经 600℃±25℃灼热 3 h 减少的质量占原焚烧残渣质量的百分数。

5.5.19 理论空气量 theoretical air for combustion

1 kg 燃料完全燃烧，空气中的氧和燃料中参加燃烧的氧（固有氧）全部耗尽，所需的空气量。

5.5.20 过剩空气系数 excess air ratio

废物燃烧时实际供给的空气量与理论空气量之比。

5.5.21 烟气停留时间 gas residence time

燃烧所产生的烟气从最后的空气喷射口或燃烧器出口到换热面（如余热锅炉换热器或烟道冷风引射口）之间的停留时间。

5.5.22 辅助燃料 auxiliary fuel

水分多、热值低的废弃物进行焚烧处理时，为了帮助其燃烧而同时添加的燃料。

5.5.23 飞灰 fly ash

同燃烧气一起从焚烧炉中排出的灰分、金属微粒和固态不完全燃烧产物。

5.5.24 炉渣 residue

焚烧后从焚烧炉炉床直接排出的残余物。

5.5.25 热解 refuse pyrolysis

固体废物在无氧（外热式热分解）或缺氧（内热式热分解，又称气化）的条件下，高温分解成燃气、燃油等物质的过程。

5.5.26 气化 refuse gasification

固体废物在高温缺氧条件下，与氧、水蒸气反应产生燃气和燃油的过程。

5.6 生物处理

5.6.1 堆肥 compost

利用微生物的分解作用，使废物中有机物质稳定化的过程。

5.6.2 高温堆肥 thermophilic composting

主要利用嗜热性微生物进行堆肥的过程，最佳温度范围为 55～65℃。

5.6.3 中温堆肥 mesophilic composting

主要利用嗜温性微生物进行堆肥的过程，最佳温度范围为 35～45℃。

5.6.4 静态堆肥 static composting

堆肥原料在有氧和处于静态条件下完成生物降解的过程。

5.6.5 动态堆肥 dynamic composting

在有氧条件和在外力作用下，物料处于持续或间歇的运动状态完成生物降解的过程。

5.6.6 好氧堆肥 areobic composting

在充分供氧的条件下，主要利用好氧微生物对废物进行堆肥的方法。

5.6.7 熟化 maturation

堆肥物料经高温发酵后，在微生物作用下继续降解并达到稳定的过程。

5.6.8 发酵周期 fermentation period

堆肥原料腐熟并达到无害化卫生标准所需的时间。

5.6.9 腐熟度 putrescibility

反映堆肥化过程中稳定化程度的指标。

5.6.10 接种 inoculation

堆肥时，将堆肥微生物或含堆肥微生物的物料投到初始状态的堆肥原料中去的操作。

5.6.11 厌氧消化 anaerobic digestion

在无氧或缺氧条件下，利用厌氧微生物的作用使废物中可生物降解的有机物转化为甲烷、二氧化碳和稳定物质的生物化学过程。

5.7 资源化

5.7.1 资源回收利用 resource reuse and recycling

使废弃物转化成为有用物质或能量的方法。

5.7.2 直接回收利用 reuse

在保持资源原有的形态和使用性能的情况下对其进行回收利用的方法。

5.7.3 物质回收利用 material recycling

采取工艺措施改变物质的原有形态或使用性能后对其进行回收利用的方法。

5.8 固体废物填埋处置

5.8.1 填埋 landfill

按照工程理论和土工标准将固体废物掩埋覆盖，并使其稳定化的最终处置方法。

5.8.2 卫生填埋 sanitary landfill

采取防渗、铺平、压实、覆盖对城市固体废物进行处理和对气体、渗滤液、蝇虫等进行治理的处理方法。

5.8.3 安全填埋 safe landfill

一种改进和强化的卫生填埋方法。主要用来处置危险废物。

5.8.4 好氧填埋 aerobic landfill

在填埋场底部布有通气管道，不断向填埋层供给空气，以加速填埋场稳定化进程的一种填埋方法。

5.8.5 厌氧填埋 anaerobic landfill

垃圾填埋层被压实后基本上在厌氧状态下分解，并达到稳定化的填埋方法。

5.8.6 准好氧填埋 semi-aerobic landfill

通过填埋场底部渗滤液收集导排系统与空气的接触和排气系统的排风作用，使空气进入部分垃圾体内部，发生好氧反应而加快垃圾稳定化进程的填埋方法。

5.8.7 覆盖 cover

采用不同的材料铺设于填埋的固体废物层上的实施过程，根据覆盖的要求和作用的不同分为日覆盖、中间覆盖和最终覆盖。

5.8.8 防渗衬层 impermeable liner

设置于填埋场底部及四周边坡的由天然材料和（或）人工合成材料组成的防止渗滤液渗漏的垫层。

5.8.9 天然基础层 natural base layer

位于防渗衬层下部，由未经扰动的土壤等构成的基础层。

5.8.10 黏土防渗衬层 clay liner

由经过处理的天然黏土机械压实形成的防渗衬层。

5.8.11 人工合成衬层 artificial liner

利用人工合成材料铺设的防渗层衬层，如高密度聚乙烯等。采用一层、二层或多层人工合成衬层铺设的防渗系统，分别为单层、双层或多层衬层。

5.8.12 复合衬层 composite liner

采用两种或两种以上防渗材料复合铺设的防渗系统。

5.8.13 渗滤液 leachate

垃圾在堆放和填埋过程中由于压实、发酵等物理、生物、化学作用，同时在降水和其他外部来水的渗流作用下产生的含有机或无机成分的液体。

【HJ 564—2010，定义 3.1】

5.8.14 渗滤液收集导排系统 leachate collection and removal system

在防渗系统上部，用于收集和导排渗滤液的设施。

5.8.15 地下水收集导排系统 groundwater collection and removal system

在防渗系统基础层下方，用于收集和导排地下水的设施。

5.8.16 填埋气体 landfill gas

填埋体中有机废物分解产生的气体，主要成分为甲烷和二氧化碳。

5.8.17 填埋气火炬 landfill gas flare

对收集到的难以利用的填埋气，燃烧去除其中的有害气体并直接排放的燃烧设备。

5.8.18 填埋气体处理系统 landfill gas treatment system

将收集到的、难以利用的填埋场气体直接进行焚毁，将甲烷和其他痕量气体转变为二氧化碳、二氧化硫、氮氧化物和其他无害气体的系统。

5.8.19 填埋气体利用 utilization of landfill gas

将填埋气体作为燃料使用、发电或回收有用组分等的利用行为。

5.8.20 填埋场封场 closure of landfill

填埋作业至设计终场标高或填埋场停止使用后，用不同功能材料进行覆盖的过程。

6 噪声与振动污染控制工程术语

6.1 基础术语

6.1.1 环境噪声污染 noise pollution

所产生的环境噪声超过国家规定的环境噪声排放标准，并干扰他人正常生活、工作和学习的现象。

6.1.2 噪声控制 noise control

为保护人类正常生活、工作和学习，降低声源的噪声辐射，控制噪声的传播和接收所采取的工程技术措施。

6.1.3 振动控制 vibration control

为保护人类正常生活、工作和学习，减轻振动并阻止其传播所采取的工程技术措施。

6.2 噪声污染控制

6.2.1 背景噪声 background noise

被测量噪声源以外的声源发出的环境噪声的总和。

6.2.2 降噪量 niose abatement；noise reduction

噪声的声压级或声强级或声功率级的降低程度。

6.2.3 A 声级 A-weighted sound pressure level

用 A 计权网络测得的声压级，用 L_A 表示，单位 dB。

6.2.4 等效声级 equivalent continuous A-weighted sound pressure level

等效连续 A 声级的简称，指在规定测量时间 T 内 A 声级的能量平均值，用 $L_{Aeq,T}$ 表示（简写为 L_{eq}），单位 dB。

6.2.5 吸声 sound absorption

声波入射到媒质分界面时声能的减少过程。

6.2.6 吸声系数 sound absorption coefficient

声波入射到材料表面所吸收的声能与入射到该表面的声能之比。

6.2.7 无规入射吸声系数 sound absorption coefficient in random incidence

当声波从各个方向以相同的概率无规则入射到材料表面测定的吸声系数，又称混响室法吸声系数。

6.2.8 垂直入射吸声系数 sound absorption coefficient in vertical incidence

当声波以材料表面法线方向垂直入射至该表面测得的吸声系数，又称驻波管法吸声系数。

6.2.9 降噪系数 noise reduction coefficient，NRC

在 250 Hz、500 Hz、1 000 Hz、2 000 Hz 测得的吸声系数的平均值，计算到小数点后两位，末位取 0 或 5。

6.2.10 吸声量 equivalent absorption area

又称等效吸声面积。与某表面或物体的声吸收能力相同而吸声系数为 1 的面积。

6.2.11 吸声平均降噪量 average noise reduction of absorption

利用吸声材料分布于室内壁面或室内空间某些位置上，吸收声能以减弱混响声，降低室内空间噪声的程度。

6.2.12 吸声材料 sound absorption material

平均吸声系数超过 0.2 的材料。

6.2.13 多孔吸声材料 porous absorbing material

从表到里具有大量互相连通的微孔的吸声材料。

6.2.14 穿孔板共振吸声结构 perforated panel resonance absorption-sound structure

将穿孔板固定在框架上，并在板后设置空气层，在声波的作用下系统产生共振，消耗声能的结构。

6.2.15 微穿孔板吸声结构 micro-perforated sound-absorbing structure

孔径为 1 mm 以下，穿孔率为 1%～3%的微穿孔板和空腔组成的复合吸声结构。

6.2.16 薄板共振吸声结构 sheet resonance sound-absorbing structure

在声波的交变压力激发下，迫使薄板—空腔系统产生共振，将机械能转为热能的吸声结构。

6.2.17 亥姆霍兹共振吸声器 Helmhotz resonance sound absorber

由小孔、孔径与空腔组成的共振吸声结构，常用作低频降噪。

6.2.18 吸声尖劈 wedge absorber

外形为尖劈状的（高效率）吸声构件。

6.2.19 空间吸声体 suspended absorber

一种分散悬吊于声场中的吸声结构。因各外表面均置于声场中，可充分地发挥材料的吸声作用，其吸声效率高，有较宽的吸声频带。

6.2.20 隔声 sound insulation

用材料构件或结构阻挡声能的传播。

6.2.21 隔声量 sound insulation factor；transmission loss

隔声材料一侧的入射声能与另一侧的透射声能相差的分贝数。

6.2.22 单层匀质构件的隔声量（质量定律） single homogeneous component of the sound insulation（Mass Law）

声波在空气中法向入射至理想无限大的单层匀质构件上，并向另一侧自由场辐射声能，由此形成的理论正入射隔声量。

6.2.23 隔声罩 acoustic enclosure

为减少高、强噪声设备的噪声对操作人员及周围环境的危害，而加装在该设备外的全封闭或半封闭的外隔内吸式罩壳。

6.2.24 隔声室 sound-insulation chamber；sound-insulation room

在强噪声的现场，采用隔声构件建造的小室。

6.2.25 隔声幕 sound-insulation curtain

具有隔声效能的帘、幕。

6.2.26 隔声窗 sound insulation window

具有相当隔声能力的窗。

6.2.27 隔声门 sound-insulation door

具有相当隔声能力的门。

6.2.28 隔声屏障 sound barrier

用来遮挡声源和接收者之间直达声的设施。

6.2.29 消声器 silencer；muffler

能有效地衰减噪声而允许气流通过的装置。

6.2.30 消声量 noise elimination factor

采用消声器（措施）前后的噪声量差值，表征消声器（措施）的降噪能力。

6.2.31 阻性消声器 resistive muffler；absorption silencer

利用铺设在气流通道内的吸声材料，将声能转变为热能，使声波能量衰减的消声设备。

6.2.32 抗性消声器 reactive muffler

利用管道声学特性的突变，使沿管道传播的某些特殊频段的声波被反射回声源，而达到消声效果的消声设备。

6.2.33 扩张式消声器 expansion muffler

又称膨胀式消声器。利用声波传播通道上截面突变（扩张或收缩），使声波沿通道发生反射、干涉和摩擦，达到消声目的的消声器。

6.2.34 共振消声器 resonance muffler

在气流通道的管壁上开凿一定数量的小孔，与管外的一定封闭的空腔相通，构成一个弹性系统。当气流中的声波与这个系统的固有频率一致时，在共振器中激发起强烈的强迫振荡，振动时的摩擦阻尼使部分声能转化成热能得以消耗的消声器。

6.2.35 阻抗复合消声器 impedance composite silencer

兼有阻性和抗性消声器的性能，可在较宽频率范围内有较高消声效果的消声设备。

6.2.36 微穿孔板消声器 fine diaphragm orifice silencer

利用微穿孔板的吸声结构实现消声目的的一种消声器。

6.2.37 小孔喷注消声 injection silencer

以许多微小的喷口代替大喷口。通过缩小喷口孔径，使噪声的频率移向高频，达到消声目的的一种消声器。

6.2.38 节流降压消声器 throttling decompression silencer

利用多层穿孔板或穿孔管分级扩散减压，并使通过孔板的流速得到一定控制，从而取得消声效果的一种消声器。

6.2.39 多孔扩散消声器 porous diffusion silencer

利用材料自身带有大量细小孔隙的特点，使通过的气体压力降低，流速被扩散减小，从而减弱辐射噪声的强度，实现消声效果的一种消声器。

6.2.40 消声弯头 lined bend

内衬吸声材料的弯头。

6.2.41 有源消声器 active muffler

利用电子设备产生与噪声的声压幅值相等（相近）、相位相反的声波，使之与原噪声相抵消，从而实现消声目的的消声器。

6.3 振动污染控制

6.3.1 隔振 vibration isolation

利用弹性支撑或连接等措施，降低振动源向外部的传递。

6.3.2 隔振效率 vibration isolation efficiency

用来衡量隔振效果的指标，一般用激振力幅与隔振后传递力幅之差同激振力幅比值的百分数来表示。

6.3.3 振源控制 vibration source control

减弱或消除振源的振动。

6.3.4 接受体控制 receiving body control

减弱接受体处的振动力，降低接受体受振动的影响程度。

6.3.5 传递途径控制 transmission path control

减弱振源至接受体的振动传输。

6.3.6 隔振器 vibration isolator

使系统与激励隔离的弹性支撑。

6.3.7 积极隔振 active vibration isolation

为减少动力设备产生的扰力向外的传递，对动力设备所采取的隔振措施。

6.3.8 消极隔振 passive vibration isolation

为减少外来振动对防振对象（如精密仪器）采取的隔振措施。

6.3.9 管道隔振 tube vibration isolator

通过设备与管道之间用弹性元件连接实现隔振的措施，也包括管道通过弹性吊架或支架由楼板或墙支撑。

6.3.10 金属弹簧隔振器 metal spring vibration isolator

由钢制弹簧制成的固有频率较低、阻尼性能差的隔振装置。

6.3.11 橡胶隔振器 rubber vibration isolator

以橡胶作为隔振器件，且具有轴向、横向及回转方向上隔振性能，内阻大，高频隔振性能好的隔振装置。

6.3.12 阻尼减振 damp vibration reduction

用加大阻尼的方法抑制结构振动，减少振动沿结构的传递，从而降低结构噪声的措施。

6.3.13 阻尼材料 damping material

具有较高内阻尼的材料。

7 电磁辐射污染控制工程术语

7.1 基础术语

7.1.1 电磁辐射 electromagnetic radiation

使能量以电磁波形式由源发射到空间的现象，或能量以电磁波形式在空间传播。

7.1.2 电磁辐射污染 electromagnetic radiation pollution

人类使用产生电磁辐射的设备而泄漏的电磁能量流对环境的污染。

7.1.3 屏蔽 shield

采取一切可能的措施将电磁辐射的作用与影响限定在一个特定区域内的方法。

7.1.4 接地 grounding；earthing；ground connection

将一个点和大地之间或者是与大地可以看成是公共点的某些金属构体之间，用低电阻的良导体连接起来，形成等电势分布。

7.1.5 滤波 filtering

在电磁波的所有频谱中分离出一定频率范围内的有用波段，保证有用波信号通过，并阻截其他频率的无用电磁波信号通过的方式。

7.2 屏蔽

7.2.1 电磁屏蔽 electromagnetic shield

用可反射或吸收电磁波的材料，将某设备或某系统产生的电磁能量限制在规定的空间里或使其对外界的泄漏减小到容许程度的技术和方法；或者在指定的空间里为避免外界电磁能量进入或使其减弱到容许程度的技术和方法。

7.2.2 电磁屏蔽效能 shielding effectiveness，SE

电磁屏蔽能将电磁辐射场强衰减的倍数。

7.2.3 静电屏蔽 electrostatic shield

利用静电场为有源场的特征把电力线即电场强度终止于屏蔽体表面上以抑制电场干扰的方法。

7.2.4 磁屏蔽 magnetic shielding

利用有较高导磁率的材料做成的屏蔽体，把磁场封闭在屏蔽体内的方法。

7.2.5 吸收屏蔽 absorption shielding

屏蔽设备的反射面由能吸收微波能的材料来覆盖，微波吸收材料把微波能吸收转化为热能，达到屏蔽目的的方法。

7.2.6 反射屏蔽 reflection shielding

对于发生反散射的微波部件，采用板状金属进行屏蔽的方法。

7.2.7 整体屏蔽 integral shielding

把整个高频设备或若干台高频设备放在一个金属网屏蔽室内，对屏蔽室采取良好接地的方法。

7.2.8 局部屏蔽 local shielding

对高频设备主要辐射部件，如高频馈线、感应线圈等用铝板或铜网等屏蔽起来，并对屏蔽罩采取良好接地的方法。

7.2.9 同轴线式屏蔽 coaxial line shielding

将中心内导体外包围一定厚度的绝缘介质，并在介质外的管状外导体表面用绝缘介质保护，电流的去向和回向导体轴采用相互重合的布置形式，从而将电磁场封闭在外层绝缘介质以内的屏蔽方法。

7.2.10 微波吸收材料 microwave absorption material

微波吸收材料或称微波吸收体，是一类能有效地吸收微波频段电磁辐射的电子材料，其反射、透射和散射均很小。

7.2.11 单层平板型微波吸收材料 single layer flat microwave absorption material

直接贴附于金属屏蔽材料上的一层薄而均匀的吸收材料。

7.2.12 尖劈型微波吸收材料 wedge microwave absorption material

利用尖劈的几何形状制成的可对入射电磁波产生多次反射多次吸收的微波吸收材料。

7.2.13 铁氧体吸收材料 ferrite absorption material

以铁氧体为材料制成的微波吸收材料。

7.2.14 复合型微波吸收材料 composite microwave absorption material

将铁氧体吸收材料和尖劈吸收材料组合在一起制成的复合材料。

7.2.15 电磁屏蔽室 electromagnetic shielding room

专门用于衰减、隔离来自内部或外部电场、磁场能量的建筑空间体。

7.2.16 屏蔽效率 shielding efficiency

屏蔽场内的能量与场外能量之差占场内能量的百分比，是用来表示屏蔽效果好坏的指标。

7.2.17 屏蔽体 shield body

用来消除场源空间内的辐射和限制其能量，在场源直接占据的体积内所设置零件的组合。

7.2.18 截止波导通风窗 cut-off waveguide vent

截止波导与通风口结合为一体的装置。该装置既允许空气流通，又能够衰减一定频率范围的电磁波。

7.2.19 全屏蔽室 full shielded chamber/room

四周和顶部都装有金属网（板）的一个理想、完整的封闭屏蔽体。

7.2.20 电波暗室 anechoic chamber

在屏蔽壳体上，安装电磁波吸收材料，以降低内表面电波反射的电磁屏蔽室。

7.3 滤波

7.3.1 滤波器 wave filter

具有分离频带作用的无源选择性网络，即具有能够从输入端（或输出端）电流的所有频谱中分离出一定频率范围内有用电流的能力。

7.3.2 低通滤波器 low pass wave filter

通过较低频率的有用信号，而将其他较高频率除掉的滤波器。

8 污染土壤修复工程术语

8.1 基础术语

8.1.1 修复 remediation

采用消除环境污染的措施，使其环境功能得到恢复。

8.1.2 原位修复 in-situ remediation

在受污染区域就地对污染物进行治理的方法。

8.1.3 异位修复 ex-situ remediation

将受污染的土壤或地下水从受污染区域转移到邻近地点或反应器内，对其中的污染物进行治理的方法。

8.1.4 物种 species

具有一定的形态和生理特征以及一定的自然分布区的生物类群。

8.1.5 生物群落 biological community

在一定时间内，在一定区域或一定生境中各个生物种群相互松散结合的一种结构单元。

8.1.6 优势种 dominant species

在群落中起着主要的影响或控制作用的物种。

8.1.7 生物修复 bioremediation

主要是指微生物修复，即利用天然存在的或人为培养的专性微生物对污染物的吸收、代谢和降解等功能，将环境中有毒污染物转化为无毒物质甚至彻底去除的修复技术。

8.1.8 物理修复 physical remediation

是根据物理学原理，采用一定的工程技术，使环境中污染物部分或彻底去除或转化为无害形式的一种污染环境治理方法。

8.1.9 化学修复 chemical remediation

利用加入到环境介质的化学修复剂与污染物发生一定的化学反应，使污染物被降解和毒性被去除的修复技术。

8.1.10 植物修复 phytoremediation

以植物忍耐和超量积累某种或某些化学元素为基础，利用植物及其根际圈微生物体系的吸收、挥发和转化、降解的作用机制来清除环境中污染物质的治理技术。

8.1.11 植物根际圈 rhizosphere

由植物根系及受其影响的微生物之间相互作用而形成的圈带。

8.1.12 自然衰减 monitored natural attenuation

利用土壤和地下水中天然的生物降解、扩散、稀释、吸附、挥发及化学和生化固定等过程来有效降低污染物的毒性、可移动性及污染水平的方法，实质上是污染区域的一种自我修复机制。

8.1.13 去毒作用 detoxication

使污染物的分子结构发生改变，从而降低或去除其对生态系统的有害性。

8.1.14 固定作用 immobilization

改变污染物的迁移性，将其固定下来。

8.2 生物修复

8.2.1 生物通风法 bioventing

在不饱和介质中通入空气，增强大气与土壤等介质之间的接触和流动，为微生物活动提供充足的氧气，降解污染物的方法。

8.2.2 生物注气法 biosparging

向土壤饱和层注入空气，使挥发性有机污染物进入不饱和层，并在不饱和层进行生物降解，空气的注入使得饱和层氧含量增加，利于生物降解的方法。

8.2.3 生物淋洗法 bioflooding；liquid delivery system

又称液体供给系统。将含氧和营养物的水补充到亚表层，促进环境中污染物生物降解的方法。

8.2.4 生物耕作法 biological land-farming

通过对污染介质进行耕耙处理（但不挖掘和搬运污染介质），同时施入营养物、补充氧气，进行灌溉，加入石灰，使其具有充足的营养、水分和适宜的 pH 值，从而尽可能地为微生物降解污染物提供一个良好的环境，保证污染物在环境系统的各个层次上都发生降解的方法。

8.2.5 生物预制床法 biogenic preparative bed

是将受污染的土壤从污染地区挖掘出来，防止污染物向地下水或更广大地域扩散，将土壤运输到一个经过各种工程准备（包括布置防渗，设置通风管道等）的地点堆放，形成上升的斜坡，并在此进行微生物修复处理，处理后的土壤再运回原地的异地处理方法。

8.2.6 生物堆腐法 biological decay

生物预制床的一种形式，利用高温好氧微生物处理土壤中高浓度污染物的过程。

8.2.7 生物泥浆反应器法 method of biogenic mud reactor

将污染介质从污染点挖出来放到特殊的反应器中进行处理的一种异位生物修复法。在反应器内，污染介质被碾碎，然后与水混合，经搅拌等操作后制成泥浆，与微生物相互作用被快速降解。

8.2.8 生物屏障作用 biologic barrier

利用某些微生物具有吸收疏水性有机分子的特性，阻止或减慢污染物迁移的作用。

8.3 物理修复

8.3.1 物理分离修复 technology of physical separation remediation

借助物理手段将含有污染物的颗粒从环境介质中分离开来的方法。

8.3.2 蒸汽浸提修复 technology of steam digestion remediation

在污染土壤中引入清洁空气产生驱动力，利用土壤固相、液相和气相之间的浓度梯度，降低土壤空隙的蒸汽压，将污染物转化为气态形式排出土壤外的过程。

8.3.3 热力学修复 thermodynamics remediation

利用热传导或辐射实现对污染土壤、沉积物及其他介质的修复。

8.3.4 高温热修复 high temperature heating remediation

利用热提井和鼓风机（适用于高温情况）将水蒸气和污染物收集起来，通过热传导加热，处理地下深层的土壤或沉积物污染的技术。

8.3.5 低温热修复 low temperature heating remediation

利用蒸汽井（包括蒸汽注射钻头、热水浸泡或者依靠电阻加热产生蒸汽），将土壤、沉积物或污泥加热到一定温度，从而使污染物蒸发的技术。

8.3.6 热解吸修复 thermal desorption remediation

通过直接或间接热交换，将污染介质及其所含的有机污染物加热到足够的温度（通常被加热到150～540℃），以使有机污染物从污染介质上得以挥发或分离的技术。

8.4 化学修复

8.4.1 土壤淋洗修复 soil washing remediation

向污染土壤中施加淋洗液，使其向下渗透穿过污染土壤，并与其中的污染物相互作用，通过淋洗液的解吸、螯合、溶解或络合等物理、化学作用，最终使污染物转移入淋洗液中，然后再把包含有污染物的液体从土壤介质中抽提出来，进行分离和污水处理的技术。

8.4.2 溶剂浸提修复 technology of solvent digestion remediation

利用溶剂将有害化学物质从污染介质中提取出来或去除的修复技术。

8.4.3 化学氧化修复 chemical oxydation remediation

将化学氧化剂注入被污染的土壤、沉积物或地下水中，通过氧化剂与污染物的混合反应，使污染物降解或导致其形态变化，最终污染物得以去除或污染程度得以降低的修复技术。

8.4.4 化学还原与还原脱氯修复 chemical reduction and reducing dechlorination remediation

利用化学还原剂将污染物还原为难溶态，从而使污染物在环境介质中的迁移性和生物可利用性降低，或者把其中有害的含氯分子中的氯原子去除，使之成为低毒性或没有毒性的化合物的技术。

8.4.5 电化学修复/电动力学修复 electrochemical remedation/electrokinetic remediation

使用低能级的直流电流穿过污染的土壤，通过电化学和电动力学的复合作用而去除环境介质中污染物的技术。

8.5 植物修复

8.5.1 植物净化修复 phytopurification remediation

通过植物对污染物的吸收、富集和降解来净化污染环境的技术。

8.5.2 植物提取修复 phytoextraction remediation

又称植物富集修复，利用超积累植物从污染土壤或水体中超量吸收、积累一种或几种无机污染物，之后将植物整体（包括部分根）收获并移走，不断重复上述步骤，最终使污染环境中无机污染物降低到可接受水平的技术。

8.5.3 植物挥发修复 phytovolatilization remediation

利用植物根系分泌的一些特殊物质或微生物，使土壤中的污染物被植物吸收，并转化为挥发形态，挥发出植物表面，从而对污染土壤起到清洁作用的技术。植物挥发要求被转化后的物质毒性要小于转化前的污染物质，以减轻环境危害。

8.5.4 植物稳定修复 phytostabilisation remediation

通过耐性植物根系分泌物质来积累、沉淀或转化根际圈污染物质，降低污染物的迁移性、生物有效性，防止其向周围环境扩散造成污染，使其不能为生物所利用的技术。

8.5.5 植物降解修复 phytodegradation remediation

利用植物分泌物直接将土壤中有机污染物降解或将污染物质吸收到植物体内，再将分解后的化合物及其分解碎片贮藏在新的植物组织中，或者使分解后的化合物完全挥发，或将其转化为二氧化碳和水，最终将污染物转化为毒性小或无毒物质的技术。

8.5.6 螯合诱导植物修复 chelate-induced phytoremediation

向土壤中施加螯合剂活化土壤中的重金属，提高重金属的生物有效性，促进植物吸收，诱导或强化植物超富集作用的方法。

8.5.7 根际圈生物降解修复 rhizosphere biodegradation remediation

利用植物根际圈的微生物来转化或降解污染物质，从而使有机污染土壤得到修复的技术。

HJ

中华人民共和国国家环境保护标准

HJ 2017—2012

铬渣干法解毒处理处置工程技术规范

Technical specifications for dry-detoxification treatment and disposal of chromium residue

2012-03-19 发布　　2012-06-01 实施

环 境 保 护 部 发布

前　言

为贯彻《中华人民共和国环境保护法》、《中华人民共和国固体废物污染环境防治法》和《中华人民共和国水污染防治法》，规范铬渣干法解毒处理处置工程的工程建设及设施运行管理，实现铬渣无害化处理处置，改善环境质量，制定本标准。

本标准规定了铬渣干法解毒处理处置工程的总体要求、工艺设计、检测与过程控制、辅助工程、劳动安全与职业卫生、施工与环境保护验收、工程运行管理等技术要求。

本标准为首次发布。

本标准由环境保护部科技标准司组织制订。

本标准主要起草单位：辽宁省环境科学研究院、中信锦州铁合金股份有限公司、沈阳环境科学研究院、东北大学。

本标准由环境保护部 2012 年 3 月 19 日批准。

本标准自 2012 年 6 月 1 日起实施。

本标准由环境保护部解释。

铬渣干法解毒处理处置工程技术规范

1 适用范围

本标准规定了铬渣干法解毒处理处置工程的总体要求、工艺设计、检测与过程控制、辅助工程、劳动安全与职业卫生、施工与环境保护验收、运行管理、污染控制与环境管理等要求。

本标准适用于铬渣干法解毒工程，作为环境影响评价、可行性研究、设计施工、竣工验收、环境保护验收及建成后运行与管理的技术依据。

2 规范性引用文件

本标准内容引用了下列文件中的条款。凡是未注明日期的引用文件，其有效版本适用于本标准。

GB 4387 工业企业厂内运输安全规程

GB 8978 污水综合排放标准

GB 12801 生产过程安全卫生要求总则

GB 18597 危险废物贮存污染控制标准

GB 18599 一般工业固体废物贮存、处置场污染控制标准

GB 50019 采暖通风与空气调节设计规范

GB/T 50326 建设工程项目管理规范

GBZ 1 工业企业设计卫生标准

GBJ 87 工业企业噪声控制设计规范

HG/T 20566 回转窑设计规定

HJ/T 301 铬渣污染治理环境保护技术规范（暂行）

JB/T 6811 工业炉窑微机控制装置 通用技术条件

JC/T 357 水泥工业用机械立窑

3 术语和定义

下列术语和定义适用于本标准。

3.1 铬渣干法解毒 dry-detoxification to chromium residue

采用回转窑或立窑作为煅烧设备，在高温下利用还原性物质将铬渣中的六价铬还原为三价铬并将其在常温下固定的工艺过程。

3.2 干法解毒铬渣 dry-detoxified chromium residue

在专用设施中经高温还原处理后，可以作为无毒废弃物来进行综合利用或其他最终处置的铬渣。

4 污染物与污染负荷

4.1 铬渣一般呈松散、无规则的固体粉末状、颗粒状或小块状，总体颜色呈灰色或黑色并夹杂黄色

或黄褐色；长时间露天放置后外表明显有黄色物质渗出，渗出液呈黄色。

4.2 铬渣化学成分见表1。设计前应现场采样分析，以实测结果作为工程设计依据。

表1 铬渣的主要化学成分

成分	SiO_2	Al_2O_3	CaO	MgO	Fe_2O_3	Cr_2O_3	六价铬
含量范围/%	4～11	6～10	2～35	15～33	7～25	2～9	0.5～2

4.3 铬渣的密度、腐蚀性，按照 HJ/T 301 中 5.4 进行测试。

4.4 工程设计以铬渣实际产生量为准，没有数据的可参照表2估算。

表2 不同铬化合物生产工艺铬渣产生量

铬化合物产品生产工艺	有钙焙烧	少钙焙烧	无钙焙烧	非窑炉法（含钙铬渣）
铬渣（t）/重铬酸钠（t）	1.5 以上	0.8～1.5	0.8 以下	0.4～0.6

5 总体要求

5.1 一般规定

5.1.1 铬渣干法解毒处理处置工程的设计除符合本标准外，还应符合国家现行的法律、法规、标准、规范的有关规定。

5.1.2 鼓励对铬渣进行综合利用，铬渣综合利用必须以无害化为前提。

5.1.3 解毒铬渣应满足 HJ/T 301 附录 D 的有关规定。

5.2 工程项目组成

5.2.1 工程项目主要包括主体工程、辅助工程和配套设施。

5.2.2 主体工程包括：原料制备单元、进料单元、还原煅烧单元、冷却单元、贮存单元。

5.2.3 辅助工程包括：供配电及电讯、给排水及消防等。

5.2.4 配套设施包括：办公室、化验室、值班室等。

5.3 建设规模

5.3.1 铬渣干法解毒处理处置工程的建设规模应综合考虑铬渣年产生量及地区发展规划等。

5.3.2 铬渣干法解毒窑的处理能力宜按照回转窑 100～400 t/d，立窑 30～50 t/d 进行设计。

5.4 场址选择

5.4.1 工程选址应符合 GBZ 1 的有关规定，同时还应符合铬渣的分布情况、现行的法律、法规和规范的有关规定。

5.4.2 铬渣处置生产线宜建在铬盐生产厂区或铬渣堆场附近，以减少铬渣运输风险。

5.5 总平面布置

5.5.1 总平面布置应符合 GBZ 1 的有关规定，同时还应符合现行的法律、法规和规范的有关规定。

5.5.2 总平面布置应以回转窑或立窑为主体进行布置，其他各项设施应按危险废物处理流程合理安排。

5.5.3 主体设备和其他各项设施应集中布置，缩短设备之间连接管线。

6 工艺设计

6.1 一般规定

6.1.1 铬渣干法解毒工程由原燃料制备单元、进料单元、还原煅烧单元、冷却单元、贮存单元等工艺部分组成。回转窑干法解毒处理处置工程的工艺流程见图 1，立窑干法解毒处理处置工程的工艺流程见图 2。

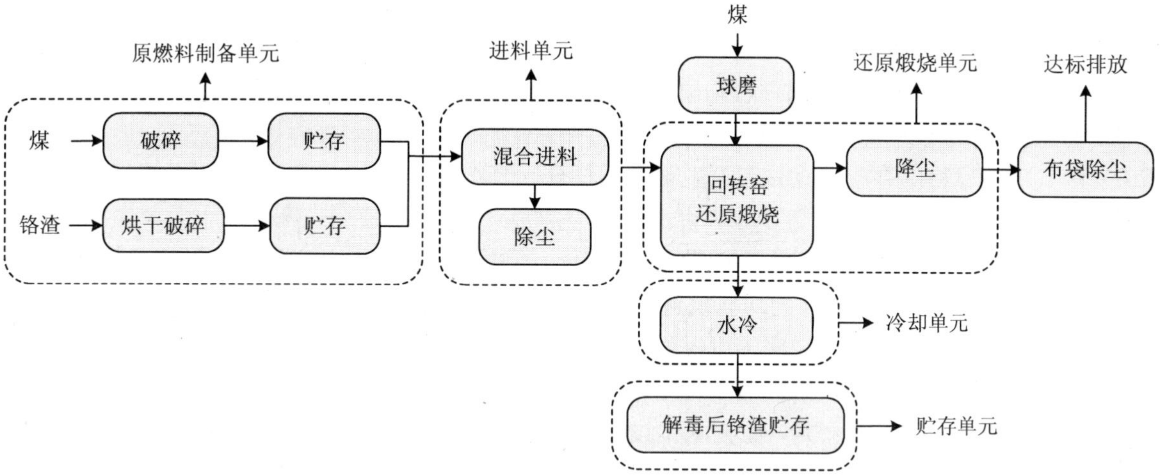

图 1 回转窑干法解毒工艺流程图

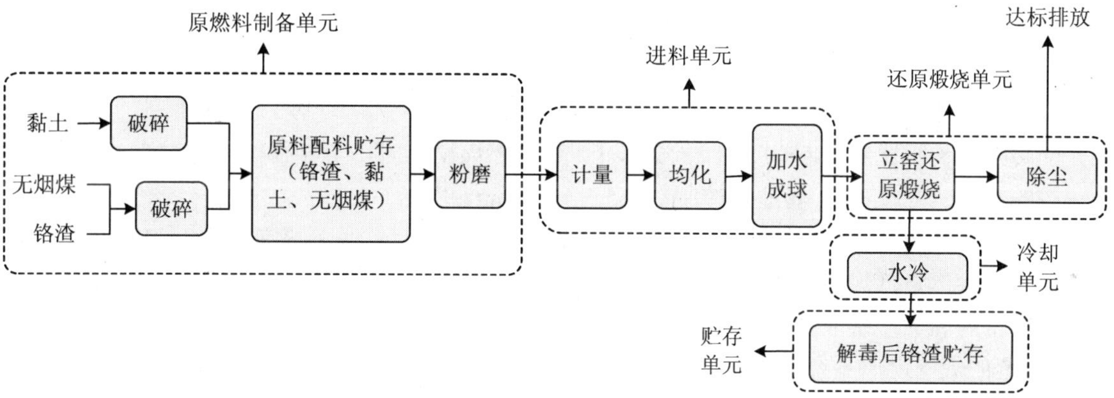

图 2 立窑干法解毒工艺流程图

6.1.2 各单元主体设备规格及服务期限应根据铬渣处理规模合理配置。

6.1.3 利用原有回转窑或立窑及其附属设备改建的铬渣干法解毒处理处置工程应按照本标准规定进行建设。

6.1.4 产生粉尘无组织排放的生产线设备和设施，应尽可能密封并设置除尘器，实行负压操作，保证粉尘净化后满足 HJ/T 301 中 10.1.6 的有关规定。

6.2 原燃料制备单元

6.2.1 铬渣干法解毒的原料制备单元由烘干设备、破碎或粉磨设备、筛分设备、输送设备、除尘设备、料仓组成。

6.2.2 铬渣、还原煤、燃料煤及其他原料应进行烘干、破碎或粉磨处理，以保证粒度和降低水分。

6.2.3 烘干、破碎、粉磨等加工过程，应加强系统密封，并配置除尘设备，实现负压操作，保证粉尘净化后满足 HJ/T 301 中 10.1.6 的有关规定。

6.2.4 回转窑解毒相关要求

a）铬渣粒度应控制在 10 mm 以下；

b）还原煤粒度应控制在 2～5 mm，挥发分宜小于 8%；

c）燃料煤煤质热值不低于 25.12 MJ/kg（6 000 kcal/kg），挥发分不低于 25%，灰分不高于 10%；

d）燃料煤粉粒度应控制在 0.08 mm，筛余 10%～12%，水分 1%～1.5%。

6.2.5 立窑解毒相关要求

a）铬渣、燃料煤及其他原料混合粉磨后粒度应控制在 0.08 mm，筛余≤10%。

b）燃料煤宜选用无烟煤。

6.2.6 制备后的原料储存应配置具有除尘设备的料仓。

6.3 进料单元

6.3.1 铬渣干法解毒的进料单元由计量设备、混合输送设备、除尘设备组成。立窑干法解毒的进料单元还应包括使成分稳定和均匀的均化设施和成球设备。

6.3.2 进料单元的设备应运行稳定、可靠，故障率低，易维护。

6.3.3 计量设备应计量准确，给料控制稳定。

6.3.4 混合输送设备应加强密封，配置除尘设备，降低转运点落差，实行负压操作，防止粉尘逸出，保证混合过程产生的粉尘净化后满足 HJ/T 301 中 10.1.6 的有关规定。

6.3.5 立窑干法解毒铬渣的原料经混合粉磨后，应在均化设施内进行均化，均化设施应配置除尘设备，保证烟气净化后满足 HJ/T 301 中 10.1.6 的有关规定。均化后的铬渣应湿润，经成球设备制备成生料球，成球过程应配置除尘设备。

6.4 还原煅烧单元

6.4.1 回转窑

a）回转窑设计宜参照 HG/T 20566。

b）回转窑的长径比宜控制在 16∶1～20∶1；采用燃煤燃料时，窑直径不宜超过 3.5 m，斜率宜控制在 3.5%～4.0%；转速宜控制在 0.5～3.5 r/min。

c）回转窑内高温区的料温应高于 850 ℃，铬渣在窑内的停留时间宜控制在 30～40 min。

d）应使用大风量低风温的燃烧器，加速燃料与助燃空气的混合。

e）回转窑的燃烧设备应能使燃料煤提早点火、快速燃烧。

f）回转窑的烟气通风系统宜全面考虑回转窑系统内热能的循环利用途径，宜设置空气热交换器，提高助燃空气的温度，同时降低高温废烟气温度，以利后续除尘作业。

6.4.2 立窑

a）立窑设计宜参照 JC/T 357。

b）立窑的高径比宜控制在 3∶1～4∶1。

c）立窑内高温区的料温应高于 1 200℃，出窑料温宜控制在 500℃，铬渣在窑内的停留时间应大于 30 min。立窑内湿料层厚度宜控制在 0.2～0.5 m。

6.5 冷却单元

6.5.1 为防止铬渣还原解毒后，三价铬在高温条件下再次氧化成六价铬，应设置冷却单元。

冷却方式宜采用喷水急冷冷却。喷水急冷冷却单元由下料管/槽、冷却还原装置、喷水装置、集水槽及水循环处理设备、除尘设备组成。

6.5.2 回转窑

a）应采用与回转窑规格相适应的冷却设备，应有效阻断冷却水产生的水蒸气进入回转窑。

b）连接回转窑和还原冷却设备的下料管/槽应采用厚壁的耐热钢材料，耐热温度不低于 500℃。

c）冷却液宜采用清水或硫酸亚铁溶液。

d）回转窑设备冷却宜采用喷淋方式，喷头的喷孔应控制在 0.8～1.2 mm，水压控制在 200～300 kPa，解毒铬渣喷淋冷却后的温度宜控制在 150～250℃。

e）除尘设备应选择适应高湿含尘废烟气的净化设备。

6.5.3 立窑

a）宜采用喷淋冷却方式，喷头喷水量应控制在 190 kg/t。

b）出料口应设置喷淋冷却装置，加速出窑解毒铬渣的冷却。

c）冷却液应采用硫酸亚铁溶液或其他还原剂配制的溶液。

d）在保证燃烧稳定的前提下，宜采用降低燃烧速度和加快卸料速度等措施，压缩冷却带，降低三价铬重新氧化为六价铬的概率。

e）除尘设备应选择适应高湿含尘废烟气的净化设备。

6.6 贮存单元

6.6.1 铬渣应建立贮存设施，贮存设施应符合 HJ/T 301 的有关规定。铬渣贮存场所和临时贮存场所应防风、防雨、防洪、防渗，污染物排放应符合 GB 18597 的有关规定。

6.6.2 解毒铬渣贮存应符合 GB 18599 的有关规定。

6.6.3 不合格解毒铬渣应按照 HJ/T 301 中第 9 章要求独立贮存或转存于铬渣贮存场所。

7 检测与过程控制

7.1 应设置充分反映生产线运行状态的参数监测和控制设施。

7.1.1 原料制备单元、进料单元、还原煅烧单元、冷却单元应设置生产控制、运行管理所需的检测仪表，应能实时在线显示运行工况，包括炉窑壁温度、出料温度、废气温度、入炉窑风量和风压、冷却水量等参数，以便及时了解炉窑及其他单元运行状态。

7.1.2 应从提高能源利用水平设置生产线的燃料消耗、电力消耗和原料消耗的计量和控制以及累积统计设施。

7.2 检测应涵盖铬渣处置过程中产生二次污染的所有环节。

7.2.1 设施尾气的检测按照 HJ/T 301 附录 D 的有关规定执行。

7.2.2 铬渣处理场所铬含量的检测按照 HJ/T 301 附录 D 的有关规定执行。

7.2.3 解毒铬渣的检测按照 HJ/T 301 中 13.1 的有关规定执行。

8 辅助工程

8.1 电气系统的用电负荷以及备用电源，高压配电装置、继电保护和安全自动装置、过电压保护和接地设计应符合现行的国家标准及行业标准的有关规定。

8.2 给水、排水和消防。

8.2.1 给水设计应符合国家标准的有关规定。生产用水应采用集中给水方式。设备冷却水宜采用循环给水方式，并符合国家标准的有关规定。生活用水、消防用水、应急用水宜采用联合给水方式。

8.2.2 排水设计应符合国家标准的有关规定。生产废水和生活污水经处理后宜优先考虑用于解毒铬渣的冷却。废水中总铬含量按照 HJ/T 301 的有关规定执行，废水中其他污染物排放应符合 GB 8978 的有关规定。

8.2.3 消防设计应符合国家标准的有关规定。厂房内应设置室内消火栓给水系统。厂房内的安全疏散应符合国家标准的有关规定。厂房内部装修设计应符合国家标准的有关规定。

8.3 采暖通风与空气调节。

8.3.1 采暖通风与空气调节设计应符合国家标准及行业标准的有关规定。

8.3.2 作业场所通风应符合国家标准及行业标准的有关规定。

8.4 建筑与结构。

8.4.1 作业场所应采用防滑、防渗地面，避免铬渣散落产生污染，应符合国家标准及行业标准的有关规定。

8.4.2 破碎、烘干、还原煅烧等噪声较大的作业场所，建构筑物应采用较高隔声能力的围护结构，保证厂界噪声符合国家标准的有关规定。

9 劳动安全与职业卫生

9.1 铬渣干法解毒处理处置工程建设应严格执行国家现行的法律、法规、标准、规范的有关规定。

9.2 对产生粉尘的生产设备应采取除尘措施，扬尘点应设置吸尘罩和收尘设备，保持负压，除尘净化后的气体应有组织排放。

9.3 回转窑和铬渣库等含有六价铬粉尘的作业场所，操作人员必须穿戴防护服和防毒面具。进入窑炉检修前应进行 CO 检测。

9.4 岗位作业场所应制定详细的规章制度预防危险事故的发生。

9.5 应定期对作业场所有毒有害气体进行检测。岗位作业场所应保持通风并防火、防爆、防塌库。在生产作业场所设置供水点，便于眼睛、皮肤等清洗。

9.6 选用噪声小的设备。对于噪声较大的设备，应采用减振、隔声等消声措施，使噪声符合国家标准规定。

9.7 所有从事生产作业的人员应定期体检并建立健康档案卡。应定期对职工进行职业卫生教育，加强防范意识。

10 施工与环境保护验收

10.1 铬渣干法解毒处理处置工程应按批准的设计文件规定的内容进行施工。建筑、安装工程应符合施工设计文件、设备技术文件的有关规定。

10.2 工程质量监督管理应符合 GB/T 50326 的有关规定。

10.3 竣工验收应符合《建设项目（工程）竣工验收办法》、《建设项目竣工环境保护验收管理办法》的有关规定执行。

10.4 工程竣工验收应按相关专业现行的工程验收规范和本技术规范的有关规定进行。

11 运行管理

11.1 铬渣干法解毒处理处置工程的运行、维护和安全管理除执行本标准外，还应符合国家现行标准的有关规定。

11.2 铬渣的堆放、内部转运、贮存应符合 HJ/T 301 的有关规定。

11.3 铬渣干法解毒处理处置工程应在试运行通过环境保护主管部门验收后，方可进入运行状态，运行后的监督管理按照 HJ/T 301 中 15.4 的有关规定执行。

11.4 应在铬渣处理处置工程建成运行的同时，保证安全和卫生设施同时投入使用，并制定相应的操作规程。

11.5 根据危险废物的有关规定制订应急预案，有效应对意外事故。

11.6 运输管理应符合 GB 4387 的有关规定。运输时应减少输送环节，宜采用专用车辆运输，进入铬渣堆场的车辆出场前应进行清洗。

11.7 生产过程安全管理应符合 GB 12801 的有关规定。

11.8 各工种、岗位应根据工艺特征和具体要求制定相应的安全操作规程并严格执行。

11.9 严禁无关人员进入厂区，厂区入口、各作业场所应设置一定数量的光字牌，标明危险字样。

11.10 铬渣处理处置厂应安装 24 h 保安系统。

12 污染控制与环境管理

12.1 铬渣干法解毒处理处置的污染控制按照 HJ/T 301 第 14 章的有关规定执行。

12.2 铬渣干法解毒处理处置的环境管理按照 HJ/T 301 第 15 章的有关规定执行。

中华人民共和国环境保护部

公　告

2012年　第61号

为贯彻《中华人民共和国环境保护法》，规范污染治理工程的建设与运行，现批准《制糖废水治理工程技术规范》等四项标准为国家环境保护标准，并予发布。

标准名称、编号如下：

一、制糖废水治理工程技术规范（HJ 2018—2012）

二、钢铁工业废水治理及回用工程技术规范（HJ 2019—2012）

三、袋式除尘工程通用技术规范（HJ 2020—2012）

四、内循环好氧生物流化床污水处理工程技术规范（HJ 2021—2012）

以上标准自2013年1月1日起实施，由中国环境科学出版社出版，标准内容可在环境保护部网站（bz.mep.gov.cn）查询。

特此公告。

2012年10月17日

HJ

中华人民共和国国家环境保护标准

HJ 2018—2012

制糖废水治理工程技术规范

Technical specifications for sugar industry wastewater treatment

2012-10-17 发布　　　　2013-01-01 实施

环　境　保　护　部　发布

前　言

为贯彻《中华人民共和国环境保护法》、《中华人民共和国水污染防治法》等法律法规，规范制糖废水治理工程的建设和运行管理，控制制糖废水对环境的污染，促进制糖废水治理技术的进步，制定本标准。

本标准规定了制糖废水治理工程的设计、施工安装、验收和运行管理的技术要求。

本标准为指导性标准。

本标准为首次发布。

本标准由环境保护部科技标准司组织制订。

本标准起草单位：环境保护部华南环境科学研究所。

本标准环境保护部 2012 年 10 月 17 日批准。

本标准自 2013 年 1 月 1 日起实施。

本标准由环境保护部解释。

制糖废水治理工程技术规范

1 适用范围

本标准规定了制糖废水治理工程的设计、施工安装、验收和运行管理的技术要求。

本标准适用于以甘蔗或甜菜为原料的制糖企业制糖生产废水的治理工程，可作为可行性研究、设计、施工、竣工验收、环境保护验收、建成后运行与管理以及制糖企业环境影响评价的技术依据。

2 规范性引用文件

本标准引用了下列文件或其中的条款。凡是未注明日期的引用文件，其最新版本适用于本标准。

GB 3096 声环境质量标准

GB 4284 农用污泥中污染物控制标准

GB 12348 工业企业厂界环境噪声排放标准

GB 12523 建筑施工场界环境噪声排放标准

GB 14554 恶臭污染物排放标准

GB 18599 一般工业固体废物贮存、处置场污染控制标准

GB 21909—2008 制糖工业水污染物排放标准

GB 50011 建筑抗震设计规范

GB 50013 室外给水设计规范

GB 50014 室外排水设计规范

GB 50015 建筑给水排水设计规范

GB 50016 建筑设计防火规范

GB 50019 采暖通风与空气调节设计规范

GB 50034 建筑照明设计标准

GB 50037 建筑地面设计规范

GB 50046 工业建筑防腐蚀设计规范

GB 50052 供配电系统设计规范

GB 50054 低压配电设计规范

GB 50057 建筑物防雷设计规范

GB 50069 给水排水工程构筑物结构设计规范

GB 50108 地下工程防水技术规范

GB 50140 建筑灭火器配置设计规范

GB 50187 工业企业总平面设计规范

GB 50194 建设工程施工现场供用电安全规范

GB 50208 地下防水工程质量验收规范

GB 50222 建筑内部装修设计防火规范

GB 50268 给水排水管道工程施工及验收规范

GB 50275 风机、压缩机、泵安装工程施工及验收规范
GB 50335 污水再生利用工程设计规范
GB/T 12801 生产过程安全卫生要求总则
GB/T 18883 室内空气质量标准
GB/T 23485 城镇污水处理厂污泥处置 混合填埋用泥质
GB/T 23486 城镇污水处理厂污泥处置 园林绿化用泥质
GB/T 24600 城镇污水处理厂污泥处置 土地改良用泥质
GB/T 25031 城镇污水处理厂污泥处置 制砖用泥质
GB/T 50033 建筑采光设计标准
GB/T 50125 给水排水工程基本术语标准
GBJ 22 厂矿道路设计规范
GBJ 87 工业企业噪声控制设计规范
GBJ 141 给水排水构筑物施工及验收规范
GBZ 1 工业企业设计卫生标准
GBZ 2.1 工作场所有害因素职业接触限值 第一部分：化学有害因素
GBZ 2.2 工作场所有害因素职业接触限值 第二部分：物理因素
CJJ 60 城市污水处理厂运行、维护及其安全技术规程
HJ 493 水质采样 样品的保存和管理技术规定
HJ 494 水质 采样技术指导
HJ 495 水质 采样方案设计技术规定
HJ 577 序批式活性污泥法污水处理工程技术规范
HJ 578 氧化沟活性污泥法污水处理工程技术规范
HJ 2006 污水混凝与絮凝处理工程技术规范
HJ 2008 污水过滤处理工程技术规范
HJ 2009 生物接触氧化法污水处理工程技术规范
HJ 2013 升流式厌氧污泥床反应器污水处理工程技术规范
HJ 2014 生物滤池法污水处理工程技术规范
HJ 2015 水污染治理工程技术导则
HJ 2016 环境工程 名词术语
HJ/T 15 环境保护产品技术要求 超声波明渠污水流量计
HJ/T 91 地表水和污水监测技术规范
HJ/T 96 pH 水质自动分析仪技术要求
HJ/T 101 氨氮水质自动分析仪技术要求
HJ/T 103 总磷水质自动分析仪技术要求
HJ/T 186—2006 清洁生产标准 甘蔗制糖业
HJ/T 212 污染源在线自动监控（监测）系统数据传输标准
HJ/T 242 环境保护产品技术要求 带式压榨过滤机
HJ/T 245 环境保护产品技术要求 悬挂式填料
HJ/T 246 环境保护产品技术要求 悬浮填料
HJ/T 247 环境保护产品技术要求 机械表面曝气机
HJ/T 250 环境保护产品技术要求 旋转式细格栅
HJ/T 251 环境保护产品技术要求 罗茨鼓风机

HJ/T 252　环境保护产品技术要求　中、微孔曝气器
HJ/T 259　环境保护产品技术要求　转刷曝气装置
HJ/T 260　环境保护产品技术要求　鼓风式潜水曝气机
HJ/T 262　环境保护产品技术要求　格栅除污机
HJ/T 263　环境保护产品技术要求　射流曝气器
HJ/T 265　环境保护产品技术要求　刮泥机
HJ/T 266　环境保护产品技术要求　吸泥机
HJ/T 277　环境保护产品技术要求　旋转式滗水器
HJ/T 278　环境保护产品技术要求　单级高速曝气离心鼓风机
HJ/T 279　环境保护产品技术要求　推流式潜水搅拌机
HJ/T 280　环境保护产品技术要求　转盘曝气装置
HJ/T 281　环境保护产品技术要求　散流式曝气器
HJ/T 283　环境保护产品技术要求　污泥脱水用厢式压滤机和板框压滤机
HJ/T 335　环境保护产品技术要求　污泥浓缩带式脱水一体机
HJ/T 336　环境保护产品技术要求　潜水排污泵
HJ/T 353　水污染源在线监测系统安装技术规范（试行）
HJ/T 354　水污染源在线监测系统验收技术规范（试行）
HJ/T 355　水污染源在线监测系统运行与考核技术规范（试行）
HJ/T 369　环境保护产品技术要求　水处理用加药装置
HJ/T 377　环境保护产品技术要求　化学需氧量（COD_{Cr}）水质在线自动监测仪
NY/T 1220.2　沼气工程技术规范　第 2 部分：供气设计
NY/T 1222　规模化畜禽养殖场沼气工程设计规范

3　术语和定义

GB/T 50125、HJ 2016 界定的以及下列术语和定义适用于本标准。

制糖废水　sugar industry wastewater

指甘蔗制糖和甜菜制糖生产过程中产生并外排的废水。

4　污染物与污染负荷

4.1　制糖废水包括制糖生产各工序产生的冷凝水、冷却水、洗滤布水、洗罐废水、锅炉排灰水、甜菜流送洗涤水、压粕水、冲滤泥水以及生产区域的地面冲洗水等。

4.2　现有企业应采用在企业废水总排放口现场实测的方法确定制糖企业的废水量和废水水质；甜菜流送洗涤水、洗滤布水、压粕水、冲滤泥水等应采用在各生产单元废水排放口现场实测的方法确定废水量和废水水质。废水量的测量和废水水质的采样化验应符合 HJ 493、HJ 494、HJ 495 和 HJ/T 91 的规定。

4.3　新建或改扩建等企业应参考相似技术水平、管理水平的企业类比确定废水量和废水水质。

4.4　制糖废水治理工程的设计水量应按下列公式计算：

$$Q_S = \alpha \times Q \tag{1}$$

式中：Q_S——设计水量，m^3/d；

α——设计裕量，宜取 1.1～1.2；

Q——4.2 条或 4.3 条获得的废水量，m^3/d。

4.5 符合 HJ/T 186—2006 的甘蔗制糖企业，设计水量和水质可按表 1 取值。

表 1 甘蔗制糖企业的设计水量和水质

项目	单位	取值范围
吨甜菜的设计水量	m^3/t	1.6～4.0
pH	—	6.5～8.0
化学需氧量（COD_{Cr}）	mg/L	1 050～500
五日生化需氧量（BOD_5）	mg/L	370～180
悬浮物（SS）	mg/L	480～150

4.6 缺乏参考企业的新建或改扩建甜菜制糖企业，设计水量和水质可按表 2 取值；甜菜流送洗涤水、洗滤布水、压粕水、冲滤泥水的设计水量和悬浮物浓度可按表 3 取值。

表 2 甜菜制糖企业的设计水量和水质

项目	单位	取值范围
吨甜菜的设计水量	m^3/t	3.7～7.5
pH	—	6.5～8.0
化学需氧量（COD_{Cr}）	mg/L	5 000～2 500
五日生化需氧量（BOD_5）	mg/L	2 500～1 200
悬浮物（SS）	mg/L	4 000～2 000
总氮（TN）	mg/L	70～35
总磷（TP）	mg/L	12～6

表 3 甜菜流送洗涤水、洗滤布水、压粕水、冲滤泥水的设计水量和悬浮物浓度

项目	单位	甜菜流送洗涤水	洗滤布水	压粕水	冲滤泥水
吨甜菜的设计水量	m^3/t	1.0～3.0	0.1～0.3	0.1～0.3	0.1～0.3
悬浮物（SS）	mg/L	2 000～700	7 000～4 000	2 500～1 500	11 000～8 000

5 总体要求

5.1 一般规定

5.1.1 制糖废水治理工程的建设，除应符合本标准的规定外，还应遵守国家基本建设程序以及国家有关法规与标准的规定。

5.1.2 制糖企业应积极采用清洁生产技术，改进生产工艺，提高水循环利用率，降低水污染物的产生量和排放量。

5.1.3 鼓励制糖企业将制糖废水处理后实现资源化，提高水重复利用率。

5.1.4 制糖废水治理工程的工艺配置应与制糖企业生产环节中的水循环处理利用系统相适应。

5.1.5 制糖废水经处理后排放时，水量和水质应符合 GB 21909 的规定和环境影响评价审批文件的要求。

5.1.6 应优先采用成熟可靠、高效、节能、低投资、低运行成本、低二次污染的处理工艺和设备。

5.1.7 应采取措施防止二次污染。

5.2 建设规模

制糖废水治理工程的建设规模，应根据制糖企业的原料、生产规模和清洁生产水平确定。

5.3 工程构成

5.3.1 制糖废水治理工程主要包括主体工程、配套工程、主要设备器材以及生产管理与服务设施。

5.3.2 主体工程包括废水调节与处理系统、污泥处理系统等。

5.3.3 配套工程包括供配电、给排水、道路、消防、检测与控制等。

5.3.4 主要设备器材包括污水泵、充氧设备与器材、污泥脱水机等。

5.3.5 生产管理与服务设施包括办公用房、分析化验室、值班室等。生产管理与服务设施可由制糖企业统一安排。

5.4 场址选择

场址选择宜参照 GB 50014、HJ 2015，并宜选择在生产季节时厂区的下风向。

5.5 总平面布置

5.5.1 总平面布置应根据各构筑物的功能和处理流程要求，结合地形、地质条件等因素，经过技术经济比较确定，并应便于施工、维护和管理。

5.5.2 总平面布置应符合 GB 50187 的规定。

5.5.3 废水处理设施的布置应因地制宜。散发气味的处理设施应布置在该工程区域的下风向。

5.5.4 各单元平面布置应力求紧凑、合理，并满足施工、设备安装、各类管线连接、维修管理方便的要求。

5.5.5 竖向设计应充分利用原有地形，尽可能做到土方平衡和降低水头损失、降低废水提升高度以及废水经处理后顺利排出。

5.5.6 应设置存放材料、药剂、污泥、废渣等的场所。

5.5.7 生产辅助建筑物的设置，应满足处理工艺和日常管理的需要，其面积应根据废水治理工程的规模、处理工艺、管理体制等确定。

5.5.8 制糖企业有扩建预期时，废水治理工程应兼顾分期建设的特点，进行总体布置。

5.5.9 总平面布置的其他要求宜参照 GB 50014、HJ 2015。

6 工艺设计

6.1 一般规定

6.1.1 处理工艺及参数应根据废水水质特征、废水经处理后的去向、排放标准、本地区的有关特点等，进行技术经济比较后确定。

6.1.2 应采用生化处理为主、物化处理为辅的工艺技术。

6.1.3 应配备能在每年制糖生产开始前进行培菌启动的设施。

6.1.4 主要处理构筑物应分成不少于两组，按并联设计。处理水量较小时也可只设一组，但应配套应急措施。

6.2 工艺路线选择

6.2.1 甘蔗制糖废水处理通常宜采用图 1 所示的工艺技术。但当甘蔗制糖废水 COD_{Cr} 大于 1 500 mg/L 时，宜采用图 2 所示的工艺技术。

6.2.2 甜菜制糖废水处理宜采用图 2 所示的工艺技术。

6.2.3 当甘蔗制糖废水 COD_{Cr} 不大于 500 mg/L，且废水排放标准执行 GB 21909—2008 中的“新建企业水污染物排放限值”时，可取消水解酸化处理单元。

6.2.4 当甜菜流送洗涤水、压粕水、洗滤布水、冲滤泥水在生产环节中已经过沉淀处理，其 SS 不大于 500 mg/L 时，可取消预沉淀池。

6.2.5 深度处理系统主要用于下述情况：

a）当废水排放标准执行 GB 21909—2008 中的“水污染物特别排放限值”时，或其他对排放水悬浮物指标要求较严的场合；

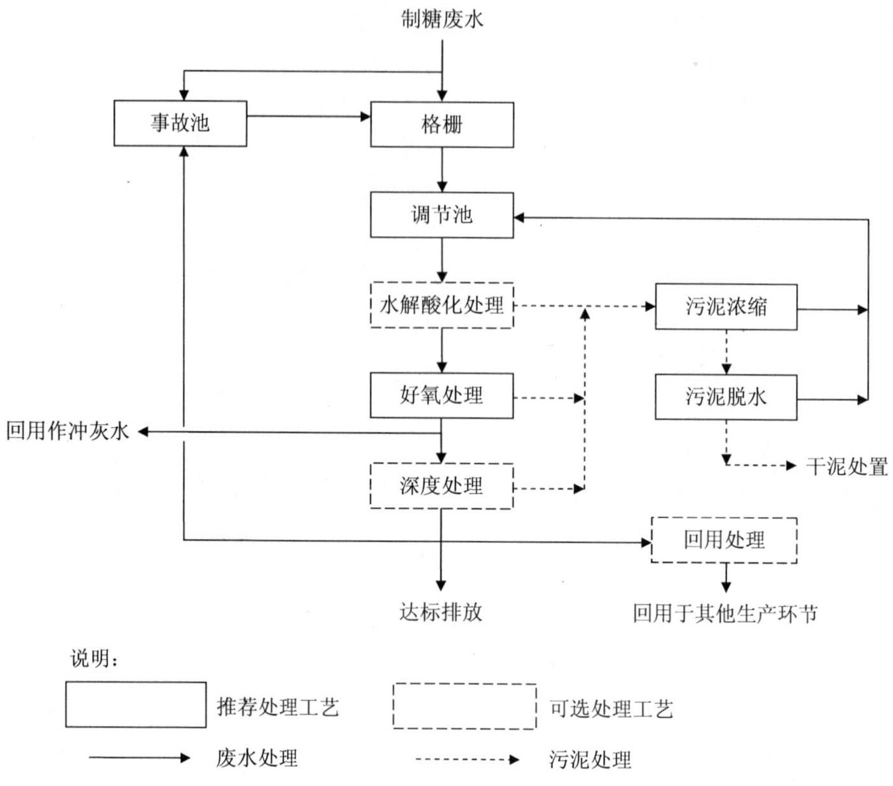

图 1 甘蔗制糖废水处理工艺流程图

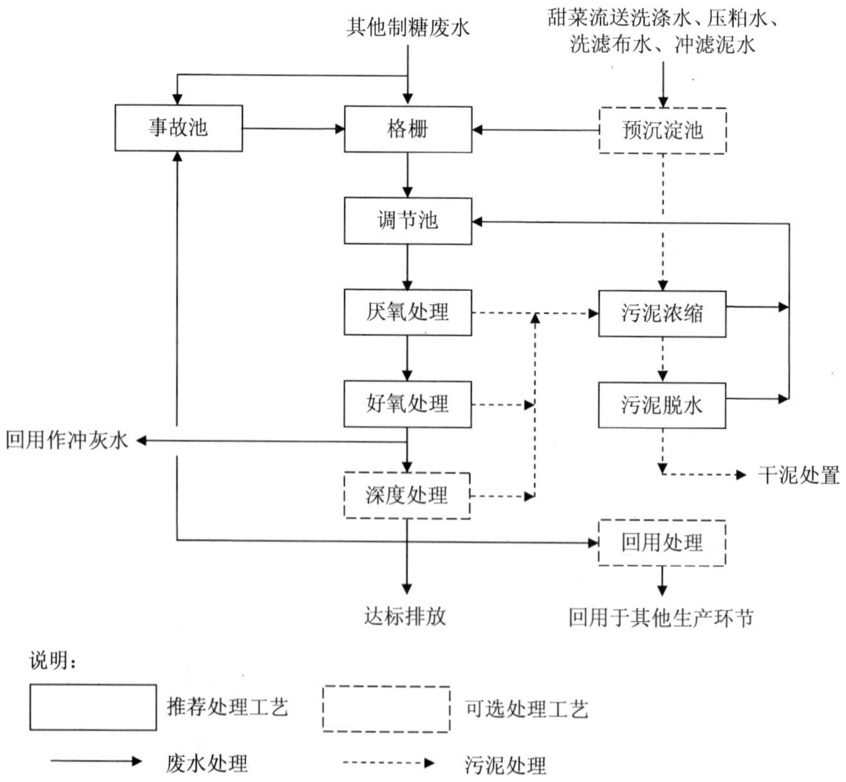

图 2 甜菜制糖废水处理工艺流程图

b）当废水总磷浓度较高，好氧处理的生物除磷无法满足要求时；

c）当废水污染物浓度远高于常规制糖废水水质范围时。

6.2.6 回用处理系统的工艺根据回用水的用途确定。

6.3 工艺设计要求

6.3.1 格栅

6.3.1.1 调节池前应设置格栅。

6.3.1.2 宜采用机械格栅，废水量较小且栅渣不多时可采用人工格栅。

6.3.1.3 格栅应按最大小时废水量设计。

6.3.1.4 机械格栅栅条间隙宽度宜为 3～10 mm，人工格栅栅条间隙宽度宜为 10～20 mm。

6.3.1.5 格栅的其他设计应符合 GB 50014 的规定。

6.3.2 沉淀池

6.3.2.1 沉淀池可采用竖流式、平流式、辐流式或斜管（板）沉淀池等类型，废水量较大时宜采用辐流式沉淀池。活性污泥法后的二沉池不宜采用斜管（板）沉淀池。

6.3.2.2 预沉淀池应按最大小时预沉淀废水量设计；二沉池应按调节池提升泵的最大组合流量设计。

6.3.2.3 预沉淀池的主要设计参数宜按表 4 的规定取值。

表 4 预沉淀池的主要设计参数

项目	单位	竖流式、平流式、辐流式沉淀池	斜管（板）沉淀池
表面水力负荷	$m^3/(m^2 \cdot h)$	1.5～3.0	2.5～5.0
沉淀时间	h	1.0～3.0	—
SS 处理效率	%	40～70	40～70
COD_{Cr}、BOD_5、TN、TP 处理效率	%	10～25	10～25

6.3.2.4 辐流式、平流式、竖流式二沉池的主要设计参数宜按表 5 的规定取值。

表 5 辐流式、平流式、竖流式二沉池的主要设计参数

项目	单位	活性污泥法后	生物接触氧化法后
表面水力负荷	$m^3/(m^2 \cdot h)$	0.7～1.2	0.7～1.2
沉淀时间	h	2.0～4.0	2.0～4.0
固体负荷	$kg/(m^2 \cdot d)$	≤150	—

6.3.2.5 沉淀池的其他设计应符合 GB 50014 的规定。

6.3.3 调节池

6.3.3.1 调节池的有效容积应按照废水排放规律确定，无相关资料时宜按最大日平均时流量的 8～12 h 废水量设计。

6.3.3.2 当废水 SS 大于 500 mg/L 时，调节池内宜设置搅拌装置。当搅拌装置为推流式潜水搅拌机时，混合功率不宜小于 3 W/m^3；当搅拌装置为曝气管或曝气器时，曝气量不宜小于 3 $m^3/(m^2 \cdot h)$。

6.3.3.3 调节池底部应设有集水坑和泄水管。池底宜有不小于 0.005 的坡度，坡向集水坑。池壁应设置溢水管，溢水管应通向事故池。

6.3.3.4 用于甜菜制糖废水的调节池应有顶盖及保温措施，顶盖上应有人孔。

6.3.4 水解酸化池

6.3.4.1 水解酸化池内宜设置生物填料。

6.3.4.2 生物填料的设置应使维护检修工作能够进行。悬挂式生物填料距离池底不应小于 0.8 m。

6.3.4.3 悬挂式生物填料的总量不宜小于池容的 70%；悬浮式生物填料的总量不宜少于池容的 40%。

6.3.4.4 水解酸化池宜按常温进行设计。

6.3.4.5 水解酸化池的主要设计参数宜根据试验资料确定；无试验资料时，可按表 6 的规定取值。

表 6 水解酸化池的主要设计参数

项目	单位	参数值
填料区 COD_{Cr} 容积负荷	kg/（m^3·d）	3～6
填料区水力停留时间	h	3～6
COD_{Cr} 处理效率	%	20～40
BOD_5 处理效率	%	20～40
污泥产率系数（污泥/COD_{Cr}）	kg/kg	0.1～0.2

6.3.4.6 水解酸化池填料区容积应按下列公式计算：

$$V_t = \frac{Q_S \times S_0}{1\,000 \times N_V} \tag{2}$$

式中：V_t——水解酸化池填料区容积，m^3；

Q_S——水解酸化池设计流量，m^3/d；

S_0——水解酸化池进水化学需氧量，mg/L；

N_V——水解酸化池填料区 COD_{Cr} 容积负荷，kg/（m^3·d）。

6.3.4.7 应妥善设计布水装置和集水装置，使废水能均匀分布。

6.3.5 厌氧处理池

6.3.5.1 厌氧处理池可采用升流式厌氧污泥床（UASB）或厌氧生物滤池（AF）等池型。

6.3.5.2 处理甘蔗制糖废水的厌氧处理池可按常温进行设计，有条件时可采用 35～38℃的中温厌氧消化。处理甜菜制糖废水的厌氧处理池宜采用 35～38℃的中温厌氧消化。

6.3.5.3 厌氧处理池的主要设计参数宜根据试验资料确定；无试验资料时，UASB 和 AF 的主要设计参数可按表 7 的规定取值。

表 7 UASB 和 AF 的主要设计参数

项目	单位	UASB	AF
温度	℃	35～38	35～38
COD_{Cr} 容积负荷	kg/（m^3·d）	3～9	—
填料区 COD_{Cr} 容积负荷	kg/（m^3·d）	—	2～6
COD_{Cr} 处理效率	%	70～90	70～90
BOD_5 处理效率	%	75～95	75～95
污泥产率系数（污泥/COD_{Cr}）	kg/kg	0.05～0.1	0.05～0.1

6.3.5.4 UASB 反应区容积和 AF 填料区容积应按下列公式计算：

$$V = \frac{Q_S \times S_0}{1\,000 \times N_V} \tag{3}$$

式中：V——UASB 反应区容积或 AF 填料区容积，m^3；

Q_S——UASB 或 AF 设计流量，m^3/d；

S_0——UASB 或 AF 进水化学需氧量，mg/L；

N_V——UASB 容积负荷或 AF 填料区 COD_{Cr} 容积负荷，kg/（m^3·d）。

6.3.5.5 当厌氧处理池的进水 COD_{Cr} 大于 5 000 mg/L 时，厌氧处理池宜分成两段，串联运行。设计参数应通过试验确定。

6.3.5.6 应妥善设计布水装置和集水装置，使废水能均匀分布。

6.3.5.7 应配套沼气安全燃烧装置，宜配套沼气净化利用系统。沼气的净化、贮存等应符合 NY/T 1222 和 NY/T 1220.2 的规定。

6.3.5.8 厌氧处理池、沼气净化利用系统和安全燃烧装置应符合 GB 50016 中的有关规定。

6.3.5.9 UASB 的其他设计应符合 HJ 2013 的规定。

6.3.6 好氧处理池

6.3.6.1 好氧处理池可采用活性污泥法中的普通曝气法、氧化沟活性污泥法、序批式活性污泥法等，或采用生物接触氧化法等类型。甜菜制糖废水处理不宜采用生物滤池、生物转盘等暴露式生物膜技术。

6.3.6.2 好氧处理池的主要设计参数宜根据试验资料确定；无试验资料时，可按表 8 的规定取值。

表 8 好氧处理池的主要设计参数

项目	单位	活性污泥法	生物接触氧化法
污泥（MLSS）浓度	g/L	2.0～4.0	—
污泥负荷（BOD_5/MLSS）	kg/（kg·d）	0.1～0.2	—
填料区污泥（BOD_5）负荷	kg/（m^3·d）	—	0.7～2.0
水力停留时间	h	6～20	—
填料区水力停留时间	h	—	4～12
COD_{Cr} 处理效率	%	65～85	65～85
BOD_5 处理效率	%	80～95	80～95
污泥产率系数（VSS/BOD_5）	kg/kg	0.3～0.6	0.3～0.6

6.3.6.3 活性污泥法好氧处理池有效容积和生物接触氧化法好氧处理池填料区容积应按下列公式计算：

$$V_1 = \frac{Q_S \times (S_0 - S_e)}{1\,000 \times N \times X} \tag{4}$$

$$V_2 = \frac{Q_S \times (S_0 - S_e)}{1\,000 \times N_V} \tag{5}$$

式中：V_1——活性污泥法好氧处理池有效容积，m^3；

Q_S——好氧处理池设计流量，m^3/d；

S_0——好氧处理池进水五日生化需氧量，mg/L；

S_e——好氧处理池出水五日生化需氧量，mg/L；

N——活性污泥法好氧处理池污泥负荷（BOD_5/MLSS），kg/（kg·d）；

X——活性污泥法好氧处理池内混合液悬浮固体（MLSS）平均质量浓度，g/L；

V_2——生物接触氧化法好氧处理池填料区容积，m^3；

N_V——生物接触氧化法好氧处理池填料区（BOD_5）容积负荷，kg/（m^3·d）。

6.3.6.4 供氧方式可采用鼓风曝气、射流曝气或机械表面曝气等。供氧方式应根据设备器材投资、电耗、运行灵活性、操作维护、备品备件等因素，经过技术经济比较后确定。当处理规模较大时，宜采用鼓风曝气配微孔曝气器的供氧方式。

6.3.6.5 生物接触氧化法宜采用鼓风曝气的方式。

6.3.6.6 好氧处理池的其他设计应符合 GB 50014、HJ 577、HJ 578、HJ 2009 等的规定。

6.3.7 深度处理

6.3.7.1 根据水质及排放标准，深度处理可采用过滤、混凝沉淀（或澄清）、活性炭吸附等工艺或工艺组合。当缺少设计资料时，工艺技术及参数应通过试验，并经技术经济比较确定。

6.3.7.2 深度处理设计可参照 GB 50013、GB 50014、GB 50335、HJ 2006、HJ 2008 等。

6.4 二次污染控制措施

6.4.1 污泥处理与处置

6.4.1.1 预沉淀池的污泥、生化处理系统的剩余污泥和深度处理系统的污泥均应进行妥善处理处置。

6.4.1.2 预沉淀池的污泥量和深度处理的污泥量应根据废水悬浮物去除量和加药量进行计算；生化处理系统的剩余污泥量应根据废水有机物去除量和污泥产率系数进行计算。

6.4.1.3 污泥浓缩和污泥脱水产生的废水应返回调节池。

6.4.1.4 污泥浓缩和污泥脱水的设计应符合 GB 50014 的规定。

6.4.1.5 制糖企业应设置泥饼的储存转运设施，储存转运设施的类型和规模应按脱水后的污泥量、转运条件等确定。

6.4.1.6 泥饼和栅渣等的堆场地面和四周应有防渗、防漏、防雨水等措施。

6.4.1.7 污泥处置方法应因地制宜，通常可采用农用、土地改良、卫生填埋等方法。

6.4.1.8 污泥农用应符合 GB 4284 的规定；污泥用于土地改良应符合 GB/T 24600 的规定；污泥用于混合填埋应符合 GB/T 23485 的规定；污泥用于园林绿化应符合 GB/T 23486 的规定；污泥用于制砖应符合 GB/T 25031 的规定。

6.4.2 恶臭控制

6.4.2.1 厌氧处理池和污泥储存、浓缩、脱水设施等产生恶臭的处理单元宜设置臭气收集装置。

6.4.2.2 臭气经收集后宜进行集中除臭处理。除臭处理可采用生物法、吸收法、电法等。

6.4.2.3 恶臭污染物的排放应符合 GB 14554 的规定。

6.4.3 噪声控制

6.4.3.1 应对鼓风机等产生噪声的设备采用隔声、消声措施。噪声控制设计应符合 GBJ 87 的规定。

6.4.3.2 厂内和厂界噪声应符合 GB 3096 和 GB 12348 的规定。

6.4.3.3 工程建设时，建筑施工场界环境噪声排放应符合 GB 12523 的规定。

6.5 突发事故应急措施

6.5.1 制糖废水治理工程应设置事故池。事故池可以单独设置，也可与企业应急池合建。

6.5.2 事故池应设置废水排出设施。

6.5.3 当废水处理设施因故不能将废水处理达标时，制糖废水应排入事故池；当事故池充满时，制糖生产环节应停止外排废水。

6.5.4 废水处理设施排除故障后，事故池内的废水应逐渐送入废水处理系统进行处理，其流量应以不影响废水处理系统正常运行为限。

6.3.5 事故池的有效容积可按最大日平均时流量的 8～12 h 废水量设计。

7 主要工艺设备与材料

7.1 主要设备选型原则

7.1.1 主要设备器材的性能应能满足废水处理的要求。

7.1.2 应选用符合国家和行业产品标准的设备器材。

7.1.3 设备器材的选型应根据设备器材价格、运行电耗、运行可靠性、运行灵活性、备品备件、维护保养等因素经过技术经济比较后确定。

7.1.4 耗电量大的供氧设备、污水泵、污泥泵等设备应选用节能型或采取节能措施。

7.1.5 潜水式污水泵的选型应注意废水温度是否超出水泵的使用范围。

7.1.6 当处理规模较大时，污泥脱水设备宜选用带式压滤机或离心脱水机。处理规模较小时宜选用板框或厢式压滤机。当废水含有较多泥沙时，不应选用离心脱水机。

7.2 主要工艺设备与材料的性能要求

7.2.1 旋转式细格栅应符合 HJ/T 250 的规定；格栅除污机应符合 HJ/T 262 的规定。

7.2.2 推流式潜水搅拌机应符合 HJ/T 279 的规定。

7.2.3 潜水污水泵应符合 HJ/T 336 的规定。

7.2.4 悬挂式填料应符合 HJ/T 245 的规定；悬浮填料应符合 HJ/T 246 的规定。

7.2.5 罗茨鼓风机应符合 HJ/T 251 的规定；单级高速离心鼓风机应符合 HJ/T 278 的规定。

7.2.6 竖轴式机械表面曝气机应符合 HJ/T 247 的规定；横轴式转刷曝气装置应符合 HJ/T 259 的规定；鼓风式潜水曝气机应符合 HJ/T 260 的规定；转盘曝气装置应符合 HJ/T 280 的规定。

7.2.7 中、微孔曝气器应符合 HJ/T 252 的规定；射流曝气器应符合 HJ/T 263 的规定；散流式曝气器应符合 HJ/T 281 的规定。

7.2.8 旋转式滗水器应符合 HJ/T 277 的规定。

7.2.9 刮泥机应符合 HJ/T 265 的规定；吸泥机应符合 HJ/T 266 的规定。

7.2.10 加药设备应符合 HJ/T 369 的规定。

7.2.11 带式压滤机应符合 HJ/T 242 的规定；厢式压滤机和板框压滤机应符合 HJ/T 283 的规定；带式浓缩脱水一体机应符合 HJ/T 335 的规定。

7.2.12 各设备器材的参数及安装要求、备用要求等可参照 GB 50014。

8 检测与过程控制

8.1 检测

8.1.1 制糖废水治理工程应设置采样点，并配置相应的检测仪器仪表。

8.1.2 采样点包括废水入流处、水解酸化池池内和出口、厌氧处理池池内和出口、好氧处理池池内、二沉池出水口、二沉池排泥口和最终排水口等。

8.1.3 检测指标包括废水量，废水的温度、pH 值、COD_{Cr}、BOD_5、溶解氧浓度（DO）、SS、挥发性悬浮固体（VSS）、污泥指数（SVI）、污泥镜检等；对于甜菜制糖废水还应增加废水的 TN、氨氮（NH_3-N）、TP 和沼气流量等；对于生物脱氮处理工艺还应增加废水的氧化还原电位（ORP）。

8.1.4 日常检测的内容包括入流废水量，入流废水的温度、pH 值、COD_{Cr}、BOD_5，水解酸化池和厌氧处理池出口废水的 COD_{Cr}，二沉池出口和废水外排口的 COD_{Cr}、BOD_5、SS、pH 值，厌氧处理池内的温度，厌氧处理池的产气量；对于甜菜制糖废水还应增加入流废水的 SS、TN、TP，二沉池出口和最终排出口废水的 TN、NH_3-N、TP 等。采样频次应根据工艺控制要求确定。

8.1.5 规模较大时，好氧处理池宜设置在线溶解氧仪。

8.1.6 水质采样以及水质样品的保存和管理应符合 HJ 493、HJ 494、HJ 495 的规定。

8.1.7 废水外排口设置的在线检测系统应符合《污染源自动监控管理办法》、HJ/T 15、HJ/T 96、HJ/T 101、HJ/T 103、HJ/T 212、HJ/T 353、HJ/T 354、HJ/T 355、HJ/T 377 等的规定。

8.2 过程控制

8.2.1 过程控制模式应根据处理规模、处理要求、企业经济条件等因素确定。规模较大时，宜采用集中显示、分散控制的系统。

8.2.2 机械格栅应能根据格栅前后的水位差自动启停，气温较低时机械格栅应常开。

8.2.3 提升调节池废水的污水泵应能够根据调节池水位自动启停，其他泵应能够在低水位时自动停机。

8.2.4 供氧设备宜能根据好氧处理池内的溶解氧浓度调整供氧量。规模较大时，宜实现自动调整。

9 主要辅助工程

9.1 电气系统

9.1.1 供电宜按二级负荷设计，供电等级应与生产车间相等。

9.1.2 供配电系统应符合 GB 50052 的规定。

9.1.3 低压配电设计应符合 GB 50054 的规定。

9.1.4 建设工程施工现场供用电安全应符合 GB 50194 的规定。

9.1.5 建筑照明设计应符合 GB 50034 的规定。

9.2 建筑与结构

9.2.1 建筑物的建设应符合 GB 50011、GB 50037、GB 50046、GB 50057、GB/T 50033 等的规定。

9.2.2 构筑物的建设应符合 GB 50069、GB 50108、GB 50208、GBJ 141 等的规定。

9.3 采暖通风与空调

9.3.1 地下建筑物应有通风设施。

9.3.2 甜菜制糖废水治理工程的构筑物应有防冻措施。

9.3.3 采暖系统宜由制糖企业统筹规划建设。

9.3.4 采暖通风与空调的设计应符合 GB 50019 的规定。

9.4 给排水与消防

9.4.1 室外消防宜由制糖企业统筹规划建设。

9.4.2 废水治理工程范围内的给排水和消防应符合 GB 50013、GB 50014、GB 50015、GB 50016、GB 50140、GB 50222、GB 50268 等的规定。

9.5 道路与绿化

9.5.1 废水处理设施与企业生产区和生活区宜由道路与绿化隔开。

9.5.2 道路设计应符合 GBJ 22 的规定。

9.5.3 绿化宜由制糖企业统筹规划建设。

10 劳动安全与职业卫生

10.1 劳动安全

10.1.1 劳动安全管理应符合 GB/T 12801 的规定。

10.1.2 应对工作人员进行必要的培训，各岗位应制定相应的安全操作规程、注意事项等。

10.1.3 应为职工配备必要的劳动安全卫生设施和劳动防护用品。

10.1.4 各构筑物应设有便于行走的操作平台、走道。

10.1.5 高架构筑物应设置适用的栏杆、防滑梯和避雷针等安全设施，栏杆高度和强度应符合国家有关劳动安全卫生的规定。

10.1.6 水处理构筑物应设置救生圈。

10.1.7 各种机械设备裸露的传动部分或运动部分应设置防护罩或设置防护栏杆，周围应保持一定的操作活动空间。

10.1.8 存在有害气体、易燃气体、异味、粉尘或环境潮湿的场所，应配置通风设施。

10.1.9 人员进入密闭的构、建筑物等场所时，应先进行强制通风，再经过仪器检测，确定符合安全条件后，人员方可进入。

10.1.10 电气设备的金属外壳应采用接地或接零保护。钢结构、排气管、排风管和铁栏杆等金属物应在等电位连接后作接地保护。

10.2 职业卫生

10.2.1 职业卫生应符合 GBZ 1 和 GBZ 2.1、GBZ 2.2 的规定。

10.2.2 室内空气质量应符合 GB/T 18883 的规定。

10.2.3 应确保防护设备、防护用品处于正常工作状态，不得擅自拆除或停止使用。

10.2.4 工作人员在加药间、污泥脱水间、鼓风机房等高粉尘、有异味、高噪声的环境下应佩戴必要的劳动保护用具。

11 施工与验收

11.1 施工

11.1.1 工程施工应符合 GBJ 141 等标准及相关管理文件的规定。

11.1.2 施工单位应具有与该工程相应的资质。

11.1.3 施工单位应遵守相关的技术规范及有关劳动安全与卫生、消防等的国家强制性标准。

11.1.4 工程施工应符合施工设计文件、设备技术文件的要求。

11.1.5 工程施工所使用的设备、材料、器件等应符合相关的国家标准，并应具备产品合格证。

11.2 工程验收

11.2.1 废水治理工程应按《建设项目（工程）竣工验收办法》、相应专业验收规范和本标准的有关规定进行竣工验收。竣工验收合格前不得投入生产性使用。

11.2.2 竣工验收应依据主管部门的批准文件、经批准的设计文件和设计变更文件、工程合同、设备供货合同和合同附件、设备技术文件和技术说明书及其他文件等。

11.2.3 竣工验收应分阶段进行，设备安装、构筑物、建筑物等单项工程可按竣工顺序及时验收，工程全部竣工后应进行整体工程的竣工验收。

11.2.4 单项工程中的设备安装工程应在验收前进行单体调试和试运行。水池等构筑物的验收应事先进行注水试验。管道安装工程应先进行压力试验。

11.2.5 整体工程竣工验收前，应用清水进行联动试车。

11.2.6 单项工程和整体工程竣工验收的任何环节若出现问题，都应进行整改，直至全部合格。

11.3 环境保护验收

11.3.1 在进行环境保护验收之前应对废水治理工程进行性能试验、工艺调试及试运行。

11.3.2 性能试验应包括耗电量测试、充氧效果试验、鼓风机运行试验、单体和系统满负荷运行测试、活性污泥测试、剩余污泥量和污泥脱水效率测试、出水指标达标稳定性试验等。

11.3.3 环境保护验收应符合《建设项目竣工环境保护验收管理办法》的规定。

11.3.4 经环境保护验收合格后，废水治理工程方可正式投入使用。

12 运行与维护

12.1 一般规定

12.1.1 在企业生产期，未经当地环境保护行政主管部门批准，废水治理工程不得停止运行。当紧急事故造成设施停止运行时，应立即报告当地环境保护行政主管部门。

12.1.2 当制糖企业委托其他单位运营废水治理工程时，运营单位必须具有相应等级的环境污染治理设施运营资质。

12.1.3 废水治理工程应由具有相应执业资质和上岗证书的人员进行操作和管理。

12.1.4 应建立健全规章制度、岗位操作规程和质量管理等文件。

12.1.5 其他内容可参照 CJJ 60 的规定。

12.2 停产与再启动

12.2.1 停产或检修时，内设填料的水池，放空时应使水位缓慢下降。

12.2.2 停产期间，应有措施防止生物填料和斜管（板）填料等被长时间暴晒。

12.2.3 停产期间，所有设施都应得到妥善维护。

12.2.4 启动前应全面检查工程设施，做好相应的准备工作。

12.2.5 废水治理工程应提前启动培菌，待废水处理系统正常运行后才可开始年度制糖生产。

12.2.6 当厌氧处理池按中温设计时，在启动培菌后期应将厌氧处理池池内温度维持在设计温度范围内。

12.3 人员与操作维护

12.3.1 应实施质量控制，保证废水治理工程的稳定运行。

12.3.2 运行管理人员上岗前均应接受相关法律法规和专业技术、安全防护、紧急处理等理论知识和操作技能的培训。运行人员应定期接受岗位培训，持证上岗。

12.3.3 各岗位人员应严格按照操作规程作业，如实填写运行记录，并妥善保存。

12.3.4 设备的日常维护、保养应纳入正常的设备维护管理工作。应根据工艺要求，定期对构、建筑物、设备、电气及自控仪表进行检查维护，确保处理设施稳定运行。

12.3.5 发现异常情况时，应采取相应解决措施并及时上报有关主管部门。

12.4 水质管理

12.4.1 应定期采样分析，常规指标包括废水量，温度、pH 值、COD_{Cr}、BOD_5、SS、NH_3-N、TN、TP、SVI、污泥镜检等。

12.4.2 已安装在线检测系统的，也应定期进行取样，进行人工检测，并比对检测数据。

12.4.3 对于连续式处理工艺，每日采样次数不应少于 3 次，采样间隔不应小于 4 h；对于序批式处理工艺，每批采样次数不应少于 1 次。可分别分析或混合分析，其中 pH、COD_{Cr}、SS、NH_3-N、TN、TP、SVI、污泥镜检等每天至少分析 1 次，BOD_5 每周至少分析 1 次。

12.5 应急措施

12.5.1 制糖废水治理工程的运营管理部门应编制事故应急预案（包括环保应急预案）。应急预案包括应急预警、应急响应、应急指挥、应急处理等方面的内容。企业应制定相应的应急处理措施，并配套相应的人力、设备、通信等应急处理的必备条件。

12.5.2 废水治理设施发生异常情况或重大事故时，应启用应急处理措施，并按应急预案中的规定向有关主管部门汇报。

HJ

中华人民共和国国家环境保护标准

HJ 2019—2012

钢铁工业废水治理及回用工程技术规范

Technical specifications for wastewater treatment and reuse of iron and steel industry

2012-10-17 发布　　2013-01-01 实施

环境保护部 发布

前　言

为贯彻《中华人民共和国环境保护法》、《中华人民共和国水污染防治法》和《钢铁工业水污染物排放标准》，规范钢铁工业废水治理及回用工程的建设与运行管理，环境污染，保护环境和人体健康，制定本标准。

本标准规定了钢铁工业废水治理及回用工程的总体要求、工艺设计、主要工艺设备与材料、检测与控制、施工、验收和运行等的技术要求。

本标准为指导性标准。

本标准为首次发布。

本标准由环境保护部科技标准司组织制订。

本标准起草单位：中冶建筑研究总院有限公司。

本标准由环境保护部 2012 年 10 月 17 日批准。

本标准自 2013 年 1 月 1 日起实施。

本标准由环境保护部解释。

钢铁工业废水治理及回用工程技术规范

1 适用范围

本标准规定了钢铁工业生产单元（不含焦化）废水处理工程技术要求与回用原则，以及综合污水治理与回用工程的总体要求、工艺技术、设计参数、设备与材料、检测与控制、施工、验收和运行等技术要求。

本标准适用于钢铁工业生产单元废水治理与回用的过程控制及综合污水治理与回用工程，可作为钢铁工业建设项目环境影响评价、环境保护设施设计与施工、建设项目竣工环境保护验收及建成后运行与管理的技术依据。

2 规范性引用文件

本规范引用了下列文件或其中的条款。凡是未注明日期的引用文件，其最新版本适用于本规范。

GB 12348 工业企业厂界环境噪声排放标准

GB 13456 钢铁工业水污染物排放标准

GB 16297 大气污染物综合排放标准

GB 50013 室外给水设计规范

GB 50014 室外排水设计规范

GB 50016 建筑设计防火规范

GB 50019 采暖通风与空气调节设计规范

GB 50040 动力机器基础设计规范

GB 50050 工业循环冷却水处理设计规范

GB 50052 供配电系统设计规范

GB 50053 10 kV 及以下变电所设计规范

GB 50054 低压配电设计规范

GB 50168 电气装置安装工程旋转电机施工及验收规范

GB 50194 工程施工现场供用电安全规范

GB 50275 压缩机、风机、泵安装工程施工及验收规范

GB 50303 建筑电气工程施工质量验收规范

GB 50335 污水再生利用工程设计规范

GB 50506 钢铁企业节水设计规范

GB 50672 钢铁企业综合污水处理厂工艺设计规范

GBJ 22 厂矿道路设计规范

GBJ 87 工业企业厂界噪声控制设计规范

HG/T 2124 桨式搅拌器技术条件

HG/T 2125 涡轮式搅拌器技术条件

HG/T 2126 推进式搅拌器技术条件

HJ/T 243　环境保护产品技术要求　油水分离装置
HJ/T 251　环境保护产品技术要求　罗茨鼓风机
HJ/T 262　环境保护产品技术要求　格栅除污机
HJ/T 265　环境保护产品技术要求　刮泥机
HJ/T 279　环境保护产品技术要求　推流式潜水搅拌机
HJ/T 283　环境保护产品技术要求　厢式过滤机和板框过滤机
HJ/T 336　环境保护产品技术要求　潜水排污泵
HJ/T 369　环境保护产品技术要求　水处理用加药装置
HJ/T 353　水污染源在线监测系统安装技术规范（试行）
HJ/T 354　水污染源在线监测系统验收技术规范
HJ/T 355　废水在线监测系统的运行维护技术规范
《钢铁工业给水排水设计手册》
《建设项目（工程）竣工验收办法》（国家计委　计建设[1990]215 号）
《建设项目环境保护竣工验收管理办法》（国家环境保护总局令　第 13 号）

3　术语和定义

下列术语和定义适用于本规范。

3.1　钢铁工业废水　waste water from iron and steel industry

钢铁工业各生产单元及辅助设施产生的废水。

3.2　钢铁生产单元废水　waste water from the unit of iron and steel industry

钢铁生产过程中各生产工序（如原料、烧结、炼铁、炼钢、轧钢等）产生的废水。

3.3　钢铁工业综合污水　synthetic sewage from iron and steel industry

由钢铁企业厂区内排水系统汇集和输送的，经总排口对外排放的废水。

3.4　浓含盐废水　concentrated salt-containing wastewater

含盐量大于或等于 2 000 mg/L 的工业废水。

3.5　一体化澄清池　all-in-one sediment tank

采用专用泥浆泵，促使池中活性泥渣外循环，并使污水中杂质颗粒与已形成的泥渣接触絮凝和分离，集絮凝、澄清、沉淀和剩余泥浆增浓为一体的构筑物。

4　污染物与污染负荷

4.1　废水来源与主要污染物

钢铁工业废水来源于生产工艺过程用水、设备与产品冷却水、设备与场地清洗水等。废水含有随水流失的生产用原料、中间产物和产品，以及生产过程中产生的污染物。废水来源与主要污染物见表 1。

4.2　废水水量与污染负荷

4.2.1　钢铁生产单元废水产生量应按下列方法确定：

a）新建钢铁企业应按各生产单元的水量水质平衡计算，并通过类比验证确定；

b）改、扩建钢铁企业应按各生产单元给排水系统中设置的计量仪表实测数据确定；

c）当无计量仪表时，可根据类似产品品种、生产工艺、生产规模、工作制度和管理水平的企业类比确定。

表 1 钢铁工业废水来源与主要污染物

生产单元	废水种类	排放源	主要污染物及负荷
原料	原料场废水	卸料除尘、冲洗地坪	SS
烧结	冲洗胶带、地坪废水	冲洗混合料胶带、冲洗地坪	SS 质量浓度一般为 5 000 mg/L
	湿式除尘器废水	湿式除尘器	主要为 SS，质量浓度一般为 5 000～10 000 mg/L，其中 TFe 占 40%～45%
	脱硫废液	烧结机烟气脱硫	pH：4～6，SS、Cl^-高，汞、铅、砷、锌等重金属离子
炼铁	高炉煤气洗涤废水	高炉煤气洗涤净化系统、管道水封	SS、COD 等，含少量酚、氰、Zn、Pb、硫化物和热污染。其中 SS 质量浓度为 1 000～5 000 mg/L，氰化物 0.1～10 mg/L，酚 0.05～3 mg/L
	炉渣粒化废水	渣处理系统	主要为 SS，质量浓度为 600～1 500 mg/L，氰化物 0.002～1 mg/L，酚 0.01～0.08 mg/L
	铸铁机喷淋冷却废水	铸铁机	主要为 SS，质量浓度为 300～3 500 mg/L
炼钢	转炉烟气湿法除尘废水	湿式除尘器	未燃法废水 SS 以 FeO 为主，燃烧法废水 SS 以 Fe_2O_3 为主，SS 质量浓度一般为 3 000～20 000 mg/L
	精炼装置抽气冷凝废水	精炼装置	主要为 SS，质量浓度为 150～1 000 mg/L
	连铸生产废水	二冷喷淋冷却、火焰切割机、铸坯钢渣粒化	主要为 SS、氧化铁皮、油脂，SS 质量浓度为 200～2 000 mg/L，油 20～50 mg/L
	火焰清理机废水	火焰清理机、煤气清洗	主要为 SS、氧化铁皮、油脂，SS 质量浓度为 400～1 500 mg/L
轧钢（热轧）	热轧生产废水	轧机支撑辊、卷取机、除鳞、辊道等冷却和冲铁皮	主要为氧化铁皮、油脂，SS 质量浓度为 200～4 000 mg/L，油 20～50 mg/L
轧钢（冷轧）	冷轧酸碱废水	酸洗线、轧线	酸、碱
	冷轧含油和乳化液废水	冷轧机组、磨辊间、带钢脱脂机组及油库	润滑油和液压油
	冷轧含铬废水	热镀锌机组、电镀锌、电镀锡等机组	铬、锌、铅等重金属离子
自备电厂	高含盐废水	除盐站反洗水或软化站再生排水	酸、碱

4.2.2 钢铁工业综合污水的水量应按各排水干管排水量之和计算。

4.2.3 钢铁生产单元废水的污染负荷可按相应生产单元的废水排放量及污染物浓度进行估算；综合污水的污染负荷可根据现场连续取样测定或根据排水系统的水量水质进行估算。

5 总体要求

5.1 一般规定

5.1.1 钢铁工业废水治理及回用工程技术除应遵守本标准外，还应符合国家现行有关标准和规范的规定。

5.1.2 钢铁工业废水治理及回用工程应与钢铁企业生产发展总体规划、生产工艺合理配套，并采用处理效率高、安全可靠的处理工艺，确保企业用水安全。

5.1.3 钢铁工业废水治理及回用工程应按照清洁生产的原则，实行全过程控制，并由以下三个重要环节有机组成：在生产单元用水源头采用减少或消除污染物进入水中的技术；采用有效的循环水处理系统；末端总排出口污水治理及回用。

5.1.4 钢铁工业废水治理及回用工程应设置相关在线检测仪表，以保证废水处理系统安全可靠、连续稳定运行。

5.1.5 钢铁企业各生产单元废水应收集处理后循环使用。新建企业的原料场、烧结、炼铁生产单元应达到基本无废水外排。

5.1.6 钢铁企业应建设综合污水处理设施，将综合污水收集并处理达到用户水质要求后回用，外排水应满足 GB 13456 要求。

5.1.7 钢铁企业各外排口应设污染源在线监测装置，并按国家有关污染源监测技术规范的规定执行。

5.2 工程项目构成

5.2.1 钢铁生产单元废水治理及回用的项目主体由循环水处理、废水处理、串级供水等主体工艺及配套辅助设施组成。

5.2.2 综合污水处理设施由预处理工艺、主体工艺及配套辅助工程组成。

5.3 场址选择

5.3.1 废水治理及回用工程的场址选择应符合钢铁企业总体规划和给排水专业设计要求。

5.3.2 综合污水处理设施场址选择应符合 GB 50672 的规定。

5.4 总平面布置

5.4.1 总平面布置应综合考虑工艺流程的要求和场地条件，遵循节约用地的原则，使总图布置紧凑，管道距离尽量简短。

5.4.2 工艺流程的竖向设计应力求降低能耗，减少提升次数，在满足排水顺畅的前提下减小水头损失。

5.4.3 加药间、污泥处理间应设置在相对独立的区域，并靠近道路。

5.4.4 厂区道路的设置，应满足交通运输、消防、绿化及各种管线的敷设要求。

6 工艺设计

6.1 一般规定

6.1.1 废水处理工艺流程的选择应根据废水水质及处理后水质的要求，在实现综合利用或达标排放的前提下，选择成熟先进、运行稳定、经济合理的技术路线，以尽量实现回收利用。

6.1.2 废水处理工艺的设计应考虑任一构筑物或设备因检修、清洗而停运时仍能保证产出满足生产需求的合格水质及水量的要求。

6.2 废水收集设施

6.2.1 钢铁生产单元废水汇集应采用“清污分流”的分流制排水系统，分别收集、处理后回用。

6.2.2 各生产单元外排废水（冷轧废水、浓含盐废水除外）应通过厂区排水系统收集后输送至综合污水处理设施处理。

6.3 生产单元废水治理与回用

6.3.1 生产单元废水应遵循一水多用和综合利用的原则，与企业总体循环水系统相结合，形成完整的节水型废水治理和回用的大循环系统。

6.3.2 各生产单元外排废水应由厂区排水系统收集并输送至综合污水处理设施处理。

6.3.3 原料场废水经沉淀处理后回用。

6.3.4 烧结厂废水经沉淀或浓缩处理后循环使用。

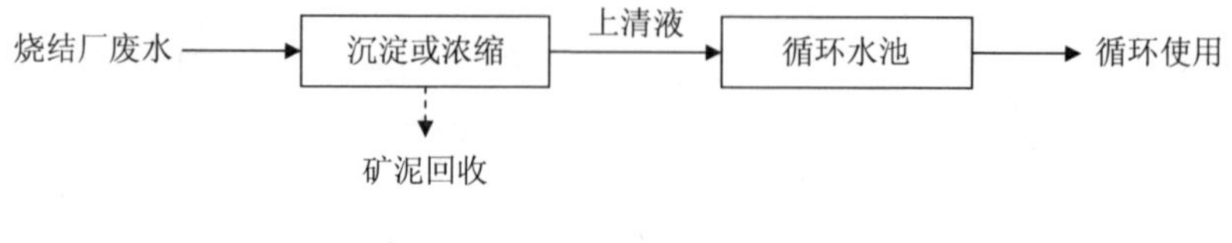

图 1 烧结厂废水处理工艺流程图

6.3.5 炼铁厂废水宜采用以下处理工艺。

a）高炉煤气洗涤废水宜采用图 2 所示工艺处理后循环使用。循环水系统强制排污水应作为高炉冲渣系统补充水。

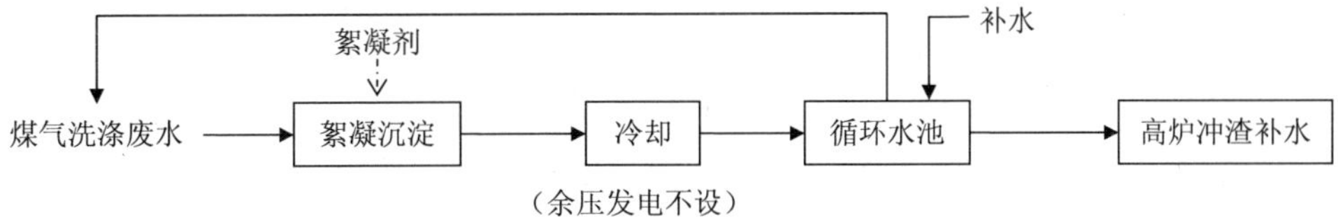

图 2　高炉煤气洗涤废水处理工艺流程图

b）高炉冲渣废水宜选用图 3～图 6 所示工艺处理后循环使用。

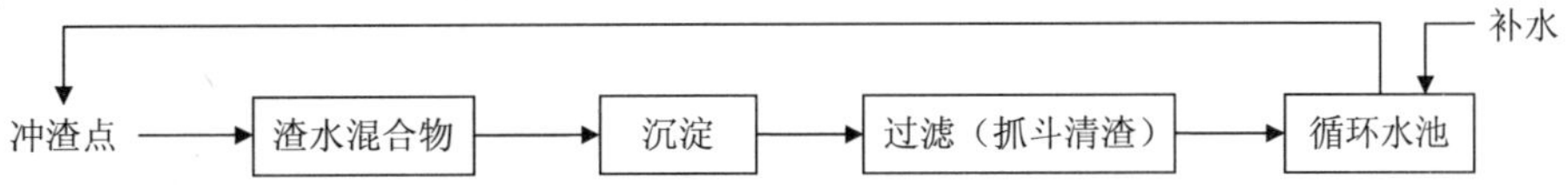

图 3　高炉冲渣废水处理工艺流程图——沉淀过滤法

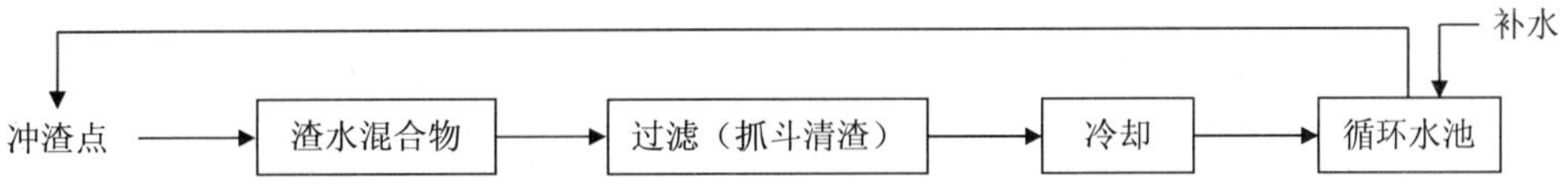

图 4　高炉冲渣废水处理工艺流程图——过滤法

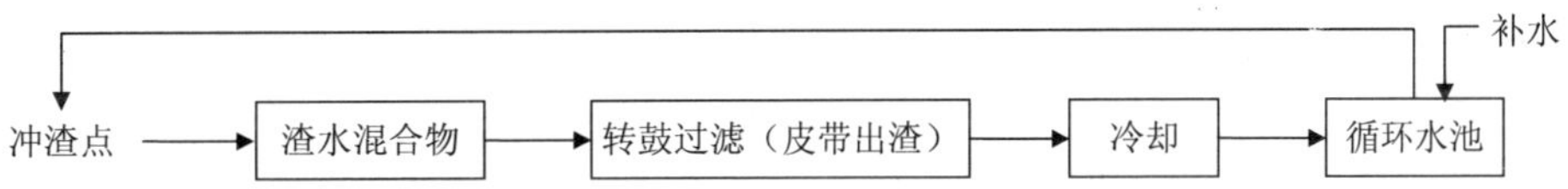

图 5　高炉冲渣废水处理工艺流程图——转鼓过滤法

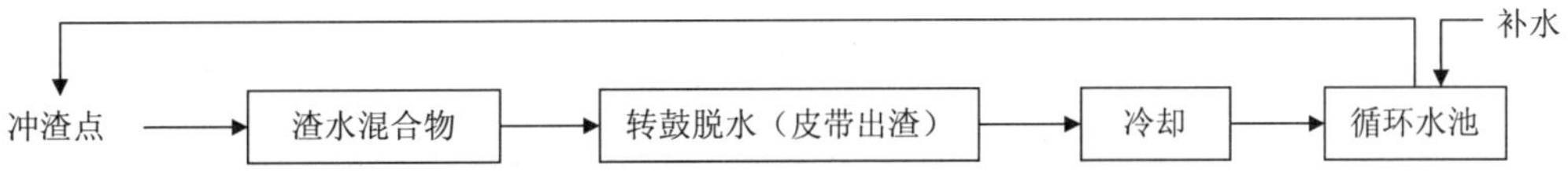

图 6　高炉冲渣废水处理工艺流程图——转鼓脱水法

c）铸铁机铸块喷淋冷却废水宜采用图 7 所示处理工艺后循环使用。

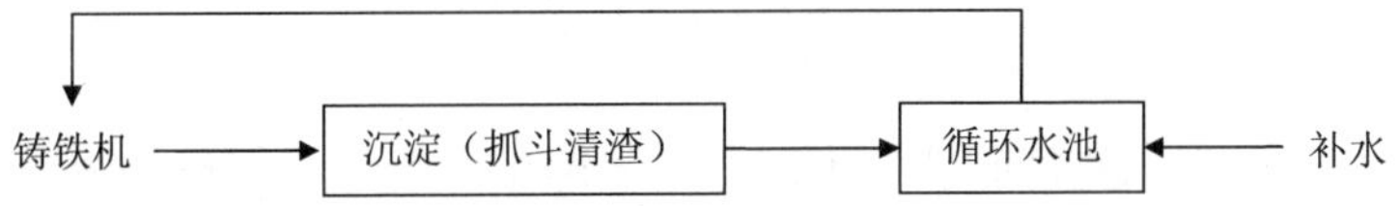

图 7　铸铁机喷淋冷却废水处理工艺流程图

6.3.6　炼钢厂废水宜采用以下处理工艺。

a）转炉烟气湿法净化除尘废水宜采用图 8 所示工艺处理后循环使用。少量循环水系统强制排污水可作为高炉冲渣、钢渣处理、原料场的串级用水或排入综合污水处理设施。强制排污水的 SS≤

100 mg/L，水温≤35℃。

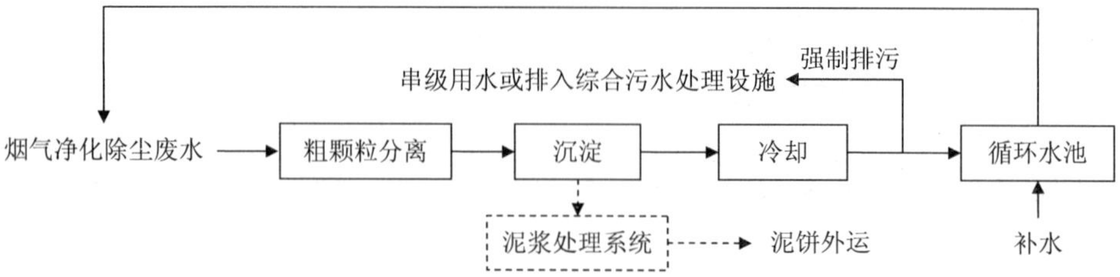

图 8　转炉烟气湿法除尘废水处理工艺流程图

b）钢水精炼装置抽气冷凝废水宜采用图 9 或图 10 所示工艺处理后循环使用。少量循环水系统强制排污水排入综合污水处理设施。强制排污水的 SS≤100 mg/L，水温≤35℃。

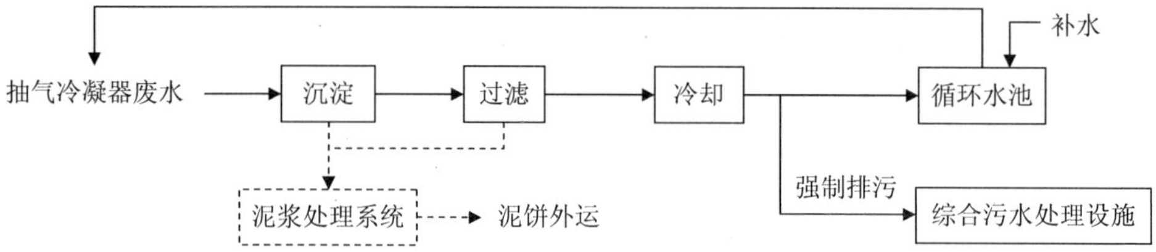

图 9　精炼装置抽气冷凝废水处理工艺流程图——沉淀过滤法

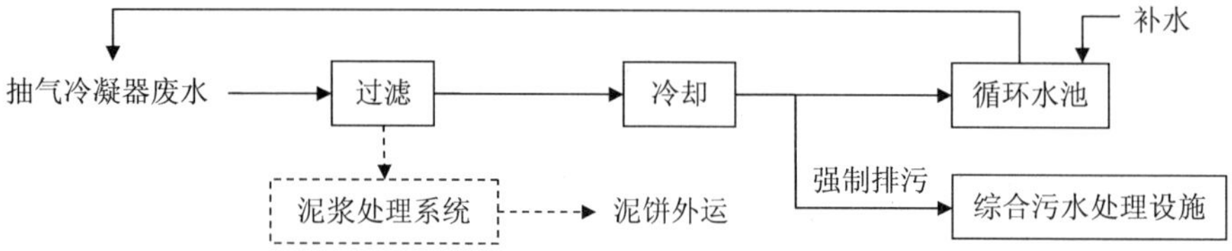

图 10　精炼装置抽气冷凝废水处理工艺流程图——直接过滤法

c）连铸生产废水宜采用图 11 所示工艺处理后循环使用。少量循环水系统强制排污水排入综合污水处理设施。强制排污水的 SS≤30 mg/L，油≤5 mg/L，水温≤35℃。

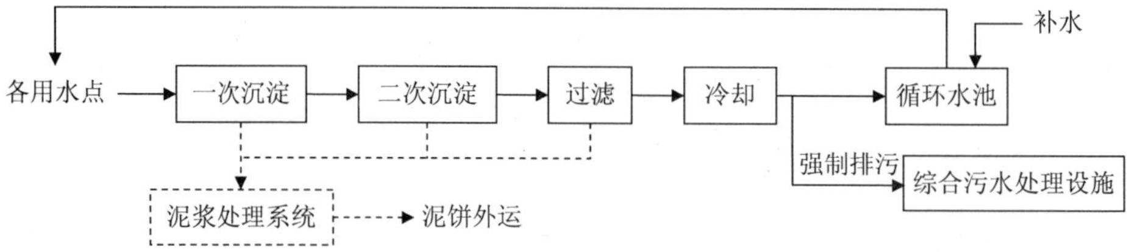

图 11　连铸生产废水处理工艺流程图

6.3.7　轧钢厂的生产单元废水受轧制工艺不同分为热轧生产废水和冷轧生产废水两类，应分别采用不同的水处理工艺进行处理。

a）热轧厂生产单元废水主要为钢板、钢管、型钢、线材等轧钢厂的直接冷却水排水。废水宜采用图 12、图 13、图 14 所示工艺处理后循环使用，少量系统强制排污水排至综合污水处理设施。强制排污水的 SS≤30 mg/L，油≤5 mg/L，水温≤35℃。

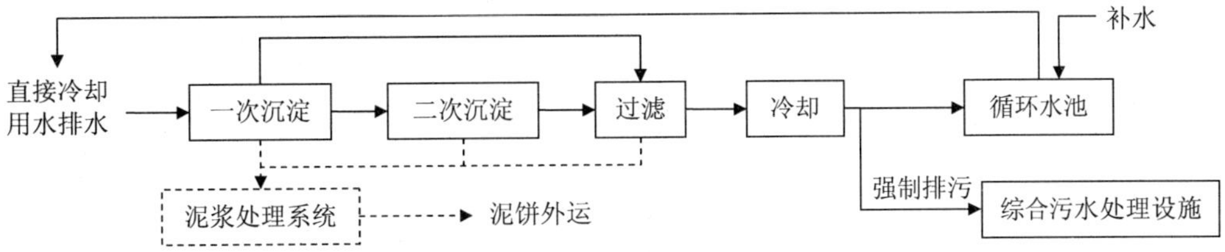

图 12　热轧直接冷却水处理工艺流程图

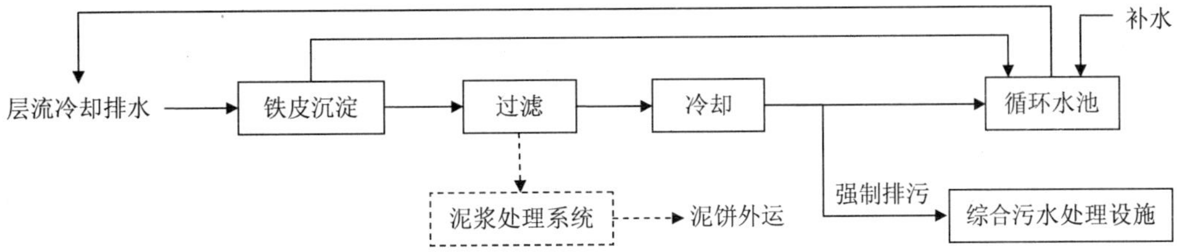

图 13　热轧层流冷却水处理工艺流程图

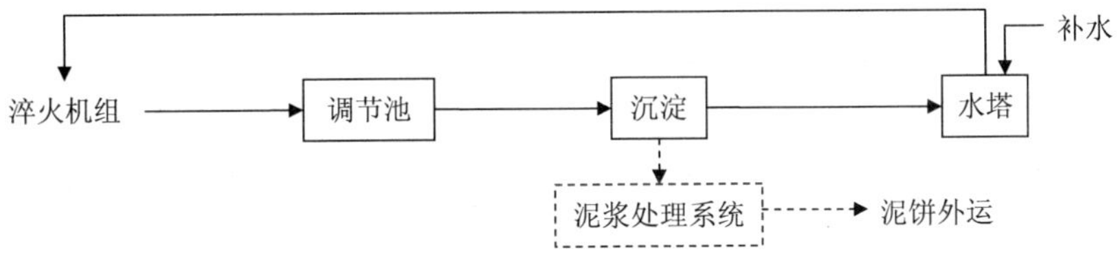

图 14　淬火废水处理工艺流程图

b）冷轧厂生产单元废水种类较多，主要包括酸碱废水、含油和乳化液废水、含铬废水，应经各处理系统分别处理。处理后的含油和乳化液废水、含铬废水排入酸碱废水处理系统一并处理后，达标外排。

（1）酸碱废水处理宜采用图 15 所示工艺处理。

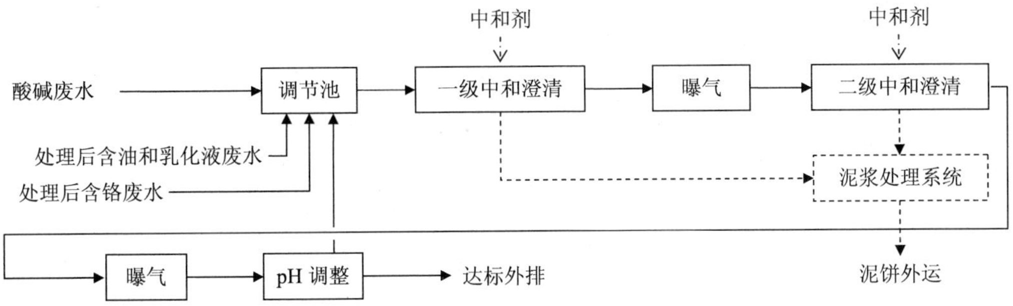

图 15　冷轧酸碱废水处理工艺流程图

（2）含油和乳化液废水处理宜采用图 16 或图 17 所示处理工艺。

（3）含铬废水宜采用图 18 所示工艺，经调节、两级还原，待出水中 Cr^{6+}<0.5 mg/L，调节 pH 后送入酸碱废水处理系统。

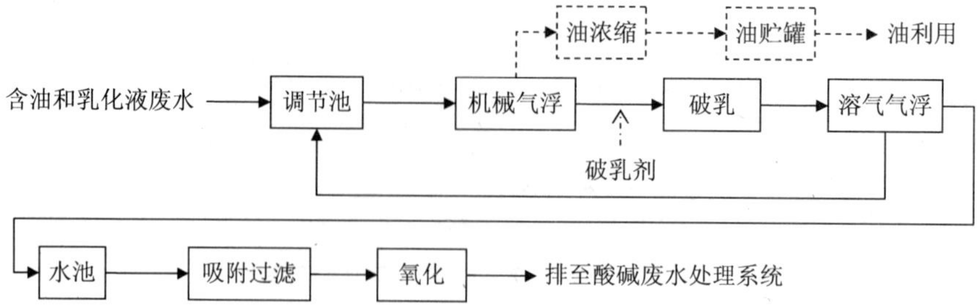

图 16　冷轧含油和乳化液废水处理工艺流程图——气浮法

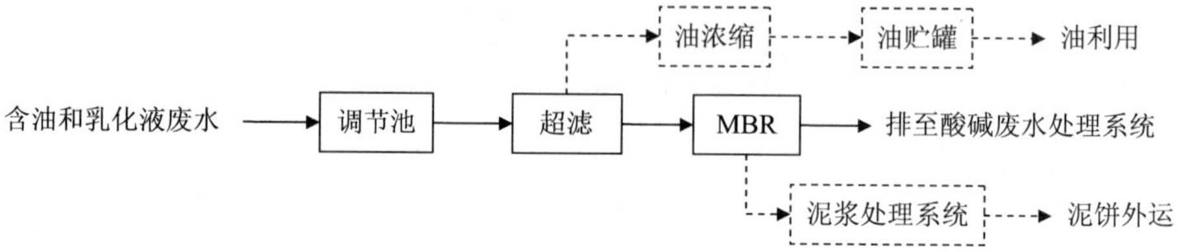

图 17　冷轧含油和乳化液废水处理工艺流程图——MBR 法

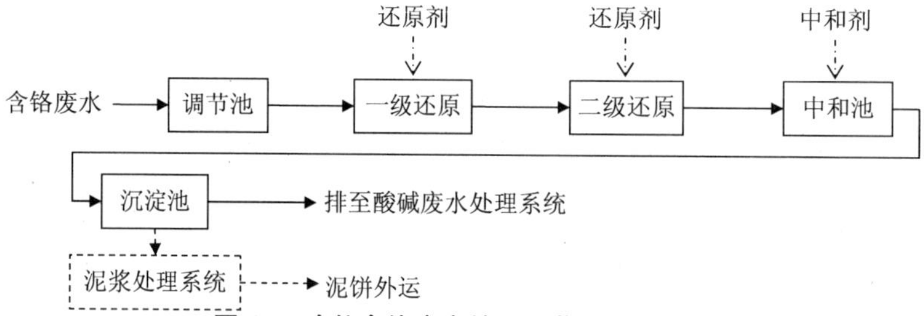

图 18　冷轧含铬废水处理工艺流程图

6.3.8　钢铁生产单元废水处理的主体单元主要包括沉淀、过滤、冷却等。

6.3.8.1　钢铁生产单元废水处理沉淀工艺常用的处理构筑物形式有平流式沉淀池、旋流式沉淀池、辐射沉淀池、斜板沉淀器、化学除油器等。

6.3.8.2　钢铁生产单元废水处理常用的过滤形式有管道过滤器、中速过滤器及高速过滤器等。

6.4　综合污水处理与回用

6.4.1　综合污水处理设施进水的主要水质控制指标应符合表 2。

表 2　综合污水处理设施进水主要水质控制指标

序号	项目	单位	控制指标
1	pH		6.5～9.5
2	悬浮物	mg/L	≤200
3	COD_{Cr}	mg/L	≤90
4	石油类	mg/L	≤10
5	总硬度（以 $CaCO_3$ 计）	mg/L	≤800
6	总碱度（以 $CaCO_3$ 计）	mg/L	≤200
7	总溶解性固体	mg/L	≤1 200 [a]
8	Cl^-	mg/L	≤350

[a] 当进水总溶解性固体含量＞1 000 mg/L 时，宜进行脱盐处理。

6.4.2 综合污水处理工艺宜采用物化处理工艺，采用图 19 所示工艺处理后回用。

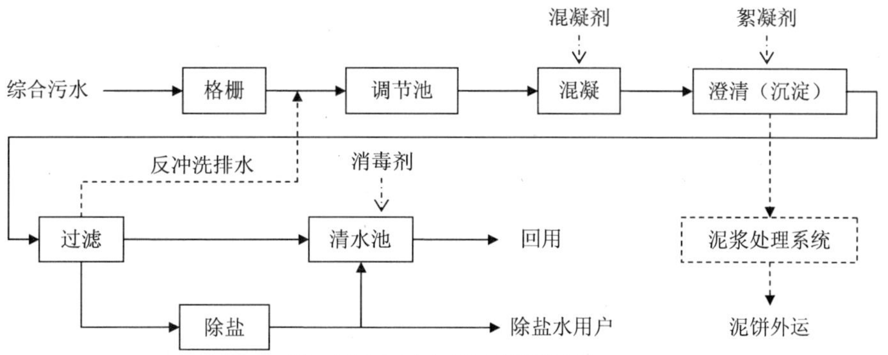

图 19 综合污水处理工艺流程图

6.4.3 综合污水处理设施回用水的主要水质控制指标应满足表 3，外排水应满足 GB 13456 要求。

表 3 综合污水处理设施回用水主要水质控制指标

序号	项目	单位	控制指标
1	pH		6.5～9.0
2	悬浮物	mg/L	≤5
3	COD_{Cr}	mg/L	≤30
4	石油类	mg/L	≤3
5	BOD_5	mg/L	≤10
6	总硬度（以 $CaCO_3$ 计）	mg/L	≤300
7	暂时硬度（以 $CaCO_3$ 计）	mg/L	≤150
8	总溶解性固体	mg/L	≤1 000
9	氨氮	mg/L	≤5
10	总铁	mg/L	≤0.5
11	游离性余氯	mg/L	末端 0.1～0.2
12	细菌总数	个/mL	<1 000

6.4.4 据各用户对回用水质的不同要求，综合污水处理后主要有以下三种回用方式：

a）通过专用的回用水管网直接回用；

b）与工业新水混合后回用；

c）制成软化水或除盐水后回用。

6.5 综合污水处理主体工艺

6.5.1 综合污水处理设施的主体工艺一般由预处理单元、主体单元及辅助单元设施组成。

6.5.2 综合污水处理常用的预处理单元包括格栅、除油、调节、沉淀等，应根据废水来水水量、水质及处理后出水要求进行选择。

6.5.2.1 综合污水处理设施入口处或污水提升泵前应设置格栅，粗、细格栅的栅条间隙宜分别为 20～30 mm 和 5～15 mm。格栅渠的设计应符合 GB 50014 中 6.3 的规定。

6.5.2.2 综合污水处理系统宜设置调节池。调节池的水力停留时间宜为 1.0～2.0 h。池内应有防止泥砂沉淀的措施，并设置除油设施。

6.5.3 综合污水处理的主体单元通常包括混凝、沉淀、澄清、过滤及除盐。

6.5.3.1 混合宜采用机械混合方式，混合时间宜为 1～3 min，速度梯度应大于 250 s^{-1}。

6.5.3.2 沉淀池宜采用辐流沉淀池，表面负荷宜为 1.5～2.5 $m^3/(m^2 \cdot h)$。

6.5.3.3 澄清池宜采用机械搅拌澄清池和一体化澄清池，并宜采用机械化或自动化排泥装置。

6.5.3.4 机械搅拌澄清池清水区的表面负荷宜为 1.4～2.1 $m^3/(m^2 \cdot h)$。

6.5.3.5 一体化澄清池斜管顶部清水区的表面负荷宜为 10～18 $m^3/(m^2 \cdot h)$。

6.5.3.6 滤池或过滤器的滤料粒径宜为 0.8～1.3 mm，其余设计应符合 GB 50013 及 GB 50335 规定。

6.5.3.7 滤池或过滤器的冲洗方式应具有气、水反冲洗功能。

6.5.4 辅助单元设施主要包括药剂系统和泥浆处理系统。

6.5.4.1 药剂系统由药剂贮存、溶解、计量、输送等工序组成。药剂的贮存量宜按 7～15 d 的消耗量计算。药剂计量应按原药纯度进行。药剂溶液的输送应采用耐腐蚀管道输送，输送管道宜架空或在管沟内敷设。

6.5.4.2 药剂种类的选择应根据废水水质、水处理工艺和出水水质要求，通过试验或根据相似条件下的运行经验确定。当选用铁盐、铝盐混凝剂时，宜采用液体药剂；当选用聚丙烯酰胺（PAM）作絮凝剂时，宜采用部分水解的干粉剂产品。

6.5.4.3 综合污水处理后水应经消毒后回用。消毒剂宜采用氯消毒、二氧化氯消毒和次氯酸钠消毒。加氯间及系统设计应符合 GB 50013 中 9.8 的规定。

6.5.4.4 泥浆处理系统应由泥浆的浓缩、调理、脱水及泥饼的贮存与输送等工序组成。

6.5.4.5 钢铁工业废水处理过程中产生的泥浆，应进行脱水处理，并宜采用厢式压滤机或板框压滤机进行脱水。脱水前进机泥浆浓度不宜＜10%，脱水后泥饼的含水率应≤50%。

6.5.4.6 脱水后的泥饼应按国家有关规定进行处置。有条件时，宜考虑综合利用。

6.6 二次污染控制措施

6.6.1 建设和运行过程中产生的废水、废渣、噪声等二次污染物的防治应贯彻执行国家和地方现行环境保护法规和标准的规定。

6.6.2 设备间、鼓风机房等机械设备的噪声和振动控制的设计应符合 GB 50040 和 GBJ 87 的规定。厂界噪声应达到 GB 12348 的规定。

6.6.3 浓含盐废水、脱硫废液应单独收集处理后在厂内消纳，外排时应满足 GB 13456 要求。

6.7 事故与应急

综合污水处理设施调节池的容积宜考虑事故容量。

7 主要工艺设备和材料

7.1 设备选择

7.1.1 主要设备选型应满足污水处理工艺的要求。

7.1.2 应采用质量可靠，运行稳定，高效节能，便于运行维护及管理的设备，并符合国家现行的产品标准。

7.1.3 应采用除渣效果好、结构简单的回转式格栅设备。格栅的选型应符合 HJ/T 262 的规定。

7.1.4 潜水搅拌机宜采用低速推流式，并配套相应的起吊设备及安装导轨。潜水搅拌机的选型应符合 HJ/T 279 的规定。

7.1.5 水泵应采用节能型，泵效率应≥80%，常用的水泵有潜水排污泵及卧式离心泵两种类型。用于提升或供水的水泵宜配备变频装置。

7.1.6 油水分离器的选型应符合 HJ/T 243 的规定。

7.1.7 适合本类废水处理的搅拌器有桨式搅拌器、涡轮式搅拌器和推进式搅拌器。具体要求如下：

a）桨式搅拌器应符合 HG/T 2124 的规定；

b）涡轮式搅拌器应符合 HG/T 2125 的规定；

c）推进式搅拌器应符合 HG/T 2126 的规定。

7.1.8 刮泥机应采用节能、防腐性能好的产品，并符合 HJ/T 265 的规定。对于一体化澄清池刮泥机的选择还应满足以下要求：

a）应配有变频装置、调速电机以及过扭矩保护装置。

b）采用中心传动，兼有污泥浓缩功能。

7.1.9 泥浆泵应选择运行稳定、结实耐磨的螺杆泵、离心渣浆泵、隔膜泵等，用于泥浆回流的泥浆泵应采用变频调速控制。采用螺杆泵时应配备干运转保护装置。

7.1.10 鼓风机应采用高效、节能、噪声低的机型。罗茨鼓风机应符合 HJ/T 251 的规定。

7.1.11 污泥脱水机宜采用厢式压滤机进行脱水。厢式压滤机的选型计算应符合以下要求：

a）压滤机过滤周期不宜超过 3.5 h。

b）过滤压力应控制在 0.6～0.8 MPa 之间。

c）厢式压滤机应配置配套空气压缩机及储气设备，并配备滤布冲洗装置。

d）厢式压滤机的选用应符合 HJ/T 283 的规定。

7.1.12 加药装置的选用应符合 HJ/T 369 的规定。设备配置及配件选择应符合以下要求：

a）按投加药剂种类和处理系列分别设置。

b）采用粉剂配制液体药剂时，应将配置与存储投加区域分开设置。

c）投加聚丙烯酰胺（PAM）、石灰乳等高浓度或易结垢药剂的计量泵，宜选用螺杆泵。

d）计量泵管道出口应配备有脉冲阻尼装置。

e）酸、消毒剂等危险药剂应配备有管道安全阀及配套回路。

7.2 材料选择

对影响废水治理及回用设施连续、稳定、可靠运行的主要或关键材料，宜参照表 4 选用。

表 4 主要材料材质及其使用部位

序号	名称	材料规格要求	使用部位
1	斜管	乙丙共聚 厚度＞1.5 mm	一体化澄清池
2	集水槽、溢流堰	本体 304SS 不锈钢 厚度＞3 mm，螺栓采用 316 不锈钢	一体化澄清池、滤池
3	滤料	石英砂（天然海砂）	滤池、过滤器
4	滤头	PP 聚丙烯、ABS 工程塑料	滤池、过滤器
5	加药管	UPVC 化工管、CPVC、PE、PPH	混凝剂、絮凝剂、石灰乳等
6	加酸管	CPVC 化工管、PPH、SS 316 不锈钢管	浓硫酸管
7	消毒管	CPVC 化工管、PPH 化工管	消毒剂投加管

8 检测与过程控制

8.1 一般规定

8.1.1 钢铁工业废水治理及回用工程应根据工程规模、处理工艺、运行管理等要求设置检测与控制项目。

8.1.2 自动化仪表及控制系统的设置应以保障生产运行的安全、处理效果的稳定、改善工人的劳动条件、方便操作和管理为基础。

8.1.3 计算机控制管理系统应兼顾现有、新建及规划要求，并应设有或预留数据上传通信接口。

8.2 检测

8.2.1 废水处理单元应根据工艺需要，检测进出水液位、流量、温度、浊度、pH、水头损失、电导率、压力、COD 及其他相关的水质参数。

8.2.2 取水、输水过程应检测压力、流量，必要时可增加温度检测。

8.2.3 药剂投加系统应根据投加和控制方式确定检测项目。如消毒剂采用液氯，应设置氯气泄漏检测及报警装置。

8.2.4 泥浆处理系统应根据系统时间和控制要求确定检测项目。

8.2.5 重要的机电设备应设置电流、电压、功率、温度等工作状态检测项目。

8.3 控制

8.3.1 废水治理及回用工程宜采用集中管理监视、分散控制的自动控制系统，宜配套有视频监视系统和污水处理工艺流程动态模拟屏显示系统。

8.3.2 主体处理单元宜采用可编程控制器实现自动控制。采用成套系统设备时，其控制系统配置应与总控制系统相兼容。

8.3.3 计算机控制系统应符合以下要求：

a）应对监控系统的控制级别、监控级别和管理级别做出合理配置；

b）应根据工程具体情况，经济技术比较后选择网络结构和通信速率；

c）选择操作系统和开发工具要基于运行稳定、易于开发、操作界面简洁等原则。

8.3.4 废水治理及回用工程的控制模式与通信协议应与钢铁企业内已有或规划的相协调。

9 主要辅助工程

9.1 电气系统

9.1.1 综合污水处理设施的供电系统应设两路电源，当不能满足时应设置备用动力设施。

9.1.2 低压配电设计应符合 GB 50054 的规定。

9.1.3 供配电系统应符合 GB 50052 的规定。

9.1.4 建设工程施工现场供用电安全应符合 GB 50194 的规定。

9.1.5 重要处理单元的控制主站及中央控制室应配备有不间断供电电源（UPS）。

9.2 建筑与结构

9.2.1 钢铁工业废水治理及回用设施各建筑物的造型应简洁美观，并与周围环境协调。

9.2.2 寒冷地区的水处理构筑物应有保温防冻措施。

9.2.3 建筑、结构设计应符合现行的国家和行业规范。

9.3 给水、排水和消防

9.3.1 废水处理及回用工程中的生活给排水与消防给水应与企业内的给排水系统统一规划、设计。

9.3.2 消防设计应符合 GB 50016 的有关规定，并配置相应的消防器材。

9.4 采暖通风与空调

9.4.1 采暖通风与空调设计应符合 GB 50019 的规定。

9.4.2 地下建构筑物、变配电间、加药间、污泥脱水间及化验室等应设置通风设施。

9.5 厂区道路和绿化

厂区内道路和绿化设计应符合 GBJ 22 的规定。

10 劳动安全与职业卫生

10.1 劳动安全

10.1.1 设备检修或故障时应有相应的警示、保护设施。

10.1.2 加药间应配置紧急洗眼器、防毒面具等安全防护器具，危险药品周围应设置围堰。

10.1.3 应配备必要的劳动安全卫生设施和劳动防护用品，并由专人维护保养。岗位操作人员上岗时应穿戴相应的劳保用品。

10.1.4 各种机械设备的传动部分应设置防护罩，周围设置操作活动空间，以免发生机械伤害事故。

10.1.5 各构筑物应设有便于行走的操作平台、走道板、安全护栏和扶手，栏杆高度和强度应符合国家有关劳动安全卫生规定。护栏内设备需要操作或维护的，应设活动门或活动护链。

10.1.6 具有有害气体、易燃气体、异味、粉尘和环境潮湿的场所，应设置通风设施。

10.2 职业卫生

10.2.1 噪声及噪声源控制应符合 GBJ 87 和 GB 12348 中的有关规定。

10.2.2 职工在加药间、泥浆脱水间、风机房等高粉尘、有异味、高噪声的环境下工作或值班时，应佩戴必要的劳动护具。

11 施工与验收

11.1 工程施工

11.1.1 钢铁工业废水治理及回用工程的施工应符合现行有关工程施工程序及管理文件的要求，符合国家相关强制性标准和技术规范。

11.1.2 工程施工中所使用的设备、材料、器件等应符合国家相关标准，并取得供应商的产品合格证。

11.1.3 建设过程中产生的废渣、废水、噪声及其他污染物排放应严格执行国家环境保护法规和标准的有关规定。

11.2 工程验收

11.2.1 钢铁工业废水治理及回用工程验收应按《建设项目（工程）竣工验收办法》、相应专业验收规范和有关规定进行组织、评定。

11.2.2 工程进行验收应具备的条件：

a）生产性项目和辅助公用设施，已按施工合同和设计要求建成，能满足生产要求；

b）主要工艺设备安装配套，经负荷联动试车合格，形成生产能力；

c）施工单位已按有关规定编制完成竣工文件。

11.3 环境保护验收

11.3.1 钢铁工业废水治理及回用工程环境保护验收的组织、执行及评定应按《建设项目环境保护竣工验收管理办法》执行。

11.3.2 环境保护验收前，应结合试运行进行环境保护设施的性能试验。性能检验的主要指标包括悬浮物、浊度、电导率、硬度、油、COD、pH 值等。检验测试过程的数据报告应作为环境保护验收的重要内容。

11.3.3 配套建设的连续监测及数据传输系统应符合《污染源自动监控管理办法》及 HJ/T 353、HJ/T 354、HJ/T 355 的规定。

12 运行与维护

12.1 一般规定

钢铁工业废水治理及回用工程应建立健全规章制度、岗位操作规程和质量管理等文件。

12.2 运行管理

12.2.1 运行管理应严格遵守制定的操作规程和质量管理流程文件。

12.2.2 运行人员上岗前应接受相关法律法规、工艺流程、专业技术、安全防护、紧急处理等方面的培训，做到持证上岗，并定期对岗位人员进行培训及考核。

12.2.3 各岗位人员应严格按照操作规程作业，如实填写运行记录，并妥善保存。

12.3 维护

12.3.1 设备的日常维护、保养应以规章制度明确，定期对各处理构筑物中的设备、仪表进行校准和维修保养。

12.3.2 对于连续运转的设备，应每季度进行停机检查维护；对于间断运行的设备，应每年进行停机检查维护；各处理单元应每年进行放空检查。

12.3.3 污泥及加药系统管路应定期进行清洗维护。污泥管路应设置冲洗水系统。

12.4 应急措施

12.4.1 应编制事故应急预案（包括环保应急预案），配套相应的应急处理设施。

12.4.2 发生重大安全事故时应首先保证人员的安全，提前规划工作人员的疏散通道及安全滞留地点；应避免火灾的发生或危险品的遗撒。

12.4.3 综合污水来水异常时，如进水 pH 值超标、油类超标，可采取向调节池投加药剂，设置紧急拦油带等措施进行应急处理。

12.4.4 综合污水处理设施发生事故时，应通过企业应急处理中心，切断有关生产单元的污染源。

12.4.5 综合污水处理设施出水水质超标时，可将出水返回至调节池，并根据实际情况及时调整工艺运行参数。

HJ

中华人民共和国国家环境保护标准

HJ 2020—2012

袋式除尘工程通用技术规范

General technical specification for bag flitration engineering

2012-10-17 发布　　　　2013-01-01 实施

环 境 保 护 部 发布

前　言

为贯彻《中华人民共和国环境保护法》、《中华人民共和国大气污染防治法》，规范袋式除尘工程建设和运行管理，控制粉尘和微细粒子排放，改善环境质量，促进袋式除尘行业技术进步，制定本标准。

本标准规定了袋式除尘工程设计、施工与安装、调试与验收、运行与维护管理的通用技术要求。

本标准为首次发布。

本标准由环境保护部科技标准司组织制订。

本标准主要起草单位：中国环境保护产业协会、中钢集团天澄环保科技股份有限公司、中国环境科学研究院。

本标准环境保护部 2012 年 10 月 17 日批准。

本标准自 2013 年 1 月 1 日起实施。

本标准由环境保护部解释。

袋式除尘工程通用技术规范

1 适用范围

本标准规定了袋式除尘工程设计、施工与安装、调试与验收、运行与维护的通用技术要求。

本标准准适用于各种规模的袋式除尘工程，可作为环境影响评价、环境保护设施设计与施工、环境保护验收及建成后运行与管理的技术依据。

本标准所提出的技术要求具有通用性，特殊性要求可执行相关行业的除尘工程技术规范。电袋复合除尘工程可参照执行。

本标准不适用于煤气净化袋式除尘工程。

2 规范性引用文件

本标准引用了下列文件或其中的条款。凡是未注明日期的引用文件，其最新版本适用于本标准。

GB 6095 安全带
GB 5725 安全网
GB 2894 安全标志及其使用导则
GB 3608 高处作业分级
GB 4053.1 固定式钢及平台安全要求 第 1 部分：钢直梯
GB 4053.2 固定式钢及平台安全要求 第 2 部分：钢斜梯
GB 4053.3 固定式钢及平台安全要求 第 3 部分：工业防护栏杆及钢平台
GB 6514 涂装作业安全规程 涂漆工艺安全及其通风净化
GB 7059 便携式木梯安全要求
GB 7251 低压成套开关设备和控制设备
GB 12348 工业企业厂界环境噪声排放标准
GB 50007 建筑地基基础设计规范
GB 50009 建筑结构荷载规范
GB 50010 混凝土结构设计规范
GB 50011 建筑抗震设计规范
GB 50014 室外排水设计规范
GB 50015 建筑给水排水设计规范
GB 50016 建筑设计防火规范
GB 50017 钢结构设计规范
GB 50019 采暖通风与空气调节设计规范
GB 50029 压缩空气站设计规范
GB 50040 动力机器基础设计规范
GB 50051 烟囱设计规范
GB 50052 供配电系统设计规范

GB 50054　低压配电设计规范
GB 50057　建筑物防雷设计规范
GB 50131　自动化仪表工程施工质量验收规范
GB 50168　电气装置安装工程电缆线路施工及验收规范
GB 50169　电气装置安装工程接地装置施工及验收规范
GB 50171　盘、柜及二次回路接线规范
GB 50187　工业企业总平面设计规范
GB 50204　混凝土结构工程施工质量验收规范
GB 50217　电力工程电缆设计规范
GB 50235　工业金属管道工程施工及验收规范
GB 50236　现场设备、工业管道焊接工程施工及验收规范
GB 50242　建筑给水排水及采暖施工质量验收规范
GB 50254　电气装置安装工程低压电器施工及验收规范
GB 50259　电气装置安装工程电气照明装置施工及验收规范
GB 50264　工业设备及管道绝热工程设计规范
GB 50270　连续输送设备安装工程施工及验收规范
GB 50275　压缩机、风机、泵安装工程施工及验收规范
GB 50303　建筑电气工程施工质量验收规范
GB 755　旋转电机　定额和性能
GB/T 985　气焊、手工电弧焊、气体保护焊焊缝坡口形式和尺寸
GB/T 3787　手持式电动工具的管理、使用、检查和维修安全技术规程
GB/T 3805　特低电压（ELV）限值
GB/T 6719　袋式除尘器技术要求
GB/T 8923　涂装前钢材表面锈蚀等级和除锈等级
GB/T 14048　低压开关设备和控制设备过电流保护装置
GB/T 15605　粉尘爆炸泄压指南
GB/T 16157　固定污染源排气中颗粒物测定与气态污染物采样方法
GB/T 50033　建筑采光设计标准
GB/T 50326　建设工程项目管理规范
GBJ 87　工业企业噪声控制设计规范
GBJ 140　建筑灭火器配置设计规范
GBJ 149　电气装置安装工程母线装置施工及验收规范
GBZ 1　工业企业设计卫生标准
GBZ 2　工作场所有害因素职业接触限
DL/T 5137　电测量及电能计量装置设计技术规程
DL/T 620　交流电气装置的过电压保护和绝缘配合
DL/T 659　火力发电厂分散控制系统验收测试规程
DL/T 909　正压气力输灰系统性能验收试验规程
DL/T 5044　火力发电厂、变电所直流系统设计技术规定
DL/T 5072　火力发电厂保温油漆设计规程
D/T 5121　火力发电厂烟风煤粉管道设计技术规范
HGJ 229　工业设备管道防腐检验验收规范

HJ/T 284　环境保护产品技术要求　袋式除尘器用电磁脉冲阀

HJ/T 324　环境保护产品技术要求　袋式除尘器用滤料

HJ/T 326　环境保护产品技术要求　袋式除尘器用覆膜滤料

HJ/T 327　环境保护产品技术要求　袋式除尘器滤袋

HJ/T 328　环境保护产品技术要求　脉冲喷吹类袋式除尘器

HJ/T 329　环境保护产品技术要求　回转反吹袋式除尘器

HJ/T 330　环境保护产品技术要求　分室反吹类袋式除尘器

HJ/T 397　固定源废气监测技术规范

JB 10191　袋式除尘器安全要求　脉冲喷吹类袋式除尘器用分气箱

JB/T 5911　电除尘器焊接技术要求

JB/T 5916　袋式除尘器用电磁脉冲阀

JB/T 5917　袋式除尘器用滤袋框架技术条件

JB/T 8471　袋式除尘器安装技术要求与验收规范

JB/T 8690　工业通风机　噪声限值

JB/T 10341　滤筒式除尘器

SH 3022　工业设备和管道涂料防腐蚀技术规范

《建设工程质量管理条例》(国务院令　第 279 号)

《建设项目竣工环境保护验收管理办法》(国家环境保护总局令　第 13 号)

3　术语和定义

下列术语和定义适用于本标准。

3.1　标准状态 normal condition

指气体温度为 273.15 K，压力为 101 325 Pa 时的状态，简称“标态”。

3.2　烟（粉）尘污染源 smoke and dust pollution sources

生产中产生含尘废气的部位或设备。

3.3　排风量 exhaust air rate

集气罩（集尘罩）或炉窑出口排出的工况气体体积流量，单位为 m^3/h。

3.4　捕集率

集气罩所能捕集的污染气体量与生产工艺设备产生的污染气体量之比，单位为%。

3.5　处理风量 disposing air volume

除尘器、换热器等设备进口工况气体体积流量，单位为 m^3/h。

3.6　系统风量 system air volume

袋式除尘系统排风机入口工况气体体积流量，反映袋式除尘系统的处理能力，单位为 m^3/h。

3.7　工况风量 operating mode air volume

袋式除尘系统运行时管道某断面或设备进、出口工况气体体积流量，单位为 m^3/h。

3.8　过滤速度 filtration velocity

含尘气体通过滤袋的表观速度，单位为 m/min。

3.9　过滤仓室 filtration room

能实现离线检修的过滤单元。

3.10　预涂灰（粉） pre-coating with ash

袋式除尘器投运前或更换新滤袋后，在滤袋表面预置一定厚度粉尘的操作。

3.11 离线清灰 off-line cleaning

过滤仓室停止过滤状态下的清灰。

3.12 在线清灰 on-line cleaning

过滤仓室不停止过滤状态下的清灰。

3.13 气流分布 air current distribution

采用阻流和导流装置使进入袋式除尘器后的气体流量和速度按设计要求进行分配和分布的措施。

3.14 复合滤料 compound-filter material

两种及其以上不同纤维按一定比例组成的特殊结构的滤料。

3.15 脉冲宽度 width of electric pulse

控制系统向脉冲阀发出电信号的持续时间，即先导电磁阀通电的持续时间。

3.16 脉冲间隔 interval of pulse

控制系统向脉冲阀发出的相邻两次启动信号的间隔时间。

3.17 高温烟气 high temperature exhaust gas

温度大于等于 130℃的烟气。

3.18 荧光粉检漏 phosphor powder leak hunting

利用荧光粉和紫光灯检查袋式除尘器粉尘泄漏点的检漏方式。

4 污染物与污染负荷

4.1 污染物

4.1.1 袋式除尘工艺适用于各种风量下的含尘气体净化。

4.1.2 袋式除尘工艺的采用取决于污染物的特性。以下场合和要求下应优先采用袋式除尘工艺：

a）粉尘排放浓度限值（标态干排气）$<30\ mg/m^3$；

b）高效捕集微细粒子；

c）含尘空气的净化；

d）炉窑烟气的净化；

e）粉尘具有回收价值，可综合利用；

f）水资源缺乏或严寒地区；

g）垃圾焚烧烟气净化；

h）高比电阻粉尘或粉尘浓度波动较大；

i）净化后气体循环利用。

4.1.3 以下场合通过技术措施处理后可采用袋式除尘工艺：

a）高温烟气通过冷却降温，满足滤料连续工作温度；

b）烟气含湿量虽大，但烟气未饱和，且烟气温度高于露点温度 15℃以上；

c）烟气短期含油雾，但袋式除尘器采取了预涂粉防护措施；

d）烟气中虽有火星，但已采取火星捕集等预处理措施。

4.2 污染负荷

4.2.1 袋式除尘工程设计应了解生产工艺、设备、工作制度、维护检修等基本情况和要求，掌握污染源产生污染物的成因、种类和理化性质、数量及位置分布、排放形式与途径、排放量及排放强度、排放规律等，作为工程设计的原始资料。

4.2.2 原始资料可参考附录 A 收集。原始资料应真实、可靠，以测试报告、设计资料为主，当用户无法提供时，可通过以下方式获得：

a）委托专业测试单位进行测试；

b）同类型、同规模项目类比；

c）公式计算结合工程经验判断；

d）模拟试验。

4.2.3 设计负荷和设计余量应根据污染物特性、污染强度、排放标准和环境影响评价批复文件的要求综合确定。

4.2.4 设计负荷和设计余量应充分考虑污染负荷在最大和最不利情况下袋式除尘系统的适应性，确保其稳定运行。

4.2.5 污染源排风量、生产设备排出的废气量、换热器进出口风量、除尘器处理风量、引风机风量均应按工况风量确定。性能测试和检测数据应按标准状况换算。

5 总体要求

5.1 一般规定

5.1.1 袋式除尘工程的设计和实施应遵守国家“三同时”、清洁生产、循环经济、节能减排等政策、法规、标准的规定。

5.1.2 袋式除尘工程的设计应以达标排放为原则，采用成熟稳定、技术先进、安全可靠、经济合理的工艺和设备。

5.1.3 袋式除尘工程应由具有国家相应设计资质的单位进行设计。

5.1.4 袋式除尘的配置应不低于生产工艺设备的装备水平，并纳入生产系统统一管理。除尘系统和设备应能适应生产工艺的变化和负荷波动，应与生产工艺设备同步运转。

5.1.5 袋式除尘系统功能、技术水平、配置、自动控制和检测应与生产工艺和管理水平的要求相适应。不得采用落后和淘汰的技术及装备。

5.1.6 袋式除尘工程的设计年限应与生产工艺的设计年限相适应，一般不低于20年。

5.1.7 袋式除尘工程设计耐火等级、抗震设防应满足国家和行业设计规范、规程的要求。建（构）筑物抗震设防类别按丙类考虑，地震作用和抗震措施均应符合工程所在地抗震设防烈度的要求。地震作用和抗震措施应符合GB 50011的规定。

5.1.8 袋式除尘工程设计应明确的主要内容：

a）工程设计的内容和范围；

b）控制对象及治理效果；

c）各个专业的接口；

d）最不利工况的条件（风量、温度及烟尘的理化性质）；

e）技术和装备水平的定位；

f）工程质量等级；

g）三通一平、地下掩埋物和地质状况。

5.1.9 袋式除尘工程建设应采取防治二次污染的措施，废水、废气、废渣、噪声及其他污染物的排放应符合相应的国家或地方排放标准。

5.1.10 袋式除尘工程应按照国家相关政策法规、大气污染物排放标准和地方环境保护部门的要求设置污染物排放连续监测系统。

5.2 总图布置

5.2.1 袋式除尘管道、主体设备、辅助设施等的总图布置应符合GB 50187、GB 50016、GBZ 1的规定，还应符合所属行业总图运输、防火、安全、卫生等规范的要求。

5.2.2 袋式除尘系统的平立面布置应节约用地。场地标高、排水、防洪等均应符合 GB 50187 的规定。

5.2.3 主体设备应按除尘工艺的流程布置，尽量靠近污染源。各设施的布置应顺畅、紧凑、美观；对于新建的项目，应预留适度的空地，以适应环保升级改造的需要。

5.2.4 主体设备之间应留有适当的间距，满足安装、检修、消防和运输的需要。袋式除尘器及换热器的竖向布置应根据卸灰和输灰方式确定。

5.2.5 袋式除尘系统的排气筒一般应设在场（厂）区主导风向的下风侧。

5.2.6 除尘系统管架的布置，应符合下列要求：

a）管架的净空高度及基础位置，不得影响交通运输、消防及检修；

b）不得妨碍建筑物自然采光与通风；

c）有利厂容厂貌。

5.2.7 管架与建筑物、构筑物之间的最小水平间距，应符合表 1 的规定。

表 1 管架与建筑物、构筑物之间的最小水平间距 单位：m

建筑物、构筑物名称	最小水平间距
建筑物有门窗的墙壁外缘或突出部分外缘	3.0
建筑物无门窗的墙壁外缘或突出部分外缘	1.5
铁路（中心线）	3.75
道路	1.0
人行道外缘	0.5
厂区围墙（中心线）	1.0
照明及通信杆柱（中心）	1.0
注 1：表中间距除注明者外，管架从最外边线算起；道路为城市型时，自路面边缘算起，为公路型时，自路肩边缘算起。 注 2：本表不适用于低架式、地面式及建筑物的支撑式。	

5.2.8 除尘系统架空管线或管架跨越铁路、道路的最小垂直间距，应符合表 2 的规定。

表 2 架空管线、管架跨越铁路、道路的最小垂直间距

单位：m

名称		最小垂直间距
铁路（从轨顶算起）	火灾危险性属于甲、乙、丙类的液体、可燃气体与液化石油气管道	6.0
	其他一般管线	5.5 [a]
道路（从路拱算起）		5.0 [b]
人行道（从路面算起）		2.2/2.5 [c]
注 1：表中间距除注明者外，管线自防护设施的外缘算起，管架自最低部分算起。 注 2：[a] 架空管线、管架跨越电气化铁路的最小垂直间距，应符合有关规范规定。 [b] 有大件运输要求或在检修期间有大型起吊设备通过的道路，应根据需要确定。困难时，在保证安全的前提下可减至 4.5 m。 [c] 街区内人行道为 2.2 m，街区外人行道为 2.5 m。		

5.2.9 管线综合布置其相互位置发生矛盾时，宜按下列原则处理：

a）压力管让自流管；

b）管径小的让管径大的；

c）易弯曲的让不易弯曲的；

d）临时性的让永久性的；

e）工程量小的让工程量大的；

f）新建的让现有的；

g）检修次数少的、方便的，让检修次数多的、不方便的。

5.2.10 地下管线交叉布置时，应符合下列要求：

a）给水管道，应在排水管道上面；

b）可燃气体管道，应在其他管道上面（热力管道除外）；

c）电力电缆，应在热力管道下面、其他管道上面；

d）氧气管道，应在可燃气体管道下面、其他管道上面；

e）腐蚀性的介质管道及碱性、酸性排水管道，应在其他管线下面；

f）热力管道，应在可燃气体管道及给水管道上面。

5.2.11 管线共沟敷设，应符合下列规定：

a）热力管道，不应与电力、通信电缆和物料压力管道共沟；

b）煤气等可燃气体管道不得与消防水管共沟敷设；

c）凡有可能产生相互影响的管线，不应共沟敷设。

5.2.12 建筑物的室内地坪标高、设备基础顶面标高应高出室外地面 0.15 m 以上。有车辆出入的建筑物室内、外地坪高差，一般为 0.15～0.30 m；无车辆出入的室内、外高差可大于 0.30 m。

5.2.13 建（构）筑物的防火间距应满足 GB 50016 的要求。

5.2.14 消防通道。消防车道的宽度不应小于 3.5 m，其距路边建筑物外墙宜大于 5 m。道路上方有管架、栈桥等障碍物时，其净高不宜小于 4 m。

5.2.15 穿过建筑物的消防车道，其净宽和净高均不应小于 4 m，如穿过大门时，其净宽不小于 3.5 m。

5.2.16 消防车道靠建筑物一侧不应布置妨碍消防车辆登高操作的绿化、架空管架等。

5.2.17 消防车道下的管沟和暗沟应能承受大型消防车的压力。

5.2.18 净化有爆炸危险的粉尘的袋式除尘器，宜布置在独立建筑内，且与所属厂房的防火间距不应小于 10 m。但符合下列条件之一的袋式除尘器可布置在生产厂房的单独间内：

a）有连续清灰设备；

b）风量不超过 15 000 m^3/h 且集尘斗的储尘量小于 60 kg 的定期清灰的除尘器和过滤器。

6 工艺设计

6.1 一般规定

6.1.1 袋式除尘工艺应根据生产要求合理配置，除尘系统颗粒物排放应符合国家或地方大气污染物排放标准、建设项目环境影响评价文件和总量控制的规定。岗位粉尘浓度应符合 GBZ 1、GBZ 2 规定限值的要求。

6.1.2 袋式除尘系统的基本构成有：污染源（尘源）控制装置、除尘管道、袋式除尘器、风机、排气筒（烟囱）、卸灰和输灰装置等。

6.1.3 袋式除尘器不得设置旁路。

6.1.4 袋式除尘工艺宜采用负压系统，特殊情况下可采用正压系统。

6.1.5 袋式除尘负压系统和正压系统的工艺流程见图 1。

6.1.6 含有毒有害气体的净化不应采用正压除尘系统。以下场合可采用正压袋式除尘工艺：

a）粉尘质量浓度小于 3 g/m^3；

b）粒径小于 10 μm；

c）磨琢性不强（如石墨粉）；

d）粉尘黏性小；

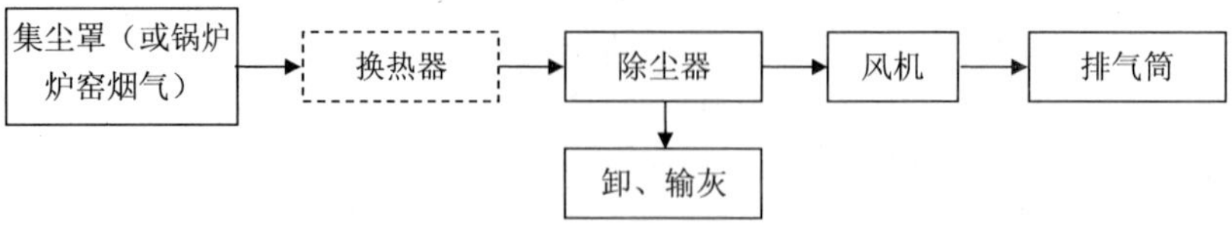

（a）负压除尘系统

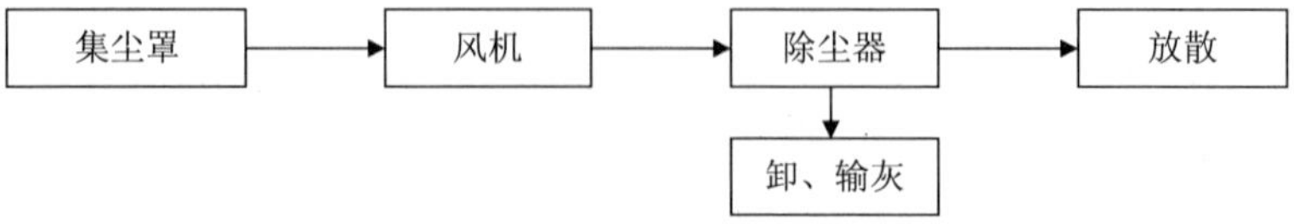

（b）正压除尘系统

图 1　常见的袋式除尘工艺流程

e）含尘空气净化；

f）含有易燃易爆气体的净化；

g）除尘设备的周边无民用建筑和办公场所。

6.1.7　当原始烟气呈现下列特殊情况时，袋式除尘器前可设置预处理装置。

a）烟气中含炽热颗粒物或火星，可设火星捕集器；

b）烟气温度超温，可设烟气冷却器；

c）烟气含尘浓度过高，可设预除尘器；

d）粉尘需要分级回收，可设预除尘器。

6.1.8　高温烟气降温冷却应充分考虑余热回收利用。

6.1.9　大型袋式除尘工程设计应进行方案比较，优选出最佳工艺方案。

6.1.10　袋式除尘工程设计程序见附录 B。

6.2　污染（尘）源控制

6.2.1　应对无组织排放的烟（粉）尘污染源设置集气罩。集气罩的形式和设置应满足生产操作和检修的要求。

6.2.2　对产生烟（粉）尘的生产设备和部位，应优先考虑采用密闭罩或排气柜，并保持一定的负压。当不能或不便采用密闭罩时，可根据生产操作要求选择半密闭罩或外部集气罩，并尽可能包围或靠近污染源，必要时，采取增设软帘围挡，以防止粉尘外溢。逸散型热烟气的捕集应优选采用顶部集气罩；污染范围较大，生产操作频繁的场合可采用吹吸式集气罩；无法设置固定集气罩，生产间断操作的场合，可采用活动（移动）集气罩。

6.2.3　集气罩的排风口不宜靠近敞开的孔洞（如操作孔、观察孔、出料口等），以免吸入大量空气或物料。

6.2.4　集气罩设计时应充分考虑气流组织，避免含尘气流通过人的呼吸区。

6.2.5　集气罩设计时应考虑穿堂风等干扰气流对排烟效果的影响。

6.2.6　集气罩、屋顶集气罩的外形尺寸和容积较大时，罩体宜设置多个排风出口。集气罩收缩角不宜大于 60°。

6.2.7　集气罩的排风量应按照防止粉尘或有害气体扩散到环境空间的原则确定。排风量为工况风量，排风量大小可通过下列方式获得：

a）生产设备提供；

b）实际测量或模拟试验；

c）工程类比和经验数据；

d）设计手册与理论计算。

6.2.8 集气罩应能实现对烟气（尘）的捕集效果，捕集率不低于：

a）密闭罩 100%；

b）半密闭罩 95%；

c）吹吸罩 90%；

d）屋顶排烟罩 90%；

e）含有毒有害、易燃易爆污染源控制装置 100%。

6.2.9 在集气罩可能进入杂物的场合，罩口应设置格栅。

6.3 除尘系统划分

6.3.1 根据污染源性质、数量、分布及产生时段，袋式除尘系统可采用集中式、分散式或就地式除尘系统。

6.3.2 尘源众多，且要求除尘系统集中维护管理的场合宜采用集中式除尘系统。

6.3.3 对于孤立偏远的尘源，宜采用就地式除尘系统。

6.3.4 除尘系统的划分应遵循如下原则：

a）同时产生污染、同一生产工段的尘源，宜划分为同一个除尘系统或一个管网支路；

b）粉尘性质相同并需要回收利用的尘源可划分为同一个除尘系统；

c）各尘源粉尘性质不同，但位置相对集中，粉尘无回收价值的场合，可划分在同一个除尘系统；

d）粉尘混合后会引起燃烧或爆炸，或形成毒性更大的污染物的尘源不得划分在同一除尘系统；

e）污染气流混合后会引起管道内结露和堵塞的尘源不得划分在同一除尘系统。

6.4 除尘管道及附件

6.4.1 管道布置的一般要求：

a）除尘管道布置应顺畅、整洁，应尽量明装；

b）工艺管道应尽量沿墙或柱敷设；

c）管道与梁、柱、墙、设备及管道之间应留有适当距离，净间距不应小于 200 mm；架空管道高度应符合表 2 的规定；

d）为避免水平管道积灰，可采用倾斜管道布置。

6.4.2 除尘管道宜采用圆形管道，除尘管道的公称直径按管道外径计取，宜采用《全国通用通风管道计算表》中所列的管道规格。出现下列情况时可采用矩形管道：

a）空间尺寸受限，圆形管道无法敷设；

b）发电厂等大型除尘器和引风机进、出口烟道。

6.4.3 管道材料应根据输送介质的温度和性质确定，通常采用碳素钢 Q235。管道所用的材料（材质）应符合相关产品国家现行标准的规定，并应有材质合格证明。

6.4.4 除尘管道风速的选择应考虑粉尘的粒径、真密度、磨琢性、浓度等因素，防止管道风速过高加剧管道磨损，避免管道风速过低造成管道积灰。管道最低风速参照 GB 50019 和表 3 取值。

表 3 除尘管道最低气流速度 单位：m/s

粉尘性质	垂直管	水平管	粉尘性质	垂直管	水平管
粉状的黏土和砂	11	13	铁和钢（屑）	18	20
耐火泥	14	17	灰土、砂尘	16	18
重矿物粉尘	14	16	锯屑、刨屑	12	14
轻矿物粉尘	12	14	大块干木屑	14	15

粉尘性质	垂直管	水平管	粉尘性质	垂直管	水平管
干型砂	11	13	干微尘	8	10
煤灰	10	12	染料粉尘	14～16	16～18
湿土（2%以下水分）	15	18	大块湿木屑	18	20
铁和钢（尘末）	13	15	谷物粉尘	10	12
棉絮	8	10	麻（短纤维粉尘、杂质）	8	12
水泥粉尘	8～12	18～20			

6.4.5 除尘管道的壁厚应根据气体温度、腐蚀性、管径、跨距、加固方式及粉尘磨琢性等因素综合确定，壁厚取值可参照表 4。

表 4 除尘管道壁厚

单位：mm

序号	除尘管道直径 D	圆管壁厚
1	$D \leqslant 400$	3～4
2	$400 < D \leqslant 1\,500$	4～6
3	$1\,500 < D \leqslant 2\,200$	6～8
4	$2\,200 < D \leqslant 3\,000$	6～8
5	$3\,000 < D \leqslant 4\,000$	8～10
6	$D > 4\,000$	10～12

6.4.6 当管道内烟气温度大于 350℃，应对烟气进行冷却，且管道厚度不应小于 5 mm。

6.4.7 除尘管网的支管宜从主管（或干管）的上部或侧面接入，连接三通的夹角宜为 30°～45°；垂直连接时应采用导流措施（补角三通）。干管上所连接的支管数量不宜超过 6 根。

6.4.8 管道应有足够的强度和刚度，否则应进行加固。管道加固应符合下列要求：

a）加强筋设计应考虑管道直径、介质最高温度、介质最大压力、设计荷载等因素。

b）当管道直径大于 1 500 mm 时应在管道外表面均匀设置加强筋，加强筋的间距可按管径 1～1.5 倍设置。矩形管道还可采用内部支撑的辅助加固方式，内撑杆宜采用 16Mn 钢管，当用碳钢管时，应采取防磨措施。

c）对于输送含爆炸性气体和粉尘的管道，加强筋按 D/T 5121 要求设置。

d）处于负压运行的烟道，应防止横向加强筋翼缘受压弯扭失稳，必要时应设置纵向加强筋。纵向加强筋应与横向加强筋翼缘焊牢。

6.4.9 除尘管道布置应防止管道积灰，易积灰处应设置清灰设施和检查孔（门）。

6.4.10 输送含尘浓度高、粉尘磨琢性强的含尘气体时，除尘管道中弯头、三通等易受冲刷部位应采取防磨措施。通常弯头的曲率半径不宜小于管道直径。

6.4.11 管道与除尘器、风机、热交换器等设备的连接宜采用法兰连接。为保证法兰连接的密封性，法兰间应设置衬垫，衬垫的厚度为 3～5 mm。衬垫材料根据输送材料性质和温度确定。

6.4.12 管道、弯头、三通的连接采用焊接。

6.4.13 管道可采用搭接、角接和对接三种形式。管道焊接前应除锈、除油，焊缝熔合良好、平整，表面无裂纹、焊瘤、夹渣和漏焊等缺陷，焊后的工件变形应矫正，焊渣及飞溅物应清除干净。

6.4.14 焊接搭接长度不得小于 5 倍钢板厚度，且≥25 mm。

6.4.15 管壁厚度大于 6 mm 时，管道焊接应采坡口形式。焊缝的坡口形式常用有“V”形坡口、“Y”形坡口；管径大于 1 000 mm 时，应采用双面连续焊接。

6.4.16 除尘管道法兰的连接宜采用内侧满焊，外侧间断焊。管道端面与法兰接口平面的距离不应小于 5 mm。

6.4.17 间断焊接焊缝的净距应符合下列要求：

a）在受压构件中不应大于 15 倍钢板厚度；

b）在受拉构件中不应大于 30 倍钢板厚度；

c）对于加强筋与板壁间的双面断续交错焊缝，其净距可为 75～150 mm。

6.4.18 吸尘点的支管上宜设手动调节阀；间歇运行的干管上应设风量自动调节阀，并与生产设备连锁。

6.4.19 管道阀门的形式和功能应根据烟气条件和工艺要求选定。

6.4.20 管道阀门的技术参数应包括公称通径、公称压力、开闭时间、阻力系数、控制参数等，以及耐温性、严密性、调节性等性能。

6.4.21 阀门选型时，应符合以下技术要求：

a）可靠性。要求阀门开启、关闭灵活，开关到位，不得出现卡死和失灵现象；

b）刚性。应具有很好的强度和刚度，阀体不变形；

c）严密性。阀门关闭时，其严密性应符合设计要求；

d）耐磨性。阀门阀体结构、材料应满足耐磨性要求；

e）耐腐蚀性。阀门阀体材料和表面防腐应满足耐腐蚀性要求；

f）耐温性。阀门的材质和结构应满足耐温性要求；

g）开闭时间。阀门的启闭时间应满足生产和除尘工艺要求；

h）安全性。对于电动、气动阀门的执行器，应具有手动开闭的功能。对于大口径的阀门，其传动机构上应设机械锁；

i）固定方式。对于大口径阀门，应设有固定方式和支座，阀门的重量应有支座承担；

j）流向。阀门应有明显的流动方向标识；

k）执行器的方位。选型时应明确传动方式和执行器的方位。

6.4.22 大口径阀门的轴应水平布置。当必须垂直布置时，阀板轴应采用推力轴承结构。

6.4.23 “常闭”的阀门宜设置在垂直管道上，以防止管道积灰。

6.4.24 阀门结构形式选择时，应考虑气体偏流导致粉尘对阀体造成的磨损。

6.4.25 下列情况下应设置补偿器：

a）当输送的烟气温度高于 120℃，且在管线的布置上又不能靠自身补偿时，管道应设置补偿器。补偿器两端应设管道活动支架。

b）高温烟气除尘器的进出口管道应设置补偿器，进口补偿器处应设活动支架。

6.4.26 风机进出口应设置柔性连接件，其长度在 150～300 mm 为宜，与其连接的管道应设固定支架。

6.4.27 除尘器、烟气换热器进出口管道和排气筒（烟囱）上应设置测试孔。生产设备排烟口、大型集气罩、排风口等特殊部位应设置测试孔。

6.4.28 测试孔的位置应选在气流流动平稳管段。测试孔的数量和分布应符合 HJ/T 397—2007 的规定。测试孔处应有测试平台及栏杆。

6.4.29 测试孔通常采用圆形短管的结构，短管高度 30～50 mm，堵头密封。测试孔只用于测风量或压力时，孔径可取 50 mm；测试孔用于测浓度时，孔径可取 100 mm，测孔附近需设有 220V 电源插口。

6.4.30 输送相对湿度较大、易结露的含尘气体时，管道应采取保温措施。

6.4.31 输送爆炸性气体或粉尘的管道应按照 GB/T 15605 的要求设泄爆装置。管道应可靠接地。

6.4.32 穿墙及穿楼板的管道应加套管，管道焊缝不宜置于套管内。穿墙套管长度不得小于墙厚。穿楼板套管应高出楼面 50 mm。穿过屋面的管道应有防水肩和防雨帽。管道与套管之间的空隙应采用阻燃材料填充。

6.4.33 出现下列情况，应考虑除尘管道的积灰荷载，荷载大小可按管道截面积 5%～10%的灰量估算。

a）粒径较粗的机械性粉尘；

b）堆密度大的矿物性粉尘；

c）管道风速较低；

d）含湿量较大的含尘气体。

6.5 系统管路阻力计算

6.5.1 系统管路阻力计算应在设备和管道系统平立面布置完成后进行。步骤见附录 C。

6.5.2 应选择最不利管路（系统中压力损失最大的管路）为计算对象。

6.5.3 应按含尘气体最不利工况（风量最大、阻力最高）进行计算。

6.5.4 管径确定后，按管内实际流速计算压力损失。

6.5.5 应在气体工况温度和工况风量条件下进行计算，不考虑管道漏风。当除尘系统设有高温烟气冷却装置时，阻力应按不同的温度段分别计算，最后求和。

6.5.6 除尘系统管网应进行阻力平衡校核计算，两并联管段压力损失差值不应超过 10%，否则应调整管径或设置阻力调节装置。

6.6 袋式除尘器选型

6.6.1 除尘器在系统中的布置以及所采取的防爆、防冻、降温等措施应符合 GB 50016、GB 50187、GB 50019 的有关规定。

6.6.2 选择袋式除尘器和滤料时应考虑如下因素：

a）气体的温度、湿度、处理风量、含尘浓度、腐蚀性、爆炸性等理化性质；

b）粉尘的粒径分布、堆密度、成分、黏附性、安息角、自燃性和爆炸性等理化性质；

c）除尘器工作压力；

d）排放浓度限值及除尘效率；

e）除尘器占地、输灰方式；

f）除尘器运行条件（水、电、压缩空气、蒸汽等）；

g）滤袋寿命；

h）除尘器的运行维护要求及用户管理水平；

i）粉尘回收利用及方式。

6.6.3 除尘系统管道及袋式除尘器工作温度应高于气体露点温度 15～20℃。处理高湿度含尘气体时，除尘系统及设备应保温，必要时灰斗应设置加热装置，加热方式可采取电加热或低压饱和蒸汽加热。

6.6.4 对于高浓度收尘工艺，可设置预除尘器或在袋式除尘器内设置预分离装置。

6.6.5 对机械性粉尘或一般性炉窑烟尘，袋式除尘器宜采用在线清灰；对超细及黏性大的粉尘可采用离线清灰。

6.6.6 袋式除尘器的净化效果按出口排放浓度评定。

6.6.7 袋式除尘器设计阻力应根据粉尘性质、清灰方式及频度、入口浓度、排放浓度、运行能耗、滤袋寿命等因素综合考虑。

6.6.8 常规袋式除尘器结构耐温按 300℃考虑。

6.6.9 袋式除尘器处理风量按其进口工况体积流量计取。过滤面积计算时不考虑系统漏风。

6.6.10 袋式除尘器漏风率＜3%，其计算公式为：

$$\alpha = \frac{Q_c - Q_i}{Q_i} \times 100\% \quad (1)$$

式中：α ——漏风率，%；

Q_i——除尘器入口风量（标态），m^3/h；

Q_c——除尘器出口风量（标态），m^3/h。

6.6.11 净化含有易燃易爆粉尘的含尘气体，应选择具有防爆和防泄漏功能的袋式除尘器，并配置温度、氧含量、易燃气体浓度等监测仪表和自动灭火保护、静电消除等装置。

6.6.12 袋式除尘器清灰方式应根据粉尘的物理性质确定。冶金、水泥和有色行业烟气净化宜采用脉冲喷吹袋式除尘器；原料性粉尘、机械性粉尘除尘可采用反吹风袋式除尘器；燃煤锅炉烟气宜采用脉冲喷吹袋式除尘器或回转脉冲喷吹袋式除尘器。

6.6.13 袋式除尘器宜采用外滤式过滤形式。

6.6.14 袋式除尘器结构耐压按最大负载压力的1.2倍设计，且耐压值不小于引风机铭牌全压的1.2倍。

6.6.15 袋式除尘器本体结构、支架和基础设计应考虑永久荷载、可变荷载、风荷载、雪荷载、施工与检修荷载和地震作用，并按最不利组合进行设计。支架结构计算时，除尘器的灰荷载按满灰斗储灰量的1.2倍计取。灰斗及其连接的结构设计按袋式除尘器满灰斗储灰量的1.5倍考虑。

6.6.16 袋式除尘器过滤面积按以下公式计算：

$$A = \frac{Q}{60 \cdot u_f} \quad (2)$$

式中：A——过滤面积，m^2（离线清灰时还应加上离线清灰过滤单元的过滤面积）；

u_f——过滤风速，$m^3/(m^2 \cdot min)$；

Q——处理风量（反吹风类除尘器还应包括反吹风量），m^3/h。

6.6.17 袋式除尘器滤袋数量按以下公式计算：

$$n = \frac{A}{\pi DL} \quad (3)$$

式中：n——滤袋袋数，计算后取整；

A——除尘器的过滤面积，m^2；

D——单个滤袋的外径，m；

L——单个滤袋的长度，m。

6.6.18 袋式除尘器过滤风速应根据粉尘的特性、清灰方式和排放浓度等综合确定，其数值可按工程经验和同类项目类比取值。以下场合宜选取较低的过滤风速：

a）粉尘粒径小、堆密度小、黏性大的炉窑烟气净化；

b）粉尘浓度较高、磨琢性大的含尘气体净化；

c）煤气、CO等工艺气体回收系统；

d）垃圾焚烧烟气净化；

e）含铅、镉、铬等特殊有毒有害物质的烟气净化；

f）贵重粉体的回收。

6.6.19 滤袋的长度应根据粉尘的粒度、堆密度、清灰方式、除尘器进风方式、粉尘沉降时间和占地等因素综合确定。应防止滤袋过长导致滤袋间的碰撞摩擦。

6.6.20 袋式除尘器平面尺寸应根据滤袋形状、直径、数量、布置方式、滤袋间距、清灰方式、进风和出风方式及现场条件等综合确定。滤袋最小净间距及滤袋与壳体之间应保持必要的安全距离。袋式除尘器高度应根据排输灰方式、滤袋长度、灰斗锥度、清灰方式、进风和出风方式等因素综合确定。

6.6.21 袋式除尘器的进、出风方式应根据工艺要求、除尘器类型和结构形式、现场总图布置综合确定。除尘器进风、出风总管和支管的风速宜取 12～14 m/s。

6.6.22 除尘器过滤仓室进、出风口应设置切换阀，并具有自动和手动、阀位识别、流向指示等功能。

6.6.23 切换阀应可靠、灵活和严密，阀体和阀板应具有良好的刚性。关闭时漏风率小于 1%。

6.6.24 袋式除尘器宜采用上进风或中部进风方式。若采用灰斗进风方式，应设置有效的气流分布装置。

6.6.25 除尘器灰斗容积应考虑输灰设备检修期内的储灰能力，锥度应保证粉尘流动顺畅，灰斗斜面与水平面之间的夹角宜大于 60°。

6.6.26 袋式除尘器灰斗卸灰口尺寸应根据粉尘的性质、输灰方式、灰斗容积等方式确定，一般可取 200 mm×200 mm～450 mm×450 mm；大型袋式除尘器及垃圾焚烧袋式除尘器灰斗卸灰口尺寸不宜小于 400 mm×400 mm。

6.6.27 根据袋式除尘工艺要求，除尘器灰斗可设置料位计、加热和保温装置、破拱装置。料位计与破拱装置不宜设置在同一侧面。

6.6.28 对流动性差或黏性大的粉尘，除尘器灰斗应设空气炮、振打机构等破拱装置。破拱装置距卸灰口的高度宜为灰斗高度的 1/3。

6.6.29 当粉尘含湿量较大或粉尘易吸湿结块和易冻结时，除尘器灰斗应设置保温和加热器，卸灰和输灰设备应采用电或蒸汽等热源伴热。

6.6.30 当下列情况同时出现时，袋式除尘器可采用滑动支座，其进出口可设置补偿器。

a）除尘器工作温度大于 150℃；

b）除尘器的长度大于 15 m；

c）处理风量大于 40 万 m^3/h。

6.6.31 大型袋式除尘器顶部宜设置起吊装置。起吊重量不小于最大检修部件的重量。

6.6.32 袋式除尘器的选型步骤见附录 D。

6.7 滤料选择

6.7.1 滤料的选择应遵循如下基本原则：

a）所选滤料的连续使用温度应高于除尘器入口烟气温度及粉尘温度。

b）根据烟气和粉尘的化学成分、腐蚀性和毒性选择适宜的滤料材质和结构。

c）选择滤料时应考虑除尘器的清灰方式。

d）对于烟气含湿量大，粉尘易潮结和板结、粉尘黏性大的场合，宜选用表面光洁度高的滤料结构。

e）对微细粒子高效捕集、车间内空气净化回用、高浓度含尘气体净化等场合，可采用覆膜滤料或其他表面过滤滤料；对爆炸性粉尘净化，应采用抗静电滤料；对含有火星的气体净化，应选用阻燃滤料。

f）高温滤料应进行充分热定型；净化腐蚀性烟气的滤料应进行防腐后处理；对含湿量大、含油雾的气体净化，所选滤料应进行疏油疏水后处理。

g）当滤料有耐酸、耐氧化、耐水解和长寿命等的组合要求时，可采用复合滤料。

6.7.2 当烟气温度小于 130℃时，可选用常温滤料；当烟气温度高于 130℃时，可选用高温滤料；当烟气温度高于 260℃时，应对烟气冷却后方可使用高温滤料或常温滤料。滤料的主要性能指标见附录 E。

6.7.3 在正常工况和操作条件下，滤袋设计使用寿命不小于 2 年。

6.8 除尘器卸灰与输灰

6.8.1 输灰方式应根据输送量、输送距离、现场平立面布置条件、粉尘物性（粒度、磨琢性、流动性、密度）等因素综合确定。

6.8.2 除尘器卸、输灰宜采用机械输送或气力输送。卸、输灰过程不应产生二次扬尘。

6.8.3 输灰装置的输灰量应大于卸灰阀的卸灰量；后一级输灰装置的输灰能力应大于前一级输灰装置的输灰能力。

6.8.4 卸灰装置的卸灰能力应满足设计要求，卸灰顺畅，严密，避免粉尘泄漏和漏风。

6.8.5 除尘器灰斗的卸灰口，应设置插板阀、卸灰阀及落灰短管。当除尘管网可能进入杂物时，卸灰阀上部应设掏灰孔。

6.8.6 除尘器收集的粉尘装车外运时，宜采用粉尘加湿、卸灰口排风或无尘装车等措施，防止二次扬尘。有条件时，宜选用真空吸引压送罐车。

6.8.7 灰斗内宜保持一定的灰封高度。灰封高度可按下式估算：

$$H=\frac{0.1\times\Delta P}{\rho}+100 \tag{4}$$

式中：H——灰封高度，mm；

ΔP——除尘器内负压绝对值，Pa；

ρ——粉尘的堆密度，g/cm^3。

6.8.8 选用螺旋输送机时应符合下列要求：

a）适用于水平或倾斜度小于 20°时粉料输送。

b）输送长度不宜超过 20 m，输送量一般小于 10 m^3/h。

c）倾斜提升输送时，输送高度一般不高于 2 m。

d）不宜输送粒径细、比重小、流动性好的粉料；不宜输送比重大、磨琢性强的矿物性粉料。

e）螺旋输送机的驱动装置及出料口应设于头节（有止推轴承），使螺旋轴处于受拉状态。

6.8.9 选用埋刮板输送机时应符合下列要求：

a）适用于粉尘状、小颗粒和小块状物料的输送。

b）物料堆密度宜在 0.2～1.8 t/m^3，粒度＜10 mm。

c）物料温度不宜超过 200℃，高温物料输送时应采用耐高温密封材料。

d）输送距离宜小于 50 m，输送量宜小于 50 m^3/h。

e）输送物料的含水率不大于 10%。

6.8.10 选用斗式提升机时，提升高度不宜超过 40 m，输送量小于 60 m^3/h。

6.8.11 选用空气斜槽时，应符合下列要求：

a）温度不大于 150℃的干性物料。

b）物料含水量不大于 1%。

c）输送距离宜小于 60 m。

d）不能用于向上输送。

e）水平输送需倾斜安装，斜度不应小于 6%。

f）可将物料向不同位置多点输送。

6.8.12 选用气力输送时，应符合下列要求：

a）适用于长距离集中输送和提升输送。

b）物料最高温度小于 400℃。

c）可将多个卸灰口物料集中送往一处，也可将单个卸灰口物料送往多处。

d）输送管路应采用防磨弯头，管路系统应设有防堵清灰装置。

e）不宜输送粗颗粒、比重大和含水量高的粉料。

6.9　烟气冷却

6.9.1　高温烟气冷却的主要目的在于使烟气的温度满足除尘系统中设备、管道和材料的耐温要求。

6.9.2　当烟气温度高于滤料正常使用温度时，应设烟气降温设施。烟气降温应优先考虑余热回收和利用。

6.9.3　烟气冷却方式应根据烟气量、温降幅度、粉尘性质、热能回收的价值和经济性等因素综合考虑确定。

6.9.4　高温烟气冷却可采用直接冷却和间接冷却。各种冷却方式的适用场合及要求见附录 F。

6.9.5　高温烟气冷却设计程序见附录 G。

6.9.6　烟气冷却换热计算见附录 H。

6.9.7　烟气体积流量变化计算见附录 I。

6.10　风机及电机

6.10.1　应根据输送气体的温度和性质，选择相应用途的风机，要求如下：

a）输送常温空气可选用通风机；

b）输送有爆炸和易燃气体时应选用防爆型风机；

c）输送有腐蚀性气体时应选用防腐风机；

d）输送高温气体时应选用电站锅炉引风机或锅炉引风机。

6.10.2　应选择高效节能风机。选择风机时其工作点应处于风机最高效率的 90%范围内。

6.10.3　对消声有特殊要求时，应优先采用低噪声、低转速的风机；必要时应采取消声、隔声、减震等措施。

6.10.4　风机选型时，应尽量避免风机并联或串联工作。当风机并联工作时，应尽量选择同型号同规格的风机。

6.10.5　为防止风机冷态启动和运转时电机过载，风机应配置启动装置和（或）风量调节装置；对大型变负荷除尘系统的风机和电机，可增设耦合器或变频装置。

6.10.6　风机可露天布置，也可布置在风机房内。对于露天布置的风机和电机，应采取防雨、防尘、防护等措施。电机防护等级不低于 IP54。

6.10.7　风机及电机选型步骤见附录 J。

6.10.8　风机选型计算风量应在除尘管网计算总排风量上附加管网和设备的漏风量，按下式计算：

$$Q' = K_1 K_2 Q \tag{5}$$

式中：Q'——风机选型计算风量，m^3/h；

Q——除尘管网计算总排风量（风机入口处），m^3/h；

K_1——管网漏风附加系数，一般送、排风系统 K_1=1.05～1.1，除尘系统 K_1=1.1～1.15，气力输送系统 K_1=1.15；

K_2——设备漏风附加系数，按有关设备样本选取，K_2 一般处于 1.02～1.05。

6.10.9　风机选型计算全压按下式计算：

$$p' = (p_1\alpha_1 + p_2)\alpha_2 \tag{6}$$

式中：p'——风机选型计算全压，Pa；

p_1——管网计算总压力损失，Pa；

p_2——除尘设备末期的压力损失，Pa，一般由设备厂家提供，也可参考以下数值选取：

a）机械性粉尘：1 400 Pa；

b）冶金、水泥炉窑：1 500 Pa；

c）煤粉锅炉：1 500 Pa；

d）炉排炉：1 400 Pa；

e）垃圾焚烧：1 800 Pa；

f）空气净化：1 400 Pa；

g）铁合金：1 800 Pa；

h）高浓度煤粉收集器：1 800 Pa；

α_1——管网计算总压力损失附加系数；对于定转速风机，按 1.1～1.15 取值；对于变频风机，按 1.0 取值；电站风机按 1.2 取值；气力输送系统则按 1.2 取值；

α_2——通风机全压负差系数，一般可取 α_2=1.05～1.08（国内风机行业标准）。

6.10.10 应将风机选型计算风量和全压换算成风机样本标定状态下的数值，据此选择风机型号。换算公式如下：

$$Q''=Q' \tag{7}$$

$$p''=\frac{1.293}{\rho}\times\frac{101\ 325}{B}\times\frac{273+t}{273+t_0}\times p' \tag{8}$$

式中：Q''——风机样本标定状态下选型计算风量，m^3/h；

Q'——风机选型计算风量，m^3/h；

p''——风机样本标定状态下选型计算全压，Pa；

p'——风机选型计算全压，Pa；

B——风机实际运行当地大气压力，Pa；

ρ——标准状态下输送气体密度，kg/m^3；当输送气体密度接近空气时，可按 1.293 kg/m^3 取值；

t_0——风机标定状态下的气体温度，℃。通风机时 t_0=20℃；电站引风机时 t_0=140℃；工业锅炉引风机时 t_0=200℃；

t——风机入口工况气体温度，℃。

6.10.11 风机选定后，应计算风机在实际工况条件下所需的电机功率。计算公式如下：

$$N=\frac{\rho}{1.293}\times\frac{B}{101\ 325}\times\frac{273+t_0}{273+t}\times\frac{Q_0\times p_0}{1\ 000\times 3\ 600\times\eta_1\times\eta_2}\times K \tag{9}$$

式中：N——所需功率，kW；

Q_0——所选风机样本工作点流量，m^3/h；

p_0——所选风机样本工作点全压，Pa；

B——风机实际运行当地大气压力，Pa；

ρ——标准状态下输送气体密度，kg/m^3；当输送气体密度接近空气时，可按 1.293 kg/m^3 取值；

t_0——风机标定状态下的气体温度，℃；通风机时 t_0=20℃，电站引风机时 t_0=140℃，工业锅炉引风机时 t_0=200℃；

t——风机入口工况气体温度，℃；

η_1——风机内效率，风机样本给出；

η_2——机械传动效率，与传动方式有关；电动机直联取 1.0，联轴器直联取 0.98；

K——电机功率储备系数；通风机取 1.15，引风机取 1.3。

6.10.12 电机功率的校核。电机选定后，还应根据除尘工艺可能出现的特殊工况对所选电机功率进行校核，如冬季运行、冷态启动、生产超负荷运行等。

6.10.13 选择风机时，应明确其轴承箱和电机的冷却方式、调节阀执行器的方位、电机接线盒方位等。

6.11 袋式除尘系统风量调节

6.11.1 当除尘系统的风量随生产过程出现周期性、规律性变化时，应对除尘系统的风量进行调节，实现节能运行。

6.11.2 风量调节的方式应根据项目的具体情况和要求确定，主要包括：

a）采用变频器调节风机转速；

b）采用液力偶合器调节风机转速；

c）调节风机阀门开度；

d）采用双速电机；

e）启停并联风机的运行台数；

f）关闭部分支路上的阀门。

6.11.3 系统风量调节或电机调速应与生产过程连锁控制。

6.12 烟囱（排气筒）

6.12.1 烟囱的高度应符合国家或地方污染物排放标准和建设项目环境影响评价文件的要求。烟囱应设置测试孔和测试平台，测试孔应符合 GB/T 16157 的规定。

6.12.2 烟囱结构设计应符合 GB 50051 的要求。

6.12.3 烟囱的结构形式应根据所属行业要求、烟气性质、烟囱高度、功能要求、材料供应及施工条件等因素综合确定。常见的烟囱结构形式及使用场合如下：

a）钢筋混凝土烟囱：火力发电厂、集中供热、大型工业锅炉；

b）钢烟囱：钢铁厂、水泥厂、有色冶炼厂、机械工厂、小型工业锅炉；

c）套筒式或多管式烟囱：垃圾焚烧厂、火力发电厂。

6.12.4 钢烟囱包括塔架式，自立式和拉索式三种形式。高大的钢烟囱可采用塔架式，低矮的钢烟囱可采用自立式，细高的钢烟囱可采用拉索式。

6.12.5 自立式钢烟囱的直径 d 和高度 h 之间的关系宜满足 $h\leqslant 20d$。当不满足此条件时，烟囱下部直径宜扩大或采用拉索式钢烟囱等其他结构形式。

6.12.6 当多台炉窑同时排烟，且要求每台炉单独采用一个排烟筒时，可设计成多管式烟囱（如垃圾焚烧烟囱等）。

6.12.7 烟囱（排气筒）的出口直径应根据出口流速确定，流速宜取 15～20 m/s。

6.12.8 自立式钢烟囱的筒壁最小厚度 t 应满足下列条件：

a）当烟囱高度 $h\leqslant 20$ m，t=7.5 mm；

b）当烟囱高度 $h\geqslant 20$ m，t=9 mm。

6.12.9 对于薄壁钢烟囱，为提高刚度，除可增加壁厚外，也可设置加强圈。

6.12.10 烟囱筒壁和基础的受热温度应符合下列规定：

a）钢筋混凝土筒壁和基础以及素混凝土基础受热温度不应超过 150℃；

b）钢烟囱筒壁的最高受热温度应符合表 5 的规定。

表 5 钢烟囱筒壁的最高受热温度

钢	最高受热温度/℃	备注
碳素结构钢	250	用于沸腾钢
	350	用于镇静钢
低合金结构钢和可焊接低合金耐候钢	400	—

6.12.11 根据需要，烟囱外表面应设置爬梯或检修平台，规定如下：

a）爬梯应离地面 2.5 m 处开始设置，直至烟囱顶端；

b）爬梯应设在常年主导风向的上风向；

c）烟囱高度小于 40 m 时，可不设置爬梯围栏；当烟囱高度大于 40 m 时，从 15 m 处开始设置围栏；

d）爬梯等金属物件应采取防腐措施，爬梯与筒壁连接应牢固可靠。

6.12.12 烟囱底部应设置比烟道底部低 0.5～1 m 的积灰坑，并设置检修门且严格密封。

6.12.13 应按 GB 50057 要求设置防雷和接地设施。

6.12.14 烟囱与烟道的接口处，烟囱内部应具有防止雨水流入烟道和风机的挡水措施。

6.12.15 烟囱底部应设有雨水排放口，同时，应有防止小动物进入的网格。

6.12.16 钢制烟囱的设计应有足够的强度和刚度，烟囱的壁厚还应考虑有一定量的腐蚀裕度。烟道入口宜设计成圆形。矩形孔洞的转角宜设计成圆弧形。为减少风载对烟囱的作用力，必要时可设置一定数量的破风圈。

6.12.17 当两个烟道共用一个钢烟囱排气时，开孔应对称设置。烟囱内部应设隔板，隔板高度不低于烟囱高度的 1/4。

6.12.18 钢烟囱的防腐蚀设计应符合下列要求：

a）当钢烟囱高度不超过 100 m，排放弱腐蚀性烟气时，筒壁材料可采用普通钢板；否则应采用耐腐蚀钢板。

b）当烟囱筒首部分（高度为 1.5 倍出口直径）采用普通钢时，烟囱筒首涂刷耐酸涂料。

c）钢烟囱的内外表面应涂刷防护油漆。但当排放腐蚀性强的烟气时，钢烟囱内表面应改用厚 1～3 mm 的防腐涂料。

d）烟囱外表面应针对大气和雨水腐蚀进行表面防腐。

e）烟囱排放口内部宜设置钢板环圈，以减弱雨水与烟囱内壁的接触。

7 主要工艺设备和材料

7.1 袋式除尘器本体

7.1.1 袋式除尘器的结构主要包括灰斗、中箱体、上箱体、清灰机构、滤袋及滤袋框架、进/出风烟道、梯子/平台/栏杆、控制设备等。

7.1.2 袋式除尘器制造应分别符合 HJ/T 328、HJ/T 329、HJ/T 330、JB/T 10341 的规定。滤袋应符合 HJ/T 327 的规定，滤袋框架应符合 JB/T 5917 的规定，滤料应符合 HJ/T 324 和 HJ/T 326 的规定，电磁脉冲阀应符合 JB/T 5916 和 HJ/T 284 的规定。

7.1.3 袋式除尘器规格型号及性能参数见附录 K。

7.1.4 袋式除尘器花板设计应符合下列要求：

a）花板厚度宜取 5～6 mm；

b）花板加强筋的高度不小于 50 mm，筋板厚度应大于 5 mm；

c）花板平整、光洁，不应有挠曲、凹凸不平等缺陷，平面度偏差不大于其长度的 2‰；

d）花板孔中心定位偏差小于 0.5 mm，花板孔径偏差为 0～0.5 mm；

e）花板加工宜达到激光切割精度要求。

7.1.5 灰斗内部应光滑平整。当净化易燃、易爆、易板结粉尘时，除尘器灰斗壁交角的内侧应做成圆弧状，圆弧半径以 200 mm 为宜。

7.1.6 大型袋式除尘器灰斗上部宜设检修走道或敷设格栅网。灰斗不宜设人孔门。

7.1.7 袋式除尘器中箱体结构应满足强度、刚度和稳定性要求。壳体在最不利条件下运行时不应有明显变形。中箱体下部应设人孔门。

7.1.8 袋式除尘器上箱体结构设计应便于滤袋安装与更换。当净气室高度大于 2 m 时，应在净气室侧面设人孔门，顶部宜设检修门，便于采光、通风和滤袋安装。

7.1.9 袋式除尘器的梯子、平台、栏杆应符合标准 GB 4053.1、GB 4053.2、GB 4053.3、GB 4053.4 的规定，主要平台通道宽度不小于 1 m，栏杆高度不小于 1.2 m。梯子和平台应设踢脚板。

7.1.10 袋式除尘器壳体保温、防水、外饰应符合 DL/T 5072 的要求。人孔门、检查门应采取保温措施。

7.1.11 当净化高温、高湿度和腐蚀性气体时，袋式除尘器的净气室内表面应做高温防腐处理。

7.1.12 户外布置的除尘器顶板应设散水坡度，坡度不小于 2%。当除尘器顶部设有防雨棚时，应能抵御风载、雪载危害。

7.1.13 脉冲阀的技术要求、试验方法、检验规则、包装、标志、贮存和运输应执行 JB/T 5916 和 HJ/T 284 的有关规定。

7.1.14 稳压气包的设计、制造和检验应符合 JB 10191 的要求。

7.1.15 电磁脉冲阀主要技术性能参数有：规格型号、工作压力和温度、流量特性、阻力特性、开关特性、供电参数、膜片寿命和通用性等。

7.1.16 淹没式脉冲阀宜水平布置于稳压气包上，其输出口中心应与阀体中心重合，不得偏移和歪斜。输出口应与阀座平行。

7.1.17 在正常使用条件下，膜片使用寿命应大于 100 万次或 3 年。

7.1.18 脉冲袋式除尘器稳压气包的截面可以是矩形或圆形，其底部应设置放水阀。

7.1.19 喷吹管应有可靠的定位和固定装置，并便于拆卸和安装。

7.2 滤料、滤袋及滤袋框架

7.2.1 袋式除尘器用滤料及滤袋产品应符合 HJ/T 324、HJ/T 326、JC/T 768 及 HJ/T 327 的要求。袋式除尘器用滤袋框架制造应符合 JB/T 5917 的规定。

7.2.2 花板、滤袋及框架三者应相互匹配，匹配的主要内容和要求包括：

a）袋口与花板的配合，即严密性、张紧度和牢固性；

b）滤袋框架碗口翻边与袋口的配合，滤袋框架的重量应由花板承担；

c）滤袋与滤袋框架的间隙配合，要求松紧度适宜，并考虑滤袋的收缩性；

d）滤袋与滤袋框架的长度配合，框架底部与袋底间隙宜为 15～20 mm。

7.2.3 滤袋框架的材质宜为冷拔钢丝或不锈钢。纵筋直径不小于 3 mm，间距不宜大于 35～40 mm；反撑环直径不小于 4 mm，节距不宜大于 250 mm。

7.2.4 滤袋框架应有足够的强度和刚度，焊点应牢固、平滑，不得有裂痕、凹坑和毛刺，不允许有脱焊和漏焊。

7.2.5 当滤袋框架为多节结构时，接口部位不得对滤袋造成磨损，接口形式应便于拆、装。

7.2.6 应根据袋式除尘器的使用场合对滤袋框架作相应的防腐处理。

7.2.7 滤袋的包装和运输应采用箱装，并有防雨措施。滤袋框架吊装和运输时应有专用的货架，露天放置时应有塑料袋包装且有防雨措施。

7.3 气流分布

7.3.1 袋式除尘器气流分布应具备以下功能：

a）控制袋束的迎风速度，避免含尘气体气流直接冲刷滤袋；

b）防止运行时滤袋的摆动和碰撞；

c）组织气流向各过滤仓室或各过滤区域分配；

d）控制上升气流的比例和速度，利于粉尘沉降。

7.3.2 袋式除尘器气流分布应符合下列要求：

a）气流分布装置的设计应在气流分布试验的基础上进行；

b）气流分布试验以滤袋免受冲刷、促进粉尘沉降、过滤负荷均匀为原则；

c）气流分布装置应结合除尘器进口烟道流动状态、进风和排风方式、除尘器结构形式等进行模化试验后确定；

d）气流分布试验包括相似模化试验和现场实物校核试验。有条件时可以进行计算机模拟试验；

e）气流分布试验按实物最大烟气量时的流动状态进行。相似模化试验比例尺宜为 1∶5～1∶7；

f）各过滤仓室的处理风量与设计风量的偏差不大于 10%；

g）袋束前 200 mm 处迎风速度平均值不宜大于 1 m/s；

h）滤袋底部下方 200 mm 处气流平均上升速度不宜大于 1 m/s；

i）气流分布速度场测试断面按行列网格划分，测点布置在网格中心，模拟试验网格尺寸不宜大于 100 mm×100 mm，现场实物测试网格尺寸不宜大于 1 000 mm×1 000 mm。

8 检测与过程控制

8.1 一般规定

8.1.1 除尘系统控制及检测应具备系统的运行控制、参数检测、状态显示、工艺连锁、报警和保护等功能。

8.1.2 自动控制水平应与生产和除尘工艺的技术水平、作业环境条件、维护操作管理水平相适应。

8.1.3 袋式除尘系统的自动控制设计应按 DL/T 659 等规定执行。设计中所选用的电器产品元件和材料应符合现行国家或行业标准。应优先采用节能的成套设备和定型产品。

8.1.4 除尘系统运行控制应具备系统的启停顺序、系统与生产工艺设备的连锁、运行参数的超限报警及自动保护等功能。

8.1.5 与生产工艺紧密相关的除尘系统，宜在生产工艺控制室（中央控制室）及除尘系统控制室分别设置操作系统，并随时显示其工作状态。

8.1.6 大型袋式除尘系统宜设置独立的控制室，控制室应尽量靠近除尘器。

8.1.7 袋式除尘器的控制除能实现自动控制外，还应能实现手控操作，并可通过自动/手动转换开关实现自动与手动控制转换。

8.1.8 大中型除尘系统主要设备的自动控制宜具有集中控制和机旁就地控制两种方式。电动及气动装置应设就地控制箱，并设手动/自动转换开关。

8.1.9 自动保护系统设计应有防止误动和拒动的措施。保护系统电源中断和恢复不会误发动作指令。

8.1.10 保护系统发出的操作指令应优先于其他任何指令。

8.2 袋式除尘系统检测

8.2.1 袋式除尘系统应检测的内容为：

a）除尘器、换热器等设备进出口压差显示及超限报警；

b）除尘器、换热器等设备进出口烟气温度显示及超限报警；

c）清灰气源压力显示及超限报警；

d）灰斗灰位超限报警；

e）清灰风机电流及超限报警；

f）大中型引风机电机电流；

g）引风机轴承温度，电机轴承温度，高压电机定子温度、振幅及超限报警；

h）冷却系统及冷却介质的流量、温度、压力的检测及报警；

i）设备运行状态、阀门开度等显示及故障报警。

8.2.2 根据工程需要，袋式除尘系统可选择性检测的内容为：

a）烟气流量；

b）喷雾降温系统给水压力及流量；

c）出口烟尘浓度显示及超标报警；

d）烟气含氧量及含氧量超限报警；

e）分室压差。

8.2.3 袋式除尘器应设置进出口压差（或压力）监控。各过滤仓室宜分别设置U形压力计或压差传感器监控。

8.2.4 袋式除尘器温度监测仪表测点应设在除尘器进、出口直管段，每处至少应有2个测试点，取其平均温度。喷雾系统温度测点应多点布置。除尘器灰斗加热温度测点应布置在灰斗壁外侧。

8.2.5 温度检测可采用温度变送器或温度传感器。当采用热电偶时，应选用与仪表相匹配的补偿导线。

8.2.6 袋式除尘器检测系统含尘烟道中的测量一次元器件应有防磨措施。管道压力检测孔应有防堵措施。

8.2.7 压缩空气管路的减压阀前、后应设压力检测装置。

8.2.8 喷雾降温系统的供水回路应有压力和流量检测。

8.2.9 每个灰斗应设置高料位开关。必要时也可设置低料位开关。

8.3 袋式除尘系统自动控制

8.3.1 袋式除尘系统应自动控制的内容为：

a）除尘器启动、停机连锁控制；

b）除尘器清灰自动控制；

c）清灰气源系统控制；

d）预涂灰控制（飞灰罐车预涂灰系统）；

e）除尘系统阀门控制；

f）灰斗加热系统控制；

g）卸灰、输灰装置控制；

h）引风机启动、停机程序控制（火电厂除外）；

i）引风机电机轴承冷却系统控制（火电厂除外）；

j）除尘器运行超温报警与自动保护；

k）引风机、电机轴承超温报警及自动保护（火电厂除外）。

8.3.2 根据工程需要，袋式除尘系统可选择性自动控制的内容为：

a）烟气冷却器水冷系统控制；

b）喷雾降温系统控制。

8.3.3 袋式除尘系统的控制方式应根据生产工艺的技术水平和要求、系统风量、运行条件、管理水平综合确定。控制方式主要有以下几种：

a）PLC可编程控制器+HMI（人机界面）监控系统；

b）PLC可编程控制器+PC（上位机）监控系统；

c）DCS监控系统；

d）DCS分散控制系统+PLC可编程控制器+工程师站和操作员站监控系统；

e）清灰控制仪。

8.3.4 袋式除尘系统主要参数宜集中在一个画面上，运行参数的更新时间不大于1 s。

8.3.5 自动控制系统应具备储存袋式除尘器主要运行参数的能力。

8.3.6 控制系统应选用与硬件配套的系统软件，并提供相应的软件安全措施。

8.3.7 袋式除尘器清灰控制应具备定压差、定时和手动三种模式，可互相转换。清灰程序应能对脉冲宽度、脉冲间隔、同时工作的脉冲阀数量进行调整。

8.3.8 烟道阀门应设手动、自动两种控制方式，并检测、显示阀门的开关状态。其执行机构在控制系统失电时，应能保持失电前的位置或处于安全位置。

8.3.9 卸、输灰自动连锁控制顺序为：开机时，应按照从后到前的顺序，依次开启输灰机械，再开卸灰阀；停机时，先关卸灰阀，然后按照从前到后的顺序，依次关闭输灰机械。

8.3.10 控制系统所涉及的盘、箱、柜的防护等级应根据国家的技术规定、安装位置和环境条件等来确定，室内安装时其防护等级不低于 IP30，室外安装时其防护等级不低于 IP55。应注意防爆、防尘、防水、防震、防腐、防高温、防静电、防电磁干扰、防小动物侵入等事项。

9 主要辅助工程

9.1 供配电

9.1.1 袋式除尘系统的供配电设计应按 GB 50217、GB 50052、GB 50054、GB 50057、GB/T 14048、GB 7251、DL/T 620、DL/T 5044、DL/T 5137 等标准的规定执行。

9.1.2 当除尘系统出现故障可能严重影响工艺生产或造成较大经济损失时，宜采用两路独立的供电方式，两路电源互为备用。

9.1.3 配电设备的布置应遵循安全、可靠、适用和经济等原则，并应便于安装、操作和检修。

9.1.4 电气设备应有安全保护装置，室外电气、热控设备应设防护措施。

9.1.5 配电线路应装设短路保护、过负载保护和接地故障保护，作用于切断供电电源或发出报警信号。

9.1.6 配电线路的短路保护，应在短路电流对导体和连接件产生的热作用和机械作用造成危害之前切断短路电流。

9.1.7 配电线路过负载保护，应在过负载电流引起的导体温升对导体的绝缘、接头、端子或导体周围的物质造成损害之前切断负载电流。

9.1.8 电动机的过载保护元件的选择应以电动机参数为依据，并与断路器的脱扣器整定值相配合，接地保护附件按需设置。

9.1.9 袋式除尘器控制柜/箱应有单独的回路供电。控制回路电源应由袋式除尘器控制柜/箱自身完成配电。

9.1.10 袋式除尘系统的低压配电柜应有不少于 15%的备用回路。

9.1.11 袋式除尘器附近应设置检修电源。

9.1.12 落地式配电箱的底部宜抬高，室内宜高出地面 50 mm 以上，室外应高出地面 200 mm 以上。底座周围应采取封闭措施，并应能防止鼠、蛇等小动物进入箱内。

9.1.13 袋式除尘系统需照明的区域应设照明配电箱，包括除尘器顶部清灰装置平台、除尘器灰斗卸输灰平台、楼梯平台、检修平台、现场操作箱等。选用防水、防尘、防腐并带有护罩的灯具。重要的场合应设置事故照明。检修照明电源使用的安全电压为 24V 或 36V，设备内或潮湿处不超过 12V。

9.1.14 动力电缆、控制电缆和信号电缆应选用阻燃型。

9.1.15 高压电机动力电缆应按电机接线盒的方位敷设到位。

9.1.16 袋式除尘器范围内电缆宜采用桥架敷设。电缆桥架应采用镀锌材料。

9.1.17 接地故障保护的设置应能防止人身间接电击以及电气火灾、线路损坏等事故。

9.1.18 除尘系统的机电设备，以及能带电的物体均应可靠接地。除尘器应设专用地线网。除尘器的接地电阻不应大于 10Ω，与接地网的连接点不得少于 4 个。除尘系统电器控制柜体接地电阻应小于 4Ω。

9.2 采暖通风与空调

9.2.1 袋式除尘工程配套建筑物的采暖通风与空调设计应符合 GB 50019 和 JBJ 10 的要求。

9.2.2 采暖地区袋式除尘工程配套的值班室、总控制室、电气室、配电站、总降变电所等除冬季采暖外，夏季应通风降温或空气调节。非采暖地区的配电室应采取隔热、通风或空调等措施。

9.2.3 冬季室内计算温度宜按下列选用：

a）办公、会议、休息室：18～20℃；

b）控制室、通信机房：18℃；

c）值班室：16℃；

d）空压机房：15℃；

e）水泵间（有人操作）：12～14℃。

9.2.4 严寒地区无人操作的设备间、泵房、风机房等应按5℃设置值班采暖。

9.2.5 当厂内只有采暖用热或以采暖用热为主时，宜采用热水为热媒；当厂区供热以工艺用蒸汽为主时，厂房及辅助建筑物宜采用0.2～0.4 MPa的饱和蒸汽为热媒，但办公室、休息室等生活设施宜采用热水或0.07 MPa饱和蒸汽为热媒。

9.2.6 除尘器灰斗等设备采用饱和蒸汽加热时，蒸汽压力宜为0.2～0.4 MPa。

9.2.7 散热器宜安装在外墙窗台下，且宜明装。

9.2.8 计算机房、控制室、配电室采暖时，室内不宜安装铸铁片式散热器，不应安装阀门、接头和放气阀，管道连接及其与散热器的连接应采用焊接。

9.2.9 热水采暖系统，应在热力入口处的供回水总管上设置温度计、压力表，供水管上设置除污器，当汽源压力过大时，应装设调压装置。

9.2.10 采暖系统供水、供汽干管的末端和回水干管的始端管径不宜小于 20 mm，低压蒸汽的供汽干管可放大一号。

9.2.11 架空管道穿越厂区道路时净高不得低于4.5 m，穿越厂区铁路净高不得低于6 m。

9.2.12 室外蒸汽管道应保温。保温防护层应防雨防水和美观。

9.2.13 热水采暖系统的最高点应设放气阀，最低点应设放水阀。

9.2.14 采暖管道不宜穿过有燃烧、爆炸危险的气体或粉尘的房间。当必须穿过时，应用非燃烧材料隔热。

9.2.15 采暖管道穿过隔墙和楼板处，应装设套管。

9.2.16 采暖管道不应穿经变配电室。

9.2.17 室内采暖管沟不宜穿过伸缩缝和沉降缝。

9.2.18 室内采暖地沟不应与配电室电缆沟连通，也不得进入变配电室。

9.2.19 控制室、值班室、计算机房夏季室内空调计算温度宜为26℃。

9.2.20 风机房、空压机房内应有良好的通风换气和照明条件，当采用自然通风不足以消除室内余热时，宜设置机械通风。机房空气温度不宜超过40℃。

9.3 给排水

9.3.1 袋式除尘工程配套的给排水设计应符合GB 50014和GB 50015的要求。

9.3.2 风机、电机等设备冷却供水应取自厂区的冷却水管网，冷却水回水也应回至厂区冷却水管网。冷却水系统应设置温度、压力、流量等监测装置。

9.3.3 当厂区无冷却水管网时，风机、电机等设备应配套独立的闭路循环冷却水系统。冷却介质可使用自来水。

9.3.4 袋式除尘工程配套建筑物的生活污水应排入厂区的生活污水管网，生产废水应排入厂区的生产污水管网。

9.4 压缩气体

9.4.1 压缩气体主要用于脉冲喷吹袋式除尘器脉冲阀、空气炮、气动装置和仪表的用气。当用户缺乏气源或供气参数不满足要求时，应设置新的压缩空气供气系统。净化煤粉等易爆粉尘时，应采用氮气等惰性气体作为清灰介质。

9.4.2 压缩空气供应系统的设计应符合 GB 50029 的要求。

9.4.3 管路的阀门和仪表应设在便于观察、操作和维修的位置。

9.4.4 袋式除尘系统压缩气体供应的气源应稳定。根据用气对象做相应的除油、除水、除尘等气体净化处理。

9.4.5 净化后压缩空气品质应满足下列要求：

a）露点温度应低于当地环境温度 5～10℃；

b）含尘粒径应小于 5 μm；

c）颗粒含量应小于 5 mg/m^3；

d）含油量应小于 1 mg/m^3。

9.4.6 压缩空气的制备与供应宜采用的流程依次为空压机、缓冲罐、干燥机、现场储气罐、减压阀、稳压气包。

9.4.7 空压机应有备用，宜选用同种型号。压缩机出口应装止回阀，止回阀与空压机之间应设放空管。

9.4.8 空气干燥装置宜不少于两套，其中一套为备用。

9.4.9 活塞式空压机与储气罐之间不宜装切断阀，需装时，在空压机与切断阀之间应设安全阀。

9.4.10 减压阀应考虑备用，并设旁通装置，其出口设压力表。

9.4.11 缓冲罐和现场储气罐底部应设自动或手动放水阀。顶部应设压力表和安全阀。

9.4.12 储气罐与供气总管之间应设置切断阀。每排稳压气包的供气管道上应设置切断阀。

9.4.13 压缩空气总管内气体流速不宜大于 12 m/s。管道可采用热镀锌钢管。

9.4.14 压缩空气管道宜架空敷设，寒冷地区应采用保温和伴热措施。

9.4.15 储气罐应尽量靠近用气点，从储气罐到用气点的管线距离一般不超过 50 m，否则应增设储气罐。条件允许时在靠近除尘器处设单独的储气罐。

9.4.16 压缩空气管道的连接宜采用焊接，设备和附件的连接可采用螺纹、法兰连接。

9.4.17 活塞式空压机、离心式空压机、单机定额排气量大于 20 m^3/min 螺杆空压机的压缩空气站宜为独立建筑物。压缩空气站与其他建筑物毗邻或设在其内时，宜用墙隔开，空压机宜靠外墙布置。

9.4.18 空压机组宜单排布置，空压机之间的通道净距不小于 1.5 m；空压机组与墙的通道不小于 1.2 m。当空压机数量超过 3 台时宜采用双排布置。

9.4.19 空压站内的地沟应能排除积水并应敷设盖板。

9.4.20 单台排气量等于或大于 20 m^3/min，且总容量等于或大于 60 m^3/min 的压缩空气站，宜设检修用起重设备，其起重能力应按空气压缩机组的最重部件确定。

9.5 建筑与结构

9.5.1 一般规定

9.5.1.1 袋式除尘工程的建筑设计和结构设计应符合 GB 50007、GB 50010、GB 50017 等国家和行业现行的有关规范、标准的规定。

9.5.1.2 袋式除尘工程建筑设计应根据生产工艺、自然条件、相关专业设计，合理进行建筑平面布置和空间组合，并注意建筑效果与周围环境相协调、建筑材料的选用和节约用地。

9.5.1.3 建（构）筑物的防火设计应符合 GB 50016 的规定。

9.5.1.4 建筑物室内噪声控制设计应符合 GBJ 87 的规定。

9.5.1.5 建筑物宜优先考虑天然采光，建筑物室内天然采光照度应符合 GB/T 50033 的规定。

9.5.1.6 建筑物宜采用自然通风，墙上和楼层上的通风孔应合理布置，避免气流短路和倒流。当自然通风不能满足要求时，应采用机械通风。

9.5.1.7 建筑物的室内外墙面、顶棚、门窗应根据需要进行相应的装修设计。楼（地）面材料除满足工艺、电气等要求外，宜采用耐磨、易清洁的材料。有防腐要求的，需做防腐设计。

9.5.1.8 设备、仪表、管道、管道支架、堆放材料、运输工具等作用于结构上的荷载，应由工艺设计专业提供。

9.5.1.9 楼（屋）面可变荷载、检修荷载、吊车荷载、风荷载、雪荷载应按 GB 50009 的规定采用。其中有设备区域的楼面可变荷载按不低于 4.0 kN/m^2 考虑。

9.5.1.10 袋式除尘器、管道中的积灰荷载及容器中的填充物自重，应按可变荷载考虑。其荷载组合值、频遇值和准永久值系数均取 1.0，其荷载分项系数取 1.3。

9.5.1.11 袋式除尘器所在区域应浇灌混凝土地坪，并进行场地平整，坡度一般为 0.5%～2%。

9.5.2 袋式除尘器基础

9.5.2.1 除尘器基础的形式和结构应依据设备柱脚尺寸、荷载性质及分布、地质状况、地下掩埋物等情况进行设计。

9.5.2.2 除尘器支架可采用钢结构或钢筋混凝土结构，强度应满足各种荷载的最不利组合的作用。

9.5.2.3 除尘设备的荷载及分布应按下列荷载来考虑：

a）除尘设备的永久荷载（包括自重、保温层、附属设备等）；

b）可变荷载：运行荷载（包括存灰等的重量）、风荷载和雪荷载、安装及检修荷载（指检修或安装时，临时机具和人员的重量等）；

c）温度应力（指除尘器进出口、除尘器与外部连接件等在温度发生变化时与外界产生的热应力作用）；

d）地震作用；

e）室内安装的袋式除尘器可不考虑风载和雪载。

9.5.2.4 除尘器地基基础变形允许值应符合 GB 50007 的规定。

9.5.2.5 基础顶面柱头的定位尺寸应与设备柱脚定位尺寸相符。

9.5.2.6 基础顶面预埋钢板及螺栓的定位尺寸应与设备柱脚底板和螺孔的定位尺寸相符。

9.5.2.7 除尘器基础顶面应高出地面不小于 150 mm，防止雨水浸泡设备柱脚；基础预埋螺栓型号、数量和露丝高度，应满足除尘器安装牢固、可靠的要求。螺栓露丝应做防撞、防锈保护。

9.5.2.8 为减少高温烟气对袋式除尘器产生的热应力和变形，发电厂等大型袋式除尘器支撑应采用活动支座（保留一个固定支座）或铰支座。

9.5.3 风机基础

9.5.3.1 风机基础设计应符合 GB 50040 的规定。

9.5.3.2 风机基础设计应根据风机的安装尺寸、重量、转动特性、工艺布置、地质情况、检修空间和振动控制的要求进行。基础平面尺寸按风机和电机总成后的安装尺寸来确定。

9.5.3.3 风机及电机基础宜采用大块式钢筋混凝土基础，并整体浇筑成形。风机基础设计不得产生有害的不均匀沉降。

9.5.3.4 风机基础应是独立的，与其他建（构）筑物基础不相关联。

9.5.3.5 当风机振动可能对邻近的精密设备、仪器仪表及建筑物产生有害影响时，风机基础应采用减震措施。

9.5.3.6 在严寒地区还应注意地基土的冻胀问题。

9.5.3.7 风机基础混凝土强度等级不宜低于 C20。基础垫层可采用 C10 混凝土。风机基础的钢筋宜采用Ⅰ、Ⅱ级钢筋，不得采用冷轧钢筋。钢筋连接不宜采用焊接接头。

9.5.3.8 对于现场组装的大型风机基础宜在基础顶部、四周和底面配置不小于直径 10 mm、间距 200 mm 的钢筋网。

9.5.3.9 对于 A 式传动的风机基础，宜使机壳底部高出地面 200 mm 来确定基础的标高；对于 C、

D、B 式传动的离心式通风机基础，最低基础面应高出地面 200 mm 以上；对于 E、F 式传动的离心式通风机，宜使机壳底部高出地面 400 mm 来确定基础标高。

9.5.3.10 小于 No.6 风机的基础，地脚螺栓可采用一次埋入；大于 No.6 风机的基础，地脚螺栓应采用预留孔二次灌浆，预留孔的尺寸可参考表 6 设计。

表 6 风机基础二次浇灌预留孔尺寸

地脚螺栓尺寸/mm	预留孔尺寸/mm^2	地脚螺栓尺寸/mm	预留孔尺寸/mm^2
M14、M16	100×100（φ100）	M30～M56	200×200（φ200）
M18～M24	150×150（φ150）	M58～M100	250×250（φ250）

9.5.3.11 预留孔深度为地脚螺栓埋深加 50 mm。

9.5.3.12 风机底座边缘至基础边缘的距离不宜小于 100 mm。对于二次灌浆的风机基础，风机底座下应预留不小于 50 mm 的灌浆层，可采用细石混凝土或灌浆料，其强度等级应比基础混凝土强度等级高出一级，不低于 C30。

9.5.3.13 风机基础地脚螺栓的设置应符合下列规定：

a）带弯钩地脚螺栓的埋深不应小于 20 倍螺栓直径，带锚板地脚螺栓的埋深不应小于 15 倍螺栓直径；

b）地脚螺栓轴线距基础边缘不应小于 4 倍螺栓直径，预留孔边距基础边缘不应小于 100 mm，当不能满足时，应采用加强措施；

c）预埋地脚螺栓底部混凝土净厚度不应小于 50 mm；当为预留孔时，孔底部混凝土净厚度不应小于 100 mm。

9.5.3.14 风机基础设计应向土建专业提供下列资料：

a）风机的型号、转速、功率、规格及轮廓尺寸图等；

b）风机自重及重心位置；

c）风机底座外廓图、执行器、管道接口位置和坑、沟、孔洞尺寸以及地脚螺栓和预埋件的位置等；

d）风机基础位置及其与邻近建（构）筑物基础间距的关系；

e）地质勘察资料及地基动力试验资料；

f）基础平面布置方案。

9.5.4 风机房

9.5.4.1 对于排除有爆炸或燃烧危险的气体和粉尘的净化系统，风机房不应布置在建筑物的地下室或半地下室。

9.5.4.2 机房与设备之间应留有适当的安装、操作、检修的距离和空间高度，主要检修通道净宽不应小于 2 m，非主要通道净宽不应小于 0.8 m。对于大中型风机，风机房宜设置起吊设施。

9.5.4.3 风机房应尽可能与其他建筑物隔断。当振动和噪声严重时，风机房内应有隔声和隔振措施。

9.5.4.4 风机及电机巡检和检修部位应设平台、梯子和栏杆。

9.5.4.5 风机房应有良好的采光，表盘、操作盘、温度计等位置应有足够的照明。

9.5.4.6 风机房的门窗应外开，应考虑风机叶轮、电机更换时进出方式和通道。

9.5.4.7 风机房的地坪应设有适当的坡度和排水口，机房内应设有冲洗水管等。

9.5.4.8 风机房动力电缆的敷设和穿管预埋应与电机接线盒的位置（左侧、右侧）相符。

9.5.5 配电室及控制室

9.5.5.1 配电室及控制室选址应符合下列要求：

a）接近负荷中心；

b）进、出线方便；

c）不宜设在有剧烈震动的场所；

d）不宜设在多尘或有腐蚀性气体的场所；

e）不应设在地势低洼可能积水的场所；

f）不应设在厕所、浴室或其他经常积水场所的正下方，且不宜与上述场所相邻。

9.5.5.2 配电室屋顶承重构件的耐火等级不应低于二级，其他部分不应低于三级。

9.5.5.3 当配电室长度超过 7 m 时，应设两个出口，并宜布置在配电室的两端。当配电室采用双层布置时，楼上部分的出口应至少有一个通向该层通道或室外的安全出口。

9.5.5.4 配电室的门均应向外开启，相邻配电室之间的门应为双向开启门。

9.5.5.5 配电室的顶棚、墙面及地面建筑装修应少积灰和不起灰。

9.5.5.6 有人值班的配电室，宜采用自然采光。在值班人休息间内宜设给水、排水设施。附近无厕所时宜设厕所。

9.5.5.7 位于地下室和楼屋内的配电室，应设设备运输的通道，并应设良好的通风和可靠的照明系统。

9.5.5.8 配电室的门、窗应密封良好；与室外相通的洞、通风孔应设防止鼠、蛇等小动物进入的网罩。直接与室外相通的通风孔还应采取防止雨、雪飘入的措施。

9.5.5.9 控制室的地面宜比室外地面高出 300 mm，当附设在车间内时则可与车间的地面相平。

9.5.5.10 高压配电室平面布置上应考虑进出线的方便（特别是架空进线或出线）。高压配电室耐火等级应不低于二级。低压配电室的耐火等级应不低于三级。

9.5.5.11 高压固定式开关柜维护通道的尺寸，单列布置时，柜前最小为 1 500 mm，柜厚为 800 mm，如受建筑平面、通道内有柱等局部突出物的限制，可减少 200 mm 距离。低压固定式开关柜维护通道的尺寸，单列布置时，柜前最小为 1 500 mm，柜厚为 1 000 mm，如受建筑平面、通道内有柱等局部突出物的限制，可减少 200 mm 距离。

9.5.5.12 在高压配电室内高压开关柜数量较少时（6 台以下）也可和低压配电屏布置在同一室内。如高、低压开关柜顶有裸露带电导体时，单列布置的高压开关柜与低压配电屏之间净距不应小于 2 m。

9.5.5.13 架空出线时，高压出线套管至室外地面的最小高度为 4 m，出线悬挂点对地距离一般不低于 4.5 m。高压配电室的高度，应根据室内外地面高差及上述距离而定，净空高度一般为 4.2～4.5 m。为了敷设线路的需要，高压关开柜的下面设有电缆沟。

9.5.5.14 室内电力电缆沟底应有坡度和集水坑，以便临时排水。沟盖宜采用花纹钢板。相邻开关柜下面的检修坑之间，宜用砖墙隔开。

9.5.5.15 低压配电室的位置，应尽量靠近变压器，通常与变压器隔墙相邻，以减小母线长度。

9.5.5.16 低压配电室一般为单层，当整个变电所为多层建筑物时，低压配电室可设在变压室的上层。

9.5.5.17 配电室和控制室可设置干粉灭火器等防火设施，不得采用给水消防。

9.5.5.18 所有生产管道不得穿过高压配电室。

9.6 涂装与防腐

9.6.1 应利用涂层的防护作用防止金属结构腐蚀，并满足工业安全色标和美观要求。防腐与涂装设计参照 SH 3022。

9.6.2 涂装设计时，应考虑物件所处的腐蚀环境条件、物件材质及性质、形状、制造要求、经济等因素。

9.6.3 涂料选用应符合下列要求：

a）应具有良好的耐腐蚀性；

b）涂层应密实无孔，有良好的物理机械强度、韧性和抗冲击性能；

c）具有良好的耐热性，满足使用温度要求；

d）涂层应具有防水、防潮、防大气腐蚀性能；

e）颜色、外观和涂膜机械强度应满足设计要求，并在其使用过程中耐久、稳定；

f）底漆与被涂底材应具有优良的附着力，各涂层间的配套性和结合力应良好；

g）所选用涂料的施工性能、干燥性能、涂装性能等应与所具备的涂装条件相适应；

h）涂装设计中应尽可能选用无毒性或污染小的涂料，宜使用环保涂料。

9.6.4 除尘系统管道和钢结构可采用底漆+面漆的涂层结构，除尘器等设备可采用底漆+面漆、底漆+中漆+面漆的结构。应充分考虑涂层间的配套性。

9.6.5 涂层厚度由基本涂层厚度、防护涂层厚度和附加涂层厚度组成。确定涂层厚度应主要考虑以下因素：

a）钢材表面原始粗糙度；

b）钢材除锈后的表面粗糙度；

c）选用的涂料品种；

d）钢结构使用环境对涂层的腐蚀程度；

e）涂层维护的周期。

9.6.6 钢材涂层厚度可参考表7确定。

表7 钢材涂层厚度

单位：μm

钢材涂料	基本涂层和防护涂层					附加涂层
	城镇大气	工业大气	海洋大气	化工大气	高湿大气	
醇酸漆	100～150	125～175				25～50
沥青漆			180～240	150～210		30～60
环氧漆			175～225	150～200	150～200	25～50
过氯乙烯漆				160～200		20～40
丙烯酸漆		100～140	140～180	120～160		20～40
聚氨酯漆		100～140	140～180	120～160		20～40
氯化橡胶漆		120～160	160～200	140～180		20～40
氯磺化聚乙烯漆		120～160	160～200	140～180	120～160	20～40
有机硅漆					100～140	20～40

9.7 设备及管道保温

9.7.1 设备和管道保温应符合 GB 50264 的要求。

9.7.2 袋式除尘设备和管道在以下场合应设置保温：

a）防止高温烟气结露，使烟气温度高于露点温度15～20℃；

b）防止压缩空气管道、水管、油管等冬季冻结；

c）防止管道、设备出现冷、热损失；

d）防止管道与设备表面结露或其内部物料冻结时；

e）管道表面温度过高引起燃烧、爆炸的场合；

f）安全规程规定的保温要求；

g）管道、设备操作维护时易引起人员烫伤的部位。

9.7.3 保温结构应保温效果好，施工方便，防火、防雨，整齐美观。

9.7.4 保温结构应有足够的机械强度，在自重、振动、风雪等附加荷载（埋地管道还包括地面运输车辆所造成的偶然荷载）的作用下不致破坏。

9.7.5 保温结构在设计使用寿命内应能保持完整，在使用过程中不允许出现烧坏、腐烂、剥落等现象，经久耐用。

9.7.6 保温结构应尽量采用工厂预制成品，减少现场施工量，便于缩短工期，保障质量，维护检修方便。

9.7.7 保温结构由保温层和保护层组成。

9.7.8 保温材料的性能应达到以下要求：

a）导热系数小；

b）密度小；

c）机械强度满足抗压和抗折的要求；

d）在最高工作温度下安全稳定；

e）在燃烧爆炸的场合保温材料应为非燃烧材料，当介质温度大于 120℃时，保温材料应是阻燃型或自熄型；

f）吸水率低；

g）化学性能符合要求；

h）保温材料不得采用石棉制品。

9.7.9 保护层应具有的主要功能包括：

a）防止外力损坏绝热层；

b）防止雨、雪水的侵袭；

c）美化保温结构的外观。

9.7.10 保护层的性能应达到以下要求：

a）严密的防水、防湿性能；

b）良好的化学稳定性和阻燃性；

c）强度高，不易开裂，不易老化。

9.7.11 常用保护层材料可选用彩板、镀锌钢板、铝合金板等，除尘器金属保护层宜采用彩板，厚度不小于 0.6 mm。

9.7.12 设备、直管道等无须检修的部位应采用固定式保温结构。流量测量装置、阀门、法兰、堵板、补偿器等部位的保温结构应易于拆卸，当其连接管道采用金属保护层时，宜采用可拆卸式保温结构。

9.7.13 保护层结构应符合下列要求：

a）金属保护层的接缝可选用搭接、插接或咬接形式。

b）金属保护层应有整体防水功能。水平管道的纵向接缝应设置在管道的侧面，水平管道的环向接缝应按坡度高搭低茬；垂直管道的环向接缝应上搭下茬。

c）室外布置的袋式除尘器顶部保温保护层和矩形烟风道的保护层顶部应设排水坡度，必要时双面排水。

9.8 高温烟气管道膨胀补偿

9.8.1 高温烟气管道的补偿应尽量利用管道弯曲的自然补偿，若自然补偿不能满足要求时，可考虑设置补偿器进行补偿。

9.8.2 高温烟气管道或长距离的常温管道每隔一定的距离应设置补偿装置，以减少或消除管道受热膨胀产生的应力。详见 6.4.25。

9.8.3 管道和设备膨胀伸长量按下式计算：

$$\Delta L = La_l(t_2 - t_1) \tag{10}$$

式中：ΔL——管道的热伸长量，m；

a_l——金属的线膨胀系数，m/（m·℃），对于普通钢 $\alpha_l = 12\times10^{-6}$ m/（m·℃）；

L——计算管段的长度，m；

t_2——管壁最高温度，℃，可取烟气的最高温度；

t_1——管道安装时温度，℃，在温度不能确定时，可取为最冷月平均温度。

9.9 管道支吊架

9.9.1 常见的管道支架形式有固定支架和活动支架，适用场合如下：

a）袋式除尘器进出口处管道可设活动支架；

b）风机进口垂直管道底部应设固定支架；

c）管道补偿器两端应设活动支架；

d）水平管道弯头处宜设活动支架；

e）垂直管道底部弯头处宜设固定支架；

f）大口径阀门应设固定支架支撑。

9.9.2 支吊架的选型使用条件见表 8。

表 8 支吊架的选型使用条件

支吊架分类	使 用 条 件
固定支架	支点不允许有任何方向的位移
限位支架	支吊架只允许在一个或两个方向有位移
导向支架	支点只允许沿管道轴线方向位移（垂直导向支架不承受垂直方向的荷载）
滑动支架	支点有水平位移，但无垂直位移
弹簧支吊架	支吊点有垂直位移，并有少量水平位移
刚性吊架	吊点无垂直位移，但有少量水平位移

9.9.3 设置管道支吊架时应满足下列要求：

a）管道支架设置应满足最不利情况下管道受力要求；

b）支架设置时应进行支架结构、管道跨距等计算，计算时应考虑管道自重、积灰荷载、风荷载、雪荷载、检修荷载、地震作用等因素，并满足强度和稳定性的要求；

c）管道通过道路时，支架应设置在道路两边，应距道路边缘最小平面净距离 1 m；

d）两根管道平行敷设在同一支架时，应考虑各自温度不同引起的受力变化；

e）支吊架布点和选型要合理，间距不应超过允许的最大跨距，并尽量采用等距离布置；

f）确定支吊架的间距应综合考虑管道内的介质温度，管道刚度及厂房结构等因素；

g）布置支吊点时，宜使各支吊点荷载均匀分配，并应注意管道附件检修更换时荷载的变化；

h）支吊点应避开管道中容易磨损和堵塞的部位，以便于维护和检修；

i）水平弯管的支吊架，宜设置在靠近弯管的直管段上；

j）当变径管两侧的管道截面相差较大时，应在大管径的一端设置支吊架；

k）支吊架与管道的焊缝或法兰之间的净距离不得小于 300 mm；

l）垂直管道上的固定支架、刚性吊架，支吊点荷载应按管段总重考虑。

9.9.4 吊架吊杆应满足下列要求：

a）强度校核应满足要求；

b）吊杆的最小直径不得小于 10 mm；

c）吊架的吊杆两端应为铰接形式；

d）吊杆的长度应能调整。

9.9.5 管道荷载及跨距计算、支吊架的形式和结构设计应由土建专业完成。管道支架的设计应执行国家相关的技术规范。

9.10 消声与隔振

9.10.1 除尘工程噪声和振动控制应符合 GBJ 87、GBZ 1 的规定，厂界噪声应符合 GB 12348 的规定。风机噪声应符合 JB/T 8690 的要求。

9.10.2 应优先采用高效、节能、低噪声的风机和设备。

9.10.3 风机所产生的噪声应符合国家噪声控制标准。否则，风机出口应设消声器或在风机壳体加装隔声装置。应防止排气筒（或烟囱）出口传播噪声。

9.10.4 对大中型风机可设计隔声罩或隔声室来降低噪声。

9.10.5 风机的进出口应设非金属柔性连接器进行隔振。

9.10.6 风机和电机邻近建筑物（构筑物）布置时，其基础设计应考虑隔振；当风机和电机布置在室内或楼板上时，应采用隔振基础。

9.10.7 消声器的选型应符合下列要求：

a）应根据通风机的噪声级特性、噪声标准及背景噪声确定所需的消声量。

b）消声器应在较宽的频率范围内有较大的消声量。对于消除以低频为主的噪声，可选用抗式消声器；对于消除以中、高频为主的噪声或以气流噪声为主的噪声，可选用阻式消声器；对于消除宽频噪声，可选用阻抗复合式消声器等。

c）在满足消声降噪的前提下，消声器应具备体积小、结构简单、使用寿命长、压力损失小的要求。

d）所选消声器额定风量应不小于通风机的实际风量。气流通过消声器的通道流速宜控制在 10～15 m/s 的范围内，以免产生再生噪声。

10 劳动安全与职业卫生

10.1 一般规定

10.1.1 袋式除尘系统设计、施工、运行应按照国家和行业有关规定，采取可靠的防护措施保护人身安全和健康。

10.1.2 劳动安全卫生设施设置应符合国家相关法律法规和 GBZ 1 的规定，应与主体工程同时设计、同时施工、同时投入生产和使用。

10.1.3 除尘工程的防火防爆设计应符合 GB 50016、GB 50019 等的规定。

10.1.4 除尘工艺设计、设备设计和电气控制设计时，应采取有效的安全技术措施，避免因突然停电、停水、停气造成机电设备、冷却系统和阀门等误动作，防止生产和除尘设备发生事故。

10.2 常见职业危险危害因素与防护措施

10.2.1 对生产设备工艺过程中产生尘源、毒源、污染源进行捕集控制，并实施排风，不使污染物在车间内扩散，确保岗位浓度符合国家相关标准。

10.2.2 通过隔热、隔断、隔声、劳动防护用品、安全距离、报警等综合措施，防止有害作业和可能对人体的伤害。

10.2.3 设计中采取保护和临时防护措施，防止在生产不停机时，因施工而造成的生产设备损坏或人员伤亡。

10.2.4 当存在粉尘爆炸、易燃易爆气体时，除尘系统设计可采用的措施包括：

a）防爆阀、防爆膜片等泄漏装置；

b）设备的强度应满足抗爆要求；

c）滤袋应采用防静电滤料制作；

d）惰性气体作为清灰气源；

e）系统和设备设置温度、压力、氧含量、CO 含量等自动检测、报警、保护功能；

f）设备、管道内应消除死角，防止积粉尘；

g）卸灰装置连续运行；

h）静电接地；

i）氮气保护；

j）法兰连接处应采用导线跨接。

10.2.5 宜合理利用管路自然补偿，消除热应力。应采用活动支架（支座）、补偿器，减少对设备的推力。

10.2.6 高温或高负压袋式除尘器应考虑结构强度和加固，或采用高强度材料，防止设备变形。

10.2.7 管道的弯头、三通部件应采用防磨结构或使用防磨层。

10.2.8 室外设备和架空管道应具有良好的防护层，应正确使用防腐涂料。

10.2.9 应采取保温、加热、伴热等措施，防止设备冻坏、结冰、机油凝固。

10.2.10 高速转动或传动部件应设防护罩。

10.2.11 设置必要的检修操作平台，保障维护检修的安全；梯子、平台、栏杆按规范要求进行设计，应满足承载能力。平台、梯子应有不少于 100 mm 的踢脚板；梯子、平台、栏杆特征尺寸应符合人机工程的要求。

10.2.12 采用粉尘加湿、气力输送、干粉密闭罐车等措施，防止卸灰输灰时产生粉尘二次污染。

10.2.13 当某些高温粉尘遇氧后可能出现燃烧时，其卸灰装置应严密，并采取有效的防火和灭火技术措施，防止粉尘自燃。

10.2.14 为消除系统和设备产生的静电，应按相关标准的要求进行良好的接地，静电接地电阻宜小于 4Ω；粉尘爆炸危险场所用袋式除尘器接地电阻不应大于 100Ω。

10.2.15 高架设备或构筑物应按相关标准的要求考虑防雷措施，每根引下线的冲击接地电阻不应大于 10Ω。

10.2.16 在潮湿、多尘和户外工作场所，应采用封闭型电机和电器；在易燃易爆或腐蚀性气体的场所应采用防爆型电机和电器。

10.2.17 事故照明和检修照明安全电压见 9.1.13。变压器室装设白炽灯。

10.2.18 对拟利用的旧有建筑物和构筑物应进行安全复核，如有问题应采取补强、加固、修复措施，合格后方可利用。

10.2.19 吊钩、吊梁、提升葫芦等起吊装置设计时应考虑必要的安全系数，并在醒目处标出许吊的极限载量。

10.2.20 应按相关标准的要求，对有关设施、设备、管道着安全色标，对危险区域和危险设备设置安全标识。

10.2.21 应选用低噪声风机。对风机噪声应采取消音减震，隔震、隔声等综合措施，减少噪声污染。

10.2.22 袋式除尘工艺的自动控制系统应与生产工艺相联系，事故状态下应能对生产工艺和环保设置实施保护。

10.3 消防要求

10.3.1 消防水源宜由厂区消防主管网供给。消防水系统的设置应覆盖场区内所有建筑物和设备。

10.3.2 消防给水管道宜与生产、生活给水管道合并。如合并不经济或技术上不可行时，可采用独立的消防给水系统。

10.3.3 环状管道应用阀门分成若干独立段，每段内的消火栓数量不宜超过 5 个。

10.3.4 室外消防、给水管道的最小直径不应小于 100 mm。

10.3.5 室外消火栓布置。室外消火栓应根据需要沿道路设置，并宜靠近十字路口，室外消火栓间距不应大于 120 m。消火栓距路边不应大于 2 m，距房屋外墙不宜小于 5 m。室内消火栓的距离不应超过 50 m。

10.3.6 电气室、控制室、电力设备附近按 GB 50140 的规定配置一定数量的移动式灭火器。

11 施工与验收

11.1 一般规定

11.1.1 袋式除尘工程施工与验收应执行 GB/T 50326、《建设工程质量管理条例》、《建设项目竣工环境保护验收管理办法》、JB 8471 的相关规定。施工单位应具有相应的施工资质。

11.1.2 管道工程、结构工程、电气工程、机电设备施工安装等应执行国家和行业现行的施工验收规范。

11.1.3 项目承包单位应编制切实可行的施工组织设计，并配套可靠的安全技术措施，经业主和工程监理审查通过后方可施工。

11.1.4 施工前设计人员应向施工单位进行充分的图纸和施工技术交底，施工人员应进行安全教育和培训。施工单位应设置安全员。起重工、架子工、电工应持证上岗。

11.1.5 应在施工条件（水、电、气、道路、施工机具和材料占地等）具备后方可施工。

11.1.6 施工区域应按 GB 2894 设置安全标志，按 GB 5725 和 GB 6095 设置安全网、使用安全带。

11.1.7 施工、安装中使用的设备、梯子、工具、绳索均应符合 GB 7059.1、GB 7059.2、GB 7059.3 和 GB/T 3787 的规定。

11.1.8 高处作业应符合 GB 3608 的规定，高处作业人员不得有高处作业禁忌症。高处作业应系好安全带，并设高空坠落防护网。

11.1.9 焊接施工时应防止焊接触电、弧光辐射，焊机接线应有屏护罩，插座应完整，应装有接地线，绝缘电阻≥1 MΩ。

11.1.10 施工供电应符合电气安全技术规定，有安全电压要求的设备应符合 GB/T 3805 的规定。

11.1.11 安装场地的最低照度不应低于 20 lx，场地照明的范围应大于 95%。

11.1.12 除尘器涂装施工应符合 GB 6514 的规定。

11.2 安装

11.2.1 安装程序

11.2.1.1 袋式除尘工程安装程序包括设备基础校验、钢结构部件检验、设备及管道安装等步骤。

11.2.1.2 应对除尘器、风机等设备基础进行检查和校验，基础尺寸和允许偏差按 JB/T 8471 的要求执行，并符合设计图纸的要求。主要内容包括：

a）基础的坐标位置；

b）基础台面标高；

c）基础外形尺寸；

d）基础台面水平度；

e）基础竖向偏差；

f）预埋螺栓的中心距、露丝高度、型号；

g）预留地脚螺栓孔定位、尺寸、标高、深度和铅垂度；

h）基础预埋钢板的位置、尺寸、高度和厚度；

i）基础混凝土的标号和强度。

11.2.1.3 钢结构部件的检验内容包括零部件名称、材料、数量、规格和编号等。

11.2.1.4 钢结构部件拼装或安装前，应对变形的钢结构件进行矫正，对几何尺寸偏差、几何形状偏差、焊接质量进行校验和（或）矫正，主要内容包括：

a）对单根立柱和横梁应进行校验，其直线度偏差＜5 mm，立柱端板平面对立柱轴线应垂直，其垂直度公差为端板长度的 5‰，且最大不得大于 3 mm。立柱上下端板孔组的纵向中心线、横向中心线与设计中心线应重合，其极限偏差为±1.5 mm。同一台除尘器的立柱长度相互差值应不大于 5 mm。

b）底梁、立柱、顶梁尺寸的极限偏差按表 9 参照执行。

表 9　底梁、立柱、顶梁尺寸的极限偏差

单位：mm

基本尺寸	≤5 000	＞5 000～8 000	＞8 000～12 500	＞12 500～16 000	＞16 000
底梁	−4	−5	−6	−7	−8
立柱	±3	±4	±4.5	±5	±6
顶梁	±3	±4	±5	±6	±7

c）板类（灰斗壁板、进出集烟箱壁板、屋面板、中箱体壳体等）组件尺寸的极限偏差按表 10 规定要求，对角长度相互差值不大于 5 mm。各种板类拼装完工后，在相邻两肋之间板面的局部凸凹矢高应不大于两肋间距离的 15‰。

表 10　板类尺寸极限偏差

单位：mm

基本尺寸	≤4 000	＞4 000～6 500	＞6 500～10 000	＞10 000
灰斗、集烟箱、进出喇叭口	−4	−5	−6	−7
屋面板、中箱体壳体	±3	±4	±4.5	±5

11.2.1.5　拼装或安装前应按图纸要求，对各组件的尺寸及安装位置进行核对。

11.2.1.6　袋式除尘工程安装按“先安装除尘器、烟气预处理器和通（引）风机，后安装管道、除尘阀门、管道支架和附属设施”的程序进行，工程进度网络主线以除尘器安装展开。袋式除尘器安装内容和顺序如下：

a）安装支柱及其框架；

b）安装支承座（固定支座和活动支座）；

c）安装中箱体底部圈梁；

d）安装灰斗；

e）安装中箱体立柱、顶部圈梁、侧板、进风口及气流分布等；

f）安装梯子、平台及栏杆；

g）安装花板、上箱体、清灰装置及出风口；

h）安装压缩空气管路、电气设备及管线；

i）对除尘器、烟道和压缩空气管路进行清扫；

j）安装卸灰装置；

k）安装滤袋及滤袋框架；

l）安装保温和外饰。

11.2.2　除尘器安装要求

11.2.2.1　焊条型号、焊缝高度应符合图纸要求。不得有漏焊、虚焊、气孔和砂眼等缺陷。焊接施工应符合 GB/T 985.1、GB/T 985.2 和 JB/T 5911 的规定。

11.2.2.2　上箱体、中箱体、灰斗焊接应连续满焊。不得有漏焊、虚焊、气孔、砂眼和夹渣等缺陷。焊接完成后须清除焊渣，所有密封性焊缝 100%做焊缝渗透检验。

11.2.2.3　除尘器安装误差及管道安装误差应符合 JB/T 8471 的要求。

11.2.2.4　立柱的中心定位应从 X、Y 方向同时测定各柱的垂直度，其偏差应在允许范围内。若偏差较大，可在柱脚底板下面设置垫板调正。

11.2.2.5 立柱框架形成后应测量中心定位和平立面各对角线的尺寸，并符合 JB/T 8471 的要求。

11.2.2.6 支承座安装前应进行检查。检查内容主要包括：尺寸、滑动面的光洁度及平整度等；对于滚动式支座应重点检查滚珠（柱）数量和质量；对于滑动支座应重点检查摩擦片的数量和质量。

11.2.2.7 对已安装就位的灰斗进行中心线校核，偏差符合 JB/T 8471 的要求后方可进行焊接。焊接应牢固，连续满焊。

11.2.2.8 灰斗安装后应对灰斗内壁上的疤痕进行打磨处理，内壁各个角的弧形板的焊接应连续、光滑；灰斗加强筋应对齐焊接，转角处应搭接焊接。卸灰口法兰平面应平整。

11.2.2.9 中箱体立柱、横梁、圈梁所形成的框架，应测量中心定位和平立面各对角线的尺寸，并符合 JB/T 8471 的要求，检查合格后再进行焊接。

11.2.2.10 进、出风口内部应连续焊接。进、出风口外壁的加强筋应对齐焊接，转角处应搭接焊接。进风烟箱与出风烟箱的隔板拼焊应密封焊接，并做焊缝渗透检验。为防止隔板振动，应有足够的加强筋。

11.2.2.11 气流分布板的安装可采用螺栓连接或焊接，安装牢固，防止产生震动。

11.2.2.12 脉冲阀、稳压气包、喷吹管及花板宜在工厂组装，调试合格后整体发运。

11.2.2.13 在稳压气包出厂发运前，对稳压气包的所有敞口应予以封堵，避免杂物进入。对脉冲阀及电磁阀应有防雨、防撞等保护措施。

11.2.2.14 喷吹装置组装时应清除稳压气包内部的焊渣等杂物，脉冲阀安装就位后应进行喷吹试验，每阀喷吹不少于 3 次并确认喷吹正常。

11.2.2.15 上箱体宜整体吊装。若条件不满足时，花板应在现场工作台拼装后整体吊装，吊装时，应采取防止变形的措施。

11.2.2.16 花板的拼接及其与周边的焊接必须连续满焊，不得有漏焊、虚焊、气孔、砂眼和夹渣等缺陷，并做焊缝渗透检验。

11.2.2.17 花板的安装应严格定位。花板平面度公差应小于 2‰，最大应小于 3 mm。花板孔中心定位偏差小于 0.5 mm。

11.2.2.18 喷吹装置现场组装时应严格保证喷吹管与花板平行，并使喷嘴的中心线与花板孔中心线重合，其位置偏差应小于 2 mm，喷嘴中心线与花板垂直度偏差应小于 5°。

11.2.2.19 对于具有圆盘式提升阀的袋式除尘器，提升阀安装时须检查阀口及阀板的平整度和水平度，阀口不得有毛刺、缺口。提升阀安装后应通气调整阀板与阀口间的压紧程度。

11.2.2.20 梯子、平台及栏杆的安装应符合 GB 4053.1、GB 4053.2、GB 4053.3 的规定，其安装偏差应符合 JB/T 8471 的规定。梯子、平台及栏杆焊接应牢固、可靠。梯子、平台及栏杆应设有踢脚板。栏杆扶手拐角处应圆滑，焊接部位应打磨光滑，无毛刺和飞棱。

11.2.2.21 设备结构安装完成后应进行内部清理，检查合格后再安装卸灰阀。灰斗、卸灰阀和插板阀的法兰之间衬密封垫，做到紧固不漏灰。

11.2.2.22 烟道进、出口阀门和非金属补偿器安装时应注意流向和执行器的方位，阀门安装后进行检查，确保动作平稳、灵活、启闭到位。

11.2.2.23 滤袋安装前应对施工人员进行培训。安装时不得动火、吸烟。对上箱体内部灰渣应清扫干净，检查合格后方可安装滤袋。安装滤袋时宜按由里向外的顺序进行，避免踩踏袋口。滤袋安装时应小心轻放，防止滤袋划伤。滤袋安装结束应逐个检查袋口的安装质量，确认无误后方可安装滤袋框架。

11.2.2.24 滤袋框架安装时应逐个检查框架质量，对变形和脱焊者应剔除。不符合 7.2.2 要求的滤袋框架不得进行安装。滤袋框架安装完成后在滤袋的底部进行观察，对有偏斜、间距过小的滤袋应进行调整。

11.2.2.25 滤袋及框架安装过程中不得袋内存有异物。

11.2.2.26 安装喷吹管时，应保证喷嘴与滤袋的同心度和高度偏差应小于 2 mm。喷吹管定位准确后应紧固。

11.2.2.27 袋式除尘器安装完成并检漏合格后应对焊缝和油漆损伤部位补刷底漆，并对整体设备涂刷最后一道面漆。漆膜应均匀，颜色一致，厚度不得小于 30 μm。

11.2.3 除尘器涂装

11.2.3.1 袋式除尘器涂装前应将表面的铁锈、残留物、油污、尘土及其他杂物清除干净。除锈方法和除锈等级应符合 GB/T 8923 的规定，当使用喷砂或抛丸除锈时，其除锈等级不低于 Sa2.5；当使用手刷或动力工具除锈时，除锈等级不低于 St2。

11.2.3.2 袋式除尘器漆膜厚度的检验用漆膜测厚仪，检测点在每平方米中不少于两点。

11.2.3.3 除尘器外观涂漆颜色应一致，漆膜不得有起泡、剥落、卷皮、裂纹等缺陷。

11.2.4 风机及电机安装要求

11.2.4.1 风机安装应符合 GB 50275 的要求。

11.2.4.2 应对风机配套件开箱检查，并根据设备装箱清单核对叶轮、机壳、轴承座、联轴器、执行器、测控元件、地脚螺栓等主要部件的型号和数量进行检查。风机验货时应有合格证、检验证、使用说明书等技术资料。

11.2.4.3 安装前应对风机的旋向、进出风口的角度、执行器的方位、电机接线盒方位进行确认。

11.2.4.4 安装前应对风机基础尺寸和螺栓孔进行检查，清理螺栓孔内杂物、积水等。风机及电机混凝土基础的养护时间应满足 GB 50204 的规范要求。

11.2.4.5 风机主轴与电机轴（液力偶合器）的同心度、水平度、联轴器两端面的平行度、机壳与叶轮的间隙应满足规范和风机安装说明书的要求。

11.2.4.6 风机、电机轴承的震动和温升应符合 GB 50275 的要求。

11.2.4.7 风机叶轮的旋转方向应正确。

11.2.4.8 轴承座的油质和油位应符合产品技术说明书的要求，不得漏油。

11.2.4.9 风机安装完成后应清理内部杂物。

11.2.4.10 电机启动前应进行绝缘测试，技术性能符合 GB/T 755 的要求。

11.2.5 输灰设备安装要求

11.2.5.1 螺旋输送机、埋刮板输送机、斗式提升机等输灰设备安装应符合 GB 50270 的要求。

11.2.5.2 气力输送设备安装应符合 DL/T 909 的要求。

11.2.6 除尘管道安装技术要求

11.2.6.1 除尘管道安装应符合 GB 50235 的要求。

11.2.6.2 管道所用材质和厚度应符合国家相关产品标准和设计要求。

11.2.6.3 管道连接及其与附件的连接应采用连续焊接，管道焊接前应除锈、除油。

11.2.6.4 管道对接时卷管焊缝应错开 90°，管道对接焊缝不应处于支座上。

11.2.6.5 横向加固筋转角处翼缘应焊牢。横向加固筋应与纵向加固筋的翼缘焊牢。加固筋可采用扁钢或角钢。

11.2.6.6 对于高温、高负压的矩形烟道，可设置内部撑杆，并做好防磨措施。

11.2.6.7 管道安装时应同时安装测试孔和测试平台。管道上仪表取样部件的开孔和焊接应在管道安装前进行。

11.2.6.8 阀门等附件安装时应注意流动方向标识和执行器的方位。电动阀门安装时可通过电机通电点动确认转向和接线是否正确，防止电机过载。

11.2.6.9 非金属补偿器安装完成后应拆除固定螺栓。

11.2.6.10 管道涂装应符合 HGJ 229 的要求。

11.2.7 压缩空气及蒸汽管道安装要求

11.2.7.1 压缩空气系统管道安装按 GB 50235 和 GB 50236 的有关规定执行。

11.2.7.2 压缩空气管路施工时除设备和管道附件采用法兰或螺纹连接外，其余均采用焊接。施工前应对管道、阀门等附件进行清扫、排除积水。

11.2.7.3 压缩空气管路中的阀门、仪表等安装时应注意流向、朝向，且便于观察和操作。

11.2.7.4 压缩空气管路的最低处和最末端应设阀门或堵头。

11.2.7.5 管道上仪表取源部位的开孔和焊接应在管道安装前进行。穿楼板的管道应加套管。

11.2.7.6 安全阀应垂直安装。开启和回座压力应符合设计要求。

11.2.7.7 耐压胶管与气缸应在管路清扫后进行连接，连接处应牢固，不得松动、漏气。

11.2.7.8 压缩空气管路安装后应进行清扫和耐压试验。试验压力 0.5～0.6 MPa，保持 10 min，用肥皂水或检漏液检查。

11.2.7.9 除尘器附属装置（输灰装置、压缩空气供应系统等）的伴热管道以及灰斗蒸汽加热盘管的安装应符合 GB 50242 的要求。

11.2.7.10 用气设备出口应设疏水器。蒸汽管道应按 GB 50019 的要求设坡度。

11.2.7.11 蒸汽管道安装完成后应进行清扫和水压试验。水压试验应为工作压力的 1.5 倍，但不得小于 0.6 MPa。试验时间为 5 min，以压力降不大于 0.02 MPa 为合格。

11.2.8 电气及热工仪表安装要求

11.2.8.1 电缆线路的安装应符合 GB 50168 的规定；接地装置的安装应符合 GB 50169 的规定；盘、柜的安装应符合 GB 50171 的规定；低压电气的安装应符合 GB 50254 的规定；电气照明装置的安装应符合 GB 50303 和 GB 50259 的规定；母线装置的安装应符合 GBJ 149 的规定；自动化仪表施工应符合 GB 50131 的规定。

11.2.8.2 安装前应对控制柜、现场控制箱等电气设备的型号、规格、数量、附件、说明书、出厂检验合格证、装箱单等进行检查。

11.2.8.3 安装过程中应对控制柜、现场控制箱等设备进行防雨、防撞等防护。

11.2.8.4 安装完毕的控制柜应稳固，柜门、检修门的开、闭应自如，不能有卡涩现象，并有防止小动物入侵的措施。

11.2.8.5 电缆桥架宜采用支架（撑）的固定方式，支架间距不大于 2 m，在转弯处不大于 0.8 m。

11.2.8.6 桥架的敷设应整齐、平直。桥架间的连接、桥架与支架的固定应牢固。桥架应可靠接地，接地电阻不大于 10Ω。

11.2.8.7 线管的敷设应整齐、平直。线管应可靠接地，接地电阻不大于 10Ω。

11.2.8.8 电线、电缆敷设过程中，穿管的线缆中途不应有接头、不应过紧，应留有充分的余量。

11.2.8.9 电线和电缆接线完毕后应检查和核对，确保接线无误。

11.2.8.10 除尘器应设专用地线网的设置要求见 9.1.18。

11.2.8.11 热工仪表安装应采取保护箱安装，在寒冷地区应采取保温和伴热措施。

11.3 调试

11.3.1 单机调试

11.3.1.1 机电设备、电气设备、仪表柜等单机空载运行不少于 2 h。要求各传动装置转动灵活，无卡碰现象，无漏油现象，且转动方向应符合设计要求。

11.3.1.2 单机调试应按下列顺序进行：先手动，后电动；先点动，后连续；先低速，后中、高速；先空载，后负载。

11.3.1.3 各阀门应动作灵活、关闭到位、转向正确。调试时先进行手动操作，再进行电动操作，阀位与其输出的电信号应相对应。调试工作完成后，阀门应处于设定的启闭状态。

11.3.1.4 对系统和设备上的温度、压力、料位等检测装置进行调试时，所测物理量应与输出信号相吻合。

11.3.1.5 对灰斗上的破拱装置、电加热器等设备进行调试时，应先进行现场手动操作，再进行自动操作。

11.3.1.6 对卸、输灰系统的设备进行调试时，应首先清除卸、输灰系统中的杂物，检查机电设备的油位和油量，无短路、无断路、无卡塞再进行电动操作。

11.3.1.7 对回转清灰袋式除尘器，应先进行低速调试再进行中、高速调试，回转机构应动作灵活、转向正确。

11.3.1.8 空气压缩机（罗茨风机）调试前先按产品使用说明书要求注油，现场启动各空气压缩机，确认排气压力和电机电流正常。

11.3.1.9 逐台调试压缩空气系统净化干燥装置，其净化干燥效果应符合使用说明书的技术要求。

11.3.1.10 压缩空气系统的安全阀应通过当地劳动部门的检验。对减压阀进行调试时，应对管路中所有阀门的流向和严密性进行检查，减压后的气体压力应符合设计要求。

11.3.1.11 应按照设定清灰程序对脉冲阀逐个进行喷吹调试，膜片应启闭正常，不得有漏气现象。

11.3.1.12 对喷雾降温系统进行调试时，喷头雾化试验应先在烟道外进行，合格后再装入烟道。

11.3.2 电气及热工仪表自动控制系统调试

11.3.2.1 对各控制柜、现场操作箱（柜）和各控制对象应分别进行测试和调试，接线及性能检查应合格。

11.3.2.2 对各控制对象应分别进行手动控制调试，调试时首先对各控制对象进行接线检查及性能检查，并对相关的控制柜、现场操作箱（柜）受电，选择手动控制，对各控制对象手动操作，检查其动作是否准确和到位。

11.3.2.3 对各控制对象应分别进行自动控制调试，调试时首先对相关的控制柜、现场操作箱（柜）受电，选择自动控制模式，对各控制对象集中自动控制，检查其动作是否准确和到位。

11.3.2.4 对清灰程序和清灰制度进行调试时，对于脉冲清灰袋式除尘器，应确认每次喷吹脉冲阀的数量、脉冲时间、间隔、周期和顺序符合设计要求；对于机械振动清灰袋式除尘器，应确认清灰机构的工作及清灰程序正常；对于反吹清灰袋式除尘器，应确认清灰过程（过滤、反吹、沉降）时间与设计要求相符，检查切换阀门或反吹风机运行是否正常。

11.3.2.5 对各运行模式的控制程序进行调试时，逻辑关系应符合设计要求。

11.3.3 袋式除尘系统联动试车

11.3.3.1 联动试车条件：

a）除尘系统各设备的单机调试已完成；

b）生产工艺具备联动试车条件；

c）除尘系统管道和设备内部已彻底清扫，确认不存在杂物；

d）确认各阀门的启闭状态正常；

e）除尘器本体的人孔门、检修门都应关闭严密；

f）除尘器自动控制系统正常（包括报警、保护和安全应急措施）；

g）压缩空气供应系统正常；

h）引风机正常；

i）防火和消防措施到位，电气照明能投入使用，设备和系统的接地符合要求；

j）电气仪表已完成调试，工作正常；

k）通信设施完备，能正常使用；

l）运行操作人员到位。

11.3.3.2 联动试车的程序要求：

a）先手动控制后自动控制；

b）先冷态后热态；

c）先空载后负载；

d）先低速后高速。

11.3.3.3 联动试车操作流程与要求：

a）系统中所有的控制设备和热工仪表受电；

b）压缩空气系统启动；

c）卸输灰系统启动；

d）检查除尘器阀门动作情况，完成后复位，除尘器前后烟道阀门处于开启状态，引风机进口调节阀处于关闭状态；

e）风机、电机冷却系统启动；

f）引风机启动，电机运行功率（电流）不大于其额定值；

g）清灰系统工作；

h）各控制对象的动作应符合控制模式的要求，确认运行程序、连锁信号、运行信号、警报信号、仪表信号准确，逻辑关系正确；

i）冷态联动试车时间不少于 4 h；

j）对各种运行参数进行测试，做好试车记录。

11.3.4 检漏及预涂灰

11.3.4.1 垃圾焚烧、燃煤电厂等特殊场合的袋式除尘器预涂灰前应进行检漏。发现泄漏，应及时处理。需要对泄漏点焊接时，应提前做好滤袋保护措施。检漏可采用荧光粉检漏方式。

11.3.4.2 对于新建的燃煤锅炉、垃圾焚烧炉、焦炉等袋式除尘器，为防止油污对滤袋的污染，在正式投运前应进行预涂灰。预涂灰的粉剂可采用粉煤灰或消石灰。

11.3.4.3 宜对过滤仓室逐个（或分组）进行预涂灰，当某仓室（或某组）进行预涂灰时，其余仓室的进、出口烟道挡板阀应处于关闭状态。

11.3.4.4 预涂灰的技术要求：

a）预涂灰时仓室过滤风速达到设计值，管道风速不小于 10 m/s；

b）每 1 000 m^2 过滤面积发尘量不少于 1 t；

c）过滤仓室阻力增加 300～500 Pa；

d）袋式除尘器首次预涂灰后，应检查涂粉的效果，确保预涂灰剂均匀覆盖于滤袋表面；

e）预涂灰过程中及预涂灰完成后不得清灰，直至除尘器正式投入运行，否则应重新预涂灰。

11.4 验收

11.4.1 工程验收

11.4.1.1 袋式除尘系统带负荷联动试车运行 72 h 且正常后，办理工程交接手续，工程实物交付用户使用。对于发电厂带负荷的联动试车运行时间为 168 h。

11.4.1.2 袋式除尘工程实物交付使用后应按照相关规定及时组织工程验收。

11.4.1.3 袋式除尘工程验收应具备的条件为：

a）袋式除尘系统单机试车和联动试车符合要求；

b）达到生产使用条件；

c）已办理工程交接手续；

d）设计文件和合同约定的工程内容已完成；

e）竣工资料完整，包括工程施工技术资料、工程质量检验评定资料、产品设备使用及合格资料、除尘器性能检测报告、竣工图。

11.4.1.4 袋式除尘器的性能检测应按 GB/T 6719 的规定执行。

11.4.1.5 袋式除尘工程验收按照国家和行业相关验收规范或办法执行。

11.4.2 环境保护验收

11.4.2.1 袋式除尘工程竣工验收后应按《建设项目竣工环境保护验收管理办法》的规定进行环境保护验收。

11.4.2.2 环境保护验收前应完成袋式除尘系统的性能测试，性能测试结果可作为项目竣工环境保护验收的参考文件。性能测试主要内容包括：

a）生产达产时除尘系统的风量；

b）排放浓度及排放量；

c）岗位污染物浓度；

d）袋式除尘器阻力及系统运行能耗；

e）废水及废渣排放值及去向；

f）噪声测量值；

g）烟囱高度。

12 运行与维护

12.1 一般规定

12.1.1 袋式除尘系统的运行和维护应由专职机构和人员负责，应配置技术人员与必要的检测仪器。对操作人员应进行培训，合格后上岗。

12.1.2 袋式除尘系统的运行和维护应有操作规程和管理制度。

12.1.3 袋式除尘系统运行记录应按月整理成册作为袋式除尘器运行历史档案备查，运行记录的格式和内容可参照附录 L，记录保留时间不少于 2 年。

12.1.4 应注意并记录袋式除尘系统的温度、压差、压力和电流等关键技术参数，发现异常时应及时采取保护措施。

12.1.5 袋式除尘器运行期间应有备品备件。

12.1.6 存在爆炸危险的袋式除尘系统应制定燃爆事故紧急预案。应重点监控气体温度、压力、浓度和氧含量。重点检查防爆阀、检测装置、灭火装置等部位。一旦发生爆炸，应立即启动紧急预案并及时上报。

12.1.7 袋式除尘系统不得在超过设计负荷 120%的状况下长期运行。

12.2 开机

12.2.1 袋式除尘器开机的条件和程序：

a）预涂灰合格；

b）进、出口阀门处于开启状态；

c）电控系统中所有线路应通畅，电气、自控系统、检测仪表应受电，各控制参数应设定准确，自动报警和连锁保护处于工作状态；

d）压缩空气供应系统工作正常；

e）风机、电机的冷却系统工作正常；

f）引风机启动；

g）卸、输灰系统进入待机状态。

12.2.2 袋式除尘器达到设定阻力时，启动清灰控制程序。

12.3 运行

12.3.1 运行人员应定时巡查并记录袋式除尘系统的运行状况和参数（详见附录 L），发现异常及时报告和处理。

12.3.2 运行过程中，烟气温度达到设定的高温或低温值时应发出报警，并立即采取应急措施。

12.3.3 运行过程中严禁打开除尘器的人孔门、检修门。

12.3.4 袋式除尘系统重点巡检部位及要求：

a）定时巡检脉冲阀和其他阀门的运行状况，以及人孔门、检查门的密封情况，若发现脉冲阀异常应及时处理；

b）定时巡检空气压缩机（罗茨风机）的工作状态，包括油位、排气压力、压力上升时间等；

c）对于回转脉冲袋式除尘器，定时检查回转机构的运行状况；

d）定期对缓冲罐、贮气罐、分气包和油水分离器放水；

e）定时巡检稳压气包压力，当出现压力高于上限或低于下限时，应立即检查空气压缩机和压缩空气系统，及时排除故障；

f）定时巡检压缩气体过滤装置；

g）卸灰时应检查卸、输灰装置的运行状况，发现异常及时处理；

h）实时检查风机与电机运行状况、轴承温度、油位和振动，发现异常及时处理；

i）定时检查冷却系统运行状态，发现问题及时处理；

j）定时检查压力变送器取压管是否通畅，发现堵塞应及时处理；

k）定时检查灰斗料位状况，当高料位信号报警后，应及时卸灰；

l）观察排气筒排放状况，若滤袋破损，应及时处理或更换；

m）值班人员每班至少巡检 2 次。

12.4 停机

12.4.1 袋式除尘系统停机应按照下列顺序进行：

a）引风机停机；

b）压缩空气系统停止；

c）清灰控制程序停止；

d）除尘器卸、输灰系统停止；

e）关闭除尘器进、出口阀门，开启旁路阀；

f）电气、自控和仪表断电。

12.4.2 生产工艺停运过程中，袋式除尘系统应正常使用。生产设备停运后袋式除尘系统应继续运行 5～10 min，进行通风清扫。

12.4.3 对于短期停运（不超过四天），除尘器可不清灰，再次启动时可不进行预涂灰。

12.4.4 长期停运时，应对滤袋彻底清灰，并清输灰斗的存灰。再次启动时宜进行预涂灰。

12.4.5 袋式除尘器停运后，宜用空气置换内部烟气。袋式除尘器停运期间应关闭除尘器进/出口阀门、引风机阀门、人孔门和检修门等。

12.4.6 停机状态下，冬季注意对除尘器灰斗保温。严寒地区长期停机时应放空冷却水和储气罐中的存水。

12.4.7 事故状态下袋式除尘系统的操作与紧急停机包括：

a）当烟气温度出现突发性高温时，控制系统应报警；

b）当烟气温度达到滤料最高许可使用温度时，应及时开启混风装置，或喷雾降温系统，或放散系统；若生产工艺许可，引风机可紧急停运；

c）如除尘系统烟道或设备内部发生燃烧或爆炸时，应紧急停运引风机，关闭除尘器进、出口阀门，严禁通风；

d）当生产设备发生故障需要紧急停运袋式除尘器时，应通过自动或手动方式立刻停止引风机的运行，同时关闭除尘器进、出口阀门。

12.4.8 未经当地环保主管部门许可，不得停止袋式除尘器运行。若因紧急事故停机时，应及时报告当地环保行政主管部门。

12.5 检修与维护

12.5.1 除尘系统管道及设备上气割、补焊和开孔等维护检修必须在引风机停机状态下进行。

12.5.2 袋式除尘器运行状态下的检修和维护应符合下列规定：

a）除尘器的检修宜在停机状态下进行，当生产工艺不允许停机时，可通过关闭某个过滤仓室进、出口阀门的措施来实现仓室离线检修；

b）仓室离线检修时，应实行挂牌制度，并有专人安全监护；应采取措施防止检修人员进入除尘器后检修门自动关闭；

c）仓室离线检修宜选择在生产低负荷状态下进行；

d）过滤仓室进、出口阀门应处于完全关闭状态，并上机械锁；

e）打开检修仓室的人孔门进行换气和冷却，当煤气、有害气体成分降至安全限度以下且温度低于40℃时，人员方可进入；

f）检修时应停止过滤仓室的清灰；

g）及时更换破损滤袋，当破袋数量较少时，也可临时封堵袋口；

h）脉冲阀检修可以在除尘器正常运行状态下实时进行，检修时临时关闭供气管路支路阀门即可；

i）机械设备检修前，应切断设备的气源、电源，并挂合闸警示牌或设专人监护。

12.5.3 袋式除尘系统停运后的检修和维护应符合下列要求：

a）关闭除尘器进出口阀门，打开除尘器本体和顶部的人孔门、检查门，进行通风换气和降温，温度降至40℃以下方可进入，人员进入中箱体前，灰斗存灰应排空；

b）检查每个过滤仓室的滤袋，若发现破损应及时更换或处理，检查喷吹装置，若发现喷吹管错位、松动和脱落应及时处理，反吹风袋式除尘器使用1～2个月后应调整滤袋吊挂的张紧度；

c）检查进口阀门处的积灰、结垢和磨损情况，发现问题及时处理；

d）检查滤袋表面粉尘层的状况，检查灰斗内壁是否存在积灰和结垢现象，发现问题及时解决；

e）检查空气压缩机（罗茨风机）及空气过滤器，发现堵塞应及时更换或处理；

f）检查机电设备的油位和油量，不符合要求时应及时补充和更换；

g）检查喷雾降温系统喷头的磨损和堵塞状况，并及时处理；

h）检查热工仪表一次元件和测压管的结垢、磨损和堵塞状况，发现问题及时处理；

i）检查工作完成后，袋式除尘器内部应无遗留物，关闭所有检修人孔门，除尘器恢复待用状态。

12.5.4 备品备件应符合下列要求：

a）袋式除尘系统备品备件包括滤袋、滤袋框架、脉冲阀、膜片、空压机空气过滤器、空压机机油等；

b）滤袋及滤袋框架的备品数量不少于其总数的5%；脉冲阀备品的数量不少于其总数的5%，且不少于2个；脉冲阀膜片备品数量不少于其总数的5%，且不少于10个；空压机空气过滤器备品不少于1个；

c）当袋式除尘器运行至滤袋设计寿命前3个月时，用户应着手采购滤袋；

d）备品备件应妥善保管在库房内，并做好台账。

12.5.5 更换的废旧袋式除尘器滤料应按照国家相关规定妥善处理。

附录 A
（资料性附录）
原始数据统计表

表 A.1 污染源（尘源）调查统计表

企业名称： 时 间：

车间（工段）	序号	产尘设备（部位）	产尘设备型号	尘源点数量	尘源点位置	烟尘性质	尘源控制方式	排风量/(m^3/h)	气体温度/℃	排放规律	备注
	1										
	2										
	…										
	1										
	2										
	…										

调查统计人员：

表 A.2 污染气体参数及理化性质

产污设备（产污部位）：						
序号	气体参数		符号	单位	数值	备注
1	污染气体流量	正常	Q	m^3/h		
		最大				
		最小				
2	气体温度	正常	t	℃		
		最高				
		最低				
		露点				
3	粉尘质量浓度		ρ	mg/m^3		标准状态
4	气体成分		N_2	%		标准状态
			CO_2	%		
			CO	%		
			O_2	%		
			H_2O	%		
			SO_2	mg/m^3		
			NO_x	mg/m^3		
			HCl	mg/m^3		
			F_2、HF	mg/m^3		
			Hg、Pb	mg/m^3		
			二噁英	ng/m^3		
			VOCs	mg/m^3		
			…	…		
注：表中气体成分可根据工程设计需要选项。						

表 A.3 粉尘成分分析

序号	成分	符号	单位	数值	备注
1	二氧化硅	SiO_2	%		
2	氧化铁	Fe_2O_3	%		
3	氧化钙	CaO	%		
4	碳	C	%		
…	…	…	…		
注：表中粉尘化学成分可根据工程设计需要选项。					

表 A.4 粉尘的物理性质

<table>
<tr><th>序号</th><th colspan="2">名称</th><th>单位</th><th>数值</th><th>备注</th></tr>
<tr><td>1</td><td colspan="2">真密度</td><td>t/m³</td><td></td><td></td></tr>
<tr><td>2</td><td colspan="2">堆密度</td><td>t/m³</td><td></td><td></td></tr>
<tr><td>3</td><td colspan="2">安息角</td><td>（°）</td><td></td><td></td></tr>
<tr><td rowspan="8">4</td><td rowspan="8">粒径分布</td><td>0～2.5 μm</td><td rowspan="8">%</td><td></td><td rowspan="8"></td></tr>
<tr><td>2.5～5 μm</td><td></td></tr>
<tr><td>5～10 μm</td><td></td></tr>
<tr><td>10～20 μm</td><td></td></tr>
<tr><td>20～30 μm</td><td></td></tr>
<tr><td>30～40 μm</td><td></td></tr>
<tr><td>40～50 μm</td><td></td></tr>
<tr><td>＞50 μm</td><td></td></tr>
<tr><td colspan="6">注：表中粒径分布可根据工程设计需要选项。</td></tr>
</table>

表 A.5 当地气象条件和地理条件

序号	名称	单位	数值
1	大气压力	Pa	
2	冬季采暖室外计算温度	℃	
3	冬季通风室外计算温度	℃	
4	夏季通风室外计算温度	℃	
5	夏季空调室外计算温度	℃	
6	最大风速	m/s	
7	主导风向	方位	
8	基本风压	kN/m^2	
9	基本雪载	kN/m^2	
10	最大冻土深度	cm	
11	地震烈度	度	

附录 B
（规范性附录）
袋式除尘工程设计流程

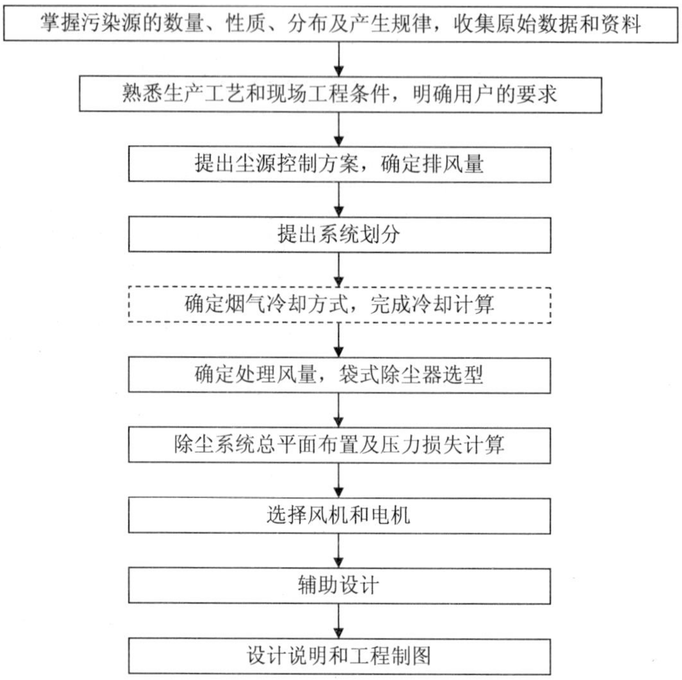

附录 C
（规范性附录）
系统管路阻力计算步骤

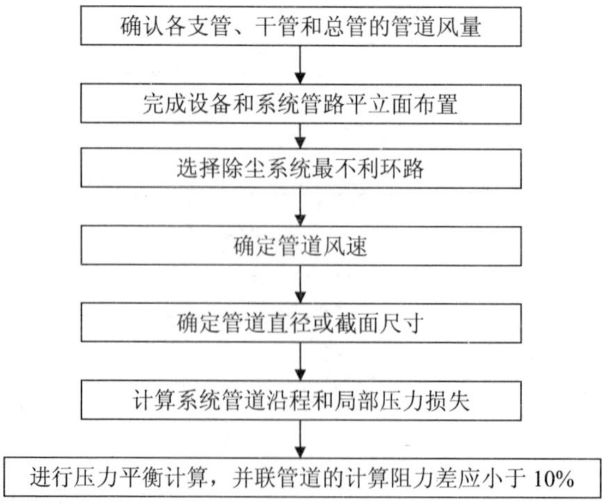

附录 D
（规范性附录）
袋式除尘器选型步骤

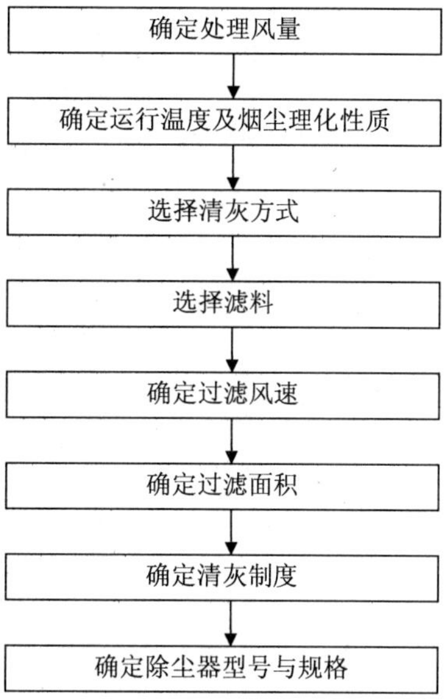

附录 E
（资料性附录）
滤料的主要性能指标

a）材质与组分；
b）结构和加工方法；
c）单位面积质量、体积密度和厚度；
d）均匀性；
e）透气性；
f）强力特性；
g）耐温性；
h）导电性；
i）伸长特性与稳定性；
j）阻燃性；
k）耐酸、碱、氧化等化学稳定性；
l）过滤效率；
m）清灰剥离性；
n）阻力特性；
o）经济性。

附录 F
（资料性附录）
烟气冷却方式及适用场合

冷却方式		适用范围	技术要求和措施
直接冷却	混风冷却	①冷却烟气量较小，降温幅度不大时； ②烟气出现突发性高温时，作为临时保护性降温措施	除尘器进口烟道安装混风阀和混风器
	喷雾冷却	①烟气量大、温降大时可作为连续降温的冷却方式； ②烟气量较大、烟气出现突发性高温时可对滤袋进行临时保护； ③烟气需要调质并冷却时	①应防止烟气温度过低而出现结露和腐蚀； ②烟气降温后温度应高于露点温度 15～20℃； ③应根据烟气量和温降的大小来确定喷水量； ④喷雾降温冷却应保证必要的雾滴直径和蒸发时间； ⑤采用喷雾装置
间接冷却	自然风冷	①烟气温降小于 200℃、余热不具备回收价值时烟气连续降温的冷却方式； ②占地较大。无动力消耗	采用自然风冷器
	机械风冷	①烟气温降大于 200℃、余热不具备回收价值时烟气连续降温的冷却方式； ②占地较小。有动力消耗	采用机械风冷器
	间接水冷	①烟气温度大于 400℃、余热不具备回收价值时烟气连续降温的冷却方式； ②车间内布置	采用水冷烟道、气水换热器
	余热锅炉	烟气量大、烟气温度大于 400℃、余热具备回收价值时烟气连续降温的冷却方式	采用余热锅炉

附录 G
（资料性附录）
高温烟气冷却设计流程

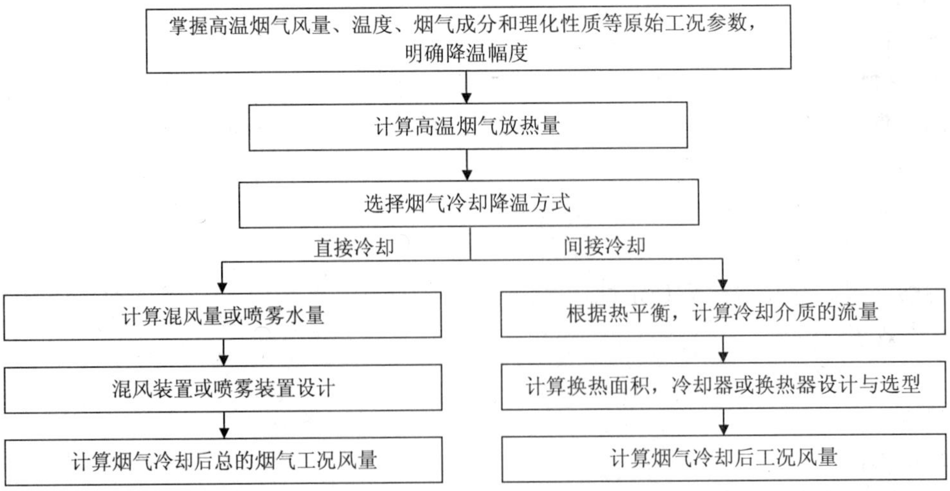

附录 H
（资料性附录）
高温烟气冷却计算

H.1 高温烟气冷却放热量计算

烟气量为 L_1 的烟气由温度 t_1 降至 t_2 所放出的热量按以下公式计算：

$$Q=\frac{L_1}{22.4}(C_1t_1-C_2t_2) \tag{H-1}$$

式中：Q——烟气放出的热量，kJ/h；

L_1——烟气量（标态），m^3/h；

C_1，C_2——烟气为 0～t_1 及 0～t_2 时的平均定压摩尔热容，kJ/（kmol·K）；

t_1，t_2——烟气冷却前后温度，℃。

H.2 混风直接冷却的混风量计算

混风直接冷却气体的混风量，可根据热平衡方程来计算，即：

$$L_2=\frac{L_1(t_1C_1-t_2C_2)}{(t_2C_3-t_0C_4)} \tag{H-2}$$

式中：L_2——混风冷却气体的风量（标态），m^3/h；

L_1——烟气量（标态），m^3/h；

t_1——烟气冷却前温度，℃；

t_2——混合后气体温度，℃；

t_0——冷却气体初始温度，℃；

C_1——烟气为 0～t_1 时的平均摩尔热容，kJ/（kmol·K）；

C_2——烟气为 0～t_2 时的平均摩尔热容，kJ/（kmol·K）；

C_3——冷却气体为 0～t_2 时的平均摩尔热容，kJ/（kmol·K）；

C_4——冷却气体为 0～t_0 时的平均摩尔热容，kJ/（kmol·K）。

H.3 喷雾直接冷却喷水量计算

喷雾蒸发冷却所需喷水量按以下公式计算：

$$G_0=\frac{Q}{r+1.88t_2-4.19t_0} \tag{H-3}$$

式中：G_0——喷水量，kg/h；

Q——高温烟气冷却的放热量，kJ/h；

t_2——烟气冷却后的温度，℃；

t_0——喷水温度，℃；

r——水的汽化潜热，kJ/kg，按 2 500 kJ/kg 计取。

H.4 间接冷却换热计算

间接冷却换热计算主要计算传热面积，即

$$F=\frac{Q_3}{K\Delta t} \tag{H-4}$$

式中：Q_3——烟气放热量，kJ/h；

K——综合传热系数，kJ/（m^2· h·℃），1W=3.6 kJ/h；

Δt——烟气和冷却介质的温差，℃。

综合传热系数按下式计算：

$$K=\frac{1}{\frac{1}{\alpha_1}+\frac{\delta_1}{\lambda_1}+\frac{\delta_2}{\lambda_2}+\frac{\delta_3}{\lambda_3}+\frac{1}{\alpha_2}} \tag{H-5}$$

式中：α_1——烟气与金属壁面的换热系数，kJ/（m^2· h·℃）；

α_2——金属壁面与冷却介质的换热系数，kJ/（m^2· h·℃）；

δ_1——高温烟气管壁灰层厚度，m；

δ_2——管壁厚度，m；

δ_3——水垢厚度或冷却气体管壁灰尘厚度，m；

λ_1——高温烟气灰层的导热系数，kJ/（m· h·℃）；

λ_2——金属的导热系数，kJ/（m· h·℃）；

λ_3——水垢或冷却气体灰尘的导热系数，kJ/（m· h·℃）。

烟气和冷却介质的温度差Δt通常采用对数平均值计算：

$$\Delta t=\frac{\Delta t_1-\Delta t_2}{\ln\frac{\Delta t_1}{\Delta t_2}} \tag{H-6}$$

式中：Δt_1——冷却器入口处管内、外流体的温差，℃；

Δt_2——冷却器出口处管内、外流体的温差，℃。

H.5 间接冷却介质流量计算

对于间接冷却所需的冷却气体量或冷却水量，按以下公式计算：

$$G_0=\frac{Q}{C_2t_2-C_1t_1} \tag{H-7}$$

式中：G_0——冷却介质的质量流量，kg/h；

Q——高温烟气冷却的放热量，kJ/h；

C_1，C_2——冷却介质在温度为 0～t_1 及 0～t_2 下的质量热容，kJ/（kg·K）；

对于水 $C_1=C_2=4.18$ kJ/（kg·K）；

t_1，t_2——冷却介质进口、出口温度，℃。

附录 I
（规范性附录）
烟气体积流量变化计算

I.1 混风直接冷却

当采用烟气混风直接冷却时，冷却后烟气工况总体积流量按下式计算：

$$V = \frac{T_2}{T_0}(L_1 + L_2) \tag{I-1}$$

式中：V——混风后烟气工况总体积流量，m^3/h；

L_1——烟气标准工况体积流量，m^3/h；

L_2——冷却气体标准工况下体积流量，m^3/h；

T_0——标准工况下热力学温度，273.15 K；

T_2——混合后烟气热力学温度，K。

I.2 喷雾降温直接冷却

当采用喷雾降温直接冷却时，冷却后烟气工况总体积流量按下式计算：

$$V = \frac{T_2}{T_0}\left(L_1 + \frac{22.4}{18}G_0\right) \tag{I-2}$$

式中：V——喷雾降温后烟气工况总体积流量，m^3/h；

L_1——烟气标准工况体积流量，m^3/h；

T_0——标准工况下热力学温度，273.15 K；

T_2——混合后烟气热力学温度，K；

G_0——喷水量，kg/h。

I.3 间接冷却

当烟气间接冷却时，冷却后烟气工况体积流量按下式计算：

$$V_2 = \frac{P_1 T_2}{P_2 T_1} V_1 \tag{I-3}$$

式中：P_1、V_1、T_1——高温状态下烟气的绝对压力、体积流量、热力学温度；

P_2、V_2、T_2——冷却后烟气的绝对压力、体积流量、热力学温度。

附录 J
（规范性附录）
风机及电机选型步骤

根据输送气体温度和理化性质选择风机类型

↓

确认风机入口流量、温度、管网计算压力损失、当地大气压力

↓

进行风机选型计算，即对系统风量和管网计算压力损失附加裕度系数

↓

确认风机样本性能参数的标定状态

↓

将风机选型计算风量和全压换算成风机样本标定状态下的数值

↓

选择风机型号和台数，确定风机旋向、出风口角度和传动方式

↓

计算风机在设计工况下的所需功率，确定电机型号和技术参数

↓

对在特殊工况下电机功率进行校核

附录 K
（资料性附录）
袋式除尘器规格型号及性能参数

<table>
<tr><td colspan="2">参数名称</td><td>单位</td><td>数量</td></tr>
<tr><td colspan="2">型号规格</td><td></td><td></td></tr>
<tr><td colspan="2">处理风量</td><td>m^3/h</td><td></td></tr>
<tr><td colspan="2">气体温度</td><td>℃</td><td></td></tr>
<tr><td rowspan="2">过滤风速</td><td>全过滤</td><td rowspan="2">m/min</td><td></td></tr>
<tr><td>离线喷吹或离线检修</td><td></td></tr>
<tr><td colspan="2">总过滤面积</td><td>m^2</td><td></td></tr>
<tr><td colspan="2">过滤仓室</td><td>个</td><td></td></tr>
<tr><td colspan="2">清灰装置（脉冲阀）数量</td><td>只</td><td></td></tr>
<tr><td colspan="2">清灰装置（脉冲阀）规格型号</td><td></td><td></td></tr>
<tr><td colspan="2">滤袋数量</td><td>条</td><td></td></tr>
<tr><td colspan="2">滤袋规格（直径×长度）</td><td>mm×mm</td><td></td></tr>
<tr><td colspan="2">滤料材质</td><td></td><td></td></tr>
<tr><td colspan="2">粉尘入口含尘质量浓度（标准状态）</td><td>g/m^3</td><td></td></tr>
<tr><td colspan="2">粉尘出口含尘质量浓度（标准状态）</td><td>mg/m^3</td><td></td></tr>
<tr><td colspan="2">运行阻力</td><td>Pa</td><td></td></tr>
<tr><td colspan="2">漏风率</td><td>%</td><td></td></tr>
<tr><td colspan="2">清灰气源压力（或反吹风压）</td><td>MPa</td><td></td></tr>
<tr><td colspan="2">耗气量（或反吹风量）</td><td>m^3/min（m^3/h）</td><td></td></tr>
<tr><td colspan="2">（反吹风机型号/功率）</td><td>kW</td><td></td></tr>
<tr><td colspan="2">卸灰设备型号/功率</td><td>kW</td><td></td></tr>
<tr><td colspan="2">总装机功率</td><td>kW</td><td></td></tr>
<tr><td colspan="2">工作压力</td><td>Pa</td><td></td></tr>
<tr><td colspan="2">设备外形尺寸（长×宽×高）</td><td>m</td><td></td></tr>
<tr><td colspan="2">设备总质量</td><td>kg</td><td></td></tr>
<tr><td colspan="2">保温面积</td><td>m^2</td><td></td></tr>
<tr><td colspan="2">灰斗容积</td><td>m^3</td><td></td></tr>
</table>

附录 L
（资料性附录）
袋式除尘器运行记录表

车间名称： 除尘器名称及编号：

运行参数	数值	状态	记录时间
生产设备负荷			
处理风量/（m^3/h）			
除尘器工作温度/℃			
除尘器工作压力/Pa			
运行阻力/Pa			
出口粉尘质量浓度（或排放效果）/（mg/m^3）			
清灰气源压力（或反吹风压）/MPa			
清灰气包压力/MPa			
清灰装置（脉冲阀）运行状况			
空压机运行状况 （排气压力、电流、油位）			
输灰装置运行状况			
风机与电机运行状况 （轴承温度、振动、电流、油位）			
风机冷却水系统运行状况 （流量、压力、温度）			
储气罐工作状况（压力、放水）			
压缩空气净化装置工作状况			
灰斗高、低料位状态			
喷雾降温系统 （供水流量、压力、温度）			
备　注			

值班员： 日期：

注：用户可根据自身情况对表中记录内容进行调整。

HJ

中华人民共和国国家环境保护标准

HJ 2021—2012

内循环好氧生物流化床污水处理工程技术规范

Technical specifications of internal circulation aerobic biological fluidized bed for wastewater treatment

2012-10-17 发布　　　　2013-01-01 实施

环境保护部 发布

前　言

为贯彻《中华人民共和国水污染防治法》，防治水污染，规范内循环好氧生物流化床在污水处理工程中的应用，制定本标准。

本标准规定了内循环好氧生物流化床污水处理工程的工艺设计、主要设备、检测和控制、运行管理的技术要求。

本标准为指导性标准。

本标准为首次发布。

本标准由环境保护部科技标准司组织制订。

本标准主要起草单位：中国环境保护产业协会、清华大学、北京市环境保护科学研究院、江苏一环集团有限公司、浙江双益环保科技发展有限公司。

本标准环境保护部 2012 年 10 月 17 日批准。

本标准自 2013 年 1 月 1 日起实施。

本标准由环境保护部解释。

内循环好氧生物流化床污水处理工程技术规范

1 适用范围

本标准规定了内循环好氧生物流化床污水处理工程的工艺设计、主要设备、检测和控制、运行管理的技术要求。

本标准适用于采用内循环好氧生物流化床工艺的城镇污水或工业废水处理工程，可作为环境影响评价、设计、施工、环境保护验收及建成后运行与管理的技术依据。

2 规范性引用文件

本标准内容引用了下列文件或其中的条款。凡是未注明日期的引用文件，其最新版本适用于本标准。

GB 3096 声环境质量标准
GB 12348 工业企业厂界环境噪声排放标准
GB 12523 建筑施工场界环境噪声排放标准
GB 12801 生产过程安全卫生要求总则
GB 18597 危险废物贮存污染控制标准
GB 18599 一般工业固体废物贮存、处置场污染控制标准
GB 18918 城镇污水处理厂污染物排放标准
GB 50014 室外排水设计规范
GB 50015 建筑给水排水设计规范
GB 50016 建筑设计防火规范
GB 50040 动力机器基础设计规范
GB 50053 10 kV 及以下变电所设计规范
GB 50187 工业企业总平面设计规范
GB 50204 混凝土结构工程施工质量验收规范
GB 50222 建筑内部装修设计防火规范
GB 50231 机械设备安装工程施工及验收通用规范
GB 50235 工业金属管道工程施工及验收规范
GB 50268 给水排水管道工程施工及验收规范
GB 5226.1 机械安全 机械电气设备 第 1 部分：通用技术条件
GB/T 3797 电气控制设备
GBJ 87 工业企业噪声控制设计规范
GBJ 141 给水排水构筑物施工及验收规范
GBZ 1 工业企业设计卫生标准
GBZ 2.1 工作场所有害因素职业接触限值 第 1 部分：化学有害因素
GBZ 2.2 工作场所有害因素职业接触限值 第 2 部分：物理因素

CJJ 60　城市污水处理厂运行、维护及其安全技术规程
HG 20520　玻璃钢/聚氯乙烯（FRP/PVC）复合管道设计规定
HJ 2007—2010　污水气浮处理工程技术规范
HJ/T 91　地表水和污水监测技术规范
HJ/T 251　环境保护产品技术要求　罗茨鼓风机
HJ/T 252　环境保护产品技术要求　中、微孔曝气器
HJ/T 278　环境保护产品技术要求　单级高速曝气离心鼓风机
HJ/T 283　环境保护产品技术要求　厢式过滤机和板框过滤机
HJ/T 335　环境保护产品技术要求　污泥浓缩带式脱水一体机
《建设项目竣工环境保护验收管理办法》（国家环境保护总局令　第 13 号）
《建设工程质量管理条例》（中华人民共和国国务院令　第 279 号）
《建设项目（工程）竣工验收办法》（计建设[1990]1215 号）

3　术语和定义

GB 50014 界定的以及下列术语和定义适用于本标准。

3.1　内循环好氧生物流化床　internal circulation aerobic biological fluidized bed

指用陶粒、橡胶和塑料类载体等作为微生物载体，通入一定流速的空气或纯氧，使污水、压缩空气和微生物载体在升流区向上流动、降流区向下流动，形成水力循环，并利用载体表面上不断生长的生物膜吸附、氧化并分解污水中的有机物及营养物质，从而去除污水中污染物的工艺。以下简称流化床。

3.2　微生物载体　microbial carrier

指为微生物提供稳定附着生长固定界面的材料，具有在冲击负荷下保护微生物和保持生物量的功能。以下简称载体。

3.3　载体分离器　carrier separator

指将悬浮流化状态的载体限制在反应区，防止载体和附着在载体上的微生物进入固液分离区的装置。

3.4　预处理　pretreatment

指改善流化床进水物理指标的工艺，如格栅、沉砂池、初沉池等。

3.5　前处理　preprocessing

指改善流化床进水生化指标的工艺，如缺氧池、厌氧池等。

4　设计水量和设计水质

4.1　设计水量

4.1.1　城镇污水设计流量

4.1.1.1　城镇旱流污水设计流量应按下式计算：

$$Q_{dr} = Q_d + Q_m \tag{1}$$

式中：Q_{dr}——旱流污水设计流量，m^3/d；

Q_d——设计综合生活污水量，m^3/d；

Q_m——设计工业废水量，m^3/d。

4.1.1.2 城镇合流污水设计流量应按下式计算：

$$Q = Q_d + Q_m + Q_s = Q_{dr} + Q_s \tag{2}$$

式中：Q——污水设计流量（合流制），m^3/d；

Q_d——设计综合生活污水量，m^3/d；

Q_m——设计工业废水量，m^3/d；

Q_s——设计雨水量，m^3/d；

Q_{dr}——旱流污水设计流量，m^3/d。

4.1.1.3 设计综合生活污水量为服务人口和相对应的综合生活污水定额之积，综合生活污水定额应根据当地的用水定额，结合建筑内部给排水设施水平和排水系统普及程度等因素确定。可按当地相关用水定额的80%～90%设计。

4.1.1.4 综合生活污水量总变化系数应根据当地综合生活污水实际变化量的测定资料确定，没有测定资料时，可按 GB 50014 中的相关规定取值。见表 1。

表 1 综合生活污水量总变化系数

平均日流量/（L/s）	5	15	40	70	100	200	500	≥1 000
总变化系数	2.3	2.0	1.8	1.7	1.6	1.5	1.4	1.3

4.1.1.5 排入市政管网的工业废水设计流量应根据城镇市政排水系统覆盖范围内工业污染源废水排放统计调查资料确定。

4.1.1.6 设计雨水量参照 GB 50014 的相关规定确定。

4.1.1.7 在地下水位较高的地区，应考虑渗入地下水量，渗入地下水量宜根据实际测定资料确定。

4.1.2 工业废水设计流量

4.1.2.1 工业废水设计流量应按工厂或工业园区总排放口实际测定的废水流量设计。测试方法应符合 HJ/T 91 的规定。

4.1.2.2 工业废水流量变化应根据工艺特点进行实测。

4.1.2.3 不能取得实际测定数据时可参照国家现行工业用水量的有关规定折算确定，或根据同行业同规模同工艺现有工厂排水数据类比确定。

4.1.2.4 考虑工业废水与生活污水合并处理时，工厂内或工业园区内的生活污水量、沐浴污水量的确定，应符合 GB 50015 的有关规定。

4.1.2.5 工业园区集中式污水处理厂设计流量的确定可参照城镇污水设计流量的确定方法。

4.1.3 单元构筑物的设计流量

4.1.3.1 提升泵站、格栅井、沉砂池宜按合流污水设计流量计算。

4.1.3.2 初沉池宜按旱流污水流量设计，并用合流污水设计流量校核。对于生活污水处理系统初沉池校核的沉淀时间不宜小于 60 min；对合流制污水处理系统，应按降雨时的设计流量核算，沉淀时间不宜小于 30 min。对于工业废水处理系统初沉池的沉淀时间需根据沉淀试验确定。

4.1.3.3 流化床应按旱流污水量计算。

4.1.3.4 流化床前、后的水泵、管道等输水设施应按最高日最高时污水流量设计。

4.2 设计水质

4.2.1 城镇污水的设计水质应根据实际测定的调查资料确定，其测定方法和数据处理方法应符合 HJ/T 91 的规定。无调查资料时，可按下列标准折算确定：

1）生活污水的五日生化需氧量按每人每天 25～50 g 计算；

2）生活污水的悬浮固体量按每人每天 40～65 g 计算；

3）生活污水的总氮量按每人每天 5～11 g 计算；

4）生活污水的总磷量按每人每天 0.7～1.4 g 计算。

4.2.2 工业废水的设计水质，应根据工业废水的实际测定数据确定，其测定方法和数据处理方法应符合 HJ/T 91 的规定。无实际测定数据时，可参照同一行业类似工厂的排放资料类比确定。

4.2.3 流化床的进水应符合下列条件：

1）水温宜为 10～37℃、pH 宜为 6.0～9.0、BOD_5/COD_{Cr} 值宜大于 0.3、营养组合比（BOD_5：氮：磷）宜为 100：5：1、进水 COD_{Cr} 质量浓度宜低于 1 000 mg/L；

2）有去除氨氮要求时，进水总碱度（以 $CaCO_3$ 计）/氨氮值宜≥7.14，不满足时应补充碱度；

3）有脱除总氮要求时，反硝化要求进水的碳源 BOD_5/总氮值宜≥4.0，总碱度（以 $CaCO_3$ 计）/氨氮值宜≥3.6，不满足时应补充碳源或碱度；

4）有除磷要求时，污水中的五日生化需氧量（BOD_5）/总磷的比值宜大于 17：1；

5）要求同时除磷、脱氮时，宜同时满足 3）和 4）的要求。

4.3 污染物去除率

流化床污水处理工艺的污染物去除率可按照表 2 计算。

表 2 流化床污水处理工艺的污染物去除率

污水类别	主体工艺	污染物去除率/%					
		悬浮物（SS）	五日生化需氧量（BOD_5）	化学耗氧量（COD_{Cr}）	氨氮（NH_4^+-N）	总氮（TN）	总磷（TP）
城镇污水	初次沉淀+流化床	70～90	80～95	80～90	80～90	40～50（有缺氧区）	40～60（不加除磷剂）80～90（加除磷剂）
工业废水	预/前处理+流化床	70～90	80～90	60～80	—	—	—

注：应根据出水水质要求，决定是否在流化床后设置过滤池等后续处理构筑物。

5 总体要求

5.1 流化床宜用于小型城镇污水和工业废水处理工程，其污水处理量宜小于 10 000 m^3/d。

5.2 采用流化床工艺的污水处理厂（站）应遵守以下规定：

a）污水处理厂厂址选择和总体布置应符合 GB 50014 的相关规定。总图设计应符合 GB 50187 的规定。

b）污水处理厂（站）的防洪标准不应低于城镇防洪标准，且具有良好的排水条件。

c）污水处理厂（站）建筑物的防火设计应符合 GB 50016 和 GB 50222 的规定。

d）污水处理厂（站）堆放污泥、药品的贮存场应符合 GB 18599 和 GB 18597 的规定。

e）污水处理厂（站）建设、运行过程中产生的废水、废气、废渣及其他污染物的治理与排放，应贯彻执行国家现行的环境保护法规和标准的有关规定，防止二次污染。

f）污水处理厂（站）的设计、建设应采取有效的隔声、消声、绿化等降低噪声的措施。噪声和振动控制的设计应符合 GBJ 87 和 GB 50040 的规定；机房内、外的噪声应分别符合 GBZ 2.1、GBZ 2.2 和 GB 3096 的规定；厂界环境噪声排放应符合 GB 12348 的规定。

g）污水处理厂（站）的设计、建设和运行过程中应重视职业卫生和劳动安全，严格执行 GBZ 1、

GBZ 2.1、GBZ 2.2 和 GB 12801 的规定。在污水处理厂（站）建成运行的同时，安全和卫生设施应同时建成运行，并制定相应的操作规程。

5.3 污水处理厂（站）应按照 GB 18918 的相关规定安装在线监测系统，其他污水处理工程应按照国家或当地的环境保护管理要求安装在线监测系统。

6 工艺设计

6.1 一般规定

6.1.1 流化床出水直接排放时，应符合国家或地方排放标准要求；排入下一级处理单元时，应符合下一级处理单元的进水要求。

6.1.2 根据脱氮除磷要求，宜在流化床内设置缺氧区、化学除磷区或是在工艺中单独设置缺氧池和除磷设施。

6.1.3 单台流化床的最大污水处理能力为 2 500 m^3/d，当处理水量大于 2 500 m^3/d 时，宜采用多台流化床联合运行的方式，但最多不宜超过 4 台，多台布置时宜设置配水设施。

6.1.4 当进水水质不符合 4.2.3 规定的条件时，应根据进水水质采取适当的前处理和预处理工艺。

6.1.5 酸碱药剂、碳源药剂和除磷药剂储存罐容量应按理论加药量的 4～7 d 的投加量设计，加药系统不宜少于 2 个，宜采用计量泵投加。

6.2 工艺流程

6.2.1 用于城镇污水处理时，宜采用图 1 所示的工艺流程。

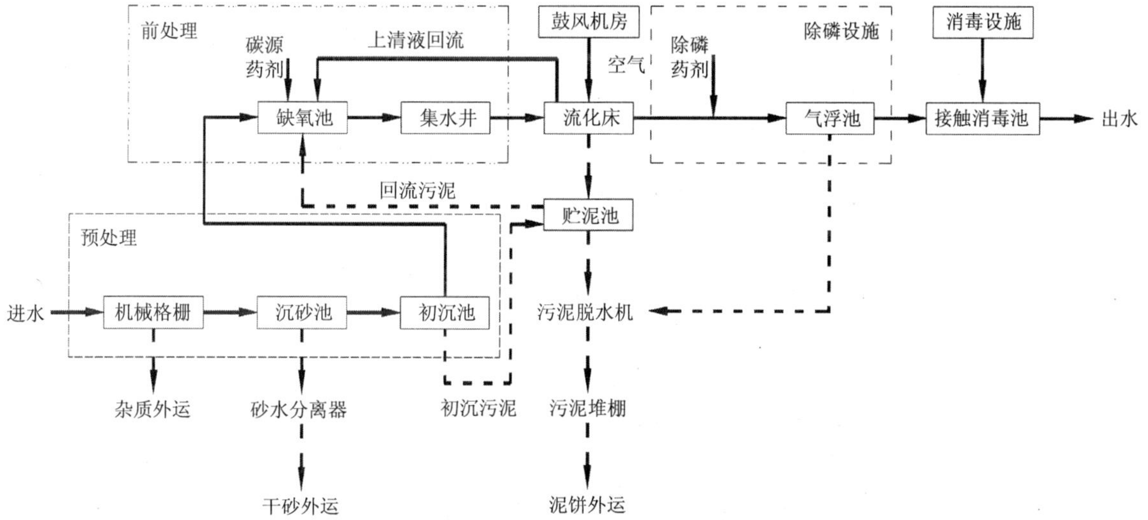

图 1 城镇污水处理工艺流程图

6.2.2 用于工业废水处理时，宜采用图 2 所示的工艺流程。

6.2.3 生活污水与工业废水混合处理时，如 $BOD_5/COD_{Cr}>0.3$，宜采用图 1 所示的工艺流程，如 $BOD_5/COD_{Cr}<0.3$，宜采用图 2 所示的工艺流程。

6.3 预处理和前处理

6.3.1 进水系统前应设置格栅。进水泵房及格栅设计应符合 GB 50014 的相关规定。

6.3.2 流化床工艺应在格栅后设置沉砂池，沉砂池的设计应符合 GB 50014 的相关规定。

6.3.3 当进水悬浮物（SS）高于 200 mg/L 时，宜在流化床前设置初沉池，参见图 1，初沉池的设计应符合 GB 50014 的相关规定。

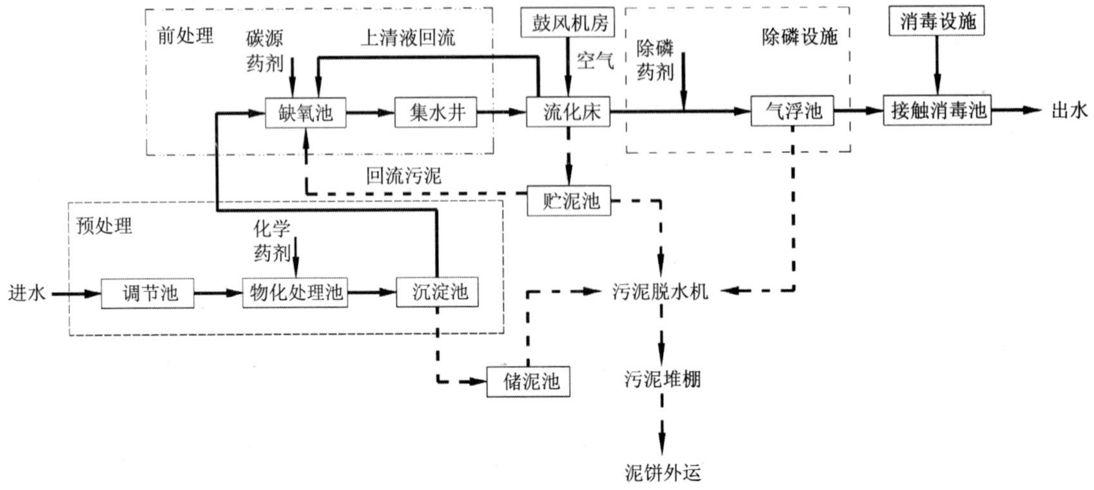

图 2　工业废水处理工艺流程图

6.3.4　当水质或水量的日变化最大值为最小值的两倍或两倍以上时，应设置调节池，参见图 2。调节池的设计应满足以下要求：

a）调节池容量应根据废水流量变化曲线确定；没有流量变化曲线时，调节池的容量应满足生产排水周期中水质水量均化的要求，停留时间宜为 6～12 h；

b）调节池内宜设置搅拌装置，宜采用搅拌机或曝气搅拌方式；

c）调节池出水端应设置去除浮渣装置，池底宜设置除砂和排泥装置。

6.3.5　pH 值调节应符合下列规定：

a）当进水 pH＜6.0 或 pH＞9.0 时，应及时补充适量酸碱药剂；

b）药剂种类、剂量和投加点宜通过现场试验确定；

c）酸碱药剂可采用稀盐酸、稀硫酸、石灰或碳酸钠等；

d）接触酸碱腐蚀性物质的设备和管道应采取防腐蚀措施。

6.3.6　碳源调节应符合下列规定：

a）当进水碳源 BOD_5/总氮值＜4.0 时，应及时补充适量碳源；

b）药剂种类、剂量和投加点宜通过现场试验确定；

c）碳源药剂可采用甲醇、乙酸或食物酿造厂等排放的高浓度有机废水；

d）存储和使用甲醇作为碳源时，应做相应的防毒保护；

e）接触乙酸腐蚀性物质的设备和管道应采取防腐蚀措施；

f）碳源投加量宜按下式计算：

$$\rho(BOD_5) = 2.86 \times (N_1 - N_0) \times Q \tag{3}$$

式中：$\rho(BOD_5)$——投加的碳源对应的 BOD_5 量，mg/L；

N_1——氨氮达标情况下，未补充碳源时，处理出水的总氮质量浓度，mg/L；

N_0——标准要求的出水总氮质量浓度，mg/L；

Q——污水设计流量，m^3/d。

6.4　流化床设计

6.4.1　流化床结构

6.4.1.1　好氧生物流化床的结构如图 3 所示；有反硝化脱氮要求时，流化床内可设置缺氧区和好氧区，结构如图 4 所示，其中心筒处为缺氧区、其他区域为好氧区。流化床中，载体分离器以上部分为分离区，载体分离器以下部分为反应区，图 3 和图 4 中箭头方向表示水流方向。

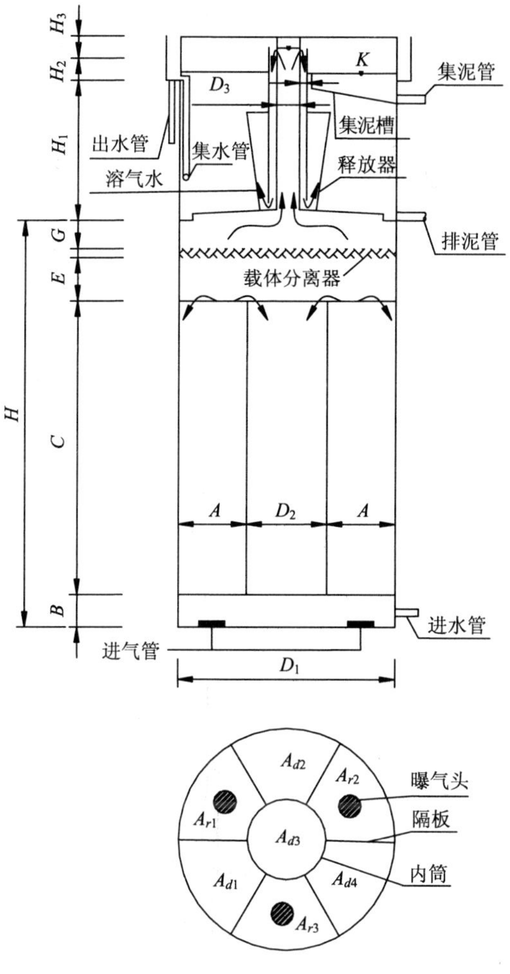

图 3　流化床的一般结构

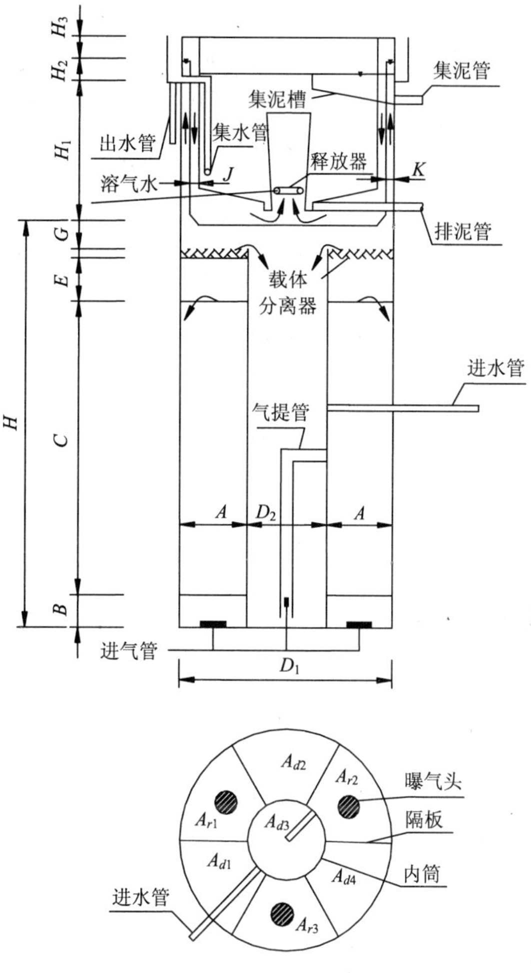

图 4　有缺氧区的流化床结构

6.4.1.2　降流区与升流区面积之比（A_d/A_r）宜为 1～1.5，其中降流区面积 $A_d=A_{d1}+A_{d2}+A_{d3}+A_{d4}$，升流区面积 $A_r=A_{r1}+A_{r2}+A_{r3}$。

6.4.1.3　好氧反应区隔板下端距流化床底部的底隙（B）宜为 600 mm。

6.4.1.4　载体分离器下部空间距离（E）宜为 B 值的 1.0～1.2 倍。

6.4.1.5　载体分离器上部空间距离（G）宜为 E 值的 0.3～0.5 倍。

6.4.1.6　气液分离区直径（D_3）宜为进水管管径的 3～5 倍，$K\geqslant 200$ mm，$J\geqslant 150$ mm。

6.4.1.7　固液分离区 H_1、H_2 和 H_3 设计可参照 HJ 2007—2010 中加压溶气气浮的相关规定。

6.4.2　好氧反应区容积

6.4.2.1　根据流化床的容积负荷来确定好氧反应区容积时，应按下式计算：

$$V_1 = Q(S_o - S_e)/N_v \qquad (4)$$

式中：V_1——流化床好氧反应区容积，m^3；

Q——污水设计流量，m^3/d；

S_o——流化床进水化学需氧量，mg/L；

S_e——流化床出水化学需氧量，mg/L；

N_v——COD 容积负荷，kg/（m^3·d）。

6.4.2.2 COD 容积负荷（N_v）应根据试验或同类污水的设计参数确定，如无其他资料时，可参考如下经验数据：

a）当废水 $BOD_5/COD_{Cr}>0.4$ 时，N_v 可取 3～5 kg/（m^3·d）；

b）当废水中 $0.3<BOD_5/COD_{Cr}<0.4$ 时，N_v 可取 1～3 kg/（m^3·d）；

c）当废水中 $BOD_5/COD_{Cr}<0.3$ 时，应通过预处理和前处理提高 BOD_5/COD_{Cr} 的值，使其大于 0.3。

6.4.2.3 根据水力停留时间θ来确定好氧反应区容积时，应按下式计算：

$$V_1 = Q \cdot \theta \tag{5}$$

式中：V_1——流化床好氧反应区容积，m^3；

Q——污水设计流量，m^3/d；

θ——水力停留时间，h。

6.4.2.4 对于生活污水，式（5）中的θ可取 2～4 h，对于工业废水可取 3～5 h 或视其可生化性确定。求出 V_1 后应按式（4）校核。

6.4.2.5 流化床的好氧反应区容积不宜超过 400 m^3。

6.4.3 缺氧反应区容积

6.4.3.1 好氧反应区与缺氧反应区的容积比宜为（2.5～3）∶1。

6.4.3.2 缺氧反应区容积应按下式计算：

$$V_2 = \frac{V_1 D_2^2}{D_1^2 - D_2^2} \tag{6}$$

式中：V_2——缺氧反应区容积，m^3；

V_1——流化床好氧反应区容积，m^3；

D_1——流化床直径，m；

D_2——缺氧反应区直径，m。

6.4.3.3 流化床直径与缺氧区直径之比宜为（1.8～2.0）∶1。

6.4.4 好氧反应区的高径比

6.4.4.1 好氧反应区的高径比应按下式计算：

$$\frac{H}{D_1} = \frac{H}{2d/N} = \frac{NH}{2d} \tag{7}$$

式中：H——流化床高度，m；

D_1——流化床直径，m；

N——流化床分隔数；

d——好氧反应区横截面面积相等的圆的直径，m。

6.4.4.2 好氧反应区的高径比宜为 3～8。

6.4.4.3 流化床分隔数应为偶数，宜为 4、6、8 等。

6.5 流化床载体

6.5.1 载体选择

6.5.1.1 宜选用陶粒、橡胶和塑料类载体等。

6.5.1.2 陶粒载体粒径以 1～2 mm 为宜，比重宜为 1.50 g/cm^3 左右，磨损率宜不大于 0.5%；橡胶载体粒径以 2～8 mm 为宜，比重宜为 1.30 g/cm^3 左右；塑料类载体粒径以 10～25 mm 为宜，比重宜为 0.94～0.98 g/cm^3。

6.5.1.3 载体的级配以 $d_{max}/d_{min}<2$ 为宜。

6.5.1.4 载体的形状宜接近球形。

6.5.1.5 载体表面应粗糙，以利于微生物栖附、生长。

6.5.2 载体投加量

6.5.2.1 投加载体的体积占好氧反应区的体积比应按下式计算：

$$C_s=\frac{X_v}{1\,000m_l}\times100\% \tag{8}$$

式中：C_s——投加载体的体积占好氧反应区的体积比；

X_v——流化床内混合液挥发性悬浮固体平均浓度，gMLVSS/L；

m_l——单位体积载体上的生物量，g/ml。

6.5.2.2 投加载体的体积宜为好氧反应区体积的 15%～30%。

6.5.2.3 流化床中所需的生物浓度应按下式计算：

$$X=\frac{N_v}{N_s} \tag{9}$$

式中：X——流化床内生物浓度（MLVSS），kg/m^3；

N_v——容积负荷（COD），kg/（m^3·d）；

N_s——污泥负荷（COD/MLVSS），宜为 0.2～1.0 kg/（kg·d）。

6.5.2.4 单位体积载体上的生物量应按下式计算：

$$m_l=\frac{\rho\rho_c}{\rho_s}[(\frac{r+\delta}{r})^3-1] \tag{10}$$

式中：m_l——单位体积载体上的生物量，g/ml；

ρ——生物膜干密度，g/ml；

ρ_c——载体的堆积密度，g/ml；

ρ_s——载体的真密度，g/ml；

δ——膜厚，mm；

r——载体平均半径，mm。

6.5.3 载体分离器

6.5.3.1 宜采用迷宫式载体分离器，其结构如图 5 所示。

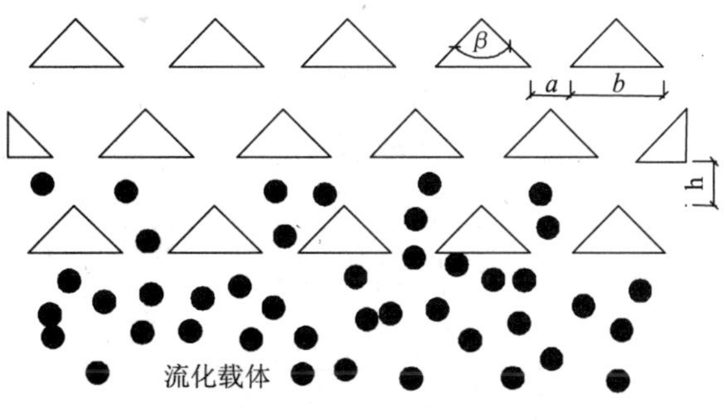

图 5 迷宫式载体分离器结构示意图

6.5.3.2 反射锥顶角（β）宜为 45°～90°。

6.5.3.3 反射锥之间的距离（a）宜为 2～3 cm，反射锥底面宽度（b）宜为 a 值的 2～5 倍。

6.5.3.4 两层反射锥之间的距离（h）宜为 5～15 cm。

6.6 供氧

6.6.1 流化床宜采用鼓风曝气供氧，曝气器应设在正对升流区的流化床底部，宜采用均布的中微孔曝气头或穿孔管曝气。

6.6.2 污水需氧量应按下式计算：

$$O_2 = 0.001aQ(S_o - S_e) - c\Delta X_{vss} + b[0.001Q(N_k - N_{ke}) - 0.12\Delta X_{vss}] \\ -0.62b[0.001Q(N_t - N_{te} - N_{oe}) - 0.12\Delta X_{vss}] \tag{11}$$

式中：O_2——污水需氧量，kg/d；

Q——污水设计流量，m^3/d；

S_o——流化床进水五日生化需氧量，mg/L；

S_e——流化床出水五日生化需氧量，mg/L；

ΔX_{vss}——流化床排出系统的微生物量，kg/d；

N_k——流化床进水总凯氏氮质量浓度，mg/L；

N_{ke}——流化床出水总凯氏氮质量浓度，mg/L；

N_t——流化床进水总氮质量浓度，mg/L；

N_{te}——流化床出水总氮质量浓度，mg/L；

N_{oe}——流化床出水硝态氮质量浓度，mg/L；

a——碳的氧当量，当含碳物质以五日生化需氧量计时，取 1.47；

b——氧化每千克氨氮（以 N 计）所需氧量（kg/kg），取 4.57；

c——细菌细胞的氧当量，取 1.42。

6.6.3 去除含碳污染物时，流化床污水（BOD_5）需氧量宜取 0.7～1.2 kg/kg。

6.6.4 流化床工艺选用鼓风曝气装置和设备时，应根据不同的鼓风设备、曝气装置、位于水面下的深度、水温、在污水中氧总转移特性、当地的海拔高度以及预期生物流化床中溶解氧浓度等因素，将计算的污水需氧量换算为标准状态下污水需氧量。

6.6.5 标准状态（0.1MPa，20℃）下污水需氧量应按下式计算：

$$O_s = K_o \cdot O_2 \tag{12}$$

$$K_o = \frac{C_{s(20)}}{\alpha(\beta \cdot \rho \cdot C_{sb(T)} - C_o) \times 1.024^{(T-20)} \times F} \tag{13}$$

$$C_{sb(T)} = C_{s(T)}\left(\frac{P_b}{2.026 \times 10^5} + \frac{O_t}{42}\right) \tag{14}$$

$$P_b = P + 9.8 \times 10^3 H \tag{15}$$

$$\rho = \frac{P_1}{1.013 \times 10^5} \tag{16}$$

$$O_t = \frac{21(1 - E_A)}{79 + 21(1 - E_A)} \times 100\% \tag{17}$$

式中：O_s ——标准状态下污水需氧量，kg/d；

K_o——需氧量修正系数；

O_2——污水需氧量，kg/d；

$C_{s(20)}$——标准条件下清水中饱和溶解氧质量浓度，取 9.2 mg/L；

$C_{sb(T)}$——在 T℃、大气压条件下，流化床内混合液饱和溶解氧质量浓度的平均值，mg/L；

$C_{s(T)}$——在 T℃、大气压条件下，清水表面饱和溶解氧质量浓度值，mg/L；

C_o——混合液剩余溶解氧，一般取 2 mg/L；

α——混合液中总传氧系数与清水中总传氧系数之比，一般取 0.8～0.85；

β——混合液的饱和溶解氧值与清水中的饱和溶解氧值之比，一般取 0.9～0.97；

F——曝气扩散设备堵塞系数，一般取 0.65～0.9；

ρ——压力修正系数；

P_1——所在地区实际压力，Pa；

T——设计水温，℃；

P_b——空气扩散装置出口处的绝对压力，Pa；

H——空气扩散装置的安装深度，m；

P——大气压力，P=1.013×10^5 Pa；

E_A——空气扩散装置的氧利用率，一般由厂商提供；

O_t——曝气后流化床水面逸出气体中氧的体积分数，%。

6.6.6 标准状态下鼓风曝气供气量按下式计算：

$$E_A = \frac{O_s}{S} \times 100\% \tag{18}$$

$$S = G_s \times 0.21 \times 1.331 = 0.28 G_s \tag{19}$$

$$G_s = \frac{O_s}{0.28} E_A \tag{20}$$

式中：E_A——空气扩散装置的氧利用率，一般由厂商提供；

O_s——标准状态下污水需氧量，kg/d；

S——供氧量，kg/h；

0.21——氧在空气中所占百分比；

1.331——20℃时，氧的密度，kg/m^3；

G_s——标准状态下的供气量，m^3/h。

6.6.7 流化床工艺宜设置一套备用的鼓风曝气设备。

6.6.8 应选用低噪声的鼓风机，鼓风机房应采取隔音降噪措施，并符合 GB 12523 的规定。

6.6.9 单级高速曝气离心鼓风机应符合 HJ/T 278 的规定；罗茨鼓风机应符合 HJ/T 251 的规定；微孔曝气器应符合 HJ/T 252 的规定。

6.7 化学除磷

6.7.1 当出水总磷达不到排放标准要求时，宜采用化学除磷作为辅助除磷手段。

6.7.2 化学除磷构筑物宜设置在流化床后，参见图 1。

6.7.3 药剂种类、剂量和投加点宜通过试验确定。

6.7.4 化学除磷药剂可采用铝盐、铁盐，也可采用石灰。采用铝盐或铁盐作除磷剂时，投加的除磷剂与污水中总磷的摩尔比宜为（1.5～3）∶1。

6.7.5 接触铝盐和铁盐等腐蚀性物质的设备和管道应采取防腐蚀措施。

6.8 消毒

消毒系统的设计应符合 GB 50014 的规定。

6.9 污泥（污水）回流

6.9.1 宜在流化床前单独设置缺氧池，参看图 1 或图 2。流化床出水利用液位差回流至缺氧池，与进水混合完成反硝化后，用泵提升回流化床。流化床出水上清液回流比宜采用 100%～200%或视出水水质及总氮的排放要求确定。

6.9.2 宜在流化床后单独设置贮泥池，参看图 1 或图 2，通过污泥回流保持流化床中悬浮生物量，污泥回流比宜为 50%～100%。污泥回流设备可采用离心泵、混流泵、潜水泵或螺旋泵。

6.9.3 污泥回流设备应不少于 2 台，当生物处理系统中带有厌氧区（池）、缺氧区（池）时，应选用不易复氧的污泥回流设备。

6.10 污泥处理

6.10.1 污泥处理设计应考虑剩余污泥和化学除磷污泥。

6.10.2 剩余污泥量可按下式计算：

1）按污泥泥龄计算：

$$\Delta X = \frac{VX'}{\theta_c} \tag{21}$$

式中：ΔX——剩余污泥量（SS），kg/d；

V——流化床的总容积，m^3；

X'——流化床内混合液悬浮固体（MLSS）平均质量浓度，kg/m^3；

θ_c——污泥泥龄，d。

2）按污泥产率系数、衰减系数及悬浮物计算：

$$\Delta X = YQ(S_o - S_e) - K_d VX_v + fQ(SS_o - SS_e) \tag{22}$$

式中：ΔX——剩余污泥量（SS），kg/d；

Y——污泥产率系数（$MLVSS/BOD_5$），20℃时取 0.4～0.8 kg/kg；

Q——污水设计流量，m^3/d；

S_o——流化床进水五日生化需氧量，kg/m^3；

S_e——流化床出水五日生化需氧量，kg/m^3；

K_d——衰减系数，d^{-1}；

V——流化床的总容积，m^3；

X_v——流化床内混合液挥发性悬浮固体（MLVSS）平均质量浓度，g/L；

f——悬浮物的污泥转换率（MLSS/SS），宜根据试验资料确定，无试验资料时可取 0.5～0.7 g/g；

SS_o——流化床进水悬浮物质量浓度，kg/m^3；

SS_e——流化床出水悬浮物质量浓度，kg/m^3。

6.10.3 化学除磷污泥量应根据药剂投加量计算。

6.10.4 污泥系统宜设置计量装置，可采用湿污泥计量和干污泥计量两种方式。

6.10.5 污泥脱水设备可选用厢式压滤机、板框压滤机、带式压榨过滤机、污泥浓缩带式脱水一体机，所选用的设备应符合 HJ/T 242、HJ/T 283、HJ/T 335 的规定。

6.10.6 城镇污水污泥处理后应符合 GB 18918 的规定，混合废水或工业废水污泥的鉴别、处理和处置应符合国家相关固体废物污染控制标准的要求。

7 检测与过程控制

7.1 一般规定

7.1.1 流化床污水处理工程应配置相关的检测仪表和控制系统。

7.1.2 自动化仪表和控制系统应保证流化床系统的安全性和可靠性。

7.1.3 流化床污水处理工程设计应根据工程规模、工艺流程、运行管理要求确定检测和控制内容。

7.1.4 参与控制和管理的机电设备应设置工作和事故状态的检测装置。

7.1.5 电气柜防护等级 IP55。元器件选择、内外布线、安全接地保护、设备短路保护、过载保护、绝缘电阻值均应符合 GB/T 3797 的要求。电线、电缆选择应符合 GB 5226.1 的要求。

7.2 过程检测

7.2.1 预处理检测

7.2.1.1 预处理构筑物宜设酸碱度计、水位计、水位差计，可增设化学需氧量检测仪、悬浮物检测仪和流量计。

7.2.1.2 pH 值应控制在 6.0～9.0 之间。

7.2.1.3 应检测进水化学需氧量、氨氮、悬浮物、流量和温度等数据用于工艺控制。

7.2.2 流化床检测

7.2.2.1 流化床宜设溶解氧检测仪和水位计，缺氧区的溶解氧浓度应控制在 0.2～0.5 mg/L，好氧区的浓度一般不小于 3.0 mg/L，条件允许时可采用实时检测设备。

7.2.2.2 流化床出水水质检测项目主要包括 COD_{Cr}、NH_4^+-N、NO_3^--N、TN、PO_4^{3-}、TP 和 SS，条件允许时可采用实时检测设备。

7.2.2.3 流化床生物量应大于 3 g/L，检测方法按照附录 A 执行。

7.2.2.4 载体生物膜厚度宜控制在 100～200 μm，以 120～140 μm 为佳，检测方法按照附录 B 执行。

7.2.3 回流污泥及剩余污泥检测

7.2.3.1 回流污泥宜设流量计，回流污泥量为进水流量的 50%～100%。

7.2.3.2 剩余污泥宜设流量计，条件允许时可增设污泥浓度计，用于监测、统计污泥排出量。

7.2.4 加药系统检测

7.2.4.1 流化床出水总磷检测可采用实验室检测方式，药剂根据检测值投加；如条件允许时可设总磷在线检测仪，检测值用于自动控制药剂投加系统。

7.2.4.2 流化床反硝化区域出水硝酸盐氮检测可采用实验室检测方式，药剂根据检测值投加；如条件允许时可设总氮在线检测仪，检测值用于自动控制药剂投加系统。

7.3 过程控制与控制系统

7.3.1 污水处理厂（站）应根据其处理规模，在满足工艺控制条件的基础上合理选择配置集散控制系统（DCS）或可编程序控制系统（PLC）。

7.3.2 采用成套设备时，成套设备自身的控制宜与污水处理厂（站）设置的控制系统结合。

7.3.3 自动控制系统应具有信息收集、处理、控制、管理和安全保护功能。

7.3.4 自动控制系统的设计应符合下列要求：

a）根据工程具体情况，经技术经济比较后选择网络结构和通信速率；

b）对操作系统要从运行稳定、易于开发、操作界面方便等方面综合考虑；

c）厂（站）级控制室面积应视其使用功能设定，并应考虑今后的发展；

d）防雷和接地保护应符合国家现行标准的要求。

8 主要辅助工程

8.1 供电

8.1.1 流化床工艺装置的用电负荷应为二级负荷。

8.1.2 流化床工艺装置的高、低压用电电压等级应与其供电的电网电压等级相一致。

8.1.3 流化床工艺装置的中央控制室的仪表电源应配备在线式不间断供电电源设备（UPS）。

8.1.4 流化床工艺装置的接地系统宜采用三相五线制系统（TN-S）。

8.2 低压配电

变电所低压配电室的配电设备布置，应符合国家标准 GB 50053 的规定。

8.3 二次线

8.3.1 流化床工艺线上的电气设备宜设置现场和控制室的双重控制，并纳入工控机系统。

8.3.2 流化床工艺电气系统的控制水平应与工艺水平相一致。

9 施工与验收

9.1 一般规定

9.1.1 工程设计、施工单位应具有国家相应的工程设计、施工资质；工程项目宜通过招投标确定施工单位和设计、监理单位。

9.1.2 应按工程设计图纸、技术文件、设备图纸等组织工程施工，工程的变更应取得设计单位的设计变更文件后再实施。

9.1.3 施工前，应进行施工组织设计或编制施工方案，明确施工质量负责人和施工安全负责人，经批准后方可实施。

9.1.4 工程建设、施工安装和调试，应符合《建设工程质量管理条例》的要求。

9.1.5 施工过程中，应做好材料设备、隐蔽工程和分项工程等中间环节的质量验收；隐蔽工程应经过中间验收合格后，方可进行下一道施工工序。

9.1.6 管道工程的施工和验收应符合 GB 50268 的规定；混凝土结构工程的施工和验收应符合 GB 50204 的规定；构筑物的施工和验收应符合 GBJ 141 的规定。

9.1.7 施工使用的材料、半成品、部件应符合国家现行标准和设计要求。设备安装应符合 GB 50231 的规定。

9.1.8 塑料管道阀门的连接应符合 HG 20520 的规定；金属管道安装与焊接应符合 GB 50235 的要求。

9.1.9 工程竣工验收后，建设单位应将有关设计、施工和验收的文件立卷归档。

9.2 施工

9.2.1 土建施工

9.2.1.1 在进行土建施工前应认真阅读设计图纸，了解结构形式、基础（或地基处理）方案、池体抗浮措施以及设备安装对土建的要求，土建施工应事先预留预埋，设备基础应严格控制在设备要求的误差范围内。

9.2.1.2 土建施工应重点控制池体的抗浮处理、地基处理、池体抗渗处理，满足设备安装对土建施工的要求。

9.2.1.3 对于软弱地基上的工程，需对地基进行处理时，应确保地基处理的可靠性，严防池体因不均匀沉降而导致开裂。

9.2.1.4 模板、钢筋、混凝土分项工程应严格执行 GB 50204 的规定，并符合以下要求：

a）模板架设应有足够强度、刚度和稳定性，表面平整无缝隙，尺寸正确；

b）钢筋规格、数量准确，绑扎牢固应满足搭接长度要求，无锈蚀；

c）混凝土配合比、施工缝预留、伸缩缝设置、设备基础预留孔及预埋螺栓位置均应符合规范和设计要求，冬季施工应注意防冻。

9.2.1.5 施工过程中应加强建筑材料和施工工艺的控制，杜绝出现裂缝和渗漏。出现渗漏处，应会同设计等有关方面确定处理方案，彻底解决问题。

9.2.1.6 现浇钢筋混凝土水池施工允许偏差应符合表 3 的规定。

9.2.2 设备安装

9.2.2.1 流化床的曝气器（曝气头或曝气管）应水平安装，曝气器的气孔应处于同一高程的水平面上。

9.2.2.2 设备基础应按照设计要求和图纸规定浇筑，混凝土强度等级、基面位置高程应符合说明书和技术文件规定。混凝土基础应平整坚实，并有隔振措施。

表 3　现浇钢筋混凝土水池施工允许偏差

项次	项目		允许偏差/mm
1	轴线位置	底板	15
		池壁、柱、梁	8
2	高程	垫层、底板、池壁、柱、梁	±10
3	平面尺寸（混凝土底板和池体长、宽或直径）	L≤20 m	±20
		20 m＜L≤50 m	±L/1 000
		50 m＜L≤250 m	±50
4	截面尺寸	池壁、柱、梁、顶板	+10 −5
		洞、槽、沟净空	±10
5	垂直度	H≤5 m	8
		5 m＜H≤20 m	1.5H/1 000
6	表面平整度（用 2 m 直尺检查）		10
7	中心位置	预埋件、预埋管	5
		预留洞	10
注：L 为底板和池体的长、宽或直径；H 为池壁、柱的高度。			

9.2.2.3　预埋件水平度及平整度应符合 GB 50231 的规定。

9.2.2.4　地脚螺栓应按照原机出厂说明书的要求预埋，位置应准确，安装应稳固。

9.2.2.5　安装好的流化床等应严格符合外形尺寸的公称允许偏差，不允许超差。

9.2.2.6　各种机电设备安装后试车应满足下列要求：

a）启动时应按照标注箭头方向旋转，启动运转应平稳，运转中无振动和异常声响；

b）运转啮合与差动机构运转应按产品说明书的规定同步运行，没有阻塞、碰撞现象；

c）运转中各部件应保持动态所应有的间隙，无抖动晃摆现象；

d）试运转用手动或自动操作，设备全程完整动作 5 次以上，整体设备应运行灵活，并保持紧张状态；

e）各限位开关运转中动作及时，安全可靠；

f）电机运转中温升在正常值内；

g）各部轴承注加规定润滑油，应不漏、不发热，温升小于 60℃。

9.3　工程验收

9.3.1　工程竣工验收应按照《建设项目（工程）竣工验收办法》、相应专业现行验收规范和本标准的有关规定执行。

9.3.2　流化床安装完成后应按照 GBJ 141 的规定进行满水试验，地面以下渗水量应符合设计规定，最大不得超过 2 L/（m^2·d）。

9.3.3　泵站和风机房等都应按设计的最多开启台数作 48 h 运转试验，水泵和污泥泵的流量和机组功率应作测定，有条件的应测定其特性曲线。

9.3.4　鼓风曝气系统安装平整牢固，布置均匀，曝气头无漏水现象，曝气管内无杂质，曝气量满足设计要求，曝气稳定均匀。

9.3.5　检查导流板的安装强度，不得有振动现象。

9.3.6　闸门、闸阀和溢流堰不得有漏水现象。

9.3.7　排水管道应做闭水试验，上游充水管保持在管顶以上 2 m，外观检查应 24 h 无漏水现象。

9.3.8　空气管道应做气密性试验，24 h 压力降不超过允许值为合格。

9.3.9　变电站高压配电系统应由供电局组织电检、验收。

9.4　环境保护验收

9.4.1　污水处理厂（站）应进行纳污养菌调试，在正式投入生产或使用之前，建设单位应向环境保护行政主管部门提出环境保护竣工验收申请。

9.4.2 污水处理厂（站）竣工环境保护验收应按照《建设项目竣工环境保护验收管理办法》的规定和工程环境影响评价报告的批复进行。

9.4.3 污水处理厂（站）验收前应进行试运行，测定设施的技术数据和经济指标数据，填写试运行记录。试运行记录可作为环境保护验收的技术支持文件，试运行记录应包括下列内容：

a）各组建筑物都应按设计负荷，全流程通过所有构筑物，以考核各构筑物高程布置有否问题；

b）测试并计算各构筑物的工艺参数；

c）测定沉砂池的沉砂量，含水率及灰分；

d）测定沉淀池的污泥量、含水率及灰分；

e）测定剩余污泥量、含水率及灰分；

f）统计污水处理厂（站）进出水量、用电量和各分项用电量；

g）计算污水处理厂（站）技术经济指标：五日生化需氧量（BOD_5）去除总量、五日生化需氧量（BOD_5）去除单耗（kW·h/kg）、污水（BOD_5）处理成本（元/kg）。

10 运行与维护

10.1 一般规定

10.1.1 流化床工艺污水处理设施的运行、维护及安全管理应参照 CJJ 60 执行。

10.1.2 污水处理厂（站）的运行管理应配备专业的人员和设备。

10.1.3 污水处理厂（站）在运行前应制定设备台账、运行记录、定期巡视、交接班、安全检查等管理制度，以及各岗位的工艺系统图、操作和维护规程等技术文件。

10.1.4 操作人员应熟悉本厂（站）处理工艺技术指标和设施、设备的运行要求，操作人员经技术培训和生产实践，再经考试合格后方可上岗。

10.1.5 各岗位的工艺系统图、操作和维护规程等应示于明显部位，操作人员应按规程操作。

10.1.6 工艺设施和主要设备应编入台账，应定期检查各类建（构）筑物、设备、电器和仪表的运行是否正常，定期对各类建（构）筑物、设备、电器和仪表进行检修维护，确保设施稳定可靠运行。

10.1.7 应定期检测进出水水质，并对检测仪器、仪表进行校验。

10.1.8 运行中应严格执行经常性的和定期的安全检查，及时消除事故隐患，防止事故发生。

10.1.9 各岗位人员在运行、巡视、交接班、检修等生产活动中，应做好相关记录。

10.2 水质检测

10.2.1 污水处理厂（站）应设水质检验室，并配备检验人员和仪器。

10.2.2 水质检验室内部应建立健全水质分析质量保证体系。

10.2.3 检验人员应经培训后持证上岗，并应定期进行考核和抽检。

10.2.4 采用流化床工艺的城镇污水处理厂（站）污水正常运行检验的项目与周期，应符合 CJJ 60 的规定，其他采用流化床工艺的污水处理工程的检验项目与周期参照 CJJ 60 执行。

10.2.5 水质检测方法应符合国家相关规定。

10.2.6 流化床的悬浮生物量应每隔 24 h 检测 1 次，总生物量根据运行的实际需要确定检测周期，检测方法详见附录 A。

10.2.7 载体生物膜厚度测试方法详见附录 B。

10.3 运行调节

10.3.1 处理水量变化较大时，应按高峰期日处理水量、低谷期日处理水量、日均处理水量调整运行参数。

10.3.2 一天中设施进水量随时间变化较大时，宜调节进水量使其相对稳定，保证流化床处于良好运行状态。

10.3.3 当设施进水悬浮物浓度＞300 mg/L 时，应增加预处理混凝剂和絮凝剂药量。

10.3.4 当进水 COD_{Cr} 浓度出现异常波动，且日最高 COD_{Cr} 浓度与日最低 COD_{Cr} 浓度比值大于 2 时，应调整工艺各构筑物的回流污泥量、水力停留时间和污泥停留时间等。

10.3.5 当进水 NH_4^+-N 和 TN 浓度出现异常波动时，且日最高 NH_4^+-N 和 TN 浓度与日最低 NH_4^+-N 和 TN 浓度比值大于 2 时，应及时调整工艺各构筑物的曝气量、回流污泥量、好氧池硝化液回流量（视 TN 去除率确定）和碳源投加量等。

10.3.6 当进水 PO_4^{3-}和 TP 浓度出现异常波动时，且日最高 PO_4^{3-}或 TP 浓度与日最低 PO_4^{3-}或 TP 浓度比值大于 2 时，应及时调整工艺各构筑物的曝气量、回流污泥量、好氧池硝化液回流量和除磷药剂投加量等。

10.3.7 当出水氨氮不能达到排放标准时，应通过以下方式进行调整：

a）减少剩余污泥排放量，提高好氧污泥龄；

b）提高好氧段溶解氧水平；

c）系统碱度不够时宜适当补充碱度。

10.3.8 当出水总氮不能达到排放标准时，应通过以下方式进行调整：

a）适当降低好氧反应区内溶解氧浓度，人为增设缺氧区容积；

b）投加甲醛、乙酸或食物酿造厂等排放的高浓度有机废水，维持污水的碳氮比，满足反硝化细菌对碳源的需要。

10.3.9 当出水总磷不能达到排放标准时，应通过以下方式进行调整：

a）投加化学药剂除磷；

b）增大剩余污泥的排放。

10.4 曝气调节

10.4.1 应逐步开启各分区曝气器的供气阀门，调节各曝气区的供气平衡。

10.4.2 曝气时，流化床好氧反应区溶解氧浓度宜为 3 mg/L，缺氧反应区溶解氧浓度宜为 0.5 mg/L。

10.4.3 曝气量宜使流化床降流区的液体循环流速大于 0.5 m/s。

10.5 污泥观察与调节

10.5.1 应经常观察活性污泥的颜色、状态、气味、生物相以及上清液的透明度，定时测试以上技术指标。

10.5.2 流化床的排泥量可根据污泥沉降比和混合液悬浮生物浓度（测定方法见附录 A）确定。

10.6 维护

10.6.1 应将流化床的维护保养作为污水处理厂（站）维护的重点。

10.6.2 操作人员应严格执行设备操作规程，定时巡视设备运转是否正常，包括温升、响声、振动、电压、电流等，发现问题应尽快检查排除。

10.6.3 应保持设备各运转部位和可调阀门良好的润滑状态，及时添加润滑油、除锈；发现漏油、渗油情况，应及时解决。

10.6.4 应定期检查分离区内是否有载体的积存，如发现有载体积存说明载体分离器运行不正常，应检查载体分离器，调整供气量，并将固液分离区的载体收集后返回反应区。

10.6.5 鼓风曝气系统曝气开始时应排掉管路中的存水，并经常检查自动排水阀的可靠性。

10.6.6 应及时检查曝气器堵塞和损坏情况，保持曝气系统状态良好。

附 录 A
（规范性附录）
流化床生物量的测定

A.1 适用范围

适用于重量法测定流化床生物量。

A.2 方法原理

流化床中的总生物量 A 由固定生物量 B 和悬浮生物量 C 两部分组成。其中固定生物量是生长在载体上的微生物量。悬浮生物量是在流化床混合液中呈悬浮状态的微生物量，包括脱落的生物膜和少量的生物污泥絮体。正常情况下固定生物量 B 应远大于悬浮生物量 C。

$$\text{总生物量 A}=\text{固定生物量 B}+\text{悬浮生物量 C} \tag{A.1}$$

A.3 仪器和设备

A.3.1 分析天平，精度为±0.000 1 g。

A.3.2 烘箱。

A.3.3 中速定量滤纸。

A.3.4 吸滤瓶（容积为 500 ml 或 1 000 ml）。

A.3.5 真空泵。

A.4 分析步骤

A.4.1 悬浮生物量的测定

悬浮生物浓度 D 的测定可采用活性污泥法的混合液悬浮固体（MLSS）浓度的测定方法。测定步骤如下：

（1）将称量瓶和滤纸在 105℃的烘箱中烘干衡重，用天平称量，并记录重量为 W_1；

（2）取一定体积 V 的流化床混合液，用烘干衡重的滤纸过滤；

（3）过滤完成后将带污泥的滤纸置于称量瓶中，并放在 105℃的烘箱中烘干衡重，用天平称量，并记录重量为 W_2：

$$\text{悬浮生物质量浓度 } D\ (\text{g/m}^3) = (W_2-W_1)/V \tag{A.2}$$

$$\text{悬浮生物量 } C\ (\text{kg}) = (1-\eta)\times[D\times V\ (\text{池容积})]/1\ 000 \tag{A.3}$$

式中的η是载体的填充率，%。

A.4.2 平均固定生物量的测定

由于在流化床中不同位置载体上的固定生物量分布的不均匀性，只能通过对池中具有一定代表性的点位进行采样，测出平均的固定生物量。测定步骤如下：

（1）确定流化床中具有一定代表性的点位，在每一处取样点取等量 G 的长有生物膜的载体（如悬浮载体可取相同个数）。如果考虑流化床不同深度载体上生长的生物量差异，还可以依据不同深度进行载体的采样；

（2）将适合放置载体的蒸发皿在 105℃的烘箱中烘干衡重，备用；

（3）将采集的带有生物膜的载体置于蒸发皿中在105℃的烘箱中烘干衡重，并用天平称量，得重量 W_3；

（4）将等量的同类新载体置于蒸发皿中在105℃的烘箱中烘干衡重，并用天平称量，得重量 W_4：

单位载体的生物量 W_5（g 生物/个载体，g 生物/cm 载体）=

$$[(W_3-W_4)_1+(W_3-W_4)_2+\cdots+(W_3-W_4)_{n-1}+(W_3-W_4)_n]/(G\times n) \quad (A.4)$$

上式中的下角标1，2，…，$n-1$，n 表示不同的采样点。

（5）平均固定生物量是流化床的固定生物总量：

$$平均固定生物量\ W_6\ (kg) =[W_5\times N\ (或\ L)\ ]/1\ 000 \quad (A.5)$$

式中：N——流化床中悬浮载体的总数，个；

L——流化床中悬挂式载体的总长度，cm。

注：在给出生物量测定结果时，应同时提供进行测定的条件，包括生物量测定时的进水容积负荷、溶解氧浓度和培养时间等。

附 录 B

（规范性附录）

载体生物膜厚度及活性的测定 微电极法

B.1 适用范围

适用于微电极法测定载体生物膜厚度。

B.2 方法原理

在显微镜的观察下，利用微动平台精确控制微电极在生物膜中的插入情况，由微动平台的移动距离获得生物膜的厚度；利用微动平台精确定位微电极在生物膜中的位置，由氧（O_2）、NH_4^+、NO_3^-微电极的测量信号，在工作曲线上查得相应的浓度，从而获得生物膜内特征参数的浓度分布情况，根据生物膜内部传质和反应原理，计算生物膜耗氧、硝化和反硝化等活性。

B.3 试剂和材料

B.3.1 铵盐标定母液

称取 1.337 g 已在（105～110）℃干燥 2 h 的优级纯氯化氨（NH_4Cl）溶于水，移入 250 ml 容量瓶中，稀释至标线，混匀，加入 2 ml 三氯甲烷作保存剂，混匀，至少可稳定 6 个月。

B.3.2 硝酸盐标定母液

称取 2.527 g 已在（105～110）℃干燥 2 h 的优级纯硝酸钾（KNO_3）溶于水，移入 250 ml 容量瓶中，稀释至标线，加 2 ml 三氯甲烷作保存剂，混匀，至少可稳定 6 个月。

B.4 仪器和设备

B.4.1 天平：分析天平，精度为±0.000 1 g。

B.4.2 显微镜：体式显微镜，放大倍数＞10X。

B.4.3 微动平台：精度 10 μm。

B.4.4 微电极：尖端直径＜50 μm。

B.4.5 玻璃毛坯柱：尖端直径＜20 μm。

B.4.6 皮安计：分辨率 0.05 pA。

B.4.7 电压计：输入阻抗＞10^{12} Ω，分辨率 0.1 mV。

B.4.8 氧微电极标定装置：包括：①两个都配有减压阀的高压气瓶，一个为高压空气瓶，一个为高压氮气瓶；②两台气体流量计；③一个简单的气体混合罐；④曝气头；⑤氧电极标定室；⑥橡胶管等连接材料。

B.4.9 玻璃器具：250 ml 容量瓶；10 ml 移液管；100 mm 表面皿。

B.5 分析步骤

B.5.1 生物膜厚度的测定

B.5.1.1 从载体上剪取一小块生物膜（面积约 2 mm×2 mm），放置在表面皿中。

B.5.1.2 取一根玻璃毛坯柱，固定在微动平台上，在体式显微镜观察下，将玻璃毛坯柱尖端放置在生物膜/水交界面。

B.5.1.3 记录此时微动平台的起始位置 X_1。

B.5.1.4　在微动平台控制下，将玻璃毛坯柱逐渐插入生物膜中，直到玻璃毛坯柱略微弯曲。

B.5.1.5　记录此时微动平台的终止位置 X_2。

B.5.1.6　生物膜厚度 $L=X_2-X_1$。

B.5.1.7　由于在生物接触氧化池中不同位置载体上的生物膜厚度可能不同，可以从多个微生物载体上取样，重复上述测定步骤，对得到的生物膜厚度取平均值，以代表生物接触氧化池的平均生物膜厚度。

B.5.2　生物膜活性的测定

B.5.2.1　根据微电极供应商提供的方法正确使用微电极，其中氧微电极信号采用皮安计测量；NH_4^+、NO_3^-、NO_2^-微电极信号采用高阻抗电压计测量。

B.5.2.2　微电极工作曲线的绘制

B.5.2.2.1　氧微电极

在氧微电极标定室中加入纯水，分别通入氧分压为 25%、12.5%、0%的气体，记录各个氧分压条件下的微电极输出信号，此外，根据测量温度和氧分压值，查找对应的饱和溶解氧浓度，绘制氧浓度与微电极输出信号的工作曲线。

B.5.2.2.2　NH_4^+、NO_3^-微电极

① 移取 10 ml 铵盐标定母液放入 250 ml 容量瓶中，用水稀释至标线，摇匀；移取 10 ml 上述溶液放入 250 ml 容量瓶中，用水稀释至标线，摇匀；如此依次稀释，配制浓度分别为 1×10^{-2}，1×10^{-3}，1×10^{-4}，1×10^{-5} mol/L 的铵盐标定溶液。

根据不同铵盐标定溶液对应的微电极测量值，绘制工作曲线。

② 移取 10 ml 硝酸盐标定母液放入 250 ml 容量瓶中，用水稀释至标线，摇匀；移取 10 ml 上述溶液放入 250 ml 容量瓶中，用水稀释至标线，摇匀；如此依次稀释，配制浓度分别为 1×10^{-2}，1×10^{-3}，1×10^{-4}，1×10^{-5} mol/L 的硝酸盐标定溶液。

根据不同硝酸盐标定溶液对应的微电极测量值，绘制工作曲线。

B.5.2.2.3　微电极每次使用前需要重新绘制工作曲线。

B.5.2.3　生物膜内特征参数的浓度分布测定

B.5.2.3.1　从载体上剪取一小块生物膜（面积约 2 mm×2 mm），放置在表面皿中。

B.5.2.3.2　取一根微电极，固定在微动平台上，在体式显微镜观察下，将微电极尖端靠近生物膜表面。

B.5.2.3.3　在微动平台控制下，按照一定的步长将微电极逐渐插入生物膜中，记录插入距离与响应信号的关系。

B.5.2.3.4　查找工作曲线，获得生物膜不同深度上的特征参数浓度分布情况。

B.5.2.4　生物膜耗氧、硝化和反硝化活性的推导

B.5.2.4.1　生物膜耗氧活性的推导公式如下：

$$R_o = D_{e,o}\cdot\frac{d^2C_o}{dz^2} \tag{B.1}$$

式中：R_o——生物膜耗氧活性；

$D_{e,o}$——氧有效扩散系数，cm^2/s；

C_o——氧质量浓度，mg/L；

z——生物膜插入深度，μm。

B.5.2.4.2　生物膜硝化活性的推导公式如下：

$$R_{NH} = D_{e,NH}\cdot\frac{d^2C_{NH}}{dz^2} \tag{B.2}$$

式中：R_{NH}——生物膜硝化活性；

$D_{e,NH}$——铵盐有效扩散系数，cm^2/s；

C_{NH}——铵盐浓度，mg/L；

z——生物膜插入深度，μm。

B.5.2.4.3 生物膜反硝化活性的推导公式如下：

$$R_{NO} = D_{e,NO} \cdot \frac{d^2 C_{NO}}{dz^2} - R_{NH} \tag{B.3}$$

式中：R_{NO}——生物膜反硝化活性；

R_{NH}——生物膜硝化活性；

$D_{e,NO}$——硝酸盐有效扩散系数，cm^2/s；

C_{NO}——硝酸盐浓度，mg/L；

z——生物膜插入深度，μm。

B.5.2.5 平均生物膜活性

由于在生物接触氧化池中不同位置载体上的生物膜活性可能不同，可以从多个微生物载体上取样，重复上述测定步骤，对得到的生物膜活性取平均值，以代表生物接触氧化池的平均生物膜活性。

中华人民共和国环境保护部

公　告

2012年　第72号

为贯彻《中华人民共和国环境保护法》，规范污染治理工程的建设与运行，现批准《焦化废水治理工程技术规范》等四项标准为国家环境保护标准，并予发布。

标准名称、编号如下：

一、焦化废水治理工程技术规范（HJ 2022—2012）

二、厌氧颗粒污泥膨胀床反应器废水处理工程技术规范（HJ 2023—2012）

三、完全混合式厌氧反应池废水处理工程技术规范（HJ 2024—2012）

四、危险废物收集、贮存、运输技术规范（HJ 2025—2012）*

以上标准自2013年3月1日起实施，由中国环境出版社出版，标准内容可在环境保护部网站（bz.mep.gov.cn）查询。

特此公告。

环境保护部

2012年12月24日

---

* 本书略。

HJ

中华人民共和国国家环境保护标准

HJ 2022—2012

焦化废水治理工程技术规范

Technical specifications for coking chemical wastewater treatment

2012-12-24 发布　　2013-03-01 实施

环　境　保　护　部　发布

前　言

为贯彻《中华人民共和国环境保护法》和《中华人民共和国水污染防治法》，规范焦化废水治理工程的设计、建设与运行管理，防治环境污染，保护环境和人体健康，制定本标准。

本标准规定了焦化废水治理工程设计、工程建设、工程验收及运行管理等过程中的技术要求。

本标准为指导性标准。

本标准为首次发布。

本标准由环境保护部科技标准司组织制订。

本标准主要起草单位：辽宁省清洁生产指导中心，中冶焦耐工程技术有限公司

本标准环境保护部 2012 年 12 月 24 日批准。

本标准自 2013 年 3 月 1 日起实施。

本标准由环境保护部解释。

焦化废水治理工程技术规范

1 适用范围

本标准规定了焦化废水治理工程的设计、施工、验收、运行及管理等方面的技术要求。

本标准适用于焦化废水治理工程，可作为焦化工业建设项目环境影响评价、环境保护设施设计与施工、建设项目竣工环境保护验收、日常运行管理的技术依据。

2 规范性引用文件

本标准引用了下列文件或其中的条款，凡是未注明日期的引用文件，其最新版本适用于本标准。

GB 3836 爆炸性环境

GB 4387 工业企业厂内铁路、道路运输安全规程

GB 5083 生产设备安全卫生设计总则

GB 6222 工业企业煤气安全规程

GB 6067 起重机械安全规程

GB 12158 防止静电事故通用导则

GB 12348 工业企业厂界环境噪声排放标准

GB 12523 建筑施工场界环境噪声排放标准

GB 12710 焦化安全规程

GB 12801 生产过程安全卫生要求总则

GB 16171 炼焦化学工业污染物排放标准

GB 18484 危险废物焚烧污染控制标准

GB 18597 危险废物贮存污染控制标准

GB 18598 危险废物填埋污染控制标准

GB 18599 一般工业固体废物贮存、处置场污染控制标准

GB 50010 混凝土结构设计规范

GB 50011 建筑抗震设计规范

GB 50014 室外排水设计规范

GB 50015 建筑给水排水设计规范

GB 50016 建筑设计防火规范

GB 50019 采暖通风与空气调节设计规范

GB 50025 湿陷性黄土地区建筑规范

GB 50032 室外给水排水和燃气热力工程抗震设计规范

GB 50034 建筑照明设计标准

GB 50046 工业建筑防腐蚀设计规范

GB 50052 供配电系统设计规范

GB 50054 低压配电设计规范

GB 50057　建筑物防雷设计规范
GB 50058　爆炸和火灾危险环境电力装置设计规范
GB 50069　给水排水工程构筑物结构设计规范
GB 50116　火灾自动报警系统设计规范
GB 50126　工业设备及管道绝热工程施工规范
GB 50140　建筑灭火器配置设计规范
GB 50164　混凝土质量控制标准
GB 50185　工业设备及管道绝热工程施工质量验收规范
GB 50191　构筑物抗震设计规范
GB 50203　砌体结构工程质量验收规范
GB 50208　地下防水工程质量验收规范
GB 50212　建筑防腐蚀工程施工及验收规范
GB 50235　工业金属管道工程施工规范
GB 50236　现场设备、工业管道焊接工程施工规范
GB 50242　建筑给水排水及采暖工程施工质量验收规范
GB 50243　通风与空调工程施工质量验收规范
GB 50254　电气装置安装工程低压电器施工及验收规范
GB 50256　电气装置安装工程起重机电气装置施工及验收规范
GB 50257　电气装置安装工程爆炸和火灾危险环境电气装置施工及验收规范
GB 50268　给水排水管道工程施工及验收规范
GB 50275　压缩机、风机、泵安装工程施工及验收规范
GB 50300　建筑工程施工质量验收统一标准
GB 50316　工业金属管道设计规范
GB 50332　给水排水工程管道结构设计规范
GB 50721　钢铁企业给水排水设计规范
GB 506666　混凝土结构施工规范
GB/T 25295　电气设备安全设计导则
GB/T 50375　建筑工程施工质量评价标准
GB/T 50380　工程建设设计企业质量管理规范
GBJ 65　工业与民用电力装置的接地设计规范
GBJ 87　工业企业噪声控制设计规范
GBJ 141　给水排水构筑物施工及验收规范
GBJ 232　电气装置安装工程施工及验收规范
GBZ 1　工业企业设计卫生标准
GBZ 2　工作场所有害因素职业接触限值
GBZ 230　职业性接触毒物危害程度分级
CECS 162　给水排水仪表自动化控制工程施工及验收规范
HG 20571　化工企业安全卫生设计规定
JGJ 59　建筑施工安全检查标准
JGJ 79　建筑地基处理技术规范
TSGZ 0004　特种设备制造、安装、改造、维修质量保证体系基本要求
TSGD 3001　压力管道安装许可规则

TSGR 1001　压力容器压力管道设计许可规则

TSGR 3001　压力容器安装改造维修许可规则

3　术语和定义

下列术语和定义适用于本标准。

3.1　焦化废水　coking chemical wastewater

指煤炼焦、煤气净化、化工产品回收和化工产品精制过程中产生的废水。

3.2　剩余氨水　excess ammonia water

指分离出焦油渣及焦油后的焦炉荒煤气冷凝液，其产量主要取决于炼焦煤所含水分。

3.3　蒸氨废水　waste water from ammonia stripper

指经加碱蒸氨脱除焦化原废水中挥发氨和固定氨后的废水。

3.4　缺氧反硝化　anaerobic denitrification

指微生物在厌氧状态下，利用硝态氧进行厌氧呼吸，实现反硝化脱氮的过程，亦称兼氧反硝化（facultative oxygenic denitrification）。

3.5　回流硝化液　returned nitrified liquid

指回流含有硝态氧的好氧生化反应液，有回流上清液和泥水混合液之分。

3.6　均和池　homogenizing tank

指用于均化焦化废水水质的水池。

3.7　半焦　carbocoal

指煤经低温（500～700℃）干馏后得到的固体产物，亦称兰炭。

4　污染物和污染负荷

4.1　对现有焦化废水改造项目，其污染物与污染负荷应通过实测来确定；对新建和改扩建焦化项目的焦化废水治理项目，其污染物与污染负荷可参考同类型企业确定，当无污染物与污染负荷资料时，可参照附录 A 中表 A1～表 A7 提供的数值，由式（1）和式（2）计算取得。

4.2　焦化废水总流量，应按式（1）计算：

$$Q_0 = \sum Q_{hi} + \sum Q_{Li} \tag{1}$$

式中：Q_0——焦化废水总流量，m^3/h；

Q_{hi}——第 i 种高浓度焦化废水量，为蒸氨废水及煤气净化、化工产品回收和化工产品精制等过程中排出的未送蒸氨的废水，m^3/h；

Q_{Li}——第 i 种低浓度焦化废水量，包括生产装置轴封冷却排水、生产装置区冲洗地坪排水、煤气水封水及生产装置区内的初期雨水等，m^3/h。

4.3　几种焦化废水混合后的水质指标，应按式（2）计算：

$$c_{0j} = \frac{\sum(c_{hij} \cdot Q_{hi}) + \sum(c_{Lij} \cdot Q_{Li})}{Q_0} \tag{2}$$

式中：c_{0j}——焦化废水中含第 j 类污染物的混合质量浓度，mg/L；

c_{hij}——第 i 种高浓度焦化废水中含第 j 类污染物的质量浓度，mg/L；

c_{Lij}——第 i 种低浓度焦化废水中含第 j 类污染物的质量浓度，mg/L。

4.4　按相关排放标准核定的允许外排水量和需进行深度净化处理的水量分别按式（3）和式（4）计算：

$$Q_e = \sum(Q_{wi} \cdot q_{wi}) \tag{3}$$

$$Q_{ea} = \frac{\sum Q_{ei} + \sum Q_{fi} - Q_e - \sum Q_{ri}}{\eta} \tag{4}$$

式中：Q_e——按相关排放标准核定的允许外排水量，m^3/h；

Q_{ea}——深度净化处理水量设计规模，m^3/h；

Q_{wi}——第 i 种产品的生产或加工能力，kt/h；

q_{wi}——第 i 种产品允许外排处理后废水量的指标，m^3/kt；

$\sum Q_{ei}$——全厂各种排水量之和，m^3/h；

$\sum Q_{fi}$——废水处理过程中增加或消耗掉的各种水量之和，增加为正，消耗为负，m^3/h；

$\sum Q_{ri}$——全厂各种回用水量之和，m^3/h；

η——水量调整系数，初估可近似按处理后水的回收率取值，当处理过程中所产废液不需要返回系统进行再处理时，$\eta = 1$。

5　总体要求

5.1　一般规定

5.1.1　焦化废水的治理应从优化焦化工艺入手，实现焦化废水的资源化和减量化。

5.1.2　焦化废水处理应采取分类收集、分质处理的原则。

5.1.3　对废水处理过程产生的污染物应妥善处理。

5.1.4　焦化废水治理工艺的选择应遵循技术先进可行、二次污染少、基建投资省、运行成本低和系统维护简单的原则。

5.1.5　焦化废水宜采用“化工工艺物化处理+预处理+生化处理+后处理+深度净化处理”的联合处理工艺。

5.1.6　半焦（兰炭）废水、富含多元酚的酚精制油水分离水、规模较小或品种较少的高浓度化工产品精制废水，在技术经济合理的情况下，可按照相关规定采用焚烧的方法进行处理。

5.1.7　废水处理对化工生产过程中所产生废液的物化处理技术要求如下：

（1）对于除兰炭（半焦）生产以外的常规炼焦（包括附设有焦油加工和苯精制）产生的高浓度焦化废水，应进行水量调节、除油和蒸氨（要求脱除固定氨）处理；

（2）独立的焦油加工和苯精制企业所产生的高浓度焦化废水，应进行溶剂萃取脱酚或蒸汽脱酚；必要时应进行蒸氨；

（3）对半焦（兰炭）废水，应进行除油、脱酚和蒸氨处理。在除油措施不能有效脱除乳化油和低沸点碱溶性油的情况下，不宜采用溶剂脱酚、蒸汽脱酚和蒸氨工艺。

5.1.8　废水生化处理部分工艺选择应遵循如下原则：

（1）废水生化处理应采用生物脱氮处理工艺，且应包含有前置反硝化段。

（2）在化工工艺不能确保半焦（兰炭）废水除油、脱酚和蒸氨处理效果的情况下，废水处理不宜采用生化处理工艺。

5.1.9　废水深度净化处理部分工艺选择应遵循如下原则：

（1）深度净化处理后水回用到生化处理系统时，所采用的深度净化处理工艺应能有效脱除生化处理后废水中所残留的多环和杂环类有机污染物；

（2）深度净化处理后水用作循环冷却水系统补充水时，应脱除焦化废水中所含的高浓度氯离子；

（3）富含高浓度有机污染物的膜浓缩废液不得用于熄焦、洗煤和炼铁冲渣等。

5.1.10　焦化废水物化处理和生化处理的核心设施，应配置成不少于两个独立的系列，并应按照 GB 50721 中的相关强制性条款执行。

5.1.11　主体工程分期建设的项目，焦化废水治理应与总体规划相匹配。

5.1.12　应按相关规定设置事故池。

5.2　建设规模

5.2.1　焦化废水处理工程的建设规模应与主体焦化工程的建设规模相一致，并应考虑分期建设的需要和未来发展的可能性。

5.2.2　焦化废水处理工程的建设规模应根据所处理的焦化废水量来确定。焦化生产规模与焦化废水设计水量的对应关系可参照表 1 确定，其中预处理及生化处理水量中，已包含了低浓度焦化废水、厂区生活污水及生产装置区初期雨水的量。

表 1　焦化生产规模与焦化废水处理各阶段设计水量的对应关系参照表

全焦规模/（10^4 t/a）	60～70	90～100	120～130	180～200	260～300	360～400	540～600	备　　注
高浓度废水/（m^3/h）	≤22	≤35	≤46	≤70	≤105	≤138	≤200	已含部分化工产品精制废水量
蒸氨废水/（m^3/h）	20～25	35～40	46～50	70～80	100～120	140～160	210～235	
预处理/（m^3/h）	30～35	45～50	60～65	90～100	130～150	180～200	270～300	
生化处理/（m^3/h）	50～60	80～90	110～120	150～180	220～260	300～360	450～540	
后处理/（m^3/h）	50～60	80～90	110～120	150～180	220～260	300～360	450～540	
污泥处理/（m^3/h）	0.5～4	1～6	1.3～8	2～12	2.5～15	3.5～25	5.5～40	与所使用絮凝剂性质有关

5.2.3　焦化废水处理工程建设规模的确定，应考虑到雨季等因素引起的炼焦煤含水量增加而导致的废水量增大的不利因素。

5.2.4　独立的化工产品精制加工企业的焦化废水处理规模，可按表 1 中高浓度废水一栏的数值，对应相应的处理规模。

5.2.5　附设有外购原料进行化工产品精制加工的焦化企业，焦化废水处理规模应作相应的调整。

5.3　系统构成

5.3.1　焦化废水的化工物化处理属于化工产品回收范畴，由焦化化工专业承担设计，化工生产车间负责运行管理。

5.3.2　焦化废水处理系统应包括废水预处理、废水生化处理、废水后处理、废水深度处理、二次污染控制系统、附属配套设施、仪表检控系统和分析化验系统等。

5.3.3　废水预处理应包括以下几部分：

（1）低浓度焦化废水的收集、贮存、加压和输送设施；

（2）焦化废水的水量调节设施；

（3）焦化废水的水质均和设施；

（4）当焦化废水的含油量较高时，还应增设废水除油设施。

5.3.4　废水生化处理应包括以下几部分：

（1）缺氧生物反硝化设施；

（2）好氧生物氧化及好氧生物硝化设施；

（3）活性污泥法生化处理系统的泥水分离设施；

（4）缺氧活性污泥法系统的潜水搅拌系统；

（5）好氧活性污泥法的曝气系统、消泡系统、加药系统、回流污泥系统；

（6）生物膜法生化反应设施的填料系统、配水系统、集水系统；

（7）硝化液回流系统；

（8）剩余污泥排放系统及上清液排放系统。

5.3.5 废水后处理应包括以下几部分：

（1）废水混合、反应、沉淀设施；

（2）药剂制备及投加系统；

（3）排泥系统；

（4）废水过滤设施。

5.3.6 深度处理工艺可采用：

（1）强氧化法工艺；

（2）活性材料吸附净化工艺；

（3）膜法等组合处理工艺。

5.3.7 二次污染物控制应包括以下几部分：

（1）预处理系统分离废油的收集、处理、贮存及处置；

（2）生化处理产剩余活性污泥及絮凝沉淀产化学污泥的脱水及处置；

（3）噪声防治。

5.3.8 附属配套设施应包括以下几部分：

（1）鼓风空气系统；

（2）生物膜系统的均匀配水与集水系统；

（3）液体的贮存、调节及加压提升系统；

（4）药剂制备及投加系统；

（5）配电系统等。

5.3.9 仪表检控系统宜包括以下内容：

（1）控制系统；

（2）流量、温度、压力、液位检测；

（3）水泵与液位自动连锁控制；

（4）配电系统电压、工作电流等监控；

（5）运行管理用氨氮、COD 等水质指标在线检控；

（6）环保执法用远传在线监控等。

5.3.10 分析化验系统的配置应能满足废水处理运行管理和环境保护监控的要求。

5.3.11 厂内设置的焦化废水处理站，其生活设施应由全厂统一考虑。

5.3.12 废水预处理过程中收集的废油，经重力脱水处理后回收利用或掺混到炼焦煤中；

5.3.13 废水生化处理过程中产生的剩余污泥和废水后处理过程中产生的化学污泥应按下列方式进行处置：

（1）直接送到水熄焦系统粉焦沉淀池的入口端，污泥截留在粉焦沉淀池的粉焦中，粉焦送煤场掺入炼焦煤中；

（2）经机械压滤脱水或粉焦渗滤脱水后送煤场掺入炼焦煤中。

5.3.14 油水分离及污泥脱水过程中产生的分离水，应返回到废水处理系统进行再处理。

5.3.15 深度净化处理工艺的选择、处理标准及系统组成应能满足用水对象的水质要求。

5.4 场址选择及平面布置

5.4.1 焦化废水处理站的场址位置应符合 GB 50014 及相关规定，并应避开防爆区，位于全年最小频率风向的下风侧，远离生活区。

5.4.2 站内平面布置应使操作办公场所置于全年最小频率风向的下风侧。

5.4.3 废水处理的设施应集中布置在同一个区域内，不宜分散布置。

5.4.4 废水处理建筑物宜采用多层立体布置。

5.4.5 废水处理构筑物应优先按流程布置，以重力流方式连通的两构筑物之间，宜相邻布置，应减少或避免流体的迂回或远距离输送。

5.4.6 建、构筑物的分布及设备的选型应使系统间的联络管道的数量最少和长度最短。

5.4.7 平行系列的构筑物宜成几何对称或水力对称布置。

5.4.8 变配电室的位置应设置在用电量较大和用电量较集中场所的附近。

5.4.9 对分期建设或有改、扩建可能的废水处理站，应预留建设用地及联络接口。

5.4.10 处理站内构筑物的布置，应考虑到与处理站外部各种管道及电缆接口的方位。

5.4.11 建（构）筑物间的间距应紧凑、合理，并应满足各构筑物的施工、设备安装和埋设各种管道以及养护维修管理的要求，且应确保在新建设施地基开挖时，不影响旧有设施的稳定性。

5.4.12 在寒冷地区，若废水处理构筑物采取覆土防冻（或保温），则应考虑覆土或保温层等对占地的需要。

5.4.13 应留有设备安装、检修的位置。

5.4.14 应留有设备、药剂运输和消防通道。

5.4.15 应留有适量的美化和绿化用地。

5.5 高程及管道布置

5.5.1 各废水处理构筑物的高程确定，应根据总体平面布置、所处位置的地形地貌、防洪、工程地质、水文地质、抗震、周围环境、废水处理工艺、采用的设备形式、技术与经济指标等多种因素综合考虑确定。

5.5.2 高程及管道布置可参照 GB 50014 相关要求执行。

5.5.3 废水处理设施的竖向设计应充分利用原有地形，符合流程通畅、节能降耗、平衡土方的要求。

5.5.4 上下游两个重力流构筑物，其控制出水堰上的水位高度差应按式（5）进行计算：

$$\Delta H = \sum h_{fi} + \Delta h_1 + \sum \Delta h_2 \tag{5}$$

式中：ΔH——上游和下游两个构筑物间控制出水堰上水位高差，mm；

$\sum h_{fi}$——上游和下游两个构筑物出水堰间沿程水头损失和局部水头损失的总和，mm；

Δh_1——上游构筑物出水堰上水面与其集水槽内水位间的水位落差，其数值应以使上下两级构筑物间的水流连接不产生相互干扰为宜，一般为 100 mm 左右；

$\sum \Delta h_2$——上游构筑物出水堰后集水槽至下级构筑物出水堰间所产生的各种跌水高度的总和，其中包括计量堰、配水槽及其他可能产生的跌水，mm。

5.5.5 连接两构筑物间的自流输液管道可采用淹没流输送，输液管道起端管内顶在集水槽水面下的淹没深度应不小于按式（6）计算得出的数值：

$$\Delta H_1 = \sum h_{fi} - i \cdot L + \Delta h_3 \tag{6}$$

式中：ΔH_1——输液管道起端管内顶在集水槽水面下的淹没深度，mm；

$\sum h_{fi}$——输液管道的沿程和局部水头损失总和，mm；

i——输液管道安装的坡度，顺坡时为正，逆坡时为负；

L——输液管道的长度，mm；

Δh_3——输液管末端管内顶在工作水面下的淹没深度，当管内顶在水面下时为正，在水面上时为负。

5.5.6 管道的沿程水力坡度宜控制在 $i = 0.003$～0.010 之间。但在遇到自然地形高差较大的情况时，输液管道内的流速不应大于其管材所能承受的极限流速。

5.5.7 吸水（泥）井顶的高度应以水泵停止工作时不产生溢流为宜，否则应采取防溢流措施。

5.5.8 渠道宽度设置应考虑到水头损失、渠道冲刷及施工作业需要。

5.5.9 独立的处理单元间宜设置超越管。

5.5.10 废水处理系统不得设有排入厂区外排水管道系统的溢流管(处理后废水的贮水池或吸水井除外)。

5.5.11 建（构）筑物及架空管道等设施的高度，应考虑距其上方电力输电线路的安全防护距离，以及防雷电保护。

5.5.12 架空管道等设施的最低安装高度应满足车辆安全通行的需要。

6 工艺设计

6.1 一般规定

6.1.1 焦化废水处理选择的工艺应能脱除焦化废水中所含的油类、挥发酚、氰化物、硫氰化物和氨氮，且不产生二次污染和污染物转移。

6.1.2 半焦（兰炭）废水采用生化处理时，应有化学除油等强化预处理手段。

6.1.3 焦化废水处理设施的结构形式、设备及材料选择，系统有效容积设置及其内部配置，应符合焦化废水水质的特点，满足生化处理所需各种微生物的生理和生存需要。

6.1.4 根据不同地区季节温度差异，生化处理部分应采取必要的夏季降温、冬季保温或加热措施。

6.1.5 深度净化处理工艺的选择应与全厂水量平衡相匹配，并应符合 GB 16171 对排水总量的限值要求。

6.2 工艺流程的选择

6.2.1 工艺流程应根据处理废水的水质、水温及水量，处理后废水指标，处理后所产废物的处理方式，利用焦化生产装置协同处理废水和废物的可能性，废水中有用污染物回收利用的可能性及回收价值等综合因素来确定。

6.2.2 所选工艺应技术成熟，且能长期稳定达标运行。

6.2.3 工艺流程应考虑到地域、地理、地质、气象、水温、地震等自然因素的影响。

6.2.4 工艺流程应考虑到基建投资、运行成本、使用寿命、资源占用、能源消耗等因素，通过技术经济比较来确定。

6.2.5 下列废水应送到焦油氨水澄清槽，并入氨水系统。

（1）煤气脱硫前的煤气预冷塔分离冷凝液；

（2）冷法弗萨姆无水氨精馏塔排出的废氨水；

（3）粗苯蒸馏分离水；

（4）油库焦油罐分离水。

6.2.6 下列化学产品精制加工废水，有条件时应送到焦油氨水澄清槽，并入氨水系统。

（1）酸洗法苯精制原料油槽、两苯塔、初馏塔、吹苯塔和各产品塔分离水；

（2）苯加氢精制的凝液分离水槽及工艺混合废水槽排出的分离水；

（3）焦油蒸馏（常压蒸馏）加工过程中的原料焦油贮槽分离水、焦油蒸馏分离水、酚钠盐蒸吹分离水、吡啶蒸馏分离水、古马隆脱酚排水、酚钠盐洗涤硫酸钠废水；

（4）焦油蒸馏（减压蒸馏）加工过程中的焦油蒸馏脱水、吡啶精制脱水、蒸馏塔回流槽排污系统及洗净器排水；

（5）改质沥青随闪蒸油分离出来的化合水；

（6）经酸洗和加碱中和后的古马隆树脂初馏分离水；

（7）洗油、精蒽、蒽醌加工过程中产生的原料槽分离水、轻馏分冷凝液分离水、脱盐基设备分离水；

（8）煤气水封槽的排水、各类油库刷槽车水；

（9）酚精制中和槽汇集的脱油塔经蒸汽蒸吹、脱水塔减压蒸馏脱除水汽的冷凝液，以及精馏塔真空排气系统分离液槽排水。

6.2.7 古马隆树脂用含氟催化剂催化所产生的含氟废水应在其车间内部进行脱氟处理。

6.2.8 下列废水可直接送废水处理系统。

（1）焦油加工沥青池排污水；

（2）厂区生活污水、生产装置区收集的初期雨水、化验室排水、化工泵轴封水及其他一些低浓度焦化废水。

6.2.9 焦化废水治理的技术路线应按下列原则选择：

（1）单一的物化法处理：如废水焚烧、脱硫废液提盐或制酸等；

（2）“化工工艺物化处理+预处理+生化处理+后处理+深度净化处理”的联合处理工艺，应根据不同的生产对象和废水水质优先选用图1的技术路线：

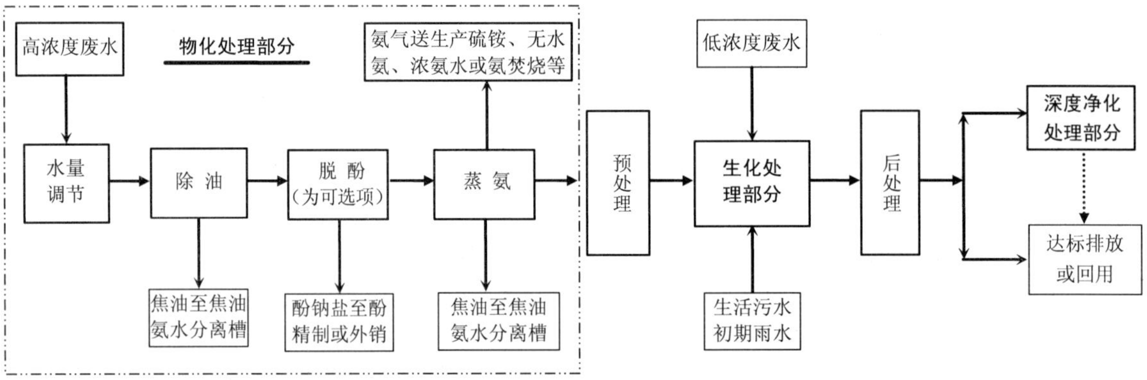

图1 焦化废水“物化+生化+净化”治理技术路线

6.2.10 图1中物化处理部分归属化工产品回收部分，执行相应化工设计规范及规程。

6.2.11 处理后废水应符合 GB 16171 和地方相关排放标准要求。

6.2.12 焦化废水生化处理应包含有“缺氧反硝化/好氧硝化”基础脱氮工艺，并宜优先选用图2～图4所推荐的工艺。

6.2.13 高浓度焦化废水在送至废水生化处理系统前应进行除油和蒸氨处理，且蒸氨应加碱脱除固定氨。

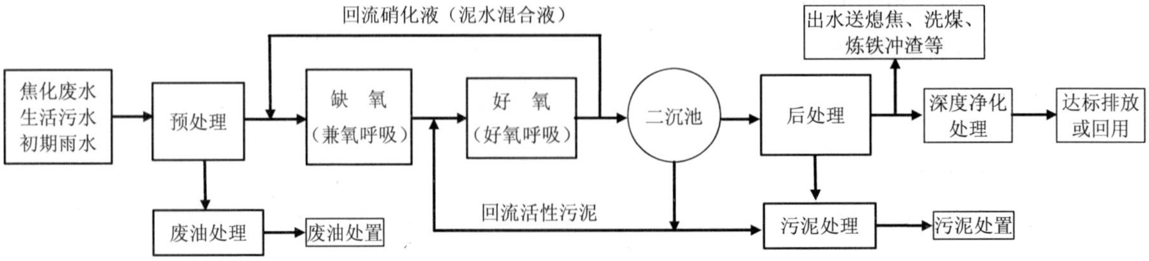

图2 “缺氧/好氧（A/O）活性污泥法”生物脱氮工艺流程

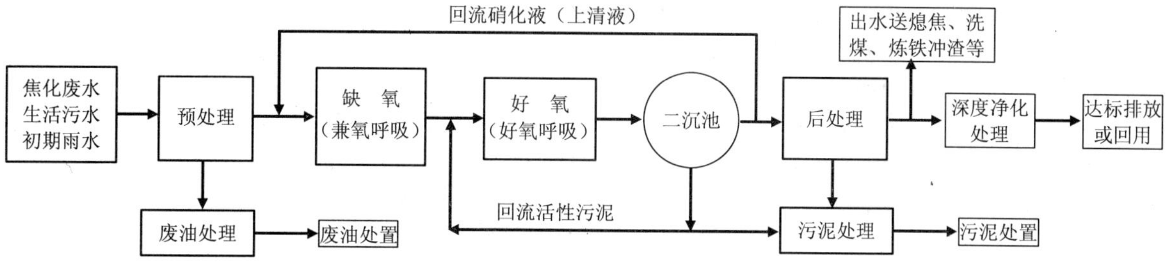

图 3　“缺氧/好氧（A/O）生物膜/活性污泥法”生物脱氮工艺流程

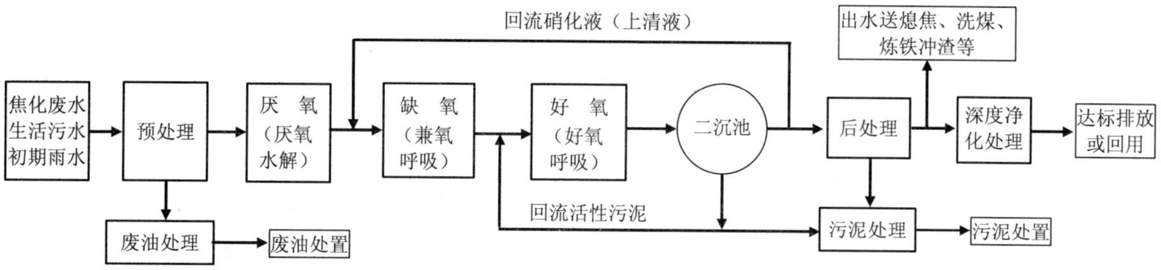

图 4　“厌氧/缺氧/好氧（A/A/O）生物膜/生物膜/活性污泥法”生物脱氮工艺流程

6.2.14　对含油量较高的焦化废水，在预处理段应进行除油处理。

6.2.15　生化处理后送熄焦、洗煤和炼铁冲渣等的废水，可不进行深度净化处理。

6.3　预处理

6.3.1　一般规定

6.3.1.1　应根据来水水质及生化处理工艺的需要，焦化废水在进入生化处理段前应进行预处理。

6.3.1.2　预处理的设计流量应为进入废水处理站的所有焦化废水量。

6.3.1.3　预处理应设置水量调节池和水质均和池，视情况二者也可以合建。

6.3.1.4　预处理应根据焦化废水的含油量及油的特性设置适宜的除油设施。

6.3.1.5　预处理系统各系列间应设有交叉运行的连通管。

6.3.1.6　预处理分离出的油渣应进行油水分离处理。

6.3.1.7　厂内生活污水和生产装置区收集的初期雨水，应经过水量调节后，适量均匀地送到预处理或生化处理系统。

6.3.2　除油池

6.3.2.1　除油池应优先采用平流式除油池。

6.3.2.2　除油池水力停流时间应不小于 3 h。

6.3.2.3　除油池应满足下列要求：

（1）水平流速不应大于 3 mm/s；

（2）有效水深不应大于 2 m；

（3）长宽比不应小于 3；

（4）出水堰前浮油挡板淹没深度不应小于 0.5 m。

6.3.2.4　集油斗上面缓冲层高度为 0.25～0.5 m，池顶水面上安全保护高度不应小于 0.3 m。

6.3.2.5　集油斗内重油应用蒸汽间接加热，排油加热温度应升至 70℃以上。

6.3.2.6　重力排油时，集油斗斜壁坡降不应小于 50°。

6.3.2.7 重力排油所需水压头不应小于 1.2 m。

6.3.2.8 不同水质的来水宜分别接入除油池，且每个系列进出水管（渠）宜为水力对称布置。

6.3.2.9 除油池进水应设整流堰或配水管。

6.3.2.10 除油池出水管管径应根据水力计算确定，但不应小于 100 mm。

6.3.2.11 重力排油管管径不应小于 100 mm，并应有不小于 2%的坡度坡向油接受池。

6.3.2.12 重力排油管应设蒸气吹扫，压力排油管应设伴热。

6.3.3 隔油池

6.3.3.1 隔油池水力停留时间不应小于 1.5 h。

6.3.3.2 隔油池应设置收集重油的集油斗和排油管道。

6.3.4 气浮池

6.3.4.1 气浮可采用加压溶气气浮或负压溶气气浮。

6.3.4.2 气浮池宜设计成矩形或圆形。

6.3.4.3 气浮池可为单系列，但应设置不经过气浮直接进入下一道处理工序的超越管。

6.3.4.4 当废水量较小时，宜采用全废水量加气气浮；当废水量较大，采用部分水加气气浮时，加气水宜采用气浮后水。

6.3.4.5 气浮溶气系统的设计应满足下列要求：

（1）气浮溶气水量宜按气浮水量的 30%计；

（2）气浮溶气量宜为溶气废水量体积的 5%～10%；；

（3）加压气浮溶气罐工作压力宜为 0.3～0.5 MPa；

（4）溶气罐内停留时间宜为 2～4 min。

6.3.4.6 气浮池水力停留时间应为 0.5～1.0 h。

6.3.4.7 矩形气浮池应满足下列要求：

（1）反应段停留时间为 10～15 min；

（2）废水在气浮池内的水平流速不应大于 10 mm/s；

（3）有效水深不应大于 2.5 m；

（4）池长与池宽之比不应小于 4.5；

（5）池宽与有效水深之比不应小于 1.0；

（6）刮渣机走行速度宜为 0.3～1.2 m/min；

（7）保护高度宜为 0.4 m。

6.3.4.8 圆形气浮池应满足下列要求：

（1）表面负荷不应大于 4.0 m^3/（m^2 • h）；

（2）有效水深不应大于 1.5 m；

（3）缓冲层高度不应小于 0.25～0.5 m；

（4）中心管流速不应大于 0.1 m/s；

（5）池底坡度不应小于 0.01，坡向集油斗；

（6）刮渣机的转速宜为 1～3 r/h，最大线速度不应大于 1.2 m/min；

（7）出水堰前浮油挡板淹没深度不应小于 1.0 m；

（8）保护高度宜为 0.2～0.4 m。

6.3.4.9 加压溶气水应通过释放器进入气浮池，释放器的形式及数量应根据气浮池池形而定，释放器应均匀对称布置。

6.3.4.10 气浮池出水应设出水堰板。

6.3.4.11 出水管管径应根据水力计算确定，但不应小于 100 mm。

6.3.4.12 排油管管径不应小于 100 mm，并应有不小于 2%的坡度，坡向油水分离槽。

6.3.5 调节池

6.3.5.1 调节池应设计成不少于两个独立系列，其总的有效容积应能接纳 16～24 h 的预处理焦化废水量。

6.3.5.2 焦化废水可先经过除油池或隔油池后，再进入调节池。

6.3.5.3 调节池进水管，宜从其最高水位以上进入。

6.3.5.4 调节池池底出水管处应设集水坑，出水管中心标高不应高于调节池池内底标高。

6.3.5.5 出水管的最小管径不应小于 100 mm。

6.3.5.6 调节池池高宜为 0.3～0.4 m。

6.3.6 均和池

6.3.6.1 均和池应设计成不少于两个独立系列，且应采取搅拌等水质均和措施。

6.3.6.2 均和池的形状可根据废水处理站的地形而定，一般多采用矩形，且宜与隔油池及调节池整体设置。

6.3.6.3 均和池水力停流时间应为 8～16 h。

6.3.6.4 采用空气搅拌时，有效水深应与鼓风机的工作压力相匹配。

6.3.6.5 均和池进、出水宜采用自流方式。

6.3.6.6 均和池池高宜为 0.4～0.6 m，采用空气搅拌时取上限。

6.4 生化处理

6.4.1 一般规定

6.4.1.1 生化处理工艺应根据焦化废水的特点及处理要求进行选择。

6.4.1.2 焦化废水普通生化处理可采用好氧生物脱酚、脱氰及降解 COD 的生化处理工艺。

6.4.1.3 焦化废水生物脱氮处理应包括缺氧/好氧（A/O）基础生物脱氮工艺单元，并应优先选用下列工艺，或以此为基础扩展和延伸能满足更高排放标准的处理工艺：

（1）缺氧/好氧（A/O）全活性污泥法生物脱氮工艺；

（2）缺氧/好氧（A/O）生物膜/活性污泥法生物脱氮工艺；

（3）厌氧/缺氧/好氧法（A/A/O）生物膜/生物膜/活性污泥法生物脱氮工艺。

6.4.1.4 生化反应设施的有效容积，应按水力停留时间确定。

6.4.1.5 生化处理设施应设计成不少于两个独立系列，均量配置，单系有效容积可按式（7）进行计算：

$$V_1 = \frac{Q_b \cdot t}{n} \tag{7}$$

式中：V_1——单系的有效容积，m^3；

Q_b——生化处理设计水量，应按表 1 选取，m^3/h；

n——生化处理设施的系列数，个；

t——生化处理设施的水力停留时间，h。

6.4.1.6 生化处理系统中硝化液的回流比可按式（8）进行计算。

$$R_d = \frac{Q_d}{Q_b} \tag{8}$$

式中：R_d——硝化液回流比；

Q_d——回流硝化液量，m^3/h。

6.4.1.7 回流好氧池泥水混合液的生物脱氮系统，其活性污泥最小回流比应按式（9）计算；回流二沉池上清液的生物脱氮系统，其活性污泥最小回流比应按式（10）计算。

$$R_{sh}=\frac{K_m-R_o\cdot K_s}{K_s-K_m} \tag{9}$$

$$R_{sq}=\frac{(1+R_d)K_m-R_o\cdot K_s}{K_s-K_m} \tag{10}$$

式中：R_o——连续排泥率，其值为排剩余活性污泥量与生化处理水量的比值；

R_{sh}、R_{sq}——分别为以好氧池泥水混合液和二沉池上清液为回流硝化液时的活性污泥最小回流比，其值为回流活性污泥量与生化处理水量的比值；

K_m、K_s——分别为泥水混合液和活性污泥的沉降比，以污泥沉降体积比 SV_{30} 计。

6.4.1.8 生化反应系统的平均水力停留时间可按式（11）计算。

$$\mathrm{HRT}=\frac{V}{Q_b} \tag{11}$$

式中：HRT——生化反应系统的平均水力停留时间，d；

V——生化反应设施的总有效容积，m^3。

6.4.1.9 活性污泥处理系统中污泥龄可按式（12）计算。

$$T_s=\frac{V\cdot c_m}{24(Q_w\cdot c_s+Q_b\cdot c_{ss})} \tag{12}$$

式中：T_s——生化反应设施中污泥停留时间，d；

V——活性污泥反应设施、二沉池和回流污泥井的总有效容积之和，m^3；

Q_w——外排剩余污泥量，m^3/h；

c_m——生化处理系统中泥水混合液的污泥质量浓度，以 MLSS 计，mg/L；

c_s——二沉池回流活性污泥的污泥质量浓度，以 MLSS 计，mg/L；

c_{ss}——生化处理后出水中含悬浮物质量浓度，以 SS 计，mg/L。

6.4.1.10 焦化废水生物脱氮处理的脱氮率应按式（13）计算。

$$k_d=\left(1-\frac{\mathrm{TN}_e}{\mathrm{TN}_i+\frac{c_{CN}}{1.86}+\frac{c_{SCN}}{4.14}}\right)\times 100\% \tag{13}$$

式中：k_d——焦化废水生物处理的脱氮率，%；

TN_i、TN_e——分别为生化处理进水和出水中含总氮的量，mg/L；

c_{SCN}——焦化废水中含 SCN^- 的质量浓度，以 SCN^- 计，mg/L；

c_{CN}——焦化废水中含 T-CN 的质量浓度，以 CN^- 计，mg/L；

1.86、4.14——分别为 CN^- 和 SCN^- 中的氮转化为氨氮的系数。

6.4.1.11 反硝化（A/O）系统的极限脱氮率可按式（14）进行计算。

$$K_{dr}=\frac{R_d}{1+R_d}\times 100\% \tag{14}$$

式中：K_{dr}——反硝化系统的极限脱氮率，%；

R_d——硝化液回流比。

6.4.1.12 应充分考虑夏季高温和冬季低温对废水处理效果的影响，必要时可采取降温、保温或增温措施。

6.4.1.13 焦化废水生化处理过程中需补加磷。活性污泥系统需磷量和需磷酸盐药剂量可分别按式（15）和式（16）计算。

$$W_P=\frac{k_s\cdot c_m\cdot V}{1\,000\cdot T_s}+\frac{24c_p\cdot Q_b}{1\,000} \tag{15}$$

$$W_{PS}=\frac{W_P}{k_p} \tag{16}$$

式中：W_P、W_{PS}——分别为活性污泥系统需磷量（以 P 计）和需磷酸盐药剂量，kg/d；

c_P——生化出水中含磷（以 P 计）质量浓度，一般取 0.5～1.0 mg/L；

k_s——活性污泥中的含磷量（以 P 计），一般为 1.5%～2%；

k_p——磷酸盐药剂的有效含磷量（以 P 计）。

6.4.1.14 生化反应系统应控制酸碱度在中性区域（pH=6.5～7.5）运行，当系统 pH 值低于控制区间时，应通过调节蒸氨废水 pH 和在生化处理系统加碱的途径进行调节。生化处理系统中需碱量和需碱药剂量可分别按式（17）和式（18）计算。

$$W_A=[(2-k_d)c_N+(1-k_d)\frac{c_{CN}}{1.86})+(4-k_d)\frac{c_{SCN}}{4.14})]\frac{24A_L\cdot Q_b}{1\,000} \tag{17}$$

$$W_{AS}=\frac{W_A}{k_A} \tag{18}$$

式中：W_A、W_{AS}——分别为生化系统所需碱量和需碱药剂量，kg/d；

c_N——生化处理水中含 NH_3-N 的质量浓度，mg/L；

A_L——碱度系数，与碱药剂种类有关，可按表 2 选取；

k_d——脱氮率或反硝化率；

k_A——碱药剂的纯度。

表 2 几种碱的碱度系数 A_L

碱药剂名称	Na_2CO_3	NaOH	$Ca(OH)_2$
碱度系数 A_L	3.79	2.86	2.64

6.4.1.15 NO_3^--N 反硝化应有足量的有机碳源存在。当以苯酚为有机碳源进行反硝化时，苯酚的理论需要量可按本规定式（19）进行计算，实际消耗量可按理论计算量的 1.2～1.5 倍选取。当原水中苯酚含量不足时，需补加甲醇的量按式（20）进行计算。

$$c_b=1.2c_N+\frac{0.7c_{CN}}{1.86}+\frac{0.7c_{SCN}}{4.14} \tag{19}$$

$$c_{me}=1.59(c_b-c_{b1}) \tag{20}$$

式中：c_b——生化处理水中反硝化所需苯酚的量，mg/L；

c_{b1}——生化处理水中含苯酚的量，mg/L；

c_{me}——生化处理水中反硝化需补加甲醇的量，mg/L。

6.4.1.16 普通生化和生物脱氮系统所需要的氧量可分别按式（21）和式（22）进行计算。

$$O_s=[a\cdot k_c\cdot c_{COD}+(1+R_s)D_o]\frac{Q_b}{1\,000} \tag{21}$$

$$O_s=[a\cdot k_c\cdot c_{COD}+b(1-k_d)(c_N+\frac{c_{CN}}{1.86}+\frac{c_{SCN}}{4.14})+(1+R_s+R_d)D_o]\frac{Q_b}{1\,000} \tag{22}$$

式中：O_s——生化处理的需氧量，kg/h；

c_{COD}——生化处理水中 COD_{Cr} 的质量浓度，mg/L；

D_o——好氧反应设施内液体中溶解氧的质量浓度，mg/L；

a——与氧化 COD_{Cr} 有关的耗氧系数，一般为 1.2～1.5；

b——与氧化 NH_3-N 有关的耗氧系数，理论值为 4.57；

k_c——COD_{Cr} 的脱除率；

R_s——活性污泥回流比。

6.4.1.17 活性污泥法可用于焦化废水的普通生化处理和生物脱氮处理的缺氧处理及好氧处理。

6.4.1.18 生物膜法可用于焦化废水的普通生化处理、缺氧反硝化处理和纯氧氧化及深水曝气的生物脱氮处理。

6.4.1.19 有条件时可采用供纯氧曝气的方式进行焦化废水生物脱氮和好氧氧化处理。

6.4.2 活性污泥法

6.4.2.1 生化反应池的设计参数可按表 3 的规定取值。

表 3 活性污泥法生化反应池的主要设计参数表

生化处理类别	水力停留时间/h		污泥龄/d	污泥回流比/%	硝化液回流比/%	备　　注
	缺氧生化池	好氧生化池				
普通生物	—	18～24	≥60	50～150	—	脱除 COD
生物脱氮	28～32	36～46	≥100	100～300	约 300	回流二沉池上清液
				50～100	300～600	回流好氧池泥水混合液

6.4.2.2 采用鼓风曝气式好氧池，其配套的鼓风机工作压力应根据好氧池的有效水深、曝气器形式及空气输配系统的总阻力计算确定。

6.4.2.3 鼓风曝气式好氧池，宜采用廊道式反应池。廊道宽度与有效水深度之比宜采用 1∶1～2∶1，廊道可回折成等长的 2～5 段并排布置，每段廊道的长宽比不应小于 4。

6.4.2.4 回折布置的廊道，在每个水流转折处必须设置间壁墙时，可在间壁墙上设置过流孔 2～3 个，按有效工作水位的上部、中部和下部位置竖向排列，单个过流孔的有效过水断面面积不应小于 1 m×1 m。

6.4.2.5 曝气装置的布置，应符合生化反应供气和混合的双重要求。

6.4.2.6 鼓风曝气式好氧池应设置消泡系统。

6.4.2.7 表面机械曝气式好氧池，宜选用矩形反应池。好氧池有效水深应视表曝机性能而定，一般不宜大于 4 m。

6.4.2.8 表面机械曝气式好氧池，应分多格布置，每个系列不宜少于 3 格，池宽与叶轮直径比值，倒伞形叶轮宜为 3～5，泵型宜为 4.5～7。

6.4.2.9 表面机械曝气式好氧池在好氧池的折流处必须设置间隔墙时，上、下游两格的间壁墙上应设置过流孔。过流孔与进水口和出水口、过流孔与过流孔之间的平面位置，均应成对角线方位布置。

6.4.2.10 好氧池的超高：当采用鼓风曝气时宜为 0.6～0.8 m；当采用机械曝气设备时，其设备平台宜高出设计水面 0.8～1.2 m。

6.4.2.11 好氧池进水和回流污泥均应设置配水渠，配水渠应确保均质等量分配。廊道式好氧池配水方式应确保起端均布、各点均质。完全混合式好氧池进水应与出水口成对角线方位布置。

6.4.2.12 回流好氧池泥水混合液宜采用空气提升器提升。空气提升器应最大限度地利用好氧池中的有效水深，当提升后的液体采用管道输送时，应在输送管道的起点处采取气液分离措施。

6.4.2.13 回流活性污泥可采用水泵提升或空气提升器提升。

6.4.2.14 好氧池系统的加药点应设置在好氧池的入口端，加药管应采取防低温结晶措施。

6.4.2.15 应在好氧池出口端约 1/2 有效水深高度处设置开工育菌用排上清液口。

6.4.2.16 缺氧池的系列数宜与好氧池的系列数相匹配。

6.4.2.17 缺氧池宜采用水平推进式潜水搅拌的完全混合式活性污泥法。

6.4.2.18 缺氧池的形状宜为矩形，长宽比宜为 1∶1～2 ∶1，宽深比宜为 1.5∶1～3 ∶1。

6.4.2.19 潜水搅拌机应安装在可调节高度的支架上，且便于检修。

6.4.2.20 缺氧池的超高应不小于 0.4 m。

6.4.2.21 活性污泥法的缺氧池出水与好氧池进水宜在底部连通。

6.4.3 生物膜法

6.4.3.1 生物膜法生化池的设计参数应按表 4 选取。

表 4 生物膜法生化池主要设计参数表

生化处理类型	负荷类别	水力停留时间/h	硝化液回流比/%	备 注
生物膜法缺氧池	缺氧反硝化	28～32	≥300	
生物膜法厌氧池	厌氧水解	8～16	—	可兼作均和池

6.4.3.2 缺氧池与好氧池的系列数应相匹配。

6.4.3.3 生物膜法缺氧池和厌氧池的有效水深，宜为 5～7 m。

6.4.3.4 生物膜法生化池中的填料应布满整个池平面，填料高度不应小于池有效水深的 1/2。

6.4.3.5 生物膜法生化池应采取有效的配水和集水措施，使整个填料承担的负荷均等。

6.4.3.6 生物膜法缺氧池的进水量为生化处理原废水量和回流硝化液量之和，硝化液应为二沉池的上清液。

6.4.4 二次沉淀池

6.4.4.1 独立设置的二次沉淀池宜采用竖流式或辐流式圆形沉淀池，一体化生化处理设施可采用平流沉淀池。二沉池不宜采用斜板和斜管沉淀池。

6.4.4.2 二沉池的数量应与好氧池的系列数相匹配。

6.4.4.3 二沉池宜使用同一规格，水力对称布置。

6.4.4.4 二沉池的设计参数应按表 5 选取。

表 5 二次沉淀池的设计参数表

二沉淀池类型	沉淀时间/h	表面水力负荷/[m^3/（m^2·h）]	污泥含水率/%	固体负荷/[kg/（m^2·d）]
生物膜法后	1.5～2.0	1.5～2.0	96～98	≤150
活性污泥法后	2.0～4.0	1.0～1.5	99.5～99.6	≤150

6.4.4.5 二沉池本体及其各类管道所包含的水量应按表 6 确定。

表 6 二沉池本体及其各部分管道设计水量表

名 称	池本体	进水管	中心筒	出水管	污泥管	备注
生化处理水量	√	√	√	√		当回流硝化液为好氧池泥水混合液时，二沉池各部分的设计水量均不包括回流硝化液量
回流污泥量		√	√		√	
剩余污泥量					√	
回流硝化液量	√	√	√	√		

6.4.4.6 二沉池排泥管的设计流量应等于回流污泥量加上外排剩余污泥量（应考虑间歇排泥时的流通能力），但最小管径不应小于 200 mm。

6.4.4.7 直径≤8 m 的沉淀池宜按竖流式沉淀池设计；直径≥18 m 的沉淀池宜按辐流式沉淀池设计；直径在 8～18 m 的沉淀池，中心筒宜按竖流式沉淀池设计，集水槽宜按辐流式沉淀池设计，其他部位宜按半竖流半辐流式沉淀池设计。

6.4.4.8 二沉池的有效水深宜采用 2.0～4.5 m。竖流式沉淀池的直径与有效水深之比不应大于 2.8，辐流式沉淀池的直径与有效水深之比不应小于 6.8，半竖流半辐流式沉淀池直径与有效水深之比宜为 2.8～6.8。

6.4.4.9 直径＜5 m 的二沉池可使用贮泥有效容积尽可能小的多斗式集泥斗收泥，且集泥斗坡度不应小于 50°；直径≥5 m 的二沉池应配备机械刮泥设备。

6.4.4.10 刮泥机应满足如下要求：

（1）直径≤14 m 的刮泥机应设两条刮泥耙子，成 180°夹角布置；

（2）直径 16～30 m 的刮泥机应设 4 条刮泥耙子，成 90°夹角布置；

（3）直径≥30 m 的刮泥机刮泥耙子个数不应少于 6 条，在整个圆周内均布；

（4）刮泥板与径向宜成 45°角安装，刮泥板长度应使相邻两个刮泥板走行所扫过的圆环带有不小于 50 mm 宽的重合带；

（5）刮泥板上应加装厚度不小于 15 mm 的橡胶板，橡胶板长度不应小于刮泥板长度，橡胶板伸出刮泥板下沿的高度宜为 100 mm 左右；

（6）橡胶板的下沿应与二沉池底内表面恰好接触。

6.4.4.11 圆形二沉池刮泥机旋转速度宜为 1～3 r/h，刮泥板的外缘线速度不宜大于 3 m/min；

6.4.4.12 圆形二沉池中心筒应满足如下要求：

（1）中心筒内流速应不大于 50 mm/s；

（2）中心筒下部可做成喇叭口，喇叭口的直径及高度宜为中心筒直径的 1.35 倍；

（3）非辐流式沉淀池中心筒下应设水流反射板，反射板的直径宜为中心筒（或中心筒喇叭口）直径的 1.35 倍，反射板轴向向下坡角宜为 17°；

（4）中心筒下端至反射板表面之间的间隙可按废水最大水流速度不大于 15 mm/s 计算；

（5）中心筒（或反射板）下沿应伸至污泥缓冲层上部边界处，非辐流式二沉池的中心筒伸入液面下的深度不应小于 2.2 m。

6.4.4.13 圆形二沉池污泥缓冲层高度，有反射板时宜为 0.3 m，无反射板时宜为 0.5 m。

6.4.4.14 平流沉淀池的设计，应符合下列要求：

（1）每格长度与宽度之比值不应小于 4，长度与有效水深的比值不应小于 8；

（2）刮泥机械的行进速度宜为 0.3～1.2 m/min；

（3）缓冲层高度宜为 0.3～0.5 m。

6.4.4.15 二沉池应采取连续排泥的方式运行。无刮泥机二沉池的稳定污泥区应为其集泥斗，有刮泥机二沉池的稳定污泥区应为刮泥机刮泥板最高点上 0.1～0.3 m 以下。

6.4.4.16 设有刮泥机的二沉池，其底坡度不宜小于 0.01。

6.4.4.17 二沉池的保护高度宜为 0.2～0.4 m。

6.4.4.18 二沉池利用静水压头排泥时，所需静水压头应根据排泥系统的阻力损失计算确定，但生物膜法处理后二沉池不应小于 1.2 m，活性污泥法生化反应池后二沉池不应小于 0.9 m。

6.4.4.19 二沉池集水槽上宜安装三角集水堰板，其最大负荷不宜大于 1.6 L/（s·m）。

6.4.4.20 当刮泥机的减速机采用外置循环油泵供油时，油泵启、停应与减速机电机强制联锁，即油泵应先于减速机启动，晚于减速机停运。

6.5 后处理

6.5.1 一般规定

6.5.1.1 后处理工艺宜包括絮凝沉淀和过滤。

6.5.1.2 后处理设施的系列数宜根据处理规模配置，可为单系列。

6.5.2 絮凝沉淀

6.5.2.1 絮凝沉淀处理所用絮凝剂和助凝剂的种类和数量，可通过试验确定，亦可参照相似条件的运行实例。

6.5.2.2 絮凝沉淀设计流量可按式（23）计算：

$$Q_f = Q_b - Q_r \tag{23}$$

式中：Q_f——后处理水量，m^3/h；

Q_b——生化处理水量，m^3/h；

Q_r——直接回用水量，包括送熄焦、洗煤等水量，m^3/h。

6.5.2.3 废水和絮凝剂的混合过程应满足下列条件：

（1）混合速度梯度 G 值应≥300 s^{-1}；

（2）混合时间宜为 30～120 s；

（3）混合点至反应池间连接管（渠）内流速宜为 0.8～1.0 m/s；

（4）连接管（渠）内停留时间应≤30 s。

6.5.2.4 絮凝反应应满足下列条件：

（1）絮凝反应时间 5～20 min；

（2）隔板反应池反应速度可分为六个等级，分别为 v_1=0.5 m/s、v_2=0.4 m/s、v_3=0.35 m/s、v_4=0.3 m/s、v_5=0.25 m/s 和 v_6=0.2 m/s；

（3）机械搅拌反应池的桨板中心线速度可分为三个等级，分别为 v_1=0.5 m/s、v_2=0.35 m/s 和 v_3=0.3 m/s；

（4）当絮凝反应池与絮凝沉淀池用管道连接时，连接管内的流速不应大于 0.2 m/s，也不得小于 0.15 m/s，并不得出现跌水等紊流现象；

（5）絮凝反应不得采用空气搅拌方式。

6.5.2.5 絮凝沉淀池宜采用竖流式或辐流式沉淀池，主要设计参数如下：

（1）水力停留时间不应小于 2 h；

（2）表面水力负荷宜为 1～1.5 m^3/（m^2 • h）；

（3）絮凝污泥产量可按絮凝沉淀处理水量的 1%～6%选取；

（4）絮凝污泥含水率可按 99.5%选取。

（5）絮凝沉淀池的结构形式及其他设计参数除进水管有特殊要求外，其他可参照二沉池。

6.5.3 过滤

6.5.3.1 絮凝沉淀后废水宜进行过滤处理。

6.5.3.2 过滤宜采用双层滤料过滤器，上层滤料为无烟煤，下层为石英砂，其级配可按表 7 选取。

表 7 双层滤料级配表

滤料	粒径/mm	不均匀系数 k_{80}	厚度/mm	密度/（g/cm^3）
无烟煤	d_{max}=1.8；d_{min}=0.8	＜2.0	800～1 000	1.47～1.88
石英砂	d_{max}=1.2；d_{min}=0.5	＜2.0	400～600	2.65

6.5.3.3 当絮凝沉淀池出水具有足够大的余压时，可采用重力式无阀过滤器，否则宜使用压力过滤器。

6.5.3.4 压力过滤器宜采用气水反冲洗，其设计参数如下：

（1）过滤速度宜为 2.5～4.7 mm/s；

（2）气反冲洗强度宜为 12～13 L/（s • m^2）；

（3）水反冲洗强度宜为 11～12 L/（s • m^2）；

（4）反冲洗周期宜为 8～12 h；

（5）滤床膨胀率宜为 40%～50%；

（6）水反冲洗前最大水头损失宜为 2.5～4.5 m；

（7）一次气水反冲洗耗时约为 40 min；

（8）过滤后出水悬浮物浓度不应超过 5 mg/L。

6.5.3.5 过滤器的数量不宜小于 2 台。

6.5.3.6 反冲洗水宜采用过滤水，反冲洗排水应送至絮凝沉淀系统，过滤水及反冲洗水应分别设置具有充足水量调节容积的贮水池。

6.6 废水深度净化处理

6.6.1 深度净化处理工艺的选择应适应焦化废水的水质特点及用水对象的水质要求。

6.6.2 采用湿法熄焦生产的独立焦化企业和采用干法熄焦生产的钢铁联合企业宜采用图 5 所示的深度净化处理工艺流程；采用干法熄焦生产的独立焦化企业宜采用图 6 所示的深度净化处理工艺流程。

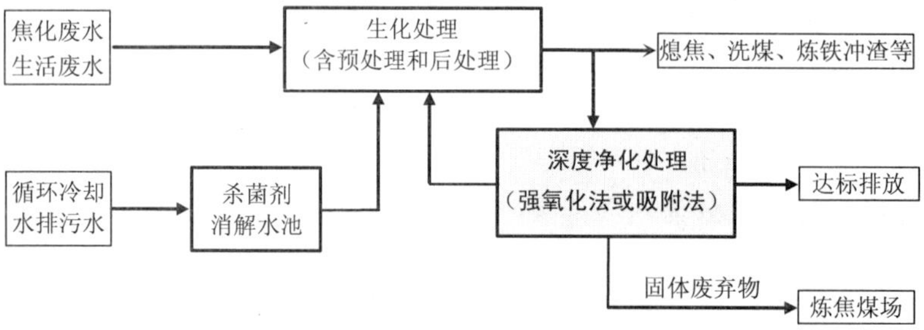

图 5 废水深度净化处理工艺流程图之一

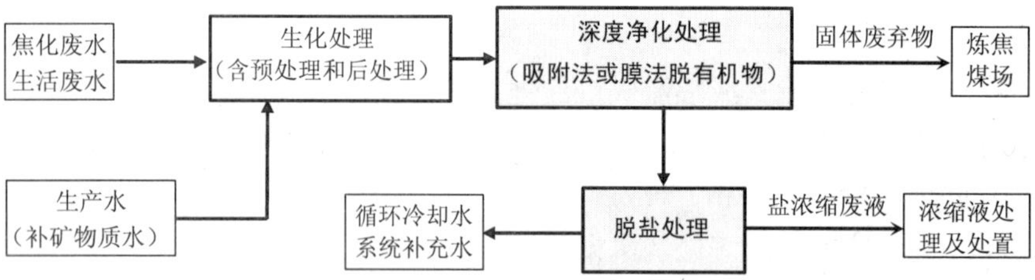

图 6 废水深度净化处理工艺流程图之二

6.6.3 深度净化处理工艺的选择应遵循下列原则：

（1）能长期稳定达标运行；

（2）不产生二次污染和污染物转移；

（3）节约资源和能源；

（4）避免高额的运行和维修费用及频繁的维修和大修。

6.6.4 深度净化处理工艺应优先选用能有效脱除生化处理后废水中残留的有机污染物，且不产或少产富含有机污染物的浓缩废液，或对所产浓缩废液有有效治理手段的处理工艺。

6.6.5 深度净化处理后水用作循环冷却水系统的补充水时，应脱除焦化废水中所含的无机盐，包括其中富含的氯离子。

6.6.6 消除了有机污染物危害的浓缩液可按下列途径进行处理和处置：

（1）达标排放；

（2）送市政污水处理厂进行再处理；

（3）进行汽化提盐。

6.7 二次污染物控制措施

6.7.1 一般规定

6.7.1.1 焦化废水治理过程中所产生的废水、废气、废渣、噪声及其他二次污染物的防治与排放应符合现行的国家环境保护法规和标准要求。

6.7.1.2 焦化废水处理过程中产生的废气、废液及废渣宜通过下列途径进行处理和处置：

（1）废水焚烧和提盐过程中产生的废气，应经过净化合格后再排放；

（2）预处理过程中分离出的重油、轻油、气浮浮油及气浮沉渣，应通过进一步油水分离脱水后，再进行处置；

（3）废水深度净化产生的浓缩废液，宜采用化学法或物理化学法脱除其中所含的多环和杂环类有机污染物；

（4）生化处理过程中产生的剩余活性污泥、絮凝沉淀过程中产生的絮凝化学污泥，宜经过必要脱水处理后再进行处置；

（5）污泥机械脱水之前，应依次进行重力浓缩脱水和化学浓缩脱水；

（6）二次污染物处理过程中分离出的各种废水应送回生化处理系统进行再处理。

6.7.1.3 对于噪声较大的鼓风机，宜设置鼓风机室，并应采取隔声和消声措施。

6.7.1.4 生化处理系统剩余污泥排放量占后处理水量的百分比可按表 8 选取，絮凝沉淀的排泥量与所使用的絮凝剂有关，一般为后处理水量的 1%～6%。

表 8 生化处理系统剩余污泥排放量占后处理水量的百分比

污泥负荷级别	高负荷	常规曝气	延时氧化	生物脱氮
剩余污泥量/%	3～4	2～3	1～2	0.5～1

6.7.1.5 各种污泥的含水率可按表 9 选取。

表 9 各种污泥的含水率

污泥类型	剩余污泥	化学污泥	浓缩污泥	化学脱水污泥	机械脱水污泥
含水率/%	99.2～99.6	99～99.5	97～98	96～96.5	70～80

6.7.1.6 浓缩后的污泥量和废水量分别按式（24）和式（25）进行计算。

$$q_s = \frac{\sum[(100-r_i)q_i \cdot \rho_i]}{(100-r)\rho} \tag{24}$$

$$q_w = \sum q_i - q_s \tag{25}$$

式中：q_s、q_w——分别为浓缩后和浓缩前混合污泥的量，m^3/h；

q_i——浓缩前第 i 种污泥量，m^3/h；

r_i——浓缩前第 i 种污泥的含水率，%；

r——浓缩后污泥的含水率，%；

ρ_i——浓缩前第 i 种污泥的容重，以 MLSS 计，g/L；

ρ——浓缩后污泥的容重，以 MLSS 计，g/L。

6.7.2 废油处理与处置

6.7.2.1 废油的二次油水分离方式：

（1）以连续方式排出的轻油、浮油及气浮油渣，应采用连续的油水再分离方式；

（2）以集中方式排出的重油，应采用静止沉淀的油水分离方式。

6.7.2.2 废油分离量可按如下方式确定：

（1）轻油和浮油的分离量，可分别按各自除油设计量的 0.05‰～0.1‰选取；

（2）气浮油渣的分离量与所采用的气浮药剂种类及用量有关，一般应通过试验的方式确定，在无试验资料的情况下，可按气浮水量的 0.3‰～6%选取；

（3）重油一次排油量应不小于一个重油斗容量的 1.5 倍。

6.7.2.3 废油分离设施的设计应符合下列条件：

（1）轻油、浮油及气浮油渣油水分离池的水力停留时间不应小于 8 h；

（2）重油油水分离池（罐）的有效容积不应小于一次排油量；

（3）油水分离池的结构形式应符合轻质油和重质油的分离原理；

（4）重油油水分离池（罐）应设分层排水管；

（5）油水分离池（罐）内应设蒸汽间接加热的盘管；

（6）油水分离池（罐）分离出的水应送回除油系统进行再处理。

6.7.2.4 分离出的轻油、浮油、重油及气浮油渣应分别贮存在各自的油水分离池（罐）中。并定期送化学产品车间焦油氨水澄清槽（仅限优质焦油）或送煤场掺入炼焦煤中。

6.7.3 污泥重力浓缩脱水

6.7.3.1 污泥浓缩宜采用圆形污泥浓缩池，主要技术参数如下：

（1）污泥固体负荷宜为 20～40 kg/（m^2 • d）；

（2）污泥浓缩时间不应小于 12 h；

（3）中心筒内流速不应大于 30 mm/s；

（4）浓缩区有效深度宜为 3～4 m；

（5）缓冲层高度不应小于 0.3 m；

（6）保护高度宜为 200～400 mm。

（7）当浓缩池利用静水压头排泥时，所需静水压头应根据排泥系统的阻力损失经计算确定，但不应小于 900 mm。

（8）浓缩池排泥管的最小管径不应小于 200 mm。

6.7.3.2 浓缩池污泥收集宜遵循下列条件：

（1）直径≥5 m 的污泥浓缩池应设栅条浓缩刮泥机，刮泥机的外缘线速度为 1～2 m/min，池内底坡向中心泥斗的坡度不应小于 0.05；

（2）直径＜5 m 圆形污泥浓缩池，宜采用集泥斗收泥，集泥斗坡降不应小于 55°。

6.7.3.3 污泥浓缩池可设置成单系列。

6.7.4 污泥化学药剂浓缩脱水

6.7.4.1 污泥在机械脱水前，宜先加入絮凝剂进行化学药剂浓缩脱水。

6.7.4.2 单格污泥絮凝反应池的有效容积应和机械脱水设备的能力相配合。

6.7.4.3 污泥混合反应宜采用机械搅拌。

6.7.5 污泥机械脱水

6.7.5.1 污泥脱水机械的选择应遵循下列原则：

（1）污泥脱水机械类型的选择应考虑对污泥处理及处置的适应性，脱水场所条件，劳动强度，经济性和维护管理的难易等；

（2）污泥脱水机械的数量应根据浓缩污泥的产量、系统污泥的贮存及调节能力、脱水机械的性能等共同确定；

（3）间断运行的污泥脱水机械可不设备用设备。

6.7.5.2 脱水后的污泥应设置污泥堆场或污泥贮仓，其容量应根据污泥处置的去向和运输条件确定。

6.7.5.3 输送泥饼的皮带输送机应满足下列条件：

（1）皮带以平带为标准，带宽为 400～900 mm；

（2）皮带输送机的形状采用三辊轴槽形；

（3）输送带的倾斜角不宜大于 20°。

7 主要工艺设备及材料

7.1 一般规定

7.1.1 设备材料选择应考虑下列因素：

（1）设备材料选择应考虑焦化废水含焦油、高氨、高氯离子、高温等因素；

（2）设备形式的选择应充分考虑到节能、环保、安全及使用寿命等因素。

7.1.2 所选设备应满足防火、防爆、防潮、防尘及防腐等安全需要。

7.2 曝气设备

7.2.1 好氧生化反应设施的供气系统，应能满足生化反应需氧的要求，活性污泥系统还需满足泥水混合液搅拌的要求。生物脱氮宜采用微孔曝气或纯氧供气方式。

7.2.2 当采用鼓风曝气供气时，生化反应设施所需的空气量，可按式（26）进行计算。

$$G_s = \frac{O_s}{0.28E_A} \tag{26}$$

式中：G_s——标准状态下（0.1 MPa；20℃）生物需空气量，m^3/h；

O_s——生化反应需氧量（以 O_2 计），kg/h；

E_A——空气扩散装置的氧利用率；

0.28——标准状态下（0.1 MPa；20℃）空气中的含氧量，kg/m^3。

7.2.3 鼓风机的供气量、供气压力及所配电机功率应满足废水处理系统的供气需要。当鼓风机的工作工况与鼓风机的设计工况不一致时，应对其参数进行修正。

7.2.4 鼓风机应设备用风机，备用鼓风机的数量为：当工作鼓风机台数少于 4 台时设 1 台；工作鼓风机台数为 4 台及以上时设 2 台。

7.2.5 空气管道、风道内的空气流速应按表 10 选取。

表 10 空气管道、风道内的流速表

名称	进风口	送风主干管	送风支干管	送风支管	吸风管	吸风道
风速/（m/s）	≤2	10～15	10～15	4～5	4～5	2～3

7.2.6 当采用机械表面曝气供气时，表曝机应有较高的动力效率，且表面曝气池池形、表曝机结构及表曝机的安装方式应相匹配。

7.2.7 寒冷地区和对噪声有控制要求的鼓风机应设置单独的风机房，风机房设置应满足操作、检修、通行等要求，并应采取必要的防噪声措施。

7.2.8 鼓风机的冷却系统应设有必要的安全保护措施。

7.2.9 空气输配系统的设置应满足风机启动、运行调节和安全防范方面的要求。

7.2.10　鼓风机室所配置的起吊设备应满足风机安装和检修的需要。

7.3　水泵

7.3.1　水泵选择应以高效节能、不宜堵塞、经久耐用、耐腐蚀、便于维修为原则。水泵的选型应根据其所输送介质的特性及水泵的用途来确定，并应满足下列条件：

（1）水泵流量的调节范围应能满足废水处理中水量变化的要求；

（2）水泵的工作压力应能满足最不利点处所需水压的要求；

（3）所选水泵应能经常保持在高效区内运行；

（4）两台水泵串联工作时，应考虑二级水泵泵体的承压能力及密封要求；

（5）当水泵的运行工况发生改变时，应对水泵的特征工作曲线进行修正。

7.3.2　水泵系统的配置应满足下列要求：

（1）应配置备用泵；

（2）水泵应根据其自身的特性、运行环境条件、所采用的启动方式及所输送液体的特性等选择合适的充水方式；

（3）非自灌和非完全自灌充水启动的水泵，每台水泵应为独立的吸水管，且应少转弯，其最大安装高度应满足不同工况下必须气蚀余量的要求；

（4）水泵吸水管入口应装喇叭口，喇叭口在吸水井最低工作水位下应有足够的淹没深度。喇叭口下应设置支架、滤网等安全保护；

（5）各系列的活性污泥及硝化液回流，宜设置各自的独立回流系统；当采用混合后回流时，应设置分水和配水设施；

（6）对设有循环回流的系统，应采取必要的技术措施，确保水流优先供给回流系统；

（7）非自身冷却、润滑或密封的水泵，应选用可靠、合格的外部水源，并设水流或水压检控或自控装置；

（8）管道的布局应不影响人的通行和吊车的走行，管道的安装方式及位置，应在检修拆卸时不影响其他水泵的正常工作；

（9）蝶阀前后直管段长度应能确保其正常开闭和阀板卡在全开位置时的正常拆卸；

（10）卧式水泵与电机连接的联轴器，皮带传动的皮带及皮带轮，均应设置安全罩；

（11）水泵轴封排水及轴封渗漏排水应采取有组织的地沟或管道排放；

（12）输送有腐蚀介质的水泵站地面，应进行防腐蚀处理。

7.3.3　吸水井的设置应满足水泵安全运行和水量调节的要求。

（1）吸水井应有足够的有效容积，满足水泵的启动要求；兼有调节水量作用的吸水井，其最小有效容积应使水泵每小时的启动次数不多于 6 次；

（2）吸水井的结构形式及其与进水管（渠）的连接方式，不应使吸水井内出现跌水、涡流、旋流和紊动现象；

（3）接受压力或高位水池来水的吸水井，应有来水量控制措施，吸水井不得出现溢水和溢流管外排水现象；

（4）对水位波动较大或水位波动频繁的吸水井，应设液位检测和报警装置。

7.3.4　泵房和水泵机组的布置应满足设备运行、维护、安装、检修和安全的要求。

7.3.5　泵房内应根据实际需要设置适宜的起吊装置。

7.4　液体空气提升器

7.4.1　液体空气提升器（简称气提器）的设计应遵循下列条件：

（1）气提器应最大限度地利用有效的空气压头；

（2）气提器宜采用好氧池鼓风空气为气源。

7.4.2 气提器的空气用量可按式（27）进行计算。

$$Q_A = \frac{K_1 \cdot Q \cdot H}{23\eta \cdot \lg[(10+h)/10]} \tag{27}$$

式中：Q_A——气提器空气用量，m^3/h；

H——气提器扬液高度，m；

h——扬液管有效浸没深度，m；

K_1——安全系数，取 1.2～1.3；

Q——设计提升水量，m^3/h；

η——空气利用效率，$\eta = \frac{0.75h}{h+H} + 0.12$。

7.4.3 提升空气送至气提器处的风压 p（kPa）应不小于 $10(h+0.3)$。

7.4.4 气提器的系统设置及配置应满足下列要求：

（1）扬液管内液体流速（不包括空气量）宜为 0.7～2.0 m/s，且扬液管管径不宜小于 75 mm；

（2）空气管内流速宜按 5～10 m/s 选取，空气管管径不应小于 20 mm；

（3）气提器的空气管释放口宜设置成多个，且应在扬液管入口处均布；

（4）气提器出口后液体宜直接进入接受水池或用渠道重力输送，当需要用管道输送时，在气提器顶部的水平转向处应设置气液分离设施。

7.5 其他设备

7.5.1 蒸氨废水 pH 在线检测仪的取源部件应满足水温、水质和水压等不利条件的要求。

7.5.2 上流式组合填料生物膜法的缺氧反硝化池布水宜采用分区交替均匀布水，焦炭年生产规模在 70 万 t 以上企业的焦化废水处理，上流式组合填料生物膜法缺氧反硝化池的布水，应采用分区交替均匀布水方式。布水设备宜采用旋转布水器或类似功能的产品。

7.5.3 好氧池空气释放器应选择充氧效率高、空气阻力小、耐有机溶剂、能承受最大挤压力、抗摆动疲劳极限次数多及不宜堵塞的曝气器。

7.5.4 二沉池刮泥机的结构形式和安装应符合本规范 6.4.4.10～6.4.4.12 的技术要求。

7.5.5 絮凝反应设备宜采用旋流反应器。

7.5.6 化验设备和仪器配置应能满足废水处理生产运行分析化验检测的最低要求。

7.6 材料

7.6.1 好氧池液下部分鼓风空气布管道材质应采用 ABS 工程塑料，鼓风空气送风管道应采用不锈钢材质或内部镀锌的碳钢管道。

7.6.2 生物填料支架应为不锈钢螺栓固定的组装式结构。支架材料可为碳钢，但加工完毕后的结构件的所有表面应全镀锌，并外刷环氧沥青漆防腐层。生物软填料材质宜为聚乙烯，吊绳材质宜为尼龙。

7.6.3 低压动力电缆宜采用 VV-1000V 或 YJV0.6/1 kV 系列，控制电缆按需选用 KVV450/750V 或 KVVP-500V 系列。

7.6.4 水池施工应采用规定标号的防水混凝土，所用钢筋、沙、石、砖等建筑材料应满足设计和有关标准的质量要求。

8 检测与过程控制

8.1 一般规定

8.1.1 焦化废水处理系统的运行应进行分析化验检测、自动化仪表检测和自动化过程控制。

8.1.2 分析化验检测所采用的方法应符合有关分析标准及焦化废水的水质特点。

8.1.3 自动化仪表检测和控制的内容应根据废水处理的内容、规模、工艺特点、系统组成、运行管理要求等综合因素来确定。

8.1.4 自动化仪表检测系统的取源部件和控制系统的执行机构的选择，应能适应焦化废水的水质特点，取源部件所采数据应真实有效，执行机构应灵敏可靠。

8.1.5 废水生化处理系统的自动化控制水平，应与废水处理规模、检测和检控项目的多少，以及全厂的自动化装备水平相一致。

8.1.6 计算机控制管理系统宜兼顾现有、新建、改扩建及与焦化生产控制系统联网的需要。

8.1.7 由环境保护部门监控的水质、流量等远传在线检测项目，应满足相关规定的要求。

8.2 取样检测

8.2.1 焦化废水处理水质检测项目及分析化验方法应按国家有关标准执行，几种常规检测项目应采用表 11 所列的分析方法，并应注意以下事项：

（1）应消除废水的色度对相关分析化验方法的影响；

（2）应消除废水中所含油类、硫化物、氯离子、亚硝酸盐及硫氰酸盐等对相关分析化验方法的影响；

（3）应消除废水处理过程中因投加化学药剂而残留在废水中的氧化剂、还原剂、金属离子及螯合剂等对相关分析化验方法的影响；

（4）COD_{Cr}分析化验采用重铬酸钾滴定法（GB 11914—89）时，不得使用快速和急速冷却法；

（5）氰化物分析化验在未消除硫氰酸盐干扰的情况下不得采用滴定法；

（6）硝酸盐分析化验不宜采用比色法；

（7）采用 HJ 537—2009 分析化验氨氮时，亦可采用 0.02 mol/L（$1/2H_2SO_4$）浓度的硫酸进行滴定。

表 11 常规分析项目及分析方法参照表

项目	分析方法	标准	项目	分析方法	标准
COD_{Cr}	重铬酸钾法（COD_{Cr}）	GB 11914—89	氨 氮	蒸馏—中和滴定法	HJ 537—2009
	快速消解分光光度法	HJ/T 399—2007		蒸馏—钠试剂分光光度法	HJ 535—2009
挥发酚	4-氨基安替比林分光光度法	HJ 503—2009	硝酸盐氮	戴氏合金还原法	《水和废水检测分析方法》（第三版）
	溴化容量法	HJ 502—2009	亚硝酸盐氮	*N*-（1-萘基）-乙二胺光度法	GB 7493—87
氰化物	异盐酸—吡唑啉酮光度法	HJ 484—2009	SCN^-	铁盐络合比色法	—
凯氏氮	气相分子吸收光谱法	HJ/T 196—2005	硫化物	碘量法	HJ/T 60—2000
总 氮	碱性过硫酸钾消解紫外分光光度法	HJ 636—2012		气相分子吸收光谱法	HJ/T 200—2005
	气相分子吸收光谱法	HJ/T 199—2005	石油类	红外分光光度法	GB/T 16488—1996
多环芳烃	液液萃取和固相萃取高效液相色谱法	HJ 478—2009	苯系物	气相色谱法	GB 11890—89
苯并[*a*]芘	液液萃取和固相萃取高效液相色谱法	HJ 478—2009	总有机碳	燃烧氧化非分散红外吸收法	HJ/T 71—2001
悬浮物	重量法（103～105℃）	GB 11901—89	总 磷	钼酸铵分光光度法	GB 11893—89
MLSS	重量法（103～105℃）	—	MLVSS	重量法（550℃）	—

8.2.2 化验室配置应符合下列要求：

（1）化验室宜设置化验间、天平间、精密仪器间、设备间及更衣室等；

（2）化验室应设置双面或单面化验台、通风橱、工作台、天平台、药品柜及试剂架等；

（3）天平间要求避光和无外界震动干扰，并应选用防震动刚性天平台；

（4）化验室通风橱的数量不应少于 2 个；

（5）分析化验所选设备应能满足废水分析化验检测的最低需要。

8.3 在线检测和控制

8.3.1 热工量

8.3.1.1 焦化废水处理在线检测的热工量应包括流量、温度、压力和液位。

8.3.1.2 热工量在线检测宜包括的范围和项目如下：

（1）生化处理站流量检测项目：进入处理系统的各种水和废水，送出系统的各种回用水及外排水，鼓风空气，送机械脱水污泥量等；

（2）生化处理站液位检测项目：水泵吸水（泥）井、药剂池（槽）、调节池等；

（3）污泥机械脱水系统的压力检测项目：压缩空气等；

（4）其他废水处理过程的热工量检测内容和检控方式应由废水处理工艺来确定，且应包括原废水流量的检测。

8.3.1.3 热工量的检控方式如下：

（1）流量检控的方式宜为就地指示加在线连续检测指示并记录；

（2）温度检控的方式宜为在线连续检测指示并记录；

（3）液位检控的方式宜为就地指示和在线连续检测指示并记录，高、低液位声光报警，其中各水泵吸水井应为低液位自动停泵。

8.3.1.4 热工量仪表的选择原则如下：

（1）所有热工量仪表的量程范围应包括最大和最小测量值，常量值宜选择在测量仪表有效量程的中间部位；

（2）流量测量仪表宜采用阻力小、不易堵塞、使用寿命较长的仪表。液体流量测量宜采用电磁流量计、超声波流量计及明渠流量计；

（3）液位测量仪表宜采用超声波液位计和雷达液位计。

8.3.1.5 在厂废水总排口及生化处理装置出口，应设置流量在线检测仪表。

8.3.1.6 热工量仪表的安装位置及安装方式应满足其各自的安装技术要求。

8.3.2 物性与成分量

8.3.2.1 焦化废水处理在线检测的物性和成分量项目宜包括 pH、DO、氨氮和 COD 等。

8.3.2.2 检测范围和项目：

（1）进入废水处理系统的蒸氨废水管道上宜安装 pH 在线检测；

（2）好氧生化反应池宜设置 DO 及 pH 在线检测。

8.3.2.3 检测方式：

（1）pH 检测的方式宜采用就地指示加在线连续检测指示并记录和警戒线报警；

（2）溶解氧检测的方式宜采用就地指示加在线连续检测指示并记录。

8.3.2.4 检测仪表选择：

（1）蒸氨废水 pH 检测探头应能耐高温、耐压和防焦油污染；

（2）好氧生化反应池的 DO 及 pH 检测探头应抗活性污泥黏着。

8.3.2.5 在生化处理的二沉池出口宜设置氨氮在线检测仪表。

8.3.3 电工模拟与状态量

8.3.3.1 根据需要可选择电压、电流、功率、电能、功率因数、频率等指示和记录，其中供电电压和生化站各鼓风机的工作电流为必选量，各鼓风机的工作电流应有机旁现场指示。

8.3.3.2 各种动力设备的状态显示，应包括运转、停止和事故指示等。

8.4 计算机控制管理

8.4.1 计算机控制管理系统应有信息收集、处理、控制、管理及安全保护功能。

8.4.2 计算机控制管理系统设计应符合下列要求：

（1）宜对系统的设备单元、检测单元、控制单元、管理单元做出合理的配置；

（2）应根据工程具体情况，经技术经济比较后选择恰当的网络结构及通信速率；

（3）对系统软件要从运行稳定、易于开发、操作界面合理等多方面综合考虑；

（4）根据企业需求及相关基础设施，宜对企业信息化系统做出功能设计。

8.4.3 计算机控制系统应具有满足废水处理运行管理的需要，并应具备下列基本功能：

（1）显示工艺流程图；

（2）显示动力设备的实时工作状态；

（3）实现现场与控制室、自控与手动控制切换；

（4）设定和修改系统控制参数；

（5）事故声、光报警及其历史记录查询；

（6）重要热工量及物性与成分量的历史记录查询；

（7）手动/自动打印报表功能；

（8）与之联网生产车间的运行状态浏览及数据信息查询；

（9）具有开放的数据通信接口。

8.4.4 防雷防静电与接地保护应符合国家现行的相关规范要求。

8.4.5 采用成套设备时，应具备与控制系统连接的通信接口。

9 辅助工程设计

9.1 电气系统

9.1.1 电气供配电设计应符合 GB 50052、GB 50054、GBJ 50034 和 GBJ 65 等设计规范的规定，电气防火、防爆和防雷电设计应按 GB 50058 和 GB 50057 等设计规范执行。

9.1.2 废水处理项目的配电应遵循下列原则：

（1）重要工艺设备应按二级负荷供电，并且应与焦化主体生产用电的要求相一致；

（2）对于单个用电量超过 220 kW 的用电设备，宜优先考虑采用 6 kV 或 10 kV 高压供电；

（3）废水处理系统所需的双回路电源，应优先选择由厂内就近变电所供电；

（4）低压配电室的位置应靠近负荷中心，用电设备较分散或处理单元相距较远的废水处理设施，可分散设置低压配电装置。

9.1.3 对用电量较大的设备应选用合适的启动和控制方式。

9.1.4 供、配电设计应符合国家有关用电安全和电力设计规范的规定，并满足下列要求：

（1）高大构筑物、建筑物及设备等应根据有关规范的规定进行防雷设计；

（2）有防静电要求的场所应进行防静电设计；

（3）配电设备、用电设备和电缆桥架等均应按有关规范要求进行保护接地或重复接地。

9.1.5 对分期建设或有明确远期规划的废水处理的供、配电设计，应留有可能的供电负荷和供配电场所。

9.2 给水与排水

9.2.1 给水和排水设计应符合 GB 50014、GB 50015、GB 50316 和 GB 50332 等设计规范的规定，消防、抗震和环境安全设计应按 GB 50016、GB 50140、GB 50032、GB 12348、GBZ 1 和 GBJ 87 等

有关设计规范执行。

9.2.2 废水处理建筑物、构筑物和管网的给水排水工艺设计，应进行负荷计算和水力计算。

9.2.3 生产及生活给水应满足生产、生活和安全卫生需要，并应满足下列规定：

（1）生活给水管道不得与非饮用水管道直接相连接；

（2）废水处理站内至少应有一处场所供应生活给水。

9.2.4 给排水设施的配备应满足生产和生活的需要，化验室内应配备下列给水排水设置：

（1）应设置足量的供蒸馏装置及蒸馏水器等连接软管用的皮带水嘴和排水接口；

（2）通风橱内应设给水皮带水嘴和排水口。

9.2.5 管网设置应遵循下列原则：

（1）废水处理站内的排水应采用分流制，且应与全厂排水管网系统相统一；

（2）占地面积较大的废水处理站和厂外独立设置的废水处理站，应设置雨水排水系统；

（3）地下水自流管道应采用防渗漏混凝土检查井。

9.2.6 污水处理站室内、外消防应满足国家相关消防规范的要求。

9.3 采暖通风与空调

9.3.1 采暖通风与空调设计应符合 GB 50019 等设计规范的规定。

9.3.2 对生产性建筑物，应根据使用性质和场所环境，采取必要的通风措施。其中在药剂间、药剂库、污泥脱水间、化验室、化验室通风橱及通风不畅的工作场所，应设置机械通风，换气次数宜为 5～8 次/h。

9.3.3 在寒冷地区的建筑物内，应根据国家有关规范规定设置采暖系统。其中有防冻要求的工业厂房内的采暖温度不应低于 5℃。

9.3.4 在经常有人工作的场所，应设置防暑降温设施。

9.3.5 计算机房（中控室）应根据设备工作环境条件需要，设置空气温度调节设施。

9.3.6 冬季生产加热或伴热用蒸汽可与采暖用蒸汽整体考虑。

9.4 建筑与结构

9.4.1 土建设计应符合 JGJ 79、GB 50069 和 GB 50010 等设计规范的规定，并应符合废水处理工艺的技术要求。土建防腐、抗震、防火和特殊地基处理应按 GB 50046、GB 50191、GB 50016 及 GB 50025 等设计规范执行。

9.4.2 土建设计应具有建设单位提供的完整设计基础资料。

9.4.3 土建设计应考虑地基处理对现有和相邻建筑的影响，以及分期建设及改、扩建施工及衔接的需要。

9.4.4 建筑设计应充分考虑下列内容：

（1）建筑设计应适用、经济、美观，并符合焦化废水处理的特点；

（2）建筑平面、剖面的设计应满足工艺生产、操作和检修的要求；

（3）建筑设计应充分考虑消防、采光、通风、日晒等因素的需要；

（4）建筑用材料应采用符合国家有关规定的环保、节能、安全、防腐的新型材料；

（5）对有酸碱等腐蚀介质的地面或墙面，应按有关规范要求采取防腐蚀措施；

（6）对有防噪声要求的建筑，应采取消声和隔声措施；

（7）对仪表操作室等有防静电要求的场所应采用防静电地板；

（8）建筑物的材料选用、布置、构造、疏散等均应符合国家有关防火规范的要求。

9.4.5 结构设计应充分考虑下列内容：

（1）结构设计应按有关设计规范要求，充分考虑各种静荷载和动荷载；

（2）结构布置、构造处理等应最大限度地满足生产、检修、安全及降低工程造价需要；

（3）地基处理应按岩土勘察报告和有关特殊地质地区地基处理的有关设计规范进行；

（4）在废水处理钢筋混凝土水池非连续浇注处应设置止水带；

（5）超长和超宽的钢筋混凝土水池，应按有关规范要求设置后浇带，或采取特殊施工技术措施；

（6）废水处理构筑物及水池应采用现浇防水钢筋混凝土结构，并应采用符合抗渗和满足结构强度要求的材料；

（7）废水处理构筑物及水池的抗裂要求应确保在正常运行状态下无渗漏；

（8）废水处理构筑物的沉降量限值应满足有关规范和废水处理工艺正常运行的要求。

9.5 厂区道路与绿化

9.5.1 焦化废水处理站应根据生产、检修、运输、安全需要，设置人行道和车行道。

9.5.2 道路设计应留有相关的各种地下管网、管廊、电力和电信线路等通行位置。

9.5.3 道路设计应考虑雨水排水和防洪、防涝、防地下设施被水淹等安全问题。

9.5.4 焦化废水处理站应根据国家有关规定要求及全厂绿化统一规划方案进行绿化。

10 劳动安全与职业卫生

10.1 一般规定

10.1.1 工程设计、工程施工及运行管理应符合国家现行劳动安全和职业卫生法律法规文件的有关规定。

10.1.2 工程设计企业质量管理应符合 GB/T 50380 的相关规定。工程设计应对下列可能产生的自然灾害和事故伤害进行必要的防范和消除：

（1）可能的自然灾害包括地震、海啸、雷电、风暴、冰雹、雨雪、炎热、冰冻、洪水、泥石流、滑坡、塌陷、不良地质和不明地质等；

（2）可能的事故伤害包括爆炸、火灾、触电、中毒、烧伤、溺水、窒息、坠落、跌落、坠物、噪声、机械伤害和化学危险品伤害等。

10.1.3 工程施工及生产运行管理劳动安全保护和职业卫生防护应建立健全相关规章制度：

（1）制定完善的安全施工和生产运行安全操作和卫生防护技术规程；

（2）对重大和易发劳动安全和职业卫生的危害源设置明显的警示；

（3）建立健全职工劳动安全和职业卫生各级岗位责任制；

（4）建立职工劳动安全和职业卫生定期检查和培训制度；

（5）对职工进行必要的劳动安全和职业卫生防护。

10.2 工程设计

10.2.1 工程设计中应对生产安全和职业卫生所采用技术措施的优先级别依次应为：设法消除隐患、降低危害程度、危害自动消除、危险警示、事故报警和应急处置等。

10.2.2 工程设计应符合 GB 18484、GB 18597、GB 18598、GB 50016、GB 50140、GB 50116、GB 50058、GB 3836、GB 50052、GB 50054、GB 50046、GB 12158、GB 50014、GB 50015、GB 50025、GB 18599、GB/T 25295、JGJ 79 及 HG 20571 等标准中有关安全防护方面的规定。

10.2.3 抗震设计应按 GB 50011、GB 50191 和 GB 50032 抗震设计规范执行，在地震烈度大于 9 度的地区，不得建设焦化废水处理设施。

10.2.4 压力容器和压力管道的设计应符合《特种设备安全检测条例》（国发 [2009] 549 号），以及压力容器压力管道设计许可规则 TSGR 1001 和《压力容器安全技术监察规程》（质技监局锅发 [1999] 154 号）等的有关规定。

10.2.5 工作场所卫生及防护设计应符合《工业企业设计卫生标准》（GBZ 1）、《生产设备安全卫生设计总则》（GB 5083）和《工作场所有害因素职业接触限值》（GBZ 2）的相关规定。

10.2.6 劳动及生产安全应符合下列规定：

（1）生产场所的梯子、平台等均应设置安全栏杆及踢脚板；

（2）地沟、水井等应设置安全盖板或井盖；

（3）在贮存和使用强酸、强碱等腐蚀性液体的场所应设置洗眼器；

（4）在生产、工作场所和危险地带应设置室内和室外照明及应急照明；

（5）对高大的建筑物、构筑物应进行防雷电保护；

（6）废水处理的重要设施应采用二级负荷供电，检修用电应采用低压安全电源；

（7）设备故障和水池警戒水位等应设置声、光报警；

（8）压力容器和压力管道应符合相关设计规定；

（9）应采取必要的防冻、防腐、防爆及防废水事故溢流等措施。

10.2.7 安全防火和防爆应符合相关规定：

（1）焦化废水处理生产建筑物、构筑物的耐火等级应不低于二级；

（2）建筑物、构筑物设置应满足消防要求的安全出入口数量、楼梯形式等；

（3）焦化废水处理的化验室、仪表操作室、配电室、办公室、药剂库等处宜配备统一的灭火器；

（4）在有消防要求的建筑物内设置室内消火栓，在废水处理站区域内设置室外消火栓；

（5）火灾爆炸危险类物品，应按其用量和贮量，根据有关规范要求进行防火和防爆设防。

10.2.8 职业卫生应满足如下规定：

（1）在有可能中毒的场所应采取防中毒措施；

（2）在化验室内应设置带机械通风的通风橱；

（3）鼓风机、通风机、泵类等设备选应选用低噪声的产品；

（4）在噪声较大的生产场所应设置有隔声功能的操作室、休息室；

（5）设置满足卫生要求的休息室、更衣室、浴池、卫生间等设施。

10.3 工程施工

10.3.1 工程施工安全与卫生应符合国家现行法律法规标准的有关要求。

10.3.2 工程施工质量应符合 GB 50300、GBJ 141、GB 50275、GB 50236、GB 50235、GB 50268、GB 50242、GB 50243、CECS 162、GBJ 232、GB 50254、GB 50256、GB 50257、GB 50212、GB 50126、GB 50185、JGJ 59、TSGZ 0004 和 TSGR 3001 等有关工程施工安全的相关规定。

10.3.3 建筑施工场界噪声限值应符合 GB 12523 标准的相关规定。

10.3.4 工程施工应实行安全许可证制度和安全员负责制。工程施工应制定安全施工操作规程，建立健全施工人员教育培训制度，未经教育培训或者考核不合格的人员，不得上岗作业。

10.3.5 工程施工应配备专业的安全员和必需的劳动安全及卫生保护用品。

10.3.6 工程施工劳动安全应符合相关规定：

（1）在防火、防爆、危险性物品区域施工，应向厂安全生产主管部门申请办理动火证；施工时应有生产主管安全部门的安全员负责监督，并应采取必要的安全和消防措施；

（2）在焦化生产区域内施工应严格执行生产厂的有关安全技术规定；

（3）高空作业应设置安全防护网，临时围墙，安全警示标志，临时保护，专人看守等必要的安全防范措施；

（4）工程施工及现场施工管理人员应戴安全帽，高空及悬空作业人员应佩戴安全带；

（5）雷雨天应严禁户外带电作业和焊接作业；

（6）工程施工应有防止突发事故的预案；

（7）地下开挖应采取防塌方措施；

（8）改扩建工程施工的地下开挖应注意不明电缆、暗道、危险物等可能产生的伤害；

（9）旧有生产设备和管道焊接应采取必要的安全技术措施，防止可能积存的油气、煤气、氨气在焊接时发生爆炸或有毒有害气体泄漏；

（10）煤气管道在通气前应采用氮气或蒸汽进行吹扫，并经化验确认管道中的含氧量低于相关标准后方可通煤气；

（11）管道穿越公路、铁路、河流等重要设施时，应经过有关管理部门的许可，并按有关规定或实际需要采取必要的安全措施。

10.3.7 工程施工职业卫生应符合下列规定：

（1）焊接作业应佩戴防护镜；

（2）清理强酸、强碱等腐蚀性液体的设备、管道应戴防护手套和防护服；

（3）接触有毒气体的施工，应佩戴防毒面具；

（4）生活给水管道在正式使用前应进行清洗和消毒；

（5）工程施工应防尘和防噪声；

（6）工程施工不得破坏或者污染周围水体及水源。

10.3.8 工程施工质量应符合下列规定：

（1）所购买的施工机械、建筑材料、安全保护用品应是经有关安全部门检验合格的产品；

（2）消防器材、安全器材和压力容器应送相关主管部门检验合格，并取得合格证明方可使用；

（3）工程安装的所有设备均应具有产品合格证和安装使用说明；

（4）架空及明装管道安装应按设计要求、工程施工验收规范及实际需要进行固定；

（5）设备安装精度应满足设备样本、相关技术规定及安全生产的需要；

（6）压力容器的安全阀、电气安全保护装置、自控系统参数等的设置与调整等应满足工艺要求和安全需要；

（7）电气保护接地电阻实测值应满足有关规定和设计要求；

（8）所有的管道在施工完毕后应按设计要求和有关技术规范规定进行试漏或试压；

（9）有防腐要求的设备、管道和钢制件，应根据设计要求和实际需要，按相关防腐技术规程进行防腐处理；

（10）有保温和防冻要求的设备和管道，应根据设计要求和实际需要，按相关保温图集或图纸进行保温，或采取放空等措施；

（11）所有水池应通过试漏检验无渗漏，沉降检验符合工艺使用及有关规范或设计要求；

（12）所有水池、水渠、管道等水处理设施应在通水前进行清扫和冲洗；

（13）所有设备应通过规定时间的单机试运转并检验合格；

（14）系统高程及管网在达到系统设计流量时，应能满足设计及工艺运转需要。

10.3.9 工程施工应注意保护地下和地上文物、建筑及周围生态环境。

10.4 生产运行

10.4.1 生产运行应符合国家现行法律法规的规定。

10.4.2 生产过程中的劳动安全和职业卫生应遵守 GB 12710、GB 6222、GB 6067、GB 4387、GBZ 230、GB 12801 和 GBZ 2 等相关安全规程、规范等的规定。

10.4.3 应建立和健全安全生产行政管理体系、各类人员岗位责任制，制订生产运行操作安全规程，化验室安全操作规程，化学试剂的保管及使用制度，易燃、易爆和危险化学品的安全存放及使用制度，剧毒化学药品购买、运输、保管、领取、使用、处置、急救及销毁的安全管理制度等。

10.4.4 应建立职工上岗安全培训制度，操作规程上墙张贴制度，危险物品公告警示制度，检修作业挂牌警示制度等。

10.4.5 应建立防火及防爆对策措施、电气安全对策措施、机械伤害对策措施、意外伤害防止与急救对策措施（包括坠落、坠物、烫伤、窒息、中毒等）、有害因素伤害控制对策措施（包括粉尘、剧毒品、强酸碱、噪声和振动等）、突发事件应急机制等。

10.4.6 安全生产应遵守下列规定：

（1）从事焦化废水处理的操作、化验及管理人员，应通过相关的安全技术培训和职业技能训练，并经考核合格后方可上岗；

（2）运行操作和分析化验人员应严格按照各自的安全操作技术规程进行操作；

（3）在化验蒸馏过程中必须有人看守；

（4）在油品、强酸及强碱等危险物贮存区应设立明显的警告牌，在防火、防爆等禁火区域应设置明显的警告标志；

（5）在车辆禁止通行危险区的道路两端，应设置活动栏杆等阻挡，应确保全厂所有消防通道畅通；

（6）在操作室、化验室的墙上应装挂岗位责任制及有关生产、化验的安全操作规程；

（7）在危险物警示警告牌上及墙上装挂的操作规程上，应标明危险物名称、性质、可能产生的危害、消除危害的方法、人身伤害的急救措施等；

（8）化验室所用的氰化钾等剧毒化学药品的使用和管理应符合公安部门关于其购买、运输、存取、贮存、保管、使用及销毁等有关规定；

（9）化验室内的挥发性酸、碱及石油醚的抽取、油的萃取操作等应在通风橱内进行；

（10）在电气设备、电气线路、电动机械等维修过程中应采用挂牌警示制度，应在电源开关处挂上“正在检修”字样的警示牌；

（11）对废水处理运行中发现的各种问题应及时予以处理；

（12）对揭开的安全盖板、井盖应及时盖好。

10.4.7 职业卫生应遵守下列规定：

（1）化验和操作人员上岗应穿戴规定的劳动保护和安全防护服饰；

（2）进行酸、碱及腐蚀性药品作业应佩戴防护手套；

（3）应设有醒目的“饮用水”“非饮用水”提示标志；

（4）严禁用化验室内玻璃器皿当餐具，严禁在放置药品的化验室用冰箱内放置食品。

11 工程施工与验收

11.1 工程施工

11.1.1 焦化废水处理工程施工应符合国家相关法律法规的有关规定。

11.1.2 焦化废水处理工程施工单位应具有相应的工程施工资质。

11.1.3 焦化废水处理工程施工实行建设质量负责制，施工单位对建设工程的施工质量负责，工程建设承包单位应当对其承包的建设工程质量负责。

11.1.4 工程施工应符合 GB 50300、GBJ 141、GB 50275、GB 50236、GB 50268、GB 50235、GB 50242、GB 50126、GB 50185、GB 50243、CECS 162、GB 50254、GB 50256、GBJ 232、GB 50257、GB 50203、GB 50208、GB 50164 及 GB 506666 等规定的技术要求。

11.1.5 工程施工前应编制施工组织计划，对主要施工方法，应分别编制施工组织计划：

（1）工程概况；

（2）工程拆迁计划、施工部署、施工方法；

（3）材料及主要机械设备的供应计划，材料和混凝土试块等的质检计划；

（4）施工质量的技术保证措施、安全施工技术措施；

（5）雨季和冬季施工所采取的技术措施；

（6）节能环保技术措施、保障交通及周围环境的技术措施；

（7）施工进度计划；

（8）施工总平面图等。

11.1.6　临时基准点和工程施工控制桩的设置应牢固，并应采取必要的保护措施，其位置应便于观察，并应经过复核后才可使用，且应经常复核。

11.1.7　施工单位应按照工程设计图纸及设计变更进行施工。

11.1.8　施工单位应按照工程设计要求、施工质量标准和合同约定，对法定和规定的建筑材料、安全设备、消防器材、商品混凝土和混凝土试块等送相关质检部门进行检验，未经检验或检验不合格的一律不得使用。

11.1.9　隐蔽工程应经过中间验收合格后方可进行下一道工序施工。

11.1.10　施工单位应建立、健全施工质量管理制度，并应满足下列规定：

（1）地基验槽、隐蔽工程、材料报验、混凝土试块制作及检验、验收等应按法定程序进行，并应取得质检部门签署的检验合格证明或工程建设相关各方签字的质量合格文件；

（2）设备、仪器、仪表、器材等开箱应有合格证、说明书、安装图等技术文件，并应由相关各方进行数量、质量检验，并将相关文件存档保存；

（3）施工时应注意各专业间的紧密配合，并不得遗漏预埋件（预埋钢板、预埋套管、预埋管道、预埋螺栓、预埋构件等）和预留孔洞，其中水下部分所埋套管应为防水套管；

（4）对雨季施工、冬季施工、交叉施工、突击施工、特殊地基施工、抗震结构施工、穿越沉降缝或断裂带施工等，应制订切实可行的施工方案；

（5）混凝土水池的浇注宜采用机械搅拌连续浇注方式施工，并应切实捣实和严格遵守对浇注间隔时间的规定，确保浇注后的水池无渗漏，冬季浇注应采取防冻措施；

（6）在混凝土浇筑时，应确保进出水堰的结构尺寸和标高，设有刮泥机的沉淀池的内底浇注应确保各同心圆上的标高一致；

（7）设备、仪器、仪表、电器及材料安装应充分考虑到防雨、防潮、防冻、防压、防碰、防电磁干扰、防晒、防火、防雷、防静电、防爆、防尘、防震动、防腐蚀、防噪声、防温度剧烈变化等安全防护技术要求；

（8）明装管道及器件安装应整洁美观，并便于通行、检修和阀门操作；

（9）自流管道的酚水检查井应采用钢筋混凝土结构并确保管道连接处密封严密不渗漏；

（10）管道安装完应根据设计和有关规范技术要求进行试压或试漏，危险性气体管道应进行气密性试验；

（11）出水堰安装应确保堰口在同一水平高度上，且堰板与堰连接处应严密不漏水；

（12）水池施工养护完毕后应根据有关规范要求进行渗漏试验，并确保水池无渗漏，沉降量和不均匀沉降量均符合有关规范和工艺使用要求；

（13）所有埋地、明装和水下钢管及钢制件均应按设计要求和有关规范规定进行防腐处理，对于有防冻要求的管道应按设计要求进行保温；

（14）所有仪表及电器应调试合格并留存调试记录。

（15）应建立档案管理制度，及时收集整理施工过程中建设项目各个环节的文件资料，包括设计变更文件、技术性能测试记录及测试过程中的故障和修复记录、管道水压测验及闭水试验记录、中间验收记录等有关材料。

（16）工程竣工后应绘制竣工图，并将有关设计图，设计变更，施工、检验及验收文件和相关技术资料立卷归档。

11.2 工程竣工验收

11.2.1 工程竣工验收应符合国家的相关法律、法规、标准及法定程序。

11.2.2 工程竣工验收应当具备下列条件：

（1）完成建设工程设计和合同约定的各项内容；

（2）试生产（即废水处理工程开工）完毕；

（3）有完整的技术档案和施工管理资料；

（4）有工程使用的主要建筑材料、构配件和设备的进场试验报告；

（5）有建设、勘察、设计、施工、监理（实行监理的项目）等单位签署的质量合格文件；

（6）有规划、公安消防、环境保护、安全及卫生等部门签署的认可文件或准许使用文件。

11.2.3 工程竣工验收工程质量应达到的条件：

（1）工程施工内容符合设计图纸要求，工程施工质量符合国家有关标准及相关规定；

（2）单机及联动试车完成并合格，试生产期间机电设备能确保系统正常稳定运行；

（3）系统流通能力达到负荷要求；

（4）系统中所有阀门均能严密关闭和正常开启；

（5）在夏季高温和好氧池达到正常工作水位时，空气鼓风机能正常工作；

（6）好氧池内曝气系统完好，且固定牢固；

（7）生物膜缺氧反硝化系统配水及集水均匀；

（8）自动化计量及检控系统符合生产运行要求；

（9）试生产期间发现的系统缺陷和问题已全部整改完毕。

11.3 工程环境保护验收

11.3.1 焦化废水处理工程项目的环境保护达标验收应符合《建设项目竣工环境保护验收管理办法》的有关规定。

11.3.2 焦化废水处理工程建设项目的试生产和生化处理微生物培养应满足下列规定：

（1）在焦化主体工程投入试生产的同时，焦化废水治理的化工专业物化处理部分也应同时进行试生产，焦化废水治理的生化处理部分应同时进行微生物培养；

（2）在试生产和微生物培养期间，建设单位应当对废水处理设施的运行情况和对环境的影响进行检测和控制；

（3）在试生产和微生物培养期间，焦化废水的化工专业物化处理部分应能基本达到设计处理效果，生化处理部分应按焦化废水处理微生物培养规律，逐步达到处理效果。

11.3.3 焦化废水治理工程的环保验收应具备的条件是：

（1）建设前期环境保护审查、审批手续完备，技术资料与环境保护档案资料齐全；

（2）废水治理设施及其他保护措施已按批准的环境影响报告和设计文件的要求建成，废水处理设施经负荷试车检测和生产运行，其防治污染能力满足主体生产的需要；

（3）废水治理设施的配置及装备满足废水处理稳定达标运行要求，废水治理设施的土建施工、设备安装和材料选用符合国家和行业的工程验收规范、规程和检验评定标准的要求；

（4）废水处理设计、施工及运行管理应符合国家及行业的有关规定；

（5）具备废水处理设施正常运转的条件，其中包括具备经培训合格的运行操作和分析化验人员，制定有健全的岗位操作规程及相应的规章制度；

（6）生产用水、电、汽、气、药剂等供应落实，符合交付使用的其他要求；

（7）废水外排或回用的水质和水量已符合相关标准的规定，且废水在线检测系统已按规定建成，同步投入试运行，达到验收条件；

（8）各项生态保护措施已按环境影响报告规定的要求落实，建设项目建设过程中受到破坏并应恢复的环境已按规定采取了恢复措施；

（9）环境检测项目、点位、机构设置及人员配备，已符合环境影响报告和有关规定的要求，并能提供试生产期间自检环境检测记录；

（10）按国家有关规定应设置的安全防范设施已投入运行，符合相关安全规定，不存在其他安全隐患。

11.3.4 分期建设、分期投入生产或者使用的建设项目，焦化废水处理设施应分期验收。

12 运行与维护

12.1 运行和维护应制定详尽和完善的生产运行和分析化验操作规程。

12.2 从事焦化废水处理分析化验、运行操作和技术管理的人员应进行上岗前认证培训和上岗后定期培训。

12.3 日常生产运行管理应采用连续在线监测和不定期取样化验抽检相结合的方法。

12.4 分析化验及运行管理应实行上下班交接班制度，其中运行操作应在现场进行交接班。

12.5 焦化废水生化处理开工应培育出焦化废水生物脱氮处理所需的各类微生物。

12.6 生产运行管理应实行每小时一次的现场点检制度，并填写点检表（参见附录B）。

12.7 生化处理运行的重要控制指标为 NH_3-N 浓度、溶解氧、pH 值和系统温度，其各关键部位的运行控制指标为：

（1）蒸氨废水、除油池、均和池及厌氧池：

氨氮：80～200 mg/L（正常），40～300 mg/L（极限范围）；

油＜100 mg/L；　水温：50～80℃（随季节调整）

pH：7.0～8.2（根据化验结果确定适宜的控制点和控制区间）。

（2）缺氧池：

pH：7～7.5；　P：＞0.5 mg/L；

温度：20～35℃；　硝化液回流比：300%～600%；

氨氮：根据其进水浓度和硝化液回流比来计算确定，当采用 A/O 全活性污泥法生物脱氮工艺时，还需考虑亚硝化菌对氨氮的吸附能力。

（3）好氧池出口：

NH_3-N：微量；　NO_2^--N：微量；

pH：6.5～7.5；　P：0.5～1.0 mg/L；

DO：＞2 mg/L；　MLSS：＞2 g/L；

温度：20～35℃；　污泥：沉降性能良好。

12.8 分析化验项目、频率及取样点应根据废水处理工艺检控需要确定（参见附录B）。

12.9 焦化废水生化处理运行应遵循如下原则：

（1）不合格的蒸氨废水、化产装置区所排酸碱废液、管道冷凝液、生产操作事故冒槽溢流液、加杀菌剂后的循环冷却水排污水等应不得送到生化处理系统；

（2）应确保蒸氨系统所需蒸汽压力和汽量的供应，应确保进蒸氨塔的废水流量恒定，应根据蒸氨废水的氨氮浓度和 pH 适时调整蒸氨加碱量；

（3）当二沉池出水氨氮浓度有持续升高趋势时，或缺氧系统的氨氮超过运行控制指标时，应适时对生化系统进行恢复性调整；

（4）确保生化系统的旋转布水器、生物填料、潜水搅拌机、曝气系统及刮泥机等核心设备和部位正常运转；

（5）废水处理系统的备用设备应处于完好状态。

12.10 生产运行和分析化验应及时申报药剂和药品采购计划。

12.11 机电及机械设备应定期进行保养和维修。

12.12 运行操作应制定事故状态下的应急预案。

附 录 A
（资料性附录）
有关水质水量指标参考表

表 A.1 煤气净化及化学产品回收过程中的几种典型焦化废水水质和水量指标参照表

序号	项 目	COD_{Cr}/（mg/L）	挥发酚/（mg/L）	总氰/（mg/L）	硫氰酸根/（mg/L）	氨氮/（mg/L）	石油类/（mg/L）	废水量/（m^3/t 焦）	备 注
1	剩余氨水	4 000～9 000	400～2 600	30～60	200～900	2 500～6 000	200～800	0.10～0.23	
2	粗苯分离水	7 000～12 000	350～650	20～50		40～200	120～500	0.025～0.028	
3	煤气终冷排污水							0～0.058	该水已送氨水系统全负压回收时为 0
		400～700	100～500	16～25				0.09～0.11	氨水脱硫
		400～700	100～500	16～25				0.10～0.12	冷法弗萨姆
4	粗苯、终冷排污水	500～700	30～50	15～25	10～20	200～400	5～15	0.13～0.18	塔—希法脱硫制硫酸
5	蒸氨及回收工艺排水	3 000～4 000	90～200	6～10	300～400	850～1 000	5～15	0.25～0.34	无饱和器法产硫铵设有废水脱酚装置
6	无水氨塔底排水							0.030～0.035	蒸氨气产无水氨
								0.020～0.025	煤气产无水氨
7	煤气水封水	4 500～5 500	200～300	5～10	200～300	950～1 200	21 000～23 000	0.01～0.02	槽罐车收集
8	脱硫废液				180 000～420 000	3 500～5 500			HPF、PDS 脱硫

表 A.2 苯加氢精制过程中典型焦化废水水质和水量指标参照表

排水点名称	COD_{Cr}/（mg/L）	挥发酚/（mg/L）	总氰/（mg/L）	硫氰酸根/（mg/L）	氨氮/（mg/L）	苯系物/（mg/L）	废水量/[m^3/（t 粗苯）]	备 注
凝液分离水槽	5 000～6 500	25～40	15～25	15～25	2 000～3 000	800～1 000	0.15～0.50	莱托法苯加氢
工艺混合废水槽					5 000～7 000	250～350	0.10～0.15	溶剂法苯加氢

表 A.3 酸洗法苯精制过程中几种典型焦化废水水质和水量指标参照表

序号	排水点名称	COD_{Cr}/（mg/L）	挥发酚/（mg/L）	总氰化物/（mg/L）	硫氰酸根/（mg/L）	全氨/（mg/L）	苯系物/（mg/L）	废水量/[m^3/（t 粗苯）]
1	原料油槽分离水	5 000～8 000	450～650	200～500		200～280	3 000～3 500	0.03～0.04
2	两苯塔和初馏塔分离水	3 000～4 500	800～1 000	100～250		200～400	6 000～8 500	0.04～0.5
3	吹苯塔和各产品塔分离水	1 500～2 000	2.5～4.5	0.2～0.5		20～50	200～300	0.04～0.5
4	刷槽车水	200～300	1.5～2.0	0.1～0.2		10～30	30～60	0.01～0.02
5	刷地坪水	450～650	1.0～1.5	0.05～0.1		10～30	200～800	0.03～0.04

表 A.4 焦油加工（常压蒸馏）过程中几种典型焦化废水水质和水量指标参照表

序号	排水点名称	COD_{Cr}/（mg/L）	挥发酚/（mg/L）	总氰/（mg/L）	硫氰酸根/（mg/L）	氨氮/（mg/L）	石油类/（mg/L）	排水量/（t/t 焦油）
1	原料槽分离水	17 100～21 600	3 200～3 500	30～60	100～900	200～400	1 860～11 100	0.01～0.02
2	最后脱水	29 000～38 900	5 400～6 300	330～6 500	60～1 800	300～2 500	500～10 000	0.03～0.04
3	蒸吹脱酚分离水	16 100～78 000	3 000～14 900	250～350	90～430	500～900	300～10 000	0.06～0.18
4	硫酸钠废水	32 000～63 000	6 200～11 800	1 500～2 300	90～470	50～80	1 700～12 700	0.008～0.012
5	沥青池排污水	100～470	20～80	1～5	10～135	20～40	20～40	0.5～1.5

表 A.5 焦油加工（减压蒸馏）过程中典型焦化废水水质和水量指标表

序号	项目		COD_{Cr}/（mg/L）	挥发酚/（mg/L）	总氰/（mg/L）	硫氰酸根/（mg/L）	氨氮/（mg/L）	挥发酚/（mg/L）	废水量/（m^3/t 原料）	备注
1	焦油蒸馏脱水		25 000～35 000	3 000～4 000	200～300	130～180	4 500～6 000		0.03～0.11	m^3/t 焦油
2	酚盐分解中和槽		38 000～45 000	2 000～3 000				70～100	2.5～7	m^3/t 粗酚 不含送焚烧水量
3	古马隆脱酚排水		2 000～2 500	5 000～6 500				100～180	0.08～0.25	m^3/t 古马隆
4	吡啶精制脱水		900～1 200						1.0～1.8	m^3/t 粗吡啶
5	沥青延迟焦排水槽	范围	13 460～80 400	147～13 010	0.5～12 420	1 001～1 459	6 450～16 130	36～1 971	0.70～0.86	m^3/t 沥青焦
		平均	约 37 800	约 7 050	约 1 630	约 1 100	约 11 700	约 350		
	蒸馏塔回流槽		约 70 160	约 7 600	约 375	约 2 500	约 8 895	约 8.5		
	排污系统		3 100～15 400	600～2 500	1～6	5 000～15 000	500～1 500	100～400		
6	处理后含氟废水		900～1 000						0.95～1.05	m^3/t 古马隆 含 F≤100 mg/L

表 A.6 洗油、精蒽及蒽醌加工过程中几种典型焦化废水水质和水量指标表

序号	项目	排 水 点	排水量/（m^3/d）	排水制度	备 注
1	洗油加工	原料槽分离水	0.30（约 100 m^3/a）	定期	洗油加工为蒸馏—熔融静止结晶法，其加工能力为：11 700 t/a；萘油加工能力为：10 100 t/a；焦化轻油加工能力为：2 500 t/a。
2		轻馏分冷凝液分离水	微量	定期	
3		脱盐基设备分离水	0.16（约 55 m^3/a）	定期	
4	精蒽加工	溶剂油分离水	0.05	间歇送至油品配置	
5	蒽醌加工	洗净器排水	0.72		

表 A.7 几种典型蒸氨废水水质和水量表参照表

序号	项目	COD_{Cr}/（mg/L）	挥发酚/（mg/L）	总氰/（mg/L）	硫氰酸根/（mg/L）	氨氮/（mg/L）	石油类/（mg/L）	废水量/（m^3/t 焦）	备 注
1	脱酚脱固定氨	1 750～2 700	90～200	5～40	300～700	60～300	30～200	0.25～0.35	蒸氨耗蒸汽量为：120～170 kg/（m^3 废水）
2	不脱酚脱固定氨	2 500～6 500	250～1 250	5～40	300～700	60～300	30～200	0.250.35	
3	不脱酚脱挥发氨	2 500～6 500	250～1 250	5～40	300～700	600～1 000	30～200	0.25～0.35	
说明	废水水质与原废水组成有关；废水量指标中未包括化学产品精制部分的废水，若有化学产品精制废水送蒸氨，应根据其水量及水质对相关的指标进行调整；蒸氨后废水中氨氮与蒸氨操作条件有关，运行正常且稳定的蒸氨系统，蒸氨废水的氨氮浓度都在 80～200 mg/L。								

附 录 B

（规范性附录）

日常运行和点检记录及化验结果报告单参考格式表

表 B.1 ________公司焦化废水生化处理站运行记录表（一）

年 月 日

时间	pH 值									SV_{30}/%				温 度/℃									运 行 情 况
	蒸氨废水	除油池		均和池		缺氧池		好氧池		缺氧池		好氧池		蒸氨废水	除油池		均和池		缺氧池		好氧池		
		1#	2#	1#	2#	1#	2#	1#	2#	1#	2#	1#	2#		1#	2#	1#	2#	1#	2#	1#	2#	
1																							
2																							
3																							
4																							
5																							
6																							
7																							交班：
8																							接班：
9																							
10																							
11																							
12																							
13																							
14																							
15																							交班：
16																							接班：
17																							
18																							
19																							
20																							
21																							
22																							
23																							交班：
24																							接班：

表 B.2 ________公司焦化废水生化处理站运行记录表（二）

年　　月　　日

时间	流量/（m^3/h/）												液位/m					说　明：			
	蒸氨废水	其他废水	好氧空气		回流泥		混合液		复用水	送熄焦水	絮凝污泥	事故池		$1^{\#}$吸水井	$2^{\#}$吸水井	$3^{\#}$污泥井	1 加药量单位为 kg； 2 提示药剂库存情况。			
			$1^{\#}$	$2^{\#}$	$1^{\#}$	$2^{\#}$	$1^{\#}$	$2^{\#}$				$1^{\#}$	$2^{\#}$							
1																	加药量/kg			
2																	Na_2CO_3		NaH_2PO_4	
3																				
4																	记事：			
5																				
6																				
7																				
8																	交班：　　接班：			
9																	加药量/kg			
10																	Na_2CO_3		NaH_2PO_4	
11																				
12																	记事：			
13																				
14																				
15																				
16																	交班：　　接班：			
17																	加药量/kg			
18																	Na_2CO_3		NaH_2PO_4	
19																				
20																	记事：			
21																				
22																				
23																				
24																	交班：　　接班：			

表 B.3 ＿＿＿＿＿公司焦化废水生化处理站日常点检记录表（一）

年　　月　　日

<table>
<tr><td>设备名称</td><td>泵</td><td>设备编号</td><td></td><td colspan="24">点　检　时　间</td><td>运　行　情　况</td></tr>
<tr><td>序号</td><td>点检项目</td><td>点检内容</td><td>点检标准</td><td>1</td><td>2</td><td>3</td><td>4</td><td>5</td><td>6</td><td>7</td><td>8</td><td>9</td><td>10</td><td>11</td><td>12</td><td>13</td><td>14</td><td>15</td><td>16</td><td>17</td><td>18</td><td>19</td><td>20</td><td>21</td><td>22</td><td>23</td><td>24</td><td rowspan="19"></td></tr>
<tr><td>1</td><td>泵体</td><td>异音</td><td>无异音</td><td></td><td></td><td></td><td></td><td></td><td></td><td></td><td></td><td></td><td></td><td></td><td></td><td></td><td></td><td></td><td></td><td></td><td></td><td></td><td></td><td></td><td></td><td></td><td></td></tr>
<tr><td>2</td><td>泵体</td><td>振动</td><td>无异常振动</td><td></td><td></td><td></td><td></td><td></td><td></td><td></td><td></td><td></td><td></td><td></td><td></td><td></td><td></td><td></td><td></td><td></td><td></td><td></td><td></td><td></td><td></td><td></td><td></td></tr>
<tr><td>3</td><td>泵轴承</td><td>温度</td><td><65℃</td><td></td><td></td><td></td><td></td><td></td><td></td><td></td><td></td><td></td><td></td><td></td><td></td><td></td><td></td><td></td><td></td><td></td><td></td><td></td><td></td><td></td><td></td><td></td><td></td></tr>
<tr><td>4</td><td>泵轴承</td><td>异音</td><td>无异音</td><td></td><td></td><td></td><td></td><td></td><td></td><td></td><td></td><td></td><td></td><td></td><td></td><td></td><td></td><td></td><td></td><td></td><td></td><td></td><td></td><td></td><td></td><td></td><td></td></tr>
<tr><td>5</td><td>填料函</td><td>泄漏</td><td>无泄漏</td><td></td><td></td><td></td><td></td><td></td><td></td><td></td><td></td><td></td><td></td><td></td><td></td><td></td><td></td><td></td><td></td><td></td><td></td><td></td><td></td><td></td><td></td><td></td><td></td></tr>
<tr><td>6</td><td>泵壳</td><td>龟裂</td><td>无龟裂及其他缺陷</td><td></td><td></td><td></td><td></td><td></td><td></td><td></td><td></td><td></td><td></td><td></td><td></td><td></td><td></td><td></td><td></td><td></td><td></td><td></td><td></td><td></td><td></td><td></td><td></td></tr>
<tr><td>7</td><td>地脚螺栓</td><td>松弛</td><td>无松动</td><td></td><td></td><td></td><td></td><td></td><td></td><td></td><td></td><td></td><td></td><td></td><td></td><td></td><td></td><td></td><td></td><td></td><td></td><td></td><td></td><td></td><td></td><td></td><td></td></tr>
<tr><td>8</td><td>基础</td><td>龟裂</td><td>无龟裂及其他缺陷</td><td></td><td></td><td></td><td></td><td></td><td></td><td></td><td></td><td></td><td></td><td></td><td></td><td></td><td></td><td></td><td></td><td></td><td></td><td></td><td></td><td></td><td></td><td></td><td></td></tr>
<tr><td>9</td><td>电机</td><td>振动</td><td>无异常振动</td><td></td><td></td><td></td><td></td><td></td><td></td><td></td><td></td><td></td><td></td><td></td><td></td><td></td><td></td><td></td><td></td><td></td><td></td><td></td><td></td><td></td><td></td><td></td><td></td></tr>
<tr><td>10</td><td>电机</td><td>温度</td><td><65℃</td><td></td><td></td><td></td><td></td><td></td><td></td><td></td><td></td><td></td><td></td><td></td><td></td><td></td><td></td><td></td><td></td><td></td><td></td><td></td><td></td><td></td><td></td><td></td><td></td></tr>
<tr><td>11</td><td>电机</td><td>电流</td><td><__A</td><td></td><td></td><td></td><td></td><td></td><td></td><td></td><td></td><td></td><td></td><td></td><td></td><td></td><td></td><td></td><td></td><td></td><td></td><td></td><td></td><td></td><td></td><td></td><td></td></tr>
<tr><td>12</td><td>电机轴承</td><td>温度</td><td><80℃</td><td></td><td></td><td></td><td></td><td></td><td></td><td></td><td></td><td></td><td></td><td></td><td></td><td></td><td></td><td></td><td></td><td></td><td></td><td></td><td></td><td></td><td></td><td></td><td></td></tr>
<tr><td>13</td><td>电机轴承</td><td>异音</td><td>无异音</td><td></td><td></td><td></td><td></td><td></td><td></td><td></td><td></td><td></td><td></td><td></td><td></td><td></td><td></td><td></td><td></td><td></td><td></td><td></td><td></td><td></td><td></td><td></td><td></td></tr>
<tr><td>14</td><td>泵出口</td><td>压力</td><td>>__mPa</td><td></td><td></td><td></td><td></td><td></td><td></td><td></td><td></td><td></td><td></td><td></td><td></td><td></td><td></td><td></td><td></td><td></td><td></td><td></td><td></td><td></td><td></td><td></td><td></td></tr>
<tr><td>15</td><td>泵出口</td><td>流量</td><td>>__m^3/h</td><td></td><td></td><td></td><td></td><td></td><td></td><td></td><td></td><td></td><td></td><td></td><td></td><td></td><td></td><td></td><td></td><td></td><td></td><td></td><td></td><td></td><td></td><td></td><td></td></tr>
<tr><td>16</td><td>润滑</td><td>油脂</td><td>给油正常</td><td></td><td></td><td></td><td></td><td></td><td></td><td></td><td></td><td></td><td></td><td></td><td></td><td></td><td></td><td></td><td></td><td></td><td></td><td></td><td></td><td></td><td></td><td></td><td></td></tr>
<tr><td colspan="4">点　检　人</td><td colspan="8"></td><td colspan="8"></td><td colspan="8"></td></tr>
<tr><td colspan="4">说明：1）正常划“√”，不正常划“×”，“×”应在记事栏内写明情况及处理意见；
2）记事栏内要写明本班设备运行时间及需交班内容。</td><td colspan="8">记事：

交班：　　　　接班：</td><td colspan="8">记事：

交班：　　　　接班：</td><td colspan="8">记事：

交班：　　　　接班：</td></tr>
</table>

表 B.4 __________公司焦化废水生化处理站日常点检记录表（二）

年 月 日

设备名称	处理设施	设备编号		点检时间																								运行情况
序号	点检项目	点检内容	点检标准	1	2	3	4	5	6	7	8	9	10	11	12	13	14	15	16	17	18	19	20	21	22	23	24	
1	除油池	两系进水	恒量均等																									
2	除油池	油位	需否排油																									
3	均和池	NH_3-N/mg/L	60～200																									
4	均和池	水温/℃	＞80（冬） ＜60（夏）																									
5	缺氧池	搅拌机	正常运转																									
6	缺氧池	两系加碱	适量均等																									
7	缺氧池	拌热	是否正常																									
8	好氧池	两系加碱	适量均等																									
9	好氧池	各点曝气	是否均匀																									
10	好氧池	消泡	是否合理																									
11	好氧池	汽提装置	适量均等																									
12	好氧池	回流污泥	适量均等																									
13	好氧池	剩余污泥	排泥																									
14	好氧池	污泥状态	活性良好																									
15	好氧池	排上清液阀	关闭无漏																									
16	二沉池	刮泥机	正常运转																									
17	二沉池	堰板出水	四周均匀																									
18	二沉池	表面	无飘泥																									
19	旋流器	加药	是否加药																									
20	旋流器	絮凝状况	是否良好																									
21	絮凝池	刮泥机	正常运转																									
22	絮凝池	堰板出水	四周均匀																									
23	絮凝池	表面	无飘泥																									
24	絮凝池	排泥	是否排泥																									
25	浓缩池	刮泥机	正常运转																									
26	除油池	两系进水	恒量均等																									
点检人																												
说明：1）正常划“√”，不正常划“×”，“×”应在记事栏内写明情况及处理意见； 2）记事栏内要写明本班设备运行时间及需交班内容。				记事： 交班： 接班：								记事： 交班： 接班：								记事： 交班： 接班：								

表 B.5 ____________公司焦化废水处理站化验结果报告单

年　　月　　日

时间	水　样	COD_{Cr}	酚	TCN	SCN^-	S^{2-}	TN	
单　日（9:00）	蒸氨废水							
	1#均和池							
	1#缺氧池							
	1#絮沉池							
	2#絮沉池							
双　日（9:00）	__#除油池							
	2#均和池							
	2#缺氧池							
	1#絮沉池							
	2#絮沉池							
	总出水							

时　间	水　样	NO_2^--N	NO_3^--N	TP		项　目	总出水	蒸氨废水
17:00	1#缺氧池					**凯氏氮**		
	2#缺氧池					**总有机碳**		
	1#二沉池					**苯系物**		
	2#二沉池					**苯并[a]芘**		
	1#絮沉池					项　目	1#絮沉池	2#絮沉池
	2#絮沉池					SS		

时　间	1#好氧池			2#好氧池			1#缺氧池		2#缺氧池		水　样	油
	SV_{30}	pH	水温	SV_{30}	pH	水温	pH	水温	pH	水温	剩余氨水	
9:00											蒸氨废水	
15:00											__#除油池	
1:00											__#均和池	
5:00											总出水	

时　间	水　样	NH_3-N	pH	水温/℃	蒸氨塔运行参数	
9:00	蒸氨废水				塔顶温度	℃
	1#除油池				塔底温度	℃
	1#二沉池				塔内压力	kPa
	2#二沉池				废水流量	m^3/h
13:00	蒸氨废水				塔顶温度	℃
	2#除油池				塔底温度	℃
	__#均和池				塔内压力	kPa
	1#缺氧池				废水流量	m^3/h
17:00	蒸氨废水				塔顶温度	℃
	1#均和池				塔底温度	℃
	2#均和池				塔内压力	kPa
	2#缺氧池				废水流量	m^3/h
21:00	蒸氨废水				塔顶温度	℃
	1#除油池				塔底温度	℃
	1#二沉池				塔内压力	kPa
	2#二沉池				废水流量	m^3/h
1:00	蒸氨废水				塔顶温度	℃
	2#除油池				塔底温度	℃
	1#均和池				塔内压力	kPa
	2#均和池				废水流量	m^3/h
5:00	蒸氨废水				塔顶温度	℃
	__#除油池				塔底温度	℃
	1#均和池				塔内压力	kPa
	2#均和池				废水流量	m^3/h

记事：	记事：	记事：
白　班	中　班	夜　班

项　目	1#好氧池	2#好氧池	1#回流泥	2#回流泥
MLSS				
MLVSS				
DO			—	—

项　目	1#反应池	2#反应池	浓缩池	污泥饼
污泥含水率				

注：1．黑体字表示项目为每周 2 次或不定期分析项目；2．苯并[a]芘单位为μg/L，其他浓度单位为 mg/L，SV_{30} 及含水率单位为%。

HJ

中华人民共和国国家环境保护标准

HJ 2023—2012

厌氧颗粒污泥膨胀床反应器废水处理工程技术规范

Technical specifications of expanded granular sludge bed（EGSB）reactor for wastewater treatment

2012-12-24 发布　　　　2013-03-01 实施

环　境　保　护　部　发布

前　　言

为贯彻《中华人民共和国环境保护法》和《中华人民共和国水污染防治法》，规范厌氧颗粒污泥膨胀床反应器废水处理工程的建设与运行管理，防治环境污染，保护环境和人体健康，制定本标准。

本标准规定了厌氧颗粒污泥膨胀床反应器的工艺设计、检测和控制、施工与验收、运行与维护等技术要求。

本标准为指导性标准。

本标准为首次发布。

本标准由环境保护部科技标准司组织制订。

本标准主要起草单位：中国环境保护产业协会、清华大学、北京市环境保护科学研究院、山东十方环保能源股份有限公司。

本标准环境保护部 2012 年 12 月 24 日批准。

本标准自 2013 年 3 月 1 日起实施。

本标准由环境保护部解释。

厌氧颗粒污泥膨胀床反应器废水处理工程技术规范

1 适用范围

本标准规定了厌氧颗粒污泥膨胀床反应器废水处理工程的工艺设计、检测和控制、施工与验收、运行与维护的技术要求。

本标准适用于采用厌氧颗粒污泥膨胀床反应器处理工业有机废水工程的设计、建设与运行管理，可作为环境影响评价、设计、施工、验收及建成后运行与管理的技术依据。

内循环厌氧反应器和厌氧流化床反应器的设计、运行等可参考本标准。

2 规范性引用文件

本标准引用了下列文件或其中的条款。凡是未注日期的引用文件，其最新版本适用于本标准。

GB 3836 爆炸性气体环境用电气设备

GB 12348 工业企业厂界环境噪声排放标准

GB 12801 生产过程安全卫生要求总则

GB 50011 建筑抗震设计规范

GB 50014 室外排水设计规范

GB 50015 建筑给水排水设计规范

GB 50016 建筑设计防火规范

GB 50017 钢结构设计规范

GB 50037 建筑地面设计规范

GB 50040 动力机器基础设计规范

GB 50046 工业建筑防腐蚀设计规范

GB 50052 供配电系统设计规范

GB 50053 10 kV 及以下变电所设计规范

GB 50054 低压配电设计规范

GB 50057 建筑物防雷设计规范

GB 50069 给水排水工程构筑物结构设计规范

GB 50187 工业企业总平面设计规范

GB 50202 建筑地基基础工程施工质量验收规范

GB 50203 砌体结构工程施工质量验收规范

GB 50204 混凝土结构工程施工质量验收规范

GB 50205 钢结构工程施工质量验收规范

GB 50209 建筑地面工程施工质量验收规范

GB 50222 建筑内部装修设计防火规范

GB 50268 给水排水管道工程施工及验收规范

GB 50275 风机、压缩机、泵安装工程施工及验收规范

GB/T 18883 室内空气质量标准

GBJ 19 采暖通风与空气调节设计规范

GBJ 22 厂矿道路设计规范

GBJ 87 工业企业噪声控制设计规范

GBZ 1 工业企业设计卫生标准

GBZ 2.1 工作场所有害因素职业接触限值 第 1 部分：化学有害因素

GBZ 2.2 工作场所有害因素职业接触限值 第 2 部分：物理因素

CJJ 60 城市废水处理厂运行、维护及其安全技术规程

HGJ 212 金属焊接结构湿式气柜施工及验收规范

HJ/T 91 地表水和废水监测技术规范

JGJ 80 建筑施工高处作业安全技术规范

NY/T 1220.1 沼气工程技术规范 第 1 部分：工艺设计

NY/T 1220.2 沼气工程技术规范 第 2 部分：供气设计

《建设项目（工程）竣工验收办法》 （国家计委 计建设[1990]1215 号）

《建设项目竣工环境保护验收管理办法》 （国家环境保护总局令 第 13 号）

3 术语和定义

下列术语和定义适用于本标准。

3.1 厌氧颗粒污泥膨胀床反应器 expanded granular sludge blanket reactor（简称 EGSB 反应器）

指由底部的污泥区和中上部的气、液、固三相分离区组合为一体的，通过回流和结构设计使废水在反应器内具有较高上升流速，反应器内部颗粒污泥处于膨胀状态的厌氧反应器。

3.2 外循环 external the circle

指将通过顶层三相分离器的出水经动力提升，与进水相混合的一种循环方式。

3.3 内循环 internal the circle

指将未通过顶层三相分离器的出水经动力提升，与进水相混合的一种循环方式。

4 设计水量和设计水质

4.1 设计水量

4.1.1 设计水量应根据工厂或工业园区总排放口实际测定的废水流量设计。测试方法应符合 HJ/T 91 的规定。

4.1.2 废水流量变化应根据工艺特点进行实测，确定流量变化系数。

4.1.3 无法取得实际测定数据时，可参照国家现行的工业最终用水量折算确定，或根据同行业同规模同工艺现有工厂排水数据类比确定。

4.1.4 提升泵房、格栅井、沉砂池宜按最高日最高时废水量设计。

4.1.5 EGSB 反应器的设计流量及 EGSB 反应器前、后的水泵、管道等输水设施宜按最高日平均时废水量设计。

4.2 设计水质

4.2.1 设计水质应根据进入废水处理厂（站）工业废水的实际测定数据确定，其测定方法和数据处理方法应符合 HJ/T 91 的规定。无实际测定数据时，可参照类似工厂的排放资料类比确定。

4.2.2 EGSB 反应器进水应符合下列条件：

a）pH 值宜为 6.0～8.0；

b）常温厌氧温度宜为 20～25℃，中温厌氧温度宜为 35～40℃，高温厌氧温度宜为 50～55℃；

c）营养组合比 COD∶N∶P 宜为 100～500∶5∶1；

d）EGSB 反应器进水中悬浮物含量宜小于 2 000 mg/L；

e）氨氮浓度宜小于 2 000 mg/L；

f）硫酸盐浓度应小于 1 000 mg/L，COD/SO_4^{2-}比值应大于 10；

g）COD 浓度宜大于 1 000 mg/L；

h）严格控制重金属、氰化物、酚类等物质进入厌氧反应器的浓度。

4.2.3 宜通过适当提高出水外回流比，降低进水中有毒物质（如重金属、氰化物、酚类等）的浓度，减轻或消除其毒害作用。

4.2.4 如果不能满足进水要求，宜采用相应的预处理措施。

4.2.5 污染物去除率

EGSB 反应器对污染物的去除效果可参照表 1。

表 1 EGSB 反应器对污染物的去除率

污染物	去除率/%		
	化学需氧量（COD）	五日生化需氧量（BOD_5）	悬浮物（SS）
易降解废水	70～90	60～80	30～50
难降解废水	50～70	40～60	20～40

注：B/C＞0.3 为易降解废水；B/C＜0.1 为难降解废水。

5 总体要求

5.1 一般规定

5.1.1 EGSB 反应器设计除应执行本标准外，还应符合国家现行的有关标准和技术规范的规定。

5.1.2 废水处理厂（站）建设、运行过程中产生的废气、废水、固体废物及其他污染物的治理与排放，应执行国家环境保护法规和有关标准的规定，不得产生二次污染。

5.1.3 废水处理厂（站）的设计、建设应采取有效的隔声、消声、绿化等降低噪声的措施，噪声和振动控制的设计应符合 GBJ 87 和 GB 50040 的规定，厂界环境噪声排放应符合 GB 12348 的规定，废水处理厂（站）周围应建设绿化带，并设有一定的防护距离，防护距离由环境影响评价确定。

5.1.4 废水处理厂（站）应按照国家或当地的环境保护管理要求安装污染物自动监测系统。

5.1.5 废水处理厂（站）应按照国家和地方的有关规定设置规范化排污口。

5.1.6 废水处理厂（站）的设计、建设、运行过程中应高度重视职业卫生和劳动安全，严格执行 GBZ 1、GBZ 2.1、GBZ 2.2 和 GB 12801 的规定。

5.1.7 EGSB 反应器应按照有关规定设置防护栏杆、防滑梯等安全措施，并做好防火、防爆和防中暑、防中毒等预防工作。

5.1.8 EGSB 反应器宜采用密闭方式，减少恶臭对周围环境的污染，臭气浓度应符合 GB/T 18883 的规定。EGSB 废水处理厂（站）宜设置恶臭集中处理设施，可采用化学除臭或生物除臭法。

5.2 厂（站）选址和总平面布置

5.2.1 废水处理厂（站）址和总体布置应符合 GB 50014 的相关规定，总图设计应符合 GB 50187 的规定。

5.2.2 废水处理厂（站）的防洪标准不应低于城镇防洪标准。

5.2.3 废水处理厂（站）分期建设时，应按远期处理规模进行总体布置和预留场地。管网和地下构筑物宜一次建成。

5.2.4 废水处理厂（站）的各种管线应统筹安排，避免相互干扰，便于清通和维护，合理布置超越和放空管线。

5.2.5 处理单元的竖向设计应充分利用原有地形，尽可能做到土方平衡和减少废水提升的次数。

5.3 项目构成

5.3.1 采用 EGSB 反应器的废水处理厂（站）主要由预处理、EGSB 反应器、后续处理、污泥储存、沼气净化及利用系统组成。后续处理一般指好氧处理，此部分不在本规范范围内。

5.3.2 EGSB 废水处理厂（站）辅助工程包括：供配电、给排水、消防、暖通、检测与控制等。

6 工艺设计

6.1 工艺流程

采用 EGSB 反应器的废水处理厂（站）宜采用的工艺流程见图 1。

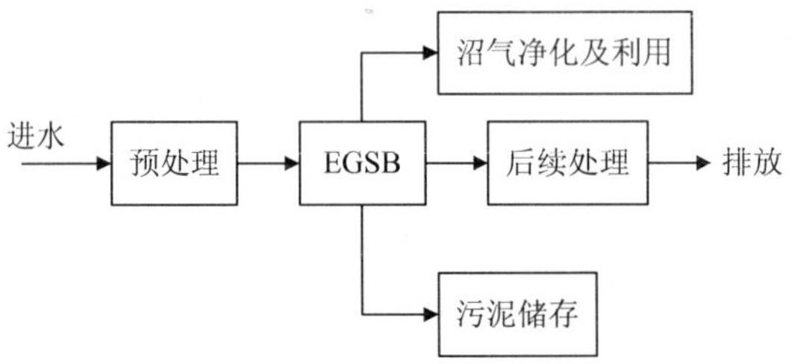

图 1 工艺流程图

6.2 预处理

6.2.1 预处理包括格栅、沉砂池、沉淀池、调节池及混合加热池或降温措施等。

6.2.2 应根据需要设粗、细格栅。格栅的设计应符合 GB 50014 的规定。

6.2.3 处理屠宰和酒糟等含砂较多废水时，应设置沉砂池。沉砂池的设计应符合 GB 50014 的规定。

6.2.4 处理造纸、淀粉等含大量悬浮物的废水时，应设置沉淀池。沉淀池的设计应符合 GB 50014 的规定。

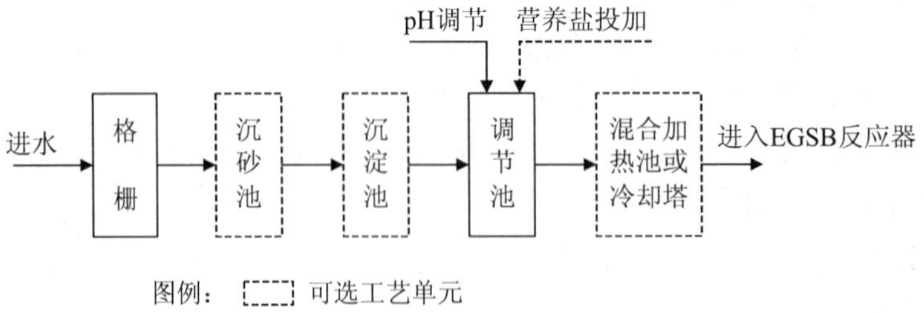

图 2 预处理工艺流程

6.2.5 应设置调节池。调节池的设计应满足以下要求：

a）调节池容量应根据废水流量变化曲线确定；没有流量变化曲线时，调节池的容量应满足生产排水周期中水质水量均化的要求，停留时间宜为 6～12 h；如为批式生产，废水间歇排放，调节池容量宜按 1～2 个周期设置；

b）调节池可兼用作中和池，也可在其内设置营养盐补充装置；

c）调节池内宜设置搅拌设施，搅拌机动力宜为 4～8 W/m^3 池容；

d）调节池出水端应设置去除浮渣装置，池底宜设置除砂和排泥装置。

6.2.6 pH 值调节及加药装置宜设在加药间内，其设计应符合下列要求：

a）通过投加碱性或酸性物质来调节和控制 EGSB 反应器内的 pH 值，碱性物质可选用 Na_2CO_3、$NaHCO_3$ 等；酸性物质可选用盐酸等；

b）药剂应有一定的存储量，酸性物质贮存时间宜为 7 d 以上，碱性物质贮存时间宜为 15 d 以上；

c）溶药宜采用专用的溶药罐和搅拌设备，投加宜采用计量泵自动定量投加；

d）pH 值粗调宜在调节池中投加酸性物质或碱性物质，pH 值微调宜采用管道混合器和定量加酸加碱泵；

e）在加药间宜同时设置营养盐（氮、磷等）等药品溶解和加药装置。

6.2.7 如废水温度不能满足设计温度要求，应设置加热或降温装置，具体要求如下：

a）加热方式可采用池外加热和池内加热，池内加热宜采用热水循环加热方式。

b）热交换器选型应根据废水特性、介质温度和热交换器出口介质温度确定。热交换器换热面积应根据热平衡计算，计算结果应留有 10%～20%的余量。

c）加热装置的需热量按公式（1）计算：

$$Q_t = Q_h + Q_d \tag{1}$$

式中：Q_t——总需热量，kJ/h；

Q_h——加热废水到设计温度需要的热量，kJ/h；

Q_d——保持反应器温度需要的热量，kJ/h。

d）宜采用冷却水池或冷却塔等降温设施。

6.3 EGSB 反应器

6.3.1 EGSB 反应器组成

EGSB 反应器主要由布水装置、三相分离器、出水收集装置、循环装置、排泥装置及气液分离装置组成。

EGSB 反应器结构形式见图 3。

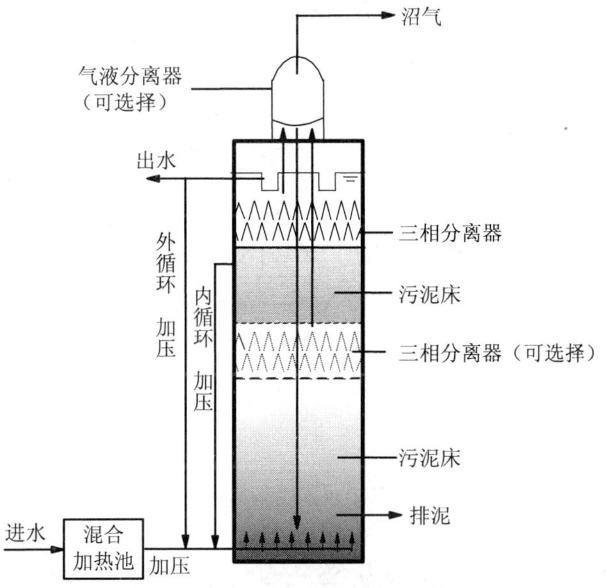

图 3 EGSB 反应器结构示意图

6.3.2 EGSB 反应器池体设计

6.3.2.1 EGSB 反应器容积宜采用容积负荷法计算，按式（2）计算。

$$V = \frac{Q \times S_o}{1\,000 \times N_V} \tag{2}$$

式中：V——反应器有效容积，m^3；

Q——EGSB 反应器设计流量，m^3/d；

N_V——容积负荷（以 COD 计），kg/（m^3 • d）；

S_o——进水有机物质量浓度（以 COD 计），mg/L。

6.3.2.2 反应器的容积负荷应通过试验或参照类似工程确定，在缺少相关资料时可参考附录 A 的有关内容确定，EGSB 反应器的容积负荷（COD）范围宜为 10～30 kg/（m^3·d）。

6.3.2.3 EGSB 反应器的个数不宜少于两个，并应按并联设计，具备可灵活调节的运行方式，且便于污泥培养和启动。

6.3.2.4 EGSB 反应器的有效水深宜在 15～24 m 之间。

6.3.2.5 EGSB 反应器内废水的上升流速宜在 3～7 m/h 之间。

6.3.2.6 EGSB 反应器宜为圆柱状塔形，反应器的高径比宜在 3～8 之间。

6.3.2.7 EGSB 反应器的建筑材料应符合下列要求：

a）EGSB 反应器宜采用不锈钢、加防腐涂层的碳钢等材料，也可采用钢筋混凝土结构；

b）钢制 EGSB 反应器的保温材料常用的有聚苯乙烯泡沫塑料、聚氨酯泡沫塑料、玻璃丝棉、泡沫混凝土、膨胀珍珠岩等。

6.3.3 布水装置

6.3.3.1 布水装置宜采用一管多孔式布水和多管布水方式。

6.3.3.2 一管多孔式布水孔口流速应大于 2 m/s，穿孔管直径应大于 100 mm，配水管中心距反应器池底宜保持 150～250 mm 的距离。

6.3.3.3 多管布水每个进水口负责的布水面积宜为 2～4 m^2。

6.3.4 三相分离器

6.3.4.1 宜采用整体式或组合式的三相分离器，三相分离器基本构造见图 4。

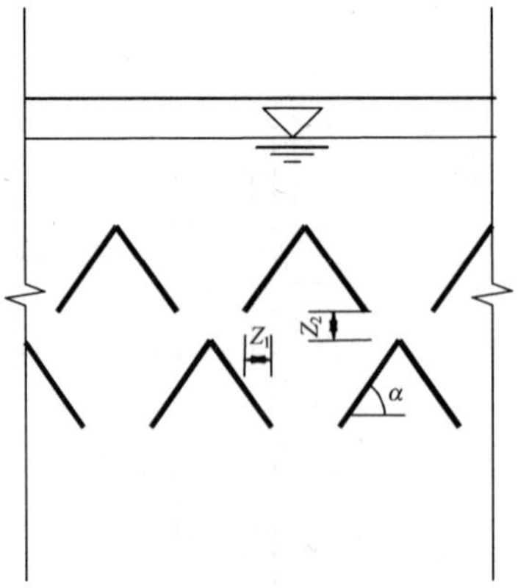

图 4 三相分离器基本构造图

6.3.4.2 整体式三相分离器斜板倾角范围α为 55°～60°；分体式三相分离器反射板与隙缝之间的遮盖 Z_1 宜在 100～200 mm，层与层之间的间距范围 Z_2 宜为 100～200 mm。

6.3.4.3 EGSB 反应器可采用单级三相分离器，也可采用双级三相分离器。

6.3.4.4 设置双级三相分离器时，下级三相分离器宜设置在反应器中部，覆盖面积宜为 50%～70%，上级三相分离器宜设置在反应器上部。

6.3.4.5 出气管的直径应保证从集气室引出沼气。

6.3.4.6 处理废水中含有蛋白质、脂肪或大量悬浮固体时，宜在出水收集装置前设置消泡喷嘴。

6.3.4.7 三相分离器宜选用聚丙烯（PP）、碳钢、不锈钢等材料，如采用碳钢材质应进行防腐处理。

6.3.5 出水收集装置

6.3.5.1 出水收集装置应设在 EGSB 反应器顶部。

6.3.5.2 圆柱形 EGSB 反应器出水宜采用放射状的多槽或多边形槽出水方式。

6.3.5.3 集水槽上应加设三角堰，堰上水头应大于 25 mm，水位宜在三角堰齿 1/2 处。

6.3.5.4 出水堰口负荷宜小于 1.7 L/（s·m）。

6.3.5.5 EGSB 反应器进出水管道宜采用聚氯乙烯（PVC）、聚乙烯（PE）、聚丙烯（PPR）、不锈钢、高密度聚乙烯（HDPE）等材料。

6.3.6 循环装置

6.3.6.1 EGSB 反应器有外循环和内循环两种方式。

6.3.6.2 EGSB 反应器外循环和内循环均由水泵加压实现，回流比根据上升流速确定，上升流速按式（3）计算。

$$v = \frac{Q + Q_{回}}{A} \tag{3}$$

式中：v——反应器上升流速，m/h；

Q——EGSB 反应器进水流量，m^3/h；

$Q_{回}$——EGSB 反应器回流流量，包括内回流和外回流，m^3/h；

A——反应器表面积，m^2。

6.3.6.3 EGSB 反应器外循环出水宜设旁通管接入混合加热池。

6.3.6.4 EGSB 反应器外循环、内循环进水点宜设置在原水进水管道上，与原水混合后一起进入反应器。

6.3.7 排泥装置

6.3.7.1 EGSB 反应器的污泥产率为 0.05～0.10 kgVSS/kgCOD，排泥频率宜根据污泥浓度分布曲线确定。应在不同高度设置取样口，根据监测污泥的浓度制定污泥分布曲线。

6.3.7.2 EGSB 反应器宜采用重力多点排泥方式，排泥点宜设在污泥区的底部。

6.3.7.3 排泥管管径应大于 150 mm，底部排泥管可兼作放空管。

6.3.8 气液分离器

设置双级三相分离器时，反应器顶部宜设置气液分离器，气液分离器与三相分离器通过集气管相连接。

6.4 剩余污泥

6.4.1 EGSB 反应器应设置污泥储存设施，经过静置排水后作为接种污泥。

6.4.2 如不考虑储存，EGSB 反应器的污泥宜和好氧池剩余污泥合并后一同脱水处理。污泥处理要求参照 GB 50014 的规定，经处理后的污泥处置应符合国家的相关规定。

6.5 沼气净化及利用

6.5.1 EGSB 反应器的沼气产量按式（4）计算。

$$Q_a = \frac{Q \times (S_o - S_e) \times \eta}{1\,000} \tag{4}$$

式中：Q_a——沼气产量（标态），m^3/d；

Q——进水流量，m^3/d；

η——单位 COD 沼气产率（标态），m^3/kg，一般为 0.45～0.50 m^3/kg；

S_o——进水有机物质量浓度（以 COD 计），mg/L；

S_e——出水有机物质量浓度（以 COD 计），mg/L。

6.5.2 沼气净化主要包括脱水、脱硫及沼气储存，系统组成见图 5。

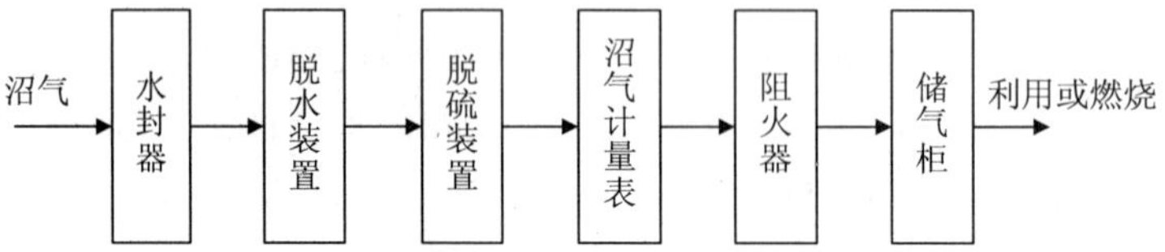

图 5 沼气净化系统图

6.5.3 沼气净化利用设计应符合 NY/T 1220.1、NY/T 1220.2 和 GB 50016 的有关规定。

6.5.4 沼气利用应经过脱水和脱硫处理后方可进入后续利用装置。沼气脱水、脱硫设计应符合 NY/T 1220.2 的有关规定。

6.5.5 沼气贮存可采用低压湿式储气柜、低压干式储气柜和高压储气柜。储气柜与周围建筑物应有一定的安全防火距离。储气柜容积应根据沼气产生量及不同利用方式确定：

a）沼气用于民用炊事时，储气柜的容积按日产气量的 50%～60%计算；

b）沼气用于锅炉、发电和部分民用时，应根据沼气供应平衡曲线确定储气柜的容积；无平衡曲线时，储气柜的容积应不低于日产气量的 10%。

6.5.6 沼气储气柜输出管道上宜设置安全水封或阻火器。沼气利用工程应设置内燃式燃烧器，不得随意排放沼气。

6.5.7 若沼气净化后需达到天然气标准等时，应符合国家相关标准。

6.5.8 沼气日产量低于 1 300 m^3 的 EGSB 反应器，宜作为炊事、采暖或厌氧换热的热源，沼气日产量高于 1 300 m^3 的 EGSB 反应器宜进行发电利用或作为炊事、采暖或厌氧换热的热源。

6.5.9 沼气利用的锅炉宜选用燃煤燃气两用锅炉。

7 检测和过程控制

7.1 检测

7.1.1 调节池内宜设液位计、液位开关及流量计，大型废水处理厂（站）宜在出口处增设化学需氧量检测仪。

7.1.2 调节池出水端宜设置温度、pH 值自动检测装置，检测值用于控制温度和药剂投加。

7.1.3 EGSB 反应器应设置 pH 计、温度计、污泥界面仪等在线仪表。

7.2 过程控制

7.2.1 过程控制管理系统应具有数据采集、处理、控制、管理，储存历史数据 1 年以上和安全保护功能。

7.2.2 应结合工程规模、运行管理的要求、工程投资情况，确定所选用设备仪器的先进程度及维护管理水平，因地制宜选择监控指标和自动化程度。

7.2.3 EGSB 反应器宜与全站其他反应器共用一套 PLC 控制器，必要时可在 EGSB 反应器处设现场 I/O 模块，PLC 控制器一般不另设接口设备。

7.2.4 采用成套设备时，成套设备自身的控制宜与 EGSB 废水处理厂（站）设置的控制相结合。
7.2.5 关键设备附近应设置独立的控制箱，同时具有“手动/自动”的运行控制切换功能。
7.2.6 现场检测仪表应具有防腐、防爆、抗渗漏、防结垢和自清洗等功能。

8 主要辅助工程

8.1 电气工程设计应符合下列规定：

a）工艺装置的用电负荷应为二级负荷；如不能满足双路供电，应采用单路供电加柴油发电机组的供电方式；

b）高、低压用电设备的电压等级应与其供电系统的电压等级一致；

c）中央控制室主要设备应配备在线式不间断供电电源；

d）接地系统宜采用三相五线制；

e）变电所及低压配电室设计应符合 GB 50053、GB 50054 的规定；

f）供配电系统应符合 GB 50052 的规定；

g）电机应优先采用直接启动方式，当通过计算不能满足规范中规定的直接启动电压损失条件时才考虑采用降压启动方式；

h）电气设备的金属外壳均应采取接地或接零保护，钢结构、排气管、排风管和铁栏等金属物应采用等电位连接。

8.2 防腐工程设计应符合 GB 50046 的规定。
8.3 脱硫脱水间为防爆区，此区域内的电气设备及安装均应满足防爆要求；脱硫脱水间内的照明采用防爆灯，房间内设置的检测仪表应达到本安防爆等级，自控设备达到隔爆等级；沼气柜的增压设备应满足防爆要求，防爆工程设计应符合 GB 50222 和 GB 3836 的规定。
8.4 抗震设计应符合 GB 50011 的规定。
8.5 钢结构应符合 GB 50017 的规定。
8.6 构筑物结构应符合 GB 50069 的规定。
8.7 建筑物设计应符合 GB 50037 的规定。
8.8 防火与消防工程设计应符合 GB 50016 的规定。
8.9 厌氧反应器、沼气柜按照一级防雷设计防雷装置，防雷设计应符合 GB 50057 的规定。
8.10 给水工程设计应符合 GB 50015 的规定。
8.11 排水工程设计应符合 GB 50014 的规定。
8.12 采暖通风工程设计应符合 GBJ 19 的规定。
8.13 厂区道路与绿化等工程设计应符合 GBJ 22 的规定。

9 施工与验收

9.1 一般规定

9.1.1 工程施工单位应具有国家相应的工程施工资质，工程项目宜通过招投标确定施工单位和监理单位。
9.1.2 应按工程设计图纸、技术文件、设备图纸等组织工程施工，工程变更应取得设计单位的设计变更文件后再行实施。
9.1.3 施工前应进行施工组织设计或编制施工方案，明确施工质量负责人和施工安全负责人，经批准后方可实施。

9.2 施工

9.2.1 钢结构工程应符合 GB 50017 的规定，钢结构的 EGSB 反应器应符合下列要求：

a）对容易变形的钢构件进行强度和稳定性验算，必要时应采取加固措施；

b）反应器的壁板、支撑等主要构件安装就位后，应立即进行校正、固定。当天安装的构件应形成稳定的空间体系；

c）设计要求顶紧的节点，接触面积不应小于 70%的紧贴面；

d）利用安装好的结构吊装其他部件和设备时，应进行验算，采取相应保护措施；

e）安装在罐体上的人孔及其各种管线必须严格按设计文件执行；

f）钢结构反应器的所有焊缝均应作煤油渗漏检查；

g）反应器安装完毕后，应进行防腐处理及密封性试验。

9.2.2 三相分离器安装应符合下列要求：

a）设备安装完毕后，进行注水试验，时间不少于 24 h，设备不得有渗漏现象。试验合格后，作防腐、保温处理；

b）吊装时钢丝绳应固定牢固，起吊需平稳；

c）设备安装前基础应找平，设备圆周部位的误差应≤10 mm。

9.2.3 泵类的安装应符合 GB 50275 的有关规定。

9.2.4 脱硫罐安装应根据设备总重量、底座大小和地脚螺栓的位置安放好垫铁；罐内的构件和填料，应按技术图纸的要求进行安装；脱硫罐与各管道的连接接头不得漏气。

9.2.5 储气柜的施工应符合 HGJ 212 的有关规定。

9.2.6 EGSB 反应器、储气柜的平台、梯子、栏杆、导轨架等附件的制造与安装应符合 GB 50205 的有关规定。

9.2.7 钢板及支架应具有足够的强度、刚度和稳定性，能可靠地承受钢板自重、侧压力和施工中产生的荷载及风荷载。

9.2.8 应做好临时设施及脚手架等的防强风措施，遇六级以上（含六级）强风、大雪、浓雾等恶劣天气，不得露天起重吊装和高空作业。

9.2.9 高空作业应符合 JGJ 80 的规定，管道工程应符合 GB 50268 的规定，混凝土结构工程应符合 GB 50204 的规定。

9.2.10 建筑物的基础、构造柱、圈梁、模板、钢筋、混凝土等施工应符合 GB 50202 和 GB 50204 的规定。

9.2.11 建筑物的砖石工程施工应符合 GB 50203 的规定，建筑物的地面工程施工应符合 GB 50209 的规定。

9.2.12 应根据当地气温和环境条件对构筑物采取有效的防冻措施。

9.3 工程验收

9.3.1 工程验收应按《建设项目（工程）竣工验收办法》、相应专业现行验收规范和本标准的有关规定执行。工程竣工验收前，不得投入生产性使用。

9.3.2 三相分离器应按设计要求进行各项性能试验，保证气、液、固的分离效果。

9.3.3 水泵应按设计最多开启台数进行 48 h 运转试验，测定水泵和污泥泵的流量及机组功率，有条件的应测定其特性曲线。

9.3.4 排水管道应做闭水试验，上游充水管保持在管顶以上 2 m，外观检查应 24 h 无漏水现象。

9.3.5 验收时应对厌氧反应器进行满水试验、气密性试验、管道强度及严密性试验等。

9.3.6 仪表、化验设备应定期送计量检定部门检定。

9.3.7 变电站高压配电系统应由供电部门组织电检、验收。

9.4 环境保护验收

9.4.1 工程竣工环境保护验收应按《建设项目竣工环境保护验收管理办法》的规定执行。

9.4.2 EGSB 反应器验收前应结合试运行进行性能试验，性能试验报告可作为竣工环境保护验收的技术支持文件。性能试验内容包括：

a）满负荷运行测试，处理系统应满负荷进水，考查各工艺单元、构筑物和设备的运行工况；

b）水质检测，在工艺要求的各个重要部位，按照规定频次、指标和测试方法进行水质检测，分析污染物去除效果；

c）耗电量统计，分别统计各主要设备单体运行和设施系统运行的电能消耗；

d）厌氧污泥测试，观察污泥性状、活性及浓度；

e）计算全厂技术经济指标：COD 去除量、COD 去除电耗（kW·h/kg）、沼气产量（m^3/d）、COD 处理成本（元/kg）等。

10 运行与维护

10.1 一般规定

10.1.1 废水处理厂（站）的运行、维护及安全管理应参照 CJJ 60 执行。

10.1.2 废水处理厂（站）的运行管理应配备专业人员和设备，操作人员应熟悉本厂（站）处理工艺技术指标和设备的运行要求。

10.1.3 各岗位的工艺系统图、操作和维护规程等应示于明显位置，运行人员应按规程进行操作，并做好运行记录，记录内容主要包括反应器内的 pH 值、温度、进出水污染物浓度、悬浮物浓度、污泥浓度、沼气量、储气柜的贮气量及压力等参数。

10.1.4 应每小时巡视一次、检查沼气发电机组的运行情况，做运行记录分析运行状态，随时掌握负载的变化情况。

10.1.5 定期应对 EGSB 反应器及其附属设施如气液分离器、循环装置、营养盐投加装置、pH 值调节装置等进行定期检修，同时定期对 pH 计、温度计、流量计、液位计、污泥浓度计、污泥界面仪等仪表进行校正和维修保养。

10.1.6 反应器本体、各种管道及阀门等应每年进行一次检查和维修，反应器的各种加热设施应每半年进行一次除垢、清通。

10.1.7 EGSB 反应器应定期放空清理，检查构筑物完好情况。

10.1.8 宜每日检测 EGSB 反应器进口和出口的化学需氧量（COD）、悬浮物（SS）及反应器内的 pH 值、温度、挥发性脂肪酸（VFA）、碱度，宜每周检测沼气产量、生化需氧量（BOD_5）、污泥浓度和沼气成分等指标。

10.1.9 EGSB 反应器放空、维修时，应打开人孔与顶盖，强制通风 24 h，通过检测确认安全并佩戴防毒面具和便携式甲烷检测仪方可进入。反应器外必须有人进行安全保护。

10.1.10 工作人员必须按照安全规程操作，上、下沼气储气柜巡视、操作或维修时，必须配备防静电的工作服，并不得穿带铁钉的鞋或高跟鞋。

10.1.11 在清洗沼气净化装置时，应打开旁路阀门，检查进出口阀门是否完全关闭后方可进一步操作。

10.2 反应器启动

10.2.1 反应器启动前宜进行污泥产甲烷活性的检测。

10.2.2 EGSB 反应器启动应采用颗粒污泥接种，接种量宜为 10～20 kgVSS/m^3，宜根据处理废水的性质，优先选用与拟处理的废水种类一致的颗粒污泥进行接种。

10.2.3 颗粒污泥应具有下列特征：大小均匀，粒径为 0.5～3.0 mm，颗粒沉速为 20～100 m/h，具有较高的机械强度。

10.2.4 颗粒污泥宜在低温（4℃左右）含有营养液的密封装置中储存，并尽量缩短保存时间。

10.2.5 EGSB 反应器的启动负荷应小于 2 kgCOD/（m^3·d），上升流速小于 0.5 m/h。

10.2.6 启动时应逐步升温（以每日升温 2℃为宜）使 EGSB 反应器达到设计温度。

10.2.7 颗粒物污泥投加后，应缓慢增加循环流量；当反应器出水悬浮物增加过快时，应适当降低循环流量。

10.2.8 出水 COD 达到一定的去除率并稳定后，或出水挥发酸浓度低于 200～300 mg/L 后，可逐步提高进水容积负荷；负荷的提高幅度宜控制在设计负荷的 20%～30%，直至达到设计负荷和设计去除率。

10.3 运行控制

10.3.1 应根据 EGSB 反应器监测数据及时调整反应器负荷、控制进水碱度或采取其他相应措施。EGSB 反应器中碱度（以 $CaCO_3$ 计）应高于 2 000 mg/L，挥发性脂肪酸（VFA）宜控制在 200 mg/L 以内。

10.3.2 启动和运行时，均应保证 EGSB 反应器内 pH 值在 6.0～8.0 之间；pH 值降至 6.0 以下时，宜停止运行装置，检查原因，并加入碳酸氢钠等碱性物质。

10.3.3 EGSB 反应器反应区污泥浓度不宜低于 30 kgVSS/m^3。

10.3.4 EGSB 反应器污泥层应维持在三相分离器下 0.5～1.5 m，污泥过多时应进行排泥。

10.3.5 EGSB 反应器宜维持稳定的设计温度。

10.3.6 应保证 EGSB 反应器溢流管畅通。

10.4 停产控制

10.4.1 EGSB 反应器长期停运时，应采取相应的防冻措施。

10.4.2 EGSB 反应器再启动时，应先恢复运行温度，并根据运行状态逐步提高进水负荷。

10.5 应急措施

过量的有毒有害物质进入 EGSB 反应器时，应采取回流、稀释进水，同时调节反应器内营养盐等应急措施，保证反应器的正常运行。

附 录 A

（资料性附录）

实际工程 EGSB 反应器的设计负荷统计表

序号	废水类型	实际工程			
		COD 负荷/[kg/（m^3·d）]			统计厂家数
		平均	最高	最低	
1	化工	12.0	25.8	5.3	14
2	啤酒厂	16.6	30.2	13.0	12
3	甜菜糖等	20.0	22.8	18.7	3
4	土豆加工	14	17.1	9.3	3
5	酵母业、玉米加工	23.9	29.0	14.6	3
6	柠檬酸、蔬菜加工	18.0	25.1	12.0	6
7	食品加工	14.2	18.9	10.0	7
8	制药厂	16.2	22.5	12.0	8
9	淀粉和乙醇、调味品	15.0	25.0	9.0	16
10	淀粉糖	18.0	26.0	13.0	6

HJ

中华人民共和国国家环境保护标准

HJ 2024—2012

完全混合式厌氧反应池废水处理工程技术规范

Technical specifications for completely mixed anaerobic reaction tank in wastewater treatment

2012-12-24 发布　　2013-03-01 实施

环 境 保 护 部 发布

前　言

为贯彻《中华人民共和国水污染防治法》，规范完全混合式厌氧反应池在废水处理中的应用，防治水环境污染，保护人体健康，制定本标准。

本标准规定了完全混合式厌氧反应池的工艺设计、主要设备、检测和控制、施工与验收、运行和维护的技术要求。

本标准为指导性标准。

本标准为首次发布。

本标准由环境保护部科技标准司组织制订。

本标准主要起草单位：中国环境保护产业协会、哈尔滨工业大学、大连民族学院、清华大学、哈尔滨工程大学、绍兴市水联建设工程有限责任公司、北京市环境保护科学研究院。

本标准环境保护部 2012 年 12 月 24 日批准。

本标准自 2013 年 3 月 1 日起实施。

本标准由环境保护部解释。

完全混合式厌氧反应池废水处理工程技术规范

1 适用范围

本标准规定了完全混合式厌氧反应池废水处理工程的工艺设计、主要设备、检测和控制、施工与验收、运行与维护的技术要求。

本标准适用于采用完全混合式厌氧反应池的高悬浮物高浓度有机废水处理工程，可作为环境影响评价和环境工程设计、施工、环境保护验收及建成后运行与管理的技术依据。

2 规范性引用文件

本标准引用了下列文件或其中的条款。凡未注明日期的引用文件，其最新版本适用于本标准。

GB 3096 声环境质量标准

GB 12348 工业企业厂界环境噪声标准

GB 12801 生产过程安全卫生要求总则

GB 18597 危险废物贮存污染控制标准

GB 18599 一般工业固体废物贮存、处置场污染控制标准

GB 50014 室外排水设计规范

GB 50015 建筑给水排水设计规范

GB 50016 建筑设计防火规范

GB 50040 动力器基础设计规范

GB 50053 10 kV 及以下变电所设计规范

GB 50187 工业企业总平面设计规范

GB 50204 混凝土结构工程施工质量验收规范

GB 50222 建筑内部装修设计防火规范

GB 50231 机械设备安装工程施工及验收通用规范

GB 50268 给水排水管道工程施工及验收规范

GB 50141 给水排水构筑物施工及验收规范

GBJ 87 工业企业噪声控制设计规范

GBZ 1 工业企业设计卫生标准

GBZ 2.1 工作场所有害因素职业接触限值 第 1 部分：化学有害因素

GBZ 2.2 工作场所有害因素职业接触限值 第 2 部分：物理因素

CJ 3025 城市污水处理厂污水污泥排放标准

CJJ 60 城市污水处理厂运行、维护及其安全技术规程

CJ/T 51 城市污水水质检验方法标准

JGJ 37 民用建筑设计通则

HJ/T 91 地表水和污水监测技术规范

HJ/T 242 环境保护产品技术要求 污泥脱水用带式压榨过滤机

HJ/T 279 环境保护产品技术要求 推流式潜水搅拌机
HJ/T 283 环境保护产品技术要求 厢式压滤机和板框压滤机
HJ/T 335 环境保护产品技术要求 污泥浓缩带式脱水一体机
NY/T 1220 沼气工程技术规范
NY/T 1220.1 沼气工程技术规范 第 1 部分：工艺设计
NY/T 1220.2 沼气工程技术规范 第 2 部分：供气设计
SHT 3535 石油化工混凝土池工程施工及验收规范
《建设项目竣工环境保护验收管理办法》（国家环境保护总局令 第 13 号）

3 术语和定义

下列术语和定义适用于本标准。

3.1 完全混合式厌氧反应池 completely mixed anaerobic reaction tank

指在污水处理反应池内安装搅拌装置，使高悬浮物高浓度有机废水和厌氧微生物处于完全混合状态，以降解废水中有机污染物，并去除悬浮物的厌氧废水生物处理装置。

3.2 无污泥回流的完全混合式厌氧反应池废水处理工艺 completely mixed anaerobic reaction tank in wastewater treatment without return sludge

指高悬浮物高浓度有机废水经格栅及初沉池等预处理，再经完全混合式厌氧反应池处理，出水进入脱气器及沉淀池等后续处理，无污泥回流至完全混合式厌氧反应池的工艺。

3.3 有污泥回流的完全混合式厌氧反应池废水处理工艺 completely mixed anaerobic reaction tank in wastewater treatment with return sludge

指高悬浮物高浓度有机废水经格栅及初沉池等预处理，再经完全混合式厌氧反应池处理，出水进入脱气器及沉淀池等后续处理，后续处理沉淀池中沉淀污泥部分回流至完全混合式厌氧反应池，以增加其中生物量的工艺。

3.4 常温厌氧反应 normal temperature anaerobic reaction

反应池温度控制在 25～30℃的厌氧反应。

3.5 中温厌氧反应 mesophilic anaerobic reaction

反应池温度控制在 35～40℃的厌氧反应。

3.6 高温厌氧反应 thermophilic anaerobic reaction

反应池温度控制在 45～55℃的厌氧反应。

4 设计水量和设计水质

4.1 设计水量

4.1.1 设计水量应根据工厂或工业园区总排放口实际测定的污水流量设计。测试方法应符合 HJ/T 91 的规定。

4.1.2 废水流量变化应根据工艺特点进行实测，确定流量变化系数。

4.1.3 无法取得实际测定数据时，可参照国家现行工业用水量的有关规定折算确定，或根据同行业同规模同工艺现有工厂排水数据类比确定。

4.1.4 工厂内或工业园区内的生活污水和沐浴污水宜直接进入后续的好氧处理单元。生活污水量、沐浴污水量的确定，应符合 GB 50015 的有关规定。

4.1.5 提升泵房、格栅井、沉砂池、初沉池宜按最高日最高时废水量计算。

4.1.6 完全混合式厌氧反应池设计流量应按最高日平均时设计。

4.1.7 完全混合式厌氧反应池前、后的水泵、管道等输水设施应按最高日最高时废水量设计。

4.2 设计水质

4.2.1 进水水质应根据实际监测资料或广泛参考同类工厂的设计运行参数确定。

4.2.2 进水水质可采用在总进水口进行 5 天 24 h 连续采样监测数据的对应流量加权平均值，或按照有关规定取得数据。

4.2.3 无工程调查资料时，设计水质可参照 GB 50014 的相关规定确定。

4.2.4 完全混合式厌氧反应池进水水质应符合下列条件：

a）pH 值宜为 6.5～7.5；

b）常温厌氧反应温度宜为 25～30℃，中温厌氧反应温度宜为 35～40℃，高温厌氧反应温度宜为 45～55℃；

c）营养组合比（COD_{Cr}∶NH_3-N∶P）宜为 100～500∶5∶1；

d）BOD_5/COD_{Cr} 的比值宜大于 0.3；

e）进水中氨氮浓度宜小于 2 000 mg/L；

f）进水中硫酸盐浓度宜小于 3 000 mg/L；

g）进水中 COD_{Cr} 质量浓度宜大于 1 000 mg/L；

h）严格控制重金属、氰化物、酚类等物质进入完全混合式厌氧反应池的浓度。

4.2.5 如果进水水质不能满足要求，宜采用相应的预处理措施。

4.2.6 完全混合式厌氧反应池处理工艺出水直接排放时，应符合国家和地方排放标准的要求；排入下一级处理系统时，应满足下一级处理系统的进水要求。

4.3 污染物去除率

完全混合式厌氧反应池的污染物去除率可参照表 1。

表 1 完全混合式厌氧反应池对污染物的去除率

污染物指标	化学需氧量（COD_{Cr}）	五日生化需氧量（BOD_5）	悬浮物（SS）
去除率/%	70～90	60～80	80～90

5 总体要求

5.1 完全混合式厌氧反应池工艺适用于高悬浮物高浓度有机废水处理工程，宜用于包括但不限于以下行业的污（废）水处理：畜牧业、食品制造业、造纸业、肉类加工业、制糖工业、发酵和酿造工业、制药工业、纺织染整工业等。

5.2 采用完全混合式厌氧反应池工艺的污水处理厂（站）应遵守以下规定：

a）污水处理厂（站）地址的选择和总体布置应符合 GB 50014 的相关规定。总图设计应符合 GB 50187 的有关规定。

b）污水处理厂（站）的防洪标准不应低于城镇防洪标准，且有良好的排水条件。

c）污水处理厂（站）的建筑物防火设计应符合 GB 50016 和 GB 50222 的规定。

d）污水处理厂（站）堆放污泥、药品的贮存场应符合 GB 18597 和 GB 18599 的规定。

e）污水处理厂（站）建设、运行过程中产生的废气、废水、废渣、噪声及其他污染物的治理与排放，应执行国家环境保护法规和标准的有关规定，防止二次污染。运行过程中产生的沼气应综合利用，沼气安全应符合 NY/T 1220 的规定。

f）工程的设计、建设应采取有效的隔声、消声、绿化等降低噪声的措施，噪声和振动控制的设计应符合GBJ 87和GB 50040的规定，机房内、外的噪声应分别符合GBZ 2.1、GBZ 2.2和GB 3096的规定，厂界噪声应符合 GB 12348 的规定。

g）污水处理厂（站）的设计、建设、运行过程中应高度重视职业卫生和劳动安全，严格执行 GBZ 1、GBZ 2.1、GBZ 2.2 和 GB 12801 的规定。

h）污水处理厂（站）应考虑发生生产事故等非正常情况下的污染防治应急措施。

i）建（构）筑物应设置必要的防护栏杆并采取适当的防滑措施，应符合 JGJ 37 的规定。

j）宜根据工艺运行要求设置检测与控制系统，实现运行管理自动化。

5.3 污水处理厂（站）应按照国家或当地的环境保护管理要求安装在线监测系统及治理设施中控系统。

6 工艺设计

6.1 一般规定

6.1.1 应根据进水水质，在完全混合式厌氧反应池之前采取适当的预处理工艺，使得厌氧反应在池内能达到最佳的运行状态。

6.1.2 应采取搅拌等措施保证完全混合式厌氧反应池内流态呈完全混合状态。

6.1.3 工业废水的水质水量随生产过程变化较大时，宜设置调节水质、水量的设施。

6.1.4 工艺设计应考虑水温的影响。

6.1.5 进水系统前应设格栅，进水泵房及格栅设计应符合 GB 50014 的相关规定。

6.1.6 各处理构筑物的个（格）数不应少于 2 个（格），并应按并联设计。

6.1.7 应对反应池进行加热，以保证完全混合式厌氧反应池保持在所要求的温度。

6.2 工艺流程

6.2.1 采用无污泥回流的完全混合式厌氧反应池废水处理工艺的污水处理厂（站）宜采用的工艺流程见图 1。

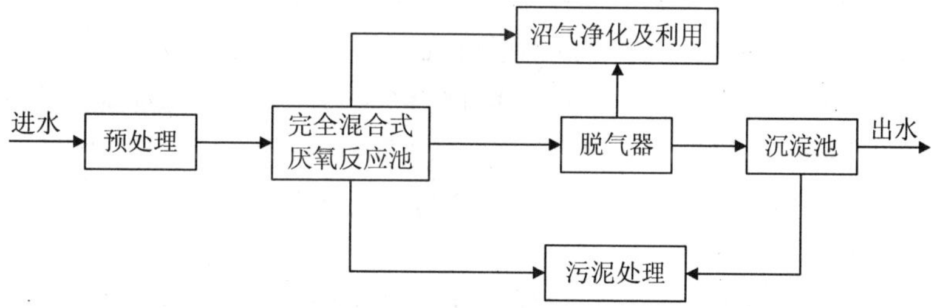

图 1 无污泥回流的完全混合式厌氧反应池废水处理工艺流程

6.2.2 采用有污泥回流的完全混合式厌氧反应池废水处理工艺的污水处理厂（站）宜采用的工艺流程见图 2。

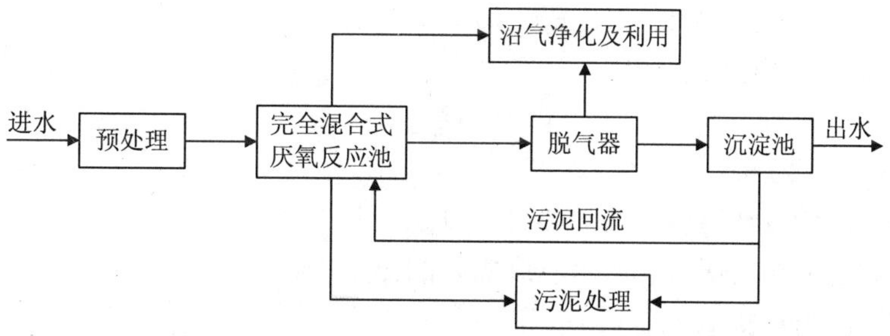

图 2 有污泥回流的完全混合式厌氧反应池废水处理工艺流程

6.3 预处理

6.3.1 完全混合式厌氧反应池废水处理工艺的预处理包括格栅、沉砂池、初沉池、调节池及混合加热池或降温设施等。

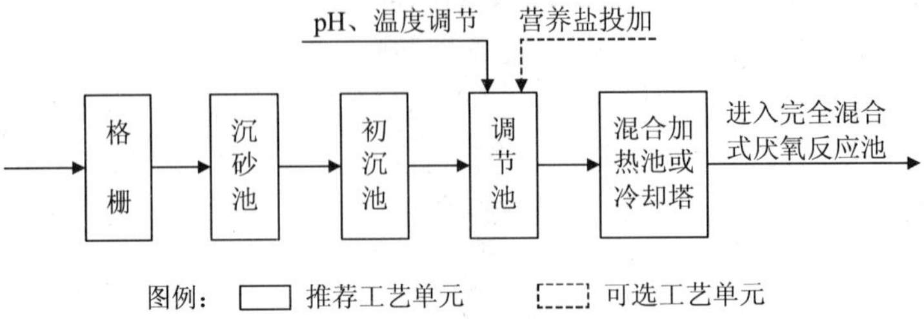

图 3 预处理工艺流程

6.3.2 应根据需要设粗、细格栅。格栅的设计应符合 GB 50014 的规定。

6.3.3 应设置沉砂池。沉砂池的设计应符合 GB 50014 的规定。

6.3.4 应设置初沉池。初沉池的设计应符合 GB 50014 的规定。

6.3.5 应设置调节池。调节池的设计应满足以下要求：

a）调节池容量应根据污水流量变化曲线确定；没有流量变化曲线时，调节池的容量应满足生产排水周期中水质水量均化的要求，停留时间宜为 8～12 h；如为间歇运行，调节池容量宜按 1～2 个周期设置；

b）调节池内宜设置营养盐补充装置，可兼用作中和池；

c）调节池内宜设置搅拌设施，搅拌机动力宜为 4～8 W/m^3 池容；

d）调节池出水端应设置去除浮渣装置，池底宜设置除砂和排泥装置。

6.3.6 pH 值调节及营养盐投加装置宜设在加药间内，其设计应符合下列要求：

a）通过投加碱性或酸性物质来调节和控制完全混合式厌氧反应池内的 pH 值，碱性物质可选用 Na_2CO_3、$NaHCO_3$、NaOH 等；酸性物质可选用盐酸、硫酸等；

b）药剂应有一定的存储量，酸性物质贮存量宜为 7 d 以上，碱性物质贮存量宜为 15 d 以上；

c）溶药宜采用专用的溶药罐和搅拌设备，投加宜采用计量泵自动定量投加；

d）宜先在调节池中投加酸性物质或碱性物质进行 pH 值粗调，再采用管道混合器和定量加酸加碱泵进行 pH 值微调；

e）在加药间宜同时设置营养盐（氮、磷等）等药品溶解和加药装置。

6.3.7 如废水温度不能满足设计温度要求，应设置加热或降温装置，具体要求如下：

a）加热方式有池外加热和池内加热两种方式，池外加热有加热池和循环加热两种方式，池内加热宜采用热水循环加热；

b）热交换器选型应根据废水特性、介质温度和热交换器出口介质温度确定。热交换器换热面积应根据热平衡计算，计算结果应留有 10%～20%的余量；

c）加热装置的需热量按下式计算：

$$Q_t = Q_h + Q_d \tag{1}$$

式中：Q_t——总需热量，kJ/h；

Q_h——加热污水到设计温度需要的热量，kJ/h；

Q_d——保持完全混合式厌氧反应池温度需要的热量，kJ/h。

d）降温设施宜采用冷却水池或冷却塔等。

6.3.8 进水经预处理后，应满足 4.2.4 完全混合式厌氧反应池进水要求。

6.4 完全混合式厌氧反应池

6.4.1 池型

6.4.1.1 完全混合式厌氧反应池的基本池型有圆柱形和蛋形，见图 4。

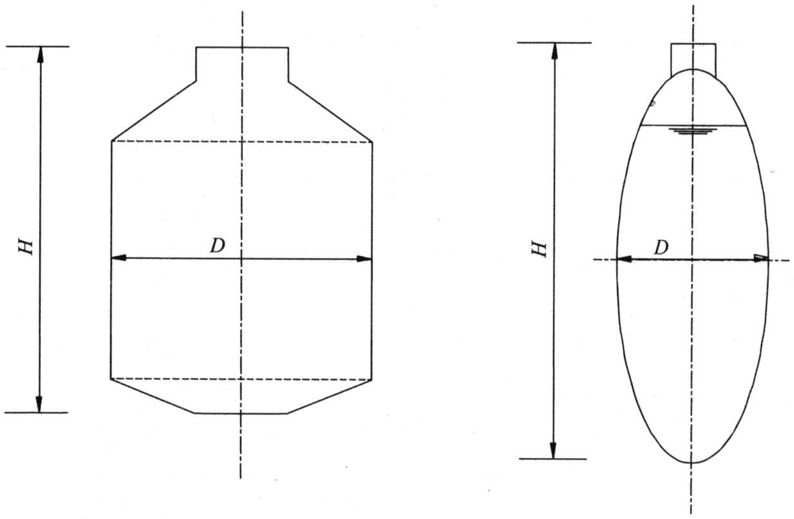

（a）圆柱形　　（b）蛋形

图 4 完全混合式厌氧反应池池型示意图

6.4.1.2 圆柱形完全混合式厌氧反应池的直径 D 与高 H 之比约为 1，直径一般为 6～35 m，池底与池盖倾角取 15°～20°；蛋形完全混合式厌氧反应池的长轴高 H 与短轴直径 D 之比宜在 1.4～2.0 之间。

6.4.2 容积

6.4.2.1 无污泥回流的完全混合式厌氧反应池容积

6.4.2.1.1 采用动力学系数法，污泥龄（θ_c）等于水力停留时间，完全混合式厌氧反应池有效容积按下式计算：

$$V = Q\theta_c \tag{2}$$

式中：V——无污泥回流的完全混合式厌氧反应池容积，m^3；

Q——无污泥回流的完全混合式厌氧反应池设计流量，m^3/d；

θ_c——污泥龄（SRT），一般为 3～7 d。

6.4.2.1.2 采用容积负荷法按下式计算完全混合式厌氧反应池容积：

$$V = \frac{1\,000Q\rho_0}{N_V} \tag{3}$$

式中：V——无污泥回流的完全混合式厌氧反应池容积，m^3；

Q——无污泥回流的完全混合式厌氧反应池设计流量，m^3/d；

ρ_0——无污泥回流的完全混合式厌氧反应池进水 COD_{Cr} 质量浓度，mg/L；

N_V——容积负荷，常温厌氧反应一般取 1～3 kg COD/（m^3·d），中温厌氧反应一般取 3～10 kg COD/（m^3·d），高温厌氧反应一般取 10～15 kg COD/（m^3·d）。

6.4.2.1.3 完全混合式厌氧反应池容积根据污泥负荷设计时，按下式计算：

$$V = \frac{1\,000Q\rho_0}{N_s X} \tag{4}$$

式中：V——无污泥回流的完全混合式厌氧反应池容积，m^3；

Q——无污泥回流的完全混合式厌氧反应池设计流量，m^3/d；

ρ_0——无污泥回流的完全混合式厌氧反应池进水 COD_{Cr} 质量浓度，mg/L；

N_s——污泥负荷，kg COD/（kgMLVSS·d）；

X——无污泥回流的完全混合式厌氧反应池中污泥浓度，mg MLVSS/L。

6.4.2.2 有污泥回流的完全混合式厌氧反应池容积

6.4.2.2.1 有污泥回流的完全混合式厌氧反应池容积根据动力学系数设计时，应按下式计算：

$$V = \frac{\theta_c YQ(\rho_0 - \rho_e)}{X(1 + b\theta_c)} \tag{5}$$

式中：V——有污泥回流的完全混合式厌氧反应池容积，m^3；

X——有污泥回流的完全混合式厌氧反应池中污泥浓度，mg MLVSS/L；

Y——污泥产率系数，低脂型废水参考取值为 0.004 4 kg MLVSS/kg BOD_5，高脂型废水参考取值为 0.040 kg MLVSS/kg BOD_5；

b——内源呼吸系数，低脂型污水参考取值为 0.019 d^{-1}，高脂型污水参考取值为 0.015 d^{-1}；

Q——有污泥回流的完全混合式厌氧反应池设计流量，m^3/d；

ρ_0——有污泥回流的完全混合式厌氧反应池进水 COD_{Cr} 质量浓度，mg/L；

ρ_e——有污泥回流的完全混合式厌氧反应池出水 COD_{Cr} 质量浓度，mg/L；

θ_c——污泥龄（SRT），d。有污泥回流的完全混合式厌氧反应池废水处理工艺中 θ_c 约为临界污泥龄 θ_c^m 的 2～10 倍。

6.4.2.2.2 临界污泥龄（θ_c^m）应按下式计算：

$$\theta_c^m = \frac{K_m + \rho_0}{Yk\rho_0} \tag{6}$$

式中：θ_c^m——临界污泥龄，d；

K_m——米氏常数（半饱和常数），其值为反应速率为 1/2 最大反应速率时的底物浓度，mg/L；

k——生成产物的最大速率，d^{-1}；

ρ_0——有污泥回流的完全混合式厌氧反应池进水 COD_{Cr} 质量浓度，mg/L；

Y——污泥产率系数，0.004 4～0.04 kg MLVSS/kg BOD_5。

6.4.2.2.3 根据容积负荷设计有污泥回流的完全混合式厌氧反应池容积时，应执行本标准 6.4.2.1.2 的规定。

6.4.3 搅拌

6.4.3.1 无污泥回流的完全混合式厌氧反应池搅拌设计

6.4.3.1.1 宜采用沼气循环搅拌法，用防爆空压机将沼气压入完全混合式厌氧反应池，配合推流式潜水搅拌机等进行沼气循环搅拌。推流式潜水搅拌机应符合 HJ/T 279 的规定。

6.4.3.1.2 沼气搅拌应达到如下效果：

a）使有机污染物与厌氧微生物均匀地混合接触；

b）使完全混合式厌氧反应池各处的污泥浓度、pH 值、微生物种群等保持均匀一致；

c）及时将热量传递至池内各部位，使加热均匀；

d）出现有机物冲击负荷或有毒物质进入时，均匀地搅拌混合可使冲击或毒性降至最低；

e）大大降低池底泥沙的沉积及液面浮渣的形成。

6.4.3.1.3 沼气经压缩机加压后，通过厌氧反应池顶的配气环管，由均布的立管输入厌氧反应池，沼气量按 5～7 m^3/（1 000 m^3·min）设计，干管与配气环管流速 10～15 m/s，立管流速 5～7 m/s。

6.4.3.1.4 沼气压缩机功率可按下式计算：

$$N = VW \tag{7}$$

式中：N——沼气压缩机功率，W；

V——完全混合式厌氧反应池容积，m^3；

W——单位池容所需功率，一般取 5～8 W/m^3。

6.4.3.2 有污泥回流的完全混合式厌氧反应池搅拌设计

6.4.3.2.1 应采用机械搅拌，混合功率宜采用 5～8 W/m^3 池容，应选用安装角度可调的搅拌器。

6.4.3.2.2 应根据完全混合式厌氧反应池池型选配搅拌器，搅拌器应符合 HJ/T 279 的规定。

6.4.3.2.3 机械搅拌器布置的间距、位置，应根据试验确定或由供货厂方提供。

6.4.3.2.4 每个完全混合式厌氧反应池内均应设置搅拌器，搅拌器应对称布置。

6.4.4 溢流

完全混合式厌氧反应池应设上清液溢流装置。溢流装置应设水封，防止集气罩与大气相通。通常采用的溢流装置有倒虹管式、大气压式和水封式。

6.4.5 排泥

6.4.5.1 完全混合式厌氧反应池的污泥产率为 0.004 4～0.04 kg MLVSS/kg BOD，排泥频率宜根据污泥浓度分布曲线确定。应在不同高度设置取样口，根据监测污泥的浓度制定污泥分布曲线。

6.4.5.2 无污泥回流的完全混合式厌氧反应池的排泥管应设在池底，依靠净水压力排泥。

6.4.5.3 有污泥回流的完全混合式厌氧反应池之后设沉淀池，排泥在沉淀池中进行，由刮泥机完成。

6.5 脱气器

完全混合式厌氧反应池宜选用真空度约 4 900 Pa 的脱气器。

6.6 沉淀池

完全混合式厌氧反应池后续处理工艺中沉淀池表面积按下式计算：

$$A=\frac{Q}{nq} \tag{8}$$

式中：A——沉淀池的表面积，m^2；

Q——有污泥回流的完全混合式厌氧反应池设计流量，m^3/d；

n——沉淀池个数；

q——沉淀池面积水力负荷，一般取值为 0.5～1.0 m^3/（m^2·d）。

6.7 污泥回流

6.7.1 污泥回流设施应采用不易产生复氧的离心泵、混流泵、潜水泵等设备。

6.7.2 回流设施宜分别按处理系统中的最大污泥回流比计算确定。

6.7.3 回流设备应设置备用。

6.8 剩余污泥

6.8.1 剩余污泥量按污泥泥龄计算：

$$\Delta X=\frac{VX}{\theta_c} \tag{9}$$

式中：ΔX——剩余污泥量，g MLVSS/d；

V——完全混合式厌氧反应池的容积，m^3；

X——完全混合式厌氧反应池中污泥浓度，mg MLVSS/L；

θ_c——污泥泥龄，d。

6.8.2 剩余污泥量按污泥产率系数、衰减系数及不可生物降解惰性悬浮物计算：

$$\Delta X = YQ(S_o - S_e) - K_d VX + fQ(SS_o - SS_e) \tag{10}$$

式中：ΔX——剩余污泥量，g MLVSS/d；

V——完全混合式厌氧反应池的容积，m^3；

Y——污泥产率系数，0.004 4～0.04 kg MLVSS/kg BOD_5；

Q——完全混合式厌氧反应池设计流量，m^3/d；

S_o——完全混合式厌氧反应池进水 BOD_5，mg/L；

S_e——完全混合式厌氧反应池出水 BOD_5，mg/L；

K_d——衰减系数，d^{-1}；

X——完全混合式厌氧反应池中污泥浓度，mg MLVSS/L；

f——MLSS 的污泥转换率，宜根据试验资料确定，无试验资料时可取 0.5～0.7，g MLVSS/g MLSS；

SS_o——完全混合式厌氧反应池进水悬浮物浓度，kg/m^3；

SS_e——完全混合式厌氧反应池出水悬浮物浓度，kg/m^3。

6.8.3 剩余污泥宜设置计量装置，可采用湿污泥计量和干污泥计量两种方式。

6.8.4 沉淀池排泥运行的设计和操作应符合 GB 50014 的规定。

6.8.5 污泥处理和处置要求执行 GB 50014 的规定，经处理后的污泥应符合 CJ 3025 的规定。

6.8.6 厢式压滤机和板框压滤机、污泥脱水用带式压榨过滤机、污泥浓缩带式脱水一体机应符合 HJ/T 242、HJ/T 283、HJ/T 335 的规定。

6.8.7 污泥脱水系统设计时应考虑污泥最终贮存场地的要求。

6.9 沼气净化及利用

6.9.1 沼气产量

6.9.1.1 完全混合式厌氧反应池甲烷产量按下式计算：

$$Q_{CH_4} = Q\eta(\rho_o - \rho_e)\times 10^3 \tag{11}$$

式中：Q_{CH_4}——甲烷产量，m^3/d；

Q——完全混合式厌氧反应池设计流量，m^3/d；

η——沼气产率，一般取 0.45～0.50 $m^3/kg\ COD_{Cr}$；

ρ_o——完全混合式厌氧反应池进水 COD_{Cr} 质量浓度，mg/L；

ρ_e——完全混合式厌氧反应池出水 COD_{Cr} 质量浓度，mg/L。

6.9.1.2 沼气总量可按下式计算：

$$Q_{沼} = Q_{CH_4}\cdot\frac{1}{p} \tag{12}$$

式中：$Q_{沼}$——沼气总量，m^3/d；

Q_{CH_4}——甲烷气产量，m^3/d；

p——沼气中甲烷含量，一般为 50%～70%。

6.9.2 沼气净化及利用

6.9.2.1 沼气净化系统主要包括脱水、脱硫及沼气储存，系统组成见图 5。

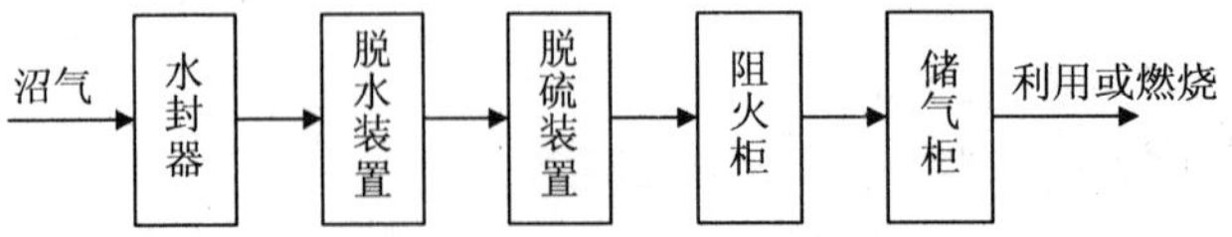

图 5 沼气净化系统示意图

6.9.2.2 沼气净化利用系统设计应注意防火、防爆，应符合 NY/T 1220.1、NY/T 1220.2 的有关规定。

6.9.2.3 沼气利用经过脱水和脱硫处理后方可进入后续利用装置或系统。沼气脱水、脱硫设计应符合 NY/T 1220.2 的有关规定。

6.9.3 沼气贮存

6.9.3.1 沼气贮存可采用低压湿式储气柜、低压干式储气柜和高压储气罐。储气柜与周围建筑物应有一定的安全防火距离。储气柜容积应根据沼气产生量及不同利用方式确定：

1）沼气用于民用炊事时，储气柜的容积按日产气量的 50%～60%设计。

2）沼气用于锅炉、发电和部分民用时，应根据沼气供应平衡曲线确定储气柜的容积；无平衡曲线时，储气柜的容积应不低于日产气量的 10%。

6.9.3.2 沼气储气柜输出管道上宜设置安全水封或阻火器，大型用气设备应设置沼气放散管，但严禁在建筑物内放散沼气。

6.9.4 沼气日产量低于 1 300 m^3 的完全混合式厌氧反应池，宜作为炊事、采暖或厌氧换热的热源，沼气日产量高于 1 300 m^3 的完全混合式厌氧反应池宜进行发电利用或作为炊事、采暖或厌氧换热的热源。

7 检测与过程控制

7.1 一般规定

7.1.1 完全混合式厌氧反应池的运行应进行检测和控制，并配置相应的检测仪表和控制系统。

7.1.2 完全混合式厌氧反应池废水处理工程应根据工程规模、工艺流程、运行管理要求确定检测和控制的内容。

7.1.3 自动化仪表和控制系统应保证完全混合式厌氧反应池废水处理系统的安全和可靠，便于运行管理，便于改善劳动条件，提高科学管理水平。

7.1.4 计算机控制管理系统宜兼顾现有、新建和规划要求。

7.1.5 参与控制和管理的机电设备应设置工作和事故状态的检测装置。

7.2 过程检测

7.2.1 预处理单元宜设 pH 计、液位计、液位差计，污水处理厂（站）宜设 COD 检测仪、SS 检测仪和流量计。

7.2.2 宜在完全混合式厌氧反应池中设氧化还原电位（ORP）检测仪和污泥浓度计。

7.2.3 回流污泥宜设流量计，回流设备宜有调节流量的措施。

7.2.4 剩余污泥宜设流量计，宜设污泥浓度计。

7.3 过程控制

7.3.1 完全混合式厌氧反应池废水处理工程的主要生产工艺单元，在满足工艺控制条件的基础上合理选择配置集散控制系统（DCS）或可编程控制器（PLC）自动控制系统。

7.3.2 采用成套设备时，设备本身控制宜与系统控制结合。

7.3.3 计算机控制管理系统应具有数据采集、处理、控制、管理、储存历史数据一年以上和安全保护功能。

7.3.4 计算机控制系统的设计应符合下列要求：

a）宜对控制系统的监测层、控制层和管理层做出合理配置；

b）应根据工程具体情况，经技术经济比较后选择网络结构和通信速率；

c）对操作系统和开发工具要从运行稳定、易于开发、操作界面方便等多方面综合考虑；

d）根据企业需求和相关基础设施，宜对企业信息化系统做出功能设计；

e）中控室应就近设置电源箱，供电电源应为双回路，直流电源设备应安全可靠；

f）控制室面积应视其使用功能设定，并应考虑今后的发展；

g）防雷和接地保护应符合国家现行标准的要求。

8 主要辅助工程

8.1 供电

8.1.1 工艺装置的用电负荷应为二级负荷。

8.1.2 应将工艺装置按处理系列分设为双变电系统。

8.1.3 工艺装置的高、低压用电电压等级应与供电电网一致。

8.1.4 工艺装置的中央控制室的仪表电源应配备在线式不间断供电电源设备（UPS）。

8.1.5 工艺装置的接地系统宜采用三相五线制（TN-S）系统。

8.2 配电设备

8.2.1 变电所低压配电室的配电设备布置，应符合 GB 50053 的规定。

8.2.2 工艺装置的变、配电室宜设在负荷较集中的鼓风机房附近。

8.2.3 工艺装置的污泥泵等现场控制设备应采用户外防腐、防雨型控制箱，安装在操作平台上便于手动控制。

8.2.4 完全混合式厌氧反应池进气管上的阀门等控制设备宜选用防腐、防潮型电气设备。

8.3 二次线

8.3.1 工艺线上的电气设备宜设置现场和中央控制室的双重控制，并纳入工控机系统。

8.3.2 电气系统的控制水平应与工艺水平相一致，宜纳入计算机控制系统，也可采用强电控制。

9 施工与验收

9.1 一般规定

9.1.1 工程设计、施工单位应具有国家相应的工程设计、施工资质，工程项目宜通过招投标确定施工单位和监理单位。

9.1.2 应按工程设计图纸、技术文件、设备图纸等组织工程施工，工程的变更应取得设计单位的设计变更文件后再实施。

9.1.3 施工前，应进行施工组织设计或编制施工方案，明确施工质量负责人和施工安全负责人，经批准后方可实施。

9.1.4 施工过程中，应作好材料设备、隐蔽工程和分项工程等中间环节的质量验收；隐蔽工程应经过中间验收合格后，方可进行下一道工序施工。

9.1.5 管道工程的施工和验收应符合 GB 50268 的规定；混凝土结构工程的施工和验收应符合 GB 50204 的规定；构筑物的施工和验收应符合 GB 50141 的规定。

9.1.6 施工使用的材料、半成品、部件应符合国家现行标准和设计要求，并取得供货商的合格证书，严禁使用不合格产品。设备安装应符合 GB 50231 的规定。

9.1.7 工程竣工验收后，建设单位应将有关设计、施工和验收的文件存档。

9.2 施工

9.2.1 土建施工

9.2.1.1 完全混合式厌氧反应池宜采用钢砼结构，土建施工应重点控制池体的抗浮处理、地基处理、池体抗渗处理，满足设备安装对土建施工的要求。

9.2.1.2 在进行结构设计时应充分考虑池体的抗浮，施工过程中应计算池体的抗浮稳定性及各施工阶段的池体自重与水的浮力之比，检查池体能否满足抗浮要求。

9.2.1.3 需要在软弱地基上施工、且构筑物荷载不大时，应采取适当的措施对地基进行处理，必要时可采用桩基。

9.2.1.4 施工过程中应加强建筑材料和施工工艺的控制，杜绝出现裂缝和渗漏。出现渗漏处，应会同设计单位等有关方面确定处理方案，彻底解决问题。

9.2.1.5 在进行土建施工前应认真阅读设计图纸和设备安装对土建的要求，了解预留预埋件的准确位置和做法，对有高程要求的设备基础要严格控制在设备要求的误差范围内。

9.2.1.6 模板、钢筋、砼分项工程应严格执行 GB 50204 规定，并符合以下要求：

1）模板架设应有足够强度、刚度和稳定性，表面平整无缝隙，尺寸正确；

2）钢筋规格、数量准确，绑扎牢固应满足搭接长度要求，无锈蚀；

3）砼配合比、施工缝预留、伸缩缝设置、设备基础预留孔及预埋螺栓位置均应符合规范和设计要求，冬季施工应注意防冻。

9.2.1.7 现浇钢筋混凝土水池施工允许偏差应符合 SHT 3535 中的有关规定。

9.2.1.8 处理构筑物应根据当地气温和环境条件，采取防冻措施。

9.2.2 设备安装

9.2.2.1 设备基础应按照设计要求和图纸规定浇筑，砼标号、基面位置高程应符合说明书和技术文件规定。

9.2.2.2 混凝土基础应平整坚实，并有隔振的措施。

9.2.2.3 预埋件水平度及平整度应符合 GB 50231 规定。

9.2.2.4 地脚螺栓应按照原机出厂说明书的要求预埋，位置应准确，安装应稳固。

9.2.2.5 安装好的机械应严格符合外形尺寸的公称允许偏差，不允许超差。

9.2.2.6 各种机电设备安装后试车应满足下列要求：

1）启动时应按照标注箭头方向旋转，启动运转应平稳，运转中无振动和异常声响；

2）运转啮合与差动机构运转应按产品说明书的规定同步运行，没有阻塞、碰撞现象；

3）运转中各部件应保持动态所应有的间隙，无抖动晃摆现象；

4）试运转用手动或自动操作，设备全程完整动作 5 次以上，整体设备应运行灵活，并保持紧张状态；

5）各限位开关运转中动作及时，安全可靠；

6）电机运转中温升在正常值内；

7）各部轴承注加规定润滑油，应不漏、不发热，温升小于 60 °C。

9.3 工程验收

9.3.1 工程验收应按《建设项目（工程）竣工验收办法》、相应专业现行验收规范和本标准的有关规定执行。

9.3.2 完全混合式厌氧反应池废水处理工程中构筑物的工程验收按照 GB 500141 执行。

9.3.3 完全混合式厌氧反应池土建施工完成后应按照 GB 500141 的规定进行满水试验，地面以下渗水量应符合设计规定，最大不得超过 2 L/（m^2·d）。

9.3.4 泵站和风机房等都应按设计的最多开启台数作 48 h 运转试验，水泵和污泥泵的流量和机组功率应作测定，有条件的应测定其特性曲线。

9.3.5 闸门、闸阀不得有漏水现象。

9.3.6 排水管道应做闭水试验，上游充水管保持在管顶以上 2 m，外观检查应 24 h 无漏水现象。

9.3.7 空气管道应做气密性试验，24 h 压力降不超过允许值为合格。

9.3.8 变电站高压配电系统应由供电局组织电检、验收。

9.4 环境保护验收

9.4.1 完全混合式厌氧反应池工艺的污水处理厂（站）竣工环境保护验收应按《建设项目竣工环境

保护验收管理办法》的规定执行。

9.4.2 污水处理厂（站）验收前应结合试运行进行性能试验，性能试验报告可作为竣工环境保护验收的技术支持文件。性能试验内容包括：

1）耗电量统计，分别统计各主要设备单体运行和设施系统运行的电能消耗；

2）满负荷运行测试，处理系统应满负荷进水，考查各工艺单元、构筑物和设备的运行工况；

3）厌氧污泥测试，观察污泥性状、活性及浓度；

4）水质检测，在工艺要求的各个重要部位，按照规定频次、指标和测试方法进行水质检测，分析污染物去除效果；

5）计算全厂技术经济指标：COD_{Cr} 去除量、COD_{Cr} 去除电耗（kW·h/kg）、沼气产量（m^3/d）、处理成本（元/kgCOD_{Cr}）等。

10 运行与维护

10.1 一般规定

10.1.1 完全混合式厌氧反应池废水处理设施的运行、维护及安全管理参照 CJJ 60 执行。

10.1.2 污水处理厂（站）的运行管理应配备专业人员和设备。

10.1.3 污水处理厂（站）在运行前应制定设备台账、运行记录、定期巡视、交接班、安全检查等管理制度，以及各岗位的工艺系统图、操作和维护规程等技术文件。

10.1.4 操作人员应熟悉本厂（站）处理工艺技术指标和设施、设备的运行要求；经过技术培训和生产实践，并考试合格后方可上岗。

10.1.5 各岗位的工艺系统图、操作和维护规程等应示于明显部位，运行人员应按规程进行系统操作，并定期检查构筑物、设备、电器和仪表的运行情况。

10.1.6 工艺设施和主要设备应编入台账，定期对各类设备、电气、自控仪表及建（构）筑物进行检修维护，确保设施稳定可靠运行。

10.1.7 运行人员应遵守岗位职责，坚持做好交接班和巡视。

10.1.8 应定期检测进出水水质，并定期对检测仪器、仪表进行校验。

10.1.9 运行中应严格执行经常性的和定期的安全检查，及时消除事故隐患，防止事故发生。

10.1.10 各岗位人员在运行、巡视、交接班、检修等生产活动中，应做好相关记录并妥善保存。

10.2 水质检验

10.2.1 污水处理厂（站）应设水质化验室，配备检测人员和仪器。

10.2.2 水质化验室内部建立健全水质分析质量保证体系。

10.2.3 检测人员应经培训后持证上岗，并应定期进行考核和抽检。

10.2.4 检测方法应符合 CJ/T 51 的规定。

10.2.5 完全混合式厌氧反应池工艺的废水处理设施正常运行的检测项目及检测周期参照 CJJ 60 的规定执行。

10.3 运行调节

10.3.1 系统预调试应做好以下准备工作：

1）调试人员包括技术员、操作工、化验分析员、维修工等，所有的调试人员应熟知自己的专业技术，均应进行必要的岗前培训；

2）系统调试前应准备好所需仪器和设备；

3）预先确定取样点和分析手段，系统启动后按预定频次对水样进行分析；

4）根据工艺特点选取适宜的厌氧种泥，确定种泥的前期预处理、运输、保藏以及更换方法等；

5）做好包括人身安全、设备安全、工艺运行调试的安全在内的安全支持准备；

6）完善应急准备预案，包括调试方案的应急准备、工艺运行的应急准备、设备的应急准备、季节性调试的应急准备等等；

7）应当制定详尽的、全面的、系统性的研究报告和计划书，作为调试的理论依据。

10.3.2 系统调试包括以下内容：

1）检查并清水试车（需要连续运行 1 天），审核装置、泵体、管线、自控系统等完好且运转正常；

2）通过菌种的接种和驯化、负荷的提高以及最后达到设计要求的稳定运行等不同时段的控制，掌握影响反应器运行启动的控制因素和运行问题的控制对策；

3）应通过实验或调试过程确定适合的参数（如温度、pH 值、有机负荷等），实现厌氧设备的稳定运行。

10.3.3 运行中应定期检测各池的温度、pH 值和氧化还原电位。

10.3.4 应经常观察活性污泥生物相、上清液透明度、污泥颜色、状态、气味等，定时检测和计算反映污泥特性的有关参数。

10.3.5 应根据观察到的现象和检测数据，及时调整进水量、污泥回流量、混合液回流量、剩余污泥排放量等，使出水稳定达标。

10.3.6 完全混合式厌氧池末端 ORP 应低于 –300 mV，当大于该值时应通过提高进水中 COD_{Cr}/TP 或延长厌氧段停留时间调节。

10.4 维护保养

10.4.1 应将厌氧反应池的维护保养作为全厂（站）维护的重点。

10.4.2 定期检查搅拌设备的运行状况，当搅拌设备振动较大时应提出水面进行检查维修。

10.4.3 应定期对消化池中的 ORP 计、温度计、污泥浓度计、污泥界面仪等仪表进行校正和维修保养。

10.4.4 操作人员应严格执行设备操作规程，定期巡视设备运转是否正常，包括升温、响声、振动、电压、电流等，发现问题应尽快检查排除。

10.4.5 应保持设备各运转部位良好的润滑状态，及时添加润滑油、除锈；发现漏油、渗油情况，应及时解决。

10.4.6 运行中应防止由于潜水搅拌机叶轮损坏或堵塞、表面空气吸入形成涡流、不均匀水流等引起的振动。

10.4.7 应做好设备维修保养记录。

中华人民共和国环境保护部

公　告

2013 年　第 18 号

为贯彻《中华人民共和国环境保护法》，规范污染治理工程的建设与运行，现批准《吸附法工业有机废气治理工程技术规范》等五项标准为国家环境保护标准，并予发布。

标准名称、编号如下：

一、吸附法工业有机废气治理工程技术规范（HJ 2026—2013）

二、催化燃烧法工业有机废气治理工程技术规范（HJ 2027—2013）

三、电除尘工程通用技术规范（HJ 2028—2013）*

四、医院污水处理工程技术规范（HJ 2029—2013）

五、味精工业废水治理工程技术规范（HJ 2030—2013）

以上标准自 2013 年 7 月 1 日起实施，由中国环境出版社出版，标准内容可在环境保护部网站（bz.mep.gov.cn）查询。

特此公告。

环境保护部

2013 年 3 月 29 日

* 本书略。

HJ

中华人民共和国国家环境保护标准

HJ 2026—2013

吸附法工业有机废气治理工程技术规范

Technical specifications of adsorption method for industrial organic emissions treatment project

2013-03-29 发布　　2013-07-01 实施

环境保护部 发布

前　言

为贯彻《中华人民共和国环境保护法》和《中华人民共和国大气污染防治法》，规范工业有机废气治理工程的建设，防治工业有机废气的污染，改善环境质量，制定本标准。

本标准规定了工业有机废气吸附法治理工程的设计、施工、验收和运行的技术要求。

本标准为指导性文件。

本标准为首次发布。

本标准由环境保护部科技标准司组织制订。

本标准主要起草单位：中国环境保护产业协会、中国人民解放军防化研究院、中国科学院生态环境研究中心、中节能天辰（北京）环保科技有限公司、宁夏华辉活性炭股份有限公司、北京绿创环保设备股份有限公司、江苏苏通碳纤维有限公司、嘉园环保股份有限公司、泉州市天龙环境工程有限公司。

本标准环境保护部 2013 年 3 月 29 日批准。

本标准自 2013 年 7 月 1 日起实施。

本标准由环境保护部解释。

吸附法工业有机废气治理工程技术规范

1 适用范围

本标准规定了工业有机废气吸附法治理工程的设计、施工、验收和运行的技术要求。

本标准适用于工业有机废气的常压吸附治理工程，可作为环境影响评价、工程咨询、设计、施工、验收及建成后运行与管理的技术依据。

2 规范性引用文件

本标准引用了下列文件或其中的条款。凡是未注明日期的引用文件，其最新版本适用于本标准。

GB 3836.4 爆炸性环境 第 4 部分：由本质安全型“i”保护的设备

GB/T 3923.1 纺织品 织物拉伸性能 第 1 部分：断裂强力和断裂伸长率的测定 条样法

GB/T 7701.1 煤质颗粒活性炭 气相用 煤质颗粒活性炭

GB 12348 工业企业厂界环境噪声排放标准

GB/T 16157 固定污染源排气中颗粒物测定和气态污染物采样方法

GB/T 20449 活性炭丁烷工作容量测试方法

GB 50016 建筑设计防火规范

GB 50019 采暖通风与空气调节设计规范

GB 50051 烟囱设计规范

GB 50057 建筑物防雷设计规范

GB 50058 爆炸和火灾危险环境电力装置设计规范

GB 50140 建筑灭火器配置设计规范

GB 50160 石油化工企业设计防火规范

GB 50187 工业企业总平面设计规范

GBJ 87 工业企业噪声控制设计规范

HGJ 229 工业设备、管道防腐蚀工程施工及验收规范

HJ/T 1 气体参数测量和采样的固定位装置

HJ/T 386 工业废气吸附净化装置

HJ/T 387 工业废气吸收净化装置

HJ/T 389 工业有机废气催化净化装置

HJ 2000 大气污染治理工程技术导则

HJ 2027 催化燃烧法工业有机废气治理工程技术规范

JJF 1049 温度传感器动态响应校准

《建设项目环境保护设计规定》 国家计划委员会、国务院环境保护委员会[1987]002 号

《建设项目环境保护管理条例》 中华人民共和国国务院令 第 253 号

《建设项目（工程）竣工验收办法》 国家计划委员会 1990 年

《建设项目竣工环境保护验收管理办法》 国家环境保护总局令 第 13 号

3 术语和定义

下列术语和定义适用于本标准。

3.1 工业有机废气 industrial organic emissions

指工业过程排出的含挥发性有机物的气态污染物。

3.2 爆炸极限 explosive limit

又称爆炸浓度极限。指可燃气体或蒸气与空气混合后能发生爆炸的浓度范围。

3.3 爆炸极限下限 lower explosive limit

指爆炸极限的最低浓度值。

3.4 活性炭纤维毡 activated carbon fiber felt

指利用黏胶、聚丙烯腈或沥青纤维等加工的纤维毡经过炭化、活化后所制备的多孔材料。

3.5 蜂窝活性炭 honeycomb-type activated carbon

指把粉末状活性炭、水溶性黏合剂、润滑剂和水等经过配料、捏合后挤出成型，再经过干燥、炭化、活化后制成的蜂窝状吸附材料。

3.6 蜂窝分子筛 honeycomb-type molecular sieve

指将粉末状分子筛、水溶性黏合剂、润滑剂和水等经过配料、捏合后挤出成型，再经过干燥、活化后制成的蜂窝状吸附材料；或将粉末状分子筛、水溶性黏合剂和水等配制的浆料涂敷在纤维材料上，经过折叠、干燥后制成的类似蜂窝状的吸附材料。

3.7 BET 比表面积 BET specific surface area

指利用 BET 法测试的单位质量吸附剂的表面积，单位为 m^2/g。

3.8 固定床吸附装置 fixed bed adsorber

指吸附过程中，吸附剂料层处于静止状态的吸附设备。

3.9 移动床吸附装置 moving bed adsorber

指吸附剂按照一定的方式连续通过，依次完成吸附、脱附和再生并重新进入吸附段的吸附装置。

3.10 流化床吸附装置 fluidized bed adsorber

指吸附过程中，吸附剂在高速气流的作用下，强烈搅动，上下浮沉呈流化状态的吸附设备。

3.11 转轮吸附装置 rotatory wheel adsorber

指利用颗粒状、毡状或蜂窝状吸附材料制备而成的具有一定厚度的圆形吸附装置，在电机驱动下转动，在整个圆形扇面上分为吸附区、再生区和冷却区，污染空气通过吸附区进行吸附净化，吸附了污染物的区域转动到再生区后利用热气流进行再生，再生后的高温区转动到冷却区后利用冷气流进行冷却，如此循环进行吸附剂的吸附和再生。

3.12 动态吸附量 dynamic adsorption capacity

指把一定质量的吸附剂填充于吸附柱中，令浓度一定的污染空气在恒温、恒压下以恒速流过，当吸附柱出口中污染物的浓度达到设定值时，计算单位质量的吸附剂对污染物的平均吸附量。该平均吸附量称为吸附剂对吸附质在给定温度、压力、浓度和流速下的动态吸附量，单位为 mg/g。

3.13 净化效率 purification efficiency

指治理工程或净化设备捕获污染物的量与处理前污染物的量之比，以百分数表示。计算公式如下：

$$\eta=\frac{\rho_1 Q_{sn1}-\rho_2 Q_{sn2}}{\rho_1 Q_{sn1}}\times 100\% \tag{1}$$

式中：η——治理工程或净化设备的净化效率，%；

ρ_1、ρ_2——治理工程或净化设备进口、出口污染物的质量浓度，mg/m^3；

Q_{sn1}、Q_{sn2}——治理工程或净化设备进口、出口标准状态下干气体流量，m^3/h。

3.14 吸附剂再生 regeneration of adsorbent

指利用高温水蒸气、热气流吹扫或降压等方法将被吸附物从吸附剂中解吸的过程。

3.15 吸附剂原位再生 in-site regeneration of adsorbent

指吸附了污染物的吸附剂在吸附装置中原地进行再生的过程。

3.16 不凝气 uncondensable gas

指混合气体经过低温冷凝后未被液化的部分。

4 污染物与污染负荷

4.1 除溶剂和油气储运装置的有机废气吸附回收外，进入吸附装置的有机废气中有机物的浓度应低于其爆炸极限下限的25%。当废气中有机物的浓度高于其爆炸极限下限的25%时，应使其降低到其爆炸极限下限的25%后方可进行吸附净化。

4.2 对于含有混合有机化合物的废气，其控制含量 P 应低于最易爆炸组分或混合气体爆炸极限下限值的25%，即 $P<\min(P_e,P_m)\times25\%$，$P_e$ 为最易爆组分爆炸极限下限值（%），P_m 为混合气体爆炸极限下限值（%），P_m 按照下式进行计算：

$$P_m=(P_1+P_2+\cdots+P_n)/(V_1/P_1+V_2/P_2+\cdots+V_n/P_n) \quad (2)$$

式中：P_m——混合气体爆炸极限下限值，%；

P_1，P_2，…，P_n——混合气体中各组分的爆炸极限下限值，%；

V_1，V_2，…，V_n——混合气体中各组分所占的体积分数，%；

n——混合有机废气中所含有机化合物的种数。

4.3 进入吸附装置的颗粒物含量宜低于 $1\ mg/m^3$。

4.4 进入吸附装置的废气温度宜低于40℃。

5 总体要求

5.1 一般规定

5.1.1 治理工程建设应按国家相关的基本建设程序或技术改造审批程序进行，总体设计应满足《建设项目环境保护设计规定》和《建设项目环境保护管理条例》的规定。

5.1.2 治理工程应遵循综合治理、循环利用、达标排放、总量控制的原则。治理工艺设计应本着成熟可靠、技术先进、经济适用的原则，并考虑节能、安全和操作简便。

5.1.3 治理工程应与生产工艺水平相适应。生产企业应把治理设备作为生产系统的一部分进行管理，治理设备应与产生废气的相应生产设备同步运转。

5.1.4 经过治理后的污染物排放应符合国家或地方相关大气污染物排放标准的规定。

5.1.5 治理工程在建设、运行过程中产生的废气、废水、废渣及其他污染物的治理与排放，应执行国家或地方环境保护法规和标准的相关规定，防止二次污染。

5.1.6 治理工程应按照国家相关法律法规、大气污染物排放标准和地方环境保护部门的要求设置在线连续监测设备。

5.2 工程构成

5.2.1 治理工程由主体工程和辅助工程组成。

5.2.2 主体工程包括废气收集、预处理、吸附、吸附剂再生和解吸气体后处理单元。若治理过程中产生二次污染物时，还应包括二次污染物治理设施。

5.2.3 辅助工程主要包括检测与过程控制、电气仪表和给排水等单元。

5.3 场址选择与总图布置

5.3.1 场址选择与总图布置应参照标准 GB 50187 规定执行。

5.3.2 场址选择应遵从降低环境影响、方便施工及运行维护等原则，并按照消防要求留出消防通道和安全保护距离。

5.3.3 治理设备的布置应考虑主导风向的影响，以减少有害气体、噪声等对环境的影响。

6 工艺设计

6.1 一般规定

6.1.1 在进行工艺路线选择之前，根据废气中有机物的回收价值和处理费用进行经济核算，优先选用回收工艺。

6.1.2 治理工程的处理能力应根据废气的处理量确定，设计风量宜按照最大废气排放量的 120% 进行设计。

6.1.3 吸附装置的净化效率不得低于 90%。

6.1.4 排气筒的设计应满足 GB 50051 的规定。

6.2 工艺路线选择

6.2.1 应根据废气的来源、性质（温度、压力、组分）及流量等因素进行综合分析后选择工艺路线。

6.2.2 根据吸附剂再生方式和解吸气体后处理方式的不同，可选用的典型治理工艺有：

a）水蒸气再生—冷凝回收工艺；

b）热气流（空气或惰性气体）再生—冷凝回收工艺；

c）热气流（空气）再生—催化燃烧或高温焚烧工艺；

d）降压解吸再生—液体吸收工艺。

典型的有机废气吸附工艺流程图见附录 A。

6.2.3 连续稳定产生的废气可以采用固定床、移动床（包括转轮吸附装置）和流化床吸附装置，非连续产生或浓度不稳定的废气宜采用固定床吸附装置。当使用固定床吸附装置时，宜采用吸附剂原位再生工艺。

6.2.4 当废气中的有机物具有回收价值时，可根据情况选择采用水蒸气再生、热气流（空气或惰性气体）再生或降压解吸再生工艺。脱附后产生的高浓度气体可根据情况选择采用降温冷凝或液体吸收工艺对有机物进行回收。

6.2.5 当废气中的有机物不宜回收时，宜采用热气流再生工艺。脱附产生的高浓度有机气体采用催化燃烧或高温焚烧工艺进行销毁。

6.2.6 当废气中的有机物浓度高且易于冷凝时，宜先采用冷凝工艺对废气中的有机物进行部分回收后再进行吸附净化。

6.3 工艺设计要求

6.3.1 废气收集

6.3.1.1 废气收集系统设计应符合 GB 50019 的规定。

6.3.1.2 应尽可能利用主体生产装置本身的集气系统进行收集。集气罩的配置应与生产工艺协调一致，不影响工艺操作。在保证收集能力的前提下，应结构简单，便于安装和维护管理。

6.3.1.3 确定集气罩的吸气口位置、结构和风速时，应使罩口呈微负压状态，且罩内负压均匀。

6.3.1.4 集气罩的吸气方向应尽可能与污染气流运动方向一致，防止吸气罩周围气流紊乱，避免或减弱干扰气流和送风气流等对吸气气流的影响。

6.3.1.5 当废气产生点较多、彼此距离较远时，应适当分设多套收集系统。

6.3.2 预处理

6.3.2.1 预处理设备应根据废气的成分、性质和影响吸附过程的物质性质及含量进行选择。

6.3.2.2 当废气中颗粒物含量超过 1 mg/m^3 时，应先采用过滤或洗涤等方式进行预处理。

6.3.2.3 当废气中含有吸附后难以脱附或造成吸附剂中毒的成分时，应采用洗涤或预吸附等预处理方式处理。

6.3.2.4 当废气中有机物浓度较高时，应采用冷凝或稀释等方式调节至满足 4.1 的要求。当废气温度较高时，采用换热或稀释等方式调节至满足 4.4 的要求。

6.3.2.5 过滤装置两端应装设压差计，当过滤器的阻力超过规定值时应及时清理或更换过滤材料。

6.3.3 吸附

6.3.3.1 吸附剂的选择应符合下列规定：

a）当采用降压解吸再生时，煤质颗粒活性炭的性能应满足 GB/T 7701.1 的要求，且丁烷工作容量（测试方法参见 GB/T 20449）应不小于 12.5 g/dL，BET 比表面积应不小于 1 400 m^2/g。采用非煤质颗粒活性炭作吸附剂时可参照执行。

b）当采用水蒸气再生时，煤质颗粒活性炭的性能应满足 GB/T 7701.1 的要求，且丁烷工作容量（测试方法参见 GB/T 20449）应不小于 8.5 g/dL，BET 比表面积应不小于 1 200 m^2/g。采用非煤质颗粒活性炭作吸附剂时可参照执行。

c）当采用热气流吹扫方式再生时，煤质颗粒活性炭的性能应满足 GB/T 7701.1 的要求，采用非煤质活性炭作吸附剂时可参照执行。颗粒分子筛的 BET 比表面积应不低于 350 m^2/g。

d）蜂窝活性炭和蜂窝分子筛的横向强度应不低于 0.3 MPa，纵向强度应不低于 0.8 MPa，蜂窝活性炭的 BET 比表面积应不低于 750 m^2/g，蜂窝分子筛的 BET 比表面积应不低于 350 m^2/g。

e）活性炭纤维毡的断裂强度应不小于 5 N（测试方法按照 GB/T 3923.1 进行），BET 比表面积应不低于 1 100 m^2/g。

6.3.3.2 在吸附剂选定后，吸附床层的吸附剂用量应根据废气处理量、污染物浓度和吸附剂的动态吸附量确定。

6.3.3.3 固定床吸附装置吸附层的气体流速应根据吸附剂的形态确定。采用颗粒状吸附剂时，气体流速宜低于 0.60 m/s；采用纤维状吸附剂（活性炭纤维毡）时，气体流速宜低于 0.15 m/s；采用蜂窝状吸附剂时，气体流速宜低于 1.20 m/s。

6.3.3.4 对于采用蜂窝状吸附剂的移动式吸附装置，气体流速宜低于 1.20 m/s；对于采用颗粒状吸附剂的移动床和流化床吸附装置，吸附层的气体流速应根据吸附剂的用量、粒度和体密度等确定。

6.3.3.5 对于一次性吸附工艺，当排气浓度不能满足设计或排放要求时应更换吸附剂；对于可再生工艺，应定期对吸附剂动态吸附量进行检测，当动态吸附量降低至设计值的 80%时宜更换吸附剂。

6.3.3.6 采用纤维状吸附剂时，吸附单元的压力损失宜低于 4 kPa；采用其他形状吸附剂时，吸附单元的压力损失宜低于 2.5 kPa。

6.3.4 吸附剂再生

6.3.4.1 当使用水蒸气再生时，水蒸气的温度宜低于 140℃。

6.3.4.2 当使用热空气再生时，对于活性炭和活性炭纤维吸附剂，热气流温度应低于 120℃；对于分子筛吸附剂，热气流温度宜低于 200℃。含有酮类等易燃气体时，不得采用热空气再生。脱附后气流中有机物的浓度应严格控制在其爆炸极限下限的 25%以下。

6.3.4.3 高温再生后的吸附剂应降温后使用。

6.3.5 解吸气体后处理

6.3.5.1 解吸气体的后处理可采用冷凝回收、液体吸收、催化燃烧或高温焚烧等方法。应根据废气中有机物的组分、回收价值和处理成本等选择后处理方法。

6.3.5.2 采用冷凝回收法处理解吸气体时，应符合以下要求：

a）可使用列管式或板式气（汽）—液冷凝器等冷凝装置。

b）当有机物沸点较高时，可采用常温水进行冷凝；当有机物沸点较低时，冷却水宜使用低温水或常温—低温水多级冷凝。

c）冷凝产生的不凝气应引入吸附装置进行再次吸附处理。

6.3.5.3 采用液体吸收法处理解吸气体时，吸收液中有机物的平衡分压应低于废气中有机物的平衡分压。液体吸收后的尾气不能达标排放时，应引入吸附装置进行再次吸附处理。

6.3.5.4 采用催化燃烧或高温焚烧法处理解吸气体时，产生的烟气应达标排放。采用催化燃烧法处理解吸气体时，应符合 HJ 2027 的规定。

6.4 二次污染物控制

6.4.1 预处理和后处理设备所产生的废水应进行集中处理，并达到相应排放标准要求。

6.4.2 预处理产生的粉尘和废渣以及更换后的过滤材料、吸附剂和催化剂的处理应符合国家固体废弃物处理与处置的相关规定。

6.4.3 噪声控制应符合 GBJ 87 和 GB 12348 的规定。

6.5 安全措施

6.5.1 治理系统应有事故自动报警装置，并符合安全生产、事故防范的相关规定。

6.5.2 治理系统与主体生产装置之间的管道系统应安装阻火器（防火阀），阻火器性能应符合 GB 13347 的规定。

6.5.3 风机、电机和置于现场的电气仪表等应不低于现场防爆等级。当吸附剂采用降压解吸方式再生且解吸后的高浓度有机气体采用液体吸收工艺进行回收时，风机、真空解吸泵和电气系统均应采用符合 GB 3836.4 要求的本安型防爆器件。

6.5.4 在吸附操作周期内，吸附了有机气体后吸附床内的温度应低于 83℃。当吸附装置内的温度超过 83℃时，应能自动报警，并立即启动降温装置。

6.5.5 采用热空气吹扫方式进行吸附剂再生时，当吸附装置内的温度超过 6.3.4.2 中规定的温度时，应能自动报警并立即中止再生操作、启动降温措施。

6.5.6 催化燃烧或高温焚烧装置应具有过热保护功能。

6.5.7 催化燃烧或高温焚烧装置应进行整体保温，外表面温度应低于 60℃。

6.5.8 催化燃烧或高温焚烧装置防爆泄压设计应符合 GB 50160 的要求。

6.5.9 治理装置安装区域应按规定设置消防设施。

6.5.10 治理设备应具备短路保护和接地保护，接地电阻应小于 4 Ω。

6.5.11 室外治理设备应安装符合 GB 50057 规定的避雷装置。

7 主要工艺设备

7.1 主要工艺设备的性能应满足本标准 6.3 的要求，并有必要的备用。

7.2 吸附装置的基本性能应满足 HJ/T 386 的要求。

7.3 吸收装置的基本性能应满足 HJ/T 387 的要求。

7.4 催化燃烧装置的基本性能应满足 HJ/T 389 的要求。

7.5 当废气中含有腐蚀性介质时，风机、集气罩、管道、阀门、颗粒过滤器和吸附装置等应满足相关防腐要求。

7.6 当吸附剂采用水蒸气再生时，吸附装置以及接触到水蒸气的管道和阀门均应采用相应防腐蚀材料制造。

8 检测与过程控制

8.1 检测

8.1.1 治理设备应设置永久性采样口，采样口的设置应符合 HJ/T 1，采样方法应满足 GB/T 16157 的要求。采样频次和检测项目应根据工艺控制要求确定。

8.1.2 吸附装置内部、催化燃烧器或高温焚烧器的加热室和反应室内部应装设具有自动报警功能的多点温度检测装置。温度传感器应按 JJF 1049 的要求进行标定后使用。

8.1.3 应定期检测过滤装置两端的压差。

8.2 过程控制

8.2.1 治理工程应先于产生废气的生产工艺设备开启、后于生产工艺设备停机，并实现连锁控制。

8.2.2 现场应设置就地控制柜实现就地控制。就地控制柜应有集中控制端口，具备与集中控制室的连接功能，能在控制柜显示设备的运行状态。

9 主要辅助工程

9.1 电气系统

9.1.1 电源系统可直接由生产主体工程配电系统接引，中性点接地方式应与生产主体工程一致。

9.1.2 电气系统设计应满足 GB 50058 的要求。

9.2 给水、排水与消防系统

9.2.1 治理工程的给水、排水设计应符合相关工业行业给水排水设计规范的有关规定。

9.2.2 治理工程的消防设计应纳入工厂的消防系统总体设计。

9.2.3 消防通道、防火间距、安全疏散的设计和消防栓的布置应符合 GB 50016 的规定。

9.2.4 治理工程应按照 GB 50140 的规定配置移动式灭火器。

10 施工与验收

10.1 施工

10.1.1 工程设计、施工单位应具有国家相应的工程设计、施工资质。

10.1.2 工程施工应符合国家和行业施工程序及管理文件的要求。

10.1.3 工程施工应按设计文件进行建设，对工程的变更应取得工程设计单位的设计变更文件后再进行施工。

10.1.4 工程施工中使用的设备、材料和部件应符合相应的国家标准。

10.1.5 需要采用防腐蚀材质的设备、管路和管件等的施工和验收应符合 HGJ 229 的规定。

10.1.6 施工单位除应遵守相关的施工技术规范外，还应遵守国家有关部门颁布的劳动安全及卫生消防等强制性标准的要求。

10.2 验收

10.2.1 工程验收应根据《建设项目（工程）竣工验收办法》组织进行。

10.2.2 工程安装、施工完成后应首先对相关仪器仪表进行校验，然后根据工艺流程进行分项调试和整体调试。

10.2.3 通过整体调试，各系统运转正常，技术指标达到设计和合同要求后启动试运行。

10.3 环境保护验收

10.3.1 竣工环境保护验收应按《建设项目竣工环境保护验收管理办法》的规定进行。

10.3.2 工程验收前应进行试运行和性能试验，性能试验的内容主要包括：

a）废气中非甲烷总烃和国家或地方相关排放标准中所规定的污染物进出口浓度（至少检测 3 次）；

b）风量；

c）吸附装置净化效率；

d）溶剂回收效率；

e）系统压力降；

f）耗电量；

g）耗水量；

h）水蒸气耗量等。

11 运行与维护

11.1 一般规定

11.1.1 治理设备应与产生废气的生产工艺设备同步运行。由于紧急事故或设备维修等原因造成治理设备停止运行时，应立即报告当地环境保护行政主管部门。

11.1.2 治理设备正常运行中废气的排放应符合国家或地方大气污染物排放标准的规定。

11.1.3 治理设备不得超负荷运行。

11.1.4 企业应建立健全与治理设备相关的各项规章制度，以及运行、维护和操作规程，建立主要设备运行状况的台账制度。

11.2 人员与运行管理

11.2.1 治理系统应纳入生产管理中，并配备专业管理人员和技术人员。

11.2.2 在治理系统启用前，企业应对管理和运行人员进行培训，使管理和运行人员掌握治理设备及其他附属设施的具体操作和应急情况下的处理措施。培训内容包括：

a）基本原理和工艺流程；

b）启动前的检查和启动应满足的条件；

c）正常运行情况下设备的控制、报警和指示系统的状态和检查，保持设备良好运行的条件，以及必要时的纠正操作；

d）设备运行故障的发现、检查和排除；

e）事故或紧急状态下人工操作和事故排除方法；

f）设备日常和定期维护；

g）设备运行和维护记录；

h）其他事件的记录和报告。

11.2.3 企业应建立治理工程运行状况、设施维护等的记录制度，主要记录内容包括：

a）治理装置的启动、停止时间；

b）吸附剂、过滤材料、催化剂、吸收剂等的质量分析数据、采购量、使用量及更换时间；

c）治理装置运行工艺控制参数，至少包括治理设备进、出口浓度和吸附装置内温度；

d）主要设备维修情况；

e）运行事故及维修情况；

f）定期检验、评价及评估情况；

g）吸附回收工艺中的污水排放、副产物处置情况。

11.2.4 运行人员应遵守企业规定的巡视制度和交接班制度。

11.3 维护

11.3.1 治理设备的维护应纳入全厂的设备维护计划中。

11.3.2 维护人员应根据计划定期检查、维护和更换必要的部件和材料。

11.3.3 维护人员应做好相关记录。

附 录 A
（资料性附录）
典型的有机废气吸附工艺流程图

A.1 水蒸气再生—冷凝回收工艺

固定床吸附装置可采用该工艺。工艺流程如图 A.1 所示。

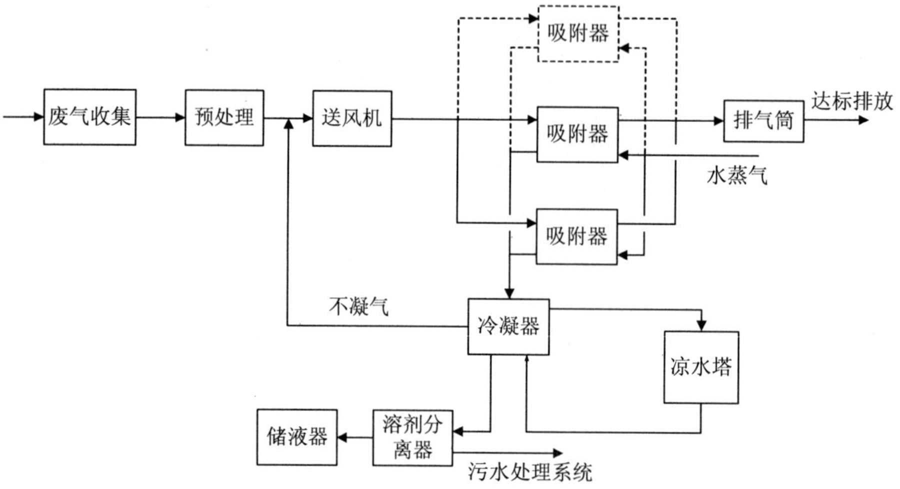

图 A.1 水蒸气再生—冷凝回收工艺流程

A.2 热气流（空气或惰性气体）再生—冷凝回收工艺

固定床、移动床吸附装置可采用该工艺。工艺流程如图 A.2 所示。

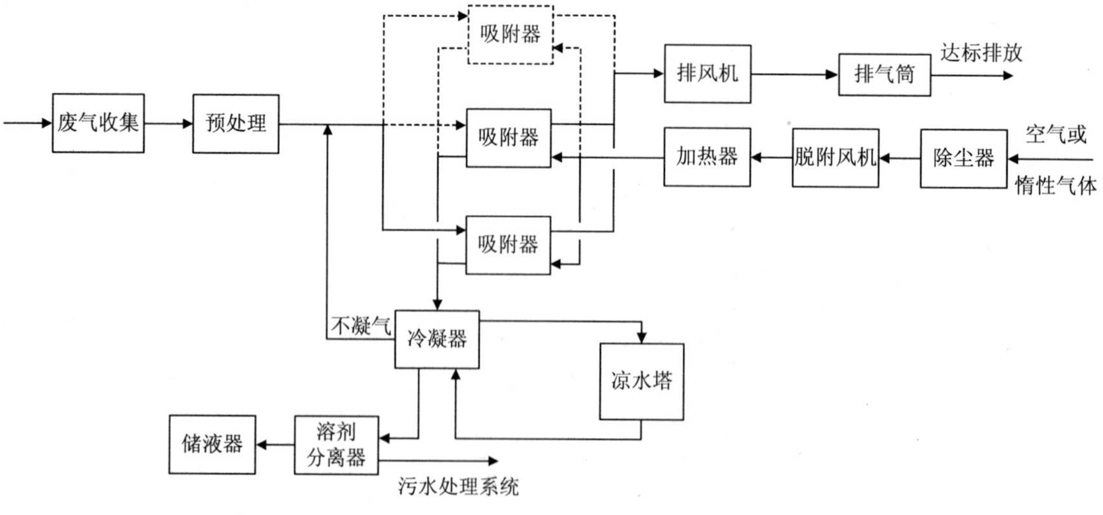

图 A.2 热气流（空气或惰性气体）再生—冷凝回收工艺流程

A.3 热气流（空气）再生—催化燃烧或高温焚烧工艺

固定床、移动床吸附装置可采用该工艺。工艺流程如图 A.3 所示。

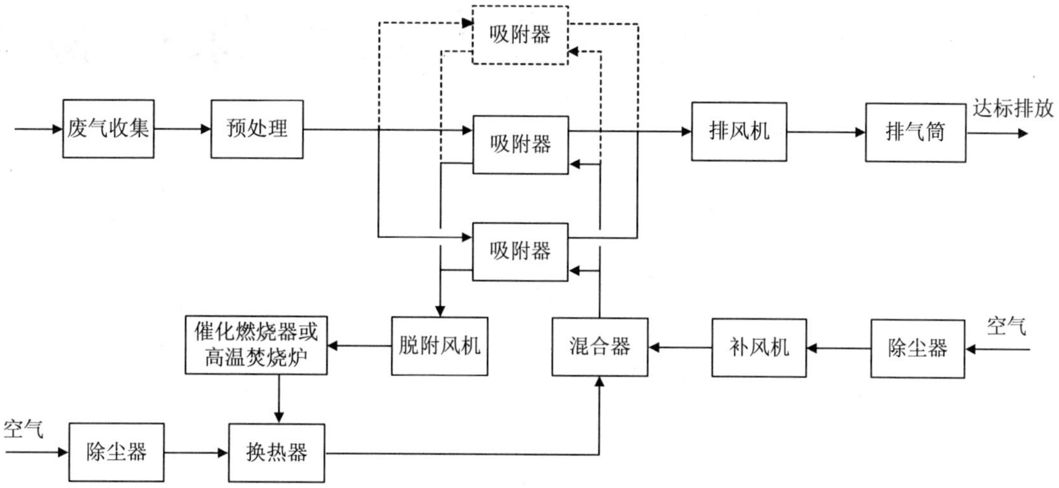

图 A.3 热气流（空气）再生—催化燃烧或高温焚烧工艺流程

A.4 降压解吸再生—液体吸收工艺

固定床吸附装置宜采用该工艺。工艺流程如图 A.4 所示。

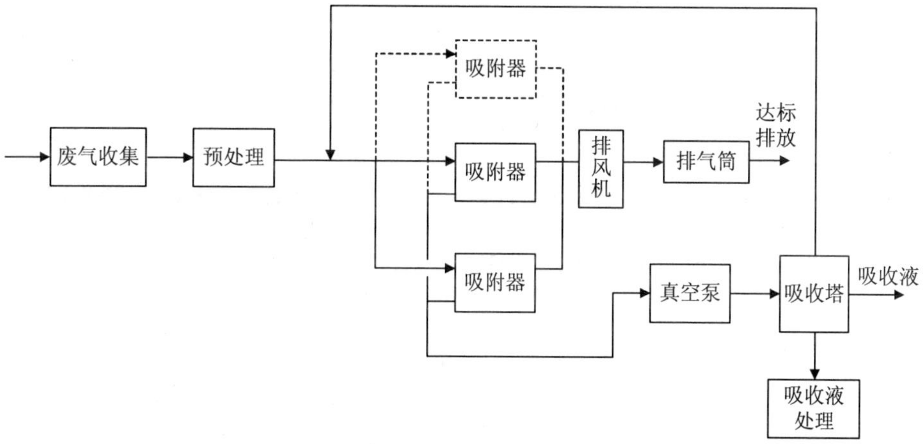

图 A.4 降压解吸再生—液体吸收工艺流程

HJ

中华人民共和国国家环境保护标准

HJ 2027—2013

催化燃烧法工业有机废气治理工程技术规范

Technical specifications of catalytic combustion method for industrial organic emissions treatment project

2013-03-29 发布　　　　2013-07-01 实施

环境保护部 发布

前　言

为贯彻《中华人民共和国环境保护法》和《中华人民共和国大气污染防治法》，规范工业有机废气治理工程的建设，防治工业有机废气的污染，改善环境质量，制定本标准。

本标准规定了工业有机废气催化燃烧法治理工程的设计、施工、验收和运行的技术要求。

本标准为指导性文件。

本标准为首次发布。

本标准由环境保护部科技标准司组织制订。

本标准主要起草单位：中国环境保护产业协会、中国人民解放军防化研究院、中国科学院生态环境研究中心、北京绿创环保设备股份有限公司、中节能天辰（北京）环保科技有限公司、北京奥德维纳环保节能技术有限公司、嘉园环保股份有限公司、科迈科（杭州）环保设备有限公司。

本标准环境保护部 2013 年 3 月 29 日批准。

本标准自 2013 年 7 月 1 日起实施。

本标准由环境保护部解释。

催化燃烧法工业有机废气治理工程技术规范

1 适用范围

本标准规定了工业有机废气催化燃烧法治理工程的设计、施工、验收和运行的技术要求。

本标准适用于工业有机废气的催化燃烧法治理工程，可作为环境影响评价、工程咨询、设计、施工、验收及建成后运行与管理的技术依据。

2 规范性引用文件

本标准引用了下列文件或其中的条款。凡是未注明日期的引用文件，其最新版本适用于本标准。

GB 12348 工业企业厂界环境噪声排放标准

GB/T 16157 固定污染源排气中颗粒物测定和气态污染物采样方法

GB 50016 建筑设计防火规范

GB 50019 采暖通风与空气调节设计规范

GB 50051 烟囱设计规范

GB 50057 建筑物防雷设计规范

GB 50058 爆炸和火灾危险环境电力装置设计规范

GB 50140 建筑灭火器配置设计规范

GB 50160 石油化工企业设计防火规范

GB 50187 工业企业总平面设计规范

GBJ 87 工业企业噪声控制设计规范

HGJ 229 工业设备、管道防腐蚀工程施工及验收规范

HJ/T 1 气体参数测量和采样的固定位装置

HJ/T 389—2007 环境保护产品技术要求 工业有机废气催化净化装置

HJ 2000 大气污染治理工程技术导则

JJF 1049 温度传感器动态响应校准

《建设项目环境保护设计规定》 （国家计划委员会、国务院环境保护委员会[1987]002 号）

《建设项目环境保护管理条例》 （国务院令 第 253 号）

《建设项目（工程）竣工验收办法》 （国家计划委员会 1990 年）

《建设项目竣工环境保护验收管理办法》 （国家环境保护总局令 第 13 号）

3 术语和定义

下列术语和定义适用于本标准。

3.1 工业有机废气 industrial organic emissions

指工业过程排出的含挥发性有机物的气态污染物。

3.2 爆炸极限 explosive limit

又称爆炸浓度极限。指可燃气体或蒸气与空气混合后能发生爆炸的浓度范围。

3.3 爆炸极限下限 lower explosive limit

指爆炸极限的最低浓度值。

3.4 氧化催化剂 oxidation catalyst

指通过催化作用促使有机化合物进行氧化的催化剂。

3.5 蓄热体 heat regenerator

指一种含有较多孔洞，利用孔洞的结构和比表面积，结合材料本身的材质，实现热量储存与交换功能的无机非金属固体材料。

3.6 催化剂中毒 catalyst poisoning

指由于某些物质的作用而使催化剂的催化活性衰退或丧失的现象。

3.7 催化燃烧装置 catalytic oxidizer

指利用固体催化剂将废气中的污染物通过氧化作用转化为二氧化碳和水等化合物、净化废气中污染物的设备及其附属设施。催化燃烧装置通常由催化反应室、热交换室和加热室构成。

3.8 常规催化燃烧装置 conventional catalytic oxidizer

指采用气—气换热器进行间接换热的催化燃烧装置。

3.9 蓄热催化燃烧装置 regeneration catalytic oxidizer（RCO）

指采用蓄热式换热器进行直接换热的催化燃烧装置，简称 RCO。

3.10 起燃温度 ignition temperature

指在某一污染物转化率达到 50%时催化反应器入口处的温度。

3.11 自持燃烧 self-sustained combustion

指当废气中有机物经催化燃烧后所产生的热量足够维持催化剂床层的反应温度，或者废气本身的温度已经达到或超过催化剂的起燃温度，而不需要对废气进行预加热的催化燃烧过程。

3.12 空速 space velocity

指单位时间内单位体积催化剂处理的废气体积流量，称为空间速度，简称空速。单位为 $m^3/(h \cdot m^3)$，简写为 h^{-1}。

3.13 净化效率 purification efficiency

指净化设备捕获污染物的量与处理前污染物的量之比，以百分数表示。计算公式如下：

$$\eta = \frac{\rho_1 Q_{sn1} - \rho_2 Q_{sn2}}{\rho_1 Q_{sn1}} \times 100\% \quad (1)$$

式中：η——净化设备的净化效率，%；

ρ_1、ρ_2——净化设备进口和出口污染物的质量浓度，mg/m^3；

Q_{sn1}、Q_{sn2}——净化设备进口和出口标准状态下干气体流量，m^3/h。

4 污染物与污染负荷

4.1 催化燃烧法适用于气态和气溶胶态污染物的治理。

4.2 进入催化燃烧装置的废气中有机物的浓度应低于其爆炸极限下限的 25%。当废气中有机物的浓度高于其爆炸极限下限的 25%时，应通过补气稀释等预处理工艺使其降低到其爆炸极限下限的 25%后方可进行催化燃烧处理。

4.3 对于含有混合有机化合物的废气，其控制含量 P 应低于最易爆组分或混合气体爆炸极限下限值的 25%，即 $P < \min(P_e, P_m) \times 25\%$，$P_e$ 为最易爆组分爆炸极限下限值（%），P_m 为混合气体爆炸

极限下限值，P_m按照下式进行计算：

$$P_m=(P_1+P_2+\cdots+P_n)/(V_1/P_1+V_2/P_2+\cdots+V_n/P_n) \quad (2)$$

式中：P_m——混合气体爆炸极限下限值，%；

P_1，P_2，…，P_n——混合有机废气中各组分的爆炸极限下限值，%；

V_1，V_2，…，V_n——混合有机废气中各组分所占的体积分数，%；

n——混合有机废气中所含有机化合物的种数。

4.4 进入催化燃烧装置的废气浓度、流量和温度应稳定，不宜出现较大波动。

4.5 进入催化燃烧装置的废气中颗粒物质量浓度应低于 10 mg/m^3。

4.6 进入催化燃烧装置的废气中不得含有引起催化剂中毒的物质。

4.7 进入催化燃烧装置的废气温度宜低于 400℃。

5 总体要求

5.1 一般规定

5.1.1 治理工程应满足《建设项目环境保护设计规定》和《建设项目环境保护管理条例》的规定。

5.1.2 治理工程应遵循综合治理、循环利用、达标排放、总量控制的原则。治理工艺设计应本着成熟可靠、技术先进、经济适用的原则，并考虑节能、安全、操作简便，确定主要工艺流程。

5.1.3 治理工程应与生产工艺水平相适应，生产企业应把治理设备作为生产系统的一部分进行管理，治理设备应与产生废气的相应生产设备同步运转。

5.1.4 经过治理后的污染物排放应符合国家或地方相关大气污染物排放标准的规定。

5.1.5 治理工程在建设、运行过程中产生的废气、废水、废渣及其他污染物的治理与排放，应执行国家或地方环境保护法规和标准的相关规定，防止二次污染。

5.1.6 治理工程应按照国家相关法律法规的要求安装在线连续监测设备。

5.2 工程构成

5.2.1 治理工程由主体工程和辅助工程组成。

5.2.2 主体工程通常包括废气收集、预处理和催化燃烧单元。若治理过程中产生二次污染物，还应包括二次污染物治理设施。

5.2.3 辅助工程包括检测与过程控制、电气仪表和给排水等。

5.3 场址选择与总图布置

5.3.1 场址选择与总图布置应参照标准 GB 50187 规定执行。

5.3.2 场址选择应遵从方便施工及运行维护等原则，并按照消防要求留出消防通道和安全保护距离。

5.3.3 治理设备的布置应考虑主导风向的影响，以减少有害气体、噪声等对环境的影响。

5.3.4 催化燃烧设备应远离易燃易爆危险化学品存放地，安全距离符合国家或相关行业标准规定。

6 工艺设计

6.1 一般规定

6.1.1 治理工程的处理能力应根据废气的处理量确定，设计风量宜按照最大废气排放量的 120%进行设计。

6.1.2 催化燃烧装置的净化效率不得低于 97%。

6.1.3 排气筒的设计应满足 GB 50051 的规定。

6.2 工艺路线的选择

6.2.1 应根据废气来源、性质（温度、压力、组分）及流量等因素进行综合分析后选择工艺路线。

6.2.2 根据对废气加热方式的不同，催化燃烧工艺可以分为常规催化燃烧工艺（见图 1）和蓄热催化燃烧工艺（见图 2）。

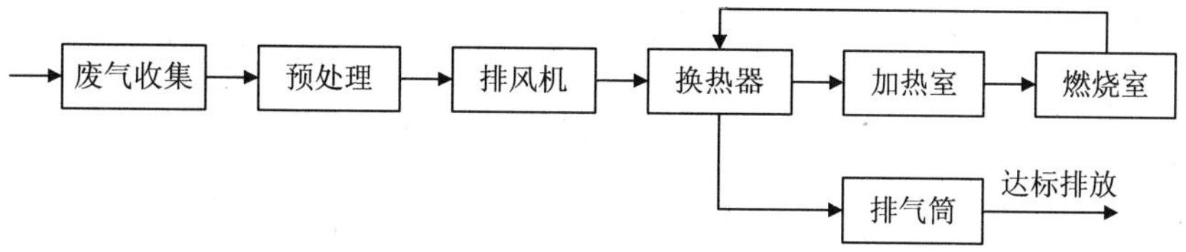

图 1 常规催化燃烧工艺流程

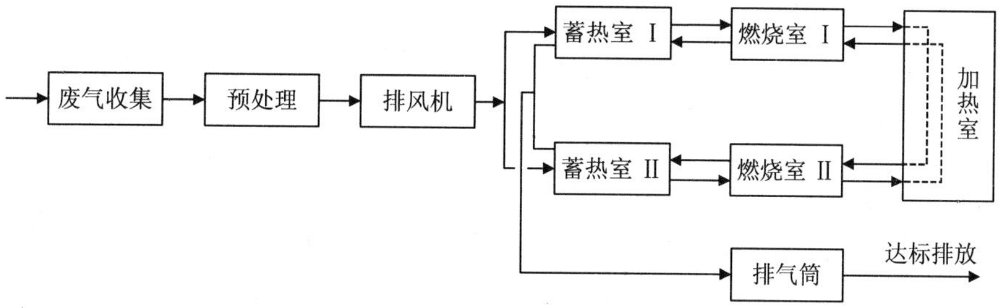

图 2 蓄热催化燃烧工艺流程

6.2.3 在选择催化燃烧工艺时应进行热量平衡计算。当废气中所含的有机物燃烧后所产生的热量可以维持催化剂床层自持燃烧时，应采用常规催化燃烧工艺；当废气中所含的有机物燃烧后所产生的热量不能够维持催化剂床层自持燃烧时，宜采用蓄热催化燃烧工艺。

6.3 工艺设计要求

6.3.1 废气收集

6.3.1.1 废气收集系统设计应遵循 GB 50019 的规定。

6.3.1.2 废气应与生产工艺协调一致，宜不影响工艺操作。在保证收集能力的前提下，应力求结构简单，便于安装和维护管理。

6.3.1.3 确定集气罩的吸气口位置、结构和气体流速时，应使罩口呈微负压状态，且罩内负压均匀。

6.3.1.4 集气罩的吸气方向应尽可能与污染气流运动方向一致，防止吸气罩周围气流紊乱，避免或减弱干扰气流和送风气流等对吸气气流的影响。

6.3.1.5 当废气产生点较多、彼此距离较远时，应适当分设多套收集系统。

6.3.2 预处理

6.3.2.1 预处理设备应根据废气的成分、性质和污染物的含量进行选择。

6.3.2.2 进入催化燃烧装置前废气中的颗粒物含量高于 10 mg/m^{3}时，应采用过滤等方式进行预处理。

6.3.2.3 过滤装置两端应装设压差计，当过滤器的阻力超过规定值时应及时清理或更换过滤材料。

6.3.2.4 当废气中有机物浓度较高时，应采用稀释等方式调节至满足 4.2 的要求。

6.3.3 催化燃烧

6.3.3.1 催化剂的工作温度应低于 700℃，并能承受 900℃短时间高温冲击。设计工况下催化剂使用寿命应大于 8 500 h。

6.3.3.2 设计工况下蓄热式催化燃烧装置中蓄热体的使用寿命应大于 24 000 h。

6.3.3.3 催化燃烧装置的设计空速宜大于 10 000 h^{-1}，但不应高于 40 000 h^{-1}。

6.3.3.4 进入燃烧室的气体温度应达到气体组分在催化剂上的起燃温度，混合气体按照起燃温度最高的组分确定。

6.3.3.5 催化燃烧装置的压力损失应低于 2 kPa。

6.3.3.6 治理后产生的高温烟气宜进行热能回收。

6.4 二次污染控制

6.4.1 废气预处理所产生的废水应进行集中处理，并达到相应排放标准后排放。

6.4.2 预处理产生的粉尘和废渣以及更换后的过滤材料和催化剂的处理应符合国家固体废弃物处理与处置的相关规定。

6.4.3 当催化燃烧后产生二次污染物时应采取吸收等方法进行处理后达标排放。

6.4.4 噪声控制应满足 GBJ 87 和 GB 12348 的规定。

6.5 安全措施

6.5.1 治理系统应有事故自动报警装置，并符合安全生产、事故防范的相关规定。

6.5.2 治理系统与主体生产装置之间的管道系统应安装阻火器（防火阀），阻火器性能应按照 HJ/T 389—2007 中 5.4 的规定进行检验。

6.5.3 风机、电机和置于现场的电气仪表等应不低于现场的防爆等级。

6.5.4 排风机之前应设置浓度冲稀设施。当反应器出口温度达到 600℃时，控制系统应能报警，并自动开启冲稀设施对废气进行稀释处理。

6.5.5 催化燃烧装置应具备过热保护功能。

6.5.6 催化燃烧装置应进行整体保温，外表面温度不应高于 60℃。

6.5.7 管路系统和催化燃烧装置的防爆泄压设计应符合 GB 50160 的要求。

6.5.8 治理设备应具备短路保护和接地保护功能，接地电阻应小于 4Ω。

6.5.9 在催化燃烧装置附近应设置消防设施。

6.5.10 室外催化燃烧装置应安装符合 GB 50057 规定的避雷装置。

7 主要工艺设备

7.1 主要工艺设备的性能应满足本标准 6.3 的要求，并有必要的备用。

7.2 催化燃烧装置的基本性能应满足 HJ/T 389 的要求。

7.3 当废气中含有腐蚀性介质时，风机、集气罩、管道、阀门和粉尘过滤器等应满足相关防腐要求。

7.4 催化燃烧装置主体（含加热室和燃烧室）应选用防腐耐温不锈钢材料。

7.5 蓄热催化燃烧装置换向阀的泄漏率应低于 0.2%。

8 检测与过程控制

8.1 检测

8.1.1 治理设备应设置永久性采样口，采样口的设置应符合 HJ/T 1，采样方法应满足 GB/T 16157 的要求。采样频次和检测项目应根据工艺控制要求确定。

8.1.2 催化燃烧装置的加热室和反应室内部应装设具有自动报警功能的多点温度检测装置。温度传感器应按 JJF 1049 的要求进行标定后使用。

8.2 过程控制

8.2.1 治理工程应先于产生废气的生产工艺设备开启、后于生产工艺设备停机，并实现连锁控制。

8.2.2 现场应设置就地控制柜实现就地控制。就地控制柜应有集中控制端口，具备与集中控制室的连接功能，在控制柜显示设备的运行状态。

9 主要辅助工程

9.1 电气系统

9.1.1 电源系统可直接由生产主体工程配电系统接引，中性点接地方式应与生产主体工程一致。

9.1.2 电气系统设计应满足 GB 50058 的要求。

9.2 给水、排水与消防系统

9.2.1 治理工程的给水、排水设计应符合相关工业行业给水排水设计规范的有关规定。

9.2.2 治理工程的消防设计应纳入工厂的消防系统总体设计。

9.2.3 消防通道、防火间距、安全疏散的设计和消防栓的布置应符合 GB 50016 的规定。

9.2.4 治理工程应按照 GB 50140 的规定配置移动式灭火器。

10 施工与验收

10.1 施工

10.1.1 工程设计、施工单位应具有国家相应的工程设计、施工资质。

10.1.2 工程施工应符合国家和行业施工程序及管理文件的要求。

10.1.3 工程施工应按设计文件进行建设，对工程的变更应取得工程设计单位的设计变更文件后再进行施工。

10.1.4 工程施工中使用的设备、材料和部件应符合相应的国家标准。

10.1.5 需要采用防腐蚀材质的设备、管路和管件等的施工和验收应符合 HGJ 229 的规定。

10.1.6 施工单位除应遵守相关的施工技术规范外，还应遵守国家有关部门颁布的劳动安全、环境保护及卫生消防等强制性标准的要求。

10.2 验收

10.2.1 工程验收应根据《建设项目（工程）竣工验收办法》组织进行。

10.2.2 工程安装、施工完成后应首先对相关仪器仪表进行校验，然后根据工艺流程进行分项调试和整体调试。

10.2.3 通过整体调试，各系统运转正常，技术指标达到设计和合同要求后启动试运行。

10.3 环境保护验收

10.3.1 竣工环境保护验收应按《建设项目竣工环境保护验收管理办法》的规定进行。

10.3.2 工程验收前治理工程应进行试运行和性能试验，性能试验的内容主要包括：

a）废气中非甲烷总烃和国家或地方相关排放标准中所规定的污染物进出口浓度（至少检测三次）；

b）风量；

c）催化燃烧装置的净化效率；

d）系统压力降；

e）耗电量或燃气耗量等。

11 运行与维护

11.1 一般规定

11.1.1 治理设备应与产生废气的生产工艺设备同步运行。由于事故或设备维修等原因造成治理设备停止运行时，应立即报告当地环境保护行政主管部门。

11.1.2 治理设备正常运行中废气的排放应符合国家、地方和相关行业污染物排放标准的规定。

11.1.3 治理设备不得超负荷运行。

11.1.4 企业应建立健全与治理设备相关的各项规章制度，以及运行、维护和操作规程，建立主要设备运行状况的台账制度。

11.2 人员与运行管理

11.2.1 治理系统应纳入生产管理中，并配备专业管理人员和技术人员。

11.2.2 在治理系统启用前，企业应对管理和运行人员进行培训，使管理和运行人员掌握治理设备及其他附属设施的具体操作和应急情况下的处理措施。培训内容包括：

a）基本原理和工艺流程；

b）启动前的检查和启动应满足的条件；

c）正常运行情况下设备的控制、报警和指示系统的状态和检查，保持设备良好运行的条件，以及必要时的纠正操作；

d）设备运行故障的发现、检查和排除；

e）事故或紧急状态下人工操作和事故排除方法；

f）设备日常和定期维护；

g）设备运行和维护记录；

h）其他事件的记录和报告。

11.2.3 企业应建立治理系统运行状况、设施维护等的记录制度，主要记录内容包括：

a）治理工程的启动、停止时间；

b）过滤材料、氧化催化剂、蓄热体等的质量分析数据、采购量、使用量及更换时间；

c）治理工程运行工艺控制参数，至少包括治理设备进、出口浓度和相关温度；

d）主要设备维修情况；

e）运行事故及处理、整改情况；

f）定期检验、评价及评估情况；

g）污水排放、副产物处置情况。

11.2.4 运行人员应按企业规定做好巡视制度和交接班制度。

11.3 维护

11.3.1 应制定治理工程设备的维护计划。

11.3.2 维护人员应根据计划定期检查、维护和更换必要的部件和材料。

11.3.3 维护人员应做好相关记录。

HJ

中华人民共和国国家环境保护标准

HJ 2029—2013

医院污水处理工程技术规范

Technical specifications for hospital sewage treatment

2013-03-29 发布　　　　2013-07-01 实施

环 境 保 护 部 发布

前　言

为贯彻《中华人民共和国环境保护法》、《中华人民共和国水污染防治法》和《中华人民共和国传染病防治法》，规范医院污水处理工程的设计、建设和运行管理，防止医院污水污染环境，预防疾病传播和保障人体健康，制定本标准。

本标准规定了医院污水处理工程的总体要求、工艺流程及技术参数、设备及材料、检测与过程控制、辅助设施设计、劳动安全与职业卫生、施工与验收、运行与维护等技术要求。

本标准为指导性文件。

本标准为首次发布。

本标准由环境保护部科技标准司组织制订。

本标准起草单位：北京市环境保护科学研究院。

本标准由环境保护部 2013 年 3 月 29 日批准。

本标准自 2013 年 7 月 1 日起实施。

本标准由环境保护部解释。

医院污水处理工程技术规范

1 适用范围

本标准规定了医院污水处理工程的总体要求、工艺流程及技术参数、设备及材料、检测与过程控制、辅助设施设计、劳动安全与职业卫生、施工与验收、运行与维护等技术要求。

本标准适用于医院污水处理工程，可作为医院污水处理工程可研、设计、施工、验收、运行管理及医院环境影响评价的技术依据。疗养院、康复医院等其他医疗机构和兽医院的污水处理工程可参照执行。

2 规范性引用文件

本标准引用了下列文件或其中的条款。凡是未注明日期的引用文件，其最新版本适用于本标准。

GB 3096 声环境质量标准
GB 3838 地表水环境质量标准
GB 12348 工业企业厂界环境噪声排放标准
GB 18466 医疗机构水污染物排放标准
GB 16297 大气污染物综合排放标准
GB 14554 恶臭污染物排放标准
GB 50014 室外排水设计规范
GB 50015 建筑给水排水设计规范
GB 50016 建筑设计防火规范
GB 50052 供配电系统设计规范
GB 50054 低压配电设计规范
GB 50194 建设工程施工现场供用电安全规范
GB 50303 建筑电气工程质量验收规范
GB 11984 氯气安全规程
GBJ 22 厂矿道路设计规范
GBJ 87 工业企业噪声控制设计规范
JGJ 49—88 综合医院建筑设计规范
CECS 07：2004 医院污水处理设计规范
CECS 97：97 鼓风曝气系统设计规程
CJ/T 109—2007 潜水搅拌机
HJ/T 91 地表水和污水监测技术规范
HJ/T 96 pH 水质自动分析仪技术要求
HJ/T 101 氨氮水质自动分析仪技术要求
HJ/T 177—2005 医疗废物集中焚烧处置工程建设技术规范
HJ/T 212 污染源在线自动监控（监测）系统数据传输标准
HJ/T 245 环境保护产品技术要求 悬挂式填料
HJ/T 246 环境保护产品技术要求 悬浮填料

HJ/T 250 环境保护产品技术要求 旋转式细格栅
HJ/T 251 环境保护产品技术要求 罗茨鼓风机
HJ/T 252 环境保护产品技术要求 中、微孔曝气器
HJ/T 262 环境保护产品技术要求 格栅除污机
HJ/T 263 环境保护产品技术要求 射流曝气器
HJ/T 276—2006 医疗废物高温蒸汽集中处理工程技术规范（试行）
HJ/T 281 环境保护产品技术要求 散流式曝气器
HJ/T 335 环境保护产品技术要求 污泥浓缩带式脱水一体机
HJ/T 336 环境保护产品技术要求 潜水排污泵
HJ/T 337 环境保护产品技术要求 生物接触氧化成套装置
HJ/T 353 水污染源在线监测系统安装技术规范（试行）
HJ/T 354 水污染源在线监测系统验收技术规范
HJ/T 355 水污染源在线监测系统运行与考核技术规范
HJ/T 367 环境保护产品技术要求 电磁管道流量计
HJ/T 369 环境保护产品技术要求 水处理用加药装置
HJ/T 377 环境保护产品技术要求 化学需氧量（COD_{Cr}）水质在线自动监测仪
HJ 579—2010 膜生物法污水处理工程技术规范
HJ 2006—2010 污水混凝与絮凝处理工程技术规范
《建设项目环境保护管理条例》（国务院令 第253号）
《医疗废物管理条例》（国务院令 第380号）
医疗废物集中处置技术规范（环发[2003年]206号）

3 术语和定义

下列术语和定义适用于本标准。

3.1 医院污水 hospital sewage

指医院门诊、病房、手术室、各类检验室、病理解剖室、放射室、洗衣房、太平间等处排出的诊疗、生活及粪便污水。当办公、食堂、宿舍等排水与上述污水混合排出时亦视为医院污水。

3.2 传染病医院污水 infectious hospital sewage

指传染性疾病专科医院及综合医院传染病房排放的诊疗、生活及粪便污水。

3.3 非传染病医院污水 non infectious hospital sewage

指各类非传染病专科医院以及综合医院除传染病房外排放的诊疗、生活及粪便污水。

3.4 特殊性质医院污水 special hospital sewage

指医院检验、分析、治疗过程产生的少量特殊性质污水，主要包括酸性污水、含氰污水、含重金属污水、洗印污水、放射性污水等。

4 污染物与污染负荷

4.1 医院污水的收集

4.1.1 医院污水分为传染病医院污水、非传染病医院污水及特殊性质污水。

4.1.2 新（改、扩）建医院，在设计医院污水处理系统时应考虑将医院病区、非病区、传染病房、非传染病房污水分别收集。

4.1.3 特殊性质污水应单独收集，经预处理后与医院污水合并处理，不得将特殊性质污水随意排入下水道。

4.2 污染负荷

4.2.1 医院污水处理工程设计应采取实际检测的方法确定医院污水的污染负荷。医院污水排放量和水质取样检测应符合 HJ/T 91 的技术要求。

4.2.2 无实测数据时，医院污水处理工程设计水量和设计水质可类比现有同等规模和性质医院的排放数据，也可根据经验方法或数据进行计算获得。

（1）按用水量确定污水处理设计水量

新建医院污水处理工程设计水量可按照医院用水总量的 85%～95% 确定。医院用水总量可根据 GB 50015 医院分项生活用水定额和小时变化系数确定。医院污水处理工程设计水量计算公式如下：

$$Q=\left(0.85\sim0.95\right)\frac{q_1N_1K_{z1}+q_2N_2K_{z2}}{86\,400}+\frac{q_3}{1\,000} \tag{1}$$

其中：Q——医院最高日污水量，m^3/s；

q_1——住院部最高日用水定额，L/（人·d）；

q_2——门诊部最高日用水定额，L/（人·d）；

q_3——未预见水量，L/s；

N_1、N_2——住院部、门诊部设计人数；

K_{z1}、K_{z2}——小时变化系数。

（2）按日均污水量和变化系数确定污水处理设计水量

新建医院污水处理系统设计水量亦可按日均污水量和日变化系数经验数据计算，计算公式如下：

$$Q=\frac{qN}{86\,400}K_d \tag{2}$$

其中：q——医院日均单位病床污水排放量，L/（床·d）；

N——医院编制床位数；

K_d——污水日变化系数。

K_d取值根据医院床位数确定：

a）N≥500 床的设备齐全的大型医院，q=400～600 L/（床·d），K_d=2.0～2.2；

b）100 床＜N≤499 床的一般设备的中型医院，q=300～400 L/（床·d），K_d=2.2～2.5；

c）N＜100 床的小型医院，q=250～300 L/（床·d），K_d=2.5。

（3）设计水质可参考表 1 的经验数据。

表 1 医院污水水质指标参考数据 单位：mg/L

指标	COD_{Cr}	BOD_5	SS	NH_3-N	粪大肠杆菌/（个/L）
污染物浓度范围	150～300	80～150	40～120	10～50	1.0×10^6～3.0×10^8
平均值	250	100	80	30	1.6×10^8

4.2.3 有特殊用水需求的医院，污水排放量可根据特殊用水需求情况适当增大。

4.2.4 医院污水处理工程设计水量应在实测或测算的基础上留有设计裕量，设计裕量宜取实测值或测算值的 10%～20%。

5 总体要求

5.1 一般规定

5.1.1 医院污水处理工程设计应遵循以下原则：

（1）全过程控制，减量化原则；

（2）分类收集、分质处理，就地达标原则；

（3）风险控制，无害化原则。

5.1.2 医院污水处理工程的建设规模，应考虑医院发展统筹规划，近、远期结合，以近期为主。

5.1.3 医院污水处理工程应采用成熟可靠的技术、工艺和设备。

5.1.4 医院污水处理构筑物应按两组并联设计。

5.1.5 医院污水处理工程排水宜采用重力流排放，必要时可设排水泵站。

5.1.6 医院污水处理构筑物应采取防腐蚀、防渗漏、防冻等技术措施，各种构筑物宜加盖密闭，并设通气装置。

5.1.7 处理构筑物应考虑排空设施。

5.1.8 医院污水处理工程污染物排放应满足 GB 18466 和地方污染物排放标准的有关要求。

5.1.9 医院污水处理过程产生的污泥、废渣的堆放应符合《医疗废物集中处置技术规范》、HJ/T 177—2005 及 HJ/T 276—2006 的有关规定。渗出液、沥下液应收集并返回调节池。

5.1.10 医院污水处理工程以采用低噪声设备和采取隔音为主的控制措施，辅以消声、隔振、吸音等综合噪声治理措施。医院污水处理工程场界噪声应符合 GB 3096 和 GB 12348 的规定，建筑物内部设施噪声源控制应符合 GBJ 87 中的有关规定。

5.1.11 应保持医院污水处理工程场界内环境整洁，无污泥杂物遗洒、污水横流等脏乱现象，采取灭蝇、灭蚊、灭鼠措施，做到清洁整齐，文明卫生。

5.2 工程构成

5.2.1 医院污水处理工程一般由主体工程、配套及辅助工程组成。

5.2.2 主体工程主要包括医院污水处理系统、污泥处理系统、废气处理系统等。医院污水处理系统主要包括预处理、一级处理、二级处理、深度处理和消毒处理等单元。

5.2.3 配套及辅助工程主要包括电气与自控、给排水、消防、采暖通风、道路与绿化等。

5.3 选址及总平面布置

5.3.1 医院污水处理工程的选址及总平面布置应根据医院总体规划、污水排放口位置、环境卫生要求、风向、工程地质及维护管理和运输等因素来确定。

5.3.2 医院污水处理构筑物的位置宜设在医院主体建筑物当地夏季主导风向的下风向。

5.3.3 在医院污水处理工程的设计中，应根据总体规划适当预留余地，以利扩建、施工、运行和维护。

5.3.4 医院污水处理工程应有便利的交通、运输和水电条件，便于污水排放和污泥贮运。

5.3.5 传染病医院污水处理工程，其生产管理建筑物和生活设施宜集中布置，位置和朝向应力求合理，且应与污水处理构、建筑物严格隔离。

5.3.6 医院污水处理工程与病房、居民区等建筑物之间应设绿化防护带或隔离带，以减少臭气和噪声对病人或居民的干扰。

6 工艺设计

6.1 一般规定

6.1.1 特殊性质污水应经预处理后进入医院污水处理系统。

6.1.2 传染病医院污水应在预消毒后采用二级处理+消毒工艺或二级处理+深度处理+消毒工艺。

6.1.3 非传染病医院污水，若处理出水直接或间接排入地表水体或海域时，应采用二级处理+消毒工艺或二级处理+深度处理+消毒工艺；若处理出水排入终端已建有正常运行的二级污水处理厂的城市污水管网时，可采用一级强化处理+消毒工艺。

6.2 工艺流程

6.2.1 应根据医院性质、规模和污水排放去向，兼顾各地情况，合理确定医院污水处理技术路线。

6.2.2 处理工艺流程:

（1）出水排入城市污水管网（终端已建有正常运行的二级污水处理厂）的非传染病医院污水，可采用一级强化处理工艺，工艺流程见图 1。

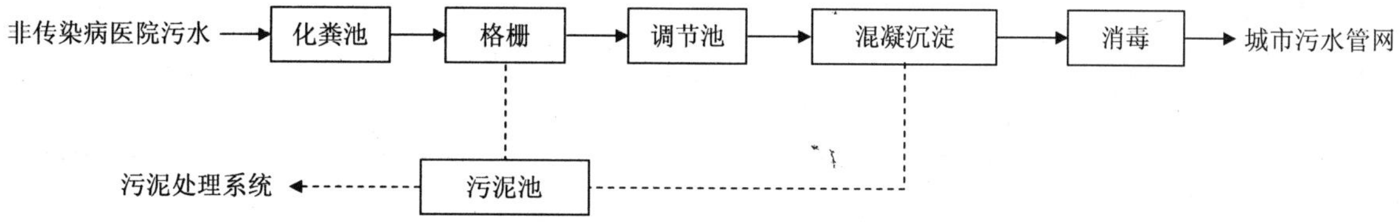

图 1 非传染病医院污水一级强化处理工艺流程

（2）出水直接或间接排入地表水体、海域，或出水回用的非传染病医院污水，一般采用二级处理+（深化处理）+消毒工艺。流程见图 2。

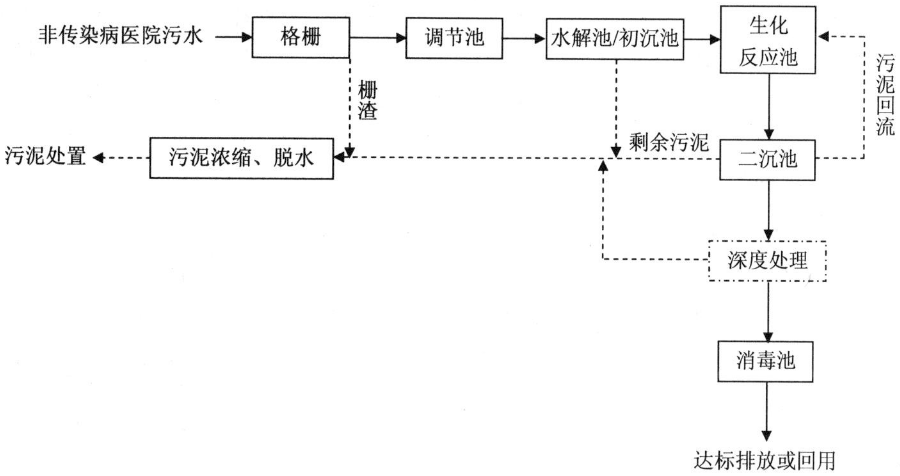

图 2 非传染病医院污水处理工艺流程

（3）传染病医院污水，一般采用预消毒+二级处理+（深度处理）+消毒工艺。工艺流程见图 3。

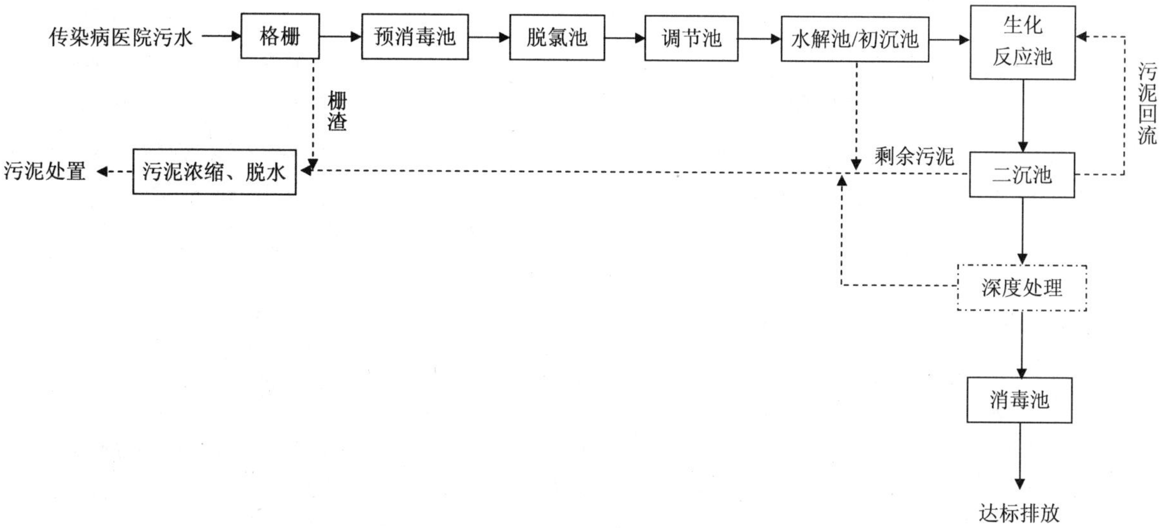

图 3 传染病医院污水处理工艺流程

6.3 医院污水处理单元工艺设计技术要求

6.3.1 预处理工艺

医院污水预处理系统分为特殊性质污水预处理和常规预处理。常规预处理通常由格栅、预消毒池、调节池、脱氯池、初沉池等根据水质及处理要求组合而成。

6.3.1.1 特殊性质污水预处理

特殊性质污水应分类收集，足量后单独预处理，再排入医院污水处理系统。预处理方法分别为：

（1）酸性污水来源于医院检验或制作化学清洗剂时使用硝酸、硫酸、过氯酸、一氯乙酸等酸性物质而产生的污水。

酸性废水宜采取中和法。中和剂可选用氢氧化钠、石灰等，中和至 pH 值 7～8 后排入医院污水处理系统。

（2）含氰污水来源于医院在血液、血清、细菌和化学检查分析时使用氰化钾、氰化钠、铁氰化钾、亚铁氰化钾等含氰化合物而产生的污水。

含氰废水宜采用碱式氯化法。含氰废水处理槽有效容积应能容纳不小于半年的污水量。

（3）含汞污水来源于医院各种口腔门诊治疗、含汞监测仪器破损、分析检查和诊断中使用氯化高汞、硝酸高汞以及硫氰酸高汞等剧毒物质而产生的少量污水。

含汞废水宜采用硫化钠沉淀+活性炭吸附法。在经活性炭吸附后，出水汞浓度符合相关排放标准后方可进入医院污水处理系统。含汞浓度低于 0.02 mg/L。

（4）含铬污水来源于医院在病理、血液检查及化验等工作中使用重铬酸钾、三氧化铬、铬酸钾等化学品形成的污水。含铬废水宜采用化学还原沉淀法。处理后出水中六价铬浓度符合相关排放标准后方可进入医院污水处理系统。铬含量小于 0.5 mg/L。

（5）洗印污水来源于医院放射科照片胶片洗印加工产生的洗印污水和废液。

显影污水宜采用过氧化氢氧化法。处理后出水中六价铬浓度符合相关排放标准后方可进入医院污水处理系统。洗印显影废液收集后应交由专业处理危险固体废物的单位处理。

（6）放射性废水处理：

a）放射性废水来源于同位素治疗和诊断产生放射性污水。放射性废水浓度范围为 3.7×10^2～3.7×10^5 Bq/L。

b）放射性废水处理设施出口监测值应满足总α＜1 Bq/L，总β＜10 Bq/L。

c）同位素治疗排放的放射性废水应单独收集，可直接排入衰变池。

d）收集放射性废水的管道应采用耐腐蚀的特种管道，一般为不锈钢管或塑料管。衰变池应防渗防腐。

e）衰变池按运行方式可分为间歇式和连续式，衰变池按使用的同位素种类和强度设计。衰变池的容积按最长半衰期同位素的 10 个半衰期计算，或按同位素的衰变公式计算。

f）放射性废水处理后直接排放，不进入医院污水综合处理系统。

6.3.1.2 常规预处理工艺

医院污水预处理系统通常由格栅、预消毒池、调节池、水解池、混凝沉淀池等根据水质及处理要求组合而成。

（1）格栅

a）在污水处理系统或提升水泵前应设置格栅，格栅井可与调节池合建，格栅应按最大时污水量设计。

b）栅渣与污水处理产生污泥等一同集中消毒、处理、处置。

（2）预消毒池

传染病医院污水预消毒宜采用臭氧消毒。消毒时间应不小于 30 min。非传染病医院污水处理可不设预消毒池。

（3）调节池

a）医院污水处理系统应设调节池。连续运行时，其有效容积按日处理水量的 6～8 h 计算。间歇运行时，其有效容积按工艺运行周期计算。

b）调节池宜采用推流式潜水搅拌机，搅拌机选型应按照 CJ/T 109—2000 进行设备选型，搅拌功率应结合池体大小进行确定，一般可按 5～10 W/m^3 计算。

c）调节池应设置排空集水坑，池底流向集水坑的坡度应不小于 3‰～5‰。

（4）水解池

a）水解池为常温水解酸化池，温度宜为 15～40℃，DO 宜保持在 0.2～0.5 mg/L。

b）水解酸化池一般采用上向流方式，最大上升流速宜为 1.0～1.5 m/h，水力停留时间一般为 2.5～3 h。

（5）混凝沉淀处理

a） 医院污水的一级强化处理宜采用混凝沉淀工艺。混凝剂一般采用聚丙烯酰胺（PAM）、聚合氯化铝（PAC）、聚合硫酸铁（PFS）等。

b） 混凝池宜采用机械搅拌，絮凝和混凝池设计遵循 HJ 2006—2010 有关规定，絮凝时间及混凝搅拌强度应根据实验或有关资料确定。

c） 当沉淀池体采用钢结构设备时，应采取切实有效的防腐措施；斜板沉淀池应设置斜板冲洗设施；其他形式沉淀池应采取便于清理、维修的措施。

6.3.2 生化处理

医院污水的生化处理宜采用活性污泥法、生物膜法处理工艺。

6.3.2.1 活性污泥曝气池

a）曝气池污泥负荷宜为 0.1～0.4 kgBOD_5/（kgVSS·d），曝气池内污泥浓度宜保持 2～4 g/L，水力停留时间应在 4～12 h。

b）曝气池设计遵循 GB 50014 有关规定。

6.3.2.2 生物接触氧化池

a）生物接触氧化池的填料应采用符合 HJ/T 245 和 HJ/T 246 要求的轻质、高强、防腐蚀、易于挂膜、比表面积大和空隙率高的组合体。

b）生物接触氧化池污泥负荷可采用 0.8～1.5 kgBOD_5/（m^3 填料·d），水力停留时间 2～5 h，气水比 15～20。

c）其他工艺参数见 GB 50014 等相关的规定。

6.3.2.3 二沉池

工艺参数见 GB 50014 等相关的规定。

6.3.3 深度处理

6.3.3.1 膜生物反应器

a）膜生物反应器适用于医院污水处理场地面积小、出水水质要求高、后续采用紫外消毒等情况。

b）膜通量等参数设计参照 HJ 579—2010 有关规定。中空纤维膜组件（HF）的膜通量可设计为 8～15 L/（m^2·h）。

c）曝气池内污泥浓度应保持 6～10 g/L，污泥负荷为 0.1～0.2 kgBOD_5/（kgMLVSS·d）；水力停留时间 3～5 h，气水比 20～30。

d）设计中应考虑膜污染的控制、膜清洗技术方法及维修措施。

6.3.3.2 曝气生物滤池

a）曝气生物滤池适用于医院污水处理场地面积小和出水水质要求高等情况。

b）曝气生物滤池水力负荷一般为 2～3 m^3/（m^2·h），容积负荷为 1～2 $kgBOD_5$/（m^3·d），滤床高 3～4 m，气水比 4～6。

c）反冲洗时，宜采用气水联合反冲洗。气冲洗：气速 40～70 m/h，历时 3～5 min；气水联合反冲洗：气速 40～70 m/h，冲洗水流速 30～50 m/h，历时 4～8 min；水冲洗：冲洗水流速 30～50 m/h，历时 3～5 min；冲洗周期宜为 24 h。

6.3.3.3 活性炭吸附罐

a）活性炭吸附罐通常采用固定床式颗粒状活性炭吸附罐。活性炭的粒径宜在 0.8～3.0 mm 之间，长度在 3～8 mm 之间，强度大于 85%。

b）在选用活性炭吸附罐时，应做吸附等温线，以确定炭种和滤速、吸附效率和炭的再生周期等。

c）进水浊度应不大于 20 mg/L，pH 值宜在 5.5～8.5 之间，空塔滤速 5～10 m/h，炭层高度应满足吸附工艺的要求。

d）当设备进出水压力差大于 0.05 MPa 时，应进行反冲洗，反冲洗强度为 5～10 L/（s·m）。反冲洗时，应有防止活性炭被冲入管道内的保护措施。

6.3.4 消毒

医院污水消毒可采用的消毒方法有液氯消毒、二氧化氯消毒、次氯酸钠消毒、臭氧消毒和紫外线消毒。各种常用方法的适用性及特点比较见附录 A。

6.3.4.1 含氯消毒剂消毒

a）含氯消毒剂消毒系统应参照 GB 50014 的有关规定进行设计。应根据设计处理工艺流程，按最不利情况进行组合，校核实际接触时间，以满足设计要求。

b）接触消毒池的容积应满足接触时间和污泥沉积的要求。传染病医院污水接触消毒时间不宜小于 1.5 h，非传染病医院污水接触消毒时间不宜小于 1.0 h。

c）医院污水消毒可采用连续式消毒或间歇式消毒方式。连续式接触消毒池有效容积为污水容积和污泥容积之和。间歇式接触消毒池的总有效容积应根据工作班次、消毒周期确定，一般宜为调节池容积的 1/2。

d）接触消毒池一般分为两格，每格容积为总容积的一半。池内应设导流墙（板），避免短流。导流墙（板）的净距应根据水量和维修空间要求确定，一般为 600～700 mm。接触池的长宽比不宜小于 20∶1。接触池出口处应设取样口。

e）一级强化处理工艺出水的参考加氯量（以有效氯计）一般为 30～50 mg/L。二级处理及深度处理工艺出水的参考加氯量一般为 15～25 mg/L。运行中应根据余氯量和实际水质、水量实验确定氯投加量。

f）加药设备至少为 2 套，1 用 1 备。

g）液氯消毒适用于处理出水排入市政污水管网的医院污水处理系统。当医院污水处理出水排至地表水体时应采取脱氯措施或慎用氯消毒。

h）液氯消毒不宜用于人口稠密区医院及小规模医院的污水消毒，可用于远离人口聚居区的规模较大（＞1 000 床）、管理水平较高的医院污水消毒处理。

i）电解法、化学法二氧化氯消毒及电解法次氯酸钠消毒适用于各种规模医院污水的消毒处理，但要求管理水平较高。

j）漂粉精、漂白粉适用于规模＜300 床的经济欠发达地区医院污水处理消毒系统。

6.3.4.2 臭氧消毒

a）传染病医院污水应优先采用臭氧消毒，处理出水再生回用或排入地表水体时应首选臭氧消毒。

b）在选择臭氧发生器时，应按污水水质及处理工艺确定臭氧投加量，根据臭氧投加量和单位时间处理水量计算臭氧使用量，按每小时使用臭氧量选择臭氧发生器台数及型号。

c）采用臭氧消毒，一级强化处理出水投加量为 30～50 mg/L，接触时间不小于 30 min；二级处理出水投加量为 10～20 mg/L，接触时间 5～15 min；同时大肠菌群去除率不得低于 99.99%。

d）应选择气水混合效果好的臭氧进气装置。臭氧与污水接触方式宜采用鼓泡法。

e）臭氧消毒系统应设置空压机房、臭氧发生器设备间和操作间。臭氧发生器设备间应留有设备检修空间。臭氧接触塔在寒冷地区应设在室内，尾气处理后由排气管排出室外。

f）臭氧消毒系统设备、管道应做防腐处理与密封。

g）臭氧发生器设备间应设置通风设备，通风机应安装在靠近地面处。

h）在消毒工艺末端应设置尾气处理或尾气回收装置，反应后排出的臭氧尾气必须经过分解破坏或回收利用，处理后的尾气中臭氧含量应小于 0.1 mg/L。

6.3.4.3 紫外线消毒

a）当二级处理出水 254 nm 紫外线透射率不小于 60%、悬浮物浓度小于 20 mg/L 时可采用紫外消毒方式；在有特殊要求的情况下（如排入有特殊要求的水域）也可采用紫外消毒方式。

b）当水中悬浮物浓度＜20 mg/L，推荐的照射剂量为 60 mJ/cm^2，照射接触时间应大于 10 s 或由试验确定。

c）医院污水宜采用封闭型紫外线消毒系统。

d）医院污水紫外线消毒系统应设置自动清洗装置。

6.3.5 污泥处理处置

6.3.5.1 污泥消毒

a）污泥在贮泥池中进行消毒，贮泥池有效容积应不小于处理系统 24 h 产泥量，且不宜小于 1 m^3。贮泥池内需采取搅拌措施，以利于污泥加药消毒。

b）污泥消毒一般采用化学消毒方式。常用的消毒药剂为石灰和漂白粉。采用石灰消毒，石灰投量约为 15 g/L 污泥，使 pH 值为 11～12，搅拌均匀接触 30～60 min，并存放 7 d 以上。采用漂白粉消毒，漂白粉投加量约为泥量的 10%～15%。条件允许，可采用紫外线辐照消毒。

6.3.5.2 污泥脱水

a）污泥脱水宜采用离心式脱水机。离心分离前的污泥调质一般采用有机或无机药剂进行化学调质，脱水污泥含水率应小于 80%。

b）脱水过程必须考虑密封和气体处理，脱水后的污泥应密闭封装、运输。

6.3.5.3 医院污泥应按危险废物处理处置要求，由具有危险废物处理处置资质的单位进行集中处置。

6.3.5.4 特殊污水处理产生的沉淀物应按照有关标准或规定妥善处理。

6.3.6 废气处理

6.3.6.1 医院污水处理工程废气应进行适当的处理（如臭氧活性炭吸附等方法）后排放，不宜直接排放。

6.3.6.2 通风机宜选用离心式，排气高度应不小于 15 m。

7 主要工艺设备和材料

7.1 选型要求

7.1.1 医院污水处理工程的关键设备和材料主要包括：格栅除污机、污水泵、污泥泵、鼓风机、曝气机械、自动加药装置、污泥浓缩脱水机械、消毒装置等。

7.1.2 传染病医院污水处理工程应选用自动机械格栅除污机。非传染病医院污水处理系统宜选用自动机械格栅，小规模污水处理可根据实际情况采用手动格栅。

7.1.3 污水泵、污泥泵应选用节能型产品，泵效率应大于 80%。污水泵应根据工艺要求选用潜水泵或干式泵。

7.1.4 鼓风机应选用低噪声、高效低耗产品，出口风压应稳定，宜选用罗茨鼓风机。

7.1.5 表面曝气机的理论动力效率应大于 3.5 kg O_2/（kW·h），鼓风曝气器的理论动力效率应大于 4.5 kg O_2/（kW·h）。在满足工艺要求的前提下应优先选用竖轴式表面曝气机和鼓风式射流曝气器。

7.1.6 加药装置应实现自动化运行控制。自动加药装置的计量精度应不小于 1‰。

7.1.7 消毒装置应选用高效低耗、操作简单、安全性和运行稳定性良好的产品。

7.2 性能要求

7.2.1 曝气设备应符合 HJ/T 252、HJ/T 263、HJ/T 281 等的规定；鼓风机应选用符合国家或行业标准规定的产品，并应符合 HJ/T 251 的规定；格栅除污机应符合 HJ/T 262 的规定；加药设备应符合 HJ/T 369 的规定；潜水泵应符合 HJ/T 336 的规定；填料应符合 HJ/T 245、HJ/T 246 的规定，其他机械、设备、材料应符合国家或行业标准的规定。

7.2.2 污水泵、污泥泵、鼓风机、表面曝气机等首次无故障时间应不小于 10 000 h，使用寿命应不小于 10 年；格栅除污机、污泥脱水机等首次无故障时间应不小于 4 000 h，使用寿命应不小于 15 年；曝气装置、生物膜填料、自动加药装置、水质在线监测仪的首次无故障时间应不小于 6 000 h，使用寿命应不小于 5 年。

8 检测与过程控制

8.1 医院污水处理工程宜根据污水处理工艺控制的要求设置 pH 计、流量计、液位控制器、溶氧仪等计量装置。

8.2 医院污水处理工程宜按国家和地方环保部门有关规定安装污水连续监测系统，监测系统及其安装应符合 HJ/T 353 的规定，污水连续监测系统的数据传输应符合 HJ/T 212 的规定。监测仪器应符合 HJ/T 96、HJ/T 101、HJ/T 103、HJ/T 367、HJ/T 377 等的规定。

8.3 医院污水处理工程运行监测参数至少应包括水量、pH 值、化学需氧量、生化需氧量（BOD_5）、悬浮物、氨氮、动植物油、粪大肠菌群数等。

9 辅助设施设计

9.1 电气与自控

9.1.1 医院污水处理工程供电宜按二级负荷设计，供电等级应与医院建筑相同。

9.1.2 低压配电设计应符合 GB 50054 设计规范的规定。

9.1.3 供配电系统应符合 GB 50052 设计规范的规定。

9.1.4 工艺装置中央控制室的仪表电源应配备在线式不间断供电电源设备（UPS）。

9.1.5 建设施工现场供用电安全应符合 GB 50194 规范的规定。

9.1.6 在线仪表的配置及自动控制水平应根据工艺流程、工程规模、管理水平及资金限制等因素综合考虑。

9.1.7 格栅除污机和曝气设备应自动控制；可根据工艺运行要求，采用定时方式自动启/停。

9.1.8 采用液氯消毒时，应设置液位控制仪对消毒接触池液位和氯溶液贮池液位指示、报警和控制；同时应设置氯气泄漏报警装置。

9.1.9 医院污水处理工程应在接触池出口处配置在线余氯测定仪和流量计。流量计宜选用超声波流量计或电磁流量计。消毒剂投加量应根据在线余氯测定仪的测定结果自动调整。

9.1.10 根据医院规模，400 床以下的医院污水处理工程在调节池可只设置液位控制仪表，液位控制仪表可采用浮球式、超声波式或电容式液位信号开关；液位控制仪表应与调节池污水提升泵进行液位连锁控制；400 床以上的医院污水处理工程除液位控制仪表外，宜加设液位测量仪，液位测量仪可选用超声波式或电容式液位测量仪。

9.1.11　条件允许情况下，采用二级处理、深度处理工艺的医院污水处理工程可设置溶解氧、pH 等测定仪器仪表。

9.1.12　传染病医院污水处理工程的控制室应与处理装置现场分离；规模大、工艺复杂的医院污水处理工程宜设独立的集中控制室，或采用与总电控柜房间（配电室）共用。独立的控制室面积一般控制在 12～20 m^2。若为计算机监控的控制室，面积应在 15～20 m^2，设防静电地板，室内做适当装修。

9.2　空调与暖通

9.2.1　地埋式或位于建筑物室内的医院污水处理工程应有通风设施。

9.2.2　在北方寒冷地区，处理构筑物应有防冻措施。当采暖时，处理构筑物内温度可按 5℃设计；加药间、检验室和值班室等的室内温度可按 15℃设计。

9.3　给排水与消防

9.3.1　医院污水处理工程的给排水与消防应同医院主体建筑等一并规划、设计、配置设施，污水处理工程区内应实行雨污分流。

9.3.2　医院污水处理工程消防设计应符合 GB 50016 的有关规定，易燃易爆的车间或场所应按消防部门要求设置消防器材。

10　劳动安全与职业卫生

10.1　医院污水处理工程在设计、施工和运行过程中，必须高度重视安全卫生问题，严格执行国家及地方的有关规定，采取有效的应对措施和预防手段。

10.2　医院污水处理工程运行时应建立明确的岗位责任制，各工种、岗位应按工艺特征和要求制定相应的安全操作规程、注意事项等。所有操作和维修人员必须经过技术培训和生产实践，并持证上岗。

10.3　医院污水处理工程应有必要的安全、报警等装置，应制定火警、爆炸等意外事件的应急预案；明显位置应配有禁烟、防火、限速和用电警告等标志。

10.4　医院污水处理工程应具备设备日常维护、保养与检修、突发性故障时的应急处理能力。

10.5　各种机械设备裸露的传动部分或运动部分应设置防护罩或设置防护栏杆，周围应保持一定的操作活动空间，以免发生机械伤害事故。

10.6　各处理构筑物应设便于行走的操作平台、走道板、安全护栏和扶手，栏杆高度和强度应符合国家有关劳动安全卫生规定。

10.7　设备安装和检修时应有相应的警示及保护设施，必须多人同时作业。

10.8　产生有害气体、易燃气体、异味和环境潮湿的场所，应有良好的通风设施。

10.9　高架处理构筑物应设置实用的栏杆、防滑梯和避雷针等安全设施，构筑物的避雷、防暴装置的维修应符合气象和消防部门的规定。

10.10　所有正常不带电的电气设备，其金属外壳均应采取接地或接零保护；钢结构、排气管、排风管和铁栏杆等金属物应采用等电位联接后作保护接地。

10.11　医院污水处理工程应创建一个有效的职业卫生程序，包括必要的免疫防治、预防过度暴露于有害环境中的措施以及医疗监督。

10.12　位于室内的传染病医院（含带传染病房综合医院）污水处理工程必须设有强制通风设备，并为工作人员配备工作服、手套、面罩、护目镜、防毒面具以及急救用品。

11 施工与验收

11.1 工程设计、施工

11.1.1 医院污水处理工程的设计、施工单位应具备国家相应工程设计资质、施工资质。

11.1.2 医院污水处理工程必须按照国家《建设项目环境保护管理条例》规定，与主体工程同时设计、同时施工、同时投入使用。

11.1.3 医院污水处理工程建设、运行过程中产生的噪声及其他污染物排放应严格执行国家环境保护法规和标准的有关规定。

11.1.4 医院污水处理工程施工中所使用的设备、材料、器件等应符合相关的国家标准，并具备产品质量合格证。

11.1.5 按照环境管理要求需要安装在线监测系统的医院污水处理工程，应执行 HJ/T 353、HJ/T 354、HJ/T 355。

11.1.6 医院污水处理工程施工单位除应遵守相关的技术规范外，还应遵守国家有关部门颁布的劳动安全及卫生、消防等国家强制性标准。

11.2 工程调试及竣工验收

11.2.1 医院污水处理工程验收应按《建设项目（工程）竣工验收办法》、相应专业验收规范和本标准的有关规定组织工程竣工验收；工程竣工验收前，不得投入生产性使用。

11.2.2 建筑电气工程施工质量验收应符合 GB 50303 规范的规定。

11.2.3 医院污水处理工程各类设备及处理构筑物、建筑物按国家或行业的有关标准（规范）验收后，方可进行清水联通启动、整体调试和验收。

11.2.4 医院污水处理工程应在系统通过整体调试、各环节运转正常、技术指标达到设计和合同要求后进入生产试运行。一级强化处理工艺需经一个月的试运行，二级处理工艺需经 3 个月以上的试运行。在正式投入运行之前，必须向环境保护行政主管部门提出竣工验收申请。

11.2.5 试运行期间应进行水质检测，检测指标应至少包括：

（1）各处理单元中 pH 值、温度、水量；

（2）各单元进、出水主要污染物浓度，如：悬浮物、化学需氧量（COD_{Cr}）、生化需氧量（BOD_5）、氨氮、动植物油、粪大肠菌群数、余氯。

11.3 环境保护验收

11.3.1 医院污水处理工程环境保护验收除应满足《建设项目竣工环境保护验收管理办法》的规定外，在生产试运行期还应对污水处理工程进行调试和性能试验，试验报告应作为环境保护验收的重要内容。

11.3.2 医院污水处理工程环境保护验收应按照《建设项目竣工环境保护验收管理办法》的规定和工程环境影响评价报告的批复执行。

11.3.3 医院污水处理工程环境保护验收时应完成以下性能试验，并提供相关性能测试报告：

——医院污水处理工程调试试验；

——污水处理工程出水指标性能测试；

——污水处理工程设备性能测试；

——废气处理工程设备及排放指标性能测试；

——污泥处理系统设备性能测试；

——试运行期日常检测数据（一般不少于 1 个月）。

12 运行与维护

12.1 一般规定

12.1.1 医院污水处理工程不得随意停止运行。

12.1.2 应建立健全规章制度、岗位操作规程和质量管理等文件。建立健全运行台账制度，如实填写运行记录，并妥善保存。

12.2 人员与运行管理

12.2.1 实施质量控制，保证医院污水处理工程的正常运行及运行质量。

12.2.2 运行人员应定期进行岗位培训、持证上岗。运行管理人员上岗前均应进行相关法律法规和专业技术、安全防护、紧急处理等理论知识和操作技能的培训。

12.2.3 各岗位人员应严格按照操作规程作业，如实填写运行记录，并妥善保存。

12.2.4 严禁擅自启、闭设备，管理人员不得违章指挥。

12.2.5 医院污水处理设备的日常维护应纳入医院正常的设备维护管理。应根据工艺要求，定期对构筑物、设备、电气及自控仪表进行检查维护，确保处理设施稳定运行。

12.2.6 电气设备的运行与操作须执行供电管理部门的安全操作规程；易燃易爆的场所应按消防部门要求设置消防器材。

12.3 水质管理

12.3.1 按规定对水质理化指标、生物性污染指标和生物学指标进行监测、记录、保存和上报。

——水质理化指标主要有：温度、pH 值、悬浮物、氨氮、溶解氧、生化需氧量、化学需氧量、动植物油、余氯、总α、总β等。

——生物性污染指标主要包括细菌、病毒和寄生虫污染，常以有代表性的指示生物作为生物性污染指标。

——生物学指标主要指大肠菌群，也有其他生物体的指示生物，如大肠杆菌、粪便链球菌等。

12.3.2 水质取样应在污水处理工艺末端排放口或根据处理工艺控制点取样。

12.3.3 日常检测频率

生物学指标：粪大肠菌群数检测每月不得少于 1 次。

理化指标：取样频率为至少每 2 h 一次，取 24 h 混合样，以日均值计；pH、总余氯每日至少 2 次；总α、总β在衰变池出口取样检测，每月检测不少于 2 次。

12.3.4 各种指标的检测方法采用环境保护主管部门认可的标准或等效方法。

12.4 应急措施

12.4.1 医院污水处理工程应设应急事故池，以贮存处理系统事故或其他突发事件时医院污水。传染病医院污水处理工程应急事故池容积不小于日排放量的 100%，非传染病医院污水处理工程应急事故池容积不小于日排放量的 30%。

12.4.2 当发生传染病疫情时应对医院污水处理采取下列紧急措施：

（1）门诊病房病人的排泄物、分泌物应就地消毒处理后排入医院污水处理工程；

（2）医院污水处理可根据疫情发展增加消毒剂的投加点或投加量。

12.4.3 医院应编制事故应急预案（包括环保应急预案）。应急预案包括：应急预警、应急响应、应急指挥、应急处理等方面的内容，制定相应的应急处理措施，并配套相应的人力、设备、通讯等应急处理的必备条件。

附　录　A
（资料性附录）
常用消毒方法比较

消毒剂	优点	缺点	消毒效果	适用条件
氯 Cl_2	具有持续消毒作用；工艺简单，技术成熟；操作简单，投量准确	产生具致癌、致畸作用的有机氯化物（THMs）；处理水有氯或氯酚味；氯气腐蚀性强；运行管理有一定的危险性	能有效杀菌，但杀灭病毒效果较差	远离人口聚居区的规模较大（＞1 000 床）且管理水平较高的医院污水处理系统
次氯酸钠 NaOCl	无毒，运行、管理无危险性	产生具致癌、致畸作用的有机氯化物（THMs）；使水的 pH 值升高		规模＜300 床的经济欠发达地区医院污水处理消毒系统
二氧化氯 ClO_2	具有强烈的氧化作用，不产生有机氯化物（THMs）；投放简单方便；不受 pH 影响	ClO_2 运行、管理有一定的危险性；只能就地生产，就地使用；制取设备复杂；操作管理要求高		适用于各种规模医院污水的消毒处理，但要求管理水平较高
臭氧 O_3	有强氧化能力，接触时间短；不产生有机氯化物；不受 pH 影响；能增加水中溶解氧	臭氧运行、管理有一定的危险性；操作复杂；制取臭氧的产率低；电能消耗大；基建投资较大；运行成本高	杀菌和杀灭病毒的效果均很好	传染病医院污水应优先采用臭氧消毒；处理出水再生回用或排入水体对水体和环境造成不良影响时应首选臭氧消毒
紫外线	无有害的残余物质；无臭味；操作简单，易实现自动化；运行管理和维修费用低	电耗大；紫外灯管与石英套管需定期更换；对处理水的水质要求较高；无后续杀菌作用	效果好，但对悬浮物浓度有要求	当二级处理出水 254 nm 紫外线透射率不小于 60%、悬浮物浓度＜20 mg/L 时，或特殊要求情况（如排入有特殊要求的水域）可采用紫外消毒方式

HJ

中华人民共和国国家环境保护标准

HJ 2030—2013

味精工业废水治理工程技术规范

Technical specifications for monosodium glutamate industry wastewater treatment

2013-03-29 发布　　2013-07-01 实施

环境保护部 发布

前　言

为贯彻执行《中华人民共和国水污染防治法》，规范味精工业废水治理工程的建设与运行管理，防治环境污染，保护环境和人体健康，制定本标准。

本标准规定了味精工业废水治理工程设计、施工、验收、运行与维护的技术要求。

本标准为指导性文件。

本标准为首次发布。

本标准由环境保护部科技标准司组织制订。

本标准主要起草单位：中国环境科学学会、北京工商大学、山东十方环保能源股份有限公司、河南莲花味精股份有限公司。

本标准环境保护部 2013 年 3 月 29 日批准。

本标准自 2013 年 7 月 1 日起实施。

本标准由环境保护部解释。

味精工业废水治理工程技术规范

1 适用范围

本标准规定了味精工业废水治理工程设计、施工、验收和运行的技术要求。

本标准适用于味精工业废水治理工程，可作为味精工业建设项目环境影响评价、环境保护设施设计与施工、建设项目竣工环境保护验收及建成后运行与管理的技术依据。

2 规范性引用文件

本标准引用了下列文件或其中的条款。凡是未注明日期的引用文件，其最新版本适用于本标准。

GB 3096 声环境质量标准
GB 4284 农用污泥中污染物控制标准
GB 12348 工业企业厂界环境噪声排放标准
GB 12801 生产过程安全卫生要求总则
GB 14554 恶臭污染物排放标准
GB 18599 一般工业固体废物贮存、处置场污染控制标准
GB 19431 味精工业污染物排放标准
GB 50009 建筑结构荷载规范
GB 50014 室外排水设计规范
GB 50015 建筑给水排水设计规范
GB 50016 建筑设计防火规范
GB 50019 采暖通风及空气调节设计规范
GB 50033 建筑采光设计标准
GB 50046 工业建筑防腐蚀设计规范
GB 50052 供配电系统设计规范
GB 50054 低压配电设计规范
GB 50069 给水排水工程构筑物结构设计规范
GB 50093 自动化仪表工程施工及验收规范
GB 50108 地下工程防水技术规范
GB 50168 电气装置安装工程电缆线路施工及验收规范
GB 50169 电气装置安装工程接地装置施工及验收规范
GB 50187 工业企业总平面设计规范
GB 50191 构筑物抗震设计规范
GB 50194 建设工程施工现场供用电安全规范
GB 50204 混凝土结构工程施工质量验收规范
GB 50208 地下防水工程质量验收规范
GB 50231 机械设备安装工程施工及验收通用规范

GB 50236　现场设备、工业管道焊接工程施工及验收规范
GB 50243　通风与空调工程质量验收规范
GB 50254　电气装置安装工程低压电气施工及验收规范
GB 50257　电气装置安装工程爆炸和火灾危险环境电气装置施工及验收规范
GB 50268　给水排水管道工程施工及验收规范
GB 50275　压缩机、风机、泵安装工程施工及验收规范
GB 50303　建筑电气工程施工质量验收规范
GB 50334　城市污水处理厂工程质量验收规范
GBJ 87　工业企业噪声控制设计规范
GBJ 141　给水排水构筑物施工及验收规范
GB/T 15562.1　环境保护图形标志　排放口（源）
GB/T 18920　城市污水再生利用　城市杂用水水质
GB/T 19923　城市污水再生利用　工业用水水质
GB/T 50335　污水再生利用工程设计规范
CECS 97　鼓风曝气系统设计规程
CECS 111　寒冷地区污水活性污泥法处理设计规程
CECS 162　给水排水仪表自动化控制工程施工及验收规程
CJJ 60　城市污水处理厂运行、维护及其安全技术规程
HJ/T 15　环境保护产品技术要求　超声波明渠污水流量计
HJ/T 91　地表水和污水监测技术规范
HJ/T 92　水污染排放总量监测技术规范
HJ/T 96　pH 水质自动分析仪技术要求
HJ/T 101　氨氮水质自动分析仪技术要求
HJ/T 212　污染源在线自动监控（监测）系统数据传输标准
HJ/T 242　环境保护产品技术要求　污泥脱水用带式压榨过滤机
HJ/T 251　环境保护产品技术要求　罗茨鼓风机
HJ/T 252　环境保护产品技术要求　中、微孔曝气器
HJ/T 262　环境保护产品技术要求　格栅除污机
HJ/T 265　环境保护产品技术要求　刮泥机
HJ/T 266　环境保护产品技术要求　吸泥机
HJ/T 278　环境保护产品技术要求　单级高速曝气离心鼓风机
HJ/T 279　环境保护产品技术要求　潜水推流搅拌机
HJ/T 283　环境保护产品技术要求　厢式压滤机和板框压滤机
HJ/T 335　环境保护产品技术要求　污泥浓缩带式脱水一体机
HJ/T 336　环境保护产品技术要求　潜水排污泵
HJ/T 354　环境保护产品技术要求　水污染源在线监测系统验收技术规范（试行）
HJ/T 355　环境保护产品技术要求　水污染源在线监测系统运行与考核技术规范（试行）
HJ/T 369　环境保护产品技术要求　水处理用加药装置
HJ/T 377　环境保护产品技术要求　化学需氧量（COD_{Cr}）水质在线自动监测仪
HJ 444　清洁生产标准　味精工业
HJ 576　厌氧—缺氧—好氧活性污泥法污水处理工程技术规范
HJ 577　序批式活性污泥法污水处理工程技术规范

HJ 578 氧化沟活性污泥法污水处理工程技术规范
HJ 579 膜分离法污水处理工程技术规范
HJ 2006 污水混凝与絮凝处理工程技术规范
HJ 2008 污水过滤处理工程技术规范
HJ 2009 生物接触氧化法污水处理工程技术规范
HJ 2013 升流式厌氧污泥床反应器污水处理工程技术规范
NY/T 1220.2 沼气工程技术规范 第二部分：供气设计
NY/T 1222 规模化畜禽养殖场沼气工程设计规范
《建设项目（工程）竣工验收办法》（计建设[1990]1215 号）
《建设项目竣工环境保护验收管理办法》（国家环境保护总局令 第 13 号）
《污染源自动监控管理办法》（国家环境保护总局令 第 28 号）
《危险化学品安全管理条例》（国务院令 第 591 号）
《排污口规范化整治技术要求》（试行）（环监[1996]470 号）

3 术语和定义

GB 19431 和 HJ 444 界定的术语和定义及下列术语和定义适用于本标准。

3.1 味精 monosodium glutamate

味精又名谷氨酸钠，化学名称：L-谷氨酸单钠一水化合物（或 L-α-氨基戊二酸单钠一水化物），分子式：$C_5H_8NO_4Na \cdot H_2O$。

3.2 味精工业 monosodium glutamate industry

指以淀粉质、糖质等为原料，经微生物发酵、提取、结晶等工艺生产味精的工业。该类工业企业包括从淀粉质、糖质等原料经发酵制备谷氨酸（俗称麸酸），再由谷氨酸精制生产味精全过程的企业；也包括只从淀粉质、糖质等原料经发酵生产谷氨酸的企业；还包括仅从谷氨酸精制生产味精的企业。

3.3 浓缩等电工艺和分离尾液 condense technique at isoelectric point and waste isolated fermentation liquor

浓缩等电工艺是指发酵母液经浓缩至谷氨酸一定浓度后，再进行连续等电分离提取谷氨酸的过程。发酵母液浓缩分离谷氨酸后的废液称为分离尾液。

3.4 等电离交工艺和离交尾液 ion exchange technique at isoelectric point and waste fermentation liquor from ion exchange process

等电离交工艺是指发酵母液经等电点法提取谷氨酸后，再经过离子交换二次分离谷氨酸的过程。离子交换分离谷氨酸后的流出液称为离交尾液。

3.5 淀粉废水 wastewater from starch production

指味精生产企业利用玉米、小麦加工制备淀粉过程中产生的各种废水。

3.6 谷氨酸废水 wastewater from glutamate production

指淀粉经制糖、发酵、分离提取制备谷氨酸过程中产生的废水，包括糖化罐、发酵罐、提取罐、分离机、滤布的洗涤水以及采用等电离交工艺时，离子交换柱需要冲洗处理再生产生的树脂洗涤水。

3.7 制糖废水 wastewater from sugar production

指淀粉经液化、糖化、浓缩、过滤制备葡萄糖过程中产生的废水，包括糖化罐及滤布的洗涤水。

3.8 精制废水 wastewater from monosodium glutamate production

指谷氨酸经中和、脱色、结晶等味精精制过程产生的废水，主要为脱色时粒状炭柱的冲洗废水。

3.9 污冷凝水 condensation wastewater

指发酵母液、分离尾液与离交尾液等浓缩过程中产生的进入污水处理系统的二次蒸汽冷凝水。

3.10 综合废水 integrated wastewater

指味精生产企业排入废水处理工程的各种废水混合后的废水，主要有谷氨酸废水、精制废水、污冷凝水、淀粉废水预处理（厌氧工艺）出水和厂区生活污水等。

3.11 预处理 classification treatment

指为减轻综合废水处理负荷，对有机污染物含量高的淀粉废水进行厌氧处理并将资源回收的过程。

3.12 一级处理 primary treatment

指综合废水处理工程中以均质调节等措施为主体的初级处理过程。

3.13 二级处理 secondary treatment

指综合废水处理工程中经一级处理后以二级生化处理为主体的净化过程。

3.14 三级处理 tertiary treatment

指综合废水处理工程中采用混凝沉淀、过滤等措施进一步去除二级处理不能完全去除的污染物的净化过程。

4 污染物与污染负荷

4.1 废水来源及污染物

4.1.1 味精企业的生产废水主要包括谷氨酸废水、精制废水和污冷凝水，含有淀粉生产的味精企业还包括淀粉废水。

4.1.2 味精企业生产废水的主要污染物是化学需氧量（COD_{Cr}）、生化需氧量（BOD_5）、氨氮（NH_3-N）和总氮（TN）。

4.2 废水水量

4.2.1 废水水量宜在工厂废水排放总口对综合废水排放总量进行实际测量确定，各生产工序排放的各种工艺废水宜逐一进行废水排放量测量，废水排放量测量应符合 HJ/T 91 的要求。

4.2.2 废水水量可类比现有同等生产规模、相同原料及产品、相同生产工艺味精企业的排放数据确定。

4.2.3 以全厂取水量估算时，废水水量宜取全厂取水量的 90%～95%。

4.2.4 没有实测及类比数据时，废水水量可参考表 1 按下式计算：

表 1 典型味精企业单位产品生产废水量

产品	原料	单位产品废水产生量/（m^3/t）
谷氨酸	玉米、小麦、大米	20～50
	淀粉、糖蜜	20～35
味精	玉米、小麦、大米	20～50
	淀粉、糖蜜	20～35
	谷氨酸	6～10
注 1：1 t 谷氨酸可生产 1.23～1.26 t 味精；		
注 2：采用等电离交工艺取高值，浓缩等电工艺取中低值。		

$$Q = Q_i + Q_j \tag{1}$$

$$Q_i = \sum q_i m_i \tag{2}$$

式中：Q——综合废水量，m^3/d；

Q_i——生产废水量，m^3/d；

Q_j——其他废水量，m^3/d，包括地面冲洗水和生活污水等，应参照 GB 50015 等标准确定；

q_i——单位产品生产废水量，m^3/t，可参照表 1 确定；

m_i——味精产品生产量，t/d，应根据企业生产规模和产品方案确定。

4.2.5 设计水量应考虑一定的裕量，设计裕量宜小于等于废水水量的 20%。

4.3 废水水质

4.3.1 废水水质宜在工厂废水排放总口对综合废水进行取样化验，各生产工序排放的各种工艺废水水质宜逐一进行取样化验，水质取样化验应符合 HJ/T 91 的要求。

4.3.2 废水水质可类比现有同等生产规模、相同原料及产品、相同生产工艺味精企业的排放数据确定。

4.3.3 没有实测及类比数据时，味精工业生产过程废水水质可参考表 2，不同产品及不同原料的混合废水水质按不同废水类型混合比例确定。

表 2 典型味精生产废水水质 单位：mg/L

废水种类	pH	COD_{Cr}	BOD_5	NH_3-N	TN	SS	TP
淀粉废水	3.5～6	9 000～15 000	5 000～8 000	60～230	300～500	800～1 500	—
谷氨酸废水②	3～7.5	5 000～9 000	3 000～6 000	400～1 700	500～2 000	800～1 500	—
精制废水	8～11	700～1 200	300～700	80～150	100～200	200～600	—
污冷凝水	4.5～7.0	1 200～1 600	600～800	70～250	70～250	①	—
综合废水②	4.3～7.5	750～2 000	400～1 200	150～400	150～500	200～800	10～50

说明：①数值较低，一般不作为监测指标。
②采用等电离交工艺的谷氨酸废水和综合废水，pH 值取中低值，其他水质指标取中高值；采用浓缩等电工艺的谷氨酸废水和综合废水，pH 值取中高值，其他水质指标取中低值。

5 总体要求

5.1 一般规定

5.1.1 味精生产企业应按照 HJ 444 的要求采用清洁生产技术，提高资源、能源利用率，降低废水污染负荷。

5.1.2 味精工业废水治理工程建设应符合环境影响评价批复文件的要求，遵循“三同时”制度，并以企业生产情况及总体规划为依据，统筹废水分类处理和集中处理、现有工程和新（扩、改）建工程的关系。

5.1.3 厂区排水系统应采用雨污分流制，位于水体保护要求高或环境敏感地区的企业，宜对地面污染较大区域的初期雨水进行截流、调蓄和处理。

5.1.4 发酵与提取过程产生的分离尾液和离交尾液应进行综合利用，不得直接排入废水处理系统。

5.1.5 味精工业废水治理工程处理后的废水应进行综合利用。用于其他工业用水和环境保洁的水质应根据再生利用环节参照 GB/T 19923 和 GB/T 18920 执行。

5.1.6 味精工业废水治理工程的排放水质、水量应符合 GB 19431 和所在地地方标准的要求。

5.1.7 味精工业废水治理工程建设、运行过程中应采取防治二次污染的措施。恶臭和固体废物的处理处置应分别符合 GB 14554 和 GB 18599 的规定。

5.1.8 味精工业废水治理工程的噪声应符合 GB 3096 和 GB 12348 的规定，对建筑物内部设施噪声源控制应符合 GBJ 87 中的有关规定。

5.1.9 应按照《排污口规范化整治技术要求（试行）》建设废水排放口。废水排放口标志的设置应符合 GB/T 15562.1 的要求，并按照《污染源自动监控管理办法》安装污染物排放连续监测设备。

5.1.10 水污染源在线监测系统应采用符合 HJ/T 15、HJ/T 96、HJ/T 101、HJ/T 377 等标准规定的监测仪器，运行和数据传输应执行 HJ/T 355 和 HJ/T 212 的规定。

5.2 建设规模

5.2.1 建设规模应根据废水水量、水质和预期变化情况综合确定，现有企业的废水治理工程应以实测数据为依据，新（扩、改）建企业的废水治理工程应根据原料种类、产品类别、生产工艺的治理程度和使用量，采用类比或物料衡算的方法确定。

5.2.2 味精工业废水治理工程建设规模的确定应符合下列要求：

a）格栅渠、集水井等调节池前的废水治理构筑物按最大日最大时流量计算；

b）调节池及其后的生化池、二沉池等废水治理构筑物按最大日平均时流量计算；

c）污泥处理与处置工程应按最大日平均时污泥量计算。

5.3 工程构成

5.3.1 味精工业废水治理工程由主体工程、辅助工程和生产管理设施构成。

5.3.2 主体工程主要包括废水预处理工程、综合废水处理工程、污泥处理与处置工程、沼气利用工程和恶臭处理工程：

a）废水预处理工程包括淀粉废水预处理（厌氧工艺）工程等；

b）综合废水治理工程包括废水一级、二级和三级处理系统；

c）污泥处理与处置工程包括污泥减量处理和最终处置系统；

d）沼气利用工程包括沼气净化、贮存和利用系统；

e）恶臭处理工程包括臭气收集和处理系统。

5.3.3 辅助工程包括电气、供排水和消防、采暖通风与空调等。

5.3.4 生产管理设施包括办公用房、值班室等。

5.4 厂址选择

味精废水治理工程厂址选择应纳入味精工业生产企业建设规划，并满足环境影响评价批复文件的要求。

5.5 总平面布置

5.5.1 总平面布置应符合 GB 50014、GB 50187 等标准的相关规定，并满足环境影响评价批复文件的要求。

5.5.2 废水治理工程总体布置应根据各构筑物的功能和处理流程要求，结合地形、气候和地质条件，经技术经济比较后确定。

5.5.3 总平面布置应合理、紧凑，满足施工、维护和管理要求，并留有发展及设备更换的余地。

5.5.4 竖向布置应充分利用原有地形和高差，尽可能做到土方平衡、重力排放、降低能耗。

5.5.5 加药间、污泥处理间等运输量较大的建筑物应靠近道路，并远离人员经常出入的区域。

5.5.6 沼气利用工程等需要防火防爆的设施应放置在相对独立的区域，并考虑足够的防护距离。

5.5.7 应合理布置超越管线和维修放空设施，并确保不合格的放空水或污泥得到妥善处理和处置。

5.5.8 当废水治理工程分期建设时，废水治理工程占地面积应按总体处理规模预留场地，并进行总体布置，管网和地下构筑物宜一次建成。

6 工艺设计

6.1 一般规定

6.1.1 在工艺设计前，应对废水水质、水量及变化规律进行全面调查，并进行必要的分析和试验。

6.1.2 应选用技术成熟、处理效率高、节约能源、投资省的处理工艺，确保废水治理工程稳定、可靠、安全运行。

6.1.3 宜将生化处理单元设计成平行的两个系列。

6.2 废水减量化技术要求

6.2.1 味精生产系统应采用冷却水和冲洗水循环利用等措施降低废水和污染物排放量。

6.2.2 分离尾液和离交尾液应采用絮凝气浮和蒸发浓缩等技术生产饲料和肥料，以降低废水中污染物的排放量。

6.2.3 等电离交工艺产生的初期较高浓度树脂洗涤水宜进行综合利用。

6.3 工艺路线选择

6.3.1 味精工业废水处理工艺流程如图1所示：

6.3.2 有淀粉生产的味精企业产生的淀粉废水宜优先考虑综合利用，排出的淀粉废水应与制糖废水混合，并采用以厌氧为主体的工艺预处理后，其出水再与其他废水一起混合进入综合废水处理系统。

6.3.3 二级处理工艺应采用具有脱氮功能的生物处理工艺，并考虑其生物除磷功能。

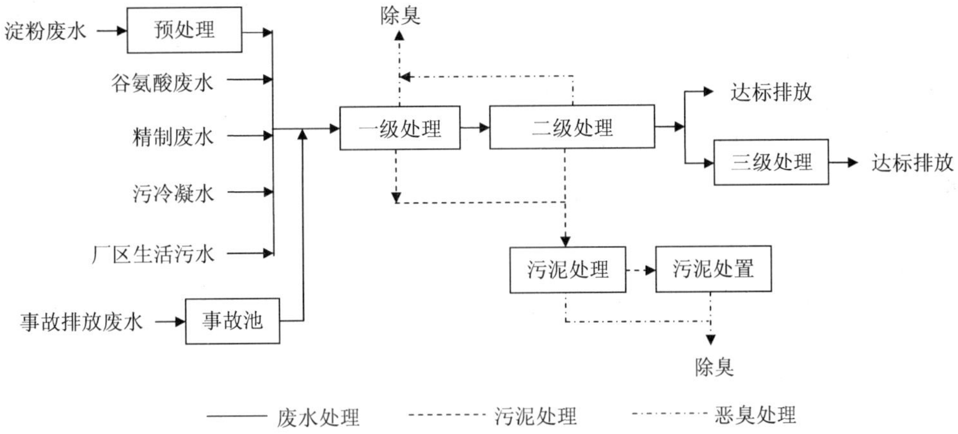

图1 味精工业废水处理工艺流程图

6.3.4 应根据现行的国家和地方污染物排放标准、污染物的来源、性质及排水去向确定综合废水处理工程的处理深度，选择相应的处理工艺，并进行技术经济比较后确定。

6.3.5 废水处理效率应通过试验或类比数据获取，当无资料时可参照表3。

表3 典型废水治理工艺单元处理效率

处理级别	处理方法	主要工艺	处理效率/%			
			COD_{Cr}	BOD_5	NH_3-N	SS
预处理	厌氧生化	IC，UASB	80～90	90～95	—	30～50
一级	水质水量调节	格栅，调节池，pH调整	—	—	—	—
二级	生化脱氮	A/O工艺，ASND工艺	75～90	85～95	＞90	80～90
三级	混凝沉淀	混凝沉淀	40～50	—	—	70～90
	过滤	混凝沉淀、过滤	40～50	—	—	80～90

6.4 工艺设计要求

6.4.1 淀粉废水预处理

6.4.1.1 淀粉废水预处理的工艺设计要求可参照以玉米、小麦为原料生产淀粉的淀粉工业废水治理工程技术规范中厌氧处理单元的相关要求。

6.4.1.2 淀粉废水预处理应采用厌氧为主体的处理工艺，主要工艺流程包括格栅、提升泵房、调节池（pH和水温调节）和厌氧处理单元。

6.4.1.3 格栅、提升泵房的工艺设计要求见 6.4.2.2 和 6.4.2.3。

6.4.1.4 用于玉米、小麦淀粉废水预处理的调节池停留时间不应小于 8 h，工艺设计要求见 6.4.2.4。

6.4.1.5 淀粉生产废水应设置 pH 调节设施，工艺设计要求见 6.4.2.5。

6.4.1.6 淀粉生产废水应设置温度调节设施，并满足以下要求：

a）废水加热可采用池外加热或池内加热，池外加热可采用热交换器和热水循环加热方式，池内加热宜采用热水循环加热方式；

b）热交换器选型应根据废水特性、介质温度和热交换后温度确定。热交换器换热面积应根据热平衡计算，并留有 10%～20%的余量。

6.4.1.7 厌氧处理单元可采用内循环厌氧反应器（IC）、升流式厌氧污泥床（UASB）等工艺，其技术要求如下：

a）当选用 IC 时，容积负荷宜为 10～25 kg COD/（m^3 • d），污泥质量浓度宜为 20～40 g/L，水力停留时间宜为 6～12 h；当选用 UASB 时，容积负荷宜为 5～10 kg COD/（m^3 • d），污泥质量浓度宜为 10～20 g/L，水力停留时间宜为 12～20 h。

b）IC 反应器高度不宜超过 25 m，单座体积不宜超过 1 500 m^3，UASB 的有效高度一般为 5～7 m，不宜超过 10 m，单座体积不宜超过 2 000 m^3。

c）厌氧进水的 pH 值宜为 6.5～7.5，COD_{Cr}/SO_4^{2-}的比值宜不小于 10，悬浮物的含量宜小于 1 500 mg/L。

d）厌氧处理宜采用中温厌氧技术，温度宜为 32～35℃。

e）厌氧出水应满足后续二级生化脱氮处理要求，BOD_5/TN 比值宜大于 4。

f）UASB 工艺设计要求可参照 HJ 2013。

6.4.2 综合废水一级处理

6.4.2.1 一级处理主要包括格栅、提升泵房、调节池、pH 调节设施等。

6.4.2.2 应设置细格栅，是否需在细格栅前增设粗格栅可根据排水系统情况确定，格栅渠的设计应符合 GB 50014 的规定，并满足以下要求：

a）粗格栅宜采用机械清污格栅，格栅间隙应为 5～10 mm，设置在水泵前应满足水泵要求；

b）细格栅宜选用具有自清能力的机械格栅，格栅间隙为 1～4 mm；

c）格栅渠上部应设置工作平台，其高度应高出格栅前最高设计水位 0.5 m，工作平台上应有安全和冲洗设施。

6.4.2.3 当来水高程无法满足自流进入后续处理构筑物时，应设置废水提升泵站，泵站包括水泵间、集水池和出水设施，其工艺设计应符合 GB 50014 的规定，并满足以下要求：

a）集水池的容积应根据设计流量、水泵能力和水泵工作情况等因素确定，水力停留时间宜采用 10～30 min；

b）集水池池底应设集水坑，倾向坑的坡度不宜小于 0.01，池壁应设置爬梯；

c）集水池宜设置事故溢出口，将事故排水排入事故池；

d）集水池应设冲洗装置，宜设清泥装置；

e）集水池应设置液位控制和报警装置；

f）自然通风条件差的水泵间应设机械送排风系统。

6.4.2.4 调节池容积应根据废水的变化曲线采用图解法计算确定，并满足以下要求：

a）调节池的有效容积宜按平均小时流量的 16～30 h 水量设计，亦可按最大日流量计算；

b）调节池应设置机械、空气搅拌或水力混合装置，水下设备应具有防腐性能；

c）当调节池采用机械搅拌器时，设计边界水流速度宜为 0.15～0.35 m/s；当采用空气搅拌时，每 100 立方米有效池容的气量按 1.0～1.5 m^3/min 设计；当调节池兼有预生化或（催化）氧化等功能时，其曝气量还应满足工艺需氧量的要求；当采用射流搅拌时，功率应不小于 10 W/m^3；

d）调节池宜设计为封闭式，应有通排风和除臭设施，应定期清除沉渣；

e）调节池应设集水坑及排空设施，池底应有不小于 0.01 的坡度（坡向集水坑）；

f）调节池宜采取调温措施，北方寒冷地区冬季要保温，夏季可在调节池出水设置热交换器等降温措施以满足后续二级生化处理的水温要求；

g）调节池应设置液位溢流设施。

6.4.2.5 尽可能利用酸性废水与碱性废水之间的酸碱度先进行废水的自然中和，混合后形成的综合废水 pH 值若达不到二级处理的进水要求，仍应设置 pH 值调节设施，并满足以下要求：

a）pH 值调节所用药剂可选用 NaOH 和 HCl，pH 值调节药剂应有一定的存储量，并应设置存储、配制和投加设施；

b）pH 值调节宜分为粗调和微调，粗调通常在调节池中进行调节，微调宜采用溶药搅拌设备充分溶解后，采用计量泵自动定量投加；

c）pH 值调节可采用水力搅拌、机械搅拌或空气搅拌。

6.4.3 综合废水二级处理

6.4.3.1 二级处理生化单元宜选用抗冲击负荷能力强、具有脱氮功能的推流式或序批式（SBR）活性污泥法处理工艺，如缺氧/好氧（A/O）脱氮工艺、新型同步硝化反硝化脱氮工艺（ASND），仅进行谷氨酸精制生产味精的企业生产废水可采用生物接触氧化法污水处理工艺。技术要求分别如下：

a）采用活性污泥法计算曝气池有效池容时，需考虑硝化、反硝化反应时间，BOD_5 负荷宜按 0.05～0.20 kg BOD_5/（kg MLSS·d）设计，并按 NH_3-N 负荷 0.01～0.025 kg NH_3-N/（kg MLSS·d）校核；采用生物接触氧化法计算曝气池有效池容时，容积负荷宜按 0.3～0.6 kg BOD_5/（m^3 填料·d）设计；A/O 反应池缺氧区和好氧区的容积宜采用 GB 50014 中的硝化、反硝化动力学公式计算校核。

b）二级生化反应池温度应控制在 15～30℃之间，并充分考虑冬季低温和夏季高温对污染物去除的影响，必要时可采取降低负荷、保温、降温等措施。

c）二级生化反应池 pH 值宜为 7～8，硝化剩余碱度宜大于 70 mg/L（以 $CaCO_3$ 计），当碱度不能满足上述要求时，应采取增加碱度的措施。

d）需氧量应根据好氧单元进水 BOD_5 计算，并考虑 NH_3-N 硝化需氧量，计算方法参照 GB 50014 的规定，并按照气水比 15∶1～30∶1 校核。

e）曝气设备应能根据废水水质、水量调节供氧量。

f）采用推流式工艺时，应保持池内泥、水的充分混合，控制池内平均流速大于 0.3 m/s，采用机械混合方式时，混合功率密度 4～8 W/m^3，同时应满足需氧量的要求。

g）采用 SBR 工艺时，反应池个数宜为 2 个以上，其运行周期宜为 6～12 h，充水比宜为 0.15～0.3。

h）污泥回流比一般为 60%～100%，生化反应池中污泥浓度宜为 3 000～5 000 mg/L。

i）A/O 法内循环回流比应大于 400%。

j）采用 ASND 工艺时，推流式曝气池无须分缺氧/好氧区，无须内循环回流，当进水 TN 浓度大于 250 mg/L 时，可采用多点进水的灵活进水方式，以补充后段碳源不足。

k）曝气池应设置泡沫阻隔和消除措施，可采用加大曝气池高度、添加消泡剂、喷水消泡和机械消泡等措施。

l）二级生化处理后总磷不能达标时，可进行化学除磷处理。

6.4.3.2 好氧生化反应池（SBR 反应池除外）后应设置二沉池，二沉池的形式应根据处理规模、工艺特点和地质条件等因素确定，可选用平流式、辐流式和竖流式等池型，工艺设计要求可参照 GB 50014。

6.4.3.3 鼓风曝气系统设计应符合 CECS 97 的相关规定。

6.4.3.4 北方寒冷地区污水活性污泥法处理设计还应符合 CECS 111 的相关规定。

6.4.3.5 厌氧—缺氧—好氧活性污泥法污水处理工程设计还应符合 HJ 576 的相关规定。

6.4.3.6 序批式活性污泥法污水处理工程设计还应符合 HJ 577 的相关规定。

6.4.3.7 氧化沟活性污泥法污水处理工程设计还应符合 HJ 578 的相关规定。

6.4.3.8 生物接触氧化法污水处理工程设计还应符合 HJ 2009 的相关规定。

6.4.4 综合废水三级处理

6.4.4.1 三级处理宜采用混凝沉淀处理技术，其工艺设计应符合 GB/T 50335 和 HJ 2006 的相关规定。

6.4.4.2 当悬浮物指标要求较严时，混凝沉淀后的废水宜进行过滤处理，其工艺设计应符合 GB/T 50335 和 HJ 2008 的相关规定。

6.4.4.3 当有更高的水质要求时，可增加吸附技术、膜分离技术和强氧化等技术中的一种或几种组合。

6.4.4.4 当采用膜分离技术时，其工艺设计可参照 HJ 579。

6.4.5 废水回用

6.4.5.1 处理后的综合废水可用于其他工业用水和环境保洁，其水质标准应根据回用环节参照 GB/T 19923 和 GB/T 18920 等国家标准执行。

6.4.5.2 回用水贮存、输配和监测系统应符合 GB/T 50335 的规定。

6.5 污泥处理与处置工艺设计要求

6.5.1 产泥量可根据实际工程情况测定或参照同类企业确定，也可根据去除单位污染物量估算污泥量：

a）采用活性污泥法时，产泥量可按 0.3～0.4 kg DS/kg COD_{Cr} 设计，并按湿泥量（污泥含水率 99.3%～99.4%计）为废水处理量的 1.5%～2.0%校核；

b）采用生物接触氧化法时，产泥量可按 0.3～0.4 kg DS/kg COD_{Cr} 设计，并按湿泥量（污泥含水率 99.3%～99.4%计）为废水处理量的 1.0%～2.0%校核；

c）采用 IC 和 UASB 产生的厌氧剩余污泥产量可按 0.05～0.2 kg DS/kg COD_{Cr} 设计，污泥含水率约 98%；

d）三级处理的物化污泥产量可按 1～1.5 kg DS/kg COD_{Cr} 设计，污泥含水率为 98%～99%。

6.5.2 淀粉废水预处理厌氧单元产生的剩余污泥应输送至综合废水处理工程污泥系统处理。

6.5.3 污泥处理工艺应综合考虑污泥的最终处置方式确定，其处理工艺包括污泥浓缩、污泥均质、污泥脱水和污泥堆场，并应符合以下要求：

a）剩余污泥应进行浓缩。当采用重力浓缩时，污泥固体负荷宜采用 20～40 kg/（m^2·d），浓缩时间不宜小于 16 h；也可采用机械浓缩和气浮浓缩工艺；

b）污泥均质池容积应根据各类污泥产量及排泥方案确定，可按 2～4 h 的污泥排放量估算，均质池内应设置潜水推进器、搅拌器等设备；

c）污泥脱水前应进行加药调理，药剂种类和投加量应通过污泥性质和干污泥的处理方式试验确定；

d）污泥脱水机械的类型应按污泥的性质、产生量和脱水要求，经技术经济比较后确定，宜选用离心脱水机或带式压滤机，当污泥量较少时，可选用厢式、板框压滤机；

e）污泥脱水前的含水率宜小于 98%，污泥脱水后的含水率宜小于 80%。

6.5.4 应设置脱水污泥堆场，堆场面积根据污泥清运条件确定，并设置防渗、防漏、防雨水设施，且满足 GB 18599 的相关规定。

6.5.5 污泥的最终处置可采用综合利用、焚烧和填埋等方式，并优先考虑综合利用；农用时应符合 GB 4284 等标准的规定，填埋时应符合 GB 18599 等标准的规定，干化焚烧时应符合国家相关标准的规定。

6.5.6 污泥浓缩脱水过程产生的污水应进入调节池处理。

6.6 沼气利用

6.6.1 应根据厌氧反应器进水水质和沼气产率确定沼气利用系统的建设规模。

6.6.2 根据沼气利用途径，对沼气进行脱硫和脱水的净化处理和贮存，其净化、贮存和利用技术应符合 NY/T 1220.2 和 NY/T 1222 中的相关规定。

6.6.3 应结合味精废水治理工程的实际情况进行沼气利用，可将沼气作为锅炉燃料。

6.7 二次污染防治

6.7.1 恶臭治理

6.7.1.1 格栅间、调节池、生化反应池、污泥浓缩池及污泥脱水处理车间等位置应设置臭气收集装置，并进行除臭处理。

6.7.1.2 味精废水治理工程的上述构筑物宜采取恶臭密闭收集措施。

6.7.1.3 采用物理、生物、化学除臭等工艺处理集中收集的臭气，常用的除臭工艺包括吸附、离子氧化、生物过滤等。

6.7.1.4 废水处理设施的恶臭气体排放浓度应符合 GB 16554 的规定。

6.7.2 噪声和振动防治

6.7.2.1 应采取隔声、消声、绿化等降低噪音的措施，厂界噪声应达到 GB 12348 的规定。

6.7.2.2 设备间、鼓风机房的噪声和振动控制的设计应符合 GBJ 87 的规定。

6.8 事故与应急处理

6.8.1 味精废水处理工程应设置事故池，因废水治理设施操作失误、非正常工况、停电等事故造成废水排放量和浓度异常时，应排入事故池。

6.8.2 事故池有效容积应能接纳最大一次事故排放的废水总量。

6.8.3 事故池内应设置提升泵，在生产恢复正常或废水处理设施排除故障后，应将事故排放废水均匀排入综合废水处理工程的调节池中。

6.8.4 事故池宜设置混合装置和排泥设施。

6.8.5 事故池宜设置液位控制和报警装置。

7 主要工艺设备和材料

7.1 一般规定

7.1.1 味精工业废水治理工程常用的设备包括泵、曝气设备、格栅、刮吸泥机、滗水器、脱水机、加药设备、沼气贮气装置等。

7.1.2 关键设备和材料均应从工程设计、招标采购、施工安装、运行维护、调试验收等环节进行严格控制，选择满足工艺要求、符合相应标准的产品。

7.1.3 厌氧处理单元、pH 值调节设备、钢制部件等易腐蚀的设备、管渠及材料应采取相应的防腐蚀措施，并达到国家现行有关标准的规定。

7.2 配置要求

7.2.1 格栅除污机、潜水推进器、滗水器等宜按双系列或多系列生产线配置。

7.2.2 加药设备应按加入药液的性质和处理系列分别配置，并考虑防腐蚀措施。

7.2.3 厌氧单元应采用防爆型电机设备。

7.2.4 提升泵、鼓风机等大功率设备应配备变频装置。

7.2.5 水泵、污泥泵、鼓风机等连续工作的设备应配置备用设备。

7.2.6 曝气装置、加药装置等宜储备核心部件和易损部件。

7.3 性能要求

7.3.1 格栅除污机应符合 HJ/T 262 的规定。

7.3.2 潜水排污泵应符合 HJ/T 336 的规定，潜水推流搅拌机应符合 HJ/T 279 的规定。

7.3.3 罗茨风机应符合 HJ/T 251 的规定，单级高速曝气离心鼓风机应符合 HJ/T 278 的规定。

7.3.4 鼓风式中、微孔曝气器应符合 HJ/T 252 的规定。

7.3.5 刮泥机应符合 HJ/T 265 的规定，吸泥机应符合 HJ/T 266 的规定。

7.3.6 带式压滤机应符合 HJ/T 242 的规定，厢式压滤机和板框压滤机应符合 HJ/T 283 的规定，污泥浓缩带式脱水一体机应符合 HJ/T 335 的规定。

7.3.7 加药设备应符合 HJ/T 369 的规定。

8 检测与过程控制

8.1 检测

8.1.1 味精工业废水治理工程应设置化验室，按照检测项目配置相应的检测仪器和设备。

8.1.2 厌氧单元、pH 值调节等设施宜设置在线检测装置，其检测点分别设在受控单元内或进、出口处，采样频次和监测项目应根据工艺控制要求确定。

8.1.3 应根据水处理单元工艺需要，检测相关的工艺参数：

a）应检测废水治理工程进、出口处的流量、pH、COD_{Cr}、NH_3-N、TN、TP、SS 和色度等指标；

b）厌氧处理单元宜检测反应池内 pH、水温、挥发性脂肪酸（VFA）、碱度和污泥性状、污泥浓度等指标；

c）好氧生化处理单元宜检测反应池内 pH、水温、溶解氧（DO）和污泥浓度等指标；

d）深度处理单元宜根据采用的处理工艺检测反应池内的 pH、水头损失等指标；

e）应检测格栅渠、集水池、调节池、再生水池、储药池、污泥均质池等的液位指标，检测加药管、污泥管等处的流量指标，宜检测好氧反应池的曝气流量指标。

8.1.4 现场检测仪表宜具备防腐、防爆、抗渗漏、防结垢、自清洗等功能。

8.1.5 仪表设计的其他要求可参照 CECS 162 等标准的规定。

8.2 过程控制

8.2.1 控制系统应在满足工艺要求的前提下，运行可靠、经济、节能、安全，便于日常维护和管理。

8.2.2 过程控制参数、技术要求和自动化控制水平应根据废水处理规模、水质处理要求、企业经济条件等因素合理确定，并符合以下要求：

a）废水处理站的厌氧处理等主要生产工艺单元可采用自动控制，规模较大企业的综合废水处理站宜采用集中管理和监视、分散控制的计算机控制系统；

b）现场设备应装设现场操作箱，操作箱应设置运行与故障状态显示、手动/自动转换开关；

c）采用成套设备且设备配套控制系统时，设备配套的控制系统应预留必要的通讯接口，以实现与全厂控制系统的通讯和数据交换。

8.2.3 味精工业废水治理工程的过程控制应参照 GB 50014 中 8.3 控制和 8.4 计算机控制管理系统条款的相关规定。

9 主要辅助工程

9.1 电气

9.1.1 废水治理工程供电按二级负荷设计，其电源可独立设置，也可由企业变配电室接入。

9.1.2 供配电及工艺设备应可靠接地，根据现场分布情况与企业原接地网相连。

9.1.3 配电系统应根据运行功率因数设置无功补偿装置。

9.1.4 电气系统设计的其他要求应符合 GB 50052、GB 50054、GB 50194 等国家标准的规定。

9.2 供排水与消防

9.2.1 供排水和消防系统应与生产过程统筹考虑，生活用水、生产用水及消防设施应符合 GB 50015 和 GB 50016 等国家标准的规定。

9.2.2 废水治理工程含有厌氧处理单元时，厌氧单元的火灾危险性为甲类，防火等级应按一级耐火等级设计，并安装沼气泄漏报警装置。

9.3 采暖通风与空调

9.3.1 废水治理工程建筑物内应有采暖通风与空气调节系统，并应符合 GB 50019、GB 50243 等国家标准的规定。

9.3.2 废水治理工程采暖系统设计应与生产系统统一规划，热源宜由厂区供热系统提供。

9.3.3 各类建筑物、构筑物的通风设计应符合下列原则：

a）加盖构筑物应设通风设施；

b）有可能释放有毒和有害气体的建筑物（如加药间、污泥脱水间和化验室等），应根据满足室内最高允许浓度所需换气次数确定通风量，室内空气不得再循环，有条件的宜设有毒有害气体的净化装置；

c）有防爆要求的车间（如沼气控制间等）应设事故通风，事故风机应为防爆型；

d）当机械通风不能满足工艺对室内温度、湿度要求时应设空调装置。

9.4 建筑与结构

9.4.1 构筑物设计、施工及验收应符合 GB 50069、GB 50108、GBJ 141 和 GB 50208 等国家标准的规定。

9.4.2 厂房建筑的防腐、采光和结构应符合 GB 50046、GB 50033、GB 50009 和 GB 50191 的有关规定，调节池等处理构筑物应采取防腐蚀、防渗漏措施，确保处理效果，安全耐用，操作方便，有利于操作人员的劳动保护。

9.4.3 废水处理构筑物应设排空设施，排出的水应流入调节池重新处理。

10 劳动安全与职业卫生

10.1 劳动安全

10.1.1 劳动安全管理应符合 GB 12801 的规定。

10.1.2 应按照《危险化学品安全管理条例》的要求管理和使用工艺过程中的化学药剂。

10.1.3 应建立并严格执行安全检查制度，及时消除事故隐患，防止事故发生。

10.1.4 应有必要的安全防护措施和报警装置：

a）应在沼气利用区域设置禁烟、防火标志；

b）水处理构筑物周边应设置防护栏杆、走道板防滑梯等安全措施，栏杆高度和强度应符合国家有关劳动安全卫生规定，高架处理构筑物还应设置避雷设施；

c）各种机械设备裸露的传动部分或运动部分应设置防护罩或防护栏杆，并保持周围有一定的操作活动空间；

d）宜在加药间的相应区域设置紧急淋浴冲洗装置；

e）人员进入密闭的水处理构筑物检修时，应先进行强制通风，经过仪器检测，确定符合安全条件时，人员方可进入。

10.1.5 应制定易燃、爆炸、自然灾害等意外事件的应急预警预案。

10.2 职业卫生

10.2.1 应保持操作室空气清新，适合操作人员长期在岗工作。

10.2.2 应加强作业场所的职业卫生防护，做好隔声、减震和防暑、防毒等预防工作。

10.2.3 应向操作人员提供必要的劳动保护用品，以及浴室、更衣室等卫生设施。

10.2.4 职工在加药间、污泥脱水间、风机房等高粉尘、有异味、高噪声的环境下应佩戴必要的劳动保护用具。

11 工程施工与验收

11.1 工程施工

11.1.1 工程施工应符合国家和行业施工程序及管理文件的要求。

11.1.2 工程设计、施工单位应具有与该工程相应的资质等级。

11.1.3 工程施工应符合施工设计文件、设备技术文件的要求，工程变更应取得设计变更文件后再进行。

11.1.4 工程施工中所使用的设备、材料、器件等应符合相关的国家和行业标准，并取得产品合格证后方可以使用，关键设备还应具有产品出厂检验报告等技术文件。

11.1.5 施工单位应遵守相关工程施工技术规范等国家标准的要求。

11.1.6 应按照产品说明书进行设备安装，安装后应进行单机调试。

11.2 工程验收

11.2.1 废水治理工程应按《建设项目（工程）竣工验收办法》和《建设项目竣工环境保护验收管理办法》进行组织验收。

11.2.2 配套建设的废水在线监测系统应与废水治理工程同时进行建设项目竣工环境保护验收，验收程序和内容应符合 HJ/T 354 的规定。

11.2.3 废水治理工程相关专业验收的程序和内容应符合 GB 50093、GB 50168、GB 50169、GB 50204、GB 50231、GB 50236、GB 50254、GB 50257、GB 50268、GB 50275、GB 50303、GB 50334 和 GBJ 141 等国家标准的相关规定。

11.2.4 废水治理工程验收应依据主管部门的批准（核准）文件、经批准的设计文件和设计变更文件、工程合同、设备供货合同和合同附件、项目环境影响评价及其审批文件、废水治理工程的性能评估报告、试运行期连续检测数据、完整的启动试运行操作记录、设施运行管理制度和岗位操作规程等技术文件。

11.2.5 通过系统调试运行和性能试验，对味精废水污染治理工程进行性能评估。性能试验至少应包括：

a）耗电量测试，分别测量各主要设备单体运行和设施系统运行的电能消耗；

b）充氧效果试验，测试氧转移系数、氧利用率、充氧量等参数，分析供氧效果；

c）风机运行试验，测试单台风机运行和全部风机连动运行的供气量、风压、噪声等参数，包括启动和运行时的参数；

d）满负荷运行测试，向处理系统通入最大流量的废水，考察各工艺单元、构筑物和设备的运行工况；

e）活性污泥测试，引种、培育并驯化活性污泥，调整各反应器的运行工况和运行参数，检测各项参数，观察反应池污泥性状，直至污泥运行正常；

f）剩余污泥量测试，测定剩余污泥产生量和污泥脱水效率等工艺参数；

g）水质检测，在工艺要求的各个重要部位，按照规定频次、指标和测试方法进行水质检测，分析污染物去除效果；

h）物化处理性能测试，工艺流程有物化处理单元的应按有关规定测试其运行参数。

12 运行与维护

12.1 一般规定

12.1.1 运行与维护应符合国家现行有关法律、法规，并宜参照 CJJ 60 等相关标准的规定。

12.1.2 应配备环境保护专职技术人员和水质监测仪器。

12.1.3 应确保工程设备完好，运行稳定达标。

12.2 人员管理

12.2.1 岗位工作人员应通过培训考核后上岗，并应定期进行岗位培训。

12.2.2 应制定水处理设施的操作规程、工作制度、定期巡检制度和维护管理制度等。

12.2.3 运行人员应按制度履行职责，确保系统经济稳定运行。

12.3 监测

12.3.1 按 GB 19431 和 HJ/T 92 等标准的规定进行监测。

12.3.2 对 COD_{Cr}、BOD_5、SS、NH_3-N、TN、TP 等主要水质指标定期监测，对 COD_{Cr}、NH_3-N 等重点控制指标实现在线监测，并与监控中心联网；已安装在线监测系统的，应定期取样进行人工监测比对。

12.3.3 调试、停车后重新启动和发生突发事故时应增加监测项目的分析化验频率。

12.3.4 在废水处理设施排放口和根据处理工艺选取的控制点进行水质取样。

12.4 工艺操作

12.4.1 废水治理工程预处理厌氧生化单元的工艺操作应符合以下要求：

a）通过温度调节设施将反应器内的温度控制在 35℃±2℃；

b）采取调整系统负荷、投加酸碱等措施控制好反应器内的 VFA、碱度，宜将反应器内混合液 pH 值控制在 6.5～7.5 之间；

c）提高布水效果，在有效控制反应器出水 SS 浓度（宜小于 200 mg/L）的前提下，尽量提高反应器内的污泥浓度。

12.4.2 废水治理工程二级生化单元的工艺操作应参照 HJ 576、HJ 577、HJ 578 和 HJ 2009 等相关标准的规定，并符合以下要求：

a)应根据进水水质变化及时调整曝气量，A/O 法宜控制缺氧区液面下 0.5 m 处 DO 小于 0.3 mg/L，液面下 1.0 m 处 DO 小于 0.2 mg/L；好氧区出水端 DO 大于等于 2.0 mg/L；

b）应加强对活性污泥的镜检和观察，控制污泥指数在设计范围内，防止污泥膨胀，当污泥出现不正常现象应及时采取调整措施；

c）应根据混合液浓度调整剩余污泥排放量；

d）应根据 TN 去除效果，适当调整 C/N 比，A/O 法还需调整内循环回流比。

12.4.3 废水治理工程三级处理系统的混凝工艺操作应参照 HJ 2006 等相关标准的规定，过滤工艺操作应参照 HJ 2008 等相关标准的规定，并符合以下要求：

a）通过小试及时调整药剂投加量，优化混凝效果，宜将反应 pH 值控制在 6.0～7.5 范围内；

b）及时排出沉淀池内的泥渣，确保泥水分离效果。

12.5 维护保养

12.5.1 废水治理工程应在满足设计工况的条件下运行，并根据工艺要求，定期对各类工艺、电气、自控设备仪表及建、构筑物进行检查和维护。

12.5.2 废水治理工程的维护保养应纳入全厂的维护保养计划中，使各治理装置的计划检修时间与相关工艺设施同步。

12.6 记录

12.6.1 应建立废水治理系统运行状况、设施维护和生产活动等的记录制度，主要记录内容包括：

a）系统启动、停止时间；

b）系统运行工艺控制参数；

c）废水监测数据、废水排放、污泥处理和处置情况；

d）药剂进厂质量分析数据、进厂数量、进厂时间；

e）污泥、栅渣的出厂数量、时间、处置地点情况；

f）主要设备的运行和维修情况；

g）生产事故及处置情况；

h）定期检测、评价及评估情况等。

12.6.2 应制定统一的记录表格，并按格式填写，确保填写内容准确、及时、完整，不得随意涂改。

12.6.3 所有记录应制定清单，以备查询，对需长期保存的记录应交档案室存档保管。

12.7 应急措施

12.7.1 应根据废水治理工程生产及周围环境实际情况，考虑各种可能的突发性事故，做好应急预案，配备人力、设备、通讯等资源，预留应急处理的条件。

12.7.2 废水治理工程发生异常情况或重大事故时，应及时分析，启动应急预案，并按规定向有关部门报告。

12.7.3 应设置危险气体（甲烷、硫化氢）和危险化学品的应急控制与防护设施。